MECHANICS OF MATERIALS

材料力学

胡益平　主编

四川大学出版社

责任编辑:毕　潜
责任校对:傅　奕
封面设计:墨创文化
责任印制:李　平

图书在版编目(CIP)数据

材料力学 / 胡益平主编. —成都：四川大学出版社，2010.12
ISBN 978-7-5614-5127-4

Ⅰ.①材… Ⅱ.①胡… Ⅲ.①材料力学-高等学校-教材 Ⅳ.①TB301

中国版本图书馆 CIP 数据核字（2010）第 252044 号

书名　材料力学

主　　编　胡益平
出　　版　四川大学出版社
地　　址　成都市一环路南一段 24 号 (610065)
发　　行　四川大学出版社
书　　号　ISBN 978-7-5614-5127-4
印　　刷　郫县犀浦印刷厂
成品尺寸　185 mm×260 mm
印　　张　33.25
字　　数　840 千字
版　　次　2011 年 1 月第 1 版
印　　次　2012 年 1 月第 3 次印刷
印　　数　3 001～6 000 册
定　　价　52.00 元

◆读者邮购本书,请与本社发行科联系。电 话:85408408/85401670/85408023　邮政编码:610065
◆本社图书如有印装质量问题,请寄回出版社调换。
◆网址:http://www.scup.cn

前　言

材料力学是工程力学中的一门重要的分支课程，是工科各专业的主要技术基础课程之一，也是后续各专业课程的先行课程。因此，掌握这门课程的主要内容和分析方法对于各工科专业的学生来说是至关重要的。材料力学主要研究杆件和杆件结构系统在外力作用下的安全性问题，即其强度、刚度以及稳定性等问题，在既经济又安全的条件下进行合理的结构设计，其理论分析的出发点是杆件的内力。材料力学课程具有下述特点：

（1）内容和公式较多。由于材料力学要研究杆件在各种变形情况下的安全性问题，因此，其内容显得很庞杂。由于各种变形相应的计算公式是完全不同的，所以材料力学中的理论计算公式显得比较多。

（2）理论分析较难。尽管材料力学也是在一些基本的假设前提下进行理论分析的，但其理论逻辑进程往往在某处被打断，从而需要实验或假说来补充和完善，因此，其理论分析总是和实验紧密联系，这对低年级的大学生来说常常不能很快适应，所以，掌握材料力学的理论分析方法对学生来说有较大的难度。

（3）概念多而且较难理解。材料力学中有很多概念，例如强度、刚度、稳定性、应力、应变、变形以及单元体、应力和应变状态、强度理论等，其中有些概念超出了人们一般的常识，因此理解起来比较困难，例如一点应力和应变状态概念就是这种概念。

（4）计算比较繁琐。材料力学一般处理的是和工程相关的很实际的问题，其计算难免有时很琐碎，因此，学生在学习的过程中，特别在习题训练中，必须耐心和仔细。

针对材料力学课程的上述特点，编者编写本教材的最基本的目的在于：一是让学生在较高层次上把握材料力学课程的内容，二是让学生在较深层次上理解材料力学课程的理论分析方法。

本教材具有如下的特点：

（1）系统性。编者在长期的教学实践中，总结归纳了材料力学课程的主线，即杆件各种变形的内力、应力、强度、变形、刚度、超静定六个方面的问题，这构成了材料力学课程的基本理论部分。材料力学课程还有三个重要的专题，即压杆稳定、能量法和动应力问题。本教材就是严格按照这一主线来编写的，因此，本教材的内容具有很强的系统性，杆件各种变形的相应内容和计算公式完全可类比，这样学生在掌握了杆件简单变形（例如拉伸压缩和扭转）的分析方法后，就能通过类比掌握和理解杆件复杂变形（例如弯曲和组合变形）的相应内容，这种系统的归纳和类比能使学生在较高层次上把握材料力学课程的内容。

（2）严密性。在材料力学基本理论部分，本教材采用了较为严密的数学分析过程，注重杆件变形各部分内容之间的理论逻辑过程，使学生知道各部分内容间的前因后果，特别在理论逻辑进程被打断时材料力学如何根据实验或假说来进行补充和完善。这种严密的分析过程能使学生在较深层次上理解材料力学课程的理论分析方法。另外，本教材所得到的各种计算公式具有较大的普适性，不仅可以处理各种等截面杆件的问题，而且可以在不考虑应力集中效应的情况下处理各种变截面杆件的问题。

（3）创新性。本教材是编者在十几年的教学实践中，通过对材料力学课程内容和理论的深入理解和研究的情况下编写的，也是针对广大学生在学习这门课程时普遍存在的一些困难而编写的。教材中融汇了编者某些独创的方法和新讲法，例如作梁内力图的“连续曲线法”就是编者之原创，而在应力应变状态分析和强度理论部分，编者采用了一种全新的讲法，这些创新的目的就是使学生对相应的问题便于深入理解或易于操作。总之，本教材相对于同类教材来说，具有一些新颖和独到之处；而且以电子课件形式已在实际教学中使用了8年，得到了广大学生的普遍认同，也得到了一些专家们的肯定。

本教材符合教育部“工科基础力学教学指导委员会”所制定的“材料力学”教学大纲，适用于中学时（64学时）和多学时（80～96学时）的教学需要，可用于力学、航天航空、土木、机械、交通和水利等工科专业的“材料力学”教学，也适宜作为工科专业研究生入学考试或大学生力学竞赛的参考书。全书共12章和3个附录，严格按材料力学课程的主线编写，基本理论部分为前9章，绪论为第1章，拉伸压缩以及扭转为第2章和第4章，材料的力学性能和连接件的实用计算为第3章，梁的弯曲为第5章、第6章和第7章，组合变形为第8章和第9章，三个专题分别为第10章、第11章和第12章。教材中有若干带“*”的内容，中学时可不选用，多学时可适当选用。

本教材每章均有小结和若干思考题，小结是对每章主要内容的回顾，思考题则是检测对每章基本概念、理论和方法是否切实掌握。本教材还附有大量的习题，分为选择题、填空题、计算题A和计算题B四类，前两类习题部分为编者原创，后两类习题除编者少量的创作外，基本选自四川大学秦世伦教授所主编的《材料力学》（四川大学出版社，2008年），在此谨向秦世伦老师表示感谢和敬意，也感谢他多年以来的关怀和帮助。需要注意的是，计算题A是基础和中等难度的习题，而计算题B则是难度较大的习题，有的习题甚至很难，属于研究型的题目。因此，教师和学生在选用和练习时要适度选择。

编者还要特别感谢博士生期间的导师、中国著名的力学家和教育家、哈尔滨工业大学的王铎教授，正是他老人家当年的谆谆教诲、严谨的教学科研态度以及崇高的人品师品影响了编者的教学生涯，今年正值他老人家九十华诞，谨以此书恭祝他老人家福如东海，寿比南山！

另外，曾祥国教授、魏泳涛教授以及陈丽女士等在本书的编写过程中做了大量的工作，没有他们的努力，本书是难以如期付印的。

学无止境，教亦无涯。限于编者的水平，本教材难免有疏漏和不周之处，所以恳请相关专家、同行以及使用或自学本教材的学生们以及工程技术人员们提出批评或建议，以求在今后的再版中得以改正。

胡益平（huyiping999@163.com）
2010年12月22日于四川大学

目 录

第1章 绪 论

1.1 工程构件及其分类

组成工程结构的独立的零部件通称**工程构件**。构件在外力作用下其尺寸和形状都将产生变化，这种变化称为构件的变形，任何工程构件都是可变形体。如果构件的尺寸和形状在外力解除后能恢复原有的形态，则构件的变形称为**弹性变形**；如果不能恢复原有的形态，则称为**塑性变形或残余变形**。

工程中的实际构件形状多种多样，根据其几何特征可分为如下几类：

(1) 杆件

一个方向的尺寸远远大于另外两个方向的尺寸的构件称为杆件(如图 1−1 所示)。

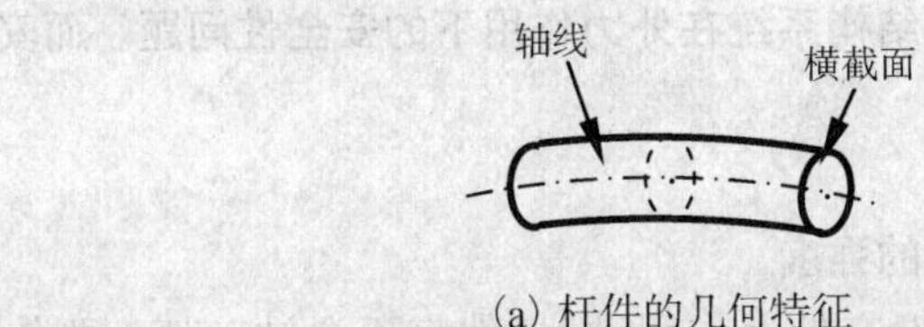

(a) 杆件的几何特征

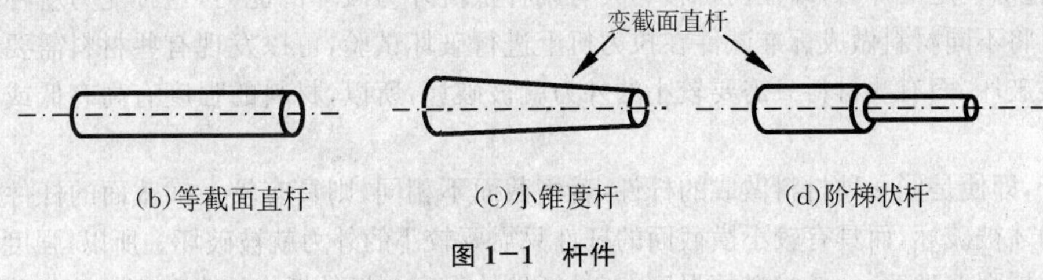

(b)等截面直杆　(c)小锥度杆　(d)阶梯状杆

图 1−1 杆件

横截面处处相同的杆件称为等截面杆，而各处横截面不全部相同的杆件称为变截面杆(如图 1−1(c)、(d)所示)。轴线为直线的杆件称为直杆(如图 1−1(b)、(c)、(d)所示)，轴线为曲线的杆件称为曲杆(如图 1−1(a)所示)。

(2)板壳

一个方向的尺寸远远比另外两个方向的尺寸小的构件称为板(如图 1−2(a)所示)。板的上下两个表面称为板面，两板面间的距离称为板的厚度，平分厚度的几何面称为板的中面。中面为平面的板称为平板(如图 1−2(a)所示)，中面为曲面的板称为壳(如图 1−2(b)所示)。厚度处处相等的板称为等厚度板或壳，厚度有的地方不相同的板称为变厚度板或壳。

(3)实体

三个方向的尺寸都差不多的构件称为实体(如图 1−3 所示)。

(a)板　(b)壳

图1-2　板与壳　　图1-3　实体

1.2　材料力学的研究对象和任务

材料力学的研究对象是**杆件或杆件结构系统**(如图1-4(a)、(b)所示)。

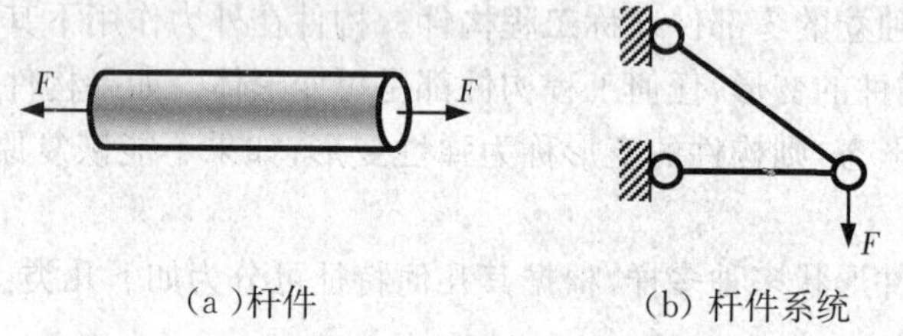

(a)杆件　(b)杆件系统

图1-4　杆件与杆件结构系统

材料力学的任务是**研究杆件或杆件结构系统在外力作用下的安全性问题**。而安全性问题包含三个方面的内容。

(1)强度概念

材料抵抗外力破坏的能力称为**材料的强度**。

任何杆件均由某种材料制成,如果没有外力作用,则杆件将不会被破坏。要使杆件被破坏,必须施加一定的外力,即任何材料均具有某种抵抗外力破坏的能力,这种能力就称为**材料的强度**。将不同材料做成标准试件在拉力机上进行破坏试验,可以发现有些材料需要较大的外力才被破坏,而有些材料只需要较小的外力就被破坏,所以,材料的强度有高有低或者说有好有差。

另外,即使是同一种材料做成的杆件,若横截面不相同,则具有较大横截面的杆件需要更大的外力才被破坏,而具有较小横截面的杆件只需要较小的外力就被破坏。所以,强度概念必须从两个层面上理解:一是材料的强度,二是杆件的强度。杆件抵抗外力破坏的能力称为**杆件的强度**,它不仅跟杆件材料的强度有关,而且跟杆件的几何尺寸有关。

安全性的第一个要求是:任何工程构件必须具备足够的强度,以保证在规定的使用条件下不产生破坏或发生显著的塑性变形。

(2)刚度概念

材料抵抗外力变形的能力称为**材料的刚度**。

刚度概念与强度概念是平行的概念。任何材料做成的杆件如果没有外力作用,则不会产生变形。要使杆件变形,必须施加一定的外力,即任何材料均具有某种抵抗外力变形的能力,这种能力就称为**材料的刚度**。同样,可以把不同材料做成标准试件在拉力机上进行变形试验,在相同外力的作用下,某些材料变形比较大,而某些材料变形比较小,则变形较大的材料其刚度较差,而变形较小的材料其刚度较好。

同样,即使是同一种材料做成的杆件,当其截面和长度不相同时,在相同外力作用下,其变形也是不相同的，所以，刚度概念也要从两个层面上理解：一是材料的刚度，二是杆件的刚度。杆件抵抗外力变形的能力称为**杆件的刚度**，它不仅与杆件材料的刚度有关，而且与杆件的几何尺寸有关。

安全性的第二个要求是：任何工程构件必须具备足够的刚度，以保证在规定的使用条件下不产生过分的变形。

(3) 稳定性概念

工程构件保持其原有平衡形态的能力称为构件的**稳定性**。

工程构件在外力作用下处于平衡状态或动态平衡状态，但这种平衡状态有可能是不稳定的。例如受压的细长压杆(如图 1－5(a)所示)，当压力 F 较小时，杆件保持直线平衡状态，但当 F 达到某一数值时，即使是非常微小的一个扰动，杆件就会突然弯曲(如图 1－5(b)所示)，很多时候还会随之断裂，这种现象称为构件的**失稳**。构件失稳是将其原有平衡形态改变为另一种平衡形态，使得构件失去正常工作的能力，而且由于失稳具有突然性，其危害十分严重，所以工程构件必须考虑其稳定性问题。

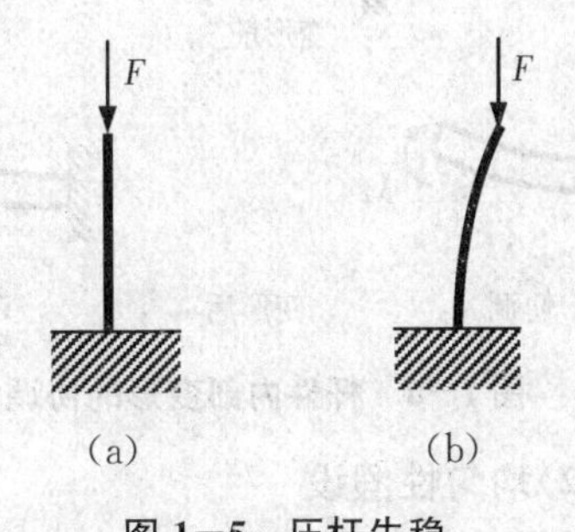

图 1－5　压杆失稳

安全性的第三个要求是：工程构件必须具备足够的稳定性，以保证在规定的使用条件下不产生失稳现象。

构件的强度、刚度和稳定性与构件材料的力学性质、几何形状以及尺寸密切相关。一般来说，加大构件的尺寸和选用优质材料可以提高构件的强度、刚度和稳定性，但这样又增加了构件的用料和成本，是不经济的。因此，安全性和经济性是一对矛盾，如何解决这一矛盾是结构设计的基本任务。

综上所述，材料力学的具体任务就是**研究杆件或杆件结构系统在外力作用下的强度、刚度及稳定性的计算原理和方法，在既安全又经济的条件下，为构件选择适宜的材料或确定合理的截面形状和尺寸**。

值得注意的是，强度、刚度和稳定性的要求对工程构件来说是各自独立的，在具体的结构设计中，三者有时并不是同时要求，而是根据实际情况，分清主次，以一个或两个方面作为计算基础进行结构设计。

1.3　材料力学的基本假设

材料力学研究的是宏观尺度下的可变形固体，而可变形固体的性质是多方面且十分复杂的，为了突出材料力学研究构件强度、刚度和稳定性等有关的主要因素，略去其他次要因素，以便进行理论分析，对变形固体可作如下假设。

(1)连续性假设

在材料力学中，假设材料在所占空间域内均毫无空隙地充满了物质，结构是密实的。因而变形固体内的一些力学量可以用空间坐标的连续函数表示，数学分析中的所有分析方法均可使用。至于构件中存在宏观的孔洞等缺陷的情况，在有关章节中将专门讨论。

必须指出，连续性不仅存在于构件变形之前，而且在构件的整个变形过程中都存在。即构件变形过程中尽管其形状大小均产生了改变，但它仍然是连续的，也就是说，在构件变形过程中不会产生新的空隙或孔洞，这种要求称为构件内部变形的协调性（如图 1－6 所示）。另外，对于外力作用下的杆件结构系统，尽管系统中的每根杆件均在变形，但它们的连接不会因此散开，即各杆件的变形之间具有某种协调性，这种要求称为构件之间变形的协调性（如图 1－7 所示）。

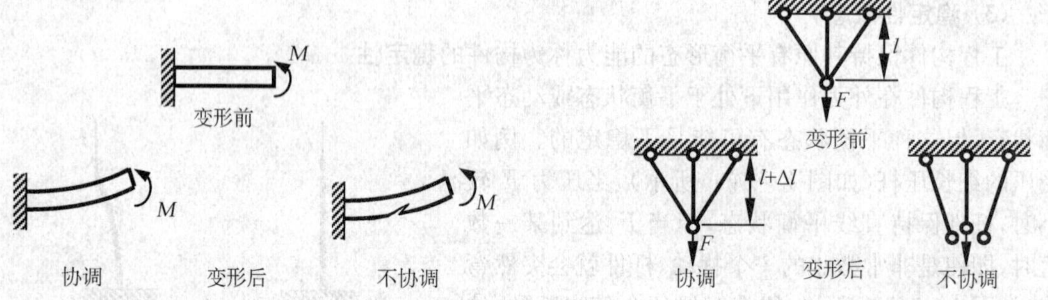

图 1－6　杆件内部变形的协调性　　**图 1－7　杆件之间变形的协调性**

（2）均匀性假设

材料在外力作用下所表现的性质称为材料的力学性能或机械性质。材料力学假设同种材料制成的构件中任何地方材料的力学性能都一样，即认为材料的机械性质是均匀的，这样通过试样测得的材料的力学性能适用于相同材料制成的任何构件。

必须指出，在微观或细观尺度上，实际材料的力学性能是存在差异的。例如，金属材料从细观上看是由许许多多复杂排列的晶体组成的，每个晶体的性质不完全相同，但宏观尺度的构件是由无数的晶体无规则的排列所组成的，从统计平均角度来看，可以认为其力学性能是均匀的。

（3）各向同性假设

沿各个方向力学性能完全相同的材料称为**各向同性材料**。例如大部分的金属材料、玻璃或浇铸很好的混凝土都可看成是各向同性材料。

沿各个方向力学性能不完全相同的材料称为**各向异性材料**。例如木材、竹子等有机材料，复合材料层板，钢筋混凝土等均为各向异性材料。

材料力学原则上只研究各向同性材料，不得已要研究各向异性材料时，必须指明该材料在不同方向的力学性能。例如木材，沿顺纹方向和沿横纹方向的力学性能差别是非常大的，沿这两个方向制成的杆件，其强度和刚度是完全不相同的。

（4）小变形假设

材料力学假设工程构件在外力作用下所产生的变形与其特征尺寸比较是微小的，因而在构件各点处与变形相对应的位移也是微小的。例如，一梁在外载荷 F 作用下所产生的最大变形 δ_1 以及支座的位移 δ_2，相对于梁的特征尺寸 l 来说都是微小的量，构件的这种变形称为小变形（如图 1－8 所示）。材料力学只研究小变形的构件，构件大变形的问题不属于材料力学的研究范畴。

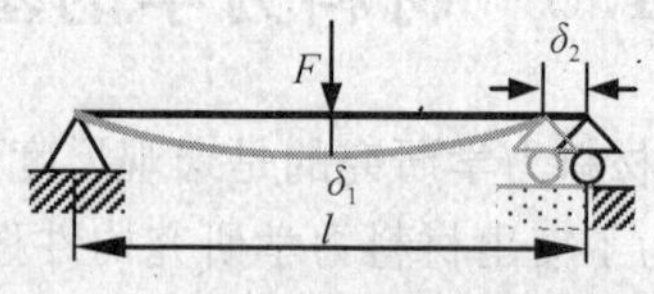

图 1－8　小变形杆件

在小变形情况下，研究构件的受力分析和静力平衡时可不考虑由构件的微小变形和位移所引起的影响，仍按构件的原始尺寸进行分析和计算。另外，在小变形情况下，微小变形和位移的高次幂或乘积均可忽略不计，这对工程实际并无显著的影响，但可使计算大为简化。

必须指出，材料力学只研究小变形问题的另一个重要原因是许多材料的力学性能在小变形和大变形情况下差异巨大，作为初等力学，材料力学所建立起来的分析方法只适用于小变形，而对大变形问题材料力学是无能为力的。

综上所述，材料力学所研究的构件是由连续、均匀、各向同性的变形固体所制成，而且只限于小变形问题。这实际上将材料力学的应用范围局限在一个十分狭小的材料范畴和工程范畴之内。另外，材料力学所研究的构件还假设是无初应力的。

1.4　杆件的基本变形形式

杆件上作用的载荷是多种多样的，其变形形式也是多种多样的。但杆件的复杂变形总是可以分解成下面几种基本的变形形式。

(1)拉伸与压缩

杆件在轴向载荷作用下将产生伸长或缩短，这种变形称为**拉伸与压缩变形**。最简单的杆件的拉伸与压缩如图 1－9 所示。

图 1－9　杆件的拉伸与压缩

(2)扭转

杆件受绕杆轴线的外力矩作用时，杆件横截面之间将产生绕杆轴线的相对转动，这种变形称为**扭转变形**。习惯上称产生扭转变形的杆件为**轴**。最简单的轴的扭转如图 1－10 所示。

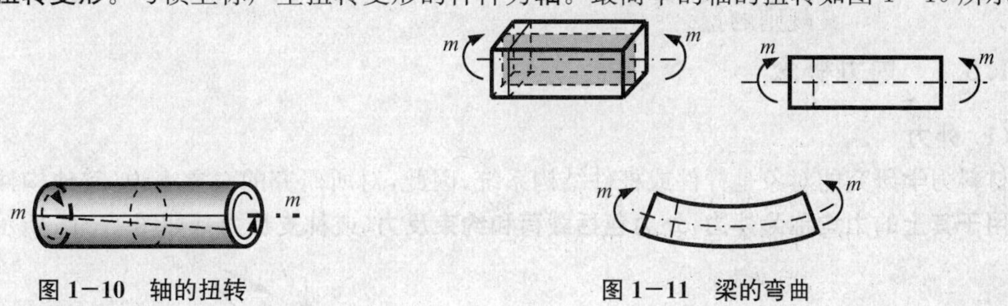

图 1－10　轴的扭转　　图 1－11　梁的弯曲

(3)弯曲

在杆件轴线所在的纵向对称平面内，杆件受外力矩的作用时，杆件的横截面之间在纵向平面内产生相对转动，而杆件的轴线在纵向对称平面内变成曲线，这种变形称为**弯曲变形**。习惯上称产生弯曲变形的杆件为**梁**。最简单的梁的弯曲如图 1－11 所示。

(4)剪切

垂直于杆件轴线方向的外载荷作用在杆件上时，杆件的横截面之间产生沿载荷方向的相互错动，这种变形称为**剪切变形**。剪切变形相对于其他几种基本变形来说是比较小的，因此在材料力学中很多问题忽略了其影响。最简单的杆件剪切变形如图 1－12 所示。

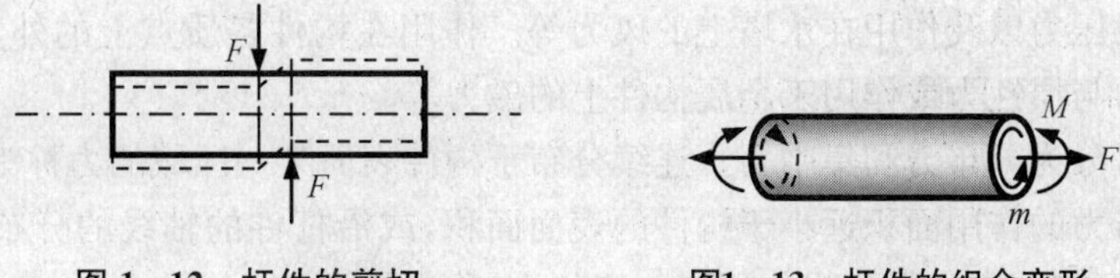

图 1－12　杆件的剪切　　图1－13　杆件的组合变形

实际工程结构中的杆件，有些只发生一种基本变形，或以一种基本变形为主，其他属于次要变形，可以忽略不计，称为简单变形问题。若杆件中同时发生几种基本变形，则称为**组合变形**（如图 1－13 所示）。

例如，受风力作用的水塔，自重使塔体产生压缩变形而风力使塔体产生弯曲变形（如图 1－14(a)所示）。又如，受偏心压缩的立柱，柱体产生压缩与弯曲的组合变形（如图 1－14(b)所示）。再如，受载荷 F_1 和 F_2 作用时，曲拐中杆件 AB 产生拉伸、扭转和弯曲的组合变形（如图 1－14(c)所示）。

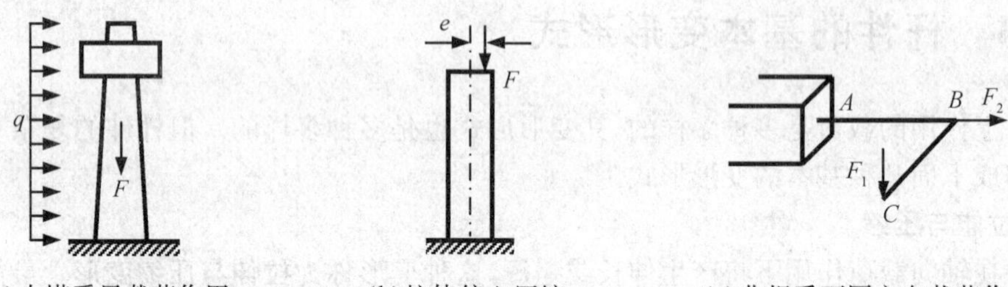

图 1－14　工程中实际的组合变形杆件

材料力学首先要研究的是杆件在各种基本变形以及组合变形情况下的强度和刚度问题。

另外必须注意，在小变形条件下，杆件各种基本变形之间不存在耦合效应，例如拉伸压缩不会引起杆件的扭转、剪切或弯曲等。

1.5　材料力学的基本概念

1.5.1　内力概念

(1) 外力

材料力学研究的对象是杆件或杆件结构系统，因此，对所研究的对象来说，**其他构件和物体作用于其上的力均称为外力，外力包括载荷和约束反力**（或称**支反力**）（如图 1－15 所示）。

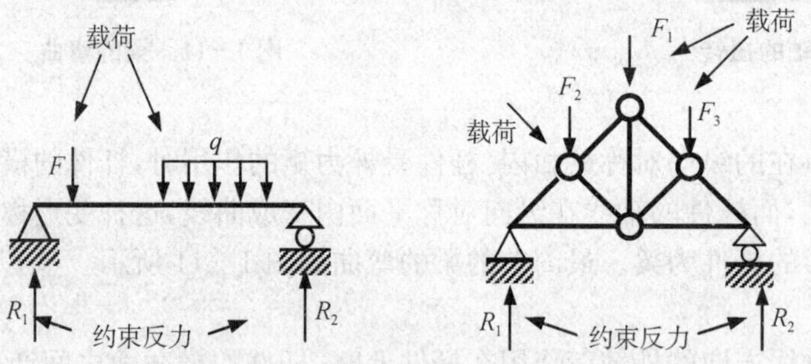

图 1－15　作用于杆件上的外力

外力按其作用方式可分为**表面力和体积力**。作用在构件表面上的力称为表面力，例如两物体之间的接触压力以及作用在水塔上的风力等。作用在构件各质点上的外力称为体积力，例如构件的重力与惯性力或作用于金属构件上的磁力等。

表面力又可分为分布力和集中力。连续分布于构件表面某一区域的力称为**分布力**或**分布载荷**。如果分布力的作用面积远小于构件的表面面积，或沿杆件的轴线的分布范围远远小于杆件的长度，则可将分布力简化为作用于一点的力，称为**集中力**。

载荷按随时间的变化情况分为静载荷和动载荷。随时间变化极缓慢或不变化的载荷称为**静载荷**,其特点是加载过程是平衡绝热的过程,构件的加速度很小,可以忽略不计。随时间大小或方向显著变化的载荷或使构件产生明显加速度的载荷称为**动载荷**。材料力学主要分析静载荷问题。而动载荷问题有专题专门研究。

(2)内力的定义

在外力作用下,杆件一部分对另一部分的作用力称为杆件的内力(如图1-16所示)。

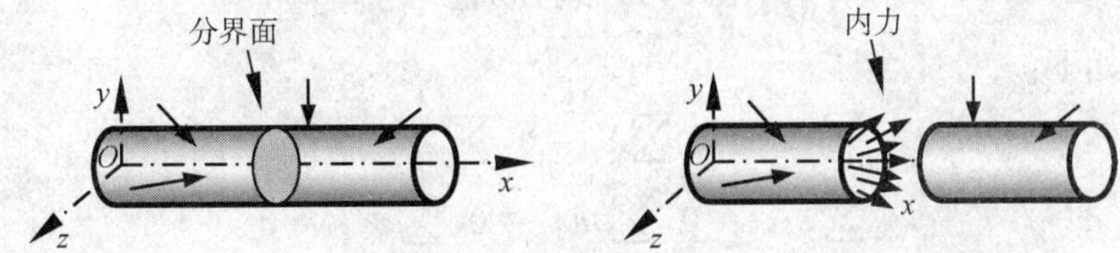

图1-16　杆件的内力

显然,内力在杆件两部分的分界面上是连续分布的,由力系合成理论可知,分布力系可在任意点处合成为一个主矢和一个主矩。**材料力学中所说的内力在没有特殊说明时,通常是指横截面上形心处的合内力**。即分界面是横截面,其上连续分布的内力在形心处合成为一个主矢 $\boldsymbol{R}$ 和一个主矩 $\boldsymbol{M}$,它们分别称为横截面上的内力主矢和内力主矩。在一般情况下,杆件中的内力跟横截面所在的位置有关,即内力主矢 $\boldsymbol{R}$ 和主矩 $\boldsymbol{M}$ 应是杆件轴线坐标的函数。

杆件横截面上的内力主矢 $\boldsymbol{R}$ 和内力主矩 $\boldsymbol{M}$ 在三个坐标轴上的投影称为**内力分量**。一般情况下,杆件的内力分量共有六个(如图1-17所示),这六个内力分量就是材料力学中所说的**杆件的内力**。它们各自具体的含义分别如下:

$F_N(x)$——轴力　　　　$F_{Sy}(x)$——y 方向的剪力

$F_{Sz}(x)$——z 方向的剪力　　　　$T(x)$——扭矩

$M_y(x)$——绕 y 轴的弯矩　　　　$M_z(x)$——绕 z 轴的弯矩

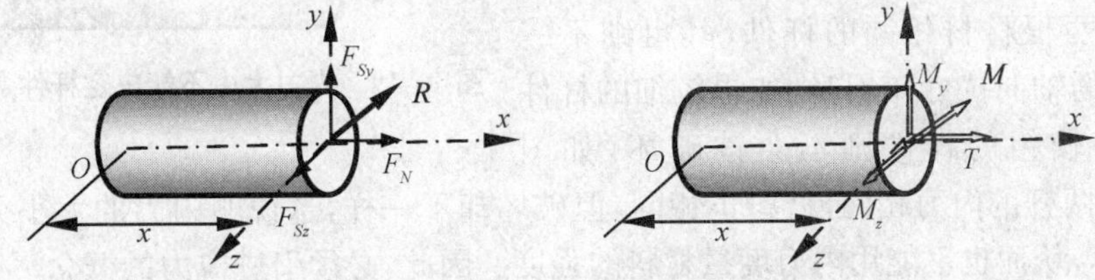

图1-17　内力分量

必须注意的是,外力是引起杆件变形的外因,而内力是引起杆件变形的内因。**杆件横截面上有什么样的内力,则杆件就一定存在与之相应的变形;而无某种内力时,则杆件不存在与之相应的变形**。比如,杆件横截面上有轴力,则杆件就存在拉伸或压缩变形,有扭矩就存在扭转变形,有弯矩就存在弯曲变形,有剪力就存在剪切变形,若有几种内力同时存在,则杆件将产生组合变形。所以,**杆件横截面上的内力和杆件的变形是一一对应的**。

(3)截面法求内力

如欲求杆件某截面上的内力,可假想在该截面处将杆件截开为两部分,舍去一部分,而剩下部分在该部分杆件上的已知外力及截面上未知内力的共同作用下处于平衡状态,列出该部分杆件的平衡方程,解之即可得到该截面上的各内力分量,这种方法称为**截面法**(如图1-18所示)。

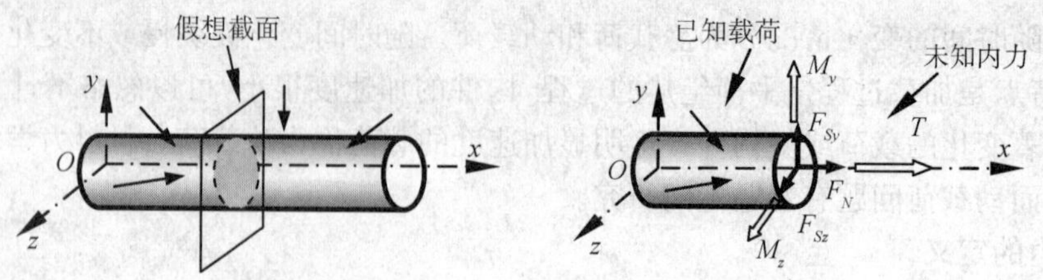

图 1-18　内力分量

平衡方程如下：

$$\begin{cases}\sum X = 0, \sum Y = 0, \sum Z = 0 \\ \sum m_x = 0, \sum m_y = 0, \sum m_z = 0\end{cases} \tag{1-1}$$

由式(1-1)即可求出杆件横截面上的六个内力分量。在一般情况下，杆件横截面上有六个内力分量，但实际上很多时候，杆件横截面上仅存在一两个或者三个内力分量。所以，使用截面法求内力并不是很麻烦。

必须指出的是，截面法是材料力学中求内力的唯一的方法，其他求内力的方法都是在此基础上演绎而来的。另外，必须清楚：**内力是材料力学一切理论和分析方法的出发点，对于大多数材料力学问题，首先要求的就是其内力**。

1.5.2　应力概念

在 1.2 节中曾定性地定义了材料的强度，但材料的强度又如何定量地度量呢？首先要说明的是，杆件内力的大小并不能决定杆件是否被破坏，即内力大的杆件不一定被破坏，而内力小的杆件不一定不被破坏，所以，内力不能用于度量材料的强度。例如，两根材料相同的杆件，其粗细不一样，当受相同的轴向拉力作用时，如果较细的杆件正好被破坏，较粗的杆件则不会被破坏（如图 1-19 所示），两杆的内力相同，材料也相同，但破坏却不一样，这说明内力的大小无法决定杆件是否被破坏，从而也不能用内力度量材料的强度。因此，必须引进应力的概念。

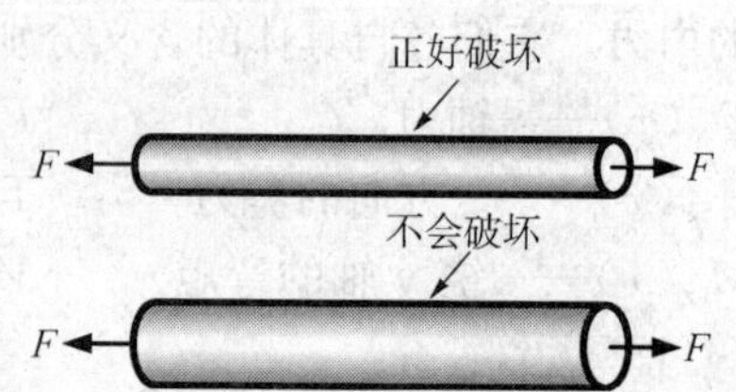

图 1-19　内力大小不能决定杆件是否破坏

应力是度量材料强度的物理量，研究应力的目的就是为了要研究杆件结构的强度。

(1)应力的定义

在构件任意截面 Σ 上一点 P 的周围取一微小面积 ΔA，设作用在该微小面积上的内力为 $\Delta \boldsymbol{F}$（如图 1-20 所示），则极限

$$\boldsymbol{p} = \lim_{\Delta A \to 0} \frac{\Delta \boldsymbol{F}}{\Delta A} \tag{1-2}$$

称为构件 P 点处 Σ 平面上的**全应力矢量**。简单地说，应力就是某点处沿某个方向单位面积上内力的大小。

全应力在截面 Σ 的法线方向的分量称为构件 P 点处平面 Σ 上的**正应力**，用符号 σ 表示。而全应力在截面 Σ 上的分量称为构件 P 点处平面 Σ 上的**切应力**，用符号 τ 表示（如图 1-20 所示）。材料力学中正应力和切应力是经常研究的应力分量，而全应力反而研究得很少。显然，有

$$\begin{cases} p^2 = \sigma^2 + \tau^2 \\ \sigma = p\cos\alpha, \tau = p\sin\alpha \end{cases} \quad (1-3)$$

在国际单位制中，长度的单位为米(m)，力的单位为牛顿(N)，应力的单位为帕(Pa)，即1平方米面积上的内力为1牛顿，则应力就是1帕，1 Pa=1 N/m²，由于该单位太小，工程上应力的单位常采用兆帕(MPa)或吉帕(GPa)。

$$1\ \text{MPa}=10^6\ \text{Pa}=\frac{1\text{N(牛顿)}}{\text{mm}^2\text{(平方毫米)}}$$

$$1\ \text{GPa}=10^3\ \text{MPa}$$

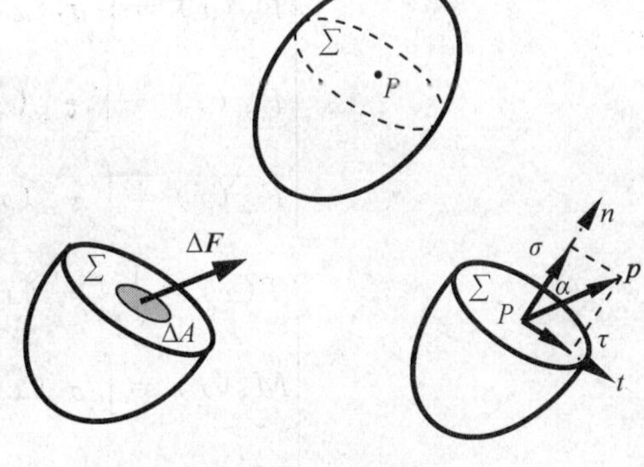

图1-20 应力的概念

在欧美一些国家，应力除使用国际单位制外，还经常使用一种特殊的单位，即：1 psi =1 磅/平方英寸。

值得注意的是，应力有三个要素：①应力是对构件中的某点来说的；②应力是对过该点的某个平面来说的；③应力具有大小和单位。另外，从应力的定义可以看出，**应力实质上是构件中某点处沿某个方向内力强弱程度的度量**。

(2)杆件横截面上应力与内力的关系

应力的定义适用于所有的工程构件，而材料力学只研究杆件，而且主要考虑横截面上的应力。设杆件横截面 A 上任意一点 P 处的正应力为 $\sigma=\sigma_x$，切应力为 $\tau=\tau_x$(如图1-21(a)所示)。

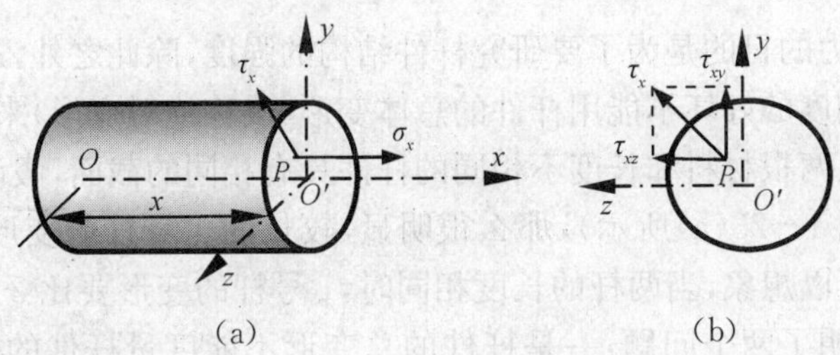

图1-21 杆件横截面上的应力

显然，在一般情况下 P 点的正应力和切应力应该是 P 点坐标(x,y,z) 的函数，可表示为 $\sigma_x(x,y,z)$ 和 $\tau_x(x,y,z)$。另外，切应力在横截面上的方位是未知的，可将其沿坐标轴 y 和 z 方向分解，其分量分别为 $\tau_{xy}(x,y,z)$和 $\tau_{xz}(x,y,z)$(如图1-21(b)所示)，这里第一个下标 x 表示截面的位置，第二个下标表示切应力分量的方向。如前所述，杆件横截面上连续分布的内力在截面形心处合成六个内力分量(如图1-22所示)，由力系合成原理，可知截面上的各内力分量与各应力分量之间有如下的关系：

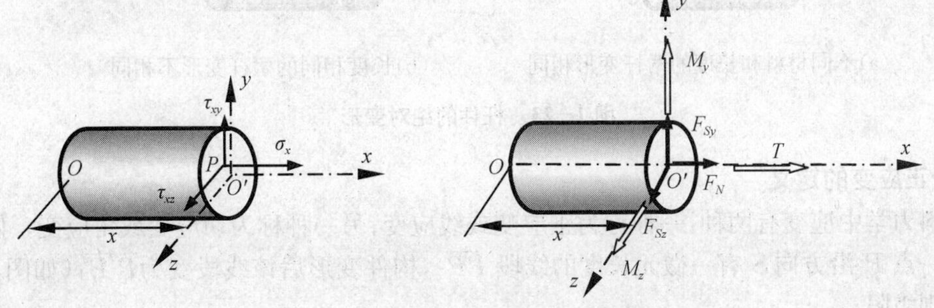

图1-22 杆件横截面上的应力分量和内力分量

$$\begin{cases} F_N(x) = \int_A \sigma_x(x,y,z)\mathrm{d}A \\ F_{Sy}(x) = \int_A \tau_{xy}(x,y,z)\mathrm{d}A \\ F_{Sz}(x) = \int_A \tau_{xz}(x,y,z)\mathrm{d}A \\ T(x) = \int_A [\tau_{xz}(x,y,z)y - \tau_{xy}(x,y,z)z]\mathrm{d}A \\ M_y(x) = \int_A \sigma_x(x,y,z)z\mathrm{d}A \\ M_z(x) = -\int_A \sigma_x(x,y,z)y\mathrm{d}A \end{cases} \tag{1-4}$$

上述关系称为**静力学关系**，是材料力学最基本的一组方程。如果知道应力在杆件横截面上的分布规律，则由式(1－4)可将杆件横截面上的应力用该截面上的内力表示出来。静力学关系可以分为两组：一组只与截面上的正应力有关，即轴力和两个方向的弯矩；另一组只与截面上的切应力有关，即扭矩和两个方向的剪力。

必须指出，静力学关系是一组非常普适的关系，只要考虑的材料满足连续性假设以及小变形假设，上述关系就成立，它与杆件材料的力学性能等无关。

1.5.3 应变概念

材料力学研究应力的目的是为了要研究杆件结构的强度，除此之外，还要研究杆件结构的变形和刚度，而杆件刚度的好坏不能用杆件的总体变形(或称绝对变形)来度量，从而也不能度量材料的刚度。例如，两根材料和长度不相同的杆件具有相同的截面，假设在相同拉力作用下其总伸长也相同(如图 1－23(a)所示)，那么很明显，较长的 1 号杆的变形程度比较短的 2 号杆的变形程度要小，可以想象，当两杆的长度相同时，1 号杆的变形要比 2 号杆的变形小(如图 1－23(b)所示)，这说明了两个问题：一是杆件的总变形不能度量杆件的变形程度，二是杆件的总变形也不能度量材料的刚度。所以，要度量材料的刚度以及计算杆件的变形，必须引进相对变形，应变就是描述材料相对变形的量，它是纯几何量。

应变是度量材料刚度的几何量，研究应变的目的就是为了研究杆件结构的变形和刚度。

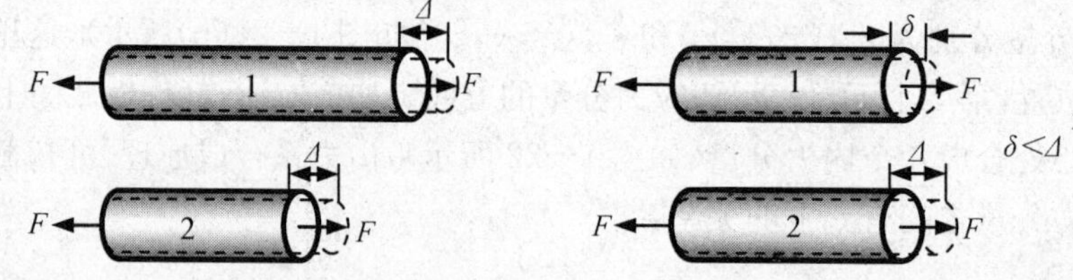

(a)不同材料和长度的两杆变形相同　　(b)长度相同的两杆变形不相同

图 1－23　杆件的绝对变形

(1)正应变的定义

材料力学中应变有两种：一种称为正应变或线应变；另一种称为切应变或角应变。假设构件中的一点 P 沿方向 S 有一微元长度的线段 $\overline{PP_1}$，构件变形后该线段变为 $\overline{P'P'_1}$(如图 1－24 所示)，则极限

$$\varepsilon_S(P) = \lim_{\overline{PP}_1 \to 0} \frac{\overline{P'P_1'} - \overline{PP}_1}{\overline{PP}_1} \tag{1-5}$$

称为构件在 P 点处沿着 S 方向的**正应变**或**线应变**，也可以简单地说，正应变就是单位长度的线段的伸长量。它的几何意义是构件材料在该点处沿所考察方向的变形程度的大小。

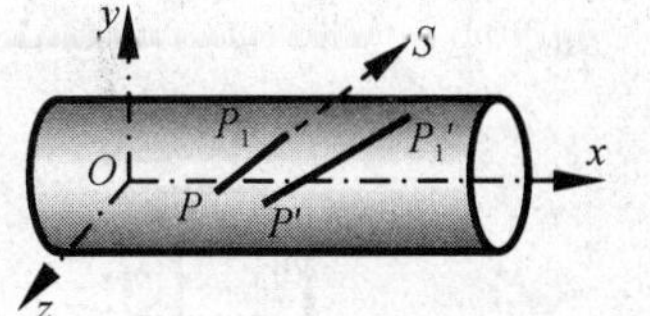

图 1-24 一点处微元线段的变形

线应变以线段的伸长为正，缩短为负。

因为$\overline{PP}_1$ 是一微元长度的线段，可用 S 方向的坐标微元表示为 $dS=\overline{PP}_1$，假设该微元线段变形后的伸长量为$\Delta(dS)=\overline{P'P_1'}-\overline{PP}_1$，则上述正应变的定义等价于

$$\varepsilon_S(P) = \frac{\Delta(dS)}{dS} \tag{1-6}$$

特别地，当 S 为坐标轴方向时，则有

$$\varepsilon_x(P) = \frac{\Delta(dx)}{dx}, \varepsilon_y(P) = \frac{\Delta(dy)}{dy}, \varepsilon_z(P) = \frac{\Delta(dz)}{dz} \tag{1-7}$$

上述表达式在以后的杆件变形分析中将会应用到，显然，正应变是无量纲的量。

(2)切应变的定义

假设构件中一点 P 沿两个相互垂直的方向 α 和 β 分别有两个微元长度的线段$\overline{PP}_1$ 和$\overline{PP}_2$，构件变形后两线段分别变为$\overline{P'P_1'}$和$\overline{P'P_2'}$，若两线段相对于原来的方位转动的角度分别为 γ_α 和 γ_β（如图 1-25 所示），则

$$\gamma_{\alpha\beta}(P) = \gamma_\alpha + \gamma_\beta \tag{1-8}$$

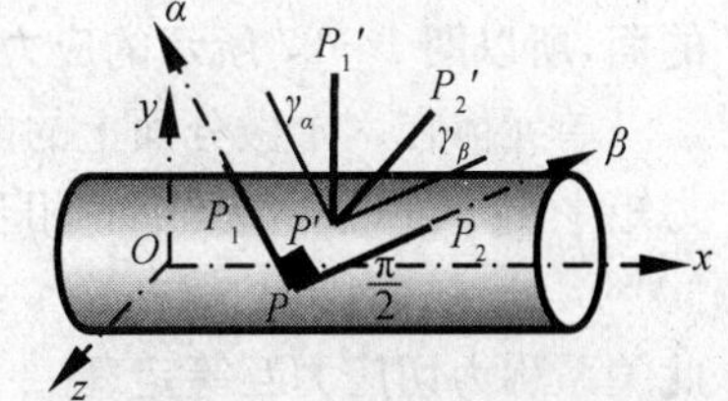

图 1-25 一点处直角的变化

称为构件在 P 点处 α 和 β 两个方向之间的**切应变**或**角应变**。也可以简单地说，切应变就是考查点处某个直角的改变量。它的几何意义是构件材料在该点处的两个垂直方向之间变形前后疏密程度的大小。

切应变以直角的减小为正，增大为负。特别地，P 点处三个坐标轴之间的切应变可表示为

$$\gamma_{xy}(P) = \gamma_x + \gamma_y, \gamma_{yz}(P) = \gamma_y + \gamma_z, \gamma_{zx}(P) = \gamma_z + \gamma_x \tag{1-9}$$

以上表达式在以后的变形分析中将会应用到，同样，切应变也是无量纲的量，以弧度(rad)记。

与应力类似，应变也有三个要素：①应变是对构件中的某点来说的；②应变是对过该点的某个方向来说的；③应变具有大小但无单位。另外，从应变的几何意义可以看出，应变实质上是构件中某点材料沿某个方向的变形程度的度量，以及绕该点的材料变形前后的疏密程度的度量。

1.5.4 单元体概念

在构件中一点 P 处的近旁连续使用六次截面法可得到一个微小的六面体，该六面体的边长均为微元长度，则该六面体称为构件 P 点处的一个**单元体**或**微元体**。单元体的表面称为微分面，法线方向和坐标轴的正方向一致的微分面称为正向面，和坐标轴的负方向一致的微分面称为负向面（如图 1-26 所示）。

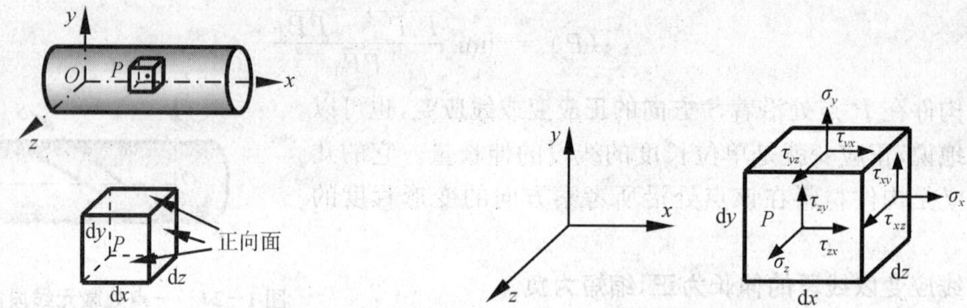

图 1－26　一点处的单元体　　　　图 1－27　单元体微分面上的应力

需注意的是，材料力学中单元体应理解为边长为零但有方位的六面体，单元体中的任何点都是所考察的点。

若以单元体作为研究对象，则每个微分面上作用有一个正应力和一个切应力，由于切应力的方向是未知的，可将切应力在微分面内向两个坐标方向分解，则单元体的每个微分面上均有一个正应力和两个相互垂直的切应力(如图 1－27 所示)。图中只画出了单元体正向面上的应力情况，负向面上的应力和对应的正向面上的应力大小相等，方向相反。

特别要注意的是，单元体的三个正向面或三个负向面实际指的是过 P 点的三个相互垂直的面，所以图 1－27 所示的应力也就是 P 点的三个相互垂直的面上的应力。

单元体在六个微分面上的内力作用下处于平衡状态，对单元体中心与坐标轴平行的轴取力矩平衡，可以很容易证明，相互垂直的微分面上的切应力在数值上是相等的，即

$$\tau_{xy}=\tau_{yx},\tau_{yz}=\tau_{zy},\tau_{zx}=\tau_{xz} \tag{1-10}$$

此关系称为**切应力互等定理**。

材料的破坏是从一点开始的，研究单元体的目的是为了研究材料的强度和变形，从而分析实际工程构件的强度和变形，在安全经济的条件下选择构件的材料和几何尺寸。

单元体受力最基本、最简单的情况有两种：一种称为**单向应力状态**(如图 1－28(a)所示)，另一种称为**纯剪切应力状态**(如图 1－28(b)所示)。在单向应力状态下，单元体的微分面上只有唯一的正应力作用，而在纯剪切应力状态下，单元体的微分面上只有唯一的切应力作用。这两种基本的应力状态统称为简单应力状态，而其他的应力状态称为复杂应力状态。

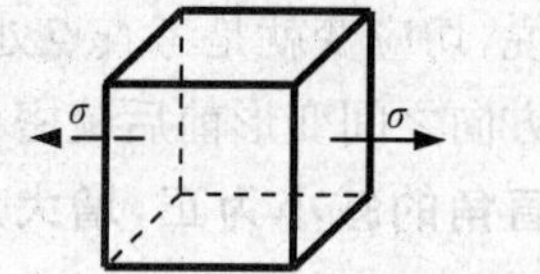

(a) 单向应力状态

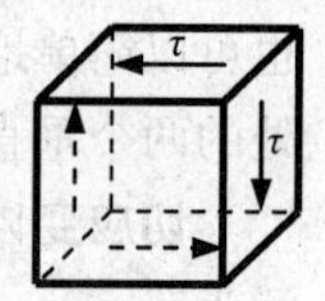

(b) 纯剪切应力状态

图 1－28　简单应力状态

拉伸压缩杆件中各点的应力状态就是单向应力状态，而扭转圆轴中各点的应力状态是纯剪切应力状态。

1.5.5　简单虎克定律

应力具有两种形式，即正应力和切应力。同样，应变也具有两种形式，即正应变和切应变。显然，对某种材料而言，应力和应变之间必然存在某种关系，这种关系称为应力应变关系或物理关系。

在简单应力状态，即单向应力状态和纯剪切应力状态下，材料的应力应变关系具有十分简单的形式。

单向拉伸实验表明，当正应力 σ 不超过一定限度时，材料在应力作用方向的线应变与正

应力成正比(如图1－29(a)所示),可写为

$$\sigma = E\varepsilon \tag{1-11}$$

式(1－11)称为**虎克定律**,常数E称为**弹性模量**,是材料常数,仅与材料的力学性能有关。

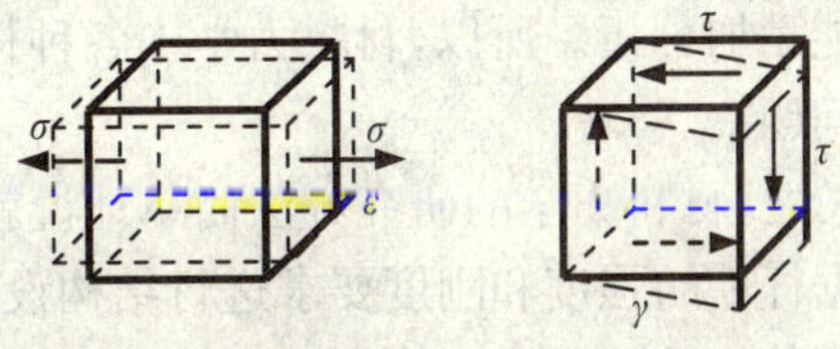

(a)单向应力状态 (b)纯剪切应力状态

图1－29 简单应力状态单元体的变形

圆轴简单扭转实验表明,当切应力τ不超过一定限度时,材料的切应力与切应变成正比(如图1－29(b)所示),可写为

$$\tau = G\gamma \tag{1-12}$$

式(1－12)称为**剪切虎克定律**,常数G称为**剪切弹性模量**,是材料常数,仅与材料的力学性能有关。

虎克定律和剪切虎克定律统称为简单虎克定律,满足简单虎克定律的材料称为线弹性材料。必须注意的是,两个虎克定律的应用是有条件的,即必须是小变形的情况下才适用,当材料的变形比较大时,虎克定律不能反映实际材料的应力应变关系。另外,式(1－11)只适用于单向应力状态,对其他应力状态来说,即使是小变形情况,式(1－11)也不适用。

1.6 材料力学的研究方法

材料力学主要研究可变形杆件或杆件结构系统在外力作用下的强度、刚度和稳定性问题。无论其研究的目的和任务还是研究的方法,都有别于另一门基础力学——理论力学。简单地说,理论力学主要研究质点和质点系在外力作用下的运动规律,其出发点是公理性的牛顿三大定律以及时间和空间性质的假定,基本上是通过理论逻辑的演绎导出一些常用的普遍定理,从而解决一些实际工程问题。而材料力学的出发点是杆件的内力,内力可以通过截面法求得,但要判别实际工程杆件的强度和刚度是否满足要求,还必须求出杆件的应力和变形。所以,材料力学在求出内力后,主要的分析方法都是解决如何找出杆件的应力和内力以及杆件的变形和内力之间的显函数关系,从而在既安全又经济的原则下进行实际工程杆件的设计。

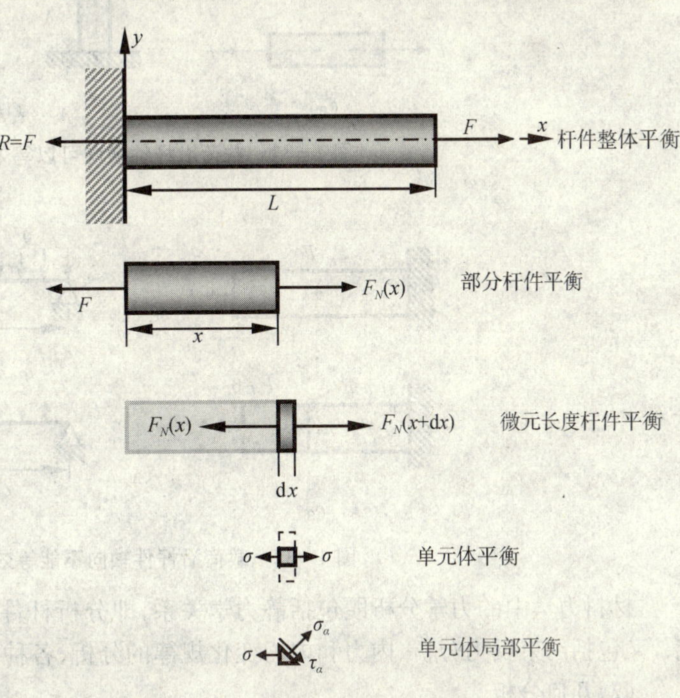

图1－30 杆件整体或部分的平衡

需要说明的是,杆件结构的稳定性问题一般情况下是非常复杂的,材料力学这一套分析方法是无法解决的,只有简单的压杆稳定性问题,材料力

学才能稍加分析。所以，材料力学中各种杆件或杆件结构系统的安全性问题主要是其强度和刚度问题。

总之，材料力学的研究方法简单地说就是从杆件的内力出发，求出杆件的应力和变形，然后依据杆件的强度和刚度要求进行结构设计。材料力学主要从下述三个方面来分析各种变形情况下的杆件的强度和刚度问题。

（1）力学分析

首先，材料力学要研究杆件或杆件结构系统的整体平衡，目的是为了求出约束反力（又称支反力）；要研究杆件的局部平衡，即杆件有限长度的局部平衡问题，目的是为了求出内力；要研究杆件微元长度的平衡问题，目的是为了得到内力的变化规律；要研究杆件内一点处单元体的平衡问题，目的是为了求出一点的应力状态；要研究单元体的局部平衡问题，目的是为了进行应力状态的分析等（如图 1－30 所示）。

其次，材料力学要研究力系的等效移动问题。例如，杆件横截面上每个质点的内力向形心等效移动，最终合成内力主矢和内力主矩，横截面上的内力分量与应力间的关系就是这种等效移动的结果。但必须指出的是，理论力学中作用在质点或质点系上的外力可以随意进行等效移动而不影响研究对象的运动，但材料力学中作用在杆件上的外力或内力却不能随意进行等效移动，**其原则是：作用在杆件上的外力或内力沿杆件横截面方向可以进行等效移动**（如图 1－31 所示），**而沿杆件的轴线方向绝对不能进行等效移动，否则原材料力学问题将变成另一个问题**（如图 1－32 所示）。

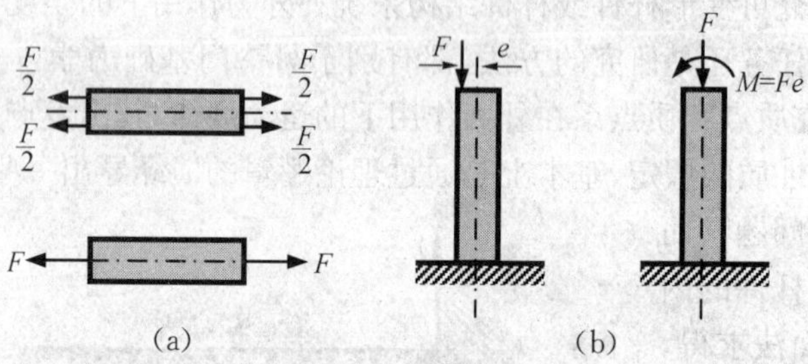

图 1－31　载荷沿杆件横向可以等效移动

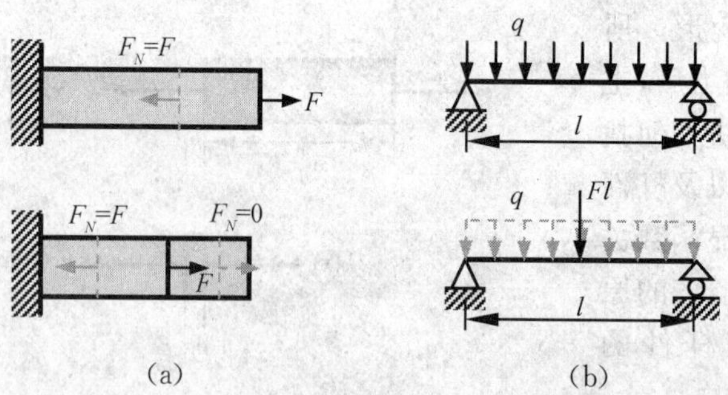

图 1－32　载荷沿杆件轴向不能等效移动

材料力学中的力学分析既包括静力学关系，即分析杆件横截面上的应力和内力之间的关系，又包括约束反力分析、内力和内力变化规律的分析、各种应力状态的力学分析等。

（2）几何分析

材料力学中，几何分析就是分析杆件内部各点变形的协调性以及杆件结构系统中各杆变形的协调性。

根据连续性假设，在安全的杆件变形过程中不会开裂，也不会相互嵌入，所以，杆中各点的变形不是随意的，而是必然满足某种协调关系，这种协调关系表现为杆中各点沿某个方向的应变具有某种联系。通过几何和数学分析，一般可找出杆件横截面上各点应变的变化规律，再依据虎克定律就可找出横截面上的应力分布规律。如果研究的是杆件结构系统，则在变形过程中最基本的要求是各杆的连接不会散开，因此，各杆的变形必然也满足某种协调关系。通过几何和数学分析，通常可找出各杆变形的数学关系，而各杆的变形又直接与杆中的内力有关，从而各杆的内力以及应力等均能求出。寻找杆件中各点应变的变化规律以及杆件结构系统中各杆变形的数学关系的过程就是所谓的几何分析。

在材料力学中，几何分析是至关重要也是最为困难的，实际上，材料力学理论在几何分析时出现了逻辑上的困难，必须采用一些特殊的办法才能解决。

(3)物理分析

从广泛意义上讲，材料力学的物理分析是指对材料的力学性能的全面了解，特别是材料的应力应变关系的分析至关重要，要了解材料的力学性能，只有通过材料实验才能实现，因此，材料力学是一门与实验紧密联系的课程。

从狭义上讲，材料力学的物理分析就是将材料的应力应变关系应用到杆件的变形之中，去计算杆件的应力和变形。具体的方法是以力学分析和几何分析为基础，在已知杆件横截面上的应变分布规律的情况下，依据材料的应力应变关系导出杆件横截面上的应力分布规律，再由静力学关系可得到杆件横截面上的应力和内力的显函数关系。而在几何分析的基础上，还可求出杆件的变形与内力之间的关系，于是，在内力已知的情况下，杆件的变形和横截面上的应力均可求出，从而杆件在强度和刚度方面是否安全就可以进行定量的计算了。另外，材料力学的物理分析还包括分析杆件的外力与变形之间的关系。

1.7　材料力学的主要研究内容

材料力学中杆件的变形主要是指几种基本变形以及组合变形，基本变形包括拉伸与压缩、扭转、弯曲和剪切，而剪切变形相对于其他基本变形来说是很小的，可以忽略不计。这些变形形式的强度和刚度问题就是材料力学的主要研究内容。所以，材料力学具体的研究内容是杆件各种基本变形形式及组合变形的内力、应力、强度、变形、刚度和超静定六个方面的问题，见表 1－1。这些内容属于材料力学的基本理论部分，也是材料力学课程的主线，如图 1－33 所示。

表 1－1　材料力学的基本理论部分

	内力	应力	强度	变形	刚度	超静定
拉伸与压缩						
扭转						
弯曲						
组合变形						

图 1－33 中虚线框里的内容，即能量法、动应力和压杆稳定问题，属于材料力学的专题部分，它们也是材料力学的重要组成部分。超静定问题是材料力学的一类特殊问题，详见各章相应部分。

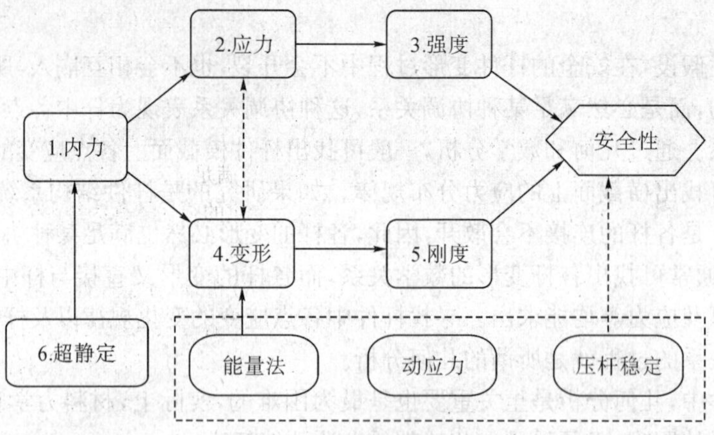

图 1－33 材料力学课程的主线

表 1－1 是材料力学基本理论部分的主要内容，它表明材料力学实际上是一门非常系统化的课程，本书即是按照表 1－1 的内容进行撰写的，这种编排有两个重要的目的：一是让学生在较高层次上把握材料力学课程的内容，二是让学生在较深层次上理解材料力学课程的理论分析方法。

小 结

1. 工程构件可分为杆件、板壳和实体等基本类型，材料力学主要研究杆件或杆件结构系统在外力作用下的强度、刚度和稳定性问题，在既安全又经济的条件下进行结构设计。

2. 材料力学研究的是理想化的材料，即满足连续、均匀和各向同性等假设，同时材料力学只研究线弹性小变形的问题。

3. 杆件的变形分为拉伸与压缩、扭转、弯曲和剪切等基本变形形式，由于剪切变形很小且只影响局部杆件，因此不单独研究。杆件中如果存在两种或两种以上的基本变形形式，则称为组合变形。在小变形情况下，杆件各种基本变形之间不存在耦合效应。

4. 内力概念：内力是杆件一部分对另一部分的作用力，在杆件分界面上内力是连续分布的力系，杆件的分界面在无特殊说明的情况下通常指的是杆件的横截面。杆件横截面上连续分布的内力在截面形心处合成的主矢和主矩的分量称为杆件横截面上的内力分量，即轴力 F_N，两个方向的剪力 F_{Sy}，F_{Sz}，扭矩 T，两个方向的弯矩 M_y，M_z。这些内力分量就是材料力学通常所说的内力，内力通常可以由截面法求得，内力是材料力学理论和方法的出发点。

5. 应力概念：一点处某个平面上单位面积上的内力称为该点处某平面上的全应力。全应力在该平面法线方向的分量称为该平面上的正应力，用 σ 表示；在该平面内的分量称为该平面上的切应力，用 τ 表示。应力的单位是 Pa，MPa，GPa。

杆件横截面上的内力和应力之间满足静力学关系，无论杆件的变形是基本变形还是组合变形，这组静力学关系均必须满足，静力学关系有六个，是一组积分关系。

6. 应变概念：一点处沿某个方向单位线段的伸长量称为该点处沿某个方向的正应变或线应变，用 ε_S 表示；一点处两个相互垂直方向的直角改变量称为这两个方向间的切应变或角应变，用 $\gamma_{\alpha\beta}$ 表示。应变是无量纲量。

7. 单元体概念：用截面法从构件某点处截取的无限小正六面体称为该点的一个单元体，单元体的边长可视为零，单元体的面称为微分面，六个微分面可分为正向面和负向面两组，每个微分面上一般均有一个正应力和两个切应力作用。由单元体的平衡可证明单元体微分面上的切应力满足切应力互等定理。单元体三个正向面或负向面上的应力实际上是考察点处三个相互垂直的平面上的应力。单元体微分面上只有一对正应力作用时称为单向应力状态，拉伸压缩杆件任意点均是单向应力状态；单元体微分面上只有唯一切应力作用时称为纯剪切应力状态，扭转杆件任意点均为纯剪切应力状态。单向应力状态和纯剪切应力状态统称为简单应力状态，其他情况称为复杂应力状态。

8. 虎克定律：在小变形条件下，单向应力状态的正应力 σ 和其相应的正应变 ε 之间满足 $\sigma=E\varepsilon$，这一关系称为虎克定律；纯剪切应力状态的切应力和其相应的切应变之间满足 $\tau=G\gamma$，这一关系称为剪切虎克定律。虎克定律和剪切虎克定律统称为简单虎克定律，满足简单虎克定律的弹性体称为线弹性体，常数 E 和 G 分别称为材料的弹性模量和剪切弹性模量。

9. 材料力学的分析方法：对各种基本变形，首先进行静力学分析，即分析杆件横截面上内力和应力之间的关系，也即静力学方程；其次进行几何分析，即分析杆件横截面上各点之间应变的关系，也即应变规律或几何方程；最后进行物理分析，即分析杆件应力和应变之间的关系，从而由几何方程得到杆件横截面上应力的变化规律，将此代入静力学关系，即可得到杆件横截面上的应力和内力之间的显函数表达式，由变形规律还可得到杆件的变形与内力之间的表达式。因此，只要知道杆件的内力，即可计算杆件的应力和变形，从而计算杆件的强度和刚度。

10. 材料力学课程主线：分析杆件各种基本变形以及组合变形六个方面的问题，即内力、应力、强度、变形、刚度和超静定问题。另外，材料力学课程还包括三个重要的专题，即压杆稳定、能量法和动应力问题。

思考题一

1. 什么是材料的强度和刚度？杆件的强度和刚度与什么因素有关？

2. 为什么材料力学要假设材料是连续和均匀的？

3. 什么是内力？材料力学中所说的杆件的内力指的是什么？内力如何求得？

4. 为什么要引进应力概念？应力的要素是什么？

5. 应力与压强有什么相同处？又有什么区别？

6. 什么是正应力和切应力？其对作用点附近有什么变形效应？

7. 静力学关系共有六个方程，对任何杆件来说这些方程均必须满足。试分析：对拉伸与压缩杆件来说，哪几个方程需要满足？而哪几个方程是自然满足的？对扭转杆件来说，情况又如何？

8. 正应变和切应变的几何意义是什么？

9. 某一根长度为 l 的杆件，其总伸长量为 Δl，则杆件中任何一点沿杆件轴线方向的线应变均等于 $\varepsilon=\frac{\Delta l}{l}$，这一结果是否正确？为什么？

10. 构件中两点 A，B 处两条相互垂直的微元线段在变形后分别如图中虚线所示，则这两点的角应变均为 $\gamma_{xy}=2\alpha$，这一结果是否正确？

11. 在结构中用截面法截取一个非正六面体的单元体，如图所示，其左右微分面上的应力均为 $\sigma=10\ \text{MPa}$，试问该单元体平衡吗？为什么？

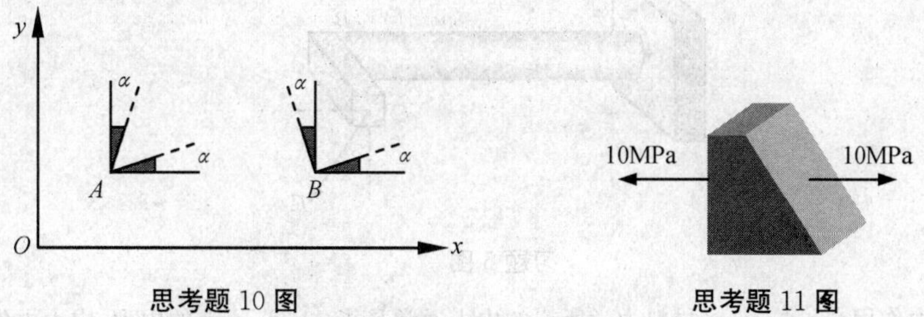

思考题 10 图　　思考题 11 图

12. 切应力互等定理与材料的力学性能有关吗？

13. 各单元体微分面上的切应力如图所示，试问哪些情况是不可能存在的？

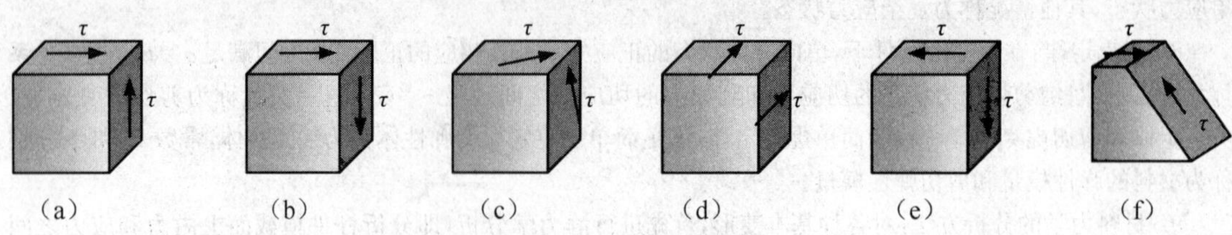

思考题 13 图

14. 虎克定律 $\sigma = E\varepsilon$ 在什么条件下适用？

习题一

一、选择题

1. 材料的强度与下列哪种因素有关？（　　）

(A)材料的受力大小　　(B)材料的变形大小
(C)材料的力学性质　　(D)材料的几何形状

2. 材料的刚度与下列哪种因素有关？（　　）

(A)材料的受力大小　　(B)材料的变形大小
(C)材料的力学性质　　(D)材料的几何形状

3. 杆件的哪种基本变形只对杆件的某一个局部存在影响？（　　）

(A)拉伸与压缩　　(B)扭转　　(C)弯曲　　(D)剪切

4. 如图所示的受拉力作用的杆件，其内力与下列哪种因素有关？（　　）

(A)杆件的截面形状　　(B)杆件拉力的大小
(C)杆件材料的力学性质　　(D)杆件的长度

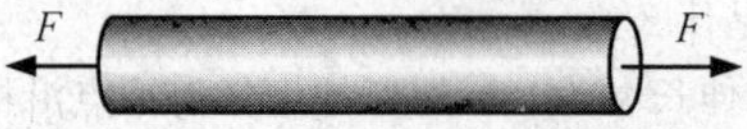

习题 4 图

二、填空题

5. 图示结构当载荷 F 作用的角度为 $\alpha = 0°$ 时，杆件 AB 的变形是______；当 $0° < \alpha < 90°$ 时，杆件 AB 的变形是______；当 $\alpha = 90°$ 时，杆件 AB 的变形是______。

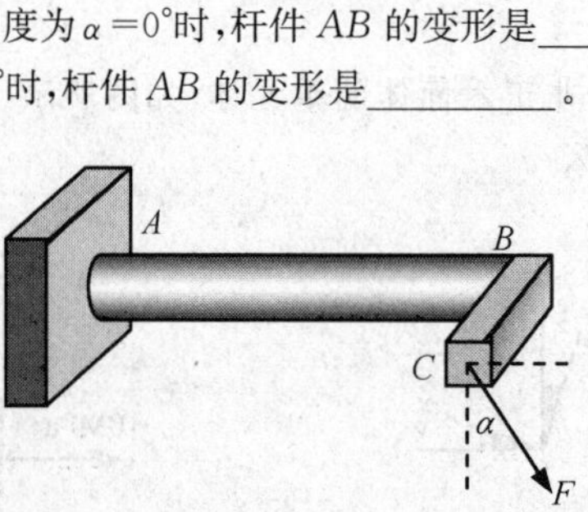

习题 5 图

6. 杆件的内力作用在______，材料力学所说的内力通常是指______上的内力，内力主矢和主矩共有______分量，分别是______。

7. A 点处平面 Σ 上的全应力矢量如图所示，则 A 点处平面 Σ 上的正应力为________，切应力为______，全应力矢量在 x 方向的分量为______，在 y 方向的分量为________。

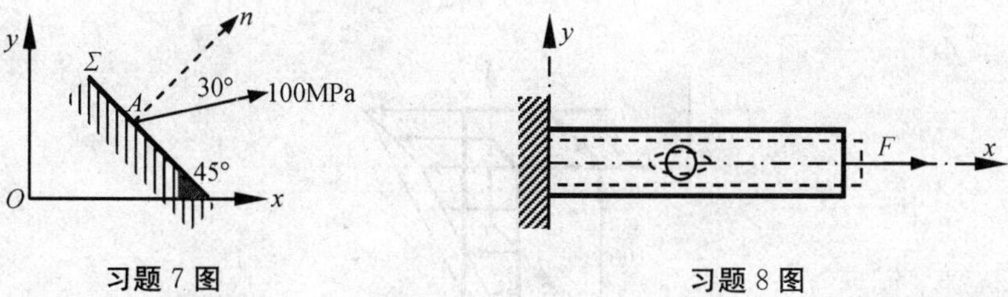

习题 7 图　　　　习题 8 图

8. 图示杆件拉伸时其侧表面上的一个直径为 1 mm 小圆变形后成了一个正椭圆，这一椭圆的长轴为 1.02 mm，则杆件在轴线方向的线应变 $\varepsilon_x=$________，xy 方向间的切应变 $\gamma_{xy}=$________。

三、计算题

9. 曲杆 ABC 受力和尺寸如图所示，求杆件 AB 和 BC 横截面上的内力。曲杆中的最大内力是多少？在什么位置？杆件 AB 和 BC 存在什么变形？

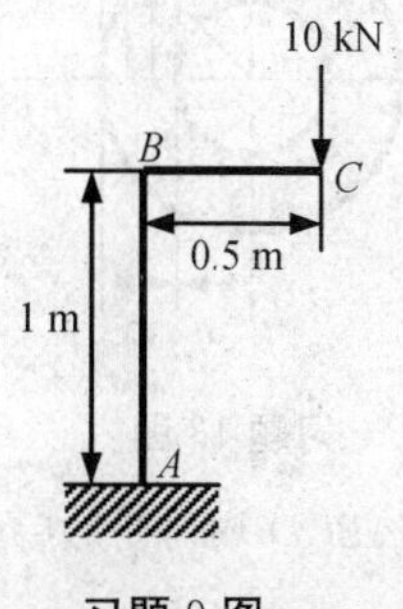

习题 9 图

10. 如图所示，在杆件的斜截面上 A 点处的全应力为 $p=100$ MPa，试求该点的正应力和切应力。

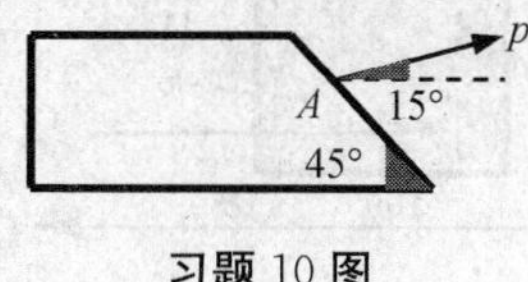

习题 10 图

11. 某杆件横截面为宽 $b=30$ mm、高 $h=50$ mm 的矩形截面，其方位角 $\alpha=30°$ 的斜截面上作用有均匀的正应力 $\sigma=30$ MPa 和切应力 $\tau=20$ MPa，求截面上任意点的全应力矢量和合内力的大小。

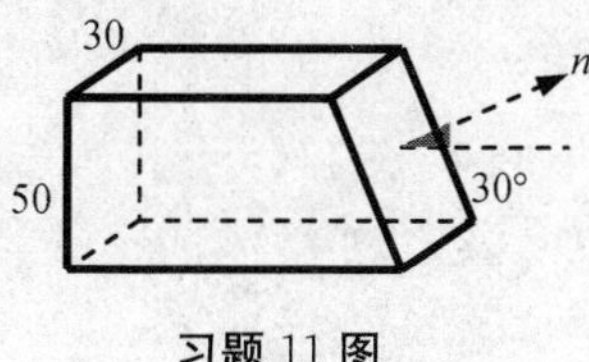

习题 11 图

12. 如图所示，矩形截面杆件横截面上的正应力沿高度方向线性分布，而沿宽度方向均匀分布，截面上的最大应力为 $\sigma_{\max}=100$ MPa，截面的底边应力为 0，O 为截面形心。问：截面上存在什么内力分量？其值是多少？

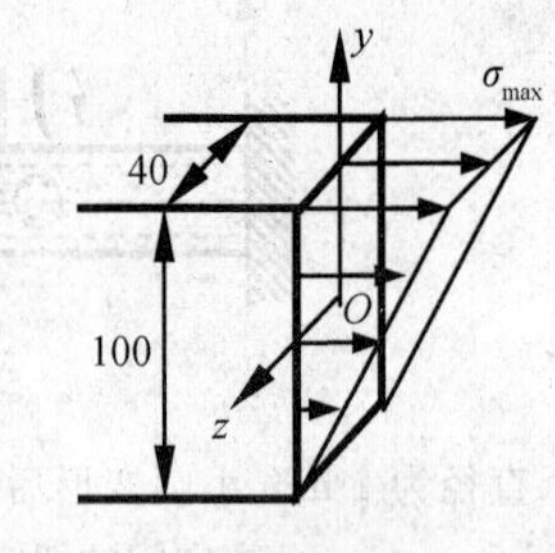

习题 12 图

13. 某空心圆轴横截面上的切应力沿半径方向的分布规律如图所示，求横截面上的扭矩。

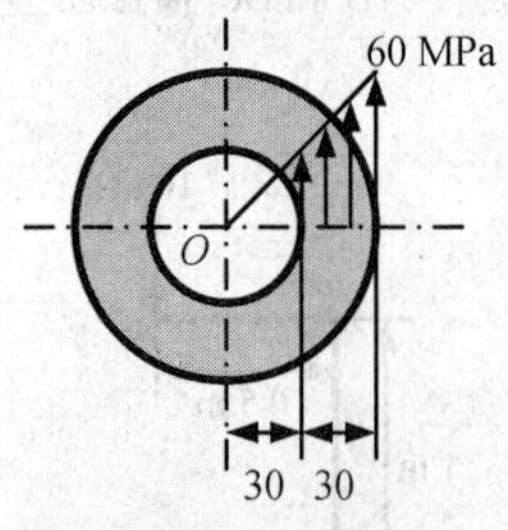

习题 13 图

14. 如图所示，边长为 100 mm 的正方形 $ABCD$ 均匀变形后成为四边形 $abcd$，若正方形的偏转角度 $\alpha=3°$，试求正方形任意一点的应变 ε_x，ε_y，γ_{xy}。

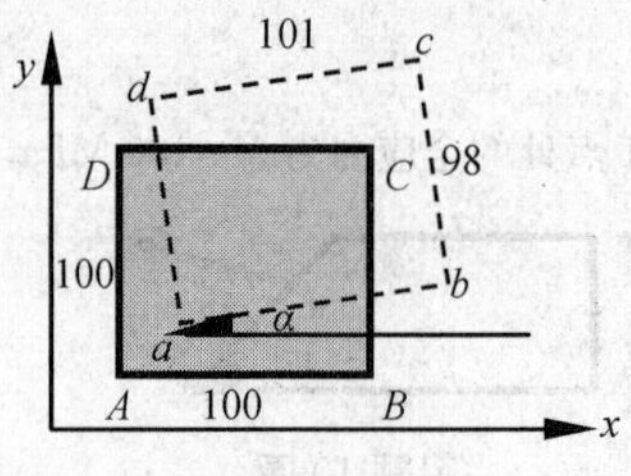

习题 14 图

15. 推导杆件各种基本变形应满足的静力学关系。扭转时只考虑圆轴问题且圆轴上任意点的切应力垂直于半径直线。

16. 推导杆件在一般受力情况下应满足的静力学关系，即式(1－4)。

第 2 章　拉伸与压缩

轴向拉伸与压缩是杆件最基本的一种变形形式，其受力特点是杆件只受轴向载荷作用，而轴向载荷有两种情况：一是集中力 F，又称为集中载荷；二是分布载荷，杆件单位长度上的轴向载荷 $q(x)$ 称为分布载荷集度，当其为常数的时候，称为均布轴向载荷，如图 2－1(a)所示。轴向拉伸与压缩的内力特点是在杆件的任意横截面上只存在唯一的内力分量——轴力 $F_N(x)$，如图 2－1(b)所示。轴向拉伸与压缩的变形特点是在轴向载荷作用下杆件在轴线方向伸长或缩短，并伴随着横向的收缩或膨胀，如图 2－2 所示。

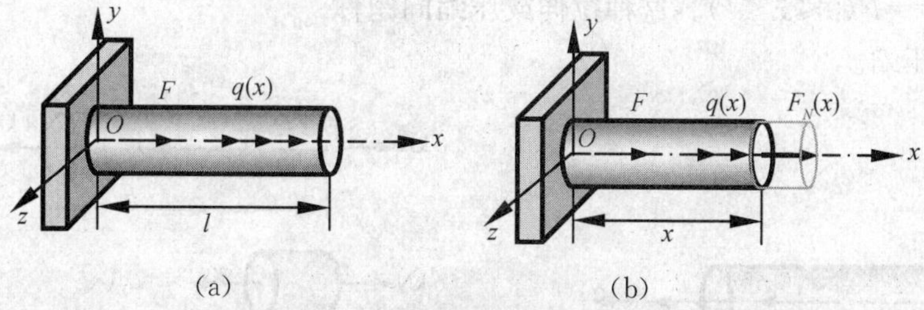

图 2－1　轴向拉伸与压缩

图 2－2　拉伸和压缩变形

轴向拉伸与压缩杆件在工程中有广泛的应用。例如，受自重作用的电视塔或水塔(如图 2－3(a)所示)，汽缸的活塞杆(如图 2－3(b)所示)，桁架结构中的杆件(如图 2－3(c)所示)等。

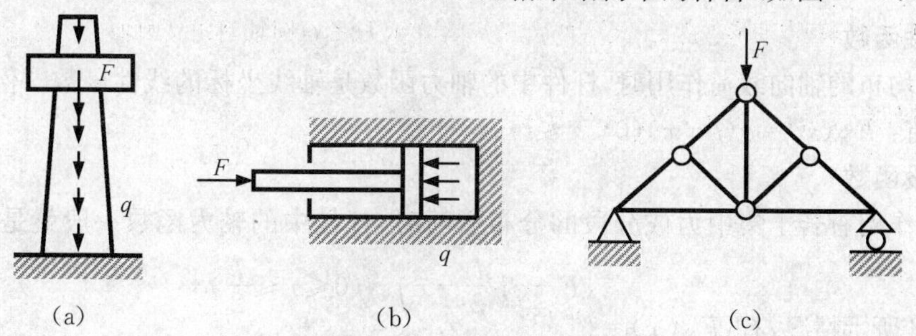

图 2－3　工程中拉压杆的实例

本章完全按照材料力学的主线进行讲述，即拉压杆的内力、应力、强度、变形、刚度以及拉压杆的超静定问题，每部分内容作为一节。本章只考虑直杆的拉伸与压缩问题，曲杆在外力作用下横截面上除了轴力外，往往还有其他的内力，属典型的组合变形问题，本书后面章节将涉及这类问题。另外，本章所考虑的直杆可以是等截面杆，也可以是变截面杆。

2.1 拉压杆的内力——轴力

2.1.1 轴力函数

杆件在轴向载荷作用下横截面上只存在轴力这一唯一的内力，一般情况下，轴力与杆件横截面的位置有关，以杆件轴线为 x 轴建立一坐标系，则轴力随轴线坐标 x 变化的函数

$$F_N = F_N(x) \tag{2-1}$$

称为杆件的**轴力函数**或**轴力方程**，如图 2－4 所示。轴力函数通常可用截面法求得。杆件中轴力函数的变化规律常见的有以下几种情况：

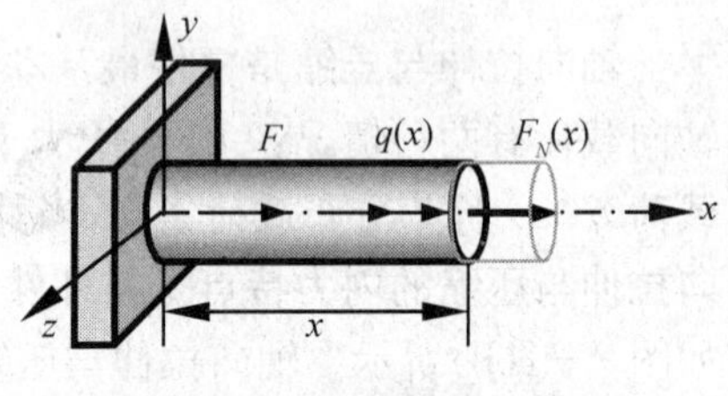

图 2－4　轴力函数

(1)常数

杆件只在两端受拉力或压力作用时，杆件中的轴力函数是一常数，就等于拉力或压力的大小(如图 2－5 所示)，即：$F_N(x)=F(0\leqslant x\leqslant l)$。这种拉伸或压缩问题称为简单拉伸与压缩。

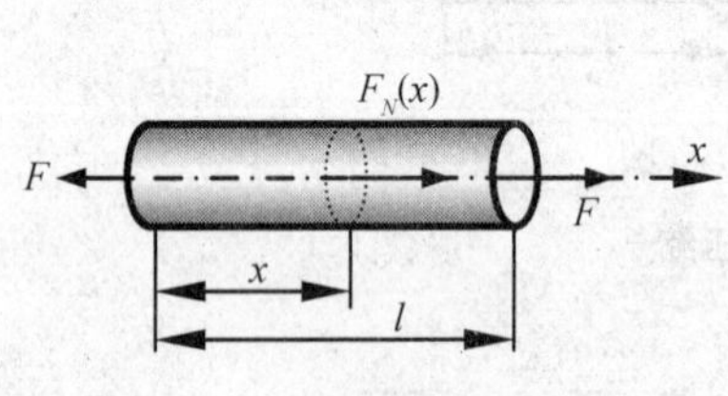

图 2－5　简单拉伸与压缩

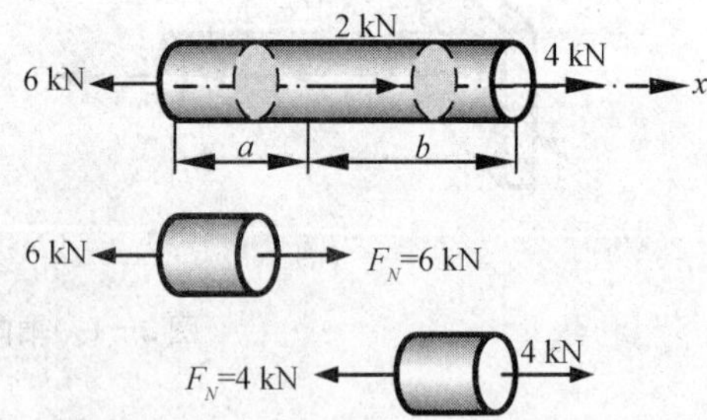

图 2－6　多个集中轴向力作用

(2)分段常数

杆件轴线上作用有若干集中力时，杆件轴力函数的变化规律是分段常数。例如图 2－6 所示情况，有：$F_N(x)=\begin{cases}6\ \text{kN}(0\leqslant x\leqslant a)\\4\ \text{kN}(a\leqslant x\leqslant a+b)\end{cases}$。

(3)线性函数

杆件受均布的轴向载荷作用时，杆件中的轴力函数是轴线坐标的线性函数。例如图 2－7 所示情况，有：$F_N(x)=q(l-x)(0\leqslant x\leqslant l)$。

(4)分段函数

当杆件作用有若干集中力或分段的分布载荷时，杆件中的轴力函数一般就是分段函数。例如图 2－8 所示情况，有：$F_N(x)=\begin{cases}F+q\left(\dfrac{l}{2}-x\right) & \left(0\leqslant x\leqslant \dfrac{l}{2}\right)\\F & \left(\dfrac{l}{2}\leqslant x\leqslant l\right)\end{cases}$。

轴力函数除了上述一些常见分布情况外，还存在更为复杂的一些分布情况，这里不再赘述。

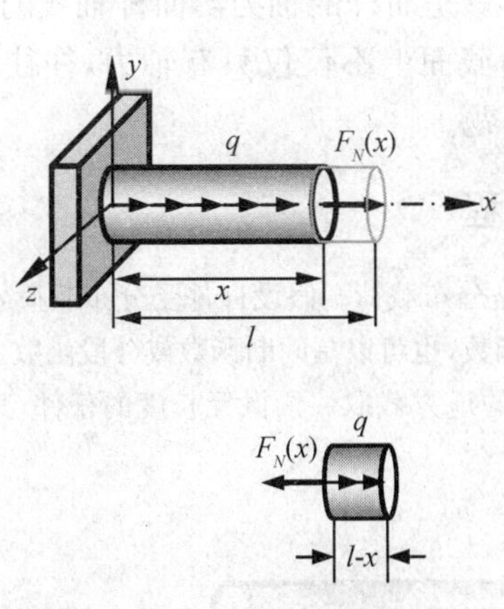

图 2-7　均布轴向载荷作用

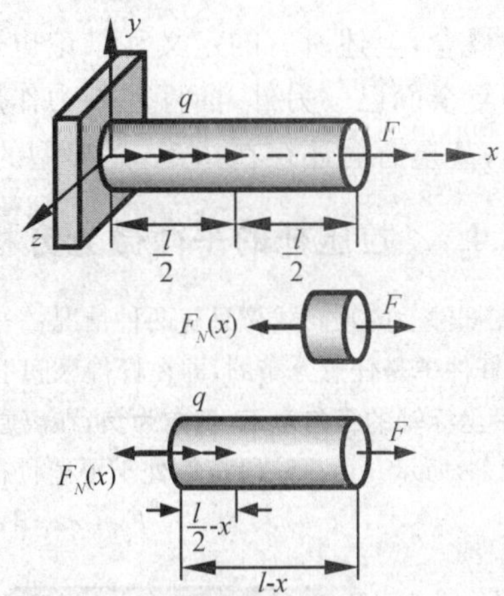

图 2-8　分段轴向载荷作用

2.1.2　轴力的正负号规定

显然，在杆件横截面上轴力有两个可能的方向。如果在杆件某处将截面切开后将形成左右两个面，这两个面上的轴力大小相等，方向相反，是作用力和反作用力，但它们对杆件的变形效应是完全相同的，是同一性质的轴力。因此，为了区分横截面上轴力的方向，并同时考虑到轴力的性质，规定：轴力沿其所作用截面的外法线方向时为正，沿其所作用截面的负法线方向时为负，也即**拉力为正，压力为负**(如图 2-9 所示)。

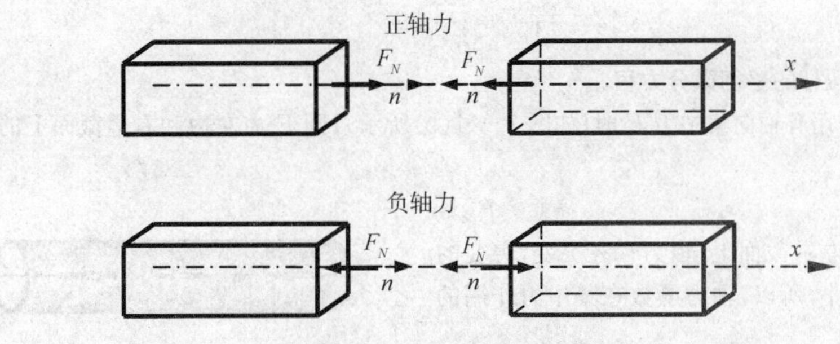

图 2-9　轴力的正负号规定

2.1.3　轴力图

以杆件的轴线为横坐标，轴力 F_N 为纵坐标所作出的轴力函数 $F_N(x)$的图形称为拉压杆的内力图，又称为**轴力图**(如图 2-10 所示)。

图中 L 为杆件的长度，必须注意，按照轴力的正负号规定，杆件中的轴力可正可负，另外，杆件坐标系的原点可以选取轴线上的任意一点。

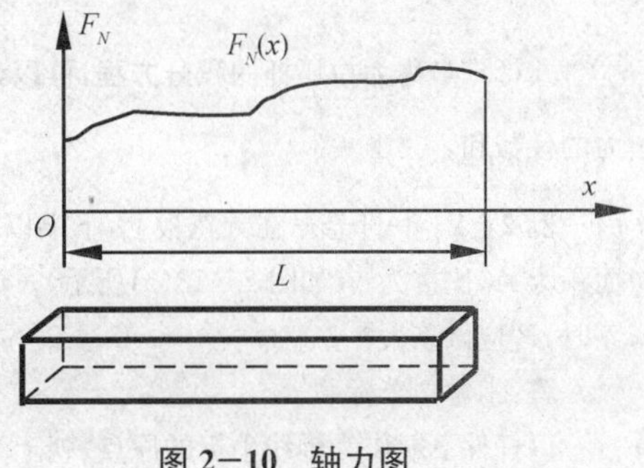

图 2-10　轴力图

拉伸与压缩杆件中的轴力有以下特点：①轴力与杆件的横截面形状和大小无关；②轴力与杆件材料的力学性能无关；③轴力在杆件中可以是轴线坐标的连续函数，也可以是间断函数或分段函数。

以上主要考虑的是直杆的轴力，对曲杆而言，也存在轴力概念，上述所有的定义和结论也适用于曲杆，只是曲杆的轴力沿曲杆轴线的分布规律显得更为复杂而已。另外，曲杆在外力作用下，杆件横截面上不仅仅只有轴力，往往还存在剪力和弯矩，甚至有时还存在扭矩，是典型的组合变形问题。

2.1.4* 拉压杆的平衡微分方程和积分方程

作用在杆件上的轴向载荷只有两种情况：一是集中力，二是分布载荷。假设杆件受分布载荷 $q(x)$ 作用，而 $q(x)$ 在杆件中是任意分布的，即在杆件区间里可以是连续函数，也可以是间断函数或分段函数。首先假设**轴向载荷沿坐标轴的正向为正，负向为负**，在离原点距离为 x 的地方截取一段微元长度的杆件，其受力情况如图 2－11(a)所示。由于该段杆件处于平衡状态，则有

$$F_N(x+\mathrm{d}x)+q(x)\mathrm{d}x=F_N(x)$$

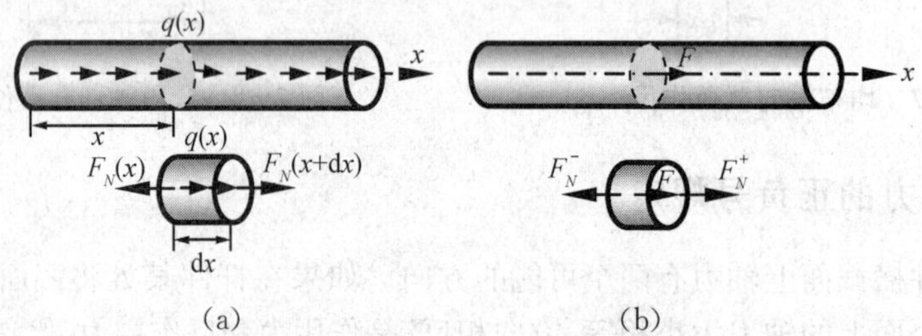

图 2－11　微元段杆件的平衡

由于 $F_N(x+\mathrm{d}x)=F_N(x)+\dfrac{\mathrm{d}F_N}{\mathrm{d}x}\mathrm{d}x$，则有

$$\frac{\mathrm{d}F_N}{\mathrm{d}x}=-q(x) \tag{2-2}$$

式(2－2)称为拉压杆的**平衡微分方程**。

另外，当杆件中作用有轴向集中力 F 时(如图 2－11(b)所示)，则 F 力左边和右边截面上的内力有如下关系：

$$F_N^+-F_N^-=-F \tag{2-3}$$

即在集中力作用处的左右截面上，轴力存在突变，突变的大小就是集中力的大小，所以，轴力函数在集中力作用的截面处是不连续的。

当两种轴向载荷同时作用在杆件上时，将式(2－2)积分并考虑到式(2－3)，则杆件任意两截面 A 和 B 上的轴力存在如下关系(如图 2－12 所示)：

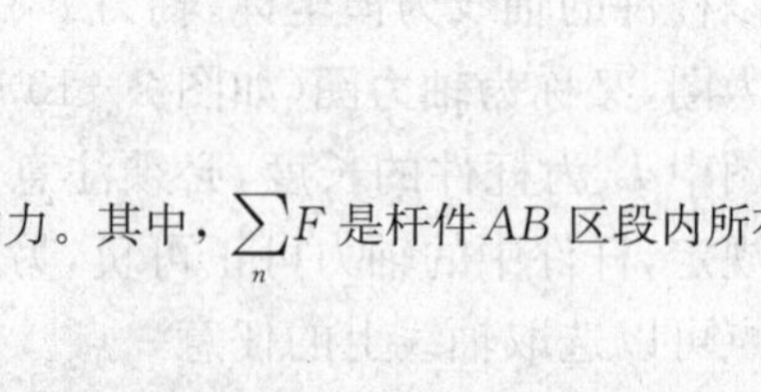

$$F_N(B)=F_N(A)-\sum_n F-\int_A^B q(x)\mathrm{d}x \tag{2-4}$$

图 2－12　任意两截面上轴力的关系

式(2－4)称为拉压杆的**积分方程**，可以计算任意截面上的轴力。其中，$\sum\limits_n F$ 是杆件 AB 区段内所有集中力的代数和。

例 2－1　一杆悬吊在天花板上，下端以一恒定的力 P 向上作用，考虑杆件的自重，杆件的长度为 l，截面面积为 A，比重为 γ(如图 2－13(a)所示)。试求：①杆件的内力函数，并画内力图；②杆件中间截面的内力为零时，P 应该多大？

解：①建立坐标系。

以杆件下端作为轴线坐标的原点，朝上为 x 轴的正方向。

②求杆件的内力。

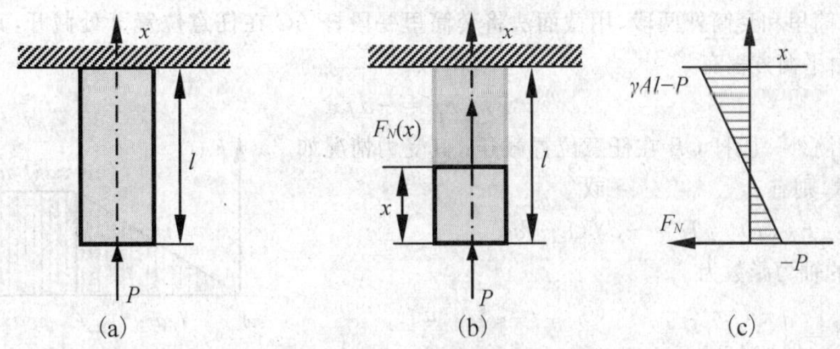

图 2-13　例 2-1 图

在任意截面处将杆件截开,下半部分的受力情况如图 2-13(b)所示,有

$$F_N(x)+P=W(x),W(x)=\gamma Ax$$

可得

$$F_N(x)=\gamma Ax-P$$

杆件中的内力是线性分布的,内力函数如图 2-13(c)所示。

③求力 P。

因杆件中间截面上的内力为零,则有

$$F_N\left(\frac{l}{2}\right)=\frac{\gamma Al}{2}-P=0$$

可得

$$P=\frac{\gamma Al}{2}=\frac{W}{2}$$

W 为杆件的自重,即当力 P 为杆件自重的一半时,杆件中间截面上的内力为零。

例 2-2　长度为 L、直径为 d 的圆形截面杆 AB 插在一套筒中(如图 2-14(a)所示),套筒和杆件之间的单位面积上的静摩擦力为 f,今于杆端以集中力方式将杆件从套筒中缓慢拔出,求杆件拔出长度为 a 时杆件中的轴力函数,并画出其轴力图。

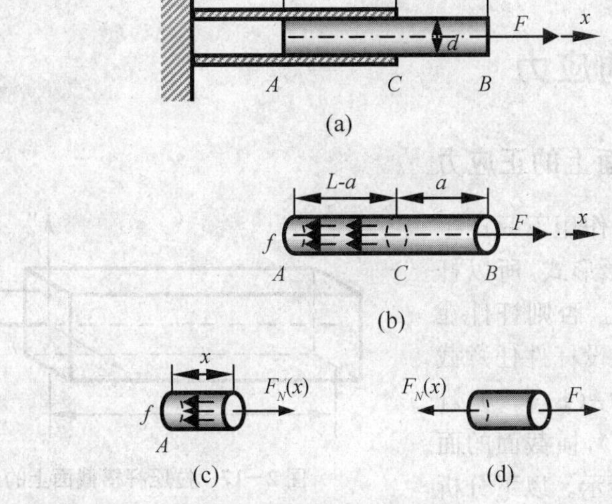

图 2-14　例 2-2 图

解:假设杆端的集中力为 F,则杆件从套筒中拔出长度为 a 时的受力情况如图 2-14(b)所示,由杆件的整体平衡有

$$F=\pi df(L-a)$$

杆件分为套筒里和套筒外两段,用截面法将套筒里一段杆 AC 在任意位置 x 处截开,其受力情况如图 2-14(c)所示,由平衡方程有

$$F_N(x)=\pi dfx$$

再用截面法将套筒外一段杆 CB 在任意位置截开,其受力情况如图 2-14(d)所示,则有

$$F_N(x)=F=\pi df(L-a)$$

所以,杆件的轴力函数为

$$F_N(x)=\begin{cases}\pi dfx & (0\leqslant x\leqslant L-a)\\ \pi df(L-a) & (L-a\leqslant x\leqslant L)\end{cases}$$

可见,杆件中的轴力函数是分段函数。其轴力图如图 2-15 所示。

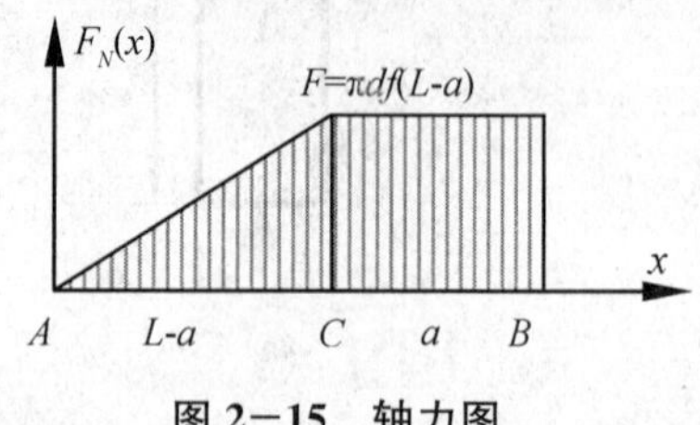

图 2-15 轴力图

例 2-3 桁架结构如图 2-16(a)所示,求各杆的内力。

解:首先,以 C 点为圆心用圆弧形截面将 AC,CD 杆从横截面上截开,如图 2-16(b)所示。考虑节点 C 的平衡,有

$$F_{NAC}=F,F_{NCD}=0$$

再以相同方式在节点 D 处将杆件 CD,AD,BD 从横截面上截开,如图 2-16(c)所示。平衡方程为

$$F_{NAD}\sin45^\circ-F=0,F_{NAD}\cos45^\circ+F_{NBD}=0$$

解之得

$$F_{NAD}=\sqrt{2}F,F_{NBD}=-F$$

其中,负号表示压力。

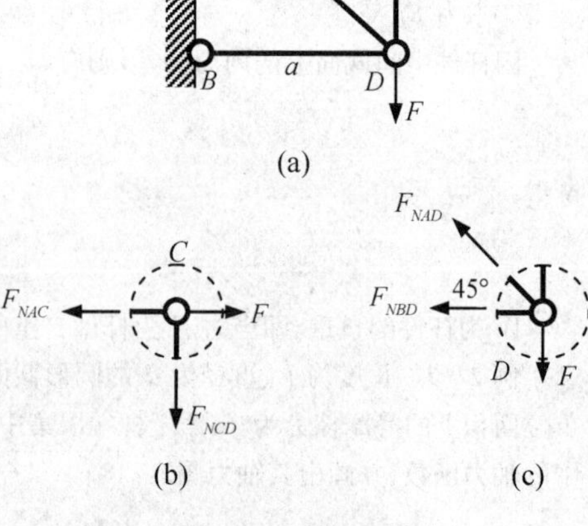

图 2-16 例 2-3 图

需要注意的是,在以上各例题的计算中,总是假设未知的轴力沿规定中的正方向,这样算出的实际轴力的正负号将与规定中的一致,即算出的轴力为正则实际就是拉力,为负则实际就是压力。这种处理未知内力的方法称为**设正法**。

2.2 拉压杆的应力

2.2.1 杆件横截面上的正应力

由于杆件在轴向载荷作用下只产生拉伸或压缩一种基本变形形式,所以杆件横截面上不存在切应力,否则杆件在横向将产生剪切变形。假设杆件任意截面上一点 P 处的正应力为 $\sigma(x,y,z)$,且横截面上的轴力为 $F_N(x)$,横截面的面积为 $A(x)$,如图 2-17 所示。以下分析的目的是要找出杆件横截面上正应力的计算公式,即正应力与内力之间的显函数表达式。

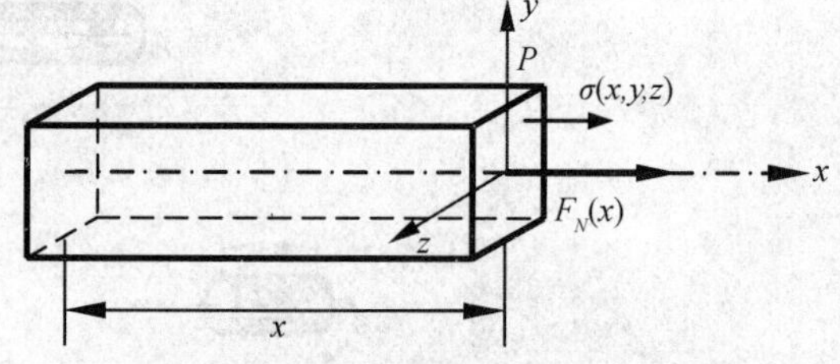

图 2-17 拉压杆横截面上的应力

(1)力学分析

由于杆件横截面上只有正应力,所以静力学关系用与正应力有关的那组公式,即

$$\begin{cases} F_N(x) = \int_A \sigma(x,y,z)\mathrm{d}A \\ M_y(x) = \int_A \sigma(x,y,z)z\mathrm{d}A = 0 \\ M_z(x) = -\int_A \sigma(x,y,z)y\mathrm{d}A = 0 \end{cases} \tag{2-5}$$

必须注意，在求应力的过程中，式(2－5)是可以利用的唯一一组公式。由于内力可用截面法求得，而式(2－5)表明的情况是已知积分结果而要求出被积函数 $\sigma(x,y,z)$，这在数学上是不可能的。因此，材料力学从内力到应力这一步仅靠逻辑推理是得不到应力计算公式的，也就是说，材料力学在理论逻辑上这一步是无法进行下去的。那么，材料力学又是如何解决这一困难的呢？材料力学采用了一种简单但十分有效的方法克服这一困难，即通过实验引进关于杆件变形的一些假设，首先找出杆件横截面上各点的变形规律，然后利用虎克定律导出应力的变化规律，从而再利用静力学关系就可求出杆件横截面上的应力计算公式。这种分析方法就是材料力学研究各种杆件的应力和变形的主要方法。

(2)几何分析

实验：在杆件表面画上水平和竖直的直线，然后在拉力机上做拉伸或压缩实验，如图 2－18(a)所示。实验表明：杆件表面的竖直线在杆件变形后仍然保持为直线，只是相对于原来的位置沿轴线方向移动了一段距离，如图 2－18(b)所示。据此可推断杆件内部也是如此变形，于是杆件表面的竖直线代表的是杆件的横截面，因此，可引入如下假设。

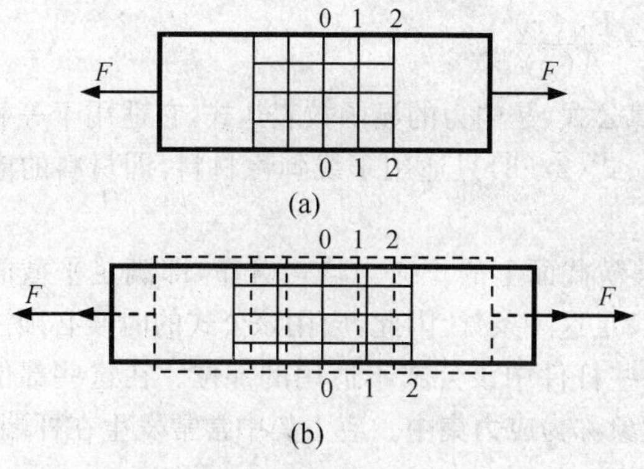

图 2－18　拉伸实验

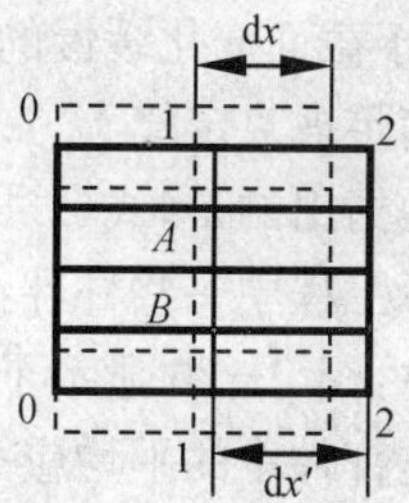

图 2－19　截面上点的变形

平截面假设：拉压杆的横截面在变形过程中始终保持为平面，而且变形后仍为杆件的横截面。

现考察杆件中的任意位置 x 处两个相距为 $\mathrm{d}x$ 的截面 1－1 和 2－2，假设变形后两截面的距离变为 $\mathrm{d}x'$，如图 2－19 所示，若 A，B 是横截面 1－1 上的任意两点，则根据平截面假设以及线应变的定义，有

$$\varepsilon(A) = \frac{\Delta(\mathrm{d}x)}{\mathrm{d}x} = \frac{\mathrm{d}x' - \mathrm{d}x}{\mathrm{d}x} = \varepsilon(B)$$

可知杆件横截面上各点沿轴线方向的线应变是均匀分布的，即

$$\varepsilon(x,y,z) = \varepsilon(x) \tag{2-6}$$

式(2－6)称为拉压杆的**变形规律**或**几何方程**。由此可见，**根据实验现象引进的关于杆件变形的假设，本质上规定了杆件横截面上点与点之间变形的协调性**。必须注意，几何方程与材料的力学性能无关，它只与杆件的变形特点有关。例如，无论什么材料制成的杆件，甚至是由

不同材料叠合而成的杆件,只要满足平截面假设,则上述的几何方程均成立。

(3)物理分析

假设杆件由单一材料制成,而且材料是线弹性材料,则根据虎克定律,杆件横截面上任意一点处有 $\sigma(x,y,z)=E\varepsilon(x,y,z)$。由于 E 是材料常数,所以根据几何方程可知,杆件横截面上的应力也是均匀分布的,即

$$\sigma(x,y,z)=\sigma(x) \tag{2-7}$$

式(2-7)即是杆件横截面上的**应力分布规律**。

将式(2-7)代入式(2-5)的第二式和第三式,有

$$M_y(x)=\int_A \sigma(x)z\mathrm{d}A=\sigma(x)\int_A z\mathrm{d}A=\sigma(x)S_y=0$$

$$M_z(x)=-\int_A \sigma(x)y\mathrm{d}A=-\sigma(x)\int_A y\mathrm{d}A=-\sigma(x)S_z=0$$

由于 x 轴是形心轴,y,z 轴均过杆件截面的形心,则静矩 S_y,S_z 均为零。所以,如果将杆件坐标系建立在形心处,即轴向载荷作用在杆件的轴线上时,静力学关系式(2-5)的第二式和第三式自然满足,此时杆件的变形就是单纯的拉伸或压缩变形。

将式(2-7)代入式(2-5)的第一式,有

$$F_N(x)=\int_A \sigma(x)\mathrm{d}A=\sigma(x)A(x)$$

即

$$\sigma(x)=\frac{F_N(x)}{A(x)} \tag{2-8}$$

式(2-8)就是杆件横截面上的**正应力计算公式**,是内力的显函数表达式,它适用于等截面杆,也适用于截面变化缓慢的变截面杆。另外,式(2-8)只适用于线弹性材料,即材料的应力应变关系满足虎克定律。

还必须指出的是,式(2-8)成立的条件是横截面上的正应力均匀分布,即满足平截面假设。但实际工程中一些杆件在某些部位并不满足这一条件,因此,应用该公式的时候必须注意其适用条件,图 2-20 显示了工程中常见的一些杆件中该公式不适用的部位。在这些部位的应力往往比杆件中的平均应力大很多,这种现象称为**应力集中**。应力集中常常发生在杆端、孔洞、台肩、沟槽或截面急剧变化的地方。

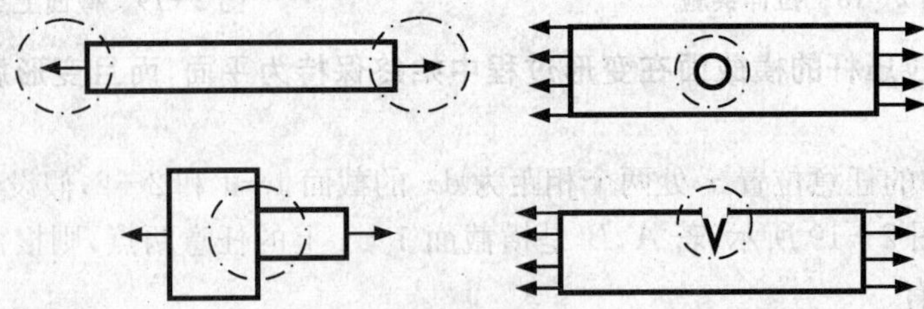

图 2-20 应力集中现象

应力集中对杆件强度的影响非常大,但应力除了在图示小圆圈范围里变化急剧之外,其他地方的应力和平均应力相差无几,这一结果的依据是**圣维南原理**:构件表面小面积上作用的力系如果用静力等效的另一个力系代替,则两者在构件中引起的应力、变形以及位移只在小面积的附近差别很大,但随着离该小面积的距离的增加,这种差别迅速地减小。所以,材料力学中如图 2-21 所示的问题对应的可认为是相同的问题,即作用在杆件上的外力可以沿杆件的横

向进行等效移动。

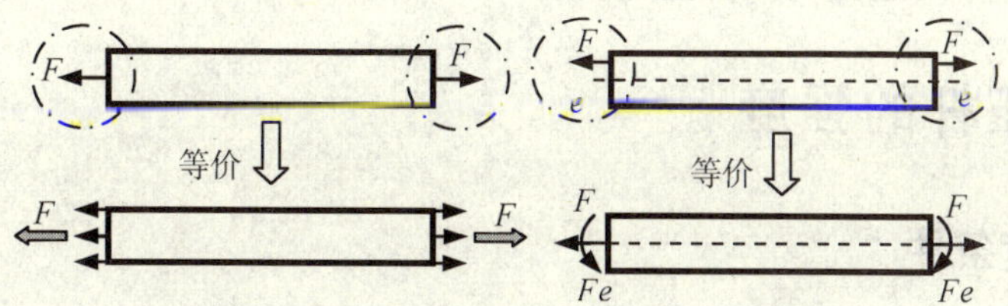

图 2－21 载荷沿杆件横向方向可进行等效移动

2.2.2 杆件斜截面上的应力

为了全面了解拉压杆内部的应力情况，除了研究杆件横截面上的应力外，还要研究杆件斜截面上的应力。若杆件在任意位置 x 处横截面上的内力为 $F_N(x)$（如图 2－22(a)所示），则该处任意斜截面上的内力仍为 $F_N(x)$（如图 2－22(b)所示）。

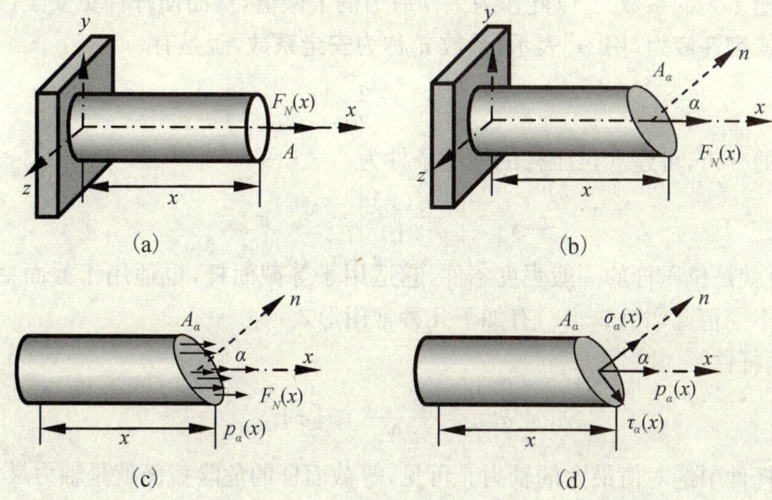

图 2－22 杆件斜截面上的应力

仿照杆件横截面上的应力是均匀的分析过程，也可以得出杆件斜截面上的全应力也是均匀分布的结论（如图 2－22(c)所示）。于是有

$$p_\alpha = \frac{F_N(x)}{A_\alpha} = \frac{F_N(x)}{\dfrac{A}{\cos\alpha}} = \sigma(x)\cos\alpha$$

式中，α 为斜截面的法线方向与杆件轴线间的夹角。因此，斜截面上的正应力和切应力为

$$\begin{cases} \sigma_\alpha(x) = p_\alpha\cos\alpha = \sigma(x)\cos^2\alpha \\ \tau_\alpha(x) = p_\alpha\sin\alpha = \dfrac{\sigma(x)}{2}\sin 2\alpha \end{cases} \tag{2-9}$$

可见，在拉压杆的任意斜截面上，不仅存在正应力，而且还存在切应力，其大小均随截面的方位角变化。

由式(2－9)可知，当 $\alpha=0°$ 时，横截面上的正应力是所有斜截面中最大的。而在 $\alpha=45°$ 的斜截面上切应力最大，为

$$\tau_{\max}(x) = \frac{\sigma(x)}{2} \tag{2-10}$$

必须指出,杆件中的这些最大正应力或最大切应力往往是引起杆件某些破坏形式的原因。

2.3 拉压杆的强度

2.3.1 强度条件

杆件在外力作用下产生的应力称为工作应力,整个杆件中必定存在一个绝对值最大的工作应力,用 $\sigma_{\max}$ 表示。而材料强度失效时的应力称为失效应力,用 σ^0 表示。

材料力学的强度观点:杆件中最危险的点如果安全,则整个杆件安全;杆件中最危险的点如果不安全,则整个杆件也不安全。

因此,杆件的强度要求可以写为 $\sigma_{\max} \leqslant \sigma^0$,为了使杆件具有足够的强度,并考虑到一些不确定因素的影响,工程中的杆件必须要有一定的强度储备,所以,工程中往往将材料的失效应力再除以一个比 1 大的系数 n,以此作为工作应力的上限值,从而使杆件更安全。这个上限值称为**许用应力或容许应力**,用$[\sigma]$表示,系数 n 称为**安全系数**,于是有

$$[\sigma] = \frac{\sigma^0}{n} \tag{2-11}$$

根据以上的分析,可建立拉压杆的强度条件为

$$\sigma_{\max} = \left|\frac{F_N(x)}{A(x)}\right|_{\max} \leqslant [\sigma] \tag{2-12}$$

式(2-12)就是拉压杆的一般强度条件,它适用于等截面杆,也适用于截面变化缓慢的变截面杆。对于不同情况,式(2-12)有如下几种常用形式。

(1)等截面杆件

$$\sigma_{\max} = \frac{F_{N\max}}{A} \leqslant [\sigma] \tag{2-13}$$

式中,$F_{N\max}$为杆件中绝对值最大的轴力。可见,等截面杆的危险截面就是轴力最大的截面,而该截面上的任意一点都是杆件的危险点。

(2)材料拉压力学性能不相同的杆件

杆件材料有的时候呈现出拉压力学性能不一样的情况,即材料拉伸时的强度和压缩时的强度不相同,则强度条件分解成如下两个条件:

$$\begin{cases} \sigma_{\max}^{+} \leqslant [\sigma^{+}] \\ \sigma_{\max}^{-} \leqslant [\sigma^{-}] \end{cases} \tag{2-14}$$

式中,$\sigma_{\max}^{+}$,$\sigma_{\max}^{-}$分别是杆件中的最大拉应力和最大压应力,$[\sigma^{+}]$,$[\sigma^{-}]$分别是杆件材料的许用拉应力和许用压应力。

必须注意,材料力学强度观点中的后一个判断是比较武断的,因此是一种偏安全和偏保守的强度观点,以此设计出的构件一般用料多且结构笨重,是不经济的。实际上,工程中经常使用某些部位已经达到失效应力的金属构件,或者使用有裂纹或缺陷的构件等,按材料力学的强度观点,这些构件是不安全的,但如果按极限设计观点或者是断裂力学的观点,这些构件在一定使用条件下仍然是安全的。

2.3.2 强度条件的应用

强度条件在工程中有以下三个方面的应用。

(1)校核强度

已知杆件的受力情况以及其几何尺寸,又知道杆件材料的许用应力,考察杆件是否满足强度条件,满足则杆件在强度上是安全的,不满足则不安全。这一过程称为校核杆件的强度。如果考察的对象是杆件结构系统,则必须所有的杆件安全时整个结构才安全。

(2)计算许可载荷

已知杆件截面的几何尺寸以及材料的许用应力,则根据强度条件可确定杆件内力的上限值,进而根据内力与外力的关系,可确定杆件所受外力的上限值,这个上限值就是杆件的许可载荷。例如,对等截面杆件有

$$\sigma_{\max}=\frac{F_{N\max}}{A}\leqslant[\sigma],F_{N\max}\leqslant A[\sigma]$$

$[F_N]=A[\sigma]$,称为许可轴力,根据内力和外力的关系即可求出杆件的许可载荷。

如果考虑的是杆件结构系统,则系统中所有杆件均满足强度要求的条件下,可确定外载荷的一个最小值,这个最小值就是结构系统的许可载荷。

(3)计算许可截面尺寸

已知杆件所受的外力以及材料的许用应力,则根据强度条件可确定杆件横截面面积的下限值,如果还知道截面的形状,则可确定截面的最小尺寸,这个最小尺寸称为许可截面尺寸。例如,对等截面杆件有

$$\sigma_{\max}=\frac{F_{N\max}}{A}\leqslant[\sigma],A\geqslant\frac{F_{N\max}}{[\sigma]}$$

$[A]=\dfrac{F_{N\max}}{[\sigma]}$,称为许可截面面积,如果还知道截面的形状,即可求出许可截面尺寸。

如果考虑的是杆件结构系统,可根据外力求出系统中每根杆的内力和应力,从而可确定每根杆的截面尺寸。

例 2-4　阶梯状圆形截面杆 AB 承受轴力 $F_1=200$ kN,$F_2=100$ kN,CB 段的直径 $d_1=40$ mm(如图 2-23(a)所示),如欲使杆件中所有横截面上的正应力均相同,求 AC 段杆的直径 d_2。

解:①求内力。

如图 2-23(b)、(c)所示,CB 和 AC 段杆的轴力分别为

$$F_{N1}=F_1=200\text{ kN},\quad F_{N2}=F_1+F_2=300\text{ kN}$$

②求应力。

$$\sigma_{(1)}=\frac{F_{N1}}{A_1}=\frac{4F_{N1}}{\pi d_1^2},\sigma_{(2)}=\frac{F_{N2}}{A_2}=\frac{4F_{N2}}{\pi d_2^2}$$

③求 d_2。

杆件所有横截面上的应力相同,则有:

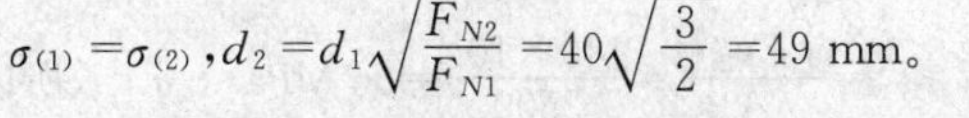

$$\sigma_{(1)}=\sigma_{(2)},d_2=d_1\sqrt{\frac{F_{N2}}{F_{N1}}}=40\sqrt{\frac{3}{2}}=49\text{ mm}。$$

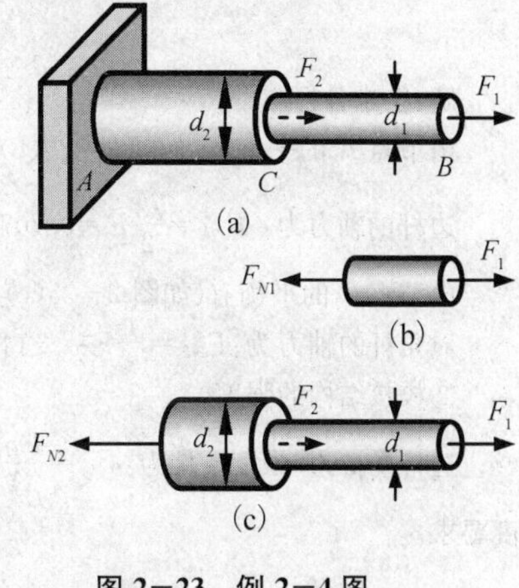

图 2-23　例 2-4 图

例 2-5　如图 2-24 所示的桁架结构,AB 杆为铝杆,横截面面积为 $A_a=50\text{ mm}^2$,许用应力为 $[\sigma]_a=100$ MPa, BC 杆为钢杆,横截面面积为 $A_s=30\text{ mm}^2$,许用应力为 $[\sigma]_s=160$ MPa,求该结构的许可载荷。

解:①确定内力与外力的关系。

由节点的平衡条件有

$$\sum X=0,F_{Ns}\cos\beta-F_{Na}\cos\alpha=0$$

$$\sum Y=0, F_{Ns}\sin\beta+F_{Na}\sin\alpha-F=0$$

利用图 2－24 中的尺寸，将各三角函数值算出，代入上式可解得

$$F_{Na}=0.952F, F_{Ns}=0.619F$$

②由强度条件确定许可轴力。

$\sigma_a=\dfrac{F_{Na}}{A_a}\leqslant[\sigma]_a$，

$F_{Na}\leqslant A_a[\sigma]_a=100\times50=5000\ \text{N}=5.0\ \text{kN}$

$\sigma_s=\dfrac{F_{Ns}}{A_s}\leqslant[\sigma]_s$，

$F_{Ns}\leqslant A_s[\sigma]_s=160\times30=4800\ \text{N}=4.8\ \text{kN}$

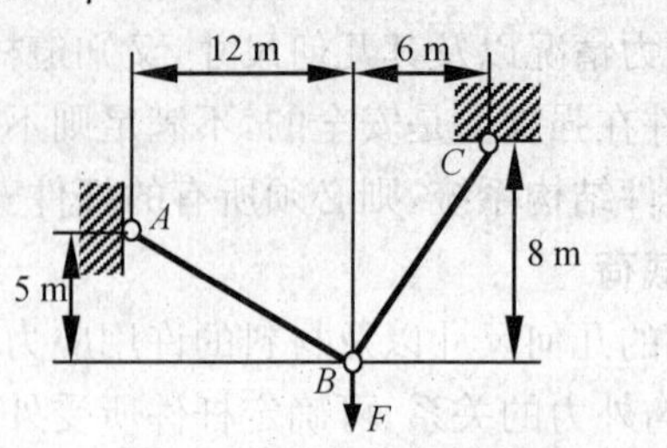

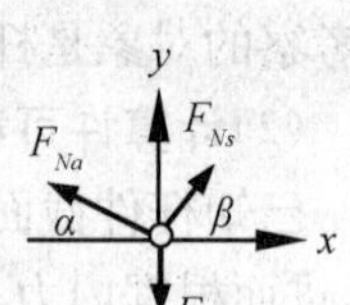

图 2－24　例 2－5 图

③确定许可载荷。

由 $F_{Na}=0.952F\leqslant5.0$，得 $F\leqslant5.04$ kN。

由 $F_{Ns}=0.619F\leqslant4.8$，得 $F\leqslant8.08$ kN。

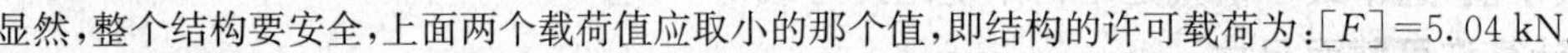

显然，整个结构要安全，上面两个载荷值应取小的那个值，即结构的许可载荷为：$[F]=5.04$ kN。

例 2－6　铰接正方形结构各杆材料的许用拉应力为 $[\sigma]^+=50$ MPa，许用压应力为 $[\sigma]^-=60$ MPa（如图 2－25(a)所示）。各杆横截面面积均为 $A=2500\ \text{mm}^2$，结构所受载荷 $F=140$ kN，若不考虑稳定性问题，试校核结构的强度。

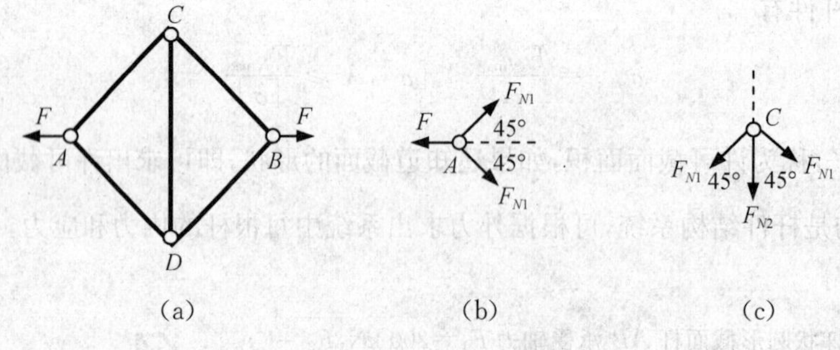

图 2－25　例 2－6 图

解：①求各杆内力。

由节点 A 的平衡有（如图 2－25(b)所示）：$2F_{N1}\cos45^\circ-F=0$。

边杆的轴力为：$F_{N1}=\dfrac{\sqrt{2}}{2}F=0.707\times140=100$ kN（拉力）。

由节点 C 的平衡有（如图 2－25(c)所示）：$2F_{N1}\cos45^\circ+F_{N2}=0$。

对角杆的轴力为：$F_{N2}=-F=-140$ kN（压力）。

②校核结构的强度。

边杆受拉，其强度条件为：$\sigma_{(1)}=\dfrac{F_{N1}}{A}\leqslant[\sigma]^+$，而 $\sigma_{(1)}=\dfrac{F_{N1}}{A}=\dfrac{100\times10^3}{2500}=40\ \text{MPa}\leqslant[\sigma]^+$，所以边杆满足强度要求。

对角杆受压，其强度条件为：$\sigma_{(2)}=\dfrac{|F_{N2}|}{A}\leqslant[\sigma]^-$，而 $\sigma_{(2)}=\dfrac{|F_{N2}|}{A}=\dfrac{140\times10^3}{2500}=56\ \text{MPa}\leqslant[\sigma]^-$，所以对角杆也满足强度要求。

因此，整个结构在强度上是安全的。

2.4　拉压杆的变形

2.4.1　杆件的轴向变形

杆件在轴向载荷作用下，将在杆轴方向产生伸长或缩短，杆件的这种变形称为**轴向变形**。

假设杆件的原长为 l，受任意轴向载荷作用，其轴力函数为 $F_N(x)$，考虑 x 处微元长度的一段杆件 $\mathrm{d}x$，假设 x 处的截面变形后沿杆轴方向移动的距离为 u，$u=u(x)$ 称为**杆件截面的位移**，则与之相距为 $\mathrm{d}x$ 的截面的位移应为 $u+\mathrm{d}u$；又假设该微元长度的杆件变形后的长度变为 $\mathrm{d}x'$（如图 2－26 所示）。于是，由线应变的定义，x 处横截面上各点在轴向方向的线应变为

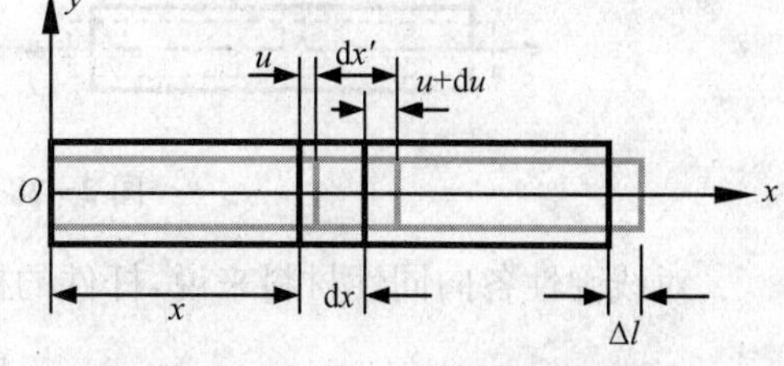

图 2－26　杆件的变形和位移

$$\varepsilon(x)=\frac{\Delta(\mathrm{d}x)}{\mathrm{d}x}=\frac{\mathrm{d}x'-\mathrm{d}x}{\mathrm{d}x}=\frac{\mathrm{d}u}{\mathrm{d}x} \tag{2-15}$$

式中，$\Delta(\mathrm{d}x)=\mathrm{d}x'-\mathrm{d}x$ 是该微元长度杆件的伸长量。式(2－15)表明杆件横截面上任意一点沿轴线方向的线应变等于杆件横截面位移函数 $u(x)$ 对变量 x 的导数。

根据横截面上正应力公式以及虎克定律有：$\sigma(x)=\dfrac{F_N(x)}{A(x)}=E\varepsilon(x)$，线应变的定义为：$\varepsilon(x)=\dfrac{\Delta(\mathrm{d}x)}{\mathrm{d}x}$。所以有：$\Delta(\mathrm{d}x)=\dfrac{F_N(x)\mathrm{d}x}{EA}$，此即为微元长度杆件 $\mathrm{d}x$ 的伸长量，于是整个杆件的伸长量为

$$\Delta l=\int_l \frac{F_N(x)\mathrm{d}x}{EA} \tag{2-16}$$

式(2－16)就是拉压杆轴向变形最一般的计算公式，其中积分沿整个杆件的长度。该公式适用于各种等截面杆，也适用于变截面杆，还可计算用不同材料做成的杆件的轴向变形。

EA 称为杆件的**抗拉刚度**，是度量杆件抵抗拉伸变形刚度好坏的物理量。抗拉刚度越大，则杆件的变形越小，其刚度也就越好。抗拉刚度越小，则杆件的变形越大，其刚度也就较差。

必须说明，杆件的伸长实质上是杆件的一端相对于另一端的相对位移。

当杆件为单一材料制成的等截面杆且只在杆件两端受拉力或压力作用时（如图 2－27 所示），式(2－16)中被积函数为常数，则杆件的伸长量为

$$\Delta l=\frac{F_N l}{EA} \tag{2-17}$$

必须注意，式(2－17)是式(2－16)最简单的特例，使用时有严格的限制条件。

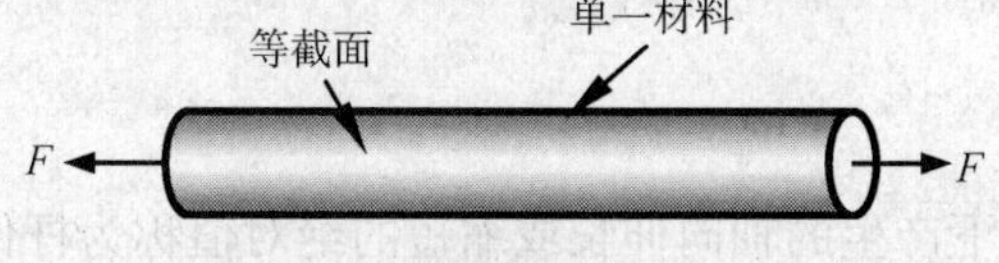

图 2－27　等截面的二力杆

2.4.2 杆件的横向变形

杆件拉伸或压缩时，垂直于杆件轴线的方向要产生收缩或膨胀，杆件的这种变形称为**横向变形**(如图 2－28 所示)。

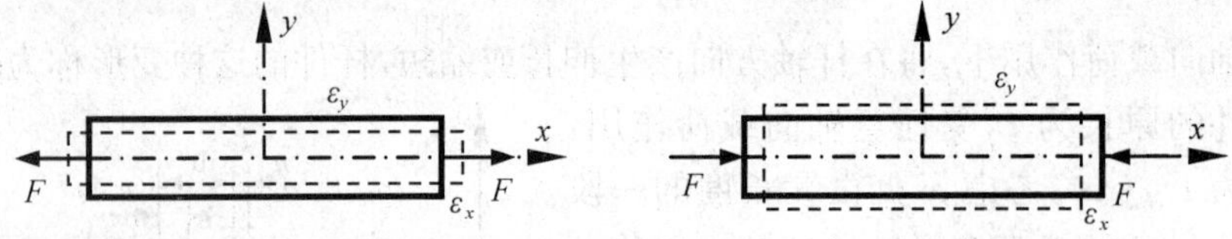

图 2－28 杆件的横向变形

对线弹性各向同性材料来说，杆件的横向应变和轴向应变存在如下关系：

$$\varepsilon_y = -\nu\varepsilon_x \tag{2-18}$$

式(2－18)称为**泊松公式**，其中 ε_y 为杆件的横向应变，ε_x 为杆件的轴向应变，ν 称为泊松比，是无量纲材料常数，其取值范围为 $0<\nu<0.5$。

需注意的是，对于线弹性各向同性的材料，其独立的材料常数只有两个，目前已遇到的材料常数有三个，即弹性模量 E、剪切弹性模量 G 及泊松比 ν，它们之间存在如下关系：

$$G = \frac{E}{2(1+\nu)} \tag{2-19}$$

部分材料的 E 值和 ν 值见表 2－1。

表 2－1 部分材料的 E 值和 ν 值

材料名称	弹性模量 E(GPa)	泊松比 ν
钢	190～200	0.25～0.33
灰铸铁	80～150	0.23～0.27
球墨铸铁	160	0.25～0.29
铜及其合金	74～130	0.31～0.42
锌及强铝	72	0.33
混凝土	14～35	0.16～0.18
橡胶	0.0078	0.47
木材(顺纹)	9～12	
木材(横纹)	0.49	

2.5 拉压杆的刚度

2.5.1 刚度条件

杆件在轴向载荷作用下产生的轴向伸长或缩短的绝对值称为杆件的绝对变形。根据杆件在实际工程中的使用情况，杆件的绝对变形往往有一定限制，否则将会影响周围的构件或整个结构的稳定以及妨碍周围空间的应用等，据此，可建立拉压杆的刚度条件为

$$|\Delta l| \leqslant [\Delta l] \tag{2-20}$$

或写为

$$\varepsilon = \left|\frac{\Delta l}{l}\right| \leqslant [\varepsilon] \tag{2-21}$$

式中，$[\Delta l]$为许可变形，ε 为平均应变，$[\varepsilon]$为许可应变。许可变形或许可应变均由实际工程情况确定。必须注意，杆件刚度的好坏不仅取决于杆件材料的力学性能和几何尺寸，即抗拉刚度 EA 的大小，也取决于杆件的受力情况。所以，工程中要提高拉压杆的刚度，途径有三个：一是选用刚度好的材料，二是增大杆件的截面面积，三是减小轴力。

2.5.2　刚度条件的应用

刚度条件的应用类似于强度条件的应用，也有三个方面。

(1)校核刚度

已知杆件的受力情况、截面形状和尺寸、长度以及许可变形，由杆件的变形公式计算其绝对变形，考察其是否满足刚度条件，满足则杆件的刚度足够，不满足则杆件在刚度方面就是不安全的。

(2)计算许可载荷

在满足刚度条件的要求下，杆件或杆件结构系统的外载荷不能超过某个上限值，这个上限值就是许可载荷。例如，等截面杆件只在杆端受拉力或压力作用时，根据刚度条件，可求得许可轴力为

$$|\Delta l| = \frac{|F_N| l}{EA} \leqslant [\Delta l], |F_N| \leqslant \frac{EA[\Delta l]}{l}$$

再根据内力与外力的关系就可求出杆件的许可载荷。

(3)计算许可截面尺寸

在满足刚度条件的要求下，杆件的截面面积不能小于某个下限值，这个下限值就是许可截面面积，如果还知道截面的形状，则可求出许可截面尺寸。例如，等截面杆件只在杆端受拉力或压力作用时，根据刚度条件，可求得许可截面面积为

$$|\Delta l| = \frac{|F_N| l}{EA} \leqslant [\Delta l], A \geqslant \frac{|F_N| l}{E[\Delta l]}$$

再根据截面形状即可求出许可截面尺寸。

必须注意，工程中有时对杆件的强度和刚度同时要求，则在计算许可载荷或许可截面尺寸的时候要同时考虑两个条件，即分别用强度条件和刚度条件计算出两个许可载荷或两个许可截面面积，则其中最小的许可载荷或最大的许可截面面积就是杆件的许可载荷和许可截面面积。

例 2-7　阶梯状钢杆 AB 段和 CD 段的横截面面积相等，为 $A_1 = 500\ \text{mm}^2$，BC 段的横截面面积 $A_2 = 300\ \text{mm}^2$（如图 2-29 所示），已知材料的弹性模量 $E = 200\ \text{GPa}$。求：①各杆的应力；②D 端的位移。

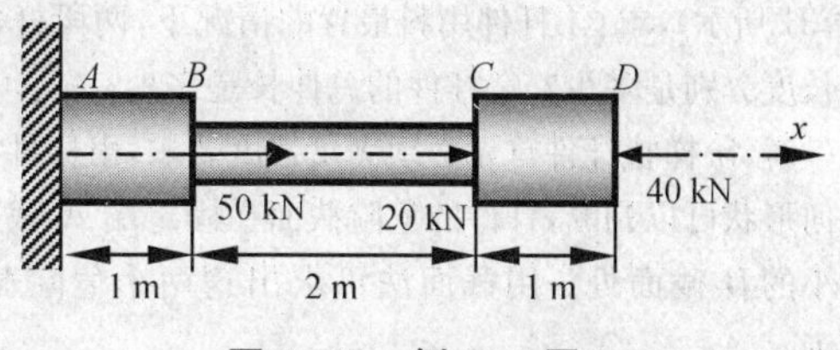

图 2-29　例 2-7 图

解：①求内力函数。

用截面法可求出杆件的轴力函数为

$$F_N(x) = \begin{cases} F_{AB} = 30\ \text{kN}(0 \leqslant x \leqslant 1\ \text{m}) \\ F_{BC} = -20\ \text{kN}(1\ \text{m} \leqslant x \leqslant 3\ \text{m}) \\ F_{CD} = -40\ \text{kN}(3\ \text{m} \leqslant x \leqslant 4\ \text{m}) \end{cases}$$

②求各段杆的应力。

AB 段：$\sigma_{AB}=\dfrac{F_{AB}}{A_1}=\dfrac{30\times10^3}{500}=60\ \text{MPa}$

BC 段：$\sigma_{BC}=\dfrac{F_{BC}}{A_2}=-\dfrac{20\times10^3}{300}=-66.7\ \text{MPa}$

CD 段：$\sigma_{CD}=\dfrac{F_{CD}}{A_1}=-\dfrac{40\times10^3}{500}=-80\ \text{MPa}$

③求 D 端的位移。

D 端的位移实际上等于杆件总的伸长或缩短，即

$$\Delta l=\int_l\frac{F_N(x)\mathrm{d}x}{EA}=\frac{F_{AB}l_{AB}}{EA_1}+\frac{F_{BC}l_{BC}}{EA_2}+\frac{F_{CD}l_{CD}}{EA_1}$$

$$=\frac{1}{200\times10^3}(60\times1000-66.7\times2000-80\times1000)=-0.767\ \text{mm}$$

负号表示杆件缩短，则 D 端向左移动。

例 2-8 矿井升降机的钢索很长，其自重引起的应力和变形应予以考虑。设钢索长为 L，横截面面积为 A，材料的比重为 γ，弹性模量为 E(如图 2-30a)所示)，求匀速起吊时钢索在自重和起吊载荷 F 作用下产生的最大应力及变形。

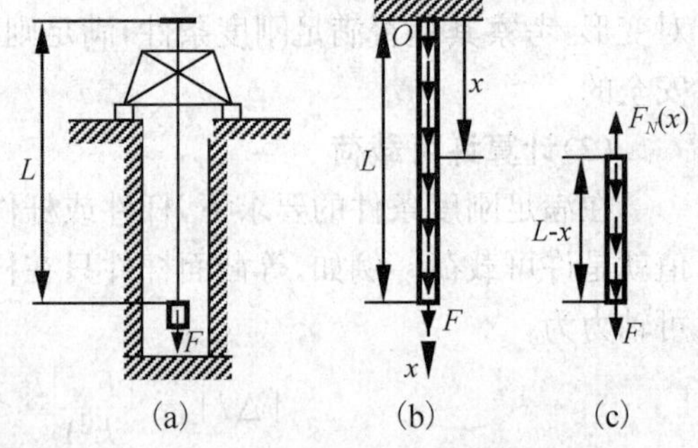

图 2-30 例 2-8 图

解：①计算钢索中的轴力函数。

首先将实际升降机的钢索简化为图 2-30(b)所示的力学模型，利用截面法可求出钢索中的轴力函数为(如图 2-30(c)所示)

$$F_N(x)=F+(L-x)A\gamma\quad(0\leqslant x\leqslant L)$$

②计算钢索中的应力。

$$\sigma(x)=\frac{F_N(x)}{A}=\frac{F}{A}+(L-x)\gamma$$

可见，最大应力发生在 $x=0$ 的截面，即钢索顶部的横截面上的应力最大。

$$\sigma_{\max}=\frac{F}{A}+L\gamma$$

③计算钢索的变形。

钢索的伸长量为

$$\Delta l=\int_l\frac{F_N(x)\mathrm{d}x}{EA}=\frac{1}{EA}\int_0^L[F+(L-x)A\gamma]\mathrm{d}x=\frac{FL}{EA}+\frac{\gamma L^2}{2E}=\frac{FL}{EA}+\frac{WL}{2EA}$$

这里，$W=\gamma AL$，是钢索的总重量。

例 2-9 阶梯状的杆件受均布轴向载荷作用，载荷集度为 q，杆件材料的许用应力为$[\sigma]$，弹性模量为 E，杆件的总长度为 L(如图 2-31 所示)，求：①杆件用料最省的情况下，两段杆件的截面面积以及长度分别是多少？②杆件的总伸长是多少？

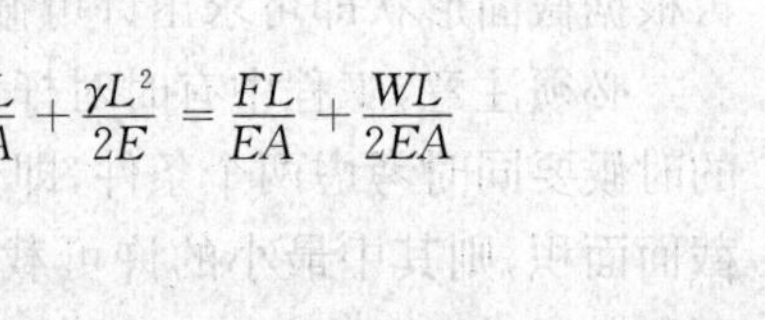

图 2-31 例 2-9 图

解：阶梯状杆件首先必须满足强度要求，由杆件的受力情况以及几何形状可以判断，杆件的危险截面在固定端 A 截面处和截面突然变小的 B 截面处。用截面法可求出这两个危险截面上的内力分别为

$$F_{NA}=qL,F_{NB}=ql$$

杆件要安全，则危险截面上的应力必须满足强度条件，所以有

$$\sigma_A=\frac{F_{NA}}{A_D}\leqslant[\sigma],\sigma_B=\frac{F_{NB}}{A_d}\leqslant[\sigma]$$

式中，A_D，A_d 分别是 AB 和 BC 段杆的截面面积。

故可求出最小截面面积为

$$A_D = \frac{qL}{[\sigma]}, A_d = \frac{ql}{[\sigma]}$$

这里 l 是未知的。

由题意，用料最省就是杆件的总体积最小，而杆件的总体积为

$$V = A_D(L-l) + A_d l = A_D(L-l) + \frac{ql^2}{[\sigma]}$$

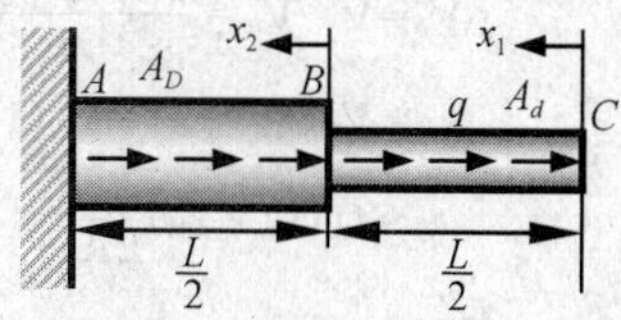

图 2－32　杆件的局部坐标系

总体积是变量 l 的二次函数。体积最小应满足 $\frac{dV}{dl}=0$，即

$$-A_D + \frac{2ql}{[\sigma]} = 0, l = \frac{A_D[\sigma]}{2q} = \frac{L}{2}$$

从而得到

$$l = l_{AB} = \frac{L}{2}, A_D = \frac{qL}{[\sigma]}, A_d = \frac{qL}{2[\sigma]}$$

采用局部坐标系计算杆件的总伸长（如图 2－32 所示）。杆件的总伸长为：$\Delta l = \Delta l_{AB} + \Delta l_{BC}$，$BC$ 段杆的轴力函数为：$F_{NBC}(x) = qx_1 (0 \leqslant x_1 \leqslant \frac{L}{2})$，$AB$ 段杆的轴力函数为：$F_{NAB}(x) = qx_2 + \frac{qL}{2} (0 \leqslant x_2 \leqslant \frac{L}{2})$，则有

$$\Delta l_{BC} = \int_0^{\frac{L}{2}} \frac{F_{NBC}(x_1)dx_1}{EA_d} = \frac{1}{EA_d}\int_0^{\frac{L}{2}} qx_1 dx_1 = \frac{qL^2}{8EA_d} = \frac{[\sigma]L}{4E}$$

$$\Delta l_{AB} = \int_0^{\frac{L}{2}} \frac{F_{NAB}(x_2)dx_2}{EA_D} = \frac{1}{EA_D}\int_0^{\frac{L}{2}} (qx_2 + \frac{qL}{2})dx_2 = \frac{3qL^2}{8EA_D} = \frac{3[\sigma]L}{8E}$$

所以，杆件的总伸长为

$$\Delta l = \Delta l_{AB} + \Delta l_{BC} = \frac{5[\sigma]L}{8E}$$

例 2－10　长度为 $L=400$ mm 的空心圆形截面杆件在两端受拉力 $F=200$ kN 作用（如图 2－33 所示），杆件的外径 $D=60$ mm，内径 $d=20$ mm，材料的弹性模量 $E=80$ GPa，泊松比 $\nu=0.3$。求变形后杆件的外径的变化量 ΔD 以及杆件体积的改变量 ΔV。

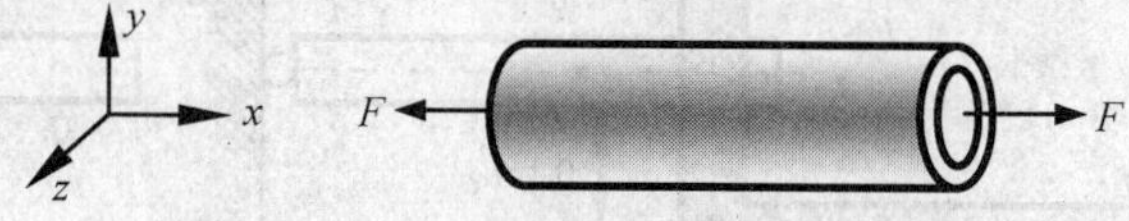

图 2－33　例 2－10 图

解：根据泊松公式，有：$\varepsilon' = -\nu\varepsilon$，由于杆件均匀变形，则

$$\varepsilon = \frac{\Delta L}{L} = \frac{F}{EA}$$

杆件在横向的变形也是均匀的，所以有

$$\varepsilon' = \frac{\Delta D}{D}$$

$$A = \frac{\pi(D^2 - d^2)}{4} = \frac{\pi D^2(1-\alpha^2)}{4} = \frac{3.14 \times (60^2 - 20^2)}{4} = 2512 \text{ mm}^2$$

这里，$\alpha = \frac{d}{D}$ 为内外直径之比。

$$\Delta D = \varepsilon' D = -\nu\varepsilon D = -\frac{F\nu D}{EA} = -\frac{200 \times 10^3 \times 0.3 \times 60}{80 \times 10^3 \times 2512} = -0.018 \text{ mm}$$

假设杆件原来的体积为 V_0，变形后的体积为 V，则体积改变量为

$$\Delta V = V - V_0, V_0 = LA = \frac{\pi(1-\alpha^2)}{4}LD^2$$

$$V=\frac{\pi(1-\alpha^2)}{4}(L+\Delta L)(D+\Delta D)^2$$
$$\approx\frac{\pi(1-\alpha^2)}{4}(L+\Delta L)(D^2+2D\Delta D)（忽略了(\Delta D)^2项）$$
$$\approx\frac{\pi(1-\alpha^2)}{4}(LD^2+2LD\Delta D+D^2\Delta L)（忽略了2D\Delta L\cdot\Delta D项）$$
$$\Delta V=V-V_0=\frac{\pi D^2(1-\alpha^2)}{4}L(2\frac{\Delta D}{D}+\frac{\Delta L}{L})$$
$$=V_0(2\varepsilon'+\varepsilon)=V_0(1-2\nu)\varepsilon$$
$$=LA(1-2\nu)\frac{F}{EA}=(1-2\nu)\frac{FL}{E}$$

所以有：$\Delta V=LA(2\varepsilon'+\varepsilon)=(1-2\times0.3)\times\frac{200\times10^3\times400}{80\times10^3}=400\ \text{mm}^3$。

定义：小变形条件下，构件某点处单位体积的改变量称为该点处的**体积应变**。即

$$\theta=\frac{\Delta(\mathrm{d}V)}{\mathrm{d}V} \tag{2-22}$$

可以证明（见第8章），体积应变等于该点处沿任意三个相互垂直方向的线应变之和，特别的，如果这三个方向是坐标方向，则有

$$\theta=\varepsilon_x+\varepsilon_y+\varepsilon_z \tag{2-23}$$

于是，构件的体积改变量为

$$\Delta V=\int_V(\varepsilon_x+\varepsilon_y+\varepsilon_z)\mathrm{d}V \tag{2-24}$$

如果构件的变形是均匀的，则有

$$\Delta V=V(\varepsilon_x+\varepsilon_y+\varepsilon_z) \tag{2-25}$$

例2－10中的体积改变量即可直接用上面的公式计算。

例2－11 刚性曲拐ABC在A点受载荷$F=6$ kN作用，B点是固定铰约束，在C点和杆件CD铰接（如图2－34所示）。杆件材料的弹性模量$E=70$ GPa，许用应力$[\sigma]=70$ MPa，若CD杆的伸长不超过$[\Delta l]=0.65$ mm，确定CD杆的尺寸h。

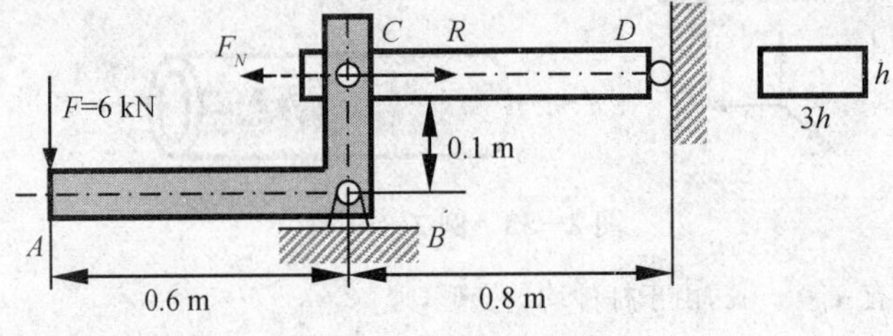

图2－34 例2－11图

解：①计算CD杆的轴力。

以刚性曲杆为研究对象，其平衡方程为：$F\times0.6-R\times0.1=0$，$R=6F=36$ kN。

CD杆的轴力为：$F_N=R=36$ kN。

②按强度条件确定许可截面面积。

$$\sigma=\frac{F_N}{A}\leqslant[\sigma],A_{\min}=\frac{F_N}{[\sigma]}=\frac{36\times10^3}{70}=514\ \text{mm}^2$$

③按刚度条件确定许可截面面积。

$$\Delta l=\frac{F_Nl}{EA}\leqslant[\Delta l],A_{\min}=\frac{F_Nl}{E[\Delta l]}=\frac{36\times10^3\times0.8\times10^3}{70\times10^3\times0.65}=633\ \text{mm}^2$$

所以，要同时满足强度和刚度条件，需取两个面积中较大的那个，即：$[A]=3h^2=633\ \text{mm}^2$，则有：$h=14.5$ mm。工程中一般将构件的几何尺寸取为整数，这样便于加工和安装，故取：$h=15$ mm。

2.5.3　简单桁架结构节点位移的计算

由多根二力杆在杆端彼此铰接且外载荷作用在铰接点处的结构称为**桁架结构**，各铰接点称为**节点**。简单桁架结构节点位移的计算步骤是：①计算桁架结构各杆的轴力；②计算桁架结构各杆的变形；③作桁架中各杆在节点处变形的协调图；④计算节点沿某个方向的位移。

例 2－12　计算图 2－35(a)所示桁架节点 A 的水平和竖向位移。

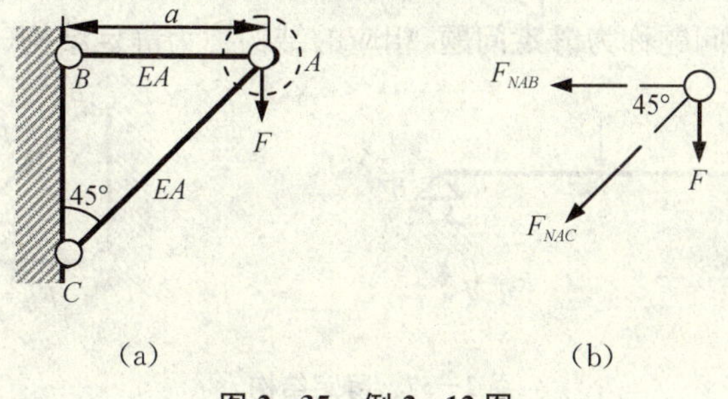

图 2－35　例 2－12 图

解：①计算各杆的轴力。

以节点 A 为研究对象(如图 2－35(b)所示)，其平衡方程为

$$F+F_{NAC}\sin 45^\circ=0,F_{NAC}\cos 45^\circ+F_{NAB}=0$$

可得

$$F_{NAB}=F,\ F_{NAC}=-\sqrt{2}F$$

②计算各杆的变形。

AB 杆为伸长：$\Delta l_{AB}=\dfrac{Fa}{EA}$

AC 杆为压缩：$\Delta l_{AC}=\dfrac{\sqrt{2}F\times\sqrt{2}a}{EA}=\dfrac{2Fa}{EA}$

③作两杆在节点 A 处的变形协调图。

如图 2－36(a)所示，将 AB 杆伸长 Δl_{AB}，以 B 点为圆心，伸长后的杆长为半径作圆弧，再将 AC 杆缩短 Δl_{AC}，以 C 点为圆心，缩短后的杆长为半径作圆弧，两圆弧的交点 A_0 就是节点变形后的位置。由于结构的变形是小变形，杆件变形后偏转的角度很小，则圆弧可以用垂线代替，如图 2－36(b)所示。所以，两垂线的交点 A' 可以认为就是桁架变形后节点所在的位置。

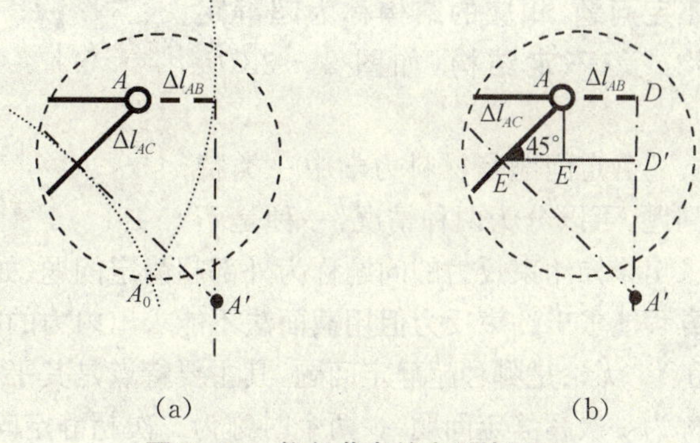

图 2－36　桁架节点的变形协调图

④计算节点的水平和竖向位移。

由图 2－36(b)可知，节点的水平位移为

$$u_A=\overline{AD}=\Delta l_{AB}=\frac{Fa}{EA}(\rightarrow)$$

竖向位移为

$$\begin{aligned}v_A&=\overline{DA'}=\overline{DD'}+\overline{D'A'}=\overline{DD'}+\overline{EE'}+\overline{E'D'}=2\,\overline{EE'}+\overline{AD}\\&=2\Delta l_{AC}\cos 45^\circ+\Delta l_{AB}=(1+2\sqrt{2})\frac{Fa}{EA}(\downarrow)\end{aligned}$$

必须注意，桁架结构节点位移用后面介绍的能量法计算更为简单，用能量法计算桁架结构节点位移时无需作节点的变形协调图，而且可以处理较复杂的桁架结构。

2.6　拉压杆的超静定问题

2.6.1　静定和超静定概念

(1)静定结构

利用结构整体平衡方程可求出其未知约束反力从而能求出其内力的问题，或者直接应用截面法可求得其内力的问题称为**静定问题**，相应的结构称为**静定结构**(如图 2－37 所示)。

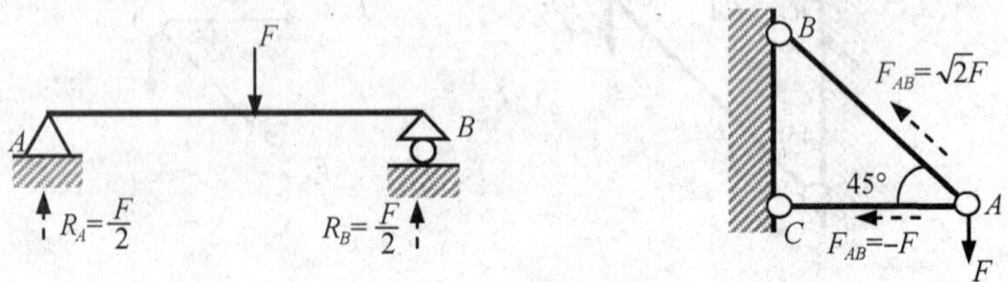

图 2－37　静定结构

(2)超静定结构

利用结构整体平衡方程不能求出其未知约束反力或者应用截面法不能求得其内力的问题称为**超静定问题**或**静不定问题**，相应的结构称为**超静定结构**或**静不定结构**(如图 2－38 所示)。

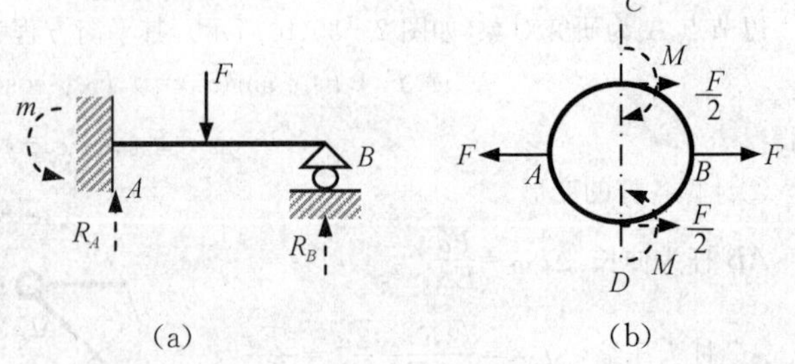

图 2－38　超静定结构

超静定问题是材料力学中一类特殊问题，可以分为两种情况：一种是不能求出未知约束反力的问题称为外部超静定问题(如图 2－38(a)所示)，另一种是应用整体平衡方程能求出约束反力但用截面法不能求出内力的问题称为内部超静定问题(如图 2－38(b)所示)。无论是哪种超静定问题，其主要特点是其平衡方程的个数少于未知量的个数，少一个时称为一次超静定问题，少两个时称为二次超静定问题，少 n 个时则称为 n 次超静定问题。

2.6.2　超静定问题的解法

超静定问题仅靠平衡方程是无法求出约束反力或内力的，所以需要建立与超静定次数相同数目的补充方程。由于杆件各部分或杆件结构系统各杆件的变形必须要协调，所以其变形之间必然存在某种关系，这种关系称为协调方程或几何方程。在这组关系中引入物理方程，即变形与外力或内力的关系，就可得到所需的补充方程，再与平衡方程联立求解，就可求出结构的约束反力或各杆件中的内力。其具体解法如下：

①列出平衡方程(整体或部分平衡)，判别问题是否是超静定问题以及超静定次数。

②列出几何方程，即找出杆件各部分变形的协调关系或杆件结构系统各杆件变形的协调关系。

③列出物理方程，即找出外力或内力与变形之间的关系。

④将物理方程引入几何方程得到补充方程。

⑤联立平衡方程和补充方程进行求解。

上述解法中列出正确的几何方程是解决超静定问题的关键。另外，超静定问题中欲求的未知量不一定全是约束反力或内力等物理量，有的时候可能是一些几何量。

必须注意，超静定问题求出其约束反力或内力后，其他方面的问题，如应力和强度、变形和刚度等问题，按照前面几节介绍的内容进行即可，所以，工程中的超静定杆件结构的安全性问题其关键是要求出该结构的约束反力和内力。

例 2－13　三根材料横截面面积均相同的杆件铰接于 A 点（如图 2－39(a)所示），求在力 F 的作用下三杆的内力。

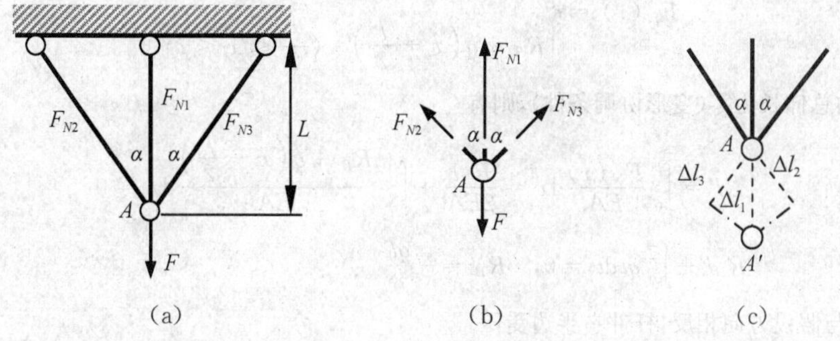

图 2－39　例 2－13 图

解：①列平衡方程。

用截面法从横截面上截开三杆（如图 2－39(b)所示），则由平衡得

$$F_{N1}+(F_{N2}+F_{N3})\cos\alpha-F=0$$
$$F_{N2}-F_{N3}=0$$

两个方程但有三个未知力，所以结构是一次超静定问题。整理平衡方程有

$$F_{N1}+2F_{N2}\cos\alpha-F=0$$

②列几何方程。

三杆的变形必须要协调，节点 A 的变形协调图如图 2－39(c)所示，有

$$\Delta l_2=\Delta l_1\cos\alpha$$

③列物理方程。

各杆变形和内力之间的关系为

$$\Delta l_1=\frac{F_{N1}L}{EA},\Delta l_2=\frac{F_{N2}L}{EA\cos\alpha}$$

④补充方程。

将物理方程代入几何方程，有

$$F_{N2}=F_{N1}\cos^2\alpha$$

⑤联立平衡方程和补充方程求解。

$$F_{N1}=\frac{F}{1+2\cos^3\alpha},F_{N2}=F_{N3}=\frac{F\cos^2\alpha}{1+2\cos^3\alpha}$$

例 2－14　等截面杆件两端固定，半边杆件上作用有集度为 q 的均布轴向载荷（如图 2－40(a)所示），求固定端 A 和 B 的约束反力。

解：假定固定端 A 和 B 的约束反力分别为 R_A 和 R_B，则杆件的平衡方程为

$$R_A=R_B+\frac{ql}{2}$$

方程中有两个未知数，所以该问题是一次超静定问题。下面采用一种简便的方法求解该问题。

以 R_B 为待求的约束反力。建立如图 2－40(b)所示的坐标系，解除 B 端的约束而代以未知反力 R_B，则杆件的轴力函数可用截面法求得，即

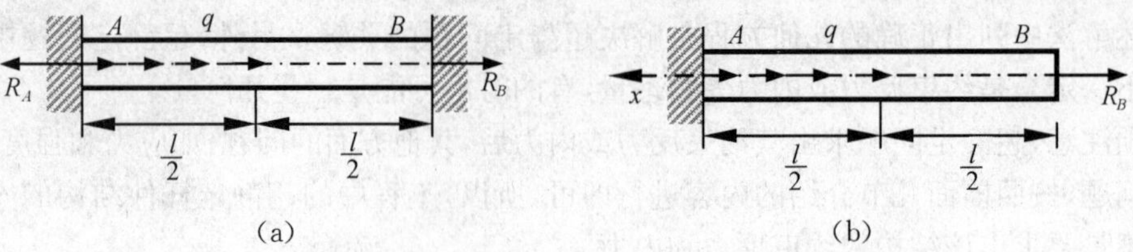

图 2-40 例 2-14 图

$$F_N(x)=\begin{cases}R_B & (0\leqslant x\leqslant \frac{l}{2})\\ R_B+q\left(x-\frac{l}{2}\right) & (\frac{l}{2}\leqslant x\leqslant l)\end{cases}$$

由于杆件的总伸长为零(变形协调条件),则有

$$\Delta l=\int_0^l \frac{F_N(x)}{EA}\mathrm{d}x=\frac{R_B l}{2EA}+\int_{\frac{l}{2}}^l \frac{R_B+q\left(x-\frac{l}{2}\right)}{EA}\mathrm{d}x=0$$

$$R_B l+\int_0^{\frac{l}{2}} qt\mathrm{d}t=0,\quad R_B=-\frac{ql}{8}$$

式中,负号表示与假设方向相反,杆件右半边受压。

由平衡方程,有

$$R_A=-\frac{ql}{8}+\frac{ql}{2}=\frac{3ql}{8}$$

注意,该例题的解法涉及材料力学中广泛使用的一个原理,可以证明:**在线弹性小变形条件下,由任何因素引起的杆件的内力、应力和变形均可以叠加**。此原理称为**叠加原理**。

该例题可用叠加原理求解如下:如图 2-40(b)所示,杆件的变形由均布载荷 q 和未知反力 R_B 两种因素引起,均布载荷 q 引起的杆件的伸长为 $\Delta l_1=\int_0^{\frac{l}{2}}\frac{qt}{EA}\mathrm{d}t=\frac{ql}{8EA}$,未知反力 R_B 引起的杆件的伸长为 $\Delta l_2=\frac{R_B l}{EA}$,由叠加原理,杆件总伸长为 $\Delta l=\Delta l_1+\Delta l_2=\frac{ql}{8EA}+\frac{R_B l}{EA}=0$,故得:$R_B=-\frac{ql}{8}$。

例 2-15 材料不同但尺寸和截面形状相同的两杆并联固接在杆两端的刚性板上(如图 2-41(a)所示)。刚性板上作用一对偏心的拉力 F,已知材料的弹性模量 E_1 和 E_2,且 $E_1>E_2$,杆件横向的高度为 h,若两杆只产生均匀拉伸,求两杆的内力及偏心距 e。

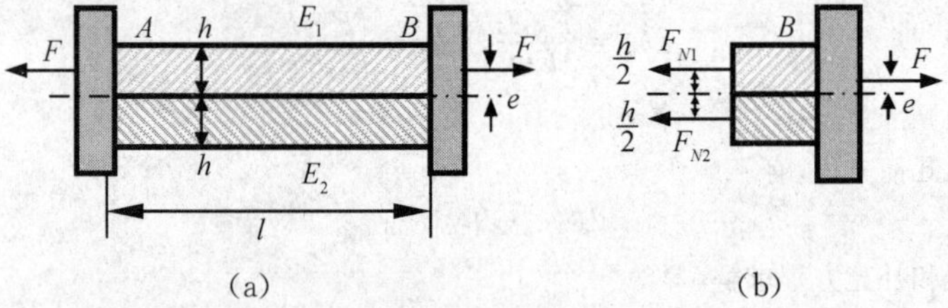

图 2-41 例 2-15 图

解:由于杆件只产生均匀拉伸,则两杆中只存在轴力一种内力。假设两杆中的轴力分别为 F_{N1} 和 F_{N2},以刚性板为研究对象,其受力情况如图 2-41(b)所示,平衡方程为

$$\begin{cases}F_{N1}+F_{N2}=F\\ (F_{N1}-F_{N2})\frac{h}{2}=Fe\end{cases}$$

共有两个方程,但未知数除了两杆中的内力外,还有偏心距 e,故该问题是一次超静定问题。

由于两杆只产生拉伸变形,则两杆变形的协调方程为:$\Delta l_1=\Delta l_2$。

物理方程为:$\Delta l_1=\frac{F_{N1}l}{E_1A}$,$\Delta l_2=\frac{F_{N2}l}{E_2A}$。

补充方程为：$\frac{F_{N1}}{F_{N2}}=\frac{E_1}{E_2}$。

联立平衡方程，可解得：

内力：$F_{N1}=\frac{E_1}{E_1+E_2}F, F_{N2}=\frac{E_2}{E_1+E_2}F$。偏心距：$e=\frac{E_1-E_2}{E_1+E_2}\cdot\frac{h}{2}$。

本例题实际上说明：不同材料叠合而成的杆件只产生拉伸或压缩变形时，轴向载荷不能作用在截面的形心处，而应作用在一定偏心的位置。

例 2－16　如图 2－42(a)所示结构，水平刚性横梁 CB 由 4 根相同的杆件悬挂，各杆的抗拉刚度均为 EA，不计刚性横梁的重量，则在载荷 F 作用下，试求各杆的轴力。

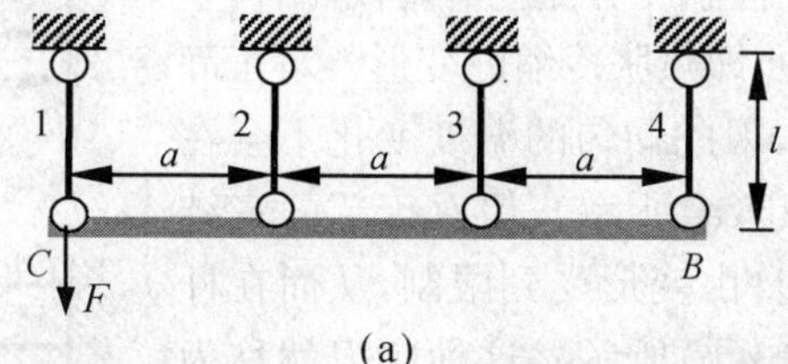

(a)

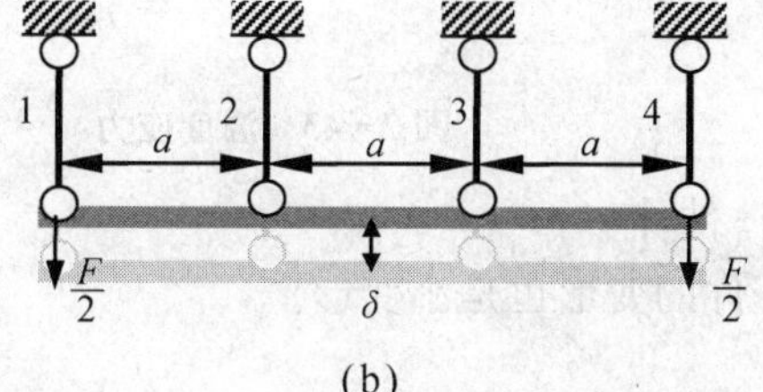

(b)

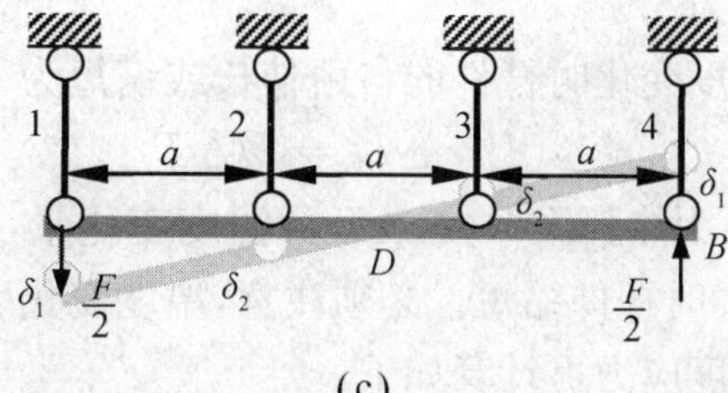

(c)

图 2－42　例 2－16 图

解：根据叠加原理，结构可分解为图 2－42(b)和图 2－42(c)所示两结构的叠加。

图 2－42(b)所示结构为对称结构，各杆的伸长相同，因此其轴力均相同，为：$F_{N0}=\frac{F}{4}$。

图 2－42(c)所示结构为反对称结构，刚性梁 CB 中点 D 处无竖向位移。1、2 号杆的伸长量 δ_1、δ_2 分别与 3、4 号杆的压缩量相同，设 1、2 号杆的轴力分别为 F'_{N1}、F'_{N2}，则 4、3 号杆的轴力分别为 $-F'_{N1}$、$-F'_{N2}$。

考虑刚性梁 CB 的平衡，对 D 点取力矩平衡，有

$$3a\cdot F'_{N1}+a\cdot F'_{N2}=3a\cdot\frac{F}{2},\quad 3F'_{N1}+F'_{N2}=\frac{3F}{2}$$

1、2 号杆的伸长量之间应满足：$\frac{\delta_1}{\delta_2}=\frac{3a/2}{a/2}=3$，因为 $\delta_1=\frac{F'_{N1}l}{EA}$，$\delta_2=\frac{F'_{N2}l}{EA}$，故有：$F'_{N1}=3F'_{N2}$。

联立平衡方程，解得：$F'_{N1}=\frac{9}{20}F$，$F'_{N2}=\frac{3}{20}F$。由叠加原理，则原结构各杆的轴力为

$$F_{N1}=F_{N0}+F'_{N1}=\left(\frac{1}{4}+\frac{9}{20}\right)F=\frac{7}{10}F$$

$$F_{N2}=F_{N0}+F'_{N2}=\left(\frac{1}{4}+\frac{3}{20}\right)F=\frac{2}{5}F$$

$$F_{N3}=F_{N0}-F'_{N2}=\left(\frac{1}{4}-\frac{3}{20}\right)F=\frac{1}{10}F$$

$$F_{N4}=F_{N0}-F'_{N1}=\left(\frac{1}{4}-\frac{9}{20}\right)F=-\frac{1}{5}F$$

可见，原结构的 1、2、3 号杆受拉，而 4 号杆受压。

注意：材料力学中要充分利用结构的对称和反对称特性，或者尽可能将结构简化为一个对称结构和反对称结构的叠加，从而可处理一些较难的问题。

2.6.3 初应力问题

工程中有些结构在没有外力作用时，内部可能存在应力，这种问题称为初应力问题。材料力学中仅考虑了两种初应力问题：一是温度应力，二是装配应力。这两种应力只出现在超静定结构中，对于静定结构来说是不存在的。

(1)温度应力

杆件结构不受外力作用但温度有变化的时候，结构中的各杆件将产生伸长或缩短，即热胀冷缩的变形。对于静定结构，各杆件能自由变形，因此均匀的温度变化不会在杆件中引起应力(如图 2－43(a)所示)；但对于超静定结构，过度的约束使各杆件的自由变形受到限制，从而在杆件中将引起应力(如图 2－43(b)所示)，这种应力就称为**温度应力**。

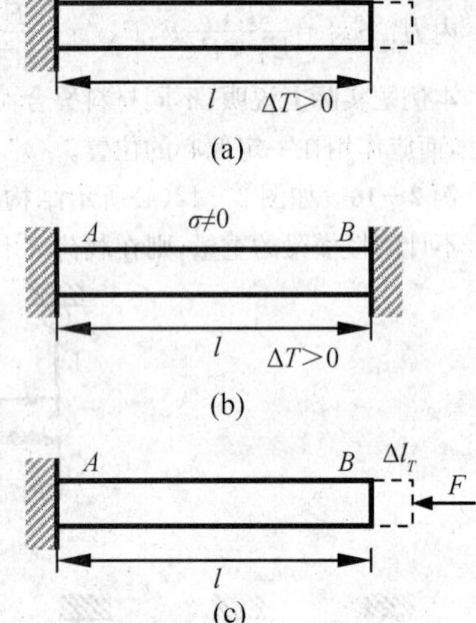

图 2－43 温度应力

温度变化时杆件的自由伸长或缩短为

$$\Delta l_T = \alpha l \Delta T \qquad (2-26)$$

式中，α 为热膨胀系数，ΔT 为温度变化量，温升时杆件伸长，温降时杆件缩短。必须注意，温度变化引起的杆件的变形也是小变形。

温度应力可计算如下：

如图 2－43(b)所示，解除杆件 B 端的约束，则在温度作用下杆件的伸长为 $\Delta l_T = \alpha l \Delta T$，假设 B 端的约束反力为 F，则杆件中的内力为 $F_N = -F$，杆件在约束反力的作用下被压缩回原长，如图 2－43(c)所示，根据叠加原理，于是有

$$\alpha l \Delta T - \frac{F(l+\Delta l_T)}{EA} = 0$$

所以杆件中的温度应力为

$$\sigma = \frac{F_N}{A} = -\alpha E \Delta T \frac{l}{l+\Delta l_T}$$

由于温度引起的变形是小变形，所以 $\dfrac{l}{l+\Delta l_T} \approx 1$，则有

$$\sigma = -\alpha E \Delta T \qquad (2-27)$$

温度升高时杆件中的温度应力是压应力，而降低时温度应力是拉应力。

例 2－17 两端固定的等截面杆件长度为 l，弹性模量为 E，热膨胀系数为 α(如图 2－44(a)所示)，假设杆中温度增量的变化规律为 $\Delta T = \Delta T'\left(\dfrac{x}{l}\right)^2$，$\Delta T'$ 是杆件右端的温升，求杆件横截面上的应力。

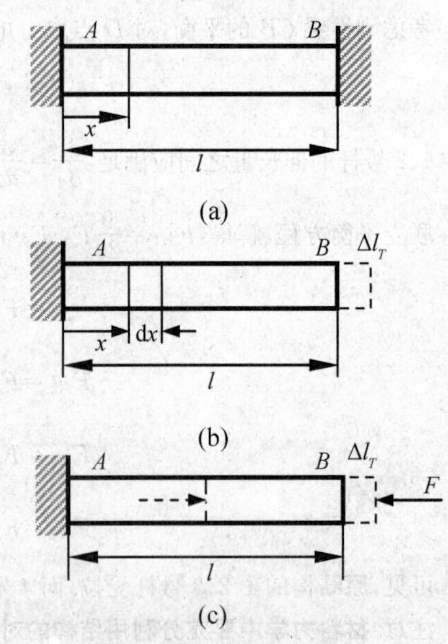

图 2－44 例 2－17 图

解：解除右端约束，则杆件在温度作用下的自由伸长为 Δl_T，由于温度改变是非均匀的，所以先考虑微元长度杆件的伸长(如图 2－44(b)所示)，则有

$$\Delta(\mathrm{d}x) = \alpha \Delta T \mathrm{d}x = \alpha \Delta T' \left(\frac{x}{l}\right)^2 \mathrm{d}x$$

杆件的自由伸长为

$$\Delta l_T = \int_l \Delta(\mathrm{d}x) = \int_0^l \alpha \Delta T' \left(\frac{x}{l}\right)^2 \mathrm{d}x = \frac{\alpha \Delta T' l}{3}$$

杆件右端的约束反力假设为 F，则杆件的轴力为 $F_N = -F$，杆件由轴力引起的压缩量为

$$\Delta l = \frac{F(l + \Delta l_T)}{EA} \approx \frac{Fl}{EA}$$

协调条件为：$\Delta l = \Delta l_T$，于是有$\frac{\alpha \Delta T' l}{3} = \frac{Fl}{EA}$，则杆件中的温度应力为

$$\sigma = \frac{F_N}{A} = -\frac{F}{A} = -\frac{\alpha \Delta T' E}{3}\text{（负号表示压应力）}$$

(2)装配应力

实际杆件的制造往往存在一定的误差，杆件略长于规定尺寸的误差称为正误差，而略短于规定尺寸的误差称为负误差。当进行结构组装时，对于静定结构，只引起结构形状的微小变化而不会在杆件中引起应力（如图 2－45(a)所示）；但对于超静定结构，在杆件中将会引起应力，即正误差的杆件需要压缩而负误差的杆件需要拉长才能组装于结构之中（如图 2－45(b)、(c)所示）。整个结构不受外力作用，但各杆件中却存在应力，这种由于制造误差而在装配过程中引起的应力称为**装配应力**。

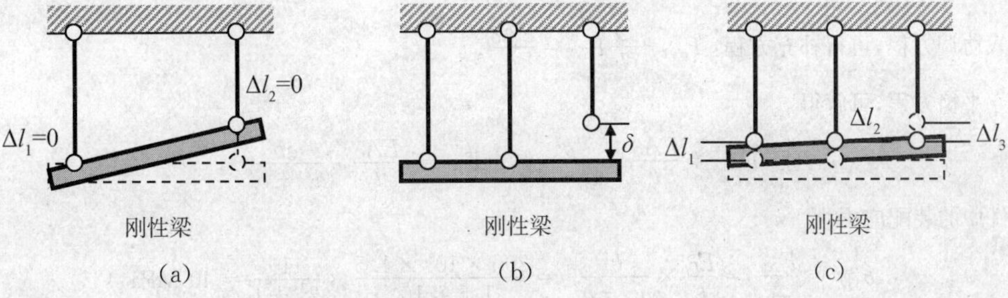

图 2－45　装配应力

装配应力在工程中对结构并不都是有害的，有的时候可以利用结构的装配应力来提高结构的承载能力。例如图 2－46 所示的超静定结构，在载荷 F 的作用下，明显 2 号杆中的拉应力较大一些，为了提高结构的承载能力，可以预先将 1 号杆做得短一点，装配后使 2 号杆预先存在一个压应力，这样再作用载荷 F 后，2 号杆中的拉应力将被抵消一部分，从而可以提高整个结构的承载能力。

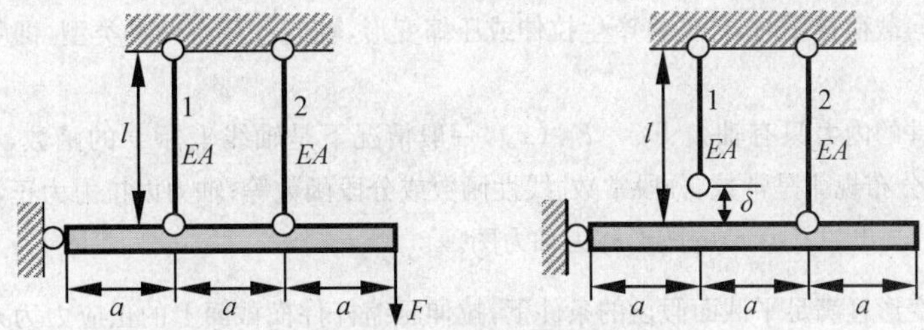

图 2－46　利用装配应力提高结构的承载能力

例 2－18　刚性梁 AB 由杆 1 和杆 2 悬挂，并在 C 点铰支（如图 2－47(a)所示）。两杆的材料和截面面积相同，$A = 20\ \mathrm{mm}^2$，$l = 1.5\ \mathrm{m}$，$a = 2.0\ \mathrm{m}$，$b = 1.0\ \mathrm{m}$，由于制造误差，杆 1 的长度短了 $\delta = 1.5\ \mathrm{mm}$，若材料的弹性模量 $E = 200\ \mathrm{GPa}$，求装配后杆 1 和杆 2 中的应力以及支座处的反力。

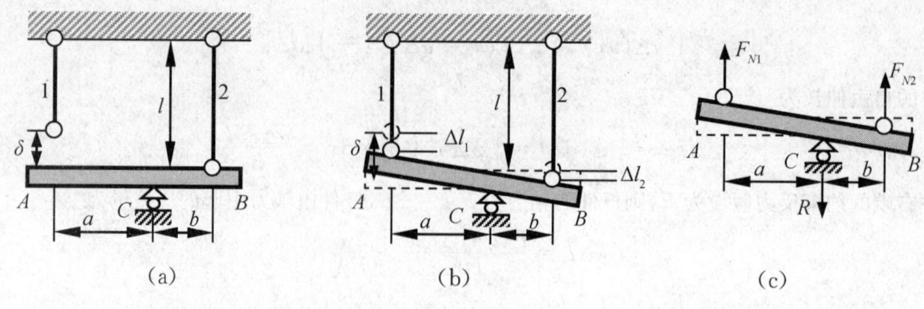

图 2-47　例 2-18 图

解:结构是超静定结构,假设安装后两杆中的内力分别是 F_{N1} 和 F_{N2},以刚性梁为研究对象,其受力情况如图 2-47 (c)所示,平衡方程为

$$\begin{cases} F_{N1}a - F_{N2}b = 0 \\ F_{N1} + F_{N2} - R = 0 \end{cases}$$

两个方程三个未知数,是一次超静定问题。

安装后两杆的变形如图 2-47(b)所示,由此可得:

两杆变形的协调方程为:$\dfrac{\delta - \Delta l_1}{\Delta l_2} = \dfrac{a}{b}$。

物理方程为:$\Delta l_1 = \dfrac{F_{N1}(l-\delta)}{EA} \approx \dfrac{F_{N1}l}{EA}$,$\Delta l_2 = \dfrac{F_{N2}l}{EA}$。

代入协调方程,可得补充方程:$F_{N1} + \dfrac{a}{b}F_{N2} = \dfrac{EA\delta}{l}$。

联立平衡方程,可解得

$$F_{N1} = \frac{EA\delta}{l} \cdot \frac{b^2}{a^2+b^2},\quad F_{N2} = \frac{EA\delta}{l} \cdot \frac{ab}{a^2+b^2}$$

杆件中的装配应力为

$$\sigma_{(1)} = \frac{F_{N1}}{A} = \frac{E\delta}{l} \times \frac{b^2}{a^2+b^2} = \frac{200\times10^3\times1.5}{1.5\times10^3} \times \frac{1}{2^2+1} = 40\ \text{MPa}$$

$$\sigma_{(2)} = \frac{F_{N2}}{A} = \frac{E\delta}{l} \times \frac{ab}{a^2+b^2} = \frac{200\times10^3\times1.5}{1.5\times10^3} \times \frac{2\times1}{2^2+1} = 80\ \text{MPa}$$

两杆中的装配应力都是拉应力。而支座处的反力为

$$R = \frac{EA\delta}{l} \cdot \frac{ab+b^2}{a^2+b^2} = 200\times20\times\frac{3}{5} = 3000\ \text{N} = 3\ \text{kN}$$

小　结

1. 当杆件受轴向载荷作用时,杆件将产生拉伸或压缩变形,轴向载荷有两种类型,即集中力 F 和分布力 $q(x)$。

2. 拉伸压缩杆件的内力只有轴力 $F_N = F_N(x)$,一般情况下是轴线坐标 x 的函数,称为轴力函数;$F_N(x)$在杆件中常见的分布规律是常数、分段常数、线性函数或分段函数等;轴力以拉力为正,压力为负;以 x 为横坐标、F_N 为纵坐标画出的 $F_N(x)$的图形称为轴力图。

3. 在线弹性小变形且满足平截面假设的条件下,拉伸压缩杆件横截面上的正应力为$\sigma(x) = \dfrac{F_N(x)}{A(x)}$。该公式在应力集中的部位不成立。拉压杆横截面上不存在切应力。

4. 材料力学的强度观点是:杆件中最危险的点安全,则整个杆件安全;杆件中最危险的点不安全,则整个杆件不安全。

这一强度观点是偏安全和偏保守的强度观点,在此强度观点下,拉压杆的强度条件为:$\sigma_{\max} =$

$\left|\frac{F_N(x)}{A(x)}\right|_{\max}\leqslant[\sigma]$。如果考察的是等截面杆件，则拉压杆的强度条件简化为：$\sigma_{\max}=\frac{F_{N\max}}{A}\leqslant[\sigma]$，即最大轴力所在的截面为危险截面。如果杆件材料的拉压力学性能不同，则上述强度条件分解为两个条件：$\sigma_{\max}^{+}\leqslant[\sigma^{+}]$，$\sigma_{\max}^{-}\leqslant[\sigma^{-}]$，即杆件中的最大拉应力不超过材料的许用拉应力，最大压应力不超过材料的许用压应力。

强度条件有三个方面的应用，即校核强度、在强度要求条件下计算结构的许可载荷以及计算构件的许可截面尺寸。

5. 拉伸压缩杆件的变形为杆件的伸长或缩短，即杆件一端相对于另一端的相对位移。拉压杆的一般变形公式为：$\Delta l=\int_l \frac{F_N(x)}{EA}\mathrm{d}x$；$EA$ 称为杆件的抗拉刚度，表明了杆件抵抗外力变形的能力。当考察的杆件为等截面同种材料制成的二力杆时，拉压杆的变形公式可简化为：$\Delta l=\frac{F_N l}{EA}$。拉压杆的横向变形由泊松公式确定，即：$\varepsilon_y=-\nu\varepsilon_x$。

平面桁架结构节点位移的计算步骤：①计算各杆的内力和变形；②以各杆变形以后的长度为半径作圆弧，在小变形条件下圆弧近似为垂线，这些垂线的交点即为节点变形后所处位置；③根据节点处的变形协调图即可求出节点的水平和竖直方向的位移。

6. 拉伸压缩杆件的刚度条件为：$|\Delta l|\leqslant[\Delta l]$，杆件的许可伸长$[\Delta l]$一般由工程实际情况确定。刚度条件也有三个方面的应用，即校核刚度、在刚度要求条件下计算结构的许可载荷以及计算构件的许可截面尺寸。

7. 拉伸压缩杆件或杆件结构系统超静定问题的解法：①列杆件或杆件结构系统整体或部分的平衡方程，判别问题是否为超静定问题以及超静定次数；②列杆件各段变形或各杆件间的变形协调方程或几何方程；③列杆件各段或各杆内力和变形间的关系，即物理方程；④将物理方程代入协调方程，得到补充方程，再联立原有的平衡方程，即可求解超静定问题。

8. 主要公式如下：

	内力	应力	强度	变形	刚度	超静定
拉伸与压缩	$F_N=F_N(x)$	$\sigma(x)=\frac{F_N(x)}{A(x)}$	$\sigma_{\max}=\left\|\frac{F_N(x)}{A(x)}\right\|_{\max}\leqslant[\sigma]$	$\Delta l=\int_l \frac{F_N(x)}{EA}\mathrm{d}x$	$\|\Delta l\|\leqslant[\Delta l]$	平衡方程 几何方程 物理方程

思考题二

1. 拉伸压缩杆件的内力与什么因素有关？内力函数 $F_N(x)$在杆件中一定是连续函数吗？

2. 内力符号为什么不能以杆件坐标轴方向为参考方向进行规定？

3. 在求拉压杆横截面上的应力时，为什么要引进平截面假设？材料力学理论在逻辑上是严密的吗？

4. 拉压杆正应力公式在应力集中的地方为什么不能应用？正应力公式成立的条件是什么？

5. 为什么拉压杆横截面上不存在切应力？

6. 拉压杆的强度条件 $\sigma_{\max}\leqslant[\sigma]$在什么地方过分保守？

7. 工程中经常见到出现裂纹的杆件仍能正常的工作，为什么会这样？按材料力学的观点，这些杆件安全吗？

8. 某杆件拉伸时只能承受 25 kN 的力，而在压缩时能承受 100 kN 的力，则杆件材料的许用压应力是许用拉应力的几倍？

9. 拉压杆的变形实质上是截面的相对线位移，假设某杆件的一端沿杆件轴线方向移动了 10 mm，则杆件伸长或缩短也为 $\Delta l=10$ mm，这一结果正确吗？为什么？

10. 拉压杆的变形公式 $\Delta l=\frac{F_N l}{EA}$成立的条件是什么？有分布的轴向载荷作用的杆件能用该公式计算其变形吗？有若干集中轴向力作用的等截面杆件如何应用该公式计算其变形？

11. 平面桁架结构节点的变形协调图应该如何作出？

12. 如何判别某结构是否是超静定问题以及其超静定次数?

习题二

一、选择题

1. 如图所示,阶梯状杆件任意截面 x 上的轴力为(　　)。

(A) $10x$(kN)　　(B) $20x$(kN)

(C) $10(1+x)$(kN)　　(D) $10(3+x)$(kN)

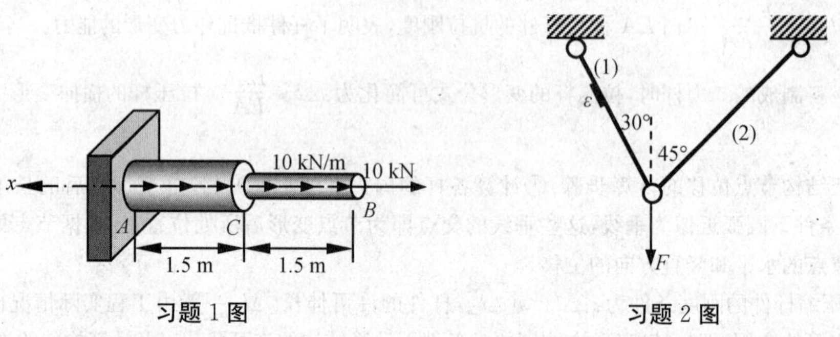

习题 1 图　　习题 2 图

2. 如图所示,桁架结构(1)号杆沿杆件轴线方向的应变片读数为 ε,两杆的抗拉刚度均为 EA,则载荷 F 等于(　　)。

(A) $\frac{\sqrt{3}}{2}EA\varepsilon$　　(B) $\frac{1+\sqrt{2}}{2}EA\varepsilon$　　(C) $\frac{1+\sqrt{3}}{2}EA\varepsilon$　　(D) $EA\varepsilon$

3. 如图所示,阶梯状杆件的最大轴力为(　　)。

(A) 10 kN　　(B) 15 kN　　(C) 5 kN　　(D) 25 kN

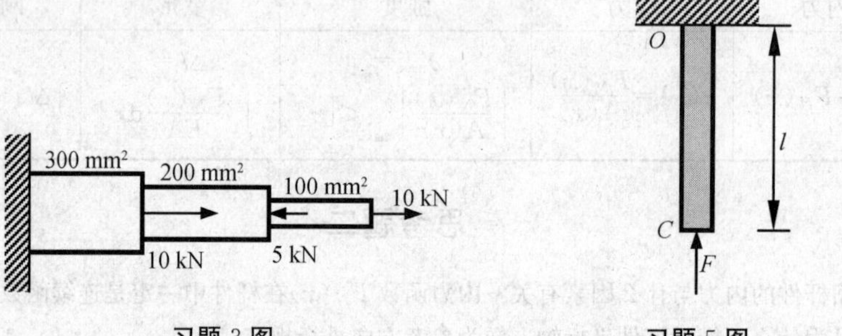

习题 3 图　　习题 5 图

4. 如习题 3 图所示,阶梯状杆件的最大正应力为(　　)。

(A) 100 MPa　　(B) 50 MPa　　(C) 33 MPa　　(D) 25 MPa

5. 如图所示,杆件截面面积为 A,材料的比重为 γ,在自重和载荷 F 作用下其下端截面的竖向位移等于零,则载荷 F 为(　　)。

(A) $A\gamma l$　　(B) $\frac{1}{2}A\gamma l$　　(C) $\frac{1}{3}A\gamma l$　　(D) $\frac{1}{4}A\gamma l$

6. 如图所示,阶梯状杆件材料的弹性模量为 E,则其伸长量 Δl 为(　　)。

(A) $\frac{Fl}{EA}$　　(B) 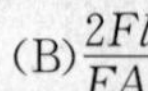 $\frac{2Fl}{EA}$　　(C) $\frac{3Fl}{EA}$　　(D) $\frac{4Fl}{EA}$

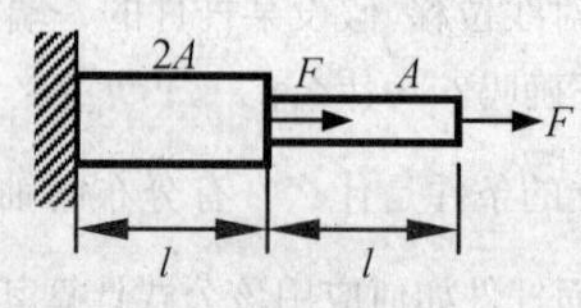

习题 6 图

7. 如图所示，圆形截面杆件的直径为 d，材料的弹性模量为 E，泊松比为 ν，则杆件直径减小量为（　　）。

(A) $\dfrac{F\nu}{E\pi d}$　　(B) $\dfrac{2F\nu}{E\pi d}$　　(C) $\dfrac{3F\nu}{E\pi d}$　　(D) $\dfrac{4F\nu}{E\pi d}$

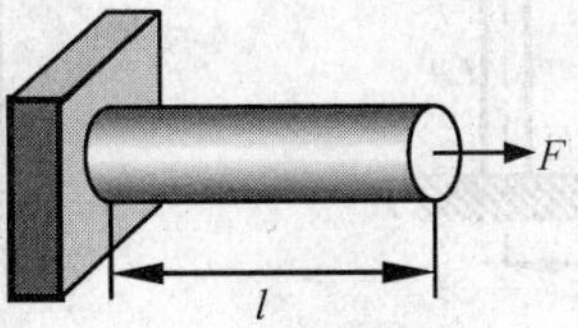

习题 7 图

8. 如图所示受轴向载荷作用的矩形截面杆件，在加载前表面的一条斜直线 mm 在加载过程中所发生的变化是（　　）。

(A)成为一条曲线　　(B)平移

(C)绕 mm 中点转动　　(D)平移与绕 mm 中点转动合成

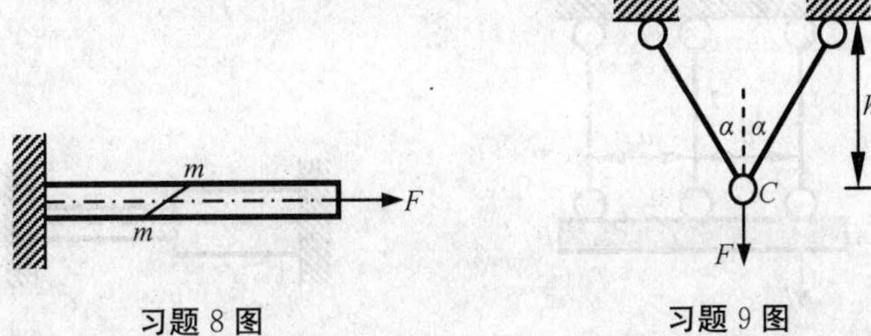

习题 8 图　　习题 9 图

9. 如图所示桁架结构，各杆的抗拉刚度均为 EA，则节点 C 的竖向位移为（　　）。

(A) $\dfrac{Fh}{2EA\cos\alpha}$　　(B) $\dfrac{Fh}{2EA\cos^2\alpha}$　　(C) $\dfrac{Fh}{2EA\cos^3\alpha}$　　(D) $\dfrac{Fh}{EA\cos^3\alpha}$

10. 如图所示正方形截面柱体不计自重，在轴向压力 F 作用下强度不足，差 20%，为消除这一过载现象，则柱体的边长应增加约（　　）。

(A) 5%　　(B)10%　　(C)15%　　(D)20%

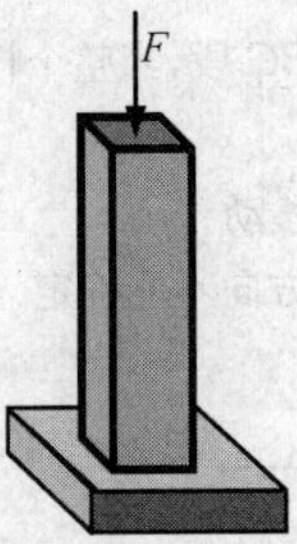

习题 10 图 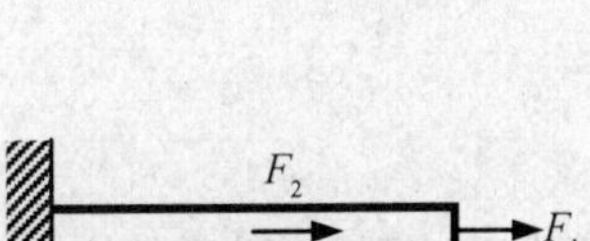　　习题 11 图

11. 如图所示，杆件的抗拉刚度 $EA=8\times10^3$ kN，杆件总拉力 $F=50$ kN，若杆件总伸长为杆件长度的千分之五，则载荷 F_1 和 F_2 之比为（　　）。

(A) 0.5　　(B)1　　(C)1.5　　(D)2

12. 如图所示结构，AB 是刚性梁，当两杆只产生简单压缩时，载荷作用点的位置距左边杆件的距离 x 为（　　）。

(A) $\dfrac{a}{4}$　　(B) $\dfrac{a}{3}$　　(C) $\dfrac{a}{2}$　　(D) $\dfrac{2a}{3}$

13. 如图所示两端固定的杆件，其长度为 l，材料的比重为 γ，则杆件中的最大正应力为（　　）。

(A) $\dfrac{\gamma l}{4}$　　(B) $\dfrac{\gamma l}{2}$　　(C) $\dfrac{3\gamma l}{4}$　　(D) γl

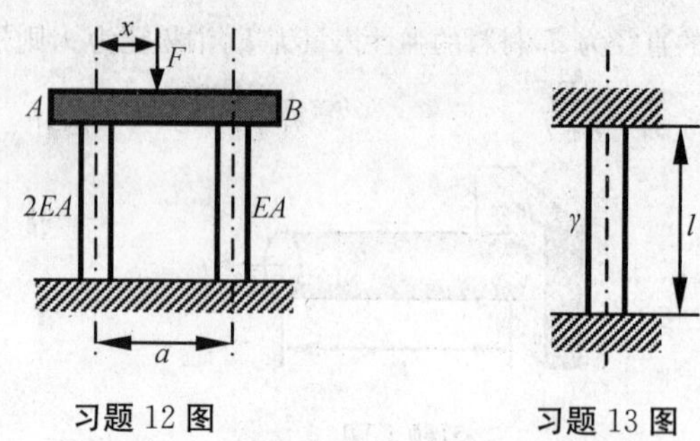

习题 12 图　　习题 13 图

14. 上题若杆件材料的弹性模量为 E，则杆件中间截面的竖向位移为(　　)。

(A) 0　　(B) $\frac{\gamma l^2}{2E}$　　(C) $\frac{\gamma l^2}{4E}$　　(D) $\frac{\gamma l^2}{8E}$

15. 如图所示超静定结构，AB 是刚性梁，三杆的变形分别为 δ_1，δ_2，δ_3，则其变形协调方程为(　　)。

(A) $\delta_1=\delta_2+\delta_3$　　(B) $\delta_2=\delta_1-\delta_3$　　(C) $2\delta_2=\delta_1+\delta_3$　　(D) $2\delta_2=\delta_1-\delta_3$

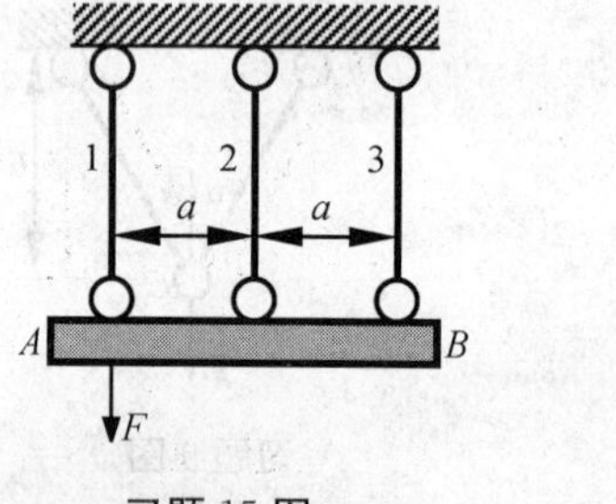

习题 15 图

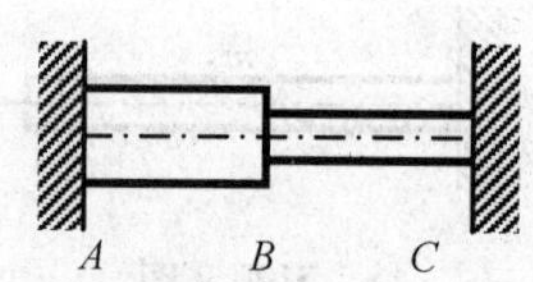

习题 17 图

16. 机械结构中零部件之间的紧配合以及土建结构中的预应力混凝土构件是(　　)。

(A)消除了装配应力的例子

(B)利用了装配应力的例子

(C)前者利用后者消除了装配应力的例子

(D)前者消除后者利用了装配应力的例子

17. 如图所示两端固定的阶梯状杆件，AB 段的横截面面积大于 BC 段，当整个杆件的温度升高了 ΔT 时，B 截面(　　)。

(A)在原处不动　　(B)往左移动

(C)往右移动　　(D)移动方向不能确定

二、填空题

18. 图示各杆处于平衡状态，中部只产生单纯拉伸变形的有________。

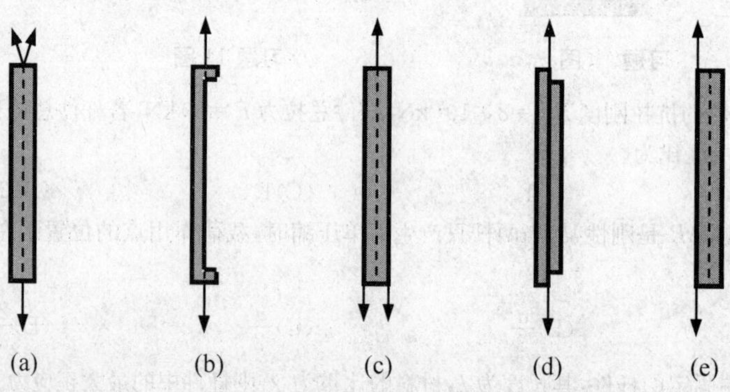

习题 18 图

19. 图示杆件左半部的截面是边长为 a 的正方形，而右半部的截面是直径为 a 的圆形，若杆件材料的许用应力为$[\sigma]$，则杆件的许可载荷为________。

习题 19 图　　习题 20 图

20. 图示杆件左半部是内径为 d、外径为 $2d$ 的空心圆截面，而右半部为实心圆截面，若杆件左右半部的强度相同，则杆件右半部的直径应取为________。

21. 图示杆件的抗拉刚度为 EA，其自由端的水平位移为____________，杆件中间截面的水平位移为____________。

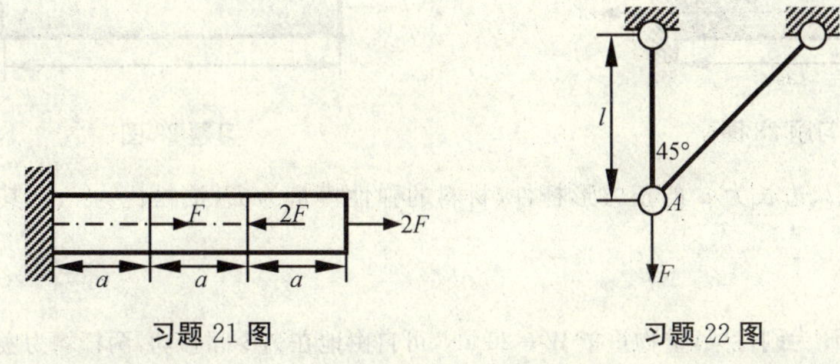

习题 21 图　　习题 22 图

22. 图示桁架结构各杆抗拉刚度均为 EA，则节点 A 的水平位移为________，竖向位移为________。

23. 图示桁架结构各杆抗拉刚度均为 EA，则节点 A 的水平位移为________，竖向位移为________。

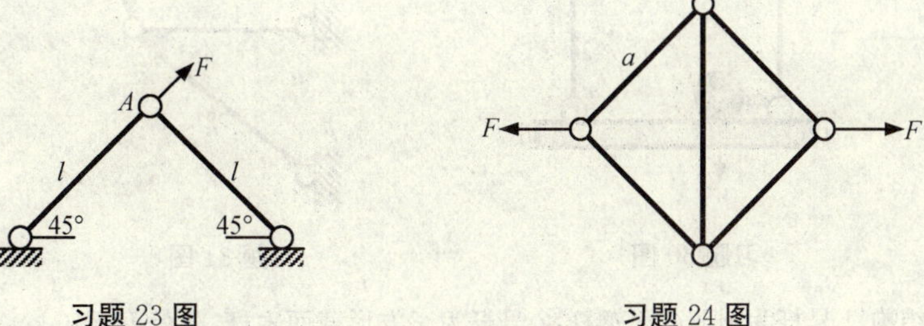

习题 23 图　　习题 24 图

24. 图示正方形桁架结构各杆材料相同，其截面面积均为 A，许用压应力为$[\sigma^-]$，许用拉应力为$[\sigma^+]=0.8[\sigma^-]$，不考虑稳定性问题，则结构的许可载荷$[F]$为__________。

25. 图示各超静定结构的变形协调方程分别为__________，__________，__________。

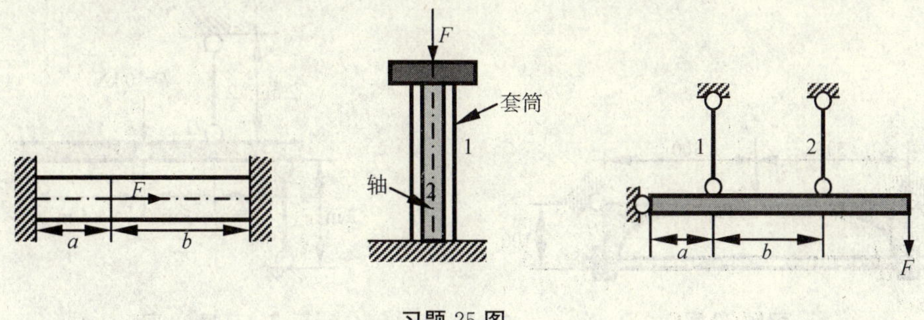

习题 25 图

26. 图示组合圆轴中套筒材料的弹性模量是内轴材料弹性模量 E 的一半，套筒与内轴紧密结合，则套筒与内轴的应力之比为________，组合圆轴的伸长量为________。

27. 图示结构 AB 为刚性梁，1 号杆和 2 号杆的抗拉刚度均为 EA，2 号杆由于制造误差短了 δ，则装配后 1 号杆和 2 号杆中的轴力分别为________和________。

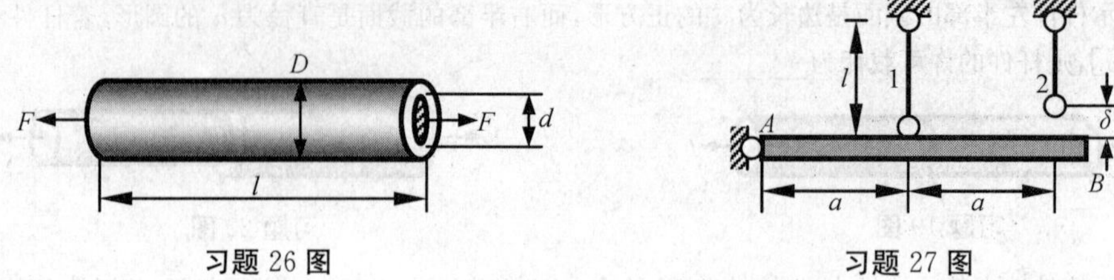

习题 26 图　　习题 27 图

28. 图示杆件的热膨胀系数为 α，材料的弹性模量为 E，则当杆件温度以 $\Delta T = kx$ 的规律变化时，杆件中的最大热应力为______。

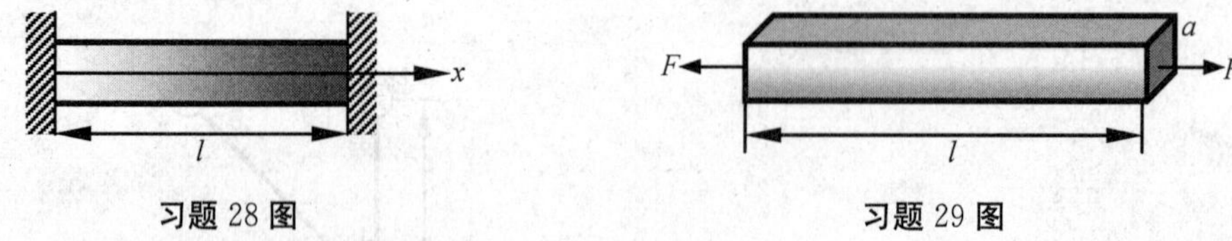

习题 28 图　　习题 29 图

29. 图示长度为 l、边长为 a 的正方形杆件，材料的弹性模量为 E，泊松比为 ν，则其体积改变量 ΔV 为______。

三、计算题(A)

30. 图示结构 AB 为刚性梁，重物重量 $W = 20$ kN，可自由地在 AB 间移动，两杆均为实心圆形截面杆，1 号杆的许用应力为 80 MPa，2 号杆的许用应力为 100 MPa，不计刚性梁 AB 的重量，试确定两杆的直径。

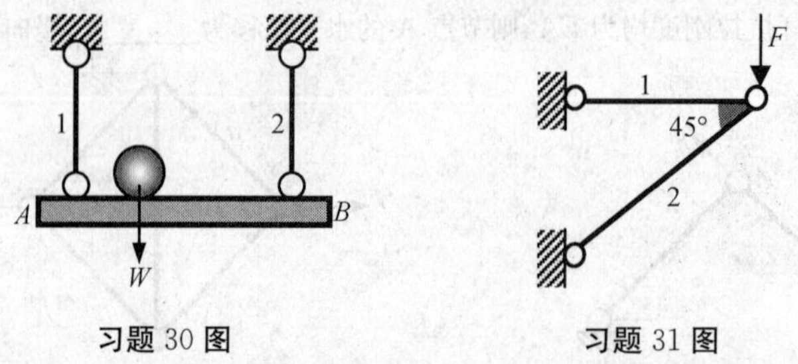

习题 30 图　　习题 31 图

31. 图示桁架结构，1 号杆为圆形截面钢杆，2 号杆为正方形截面木杆，载荷 $F = 50$ kN，钢材的许用应力 $[\sigma]_{St} = 160$ MPa，木材的许用应力 $[\sigma]_W = 10$ MPa，试确定 1 号杆的直径 d 和 2 号杆的边长 a。

32. 图示结构下方的拉杆直径 $d = 6$ mm，许用应力 $[\sigma] = 140$ MPa，曲拐部分可视为刚体，求结构的许可载荷 $[F]$。

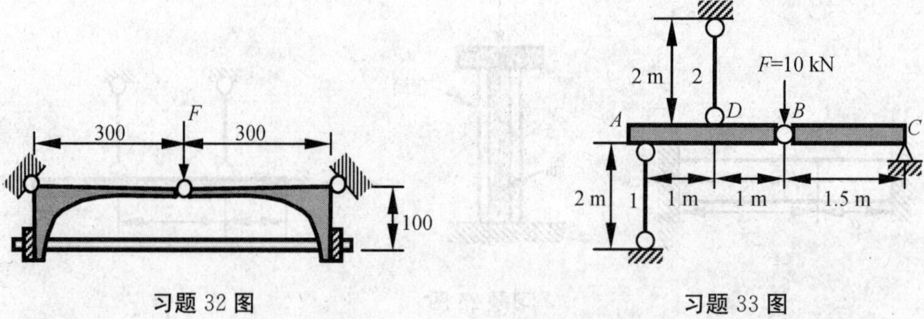

习题 32 图　　习题 33 图

33. 图示结构横梁 AB，BC 均为刚性梁，1 号杆和 2 号杆的截面直径分别为 $d_1 = 10$ mm 和 $d_2 = 20$ mm，不计横梁 AB，BC 的重量，试求两杆截面上的应力。

34. 某铣床工作台进油缸如图所示，油缸内压 $p = 2$ MPa，油缸内径 $D = 75$ mm，活塞杆直径 $d = 18$ mm，活塞杆材料的许用应力 $[\sigma] = 50$ MPa，试校核活塞杆的强度。

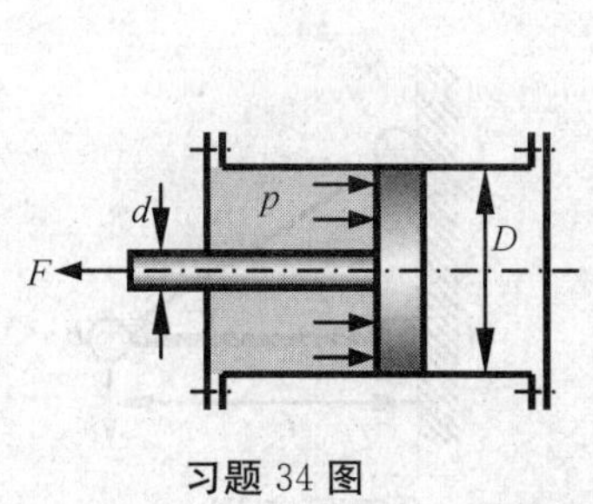

习题 34 图

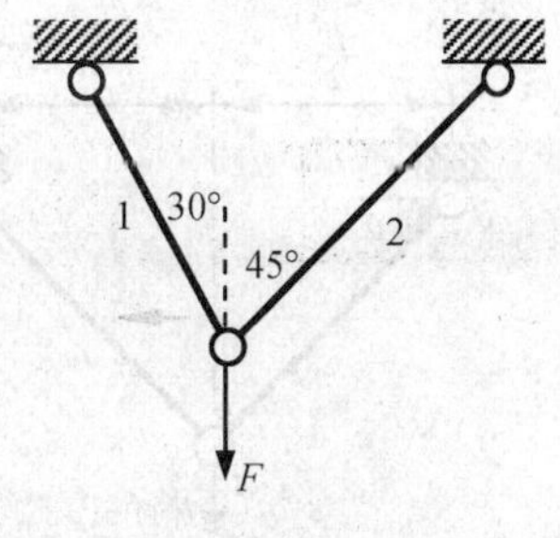

习题 35 图

35. 如图所示桁架结构，1 号杆和 2 号杆的截面直径分别为 $d_1=30$ mm 和 $d_2=20$ mm，两杆材料相同，屈服应力 $\sigma_s=320$ MPa，安全系数 $n=2$，则当在节点处承受竖向载荷 $F=80$ kN 时，试校核桁架结构的强度。

36. 如图所示桁架结构，1 号杆和 2 号杆的截面面积之比为 $A_1:A_2=2:3$，节点处承受竖向载荷 F 作用。试求：

(1)两杆横截面上的应力相等时，夹角 α 应为多大？

(2)若 $F=10$ kN，$A_1=100$ mm^2，则两杆横截面上的应力为多大？

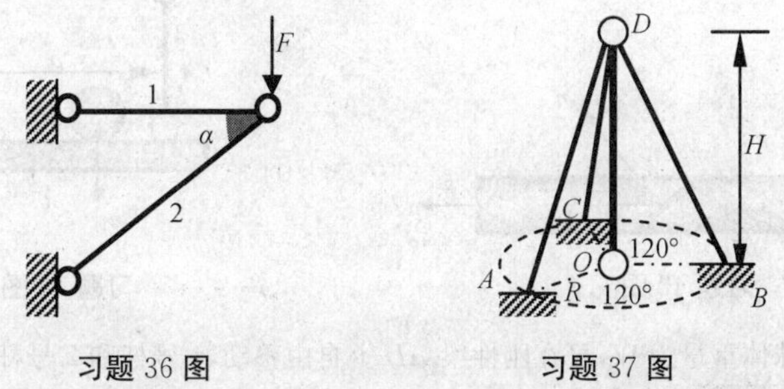

习题 36 图　　习题 37 图

37. 如图所示结构，直径 $D=80$ mm、高度 $H=3$ m 的立柱 OD 由三根钢缆同步拉紧固定在竖直方向，钢缆下端均匀固定在半径 $R=2$ m 的圆周上。每根钢缆由 80 根直径 $d=1$ mm 的钢丝制成，忽略钢缆中可能存在的预应力，如果钢缆还能承受的拉应力为 $\sigma=200$ MPa，则尽可能拉紧钢缆后，立柱截面上所承受的最大附加应力为多大？

38. 如图所示阶梯状立柱的横截面均为正方形，尺寸 a 已知，立柱材料的密度为 ρ，许用应力为$[\sigma]$，柱体对地面的许可压强为$\frac{[\sigma]}{2}$，求阶梯状立柱各段高度的最大值。

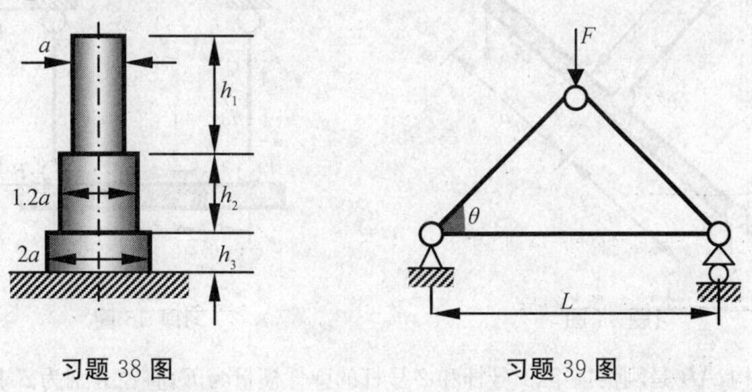

习题 38 图　　习题 39 图

39. 如图所示桁架结构中各杆均由钢材制成，其许用应力为$[\sigma]$，在跨度 L 不变的情况下，求使结构最经济的角度 θ。

40. 如图所示桁架结构承受载荷 F 作用，已知各杆的许用应力为$[\sigma]$，在节点 B，C 间的距离 L 不变的情况下，求使结构重量最轻的角度 θ。

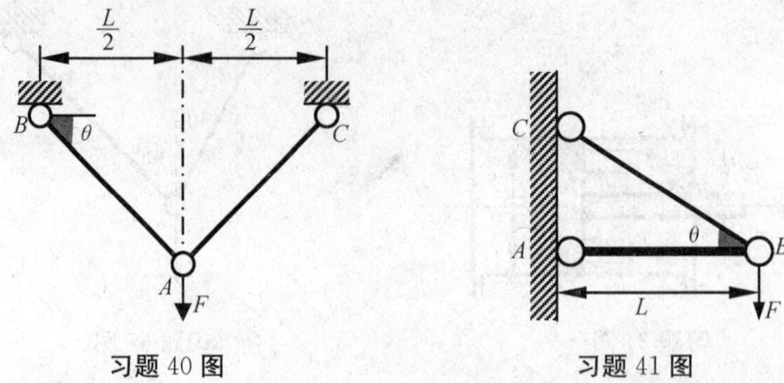

习题 40 图　　习题 41 图

41. 如图所示桁架结构，BC 杆和 AB 杆的抗拉刚度分别为 EA 和 $10EA$，如果 AB 杆的长度 L 固定不变，而 BC 杆的长度可变且 C 处铰始终在刚性墙壁上，求使节点 B 的竖向位移最小的角度 θ。

42. 如图所示杆件由两块材料连接而成，图中斜线即为粘胶层，杆件在两端受拉力 F 作用，若粘胶层的许用正应力$[\sigma]$是其许用切应力$[\tau]$的两倍，若限定 $0<\alpha<45°$，则粘胶层最合理的倾角 α 是多大？

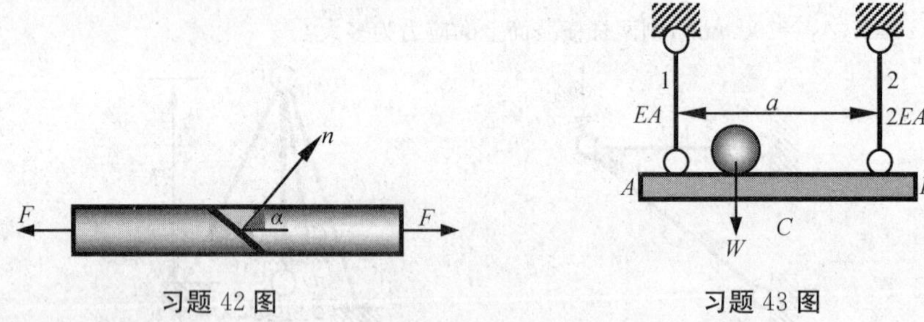

习题 42 图　　习题 43 图

43. 如图所示结构，球体重量为 W，可在刚性梁 AB 上自由移动，1 号杆和 2 号杆的抗拉刚度分别为 EA 和 $2EA$，长度均为 l，两杆距离为 a。不计刚性梁 AB 的重量。

(1)横梁中点 C 的最大和最小竖向位移是多少？

(2)球体放在何处才不会使其沿 AB 梁滚动？

44. 如图所示结构，CD 是刚性梁，拉杆 AB 的抗拉刚度为 EA，不计刚性梁 CD 的重量，求刚性梁上 D 点的竖向位移和水平位移。

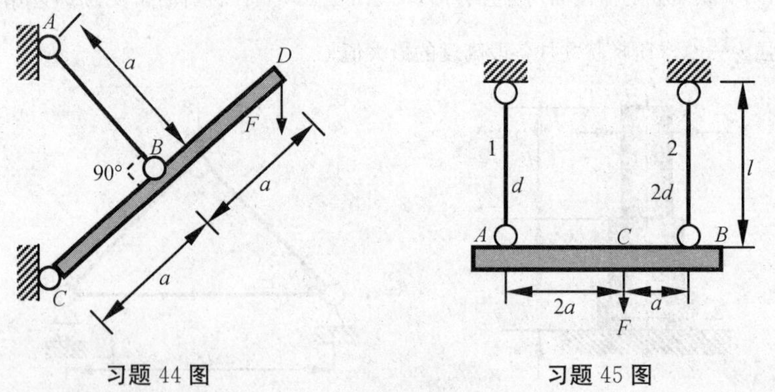

习题 44 图　　习题 45 图

45. 如图所示结构，AB 是刚性横梁，1 号杆和 2 号杆的弹性模量为 E，直径分别为 d 和 $2d$，两杆的长度均为 l，不计横梁的重量，求在载荷 F 作用下横梁上 C 点的竖向位移。

46. 如图所示结构，AB 是刚性梁，1 号杆的弹性模量、截面面积和长度分别为 E_1，A_1，L_1，2 号杆的弹性模量、截面面积和长度分别为 E_2，A_2，L_2。不计刚性梁的重量，若要求刚性梁 AB 始终保持水平位置，则载荷 F 作用位置 x 为多大？

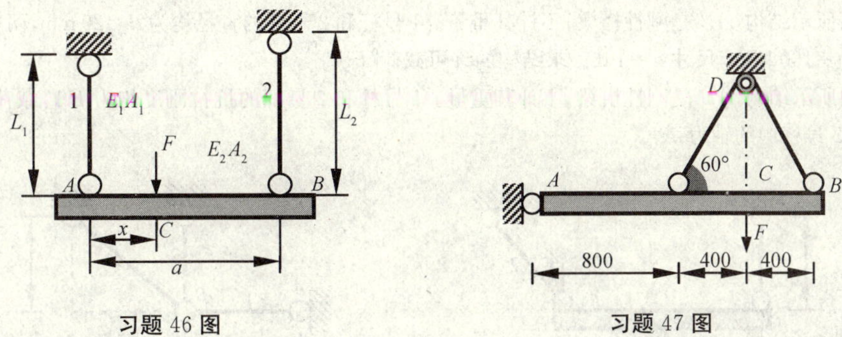

习题 46 图　　习题 47 图

47. 如图所示结构，AB 是刚性梁，横截面为 $A=80\ \text{mm}^2$ 的钢索绕过无摩擦的滑轮。载荷 $F=20\ \text{kN}$，钢索的弹性模量 $E=30\ \text{GPa}$，不计刚性梁的重量，试求钢索横截面上的应力以及刚性梁上 C 点的竖向位移。

48. 如图所示桁架结构，各杆的抗拉刚度均为 EA，求节点 A 的水平位移和竖向位移。

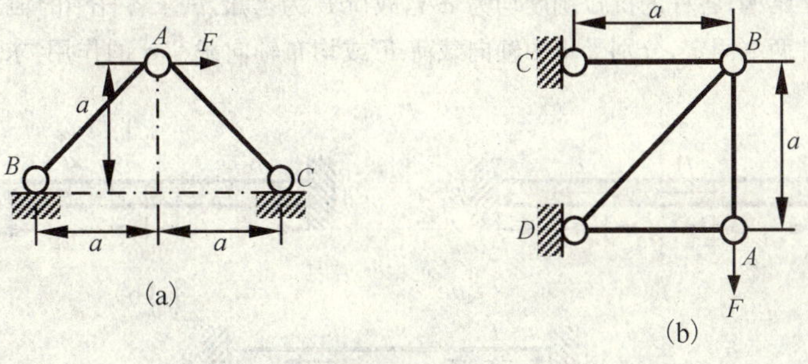

习题 48 图

49. 如图所示，很长的直钢缆需考虑其自重的影响，设钢缆材料的密度为 ρ，弹性模量为 E，许用应力为 $[\sigma]$，截面面积为 A，在其下端受有载荷 F 的作用，试计算钢缆所允许的长度以及其总伸长量。

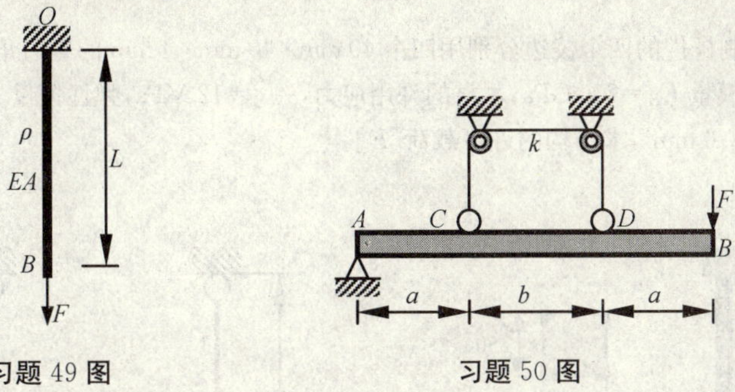

习题 49 图　　习题 50 图

50. 如图所示，刚性横梁 AB 左端铰支，钢索绕过无摩擦的滑轮将横梁置于水平位置，钢索的弹性系数为 k（单位伸长所需要的力），不计刚性梁和钢索的重量，求在载荷 F 作用下力作用点 B 处的竖向位移。

51. 如图所示，厚度为 δ 的杆件两端的高度分别是 h_1 和 h_2，杆件的高度沿杆轴线线性变化，杆件长度为 l，材料的弹性模量为 E，试计算杆件的总伸长量。

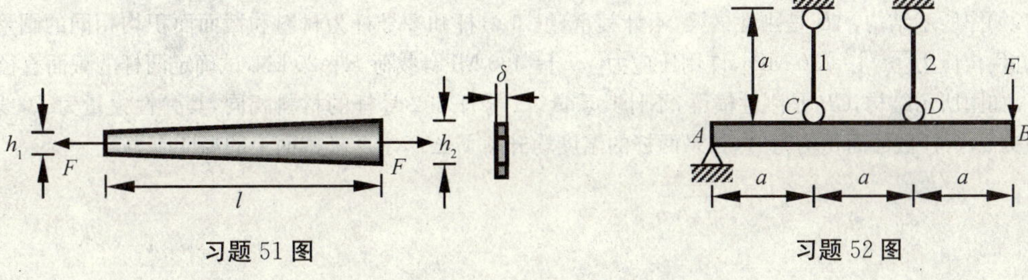

习题 51 图　　习题 52 图

52. 如图所示结构，AB 是刚性横梁，不计其重量。1 号杆和 2 号杆的直径均为 $d=20$ mm，两杆材料相同，许用应力$[\sigma]=160$ MPa，尺寸 $a=1$ m。求结构的许可载荷$[F]$。

53. 如图所示结构，AB 是刚性横梁，不计其重量。1 号杆和 2 号杆的抗拉刚度均为 EA，载荷 F 为已知。求 1 号杆和 2 号杆中的轴力。

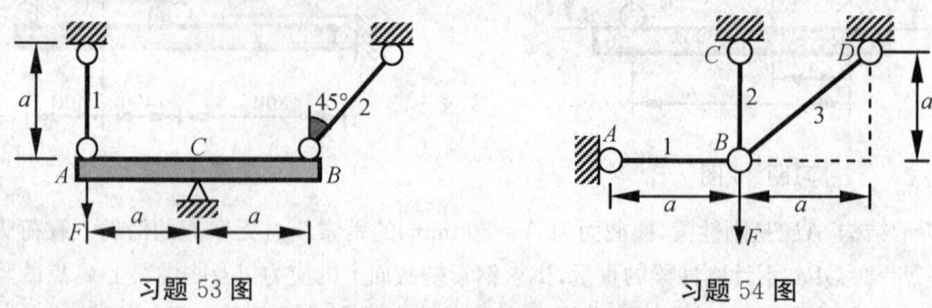

习题 53 图　　习题 54 图

54. 如图所示桁架结构，各杆的抗拉刚度均为 EA，载荷 F 为已知，试求各杆中的轴力。

55. 如图所示杆件两端固定，分别受集中轴向载荷 F 或均布轴向载荷 q 的作用，求杆件固定端的约束反力以及最大的轴力。

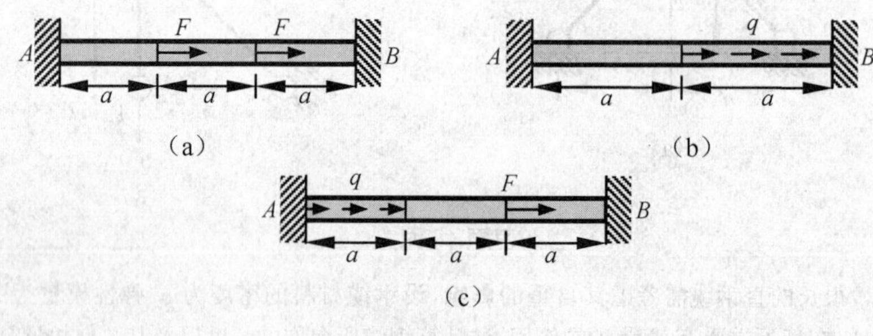

习题 55 图

56. 如图所示，木制杆件的四个棱边分别用四个 40 mm×40 mm×4 mm 的等边角钢加固，角钢的许用应力$[\sigma_S]=160$ MPa，弹性模量 $E_S=200$ GPa，木材的许用应力$[\sigma_W]=12$ MPa，弹性模量 $E_W=10$ GPa，每根角钢的横截面面积为 $A=308.6\ \text{mm}^2$，求结构的许可载荷$[F]$。

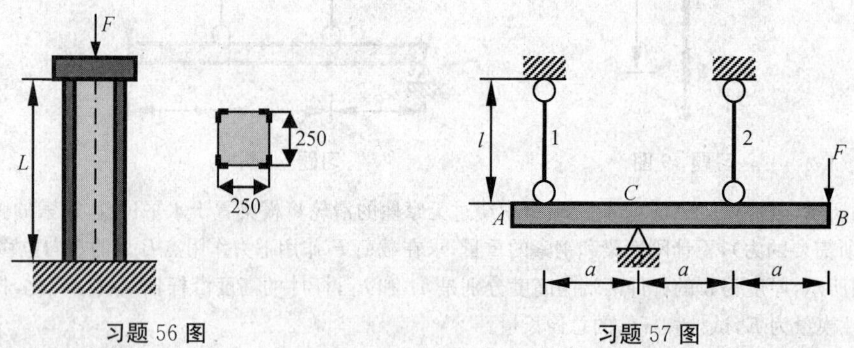

习题 56 图　　习题 57 图

57. 如图所示结构，AB 是刚性横梁，不计其重量。1 号杆和 2 号杆为材料和截面面积均相同的圆形截面杆，其许用拉应力$[\sigma^+]=110$ MPa，许用压应力$[\sigma^-]=160$ MPa，载荷 $F=20$ kN，试确定两杆的截面直径。

58. 如图所示结构，CB 是刚性横梁，不计其重量。1 号杆和 2 号杆的材料相同，其弹性模量为 E，线热膨胀系数为 α，两杆截面面积均为 A，如果两杆的温度均升高了 ΔT，求两杆截面上的温度应力。

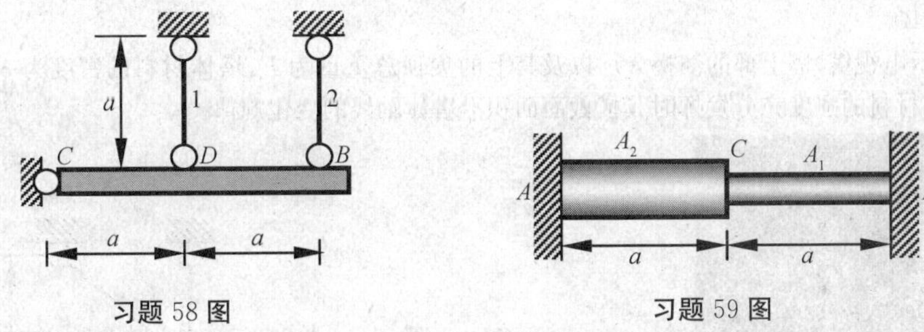

习题 58 图　　习题 59 图

59. 如图所示，阶梯状钢杆的两端在 $T=4$ ℃时固定，此时杆件中无应力，杆件材料的弹性模量 $E=200$ GPa，线热膨胀系数 $\alpha=12.5\times10^{-6}$ ℃$^{-1}$，钢杆两段的横截面面积分别为 $A_1=600$ mm^2 和 $A_2=1000$ mm^2，当温度升至 $T=28$℃时，求两段杆件横截面上的温度应力。

60. 如图所示，阶梯状钢杆材料的弹性模量 $E=200$ GPa，线热膨胀系数 $\alpha=12.5\times10^{-6}$ ℃$^{-1}$，钢杆各段的横截面面积分别为 $A_1=1$ cm^2 和 $A_2=2$ cm^2，当温度升高 $\Delta T=30$ ℃时，求杆件横截面上的最大应力。

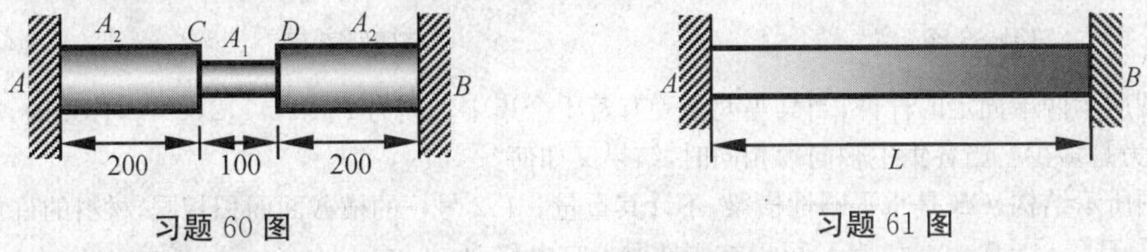

习题 60 图　　习题 61 图

61. 如图所示，两端固定的杆件其温升沿长度由零均匀升高到 T_0，材料的线热膨胀系数 $\alpha=12.5\times10^{-6}$ ℃$^{-1}$，求杆件各截面上的位移。

62. 如图所示结构，CB 是刚性横梁，不计其重量。1 号杆和 2 号杆的材料相同，其弹性模量为 E，横截面面积为 A，试在下述两种情况下，计算两杆截面上的轴力。

(1)2 号杆的尺寸比设计尺寸略短，误差为 δ；

(2)1 号杆的温度升高 ΔT，2 号杆的温度不变，材料的线热膨胀系数为 α。

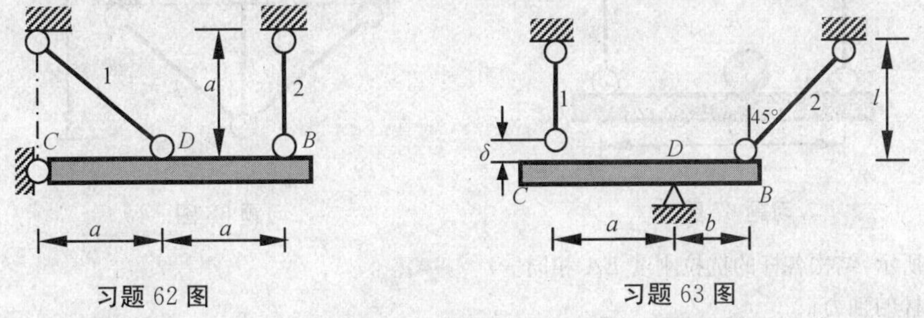

习题 62 图　　习题 63 图

63. 如图所示结构，CB 是水平刚性横梁，不计其重量。刚性梁用 1、2 号杆悬挂，两杆材料和横截面面积均相同，$l=1.5$ m，$a=2$ m，$b=1$ m，材料的弹性模量 $E=200$ GPa。由于制造误差，2 号杆短了 $\delta=1.5$ mm。试求装配后 1、2 号杆横截面上的应力。

64. 如图所示结构，CB 是水平刚性横梁，不计其重量。1、2 号杆的材料和横截面面积均相同，材料的弹性模量为 E，截面面积为 A，许用应力为[σ]。为提高结构的许可载荷，可以将 1 号杆的长度加工得比设计尺寸 a 略短 δ，然后再装配起来。

(1)求最合理的 δ 值以及这样处理后的许可载荷[F]；

(2)处理后的许可载荷[F]比不处理的许可载荷[F']提高了多少个百分点？

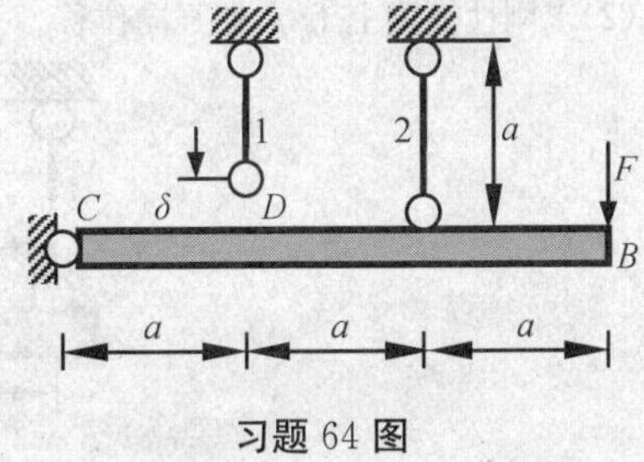

习题 64 图

四、计算题(B)

65. 如图所示电视塔，塔上部的演播大厅以及其上的尖顶总重量为 F，塔体材料的密度为 ρ，许用应力为 $[\sigma]$，试求当塔体材料的强度充分发挥时其横截面面积沿塔体轴线的变化规律。

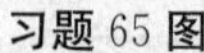
习题 65 图

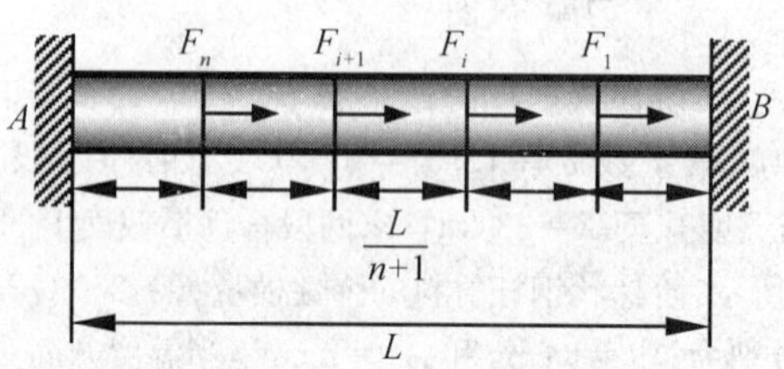

习题 66 图

66. 如图所示两端固定的杆件，当其等间距受有若干个集中轴向力 $F_i(n=1,2,\cdots,n)$ 作用时，杆件两固定端的约束反力是多少？当各集中轴向力相同时，结果又如何？

67. 如图所示结构，CB 是水平刚性横梁，不计其重量。1、2 号杆的横截面面积相同，材料的许用应力分别为 $[\sigma_1]$、$[\sigma_2]$，且 $[\sigma_1]=2[\sigma_2]$，载荷 F 可以在刚性梁上自由移动。

(1)求结构的许可载荷；

(2)求结构能承受的最大载荷。

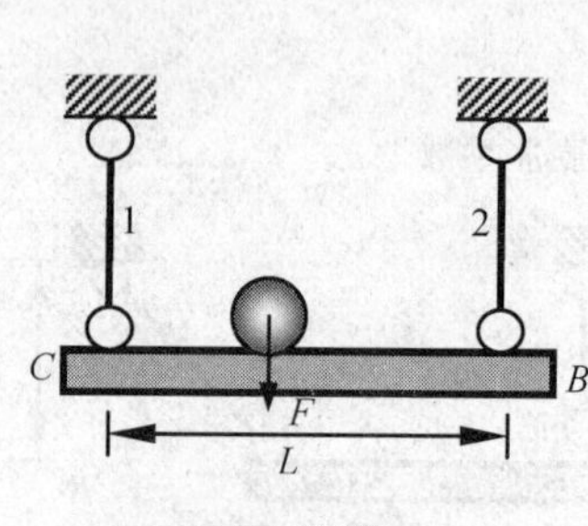

习题 67 图

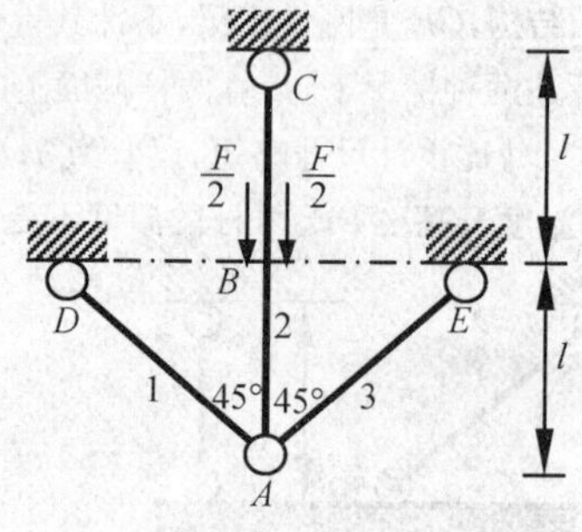

习题 68 图

68. 如图所示，结构各杆的抗拉刚度 EA 相同。

(1)求各杆的轴力；

(2)求节点 A 的竖向位移。

69. 如图所示结构，CB 是水平刚性横梁，不计其重量。各杆的抗拉刚度 EA 相同。

(1)求各杆的轴力；

(2)求刚性横梁上 D 点的竖向位移。

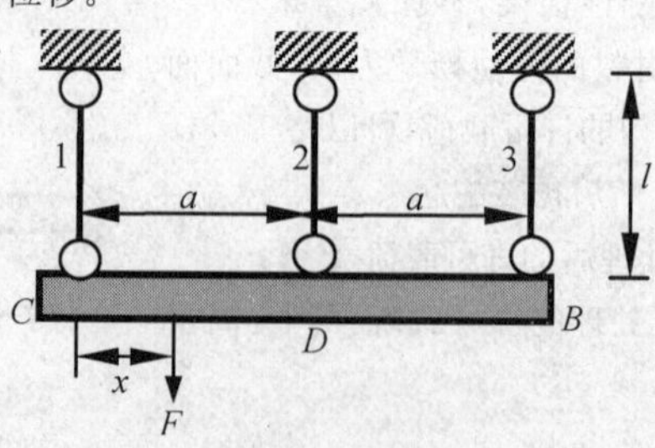

习题 69 图

70. 如图所示桁架结构，各杆的抗拉刚度 EA 相同，求 A，B 两节点的相对位移。

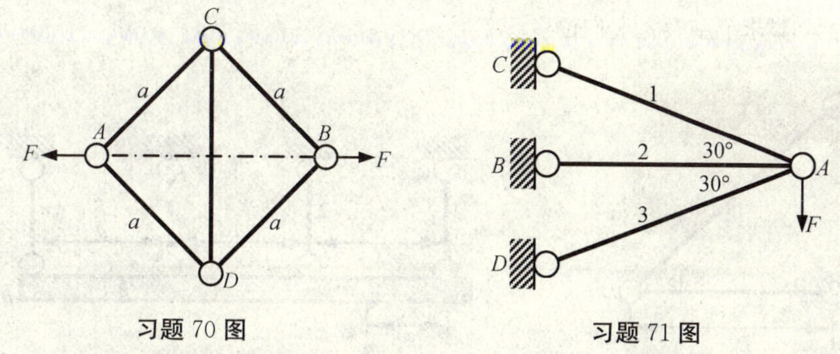

习题 70 图　　　　习题 71 图

71. 如图所示桁架结构，各杆的材料相同，弹性模量 $E=200$ GPa，各杆横截面面积分别为 $A_1=100\ \text{mm}^2$，$A_2=150\ \text{mm}^2$，$A_3=200\ \text{mm}^2$，载荷 $F=10$ kN，求各杆的内力。

72. 如图所示桁架结构，各杆的抗拉刚度 EA 相同，AB 杆比预定的长度短了 δ，则当装配后，也即 B，G 连接后，各杆的轴力是多少？

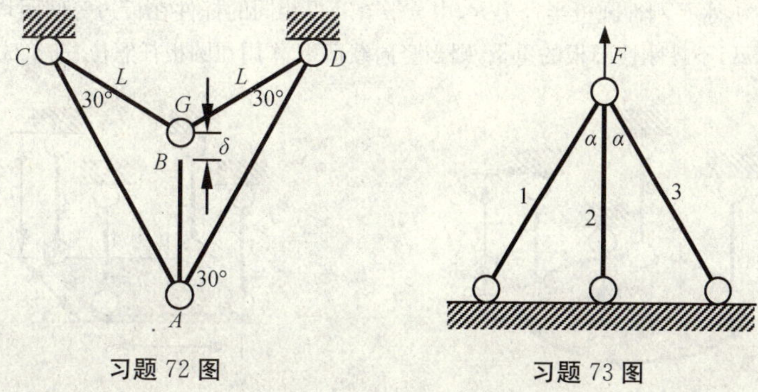

习题 72 图　　　　习题 73 图

73. 如图所示桁架结构，各杆的截面面积为 A，弹性模量为 E，为提高结构的许可载荷，可以事先将中间杆件的长度 l 加工得略长 δ，然后再装配起来。

(1)试求合理的 δ 值；

(2)若杆件材料的许用应力为$[\sigma]$，求这样处理后结构的许可载荷；

(3)若 $\alpha=30°$，则处理后的许可载荷比不处理时提高了多少个百分点？

74. 如图所示结构由两根钢杆（$E_S=200$ GPa，$\alpha_S=11.7\times10^{-6}$ ℃$^{-1}$）和一根铝杆（$E_A=70$ GPa，$\alpha_A=23.6\times10^{-6}$ ℃$^{-1}$）构成，两端固定各杆件的板为刚性板。在初始时两端未加载，各杆的温度为 $T_0=5$ ℃，且均无应力；若各杆件的温度升高到 $T_1=85$ ℃，同时两端加载荷 $F=10$ kN，求各杆横截面上的应力。

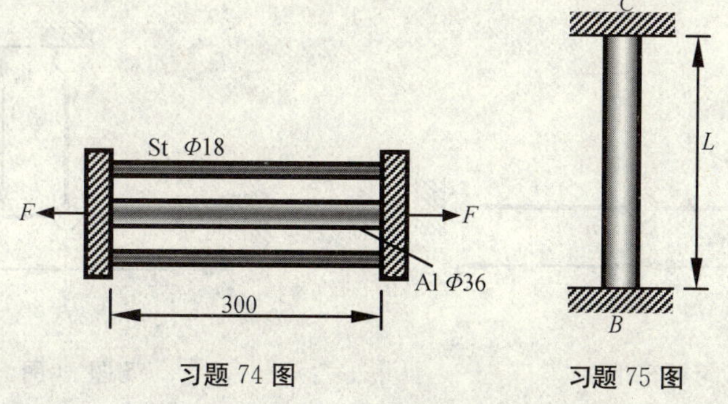

习题 74 图　　　　习题 75 图

75. 如图所示，两端固定的立柱其密度为 ρ，立柱材料的弹性模量在拉伸时为 E_t，而压缩时为 E_C，立柱横截面面积为 A，长度为 L，试确定立柱仅在自重作用下两固定端的约束反力。

76. 如图所示桁架结构，BD 杆的应力应变关系满足 $\sigma=E_0\sqrt{\varepsilon}$，$CD$ 杆的应力应变关系满足 $\sigma=E\varepsilon$，两杆的横截面面积均为 A，试求节点 D 的竖向位移。

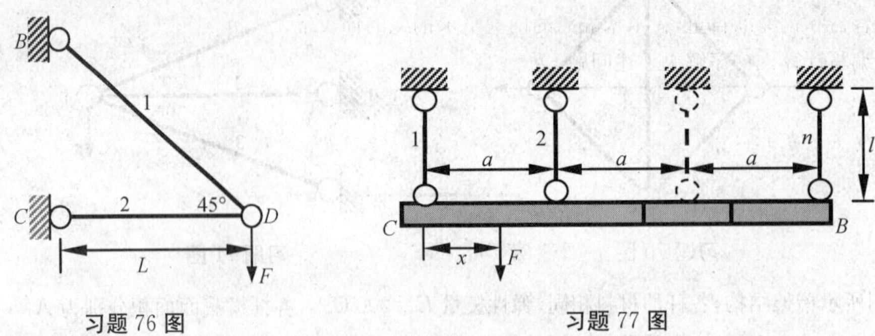

习题 76 图　　习题 77 图

77. 如图所示结构，水平刚性横梁 CB 由 $n(n\geqslant 3)$ 根相同的杆件悬挂，各杆的抗拉刚度均为 EA，不计刚性横梁的重量，则在载荷 F 作用下，试求各杆的轴力。

78. 如图所示结构，水平刚性圆板半径为 R，由 $n(n\geqslant 3)$ 根相同的杆件在板边等间距均匀地悬挂起来，各杆的抗拉刚度均为 EA，不计刚性圆板的重量，则当竖向载荷 F 作用在圆板任意位置时，试求各杆的轴力。

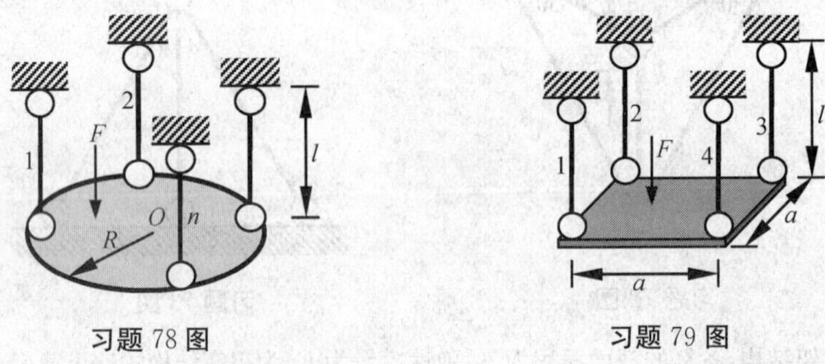

习题 78 图　　习题 79 图

79. 如图所示结构，四杆的长度均为 L，横截面面积为 A。1、3 号杆的弹性模量为 E，许用应力为 $[\sigma^+]=2[\sigma^-]=[\sigma]$，2、4 号杆的弹性模量为 $2E$，许用应力为 $[\sigma]$，竖向载荷 F 可在刚性正方形平板上自由移动。不计刚性平板和杆件的重量。

(1)求结构的许可载荷；

(2)在不改变材料和增加材料、不改变结构的基本形式和大体尺寸的前提下，可采用什么方式增大结构的许可载荷？试定量地分析结构改善的效果。

80. 如图所示杆件系统，各杆的抗拉刚度均为 EA，试建立 C 点的竖向位移 v 与载荷 F 之间应满足的方程 $F=F(v)$。

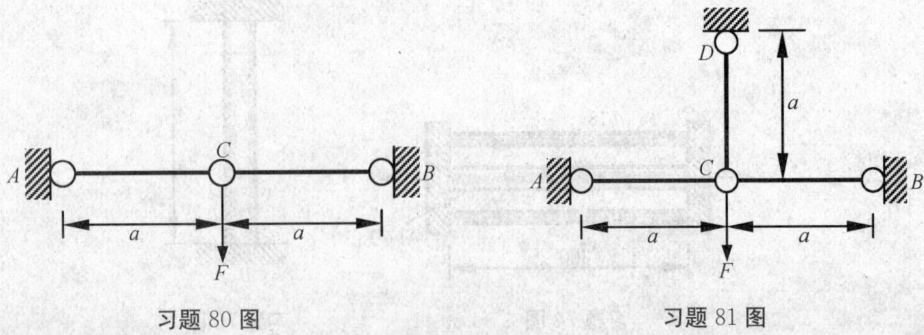

习题 80 图　　习题 81 图

81. 如图所示杆件系统，各杆的抗拉刚度均为 EA，试建立 C 点的竖向位移 v 与载荷 F 之间应满足的方程 $F=F(v)$。

82. 如图所示，长方形容器中盛了一半的水，水的比重为 γ，钢绳的抗拉刚度为 EA，开始时容器的左右下方均由铰支撑，此时钢绳伸直但无应力。现将容器右边支座缓慢移开，钢绳上方的装置可使钢绳始终处于竖直状态。

(1)不计容器和钢绳的自重，在水未溢出的前提下求钢绳的伸长量；

(2)尝试编写计算机程序解决上述问题。

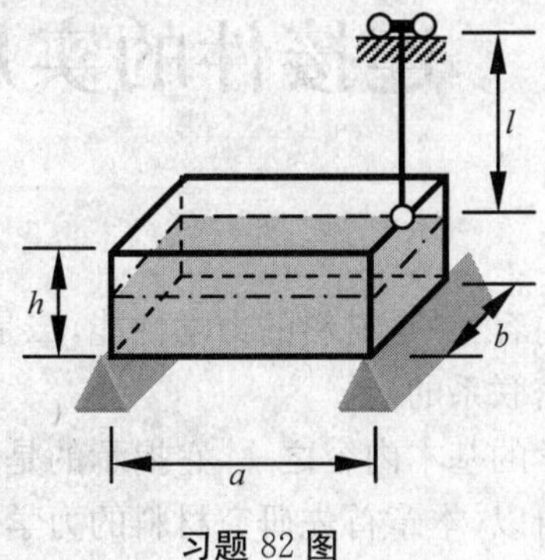

习题 82 图

第 3 章　材料的力学性能和连接件的实用计算

本章有两部分相对独立的内容：一是材料的力学性能，二是连接件的实用计算。这两部分内容都是跟工程实际或实验紧密联系的。

材料的力学性能是材料力学的基本内容之一，它揭示的是材料所固有的力学方面的性能，只有通过材料实验才能确定。所以，本章首先研究材料的力学性能。

工程结构中各构件并不是彼此分离和无联系的，构件之间总是采用某种方式连接起来，通常的连接方式是采用销钉、螺栓、耳片、榫头等使各构件连接在一起（如图 3－1 所示）。所以，工程结构的安全性除了构件本身的强度、刚度和稳定性必须满足要求之外，这些用于连接的销钉、螺栓、耳片等也必须要安全。本章第 3.2 节的内容主要就是研究这些连接件的安全性。

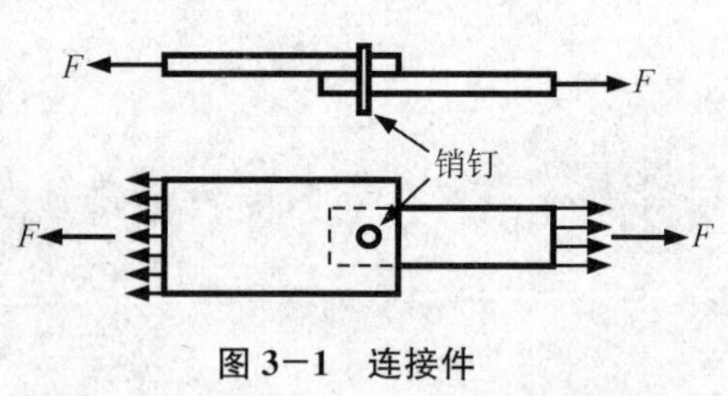

图 3－1　连接件

3.1　材料的力学性能

3.1.1　材料力学性能概念

材料所固有的力学方面的性能，称为**材料的力学性能**。例如，材料的强度和刚度，材料常数（弹性模量 E、剪切弹性模量 G、泊松比 ν），材料的极限应力 σ_0 以及一些力学规律（如虎克定律等），都属于材料的力学性能范畴。

材料的力学性能是构件强度、刚度和稳定性计算的基本物理量和基本规律，它们只能通过实验确定。而且，实验条件、加载方式等都将影响材料的力学性能，即使同一材料，在常温、高温和低温情况下表现出的力学性能也不尽相同。快速加载或缓慢加载条件下材料的力学性能也有显著差别。另外，同一材料在拉、压、弯、扭不同变形形式下也表现出不同的力学性能。总之，材料的力学性能是非常复杂的，和很多因素有关。因此，只有在严格的实验规范条件下测得的材料力学性能方可以相互对比。

特别需要强调的是，同一材料在不同的变形程度下其力学性能相差甚大。因此，材料力学中的物理规律，比如虎克定律等都是有条件的，并不是在任何情况下都成立。另外，材料的强度和刚度直接影响构件的强度和刚度。

材料依据其变形程度，可分为塑性材料和脆性材料两大类。变形较大情况下而不破坏的材料称为**塑性材料**，例如，大多数金属材料以及橡胶等就是塑性材料。变形较小情况下就破坏的材料称为**脆性材料**，例如，砖、瓦、石、玻璃以及金属材料中的铸铁等就是脆性材料。下面就这两类材料分别进行研究。

3.1.2　塑性材料的力学性能

(1)低碳钢(Q235)拉伸时的力学性能

选择塑性材料中较典型的低碳钢材料进行拉伸实验，以了解塑性材料共同的一些力学性能。

①实验。

采用 GB/T228－2002 试验标准，试验装置如图 3－2 所示。试件可采用两种标准试件，图 3－3(a)是圆形试件，图 3－3(b)是矩形试件，长度 l 称为标距，试件又分为长试件和短试件，而且规定：

圆形长试件　$l=10d$　　　　圆形短试件　$l=5d$

矩形长试件　$l=11.3\sqrt{A}$　　　　矩形短试件　$l=5.65\sqrt{A}$

这里 d 是圆形试件的直径，A 是矩形试件的工作段的截面面积。

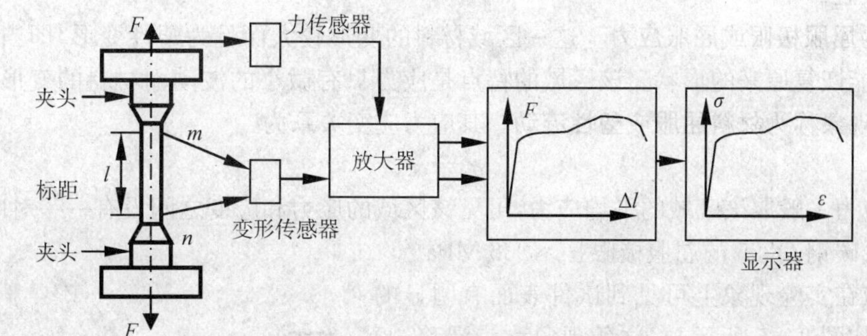

图 3－2　实验装置

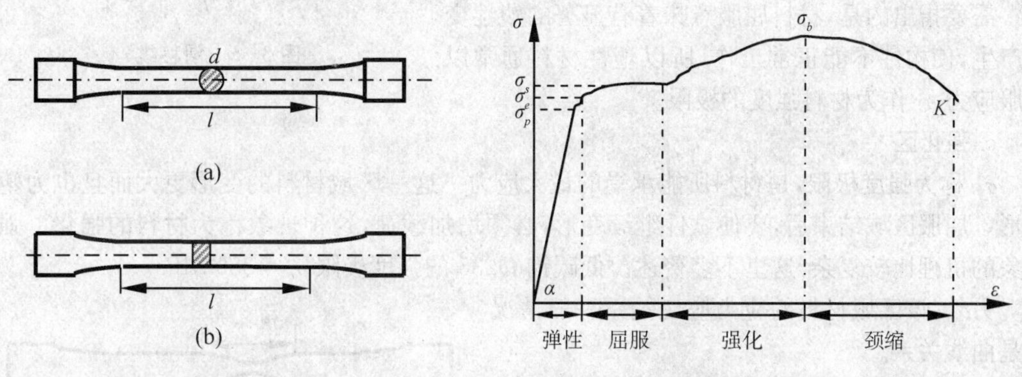

图 3－3　标准试件　　　　**图 3－4　低碳钢拉伸时的应力应变曲线**

②实验结果。

将低碳钢标准试件夹装在拉力试验机上缓慢加载直至断裂，加载过程中自动记录杆件横截面上的应力 σ 和杆件轴线方向的应变 ε，并绘制 $\sigma-\varepsilon$ 关系图(如图 3－4 所示)。

③实验结果分析。

由低碳钢的 $\sigma-\varepsilon$ 关系图，整个实验阶段可分为四个区域，即弹性区、屈服区、强化区和颈缩区，后三个区域统称为塑性区。下面分析材料在各区域的力学性能。

a. **弹性区**

σ_e 称为**弹性极限**。这一阶段材料的变形很小而且是弹性变形，即去掉外力后，材料能完全恢复原来的形状。该区域又可细分为两个区域：一为线弹性区（$0 \leqslant \sigma \leqslant \sigma_p$），$\sigma_p$ 称为材料的**比例极限**；二为非线弹性区（$\sigma_p \leqslant \sigma \leqslant \sigma_e$）。实验表明，由于 σ_p 和 σ_e 非常接近，因此，材料力学中对比例极限和弹性极限通常不加区分。故在弹性区可认为材料满足虎克定律：$\sigma = E\varepsilon$，而材料的弹性模量 E 可根据实验曲线确定如下：

$$E = \tan\alpha \tag{3-1}$$

式中，α 为线弹性区直线的张角。低碳钢的比例极限 $\sigma_p = 200$ MPa，弹性模量 $E \approx 200$ GPa。

必须指出，材料力学的理论、方法以及大多数公式只在此区域内适用，即只在小变形情况下大多数材料才满足虎克定律。需要说明的是，有些材料即使在小变形时也不满足虎克定律，比如橡胶材料，其应力应变关系为：$\sigma = C\varepsilon^n$（$0 < n < 1$）。这里 C 为材料常数。

另外，在弹性区由于 $\varepsilon = \dfrac{\sigma}{E}$，所以弹性模量越大的材料其变形越小，即刚度越好，故在图 3－4 中张角 α 越大的材料其刚度越好。

b. **屈服区**

σ_s 称为**屈服极限**或**屈服应力**。这一区域材料的变形较大而且为塑性变形，即当外力去掉后，材料不能恢复原来的形状。该区域的特点是应力只有微小的波动而材料的变形在显著地增加，这种现象称为**材料屈服**或**塑性流动**。其应力应变关系为

$$\sigma = \sigma_s \tag{3-2}$$

屈服应力一般取该区域的平均应力，可见该区域的应力和应变之间没有一一对应关系，是多值的。低碳钢 Q235 的屈服极限 $\sigma_s \approx 235$ MPa。

该区域在实验现象上可见到试件表面有明显的倾斜条纹（如图 3－5 所示）。这种现象称为**滑移**，倾斜的条纹称为**滑移线**。

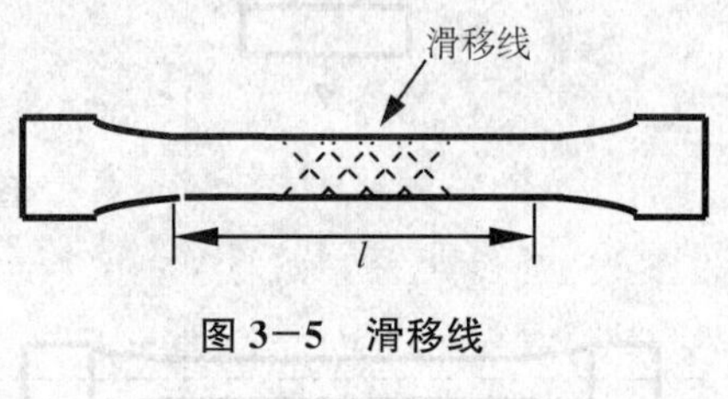

图 3－5　滑移线

需要指出的是，材料屈服意味着有显著的塑性变形产生，使构件不能正常工作，所以塑性材料通常以屈服应力 σ_s 作为材料强度的极限。

c. **强化区**

σ_b 称为**强度极限**，是材料所能承受的最大应力。这一区域材料的变形更大而且也为塑性变形。屈服区域结束后，要使试件继续变形，必须增加载荷，这种现象称为**材料的强化**。强化现象的机理比较复杂，这里不多赘述。低碳钢 Q235 的强度极限 $\sigma_b \approx 380$ MPa。

另外，该区域材料的应力应变关系一般情况下是曲线关系。

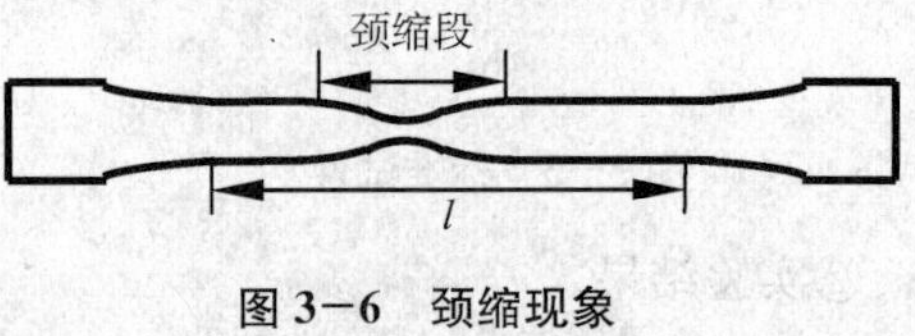

图 3－6　颈缩现象

d. **颈缩区**

K 点为试件的断裂点。当试件的应力达到材料的强度极限后，其变形开始集中在某一区段内，使该区段出现“颈缩”现象（如图 3－6 所示）。试件最终在颈缩区段最小截面处断裂。

综上所述，低碳钢试件拉伸过程中，经历了弹性区、屈服区、强化区和颈缩区四个阶段，并存在四个特征应力，即比例极限 σ_p、弹性极限 σ_e、屈服极限 σ_s 和强度极限 σ_b，一般情况下认为 $\sigma_e = \sigma_p$。

(2)材料的塑性指标

材料的变形过程可分为两个大的区域，即**弹性区**和**塑性区**，塑性区包含了屈服、强化和颈缩三个区域。材料塑性性能的好坏可以用如下的两个塑性指标来衡量：

延伸率：
$$\delta=\frac{L-l}{l}\times100\% \tag{3-3}$$

截面收缩率：
$$\psi=\frac{A-A_0}{A}\times100\% \tag{3-4}$$

式中，l 为试件的标距，L 为试件变形到断裂时标距的长度，A 为试件的截面面积，A_0 为试件变形到断裂时颈缩区段的最小截面面积。

延伸率 δ 和截面收缩率 ψ 越大，表明材料的塑性性能越好；延伸率 δ 和截面收缩率 ψ 越小，表明材料的塑性性能越差。要注意的是，延伸率是从试件的轴线方向的变形程度来度量材料的塑性好坏的，而截面收缩率则是从试件横向的变形程度来度量材料的塑性好坏。

工程中通常将延伸率 $\delta\geqslant5\%$ 的材料称为**塑性材料**，而延伸率 $\delta<5\%$ 的材料称为**脆性材料**。低碳钢的延伸率 $\delta\approx(20\sim30)\%$，所以是典型的塑性材料。

(3)卸载与再加载规律

①弹性区卸载与加载。

材料在弹性区里卸载时，其应力应变规律与加载时是完全一样的(如图 3－7 所示)，即满足虎克定律。而且在弹性范围内卸载后，材料完全能恢复原来的形状。所以，在弹性区材料可以反复加载和卸载，而不会影响材料的力学性能。

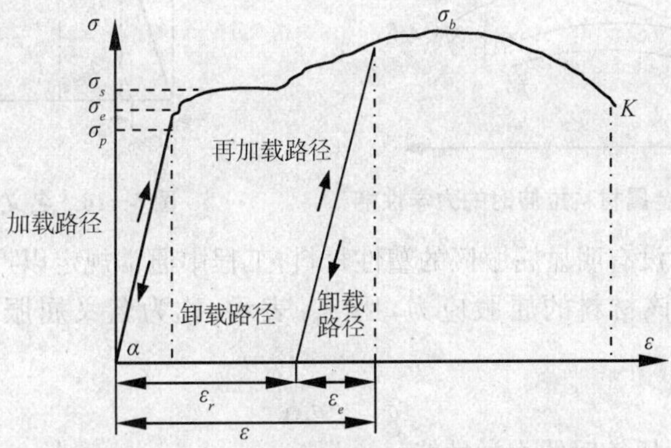

图 3－7　塑性材料的卸载与再加载规律

②塑性区卸载与再加载。

卸载规律：塑性材料加载到塑性区后缓慢卸载时，其应力应变规律是线性的，即为斜直线，该直线与弹性区的应力应变直线几乎是平行的，满足虎克定律 $\sigma=E\varepsilon$。完全卸载后，试件存在**残余应变** ε_r(如图 3－7 所示)，即

$$\varepsilon_r=\varepsilon-\varepsilon_e \tag{3-5}$$

式中，ε 是总应变，ε_e 称为弹性应变。

再加载规律：试件在塑性区完全卸载后再重新加载时，其应力应变规律与初始材料的应力应变规律已经完全不一样，而是与塑性区的卸载规律一致，即满足虎克定律 $\sigma=E\varepsilon$。在达到卸载点后，才遵循初始材料的应力应变曲线直到断裂(如图 3－7 所示)。

冷作硬化：试件在塑性区完全卸载后，其力学性能相对于初始材料来说已经有了很大的改变。比例极限和强度极限增大，即 $\sigma_p'>\sigma_p$，$\sigma_b'>\sigma_b$，而断裂后的延伸率减小，即 $\delta'<\delta$，所以其

塑性降低而脆性增加。这种现象称为**冷作硬化**(如图 3-8 所示)。

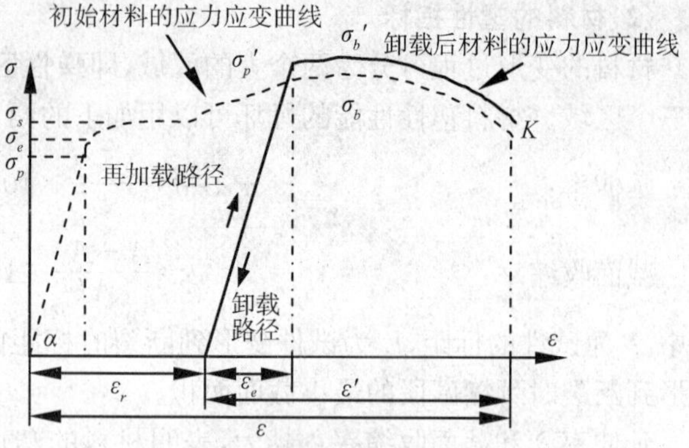

图 3-8 塑性材料的冷作硬化

可见,材料的力学性能与其加载历史有关,同样材料制成的两根试件,若一根曾加载到过塑性区,则这两根试件的力学性能有着明显的差别。只有在弹性区材料的力学性能才和其加载历史无关,也就是说,在弹性区材料经多次的加载和卸载后,其力学性能是相同的。

(4)其他金属材料拉伸时的力学性能

图 3-9 显示了其他一些金属材料拉伸时的应力应变关系曲线,可以发现,有些材料与低碳钢 Q235 类似,弹性、屈服、强化和颈缩四个区域均存在,如低合金钢 Q345;有些材料没有屈服区,但有强化和颈缩区,如铝合金;有些材料没有屈服和颈缩区,但有强化区,如锰钒钢等。

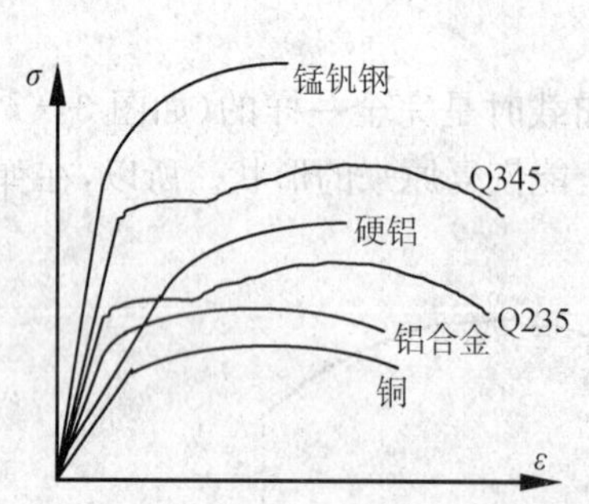

图 3-9 其他金属材料拉伸时的力学性能

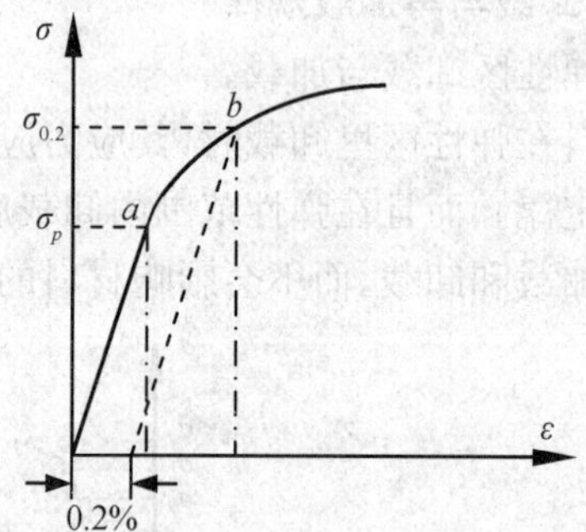

图 3-10 名义屈服应力

名义屈服应力:对没有明显屈服区的塑性材料,工程中通常规定以产生 0.2%的残余应变时所对应的应力作为该材料的屈服应力,用 $\sigma_{0.2}$ 表示,称为名义屈服应力(如图 3-10 所示),即

$$\sigma_s = \sigma_{0.2} \tag{3-6}$$

(5)低碳钢(Q235)压缩时的力学性能

低碳钢 Q235 压缩时的应力应变曲线如图 3-11 所示,虚线是其拉伸时的应力应变曲线。由图可得到如下结论:

①在弹性区,低碳钢压缩时的力学性能和拉伸时的力学性能是相同的,即压缩时的比例极限、屈服应力、弹性模量及泊松比等与拉伸时完全相同。所以,在弹性区塑性材料可以看成是拉压力学性能一样的材料。

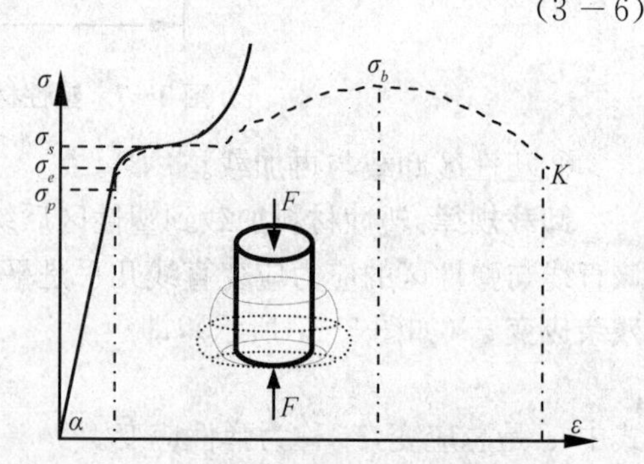

图 3-11 低碳钢压缩时的应力应变曲线

②在塑性区,低碳钢的应力应变曲线和拉伸时有显著的不同,随压力的增加,试件的横截面面积不断增加,以致于测不出低碳钢的压缩强度极限,在实验中低碳钢的压缩试件只能被压成饼状而不会被破坏。

对塑性材料有如下重要结论：

①塑性材料的抗压能力最好，其次是抗拉能力，最差的是抗剪能力（如图 3－12(a)所示）。

②在弹性范围内，塑性材料的拉压力学性能相同，其许用拉应力$[\sigma^+]$和许用压应力$[\sigma^-]$在数值上是一样的（如图 3－12(b)所示）。图中$[\tau]$是材料的许用切应力。

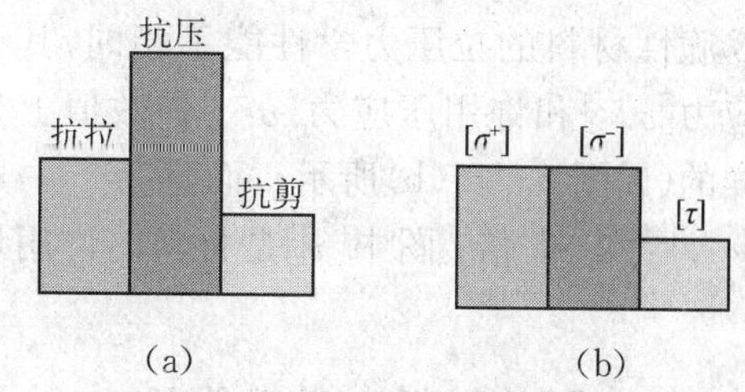

图 3－12　塑性材料抗压、抗拉、抗剪能力比较

3.1.3　脆性材料的力学性能

(1)铸铁拉伸时的力学性能

选用脆性材料中典型的灰口铸铁进行拉伸和压缩实验。铸铁拉伸时的应力应变曲线如图 3－13 所示。

铸铁拉伸时的应力应变无严格的直线段，也没有屈服现象和颈缩现象，**破坏时的应力 σ_b 就是材料的强度极限**，拉断时材料的残余应变很小，断后伸长率 $\delta \approx 0.45\%$，断口是与试件轴线垂直的平整平面。因此，铸铁是典型的脆性材料。

由于铸铁的应力应变曲线无直线部分，工程上通常以一定的应变对应的应力处作割线来代替原拉伸曲线（如图 3－13 中的虚线），因此，脆性材料可近似看成线弹性材料，其极限应力或强度指标就是抗拉强度极限 σ_b。

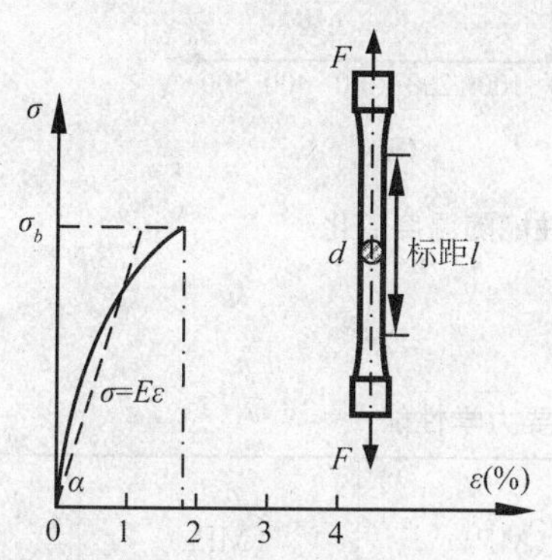

图 3－13　铸铁拉伸时的应力应变曲线

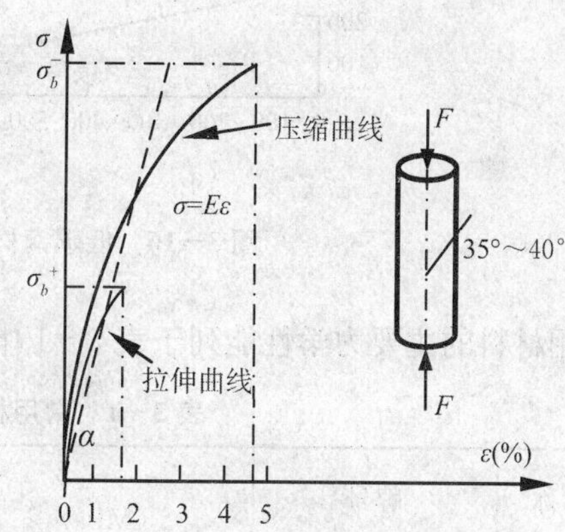

图3－14　铸铁压缩时的应力应变曲线

(2)铸铁压缩时的力学性能

铸铁压缩时的应力应变曲线如图 3－14 所示。

铸铁压缩时的应力应变曲线也没有严格的直线段，破坏时应变较拉伸时要大，约为 5%，断口平面与试件轴线约成 35°～40°（理论上应为 45°），这表明试件主要是被剪断的。另外，铸铁的抗压强度比抗拉强度要高很多，约为 3～5 倍。

对脆性材料有如下重要结论：

①脆性材料的抗压能力最好，其次是抗剪能力，最差的是抗拉能力（如图 3－15(a)所示）。所以，工程上脆性材料不宜作为受拉和受剪的构件。

②在变形过程中，无论拉压均认为满足虎克定律 $\sigma = E\varepsilon$，拉压时的弹性模量相同。

③脆性材料的拉压力学性能不相同，其许用拉应力$[\sigma^{+}]$和许用压应力$[\sigma^{-}]$在数值上是不一样的(如图 3－15(b)所示)，而且$[\sigma^{-}]$一般要比$[\sigma^{+}]$大 3～5 倍。图中$[\tau]$是材料的许用切应力。

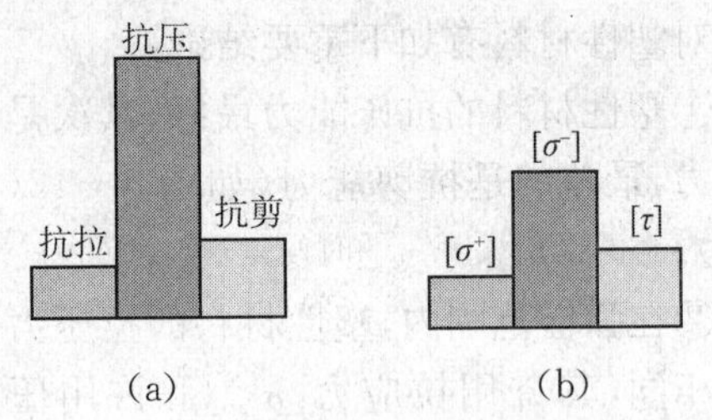

图 3－15 脆性材料抗压、抗拉、抗剪能力比较

3.1.4 影响材料力学性能的其他因素

影响材料的力学性能的因素很多，主要的是温度、加载速率以及构件的空间尺度等。

温度对材料的力学性能影响很大，一般情况下，高温下的材料其塑性性能变好，但强度降低；而低温下的材料脆性性能变好，但塑性和强度都降低。图 3－16(a)给出了低碳钢的屈服应力 σ_s 和强度极限σ_b 随温度变化的情况，图 3－16(b)给出了铝合金的弹性模量 E 和剪切弹性模量G 随温度变化的情况。总的趋势是：材料的强度随温度的增加而降低，弹性模量和剪切弹性模量也随温度的增加而降低。

加载速率以及构件的空间尺度对材料的力学性能的影响很复杂，这里不多赘述。

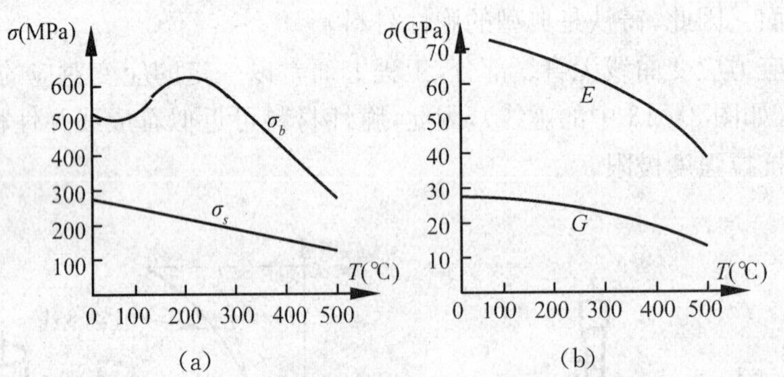

图 3－16 低碳钢材料力学性能随温度变化

常用材料的主要力学性能列于表 3－1 中。

表 3－1 常用材料的主要力学性能

材料名称	牌号	$\sigma_s(\sigma_{0.2})$ (MPa)	σ_b^{+} (MPa)	σ_b^{-} (MPa)	δ (%)
普通碳素钢	Q235(A3)	220～240 260～280	380～470 500～620		25～27 19～21
低合金钢	Q345(16Mn)	280～350 340～420	470～510 490～550		19～21 17～19
灰口铸铁	HT150		100～280	640～1300	<0.5
球墨铸铁	OT600－2	412	588		2
铝合金	LY12	274	412		19
混凝土	C20 C30		1.6 2.1	14.2 21	
石料	石灰石		40	200	

3.1.5* 弹塑性材料的本构关系

反映材料性能的方程称为**本构关系**或**本构方程**，固体力学中本构关系一般是指材料的应力应变关系。实际材料的本构关系有的时候是很复杂的，这不利于理论分析，所以，在理论分析时往往将实际材料的本构关系进行抽象或者简化，所得到的本构关系通常称为材料的**本构模型**。

工程中的大多数金属材料是弹塑性的，例如前面介绍的低碳钢，在整个变形过程中其本构关系就非常复杂，有四个变形区域，而实际工程中有的时候需要分析进入塑性区的构件的力学行为。所以，为了方便理论分析，通常将弹塑性材料的本构关系进行适当的简化，这些简化的另一个重要的目的是为了突出材料的某种性质。常见的弹塑性本构模型有以下几种。

(1)理想刚塑性模型

对弹塑性材料来说，弹性区材料的变形相对于塑性区的变形是很小的，为了突出材料的塑性性质，可以将材料的应力应变关系简化为(如图 3－17(a)所示)

$$\sigma = \sigma_s \tag{3-7}$$

(2)理想弹塑性模型

为了既考虑材料的弹性性能又考虑其塑性性能，可以将材料的应力应变关系简化为两段，弹性区是线弹性的，而塑性区是一水平直线，即不考虑材料的强化和颈缩(如图 3－17(b)所示)，则有

$$\begin{cases} \sigma = E\varepsilon & (\varepsilon \leqslant \varepsilon_s) \\ \sigma = \sigma_s & (\varepsilon > \varepsilon_s) \end{cases} \tag{3-8}$$

式中，$E = \tan\alpha = \dfrac{\sigma_s}{\varepsilon_s}$。

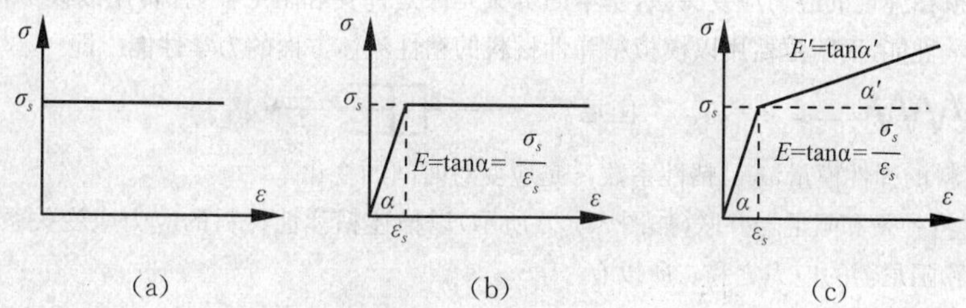

图 3－17　材料的本构模型

(3)线性强化模型

为了既考虑材料的弹性性能又考虑其在塑性区的强化性能，可以将材料的应力应变关系简化为两段，弹性区是线弹性的，而塑性区是线性强化的(如图 3－17(c)所示)，则有

$$\begin{cases} \sigma = E\varepsilon & (\varepsilon \leqslant \varepsilon_s) \\ \sigma = \sigma_s + E'(\varepsilon - \varepsilon_s) & (\varepsilon > \varepsilon_s) \end{cases} \tag{3-9}$$

式中，$E = \tan\alpha = \dfrac{\sigma_s}{\varepsilon_s}$，$E' = \tan\alpha'$。

3.1.6* 材料的粘弹性性能

材料的力学性能有的时候是非常复杂的，除了与温度等有关外，有的时候还与时间有关，力学性能与时间有关的材料通常称为粘弹性材料，典型的粘弹性现象是蠕变和松弛。

(1)蠕变和松弛

蠕变：如图 3－18(a)所示，杆件受一拉力作用，当拉力不变时，随着时间的增加，杆件的变形在增加。此时杆件中的应力不变(如图 3－18(b)所示)，但其应变在增加(如图 3－18(c)所示)，这种现象称为**材料的蠕变**。

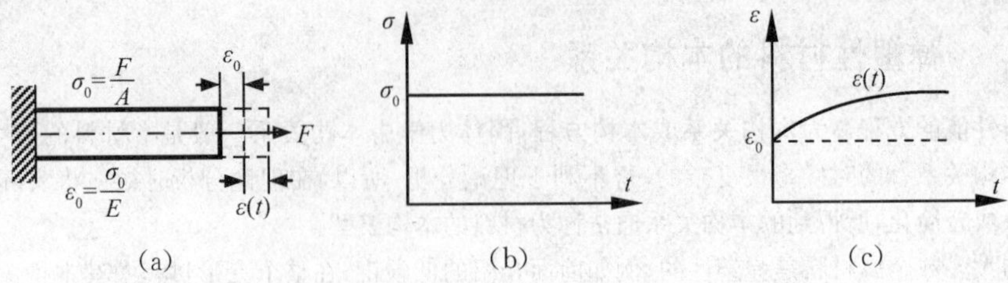

图 3-18　材料的蠕变

松弛:如图 3-19(a)所示,杆件受拉力作用伸长后,将其两端固定,随着时间的增加,杆件横截面上的应力在减小。此时杆件的应变不变(如图 3-19(b)所示),但其横截面上的应力在减小(如图 3-19(c)所示),这种现象称为材料的**应力松弛**。

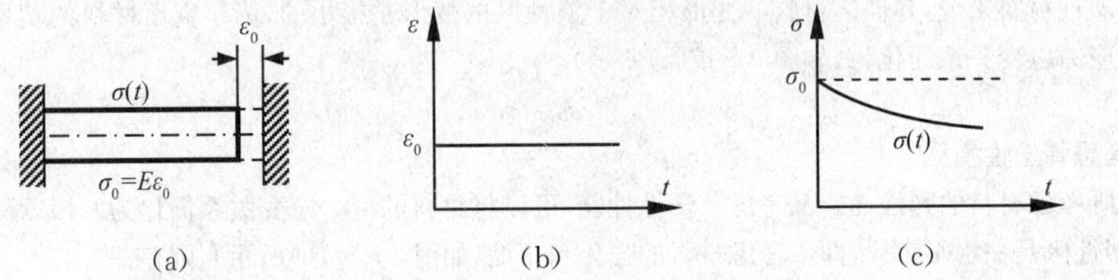

图 3-19　材料的应力松弛

(2)**粘弹性本构模型**

粘弹性材料的应力应变关系由于和时间有关,所以其力学行为很复杂,为了便于理论分析,通常采用机械元件模型来模拟粘弹性的应力应变关系,基本的机械元件是弹簧和阻尼器,弹簧用以模拟粘弹性材料的弹性固体方面的力学性能,而阻尼器用以模拟粘弹性材料的粘性流体方面的力学性能。即

弹簧:⟵/\/\/\⟶ $\sigma=E\varepsilon$　　阻尼器:⟵[阻尼器]⟶ $\sigma=\eta\dot{\varepsilon}$

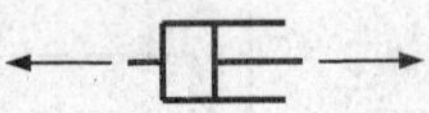

这里 E 是材料的弹性模量,η 是粘性系数,$\dot{\varepsilon}$ 是应变对时间的变化率。

Kelvin 模型:将弹簧和阻尼器并联(如图 3-20 所示)以描述粘弹性材料的应力应变关系。显然,并联模型的应力是弹簧和阻尼器的应力之和。所以有

$$\sigma=E\varepsilon+\eta\dot{\varepsilon} \tag{3-10}$$

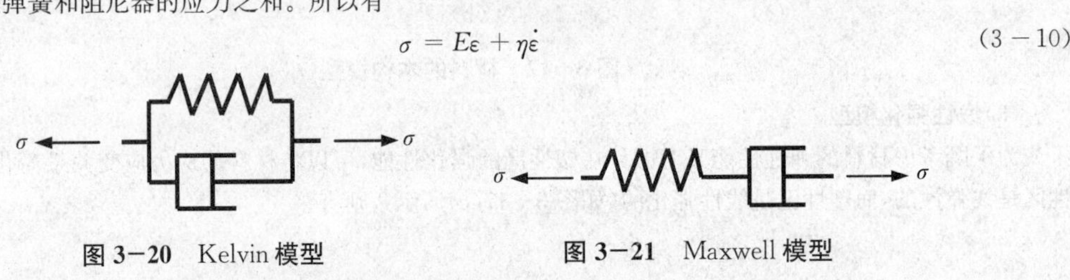

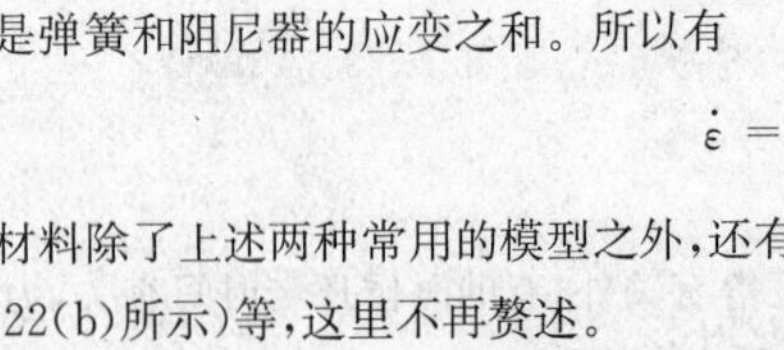

图 3-20　Kelvin **模型** 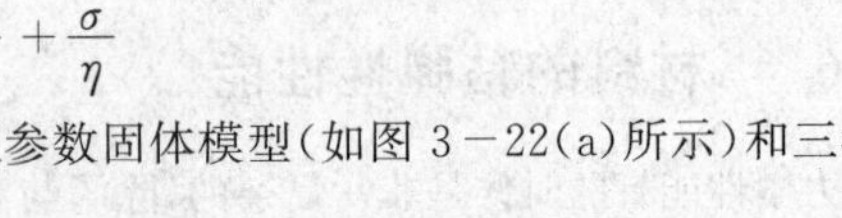　　**图 3-21**　Maxwell **模型**

Maxwell 模型:将弹簧和阻尼器串联(如图 3-21 所示)以描述粘弹性材料的应力应变关系。显然,串联模型的应变是弹簧和阻尼器的应变之和。所以有

$$\dot{\varepsilon}=\frac{\dot{\sigma}}{E}+\frac{\sigma}{\eta} \tag{3-11}$$

粘弹性材料除了上述两种常用的模型之外,还有三参数固体模型(如图 3-22(a)所示)和三参数流体模型(如图 3-22(b)所示)等,这里不再赘述。

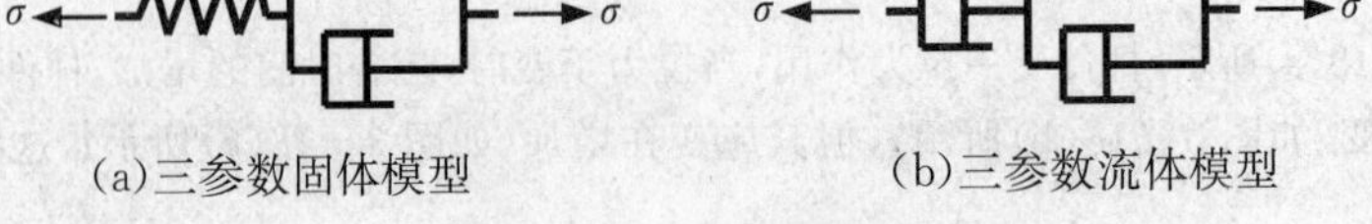

(a)三参数固体模型　　(b)三参数流体模型

图 3-22　其他本构模型

3.1.7 许用应力和安全系数

由拉伸和压缩实验可知，对于脆性材料，应力达到强度极限 σ_b 时，试件就会破坏；而对于塑性材料，应力达到屈服应力 σ_s 或名义屈服应力 $\sigma_{0.2}$ 时，试件就会产生显著的塑性变形。因此，工程中常将脆性材料的强度失效应力取为 σ_b，而塑性材料的强度失效应力取为 σ_s 或 $\sigma_{0.2}$，所以，材料的许用应力为

$$[\sigma]=\frac{\sigma^0}{n}=\begin{cases}\dfrac{\sigma_s}{n}\left(\text{或}\dfrac{\sigma_{0.2}}{n}\right)(\text{塑性材料})\\ \dfrac{\sigma_b}{n}(\text{脆性材料})\end{cases} \tag{3-12}$$

式中，n 为安全系数。

另外，如果材料受剪切作用，则其许用切应力为

$$[\tau]=\frac{\tau^0}{n}=\begin{cases}\dfrac{\tau_s}{n}(\text{塑性材料})\\ \dfrac{\tau_b}{n}(\text{脆性材料})\end{cases} \tag{3-13}$$

式中，$[\tau]$是许用切应力，τ_0 是剪切强度失效应力，τ_s 是塑性材料的剪切屈服应力，τ_b 是脆性材料的剪切强度极限。在静载荷作用下，许用切应力$[\tau]$和许用正应力$[\sigma]$之间大致有如下关系：

$$[\tau]=\begin{cases}(0.5\sim0.6)[\sigma](\text{塑性材料})\\ (0.8\sim1.0)[\sigma](\text{脆性材料})\end{cases} \tag{3-14}$$

安全系数 n 的意义是考虑到工程中一些不可预知的偶然因素对构件强度的影响而预先使构件具有足够的强度储备。特别是重要的构件必须保证其绝对安全，所以对这些构件来说，安全系数一般要取得大一些。

不可预知的偶然因素包含两方面的含义：一是构件本身因素，二是外来影响。材料力学理论上所处理的构件均是理想构件，是没有缺陷的，但实际构件总是存在各种缺陷，比如存在微裂纹、夹渣和孔洞等，这些缺陷称为物理缺陷，这些缺陷处往往存在应力集中现象，因此，它们对构件的强度有极大的影响。另外，实际构件在制造中还存在一些几何缺陷，例如尺寸误差、初始曲率和偏心等，这些缺陷的存在往往带来一些预先不曾考虑的附加应力，因此，它们对构件的强度也有较大的影响。外来因素主要是构件可能承受出乎意料的外力作用，例如暴露在外的构件就可能受风力或人为敲击的作用，如果构件没有足够的强度储备，就有可能在这些因素的影响下产生破坏。所以，在进行强度设计时，必须考虑到这些因素的影响，而选择合理的安全系数就是最简单有效的处理方法。

另外，安全系数的选择关系到安全和经济两方面的问题。显然，安全系数越大，材料和构件的强度储备越多，虽安全但不经济。因此，应依据经验以及构件在结构中的重要程度合理地进行选择，过分强调安全或经济都是不恰当的。

就材料角度而言，最理想的材料是强度高、重量轻的材料，例如纤维增强复合材料就具备这样的优点，但这类材料往往价格昂贵，一般民用或工业用结构无法较多使用。因此，经济性问题总是制约着对工程材料的选择，材料力学就是在安全性和经济性这对矛盾之间寻找合理平衡点的一门学科。

3.2 连接件的实用计算

工程结构中各构件通常采用销钉、螺栓、耳片、榫头等进行连接。而这些连接件所受的外力主要有两种,即**剪切和挤压**(如图 3－23 所示)。连接件受剪切的截面上实际的切应力分布情况是非常复杂的,在理论上很难分析清楚,所以一般采用所谓的实用计算方法进行分析,即采用平均算法来计算连接件受剪切的截面上的平均切应力,然后用强度条件来判别其安全性。挤压情况也是按此种方法进行处理的。当然,这种处理方法可能带来一些误差,但正如前面所述,只要合理选择安全系数,确定好材料的许用应力,使连接件具有足够的强度储备,那么这种平均化的算法也不失为一种简单合理的方法。

(1) 剪切的实用计算

连接件剪切的强度条件为

$$\tau = \frac{F_s}{A_s} \leqslant [\tau] \tag{3-15}$$

式中,A_s 是剪切面的面积,F_s 是剪切面上的剪力。

(2)挤压的实用计算

连接件挤压的强度条件为

$$\sigma_{bs} = \frac{F_{bs}}{A_{bs}} \leqslant [\sigma] \tag{3-16}$$

式中,A_{bs} 是挤压面的面积,F_{bs} 是挤压力。

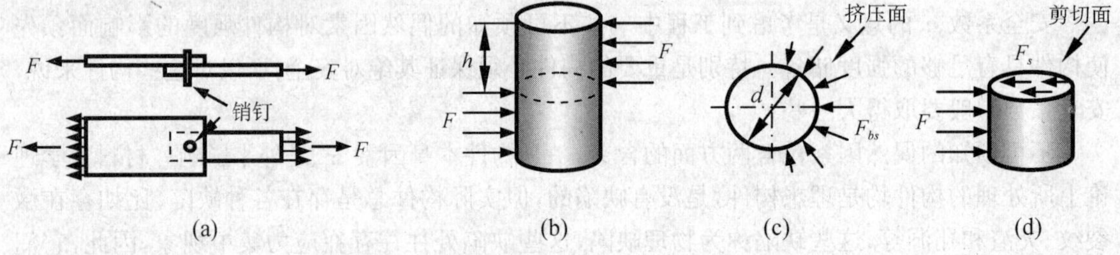

图 3－23 连接件的剪切和挤压

对销钉或螺栓来说,挤压面是半个圆柱面(如图 3－23(b)、(c)所示),实际中,挤压应力在圆柱面上绝对不是均匀分布的,而是在半圆柱面的中间最大,两边为零。但在实用计算时认为其均匀分布,假设挤压应力为 σ_{bs},由于挤压面上各点的力在水平方向合成为挤压力 F_{bs}(如图 3－24 所示),则有

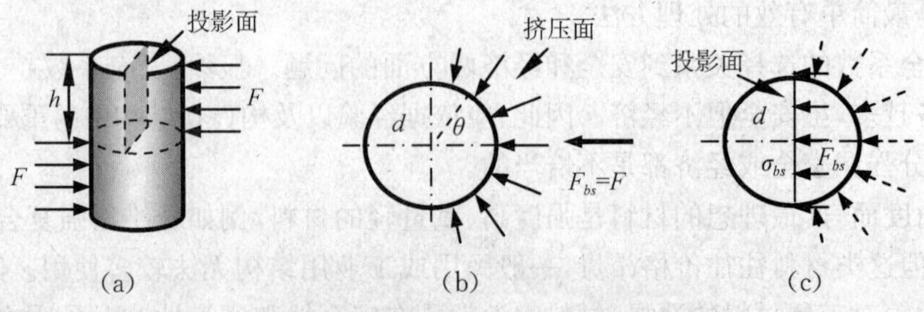

图 3－24 挤压力等效作用在投影面上

$$F_{bs} = \int_{A_{bs}} \sigma_{bs} \cos\theta \mathrm{d}A = 2\sigma_{bs} h \int_0^{\frac{\pi}{2}} \left(\frac{d}{2}\right) \cos\theta \mathrm{d}\theta = \sigma_{bs} h d$$

所以有

$$\sigma_{bs} = \frac{F_{bs}}{hd} \tag{3-17}$$

式(3－17)的意义是:**挤压面为半圆柱面时,可以将挤压力看成是均匀作用在半圆柱面的投影面上**(如图 3－24 所示)。

例 3－1　木榫头受拉力 $F=50$ kN 作用,尺寸等如图 3－25 所示,求榫头的剪切和挤压应力。

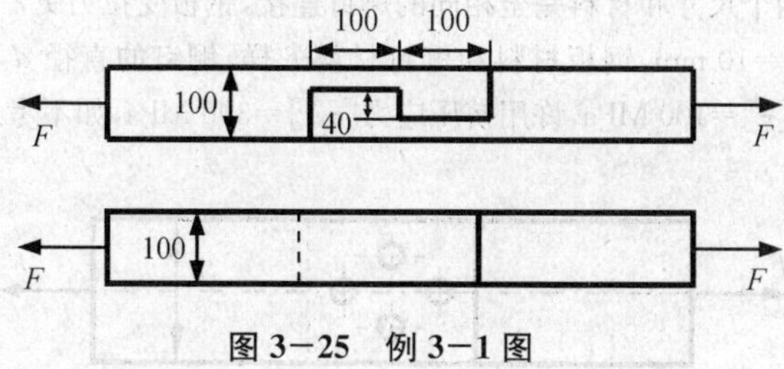

图 3－25　例 3－1 图

解:以榫头为研究对象,其受力情况如图 3－26(a)所示,剪切和挤压面如图 3－26(b)所示。

剪切力和挤压力均为:$F_s = F_{bs} = F = 50$ kN。

榫头的剪切应力为:$\tau = \dfrac{F_s}{A_s} = \dfrac{50\times10^3}{100\times100} = 5$ MPa。

挤压应力为:$\sigma_{bs} = \dfrac{F_{bs}}{A_{bs}} = \dfrac{50\times10^3}{100\times40} = 12.5$ MPa。

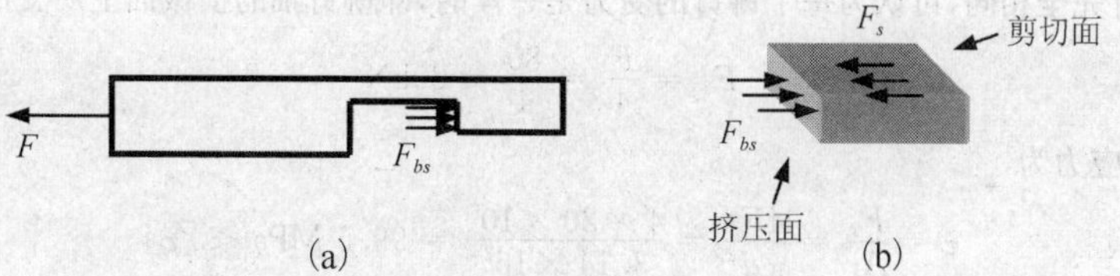

图 3－26　挤压面和剪切面

例 3－2　带墩头的销钉穿过钢板受拉力 F 作用,销钉直径为 d,墩头直径为 D,高度为 h(如图 3－27(a)所示),试从强度方面建立三者之间最合理的比值。销钉材料的许用应力$[\sigma]=120$ MPa,许用切应力$[\tau]=90$ MPa,许用挤压应力$[\sigma_{bs}]=240$ MPa。

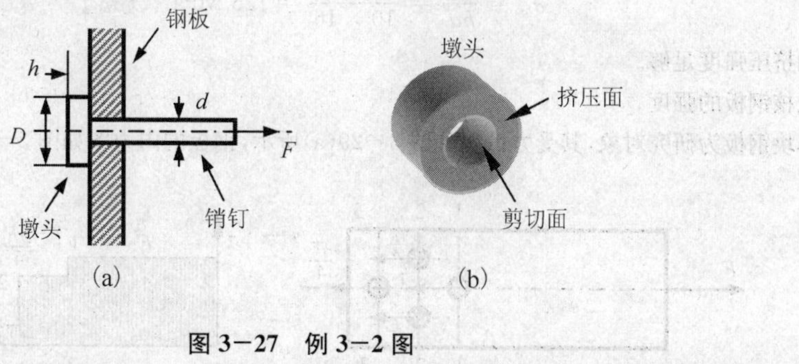

图 3－27　例 3－2 图

解:销钉轴受拉力作用,而墩头受挤压和剪切的作用,其挤压面是一圆环面,剪切面是一柱面(如图 3－27(b)所示)。

销钉中的拉应力达到强度极限时为:$\sigma_t = \dfrac{F_N}{A} = \dfrac{4F}{\pi d^2} = [\sigma] = 120$ MPa。

墩头中的剪切应力达到强度极限时为：$\tau=\dfrac{F_s}{A_s}=\dfrac{F}{\pi dh}=[\tau]=90\ \text{MPa}$。

墩头中的挤压应力达到强度极限时为：$\sigma_{bs}=\dfrac{F_{bs}}{A_{bs}}=\dfrac{4F}{\pi(D^2-d^2)}=[\sigma_{bs}]=240\ \text{MPa}$。

所以有

$$\frac{\sigma_t}{\tau}=\frac{4h}{d}=\frac{120}{90},\frac{h}{d}=\frac{1}{3},\frac{\sigma_t}{\sigma_{bs}}=\frac{D^2-d^2}{d^2}=\frac{120}{240},\frac{D}{d}=\sqrt{\frac{3}{2}}$$

故三者最合理的比值是：$D:h:d=\sqrt{\dfrac{3}{2}}:\dfrac{1}{3}:1$，即：$D:h:d=1.225:0.333:1$。

例 3－3 两块钢板用四个尺寸和材料完全相同的铆钉连接，钢板受拉力 $F=80$ kN 作用(如图 3－28 所示)，板宽 $b=80$ mm，板厚 $h=10$ mm，钢板材料和铆钉材料一样，铆钉的直径 $d=16$ mm，材料的许用应力 $[\sigma]=160$ MPa，许用切应力 $[\tau]=100$ MPa，许用挤压应力 $[\sigma_{bs}]=300$ MPa，如不考虑应力集中效应，试校核结构的强度。

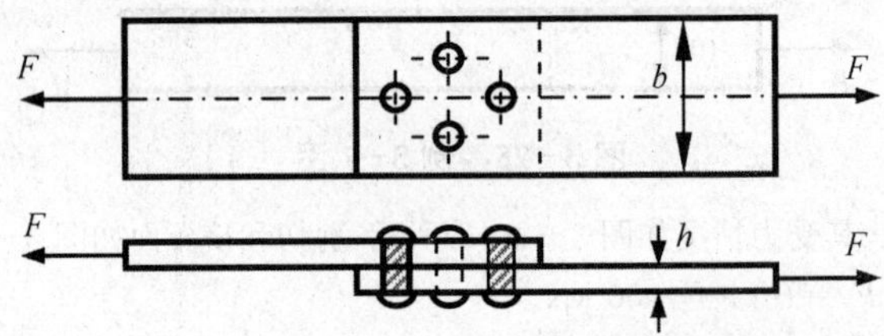

图 3－28 例 3－3 图

解：①校核铆钉的强度。

由于四个铆钉完全相同，可认为每个铆钉的受力是一样的，即铆钉轴的横截面上所受的剪力为

$$F_s=\frac{F}{4}=\frac{80}{4}=20\text{kN}$$

所以，铆钉的剪切应力为

$$\tau=\frac{F_s}{A_s}=\frac{4F_s}{\pi d^2}=\frac{4\times 20\times 10^3}{3.14\times 16^2}=99.5\ \text{MPa}<[\tau]$$

故铆钉的剪切强度足够。

由铆钉的受力情况可知，铆钉的挤压力和剪力相等，即

$$F_{bs}=F_s=20\ \text{kN}$$

所以，铆钉的挤压应力为

$$\sigma_{bs}=\frac{F_{bs}}{hd}=\frac{20\times 10^3}{10\times 16}=125\ \text{MPa}<[\sigma_{bs}]$$

故铆钉的挤压强度足够。

②校核钢板的强度。

以单块钢板为研究对象，其受力情况如图 3－29(a)所示，钢板的内力图如图 3－29(b)所示。

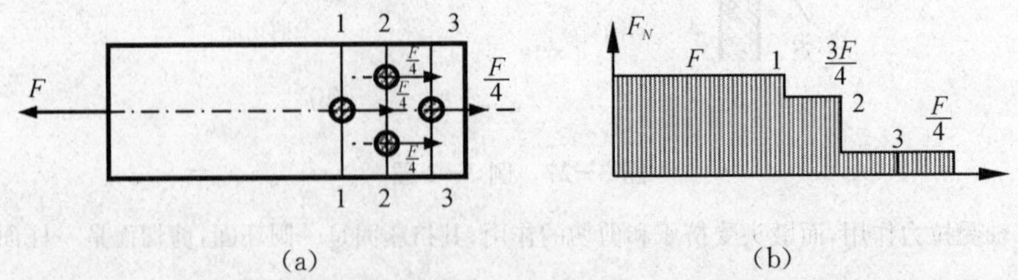

图 3－29 钢板的受力情况

由图可知,钢板的危险截面是1−1截面和2−2截面,因为1−1截面的内力最大而截面有所削弱,2−2截面尽管内力不是最大但截面削弱最厉害,所以这两个截面都是钢板的危险截面。

1−1截面的拉应力为

$$\sigma_{11}=\frac{F_{N1}}{A_1}=\frac{F}{(b-d)h}=\frac{80\times10^3}{(80-16)\times10}=125\ \text{MPa}<[\sigma]$$

2−2截面的拉应力为

$$\sigma_{22}=\frac{F_{N2}}{A_2}=\frac{3F}{4(b-2d)h}=\frac{3\times80\times10^3}{4\times(80-2\times16)\times10}=125\ \text{MPa}<[\sigma]$$

故钢板的强度足够。

综上,整个结构满足强度要求,是安全的。

小　结

1. 各个方向力学性能相同的材料称为各向同性材料；某些方向力学性能不相同的材料称为各向异性材料。变形较大时才破坏的材料称为塑性材料(延伸率$\delta\geqslant5\%$);变形较小时就破坏的材料称为脆性材料(延伸率$\delta<5\%$)。延伸率δ越大的材料,其塑性性能越好。

2. 典型的塑性材料,如低碳钢,其变形分为弹性区和塑性区两个大区域。弹性区包括线弹性区和非线弹性区,相应的弹性指标为比例极限σ_p和弹性极限σ_e,非线弹性区很小,因此一般认为$\sigma_p\approx\sigma_e$,即弹性区是完全线性的。塑性区分为屈服区、强化区和颈缩区,相应的塑性指标为屈服极限σ_s和强度极限σ_b,对于没有明显屈服区的塑性材料,其屈服极限一般规定为$\sigma_{0.2}$,称为名义屈服应力。典型的脆性材料,如铸铁,其变形可近似简化为一个线弹性区,相应的脆性指标为强度极限σ_b,也即脆性材料的破坏应力。

3. 材料的强度失效应力对塑性材料来说为屈服极限σ_s,对脆性材料来说为破坏应力σ_b。强度极限σ_b越大的材料,其强度越高。在线弹性区材料的应力应变关系满足简单虎克定律$\sigma=E\varepsilon$,弹性模量E越大的材料,其刚度越好。在弹性区材料可反复加载和卸载,而不改变材料的力学性能。材料在塑性区卸载和加载规律是线弹性的,在塑性区卸过载的材料,其力学性能将产生极大的改变,即塑性减小而脆性增加。

4. 在线弹性区塑性材料的拉压力学性能相同,即$[\sigma]=[\sigma^+]=[\sigma^-]$;而脆性材料的拉压力学性能是不同的,即$[\sigma^+]\neq[\sigma^-]$。塑性材料抵抗拉压剪的能力为:抗压能力>抗拉能力>抗剪能力；脆性材料抵抗拉压剪的能力为:抗压能力>抗剪能力>抗拉能力。

5. 塑性材料的许用应力为:$[\sigma]=\dfrac{\sigma_s}{n}$(或$\dfrac{\sigma_{0.2}}{n}$);脆性材料的许用应力为:$[\sigma]=\dfrac{\sigma_b}{n}$。

6. 连接件强度的实用计算采用的是平均算法,即连接件剪切的强度条件为:$\tau=\dfrac{F_s}{A_s}\leqslant[\tau]$,其中,$F_s$是剪切面上总的剪力,$A_s$是剪切面的面积;连接件挤压的强度条件为:$\sigma_{bs}=\dfrac{F_{bs}}{A_{bs}}\leqslant[\sigma]$,其中,$F_{bs}$是挤压面上总的压力,$A_{bs}$是挤压面的面积。

思考题三

1. 什么是本构方程？为什么说本构方程实质上是数学模型？

2. 你能否举出各向异性的塑性材料和脆性材料的实际例子。

3. 固体材料的划分是绝对的吗？具体划分时应注意哪些因素？

4. 在下列固体材料中,可以如何将其归类？其依据是什么？

　玻璃　低碳钢　铜　混凝土　沥青　玻璃钢　陶瓷　砖　铝　沙石　聚氯乙烯　土壤　环氧树脂　云母　铸铁　橡胶　生物肌肉　生物骨骼

5. 延伸率和线应变有什么联系和区别？截面收缩率和横向应变有什么联系和区别？

6. 塑性材料和脆性材料抵抗拉伸、压缩、剪切的能力有什么不同的地方？据此如何判别两类材料制成的杆件在拉伸、压缩和扭转时的破坏形式？

7. 松弛和蠕变对构件的正常工作有什么影响？能举出工程和生活中松弛和蠕变的具体例子吗？工程中常采用什么办法对待松弛和蠕变现象？

8. 各向同性材料的弹性模量和剪切弹性模量之间有什么关系？哪一个更大一些？

9. 为什么塑性材料的强度失效应力要选择为屈服应力 σ_s（或 $\sigma_{0.2}$）？

10. 为什么工程构件的强度分析中要将强度失效应力除以适当的安全系数 n，以作为该材料的许用应力？

11. 连接件实用计算中为什么剪切和挤压均采用平均算法？相对于实际情况，这种平均算法所得的剪切和挤压应力是偏大还是偏小？

习题三

一、选择题

1. 拉伸实验中，如果将试件拉伸到强化区卸载，则在 $\sigma-\varepsilon$ 图中其卸载路径将沿着（　　）回到零值。

(A)加载路径

(B)平行于纵轴的直线

(C)近似平行于弹性阶段的斜直线

(D)先沿加载路径回到塑性区，再沿近似平行于弹性阶段的斜直线

2. 四种构件分别是钢板、卵石、竹子和生物肌肉，其中为各向异性材料的构件是（　　）。

(A)钢板　　(B)卵石

(C)卵石、竹子　　(D)竹子、生物肌肉

3. 低碳钢经过冷作硬化后，它的（　　）。

(A)比例极限降低，塑性提高　　(B)比例极限提高，塑性降低

(C)强度极限降低，塑性提高　　(D)强度极限提高，脆性降低

4. 铁匠打造铁具的过程可认为是（　　）。

(A)加载过程　　(B)卸载过程

(C)强化过程　　(D)冷作硬化过程

5. 对于没有明显屈服区的塑性材料，一般以产生 0.2%的（　　）所对应的应力作为该塑性材料的屈服应力，并记为 $\sigma_{0.2}$。

(A)应变　　(B)残余应变

(C)弹性应变　　(D)延伸率

6. 脆性材料压缩破坏时断口呈接近 45°的原因是（　　）。

(A)45°面上的内力过大　　(B)45°面上的拉应力过大

(C)45°面上的压应力过大　　(D)45°面上的切应力过大

7. 低碳钢压缩实验时，试件最终成鼓状的主要原因是（　　）。

(A)试件抗压强度太低

(B)试件泊松效应太大

(C)试件与实验夹具接触面摩擦力的影响

(D)实验夹具的强度不够

8. 如图所示，联轴器用销钉把轴和套筒连接起来，销钉的直径为 d，轴的直径为 D，传递的最大转矩为 m，则销钉截面上的切应力为（　　）。

(A) $\dfrac{8m}{\pi Dd^2}$　　(B) $\dfrac{4m}{\pi Dd^2}$　　(C) $\dfrac{2m}{\pi Dd^2}$　　(D) $\dfrac{m}{\pi Dd^2}$

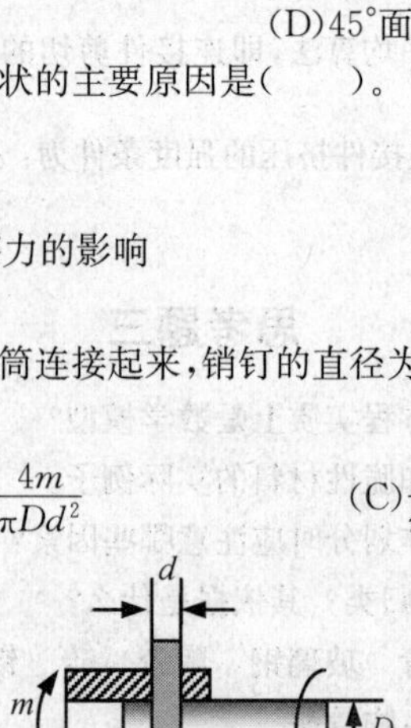

习题 8 图

二、填空题

9. 几种材料的拉伸曲线如图所示，材料________的强度最高，材料________的刚度最大，材料________的塑性最好。

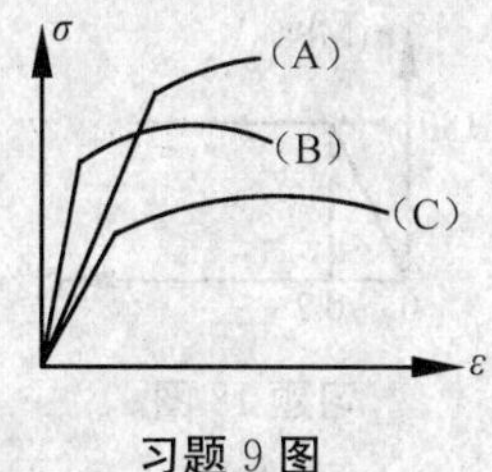

习题 9 图

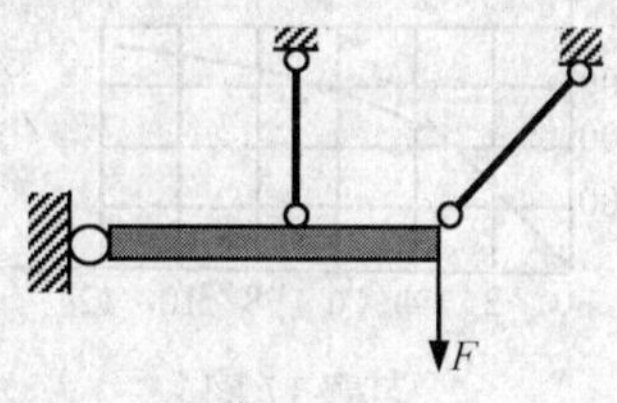

习题 12 图

10. 某试件材料的屈服极限为 200 MPa，该试件拉伸到屈服极限时的轴向应变为 0.2%，则材料的弹性模量 $E=$______。继续加载到 300 MPa 时轴向应变为 1.5%，则该试件完全卸载后的残余应变 $\varepsilon_r=$______。

11. 某试件材料为理想弹塑性材料，屈服极限为 σ_s，试件的应变 ε 已经进入塑性区，现在开始卸载，拉力全部卸掉后，试件的残余应变为 ε_r，则试件材料的弹性模量 $E=$________。

12. 图示结构横梁为刚性梁，各杆的材料相同，其屈服极限为 $\sigma_s=320$ MPa，各杆的安全系数可选为 $n_1=2$ 或 $n_2=1.5$。从结构各杆的重要性考虑，则竖直杆的许用应力可取为 $[\sigma]_1=$________，而斜直杆的许用应力可取为 $[\sigma]_2=$________。

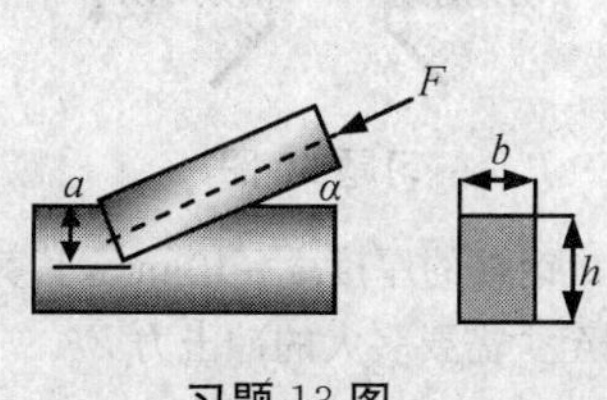

习题 13 图

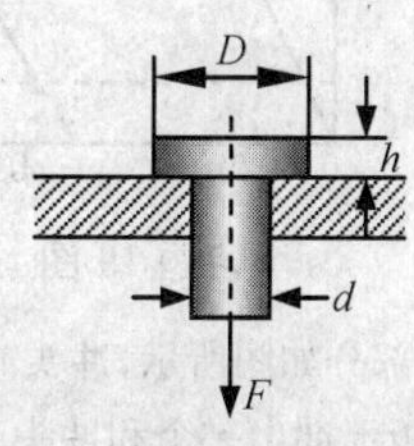

习题 14 图

13. 图示结构中两构件的厚度 b 相同，则它们的挤压面积 $A=$________。

14. 图示结构中，若 $D=2d=3h$，则螺栓中挤压应力、拉伸应力和剪切应力之间的比例关系为________。

三、计算题(A)

15. 同一材料的拉伸和扭转实验的应力应变关系如图所示，试指出哪根曲线是拉伸实验的结果，而哪根曲线是扭转实验的结果，并根据图中的数据计算材料的弹性模量以及泊松比。

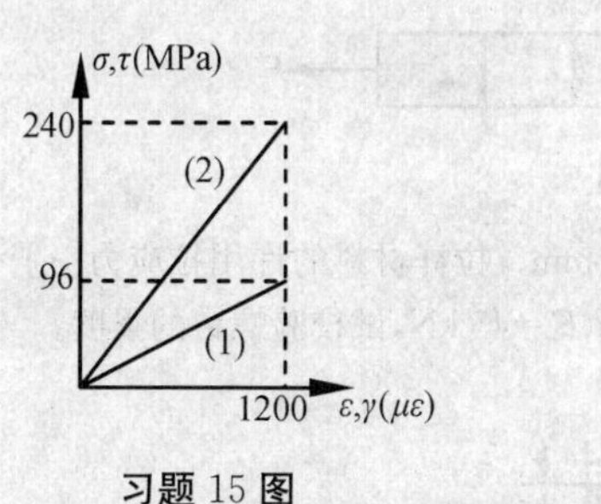

习题 15 图

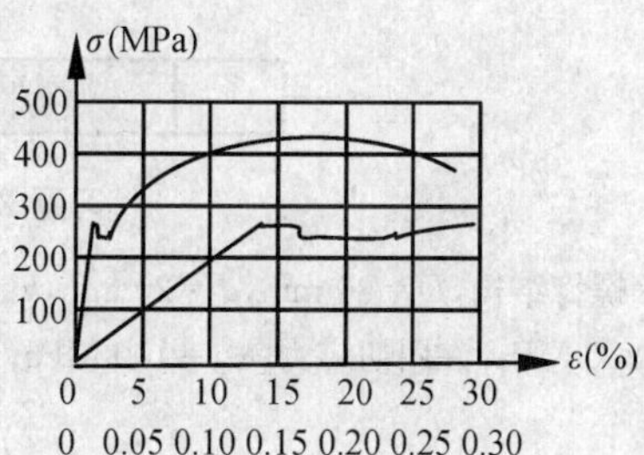

习题 16 图

16. 某材料试件拉伸的应力应变曲线如图所示，图中上面的曲线对应上一排的应变标识，即试件的全应变区；而下面的曲线对应下一排的应变标识，即试件的低应变区。试确定材料的弹性模量 E、屈服极限 σ_s、强度极限 σ_b 以及延伸率 δ。

17. 某材料试件拉伸的应力应变曲线如图所示。试确定材料的弹性模量 E、比例极限 σ_p、屈服极限 σ_s。确定当应力 $\sigma=350$ MPa 时的全应变 ε、弹性应变 ε_e 以及塑性应变 ε_p。

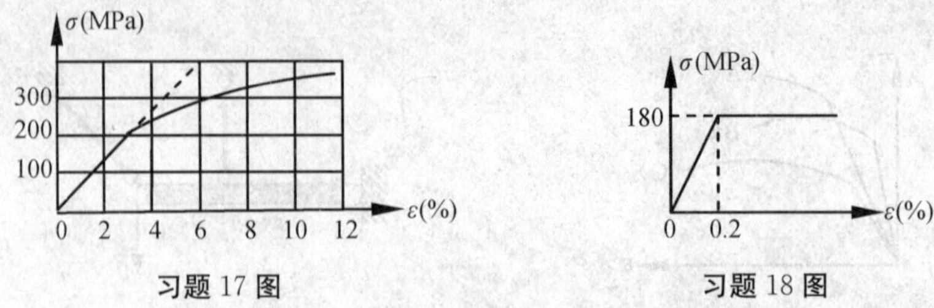

习题 17 图　　习题 18 图

18. 某试件材料为如图所示的理想弹塑性材料，若试件的直径 $d=10$ mm，长度 $l=200$ mm，杆件横截面上的应力始终均匀分布，试计算试件两端受拉力 $F=10$ kN 作用时试件的轴向伸长量，以及使试件屈服的载荷 F_s。

19. 上题若加载到轴向应变 $\varepsilon=0.8\%$ 时开始卸载，仍然假设杆件横截面上的应力始终均匀分布，则当载荷卸到 $F=10$ kN 时，杆件中的弹性应变 ε_e 和塑性应变 ε_p 各为多少？

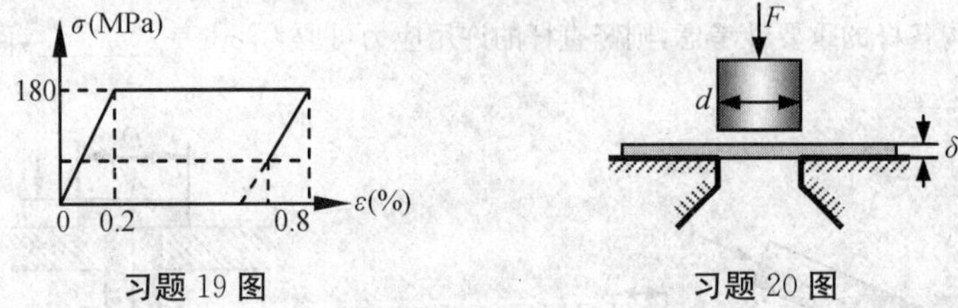

习题 19 图　　习题 20 图

20. 冲床的冲压部分如图所示，冲头直径 $d=30$ mm，已知钢板的厚度 $\delta=10$ mm，其剪切强度极限 $\tau_b=400$ MPa，若要在钢板上冲出一个和冲头直径相同的圆孔，则至少需要多大的冲击力 F？

21. 如图所示两矩形截面的木杆，用两块钢板连接在一起，已知木杆的截面宽度 $b=250$ mm，许用拉应力 $[\sigma]=6$ MPa，许用挤压应力 $[\sigma_{bs}]=10$ MPa，许用切应力 $[\tau]=1$ MPa。当轴向载荷 $F=45$ kN 时，试确定钢板的尺寸 δ 与 L，以及木杆的高度 h。

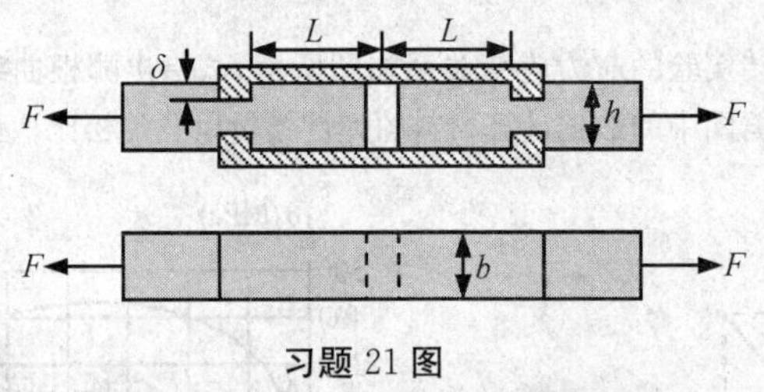

习题 21 图

22. 如图所示螺钉结构，$D=30$ mm，$d=20$ mm，$h=10$ mm。拉杆材料的许用拉应力 $[\sigma]=140$ MPa，许用挤压应力 $[\sigma_{bs}]=240$ MPa，许用切应力 $[\tau]=100$ MPa，载荷 $F=45$ kN，试校验螺钉的强度。

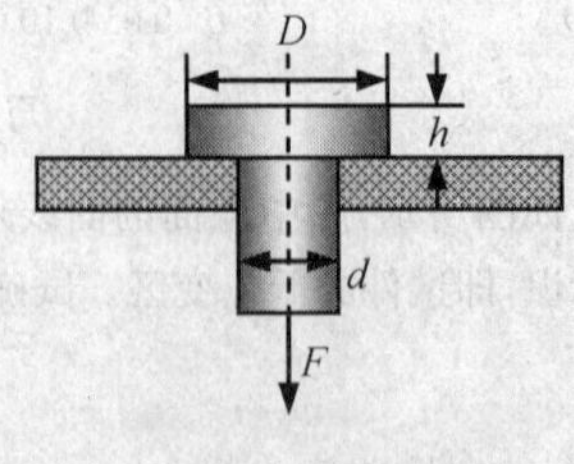

习题 22 图

23. 如图所示联轴器传递的力矩 $m=200\ \text{N}\cdot\text{m}$，两轴之间用四个对称分布于 $D=100\ \text{mm}$ 的圆周上的螺栓连接，螺栓直径 $d=12\ \text{mm}$，许用切应力 $[\tau]=60\ \text{MPa}$，试校核螺栓的剪切强度。

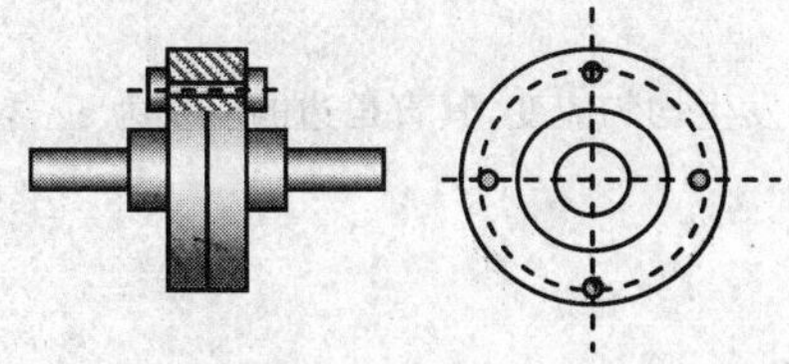

习题 23 图

24. 如图所示活塞与连杆用一空心销连接，活塞直径 $D=140\ \text{mm}$，最大冲击气压 $p=7\ \text{MPa}$。销外径 $D_1=50\ \text{mm}$，内径 $d_1=25\ \text{mm}$，长度根据与活塞的接触情况分为三段，其中 $L=72\ \text{mm}$，$a=32\ \text{mm}$，空心销材料的许用切应力 $[\tau]=70\ \text{MPa}$，许用挤压应力 $[\sigma_{bs}]=120\ \text{MPa}$。试校核空心销的强度。

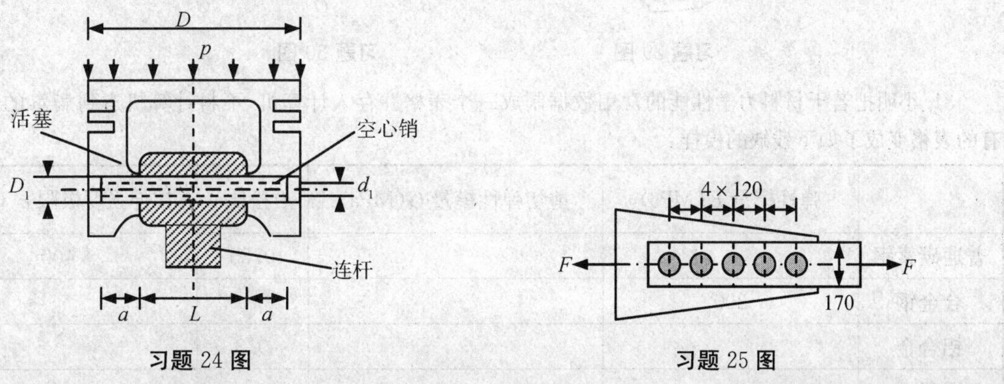

习题 24 图　　习题 25 图

25. 两块厚 $\delta=10\ \text{mm}$ 的钢板用 5 个 $\phi 20\ \text{mm}$ 的铆钉连接。三种构件材料相同，材料的许用拉应力 $[\sigma]=150\ \text{MPa}$，许用挤压应力 $[\sigma_{bs}]=340\ \text{MPa}$，许用切应力 $[\tau]=120\ \text{MPa}$。当载荷 $F=230\ \text{kN}$ 时，试校核结构的强度。

26. 如图所示，刚架用 4 个螺栓固接在一刚性构件上，载荷 $F=5\ \text{kN}$，螺栓的许用切应力 $[\tau]=90\ \text{MPa}$。刚架变形很小。

(1)试根据切应力强度设计螺栓的直径 d；

(2)若从上到下的第三颗螺栓松脱，则剩余螺栓中最大切应力超过许用切应力百分之几？

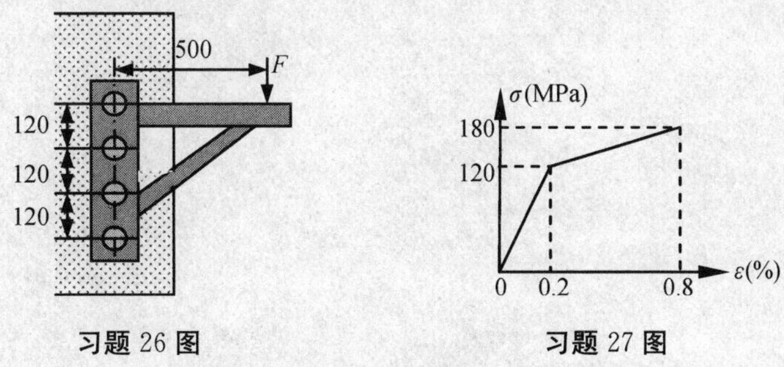

习题 26 图　　习题 27 图

四、计算题(B)

27. 某材料的试件的应力应变关系为如图所示的线性强化模型，试件的直径 $d=10\ \text{mm}$，长度 $l=200\ \text{mm}$，杆件横截面上的应力假设始终是均匀分布的，对杆件加载到 $F=12\ \text{kN}$ 时开始卸载至零，则杆件轴向方向的残余应变是多少？

28. 空心圆轴在轴向拉伸时，由于泊松效应，其内径是增加了还是减小了？试证明你的结论。

29. 如图所示红酒瓶一般用一段较长的软木塞来密封，当用开瓶器拔出木塞时，软木塞侧面将受切应力作用，假定瓶口的直径 d 不变，木塞与瓶口的接触长度为 h，拔木塞的轴向力为 F，证明软木塞侧面的最大切应力 $\tau_{max}>\frac{F}{\pi dh}$。

30. 如图所示，等腰直角三角形发生均匀应变，其直角边的应变为 $\varepsilon_{(1)}$，斜边的应变为 $-\varepsilon_{(2)}$，试求：

(1)三角形的高 AO 的应变 ε；

(2)直角 $\angle BAC$ 的变化量 γ。

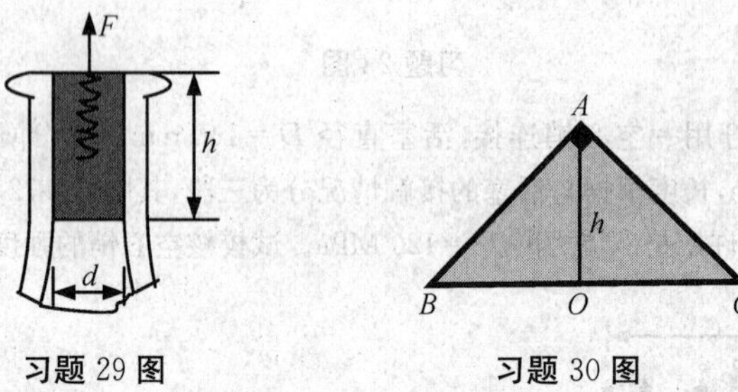

习题 29 图　　　　习题 30 图

31. 小明把若干材料力学性能的常用数据制成一个表格并存入计算机，不料计算机遭到病毒的袭击，原有的表格变成了如下残缺的模样：

	弹性模量 E(MPa)	剪切弹性模量 G(MPa)	泊松比 ν	拉伸强度极限 σ_b(MPa)
普通碳素钢			0.25	400
合金钢	200			
铝合金			0.3	
混凝土	30			

又经过一番折腾，计算机终于显示出了一组数据：0.16，0.25，6，12.9，30.8，50，80，830。小明确认这些数据就是表中的数据，但是显然数据的顺序完全乱了，而且表中缺失 11 个数据，这里只有 8 个，是不是表中某些数据会重复出现？请你用所学的材料力学知识帮小明恢复表中的数据，并简明叙述理由。

第 4 章　轴的扭转

扭转是杆件的又一基本变形形式，其受力特点是：只承受绕杆件轴线的外力偶矩的作用，外力偶矩可以是集中力偶矩，也可以是分布力偶矩，杆件单位长度上所受的外力偶矩 $q_m(x)$ 称为分布力偶矩的集度，当其为常数的时候，称为均布外力偶矩（如图 4－1 所示）。扭转的内力特点是：在杆件的任意横截面上只存在唯一的内力分量——扭矩 $T(x)$（如图 4－2 所示）。扭转的变形特点是：杆轴线始终保持为直线，杆件既不伸长也不缩短，只是杆件横截面绕杆轴线彼此之间产生相对转动（如图 4－3 所示）。

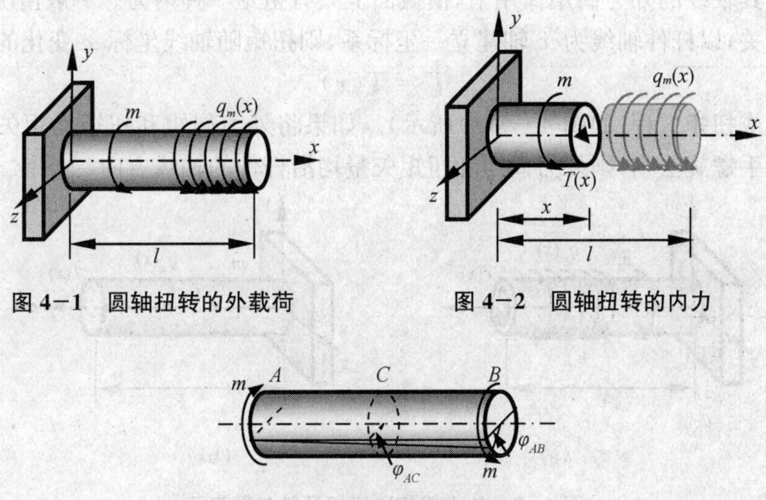

图 4－1　圆轴扭转的外载荷　　图 4－2　圆轴扭转的内力

图 4－3　圆轴扭转的变形

以扭转为主要变形形式的杆件，通常称为**轴**。轴在工程中有广泛的应用，例如，汽车方向盘的轴、皮带轮的轴以及螺栓等，轴主要承受的就是扭转变形（如图 4－4 所示）。

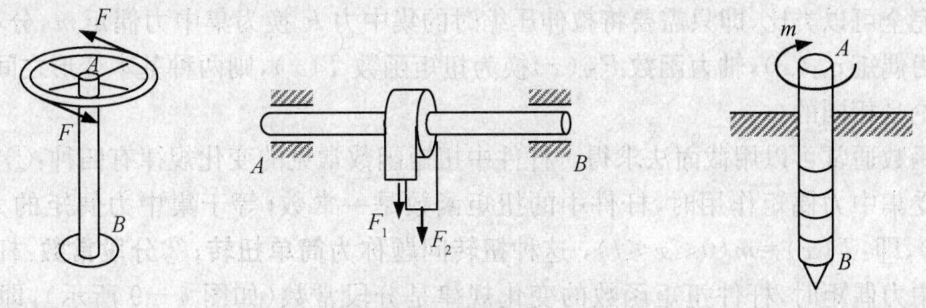

图 4－4　扭转实例

本章只研究直杆的扭转，而且主要研究**圆轴的扭转**问题，最后才介绍非圆形截面杆的扭转问题。圆轴的截面只有两种形式，即实心和空心截面（如图 4－5 所示）。另外，圆轴的形式可以是等截面圆轴，也可以是变截面圆轴（如图 4－6 所示）。

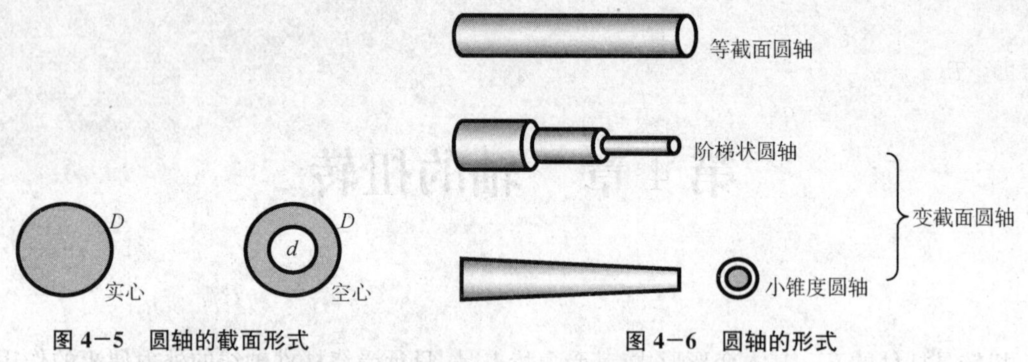

图 4-5 圆轴的截面形式　　图 4-6 圆轴的形式

4.1 圆轴扭转时的内力——扭矩

4.1.1 扭矩函数

杆件在绕其轴线的外力偶矩作用下,横截面上只有扭矩一种内力。一般情况下,扭矩与横截面的位置有关,以杆件轴线为 x 轴建立一坐标系,则扭矩随轴线坐标 x 变化的函数

$$T = T(x) \tag{4-1}$$

称为**扭矩函数**或**扭矩方程**(如图 4-7(a)所示)。如果将外力偶矩和扭矩均用矢量表示,按理论力学中的右手螺旋法则,则外力偶矩和扭矩矢量均沿杆件的轴线方向(如图 4-7(b)所示)。

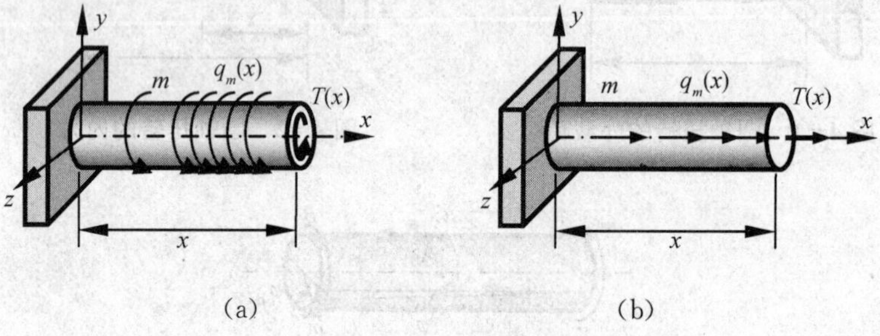

图 4-7 外力偶矩和扭矩及其矢量表示

注意,根据图 4-7(b)和图 2-4,扭转时杆件的受力情况与内力情况和杆件拉伸压缩时没什么本质上的不同,所以,杆件扭转时的外力偶矩和扭矩函数与拉伸压缩时的轴向载荷和轴力函数之间完全可以类比,即只需要将拉伸压缩时的集中力 F 换为集中力偶矩 m,分布力 $q(x)$ 换为分布力偶矩 $q_m(x)$,轴力函数 $F_N(x)$ 换为扭矩函数 $T(x)$,则两种基本变形之间关于内力的一切结论是相同的。

扭矩函数通常可以用截面法求得。杆件中扭矩函数常见的变化规律有四种:①**常数**:杆件只在两端受集中力偶矩作用时,杆件中的扭矩函数是一常数,等于集中力偶矩的大小(如图 4-8 所示),即:$T(x)=m(0\leqslant x\leqslant l)$,这种扭转问题称为**简单扭转**;②**分段常数**:杆件上作用有若干集中力偶矩时,杆件扭矩函数的变化规律是分段常数(如图 4-9 所示),即:$T(x)=\begin{cases}6\ \text{kN}(0\leqslant x\leqslant a)\\4\ \text{kN}(a\leqslant x\leqslant a+b)\end{cases}$;③**线性函数**:杆件受均布的力偶矩作用时,杆件中的扭矩函数是轴线坐标的线性函数(如图 4-10 所示),即:$T(x)=q_m(l-x)(0\leqslant x\leqslant l)$;④**分段函数**:当杆件作用有若干集中力偶矩或分段的分布力偶矩时,杆件中的扭矩函数一般是分段函数(如图 4-11 所示)，即：$T(x)=\begin{cases} T_1=\dfrac{ql}{2} & (0\leqslant x\leqslant \dfrac{l}{2}) \\ T_2=q(l-x) & (\dfrac{l}{2}\leqslant x\leqslant l) \end{cases}$。

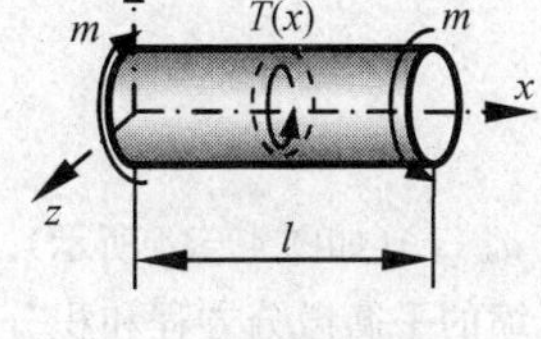

图 4−8　简单扭转

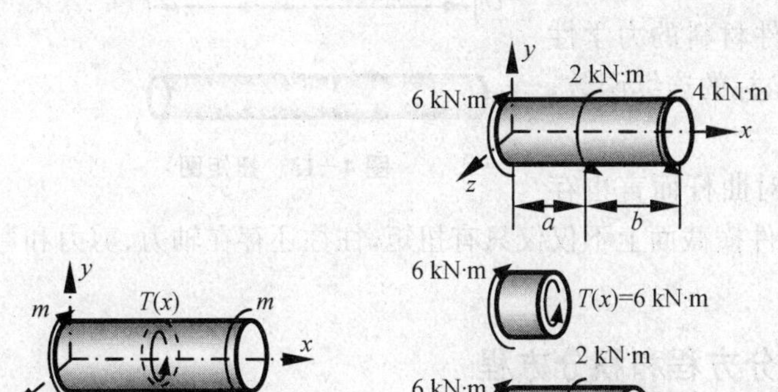

图 4−9　扭矩是分段常数

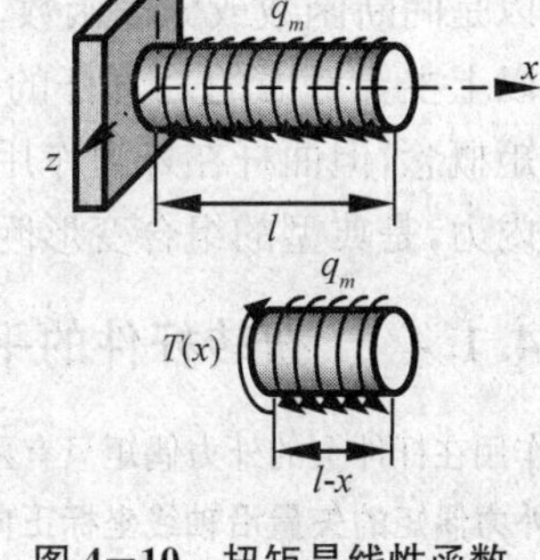

图 4−10　扭矩是线性函数

由上面各扭转问题的矢量表示，可知扭矩矢量和轴力矢量都是沿杆件的轴线方向作用的，两者的载荷形式也类似，即集中载荷和分布载荷，所以两者关于内力的结论是相同的。另外，扭矩函数除了上述一些常见分布情况外，还存在更为复杂的一些分布情况，这里不再赘述。

4.1.2　扭矩的正负号规定

类似于轴力的正负号规定，扭矩在杆件横截面上也有两个可能的方向。在杆件某处将截面切开后的左右两个面上，扭矩大小相等，方向相反，但由于它们对杆件产生的变形效应相同，是同一性质的扭矩，所以应该具有相同的符号。因此，为了区分横截面上扭矩的方向，并同时考虑其对杆件的变形效应，规定：**扭矩矢量沿截面的外法线方向时为正，沿截面的负法线方向时为负**(如图 4−12 所示)。

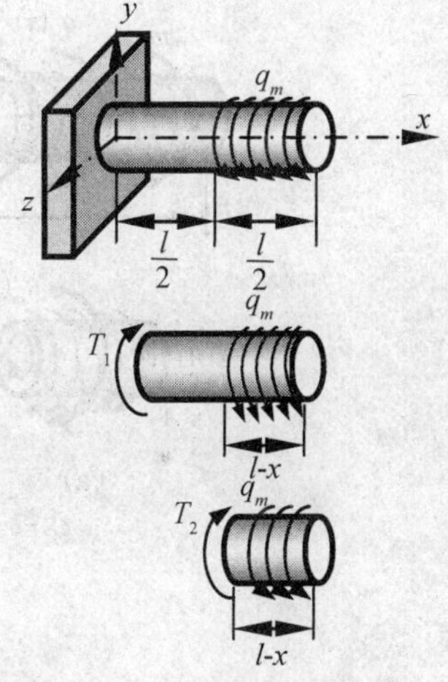

图 4−11　扭矩是分段函数

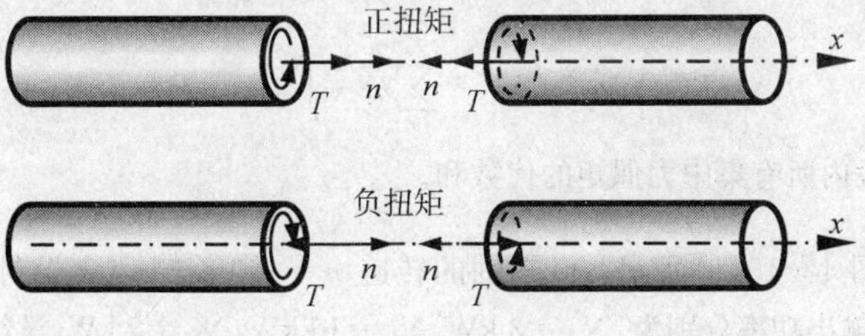

图 4−12　扭矩的正负号规定

4.1.3　扭矩图

以杆件的轴线为横坐标，扭矩 T 为纵坐标所作出的扭矩函数 $T(x)$ 的图形称为扭转杆件的内力图，又称为**扭矩图**(如图 4−13 所示)。

图中 l 为杆件的长度，必须注意，按照扭矩的正负号规定，杆件中的扭矩可正可负，另外，杆件坐标系的原点可以选取为轴线上的任意一点。

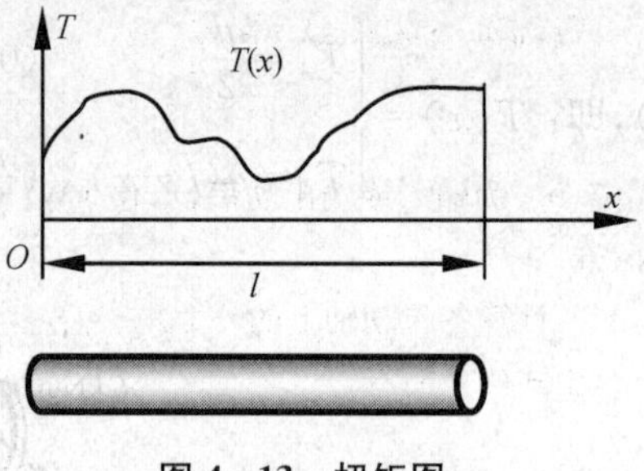

图 4－13　扭矩图

扭转杆件中的扭矩有以下特点：①扭矩与杆件的横截面形状和大小无关；②扭矩与杆件材料的力学性能无关；③扭矩在杆件中可以是轴线坐标的连续函数，也可以是间断函数或分段函数。

以上主要考虑的是直杆的扭转，对曲杆而言也存在扭矩概念，但曲杆在外力作用下，杆件横截面上不仅仅只有扭矩，往往还存在轴力、剪力和弯矩等内力，是典型的组合变形问题。

4.1.4* 扭转杆件的平衡微分方程和积分方程

作用在杆件上的外力偶矩只有两种情况：一是集中力偶矩 m，二是分布力偶矩 $q_m(x)$（如图 4－14 所示）。**规定外力偶矩的矢量沿轴线坐标正向时为正，沿负向时为负。**完全类似于拉伸压缩的平衡微分方程和积分方程的推导过程，扭转时的平衡微分方程为

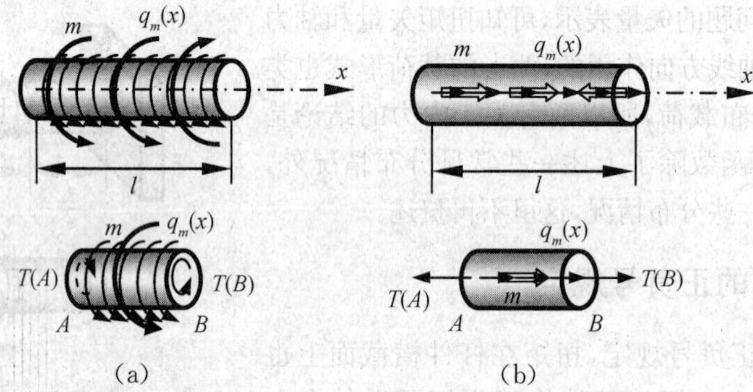

图 4－14　微元段杆件的平衡

$$\frac{\mathrm{d}T}{\mathrm{d}x}=-q_m(x) \tag{4-2}$$

在集中力偶矩作用处有

$$T^{+}-T^{-}=-m \tag{4-3}$$

式中，T^{+}，T^{-}分别是集中力偶矩 m 右边和左边截面上的扭矩。

扭转时的积分方程为

$$T(B)=T(A)-\sum_{n}m-\int_{A}^{B}q_m(x)\mathrm{d}x \tag{4-4}$$

式中，$\sum_{n}m$ 是轴 AB 区段内所有集中力偶矩的代数和。

例 4－1　传动轴如图 4－15(a)所示。已知轴的转速 $n=150$ r/min（每分钟转数），B 轮的输入功率 $N_B=20$ kW，其余各轮的输出功率分别为：$N_A=3$ kW，$N_C=10$ kW，$N_D=7$ kW，试绘出轴的扭矩图。

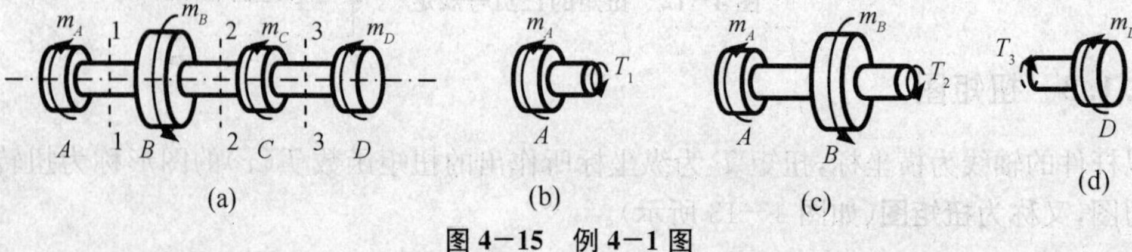

图 4－15　例 4－1 图

解:轴的动力传动方程为

$$m = 9549 \frac{N_k}{n} \ (\mathrm{N \cdot m}) \tag{4-5}$$

式中,N_k 为输入或输出功率,单位 kW;n 为传动轴的转速,单位 r/min;m 为作用于传动轴的力偶矩,单位 N·m。

①计算各传动轴上的外力矩。

由式(4-5)有

$$m_A = 9549 \times \frac{3}{150} = 191 \ \mathrm{N \cdot m}$$

$$m_B = 9549 \times \frac{20}{150} = 1274 \ \mathrm{N \cdot m}$$

$$m_C = 9549 \times \frac{10}{150} = 637 \ \mathrm{N \cdot m}$$

$$m_D = 9549 \times \frac{7}{150} = 446 \ \mathrm{N \cdot m}$$

②计算轴的扭矩函数。

在轴的 1-1,2-2,3-3 截面处分别使用截面法(如图 4-15(b)、(c)、(d)所示),由平衡条件,可得轴中的扭矩函数为

$$T_1 = m_A = 191 \ \mathrm{N \cdot m}$$
$$T_2 = m_A - m_B = -1083 \ \mathrm{N \cdot m}$$
$$T_3 = -m_D = -446 \ \mathrm{N \cdot m}$$

所以有

$$T(x) = \begin{cases} 191 \ \mathrm{N \cdot m}(AB \text{ 段}) \\ -1083 \ \mathrm{N \cdot m}(BC \text{ 段}) \\ -446 \ \mathrm{N \cdot m}(CD \text{ 段}) \end{cases}$$

可见,轴中扭矩函数的分布规律是分段常数。

③画扭矩图。

扭矩图如图 4-16 所示。由图可知,扭矩在轴中不是连续函数,在集中力偶矩作用处是间断的,轴中最大的扭矩为 $T_{\max} = 1083 \ \mathrm{N \cdot m}$,位置在 BC 段任意截面上。

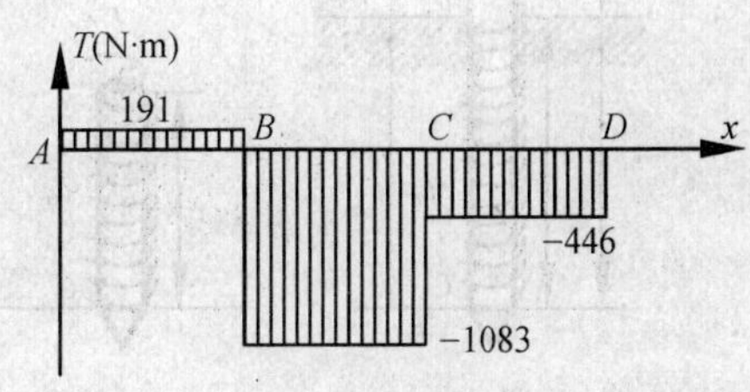

图 4-16 扭矩图

例 4-2 阶梯状圆轴受图 4-17(a)所示外力偶矩作用,$q_m = 10 \ \mathrm{kN \cdot m/m}$,$m = 30 \ \mathrm{kN \cdot m}$,求圆轴的扭矩函数,并画扭矩图。

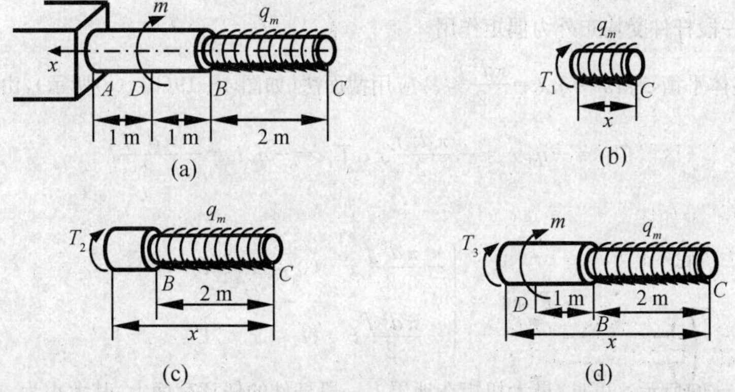

图 4-17 例 4-2 图

解:①求扭矩函数。

以杆件自由端 C 点为坐标原点向左为 x 的正方向建立坐标系。应用截面法(如图 4－17(b)、(c)、(d)所示),由平衡条件有

$$T_1 = q_m x = 10x \ \mathrm{kN \cdot m}$$
$$T_2 = q_m l_{BC} = 10 \times 2 = 20 \ \mathrm{kN \cdot m}$$
$$T_3 = q_m l_{BC} - m = 10 \times 2 - 30 = -10 \ \mathrm{kN \cdot m}$$

所以,扭矩函数为

$$T(x) = \begin{cases} 10x \ \mathrm{kN \cdot m} & (0 \leqslant x \leqslant 2 \ \mathrm{m}) \\ 20 \ \mathrm{kN \cdot m} & (2 \ \mathrm{m} \leqslant x \leqslant 3 \ \mathrm{m}) \\ -10 \ \mathrm{kN \cdot m} & (3 \ \mathrm{m} \leqslant x \leqslant 4 \ \mathrm{m}) \end{cases}$$

②画扭矩图。

扭矩图如图 4－18 所示。最大的扭矩为 $T_{\max} = 20 \ \mathrm{kN \cdot m}$,在 DB 段杆件的任意截面上。

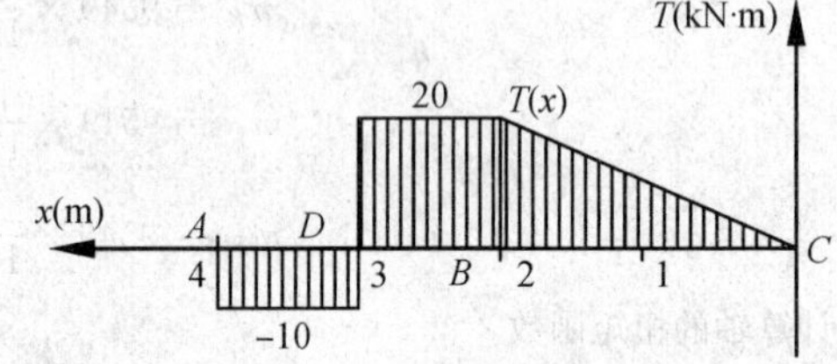

图 4－18　扭矩图

例 4－3　钻杆的长度为 L,直径为 d,钻入地层的深度为 l(如图 4－19(a)所示),若钻杆和地层间单位面积上的摩擦力为 f,试求钻杆的扭矩函数,并画出其扭矩图。

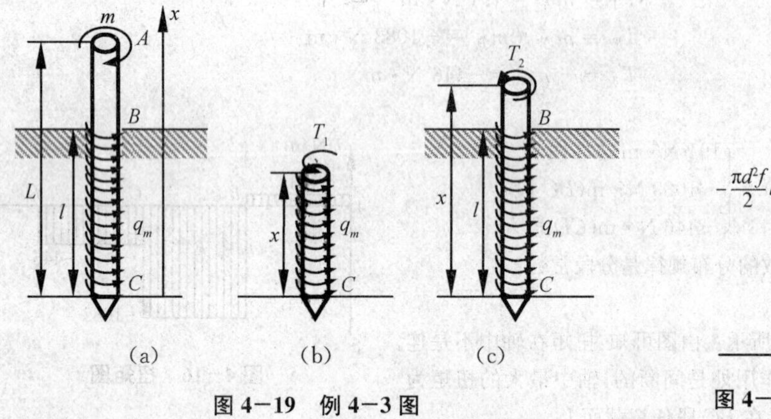

图 4－19　例 4－3 图

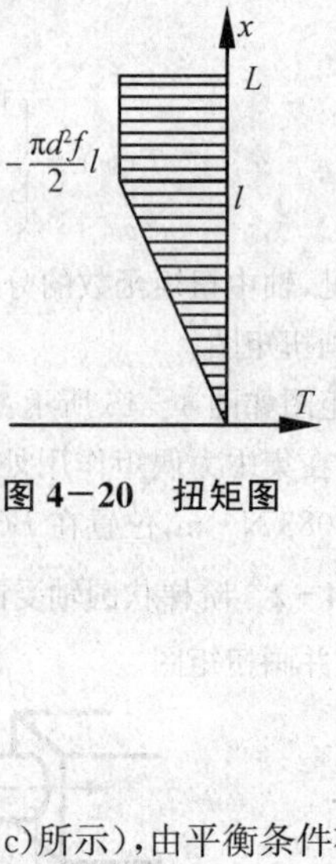

图 4－20　扭矩图

解:杆件在地层里一段单位长度上的扭矩为

$$q_m = (\pi d \times 1) \frac{d}{2} \times f = \frac{\pi d^2 f}{2}$$

所以,钻入地层的一段杆件受均布外力偶矩作用。

根据杆件的整体平衡,有:$m = q_m l = \frac{\pi d^2 f}{2} l$。应用截面法(如图 4－19(b)、(c)所示),由平衡条件有

$$T_1 = -q_m x = -\frac{\pi d^2 f}{2} x, \ T_2 = -q_m l = -\frac{\pi d^2 f}{2} l$$

所以,扭矩函数为

$$T(x) = \begin{cases} -\frac{\pi d^2 f}{2} x & (0 \leqslant x \leqslant l) \\ -\frac{\pi d^2 f}{2} l & (l \leqslant x \leqslant L) \end{cases}$$

扭矩图如图 4－20 所示。可见,最大扭矩在地层上一段杆件的任意截面上,其大小为

$$T_{\max} = \frac{\pi d^2 f}{2} l$$

4.2　圆轴扭转时的应力

圆轴在绕轴线的外力偶矩作用下，只产生扭转一种基本变形形式，杆件的任何部分既不伸长也不缩短，因此，其横截面上不存在正应力，只有切应力，而且可以证明切应力的方向一定垂直于截面的半径直线（如图 4－21 所示）。

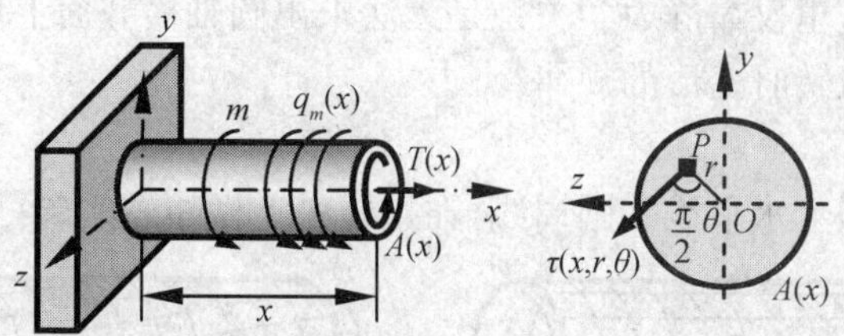

图 4－21　圆轴扭转时截面上的应力

* 证明：圆轴扭转时横截面上的切应力垂直于半径直线。

设截面上任意一点的切应力为 τ，其方向与该点到圆心的半径直线成 α 角度，该点到圆心的距离为 r（如图 4－22(a)所示），考虑单位长度的杆件，截取其一部分（如图 4－22(b)所示），该部分杆件受两端面的扭矩 T' 和 T'' 的作用以及外部分杆件对其反力偶矩 q_m' 的作用（如图 4－22(c)所示）。将切应力分解成沿半径直线的分量 τ_r 及与其垂直方向的分量 τ_t（如图 4－22(d)所示），根据切应力互等定理，该部分杆件受沿轴线方向的作用力 $F_N=\int_0^{2\pi}\tau_r r\mathrm{d}\theta$（如图 4－22(e)所示），该作用力必须为零，否则这部分杆件将无法平衡，如果 $F_N=0$，但 $\tau_r\neq0$，则 τ_r 在沿圆周的积分过程中必然有正有负，相应的该部分杆件的轴向纤维必然有的伸长，有的缩短，于是杆件变形后横截面不能保持为平面（如图 4－22(f)所示），这将与下面介绍的平截面假设相矛盾。所以，圆形截面杆扭转时有 $F_N=0$，且 $\tau_r\equiv0$，$\alpha=\frac{\pi}{2}$，即横截面上的切应力垂直于半径直线（如图 4－21 所示）。

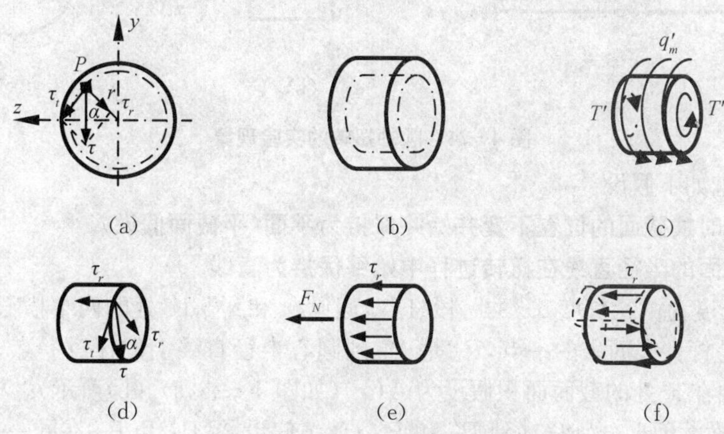

图 4－22　横截面上切应力的方向

一般情况下横截面上任意一点 P 处的切应力是 P 点坐标 (x,y,z) 的函数，采用极坐标，则 P 点处的切应力可表示为 $\tau(x,r,\theta)$。假设截面上的扭矩为 $T(x)$，截面面积为 $A(x)$（如图 4－21 所示），下面来分析切应力。

(1) 力学分析

由于圆轴横截面上只有切应力而无正应力，所以引用与切应力有关的那组静力学关系，考

虑到截面上的切应力垂直于半径直线(如图 4－21 所示),则有如下静力学关系:

$$\begin{cases} T(x) = \int_A \tau(x,r,\theta) r \mathrm{d}A \\ F_{sy}(x) = \int_A \tau(x,r,\theta)\cos\theta \mathrm{d}A = 0 \\ F_{sz}(x) = \int_A \tau(x,r,\theta)\sin\theta \mathrm{d}A = 0 \end{cases} \tag{4-6}$$

与拉伸压缩类似,这里仅靠静力学关系是无法求出圆轴横截面上切应力的,所以必须进行实验研究,以找出圆轴扭转时变形的规律。

(2)几何分析

实验:在圆轴表面画上水平线和圆周线,在扭转机上做扭转实验,如图 4－23 所示。

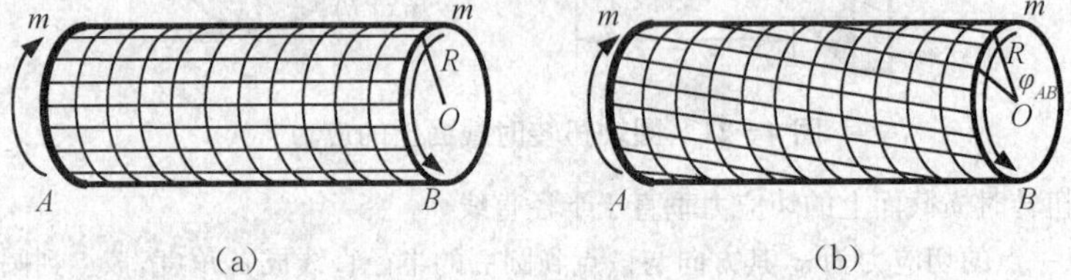

图 4－23　圆轴扭转实验

实验表明:圆轴表面竖直方向的投影直线在圆轴变形后仍然保持为直线,水平方向的直线在竖直方向产生偏转(如图 4－24(a)所示),圆轴表面原为矩形的小方格变为平行四边形(如图 4－24(b)所示)。在圆轴端面观察,半径直线在扭转过程中仍然保持为直线,只是相对于原来的位置转动了一个角度(如图 4－24(c)所示)。

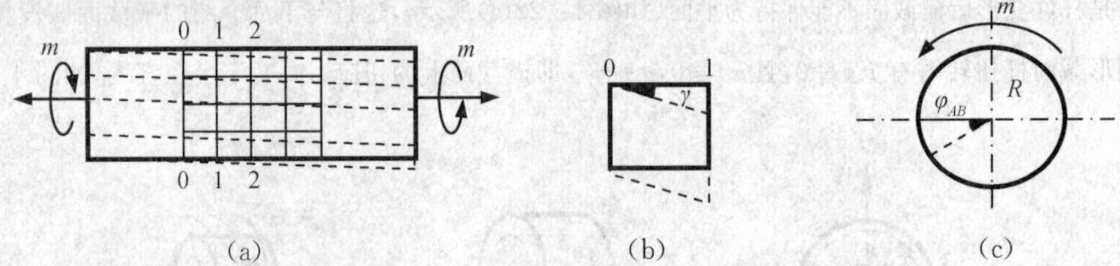

图 4－24　圆轴扭转的实验现象

据此,可引进如下假设:

①圆轴扭转时横截面的位置不变并始终保持为平面(平截面假设)。

②圆轴横截面的半径直线在扭转过程中始终保持为直线。

考察 x 处长度为微元长度 $\mathrm{d}x$ 的一段杆件,假设 x 和 $x+\mathrm{d}x$ 处的两个横截面相对转动的角度为 $\mathrm{d}\varphi$,P_1 是杆件表面上的一点,P_2 是 P_1 到圆心半径直线上的任意一点,其到圆心的距离假设为 r,圆轴在 x 处的截面面积假设为 $A(x)$(如图 4－25(a)、(b)所示)。根据假设①,P_1 和 P_2 变形后在横截面上分别移动到 P_1' 和 P_2' 点,由假设②,P_1' 和 P_2' 在同一条半径直线上,由于圆轴变形是小变形,$\overline{P_1P_1'}$和$\overline{P_2P_2'}$可以看成是竖直线(如图 4－25(c)所示),在 P_1 和 P_2 点分别考察两个厚度极薄的单元体,单元体的右面分别受切应力 τ_1 和 τ 的作用(如图 4－25(d)所示),两单元体变形后的情况如图 4－25(e)所示,γ_1 和 γ 分别是两单元体的切应变。由图示的几何关系,有

$$\overline{P_1P_1'} = R\mathrm{d}\varphi = \mathrm{d}x\tan\gamma_1 \approx \gamma_1\mathrm{d}x$$
$$\overline{P_2P_2'} = r\mathrm{d}\varphi = \mathrm{d}x\tan\gamma \approx \gamma\mathrm{d}x$$

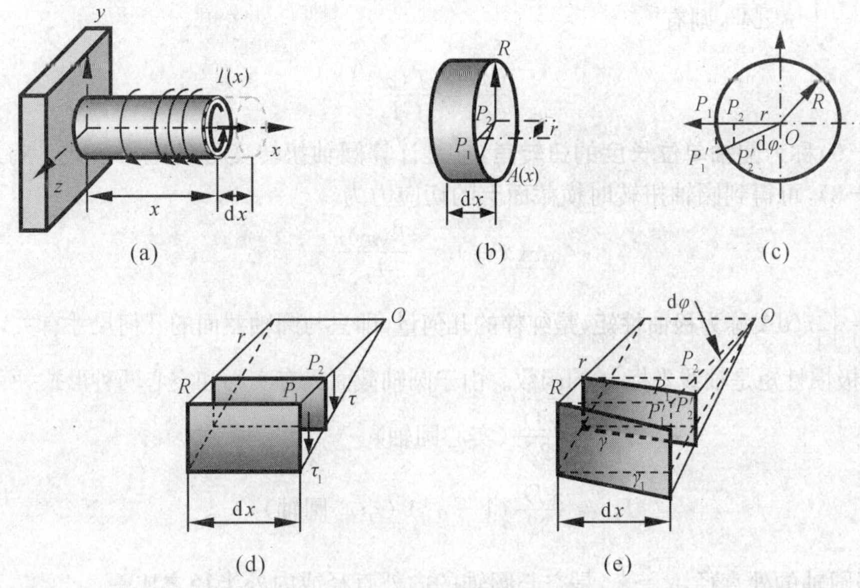

图 4-25 圆轴扭转变形

所以有

$$\gamma = r\frac{\mathrm{d}\varphi}{\mathrm{d}x} \tag{4-7}$$

式(4-7)即是圆轴扭转的几何关系,或称为几何方程,其中$\frac{\mathrm{d}\varphi}{\mathrm{d}x}$只与轴线坐标 x 有关。可见,在圆轴横截面上各点的切应变与到圆心的距离成正比,而与弧坐标 θ 无关。

必须注意,和拉伸压缩一样,几何方程与材料的力学性能无关,只与杆件的变形特点有关。例如,无论什么材料制成的圆轴,甚至由不同材料制成的组合圆轴,只要满足前述的两个变形假设,则上述的几何方程均成立。

(3)物理分析

假设圆轴由单一材料制成,且材料是线弹性材料,则根据剪切虎克定律有:$\tau(x,r,\theta)=G\gamma(x,r,\theta)$,由于圆轴横截面上的切应变与弧角 θ 无关,则切应力也与弧角 θ 无关,可记为 $\tau(x,r)$。根据几何关系(4-7)式,有

$$\tau(x,r) = Gr\frac{\mathrm{d}\varphi}{\mathrm{d}x} \tag{4-8}$$

式(4-8)即是圆轴扭转时横截面上切应力的分布规律。可见,在圆轴横截面上切应力与到圆心的距离成正比,也即沿半径方向是线性分布的。

将式(4-8)代入静力学关系式(4-6)的后两式,有

$$F_{sy}(x) = \int_A \tau(x,r)\cos\theta\mathrm{d}A = \int_0^R \tau(x,r)r\mathrm{d}r\int_0^{2\pi}\cos\theta\mathrm{d}\theta = 0$$

$$F_{sz}(x) = \int_A \tau(x,r)\sin\theta\mathrm{d}A = \int_0^R \tau(x,r)r\mathrm{d}r\int_0^{2\pi}\sin\theta\mathrm{d}\theta = 0$$

所以,静力学关系式(4-6)的后两式自然满足。

将式(4-8)代入静力学关系式(4-6)的第一式,有

$$T(x) = \int_A \tau(x,r)r\mathrm{d}A = \int_A G\frac{\mathrm{d}\varphi}{\mathrm{d}x}\cdot r^2\mathrm{d}A = G\frac{\mathrm{d}\varphi}{\mathrm{d}x}\int_A r^2\mathrm{d}A$$

令 $I_p = \int_A r^2 \mathrm{d}A$，则有

$$\frac{\mathrm{d}\varphi}{\mathrm{d}x} = \frac{T(x)}{GI_p} \tag{4-9}$$

式(4－9)称为**圆轴单位长度的扭转角**，它是计算圆轴扭转变形的重要公式。将式(4－9)代入式(4－8)，可得到圆轴扭转时横截面上的切应力为

$$\tau(x,r) = \frac{T(x)r}{I_p} \tag{4-10}$$

式中，$I_p = \int_A r^2 \mathrm{d}A$ 称为**极惯性矩**，是纯粹的几何量，即只与圆轴截面的几何尺寸有关，对变截面圆轴来说，极惯性矩是轴线坐标 x 的函数。由于圆轴截面只有实心和空心两种形式，所以有

$$I_p = \frac{\pi D^4}{32}\text{(实心圆轴)} \tag{4-11}$$

$$I_p = \frac{\pi D^4}{32}(1-\alpha^4)\text{(空心圆轴)} \tag{4-12}$$

式中，D 是圆轴的外直径，$\alpha = \dfrac{d}{D}$，是空心圆轴的内外直径或内外半径之比。

需要注意的是，由式(4－10)可知，圆轴扭转时横截面上的切应力与材料的具体力学性能无关，即只要是线弹性材料且受力情况和几何尺寸相同的圆轴，其截面上的切应力一定是一样的。另外，由式(4－10)还知，圆轴扭转时横截面上的切应力沿半径方向是线性分布的(如图4－26所示)，某一截面上的最大切应力在圆轴的外缘，即：$\tau_{\max}(x) = \left|\dfrac{T(x)D}{2I_p}\right|$，定义：

$$W_p = \frac{I_p}{D/2} \tag{4-13}$$

实心圆轴

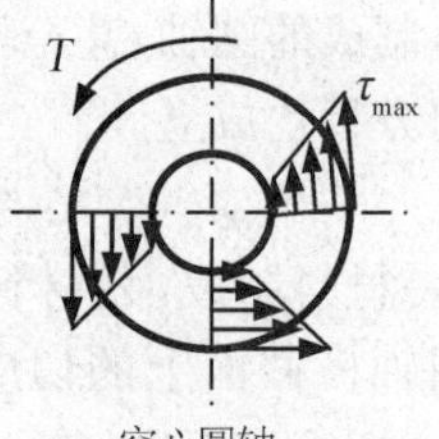

空心圆轴

图 4－26 圆轴截面上切应力的分布规律

式中，W_p 称为圆轴的**抗扭截面系数**或**抗扭截面模量**。对变截面圆轴来说，抗扭截面模量也是轴线坐标 x 的函数。

对于实心圆轴，有

$$W_p = \frac{\pi D^3}{16} \tag{4-14}$$

对于空心圆轴，有

$$W_p = \frac{\pi D^3}{16}(1-\alpha^4) \tag{4-15}$$

于是某一截面上的最大切应力可写为 $\tau_{\max}(x) = \left|\dfrac{T(x)}{W_p(x)}\right|$。

而整个圆轴中的最大切应力为

$$\tau_{\max}=\left|\frac{T(x)}{W_p(x)}\right|_{\max} \tag{4-16}$$

由式(4－16)可知，圆轴的抗扭截面模量越大，截面上的最大切应力越小，所以，抗扭截面模量 W_p 是度量圆轴抵抗扭转破坏能力大小的几何量。

4.3　圆轴扭转时的强度

4.3.1　强度条件

根据材料力学的强度观点，可建立圆轴扭转时的强度条件为

$$\tau_{\max}=\left|\frac{T(x)}{W_p(x)}\right|_{\max}\leqslant[\tau] \tag{4-17}$$

式(4－17)是圆轴扭转的最一般的强度条件，适用于等截面圆轴，也适用于变截面圆轴。

若圆轴是等截面的，则式(4－17)可写为

$$\tau_{\max}=\frac{T_{\max}}{W_p}\leqslant[\tau] \tag{4-18}$$

式中，$T_{\max}$是圆轴中绝对值最大的扭矩，$[\tau]$是材料的许用切应力，可通过材料扭转实验得到。由式(4－18)可知，等截面圆轴的危险截面是扭矩最大的截面，而危险点在扭矩最大截面的外缘。

4.3.2　强度条件的应用

和拉伸压缩一样，扭转强度条件式(4－17)和式(4－18)也有三个方面的应用。

(1)校核圆轴的扭转强度

已知圆轴的几何尺寸、所受外力偶矩及材料的许用切应力，考查其是否满足扭转强度条件式(4－17)或式(4－18)，如果满足，则圆轴在强度上是安全的，否则圆轴在强度上不安全。

(2)计算圆轴的许可外力偶矩

已知圆轴的几何尺寸、材料的许用切应力及外力偶矩的作用方式。根据扭转强度条件式(4－17)或式(4－18)，外力偶矩应有一上限值，这个上限值就是圆轴的许可外力偶矩，亦即最大外力偶矩。

例如等截面圆轴，其最大的扭矩要满足：$T_{\max}\leqslant[\tau]W_p$，根据外力偶矩与扭矩间的关系，即可确定许可外力偶矩。

(3)计算圆轴的许可截面尺寸

已知所受的外力偶矩及材料的许用切应力，根据扭转强度条件式(4－17)或式(4－18)，圆轴的抗扭截面模量 W_p 应有一下限值，从而由 W_p 与截面尺寸间的关系可确定许可截面尺寸，亦即最小截面尺寸。

例如，等截面圆轴有：$W_p\geqslant\frac{T_{\max}}{[\tau]}$，从而可确定圆轴的最小直径为

$$D\geqslant D_{\min}=\sqrt[3]{\frac{16T_{\max}}{\pi[\tau](1-\alpha^4)}}\text{（空心圆轴）}$$

若圆轴是实心的，则在上式中取 $\alpha=0$ 即可。

4.3.3　圆轴扭转时的破坏现象

从圆轴扭转的破坏实验可看到：低碳钢试件在受扭过程中，先发生屈服，这时试件表面的轴向和横向出现滑移线，如果继续增大载荷，试件最后沿横截面断开(如图 4－27(a)所示)。而铸铁试件是沿与轴线约成 45°的螺旋面断开(如图 4－27(b)所示)。

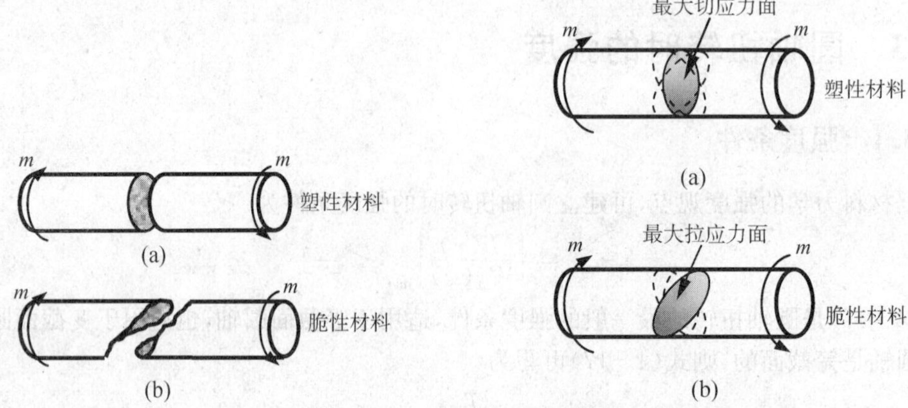

图 4－27　圆轴的破坏现象　　图 4－28　圆轴的破坏情况

这表明塑性材料的抗剪能力低于抗拉能力，断口发生在杆件所有截面中切应力最大的截面上，即从横截面上被剪断(如图 4－28(a)所示)。而脆性材料的抗拉能力低于抗剪能力，断口发生在杆件所有斜截面中拉应力最大的截面上，即沿与轴线成 45°的螺旋面拉断(如图 4－28(b)所示)。

所以，对塑性和脆性材料的抗压抗拉和抗剪能力有如下结论：①塑性材料抗压能力强于抗拉能力，而抗拉能力强于抗剪能力；②脆性材料抗压能力强于抗剪能力，而抗剪能力强于抗拉能力。

例 4－4　圆轴材料为理想弹塑性材料，屈服应力为 τ_s，若横截面上的切应力分布规律如图 4－29(a)所示，求横截面上的扭矩 T。

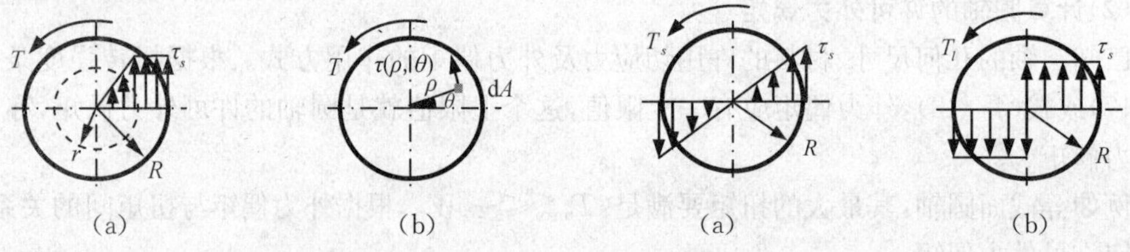

图 4－29　例 4－4 图　　图 4－30　屈服扭矩和极限扭矩

解：采用图 4－29(b)所示的极坐标，若微元面积 dA 处的切应力为 $\tau(\rho,\theta)$，则有

$$\tau(\rho,\theta)=\begin{cases}\dfrac{\rho}{r}\tau_s & (0\leqslant\rho\leqslant r)\\ \tau_s & (r\leqslant\rho\leqslant R)\end{cases}$$

圆轴横截面上的切应力只与 ρ 有关，记 $\tau(\rho,\theta)=\tau(\rho)$。微元面积 $\mathrm{d}A$ 上的剪力为：$\mathrm{d}F=\tau(\rho)\mathrm{d}A$，对圆心的扭矩为：$\mathrm{d}T=\rho\mathrm{d}F=\rho\tau(\rho)\mathrm{d}A$。所以，横截面上的扭矩为

$$\begin{aligned}T&=\int_A\rho\tau(\rho)\mathrm{d}A=\int_0^R\int_0^{2\pi}\tau(\rho)\rho^2\mathrm{d}\theta\mathrm{d}\rho=2\pi\int_0^R\tau(\rho)\rho^2\mathrm{d}\rho\\&=2\pi\left(\int_0^r\frac{\tau_s}{r}\rho^3\mathrm{d}\rho+\int_r^R\tau_s\rho^2\mathrm{d}\rho\right)=\frac{2\pi}{3}\left(R^3-\frac{r^3}{4}\right)\tau_s\end{aligned}$$

若 $r=R$，对应图 4－30(a)所示的情况，即只有截面外缘点达到屈服应力，此时截面上的扭矩为

$$T_s=\frac{\pi R^3}{2}\tau_s \tag{4－19}$$

若 $r=0$，对应图 4－30(b)所示的情况，即截面除圆心外所有的点都达到屈服应力，此时截面上的扭矩为

$$T_l=\frac{2\pi R^3}{3}\tau_s \tag{4－20}$$

T_s 称为**屈服扭矩**，T_l 称为**极限扭矩**，极限扭矩与屈服扭矩的比值为：$\xi=\frac{T_l}{T_s}=\frac{4}{3}$。

例 4－5　非线弹性材料的应力应变关系为：$\tau=C\gamma^{\frac{1}{m}}$，其中 C 和 $m(m>1)$ 均为常数，如果用该材料制成的圆轴在扭转时满足平截面假设，并且在扭转过程中其半径直线始终保持为直线(如图 4－31(a)所示)，如果作用在圆轴上的外力矩已知。①试建立圆轴横截面上的切应力公式；②计算圆轴两端的相对扭转角度 φ 。

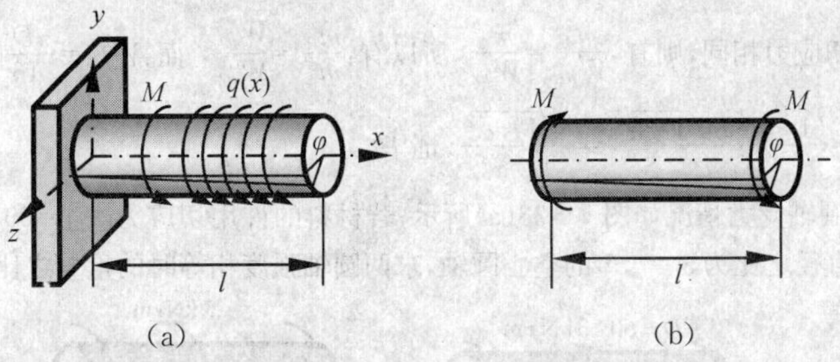

图 4－31　例 4－5 图

解：①求横截面上的切应力公式。

由于圆轴扭转时满足平截面假设，并且在扭转过程中其半径直线始终保持为直线，所以几何关系式(4－7)依然成立，则有

$$\gamma(x,r)=r\frac{\mathrm{d}\varphi}{\mathrm{d}x}$$

假设圆轴的扭矩函数为 $T(x)$，则有：$T(x)=\int_A\tau(x,r)r\mathrm{d}A$。又因 $\tau=C\gamma^{\frac{1}{m}}$，所以有

$$T(x)=\int_A C\gamma^{\frac{1}{m}}r\mathrm{d}A=\int_A C\left(\frac{\mathrm{d}\varphi}{\mathrm{d}x}\right)^{\frac{1}{m}}r^{1+\frac{1}{m}}\mathrm{d}A=C\left(\frac{\mathrm{d}\varphi}{\mathrm{d}x}\right)^{\frac{1}{m}}J_p$$

式中，$J_p=\int_A r^{1+\frac{1}{m}}\mathrm{d}A=\int_0^{2\pi}\int_0^{\frac{D}{2}}r^{1+\frac{1}{m}}\cdot r\mathrm{d}\theta\mathrm{d}r=\frac{2\pi}{3+\frac{1}{m}}\left(\frac{D}{2}\right)^{3+\frac{1}{m}}$，这里 D 是截面的直径。所以有

$$\left(\frac{\mathrm{d}\varphi}{\mathrm{d}x}\right)^{\frac{1}{m}}=\frac{T(x)}{CJ_p},\quad \tau(x,r)=C\gamma^{\frac{1}{m}}=C\left(r\frac{\mathrm{d}\varphi}{\mathrm{d}x}\right)^{\frac{1}{m}}=Cr^{\frac{1}{m}}\cdot\frac{T(x)}{CJ_p}$$

故横截面上的切应力公式为

$$\tau(x,r)=\frac{T(x)r^{\frac{1}{m}}}{J_p} \tag{4－21}$$

可见，切应力在横截面上沿半径方向不再是线性分布的。

②求圆轴两端的相对扭转角度。

因为$\frac{\mathrm{d}\varphi}{\mathrm{d}x}=\left[\frac{T(x)}{CJ_p}\right]^m$，所以有

$$\varphi=\int_0^l\left[\frac{T(x)}{CJ_p}\right]^m\mathrm{d}x \tag{4－22}$$

如果圆轴是等截面单一材料制成且为简单扭转(如图 4－31(b)所示)，则式(4－22)可简化为

$$\varphi=\frac{M^m l}{(CJ_p)^m} \tag{4－23}$$

例 4－6　由相同材料制成的实心圆轴和空心圆轴受简单扭转(如图 4－32 所示)，二者的长度和重量分别都相等，如果空心圆轴的内外直径之比为 α，证明：当两轴中的最大切应力相同时，作用在实心圆轴和空心圆轴上的扭矩之比为：$\frac{m_1}{m_2}=\frac{\sqrt{1-\alpha^2}}{1+\alpha^2}$。

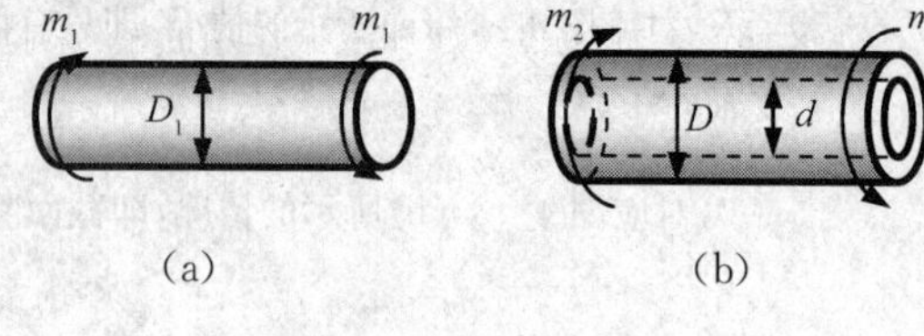

图 4－32　例 4－6 图

证明：由于两轴的长度和重量都相等，所以两轴的横截面面积必然相等，即：$A_1=A_2$。

假设实心轴的直径为 D_1，空心轴的内外直径分别为 d 和 D，则 $\alpha=\frac{d}{D}$。于是有

$$D_1^2=D^2-d^2=D^2(1-\alpha^2),\quad \frac{D_1}{D}=\sqrt{1-\alpha^2}$$

因两轴中的最大切应力相同，则有：$\frac{m_1}{W_{p1}}=\frac{m_2}{W_{p2}}$，所以有：$\frac{m_1}{m_2}=\frac{W_{p1}}{W_{p2}}$，而：$W_{p1}=\frac{\pi D_1^3}{16}$，$W_{p2}=\frac{\pi D^3}{16}(1-\alpha^4)$

故：$\frac{m_1}{m_2}=\frac{D_1^3}{D^3(1-\alpha^4)}=\frac{(1-\alpha^2)\sqrt{1-\alpha^2}}{1-\alpha^4}=\frac{\sqrt{1-\alpha^2}}{1+\alpha^2}$，证毕。

例 4－7　等截面圆轴受力情况如图 4－33(a)所示，若材料的许用切应力$[\tau]=60$ MPa，校核其强度。若将实心圆轴改为内外直径之比为 $\alpha=0.7$ 的空心圆轴，求两圆轴强度相等时的重量之比。

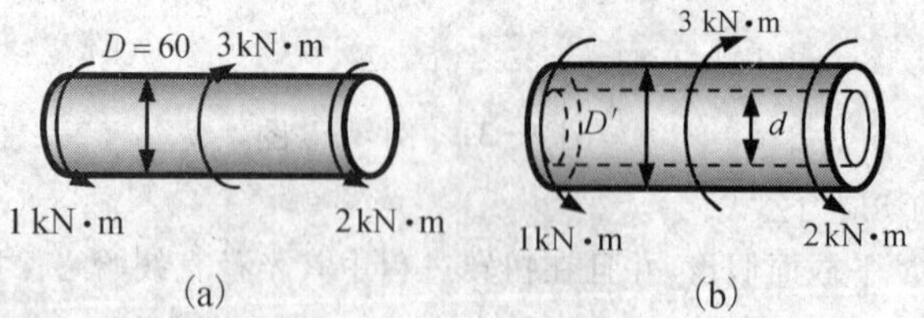

图 4－33　例 4－7 图

解：①校核强度。

轴中的最大扭矩在右边一段，$T_{\max}=2$ kN·m，则轴中的最大切应力为

$$\tau_{\max}=\frac{T_{\max}}{W_p}=\frac{16T_{\max}}{\pi D^3}=\frac{16\times 2\times 10^3\times 10^3}{3.14\times 60^3}=47.2\ \text{MPa}<[\tau]$$

所以，轴在强度上是安全的。

②求空心轴和实心轴的重量之比。

空心轴和实心轴的强度相等，即两轴中的最大切应力相同，由于两轴中的最大扭矩相等(如图 4－33(b)所示)，则由 $\tau_{\max}=\frac{T_{\max}}{W_p}$可知，两轴的 W_p 相等。

实心轴：$W_p=\frac{\pi D^3}{16}=\frac{3.14\times 60^3}{16}=42400\ \text{mm}^3$

空心轴：$W_p=\frac{\pi D'^3}{16}(1-\alpha^4)=42400\ \text{mm}^3$

所以有

$$D'=\sqrt[3]{\frac{16W_p}{\pi(1-\alpha^4)}}=\sqrt[3]{\frac{16\times 42400}{3.14\times(1-0.7^4)}}=65.74\ \text{mm}$$

取整数，有：$D'=66$ mm。

由于两轴的材料和长度均相同，所以重量之比就是两轴的截面面积之比，则有

$$\beta=\frac{G'}{G}=\frac{A'}{A}=\frac{D'^2-d^2}{D^2}=\frac{D'^2(1-\alpha^2)}{D^2}=\frac{66^2\times(1-0.7^2)}{60^2}=0.61$$

可见，采用空心轴在强度相同的情况下可节约约 40%的材料。因此，工程中对刚度要求不是很高的轴通常采用空心轴，这样可以节省大量的材料。

例 4－8　工程中起缓冲和减振作用的密纹圆柱形螺旋弹簧受轴向压力 F 作用(如图 4－34(a)所示),弹簧圈的平均直径为 D,弹簧丝的直径为 d,且 $d \ll D$,弹簧的圈数为 n,簧丝的许用切应力为$[\tau]$,剪切弹性模量为 G,设簧丝的斜度 α 很小,试分析弹簧的应力及强度。

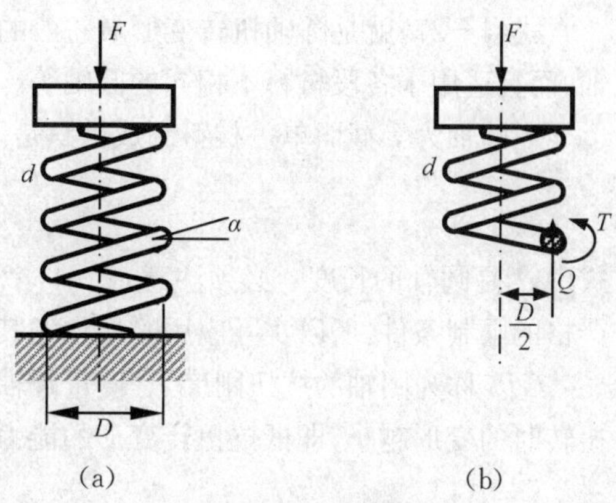

图 4－34　例 4－8 图

解:应用截面法,以过弹簧轴线的平面将簧丝切开,研究上半部分的平衡(如图 4－34(b)所示),由于簧丝的斜度 α 很小,切开的截面可近似看成簧丝的横截面,于是由平衡条件,簧丝横截面上的内力为

$$Q = F, T = \frac{FD}{2}$$

剪力 Q 引起的平均切应力为:$\tau_1 = \frac{Q}{A} = \frac{4F}{\pi d^2}$,扭矩 T 引起的最大切应力为:$\tau_{2\max} = \frac{T}{W_p} = \frac{8FD}{\pi d^3}$,于是簧丝横截面上的最大切应力近似为:$\tau_{\max} = \tau_1 + \tau_{2\max} = \frac{8FD}{\pi d^3}\left(1 + \frac{d}{2D}\right)$。

由于 $d \ll D$,所以簧丝截面上由剪力 Q 引起的平均切应力远远小于由扭矩 T 引起的最大切应力,可以忽略不计,因此有:$\tau_{\max} = \frac{8FD}{\pi d^3}$。

上式计算出的最大切应力比实际的偏低,所以工程上常将上式乘以一修正系数,即

$$\tau_{\max} = k\,\frac{8FD}{\pi d^3} \tag{4－24}$$

式中,$k = \frac{4\beta + 2}{4\beta - 3}$,$\beta = \frac{D}{d}$。

所以,弹簧的强度条件为

$$\tau_{\max} = k\,\frac{8FD}{\pi d^3} \leqslant [\tau] \tag{4－25}$$

另外,弹簧的缩短(或伸长)变形可由能量原理得到,这里只给出结果,即

$$\delta = \frac{8nFD^3}{Gd^4} \tag{4－26}$$

4.4　圆轴扭转时的变形

圆轴扭转时既不伸长也不缩短,只是横截面绕轴线彼此之间产生相对转动,相对转动的角度就是圆轴的变形(如图 4－35 所示)。

根据式(4－9)可知,相距 $\mathrm{d}x$ 的两个横截面相对转动的角度 $\mathrm{d}\varphi$ 可计算如下:

$$\mathrm{d}\varphi = \frac{T(x)}{GI_p}\mathrm{d}x$$

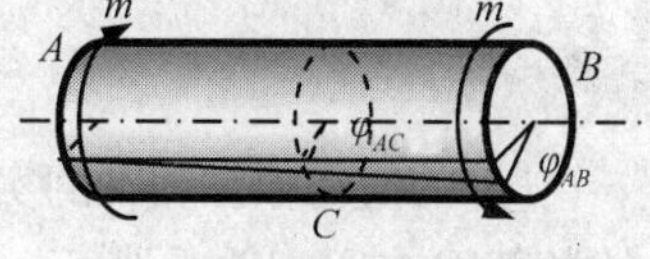

图 4－35　圆轴扭转变形

任意两个横截面 A,B 间相对转动的角度为

$$\varphi_{AB} = \int_A^B \frac{T(x)}{GI_p}\mathrm{d}x$$

整个圆轴两端面之间相对转动的角度为

$$\varphi = \int_l \frac{T(x)}{GI_p}\mathrm{d}x \tag{4－27}$$

式(4－27)就是圆轴扭转变形最一般的计算公式，适用于等截面圆轴，也适用于变截面圆轴，而且适用于各段材料不相同的圆轴等。

当圆轴为等截面单一材料制成且只是简单扭转时(如图 4－35 所示)，式(4－27)可简化为

$$\varphi = \frac{Tl}{GI_p} \tag{4－28}$$

式中，l 是圆轴的长度。必须注意，式(4－28)只是式(4－27)最简单的一个特例，应用时是有严格的限制条件，所以实际应用时应注意其使用条件。

GI_p 称为圆轴的**抗扭刚度**，是度量圆轴抵抗扭转变形能力的物理量。抗扭刚度越大，圆轴扭转时的变形越小，即抵抗扭转变形的能力也越大。

4.5 圆轴扭转时的刚度

4.5.1 刚度条件

圆轴扭转变形的程度可以用单位长度的扭转角度来度量，记为 $\theta(x)$，则有

$$\theta(x) = \frac{\mathrm{d}\varphi}{\mathrm{d}x} = \frac{T(x)}{GI_p} \tag{4－29}$$

在一般情况下，$\theta(x)$在圆轴的不同位置是不一样的，工程中通常限制圆轴的最大单位长度的扭转角度 $\theta_{\max}$不超过某一规定的许可值，据此可建立圆轴扭转时的刚度条件为

$$\theta_{\max} = \left|\frac{T(x)}{GI_p}\right|_{\max} \leqslant [\theta](\mathrm{rad/mm}) \tag{4－30}$$

对于等截面单一材料制成的圆轴，式(4－30)可简化为

$$\theta_{\max} = \frac{T_{\max}}{GI_p} \leqslant [\theta](\mathrm{rad/mm}) \tag{4－31}$$

式中，$[\theta]$是许可最大单位长度扭转角度，$T_{\max}$是圆轴中绝对值最大的扭矩。式(4－29)、式(4－30)和式(4－31)中长度的单位用毫米(mm)，应力的单位用兆帕(MPa)，力的单位用牛顿(N)，则单位长度扭转角度 $\theta(x)$的单位就是弧度/毫米(rad/mm)。但工程中许可的最大单位长度扭转角度$[\theta]$一般以度/米(°/m)给出，因此，实际进行刚度计算时，应将式(4－30)和式(4－31)中左边的单位换算成度/米(°/m)，即

$$\theta_{\max} = \left|\frac{T(x)}{GI_p}\right|_{\max} \cdot \frac{180 \times 10^3}{\pi} \leqslant [\theta](°/\mathrm{m}) \tag{4－32}$$

以及

$$\theta_{\max} = \frac{T_{\max}}{GI_p} \cdot \frac{180 \times 10^3}{\pi} \leqslant [\theta](°/\mathrm{m}) \tag{4－33}$$

$[\theta]$的值需根据圆轴的实际工作状态等因素确定，对于一般传动轴，$[\theta]=(0.5\sim2.0)°/\mathrm{m}$，具体数值可查阅相关手册。

必须注意，式(4－32)和式(4－33)中扭矩的单位是牛顿·毫米(N·mm)，剪切弹性模量 G 的单位是兆帕(MPa)，极惯性矩 I_p 的单位是毫米的四次方(mm^4)。

另外要说明的是，符号 θ 在材料力学中多处被使用，其意义在各处是不一样的，要注意其区别，例如这里的单位长度扭转角度 θ 与前述的圆轴横截面上极坐标变量 θ 的意义就是完全不一样的，而在梁的变形中，符号 θ 表示的是梁的转角。

4.5.2　刚度条件的应用

梁的刚度条件式(4－32)和式(4－33)有三个方面的应用。

(1)校核圆轴扭转的刚度

已知圆轴所受外力偶矩、几何尺寸、剪切弹性模量以及许用单位长度扭转角度。考查其是否满足刚度条件式(4－32)或式(4－33)，如果满足，则圆轴的刚度足够；如果不满足，则圆轴在刚度方面是不安全的。

(2)计算圆轴的许可外力矩

已知圆轴的几何尺寸、剪切弹性模量、许用单位长度扭转角度以及外力偶矩的作用方式。由刚度条件式(4－32)或式(4－33)，外力矩应有一上限值，该上限值就是圆轴的许可外力矩，亦即圆轴所能承受的最大外力矩。

例如，等截面单一材料制成的圆轴，由刚度条件式(4－33)，有

$$T_{\max} \leqslant \frac{\pi[\theta]GI_p}{180 \times 10^3}(\text{N} \cdot \text{mm})$$

再根据扭矩与外力矩的关系，即可得到圆轴的许可外力矩。

(3)计算圆轴的许可截面尺寸

已知圆轴所受的外力偶矩、剪切弹性模量以及许用单位长度扭转角度。由刚度条件式(4－32)或式(4－33)，圆轴的截面尺寸应有一下限值，该下限值就是圆轴的许可截面尺寸，亦即最小截面尺寸。

例如，等截面单一材料制成的圆轴，由刚度条件式(4－33)，有

$$I_p \geqslant \frac{T_{\max}}{G[\theta]} \cdot \frac{180 \times 10^3}{\pi}(\text{mm}^4)$$

则根据式(4－12)，圆轴的最小外直径为

$$D_{\min} = \sqrt[4]{\frac{32T_{\max}}{G[\theta](1-\alpha^4)} \cdot \frac{180 \times 10^3}{\pi^2}}\ (\text{mm})(\text{空心圆轴})$$

如果是实心圆轴，则 $\alpha=0$。

必须注意，当圆轴的强度和刚度同时要求时，由强度条件和刚度条件可分别确定两个许可外力矩或许可截面尺寸，则两个许可外力矩中较小的那个就是圆轴的许可外力矩，而两个许可截面尺寸中较大的那个就是圆轴的许可截面尺寸。

例 4－9　等截面薄壁圆管受任意外力偶力矩的作用，管的平均半径为 R_0，壁厚为 δ，长度为 l，剪切弹性模量为 G(如图 4－36 所示)，求薄壁圆管横截面上的切应力 τ 及两端相对的扭转角度 φ。

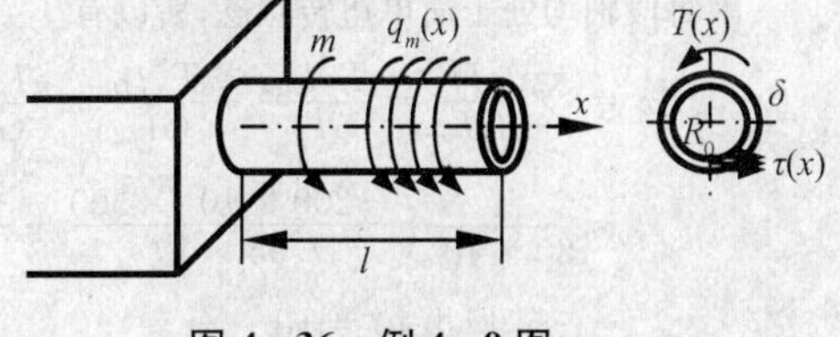

图 4－36　例 4－9 图

解：由于薄壁圆管壁厚很薄，可以认为在壁厚方向切应力是均匀分布的，所以，在任意截面 x 处，有

$$T(x) = \int_0^{2\pi} R_0 \cdot \tau(x)\delta \cdot R_0 \mathrm{d}\theta = 2\pi R_0^2 \delta\tau(x),$$

$$\tau(x) = \frac{T(x)}{2\pi R_0^2 \delta} \tag{4-34}$$

式中，$T(x)$是 x 处截面上的扭矩。根据 $\gamma = r\dfrac{\mathrm{d}\varphi}{\mathrm{d}x}$以及 $\tau = G\gamma$，有

$$\gamma_0 = R_0 \frac{\mathrm{d}\varphi}{\mathrm{d}x},\quad \tau(x) = GR_0 \frac{\mathrm{d}\varphi}{\mathrm{d}x},\quad \frac{\mathrm{d}\varphi}{\mathrm{d}x} = \frac{\tau(x)}{GR_0}$$

所以有

$$\varphi = \int_0^l \frac{\tau(x)}{GR_0}\mathrm{d}x = \frac{1}{2\pi GR_0^3\delta}\int_0^l T(x)\mathrm{d}x \qquad (4-35)$$

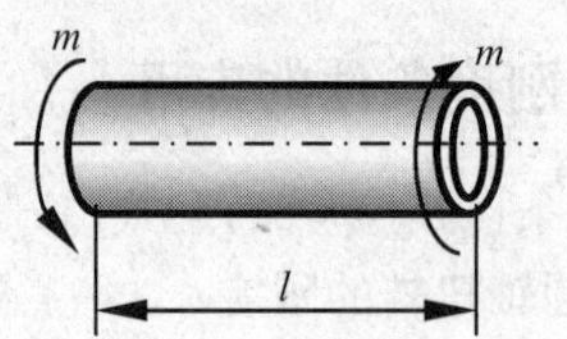

图 4-37　薄壁圆管的简单扭转

如果薄壁圆管是简单扭转(如图 4-37 所示),则有

$$\tau = \frac{m}{2\pi R_0^2\delta} \qquad (4-36)$$

$$\varphi = \frac{ml}{2\pi GR_0^3\delta} \qquad (4-37)$$

例 4-10　空心圆轴受简单扭转,其受力情况及尺寸如图 4-38 所示。若圆轴中 A 与 B 两截面间的相对转角 $\varphi_{AB}=0.4°$,材料的弹性模量 $E=210$ GPa,试求材料的泊松比 ν。

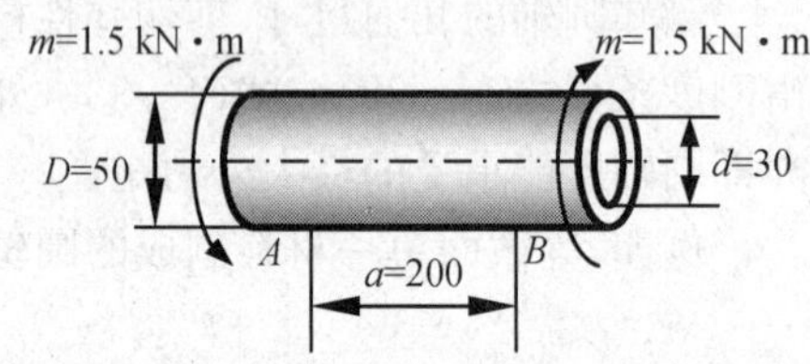

图 4-38　例 4-10 图

解:圆轴的内外直径之比为:$\alpha=\frac{d}{D}=\frac{30}{50}=0.6$,将扭转角 φ_{AB} 转化为弧度,有:$\varphi_{AB}=0.4°=\frac{\pi}{180}\times 0.4=7.0\times 10^{-3}$。

根据公式 $\varphi=\frac{Tl}{GI_p}$,有

$$G=\frac{ma}{\varphi_{AB}I_p}=\frac{32ma}{\pi\varphi_{AB}D^4(1-\alpha^4)}$$

$$=\frac{32\times 1.5\times 10^6\times 200}{3.14\times 7.0\times 10^{-3}\times 50^4\times(1-0.6^4)}=80.3\times 10^3\ \text{MPa}=80.3\ \text{GPa}$$

又由公式 $G=\frac{E}{2(1+\nu)}$,有:$\nu=\frac{E}{2G}-1=\frac{210}{2\times 80.3}-1=0.31$。

该例题的装置实际就是实验室里测量材料剪切弹性模量和泊松比的装置。

例 4-11　阶梯状圆轴上作用的外力偶矩分别为:$m_A=200$ N · m,$m_B=600$ N · m,$m_C=400$ N · m,材料的剪切弹性模量 $G=80$ GPa,许用单位长度扭转角度 $[\theta]=2°/\text{m}$,轴的几何尺寸如图 4-39 所示。求轴两端的相对扭转角度 φ,并校核轴的刚度。

图 4-39　例 4-11 图

解:①求轴中的扭矩。

用截面法,轴中的扭矩为:AB 段,$T_1=-200$ N · m;BC 段,$T_2=400$ N · m。

②各段轴的极惯性矩。

AD 段:$I_{p1}=\frac{\pi D_1^4}{32}=\frac{3.14\times 30^4}{32}=7.95\times 10^4\ \text{mm}^4$

DC 段:$I_{p2}=\frac{\pi D_2^4}{32}=\frac{3.14\times 50^4}{32}=25.1\times 10^4\ \text{mm}^4$

③求轴两端相对扭转的角度。

因每段轴均处于简单扭转状态,所以有

$$\varphi=\sum\frac{Tl}{GI_p}=\frac{T_1 l_{AD}}{GI_{p1}}+\frac{T_1 l_{DB}}{GI_{p2}}+\frac{T_2 l_{BC}}{GI_{p2}}$$

$$=\frac{1}{80\times 10^3}\left(\frac{-200\times 10^3\times 300}{7.95\times 10^4}+\frac{-200\times 10^3\times 200}{25.1\times 10^4}+\frac{400\times 10^3\times 300}{25.1\times 10^4}\right)$$

$$=-5.45\times 10^{-3}\ \text{rad}$$

结果为负值,表明 C 截面相对与 A 截面顺时针转动。

④校核轴的刚度。

由刚度条件式(4-32),轴的最大单位长度扭转角可能在轴的 AD 段和 BC 段,而:

$$\theta_{AD}=\frac{T_{\max 1}}{GI_{p1}}\cdot\frac{180\times 10^3}{\pi}=\frac{200\times 10^3}{80\times 10^3\times 7.95\times 10^4}\times\frac{180\times 10^3}{3.14}=1.8°/\text{m}<[\theta]$$

$$\theta_{BC}=\frac{T_{\max 2}}{GI_{p2}}\cdot\frac{180\times 10^3}{\pi}=\frac{400\times 10^3}{80\times 10^3\times 25.1\times 10^4}\times\frac{180\times 10^3}{3.14}=1.14°/\text{m}<[\theta]$$

故圆轴在刚度方面是安全的。

例 4－12　等截面圆轴的抗扭刚度为 GI_p，受力情况如图 4－40 所示。求：①自由端的扭转角度 φ_{OA}；②最大单位长度扭转角度 $\theta_{\max}$；③任意截面的扭转角度 $\varphi(x)$，并作出其变化图。

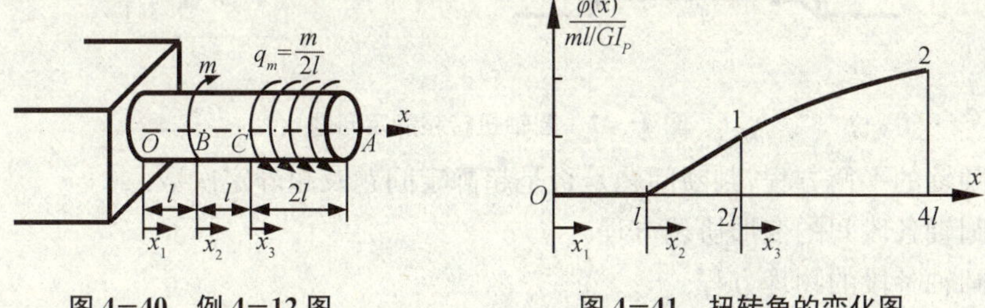

图 4－40　例 4－12 图　　　　**图 4－41　扭转角的变化图**

解：采用局部坐标系，应用截面法，可求出圆轴中的扭矩为

$$T(x)=\begin{cases}0 & (0\leqslant x_1\leqslant l)\\ m & (0\leqslant x_2\leqslant l)\\ \dfrac{2l-x_3}{2l}m & (0\leqslant x_3\leqslant 2l)\end{cases}$$

①求自由端的扭转角度 φ_{OA}。

$$\varphi_{OA}=\varphi_{OB}+\varphi_{BC}+\varphi_{CA}=0+\frac{ml}{GI_p}+\int_0^{2l}\frac{m}{GI_p}(2l-x_3)\mathrm{d}x_3=\frac{ml}{GI_p}+\frac{ml}{GI_p}=\frac{2ml}{GI_p}$$

②求最大单位长度扭转角度 $\theta_{\max}$。

任意截面处的单位长度扭转角度为

$$\theta(x)=\frac{T(x)}{GI_p}=\begin{cases}0 & (0\leqslant x_1\leqslant l)\\ \dfrac{m}{GI_p} & (0\leqslant x_2\leqslant l)\\ \dfrac{2l-x_3}{2l}\cdot\dfrac{m}{GI_p} & (0\leqslant x_3\leqslant 2l)\end{cases}$$

所以，最大单位长度扭转角度为：$\theta_{\max}=\dfrac{m}{GI_p}$。

③求任意截面的扭转角度 $\varphi(x)$。

任意截面 x 处横截面相对于固定端的扭转角度为：$\varphi(x)=\int_0^x\dfrac{T(x)}{GI_p}\mathrm{d}x$ 。

OB 段：$\varphi(x_1)=0\quad(0\leqslant x_1\leqslant l)$

BC 段：$\varphi(x_2)=\int_0^{x_2}\dfrac{m}{GI_p}\mathrm{d}x_2=\dfrac{mx_2}{GI_p}\quad(0\leqslant x_2\leqslant l)$

CA 段：$\varphi(x_3)=\int_0^{l}\dfrac{m}{GI_p}\mathrm{d}x_2+\int_0^{x_3}\dfrac{2l-x_3}{2l}\cdot\dfrac{m}{GI_p}\mathrm{d}x_3=\dfrac{ml}{GI_p}\left(1+\dfrac{x_3}{l}-\dfrac{x_3^2}{4l^2}\right)\quad(0\leqslant x_3\leqslant 2l)$

其图形如图 4－41 所示。

4.6　圆轴扭转的超静定问题

如果圆轴扭转时，仅由平衡方程无法求出圆轴的约束反力偶矩或圆轴中的扭矩，则这种问题就是圆轴扭转的超静定问题。例如，两端固定的圆轴受外力偶矩作用问题（如图 4－42(a) 所示）、由多种材料构成的组合轴问题（如图 4－42(b) 所示）等都是扭转超静定问题，前者仅由平衡方程无法求出约束反力偶矩，而后者仅由平衡方程无法求出各组合轴中的扭矩。

圆轴扭转超静定问题的解法与拉伸压缩的超静定问题解法一样，步骤如下：

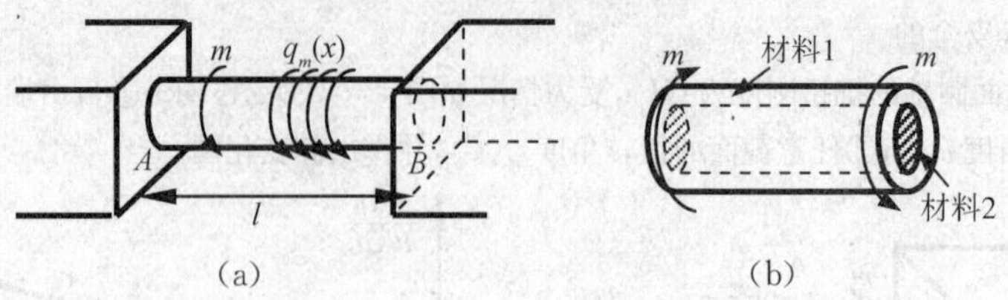

图 4－42 圆轴扭转超静定问题

①列出圆轴的平衡方程，判断问题是否是超静定问题及超静定次数。

②列出圆轴各段间的变形协调方程。

③列出圆轴各段的物理方程。

④将物理方程代入协调方程，得到补充方程。

⑤将补充方程与原有的平衡方程联立求解，即可得到圆轴的约束反力偶矩或圆轴中的扭矩。

例 4－13 阶梯状圆轴 AB 两端固定，受外力偶矩 m 作用，若材料的剪切弹性模量为 G，尺寸如图 4－43(a)所示。①试求圆轴两端的反力偶矩 m_A 和 m_B；②如果材料的许用应力为$[\tau]$，试确定结构用料最少时轴的直径 d_1 和 d_2。

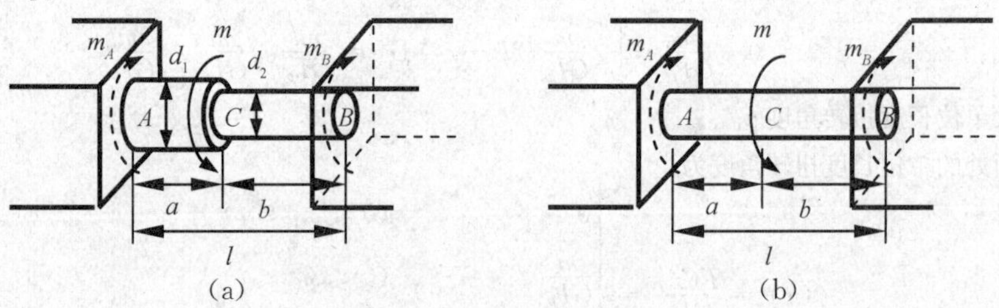

图 4－43 例 4－13 图

解：①求圆轴两端的反力偶矩。

a. 平衡方程。

设 AB 两端的约束反力偶矩分别为 m_A 和 m_B，则轴的平衡方程为：$m_A+m_B=m$。

有两个未知数，但只有一个方程，所以问题是一次超静定问题。

b. 协调方程。

轴的 C 截面相对于 A 截面和 B 截面转动的角度在数值上是一样的，即：$\varphi_{AC}=\varphi_{BC}$。这里 φ_{AC}，φ_{BC} 均为绝对扭转角度。

c. 物理方程。

阶梯状圆轴的每段轴均处于简单扭转状态，则有：$\varphi_{AC}=\dfrac{m_A a}{GI_{p1}}$，$\varphi_{BC}=\dfrac{m_B b}{GI_{p2}}$。

d. 补充方程。

已知：$m_A\dfrac{a}{I_{p1}}=m_B\dfrac{b}{I_{p2}}$，因：$I_{p1}=\dfrac{\pi d_1^4}{32}$，$I_{p2}=\dfrac{\pi d_2^4}{32}$，所以有：$m_B=\dfrac{a}{b}\left(\dfrac{d_2}{d_1}\right)^4 m_A$。

令 $\xi=\dfrac{a}{b}$，$k=\dfrac{d_2}{d_1}$，则有：$m_B=\xi k^4 m_A$。

e. 联立平衡方程，解得

$$m_A=\frac{m}{1+\xi k^4},\quad m_B=\frac{\xi k^4 m}{1+\xi k^4}$$

讨论：当 AB 轴是等截面轴时(如图 4－43(b)所示)，$k=1$，则有：$m_A=\dfrac{bm}{l}$，$m_B=\dfrac{am}{l}$，其中 l 是轴的长度；当 AB 轴是等截面轴且 $a=b$ 时，$k=1$，$\xi=1$，则有：$m_A=m_B=\dfrac{m}{2}$，此结果也可根据结构的对称性直接得到。

②求结构用料最少时轴的直径 d_1 和 d_2。

两段轴中的扭矩分别为

$$T_1 = m_A = \frac{m}{1+\xi k^4}, T_2 = m_B = \frac{\xi k^4 m}{1+\xi k^4}$$

两段轴中的最大切应力为

$$\tau_{1\max} = \frac{T_1}{W_{p1}} = \frac{m}{1+\xi k^4} \cdot \frac{1}{W_{p1}} \leqslant [\tau], \quad \tau_{2\max} = \frac{T_2}{W_{p2}} = \frac{\xi k^4 m}{1+\xi k^4} \cdot \frac{1}{W_{p2}} \leqslant [\tau]$$

两段轴的直径都取最小值时结构用料最少，由上面的强度条件可知，当 $\tau_{1\max}=[\tau]$ 和 $\tau_{2\max}=[\tau]$ 时，两段轴的直径才取最小值。所以有：$\frac{m}{1+\xi k^4} \cdot \frac{1}{W_{p1}} = \frac{\xi k^4 m}{1+\xi k^4} \cdot \frac{1}{W_{p2}}$，$\xi k^4 = \frac{W_{p2}}{W_{p1}} = k^3$，$k = \frac{1}{\xi}$，故：$d_1 = \xi d_2$。

由 $\tau_{1\max} = \frac{m}{1+\xi k^4} \cdot \frac{1}{W_{p1}} = [\tau]$，有：$\frac{m}{1+1/\xi^3} \cdot \frac{16}{\pi d_1^3} = [\tau]$。

故有：$d_1 = \xi \sqrt[3]{\frac{16m}{(1+\xi^3)\pi[\tau]}}$，$d_2 = \sqrt[3]{\frac{16m}{(1+\xi^3)\pi[\tau]}}$，此时结构的用料最少。

例 4－14　两端固定的等截面圆轴，在左半部分受有均布的外力偶矩 $q_m = 2$ kN·m/m 作用，轴长 $l = 6$ m（如图 4－44(a)所示），求固定端的约束反力偶矩 m_A 和 m_B。

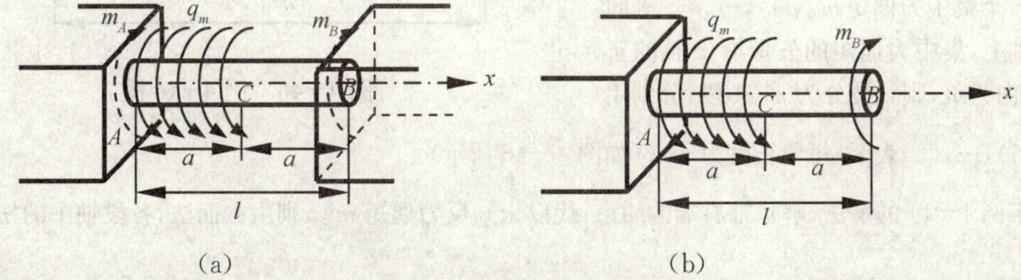

图 4－44　例 4－14 图

解：采用另一种方法求解该问题，即解除 B 端的约束而代以未知的约束反力偶矩 m_B（如图 4－44(b)所示）。由截面法可求出轴中的扭矩为

AC 段：$T_1(x) = (a-x)q_m - m_B \quad (0 \leqslant x \leqslant a)$

BC 段：$T_2(x) = -m_B \quad (a \leqslant x \leqslant 2a)$

变形协调条件是：B 端相对于 A 端的转角为零，即 $\varphi_{AB} = 0$。

所以有：$\varphi_{AB} = \int_0^a \frac{T_1(x)}{GI_p} dx + \int_a^{2a} \frac{T_2(x)}{GI_p} dx = 0$，　$\int_0^a (a-x) q_m dx - m_B a + (-m_B a) = 0$。

则：$m_B = \frac{q_m a}{4} = \frac{2 \times 3}{4} = 1.5$ kN·m，由轴的整体平衡有：$m_A = \frac{3 q_m a}{4} = \frac{3 \times 2 \times 3}{4} = 4.5$ kN·m。

例 4－15　组合轴由钢套和铜轴组成，两者紧密结合，钢和铜的许用切应力分别为 $[\tau]_S = 80$ MPa，$[\tau]_C = 20$ MPa，而剪切弹性模量分别为 $G_S = 80$ GPa，$G_C = 40$ GPa，组合轴承受简单扭转（如图 4－45(a)所示）。问：当组合轴的强度充分发挥时，钢套内外径最合理的比值 α 是多大？

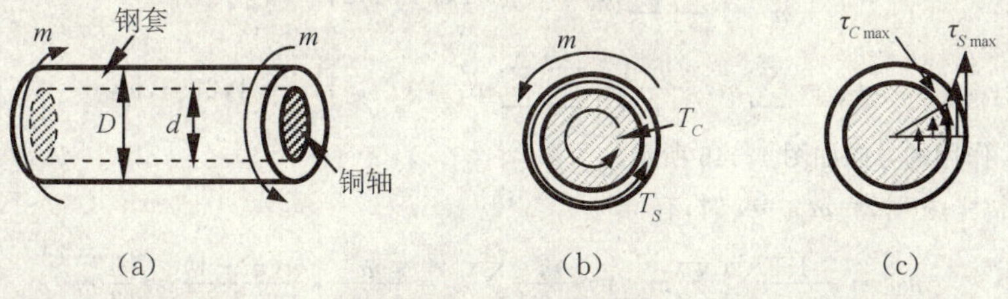

图 4－45　例 4－15 图

解：由于是简单扭转，所以组合轴横截面上的扭矩为 $T = m$，设钢套中的扭矩为 T_S，铜轴中的扭矩为 T_C（如图 4－45(b)所示），则有：$T_S + T_C = m$。

由于有两个未知数，所以是一次超静定问题。

因两轴紧密结合，其扭转的角度应相同，所以两轴的变形协调方程为：$\varphi_S=\varphi_C$，物理方程为：$\varphi_S=\dfrac{T_S l}{G_S I_{pS}}$，$\varphi_C=\dfrac{T_C l}{G_C I_{pC}}$，则补充方程为：$\dfrac{T_S}{G_S I_{pS}}=\dfrac{T_C}{G_C I_{pC}}$，联立平衡方程，可解得：$T_S=k_S m$，$T_C=k_C m$。式中，$k_S=\dfrac{G_S I_{pS}}{G_S I_{pS}+G_C I_{pC}}$，$k_C=\dfrac{G_C I_{pC}}{G_S I_{pS}+G_C I_{pC}}$，$I_{pS}$和$I_{pC}$分别是钢套和铜轴的极惯性矩。

两轴中的最大切应力分别为：$\tau_{S\max}=\dfrac{T_S}{W_{pS}}$，$\tau_{C\max}=\dfrac{T_C}{W_{pC}}$，组合轴的强度充分发挥时应有：$\tau_{S\max}=[\tau]_S$，$\tau_{C\max}=[\tau]_C$。所以有：$\dfrac{\tau_{S\max}}{\tau_{C\max}}=\dfrac{T_S W_{pC}}{T_C W_{pS}}=\dfrac{k_S W_{pC}}{k_C W_{pS}}=\dfrac{D}{d}\cdot\dfrac{G_S}{G_C}=\dfrac{[\tau]_S}{[\tau]_C}$，故：$\alpha=\dfrac{d}{D}=\dfrac{G_S[\tau]_C}{G_C[\tau]_S}=\dfrac{80\times20}{40\times80}=0.5$。

所以，钢套最合理的内外径之比为 0.5。

例 4-16 两端固定的等截面圆轴等间距受若干集中力偶矩的作用（如图 4-46 所示），求固定端的反力偶矩 m_A 和 m_B。

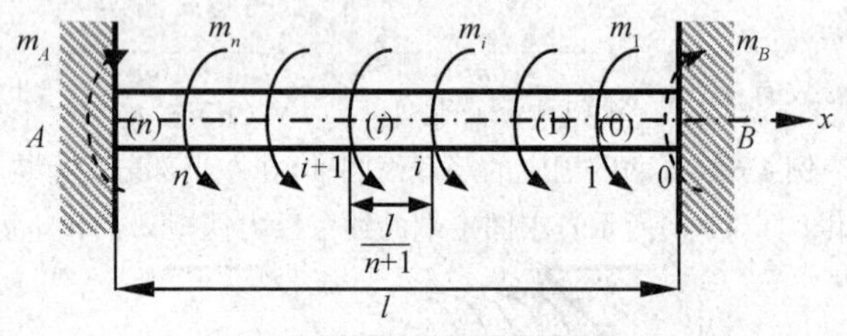

图 4-46 例 4-16 图

解：该问题为扭转超静定问题。

设有 n 个集中力偶矩 $m_1,m_2,\cdots,m_n$ 等间距作用在轴上，集中力偶矩的矢量沿 x 轴的正向为正，负向为负，则轴被分为 $n+1$ 段，分别用符号(0)，(1)，…，(n)表示，每段长度为$\dfrac{l}{n+1}$（如图 4-46 所示）。

类似于例 4-14 的解法，解除轴右端的约束，代以未知反力偶矩 m_B，则由截面法，各段轴中的扭矩为

$$T_{(0)}=-m_B$$

$$T_{(i)}=-m_B+\sum_{j=1}^{i}m_j\quad(i\geqslant1,i=1,2,\cdots,n)$$

每段轴两端相对转动的角度为

$$\varphi_{(0)}=-m_B\frac{l}{(n+1)GI_p}$$

$$\varphi_{(i)}=\left(-m_B+\sum_{j=1}^{i}m_j\right)\frac{l}{(n+1)GI_p}\quad(i\geqslant1,i=1,2,\cdots,n)$$

轴两端 A 和 B 之间相对转动的角度为零，则有

$$\varphi_{AB}=\sum_{i=0}^{n}\varphi_{(i)}=0$$

$$\left[-m_B+\sum_{i=1}^{n}\left(-m_B+\sum_{j=1}^{i}m_j\right)\right]\frac{l}{(n+1)GI_p}=0$$

所以有

$$m_B=\frac{1}{n+1}\sum_{i=1}^{n}\sum_{j=1}^{i}m_j\quad(i\geqslant1,i=1,2,\cdots,n)$$

$$m_A=\sum_{i=1}^{n}m_i-\frac{1}{n+1}\sum_{i=1}^{n}\sum_{j=1}^{i}m_j\quad(i\geqslant1,i=1,2,\cdots,n)$$

式中，m_A 和 m_B 作用的方向如图 4-46 所示。

特例：当 $m_1=m_2=\cdots=m_n=m$ 时，有

$$m_B=\frac{1}{n+1}\sum_{i=1}^{n}\sum_{j=1}^{i}m_j=\frac{m}{n+1}\sum_{i=1}^{n}i=\frac{m}{n+1}\cdot\frac{n(n+1)}{2}=\frac{n}{2}m$$

$$m_A=\sum_{i=1}^{n}m_i-\frac{1}{n+1}\sum_{i=1}^{n}\sum_{j=1}^{i}m_j=nm-\frac{n}{2}m=\frac{n}{2}m$$

该特例由轴的对称性很容易得到。

4.7* 非圆形截面杆件的扭转

工程中有时会遇到非圆形截面杆件的扭转问题。例如，矩形截面、椭圆形截面、三角形截面和工字形截面杆件的扭转等。

圆轴扭转时有两个现象：一是横截面在扭转过程中始终保持为平面，二是截面半径直线在扭转过程中始终保持为直线（如图 4－47(a)所示）。但非圆形截面杆件扭转时其横截面变为凹凸不平的曲面，这种现象称为**翘曲效应**，是非圆形截面杆件扭转的一个重要特征（如图 4－47(b)所示）。

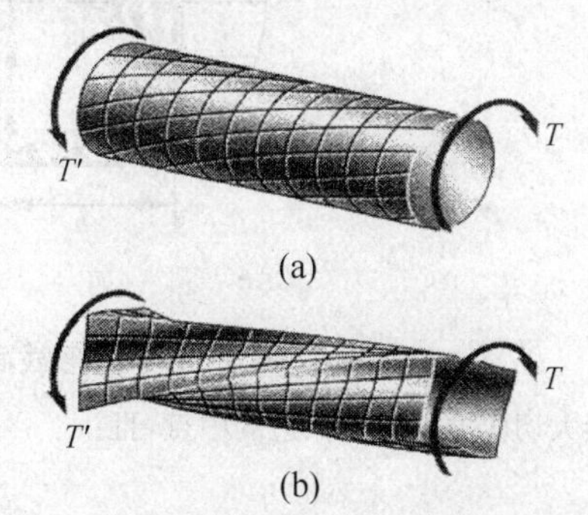

图 4－47　非圆形截面杆扭转时的翘曲效应

由于非圆形截面杆件扭转时平截面假设不再成立，因此，前述圆轴的应力和变形公式在此是不适用的。就实质而言，材料力学的理论和方法除非在特殊情况下一般是无法解决非圆形截面杆件扭转时的应力和变形的。为解决此类问题，材料力学将另一门力学课程——弹性力学的分析结果直接进行了引用。

非圆形截面杆件的扭转可分为**自由扭转**和**约束扭转**两类。

①若扭转时杆件横截面的翘曲不受任何约束，则称为**自由扭转**，此时各横截面的翘曲程度相同，所以各横截面上只有切应力而无正应力（如图 4－48(a)所示）。

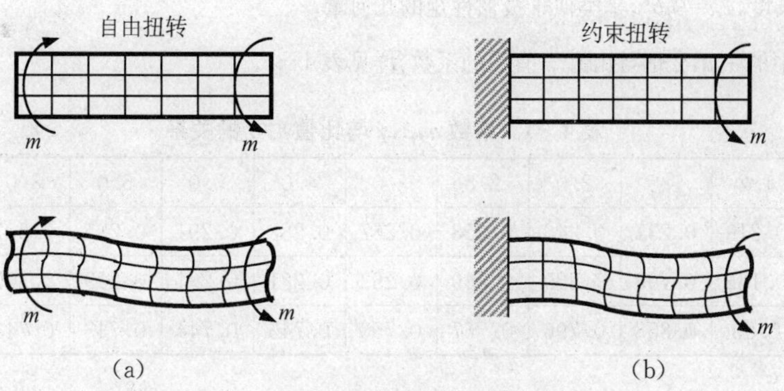

图 4－48　非圆形截面杆的自由扭转和约束扭转

②若扭转时因约束条件和受力条件的限制，使杆件横截面的翘曲程度各不相同，则称为**约束扭转**或**非自由扭转**。此时各横截面之间轴向纤维的长度有所改变，因此，各横截面上除了切应力外还存在正应力，尽管正应力在整个横截面上的合力为零，但具体到横截面上的某一点，正应力不一定为零（如图 4－48(b)所示）。

对一般实体杆件而言，约束扭转的正应力很小，可以忽略不计；但对于薄壁杆件来说，约束扭转的正应力往往较大，不能忽略。另外，圆轴扭转时，由于平截面假设，不存在翘曲效应，其自由扭转和约束扭转完全相同，所以不加区分。

本节只讨论非圆形截面杆件的自由扭转问题，且只讨论等截面杆件的简单扭转情况，而约束扭转问题可参考更高层次的力学课程。

4.7.1 矩形截面杆件的扭转

根据弹性力学中的分析，矩形截面杆件扭转时横截面上的切应力分布如图 4－49(a)所示，结论如下：

①边缘各点切应力形成与边界相切、与扭矩方向一致的切应力流。四个角点处的切应力为零。

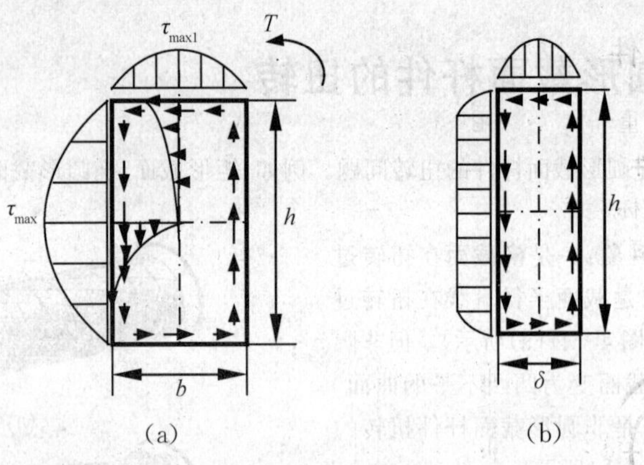

图 4-49 矩形截面杆件扭转时横截面上的切应力

②最大切应力发生在长边的中点，且：

$$\tau_{max} = \frac{T}{W_t} = \frac{T}{\alpha hb^2} \tag{4-38}$$

这里 $W_t = \alpha hb^2$，是类似于抗扭截面系数的几何量。

短边中点的切应力 τ_{max1} 也是短边上的最大切应力，且：

$$\tau_{max1} = \gamma\tau_{max} \tag{4-39}$$

③如果矩形截面杆件承受简单扭转，则杆件两端的相对扭转角度为

$$\varphi = \frac{Tl}{GI_t} = \frac{Tl}{G\beta hb^3} \tag{4-40}$$

这里 l 是杆件的长度，$I_t = \beta hb^3$，是类似于极惯性矩的几何量。

上述各公式中的 α，β，γ 是与比值 $\frac{h}{b}$ 有关的系数，详见表 4-1。

表 4-1 系数 α，β，γ 与比值 h/b 的关系

$\frac{h}{b}$	1.0	1.2	1.5	2.0	2.5	3.0	4.0	5.0	6.0	8.0	10.0	∞
α	0.208	0.219	0.231	0.246	0.258	0.267	0.282	0.291	0.299	0.307	0.313	0.333
β	0.141	0.166	0.196	0.229	0.249	0.263	0.281	0.291	0.299	0.307	0.313	0.333
γ	1.0	0.93	0.858	0.796	0.767	0.753	0.745	0.744	0.743	0.743	0.743	0.743

④当 $\frac{h}{b} > 10$ 时，α，β 接近 $\frac{1}{3}$，故狭长矩形截面杆件扭转时的几何量 $I_t \approx \frac{h\delta^3}{3}$，$W_t \approx \frac{h\delta^2}{3}$，因此，其扭转最大切应力和简单扭转时的扭转角分别为

$$\tau_{max} = \frac{3T}{h\delta^2} \tag{4-41}$$

$$\varphi = \frac{3Tl}{Gh\delta^3} \tag{4-42}$$

狭长矩形截面杆件扭转时横截面上的切应力分布如图 4-49(b)所示，其长边上的切应力除角点附近外几乎是均匀分布的。

⑤其他非圆形截面杆件，如椭圆、三角形和工字钢截面杆件，扭转时可按下述公式计算其最大切应力和扭转角度：

$$\tau_{max} = \frac{T}{W_t} \tag{4-43}$$

$$\varphi = \frac{Tl}{GI_t} \tag{4-44}$$

式中，几何量 W_t，I_t 与截面的形状和尺寸有关，其量纲分别与 W_p，I_p 相同。W_t，I_t 的值可参阅相关手册。

4.7.2 薄壁杆件的扭转

工程中为减轻结构的重量，广泛采用各种热轧型钢或管状杆件，这类杆件的壁厚远小于横截面两个方向的特征尺寸，称为**薄壁杆件**（如图 4－50 所示）。

薄壁杆件壁厚平分线称为截面中心线，由此可将薄壁杆件分为两类：①截面中心线是闭合曲线的薄壁杆件称为**闭口薄壁杆件**（如图 4－50(a)所示）。②截面中心线是非闭合曲线的薄壁杆件称为**开口薄壁杆件**（如图 4－50(b)所示）。

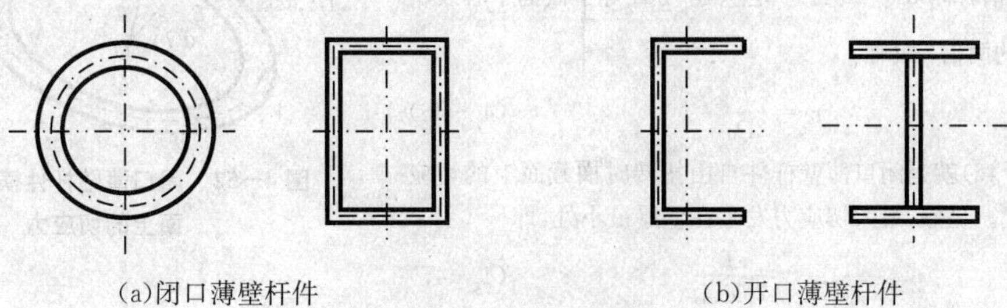

(a)闭口薄壁杆件　(b)开口薄壁杆件

图 4－50　薄壁杆件

本节主要研究闭口薄壁杆件的自由扭转问题，至于开口薄壁杆件，因其抗扭能力很差，应用较少，所以只作简略介绍。

(1)闭口薄壁杆件的自由扭转

①切应力沿中心线的分布规律。

任意等截面闭口薄壁杆件受自由扭转（如图 4－51(a)所示），由于壁厚很小，可作如下假定：横截面上各点处的扭转切应力沿壁厚方向是均匀分布的，且平行于中心线的切线（如图 4－51(b)所示）。

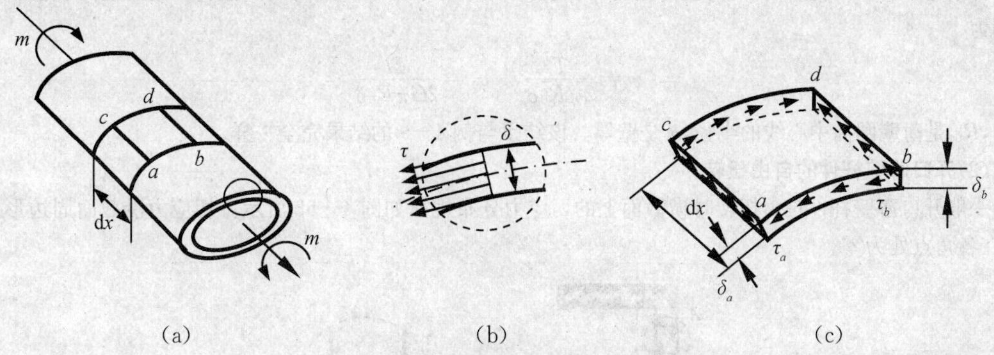

(a)　(b)　(c)

图 4－51　闭口薄壁杆件横截面的切应力

用相距 dx 的两个横截面以及垂直于截面中心线的两个纵截面从薄壁杆件中切取一个六面体 $abcd$（如图 4－51(c)所示）。假设横截面上 a 点处的切应力为 τ_a，厚度为 δ_a，b 点处的切应力为 τ_b，厚度为 δ_b，由切应力互等定理，且注意到 ac 和 bd 是微元长度，则纵截面 ac 上的切应力为 τ_a，bd 上的切应力为 τ_b，于是六面体的轴向平衡方程为

$$\sum F_x = 0,\quad \tau_a\delta_a \mathrm{d}x - \tau_b\delta_b \mathrm{d}x = 0$$

由此得

$$\tau_a\delta_a = \tau_b\delta_b$$

由于 a，b 是任意选取的，则必然有

$$\tau\delta = C(\text{常数}) \tag{4-45}$$

乘积 $\tau\delta$，称为**切应力流**或**剪流**，代表截面上沿中心线单位长度上的剪力。

②闭口薄壁杆件自由扭转的静力学关系。

假设截面中心线的微元长度为 ds，则截面微元面积 δds 上的剪力为 $\tau\delta$ds，其对截面形心 O 点的力矩为

$$dT = \rho\tau\delta ds$$

ρ 是 O 点到截面中心线切线的垂直距离，若截面上的扭矩为 T（如图 4－52 所示），则有

$$T = \oint_s dT = \tau\delta\oint_s \rho ds$$

由图 4－52 可知，ρds 等于以 ds 为底、ρ 为高的三角形的面积 dΩ 的两倍，即 $\rho ds = 2d\Omega$。于是积分 $\oint_s \rho ds$ 等于截面中心线所围面积 Ω 的两倍，故有

$$\tau = \frac{T}{2\Omega\delta} \tag{4-46}$$

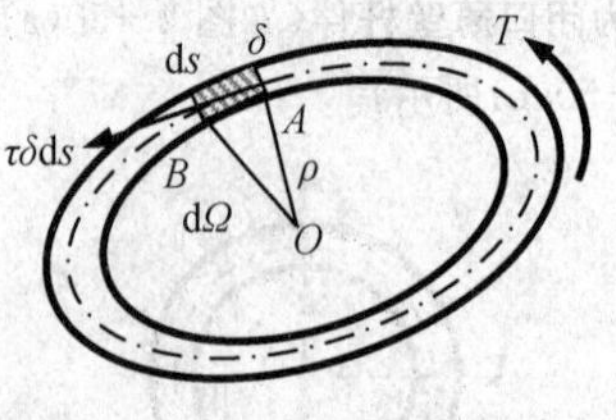

图 4－52 闭口薄壁杆件横截面上的切应力

式(4－46)就是闭口薄壁杆件自由扭转时横截面上的切应力计算公式。显然，最大切应力发生在壁厚最小处，即

$$\tau_{max} = \frac{T}{2\Omega\delta_{min}} \tag{4-47}$$

闭口薄壁杆件自由扭转时的变形可由如下公式计算：

$$\varphi = \frac{Tl}{GI_t} \tag{4-48}$$

式中，

$$I_t = \frac{4\Omega^2}{\oint_s \frac{ds}{\delta}} \tag{4-49}$$

式(4－48)和式(4－49)的推导需用到能量法，这里不作介绍。

特别地，当闭口薄壁杆件为薄壁圆筒时，由式(4－46)和式(4－48)可得到其扭转时的切应力和扭转角度分别为

$$\tau = \frac{T}{2\pi R_0^2\delta}, \quad \varphi = \frac{Tl}{2G\pi R_0^3\delta}$$

式中，R_0 是薄壁圆筒中心线的半径，δ 是壁厚。该结果与例 4－9 的结果完全一样。

(2)开口薄壁杆件的自由扭转

一般开口薄壁杆件自由扭转时横截面上的切应力分布规律如图 4－53 所示。切应力沿截面周边形成环流，在各角点处为零。

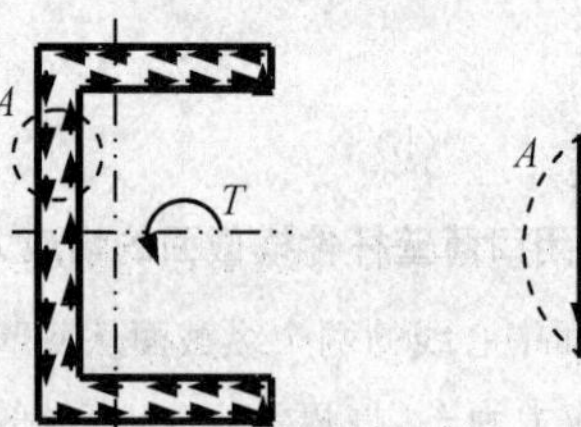

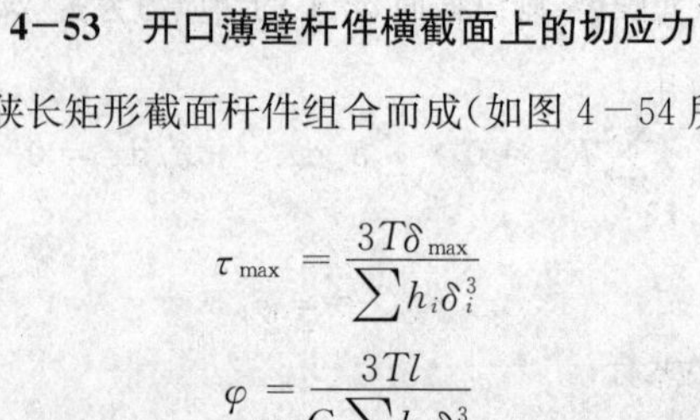

图 4－53 开口薄壁杆件横截面上的切应力

开口薄壁杆件可看成由若干狭长矩形截面杆件组合而成(如图 4－54 所示)。其横截面上的最大切应力和扭转变形分别为

$$\tau_{max} = \frac{3T\delta_{max}}{\sum h_i\delta_i^3} \tag{4-50}$$

$$\varphi = \frac{3Tl}{G\sum h_i\delta_i^3} \tag{4-51}$$

式中，h_i，δ_i 分别为各狭长矩形的长度和厚度。

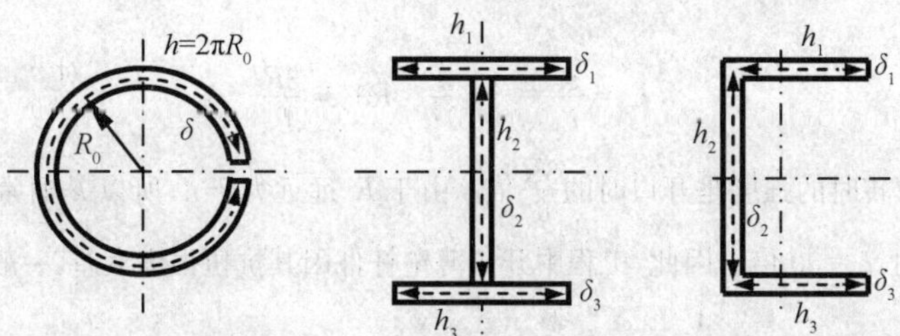

图 4－54　开口薄壁杆件可看成由若干狭长矩形截面杆件组合而成

例 4－17　等截面薄壁圆筒的壁厚 $\delta=5$ mm，在简单扭转情况下，其许可外力偶矩的理论值为$[T]_0$（如图 4－55(a)所示），但由于制造误差，使内壁圆周的形心产生了偏差 $e=1$ mm（如图 4－55(b)所示），问：实际的许可外力偶矩$[T]$比理论值降低了多少个百分点？

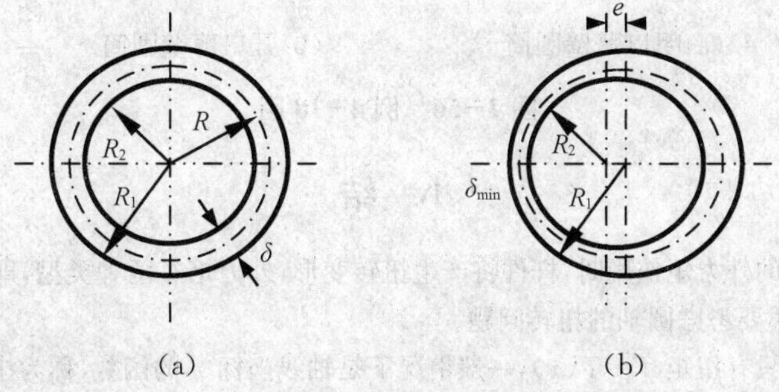

图 4－55　例 4－17 图

解：假设材料的许用切应力为$[\tau]$，根据闭口薄壁圆筒的最大切应力公式及强度条件，有

$$\tau_{\max}=\frac{T}{2\Omega\delta}\leqslant[\tau]$$

所以，许可外力偶矩为：$[T]_0=2\Omega_0\delta[\tau]$，这里 Ω_0 是薄壁圆筒中心线所围的面积。

假设薄壁圆筒的外半径 $R_1\gg\delta$，内半径 $R_2\gg\delta$，其壁厚 $\delta=R_1-R_2$。当制造误差使内壁圆周的形心产生偏差 e 时，最小壁厚为 $\delta_{\min}=R_1-R_2-e=\delta-e$，其最大切应力为

$$\tau_{\max}=\frac{T}{2\Omega\delta_{\min}}\leqslant[\tau]$$

许可外力偶矩为：$[T]=2\Omega\delta_{\min}[\tau]$，这里 Ω 是存在偏心后的薄壁圆筒中心线所围的面积。所以有

$$\frac{[T]}{[T]_0}=\frac{\Omega\delta_{\min}}{\Omega_0\delta}$$

由于 e 相对于 R_1 和 R_2 很小，所以 Ω 与 Ω_0 差别极小，则有

$$\frac{[T]}{[T]_0}=\frac{\delta_{\min}}{\delta}=\frac{\delta-e}{\delta}=1-\frac{e}{\delta}$$

故实际的许可外力偶矩比理论值降低的百分点为

$$\xi=\frac{100e}{\delta}\%=\frac{100\times1}{5}\%=20\%$$

例 4－18　材料和横截面面积相同的闭口和开口薄壁圆筒（如图 4－56 所示）自由扭转时的强度差别是多大？

解：闭口薄壁圆筒的最大切应力为

$$\tau_{\max1}=\frac{T}{2\pi R^2\delta}$$

由式(4－47)，开口薄壁圆筒的最大切应力为

$$\tau_{\max2}=\frac{3T}{h\delta^2}=\frac{3T}{2\pi R\delta^2}$$

所以有

$$k=\frac{\tau_{\max2}}{\tau_{\max1}}=\frac{3}{\delta^2}\cdot R\delta=\frac{3R}{\delta}$$

故闭口薄壁圆筒扭转时的强度是开口时的$\frac{3R}{\delta}$倍。由于 R 远远大于 δ，所以 k 通常是非常大的，例如，当 $R=50$ mm，$\delta=5$ mm 时，$k=30$ 倍。因此，工程中开口薄壁杆件因其抗扭强度太差，一般不作为扭转件使用。

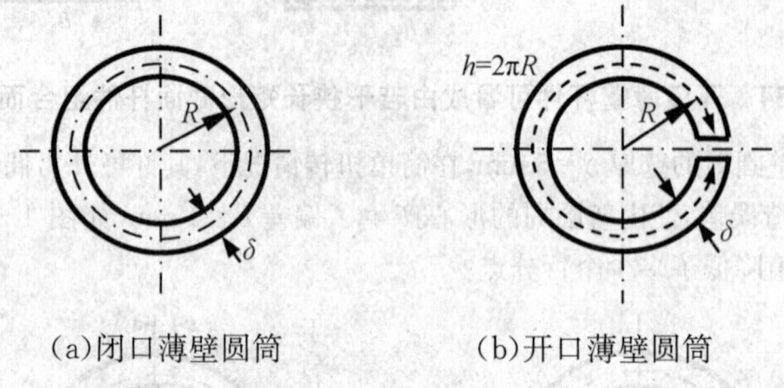

(a)闭口薄壁圆筒　　(b)开口薄壁圆筒

图 4-56　例 4-18 图

小　结

1. 当杆件受绕轴线的外力矩作用时，杆件将产生扭转变形，外力矩有两种类型，即集中力矩 m 和分布力矩 $q_m(x)$。材料力学中主要考虑圆轴的扭转问题。

2. 扭转圆轴的内力只有扭矩 $T=T(x)$，一般情况下是轴线坐标 x 的函数，称为扭矩函数。$T(x)$在圆轴中常见的分布规律是：常数、分段常数、线性函数和分段函数等；扭矩以其矢量方向与所作用截面的外法线方向一致时为正，相反时为负；以 x 为横坐标、T 为纵坐标画出的 $T(x)$的图形称为扭矩图。

3. 扭转圆轴的横截面上只有切应力，在线弹性小变形且满足平截面假设以及半径直线始终保持直线的条件下，扭转圆轴横截面上的切应力为：$\tau(x,r)=\frac{T(x)r}{I_p}$。其中，$I_p=\int_A r^2\mathrm{d}A$，称为极惯性矩，$A$ 为圆轴横截面面积；实心圆轴 $I_p=\frac{\pi D^4}{32}$，空心圆轴 $I_p=\frac{\pi D^4}{32}(1-\alpha^4)$，$\alpha=\frac{d}{D}$，为空心圆轴内外直径之比。

4. 扭转圆轴的强度条件为：$\tau_{\max}=\left|\frac{T(x)}{W(x)}\right|_{\max}\leqslant[\tau]$。其中，$W_p=\frac{I_p}{D/2}$，称为抗扭截面系数；实心圆轴 $W_p=\frac{\pi D^3}{16}$，空心圆轴 $W_p=\frac{\pi D^3}{16}(1-\alpha^4)$。强度条件有三个方面的应用，即校核强度、在强度要求条件下计算结构的许可载荷和计算构件的许可截面尺寸。

5. 扭转圆轴的变形为截面间相对转动的角度，即圆轴一端相对于另一端的角位移。圆轴扭转的一般变形公式为：$\varphi=\int_l\frac{T(x)}{GI_p}\mathrm{d}x$；$GI_p$ 称为圆轴的抗扭刚度，表明了圆轴抵抗扭转变形的能力。当考察的圆轴为等截面同种材料制成且只在两端受集中力矩扭转时，圆轴扭转的变形公式可简化为：$\varphi=\frac{Tl}{GI_p}$。

6. 扭转圆轴的一般刚度条件为：$\theta_{\max}=\left|\frac{T(x)}{GI_p}\right|_{\max}\cdot\frac{180\times10^3}{\pi}\leqslant[\theta](^\circ/\mathrm{m})$；等截面同种材料制成的圆轴的刚度条件为：$\theta_{\max}=\frac{T_{\max}}{GI_p}\cdot\frac{180\times10^3}{\pi}\leqslant[\theta](^\circ/\mathrm{m})$。其中，$\theta_{\max}$为圆轴的最大单位长度扭转角，$T_{\max}$为圆轴中的最大扭矩。容许单位长度扭转角$[\theta]$一般由工程实际情况确定。刚度条件也有三个方面的应用，即校核刚度、在刚度要求条件下计算结构的许可载荷和计算构件的许可截面尺寸。

7. 扭转圆轴超静定问题的解法：①列圆轴整体或部分的平衡方程，判别问题是否为超静定问题以及超静定次数；②列圆轴各段变形间的变形协调方程或几何方程；③列圆轴各段扭矩和变形间的关系，即物理方程；④将物理方程代入协调方程，得到补充方程，再联立原有的平衡方程，即可求解超静定问题。

8. 主要公式表

	内力	应力	强度	变形	刚度	超静定
圆轴扭转	$T=T(x)$	$\tau(x,r)=\dfrac{T(x)r}{I_p}$	$\tau_{max}=\left\|\dfrac{T(x)}{W_p(x)}\right\|_{max}\leqslant[\tau]$	$\varphi=\int_l \dfrac{T(x)}{GI_p}dx$	$\theta_{max}=\left\|\dfrac{T(x)}{GI_p}\right\|_{max}\times\dfrac{180\times10^3}{\pi}\leqslant[\theta](°/m)$	平衡方程 几何方程 物理方程

思考题四

1. 圆轴扭转时横截面上的切应力公式 $\tau(x,r)=\dfrac{T(x)r}{I_p}$ 是如何推导的？其适用范围是什么？

2. 圆轴扭转时横截面上的切应力方向为什么总是垂直于半径直线？

3. 在用料相同的情况下，为什么空心圆轴比实心圆轴的强度高？空心圆轴的内外直径之比 α 与其强度呈什么关系？工程中是否 α 越大越好？

4. 如图所示，在扭转圆轴的表面取一单元体。A 面是圆轴横截面的一部分，B 面是圆轴表面的一部分，C 面在过圆轴轴线的纵截面上，扭转前单元体为正立方体，则扭转后 A,B,C 三个微分面哪个形状没变？而哪个变成了平行四边形？

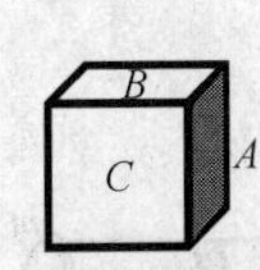

思考题 4 图

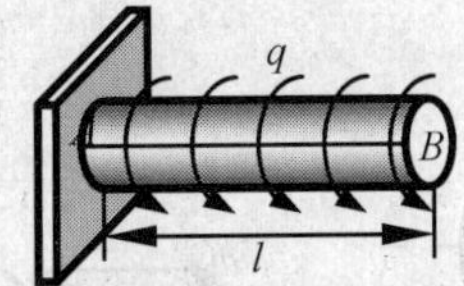

思考题 5 图

5. 如图所示，AB 是圆轴的表面的一条母线，圆轴扭转变形后其偏转的角度为 γ，则 γ 与圆轴一端相对于另一端的扭转角度 φ 之间有什么关系？与单位长度扭转角度 θ 之间有什么关系？与分布扭矩 q 有什么关系？

6. 圆轴扭转超静定问题求解的主要环节是什么？

7. 矩形截面杆件自由扭转时，横截面上的切应力分布规律是怎样的？是否离轴心越远，切应力就越大？

8. 矩形截面杆件约束扭转时，横截面上有什么应力？为什么？

9. 闭口和开口薄壁杆件扭转时，横截面上的切应力沿壁厚方向的分布有什么区别？两者横截面上的最大切应力产生的位置有什么区别？

10. 为什么开口薄壁杆件抗扭能力远低于闭口薄壁杆件？

习题四

一、选择题

1. 传动轴上主动轮的外力偶矩为 m_1，两个从动轮的外力偶矩分别为 m_2，m_3。开始时将主动轮置于两从动轮中间，随后将主动轮和一从动轮调换，这样变动后会使传动轴内的最大扭矩(　　)。

(A)减小　　(B)增大　　(C)不变　　(D)变为零

2. 高速转动的直径为 D_1 的轴将功率传递给低速转动的直径为 D_2 的轴，在强度相同的情况下，两轴直径的关系是(　　)。

(A)应满足 $D_1>D_2$　　(B)应满足 $D_1=D_2$

(C)应满足 $D_1<D_2$　　(D)与两轴转速无关

3. 圆轴承受扭矩 T_0 作用时，最大切应力正好达到屈服极限，若将圆轴横截面面积增加一倍，则当扭矩等于(　　)时，其最大切应力达到屈服极限。

(A)$\sqrt{2}T_0$　　(B)$2T_0$　　(C)$2\sqrt{2}T_0$　　(D)$4T_0$

4. 相同长度的两圆轴一为空心，一为实心，两者的重量相同，空心圆轴的内外直径之比为 $\alpha=0.6$，当两圆轴承受的外力偶矩相同时，两圆轴的最大切应力之比为(　　)。

(A)0.5　　(B)0.588　　(C)0.8　　(D)0.88

5. 承受相同扭矩作用的两实心圆轴的最大切应力的比值为 2，则两圆轴的极惯性矩的比值为(　　)。

(A)$\frac{1}{2}$　　(B)$\frac{1}{2\sqrt{2}}$　　(C)$\frac{1}{2\sqrt[3]{2}}$　　(D)$\frac{1}{2\sqrt[4]{2}}$

6. 如图所示等截面圆轴，AB 段和 BC 段材料分别是钢和铝，两段圆轴的最大切应力分别是 τ_1 和 τ_2，转角分别是 φ_1 和 φ_2，则有(　　)。

(A)$\tau_1=\tau_2,\varphi_1=\varphi_2$　　(B)$\tau_1=\tau_2,\varphi_1>\varphi_2$

(C)$\tau_1=\tau_2,\varphi_1<\varphi_2$　　(D)$\tau_1>\tau_2,\varphi_1=\varphi_2$

(E)$\tau_1<\tau_2,\varphi_1=\varphi_2$

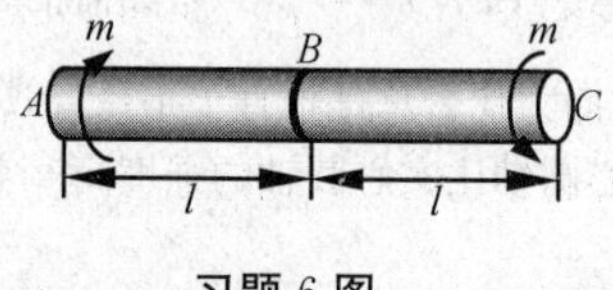

习题 6 图

二、填空题

7. 如图所示，空心圆轴 A 点的切应力为 36 MPa，则圆轴截面上的最大切应力为______，而最小切应力为______。

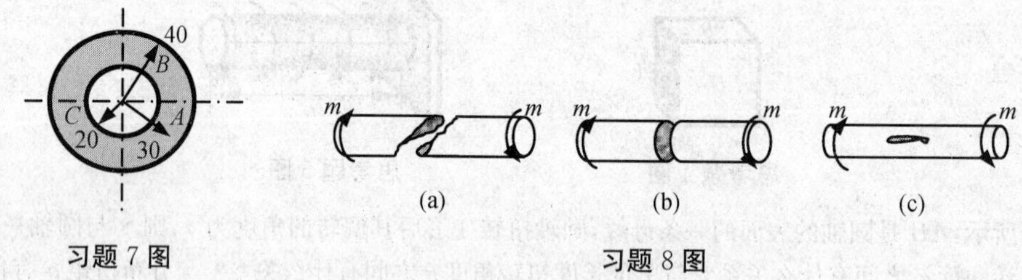

习题 7 图　　习题 8 图

8. 几根圆轴破坏时的断口或破口如图所示，则圆轴材料是塑性材料的为______，圆轴材料是脆性材料的为______。

9. 直径为 d 的圆轴两端受扭矩 m 的作用产生扭转，材料的弹性模量为 E，泊松比为 ν，则圆轴表面沿轴线方向上的切应变为______。

10. 相同材料制成的两根实心圆轴，第一根轴的直径 d_1 和长度 l_1 分别是第二根轴的直径 d_2 和长度 l_2 的两倍，两轴在两端所受扭矩相同。则两轴最大扭转切应力之比 $\tau_{max1}/\tau_{max2}=$______，两轴两端相对扭转角度之比 $\varphi_1/\varphi_2=$______。

11. 直径为 d 的实心圆轴两端受扭矩作用，圆轴外表面的切应力为 τ。在相同扭矩作用下，外直径为 $2d$、内径为 d 的空心圆轴外表面的切应力为______。

12. 在图示直角曲拐中，BC 段的刚度很大，B 处由一轴承支承，已测得 C 处的竖向位移 $w_C=0.5$ mm。若将 AB 段的直径由 d 增加到 $2d$，载荷由 F 增加到 $2F$，则 C 处的竖向位移 $w_C'=$______。

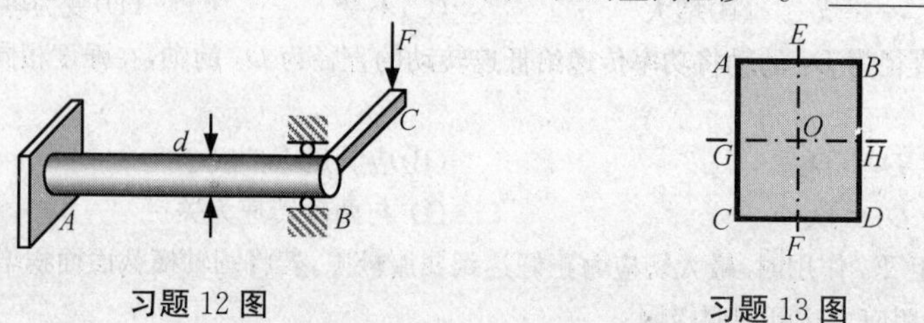

习题 12 图　　习题 13 图

13. 如图所示，矩形等截面轴自由扭转时，截面上切应力为零的点是______。

三、计算题(A)

14. 证明公式(4-5)：$m(\text{N} \cdot \text{m}) = 9549 \dfrac{N(\text{kW})}{n(\text{r/min})}$。

15. 如图所示，某传动轴的转速 $n=300$ r/min，轮 1 为主动轮，输入功率 $N_1=50$ kW，轮 2、轮 3 以及轮 4 为从动轮，输出的功率分别为 $N_2=10$ kW，$N_3=N_4=20$ kW。

(1)试作轴的扭矩图，并求轴的最大扭矩；

(2)若轴材料的许用切应力为$[\tau]=80$ MPa，试确定轴的直径 d；

(3)若将轮 1 和轮 3 的位置互换，轴的最大扭矩是多少？对轴的强度是否有利？

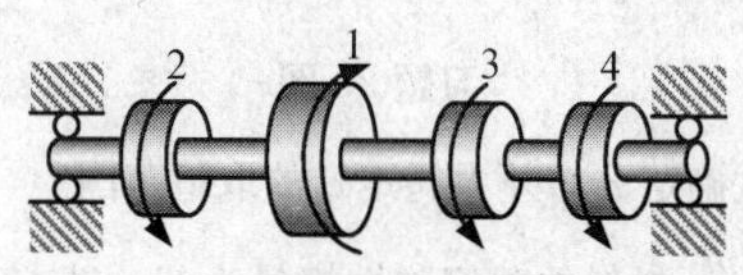

习题 15 图

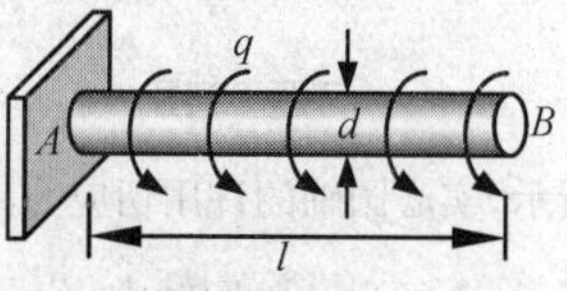

习题 16 图

16. 如图所示，实心圆轴的直径为 d，受均布的力偶矩 q 作用，材料的剪切弹性模量为 G。

(1)求圆轴截面上的最大切应力；

(2)求自由端的转角；

(3)作圆轴的转角图。

17. 圆轴转速 $n=250$ r/min，传递功率 $N=60$ kW，许用切应力$[\tau]=40$ MPa。单位长度容许转角$[\theta]=0.8°/\text{m}$，材料的剪切弹性模量 $G=80$ GPa，试确定圆轴的直径 d。

18. 如图所示，实心圆轴的直径 $d=80$ mm，长度 $l=1$ m，受外力偶矩 $m=10$ kN · m 作用，材料的剪切弹性模量 $G=80$ GPa。

(1)求圆轴截面上 A，B，C 三处的切应力大小及其方向；

(2)求两端截面的相对转角。

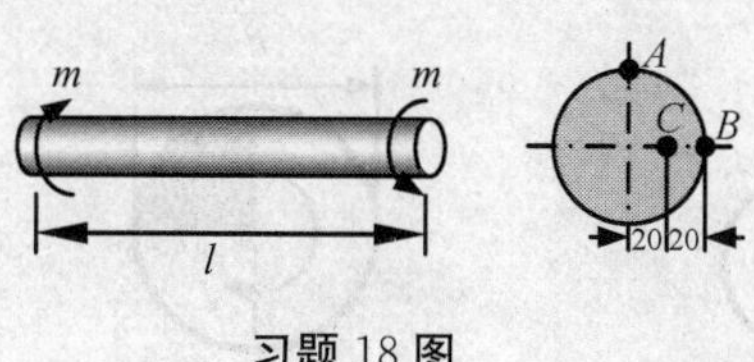

习题 18 图

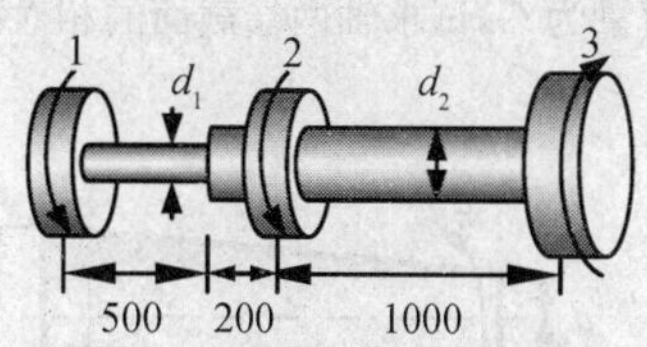

习题 19 图

19. 如图所示，阶梯状圆轴有三个皮带轮，圆轴的直径分别为 $d_1=40$ mm，$d_2=70$ mm，轮 3 的输入功率 $N_3=30$ kW，轮 1 的输出功率 $N_1=13$ kW，轴的转速 $n=200$ r/min，轴材料的许用切应力$[\tau]=60$ MPa，单位长度容许转角$[\theta]=2$ °/m，材料的剪切弹性模量 $G=80$ GPa。试校核轴的强度和刚度。

20. 如图所示，变截面空心圆轴的两端作用有外力偶矩 $m=1$ kN · m，$D_1=40$ mm，$D_2=50$ mm，内孔径不变且 $d=30$ mm，求圆轴的最大和最小切应力。

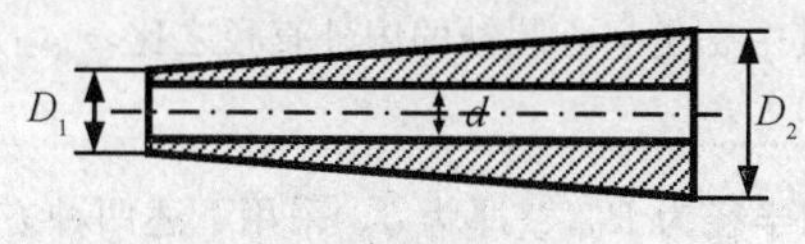

习题 20 图

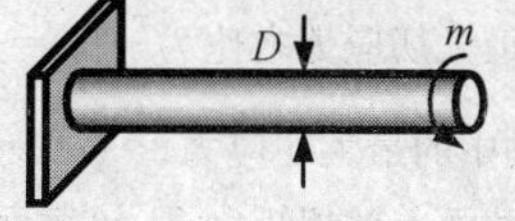

习题 21 图

21. 如图所示，实心圆轴的直径 $D=60$ mm，受外力偶矩 $m=1$ kN · m 作用，试求：

(1)圆轴横截面上的最大切应力；

(2)圆轴横截面上直径 $d=30$ mm 的圆形部分所承担的扭矩占全部横截面上扭矩的百分比是多少？

22. 如图所示，传动轴的转速 $n=500$ r/min，主动轮的输入功率 $N_1=300$ kW，从动轮的输出功率分别为 $N_2=100$ kW，$N_3=200$ kW。已知$[\tau]=80$ MPa，$[\theta]=1$ °/m，$G=70$ GPa。

(1)试确定 AB 和 BC 段轴的直径；

(2)调整三个轮子的位置，使结构更为合理，若两段轴的直径选为相等，再次确定轴的直径。

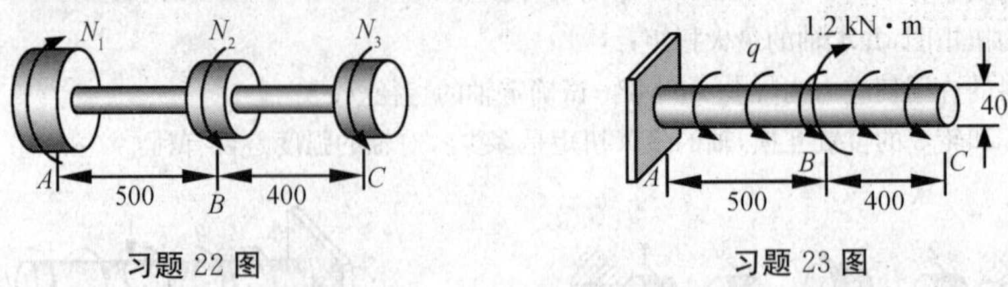

习题 22 图　　　　习题 23 图

23. 如图所示，实心圆轴的许用切应力$[\tau]=64$ MPa，试确定分布外力偶矩 q 的取值范围。

24. 如图所示，直径为 d 的圆轴中，分布外力偶矩 $q=\dfrac{2m}{L}$，材料的剪切弹性模量为 G。试求 AB 和 AC 截面间的相对转角。

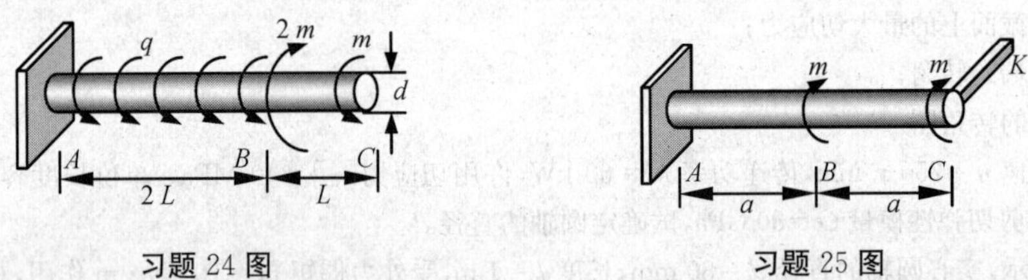

习题 24 图　　　　习题 25 图

25. 在图示直角曲拐中，空心圆柱的外径为 D，内径为 d，已知材料的弹性模量为 E，泊松比为 ν，圆柱的长度为 $2a$，两个外力偶矩均为 m，试求 K 处的竖向位移。

26. 如图所示，长度为 L 的小锥度变截面圆轴的两端作用有外力偶矩 m，两端直径分别为 d_1 和 d_2，材料的剪切弹性模量为 G，试求轴两端截面的相对扭转角度。

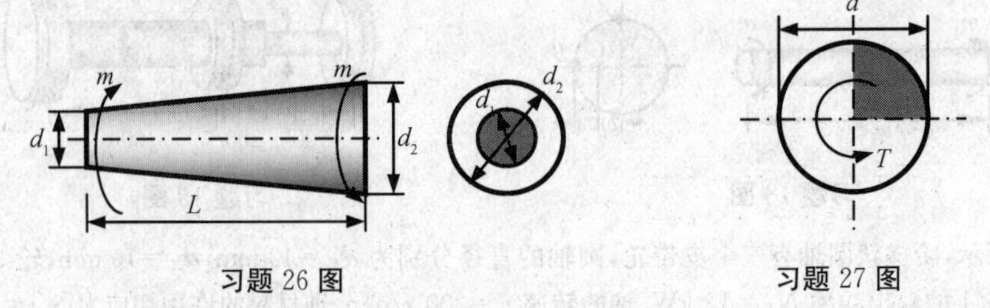

习题 26 图　　　　习题 27 图

27. 如图所示，直径为 d 的圆轴某个横截面上的扭矩为 T，试求其四分之一截面上内力系的合力的大小、方向及作用点。

28. 同种材料制成的长度相同的实心和空心圆轴，其重量相等，在简单扭转情况下，证明：当两轴作用的扭矩相同时，两轴中的最大切应力之比为$\dfrac{\tau_{\max1}}{\tau_{\max2}}=\dfrac{\sqrt{1-\alpha^2}}{1+\alpha^2}$。其中 α 是空心圆轴的内外直径之比，$\tau_{\max1}$ 和 $\tau_{\max2}$ 分别是实心和空心圆轴中的最大切应力。

29. 薄壁圆筒某横截面上的扭矩为 T，该截面壁厚中线的半径为 R_0，壁厚为 δ。采用下述两种方法推导横截面上的切应力公式：

(1)由于圆筒壁厚 δ 很小，可近似认为横截面上的切应力沿壁厚是均匀分布的；

(2)利用圆轴扭转的切应力公式 $\tau=\dfrac{Tr}{I_p}$，在壁厚 δ 很小的条件下进行简化处理。

30. 如图所示，轴连接结构所传递的扭矩为 m，各螺栓的材料和尺寸完全相同，直径为 d，试求各螺栓截面上的切应力。

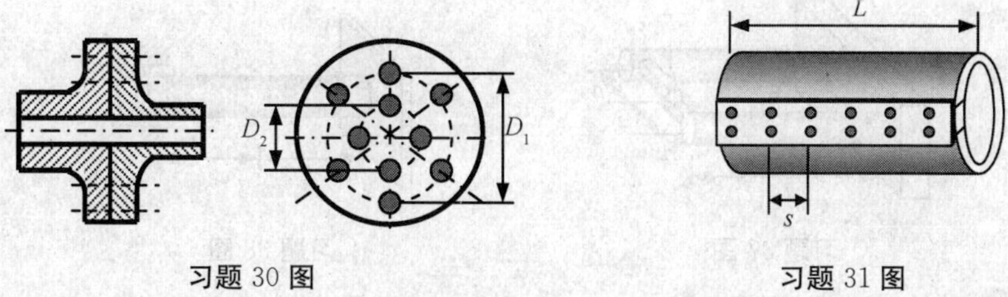

习题 30 图　　习题 31 图

31. 如图所示，由厚度 $\delta=8$ mm 的钢板卷制成的圆筒，平均直径 $D=200$ mm，接缝处用两排铆钉铆接，铆钉直径 $d=20$ mm，许用切应力 $[\tau]=60$ MPa，许用挤压应力为 $[\sigma_{bs}]=160$ MPa，圆筒受简单扭转作用，外力偶矩 $m=30$ kN · m，试求铆钉的间距。

32. 如图所示，长度为 L 的小锥度变截面薄壁圆筒的两端作用有外力偶矩 m，两端平均直径分别为 d_1 和 d_2，壁厚为 δ，材料的剪切弹性模量为 G。试求轴两端截面的相对扭转角度。

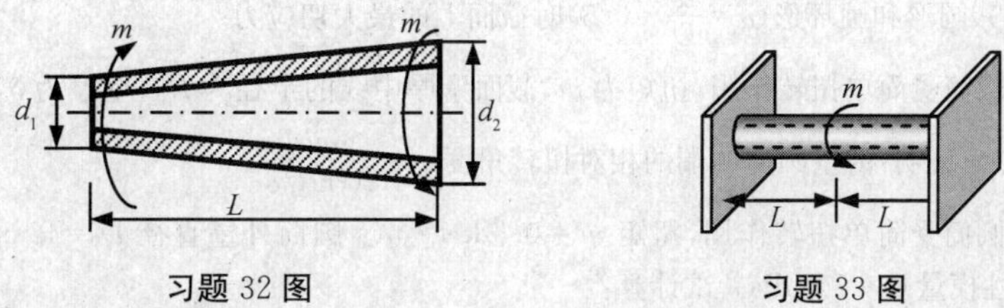

习题 32 图　　习题 33 图

33. 如图所示两端固定的圆轴，内径 $d=20$ mm，外径 $D=40$ mm，长度 $2L=200$ mm，在轴的中间作用有集中外力偶矩 $m=1$ kN · m。已知 $[\tau]=80$ MPa，$[\theta]=1$ °/m，$G=60$ GPa。试校核圆轴的强度和刚度。

34. 如图所示两端固定的圆轴，在轴的 B，C 截面处作用有相同的集中外力偶矩 $m=3$ kN · m，已知 $[\tau]=72$ MPa，$G=50$ GPa，$L=300$ mm。

(1)试确定圆轴的直径；

(2)根据所选定的圆轴直径，计算 AB 和 AC 截面间的相对扭转角度。

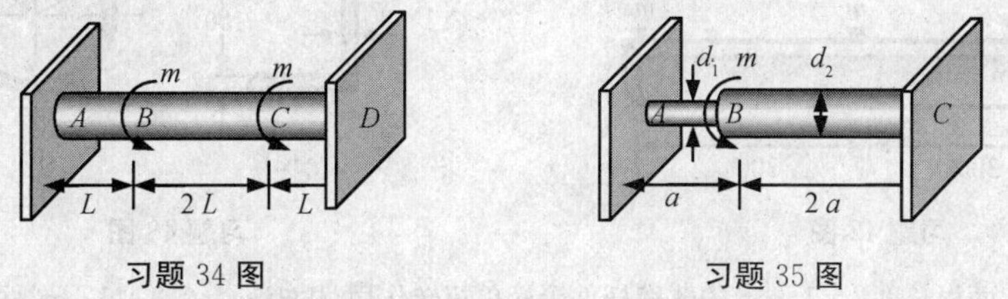

习题 34 图　　习题 35 图

35. 如图所示两端固定的阶梯状圆轴，在轴的 B 截面处作用有集中外力偶矩 m，材料的许用切应力为 $[\tau]$，试确定两段圆轴的直径 d_1 和 d_2。

36. 如图所示两端固定的圆轴，其抗扭刚度 GI_p 为常数，试求固定端的支反力偶矩。

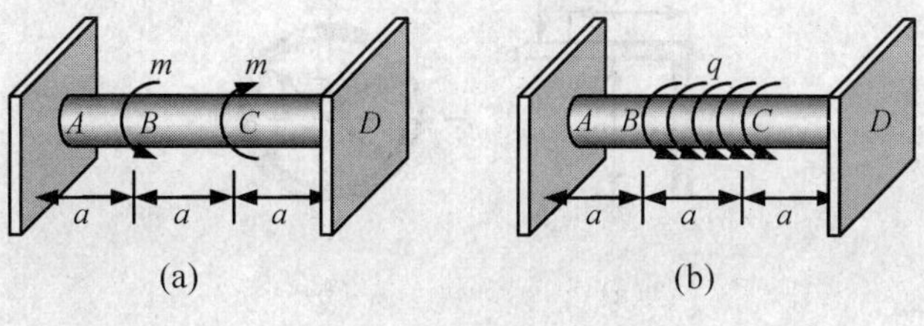

习题 36 图

37. 如图所示结构，前后两杆的直径相等，前杆为钢杆，后杆为铝杆，两杆材料的剪切弹性模量之比为3∶1，如不考虑两杆端部曲臂部分的变形，则载荷 F 将以怎样的比例分配到前后两杆？

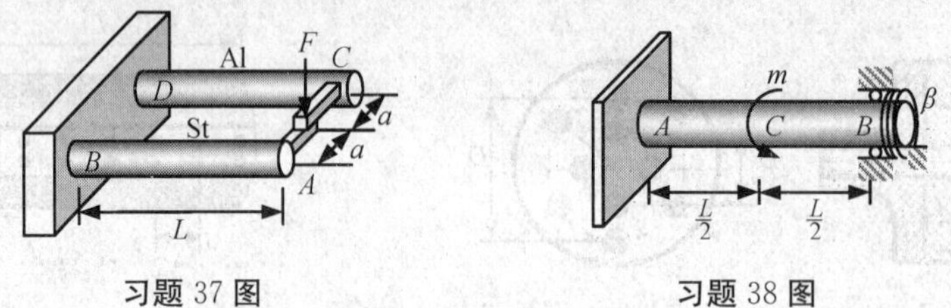

习题 37 图　　　　习题 38 图

38. 如图所示，抗扭刚度为 GI_p 的圆轴左端固定，右端铰支，但同时有一刚度系数为 $\beta=\frac{GI_p}{L}$ 的螺旋弹簧阻止其转动，圆轴中部作用有集中力偶 m，试求：

(1) BC 截面间相对扭转的角度；

(2)左右两端面 AB 间相对扭转的角度。

39. 某杆件的横截面面积 $A=2500\ \text{mm}^2$，受简单扭转作用，外力偶矩 $m=1.5\ \text{kN}\cdot\text{m}$。试计算截面分别为正方形、矩形($\frac{h}{b}=4$)、圆形和圆环形($\alpha=\frac{d}{D}=0.5$)时截面上的最大切应力。

40. 等截面薄壁圆筒受简单扭转作用，扭矩为 m，截面壁厚中线的半径为 R_0，壁厚为 δ，圆筒长度为 l，材料剪切弹性模量为 G。证明：薄壁圆筒两端的相对扭转角度 $\varphi=\frac{ml}{2G\pi R_0^3\delta}$。

41. 等截面薄壁圆筒受简单扭转作用，扭矩 $m=0.5\ \text{kN}\cdot\text{m}$。圆筒外壁直径 $D=42\ \text{mm}$，内壁直径 $d=40\ \text{mm}$，材料剪切弹性模量 $G=75\ \text{GPa}$。试计算：

(1)圆筒横截面和纵截面上的切应力；

(2)圆筒外表面母线倾斜的角度。

42. 如图所示，自由扭转的正方形截面杆件受外力偶矩 $m_1=2\ \text{kN}\cdot\text{m}$ 和 $m_2=1.5\ \text{kN}\cdot\text{m}$ 作用。杆件材料的许用切应力 $[\tau]=80\ \text{MPa}$，剪切弹性模量 $G=70\ \text{GPa}$，杆件两端之间的容许转角 $[\varphi]=1°/\text{m}$。试确定正方形截面的边长。

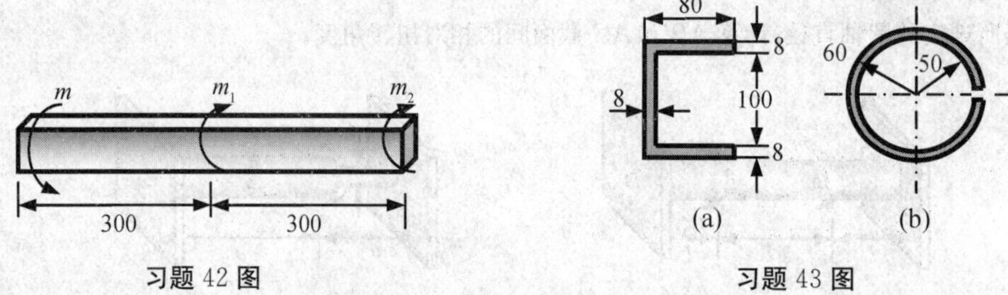

习题 42 图　　　　习题 43 图

43. 如图所示，两根长度 $l=1.5\ \text{m}$ 的薄壁杆件受简单扭转作用，扭矩 $m=0.3\ \text{kN}\cdot\text{m}$，材料的剪切弹性模量 $G=80\ \text{GPa}$，分别求两杆的最大切应力及两端面间的相对扭转角度。

44. 如图所示，两根截面面积相近的薄壁杆件受简单扭转作用，扭矩 $m=20\ \text{N}\cdot\text{m}$，材料的剪切弹性模量 $G=80\ \text{GPa}$，分别求两杆的最大切应力及单位长度扭转角度。

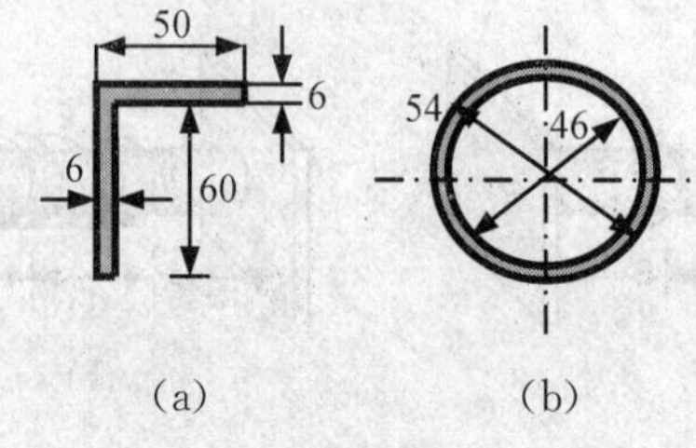

习题 44 图

45. 如图所示，T 形截面杆件受简单扭转作用，扭矩 $m=200\ \text{N}\cdot\text{m}$，杆件长度 $l=2\ \text{m}$，材料的剪切弹性模量 $G=80\ \text{GPa}$。试求杆件截面上的最大切应力及两端面间的相对扭转角度。

46. 如图所示，正三角形截面薄壁杆件受简单扭转作用，扭矩 $m-0.5\ \text{kN}\cdot\text{m}$，杆件长度 $l=1.5\ \text{m}$，壁厚 $\delta=6\ \text{mm}$，材料的剪切弹性模量 $G=70\ \text{GPa}$。试求杆件截面上的最大切应力及两端面间的相对扭转角度。

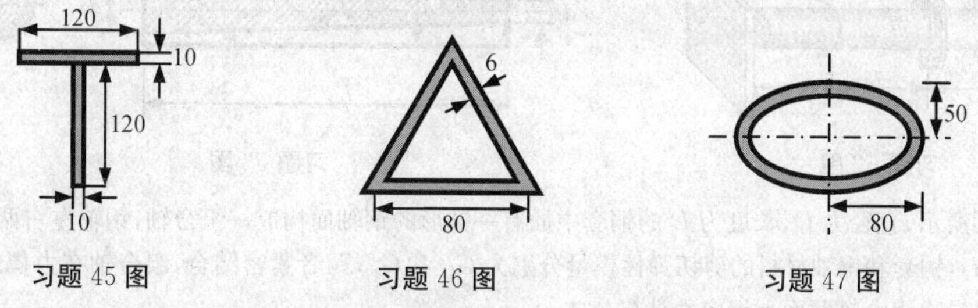

习题 45 图　　习题 46 图　　习题 47 图

47. 如图所示，椭圆形截面薄壁杆件受简单扭转作用，扭矩 $m=3\ \text{kN}\cdot\text{m}$，杆件长度 $l=1.5\ \text{m}$，壁厚 $\delta=6\ \text{mm}$，材料的剪切弹性模量 $G=70\ \text{GPa}$。试求杆件截面上的最大切应力及两端面间的相对扭转角度。

四、计算题(B)

48. 如图所示，等截面圆轴受简单扭转作用，扭矩为 m，在中部截取一段长 L 的区段，作过其轴线的纵截面 $ABCD$。

(1)试求 $ABCD$ 面上全部应力的合力和合力矩；

(2)通过适当计算说明半圆柱体 $ABCDEF$ 是如何平衡的。

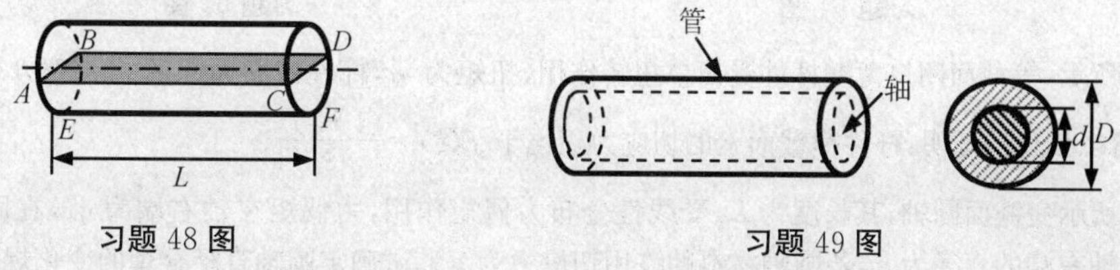

习题 48 图　　习题 49 图

49. 如图所示，一轴插在一等长且材料相同的钢管中，轴和管处于松套状态，当内轴受扭矩 m 作用时，将其与外管在两端面焊接在一起，然后去掉扭矩，则此时轴与管中的最大切应力各是多少？试画出横截面上的应力分布图。

50. 如图所示，抗扭刚度为 GI_p 的等截面圆轴等间距受若干集中力偶矩的作用，圆轴长度为 L，其两端固定。试求圆轴中间截面相对于固定端的扭转角度。若欲使该扭转角度为零，应满足什么条件？

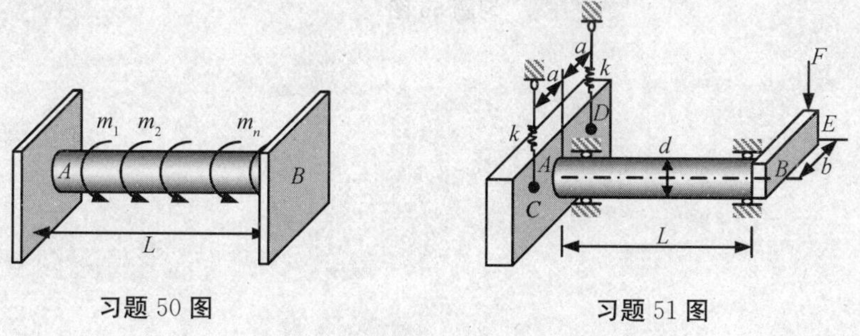

习题 50 图　　习题 51 图

51. 如图所示，直径为 d、长度为 L 的等截面圆轴 AB 两端分别与刚性板 CD 和 BE 固定连接，固接处安装有固定轴承，使圆轴可以绕自身轴线转动但不能移动，C，D 处均有刚度系数为 k 的弹簧连接。试求载荷 F 作用处的竖向位移。

52. 如图所示，抗扭刚度为 GI_p 的等截面圆轴两端固定，C 截面处有一阻止转动的螺旋弹簧，其刚度系数为 $\frac{3GI_p}{a}$，D 截面处有一集中力偶矩 m 作用，试求圆轴两端的支反力偶矩。

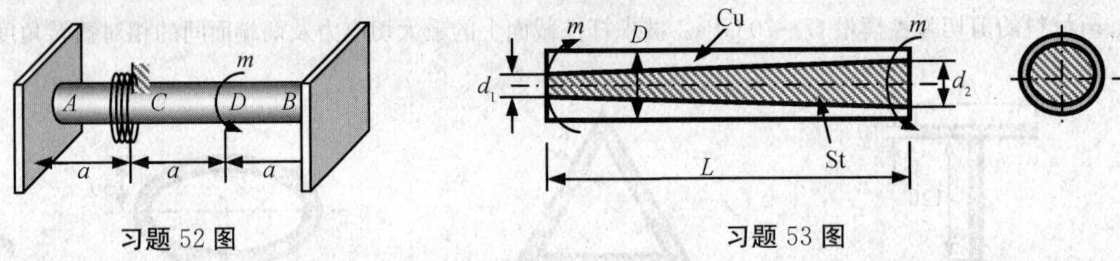

习题 52 图　　习题 53 图

53. 如图所示，直径为 D、长度为 L 的铜套中插有一锥形的钢轴而构成一组合轴，钢轴左右两端的直径分别为 d_1 和 d_2，铜套和钢轴材料的剪切弹性模量分别为 G_C 和 G_S，两者紧密结合，组合轴在力偶矩 m 简单扭转情况下，试导出组合轴截面上切应力计算公式。

54. 如图所示，等截面薄壁圆筒受简单扭转作用，扭矩为 m，圆筒长度为 L，平均半径为 R_0。上半圆周壁厚为 δ_1，下半圆周壁厚为 δ_2，且 $\delta_1 < \delta_2$。试求圆筒截面上的最大切应力及两端面间的相对扭转角度。

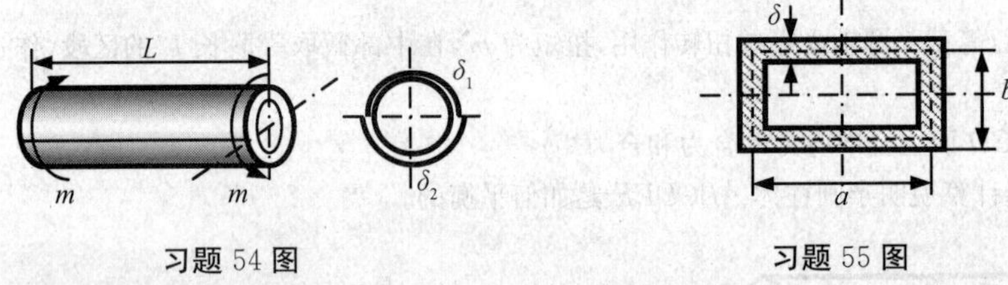

习题 54 图　　习题 55 图

55. 如图所示，等截面闭口薄壁杆件受简单扭转作用，扭矩为 m，杆件截面面积 A 和厚度 δ 保持不变，而比值 $\xi = \frac{a}{b}$ 可以变化。证明：杆件横截面上的切应力正比于 $f(\xi) = \frac{(1+\xi)^2}{\xi}$。

56. 如图所示变截面圆轴，其长度为 L，受线性分布力偶矩作用，力偶矩在轴右端为 q_1，在固定端为 q_2。由于需要，圆轴右端的直径为 d，若圆轴材料的许用切应力为[τ]，试确定圆轴直径合理的变化规律。

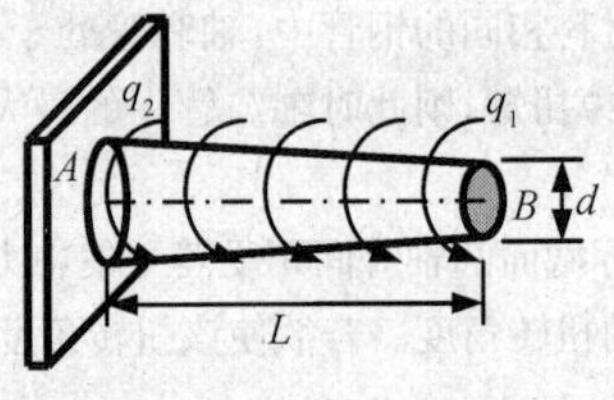

习题 56 图

第 5 章　梁的弯曲内力

弯曲是杆件最重要的一种基本变形形式，其受力特点是：外力和外力矩均作用在杆件的左右对称面内，且外力矢量和外力矩矢量均垂直于杆件的轴线（如图 5－1 所示），这种外力和外力矩统称为**横力或横向载荷**。杆件在横力弯曲时的内力特点是：杆件横截面上存在两种内力，一是沿截面对称轴 y 方向作用的剪力 F_s，二是绕与 y 轴垂直的轴 z 作用的弯矩 M（如图 5－2 所示）。杆件弯曲时的变形特点是：杆件的轴线既不伸长也不缩短，轴线在左右对称面内弯曲成一条平面曲线，处处与梁的横截面垂直，而横截面在左右对称面内相对于原来位置转动了一个角度（如图 5－3 所示）。具备这种特点的弯曲变形称为**平面弯曲**，它是弯曲问题中最基本和常见的情况。

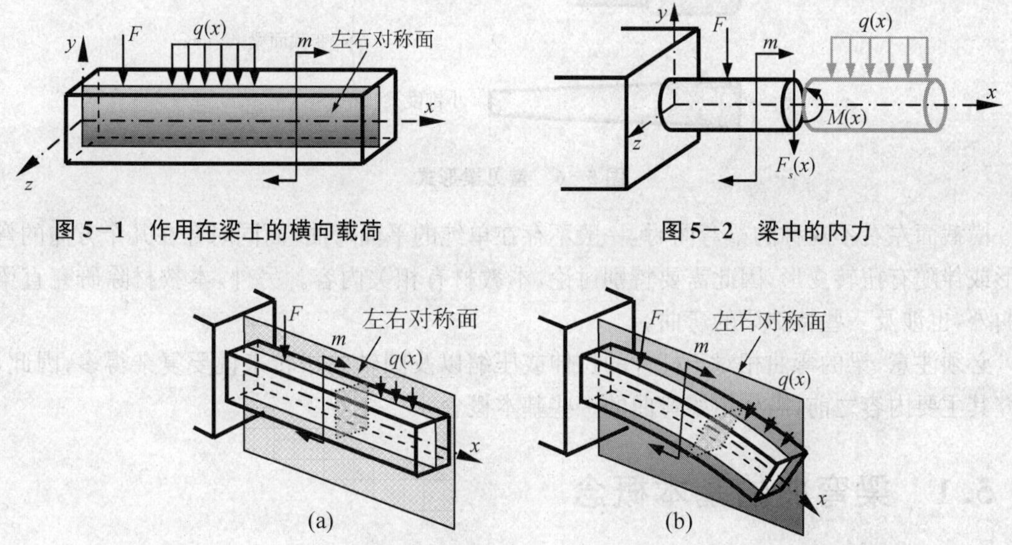

图 5－1　作用在梁上的横向载荷　　图 5－2　梁中的内力

图 5－3　梁的平面弯曲

以弯曲为主要变形的杆件通常称为**梁**。梁在工程中有极为广泛的应用，例如，房屋的大梁，跳水运动使用的跳板，车辆的轮轴等（如图 5－4 所示）。

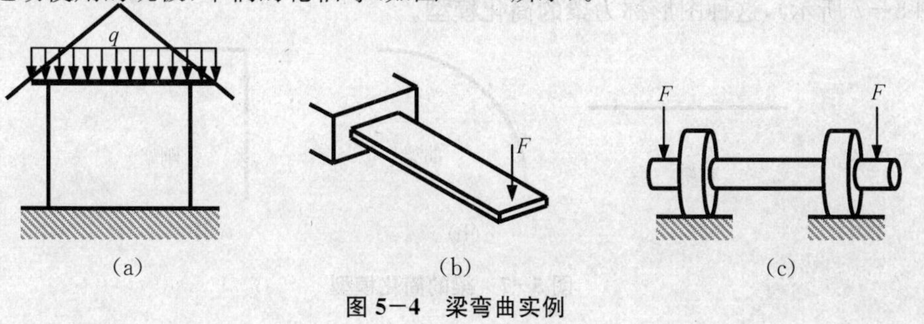

图 5－4　梁弯曲实例

本章主要研究横截面左右对称的直梁,常见截面形状如图 5－5 所示,而且只研究其在横力作用下的平面弯曲问题,梁的形式可以是等截面梁,也可以是变截面梁(如图 5－6 所示)。

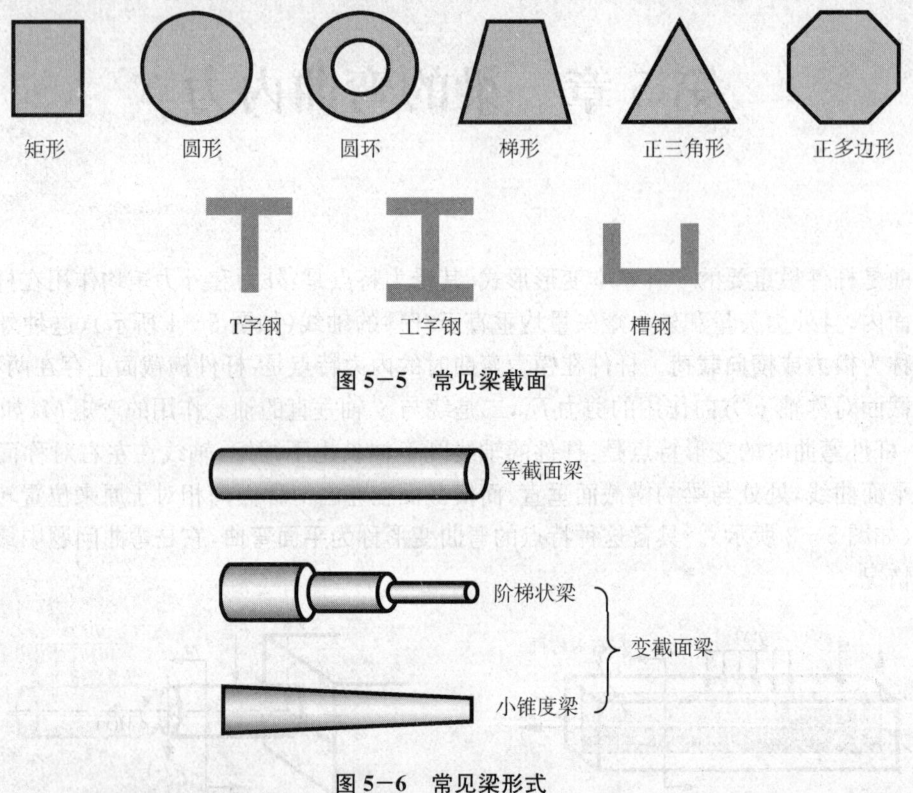

图 5－5　常见梁截面

图 5－6　常见梁形式

横截面左右不对称的梁弯曲时,一般不存在单纯的平面弯曲,而同时存在几个方向的弯曲变形或伴随有扭转变形,因此需要特别讨论,本教材有相关内容。另外,本教材除研究直梁的弯曲外,也涉及一些特殊梁的弯曲。

必须注意,梁的弯曲相对于杆件的拉伸或压缩以及圆轴的扭转来说要复杂得多,因此,在研究其主要内容之前,需介绍梁弯曲的一些基本概念。

5.1　梁弯曲的基本概念

5.1.1　梁的计算简图

在梁的计算和设计中,通常以梁的轴线表示实际的梁,直梁用直线表示,而曲梁用曲线表示(如图 5－7 所示),这种图形称为**梁的简化模型**。

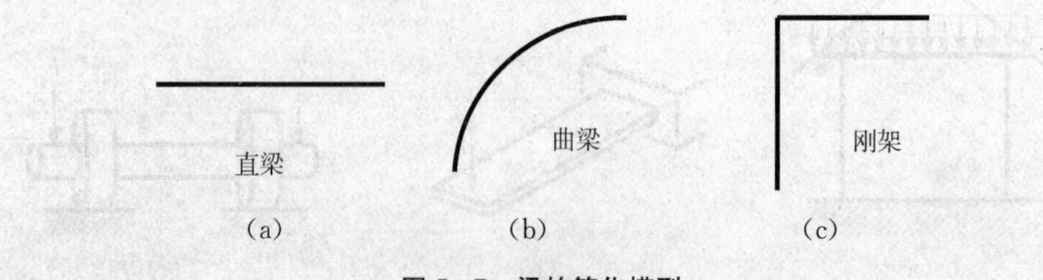

图 5－7　梁的简化模型

注意图 5－7 仅仅是梁的简化图，在计算时必须清楚这些梁的截面可能具有各种不同的形状，而梁也可能是等截面梁或者是变截面梁等。

5.1.2　梁上载荷及其正负号规定

(1)梁上的载荷

作用在梁上的**载荷**可分为**主动载荷**和**被动载荷**两大类。主动载荷一般简称载荷，是外界主动作用于梁上的，通常是已知的；而被动载荷是由于梁的约束或支承在主动载荷作用下引起的作用于梁上的**支反力**（又称**约束反力**），通常是未知的（如图 5－8 所示）。

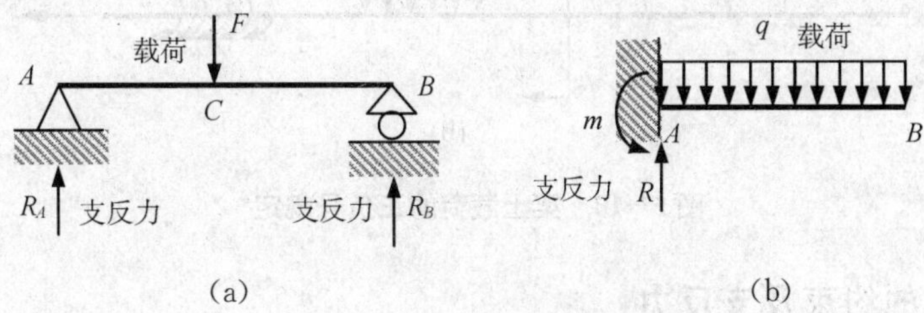

图 5－8　主动载荷和被动载荷

如图 5－9 所示，载荷可分为以下几类：

①集中力或集中载荷 F。

②集中外力偶矩，简称集中力矩 m。

③分布力或分布载荷 $q(x)$。$q(x)$称为**载荷集度**，为单位长度梁上所承受的载荷；若$q(x)$在一段梁上为常数，则称为均布力或均布载荷。

④分布外力偶矩，简称分布力矩 $q_m(x)$。$q_m(x)$为单位长度梁上所承受的外力偶矩；载荷若在一段梁上为常数，则称为均布力矩。

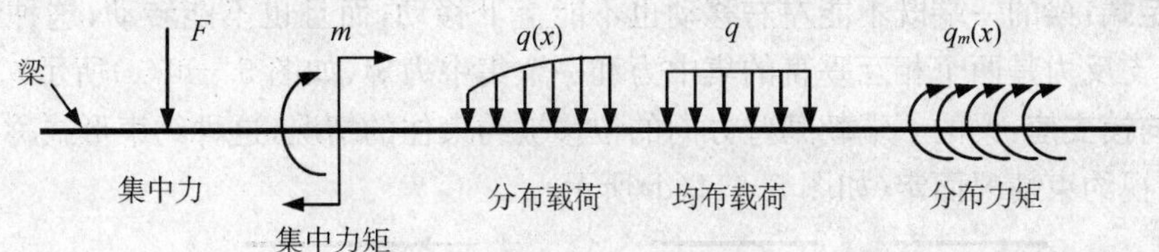

图 5－9　梁上的横向载荷

需要注意的是，支反力在一般情况下是集中力或集中力矩。另外，分布力矩在工程中较为少见，因此，除特别情况外，一般不考虑此种载荷。

还必须注意，在梁的弯曲的各部分中只考虑横力弯曲问题，即作用在梁上的所有载荷和支反力均是横力的情况。

(2)梁上载荷的正负号规定

作用于梁上的载荷和支反力统称为**外载荷**，在横力弯曲时，梁上的外载荷有两种可能的方向，为区分外载荷方向，可将作用于梁上的外载荷（包括支反力）进行如下的正负号规定（如图 5－10 所示）：

①**集中力和分布力沿梁的横向坐标轴** y **的正方向为正，而沿** y **的负方向为负。**

②**集中力矩和分布力矩顺时针转向时为正，而逆时针转向时为负。**

必须注意，明确梁上载荷的正负号规定，对后面正确作出梁的内力图来说是至关重要的。

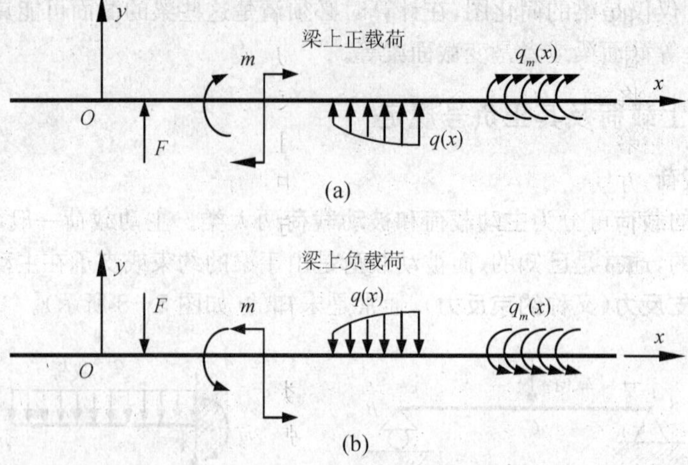

图 5－10 梁上载荷的正负号规定

5.1.3 梁的约束及支反力

梁在横力作用下一般需要在梁的某些地方将梁约束住，梁的约束或支承通常有两大类：一类是支座约束，另一类是弹性约束。

(1)支座约束或支承

梁的支座虽然构造各异，但根据其对梁的位移的约束特点，可分为以下四种形式：

①**移动铰支座**：梁的一端可以左右移动和转动，但不能上下移动，这种约束形式称为移动铰支座，支反力只有唯一的集中力(如图 5－11(a)所示)。

②**固定铰支座**：梁的一端既不能左右移动也不能上下移动，但可以转动，这种约束形式称为固定铰支座，支反力是两个相互垂直的集中力(如图 5－11(b)所示)。

③**固定端**：梁的一端既不能左右移动也不能上下移动，而且也不能转动，这种约束形式称为固定端，支反力是两个相互垂直的集中力和一个集中力矩(如图 5－11(c)所示)。

④**定向铰支座**：梁的一端朝某些方向的位移被约束住的情况，这种约束形式称为定向铰支座，支反力视约束情况而定(如图 5－11(d)所示)。

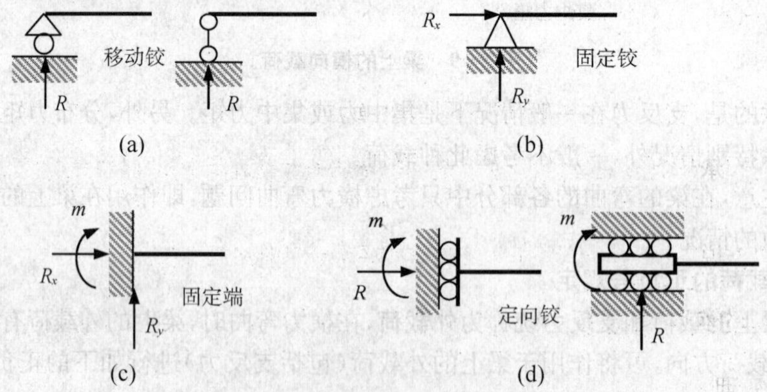

图 5－11 支座约束或支承的图形表示

支座对梁可能的反力由梁支承处的运动自由度被约束情况来确定，包括其约束类型和支反力的个数。梁支承处的运动自由度在平面情况下有三个，即左右移动、上下移动和转动三个自由度，如果梁支承处的某个自由度被约束住，则梁在支承处该方向就必然存在支反力。例如，移动铰支座只约束住了梁的上下方向的移动，所以梁只在该方向有一个支反力，而且一定是一个集中力；固定端将梁一端的三个自由度全约束住了，所以其支反力一般情况下就有三个。又如，定向支座的第一个梁端不能左右移动，而且还不能转动，但可以上下移动，所以其支反力有两个，一是水平方向的集中力，二是梁端的集中力矩。

支座约束或支承的主要特点是梁端面沿支反力方向不存在位移。

(2)弹性约束或支承

梁除了使用上述支座约束或支承外，有时也采用一些弹性体进行约束或支承，常见的弹性支承形式有以下四种：

①弹簧支承：梁在某处用弹簧支承，弹簧有两种类型，一是线弹簧，其支反力沿弹簧方向，梁在该方向的位移与支反力的关系为 $R_B = k\delta$，k 是弹簧刚度系数。二是角弹簧，其支反力矩绕弹簧方向，梁端面的转角与支反力矩的关系为 $m_B = \beta\theta$，β 是弹簧的刚度系数。如图 5－12(a)所示。

②杆件支承：梁在某处用杆件支承，其支反力沿杆件方向，梁在该方向的位移与支反力的关系为 $\delta = \dfrac{F_N l}{EA}$。其中，$l$ 是杆件长度，EA 是杆件抗拉刚度(如图 5－12(b)所示)。

③梁支承：梁在一端用另一根梁支承，其支反力与作用在另一根梁上的力是作用力和反作用力，梁在支承处的位移与另一根梁在该处的位移相同(如图 5－12(c)所示)。

④弹性地基支承：将梁置于弹性地基之上，则弹性地基对梁的反作用力是分布载荷(如图 5－12(d)所示)。

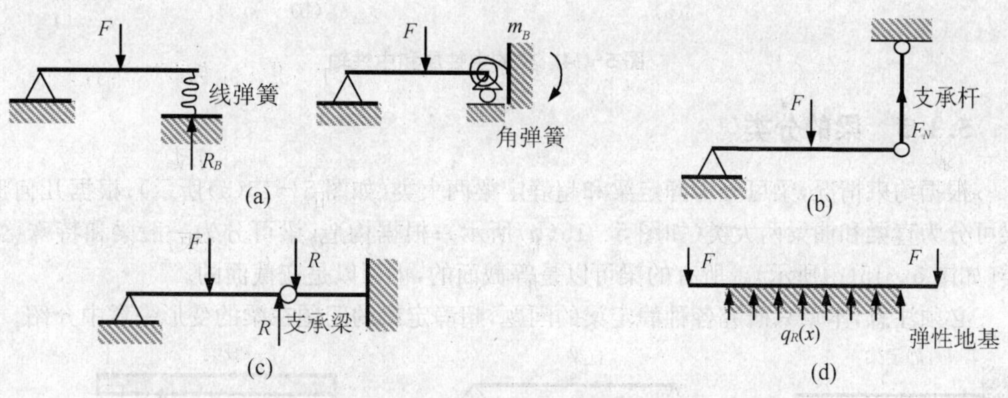

图 5－12　梁的弹性支承

这类约束或支承称为弹性约束或支承，其最大特点是在支承点处梁不仅存在支反力，而且存在位移。

对于静定梁来说，一般情况下可以利用梁的平衡方程求出梁的支反力。

5.1.4　梁的纯弯曲及中性层

(1)梁的纯弯曲

梁的平面弯曲和横力弯曲概念前面已作介绍，在横力弯曲情况下，梁的横截面上通常存在两种内力，即剪力和弯矩。但如果梁弯曲的时候横截面上只存在弯矩一种内力，则梁的这种弯曲称为**纯弯曲**(如图 5－13 所示)，纯弯曲梁是最简单的梁。

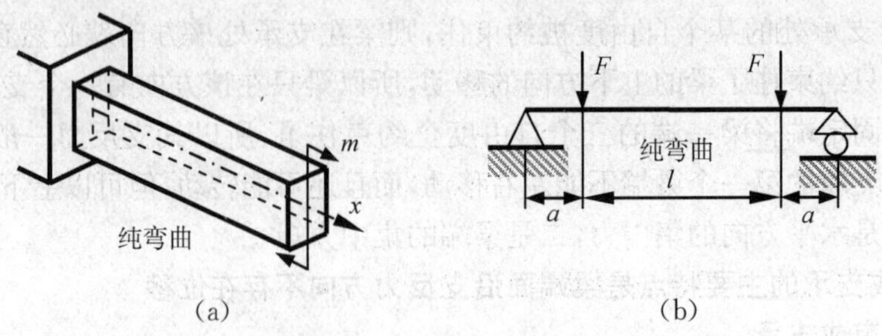

(a) (b)

图 5－13 梁的纯弯曲

(2)梁的中性层和中性轴

梁弯曲的时候，整体无伸长和缩短，但梁的各部分却存在伸长或缩短，实际上，梁弯曲时存在两个变形区域：一个是受拉区，另一个是受压区。受拉区和受压区的交界面称为**梁的中性层**，这层梁在梁变形后既不伸长也不缩短，但形状由原来的平面变成曲面。中性层与梁的横截面的交线称为**梁的中性轴**(如图 5－14 所示)。

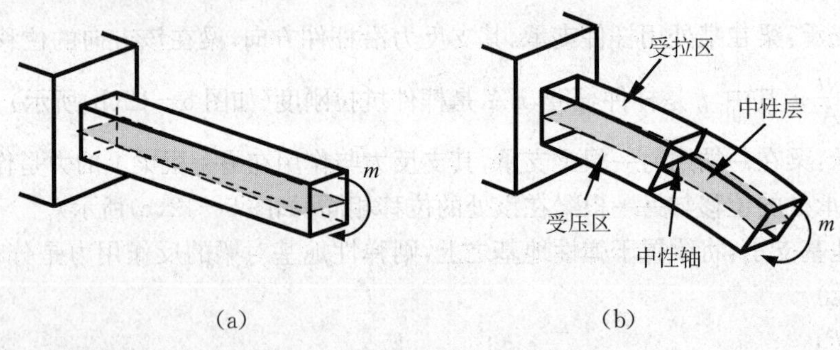

(a) (b)

图 5－14 梁的中性层和中性轴

5.1.5 梁的分类

根据约束情况，梁可分为静定梁和超静定梁两大类(如图 5－15(a)所示)；根据几何形状，梁可分为直梁和曲梁两大类(如图 5－15(b)所示)；根据构造，梁可分为一般梁和特殊梁两大类(如图 5－15(c)所示)。所有的梁可以是等截面的，也可以是变截面的。

必须注意，本章只研究各种静定梁的问题，超静定梁的问题在梁的变形一章中介绍。

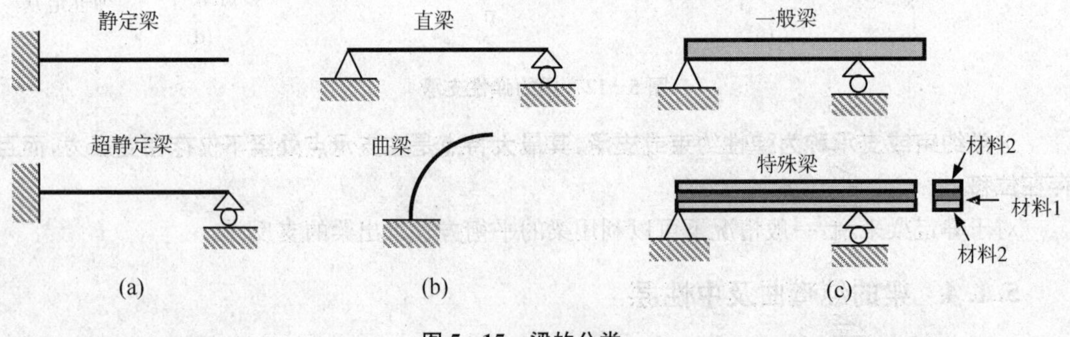

(a) (b) (c)

图 5－15 梁的分类

(1)常见静定梁

①**简支梁**：梁的两端分别用固定铰和移动铰简单支承的梁(如图 5－16(a)所示)。

②**悬臂梁**：梁的一端自由而另一端固定的梁(如图 5－16(b)所示)。

③**外伸梁**:简支梁的一端或两端伸出去的梁(如图 5−16(c)所示)。

④**中间铰梁**:在梁的中间某处存在铰的梁(如图 5−16(d)所示)。

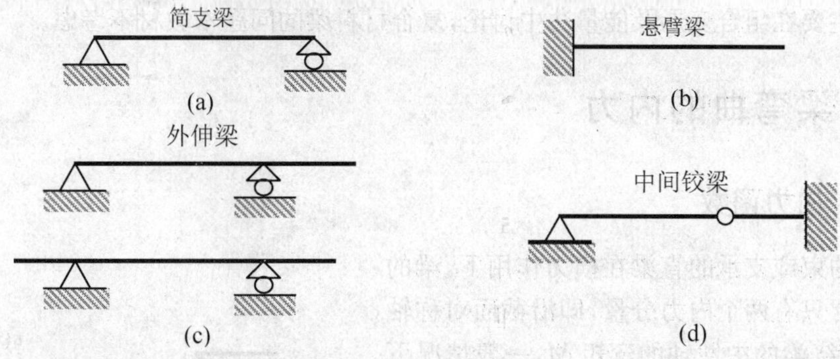

图 5−16　常见静定梁

(2)常见曲梁

①**弧形梁**:一般称为曲梁,梁的轴线是弧线的梁(如图 5−17(a)所示)。

②**刚架**:几段直梁刚性连接起来的梁(如图 5−17(b)所示)。

曲梁又分为平面曲梁和空间曲梁。载荷和曲梁的轴线在同一平面内时称为平面曲梁(如图 5−17(c)所示)。载荷和曲梁的轴线不在同一平面内或曲梁的轴线不是平面曲线时称为空间曲梁(如图 5−17(d)所示)。

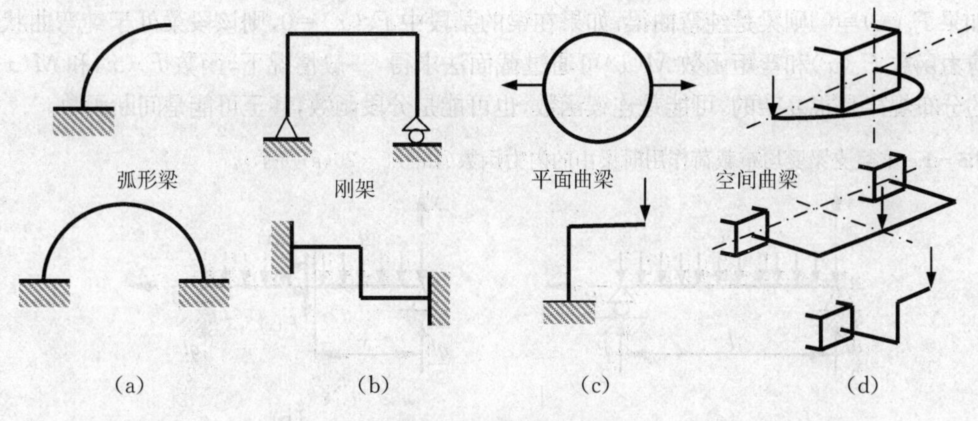

图 5−17　常见曲梁

(3)常见特殊梁

①**组合梁**:由不同材料叠合而成的梁(如图 5−18(a)所示)。

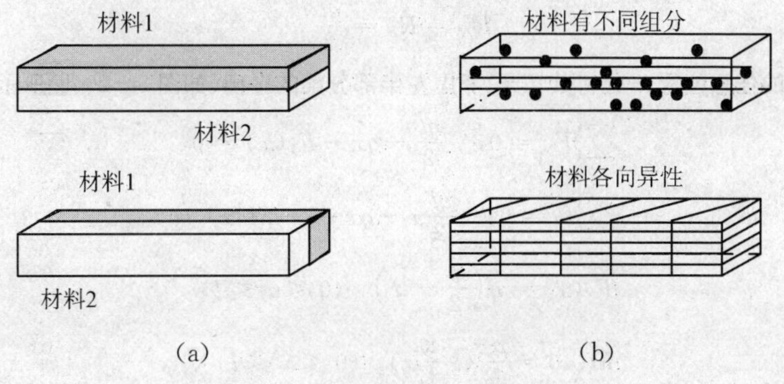

图 5−18　常见特殊梁

②**复合材料梁**:材料非均匀且组分不同或材料是各向异性的梁(如图 5－18(b)所示)。

注意,梁弯曲这部分内容主要考虑直梁问题,也涉及一些平面曲梁及组合梁的问题,而空间曲梁问题主要在组合变形及能量法中讨论,复合材料梁的问题本教材不考虑。

5.2 梁弯曲的内力

5.2.1 内力函数

受一定约束或支承的直梁在横力作用下,梁的横截面上通常只有两个内力分量,即沿截面对称轴的剪力 F_s 和绕梁的中性轴的弯矩 M,一般情况下剪力 F_s 和弯矩 M 与截面的位置有关,即为梁轴线坐标 x 的函数(如图 5－19 所示):

$$\begin{cases} F_s = F_s(x) \\ M = M(x) \end{cases} \tag{5-1}$$

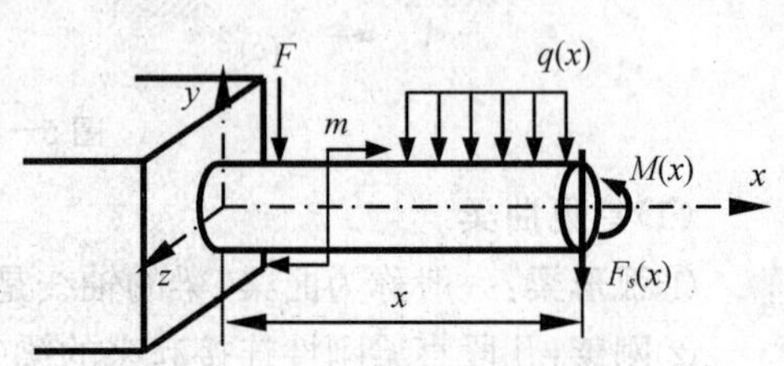

图 5－19 剪力函数和弯矩函数

式(5－1)称为梁的内力函数或内力方程,函数 $F_s(x)$ 和 $M(x)$ 分别称为梁的**剪力函数**和**弯矩函数**。

如果 $F_s(x) \equiv 0$,则梁是纯弯曲梁;如果在梁的某段中 $F_s(x)=0$,则该段梁处于纯弯曲状态。梁的剪力函数 $F_s(x)$ 和弯矩函数 $M(x)$ 可通过截面法求得,一般情况下,函数 $F_s(x)$ 和 $M(x)$ 在梁中的分布规律是很复杂的,可能是连续函数,也可能是分段函数,甚至可能是间断函数。

例 5－1 求简支梁受均布载荷作用时梁中的内力函数(如图 5－20(a)所示)。

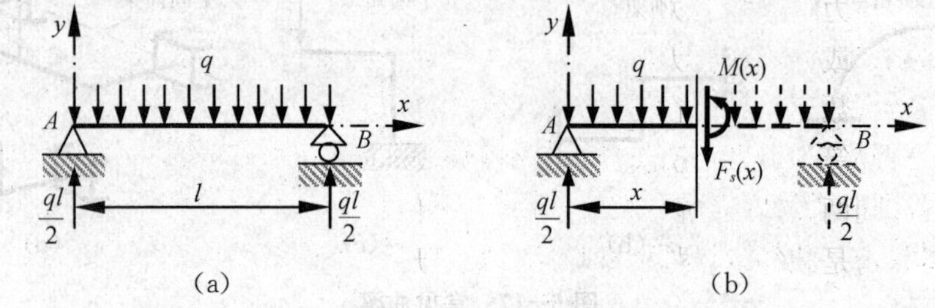

图 5－20 例 5－1 图

解:建立如图 5－20(a)所示的坐标系,首先利用梁的整体平衡求出其在左右支座处的支反力。

$$R_A = R_B = \frac{ql}{2}$$

由截面法,在梁的任意位置 x 处将其切开,考虑左半部分梁的平衡(如图 5－20(b)所示),有

$$\sum F_y = 0, \quad \frac{ql}{2} - qx - F_s(x) = 0$$

$$\sum m = 0, \quad \frac{ql}{2}x - qx\frac{x}{2} - M(x) = 0$$

$$F_s(x) = q\left(\frac{l}{2} - x\right) \quad (0 \leqslant x \leqslant l)$$

$$M(x) = \frac{qx}{2}(l - x) \quad (0 \leqslant x \leqslant l)$$

可见,简支梁受均布载荷作用时梁中的剪力函数是连续的线性函数,而弯矩函数是连续的抛物线函数。

利用截面法求内力函数时应注意以下几点：

①梁的坐标系可以任意选取。坐标系选择不同，一般内力函数的形式也不同(如图 5－21(a)所示)。

②梁的坐标系还可以采用局部坐标系(如图 5－21(b)所示)。

③梁的坐标系一经选定就不再改变，所有计算均在选定的坐标系中进行。

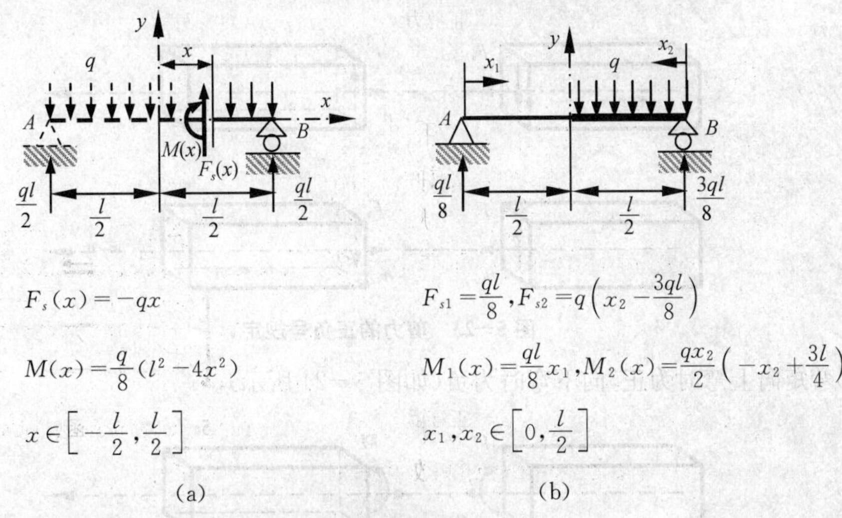

图 5－21　梁坐标系的选取

必须注意，直梁的内力函数 $F_s(x)$和 $M(x)$具有以下特点：

①与梁的几何形状无关，即与梁的横截面的形状和大小以及梁是否是等截面或变截面等无关。

②与梁材料的力学性能无关。

③与梁的约束或支承情况无关。

④梁的内力函数只与作用在梁上的外载荷(包括支反力)有关，即相同长度的梁，无论其截面形状、粗细、是否等截面，也无论是什么材料制成或如何支承，只要作用在梁上的外载荷(包括支反力)相同，则两梁的内力函数就是一样的。例如图 5－22 所示的两直梁，其长度相同，作用在梁上的外载荷是相同的，尽管梁的形状、截面形状、材料和约束情况不相同，但其内力函数是完全一样的。

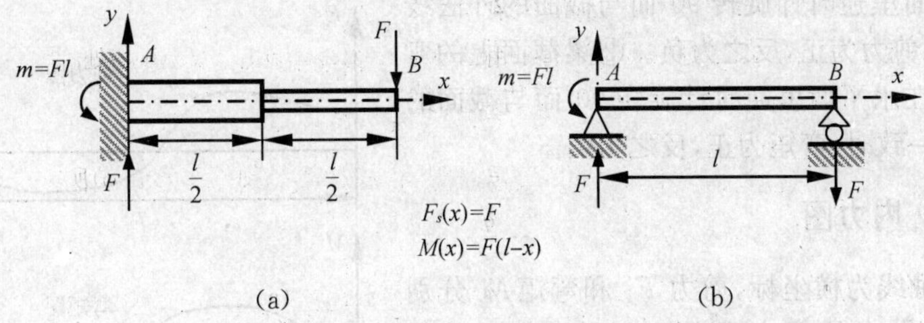

图 5－22　梁的内力只与载荷(包含支反力)有关

5.2.2　内力的正负号规定

梁的横截面上的剪力 F_s 和弯矩 M 都有两个可能的方向。在梁某处将截面切开后，会形成左右两个面,这两个面上的剪力和弯矩大小相等,方向相反,它们对梁的变形效应是完全相同的,是同一性质的内力,应该具有相同的符号。因此,为了区分横截面上剪力和弯矩的方向,并同时考虑到其对梁的变形效应,规定如下:

①左截面上的剪力向下,右截面上的剪力向上时,剪力为正;左截面上的剪力向上,右截面上的剪力向下时,剪力为负(如图 5-23 所示)。

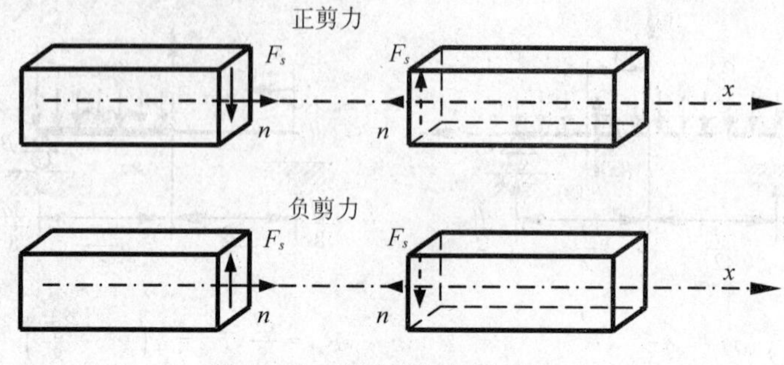

图 5-23　剪力的正负号规定

②弯矩向上弯时为正,向下弯时为负(如图 5-24 所示)。

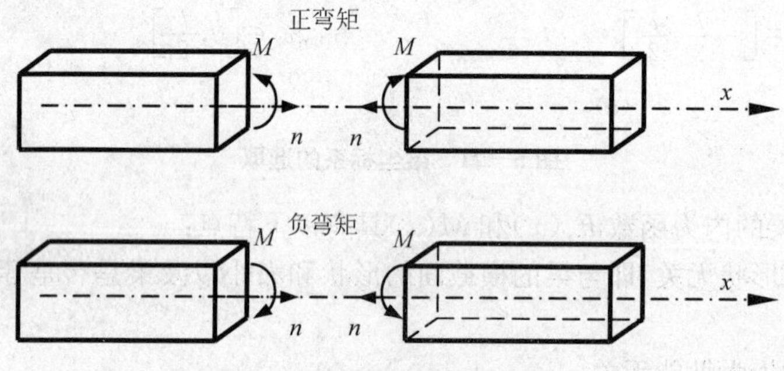

图 5-24　弯矩的正负号规定

必须注意,梁上外载荷(包括支反力)的正负号规定和梁中内力 F_s 和 M 的正负号规定不能混淆,它们是完全不同性质的力,前者是外力,而后者是内力,所以其正负号是采用完全不同的原则来规定的。材料力学中外力的正负号通常是以杆件的坐标轴方向为参考方向规定的,而杆件内力的正负号则是以其作用截面的外法线方向为参考方向规定的。上述梁的内力的正负号规定是一种便于理解的说法,严格的或理论上的说法是:①梁截面上的剪力方向在过梁轴线的竖直平面里逆时针旋转 90°而与截面的外法线方向一致时,剪力为正,反之为负。②梁截面上的弯矩矢量方向在水平面里逆时针旋转 90°而与截面的外法线方向一致时,弯矩为正,反之为负。

5.2.3　内力图

以梁的轴线为横坐标,剪力 F_s 和弯矩 M 分别为纵坐标所作出的剪力函数 $F_s(x)$ 和弯矩函数 $M(x)$ 的图形称为**梁的内力图**,又分别称为**剪力图**和**弯矩图**,简称为 F_s **图**和 M **图**(如图 5-25 所示)。

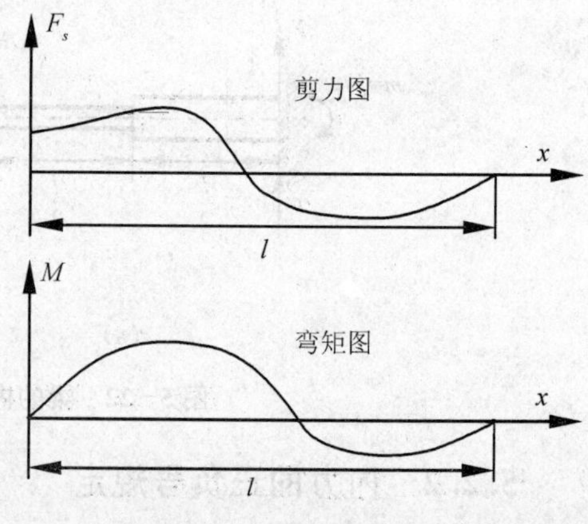

图 5-25　剪力图和弯矩图

图中 l 为杆件的长度,必须注意,按照剪力和弯矩的正负号规定,梁中的剪力和弯矩可正可负,另外，梁的坐标系的原点可以选取为轴线上的任意一点，也可采用局部坐标系。由前所述，梁的剪力图和弯矩图可能是连续的曲线，也可能是分段的曲线，甚至可能是间断的曲线。

梁的内力图最直接和明显的作法是先将梁的内力函数求出，然后将剪力函数 $F_s(x)$ 和弯矩函数 $M(x)$ 的图形直接作出即可。

5.3　截面法求梁的内力函数并作内力图

梁的内力函数只有通过截面法才能求出，剪力函数 $F_s(x)$ 和弯矩函数 $M(x)$ 求出后，即可将其图形作出。所以，截面法求内力函数并作内力图的步骤如下：

①利用梁的整体平衡方程求梁的支反力。

②采用截面法求梁的剪力函数 $F_s(x)$ 和弯矩函数 $M(x)$。

③作梁的剪力图和弯矩图。

这里预先声明，如果只需要作梁的内力图而不需要求梁的剪力函数 $F_s(x)$ 和弯矩函数 $M(x)$，则上述方法是一种繁琐和愚笨的方法。但如果需要求梁的内力函数，则只有用截面法才能求出梁的剪力函数 $F_s(x)$ 和弯矩函数 $M(x)$。

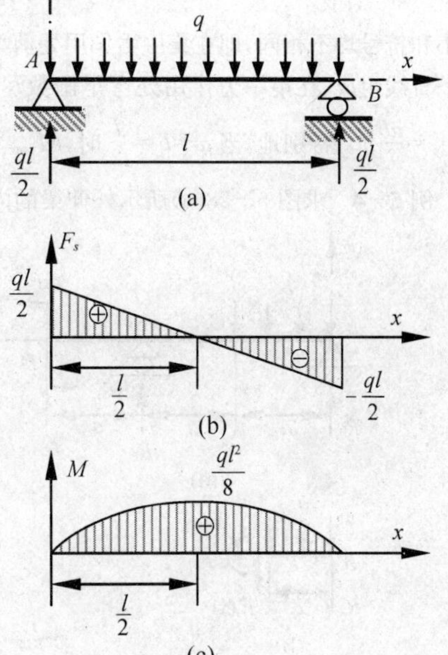

图 5－26　简支梁受均布载荷作用下的剪力图和弯矩图

例 5－2　作例 5－1 中的简支梁受均布载荷作用时的剪力图和弯矩图。

解：例 5－1 中已经求出了梁的剪力函数和弯矩函数，分别为

$$F_s(x)=q\left(\frac{l}{2}-x\right)\quad(0\leqslant x\leqslant l)$$

$$M(x)=\frac{qx}{2}(l-x)\quad(0\leqslant x\leqslant l)$$

于是梁的内力图如图 5－26 所示。

可见，简支梁受均布载荷作用时的剪力图是一条直线，而弯矩图是一条抛物线。梁中最大弯矩为：$M_{\max}=\frac{ql^2}{8}$。

例 5－3　简支梁受集中力 F 作用(如图 5－27(a)所示)，试求其内力函数，并画剪力图和弯矩图。

解：①求支反力。

由梁的整体平衡，有：$\sum m_B=0, R_A=\frac{b}{l}F$，$\sum m_A=0, R_B=\frac{a}{l}F$。式中，$l$ 为梁的长度，即：$l=a+b$。

②求内力函数。

用截面法求内力函数(如图 5－27(b)所示)。

AC 段：$F_s(x)=R_A=\frac{b}{l}F, M(x)=R_Ax=\frac{b}{l}Fx\quad(0\leqslant x\leqslant a)$

CB 段：$F_s(x)=-R_B=-\frac{a}{l}F, M(x)=R_B(l-x)=\frac{a}{l}F(l-x)\quad(a\leqslant x\leqslant l)$

③作剪力图和弯矩图。

梁的剪力图和弯矩图如图 5－27(c)、(d)所示。由图可知，在集中力作用处的左截面和右截面上，剪力的

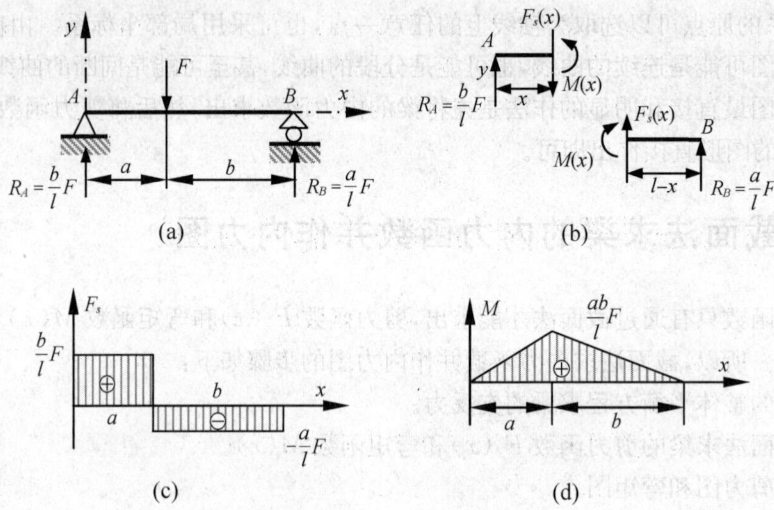

图 5-27　简支梁受集中力作用下的剪力图和弯矩图

大小和符号均不相同，即在集中力作用处剪力函数是不连续的，是间断的，剪力的突变值为 F。梁的弯矩图由两条直线组成，在集中力作用处弯矩函数尽管连续，却是一个拐点。梁中的最大弯矩在集中力作用处，即 $M_{\max}=\frac{ab}{l}F$。特别地，当 $a=b=\frac{l}{2}$ 时，$M_{\max}=\frac{Fl}{4}$。

例 5-4　求图 5-28(a)所示外伸梁的内力函数，并画剪力图和弯矩图。

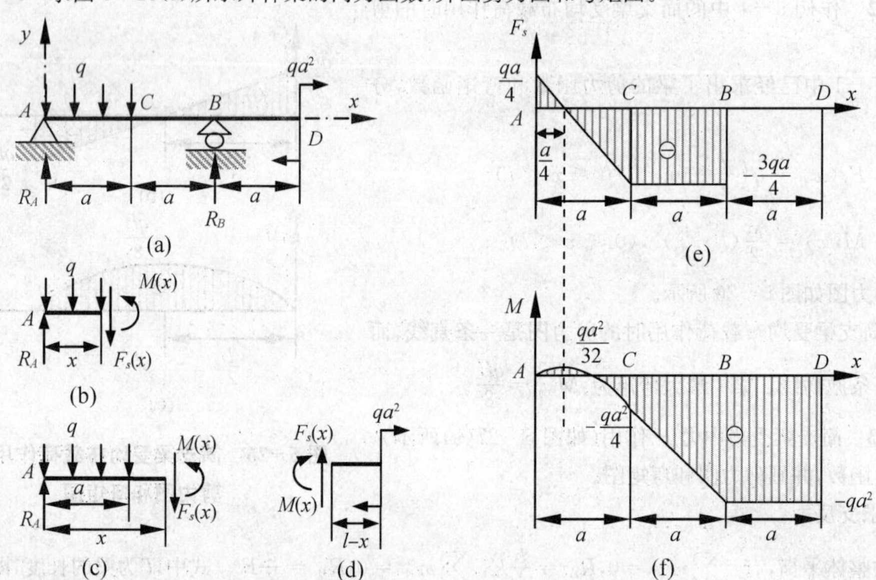

图 5-28　例 5-4 图

解：①求支反力。

$$\sum m_A=0,-\frac{qa^2}{2}+R_B\cdot 2a-qa^2=0,R_B=\frac{3}{4}qa$$

$$\sum F_y=0,R_A+R_B=qa,R_A=\frac{1}{4}qa$$

②求内力函数。

用截面法求内力函数。

AC 段(如图 5-28(b)所示)：

$$F_s(x)=R_A-qx=\frac{1}{4}qa-qx, M(x)=R_Ax-\frac{qx^2}{2}=\frac{1}{4}qax-\frac{qx^2}{2}$$

CB 段(如图 5-28(c)所示):

$$F_s(x)=R_A-qa=-\frac{3}{4}qa, M(x)=F_s(x)x+\frac{qa^2}{2}=-\frac{3}{4}qax+\frac{qa^2}{2}$$

BD 段(如图 5-28(d)所示):

$$F_s(x)=0, M(x)=-qa^2$$

③作剪力图和弯矩图。

梁的剪力图和弯矩图如图 5-28(e)、(f)所示。梁中最大弯矩为 $M_{max}=qa^2$。

由以上各例可知,梁在横力弯曲时,梁中的内力函数可以是连续函数、间断函数或分段函数,相应的内力图也具备上述特点,而用截面法求内力函数再作内力图的关键是求内力函数。问题是当梁分很多段时,用截面法求内力函数的过程将非常繁琐,例如例 5-4,梁分为三段,必须使用三次截面法,共列出六个平衡方程,才能求出其各段的内力函数,这一过程十分不简便。因此,如果只是要求作梁的内力图而不需要求梁的内力函数,有一种很简便的方法值得掌握,这就是**连续曲线法作梁的内力图,该方法最大的特点是省略了截面法求梁的内力函数这一繁琐的过程,而直接根据作用在梁上的载荷就可作出梁的内力图**。很明显,要做到这一点,最关键的是梁上的载荷和梁中的内力之间有什么关系,只要知道了这种关系,也就不难作出梁的内力图。所以,在介绍连续曲线法之前,需先研究梁上载荷和梁中内力的关系。

5.4 梁的平衡方程和积分方程

作用在梁上的横向载荷(包括支反力)只有四种情况:一是集中力,二是分布载荷,三是集中力矩,四是分布力矩。载荷的正负号规定已在 5.1 节中介绍。

5.4.1 梁的平衡方程

(1) 梁只受分布载荷 $q(x)$ 作用

假设 $q(x)$ 在梁上是任意分布的,即在梁区间里可以是连续函数,也可以是间断函数或分段函数。在离原点距离为 x 的地方截取一段微元长度的梁,其受力情况如图 5-29 所示。由于该微元段梁处于平衡状态,则有

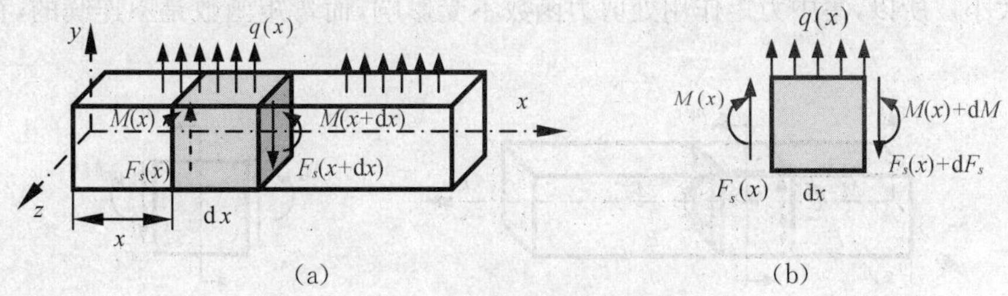

图 5-29　微元长度梁的受力情况

$$\sum F_y=0,\quad F_s(x+dx)=F_s(x)+q(x)dx$$

$$\sum m=0,\quad M(x+dx)=M(x)+F_s(x)dx+\frac{1}{2}q(x)(dx)^2$$

注意到 $F_s(x+dx)=F_s(x)+\frac{dF_s}{dx}dx$, $M(x+dx)=M(x)+\frac{dM}{dx}dx$,且 $\frac{1}{2}q(x)(dx)^2$ 项

是 $\mathrm{d}x$ 的高阶无穷小量，则有

$$\begin{cases}\dfrac{\mathrm{d}F_s}{\mathrm{d}x}=q(x)\\ \dfrac{\mathrm{d}M}{\mathrm{d}x}=F_s(x)\end{cases}\qquad(5-2)$$

式(5-2)称为梁的**平衡微分方程**。即梁中的剪力函数的导数等于梁上分布载荷集度，而梁中弯矩函数的导数等于剪力函数。于是分布载荷作用下的梁中剪力函数和弯矩函数的分布规律就可确定。

(2) 梁在某处受集中力 F 作用

在紧靠集中力 F 的左边和右边截面上，剪力和弯矩有如下关系(如图 5-30 所示)：

$$\begin{cases}F_s^+-F_s^-=F\\ M^+=M^-\end{cases}\qquad(5-3)$$

即在集中力作用处的左右两边截面上，剪力存在突变，突变的大小就是集中力的大小，所以，剪力函数在集中力作用的截面处是不连续的。而在集中力作用处的左右两边截面上，弯矩是连续的，但由式(5-2)，此时弯矩函数在集中力作用点的左导数和右导数不相等，所以弯矩函数的导数不存在，则在集中力作用处弯矩函数有一个拐点。

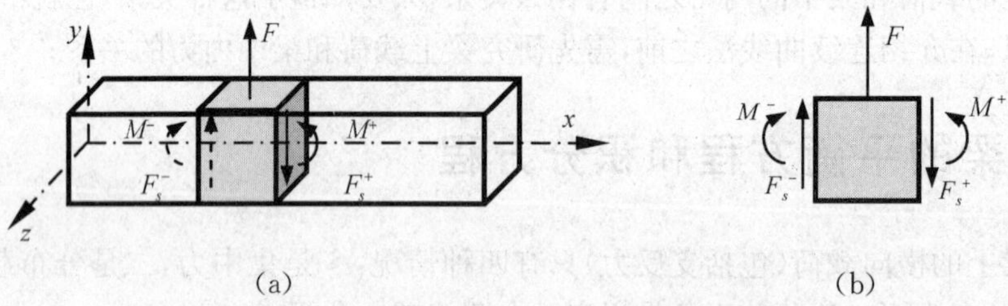

图 5-30　集中力处剪力和弯矩的变化规律

(3) 梁在某处受集中力矩 m 作用

在集中力矩 m 的左边和右边截面上，剪力和弯矩有如下关系(如图 5-31 所示)：

$$\begin{cases}F_s^+=F_s^-\\ M^+-M^-=m\end{cases}\qquad(5-4)$$

即在集中力矩作用处的左右两边截面上，剪力是连续的，但弯矩存在突变，突变的大小就是集中力矩的大小。所以，集中力矩作用处剪力函数不受影响，而弯矩函数是不连续的，存在一个间断点。

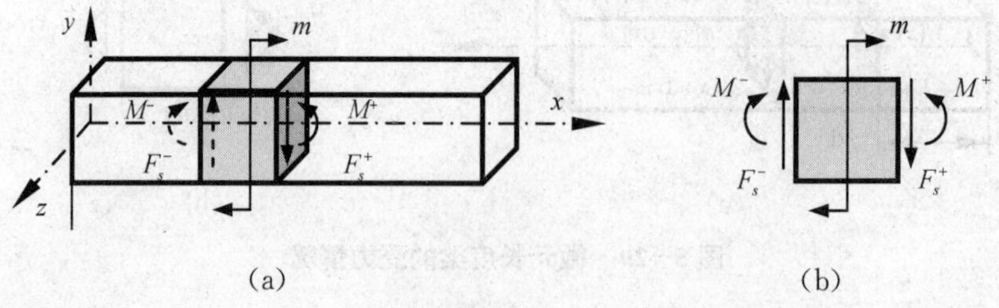

图 5-31　集中力偶处剪力和弯矩的变化规律

(4)* 梁受分布载荷和分布力矩同时作用

与前面的分析完全一样，只需在图 5-29 加上分布力矩，则有(如图 5-32 所示)

$$\sum F_y=0,\quad F_s(x+\mathrm{d}x)=F_s(x)+q(x)\mathrm{d}x$$

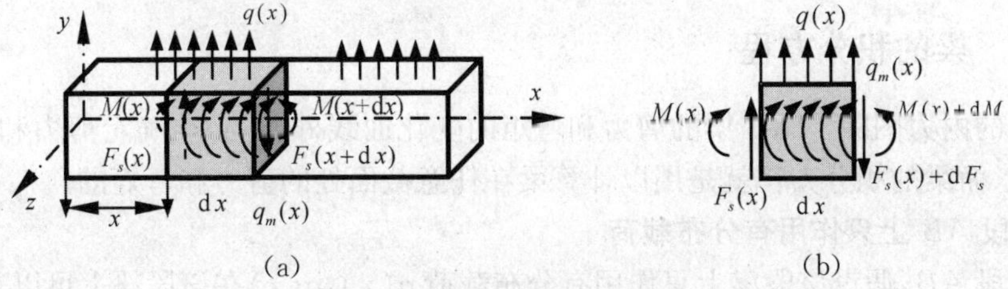

图 5−32　有分布力偶作用时微元长度梁的受力情况

$$\sum m=0,\quad M(x+\mathrm{d}x)=M(x)+F_s(x)\mathrm{d}x+\frac{1}{2}q(x)(\mathrm{d}x)^2+q_m(x)\mathrm{d}x$$

$$\begin{cases}\dfrac{\mathrm{d}F_s}{\mathrm{d}x}=q(x)\\[2mm]\dfrac{\mathrm{d}M}{\mathrm{d}x}=F_s(x)+q_m(x)\end{cases}\tag{5−5}$$

此时，梁中弯矩函数的导数不再等于剪力函数。由于分布力矩 $q_m(x)$ 这种载荷在工程中比较少见，所以一般不考虑。

式(5−2)、式(5−3)、式(5−4)和式(5−5)统称为**梁的平衡方程**。

结论：根据梁的平衡方程，只要知道了作用在梁上的载荷，就可推断出梁中内力的变化规律。

常见载荷作用下梁的剪力图和弯矩图的变化规律见表 5−1。

表 5−1　常见载荷作用下剪力图和弯矩图的变化规律

图形 / 内力图 / 外力		F_s 图		M 图	
均布载荷 q	$q=0$	$F_s=0$		$M=C$	>0, $=0$, <0
		$F_s=C>0$		M是斜率为正的直线	
		$F_s=C<0$		M是斜率为负的直线	
	$q=C>0$	F_s是斜率为正的直线		M是向下凸的抛物线	
	$q=C<0$	F_s是斜率为负的直线		M是向上凸的抛物线	
集中力 F	$F>0$	F_s图向上突变	F	M图存在拐点	
	$F<0$	F_s图向下突变	F	M图存在拐点	
集中力矩 m	$m>0$	F_s图不受影响		M图向上突变	m
	$m<0$	F_s图不受影响		M图向下突变	m

5.4.2 梁的积分方程

梁完整的内力图除了画出梁的剪力和弯矩的变化曲线外，还必须确定剪力和弯矩在一些特殊点的值，而梁的积分方程就是用以计算梁在任意截面处的剪力和弯矩的。

(1) 梁段 AB 上只作用有分布载荷

考察梁段 AB，假设该段梁上只作用有分布载荷 $q(x)$，$q(x)$ 在该段梁上可以是连续函数，也可以是分段函数，甚至可以是间断函数(如图 5－33(a)、(b)所示)。

根据梁的平衡微分方程式(5－2)，有：$\mathrm{d}F_s = q(x)\mathrm{d}x$，$\mathrm{d}M = F_s(x)\mathrm{d}x$，而且 $\int_A^B \mathrm{d}F_s = \int_A^B q(x)\mathrm{d}x$，$\int_A^B \mathrm{d}M = \int_A^B F_s(x)\mathrm{d}x$，于是得

$$\begin{cases} F_s(B) = F_s(A) + \int_A^B q(x)\mathrm{d}x \\ M(B) = M(A) + \int_A^B F_s(x)\mathrm{d}x \end{cases} \tag{5-6}$$

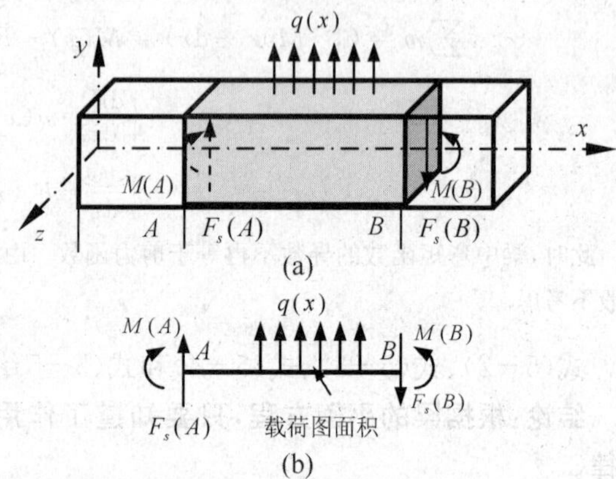

图 5－33 梁段两端的剪力和弯矩的关系

式(5－6)称为**梁的积分方程**，可以用其计算梁任意截面上的剪力和弯矩，其中的积分项有明显的几何意义，积分 $\int_A^B q(x)\mathrm{d}x$ 表示的是梁 AB 区段的**载荷图的面积**，而积分 $\int_A^B F_s(x)\mathrm{d}x$ 表示的是梁 AB 区段的**剪力图的面积**。因此，积分方程可用来计算梁的特殊截面处的剪力和弯矩值。

必须注意，**梁的载荷图面积以及剪力图面积是可正可负的**，载荷图面积的正负由梁上载荷的正负号规定决定，而剪力图面积的正负可直接从剪力图中观察得到，即在轴线坐标轴上面的剪力图面积是正面积，而在轴线坐标轴下面的剪力图面积就是负面积。

所以，由积分方程式(5－6)可得到下述结论：

①**梁上 B 截面上的剪力等于 A 截面上的剪力与 AB 区段上分布载荷图面积的代数和。**

②**梁上 B 截面上的弯矩等于 A 截面上的弯矩与 AB 区段上剪力图面积的代数和。**

必须注意，上述结论只在梁 AB 区段上只有分布载荷作用的条件下才成立。

(2)* 梁段 AB 上作用有任意横向载荷

不考虑分布力矩这种载荷时，梁上的横向载荷就只有三种，即集中力、集中力矩和分布载荷。假设梁段 AB 上作用有分布载荷 $q(x)$，$q(x)$ 在梁段上可以任意分布，同时梁段 AB 上作用有若干集中力 F_i $(i=1, 2,\cdots)$ 和集中力矩 m_i $(i=1,2,\cdots)$(如图 5－34(a)、(b)所示)，根据梁的平衡方程式(5－2)，仍有：$\int_A^B \mathrm{d}F_s = \int_A^B q(x)\mathrm{d}x$，$\int_A^B \mathrm{d}M = \int_A^B F_s(x)\mathrm{d}x$，注意到式(5－3)，在剪力积分过程中，凡是遇到一个集中力时，剪力就有一个突变，而弯矩连续。又由式(5－4)，在弯矩积分过程中，凡是遇到一个集中力矩时，剪力连续，而弯矩存在一个突变。所以，剪力和弯矩的积分则变为

$$\begin{cases} F_s(B) = F_s(A) + \sum F_i + \int_A^B q(x)\mathrm{d}x \\ M(B) = M(A) + \sum m_i + \int_A^B F_s(x)\mathrm{d}x \end{cases} \tag{5-7}$$

式(5－7)是梁最一般的积分方程，可用来计算集中力、集中力矩和分布载荷同时作用在梁上时任意截面上的剪力和弯矩。

由积分方程式(5－7)可得到如下结论：

①梁上 B 截面上的剪力等于 A 截面上的剪力与 AB 区段上分布载荷图面积以及 AB 区段中所有集中力的代数和。

②梁上 B 截面上的弯矩等于 A 截面上的弯矩与 AB 区段上剪力图面积以及 AB 区段中所有集中力矩的代数和。

结论：根据梁的积分方程，通过计算载荷图和剪力图面积，可以求出梁中一些特殊截面上的剪力和弯矩。

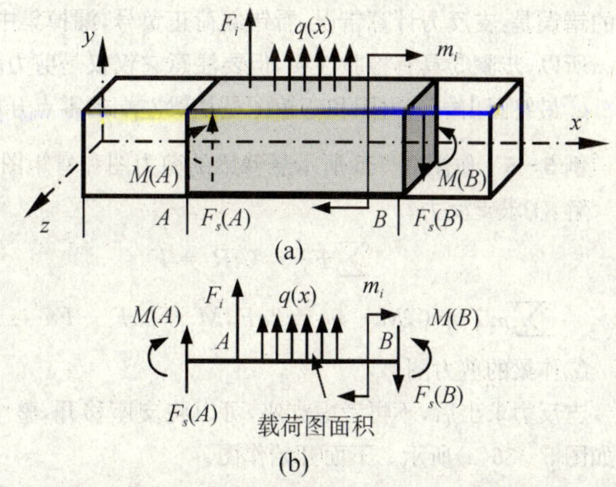

图 5－34　梁段两端的剪力和弯矩的关系

5.5　连续曲线法作梁的内力图

5.5.1　方法介绍

工程中很多时候并不要求写出梁的内力函数，而只需要知道梁的危险截面上的剪力或弯矩就可进行强度计算，解决这一问题只要能作出梁的内力图即可。前面已介绍了截面法求内力函数再作梁的内力图的方法，但该方法在梁分段很多的情况下显得异常繁琐。因此，这里介绍一种十分简便的方法作梁的内力图。

连续曲线法作梁内力图的目的：省略截面法求梁的内力函数这一繁琐的过程，直接根据作用在梁上的载荷作梁的内力图。

梁上载荷和梁中内力之间的关系前面已经有了详尽的介绍，下面介绍连续曲线法作梁内力图的具体操作过程。

连续曲线法作梁内力图的步骤如下：

①确定梁的支反力，并将其与梁上的载荷一样看待。

②剪力图和弯矩图在梁的左端从零值开始。

③根据梁的微分方程判断剪力图和弯矩图的变化规律，用连续曲线作梁的剪力图和弯矩图。

④根据梁的积分方程，通过计算载荷图和剪力图的面积，确定剪力和弯矩在某些特殊截面上的值。

⑤剪力图和弯矩图在梁的右端应回复到零值。

说明如下：

a. 梁的支反力一经求出后，则不用再考虑梁是如何支承的，即梁的内力与梁的支承再无关系。

b. 梁的剪力图和弯矩图的变化规律与梁上载荷形式密切相关，特别是载荷的正负号，绝对不能混淆。

c. 作剪力图时只需要看梁上的集中力和分布载荷，而不必管集中力偶；作弯矩图时只需要看剪力图和梁上的集中力偶，而不必管梁上的集中力和分布力。

d. 计算剪力和弯矩在某些特殊截面上的值时，应注意载荷图和剪力图面积的正负号。

e. 作图时应充分利用梁的对称性和反对称性。

f. 当剪力图和弯矩图在梁的右端不能回复到零值时，必然是前面的某个环节出了错误，应回头检查。常见的错误是：支反力计算错误，看错载荷正负号，漏掉集中力或集中力矩，特殊截面处的剪力和弯矩计算错误等。所以，步骤⑤具有检验性质，但要注意它仅仅是剪力图和弯矩图是否正确的必要条件，而不是充分条件。

g. 最终画出的剪力图和弯矩图是从梁左端的零点开始到梁右端零点结束的连续曲线。

例 5－5 作图 5－35 所示悬臂梁的剪力图和弯矩图。

解：①求支反力。

$$\sum F_y = 0, R = F$$

$$\sum m_A = 0, M + m = 2aF, M = 2aF - Fa = Fa$$

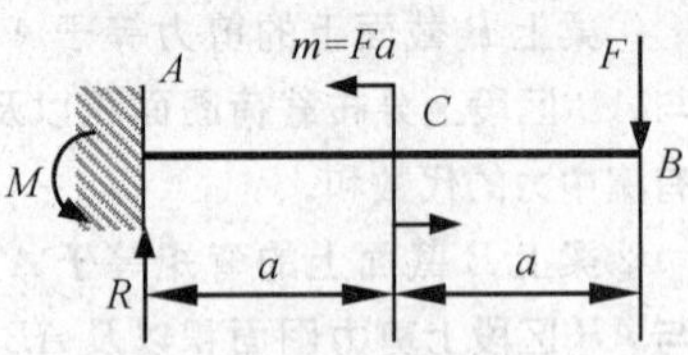

图 5－35 例 5－5 图

②作梁的剪力图。

支反力求出后，不再考虑支座，可以将支座移开，整个梁受力情况如图 5－36(a)所示。下面开始作图。

剪力图从梁左端零点开始，在梁的 A 点作用有一个集中力 F 和一个集中力矩 M。因集中力矩不影响剪力图，所以不考虑它对剪力图的影响。而集中力 F 是一正的力，它使剪力图产生沿力作用方向的突变，所以 A 点右边截面上的剪力为 F，用竖直线 AA' 画出。AC 段梁是空梁，即其上的载荷为零，所以 $q=0$，则由微分方程，AC 段梁中的剪力是常数，剪力图是一条水平线，于是画出水平线 $A'C'$。梁的中点 C 处有一集中力矩 $m=Fa$ 作用，不影响剪力图。CB 段梁仍是空梁，剪力图是一条水平线，画出水平线 $C'B'$。在梁的右端有一集中力 F 作用，而且该力是负力，所以剪力图向下突变到零值。最终，剪力图是如图 5－36(b)所示的一条连续曲线：$AA'C'B'B$。

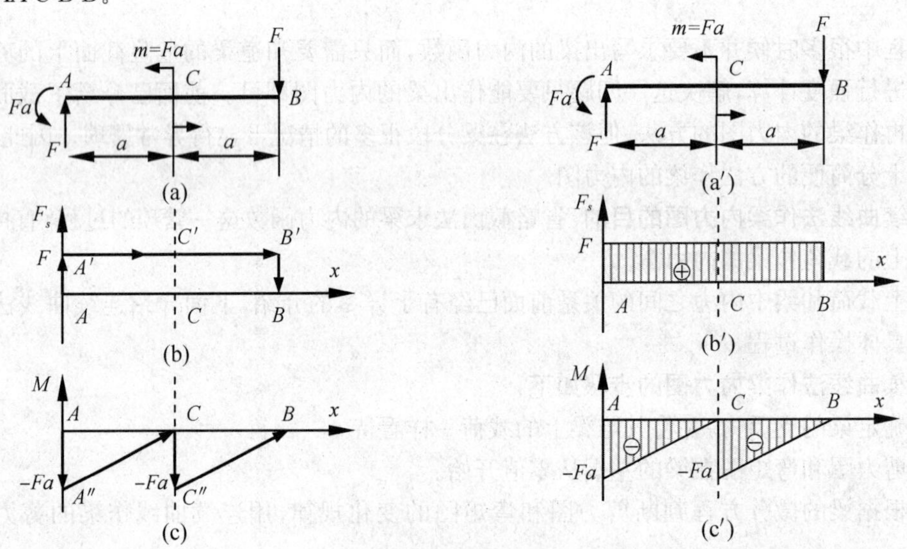

图 5－36 例 5－5 的剪力图和弯矩图

③作梁的弯矩图。

正确的剪力图作出后再作弯矩图，弯矩图也从梁左端的零点开始，在梁的左端有正的集中力 F 和负的集中力矩 $M=Fa$ 作用，集中力不影响弯矩图的连续性，但集中力矩将使弯矩图产生突变，因集中力矩为负，所以弯矩图在梁的左端向负向突变到 $-Fa$，画出竖直线 AA''。AC 段梁中的剪力函数是一正的常数 F，则由微分方程，AC 段梁中的弯矩图是一斜率为正的直线，画斜直线 $A''C$，C 截面上的弯矩值由积分方程应为 $M(C)=M(A)+(AC$ 段梁剪力图面积$)=-Fa+Fa=0$。在梁的中点有一负的集中力矩 m 的作用，则弯矩图在梁的中点处向负向突变到 $M=-Fa$，画出竖直线 CC''。CB 段梁中的剪力函数也是一正的常数 F，所以 CB 段梁中弯矩图是与 AC 段梁中的弯矩图平行的一条直线，画斜直线 $C''B$，显然，弯矩图在梁的右端回复到零点。最终，弯矩图是如图 5－36(c)所示的一条连续曲线：$AA''CC''B$。

通常工程中或各种材料力学教材中将剪力图 5－36(b)和弯矩图 5－36(c)画成图 5－36(b′)和图 5－36

(c′)的形状,这主要是为了美观好看。

例5-6 外伸梁的受力情况如图5-37所示,作梁的剪力图和弯矩图。

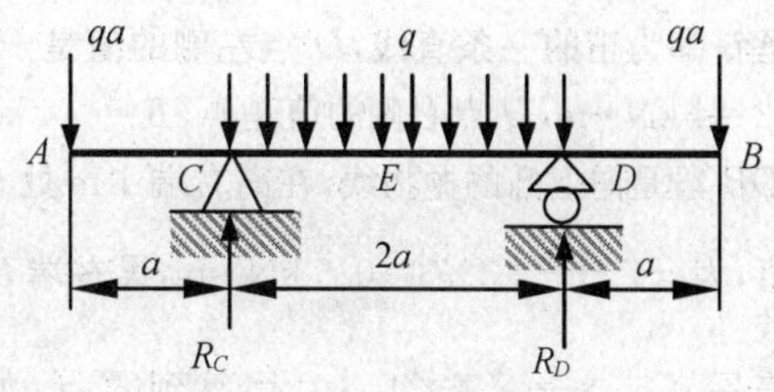

图5-37 例5-6图

解:①求支反力。

根据对称性,有:$R_C=R_D=2qa$。

②作剪力图。

由梁的左端A处零点开始,A处有集中力$F=qa$作用,是负的力,则A点右侧的剪力为$-qa$,画竖直线AA'。AC段梁为空梁,剪力图为水平线,画水平线$A'C'$。C点有集中力$R_C=2qa$,是正的力,则C点右侧的剪力为$-qa+2qa=qa$,画竖直线$C'C''$。CD段梁受均布载荷q作用,是负的力,则剪力图是斜率为负的一条直线,D点左侧的剪力为$qa-2qa=-qa$,而梁中点的剪力为零,画斜直线$C''D'$。D点有集中力$R_D=2qa$,是正的力,则D点右侧的剪力为$-qa+2qa=qa$,画竖直线$D'D''$。DB段梁为空梁,则剪力图为水平线,画水平线$D''B'$。梁右段有集中力$F=qa$作用,是负的力,画竖直线$B'B$。B点的剪力为$qa-qa=0$,剪力图回复到零点(如图5-38(b)所示)。

③作弯矩图。

由梁的左端A处零点开始,A处有集中力$F=qa$,不影响弯矩图的连续性,AC段的剪力图为水平线,是负值,则弯矩图是斜率为负的直线,画斜直线AC',C点的左侧弯矩为$-qa\cdot a=-qa^2$。C点有集中力$R_C=2qa$,不影响弯矩图。CD段梁的剪力图是斜率为负的一条直线,则弯矩图是向上凸的抛物线,且在梁的中点E处有一极值,该极值为$-qa^2+\frac{1}{2}qa\cdot a=-\frac{1}{2}qa^2$,D点的弯矩为$-\frac{1}{2}qa^2-\frac{1}{2}qa\cdot a=-qa^2$,画抛物线$C'E'D'$。D点的集中力不影响弯矩的连续性。DB段梁的剪力图为正的水平线,则弯矩图是斜率为正的直线,梁右端的弯矩为$-qa^2+qa\cdot a=0$,回复到零值,画斜直线$D'B$(如图5-38(c)所示)。

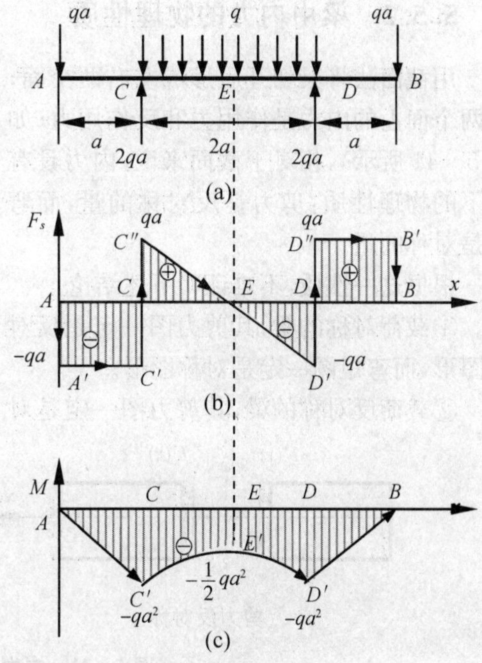

图5-38 例5-6的剪力图和弯矩图

例5-7 作图5-39所示梁的剪力图和弯矩图。

解:①求支反力。

$\sum m_B=0, 6R_C-2\times7-8-1\times4\times2=0, R_C=5\ \text{kN}$

$\sum F_y=0, R_C+R_B-2-1\times4=0, R_B=1\ \text{kN}$

②作剪力图。

剪力图从梁左端A处的零点开始,在A点向下跳至-2 kN,AC段是-2 kN的水平线,C点处向上跳至3 kN,CD段是3 kN的水平线,DB段是斜率为负的一条直线,B点左侧的值是$3-1\times4=-1$ kN,B点处向上跳回到零点(如图5-40(b)所示)。

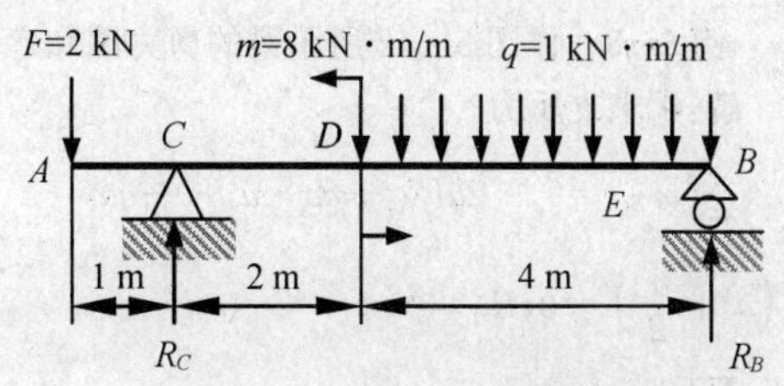

图5-39 例5-7图

③作弯矩图。

弯矩图从梁左端A处的零点开始,AC段是斜率为负的一条直线，C 点的值是 $-2\times1=-2$ kN·m，CD 段是斜率为正的一条直线，D 点左侧的值是 $-2+3\times2=4$ kN·m，D 点右侧的值是 $4-8=-4$ kN·m，DB 段是向上凸的抛物线，在离右端 1 m 处有一极值，为 $-4+\frac{1}{2}\times3\times3=0.5$ kN·m，梁右端 B 处的值是 $0.5-\frac{1}{2}\times1\times1=0$，回复到零点(如图 5－40(c)所示)。

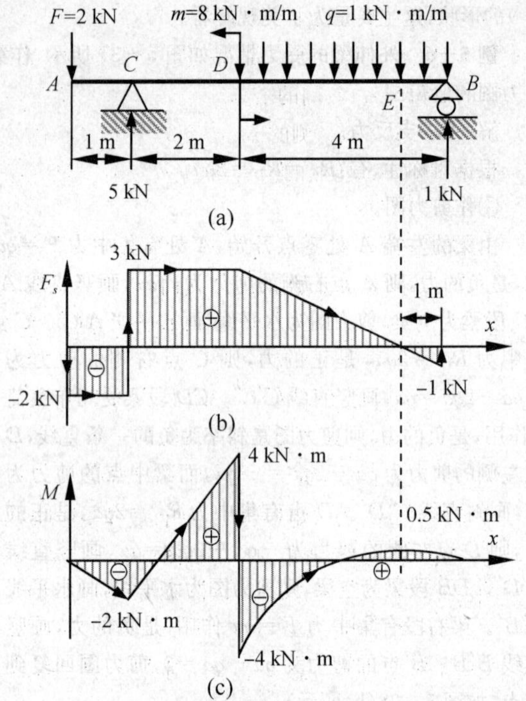

图 5－40　例 5－7 的剪力图和弯矩图

5.5.2　梁中内力的物理性质

用截面法将梁切开后形成左右两个面，这两个面上的内力是作用力和反作用力(如图 5－41 所示)，相对于截面来说，内力具有如下的物理性质：剪力是反对称的量，而弯矩是对称的量。

根据这一性质，不难证明下述结论：

①载荷对称的梁，其剪力图一定是反对称图形，而弯矩图一定是对称图形。

②载荷反对称的梁，其剪力图一定是对称图形，而弯矩图一定是反对称图形。

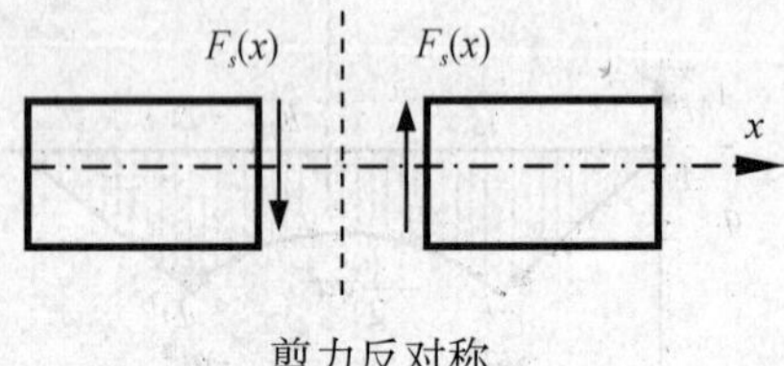

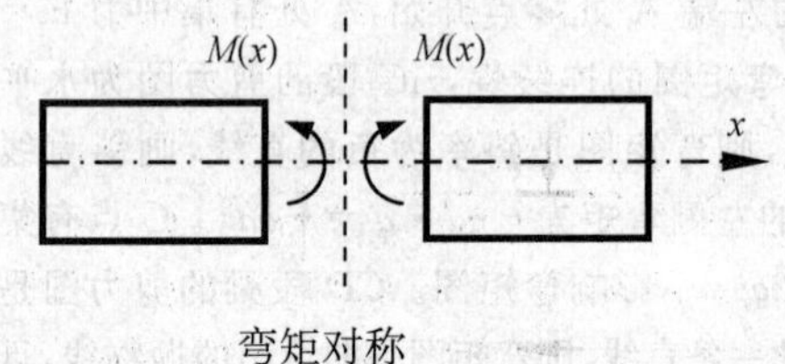

图 5－41　内力的对称性和反对称性

注意，作用在梁上的载荷(包括支反力)，如果是对称或反对称的，则称为**载荷对称梁**或**载荷反对称梁**。而严格意义上的对称或反对称梁是载荷(包括支反力)对称或反对称同时约束也对称或反对称的梁。所以，载荷对称梁或载荷反对称梁的约束不一定是对称或反对称的。

根据上述结论，对于载荷对称或反对称梁，只需要作出一半梁的剪力图和弯矩图，而另一半梁的剪力图和弯矩图直接对称或反对称过去即可。例 5－6 中的梁就是一严格意义上的对称梁，当然也是载荷对称梁，所以其剪力图是反对称图形(如图 5－38(b)所示)，而弯矩图是对称图形(如图 5－38(c)所示)。

例 5－8　作图 5－42 所示梁的剪力图和弯矩图。

解：①求支反力。

$$\sum m_B=0,\quad 2aR_A+qa\cdot a+\frac{1}{2}qa^2-qa\left(a+\frac{a}{2}\right)=0,R_A=0$$

$$\sum F_y=0,\quad qa+qa-qa-R_B=0,R_B=qa$$

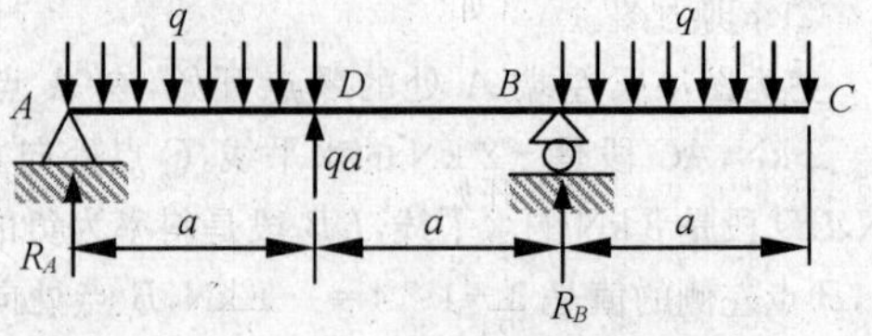

图 5－42　例 5－8 图

可见，梁是载荷对称梁(如图 5－43(a)所示)，但约束或支承不对称。

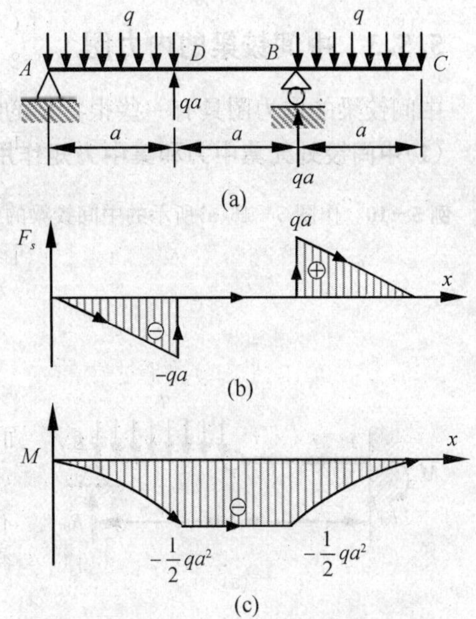

图 5-43 例 5-8 的剪力图和弯矩图

②作剪力图。

从梁左端的零点开始，AD 段是斜率为负的直线，D 点左侧的值为 $-qa$，右侧的值为 $-qa+qa=0$。DB 段是为零的水平线。B 点右侧的值为 $0+qa=qa$，BC 段是与 AD 段平行的直线，C 点的值为 $qa-qa=0$，回复到零点（如图 5-43(b)所示）。

③作弯矩图。

从梁左端的零点开始，AD 段是向上凸的抛物线，D 点的值为 $-\frac{1}{2}qa\cdot a=-\frac{1}{2}qa^2$。$DB$ 段是值为 $-\frac{1}{2}qa^2$ 的水平线。BC 段是向上凸的抛物线，C 点的值为 $-\frac{1}{2}qa^2+\frac{1}{2}qa^2=0$，回复到零点（如图 5-43(c)所示）。

由梁的剪力图和弯矩图可以看出，载荷对称梁的剪力图是反对称图形，而弯矩图是对称图形。

例 5-9 作图 5-44 所示梁的剪力图和弯矩图。

解：①求支反力。

该梁是典型的严格意义上的反对称梁，所以由平衡方程，有：$R_A=R_B$，$2aR_A=2qa\cdot\frac{a}{2}$，$R_A=R_B=\frac{qa}{2}$。

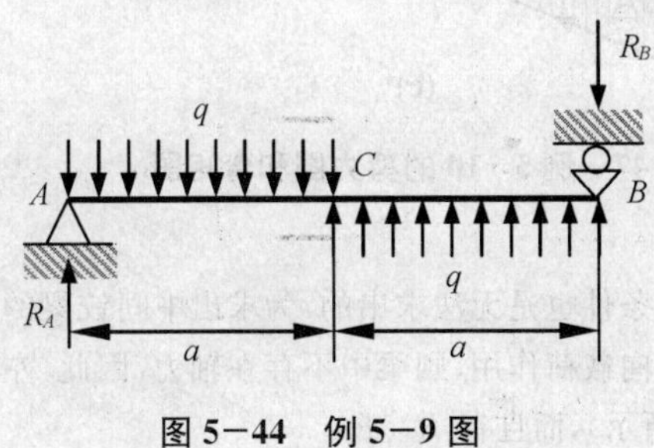

图 5-44 例 5-9 图

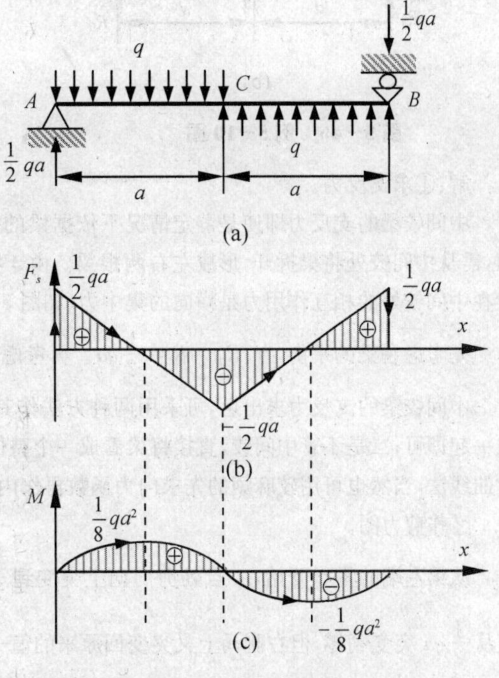

图 5-45 例 5-9 的剪力图和弯矩图

②作剪力图。

从梁左端的零点开始，F_s 向上跳至 $\frac{1}{2}qa$，AC 段是斜率为负的直线，C 点左侧的剪力为 $\frac{1}{2}qa-qa=-\frac{1}{2}qa$，$CB$ 段是斜率为正的直线，B 点左侧的剪力为 $-\frac{1}{2}qa+qa=\frac{1}{2}qa$，$B$ 点剪力为 $\frac{1}{2}qa-\frac{1}{2}qa=0$，回复到零点（如图 5-45(b)所示）。

③作弯矩图。

从梁左端的零点开始，左半梁为向上凸的抛物线，在左半梁中点有极值 $\frac{1}{2}\cdot\frac{1}{2}qa\cdot\frac{a}{2}=\frac{1}{8}qa^2$，梁中点的弯矩值为 $\frac{1}{8}qa^2-\frac{1}{2}\cdot\frac{1}{2}qa\cdot\frac{a}{2}=0$，右半梁为向下凸的抛物线，在右半梁中点有极值 $-\frac{1}{2}\cdot\frac{1}{2}qa\cdot\frac{q}{2}=-\frac{1}{8}qa^2$，梁右端的弯矩值为 $-\frac{1}{8}qa^2+\frac{1}{2}\cdot\frac{1}{2}qa\cdot\frac{q}{2}=0$，回复到零点（如图 5-45(c)所示）。

由梁的剪力图和弯矩图可以看出，载荷反对称梁的剪力图是对称图形，而弯矩图是反对称图形。

5.5.3 中间铰梁的内力图

中间铰梁的内力图具有一些很特别的特征，下面分两种情况以例题说明。

(1)中间铰处无集中力和集中力矩作用

例 5－10 作图 5－46(a)所示的中间铰梁的剪力图和弯矩图。

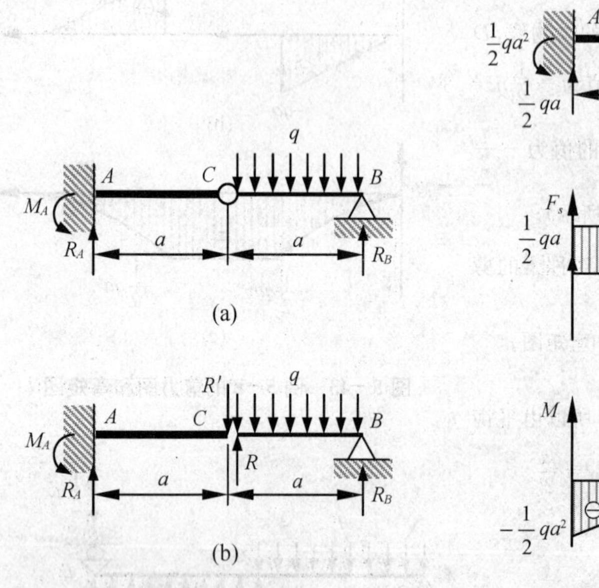

图 5－46 例 5－10 图

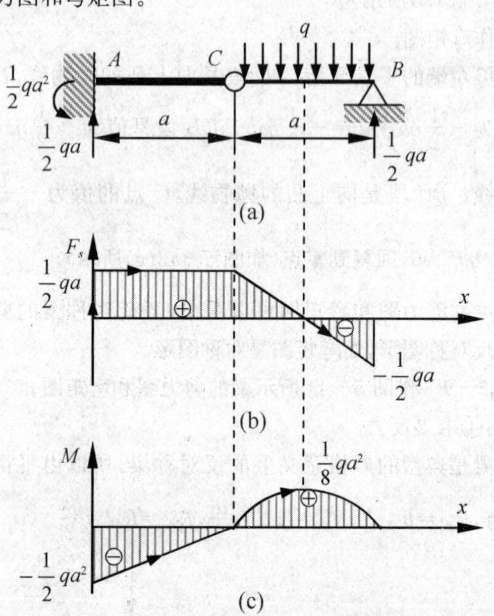

图 5－47 例 5－10 的剪力图和弯矩图

解：①求支反力。

中间铰梁的支反力即使是静定情况下依据梁的整体平衡条件也是无法求出的，为求出中间铰梁的支反力，需从中间铰处将梁拆开，形成左右两根梁。由于梁只受横向载荷作用，则梁中不存在轴力，因此，左右两梁在中间铰处的相互作用力是横向的集中力(如图 5－46(b)所示)，而且有：$R=R'$。

先考虑右梁的平衡，有：$R_B=R=\frac{1}{2}qa$。再考虑左梁的平衡，有：$R_A=R=\frac{1}{2}qa$，$M_A=Ra=\frac{1}{2}qa^2$。

中间铰梁的支反力求出后，可采用两种方法作其内力图：一是分别作左右两梁的内力图，然后将它们凑在一起即可；二是不管中间铰，直接将梁看成一个整体作内力图。中间铰梁内力图的作法依然采用简便的连续曲线法，当然也可用较麻烦的先求内力函数再作内力图的方法。

②作剪力图。

从梁左端的零点开始，A 点处剪力向上突变到$\frac{1}{2}qa$，AC 段是值为$\frac{1}{2}qa$ 的水平线。中间铰 C 处左侧的值从$\frac{1}{2}qa$ 突变到零，但右侧马上又突变回原来的值$\frac{1}{2}qa$，可见，中间铰 C 的存在并不影响剪力图的连续性。右梁是斜率为负的直线，在梁右端 B 点左侧的值为$\frac{1}{2}qa-qa=-\frac{1}{2}qa$，右侧值为$-\frac{1}{2}qa+\frac{1}{2}qa=0$，回复到零点(如图 5－47(b)所示)。

③作弯矩图。

从梁左端的零点开始，A 点处弯矩向下突变到$-\frac{1}{2}qa^2$，AC 段是斜率为正的直线，中间铰 C 处的值为$-\frac{1}{2}qa^2+\frac{1}{2}qa\cdot a=0$。右梁是向上凸的抛物线，且在右梁的中点有一极大值为 $0+\frac{1}{2}\cdot\frac{1}{2}qa\cdot\frac{1}{2}a=$

$\frac{1}{8}qa^2$，梁右端的值为$\frac{1}{8}qa^2-\frac{1}{8}qa^2=0$，回复到零点(如图 5－47(c)所示)。

中间铰梁在中间铰处无集中力和集中力矩作用时，有如下结论：

a. 中间铰不影响剪力图。

b. 中间铰处的弯矩为零。

由上面的例题可看出，实质上中间铰梁的剪力图和弯矩图就是左梁和右梁的剪力图和弯矩图凑在一起的图形。

（2）中间铰处有集中力或集中力矩作用

例 5－11　作图 5－48(a)所示的中间铰梁的剪力图和弯矩图。

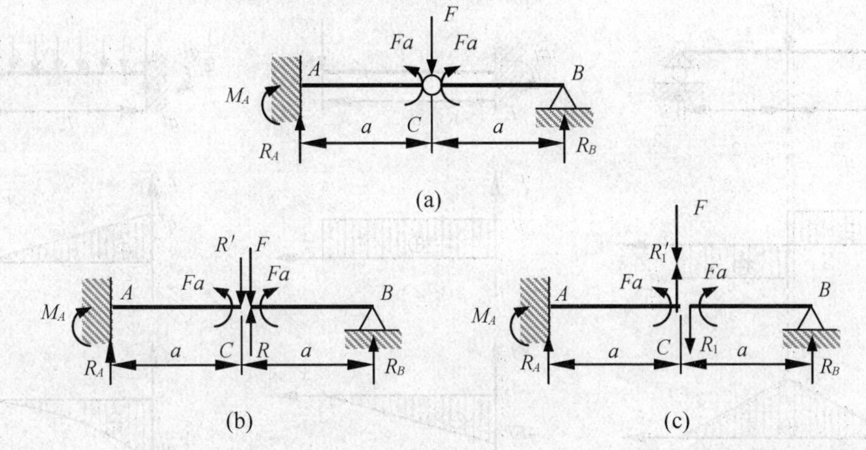

图 5－48　例 5－11 图

解：①求支反力。

中间铰处如果作用有集中力或集中力矩时，集中力可以放在左梁，也可以放在右梁上(如图 5－48(b)、(c)所示)，但集中力矩不能如此处理，必须说明是作用在左梁上还是作用在右梁上靠近中间铰处。

如果将集中力放在右梁上(如图 5－48(b)所示)，有：

右梁：$\sum m_C=0, R_Ba=Fa, R_B=F, \sum F_y=0, R_B+R=F, R=R'=0$

左梁：$\sum m_A=0, M_A=Fa, \sum F_y=0, R_A=0$

如果将集中力放在左梁上(如图 5－48(c)所示)，有：

右梁：$\sum m_C=0, R_Ba=Fa, R_B=F, \sum F_y=0,$
$R_B=R_1, R_1=R_1'=F$

左梁：$\sum m_A=0, M_A=Fa, \sum F_y=0, R_A=0$

可见，集中力放在左梁或放在右梁上并不影响梁的支反力，而且也不影响梁的内力。

②作剪力图。

从梁左端的零点开始，AC 段是值为零的水平线。中间铰 C 处的值突变到 $-F$。右梁是值为 $-F$ 的水平线，在梁右端 B 点左侧的值为 $-F$，B 点值为 $-F+F=0$，回复到零点(如图 5－49(b)所示)。

③作弯矩图。

从梁左端的零点开始，A 点的值由零突变到 Fa，AC 段是值为 Fa 的水平线。中间铰 C 处左侧的值由 Fa 突

(a)

(b)

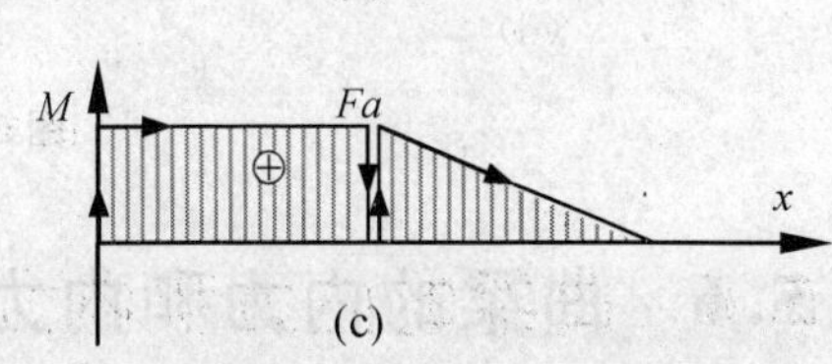

(c)

图 5－49　例 5－11 的剪力图和弯矩图

变到零，但右侧马上又突变回 Fa。右梁是斜率为负的直线，梁右端的值为 $Fa-Fa=0$，回复到零点（如图5－49(c)所示）。

中间铰梁在中间铰处有集中力或集中力矩作用时，有如下结论：

a. 中间铰处的集中力可以任意放在左梁或右梁上，而且中间铰不影响剪力图。

b. 中间铰处的集中力矩不可随意放在左梁或右梁上，一定需要说明集中力矩是从哪边靠近中间铰，此时，一般情况下中间铰处的左右截面上弯矩不为零。

5.5.4　常见梁的内力图

图5－50中各图是一些常见梁的剪力图和弯矩图。

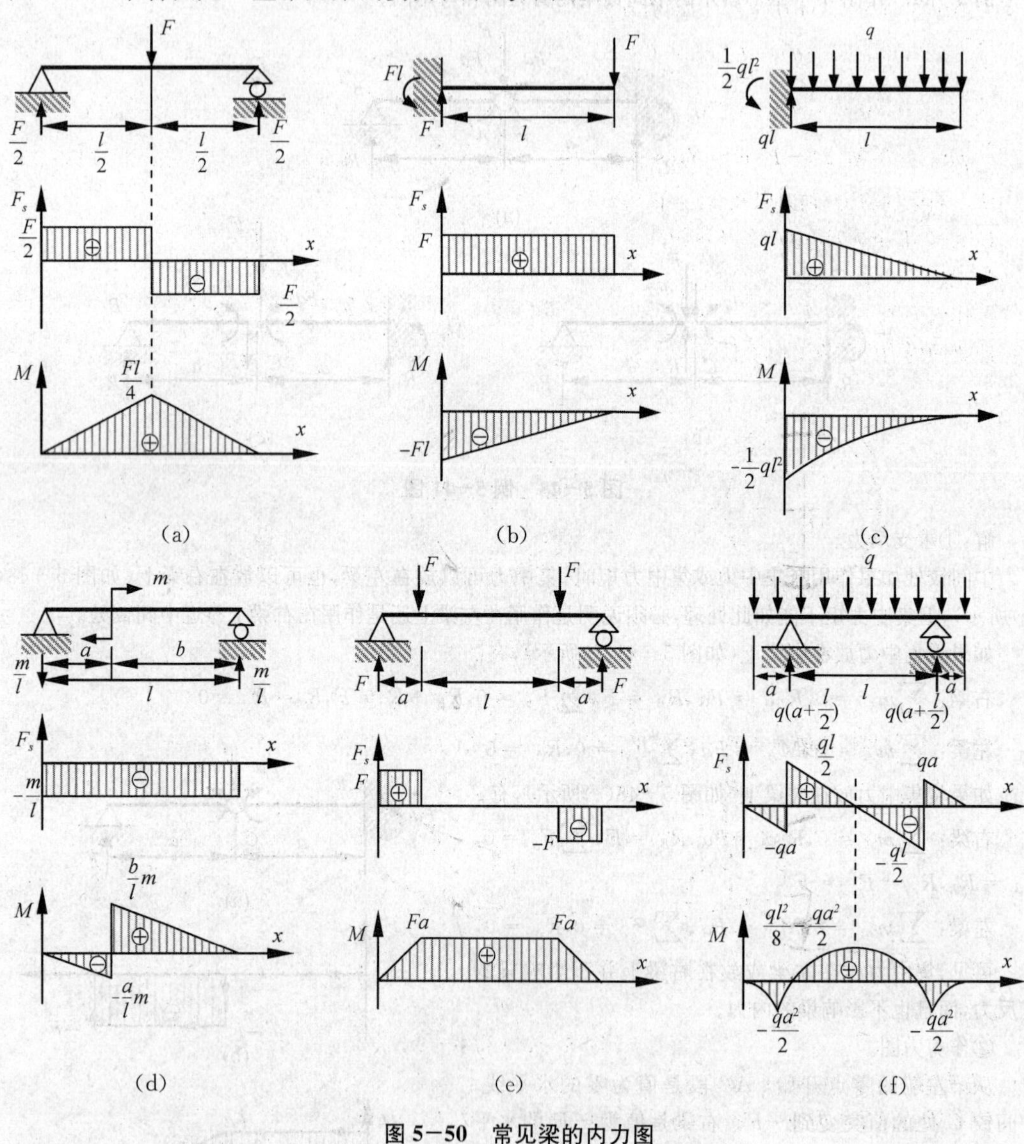

图5－50　常见梁的内力图

5.6　曲梁的内力和内力图

曲梁中的内力比直梁中的内力更为复杂，一般情况下，平面曲梁中的内力分量通常有三个，即轴力 F_N、剪力 F_s 和弯矩 M，而且一般是曲梁轴线坐标的函数。空间曲梁的内力除了前述三个外，往往横截面上还存在扭矩 T，因此，空间曲梁中通常有四个内力分量。

5.6.1　弧形梁的内力

弧形梁的内力和内力图一般需采用截面法求内力函数再作内力图的方法才能解决。

例 5－12　剪开的圆环受一对集中力作用(如图 5－51(a)所示)，求圆环的内力并作内力图。

解：①求内力函数。

以曲梁的轴线为弧坐标 s，弧角 θ 为变量，则 $s=R\theta$。在任意点 D 处将曲梁从横截面上截开，则 AD 段梁的受力情况如图 5－51(b)所示。由平衡方程，有：

$$\sum F_n = 0,\ -F_s(\theta) + F\sin\theta = 0$$

$$\sum F_\tau = 0,\ -F_N(\theta) - F\cos\theta = 0$$

$$\sum m_D = 0, M(\theta) - F(R - R\cos\theta) = 0$$

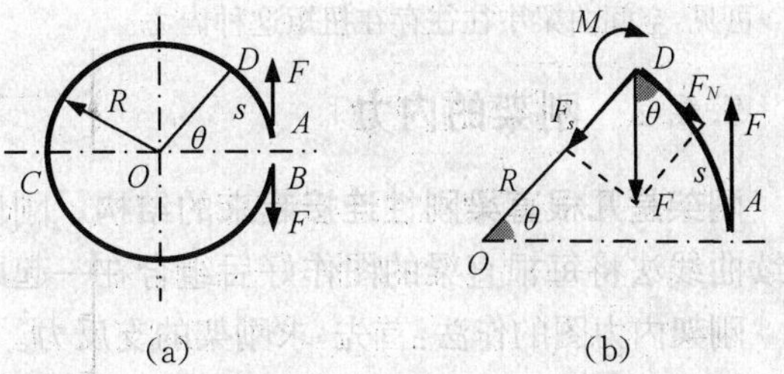

所以曲梁的剪力、轴力以及弯矩函数分别为

$F_s(\theta)=F\sin\theta, F_N(\theta)=-F\cos\theta$，

$M(\theta)=FR(1-\cos\theta)$

②作内力图。

曲梁的内力图如图 5－52 所示。

图 5－51　例 5－12 图

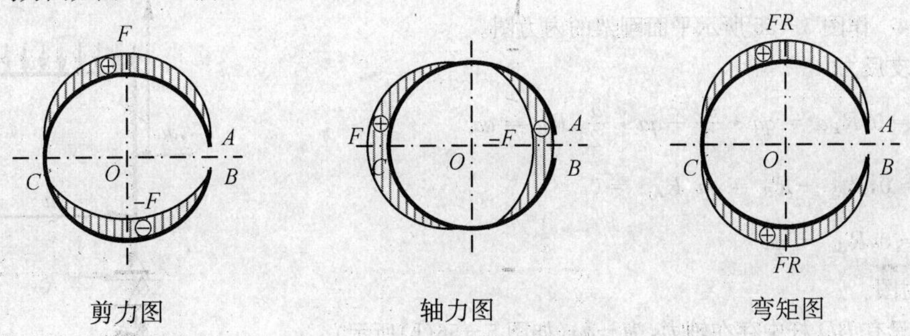

图 5－52　例 5－12 的内力图

例 5－13　圆弧形梁受垂直于轴线平面的集中力作用(如图 5－53(a)所示)，求梁中的内力，并作内力图。

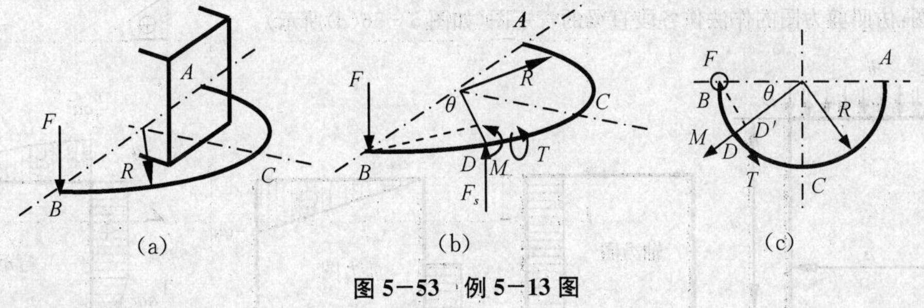

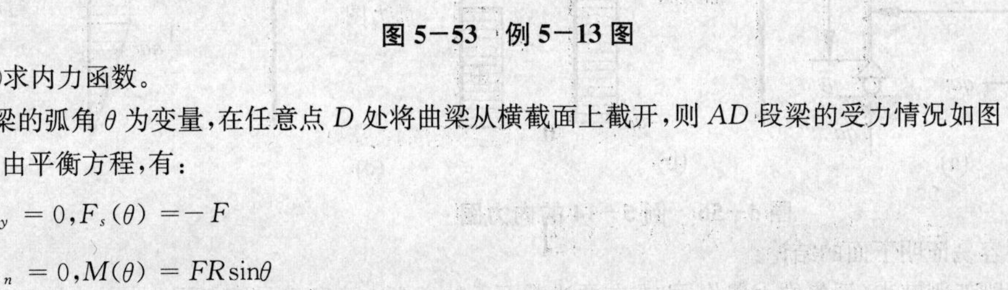

图 5－53　例 5－13 图

解：①求内力函数。

以曲梁的弧角 θ 为变量，在任意点 D 处将曲梁从横截面上截开，则 AD 段梁的受力情况如图 5－53(b)、(c)所示。由平衡方程，有：

$$\sum F_y = 0, F_s(\theta) = -F$$

$$\sum m_n = 0, M(\theta) = FR\sin\theta$$

$$\sum m_\tau = 0, T(\theta) = F(R - R\cos\theta) = FR(1-\cos\theta)$$

②作内力图。

曲梁的内力图如图 5－54 所示。

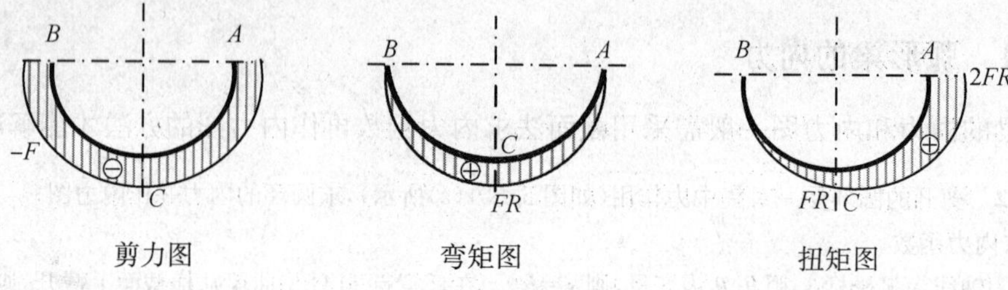

图 5－54　例 5－13 的内力图

可见,空间曲梁中往往存在扭矩这种内力。

5.6.2　刚架的内力

刚架是几根直梁刚性连接起来的结构。刚性连接处称为**刚节点**,而刚架的内力图可根据连续曲线法将每根直梁的图作好后组合在一起即可。

刚架内力图的作法:首先,求刚架的支反力。然后,观察者进入刚架内侧,以刚架轮廓为坐标横轴,从左到右逐根直梁采用连续曲线法作图。内力图在刚架的外侧为正,内侧为负。平面刚架的内力图通常有轴力、剪力和弯矩图,而空间刚架的内力图通常有轴力、剪力、弯矩和扭矩图。

例 5－14　作图 5－55 所示平面刚架的内力图。

解:①求支反力。

$$\sum m_A = 0, R_B a = qa \cdot \frac{a}{2} + qa \cdot \frac{a}{2}, R_B = qa$$

$$\sum F_y = 0, R_{Ay} + R_B = qa, R_{Ay} = 0$$

$$\sum F_x = 0, R_{Ax} = qa$$

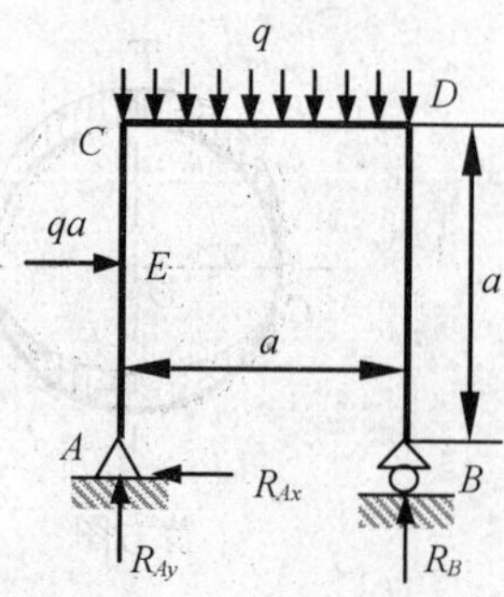

图 5－55　例 5－14 图

②作内力图。

轴力图:只有 BD 杆中存在轴力,为 $-qa$(如图 5－56(b)所示)。

剪力图:观察者在刚架内侧面对 AC 梁,按连续曲线法作其剪力图,再面对 CD 梁和 BD 梁作图(如图 5－56(c)所示)。

弯矩图:仿照剪力图的作法作各段直梁的弯矩图(如图 5－56(d)所示)。

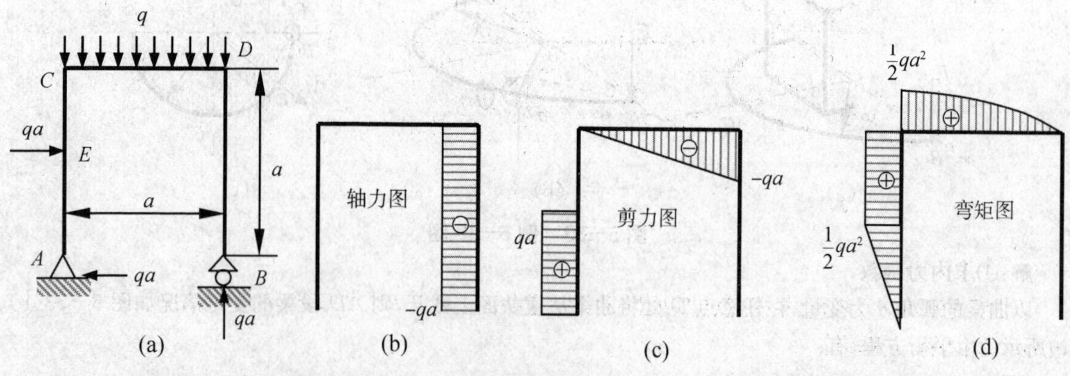

图 5－56　例 5－14 的内力图

可以很容易证明下面的结论:

①平面刚架刚节点(无集中力偶作用)左右两边截面上的弯矩大小和符号都相同。

②平面刚架直角型刚节点(无集中力作用)左边(右边)截面上的轴力等于右边(左边)截面上的剪力。

例 5－15　作图 5－57(a)所示空间刚架的内力图。

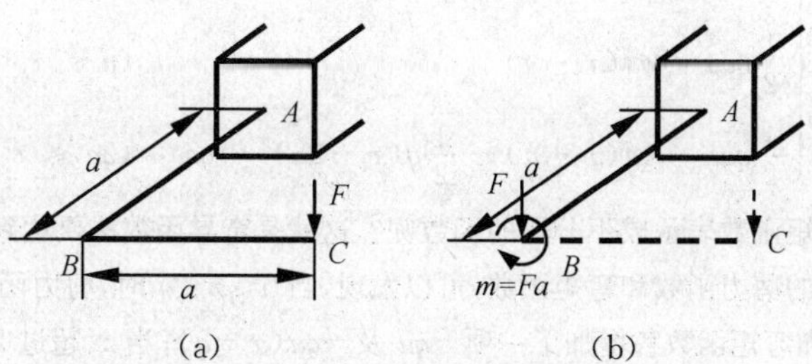

图 5－57　例 5－15 图

解：显然，BC 梁相当于在自由端受集中力 F 作用的悬臂梁，AB 梁端头受集中力 F 和扭矩 $m=Fa$ 作用(如图 5－57(b)所示)。梁中有剪力、弯矩和扭矩三种内力，内力图如图 5－58 所示。

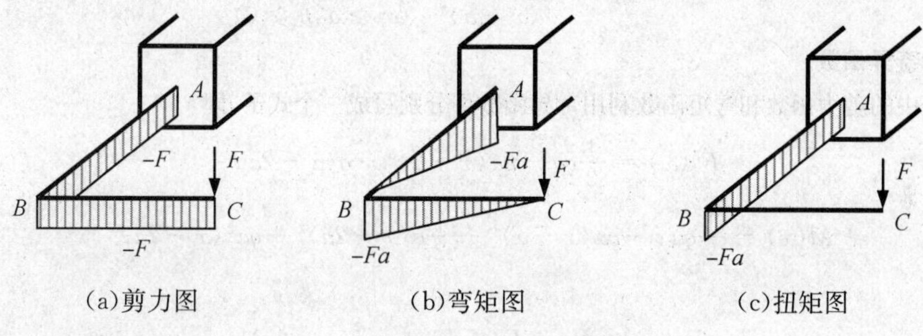

图 5－58　例 5－15 的内力图

5.7* 求梁内力函数的奇异函数法

5.7.1 奇异函数的定义

当梁分很多段的情况下，用截面法求出的内力函数往往是分段函数，例如图 5－59 所示简支梁，其剪力函数和弯矩函数都是分成三段的分段函数。

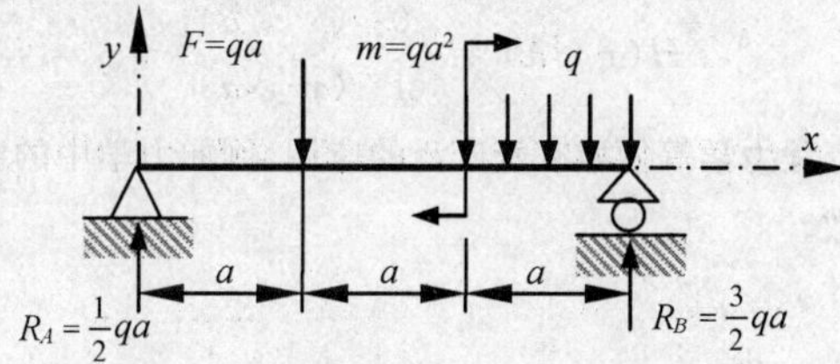

图 5－59　简支梁受复杂载荷作用

剪力函数如下：

$$F_s(x)=\begin{cases}\dfrac{1}{2}qa & (0\leqslant x\leqslant a)\\ \dfrac{1}{2}qa-qa & (a\leqslant x\leqslant 2a)\\ \dfrac{1}{2}qa-qa-q(x-2a) & (2a\leqslant x\leqslant 3a)\end{cases}$$

弯矩函数如下：

$$M(x)=\begin{cases}\frac{1}{2}qax & (0\leqslant x\leqslant a)\\ \frac{1}{2}qax-qa(x-a) & (a\leqslant x\leqslant 2a)\\ \frac{1}{2}qax-qa(x-a)-\frac{1}{2}q(x-2a)^2+qa^2 & (2a\leqslant x\leqslant 3a)\end{cases}$$

能否将剪力函数和弯矩函数表示成不分段的函数呢？这就是奇异函数法要达到的目的。

仔细观察上述例子中的剪力函数和弯矩函数，可以发现，当$0\leqslant x\leqslant a$时，剪力函数和弯矩函数只有一项；当x超过a时，剪力函数和弯矩函数各增加了一项$-qa$及$-qa(x-a)$；当x超过$2a$时，剪力函数又增加了一项$-q(x-2a)$，而弯矩函数也增加了一项$-\frac{1}{2}q(x-2a)^2$以及一项常数项qa^2。

为了将剪力函数和弯矩函数写成不分段的函数，可以定义如下特殊函数：

$$\langle x-a\rangle^n=\begin{cases}0 & (x<a)\\ (x-a)^n & (x\geqslant a,n\geqslant 0)\end{cases} \tag{5-8}$$

这个函数称为**奇异函数**。

上述例子中的剪力函数和弯矩函数利用奇异函数可分别写成一个式子，即

$$F_s(x)=\frac{1}{2}qa-qa\langle x-a\rangle^0-q\langle x-2a\rangle^1$$

$$M(x)=\frac{1}{2}qax-qa\langle x-a\rangle^1-\frac{1}{2}q\langle x-2a\rangle^2+qa^2\langle x-2a\rangle^0$$

或写为

$$F_s(x)=R_A-F\langle x-a\rangle^0-q\langle x-2a\rangle^1$$

$$M(x)=R_Ax-F\langle x-a\rangle^1-\frac{1}{2}q\langle x-2a\rangle^2+m\langle x-2a\rangle^0$$

5.7.2 奇异函数的性质

奇异函数的性质如下：

①奇异函数$\langle x-a\rangle^n$在$x<a$时都为零，即具有"管后不管前"的性质。

②奇异函数的写法$\langle x-a\rangle^n$不可拆分，是一个整体表达形式。

③当$n=0$时，奇异函数是单位阶跃函数，或称为 Heaviside 单位阶跃函数，通常写为

$$H(x-a)=\begin{cases}0 & (x<a)\\ 1 & (x\geqslant a)\end{cases} \tag{5-9}$$

该函数在电工电子学以及工程力学等领域有着广泛的应用，例如力学中的突加载荷问题，电工学中的突加电压问题等均会应用到该函数。

④微分性质。

$$\frac{\mathrm{d}}{\mathrm{d}x}\langle x-a\rangle^n=n\langle x-a\rangle^{n-1}\quad(n\geqslant 1) \tag{5-10}$$

⑤积分性质。

$$\int\langle x-a\rangle^n\mathrm{d}x=\frac{1}{n+1}\langle x-a\rangle^{n+1}+C\quad(n\geqslant 0) \tag{5-11}$$

根据梁的微分方程，应有：$\frac{\mathrm{d}M}{\mathrm{d}x}=F_s(x)$，$\frac{\mathrm{d}F_s}{\mathrm{d}x}=q(x)$，如果引用奇异函数，由上面的例子可看出，在求载荷函数时将遇到剪力项的微分$\frac{\mathrm{d}}{\mathrm{d}x}\langle x-a\rangle^0$，其对应的载荷是集中力，那么如何将梁上所有的载荷也写成分布载荷形式呢？注意到集中力矩这种载荷只影响弯矩函数，而对剪力函数没有影响，所以在写载荷函数时可以不考虑，但集中力必须考虑。为了解决这个问题，可引进如下一个特殊函数：

$$\delta(x-a)=\langle x-a\rangle^{-1}=\begin{cases}\infty & (x=a)\\ 0 & (x\neq a)\end{cases} \tag{5-12}$$

即著名的 δ 函数，该函数在许多科学领域都有广泛的应用，它的主要用途是将某种集中作用的量用分布函数 $\langle x-a\rangle^{-1}$ 的形式表示出来。材料力学中梁上的集中力就是集中作用的量，采用 δ 函数就可表示成类似分布载荷的形式，即作用在 $x=a$ 处的集中力 F 可写成分布载荷形式 $q_F(x)=F\langle x-a\rangle^{-1}$，这样，梁上的载荷就可以全部表示成分布载荷形式(集中力矩在写弯矩函数时才考虑)。

δ 函数的微积分性质如下：

$$\frac{\mathrm{d}}{\mathrm{d}x}\langle x-a\rangle^{0}=\langle x-a\rangle^{-1} \tag{5-13}$$

$$\int\langle x-a\rangle^{-1}\mathrm{d}x=\langle x-a\rangle^{0}+C \tag{5-14}$$

根据上述分析，图 5－59 所示梁的载荷函数可写为

$$q(x)=\frac{1}{2}qa\langle x-0\rangle^{-1}-qa\langle x-a\rangle^{-1}-q\langle x-2a\rangle^{0}$$

将其积分即可得到剪力函数，将剪力函数积分再加上梁上的集中力矩就可得到弯矩函数。

5.7.3　奇异函数法求梁的内力

利用奇异函数求梁内力函数的步骤如下：

①利用梁的整体平衡方程求支反力，支反力和梁上的外载荷同等对待。

②梁上载荷的正负号规定采用 5.1 节中的规定。

③书写梁的载荷函数 $q(x)$ 时，集中力表示为 $F\langle x-a\rangle^{-1}$，分布载荷的表示分两种情况，如图 5－60 所示。

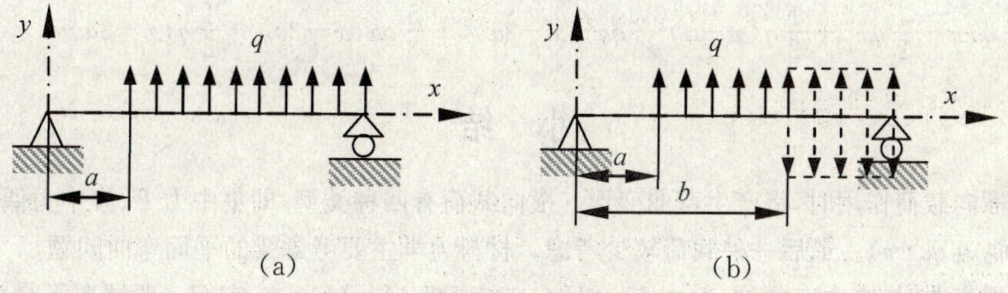

图 5－60　分布载荷的处理

a. 分布载荷从 $x=a$ 一直作用到梁的右端(如图 5－60(a)所示)，可表示为 $q\langle x-a\rangle^{0}$。

b. 分布载荷从 $x=a$ 作用到 $x=b$，可将其延展到梁的右端，然后从 $x=b$ 到梁的右端反方向作用相同变化规律的载荷(如图 5－60(b)所示)。所以，可表示为 $q\langle x-a\rangle^{0}-q\langle x-b\rangle^{0}$。

梁右端的集中力可以不写入 $q(x)$。

④将载荷函数 $q(x)$ 积分，可得剪力函数 $F_s(x)$，此次积分的积分常数为零。

⑤将剪力函数 $F_s(x)$ 积分，可得弯矩函数 $M(x)$，若梁上无集中力矩作用，则积分常数为零；若有 k 个集中力矩作用，则积分常数为 $\sum_k m_k\langle x-a_k\rangle^{0}$，其中，$a_k$ 是集中力矩作用点的坐标。梁右端的集中力矩可以不写入 $M(x)$。

需特别注意的是，在写载荷函数和集中力矩时，载荷的正负号一定要按照 5.1 节中的规定来写，不能错误。

利用奇异函数求梁内力函数的优点：一是简单明了，内力函数不用分段；二是非常规范，利于计算机编程；三是无需使用截面法，避开了用截面法求解平衡方程的繁琐过程。因此，求梁内力的奇异函数法不失为一种较好的可供选择的方法。

例 5−16　求图 5−61 所示梁的内力函数。

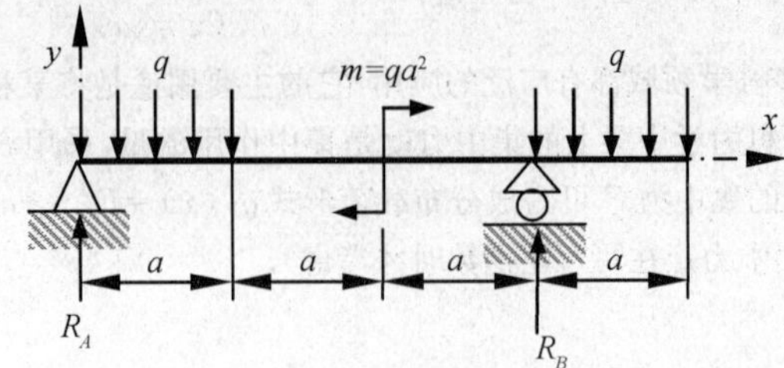

图 5−61　例 5−16 图

解:①求支反力。

$$\sum m_A = 0, 3aR_B = \frac{1}{2}qa^2 + qa^2 + \left(3+\frac{1}{2}\right)qa^2, R_B = \frac{5}{3}qa$$

$$\sum F_y = 0, R_A + R_B = 2qa, R_A = \frac{1}{3}qa$$

②写载荷函数。

$$q(x)=\frac{1}{3}qa\langle x-0\rangle^{-1}-q\langle x-0\rangle^{0}+q\langle x-a\rangle^{0}+\frac{5}{3}qa\langle x-3a\rangle^{-1}-q\langle x-3a\rangle^{0}$$

③求内力函数。

将载荷函数积分一次可得剪力函数,即

$$F_s(x)=\frac{1}{3}qa-qx+q\langle x-a\rangle+\frac{5}{3}qa\langle x-3a\rangle^{0}-q\langle x-3a\rangle$$

将剪力函数积分一次并加上集中力矩可得弯矩函数,即

$$M(x)=\frac{1}{3}qax-\frac{1}{2}qx^2+\frac{1}{2}q\langle x-a\rangle^2+qa^2\langle x-2a\rangle^0+\frac{5}{3}qa\langle x-3a\rangle-\frac{1}{2}q\langle x-3a\rangle^2$$

小　结

1. 当梁受横向载荷作用时,将产生弯曲变形。横向载荷有四种类型,即集中力 F、集中力偶 m、分布载荷 $q(x)$和分布力偶矩 $q_m(x)$。最后一种载荷较少考虑。材料力学主要考虑梁的平面弯曲问题。

2. 梁在平面弯曲时,内力有两种:剪力 $F_s=F_s(x)$和弯矩 $M=M(x)$。它们一般情况下是梁轴线坐标 x 的函数,分别称为剪力函数和弯矩函数,统称为梁的内力函数,可采用截面法求出。剪力以其矢量方向到其所作用截面的外法线方向为逆时针转动时为正,相反时为负;弯矩以向上弯为正,向下弯为负。$F_s(x)$和 $M(x)$在梁中的分布规律一般情况下十分复杂,很多时候是梁轴线坐标 x 的分段函数。

3. $F_s(x)$和 $M(x)$的图形分别称为梁的剪力图和弯矩图,统称为梁的内力图。梁的内力图的第一种作法是采用截面法求出内力函数后再作图,但这种作图方法十分繁琐。

4. 梁的微分方程:$q=\frac{\mathrm{d}F_s}{\mathrm{d}x}, F_s=\frac{\mathrm{d}M}{\mathrm{d}x}$(无分布力偶矩)。

通过梁的微分方程可由梁上的载荷直接判别梁中内力函数 $F_s(x)$和 $M(x)$的变化规律。

5. 梁的积分方程:$F_{sB}=F_{sA}+\int_A^B q(x)\mathrm{d}x, M_B=M_A+\int_A^B F_s(x)\mathrm{d}x$ (AB 梁段上只有分布载荷作用)。

$F_{sB}=F_{sA}+\sum F_i+\int_A^B q(x)\mathrm{d}x, M_B=M_A+\sum m_i+\int_A^B F_s(x)\mathrm{d}x$ (AB 梁段上作用任意横向载荷,但无分布力偶矩)。

通过梁的积分方程可计算梁在某些特殊截面上的剪力值和弯矩值。

6. 作梁内力图的连续曲线法:确定梁的支反力,并将其与梁上的载荷一样看待;剪力图和弯矩图在梁的左端从零值开始;根据梁的微分方程判断剪力图和弯矩图的变化规律,用连续曲线作梁的剪力图和弯矩图;根据梁的积分方程,通过计算载荷图和剪力图的面积,确定剪力和弯矩在某些特殊截面上的值;剪力图和弯矩图在梁的右端应回复到零值。剪力图和弯矩图均为“从零开始到零结束的连续曲线”。

思考题五

1. 梁受横向载荷作用时，内力符号规定的原则与外力符号规定的原则有什么不同？

2. 梁的微分方程 $q=\frac{\mathrm{d}F_s}{\mathrm{d}x}$，$F_s=\frac{\mathrm{d}M}{\mathrm{d}x}$ 是在考虑什么载荷的前提下导出的？如果有其他类型的载荷，该如何处理？

3. 梁的弯矩的极值一般产生在什么位置？

4. 在集中力和集中力偶作用处，梁的剪力图和弯矩图有什么特点？

5. 某梁分别承受 A、B 两组载荷作用，A 组载荷只比 B 组载荷多了一个集中力偶，有人认为在作剪力图时，由于集中力偶不影响剪力图，因此，对应于两组载荷的剪力图是完全一样的。这种看法正确吗？为什么？

6. 某梁的弯矩图如图所示，则梁受哪些载荷作用？这些载荷作用在什么位置？

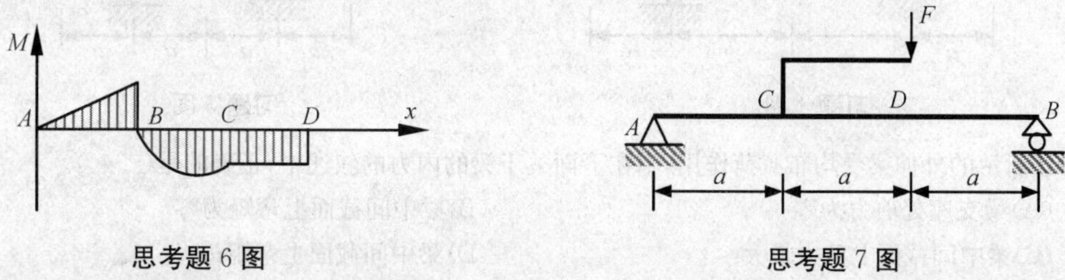

思考题6图　　思考题7图

7. 如图所示，简支梁 AB 上有一支架，载荷 F 作用在支架的自由端处，在求梁的支反力时，可以将 F 沿其作用线平移到梁上的 D 处吗？在求梁的剪力和弯矩时，是否也可以将 F 平移到 D 处？

8. 梁的积分方程 $F_{sB}=F_{sA}+\int_A^B q(x)\mathrm{d}x$，$M_B=M_A+\int_A^B F_s(x)\mathrm{d}x$ 是在什么条件下导出的？梁的某些特殊截面上的剪力和弯矩值如何计算？

9. 梁的一般积分方程 $F_{sB}=F_{sA}+\sum F_i+\int_A^B q(x)\mathrm{d}x$，$M_B=M_A+\sum m_i+\int_A^B F_s(x)\mathrm{d}x$ 中为什么会有 $\sum F_i$、$\sum m_i$ 项？计算时应注意些什么？

10. 载荷对称梁和载荷反对称梁的剪力图和弯矩图各有什么特点？

11. 如图所示的中间铰梁，载荷 F 作用在中间铰处，则梁左端支座会引起支反力吗？梁左半部会引起内力吗？梁左半部会引起变形吗？梁左半部会引起位移吗？

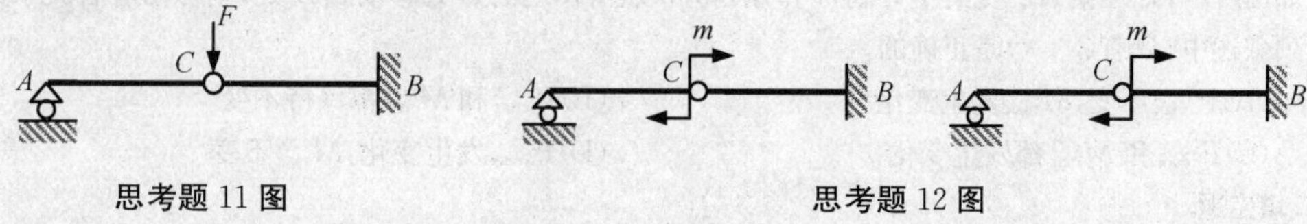

思考题11图　　思考题12图

12. 如图所示中间铰梁，集中力偶 m 分别作用在中间铰的左右两侧，则两种情况下梁左半部的剪力和弯矩是相同的吗？

13. 平面直角刚架的内力在节点处有什么特点？如果节点处作用有集中力偶或沿刚架轴线方向的集中力，则刚架的内力在节点处又有什么特点？

习题五

一、选择题

1. 与长度一定的梁的内力有关的因素是(　　)。

(A)梁的截面大小　　(B)梁材料的力学性能

(C)梁的受力情况　　(D)梁的约束形式

2. 在梁集中力作用处，其左右侧截面上的弯矩是(　　)。

(A)相同的　　(B)不相同的

(C)数值相等，符号相反　　(D)数值不等，符号相同

3. 在梁集中力偶作用处，其左右侧截面上的弯矩是(　　)。

(A)大小相等，符号相同　　(B)大小相等，符号相反

(C)大小不等，符号有时相同，有时不同　　(D)大小可能不等，但符号相同

4. 如图所示的外伸梁受分布载荷作用，则在下面关于梁的内力的叙述中，不正确的是(　　)。

(A)梁的剪力图是对称的　　(B)梁的弯矩图是对称的

(C)梁中间截面上剪力为零　　(D)梁中间截面上弯矩存在极值

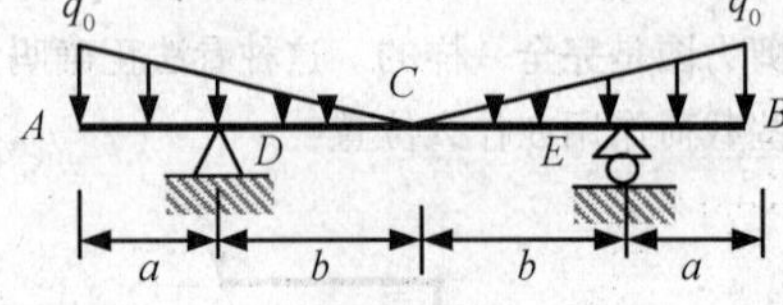

习题 4 图

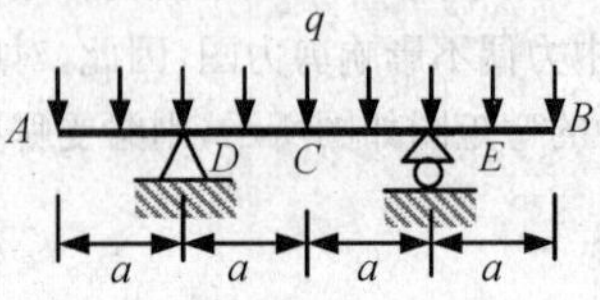

习题 5 图

5. 如图所示的外伸梁受均布载荷作用，则在下面关于梁的内力的叙述中，正确的是(　　)。

(A)梁支座处剪力为零　　(B)梁中间截面上弯矩为零

(C)梁中间截面上剪力最大　　(D)梁中间截面上弯矩最大

6. 如图所示，简支梁 AB 受集中力偶 m 作用，在下面关于梁的内力的叙述中，只有(　　)是正确的。

(A)m 作用 A 或 B 处，梁中无剪力

(B)m 作用 A 或 B 处，M 图为矩形

(C)m 作用任意位置 C 处，$M_{\max}$ 必在 C 截面的左侧或右侧

(D)m 作用任意位置 C 处，均有 $M_{\max}=m$

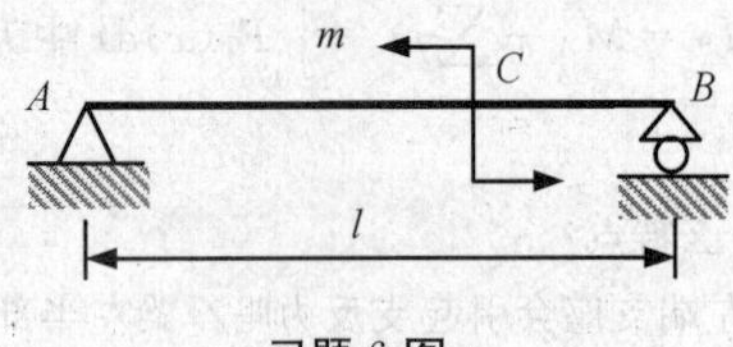

习题 6 图

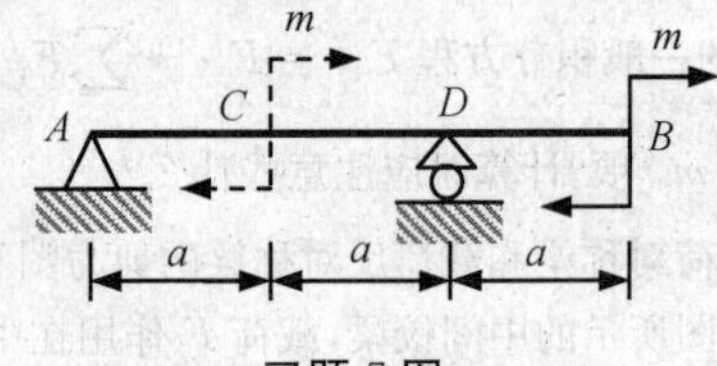

习题 7 图

7. 如图所示，外伸梁 AB 受集中力偶 m 作用，将 m 从所作用的 C 处移动到 B 处，则移动前后关于梁的内力的下列叙述中，只有(　　)是正确的。

(A)$F_{s\max}$ 不变，$M_{\max}$ 发生变化　　(B)$F_{s\max}$ 和 $M_{\max}$ 都保持不变

(C)$F_{s\max}$ 和 $M_{\max}$ 都发生变化　　(D)$F_{s\max}$ 发生变化，$M_{\max}$ 不变

二、填空题

8. 如图所示，长度为 $2L$ 梁上作用有可在全梁上任意移动的载荷 F，则梁中产生的最大剪力为______，最大弯矩为______。

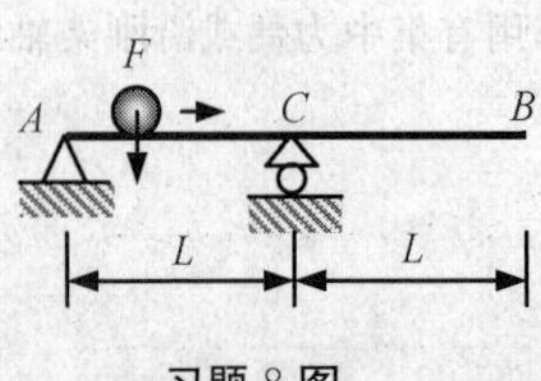

习题 8 图

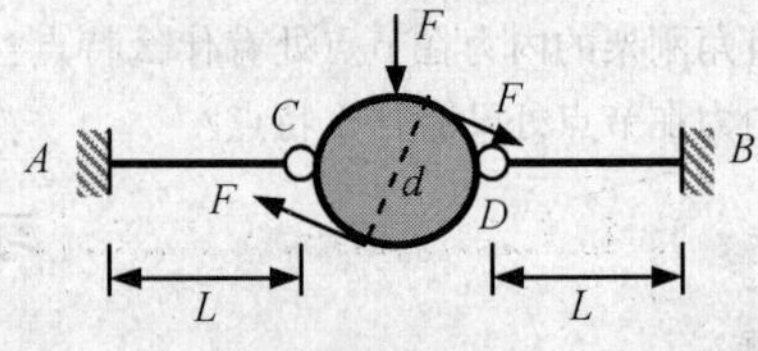

习题 9 图

9. 如图所示，圆板在 C、D 两点分别与两悬臂梁用铰连接，在图示载荷作用下，左梁的最大弯矩为______，右梁的最大弯矩为______。

10. 如图所示，两悬臂梁用铰相连接，当铰处作用有集中力 F 时，左梁固定端处的支反力为______，支反力偶矩为______；右梁固定端处的支反力为______，支反力偶矩为______。

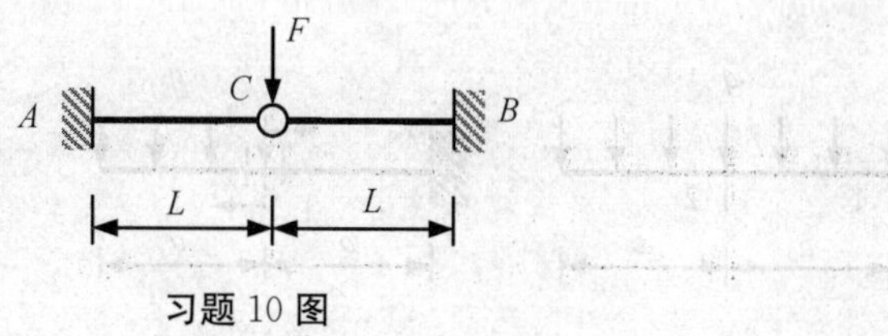

习题 10 图

11. 如图所示，外伸梁在 C 处有一重量为 F 的重物绕过一无摩擦的滑轮，若不计滑轮的重量，则梁 B 截面上弯矩为______。

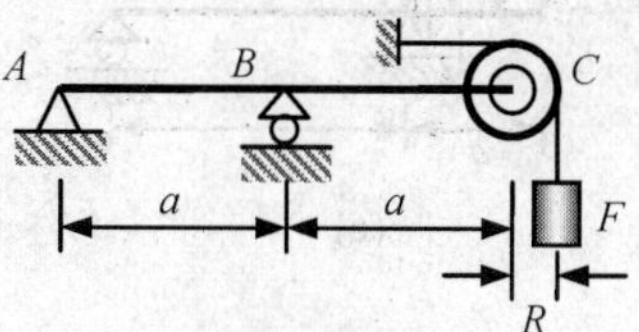

习题 11 图

12. 如图所示中间铰梁，梁中的最大正弯矩为______，最大负弯矩为______，最大剪力为______。

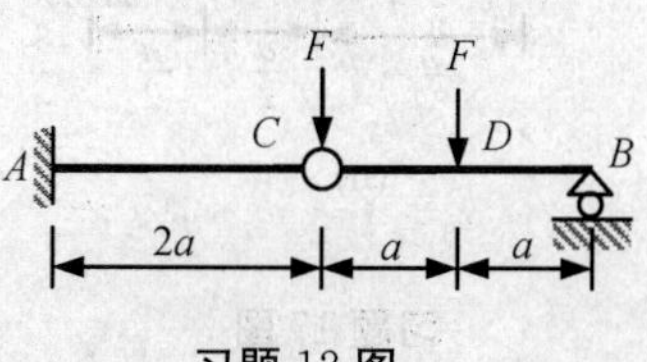

习题 12 图

13. 如图所示均布载荷作用下的简支梁，其两支座可向中间等距离地进行移动，若欲使梁中的最大弯矩为最小，则两支座向中间移动的距离 x 大约为________。这个最小的弯矩与原简支梁的最大弯矩的比值是______。

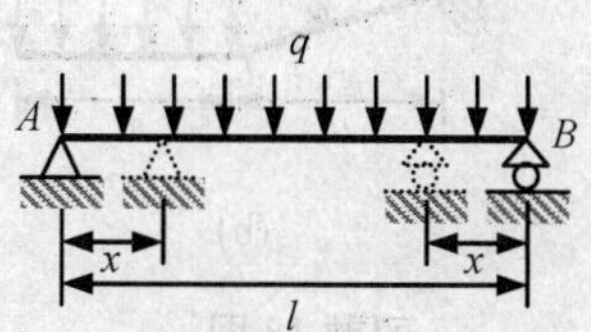

习题 13 图

14. 如图所示，简支梁在两种载荷作用下，其中间截面上的剪力分别为 $F_{s1}=$______，$F_{s2}=$______；弯矩分别为 $M_1=$______，$M_2=$______。

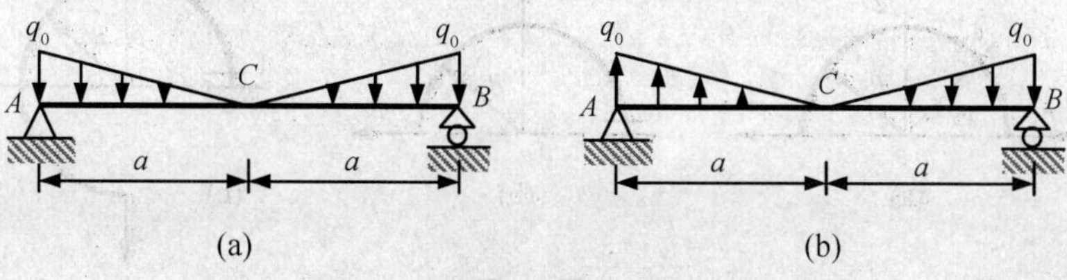

习题 14 图

三、计算题(A)

15. 求下列梁中 1、2、3 截面上的内力。

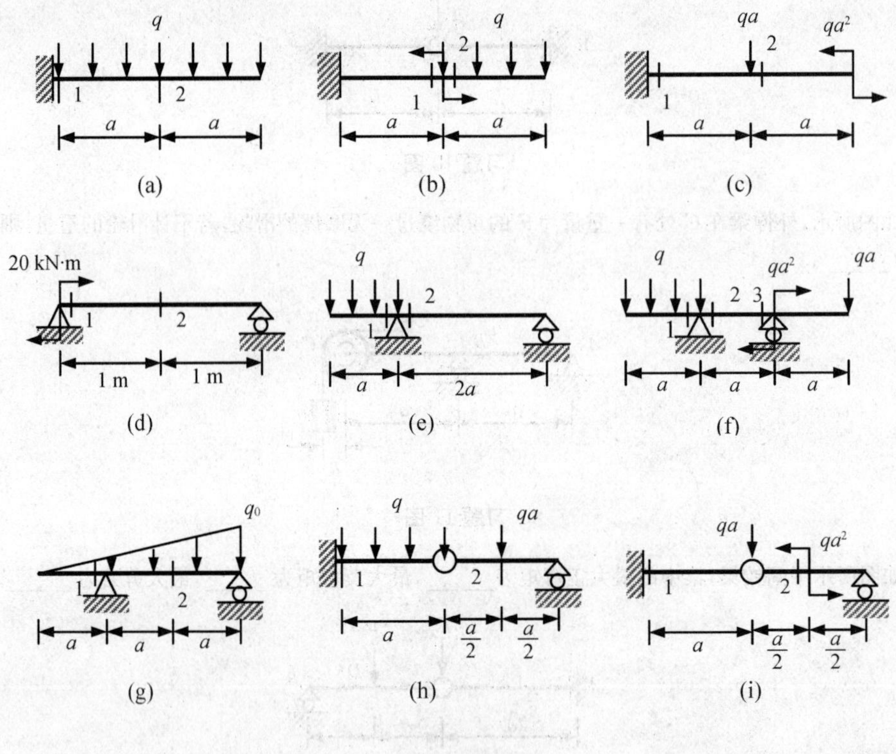

习题 17 图

16. 求下列结构中 1、2 截面上的内力。

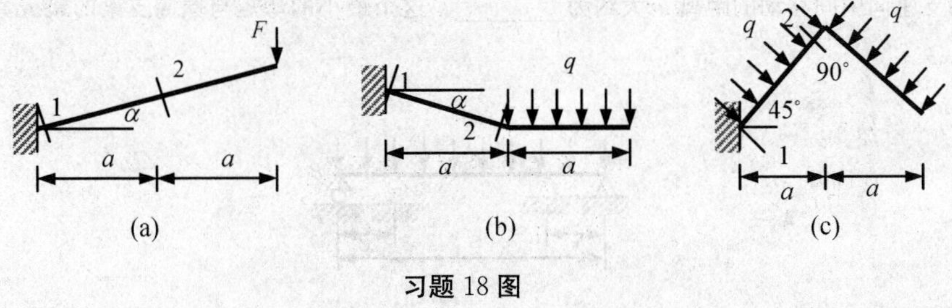

习题 18 图

17. 求下列结构中 1、2、3 截面上的内力。

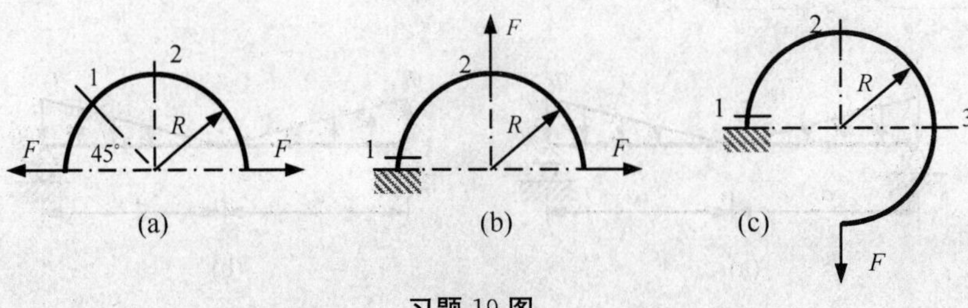

习题 19 图

18. 用截面法求下列梁的剪力函数和弯矩函数，并指明绝对值最大的剪力和弯矩。

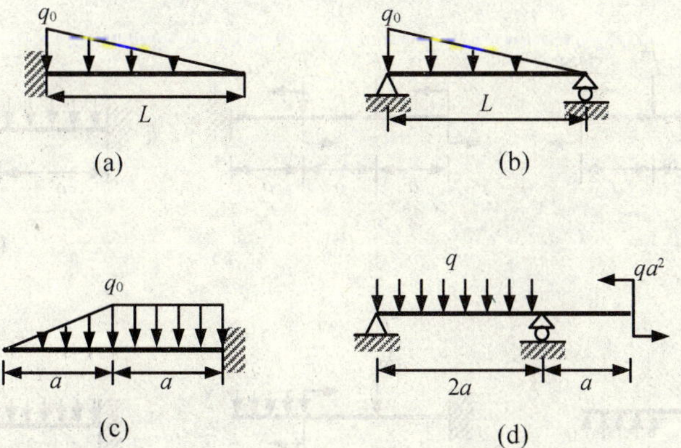

习题 20 图

19. 用连续曲线法作下列简支梁的剪力图和弯矩图，并指明绝对值最大的剪力和弯矩。

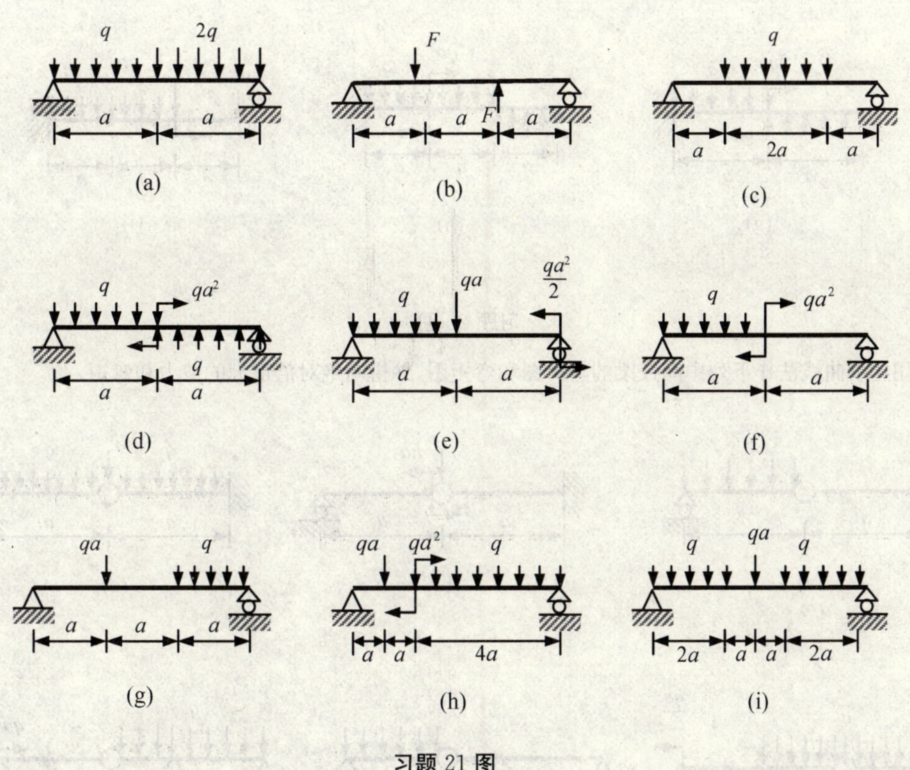

习题 21 图

20. 用连续曲线法作下列悬臂梁的剪力图和弯矩图，并指明绝对值最大的剪力和弯矩。

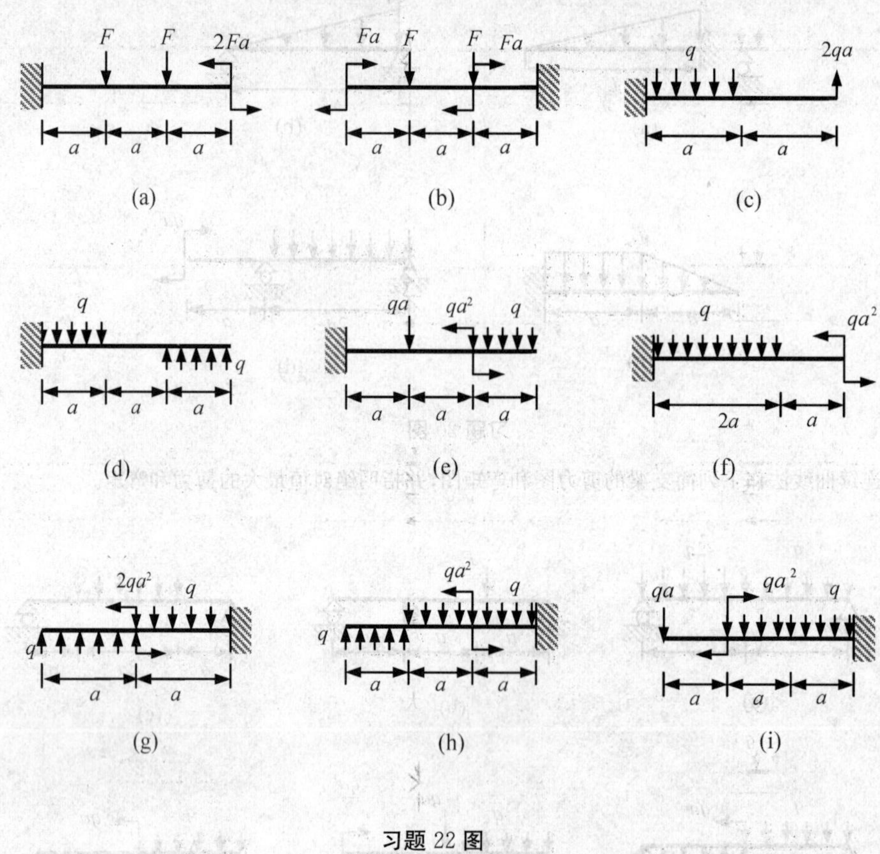

(a) (b) (c)

(d) (e) (f)

(g) (h) (i)

习题 22 图

21. 用连续曲线法作下列中间铰梁的剪力图和弯矩图，并指明绝对值最大的剪力和弯矩。

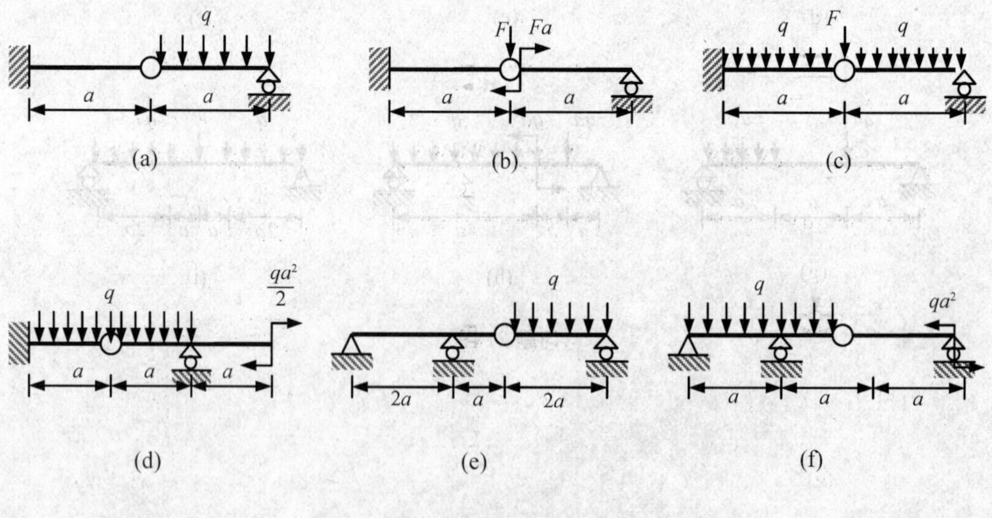

(a) (b) (c)

(d) (e) (f)

习题 23 图

22. 用连续曲线法作下列外伸梁的剪力图和弯矩图,并指明绝对值最大的剪力和弯矩。

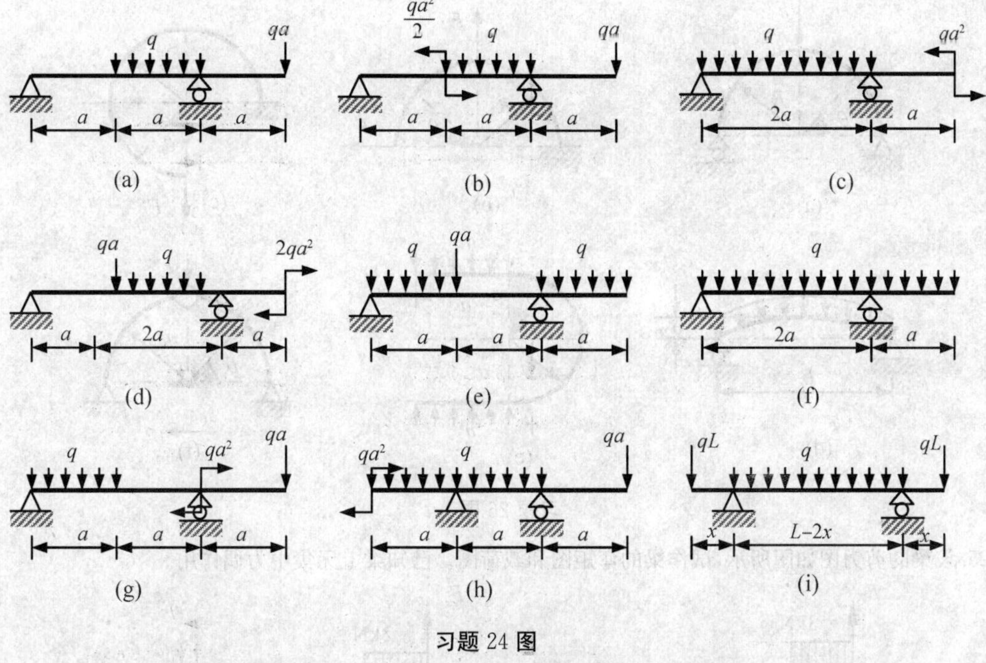

习题 24 图

23. 作下列刚架的剪力图和弯矩图,并指明绝对值最大的轴力、剪力和弯矩。

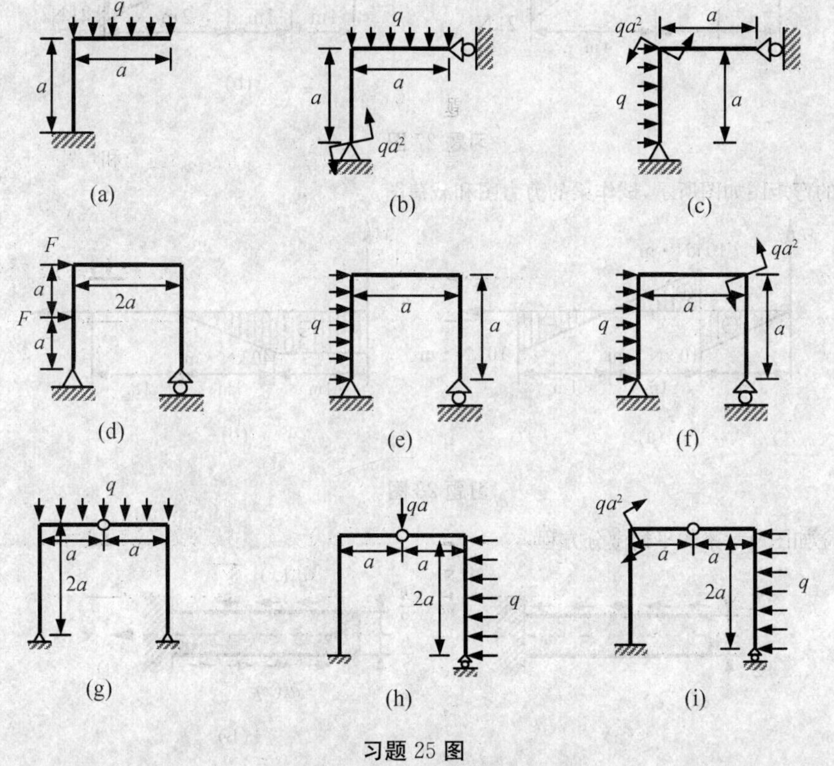

习题 25 图

24. 求下列曲梁的轴力、剪力与弯矩函数，并指明绝对值最大的轴力、剪力和弯矩。

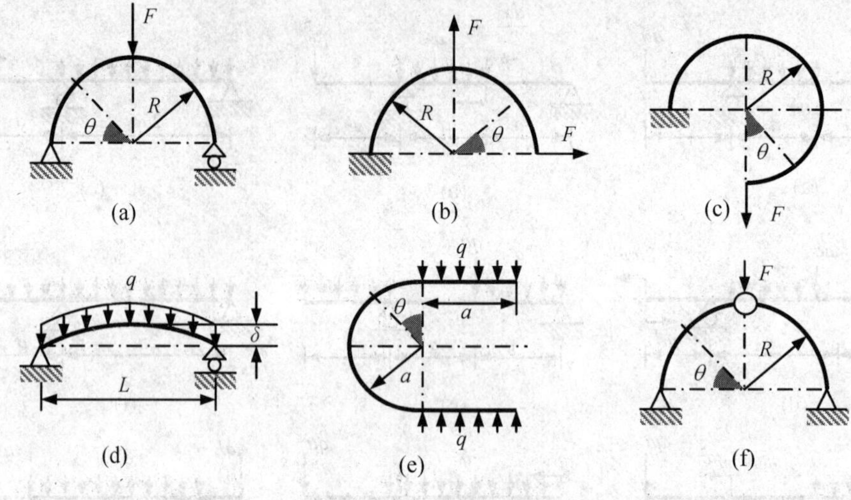

习题 26 图

25. 设梁的剪力图如图所示，试作梁的弯矩图和载荷图。已知梁上无集中力偶作用。

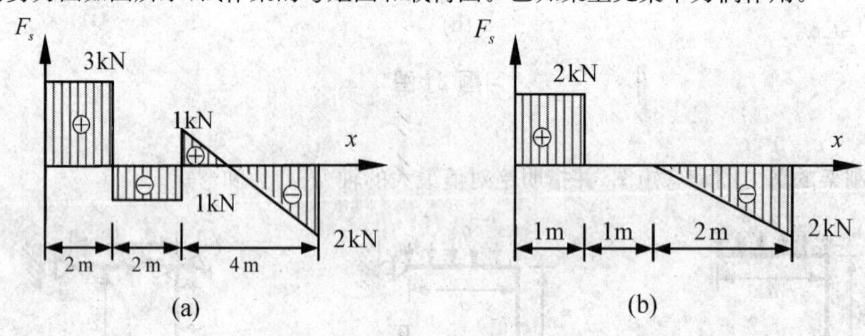

习题 27 图

26. 设梁的弯矩图如图所示，试作梁的剪力图和载荷图。

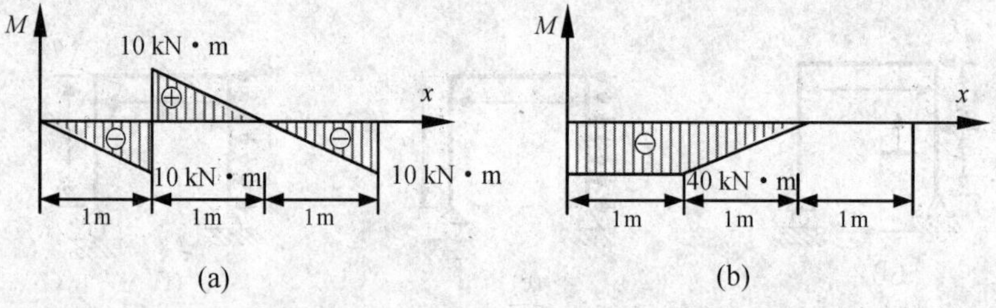

习题 28 图

27. 试建立如图所示梁的平衡微分方程。

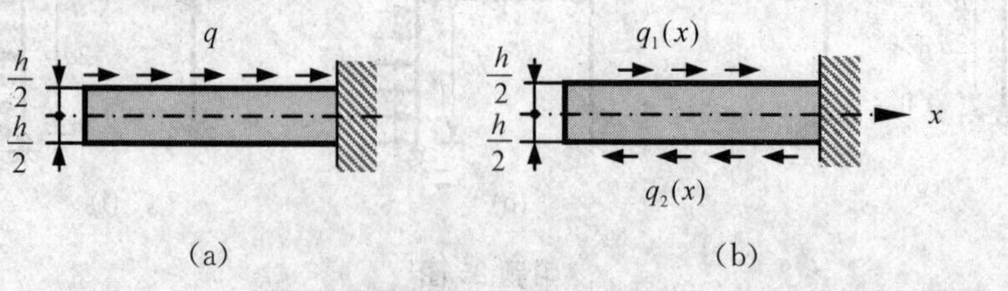

习题 29 图

28. 如图所示吊车梁，吊车每个轮子对梁的压力均为 F。

(1)吊车在什么位置时，梁中的弯矩最大？其值是多少？

(2)吊车在什么位置时，梁的支反力最大？梁的最大支反力和最大剪力各是多少？

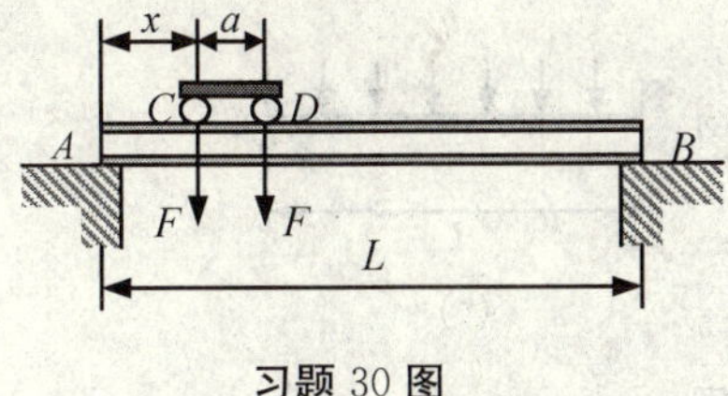

习题 30 图

29. 如图所示组合变形结构，试求其轴力、扭矩、剪力与弯矩函数，并指明绝对值最大的轴力、扭矩、剪力和弯矩。

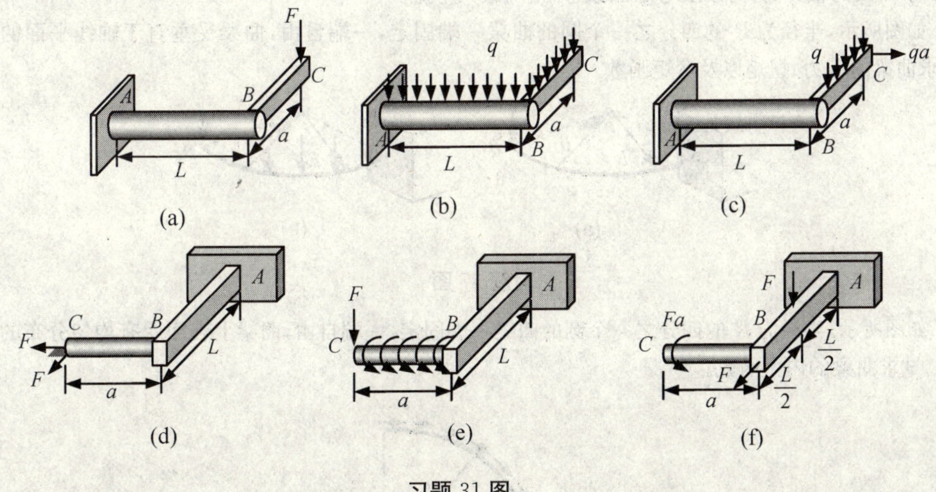

习题 31 图

四、计算题(B)

30. 如图所示，简支梁只受 n 个集中力 $F_1, F_2, \cdots, F_n$ 作用，试求梁的剪力图总面积以及弯矩图总面积。若各集中力是等间距，则情况怎样？

习题 32 图　　习题 33 图

31. 如图所示，简支梁受 n 个等间距向下的集中力作用，所有集中力的合力为 F，试求梁中的最大弯矩。若各集中力相同，则情况怎样？而此种情况下，当 $n \to \infty$ 时梁中的最大弯矩的极限值是多少？

32. 如图所示矩形截面($b \times h$)外伸梁的长度为 $2L$，梁的右下端有移动铰支承，中间下方有固定铰支承，梁的上表面受均匀分布的切应力作用。试作梁的内力图。

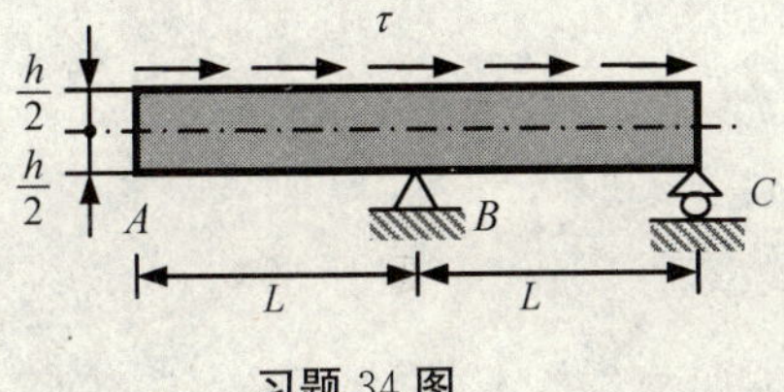

习题 34 图

33. 简支梁和悬臂梁的受力情况分别如图所示，由于梁中的最大弯矩过大，可在梁的 C 点处施加一个向上的集中力 P，若要使梁中的最大弯矩为最小，则载荷 P 应为多大？施加了这样的载荷 P 后，相对于原来的情况，梁中的绝对值最大弯矩减小了多少个百分点？

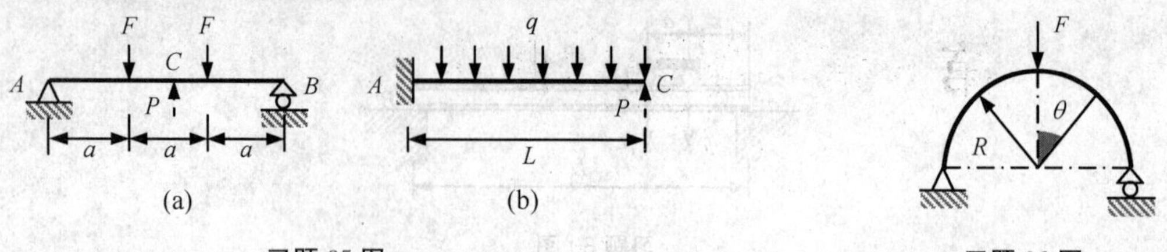

习题 35 图　　　　习题 36 图

34. 如图所示，半径为 R 的半个圆的曲梁两端铰支，在中点受集中力 $F=q\pi R$ 作用，曲梁单位长度的重量为 q。试求曲梁的轴力、剪力以及弯矩函数，并指明最大弯矩。

35. 如图所示，半径为 R 的四分之一个圆的曲梁一端固定，一端自由，曲梁受垂直于轴线平面的载荷作用。试求曲梁的剪力、扭矩以及弯矩函数。

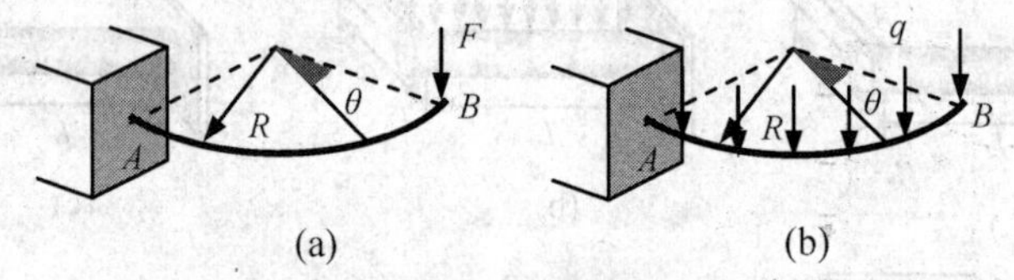

习题 37 图

36. 如图所示，半径为 R 的四分之一个圆的曲梁一端固定，一端自由，曲梁上表面受有均匀分布的切应力 τ 作用。试求曲梁的内力函数。

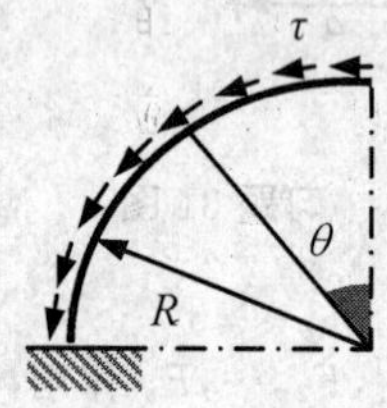

习题 38 图

37. 赛艇比赛中，运动员双手分别握住桨用力划水，桨用固定铰与赛艇边沿的支架连接，划水时桨有相当长的一段在水中，假设桨在水中的部分所受阻力与水和桨之间的相对速度成正比，试作桨的载荷图、剪力图以及弯矩图。（不具体进行计算，只画出图形趋势）

第 6 章　梁的弯曲应力与强度

梁平面弯曲时横截面上只存在两种内力，即弯矩 M 和剪力 F_s。弯矩由横截面上各点的正应力合成而得(如图 6－1(a)所示)，剪力由横截面上各点的切应力合成而得(如图 6－1(b)所示)。

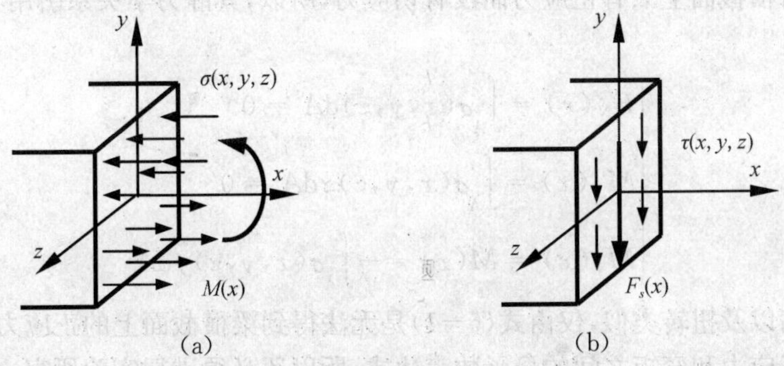

图 6－1　梁截面上的内力和应力

本章的主要目的就是求出梁横截面上的正应力和切应力与弯矩和剪力之间的显函数关系，进而判断梁的强度是否足够，并进行强度设计。

6.1　梁弯曲的正应力

6.1.1　纯弯曲梁的正应力

首先研究梁弯曲最简单的一种情况——纯弯曲。纯弯曲梁横截面上只有弯矩，剪力为零，典型的纯弯曲梁如图 6－2 所示。

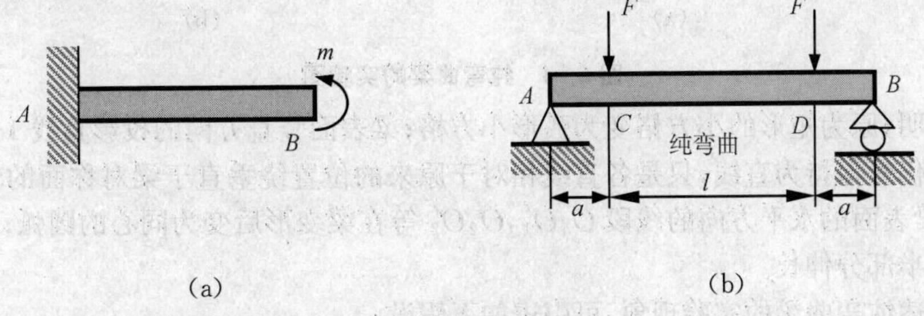

图 6－2　典型纯弯曲梁

设纯弯曲梁距原点 x 处的横截面上任意一点的正应力为 $\sigma(x,y,z)$，该横截面上的弯矩为 $M(x)$，面积为 $A(x)$，如图 6－3 所示。下面分析横截面上的正应力和弯矩之间的关系。

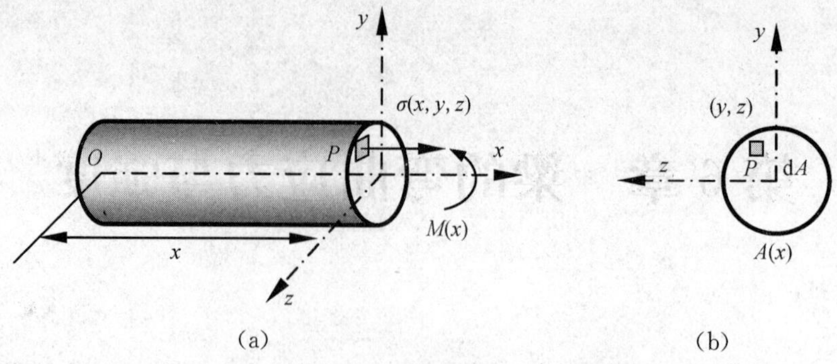

图 6-3 纯弯曲梁截面上的内力和应力

(1)力学分析

梁纯弯曲时横截面上只有正应力而没有切应力,所以,其静力学关系引用与正应力有关的那组公式,即

$$\begin{cases} F_N(x) = \int_A \sigma(x,y,z)\mathrm{d}A = 0 \\ M_y(x) = \int_A \sigma(x,y,z) z\mathrm{d}A = 0 \\ M_z(x) = M(x) = -\int_A \sigma(x,y,z) y\mathrm{d}A \end{cases} \tag{6-1}$$

与拉伸压缩以及扭转类似,仅由式(6-1)是无法得到梁横截面上的正应力分布规律的,从而也不能得到正应力和弯矩之间的显函数表达式,所以还必须进行实验研究。

(2)几何分析

在梁的表面画上小方格,采用图 6-4 所示结构在实验室里进行梁的纯弯曲实验,梁段 CD 处于纯弯曲状态。

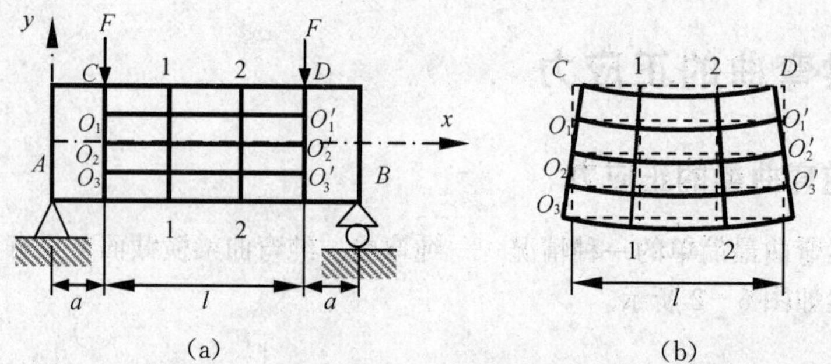

图 6-4 纯弯曲梁的实验图

实验表明:原为矩形的小方格变为弧形小方格;梁表面竖直方向的投影直线 1-1,2-2 等在梁变形后仍然保持为直线,只是各直线相对于原来的位置绕垂直于梁对称面的轴 z 转动了一个角度;梁表面的水平方向的线段 O_1O_1',O_2O_2' 等在梁变形后变为同心的圆弧;梁的上半部分缩短而下半部分伸长。

根据上述纯弯曲梁的实验现象,可引进如下假设:

①**平截面假设**:梁的横截面在变形过程中始终保持为平面,只是相对于原来的位置绕垂直于梁对称面的轴转动了一个角度。

②**单向受力假设**:梁轴线方向的纤维层只受拉力或压力作用。或者表述为:梁轴线方向的纤维层之间没有相互挤压和拉伸作用。

考察长度为 dx 的一段纯弯曲梁，其变形情况如图 6－5(a)所示。由于梁的上半部分缩短而下半部分伸长，所以必有一层梁既不伸长也不缩短，只是由原来的直线变为弧线而已。设该层梁为 OO'，其曲率半径为 $\rho(x)$，这层梁即是梁的中性层，其与梁的横截面的交线就是中性轴。将梁的坐标系建立在中性层上，即梁截面的对称轴为 y 轴，中性轴为 z 轴，中性层上沿梁轴线方向的轴为 x 轴(如图 6－5(b)所示)。

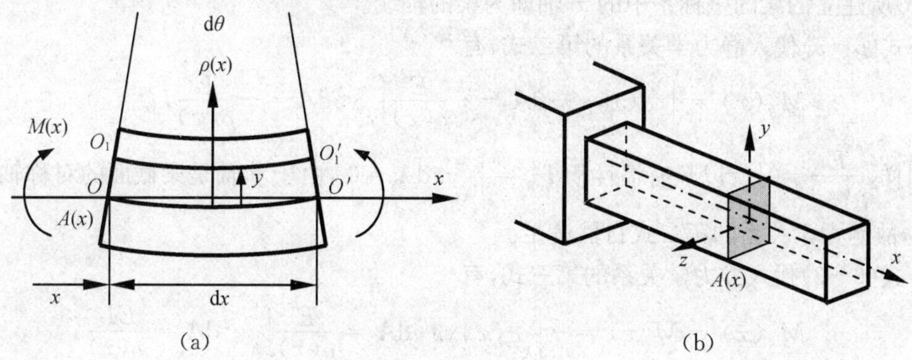

图 6－5　微段梁的变形示意图

假设相距 dx 的两横截面变形后的相对转动的角度为 $d\theta$，则有 $dx=\rho d\theta$。考察距中性层坐标为 y 的一层梁 O_1O_1'，由假设①，该层梁变形后截面 $A(x)$ 上的点 O_1 沿梁轴线方向的线应变为

$$\varepsilon(x,y)=\frac{\Delta(dx)}{dx}=\frac{\widehat{O_1O_1'}-\widehat{OO'}}{\widehat{OO'}}=\frac{(\rho-y)d\theta-\rho d\theta}{\rho d\theta}=-\frac{y}{\rho}$$

所以有

$$\varepsilon(x,y)=-\frac{y}{\rho(x)} \tag{6－2}$$

即纯弯曲梁横截面上的各点沿梁轴线方向的线应变与到中性轴的距离 y 成正比，也即沿梁高度方向是线性分布的。

式(6－2)即是纯弯曲梁的几何方程或变形规律，它说明了梁横截面上点与点之间沿梁轴线方向变形的协调规律。

必须注意，几何方程只需要假设①成立就能导出，所以式(6－2)的适用范围是比较广泛的，即无论梁是单一材料制成的还是不同材料叠合而成的，梁材料是线弹性的还是非线弹性的，只要满足平截面假设，则其几何方程均为式(6－2)。

(3)物理分析

考虑单一材料制成的梁，则根据假设②以及虎克定律，纯弯曲梁横截面上任意点的正应力为

$$\sigma(x,y,z)=E\varepsilon(x,y,z)=-\frac{Ey}{\rho(x)} \tag{6－3}$$

式(6－3)即为纯弯曲梁横截面上的正应力分布规律。可见，梁横截面上正应力与坐标 z 无关，其变化规律与线应变一样，沿梁高度方向是线性变化的，记 $\sigma(x,y,z)$ 为 $\sigma(x,y)$，将式(6－3)代入静力学关系的第一式，有

$$F_N(x)=\int_A\sigma(x,y)dA=-\frac{E}{\rho(x)}\int_A ydA=-\frac{E}{\rho(x)}S_z=0$$

显然，$\dfrac{E}{\rho(x)}\neq 0$，所以只有静矩 $S_z=0$，即

$$S_z=\int_A y\mathrm{d}A=A(x)y_c=0,\quad y_c=0$$

所以可得到如下重要结论：**单一材料制成的梁，其中性层必定过梁横截面的形心**。于是图6－5(b)所建立的梁的坐标系中的 x 轴即为梁的轴线。

将式(6－3)代入静力学关系的第二式，有

$$M_y(x)=\int_A\sigma(x,y)z\mathrm{d}A=-\frac{E}{\rho(x)}\int_A yz\mathrm{d}A=-\frac{E}{\rho(x)}I_{yz}=0$$

同样，$\dfrac{E}{\rho(x)}\neq 0$，所以只有惯性积 $I_{yz}=\int_A yz\mathrm{d}A=0$，由于 y 轴是梁截面的对称轴，则恒有 $I_{yz}=0$，故静力学关系的第二式自然满足。

将式(6－3)代入静力学关系的第三式，有

$$M_z(x)=M(x)=-\int_A\sigma(x,y)y\mathrm{d}A=\frac{E}{\rho(x)}\int_A y^2\mathrm{d}A=\frac{EI_z}{\rho(x)}$$

于是有

$$\frac{1}{\rho(x)}=\frac{M(x)}{EI_z}\tag{6－4}$$

式(6－4)称为**梁的曲率公式**，为纯弯曲梁变形后轴线曲率的变化规律，$I_z=\int_A y^2\mathrm{d}A$ 是梁横截面对中性轴的惯性矩，很多时候惯性矩 I_z 常简写为 I，EI_z 称为梁的**抗弯刚度**，式(6－4)是计算梁变形的基本公式。

将式(6－4)代入式(6－3)，有

$$\sigma(x,y)=-\frac{M(x)y}{I_z}\tag{6－5}$$

式(6－5)即为**纯弯曲梁的正应力公式**，说明梁横截面上的正应力沿梁的高度方向的分布是线性的。图6－6是几种典型截面梁的正应力分布情况。

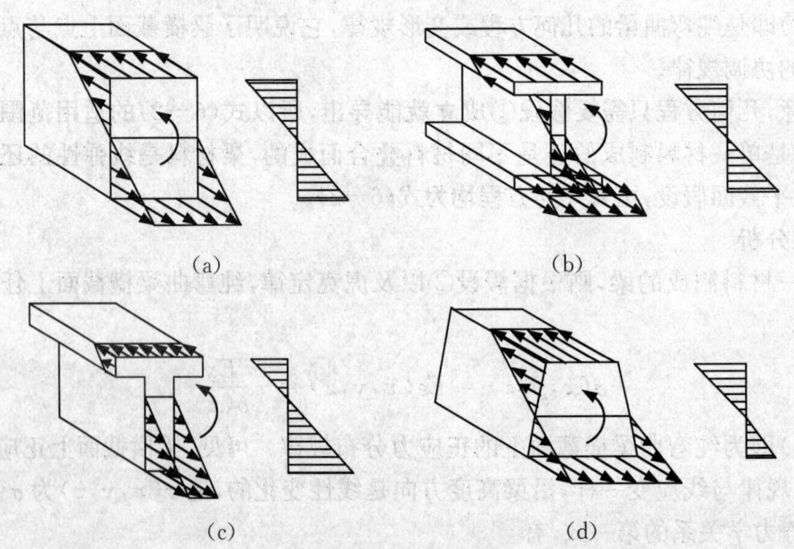

图6－6　几种典型截面梁的正应力分布规律

注意，式(6－4)和式(6－5)只适用于线弹性材料。另外，在使用式(6－5)时，可以不考虑公式中的负号，而是根据所考察位置处的拉压性质直接确定正应力的正负号。

图 6－7 给出了几种常见截面对中性轴的惯性矩。

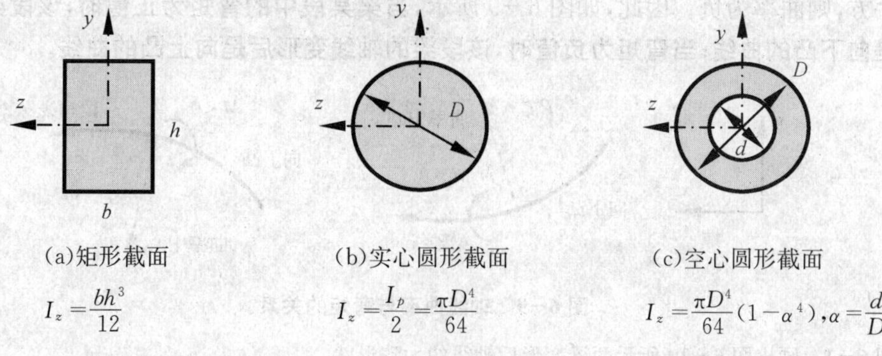

(a)矩形截面 $I_z=\dfrac{bh^3}{12}$

(b)实心圆形截面 $I_z=\dfrac{I_p}{2}=\dfrac{\pi D^4}{64}$

(c)空心圆形截面 $I_z=\dfrac{\pi D^4}{64}(1-\alpha^4),\alpha=\dfrac{d}{D}$

图 6－7　常见截面的惯性矩

6.1.2　一般横力弯曲梁的正应力

工程上大多数梁在一般横力弯曲下横截面上同时存在弯矩和剪力，这时由纯弯曲梁实验引进的平截面假设和单向受力假设不再十分准确，例如图 6－8 所示受均布载荷作用的矩形截面简支梁，由弹性力学求得的应力为

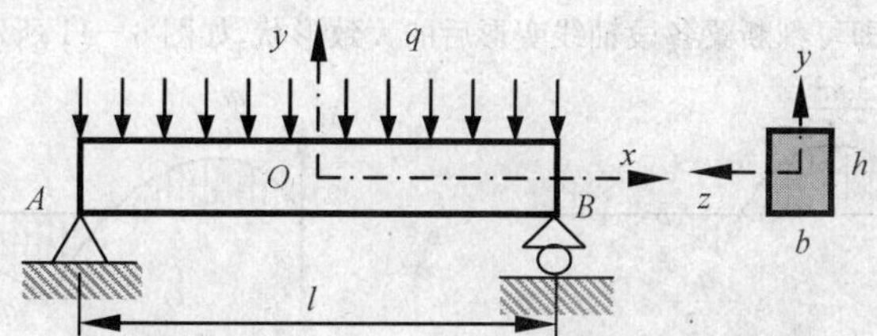

图 6－8　均布载荷作用的简支梁

$$\begin{cases}\sigma_x(x,y)=-\dfrac{M(x)y}{I_z}+\dfrac{qy}{h}\left(\dfrac{3}{5}-\dfrac{4y^2}{h^2}\right)\\ \sigma_y(x,y)=-\dfrac{q}{2}\left(1-\dfrac{y}{h}\right)\left(1+\dfrac{2y}{h}\right)^2\end{cases}\tag{6-6}$$

式中，$\sigma_x(x,y)$是梁横截面上的正应力，$\sigma_y(x,y)$是梁层间的挤压应力。与式(6－5)比较，$\sigma_x(x,y)$多了一项，当梁的跨高比为$\dfrac{l}{h}=5$ 和$\dfrac{l}{h}=10$ 时，该项相对于第一项来说仅占 1.067% 和 0.267%。$\sigma_y(x,y)$在梁的上缘最大，为压应力，其值为 q；在梁的下缘最小，压应力为零。

实验和理论证明，细长梁($\dfrac{l}{h}\geqslant 5$)在一般横力弯曲下，可将式(6－4)和式(6－5)直接引用，并忽略挤压应力，这样将不会引起太大误差，能够保证工程问题的精度。

因此，**式(6－4)和式(6－5)就是一般横力弯曲梁变形和横截面上正应力的计算公式**。它们适用于等截面梁，也近似适用于阶梯状梁以及锥度不大的变截面梁，甚至也适用于各段采用不同材料制成的梁。

式(6－4)可用于判断梁轴线变形后大致的形状。由式(6－4)可得，梁的抗弯刚度 EI 始终是正值，所以梁轴线变形后的曲率$\frac{1}{\rho}$与弯矩M的符号是一致的。根据高等数学曲率的正负号规定，当人沿曲线向x轴的正向行进时，若曲线的曲率中心在人的左手方，则曲率为正；若在右手方，则曲率为负。因此，如图 6－9 所示，**当梁某段中的弯矩为正值时，该段梁的轴线变形后是向下凸的曲线；当弯矩为负值时，该段梁的轴线变形后是向上凸的曲线。**

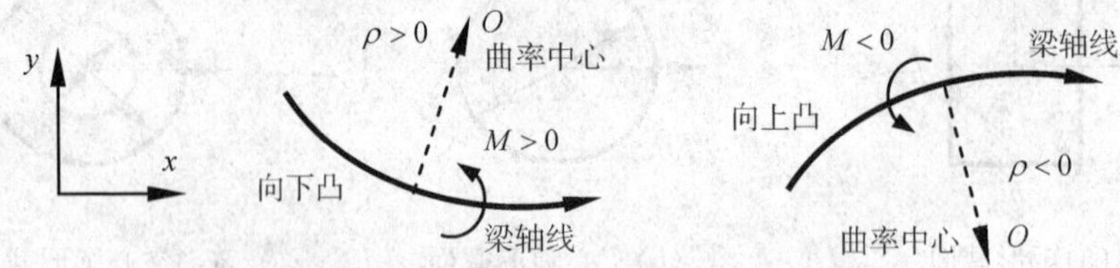

图 6－9　轴线曲率与弯矩的关系

例 6－1　画出图 6－10 所示两梁变形后轴线的大致形状。

图 6－10　例 6－1 图

解：画出两梁的弯矩图即可判断梁各段轴线变形后的大致形状，如图 6－11 所示。

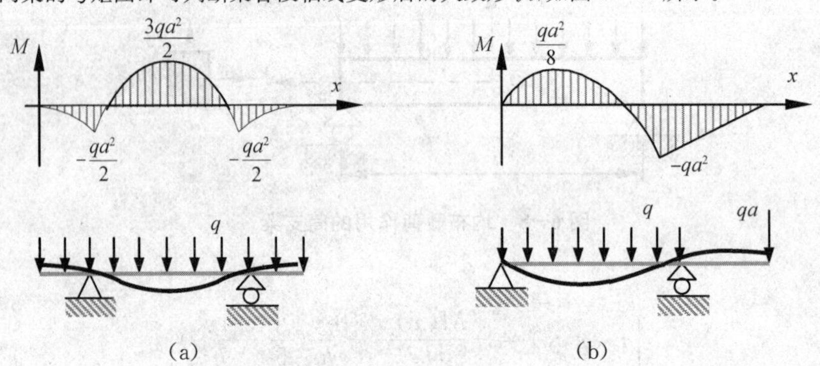

图 6－11　梁轴线变形后的大致形状

6.2　梁弯曲的危险应力

6.2.1　梁中的最大正应力

材料拉压力学性能相同的梁，其危险应力就是梁中的最大正应力。由式(6－5)可知，梁某截面上的最大正应力在梁的上缘或下缘，即：$\sigma_{\max}(x)=\left|\frac{M(x)y_{\max}}{I_z}\right|$，其中，$y_{\max}=\max(y_1,y_2)$，如图 6－12 所示。

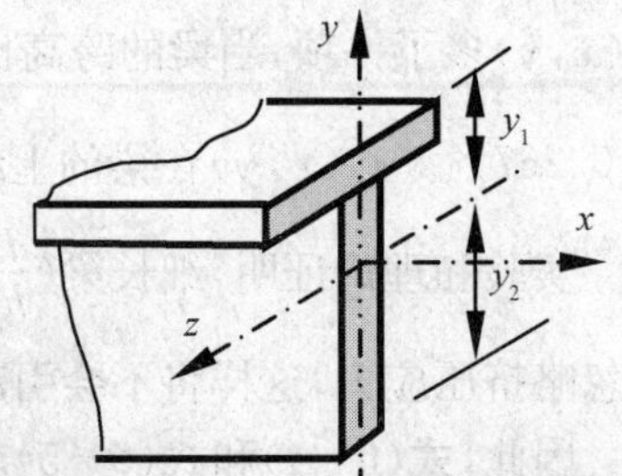

图 6－12　截面几何尺寸示意图

定义：$W_z(x)=\frac{I_z(x)}{y_{\max}}$ 称为梁的**抗弯截面模量**或**抗弯截面系数**。

所以，梁某截面上的最大应力为：$\sigma_{\max}(x)=\left|\dfrac{M(x)}{W_z(x)}\right|$，则整个梁中的最大正应力为

$$\sigma_{\max}=\left|\frac{M(x)}{W_z(x)}\right|_{\max} \tag{6-7}$$

几种常见截面梁的抗弯截面系数如图 6－13 所示。

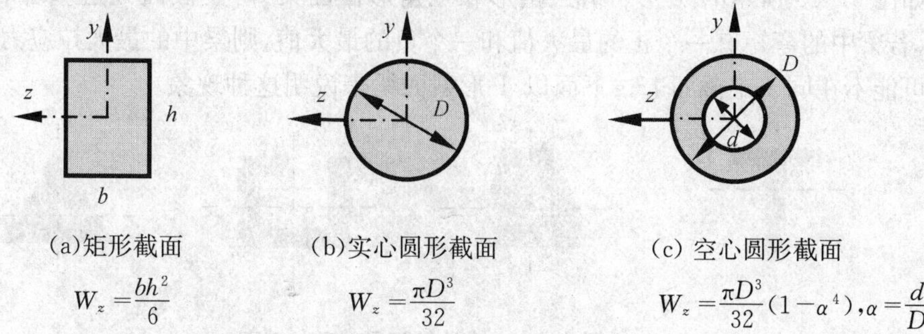

(a)矩形截面　$W_z=\dfrac{bh^2}{6}$

(b)实心圆形截面　$W_z=\dfrac{\pi D^3}{32}$

(c) 空心圆形截面　$W_z=\dfrac{\pi D^3}{32}(1-\alpha^4),\alpha=\dfrac{d}{D}$

图 6－13　常见截面的抗弯截面系数

如果考察的梁是**等截面梁**，则梁中的最大正应力为

$$\sigma_{\max}=\frac{M_{\max}y_{\max}}{I_z} \tag{6-8}$$

或

$$\sigma_{\max}=\frac{M_{\max}}{W_z} \tag{6-9}$$

式中，$M_{\max}$是梁中的最大弯矩，即材料拉压力学性能相同的等截面梁的危险截面就是弯矩最大的截面，而危险点在最大弯矩所在截面的上缘或下缘，危险应力就是最大正应力。另外，上面各式中的 W_z 经常简写为 W。

6.2.2　等截面梁的最大拉应力和最大压应力

等截面梁的最大应力在梁最大弯矩的截面上，这个应力可能是拉应力，也可能是压应力，对于材料拉压力学性能相同的梁来说，这个应力就是梁的危险应力，但对于材料拉压力学性能不相同的梁，例如脆性材料制成的梁，其抵抗拉应力的能力要远远小于抵抗压应力的能力。如果梁中的最大应力是压应力，那么这个应力就不一定是梁的危险应力，所以还必须找出梁中的最大拉应力，只有当梁中的最大拉应力和最大压应力都安全时，梁才是安全的。因此，对于材料拉压力学性能不相同的梁，就有必要计算其最大拉应力和最大压应力。下面只考虑等截面梁，分两种情况讨论。

(1) 梁截面的中性轴是对称轴

如图 6－14 所示的矩形、圆形和工字形截面梁等，其截面不仅左右对称，同时也上下对称，根据式(6－5)，由于 $y_1=y_2$，则梁任意截面上的最大拉应力和最大压应力在数值上是相等的，由式(6－8)或式(6－9)知，整个梁中的最大拉应力和最大压应力必定同时出现在弯矩最大的

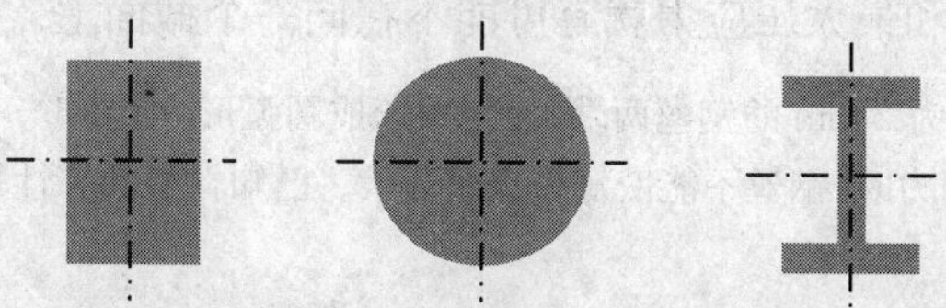

图 6－14　中性轴对称的截面

截面上，如果一个在截面的上缘，则另一个就在下缘。

结论：中性轴是对称轴的等截面梁，其最大拉应力和最大压应力在同一截面上，该截面就是梁中弯矩绝对值最大的截面。

（2）梁截面的中性轴不是对称轴

如图 6－15 所示的 T 形、梯形、槽形和三角形截面梁等，其截面只是左右对称，但上下不对称，若梁中的弯矩有一个正的最大值和一个负的最大值，则梁中的最大拉应力和最大压应力就有可能不在同一个截面上。下面以 T 形截面梁来说明这种现象。

图 6－15　中性轴不是对称的截面

假设 T 形截面梁的弯矩图如图 6－16 所示，且 $M_{max}^{-}>M_{max}^{+}$，显然 $y_2>y_1$。考察梁中 A，B 截面上的弯矩和应力。

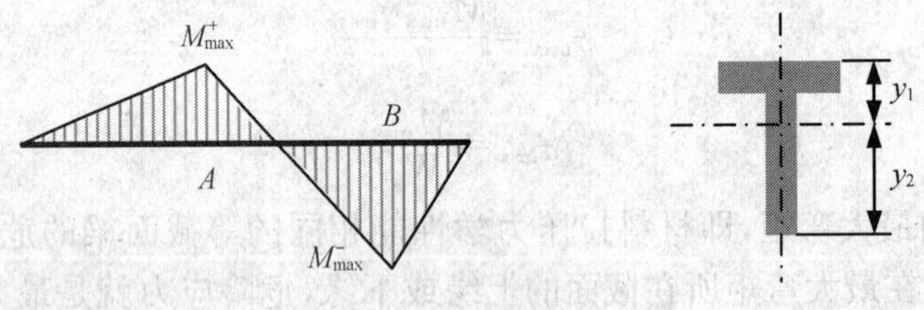

图 6－16　弯矩规律

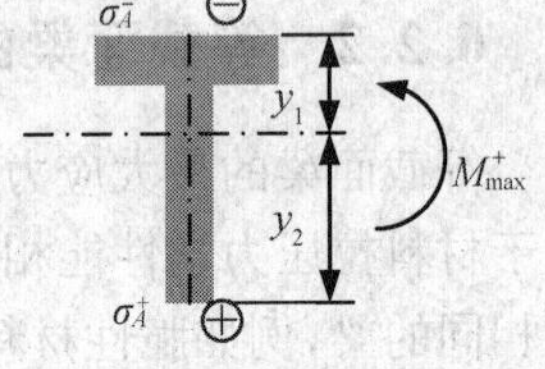

A 截面：上缘点是压应力，为 $\sigma_A^- = \dfrac{M_{max}^{+} y_1}{I}$；下缘点是拉应力，为 $\sigma_A^+ = \dfrac{M_{max}^{+} y_2}{I}$。如右图所示。

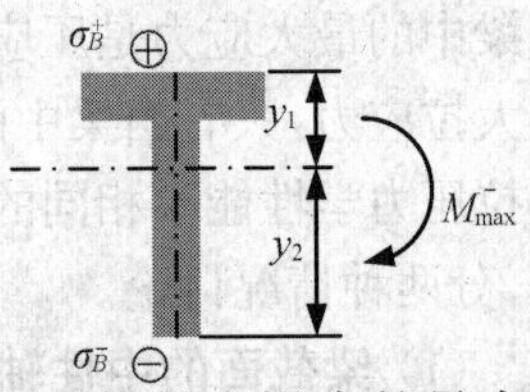

B 截面：上缘点是拉应力，为 $\sigma_B^+ = \dfrac{M_{max}^{-} y_1}{I}$；下缘点是压应力，为 $\sigma_B^- = \dfrac{M_{max}^{-} y_2}{I}$。如右图所示。

梁中最大的应力在 B 截面的下缘点，为 $\sigma_{max}=\sigma_B^-$，也是梁中的最大压应力。尽管 $M_{max}^{-}>M_{max}^{+}$，但由于 $y_2>y_1$，则 $M_{max}^{+} y_2$ 有可能大于 $M_{max}^{-} y_1$，所以 σ_A^+ 就有可能大于 σ_B^+，即 A 截面上的拉应力有可能是全梁中的最大拉应力，于是就出现梁中的最大拉应力和最大压应力不在同一个截面上的现象。

结论：中性轴不是对称轴的等截面梁，若梁中的弯矩有一个正的最大值和一个负的最大值，则梁中的最大拉应力和最大压应力就有可能不在同一个截面上。

例 6－2　两手握住直径为 2 mm 的钢丝两端，使之微弯成圆弧形（如图 6－17 所示），如果圆弧的半径等于某个数值 R，当两手不再用力时，钢丝不能恢复为直线形状。已知材料的弹性模量为 200 GPa，屈服极限为 320 MPa，求 R 的值是多少？

解：根据式（6－4）和式（6－5），有

$$\frac{1}{\rho}=\frac{M}{EI},\quad \sigma_{max}=\frac{M}{W}$$

图6－17　例6－2图

当两手不再用力而钢丝不能恢复为直线形状时，意味着梁中的最大正应力达到屈服应力，于是有

$$\sigma_{\max}=\frac{M}{W}=\sigma_s,\quad M=\sigma_s W$$

此时，$\rho=R$，所以有

$$R=\frac{EI}{M}=\frac{EI}{\sigma_s W}=\frac{Ed}{2\sigma_s}=\frac{200\times10^3\times2}{2\times320}=625\ \text{mm}$$

例6－3　T形截面外伸梁受力情况如图6－18所示，梁截面对中性轴的惯性矩 $I=8.84\times10^6\ \text{mm}^4$，$y_1=45\ \text{mm}$，$y_2=90\ \text{mm}$，求梁中的最大拉应力和最大压应力。

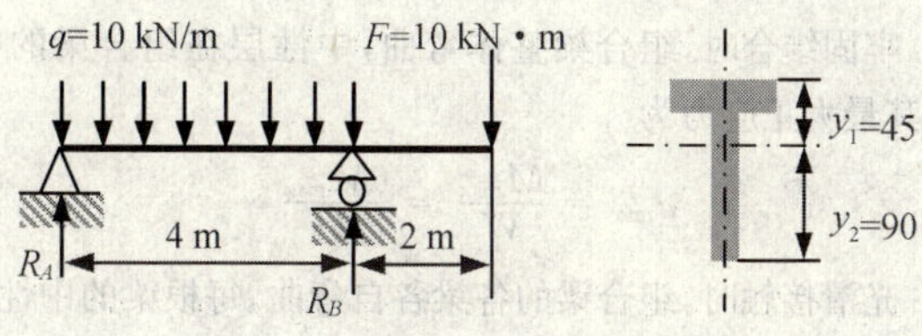

图6－18　例6－3图

解：①求梁的支反力。

$\sum m_A=0, 4R_B=10\times4\times2+10\times6$，

$R_B=35\ \text{kN}$

$\sum Y=0, R_A+R_B=10\times4+10, R_A=15\ \text{kN}$

②作梁的内力图。

梁的剪力图和弯矩图如图6－19所示。

③最大拉应力和最大压应力。

梁中的最大负弯矩在 B 截面，为 $M_{\max}^-=20\ \text{kN}\cdot\text{m}$，同时在 C 截面有一个最大正弯矩，为 $M_{\max}^+=11.25\ \text{kN}\cdot\text{m}$，所以有可能出现最大拉应力和最大压应力不在同一截面上的现象。如下图所示：

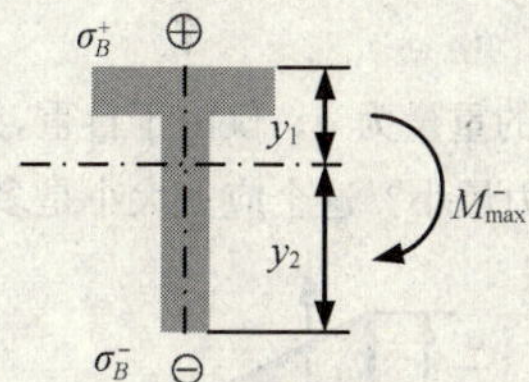

最大应力在 B 截面的下缘，为压应力，其值为

$$\sigma_B^-=\frac{M_{\max}^- y_2}{I}=\frac{20\times10^6\times90}{8.84\times10^6}=203.6\ \text{MPa}$$

B 截面上缘的拉应力为

$$\sigma_B^+=\frac{M_{\max}^- y_1}{I}=\frac{20\times10^6\times45}{8.84\times10^6}=101.8\ \text{MPa}$$

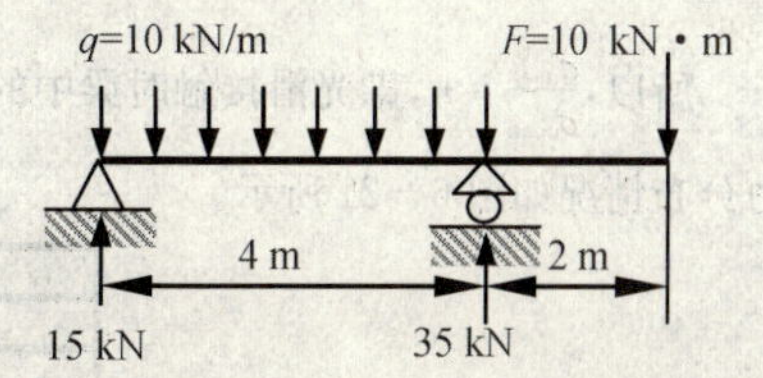

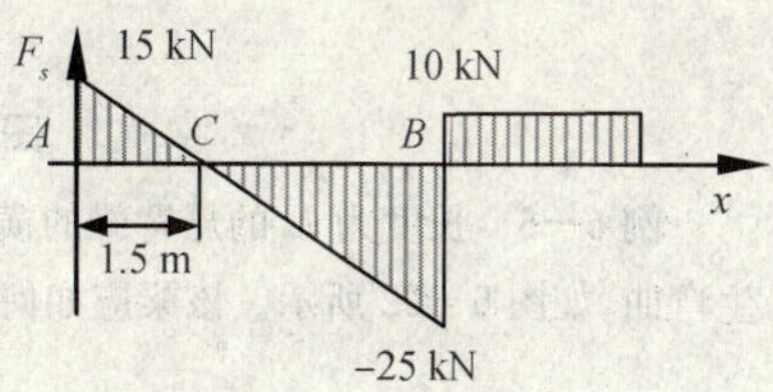

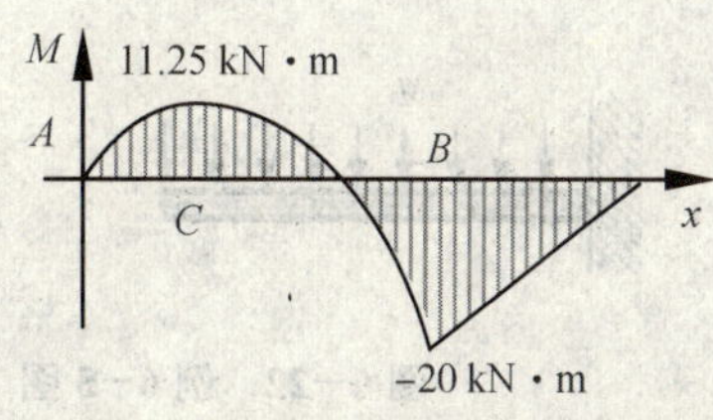

图6－19　梁的剪力图和弯矩图

C 截面上的压应力显然比 B 截面上的压应力小。如下图所示：

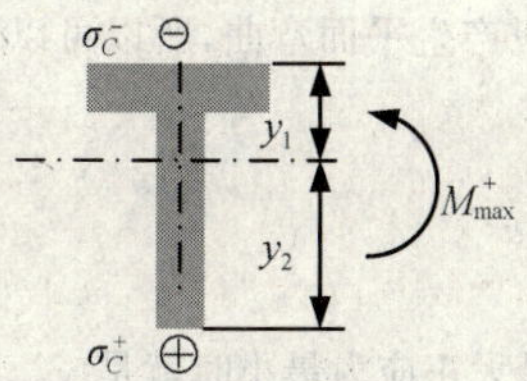

C 截面上的拉应力为

$$\sigma_C^+ = \frac{M_{\max}^+ y_2}{I} = \frac{11.25 \times 10^6 \times 90}{8.84 \times 10^6} = 114.5 \text{ MPa}$$

比 B 截面上的拉应力要大。

所以，梁中的最大拉应力在 C 截面的下缘，值为 $\sigma_{\max}^+ = 114.5$ MPa，最大压应力在 B 截面的下缘，值为 $\sigma_{\max}^- = 203.6$ MPa。

例 6－4　如图 6－20 所示，由 n 根相同的矩形等截面梁叠合而成组合梁，求各梁牢固结合和光滑接触两种情况下梁中最大正应力之比。

解：两种情况下梁的受力是相同的，那么梁中的最大弯矩也是一样的，假设为 $M_{\max}$。

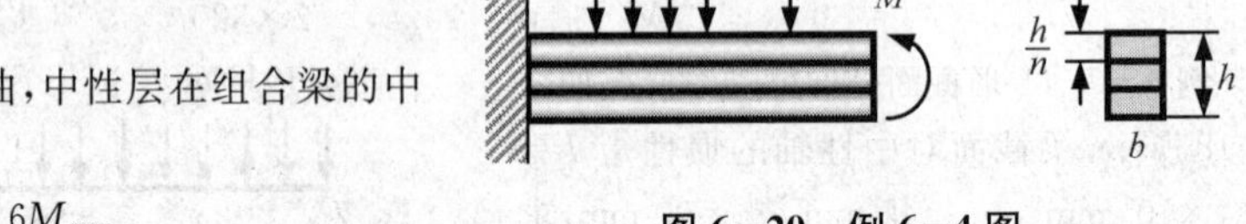

图 6－20　例 6－4 图

牢固结合时，组合梁整体弯曲，中性层在组合梁的中间，其最大正应力为

$$\sigma_{\max} = \frac{M_{\max}}{W} = \frac{6M_{\max}}{bh^2}$$

光滑接触时，组合梁的各梁各自弯曲，每根梁的中性层在各自的中心，由于各梁是完全相同的，所以组合梁危险截面上的弯矩由各梁均分，故梁中的最大正应力在各梁的上下缘处，为

$$\sigma'_{\max} = \frac{M'_{\max}}{W'} = \frac{\dfrac{6M_{\max}}{n}}{b\left(\dfrac{h}{n}\right)^2} = n\,\frac{6M_{\max}}{bh^2}$$

所以，$\dfrac{\sigma'_{\max}}{\sigma_{\max}} = n$，即光滑接触时梁中的最大正应力是牢固结合时的 n 倍。两种情况下梁中危险截面上的应力分布情况如图 6－21 所示。

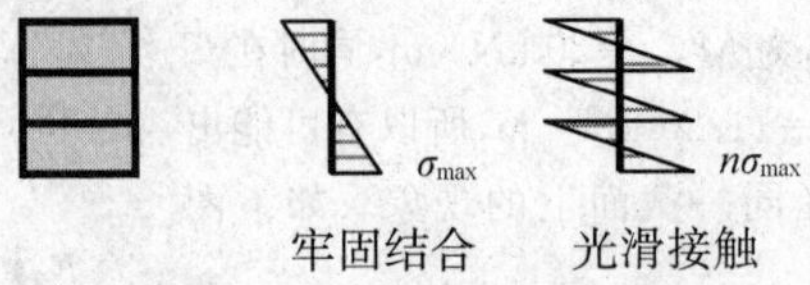

图 6－21　两种情况正应力分布规律

例 6－5　长度为 L 的悬臂梁的横截面是边长为 a 的正三角形，单位长度的重量为 q。仅由于自重，梁产生弯曲，如图 6－22 所示。该梁应如何放置，才能使梁中横截面上的最大正应力最小？这个应力大小是多少？

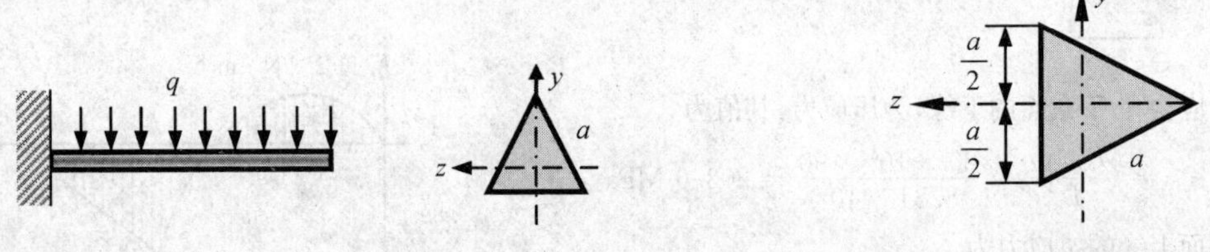

图 6－22　例 6－5 图　　　　图 6－23　合理放置方式

解：如果仅考虑梁的自重，则梁相当于受集度为 q 的均布载荷作用。梁的最大弯矩在固定端处，为

$$M_{\max} = \frac{ql^2}{2}$$

由于正多边形截面对过形心轴的惯性矩是相同的，且无论如何放置梁均只产生平面弯曲，所以可以计算截面对 y 轴的惯性矩为

$$I = I_y = I_z = 2 \times \frac{1}{12} \times \left(\frac{\sqrt{3}}{2}a\right) \times \left(\frac{a}{2}\right)^3 = \frac{\sqrt{3}}{96}a^4$$

梁中的最大正应力为：$\sigma_{\max} = \dfrac{M_{\max} y_{\max}}{I}$，由于 $M_{\max}$ 和 I 是不变的，则梁中最大正应力最小时就是 $y_{\max}$ 取最

小值的情况。所以，梁应如图 6－23 所示放置，才能使梁中的最大正应力最小，此时梁中的最大正应力为

$$\sigma_{\max} = \frac{M_{\max} y_{\max}}{I} = \frac{96}{\sqrt{3}a^4} \times \frac{ql^2}{2} \times \frac{a}{2} = \frac{8\sqrt{3}ql^2}{a^3}$$

例 6－6　如图 6－24 所示，矩形截面悬臂梁在自由端受集中力作用，梁表面与轴线平行的线段 AB 的长度 $a=300$ mm，变形后的伸长量 $\Delta a=0.125$ mm，AB 线段距轴线的距离 $c=50$ mm，截面高 $h=120$ mm，宽 $b=40$ mm，梁长 $L=1000$ mm，材料的弹性模量 $E=80$ GPa，泊松比 $\nu=0.3$，不考虑梁的剪切变形。求：①自由端的集中力 $F=$？②梁的上缘总伸长 $\Delta L=$？③梁的上半部分的体积增加量 $\Delta V=$？

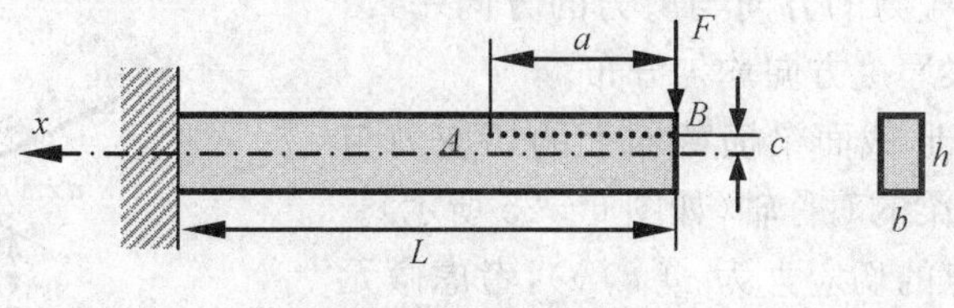

图 6－24　例 6－6 图

解：①求自由端的集中力。

梁任意截面上的弯矩为：$M(x)=-Fx$，任意截面上的正应力为：$\sigma(x,y)=-\dfrac{M(x)y}{I}=\dfrac{Fxy}{I}$。在不考虑梁的剪切变形情况下，截面上任意点满足简单虎克定律，即：$\sigma(x,y)=E\varepsilon(x,y)=E\dfrac{\Delta(\mathrm{d}x)}{\mathrm{d}x}$。距梁中性层 y 处的水平方向的微元线段的伸长量为：$\Delta(\mathrm{d}x)\big|_y=\dfrac{\sigma(x,y)\mathrm{d}x}{E}=\dfrac{Fxy}{EI}\mathrm{d}x$，所以，$AB$ 线段的伸长量为：$\Delta a=\int_0^a \Delta(\mathrm{d}x)\Big|_{y=c}=\int_0^a \dfrac{Fcx}{EI}\mathrm{d}x=\dfrac{Fca^2}{2EI}$，故有

$$F=\frac{2EI\Delta a}{ca^2}=\frac{Ebh^3\Delta a}{6ca^2}=\frac{80\times10^3\times40\times120^3\times0.125}{6\times50\times300^2}=25.6\times10^3\ \mathrm{N}=25.6\ \mathrm{kN}$$

②求梁的上缘总伸长。

$$\Delta L=\int_0^L \Delta(\mathrm{d}x)\Big|_{y=\frac{h}{2}}=\int_0^L \frac{Fhx}{2EI}\mathrm{d}x=\frac{FhL^2}{4EI}=\frac{hL^2\Delta a}{2ca^2}=\frac{120\times1000^2\times0.125}{2\times50\times300^2}=1.67\ \mathrm{mm}$$

③求梁的上半部分的体积增加量。

根据体积应变公式：$\theta=\dfrac{\Delta(\mathrm{d}V)}{\mathrm{d}V}=\varepsilon_x+\varepsilon_y+\varepsilon_z$，则梁的上半部分的体积增加量为：$\Delta V=\int_V(\varepsilon_x+\varepsilon_y+\varepsilon_z)\mathrm{d}V$，积分在梁的上半部分的体积内进行。

由于 $\varepsilon_x=\dfrac{\sigma(x,y)}{E}$ 以及泊松公式 $\varepsilon_y=\varepsilon_z=-\nu\varepsilon_x=-\nu\dfrac{\sigma(x,y)}{E}$，所以有

$$\begin{aligned}\Delta V&=\frac{1-2\nu}{E}\iiint_V \sigma(x,y)\mathrm{d}x\mathrm{d}y\mathrm{d}z=\frac{1-2\nu}{E}b\int_0^L\int_0^{h/2}\frac{F}{I}xy\mathrm{d}x\mathrm{d}y\\&=\frac{(1-2\nu)Fb}{EI}\cdot\frac{L^2}{2}\cdot\frac{h^2}{8}=\frac{(1-2\nu)bh^2L^2\Delta a}{8ca^2}\\&=\frac{(1-2\times0.3)\times40\times120^2\times1000^2\times0.125}{8\times50\times300^2}=533\ \mathrm{mm}^3\end{aligned}$$

6.3　梁弯曲的切应力

梁在横力弯曲下，横截面上一般还存在剪力，而剪力由横截面上的切应力合成而得（如图 6－1(b)所示）。对于对称截面梁，一般情况下切应力在横截面上的分布规律非常复杂，以致于无法通过材料力学的分析方法得到一个适用于所有截面形状的统一的公式，因此，材料力学

中只能针对特殊截面在引入适当的假设情况下，才能得到梁弯曲切应力的近似计算公式，以便于工程应用。下面就几种常见的截面梁进行研究。

6.3.1 矩形截面梁

如图 6－25 所示，高宽比较大的矩形截面梁，其任意截面的面积为 $A(x)$，宽为 b，高为 h，b，h 可以是梁轴线坐标的函数，截面上的剪力为 $F_s(x)$。

假设：①截面上切应力的方向与剪力的方向一致。②截面上的切应力沿梁厚度方向均匀分布。

根据上述假设，矩形截面梁横截面上的切应力与坐标 z 无关，且平行于梁的对称轴（如图 6－25 所示）。

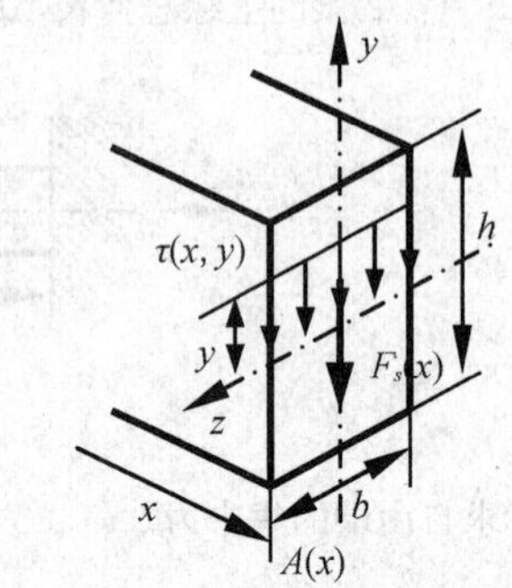

图 6－25 矩形截面切应力假设

设截面上任意一点的切应力为 $\tau(x,y)$，考虑微元长度的一段梁，其受力情况如图 6－26(a)所示。

在距中性轴坐标为 y 的地方用一与坐标面 xz 平行的平面将微元段梁截开，微元段梁分为上下两部分，考虑上部分，其受力情况如图 6－26(b)所示，假设截开面上的切应力为 τ'，根据切应力互等定理，有：$\tau'=\tau(x,y)$，即 τ'沿梁的宽度方向也是均匀分布的。又因 $\mathrm{d}x$ 是微元长度，所以在截开面上的切应力 τ'可认为是均匀分布的（如图 6－26(c)所示），其合力为

$$F_3 = \tau' b\mathrm{d}x = \tau(x,y)b\mathrm{d}x$$

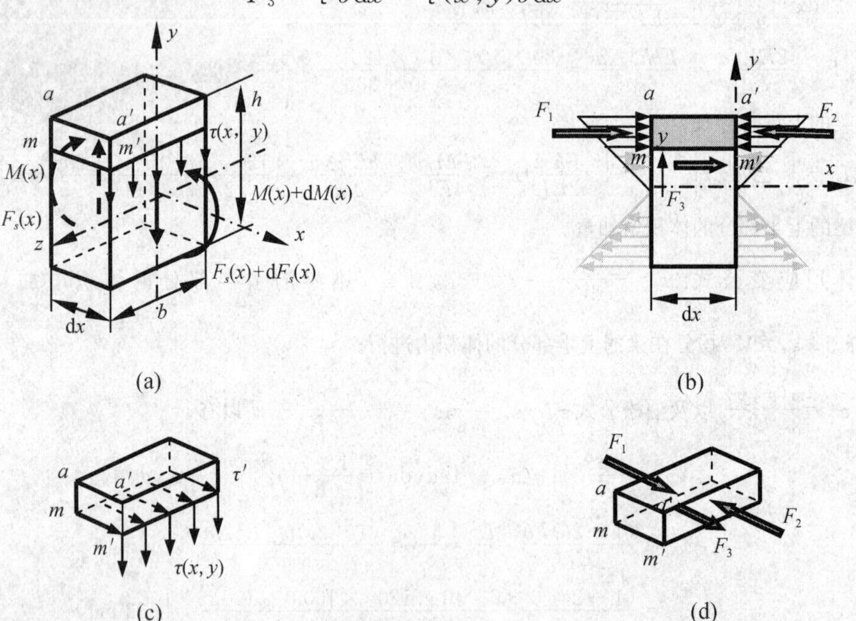

图 6－26 微元段梁的受力分析

微元段梁上部分左面上的压应力为 $\sigma(x,y)=\dfrac{M(x)y}{I_z}$，其合力是压力，值为

$$F_1 = \int_{A'} \sigma(x,y)\mathrm{d}A' = \frac{M(x)}{I_z}\int_{A'} y\mathrm{d}A' = \frac{M(x)S'(y)}{I_z}$$

同理,上部分右面上的压应力为 $\sigma(x+\mathrm{d}x,y)=\dfrac{[M(x)+\mathrm{d}M(x)]y}{I_z}$,其合力也是压力,值为

$$F_2=\int_{A'}\sigma(x+\mathrm{d}x,y)\mathrm{d}A'=\frac{M(x)+\mathrm{d}M(x)}{I_z}S'(y)$$

式中,$S'(y)=\int_{A'}y\mathrm{d}A$ 是梁截面坐标为 y 处以外的面积对梁中性轴的静矩。

由于微元段梁上部分处于平衡状态,则沿梁轴线方向的三个力 F_1,F_2,F_3 应平衡(如图 6-26(d)所示),所以有

$$F_1-F_2+F_3=0$$

将上述各力的表达式代入上式,得

$$\tau(x,y)b\mathrm{d}x=\frac{\mathrm{d}M(x)}{I_z}S'(y),\quad \tau(x,y)=\frac{\mathrm{d}M(x)}{\mathrm{d}x}\cdot\frac{S'(y)}{bI_z}$$

由于 $F_s(x)=\dfrac{\mathrm{d}M(x)}{\mathrm{d}x}$,所以有

$$\tau(x,y)=\frac{F_s(x)S'(y)}{bI_z}\tag{6-10}$$

式(6-10)就是矩形截面梁横截面上的切应力计算公式,其中 $S'(y)=\int_{A'}y\mathrm{d}A$ 可计算如下。

如图 6-27 所示,$S'(y)$为 y 以外截面对中性轴的静矩,所以有

$$S'(y)=\int_{A'}y\mathrm{d}A=A'y_c=b\left(\frac{h}{2}-y\right)\cdot\left[y+\frac{1}{2}\left(\frac{h}{2}-y\right)\right]$$

即

$$S'(y)=\frac{b}{2}\left(\frac{h^2}{4}-y^2\right)=\frac{bh^2}{8}\left(1-\frac{4y^2}{h^2}\right)$$

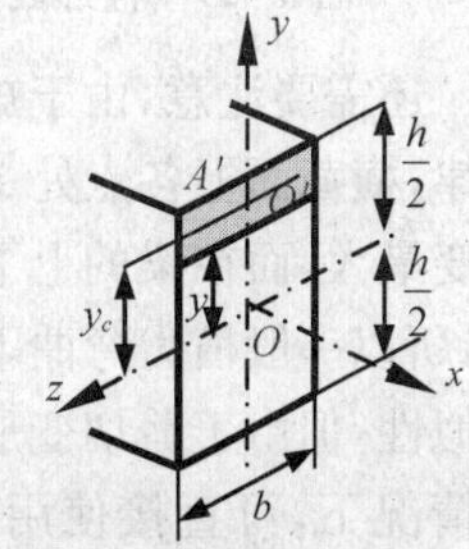

图 6-27　静矩计算

注意到 $I_z=\dfrac{bh^3}{12}$,于是矩形截面梁横截面上的切应力可进一步导出为

$$\tau(x,y)=\frac{3}{2}\,\frac{F_s(x)}{A(x)}\left(1-\frac{4y^2}{h^2}\right)\tag{6-11}$$

式中,$A(x)=bh$ 是梁横截面的面积,如果是锥度不大的变截面梁,则应是梁轴线坐标的函数。

由式(6-11)可知,**矩形截面梁横截面上的切应力沿高度方向是抛物线分布规律,在梁的上下缘最小,等于零,在梁的中性轴上最大**(如图 6-28 所示),即

$$\tau_{\max}(x)=\frac{3}{2}\left|\frac{F_s(x)}{A(x)}\right|$$

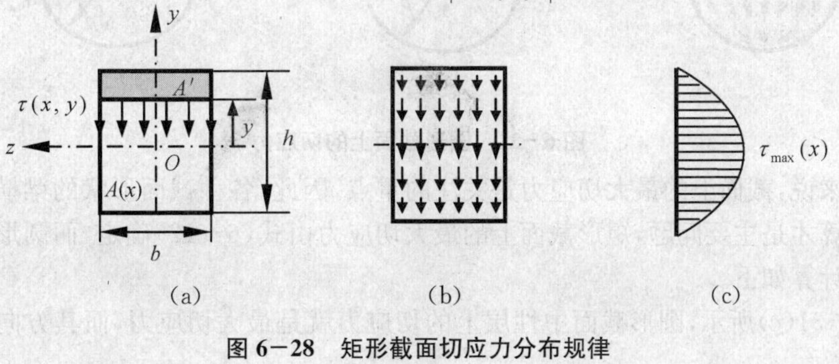

y　τ(x, y)　A'　y　h　z　O　A(x)　b　τ_max(x)

(a)　(b)　(c)

图 6-28　矩形截面切应力分布规律

可见，截面上的最大切应力是平均切应力的 1.5 倍。

对于整个梁来说，最大切应力为

$$\tau_{\max} = \frac{3}{2}\left|\frac{F_s(x)}{A(x)}\right|_{\max} \tag{6-12}$$

需要注意的是，式(6－10)尽管是根据矩形截面梁推导出来的，但考察其推导过程可知，对于其他满足假设①和②的截面，其依然适用。例如图 6－29 所示的槽形截面，要计算图中 K 点的切应力，可将图中阴影部分面积对截面中性轴的静矩 S' 求出，然后代入式(6－10)即可，注意式(6－10)中的 b 应取 $2t$。

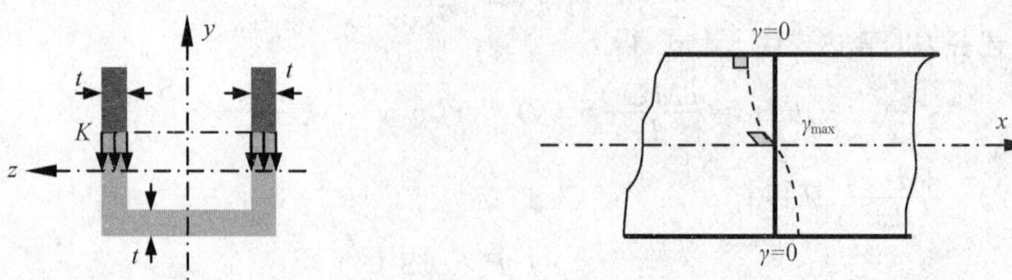

图 6－29 槽形截面的切应力

图 6－30 切应力引起截面翘曲

还需要注意，由于矩形截面梁横截面上的切应力沿高度方向是抛物线分布，根据剪切虎克定律，横截面上各点处 x，y 方向之间的切应变 γ_{xy} 沿高度方向也是抛物线分布，在中性层处切应变最大，而在梁的上下缘处切应变为零。因此，横截面在变形后将产生翘曲，如图 6－30 所示，所以一般横力弯曲下，平截面假设不能严格成立，而相应的正应力计算公式也具有一定的近似性，但由于剪切变形相对于梁的各层在轴线方向的伸长或缩短来说是很小的，所以横力弯曲情况下，可直接使用由纯弯曲梁导出的应力和变形公式，这样在工程上不会引起严重的误差。

6.3.2 其他截面梁

其他截面形状的梁，横截面上的切应力不像矩形截面梁那样与剪力的方向一致，例如圆形截面梁，其横截面上的切应力分布如图 6－31(a)所示，在任意点处，其切应力方向一般并不竖直向下，但可以假设切应力在竖直方向的分量沿水平方向是均匀分布的，如图 6－31(b)所示，从而截面上的切应力在竖直方向的分量仍可按式(6－10)计算。

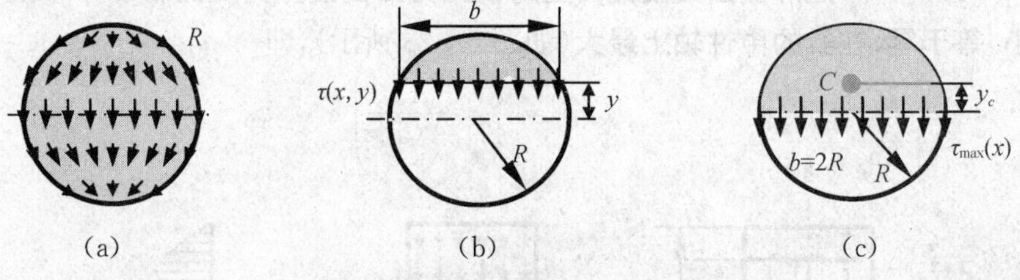

图 6－31 圆形截面上的切应力

就强度来说，截面上的最大切应力是关注的重点，因此，各种截面形状的梁横截面上的最大切应力计算才是主要问题，矩形截面上的最大切应力由式(6－12)确定，而圆形截面上的最大切应力可计算如下。

如图 6－31(c)所示，圆形截面中性层上的切应力就是最大切应力，而其方向是竖直向下的，所以有

$$\tau_{\max}(x)=\frac{F_s(x)S'(0)}{bI_z}=\frac{F_s(x)}{2R}\cdot\frac{64}{\pi(2R)^4}(\frac{\pi R^2}{2}\cdot\frac{4R}{3\pi})=\frac{4}{3}\frac{F_s(x)}{\pi R^2}$$

即

$$\tau_{\max}(x)=\frac{4}{3}\left|\frac{F_s(x)}{A(x)}\right| \tag{6-13}$$

其他截面上的最大切应力采用适当假设后可按上述方法得到，各种截面形状的梁横截面上的最大切应力可统一写成下式：

$$\tau_{\max}(x)=k\left|\frac{F_s(x)}{A(x)}\right|$$

而梁中的最大切应力为

$$\tau_{\max}=k\left|\frac{F_s(x)}{A(x)}\right|_{\max} \tag{6-14}$$

式中，k 的取值为：矩形截面 $k=\frac{3}{2}$；圆形截面 $k=\frac{4}{3}$；薄壁圆环形截面 $k=2$；工字形截面 $k=1$。

各截面的图形如图 6－32 所示，工字形截面上的切应力主要由腹板承担，即在腹板上切应力几乎是均匀分布的，而翼缘上的切应力很小，所以式(6－14)中的面积应用腹板的面积 $A=ht$。

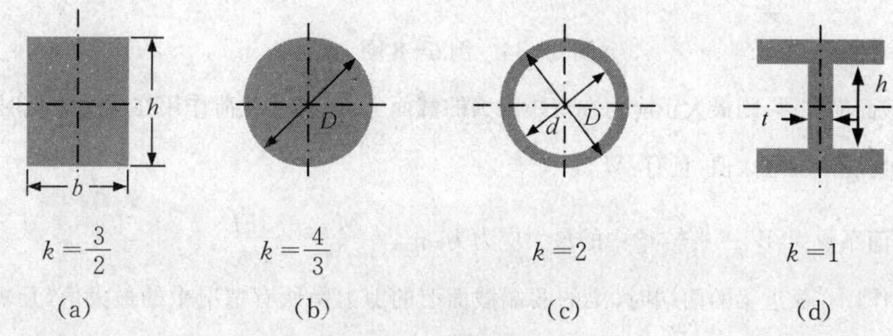

图 6－32　典型截面的 k 值

如果考察的是**等截面梁**，则梁中的最大切应力为

$$\tau_{\max}=k\frac{F_{s\max}}{A} \tag{6-15}$$

即等截面梁的最大切应力在剪力最大的截面上的中性层处。

例 6－7　如图 6－33 所示，阶梯状圆形截面悬臂梁受均布载荷作用，已知梁的半长 $L=0.5$ m，左边段梁的直径 $d_1=50$ mm，右边段梁的直径 $d_2=30$ mm，载荷集度 $q=2$ kN/m，求梁中的最大正应力和最大切应力。

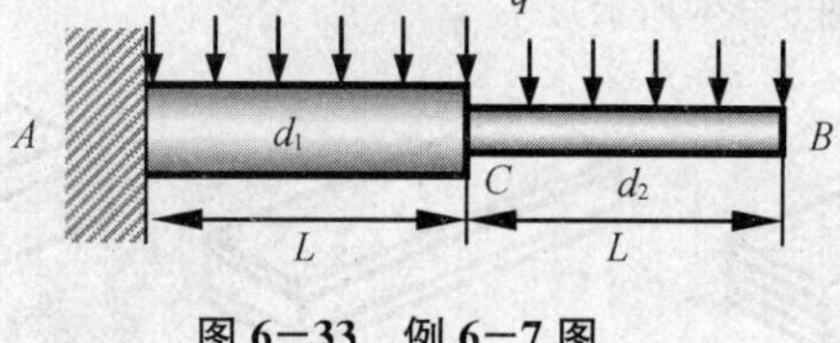

图 6－33　例 6－7 图

解：固定端截面 A 上的弯矩和剪力是梁中最大的，分别为

$$M_A=\frac{q(2L)^2}{2}=2qL^2=1\ \text{kN}\cdot\text{m},\quad F_{sA}=2qL=2\ \text{kN}$$

又因为截面 C 的面积最小，所以梁中的最大正应力和最大切应力可能出现在 A 截面上，也可能出现在 C 截面上，即两截面都是梁的危险截面。C 截面上的弯矩和剪力分别为

$$M_C=\frac{qL^2}{2}=0.25\ \text{kN}\cdot\text{m},\quad F_{sC}=qL=1\ \text{kN}$$

A 截面：$\sigma_{A\max}=\dfrac{M_A}{W_1}=\dfrac{32M_A}{\pi d_1^3}=\dfrac{32\times1\times10^6}{3.14\times50^3}\approx81\ \text{MPa}$

$$\tau_{A\max}=k\frac{F_{sA}}{A_1}=k\frac{4F_{sA}}{\pi d_1^2}=\frac{4}{3}\times\frac{4\times2\times10^3}{3.14\times50^2}\approx1.3\ \text{MPa}$$

C 截面：$\sigma_{C\max}=\dfrac{M_C}{W_2}=\dfrac{32M_C}{\pi d_2^3}=\dfrac{32\times0.25\times10^6}{3.14\times30^3}\approx94\ \text{MPa}$

$$\tau_{C\max}=k\frac{F_{sC}}{A_2}=k\frac{4F_{sC}}{\pi d_2^2}=\frac{4}{3}\times\frac{4\times1\times10^3}{3.14\times30^2}\approx1.9\ \text{MPa}$$

可见，梁中的最大正应力和最大切应力均在 C 截面上，其值分别为：$\sigma_{\max}=94$ MPa，在 C 截面的上缘或下缘；$\tau_{\max}=1.9$ MPa，在 C 截面的中性层上。

所以，**对于变截面梁来说，梁中的最大正应力和最大切应力不一定在弯矩和剪力最大的截面上。**

例 6－8 如图 6－34 所示，长度为 L 的矩形截面简支梁，受在梁上可任意移动的载荷 F 作用，梁截面的高度为 h，宽度为 b，求梁中的最大正应力和最大切应力之比。

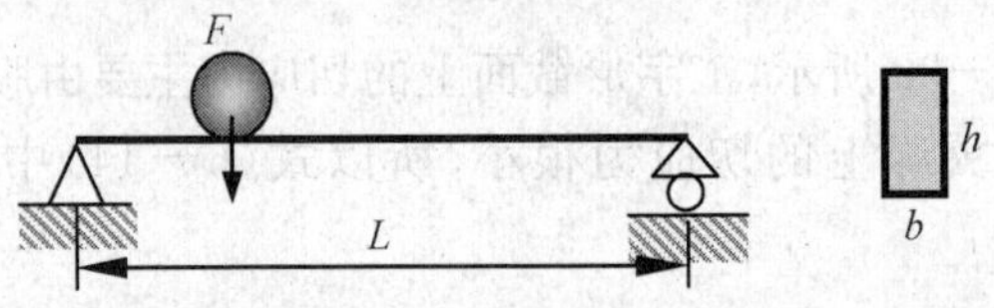

图 6－34 例 6－8 图

解：梁为等截面简支梁，则最大正应力在弯矩最大的截面上，当移动载荷作用在梁的中点时，梁中间截面上的弯矩是所有情况中的最大值，且有：$M_{\max}=\dfrac{FL}{4}$。

梁的抗弯截面系数为：$W_z=\dfrac{bh^2}{6}$，梁中的最大应力为：$\sigma_{\max}=\dfrac{M_{\max}}{W}=\dfrac{3FL}{2bh^2}$。

当移动载荷作用在靠近梁的两端时，梁的两端截面上的剪力是所有情况中的最大值，且 $F_{s\max}=F$。所以，梁中的最大切应力为：$\tau_{\max}=k\dfrac{F_{s\max}}{A}=\dfrac{3F}{2bh}$，故：$\dfrac{\sigma_{\max}}{\tau_{\max}}=\dfrac{L}{h}$。对于细长梁来说，$L\gg h$，所以梁中的最大正应力远远大于最大切应力。

结论：一般细长梁中，横截面上的最大正应力几乎总是比最大切应力高出一个数量级以上。

6.4* 组合梁弯曲的正应力

由不同材料分层紧密叠合的梁称为组合梁，如图 6－35 所示。下面研究最简单的一种情况，即两层不同材料叠合的矩形截面组合梁（如图 6－36 所示）。

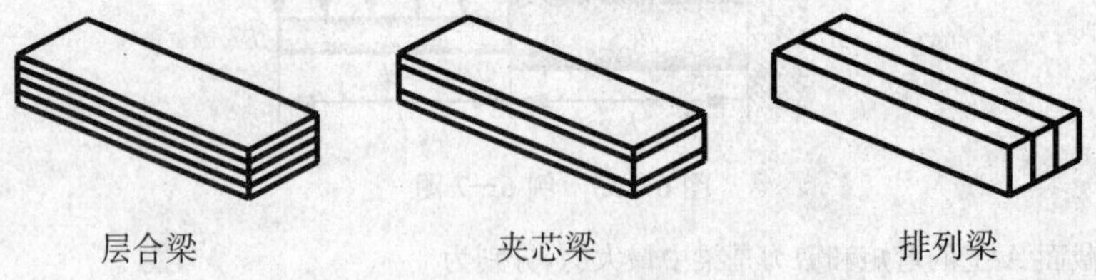

图 6－35 组合梁

如果梁弯曲过程中满足平截面假设和单向受力假设，那么静力学关系式（6－1）和几何方程式（6－2）均成立。

组合梁的物理方程为

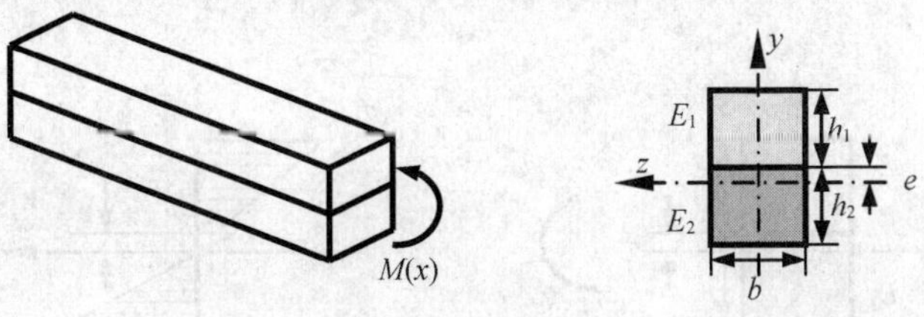

图 6-36　双层叠合梁

$$\begin{cases}\sigma_1(x,y,z)=E_1\varepsilon(x,y,z)=-\dfrac{E_1 y}{\rho(x)} & (e\leqslant y\leqslant e+h_1)\\ \sigma_2(x,y,z)=E_2\varepsilon(x,y,z)=-\dfrac{E_2 y}{\rho(x)} & (-h_2+e\leqslant y\leqslant e)\end{cases}\tag{6-16}$$

必须注意，组合梁的中性轴一般情况下不再通过截面的形心。

将式(6-16)代入静力学关系的第一式，有

$$F_N(x)=\int_A \sigma(x,y,z)\mathrm{d}A=\int_{A_1}\sigma_1(x,y,z)\mathrm{d}A_1+\int_{A_2}\sigma_2(x,y,z)\mathrm{d}A_2=0$$

即

$$E_1\int_{A_1} y\mathrm{d}A_1+E_2\int_{A_2} y\mathrm{d}A_2=0$$

$$E_1S_1+E_2S_2=0\tag{6-17}$$

一般的双层叠合梁可用式(6-17)确定其中性层位置。

如果叠合的两梁是矩形截面(如图 6-36 所示)，则由于

$$S_1=A_1y_{c1}=bh_1\left(\frac{h_1}{2}+e\right),S_2=A_2y_{c2}=-bh_2\left(\frac{h_2}{2}-e\right)$$

代入式(6-17)，得

$$e=\frac{h}{2}\cdot\frac{1-k\xi^2}{(1+\xi)(1+k\xi)}\tag{6-18}$$

式中，$k=\dfrac{E_1}{E_2}$；$\xi=\dfrac{h_1}{h_2}$；$h=h_1+h_2$，是梁的总高度。e 为中性层到两梁界面的距离，当 $e>0$，即 $k<\dfrac{1}{\xi^2}$ 时，中性轴在下层梁上；当 $e<0$，即 $k>\dfrac{1}{\xi^2}$ 时，中性轴在上层梁上；当 $k=\dfrac{1}{\xi^2}$ 时，中性轴就是两梁的界面。

将式(6-16)代入静力学关系的第二式，由于 y 轴是截面对称轴，可验证其自然满足。

将式(6-16)代入静力学关系的第三式，有

$$\begin{aligned}M(x)&=-\int_A \sigma(x,y,z)y\mathrm{d}A=-\int_{A_1}\sigma_1(x,y,z)y\mathrm{d}A_1-\int_{A_2}\sigma_2(x,y,z)y\mathrm{d}A_2\\&=\frac{1}{\rho(x)}\left(E_1\int_{A_1}y^2\mathrm{d}A_1+E_2\int_{A_2}y^2\mathrm{d}A_2\right)=\frac{1}{\rho(x)}(E_1I_1+E_2I_2)\end{aligned}$$

所以有

$$\frac{1}{\rho(x)}=\frac{M(x)}{E_1I_1+E_2I_2}\tag{6-19}$$

式(6-19)即组合梁变形后中性层的曲率公式，是计算组合梁变形的基本公式。式中 I_1 和 I_2 分别是两梁的截面面积对整个梁的中性轴的惯性矩。

将式(6-19)代回到物理方程式(6-16)，由于截面上的正应力沿 z 方向均匀分布，即与坐标 z 无关，所以可得组合梁截面上的正应力公式为

$$\begin{cases}\sigma_1(x,y)=-\dfrac{kM(x)y}{I_0} & (e\leqslant y\leqslant e+h_1)\\ \sigma_2(x,y)=-\dfrac{M(x)y}{I_0} & (-h_2+e\leqslant y\leqslant e)\end{cases}\tag{6-20}$$

式中，$I_0=kI_1+I_2$，$k=\dfrac{E_1}{E_2}$。正应力在截面上的分布情况如图 6-37 所示，在两层梁的界面处应力是间断的，

但变形是连续的。

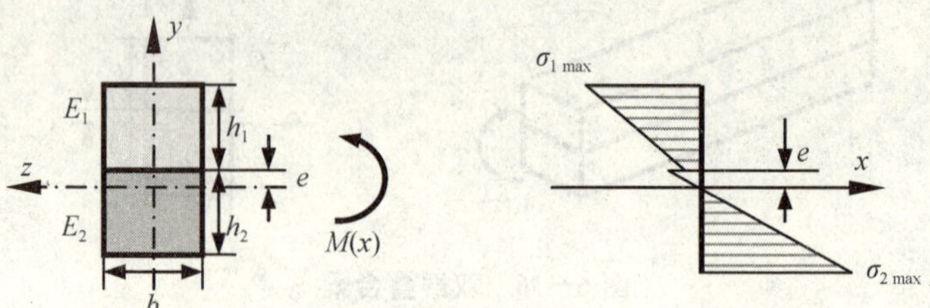

图 6－37　正应力分布图

例 6－9　简支矩形截面双层叠合梁受均布载荷 q 作用，梁长为 L，高为 h，宽为 b，如图 6－38 所示，已知 $E_2=2E_1$，且梁的中性层正好在两层梁的界面处，求梁的最大正应力。

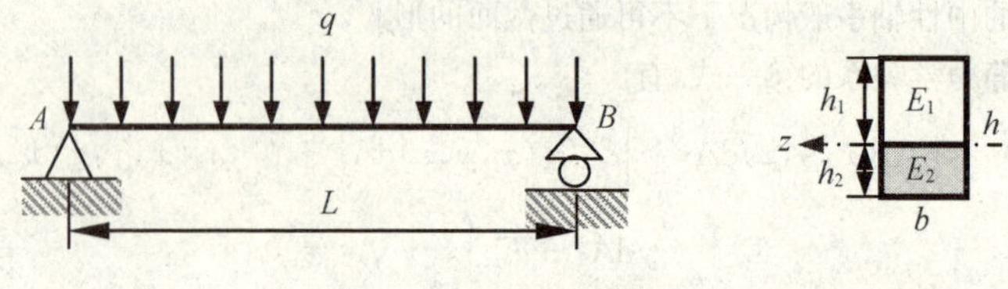

图 6－38　例 6－9 图

解：已知 $k=\dfrac{E_1}{E_2}=0.5$，由于梁的中性层正好在界面处，所以有：$k=\dfrac{1}{\xi^2}$，$\xi=\dfrac{h_1}{h_2}=\sqrt{\dfrac{1}{k}}=\sqrt{2}=1.41$。

又因为 $h_1+h_2=h$，故：$h_1=0.59h$，$h_2=0.41h$，$I_0=kI_1+I_2=0.5\times\dfrac{1}{2}\times\dfrac{b(2h_1)^3}{12}+\dfrac{1}{2}\times\dfrac{b(2h_2)^3}{12}=0.057bh^3$。

梁中间截面上的弯矩最大，即：$M_{\max}=\dfrac{qL^2}{8}$，所以最大正应力在梁中间截面的上缘或下缘。上缘的应力是压应力，数值为：$\sigma_{\max1}=\dfrac{kM_{\max}h_1}{I_0}$；下缘的应力是拉应力，数值为：$\sigma_{\max2}=\dfrac{M_{\max}h_2}{I_0}$。由于 $kh_1<h_2$，所以梁的最大正应力在梁的下缘，即

$$\sigma_{\max}=\frac{M_{\max}h_2}{I_0}=\frac{qL^2}{8}\cdot\frac{0.41h}{0.057bh^3}=0.9\frac{qL^2}{bh^2}$$

例 6－10　两根材料不同但几何尺寸相同的半圆截面梁紧密叠合形成一组合梁，如图 6－39(a)所示。已知两梁的弹性模量分别为 E_1 和 E_2，且 $E_1<E_2$，梁截面的半径为 R。①在第一种放置情况下（如图 6－39(b)所示），求梁的中性层位置；②在第二种放置情况下（如图 6－39(c)所示），当梁只产生平面弯曲时，载荷作用线的偏心距是多大？

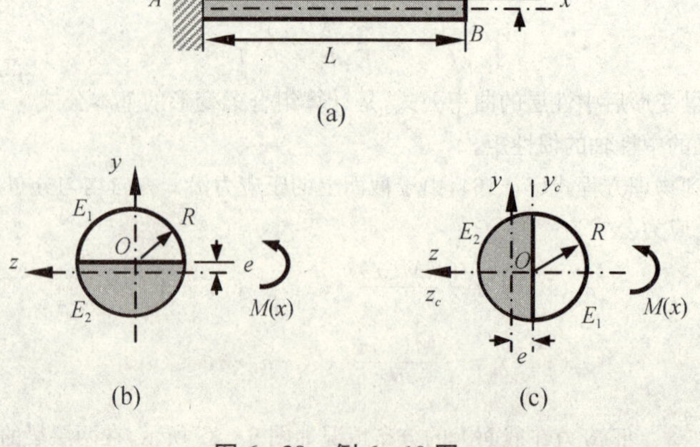

图 6－39　例 6－10 图

解：①求第一种放置情况下梁的中性层位置。

两层梁叠合的组合梁，其中性层由式(6－17)确定，即有：$E_1S_1+E_2S_2=0$。半圆的形心到圆心的垂直距离为：$y_c=\dfrac{4R}{3\pi}$，假设中性层到圆心的距离为 e，则由静矩计算公式，有：$S_1=A_1y_{c1}=\dfrac{\pi R^2}{2}\left(\dfrac{4R}{3\pi}+e\right)$，$S_2=A_2y_{c2}=\dfrac{\pi R^2}{2}\left[-\left(\dfrac{4R}{3\pi}-e\right)\right]$，所以有：$E_1\left(\dfrac{4R}{3\pi}+e\right)-E_2\left(\dfrac{4R}{3\pi}-e\right)=0$。

令 $k=\dfrac{E_1}{E_2}$，显然 $k<1$，则有：$e=\dfrac{4R}{3\pi}\cdot\dfrac{1-k}{1+k}$。

特别地，当 $E_1=E_2$ 时，$e=0$，即圆形截面梁弯曲，中性轴过截面形心。当 $E_1=0$ 时，梁实质上相当于半圆截面梁，$e=\dfrac{4R}{3\pi}$即是半圆截面的形心。当 $E_1=\dfrac{E_2}{2}$时，中性轴的位置在 $e=\dfrac{4R}{9\pi}$处。

②求第二种放置情况下载荷作用线的偏心距。

梁弯曲过程中依然满足平截面假设和单向受力假设，此种情况下，$S_1=0$，$S_2=0$，所以梁的中性轴过截面的形心。

由于中性轴是截面对称轴，所以无论 y 轴在什么位置，两梁的截面对 y 轴和 z 轴的惯性积均为零，可以验证，静力学关系的第二式也是自然满足的。但是，由于组合梁的左半部分材料和右半部分材料不一样，而变形是相同的，由虎克定律，组合梁左半部分和右半部分的正应力是不同的，当外力作用线没有偏心时，将出现如图 6－40(a)所示的情况，梁上半部分和下半部分的内力分别对 y 轴的力矩 $M_y^+=-M_y^-$ 不为零，尽管组合梁截面上的内力对 y 轴的总力矩 $M_y=M_y^++M_y^-=0$，但组合梁在截面内将产生绕竖直对称轴的扭转，此时组合梁的截面将产生翘曲，不再是平面弯曲了。

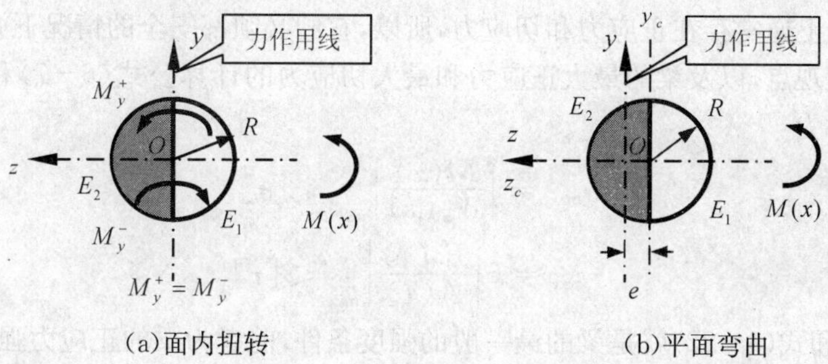

图 6－40　面内扭转和平面弯曲

所以，组合梁在第二种放置情况下只产生平面弯曲时，力作用线必须要有一个偏心，如图 6－40(b)所示，而且要求 $M_y^+=-M_y^-=0$。

由于$M_y^+=\int_{A'}\sigma(x,y,z)z\mathrm{d}A'=\int_{A_1'}\sigma_1(x,y)z\mathrm{d}A_1'+\int_{A_2'}\sigma_2(x,y)z\mathrm{d}A_2'=0$，又因为：$\sigma_1(x,y)=-\dfrac{E_1y}{\rho(x)}$，$\sigma_2(x,y)=-\dfrac{E_2y}{\rho(x)}$，所以有

$$E_1I'_{yz1}+E_2I'_{yz2}=0,kI'_{yz1}+I'_{yz2}=0$$

$$I'_{yz1}=\int_{A_1'}yz\mathrm{d}A_1',I'_{yz2}=\int_{A_2'}yz\mathrm{d}A_2'$$

式中，A_1' 和 A_2' 分别是两梁上半部分的面积，即四分之一圆面积。

先分别计算 A_1' 和 A_2' 对 y_cz_c 轴的惯性积，根据惯性积的定义，有

$$\begin{aligned}I'_{y_cz_c2}&=-I'_{y_cz_c1}=\int_{A_2'}y_cz_c\mathrm{d}A_2'=\int_{A_1'}R\sin\theta\cdot R\cos\theta\mathrm{d}A_2'=\int_0^R\int_0^{\frac{\pi}{2}}R^2\sin\theta\cos\theta\cdot R\mathrm{d}r\mathrm{d}\theta\\&=\frac{R^4}{2}\int_0^{\frac{\pi}{2}}\sin2\theta\mathrm{d}\theta=\frac{R^4}{2}(-\cos2\theta)\Big|_0^{\frac{\pi}{2}}=R^4\end{aligned}$$

所以有

$$I'_{yz1} = \int_{A'_1} yz\mathrm{d}A'_1 = \int_{A'_1} y_c(z_c - e)\mathrm{d}A'_1 = I'_{y_c z_c 1} - e\int_{A'_1} y_c \mathrm{d}A'_1 = -R^4 - eS'_{z1}$$

$$I'_{yz2} = \int_{A'_2} yz\mathrm{d}A'_2 = \int_{A'_2} y_c(z_c - e)\mathrm{d}A'_2 = I'_{y_c z_c 2} - e\int_{A'_2} y_c \mathrm{d}A'_2 = R^4 - eS'_{z2}$$

式中，S'_{z1}和S'_{z2}分别是两梁上半部分对中性轴的静矩，即$S'_{z1}=S'_{z2}=A'_1 y_{c1}=\frac{\pi R^2}{4}\cdot\frac{4R}{3\pi}=\frac{R^3}{3}$。

所以有

$$kR^3(-R-\frac{1}{3}e)+R^3(R-\frac{1}{3}e)=0$$

$$e=3R\cdot\frac{1-k}{1+k}$$

式中，$k=\frac{E_1}{E_2}<1$，即当载荷的偏心距为e时，梁的弯曲才是平面弯曲。特别地，当$E_1=E_2$时，$e=0$，即圆形截面载荷作用在对称轴上时，梁产生平面弯曲。当$E_1=0$时，梁是半圆截面的非对称弯曲，$e=3R$。当$E_1=\frac{E_2}{2}$时，$e=R$。

6.5 梁弯曲的强度

6.5.1 梁的强度条件

梁的横截面上通常存在正应力和切应力，所以，它们必须都安全的情况下梁才安全。根据材料力学的强度观点，以及梁的最大正应力和最大切应力的计算公式(6－7)和(6－14)，可建立梁的强度条件为

$$\sigma_{\max}=\left|\frac{M(x)}{W_z(x)}\right|_{\max}\leqslant[\sigma] \tag{6-21}$$

$$\tau_{\max}=k\left|\frac{F_s(x)}{A(x)}\right|_{\max}\leqslant[\tau] \tag{6-22}$$

式(6－21)和式(6－22)就是梁的最一般的强度条件，前者为梁的正应力强度条件，而后者为切应力强度条件，它们适用于等截面梁，也适用于锥度不大的变截面梁。显然，对于变截面梁来说，最大正应力或最大切应力不一定在弯矩或剪力最大的截面上。

如果考察的是**等截面梁**，则式(6－21)和式(6－22)可简化为

$$\sigma_{\max}=\frac{M_{\max}}{W_z}\leqslant[\sigma] \tag{6-23}$$

$$\tau_{\max}=k\frac{F_{s\max}}{A}\leqslant[\tau] \tag{6-24}$$

式中，$[\sigma]$是梁材料的许用正应力，$[\tau]$是许用切应力，$M_{\max}$和$F_{s\max}$是梁中的最大弯矩和最大剪力，所以梁的危险截面就是弯矩最大的截面以及剪力最大的截面，最大正应力在弯矩最大截面的上缘或下缘，而最大切应力在剪力最大截面的中性层上。

如果**梁材料的拉压力学性能不一样**，则切应力强度条件不变，而正应力强度条件式(6－21)或式(6－23)分解为两个条件，即

$$\sigma_{\max}^{+}\leqslant[\sigma^{+}],\sigma_{\max}^{-}\leqslant[\sigma^{-}] \tag{6-25}$$

式中，$\sigma_{\max}^{+}$和$\sigma_{\max}^{-}$分别是梁中的最大拉应力和最大压应力，$[\sigma^{+}]$和$[\sigma^{-}]$分别是梁材料的许用拉应力和许用压应力。

值得注意的是，由6.2节可知，即使是等截面梁，其最大拉应力或最大压应力不一定在弯

矩最大的截面上,也不一定在同一截面上。

必须明确,在上述强度条件中,**正应力强度条件是主要的强度条件,而切应力强度条件是次要的强度条件**。原因是一般的跨高比较大的梁中,其最大切应力远远小于最大正应力,通常要小一个数量级以上,所以,弯曲正应力是引起梁破坏的主要因素。只有在短粗梁、薄壁杆件、层合梁、抗剪能力较弱的复合材料梁中,弯曲切应力才是引起破坏的值得重视的因素。

还需要强调的是:

①梁的最大正应力在梁的上下缘,而该处的切应力为零,所以,梁的上下缘各点的单元体处于单向应力状态(如图 6－41(b)所示)。

②梁的最大切应力在梁的中性层上,而该处的正应力为零,所以,梁的中性层上各点的单元体处于纯剪应力状态(如图 6－41(c)所示)。

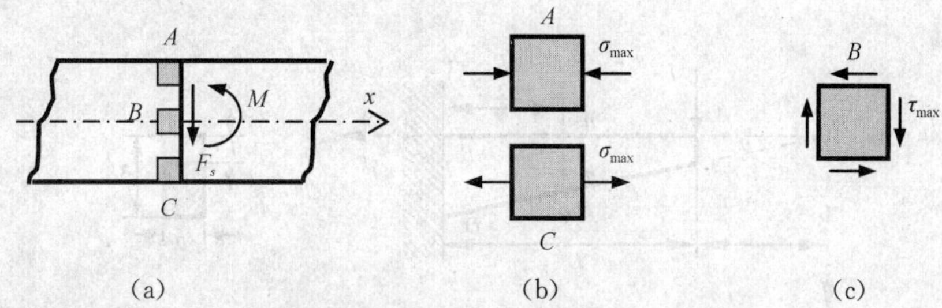

图 6－41　梁截面上下缘点及中性层点的应力状态

6.5.2　梁强度条件的应用

类似于拉伸压缩和扭转,梁的强度条件的应用有以下三个方面。

(1)校核强度

已知梁的受力情况以及其几何尺寸,又知道梁材料的许用正应力和许用切应力,考察梁是否满足强度条件,如果满足,则梁在强度上是安全的;如果不满足,则不安全。这一过程称为校核梁的强度。如果考察的对象是梁结构系统,则必须所有的梁安全时整个结构才安全。

(2)计算许可载荷

已知梁截面的几何尺寸以及材料的许用应力以及载荷作用方式,则根据强度条件,可确定梁的内力的上限值,进而根据内力与外力的关系,可确定梁所受外力的上限值,这个上限值就是梁的许可载荷。例如,对等截面梁,根据式(6－23)和(6－24),有

$$M_{max} \leqslant [\sigma]W_z, F_{s\,max} \leqslant \frac{[\tau]A}{k}$$

由梁的弯矩和载荷间的关系以及剪力与载荷间的关系一般可得到两个许可载荷,两者中最小的那个即是梁的许可载荷。实际上具体计算时,对一般的梁由于切应力强度条件是次要的,往往依据正应力强度条件来确定许可载荷,然后将所得的许可载荷代入切应力强度条件校核一下即可。

(3)计算许可截面尺寸

已知梁所受的外载荷以及材料的许用应力,则根据强度条件,可确定梁横截面的最小尺寸,这个最小尺寸就称为许可截面尺寸。例如,对等截面梁,有

$$W_z \geqslant \frac{M_{max}}{[\sigma]}, A \geqslant k\,\frac{F_{s\,max}}{[\tau]}$$

由正应力强度条件和切应力强度条件可分别确定出一个最小截面尺寸，两者中较大的就是许可截面尺寸。与计算许可载荷一样，具体计算时，往往依据正应力强度条件来确定许可截面尺寸，然后将所得的截面尺寸代入切应力强度条件进行校核即可。

在进行强度计算时，必须注意，如果考察的是梁结构系统，则根据每根梁的强度条件，可分别确定出一个结构的载荷上限值，其中最小的那个就是结构的许可载荷。而要确定每根梁的许可截面尺寸，只需每根梁应用强度条件即可。

还必须注意，对于较复杂的梁，例如材料拉压力学性能不同的梁、变截面梁以及截面上下不对称的梁，**往往先确定可能的危险截面，然后再进行强度计算**。

例 6－11 如图 6－42 所示，小锥度（α 很小）变截面悬臂梁在自由端受集中力作用，梁长为 L，截面尺寸 b,h 已知，且 L 远远大于 b,h。梁材料的许用正应力为$[\sigma]$，许用切应力为$[\tau]$，且$[\sigma]=2[\tau]$，试确定梁的许可载荷。

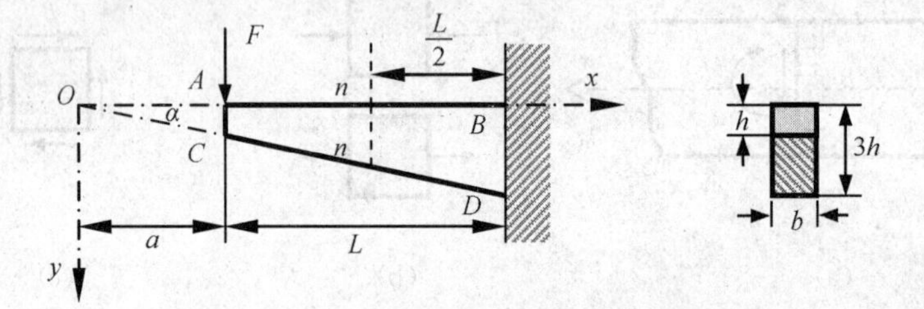

图 6－42 例 6－11 图

解：①计算梁的内力。

建立如图 6－42 所示的坐标系，有：$a=\dfrac{L}{2}$，$\tan\alpha=\dfrac{h}{a}=\dfrac{2h}{L}$。

梁的剪力函数和弯矩函数分别为：$F_s(x)=-F$，$M(x)=-F(x-\dfrac{L}{2})\quad(\dfrac{L}{2}\leqslant x\leqslant\dfrac{3L}{2})$。

②计算截面的几何量。

斜直线 OCD 的方程为：$y(x)=x\tan\alpha=\dfrac{2h}{L}x$。

任意截面的面积：$A(x)=by(x)=\dfrac{2bh}{L}x\quad(\dfrac{L}{2}\leqslant x\leqslant\dfrac{3L}{2})$。

抗弯截面系数：$W_z(x)=\dfrac{by^2(x)}{6}=\dfrac{2bh^2}{3L^2}x^2\quad(\dfrac{L}{2}\leqslant x\leqslant\dfrac{3L}{2})$。

③计算最大切应力和最大正应力。

最大切应力：$\tau_{\max}=k\left|\dfrac{F_s(x)}{A(x)}\right|_{\max}=\dfrac{3}{2}\cdot\dfrac{F}{A_{\min}}=\dfrac{3F}{2bh}$。

最大切应力在靠近自由端的截面的中性层上。

最大正应力：$\sigma_{\max}=\left|\dfrac{M(x)}{W_z(x)}\right|_{\max}=\dfrac{3L^2F}{2bh^2}[\dfrac{1}{x^2}(x-\dfrac{L}{2})]_{\max}\quad(\dfrac{L}{2}\leqslant x\leqslant\dfrac{3L}{2})$。

令 $f(x)=\dfrac{1}{x^2}(x-\dfrac{L}{2})(\dfrac{L}{2}\leqslant x\leqslant\dfrac{3L}{2})$，由 $f'(x)=\dfrac{1}{x^2}(\dfrac{L}{x}-1)=0$，得：$x=L$；又因 $f''(L)=\dfrac{1}{x^3}(2-\dfrac{3L}{x})\Big|_{x=L}=-\dfrac{1}{L^3}<0$，所以 $f(x)$ 在 $x=L$ 处有极大值，为 $f(L)=\dfrac{1}{2L}$。又由于 $f(\dfrac{L}{2})=0$，$f(\dfrac{3L}{2})=\dfrac{4}{9L}$，故在全梁中，当 $x=L$ 时，$f(x)$ 取最大值。

于是，梁的最大正应力在梁中间截面的上缘和下缘，其值为：$\sigma_{\max}=\dfrac{3LF}{4bh^2}$。

④计算许可载荷。

由切应力强度条件，有：$\tau_{\max}=\dfrac{3F}{2bh}\leqslant[\tau]=\dfrac{[\sigma]}{2}$，$[F]_1=\dfrac{bh}{3}[\sigma]$。

由正应力强度条件，有：$\sigma_{\max}=\dfrac{3LF}{4bh^2}\leqslant[\sigma]$，$[F]_2=\dfrac{4bh^2}{3L}[\sigma]$。

因 L 远远大于 b 和 h，则 $\dfrac{[F]_2}{[F]_1}=\dfrac{4h}{L}<1$，所以梁的许可载荷为：$[F]=\dfrac{4bh^2}{3L}[\sigma]$。

可见，变截面梁的危险截面不一定是内力最大的截面。

例 6－12　如图 6－43(a)所示，外伸梁只在中点受集中力作用时，只能承受 $F'=50$ kN 的力，今在外伸端施加一对集中力 P。①P 最小为多大时，梁中点能承受 $F=80$ kN 的力？②保持载荷 P 不变，欲使梁中点能承受 $F''=100$ kN 的力，则梁截面的高度应增大到多少？如果 P 为零，结果又如何？

解：①求最小的 P 值。

由于梁的中点单独作用力 $F'=50$ kN 时，梁的强度正好达到极限状态，此时梁中的最大弯矩为 $M'_{\max}=\dfrac{F'l}{4}$。所以有

$$\sigma'_{\max}=\frac{M'_{\max}}{W}=\frac{F'l}{4W}=[\sigma],[\sigma]W=\frac{F'l}{4}$$

式中，$[\sigma]$是梁材料的许用应力。

外伸端施加一对集中力 P 后，梁的弯矩图如图 6－43(b)所示。梁中的最大弯矩可能在中点，也可能在支座处。

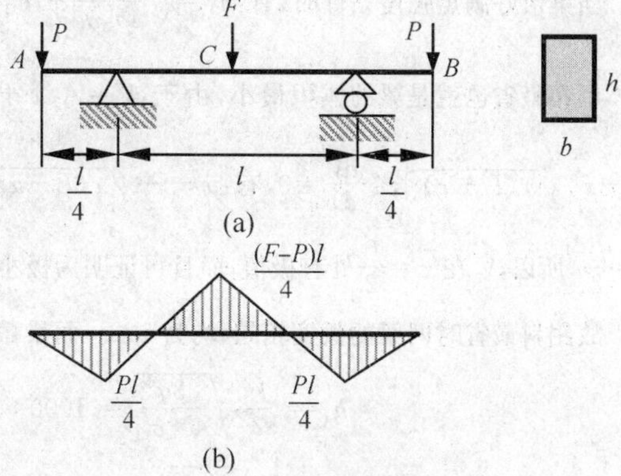

图 6－43　例 6－12 图

先假设最大弯矩在梁的中点，则有：$\sigma_{\max}=\dfrac{M_{\max}}{W}=\dfrac{(F-P)l}{4W}=[\sigma]$，所以，$F-P=F'$，$P=F-F'=80-50=30$ kN。

如果最大弯矩在梁的支座处，则有：$\sigma_{\max}=\dfrac{M_{\max}}{W}=\dfrac{Pl}{4W}=[\sigma]$，所以，$P=F'=50$ kN。

故使梁中点能承受 80 kN 力的最小的 P 值是 30 kN。

②求梁截面高度的增加量。

$P=30$ kN 不变而梁中点承受的集中力增大到 $F''=100$ kN，则梁中最大的弯矩在梁的中点，即：$M_{\max}=\dfrac{(F''-P)l}{4}$。

由于 $\sigma_{\max}=\dfrac{M_{\max}}{W''}=\dfrac{(F''-P)l}{4W''}=[\sigma]=\dfrac{F'l}{4W}$，所以，$\dfrac{W''}{W}=(\dfrac{h''}{h})^2=\dfrac{F''-P}{F'}=\dfrac{100-30}{50}=\dfrac{7}{5}$，$h''=\sqrt{\dfrac{7}{5}}h=1.183h$。

故欲使梁中点能承受 100 kN 的力，梁截面的高度应增大到原来的 1.183 倍，即增加 18.3%。

如果 $P=0$，则有：$\dfrac{W''}{W}=(\dfrac{h''}{h})^2=\dfrac{F''}{F'}=\dfrac{100}{50}=2$，$h''=\sqrt{2}h=1.41h$，此时梁截面的高度要增加 41%。

例 6－13　如图 6－44 所示的中间铰梁，两段梁均为材料相同的矩形截面梁，其全长 $L=2$ m，两梁宽均为 $b=20$ mm，材料的许用应力$[\sigma]=160$ MPa，均布载荷 $q=20$ kN/m，求用料最省的情况下两段梁的长度以及截面高度。

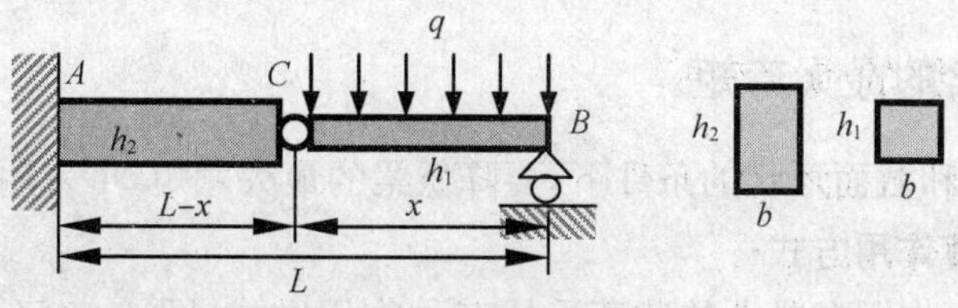

图 6－44　例 6－13 图

解：右梁的最大弯矩在 CB 段的中点，即：$M_{\max1}=\dfrac{qx^2}{8}$。

左梁的最大弯矩在固定端处，即：$M_{\max2}=\dfrac{qx(L-x)}{2}$。

由强度条件，有

$$\sigma_{\max1}=\frac{M_{\max1}}{W_1}=\frac{qx^2}{8W_1}=\frac{3qx^2}{4bh_1^2}\leqslant[\sigma]$$

$$\sigma_{\max2}=\frac{M_{\max2}}{W_2}=\frac{qx(L-x)}{2W_2}=\frac{3qx(L-x)}{bh_2^2}\leqslant[\sigma]$$

当梁恰好满足强度条件时，有：$h_1=\sqrt{\dfrac{3q}{4b[\sigma]}}x$，$h_2=\sqrt{\dfrac{3qx(L-x)}{b[\sigma]}}$。

用料最省也就是梁的体积最小，由于：$V=A_1x+A_2(L-x)=b[h_1x+h_2(L-x)]=\sqrt{\dfrac{3bq}{[\sigma]}}\Big[\dfrac{1}{2}x^2+(L-x)\sqrt{x(L-x)}\Big]$，令 $\dfrac{\mathrm{d}V}{\mathrm{d}x}=0$，有：$x-\dfrac{3}{2}\sqrt{x(L-x)}+\dfrac{1}{2}(L-x)\sqrt{\dfrac{L-x}{x}}=0$，该方程在 $(0,L)$ 上的解为 $x=\dfrac{L}{2}$，所以，V 在 $x=\dfrac{L}{2}$ 处有极值，而且可证明为极小值。

故用料最省时两梁的长度相同，均为 1 m。而梁截面的高度为

$$h_1=\frac{L}{2}\sqrt{\frac{3q}{4b[\sigma]}}=1000\times\sqrt{\frac{3\times 20}{4\times 20\times 160}}=21.6\ \mathrm{mm}$$

取 $h_1=22$ mm，则有：$h_2=\dfrac{L}{2}\sqrt{\dfrac{3q}{b[\sigma]}}=2h_1=44$ mm。

6.6 提高梁强度的方法

梁的强度就是梁抵抗外力破坏的能力，强度越高，梁的承载能力越大，在材料一定的情况下，承载能力越大的梁，其弯曲正应力和切应力越小。因此，**提高梁的强度就是提高梁的承载能力，也就是降低梁的弯曲正应力和切应力**。由于弯曲切应力远远小于弯曲正应力，所以除了特殊情况，下面只考虑梁的正应力强度。

梁的强度条件由式(6－21)～式(6－25)等确定。

一般梁的正应力强度条件：$\sigma_{\max}=\left|\dfrac{M(x)}{W_z(x)}\right|_{\max}\leqslant[\sigma]$。

等截面梁的正应力强度条件：$\sigma_{\max}=\dfrac{M_{\max}y_{\max}}{I_z}\leqslant[\sigma]$ 或 $\sigma_{\max}=\dfrac{M_{\max}}{W_z}\leqslant[\sigma]$。

材料拉压力学性能不同的梁的正应力强度条件：$\sigma_{\max}^{+}\leqslant[\sigma^{+}]$，$\sigma_{\max}^{-}\leqslant[\sigma^{-}]$。

对于等截面梁来说，在不增加成本的前提下，要提高梁的强度，即提高梁的承载能力或降低梁的最大正应力，可行的方法是降低梁的最大弯矩和增大梁的抗弯截面系数两种途径。

6.6.1 降低梁的最大弯矩

在不改变梁材料和截面形状的条件下，要降低梁的最大弯矩，可采用下面两种方法。

(1)合理安排载荷作用方式

如图 6－45 所示，作用在梁上的载荷采用三种作用方式，图 6－45(a)是中点受集中力的作用，图 6－45(b)是受两个均匀的分散载荷作用，图 6－45(c)是受均布载荷作用。三种情况

下梁中的最大弯矩分别是：$\frac{F_1L}{4}$，$\frac{F_2L}{6}$，$\frac{F_3L}{8}$。如果假设中点受集中力作用时梁只能承受 $F_1=100$ kN的力，其最大正应力为：$\sigma_{\max}=\frac{M_{\max}}{W_z}=\frac{F_1L}{4W_z}=[\sigma]$，则有：$\frac{[\sigma]W_z}{L}=\frac{F_1}{4}=25$ kN。

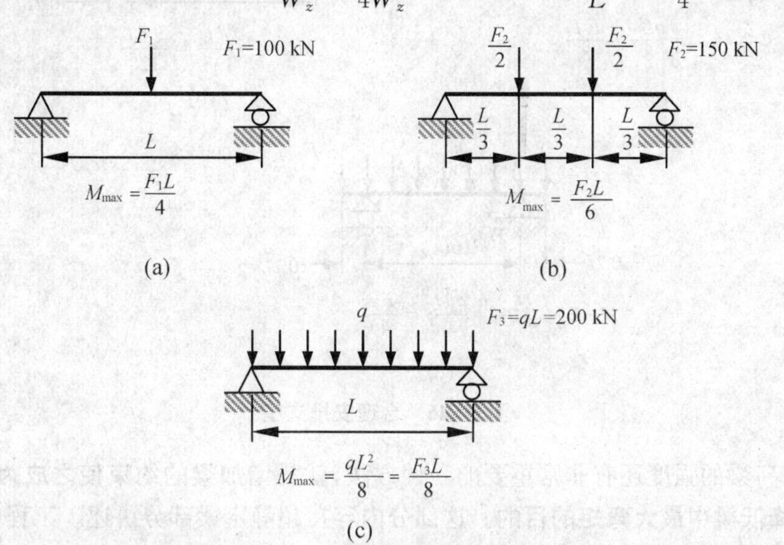

图 6－45　合理安排载荷作用方式

于是，梁在两个均匀的分散载荷作用时，由强度条件 $\sigma_{\max}=\frac{M_{\max}}{W_z}=\frac{F_2L}{6W_z}=[\sigma]$，梁能承受 $F_2=6\times25=150$ kN 的力，其承载能力是第一种情况的 1.5 倍。而梁在均布载荷作用时，由强度条件 $\sigma_{\max}=\frac{M_{\max}}{W_z}=\frac{F_3L}{8W_z}=[\sigma]$，梁能承受 $F_3=8\times25=200$ kN 的力，其承载能力是第一种情况的 2 倍。

由此，可得如下结论：**为了提高梁的强度，作用在梁上的载荷应尽可能采用分散载荷作用形式。**

(2)合理安排支座

前面已举例说明了合理安排梁上载荷的作用方式可提高梁的强度，实际上将梁的支座进行合理的安排也可提高梁的强度。图 6－46(a)是图 6－45 的最后一种情况，现将梁右边的支座向梁中间移动 0.2 L，得到如图 6－46(b)所示的外伸梁，而将两边的支座向梁中间都移动 0.2L，得到如图 6－46(c)所示的外伸梁，三种情况下梁中的最大弯矩分别是：$\frac{F_3L}{8}$，$\frac{9F_4L}{128}$，$\frac{F_5L}{40}$。图 6－46(a)所示的梁能承受 $F_3=200$ kN 的力。图 6－46(b)所示的梁，由强度条件 $\sigma_{\max}=\frac{M_{\max}}{W_z}=\frac{9F_4L}{128W_z}=[\sigma]$，梁能承受 $F_4=\frac{128}{9}\times25=355$ kN 的力，是图 6－45 的第一种情况的 3.55 倍。图 6－46(c)所示的梁，由强度条件 $\sigma_{\max}=\frac{M_{\max}}{W_z}=\frac{F_5L}{40W_z}=[\sigma]$，梁能承受 $F_5=40\times25=1000$ kN 的力，是图 6－45 的第一种情况的 10 倍。可见，将梁的支座向梁中间部位进行适当移动后，梁的最大弯矩可大大减小。

由此，可得如下结论：**为了提高梁的强度，梁的形式应尽可能采用外伸梁，即将梁的支座向梁中间部位进行适当移动。**

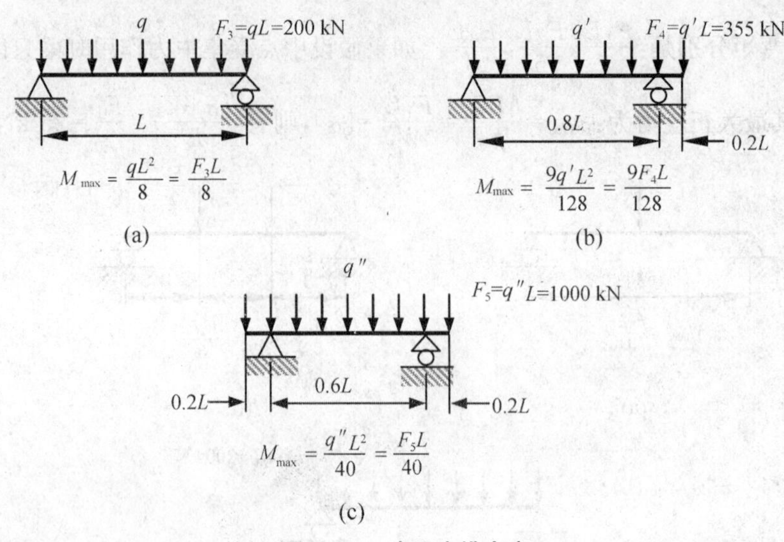

图 6－46　合理安排支座

另外，提高梁的强度还有非常重要的一种方法，就是**增加梁的约束使之成为超静定梁，这样也能达到降低梁中最大弯矩的目的**。这部分内容在超静定梁部分讲述。工程中常采用这种方法来提高梁的强度，同时也提高梁的刚度。

6.6.2　增大梁的抗弯截面系数

根据抗弯截面系数的定义，有

$$W_z=\frac{I_z}{y_{\max}}=\frac{\int_A y^2\,\mathrm{d}A}{y_{\max}}$$

由上式可知，要增大梁的抗弯截面系数，有三种途径：一是选择较大的截面面积；二是使截面面积尽可能地远离中性轴；三是在截面惯性矩无大改变的条件下，使梁的上下缘到梁的中性轴的距离尽可能小。

在不改变梁材料和载荷及支承形式的条件下，增大梁的抗弯截面系数一般采用下面两种方法。

(1)合理选择截面形状

在工程中，单纯以增大截面面积来提高梁的抗弯截面系数是不经济的，因此，合理的截面应该使抗弯截面系数与截面面积的比值$\frac{W_z}{A}$尽量大。在截面面积不变的情况下，应选择面积尽可能远离中性轴的截面形式，而不要选择面积拥挤在中性轴附近的截面形式，如图 6－47 所示的三种常见截面，其截面面积、抗弯截面系数、最大正应力以及比值$\frac{W_z}{A}$见表 6－1。

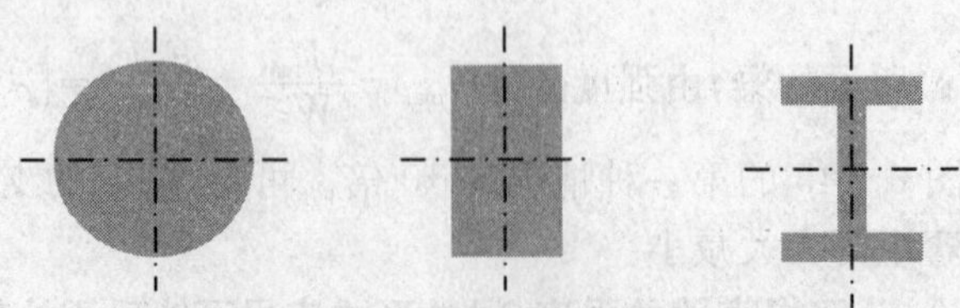

图 6－47　三种常见截面形式

表 6－1　三种常见截面的参数

截面形式	截面面积 A (cm²)	抗弯截面数 W_z (cm³)	最大正应力 $\sigma_{max}=\frac{M_{max}}{W_z}$	比值$\frac{W_z}{A}$
圆形	61.05	67	$0.015M_{max}$	1.097
矩形	61.05	124	$0.008M_{max}$	2.031
工字形	61.05	534.3	$0.0019M_{max}$	8.762

由表中可以看出，三种截面的面积相同，但它们的抗弯截面系数却差别很大，工字形截面最为合理，最差的是圆形截面，工字形截面梁的承载能力是圆形截面梁的$\frac{534.3}{67}\approx 8$倍。所以，钢结构的抗弯构件常采用工字形、槽形和箱形截面。

由此，可得如下结论：**应尽可能选择面积远离中性轴的截面形式。**

必须注意，截面面积远离中性轴不能无限制，太远将引起结构的失稳，例如工字形截面，当翼缘离中性轴较远时，腹板就很容易在弯曲载荷作用下产生失稳。所以，只有在不引起结构失稳的前提下，采用面积远离中性轴的截面形式才是合理的。

另外，截面形式还应与材料的特性相适应，**对于拉压强度相同的塑性材料，宜采用上下对称的截面**，如圆形、矩形、工字形截面等。**对于抗拉强度明显小于抗压强度的脆性材料，宜采用上下不对称的截面，使中性轴处于梁受拉的一侧**，如T形截面、三角形截面、梯形截面等。图6－48显示的是脆性材料简支梁受均布载荷作用的情况，采用图示的T形截面就是一种合理的选择。

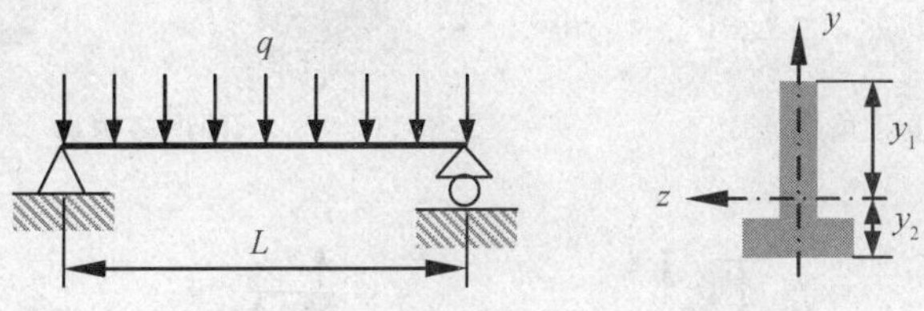

图 6－48　脆性材料简支梁

在这一类截面形式中，为使材料的抗压和抗拉能力都得到充分的利用，应有

$$\frac{\sigma^{+}_{max}}{\sigma^{-}_{max}}=\frac{[\sigma^{+}]}{[\sigma^{-}]} \tag{6-26}$$

式中，σ^{+}_{max}，σ^{-}_{max}分别是梁中的最大拉应力和最大压应力，$[\sigma]^{+}$，$[\sigma]^{-}$分别是梁中的许用拉应力和许用压应力。

对图6－48所示的梁，T形截面的中性轴位置应选择在$\frac{y_2}{y_1}=\frac{[\sigma^{+}]}{[\sigma^{-}]}$的地方。

(2)合理放置梁

当梁材料、载荷、支承形式和截面都确定时，合理地放置梁也可以达到提高梁的强度的效果。如图6－49所示的矩形和工字形截面梁，竖立放置时的抗弯截面系数就比平放时要大，从而其承载能力越强，强度也越高。因此，建筑结构或工业结构中的梁基本上是竖立放置的。

前面提到过增大梁的抗弯截面系数有三种途径，第二种和最后一种途径实际上是矛盾的，即采用截面的上下缘到梁的中性轴的距离尽可能小的截面形式，截面面积将拥挤在中性轴的附近，这样不能达到提高抗弯截面系数的目的，而采用面积尽可能远离中性轴的截面形式，必然使截面的上下缘到梁的中性轴的距离增大。但注意到W_z的定义，一般情况下，I_z的增大

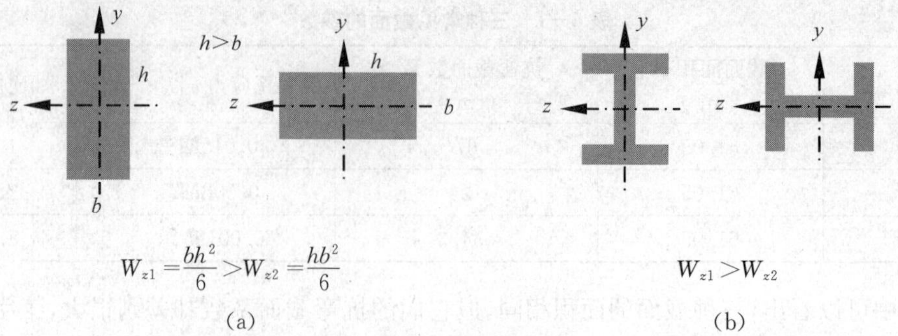

图 6-49 梁的放置方式

程度比 y_{max} 的增大程度要大，从而 W_z 整体上是增大的，所以，一般截面形式宜采用第二种途径增大抗弯截面系数。但是，**对于正多边形截面梁或中心对称截面梁，由于截面对形心轴的惯性矩是相同的，而且无论如何放置均只产生平面弯曲，所以，这种截面形式当 y_{max} 取最小值时，抗弯截面系数最大**。因此，对于正多边形截面梁或中心对称截面梁，合理的放置方式是提高梁强度的关键。图 6-50(a)、(b)所示是正多边形截面，图 6-50(c)、(d)所示是中心对称截面，每个图中后一种放置方式的 y_{max} 最小，其抗弯截面系数最大，承载能力最好，强度最高，是最合理的放置方式。

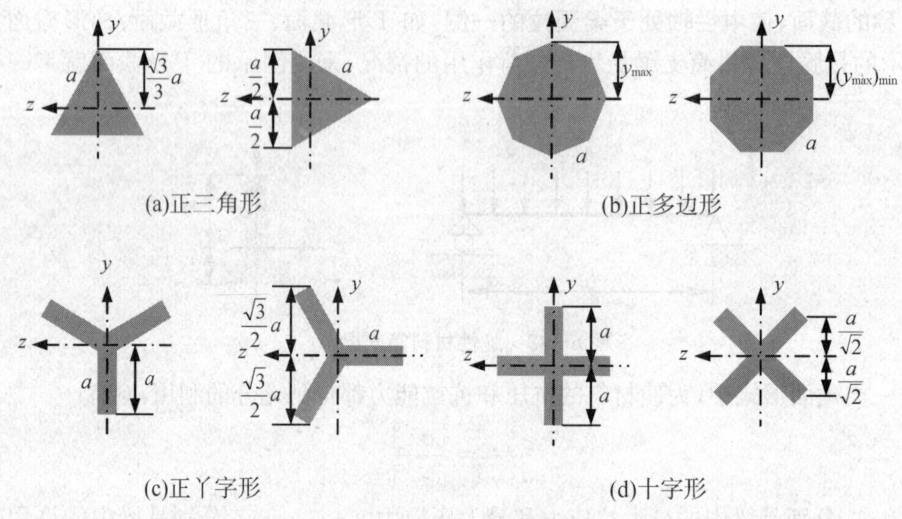

图 6-50 正多边形梁和中心对称截面梁的合理放置方式

6.6.3 等强度梁

前面介绍了如何提高等截面梁的强度，实际上，按材料力学的强度观点，等截面梁在材料使用上存在浪费。如图 6-51 所示，简支梁在中点受集中力作用，假设梁达到承载的极限状态，则在梁中间截面 C 上有：$\sigma_{max}^C=\frac{M_{max}}{W_z}=\frac{FL}{4W_z}=[\sigma]$。考虑 AC 段梁中间的 D 截面，截面上的弯矩为 $M_D=\frac{FL}{8}$，最大正应力为 $\sigma_{max}^D=\frac{M_D}{W_z}=\frac{FL}{8W_z}=\frac{[\sigma]}{2}$，只有许用应力

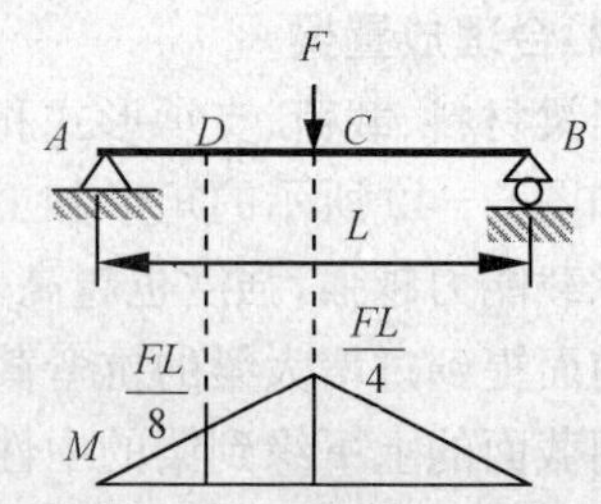

图 6-51 简支梁受集中载荷作用

的一半。这说明整个梁除了中间截面的强度达到极限状态外，其他截面的强度均有富裕，从节约材料的角度考虑，其他截面可以采用较小的截面面积，仍能保证其满足强度要求。

由此可知，**最合理也最节约材料的梁是每个截面上的最大正应力都达到许用应力，这种变截面梁就是等强度梁**，即

$$\sigma_{\max}=\left|\frac{M(x)}{W_z(x)}\right|=[\sigma] \tag{6-27}$$

从而有

$$W_z(x)=\left|\frac{M(x)}{[\sigma]}\right| \tag{6-28}$$

由此可确定截面的尺寸。必须注意，因为等强度梁是变截面梁，设计制造时需要考虑其加工工艺的难易程度以及加工成本，具体应考虑两点：①理论上等强度梁中的弯矩函数可正可负，也可以具有任意变化规律，但是如果弯矩函数的符号在梁的区段中反复变化或者弯矩函数的变化规律很复杂，则按式(6－28)设计出的等强度梁可能存在加工困难和较高的加工成本。所以，只有梁中弯矩函数的变化规律不是很复杂，而且弯矩函数的符号变化次数较少的梁，才适宜做成等强度梁。②同样考虑到加工工艺，一般的等强度梁可做成宽度不变、高度变化和高度不变、宽度变化两种形式，从强度角度考虑，前者比后者具有更高的经济性。所以，等强度梁通常采用这种形式，如图 6－52(a)所示的鱼腹形梁就是一个例子。

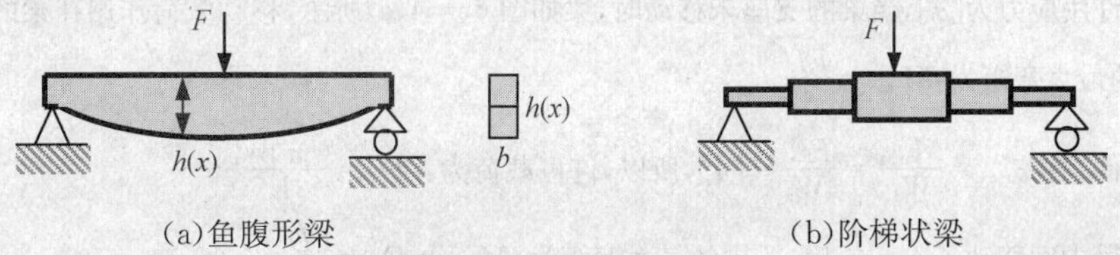

(a)鱼腹形梁　　(b)阶梯状梁

图 6－52　按等强度思想设计的梁

必须指出，以上各种提高梁强度的方法或节约用材的方法仅仅是从力学角度来分析的，实际工程中，还必须考虑梁的载荷条件、支承条件、放置条件等，以及还必须考虑到梁的加工工艺、加工成本等因素。特别是后者，也就是经济性和可行性的问题，这在工程中极为重要。所以，有些梁如果严格按等强度梁进行设计会带来加工和成本上的麻烦，这时工程上常常采用加工容易的方式将梁设计成近似等强度梁，如图 6－52(b)所示，工程中常见的阶梯状梁就是一个例子。

例 6－14　如图 6－53 所示，将直径为 D 的圆木锯成一矩形截面梁，则截面的高宽比多大时梁的强度最大？

解：要使矩形截面梁的强度最大，则应使梁的抗弯截面系数 W_z 取最大值。

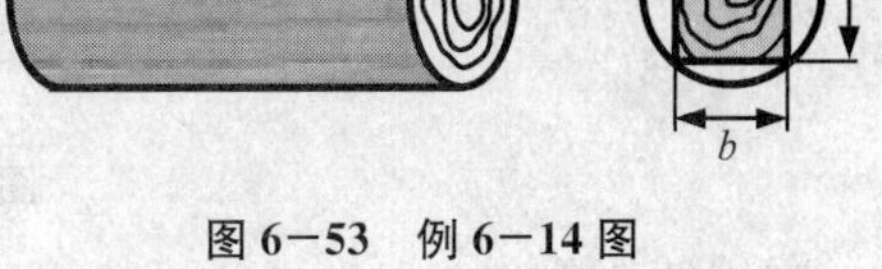

因为 $W_z=\dfrac{bh^2}{6}$，$D^2=b^2+h^2$，所以，$W_z=\dfrac{b(D^2-b^2)}{6}$。

由 $\dfrac{dW_z}{db}=0$，得：$D^2-3b^2=0$，$b=\dfrac{\sqrt{3}}{3}D$。

因为 $\dfrac{d^2W_z}{db^2}=-b<0$，所以，当 $b=\dfrac{\sqrt{3}}{3}D$ 时，W_z 最大。

由于 $h=\sqrt{D^2-b^2}=\sqrt{\dfrac{2}{3}}D$，故当 $\dfrac{h}{b}=\sqrt{2}$ 时，梁的强度最大。此时，$W_z=\dfrac{bh^2}{6}=\dfrac{\sqrt{3}}{27}D^3$。

图 6－53　例 6－14 图

例 6-15 如图 6-54(a)所示，载荷 F 可在长度为 L 的等截面简支梁 AB 上自由移动，为了提高梁的承载能力，可将 B 处的支座适当向中间移动。①该支座最合理的移动距离 a 为多大？②这样移动后，梁的许可载荷提高了多少个百分点？

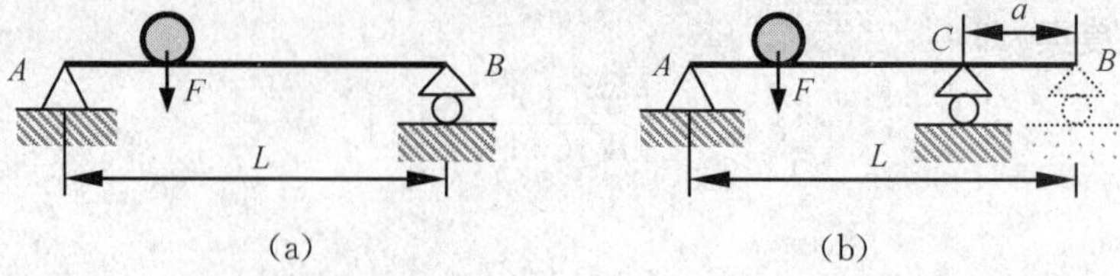

图 6-54 例 6-15 图

解：①求支座最合理的移动距离。

在移动载荷作用下，支座 B 最合理的移动距离是使梁的承载能力最大。考察支座移动后的梁，如图 6-54(b)所示，当移动载荷作用在 AC 段梁的中点和梁的外伸端 B 点时，梁最危险。

移动载荷作用在 AC 段梁的中点时，梁中的最大弯矩为：$M_{\max1}=\dfrac{F(L-a)}{4}$。

移动载荷作用在梁的外伸端 B 点时，梁中的最大弯矩为：$M_{\max2}=Fa$。

当 $M_{\max1}=M_{\max2}$ 时，梁的承载能力最大，所以有：$L-a=4a$，$a=\dfrac{L}{5}$。

②求梁的许可载荷提高的百分点。

假设梁的许用应力为$[\sigma]$，当梁的支座未移动时，梁如图 6-54(a)所示，移动载荷作用在梁的中点时最危险，此时梁中的最大弯矩为：$M_{\max}=\dfrac{FL}{4}$。

由强度条件，有：$\sigma_{\max}=\dfrac{M_{\max}}{W_z}=\dfrac{FL}{4W_z}\leqslant[\sigma]$，所以，许可载荷为：$[F]=\dfrac{4[\sigma]W_z}{L}$。

当支座向梁中间移动了 $a=\dfrac{L}{5}$ 后，梁中的最大弯矩为：$M_{\max}=Fa=\dfrac{FL}{5}$。

由强度条件，有：$\sigma_{\max}=\dfrac{M_{\max}}{W_z}=\dfrac{FL}{5W_z}\leqslant[\sigma]$，许可载荷为：$[F']=\dfrac{5[\sigma]W_z}{L}$。

于是有：$\dfrac{[F']}{[F]}=\dfrac{5}{4}=1.25$，故许可载荷提高了 25%。

例 6-16 如图 6-55(a)所示，为了提高图中放置的正方形截面梁的强度，可在梁的上下顶角处截去一个小三角形。①求使截后的梁具有最大强度的 ξ 值是多少？②截后的梁其强度最大能提高多少？

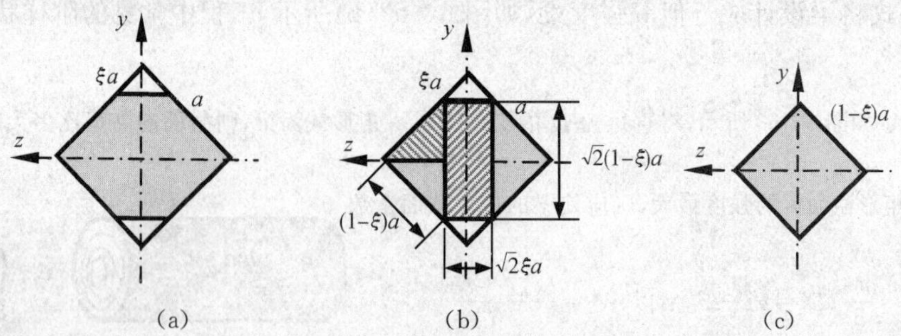

图 6-55 例 6-16 图

解：①求 ξ 值。

要使截后的梁具有最大的强度，就是使截后的梁的抗弯截面系数 W_z 取最大值。

由抗弯截面系数的定义，有：$W_z=\dfrac{I_z}{y_{\max}}$，$y_{\max}=(1-\xi)\dfrac{a}{\sqrt{2}}$。

现计算截面的惯性矩 I_z，根据组合图形惯性矩的计算方法，有：$I_z=I_{z0}+I_{z1}$。其中 I_{z0} 是图 6-55(b)中

矩形截面对 z 轴的惯性矩，I_{z1} 是图 6－55(b) 中剩下的四个三角形对 z 轴的惯性矩，实际上相当于图 6－55(c) 所示的正方形截面对 z 轴的惯性矩。于是有

$$I_{z0}=\frac{bh^3}{12}=\frac{\sqrt{2}\xi a[\sqrt{2}(1-\xi)a]^3}{12}=\frac{a^4}{3}\xi(1-\xi)^3$$

$$I_{z1}=\frac{[(1-\xi)a]^4}{12}=\frac{a^4}{12}(1-\xi)^4$$

所以有

$$I_z=I_{z0}+I_{z1}=\frac{a^4}{12}[4\xi+(1-\xi)](1-\xi)^3=\frac{a^4}{12}(3\xi+1)(1-\xi)^3$$

$$W_z=\frac{\sqrt{2}a^3}{12}(3\xi+1)(1-\xi)^2$$

由 $\frac{\mathrm{d}W_z}{\mathrm{d}\xi}=0$，有：$[-2(3\xi+1)+3(1-\xi)](1-\xi)=0$，即：$(1-\xi)(1-9\xi)=0$。舍去 $\xi=1$，则 $\xi=\frac{1}{9}$，此时 W_z 具有最大值。

②求强度最大能提高的百分点。

因为 $W_{z\max}=\frac{\sqrt{2}a^3}{12}(\frac{1}{3}+1)(1-\frac{1}{9})^2=\frac{64\sqrt{2}}{729}a^3$，原来截面的抗弯截面系数为：$W_{0z}=\frac{I_{0z}}{y_{0\max}}$，$y_{0\max}=\frac{\sqrt{2}}{2}a$，又由于正方形截面对形心轴的惯性矩是相同的，所以，$I_{0z}=\frac{a^4}{12}$，故 $W_{0z}=\frac{a^4}{12}\cdot\frac{\sqrt{2}}{a}=\frac{\sqrt{2}}{12}a^3$。

两梁的强度之比即是其抗弯截面系数之比，所以，$\frac{W_{z\max}}{W_{0z}}=\frac{64\sqrt{2}}{729}\cdot\frac{12}{\sqrt{2}}=\frac{768}{729}=1.053$。

因此，原梁在截后的强度最大能提高 5.3%。

例 6－17　如图 6－56 所示的鱼腹形梁，在梁中点受集中力 F 作用，梁长为 L，宽度为 b，其许用正应力为 $[\sigma]$，许用切应力为 $[\tau]$，按等强度梁进行设计，求梁高度的变化规律。

解：建立如图 6－56 所示的坐标系，根据对称性，只考虑一半梁，即 $x\in[0,\frac{L}{2}]$，在支座附近即 x 很小的情况下，梁中的弯矩很小，按正应力强度条件，梁的截面可以做得很小，但是在这附近梁的剪力却是最大的，即

$$F_{s\max}=\frac{F}{2}$$

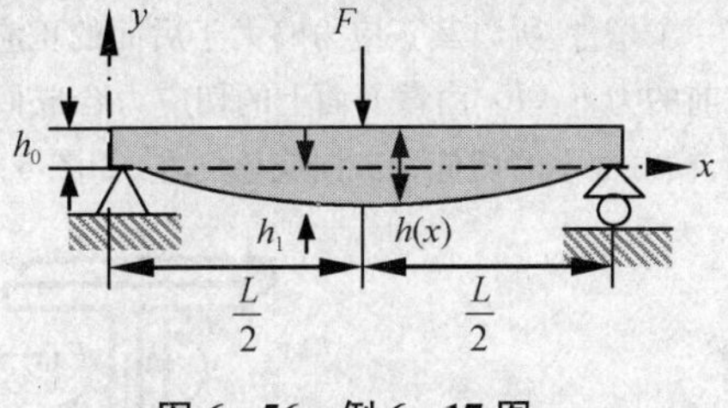

图 6－56　例 6－17 图

所以，在支座附近是切应力控制着梁的强度。假设支座附近梁的高度为 h_0，则由切应力强度条件，有

$$\tau_{\max}=k\frac{F_{s\max}}{A}=\frac{3}{2}\cdot\frac{F}{2bh_0}\leqslant[\tau]$$

所以可取：$h_0=\frac{3F}{4b[\tau]}$。

随着 x 的增加，弯矩 $M(x)=\frac{Fx}{2}$ 逐渐增大，梁中的正应力开始成为控制梁强度的主要因素，梁的高度开始增加。假设梁增加的高度为 $h_1(x)$，根据正应力强度条件，有

$$\sigma_{\max}(x)=\frac{M(x)}{W_z(x)}=\frac{Fx}{2}\cdot\frac{6}{b(h_0+h_1)^2}\leqslant[\sigma]$$

所以可取：$h_1(x)=\sqrt{\frac{3Fx}{b[\sigma]}}-h_0$。

切应力控制强度的区域和正应力控制强度的区域可以根据条件 $h_1(x)\geqslant 0$ 来确定。由 $h_1(x)=\sqrt{\frac{3Fx}{b[\sigma]}}-h_0\geqslant 0$，得：$x\geqslant\frac{3F[\sigma]}{16b[\tau]^2}$。于是可得梁高度的变化规律为

$$h(x)=\begin{cases}\dfrac{3F}{4b[\tau]} & (0\leqslant x\leqslant\dfrac{3F[\sigma]}{16b[\tau]^2})\\ \sqrt{\dfrac{3Fx}{b[\sigma]}} & (\dfrac{3F[\sigma]}{16b[\tau]^2}\leqslant x\leqslant\dfrac{L}{2})\end{cases}$$

6.7* 薄壁杆件的弯曲

6.7.1 薄壁杆件弯曲的切应力

薄壁杆件弯曲时，横截面上的正应力与前述实截面上的正应力分布规律完全一样，这里不再赘述。但其横截面上的切应力与实截面上的切应力分布规律有着极大的不同，这主要体现在切应力的方向上。如图 6－57 所示，矩形截面梁的横截面上的切应力全部沿竖直方向，但工字形截面上，腹板上的切应力沿竖直方向，但翼缘上的切应力却沿水平方向。

下面分析工字形截面翼缘上的切应力方向和计算方法。

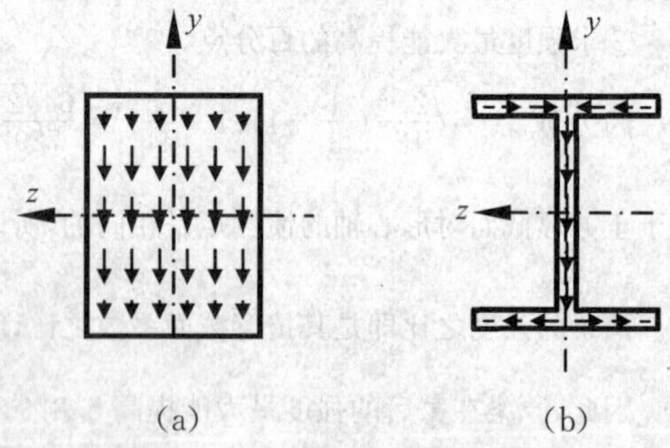

图 6－57 截面上切应力的方向

截取微元长度 $\mathrm{d}x$ 一段梁，其后面的剪力和弯矩分别为 $F_s(x)$ 和 $M(x)$，前面的剪力和弯矩由于有一个增量，分别为 $F_s(x)+\mathrm{d}F_s(x)$ 和 $M(x)+\mathrm{d}M(x)$，不失一般性，可假设这些剪力和弯矩是正的(如图 6－58(a)所示)。在上下翼缘上各截取一段小长方体，考察其受力情况(如图 6－58(b)所示)，上面翼缘的小长方体前面受正应力作用，可合成一个压力 F_2，后面也受正应力作用，可合成为一个压力 F_1，应力可由式(6－5)计算。由于前面的弯矩有一个增量，所以其正应力略大于后面的正应力，则 F_2 大于 F_1，小长方体要平衡，则在截开的面上应有一个向前的力 F_3，F_3 由截开面上的切应力合成而得，所以截开面上的切应力方向是向前的，根据切应力互等定理，横截面上的切应力方向应该向左(如图 6－58(c)、(d)所示)。

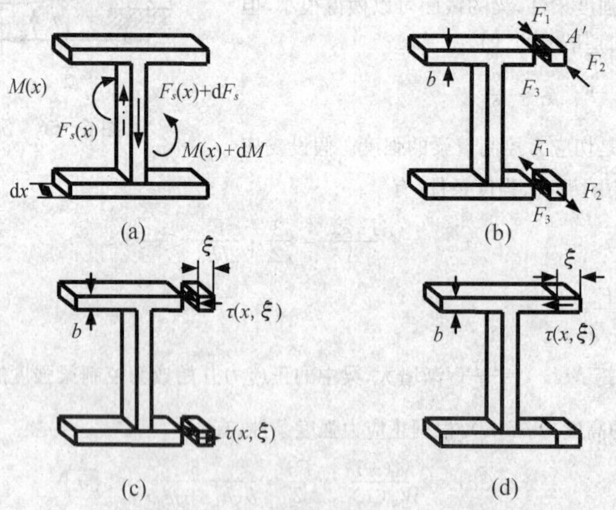

图 6－58 工字形截面翼缘上的弯曲切应力

与矩形截面切应力推导过程一样，作用于小长方体后面和前面的力分别为

$$F_1=\int_{A'}\sigma(x,y)\mathrm{d}A'=\frac{M(x)}{I_z}\int_{A'}y\mathrm{d}A'=\frac{M(x)S'(\xi)}{I_z}$$

$$F_2 = \int_{A'} \sigma(x + \mathrm{d}x, y)\mathrm{d}A' = \frac{M(x) + \mathrm{d}M(x)}{I_z} S'(\xi)$$

作用于小长方体侧面的力为

$$F_3 = \tau(x, \xi) b \mathrm{d}x$$

由于 $F_2 - F_1 = F_3$，仍然得到与式(6－10)相同的结果，即

$$\tau(x, \xi) = \frac{F_s(x) S'(\xi)}{b I_z} \tag{6-29}$$

式中，$F_s(x)$和 I_z 与式(6－10)中的意义一样，是整个横截面的剪力及对中性轴的惯性矩，$S'(\xi)$是所计算切应力处以外面积对中性轴的静矩，b 是翼缘的厚度，ξ 是翼缘参数。腹板上的切应力也按式(6－29)计算，只需将参数 ξ 换成到中性轴的距离 y 即可。

上述的推导过程可推广到一般薄壁杆件情况，其横截面上的切应力按式(6－29)计算。注意在计算中关键的是静矩 $S'(\xi)$的算法及尺寸 b 的确定。如图 6－59 所示，图中显示了一般薄壁杆件和几种常见薄壁杆件的 $S'(\xi)$的计算区域及 b 的确定。

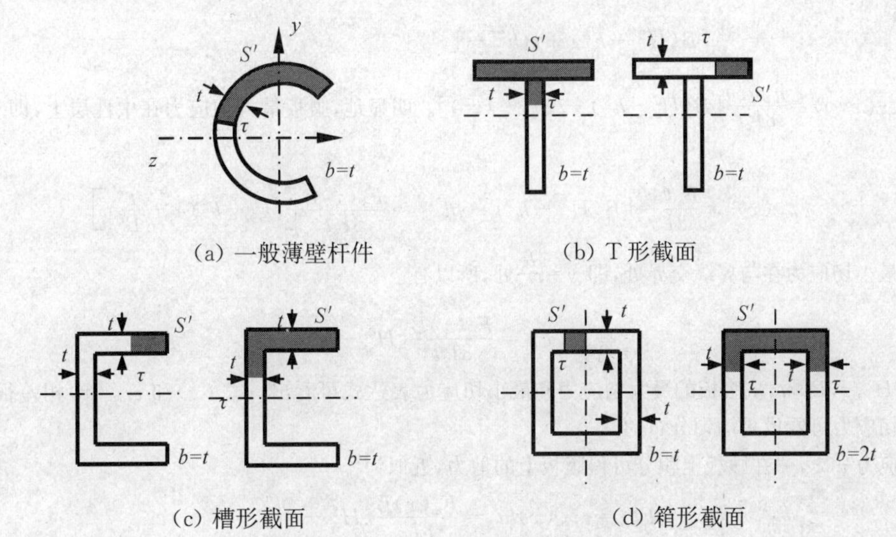

图 6－59 各种截面静矩计算区域

几种常见薄壁杆件截面上的切应力方向和分布规律如图 6－60 所示。

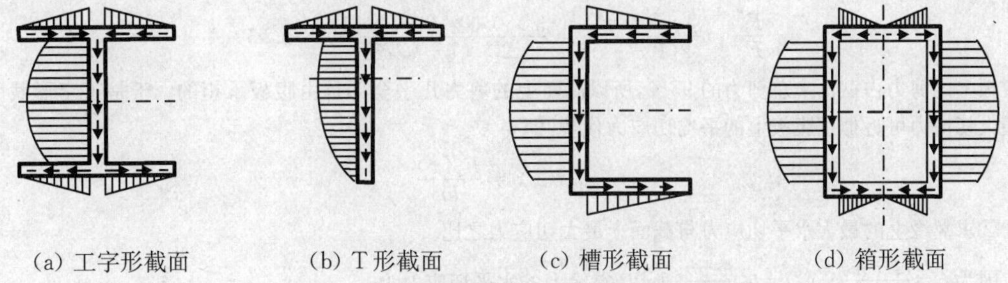

图 6－60 常见截面切应力的方向和分布规律

例 6－18 如图 6－61 所示的工字形截面梁。①证明：当 $H \gg t, B \gg t$ 时，截面上的剪力几乎全部是由腹板承担的。②翼缘上的最大水平切应力与截面上最大切应力之比是多少？

解：①证明：由式(6－10)或式(6－29)，腹板上的切应力为

$$\tau(x, y) = \frac{F_s(x) S'(y)}{t I_z}$$

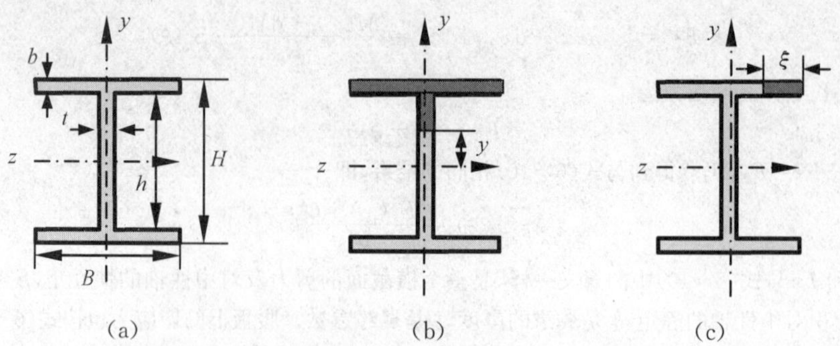

图 6-61　工字形截面的切应力计算

如图 6-61(b)所示，有

$$S'(y)=B(\frac{H}{2}-\frac{h}{2})\left(\frac{h}{2}+\frac{H-h}{2}\cdot\frac{1}{2}\right)+t(\frac{h}{2}-y)\left[y+(\frac{h}{2}-y)\frac{1}{2}\right]$$

$$=\frac{1}{8}[B(H^2-h^2)+t(h^2-4y^2)]$$

故有：$\tau(x,y)=\frac{F_s(x)}{8I_zt}[B(H^2-h^2)+t(h^2-4y^2)]$。明显地，腹板最大切应力在中性层上，即 $y=0$ 处，所以有

$$\tau_{\max}(x)=\frac{F_s(x)}{8I_zt}[B(H^2-h^2)+th^2]=\frac{F_s(x)B}{8I_zt}\left[H^2-h^2(1-\frac{t}{B})\right]$$

腹板最小切应力在与翼缘交界处，即 $y=\frac{h}{2}$ 处，所以有

$$\tau_{\min}(x)=\frac{F_s(x)B}{8I_zt}(H^2-h^2)$$

由于 $H\gg t, B\gg t$，从腹板的最大切应力和最小切应力表达式可看出，$\tau_{\max}(x)$ 和 $\tau_{\min}(x)$ 相差很小，所以在腹板上切应力可看成是均匀分布的。

将切应力 $\tau(x,y)$ 在腹板上积分可得腹板上的剪力，近似为

$$F'_s=\tau_{\min}(x)ht=\frac{F_s(x)B}{8I_z}(H^2-h^2)h$$

由于 $I_z=\frac{BH^3}{12}-\frac{(B-t)h^3}{12}\approx\frac{B}{12}(H^3-h^3)$，所以，$F'_s=\frac{3F_s(x)}{2}\cdot\frac{(H^2-h^2)h}{H^3-h^3}=\frac{3\eta(1-\eta^2)}{2(1-\eta^3)}F_s$，$\eta=\frac{h}{H}$。

当工字形截面的壁厚很薄时，比如 $\eta=0.9$，则有

$$\frac{F'_s}{F_s}=\frac{3\eta(1-\eta^2)}{2(1-\eta^3)}=\frac{3\times0.9\times(1-0.81)}{2\times(1-0.73)}\approx0.95$$

即腹板上的剪力占截面上总剪力的95%，所以截面上的剪力几乎全部是由腹板承担的。于是工字形截面梁的最大切应力可近似用腹板上的平均切应力代替，即

$$\tau_{\max}(x)=\frac{F_s(x)}{ht}$$

②求翼缘上的最大水平切应力与截面上最大切应力之比。

因为 $b=\frac{H-h}{2}$，$S'(\xi)=b\xi\frac{h+b}{2}$，所以，翼缘上的水平切应力为

$$\tau(x,\xi)=\frac{F_s(x)S'(\xi)}{bI_z}=\frac{F_s(x)}{2I_z}\xi(h+b)=\frac{F_s(x)}{4I_z}(H+h)\xi$$

是 ξ 的线性函数，最大切应力在 $\xi=\frac{B}{2}$ 处，即

$$\tau'_{\max}(x)=\frac{F_s(x)B}{8I_z}(H+h)$$

所以，翼缘上的最大水平切应力和截面上的最大切应力之比近似为

$$\lambda=\frac{(H+h)t}{H^2-h^2}=\frac{t}{2b}$$

即为腹板厚度与翼缘厚度之比的一半。特别地，当 $b=t$ 时，$\lambda=0.5$。

6.7.2　弯曲中心

对于具有左右对称面的薄壁梁，当载荷作用在对称面内时，梁产生平面弯曲(如图 6－62(a)所示)。但当薄壁梁不具有左右对称面时，如果载荷依然通过截面形心作用，则梁不仅产生弯曲变形，还将产生扭转变形(如图 6－62(b)所示)。只有当载荷作用线通过截面内或截面外的某一个点时，薄壁梁才产生平面弯曲，该点称为截面的**弯曲中心**或**剪切中心**(如图 6－62(c)所示)。

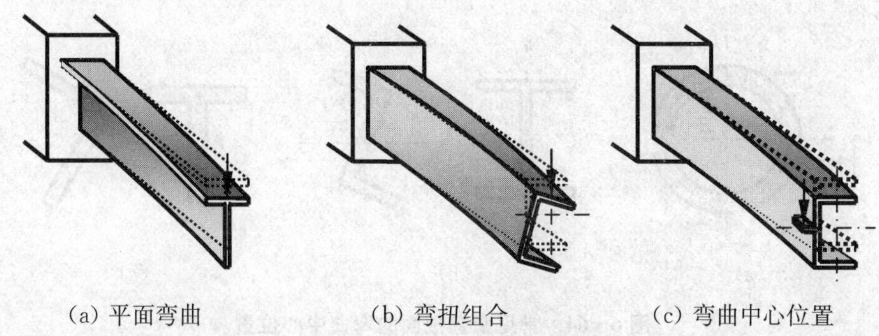

(a) 平面弯曲　　(b) 弯扭组合　　(c) 弯曲中心位置

图 6－62　薄壁杆件的弯曲中心

下面以槽形截面梁为例计算弯曲中心的位置。槽形截面的几何尺寸如图 6－63(a)所示，假设梁的平面弯曲得以实现，则梁横截面上的切应力全是弯曲引起的切应力。

在腹板上，全部竖向切应力合成为截面的剪力 F_s；在翼缘上，水平切应力合成为水平力 F_1(如图 6－63(a)所示)。

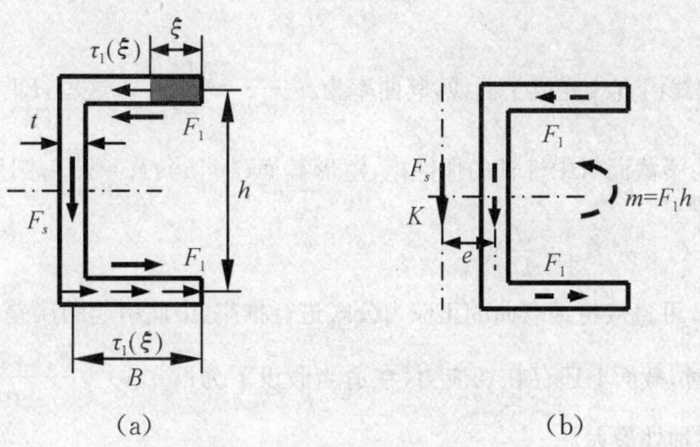

(a)　　(b)

图 6－63　槽形截面的弯曲中心

翼缘上的水平切应力为

$$\tau_1(\xi)=\frac{F_sS'(\xi)}{bI_z}=\frac{F_st\xi h}{2tI_z}=\frac{F_sh\xi}{2I_z}$$

水平方向的合力为

$$F_1=t\int_0^B\tau_1(\xi)\mathrm{d}\xi=\frac{F_sht}{2I_z}\int_0^B\xi\mathrm{d}\xi=\frac{F_shtB^2}{4I_z}$$

下边翼缘上的水平切应力在水平方向的合力也为 F_1，上下翼缘的合力组成一力偶 m，即

$$m=\frac{F_sh^2tB^2}{4I_z}$$

于是，截面上的切应力合成一个主矢 $\boldsymbol{F}_s$ 和一个主矩 $\boldsymbol{m}$(如图 6－63(b)所示)，要使梁弯曲为平面弯曲，则

截面上的扭矩必须为零。所以，载荷应作用在偏离腹板距离为 e 的 K 点处，使得：$F_s e - m = 0, e = \frac{m}{F_s} = \frac{h^2 t B^2}{4I_z}$，这就是弯曲中心的位置。

所以，**弯曲中心就是截面弯曲切应力的合力向该点简化后只有主矢而无主矩的点**。必须注意，弯曲中心只与截面自身的几何性质有关，而与载荷无关。另外，载荷的作用方向必须沿截面的主轴方向，否则无论载荷是否通过截面的弯曲中心，梁都将产生组合变形。

常见薄壁截面的弯曲中心如图 6－64 所示。若截面具有双轴对称或关于形心反对称的形式，则弯曲中心就在形心处（如图 6－64(b)所示）。若截面是两个狭长矩形的组合形式，则弯曲中心就在两个狭长矩形的交汇处（如图 6－64(c)所示）。一般实体形截面，弯曲中心就在形心处。

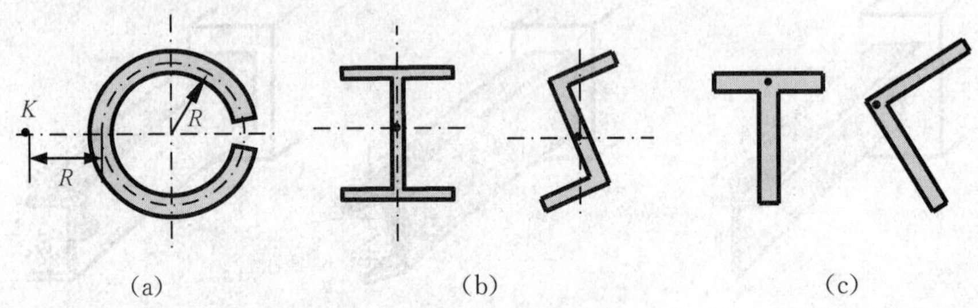

图 6－64　常见薄壁截面的弯曲中心位置

小　结

1. 梁在纯弯曲时横截面上只有正应力，且为：$\sigma(x,y) = -\frac{M(x)y}{I_z}$。即沿梁的高度方向为线性分布，在梁的中性轴上为零，在梁的上缘或下缘最大。正应力公式的适用条件为线弹性小变形且满足平截面假设与单向受力假设。

梁在纯弯曲时，梁轴线由直线变成了曲线，其曲率为：$\frac{1}{\rho(x)} = \frac{M(x)}{EI_z}$。这里，$EI_z$ 称为梁的抗弯刚度；E 为梁材料的弹性模量；I_z 为梁截面对中性轴的惯性矩，矩形截面$(b \times h)$：$I_z = \frac{bh^3}{12}$，圆形截面：$I_z = \frac{I_p}{2} = \frac{\pi D^4}{64}$，圆环形截面：$I_z = \frac{I_p}{2} = \frac{\pi D^4}{64}(1-\alpha^4)(\alpha = \frac{d}{D})$。

2. 梁在横力弯曲时，可直接将纯弯曲的正应力公式进行推广，由此引起的误差在工程中通常在允许的范围之内。梁在横力弯曲时，截面上还存在切应力，在适当假设下为 $\tau(x,y) = \frac{F_s(x)S'(y)}{bI_z}$。切应力在梁的上下缘处为零，在梁的中性轴处最大。

3. 梁弯曲时的最大正应力和最大切应力分别为：$\sigma_{\max} = \left|\frac{M(x)}{W_z(x)}\right|_{\max}, \tau_{\max} = k\left|\frac{F_s(x)}{A(x)}\right|_{\max}$，两公式可用于截面变化缓慢的变截面梁。

对等截面梁，梁中的最大正应力和最大切应力分别为：$\sigma_{\max} = \frac{M_{\max} y_{\max}}{I_z} = \frac{M_{\max}}{W_z}, \tau_{\max} = k\frac{F_{s\max}}{A}$。即梁的最大正应力在最大弯矩所在截面的上缘或下缘，而最大切应力在梁的最大剪力所在截面的中性层处。这里，$W_z = \frac{I_z}{y_{\max}}$ 称为抗弯截面系数，矩形截面$(b \times h)$：$W_z = \frac{bh^2}{6}$，圆形截面：$W_z = \frac{W_p}{2} = \frac{\pi D^3}{32}$，圆环形截面：$W_z = \frac{W_p}{2} = \frac{\pi D^3}{32}(1-\alpha^4)(\alpha = \frac{d}{D})$。$k = \frac{3}{2}$（矩形截面），$k = \frac{4}{3}$（圆形截面），$k = 2$（薄壁圆环形截面），$k = 1$（工字形截面）。

4. 等截面梁弯曲时，如果梁的截面上下不对称，且梁中存在一正的最大弯矩，同时还存在一负的最大弯矩，则梁的最大拉应力和最大压应力有可能不在同一截面上，即有可能不同时在绝对值弯矩最大的截面上，而可能在反向的最大弯矩所在的截面上。

5. 梁的一般强度条件为：$\sigma_{\max}=\left|\dfrac{M(x)}{W_z(x)}\right|_{\max}\leqslant[\sigma]$，$\tau_{\max}=k\left|\dfrac{F_s(x)}{A(x)}\right|_{\max}\leqslant[\tau]$。

等截面梁强度条件为：$\sigma_{\max}=\dfrac{M_{\max}}{W_z}\leqslant[\sigma]$，$\tau_{\max}=k\dfrac{F_{s\max}}{A}\leqslant[\tau]$。

材料拉压力学性能不同的梁的正应力强度条件为：$\sigma_{\max}^{+}\leqslant[\sigma^{+}]$，$\sigma_{\max}^{-}\leqslant[\sigma^{-}]$。

对细长梁来说，正应力强度条件为主要的强度条件，而切应力强度条件为次要的强度条件。只有在短粗梁、薄壁杆件、层合梁、抗剪能力较弱的复合材料梁中，弯曲切应力才是引起破坏的值得重视的因素。

强度条件的应用有三个方面，即校核强度、计算许可载荷以及计算许可的截面尺寸。

6. 提高梁的强度就是提高梁的承载能力，也就是降低梁的最大弯曲正应力和切应力。在不增加成本的条件下，提高梁的强度的途径有两种：一是降低梁中的最大弯矩，二是增大梁截面的抗弯截面系数。

降低梁中最大弯矩的方法有：①合理安排载荷：应尽量采用分散载荷作用形式；②合理安排支座：应尽量采用外伸梁形式且外伸段应作用适当的载荷；③采用超静定梁，即增加梁的约束。

增大梁截面的抗弯截面系数的方法有：①合理选择截面形状：应采用面积尽可能远离中性轴的截面形式；②合理地放置梁。

为节约材料，可采用等强度梁。等强度梁通常是变截面梁，考虑到加工成本和制造工艺，工程中往往采用等强度梁思想进行梁结构的设计，如阶梯状梁和鱼腹形梁等。

思考题六

1. 梁纯弯曲时横截面上正应力公式 $\sigma(x,y)=-\dfrac{M(x)y}{I_z}$ 是如何推导的？

2. 在梁纯弯曲正应力公式的推导过程中，三个静力学关系各起了什么作用？如果考察的梁是由两种不同材料叠合而成的梁，则三个静力学关系是否有什么变化？

3. 曲率公式 $\dfrac{1}{\rho(x)}=\dfrac{M(x)}{EI_z}$ 有什么实际意义？等截面梁最大弯矩所在截面处梁轴线有什么特点？

4. 在梁纯弯曲正应力公式的推导过程中，横截面上的应变分布规律 $\varepsilon(x,y)=-\dfrac{y}{\rho(x)}$ 成立的前提条件是什么？如果某梁的材料是非线弹性材料，则上述应变分布规律可能成立吗？

5. 在梁纯弯曲正应力公式的推导过程中，平截面假设和单向受力假设各起了什么作用？

6. 什么情况下梁横截面上的最大拉应力和最大压应力相等？什么情况下不相等？

7. 什么情况下等截面梁中最大拉应力和最大压应力在同一个截面上？什么情况下可能不在同一个截面上？

8. 如图所示，某梁由两个形状尺寸完全相同的矩形截面梁组合而成，当两者牢固结合和光滑叠合时，梁中的内力和应力情况是怎样的？为什么？

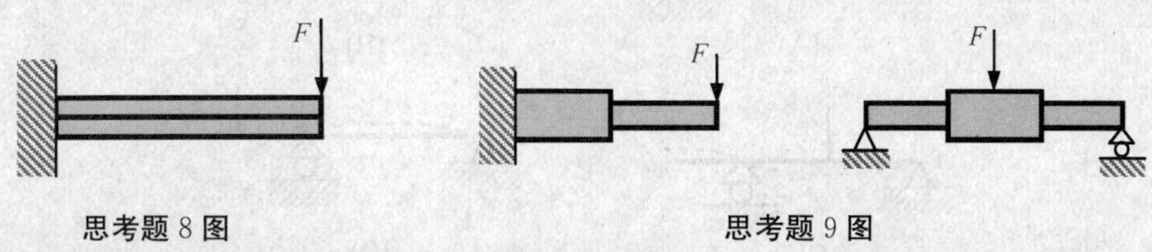

思考题 8 图　　　　思考题 9 图

9. 如图所示，工程中常将梁设计成阶梯状形式，这样设计是基于什么考虑？

10. 如图所示各结构，你能直观判断各结构可能的危险截面在什么地方吗？

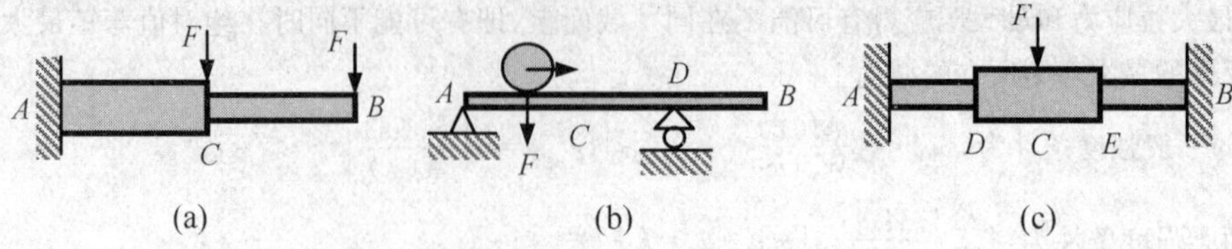

思考题 10 图

11. 矩形截面梁弯曲时横截面上切应力公式 $\tau(x,y)=\frac{F_s(x)S'(y)}{bI_z}$ 是如何推导的？如何由此计算截面上的最大切应力？

12. 一般细长梁在平面弯曲时横截面上的正应力和切应力大小之间有什么差别？工程中什么样的梁基本上不考虑切应力的影响？

13. 薄壁杆件中，弯曲切应力沿壁厚方向的分布规律与扭转切应力沿壁厚方向的分布规律是类似的吗？

14. 矩形截面梁弯曲时横截面上任意点的切应力计算可用公式 $\tau(x,y)=\frac{F_s(x)S'(y)}{bI_z}$，而薄壁杆件弯曲时横截面上切应力计算也用到该公式，两者在使用中有什么区别？

15. 弯曲中心的力学意义是什么？

习题六

一、选择题

1. 梁横截面上的正应力与下述因素（　　）有关。

(A)梁的长度　　(B)梁材料的力学性能

(C)梁截面的形状和大小　　(D)梁的约束形式

2. 梁平面弯曲时，中性轴过截面形心的梁是（　　）。

(A)单一材料制成的梁

(B)不同材料制成的牢固粘接的层合梁

(C)相同材料制成的光滑接触的叠合梁

(D)只有矩形截面梁

3. 撑杆跳过程中某瞬时杆件的最小曲率半径为 $R_{min}=7.5$ m，杆件的直径 $d=40$ mm，材料的弹性模量 $E=120$ GPa，则撑杆中的最大正应力为（　　）。

(A)120 MPa　　(B)240 MPa　　(C)320 MPa　　(D)480 MPa

4. 各梁变形后轴线的大致形状如图虚线所示，其中正确的是（　　）。

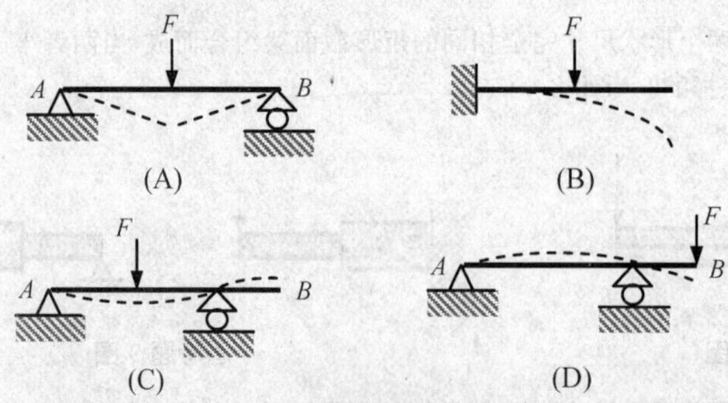

习题 4 图

5. 如图所示等截面简支梁 AB，最大正应力出现在截面(　　)。

(A)A 处　(B)B 处　(C)C 处　(D)D 处

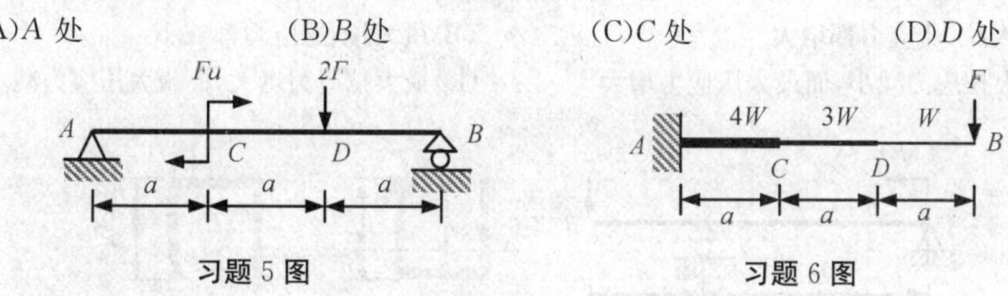

习题 5 图　习题 6 图

6. 如图所示阶梯状梁 AB，最大正应力出现在截面(　　)。

(A)A 处　(B)B 处　(C)C 处　(D)D 处

7. 如图所示，外伸梁 AB 的直径为 d，在移动载荷 F 作用下，梁中最大弯曲正应力为(　　)。

(A)$\dfrac{32Fa}{\pi d^4}$　(B)$\dfrac{64Fa}{\pi d^3}$　(C)$\dfrac{32Fa}{\pi d^3}$　(D)$\dfrac{16Fa}{\pi d^3}$

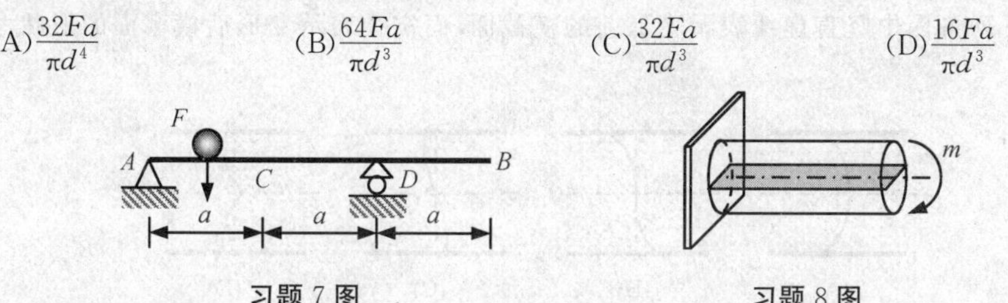

习题 7 图　习题 8 图

8. 如图所示悬臂梁，在其中性层上下述结论正确的是(　　)。

(A)$\sigma \neq 0, \tau = 0$　(B)$\sigma = 0, \tau = 0$　(C)$\sigma \neq 0, \tau \neq 0$　(D)$\sigma = 0, \tau \neq 0$

9. 如图所示，平面弯曲梁的截面是由一圆形挖去一正方形而形成的，关于该梁的强度的下列论述中，只有(　　)是正确的。

(A)当梁的横截面的放置方向如图时，梁的强度最小

(B)梁的强度与横截面的放置方向无关

(C)当梁的横截面的放置方向如图旋转 45°时，梁的强度最大

(D)当梁的横截面的放置方向如图旋转 45°时，梁的强度最小

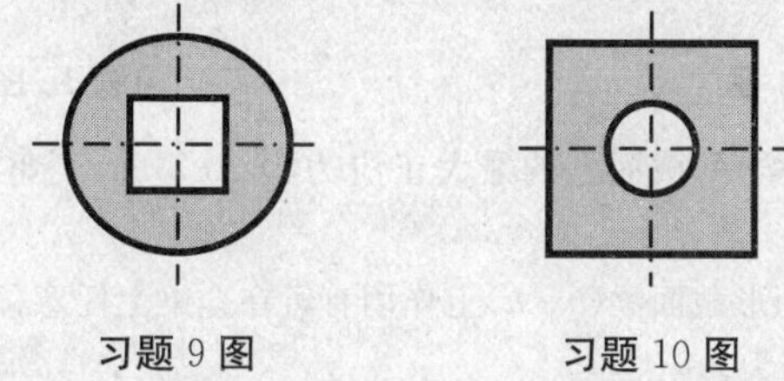
习题 9 图　习题 10 图

10. 如图所示，平面弯曲梁的截面是由一正方形挖去一圆形而形成的，关于该梁的强度的下列论述中，只有(　　)是正确的。

(A)当梁的横截面的放置方向如图时，梁的强度最小

(B)梁的强度与横截面的放置方向无关

(C)当梁的横截面的放置方向如图旋转 45°时，梁的强度最大

(D)当梁的横截面的放置方向如图旋转 45°时，梁的强度最小

11. 如图所示，外伸梁的材料为铸铁，其横截面最合理的选择应是(　　)。

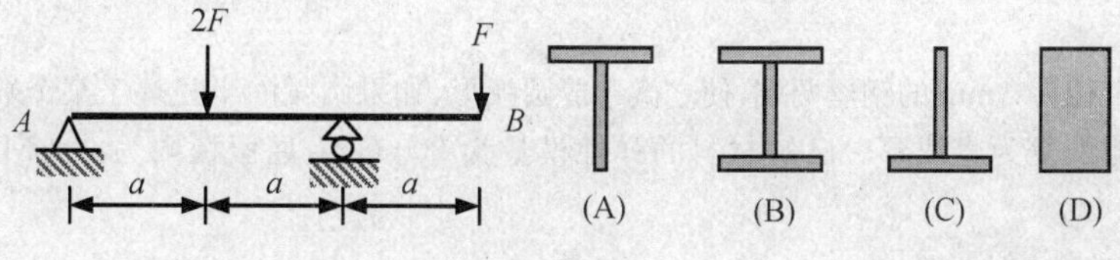

习题 11 图

12. 如图所示，外伸梁的截面为槽形，若将向上的槽口改为向下，则梁中的(　　)。

(A)最大拉、压应力都增大　　(B)最大拉、压应力都减小

(C)最大拉应力减小，而最大压应力增大　　(D)最大拉应力增大，而最大压应力减小

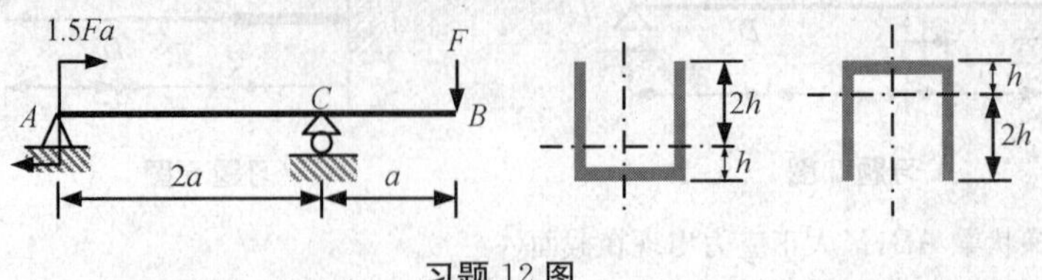

习题 12 图

13. 横力弯曲中，由于弯曲切应力的存在，平截面假设不再精确成立，也就是说，横截面在变形后将产生微小的翘曲。下列各图中竖直虚线表示变形前的横截面，而实线表示变形后横截面的形状，则正确的是(　　)。

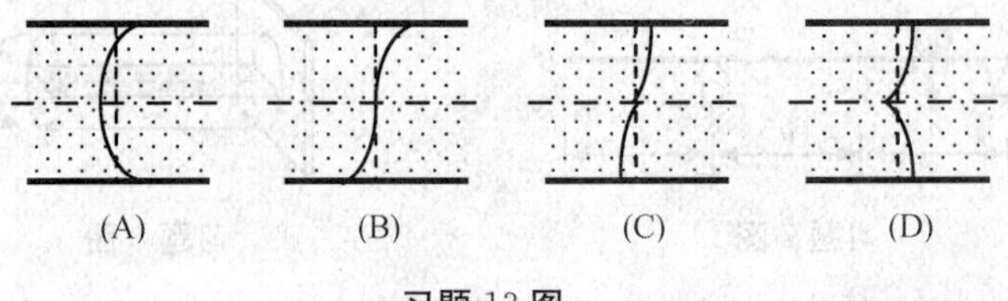

习题 13 图

二、填空题

14. 某梁的弯矩图如图所示，则中性层上侧受拉的区段是________，而下侧受拉的区段是________。剪力为正的区段是________，剪力为负的区段是________。

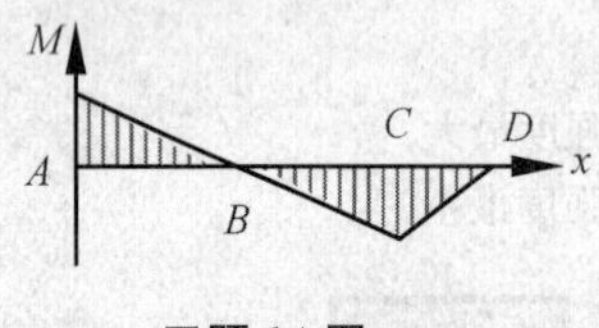

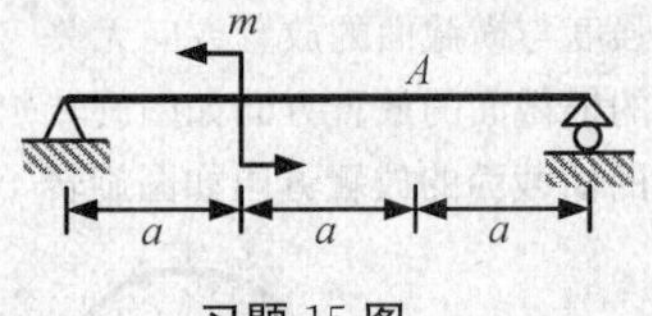

习题 14 图　　习题 15 图

15. 如图所示，矩形截面简支梁 A 截面上的最大正应力为 30 MPa，则整个梁中的最大正应力为________。

16. 如图所示，长度为 $2L$ 的矩形截面梁($b\times h$)上作用有可在全梁上任意移动的载荷 F，则梁中产生的最大正应力为________，最大切应力为________。

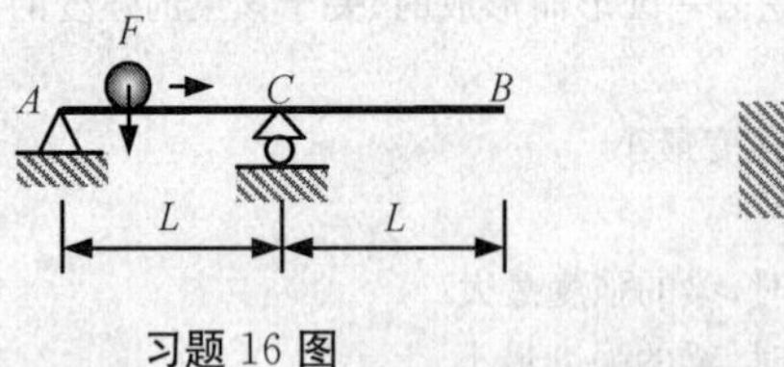

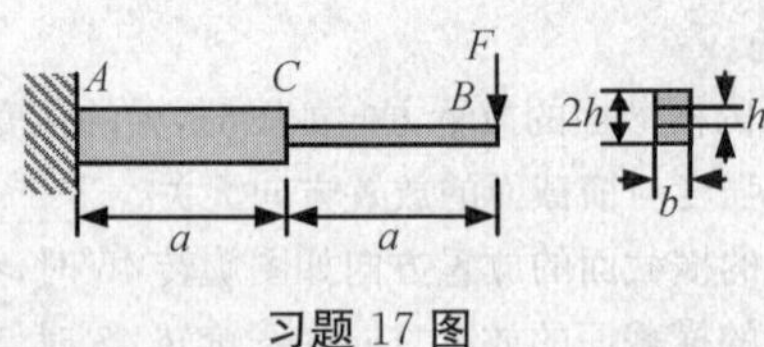

习题 16 图　　习题 17 图

17. 如图所示阶梯状悬臂梁 AB，在载荷 F 作用下，梁中产生的最大正应力为________，最大切应力为________。

18. 两手握住直径为 2 mm 的钢丝两端，使之微弯成圆弧形，如果圆弧的半径等于某个数值 R，当两手不再用力时，钢丝不能恢复为直线形。已知材料的弹性模量为 200 GPa，屈服极限为 320 MPa，则 R =________。

19. 如图所示，用力将刚性地基上的圆形长梁在 B 处提起，若提起的长度为 L，梁的直径为 d，梁单位长度的重量为 q，则被提起的梁段 AB 中的最大正应力为________。其所在截面的位置离梁端 B 的距离为________。

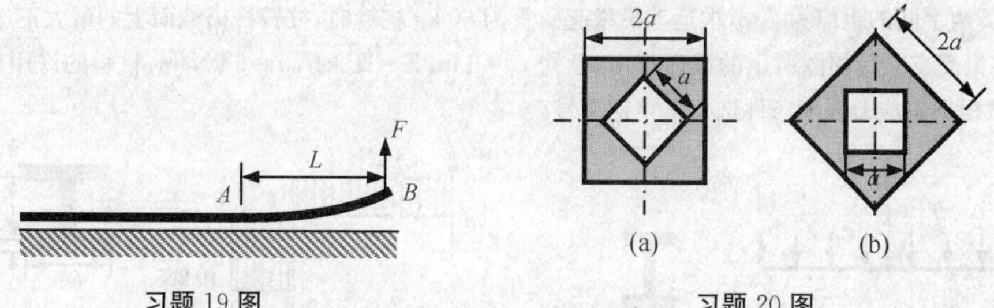

习题 19 图　　习题 20 图

20. 如图所示，梁截面是由一正方形挖去一小的正方形而形成的，在图示两种放置方式下，其强度之比是________。

21. 如图所示，正方形截面梁在竖直方向产生平面弯曲，若将梁截面换为面积相等的圆形截面，则两梁的强度之比是________。

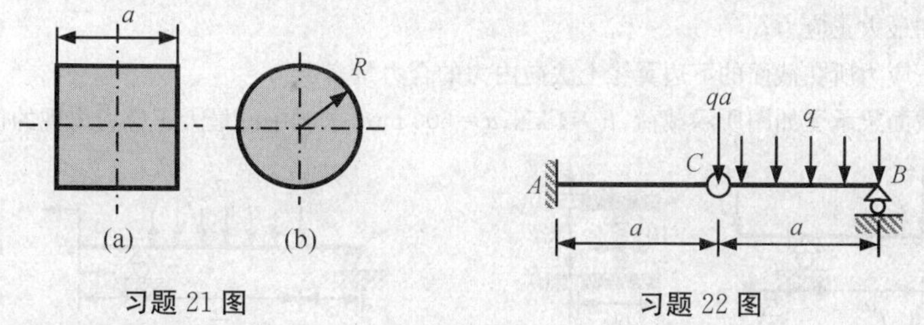

习题 21 图　　习题 22 图

22. 如图所示矩形截面($b\times h$)中间铰梁，梁中的最大正应力在________处，其值为________。

23. 如图所示，梁材料的许用应力为$[\sigma]=160$ MPa，载荷 $F=10$ kN，梁跨长 $L=3$ m，截面为矩形，宽 $b=40$ mm，高 $h=80$ mm，则在满足正应力强度要求的条件下，距离 a 的最大值为________。

习题 23 图　　习题 24 图

24. 如图所示，简支梁材料的许用压应力是许用拉应力的 3 倍，图示放置时梁的许可载荷为 $q=5$ kN/m，若将截面倒置，则梁的许可载荷为________。

三、计算题(A)

25. 如图所示，直径为 d 的金属丝绕在直径为 D 的刚性轮缘上，$D\gg d$。

(1)已知材料的弹性模量为 E，且金属丝保持在线弹性范围内，则金属丝中的最大弯曲正应力是多少？

(2)已知材料的屈服极限为 σ_s，如果要使变形后的金属丝能完全恢复成原来的直线形状，则轮缘的直径不得小于多少？

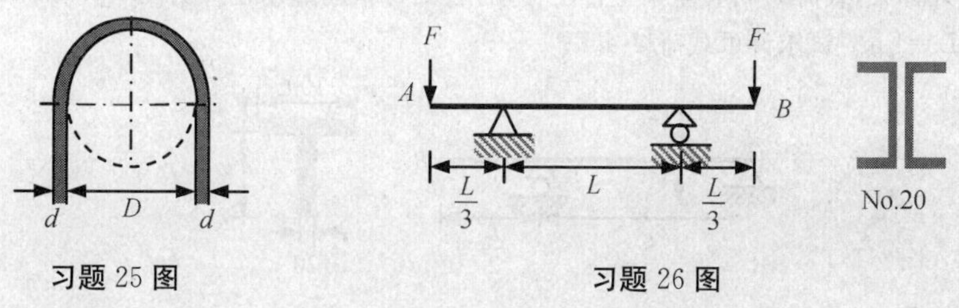

习题 25 图　　习题 26 图

26. 如图所示，由两根 No. 20 槽钢组成的外伸梁在外伸端分别受到载荷 F 的作用，已知 $L=6$ m，材料的许用应力[σ]=170 MPa。求梁的许可载荷[F]。

27. 举重用的杠铃杆为直径 30 mm、长度 1.6 m 的圆形截面杆，其自重为 10 kg。杠铃盘之间的距离为 1.3 m，运动员两手间的距离为 1 m，求运动员举起总重为 50 kg 杠铃时，杠铃杆横截面上的最大正应力。

28. 工字钢简支梁受如图所示的载荷作用，已知 $L=6$ m，$F=20$ kN，$q=6$ kN/m，材料的许用应力[σ]= 170 MPa。试根据正应力强度条件选择工字钢型号。

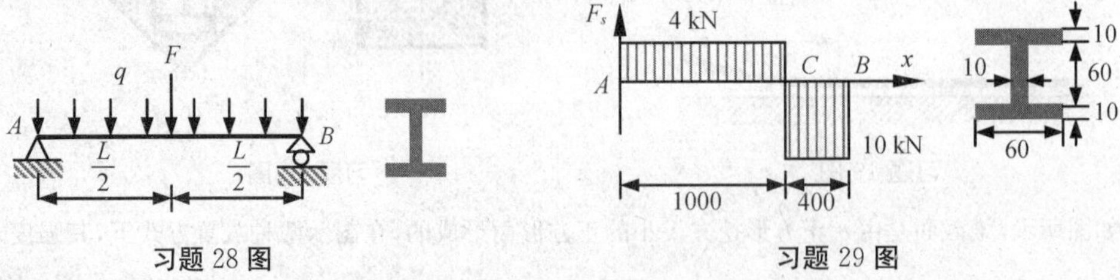

习题 28 图　　　　习题 29 图

29. 某简支工字形截面梁的剪力图如图所示，梁上无集中力偶矩作用，梁截面尺寸如图所示。

(1)作梁的弯矩图；

(2)求梁中的最大正应力；

(3)求最大正应力所在截面的下边翼缘上法向内力的合力是多少？

30. 工字形截面梁承受如图所示载荷，$F=4$ kN，$a=600$ mm，求梁中的最大正应力出现的位置及其大小。

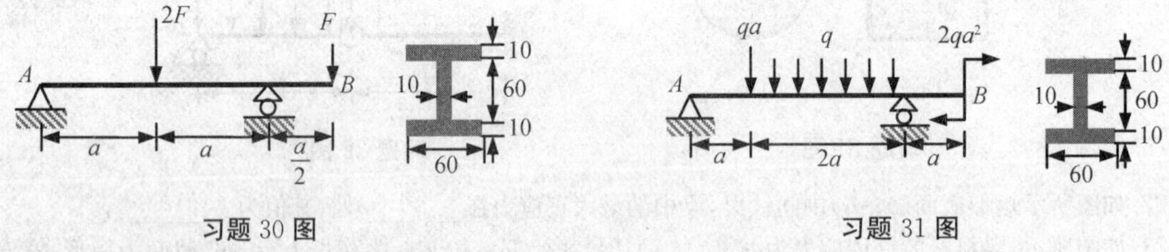

习题 30 图　　　　习题 31 图

31. 工字形截面梁承受如图所示载荷，$q=5$ kN/m，$a=300$ mm，求梁中的最大拉应力。

32. 如图所示中间铰梁，$q=30$ kN/m，$a=1$ m，两段梁的材料不同，左段梁的截面为正方形，[σ]= 100 MPa；右段梁为圆形，[σ]=45 MPa。试确定两段梁截面的尺寸。

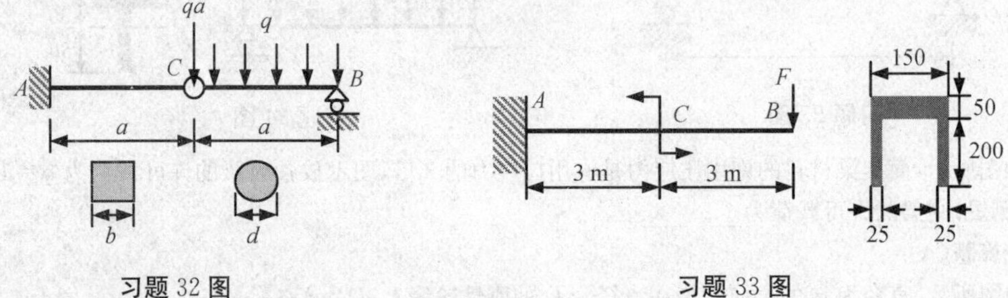

习题 32 图　　　　习题 33 图

33. 如图所示槽形截面悬臂梁，$F=10$ kN，$m=70$ kN·m，许用拉应力[σ^+]=35 MPa，许用压应力[σ^-]= 120 MPa，试校核梁的强度。

34. 如图所示外伸梁，载荷 F 可在全梁上自由移动，若梁材料的许用拉应力[σ^+]=35 MPa，许用压应力[σ^-]=140 MPa，$L=1$ m。试求许可载荷[F]。

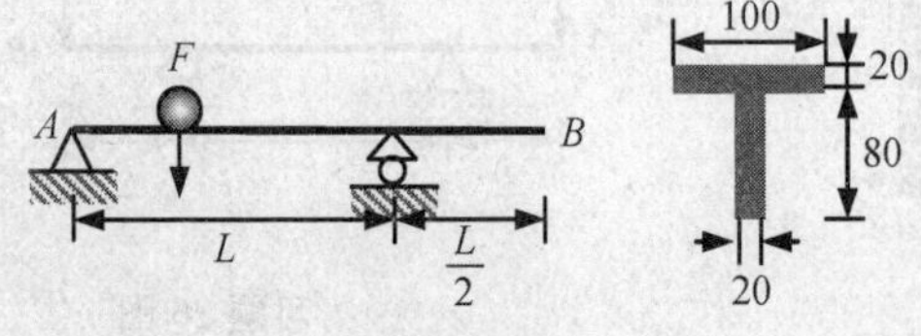

习题 34 图

35. 如图所示铸铁制成的悬臂梁，梁材料的许用拉应力$[\sigma^+]=40$ MPa，许用压应力$[\sigma^-]=160$ MPa，截面对形心的惯性矩 $I_z=1.0\times10^8$ mm^4。试求梁的许可载荷$[F]$。

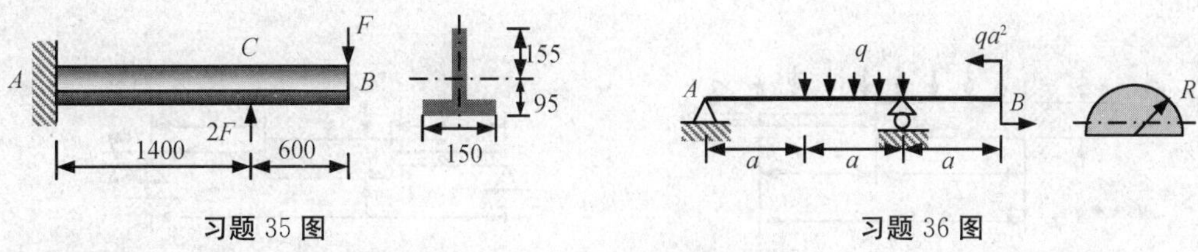

习题 35 图　　习题 36 图

36. 如图所示外伸梁，梁截面为半径 $R=40$ mm 的半圆形，放置方式如图所示。已知 $q=5$ kN/m，$a=300$ mm，求梁中的最大拉应力。

37. 如图所示中间铰梁，两段梁的材料均为混凝土，左段梁截面为半圆形且圆弧朝下，右段梁截面为正方形，边长为 a，在两段梁强度相等的条件下，试确定左段梁截面的直径 D。

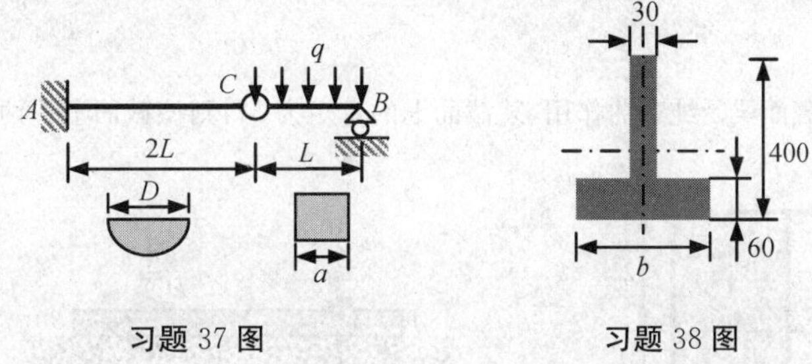

习题 37 图　　习题 38 图

38. 简支梁受竖直向下的均布载荷作用，其截面形式如图所示。若梁材料的许用压应力是许用拉应力的 4 倍，求梁下缘宽度 b 的最佳值。

39. 如图所示，一根很长的钢筋放置于刚性地面上，用力 F 将其提起，钢筋直径为 d，单位长度的重量为 q，当 $b=2a$ 时，载荷 F 有多大？此时钢筋中的最大正应力是多少？

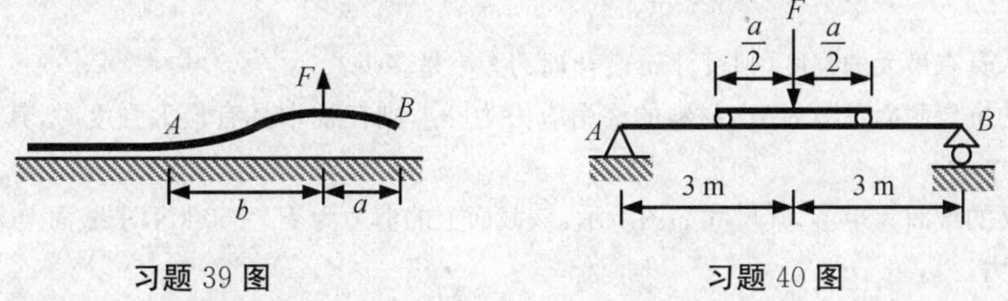

习题 39 图　　习题 40 图

40. 如图所示，当载荷直接作用在简支梁的中点时，梁的强度不够，其最大正应力超过许用应力 30%，为消除这一过载现象，可在梁上加一副梁，若不考虑副梁的强度，则副梁的最小长度 a 是多大？

41. 如图所示，长度为 L 的简支梁中点作用有一集中力 F，为改善梁上载荷的分布，可在梁上加一副梁，若两梁的材料相同，而副梁的抗弯截面系数是主梁的一半，则副梁长度 a 的合理值是多少？

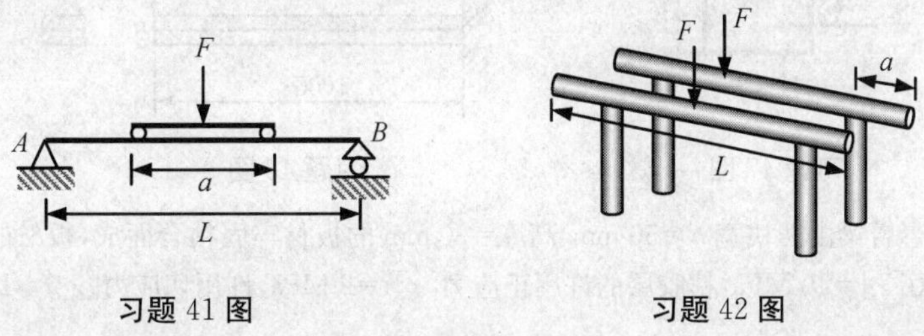

习题 41 图　　习题 42 图

42. 如图所示，运动员可以在双杠上任意位置做动作，从强度因素考虑，双杠的支撑点最合理的位置应在何处？即 a 与 L 最合理的比值是多少？

43. 阶梯状悬臂梁受均布载荷 q 作用，梁的横截面宽度均为 b，左右段梁的高度分别为 h_1 和 h_2，长度分别为 L_1 和 L_2。若梁的总长度 L 不变，梁材料的许用应力为 $[\sigma]$，则当梁的总重量为最小时，试确定 h_1，h_2，L_1，L_2 的值。

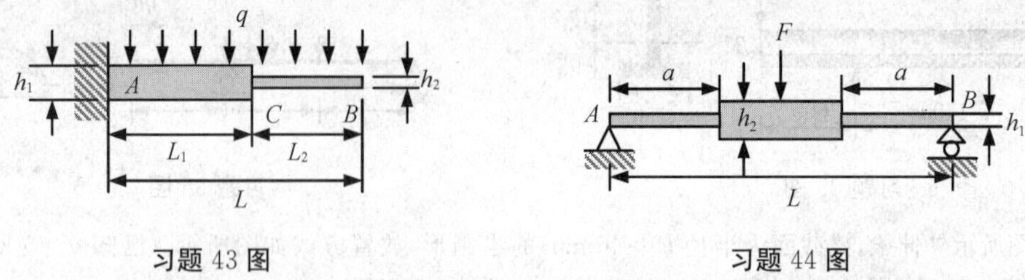

习题 43 图　　习题 44 图

44. 阶梯状简支梁在中点受集中力 F 作用，梁的横截面宽度均为 b，左右段梁的高度为 h_1，长度均为 a，中间段梁的高度为 h_2，梁的总长度为 L。在不考虑应力集中的影响时，若欲使梁的用料最省，试确定比值 $\frac{a}{L}$ 以及 $\frac{h_1}{h_2}$。

45. 如图所示，矩形截面梁受纯弯曲作用，某截面上的弯矩为 M，则该截面上下两区域 A_1 和 A_2 所承担的弯矩之比是多少？

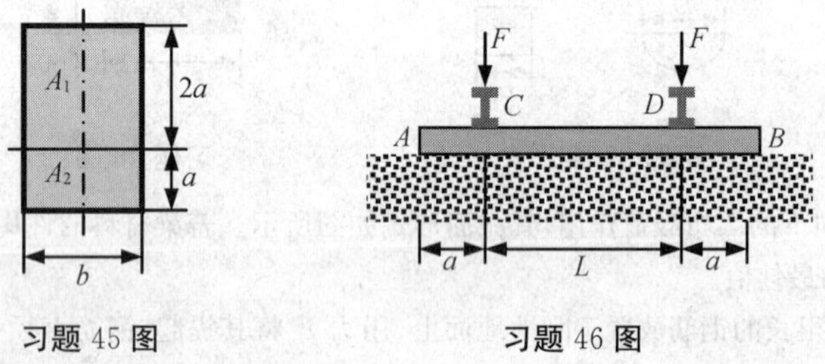

习题 45 图　　习题 46 图

46. 如图所示，铁轨对枕木 AB 的压力为 F，路基对枕木的反作用力可认为是均匀分布的，两铁轨之间的距离为 L。

(1)为使枕木具有最大的强度，则尺寸 a 最合理的大小是多少？

(2)若枕木的抗弯截面系数为 W，材料的许用应力为 $[\sigma]$，则在枕木具有最大强度时，其能承受的最大轨道压力 F 为多大？

47. 某弯曲梁的截面为矩形，其尺寸如图所示，该截面上的剪力为 $F_s=50$ kN，求截面上 A，B 两点的切应力以及最大切应力。

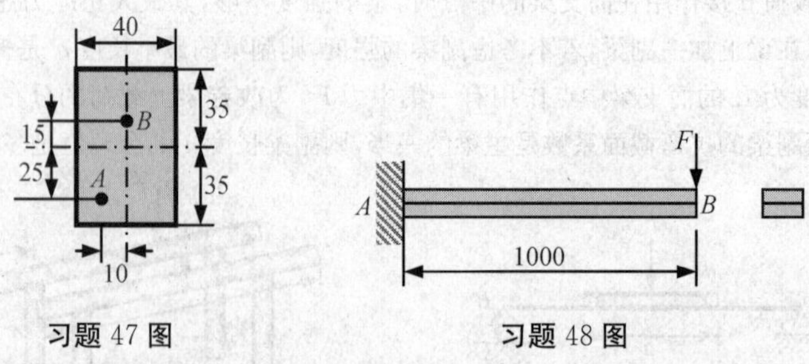

习题 47 图　　习题 48 图

48. 如图所示，悬臂梁由两块宽 $b=50$ mm、高 $h=30$ mm 的板材牢固粘合而成，板材的许用正应力 $[\sigma]=80$ MPa，许用切应力 $[\tau]=40$ MPa，粘胶层的许用正应力 $[\sigma]'=2$ MPa，许用切应力 $[\tau]'=1.5$ MPa。求梁的许可载荷 $[F]$。

49. 如图所示，简支梁长 $l=400$ mm，受集中力 $F=4$ kN 作用，梁由四块宽 $b=50$ mm、高 $h=20$ mm 的木板牢固粘合而成，板材的许用应力$[\sigma]=7$ MPa，粘胶层的许用切应力$[\tau]=5$ MPa。试校核梁的强度。

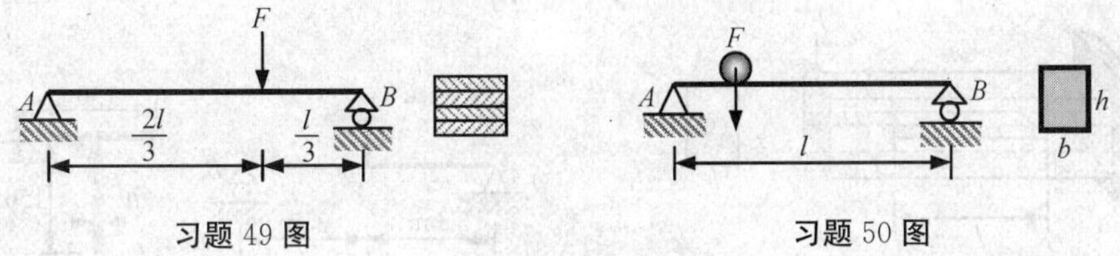

习题 49 图　　习题 50 图

50. 如图所示，矩形截面简支木梁长 $l=1$ m，受可任意移动的载荷 $F=40$ kN 作用，木材的许用正应力$[\sigma]=10$ MPa，许用切应力$[\tau]=3$ MPa，梁截面的高宽比$\dfrac{h}{b}=\dfrac{3}{2}$。试求梁许可的截面尺寸。

51. 如图所示，悬臂梁由两个半圆环的梁用若干铆钉联接而成，圆环平均半径 $R=80$ mm，壁厚 $\delta=8$ mm，梁长 $l=2$ m。梁在自由端受竖直向下的载荷 $F=16$ kN 作用，铆钉直径 $d=10$ mm，许用切应力$[\tau]=165$ MPa，试根据铆钉的剪切强度条件确定铆钉的间距。

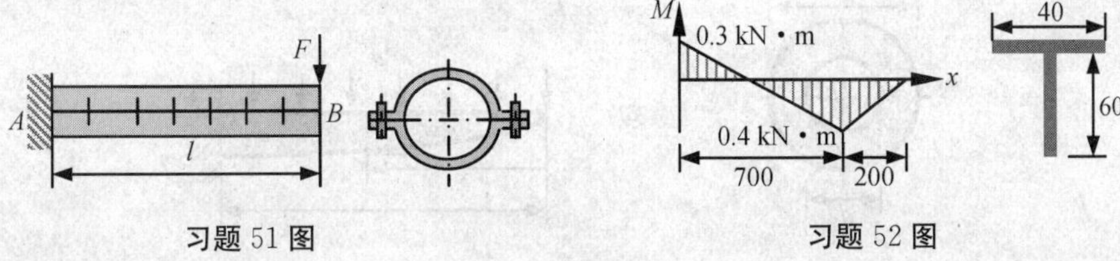

习题 51 图　　习题 52 图

52. T 形截面梁的弯矩图如图所示，截面各部分的壁厚均为 $\delta=4$ mm。试求横截面上的最大拉应力、最大压应力和最大切应力。

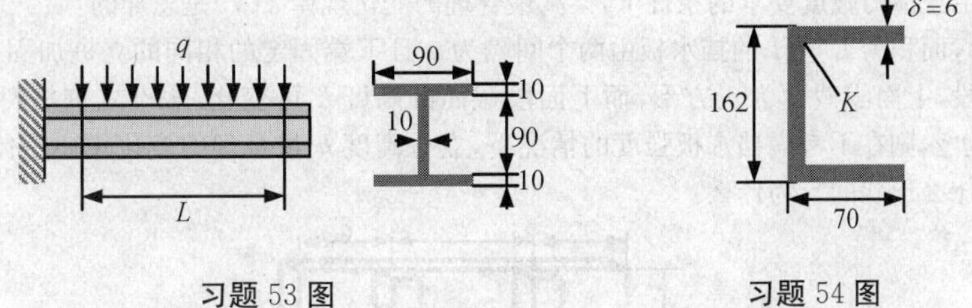

习题 53 图　　习题 54 图

53. 如图所示，工字形截面悬臂梁在 $L=1$ m 的区段内受均布载荷 $q=6$ kN/m 作用，试求该区段中梁横截面上的最大正应力和最大切应力。

54. 如图所示，某平面弯曲梁的截面为槽形，其壁厚均为 $\delta=6$ mm，梁某截面上的弯矩为 $M=3$ kN · m，剪力为 $F_s=6$ kN。试求该截面上的最大正应力、最大切应力以及 K 点的弯曲切应力。

55. 如图所示，悬臂梁由 4 块厚为 $\delta=20$ mm 的木板用钉子钉成，木材的许用拉应力$[\sigma]^+=20$ MPa，许用压应力$[\sigma]^-=60$ MPa，钉子直径 $d=4$ mm，许用切应力$[\tau]=80$ MPa，求梁的许可载荷$[F]$。

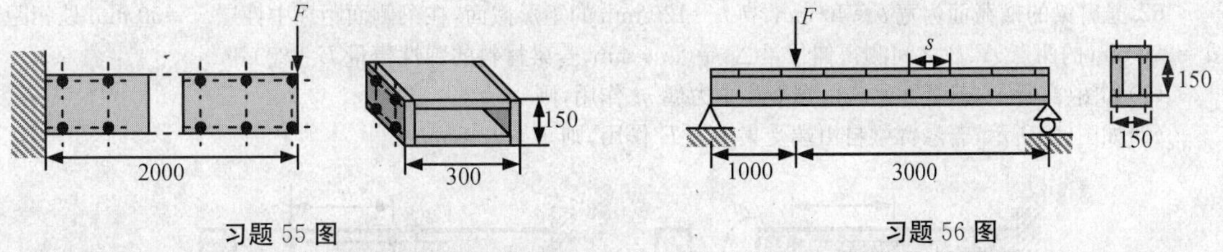

习题 55 图　　习题 56 图

56. 如图所示，简支梁由 4 块面积为 150 mm×25 mm 的木板用螺钉联接而成，若每个螺钉的许用剪力$[F_s]=1.1$ kN，则当载荷 $F=5.5$ kN 时，试确定螺钉的间距。

57. 如图所示，悬臂梁的横截面是宽为 b、高为 h 的矩形截面，在自由端受竖直向下的集中载荷 F 的作用。求图示梁中性层上灰色区域 $ABCD$ 内所有内力的合力。

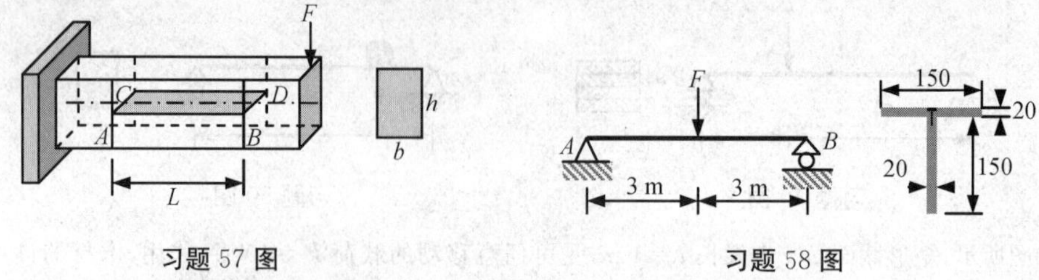

习题 57 图　　习题 58 图

58. 如图所示，简支梁由 2 块相同的木板用螺钉联接而成，若螺钉的间距为 $\delta=70$ mm，载荷 $F=10$ kN。试求每个螺钉剪切面上的剪切力 F_s。

59. 如图所示，内径为 d、外径为 D 的圆环形截面梁在平面弯曲时某截面上的剪力为 F_s。试求该截面上的最大切应力，并由此导出薄壁圆环形截面梁相应的最大切应力公式。

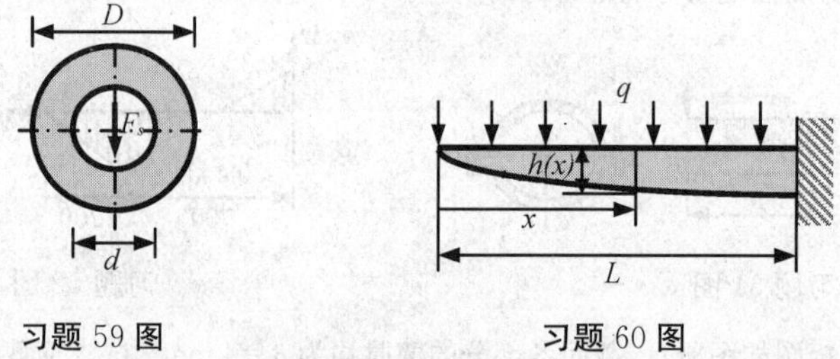

习题 59 图　　习题 60 图

60. 如图所示，悬臂梁的横截面为宽度 b 不变的矩形截面，梁长为 L，受均布载荷 q 作用，梁材料的许用应力为$[\sigma]$，则在满足正应力强度要求的条件下，梁高最合理的变化规律 $h(x)$是怎样的？

61. 如图所示，面积为 $L\times H$ 的挡水板由两个间隔为 a 且下端固定的相同的立桩加固，立桩的宽度 b 不变。立桩分成两段，上面段截面为正方形，而下面段截面的高度 h 可变化，假设立桩材料的许用拉应力为$[\sigma^+]$，水的比重为 γ，则在不考虑挡水板强度的情况下，立桩高度 h 最合理的变化规律是什么？实际工程中立桩通常是做成什么形状的？为什么？

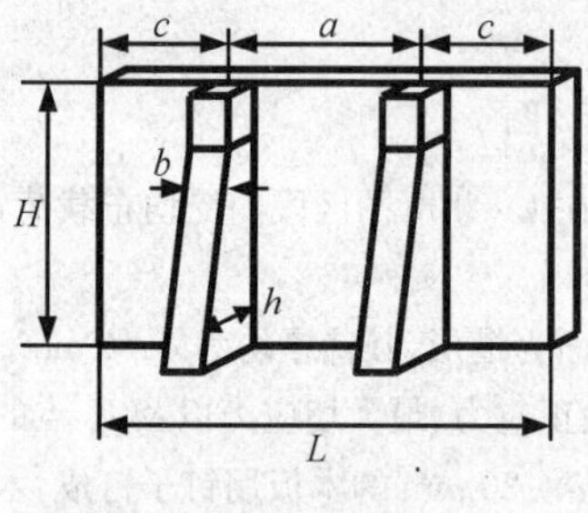

习题 61 图

62. 悬臂梁的横截面为宽 $b=40$ mm、高 $h=120$ mm 的矩形截面，在梁侧面距离中性层 $y=50$ mm 处相距 $a=200$ mm 的两点 A、B 之间测得伸长量 $\Delta a=0.04$ mm，若梁材料的弹性模量 $E=80$ GPa。

(1)如图(a)所示，若悬臂梁自由端受集中力偶 m 作用，则 $m=$？

(2)如图(b)所示，若悬臂梁自由端受集中力 F 作用，则 $F=$？

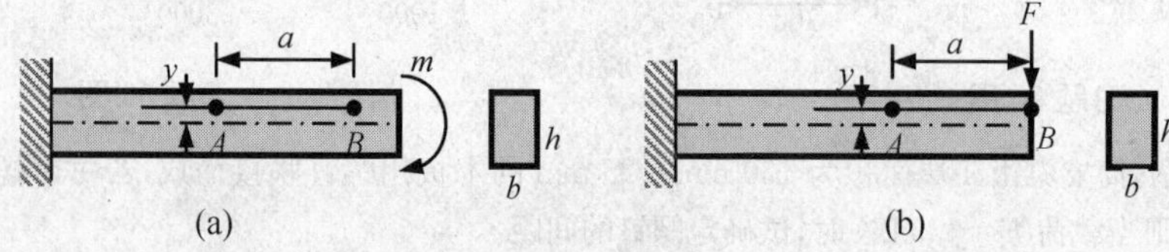

习题 62 图

63. 如图所示，矩形截面($b\times h$)简支梁受均布载荷 q 作用，梁材料的弹性模量为 E，梁跨度为 L。试求：

(1)梁下边缘的总伸长量 ΔL；

(2)梁下半部分体积的增加量 ΔV；

(3)梁中性层上切应力的分布规律。

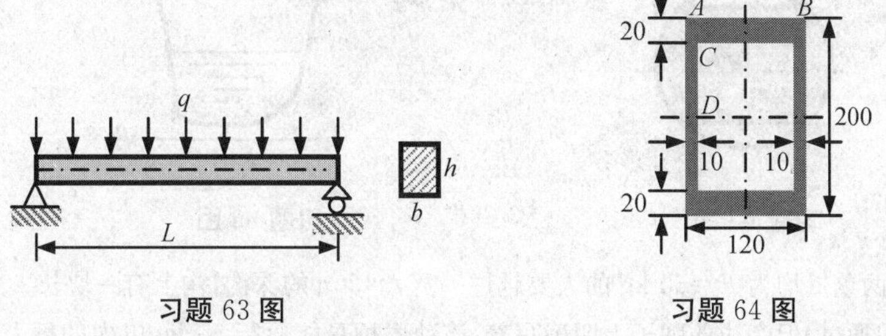

习题 63 图　　习题 64 图

64. 如图所示，某梁的截面受由下向上的弯矩 $M=40\ \text{kN}\cdot\text{m}$ 的作用，若梁材料的弹性模量 $E=200\ \text{GPa}$，泊松比 $\nu=0.3$。求截面上线段 AB 和 CD 的变化量。

四、计算题(B)

65. 如图所示，槽形截面悬臂梁由脆性材料制成，其许用拉应力远远小于许用压应力，梁中点作用集中力 F 时，梁的强度不够(如图(a)所示)。为提高梁的强度，可在自由端反向加上一个可控制大小的施力装置(如图(b)所示)，要使梁的承载能力最大，则施力装置对梁施加的载荷 P 应是多大？这样处理以后，梁中的最大拉应力相对于原来情况降低了多少个百分点？

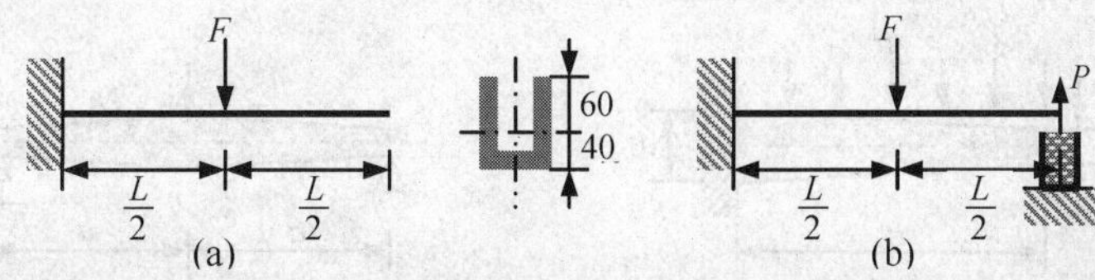

习题 65 图

66. 如图所示，高速公路桥梁的桥墩做成 T 字形形状，单侧单段桥面长为 L，宽为 a，高为 H，比重为 γ，满载时载荷为 F。桥墩横梁截面为矩形且宽度 b 不变，梁分为两段，前段截面为等截面的矩形，高度为 $2b$，后段截面是变截面的，若桥墩横梁材料的许用应力为$[\sigma]$，不考虑圆形立柱的强度问题，则桥墩横梁截面高度最合理的变化规律 $h(x)$是怎样的？

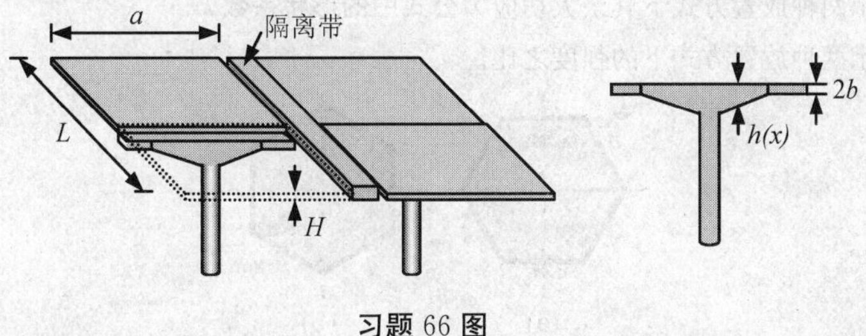

习题 66 图

67. 如图所示，悬臂梁由两种材料并列牢固结合而成，且有 $E_1>E_2$。当自由端的载荷 F 作用的偏心距 e 为多大时，才能使梁产生平面弯曲？

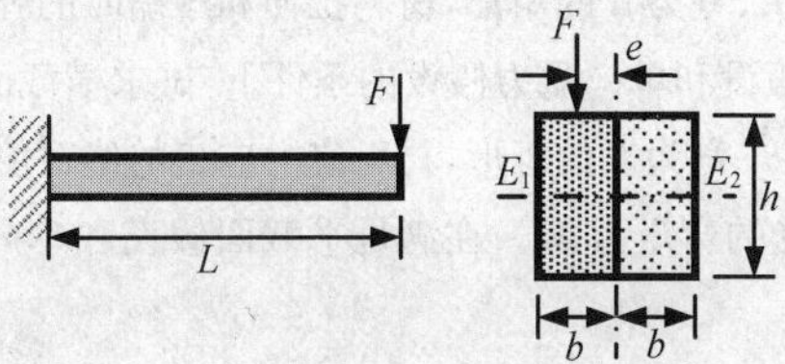

习题 67 图

68. 如图所示，圆形截面对称地去掉上下各一部分，则其抗弯截面系数可以得到适当的增加。求使抗弯截面系数最大的角度 α。

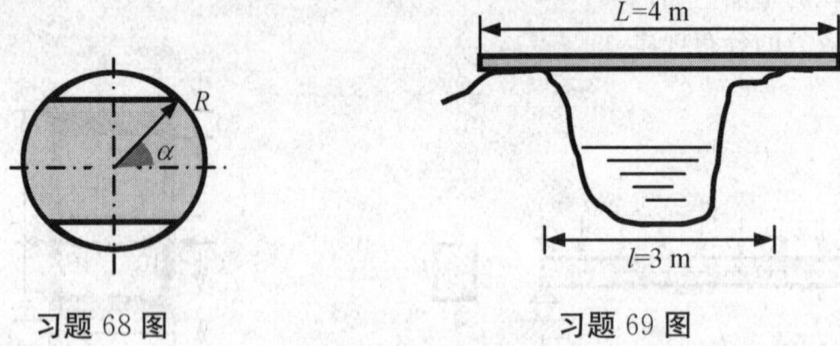

习题 68 图　　习题 69 图

69. 如图所示，两重量均为 $F=60$ kg 的人要越过一宽 $l=3$ m 的深沟，沟上有一块长 $L=4$ m 的木板搭成的独木桥，以供行人通过，但旁边的牌子上明确写着：该独木桥只能通行 50 kg 以内的行人，超过木板将被破坏。两人想了想，仍然利用该木板安全地过了深沟。

(1)两人是如何过沟的？

(2)解释两人安全过沟的力学道理。

(3)这种过沟方法对两人的体重有限制吗？通过计算解释你的结论。

70. 如图所示，悬臂梁为小锥度的圆形截面梁，受均布载荷 q 作用，梁材料的许用应力为$[\sigma]$，分析并讨论梁的危险截面的位置，并求梁中的最大弯曲正应力。

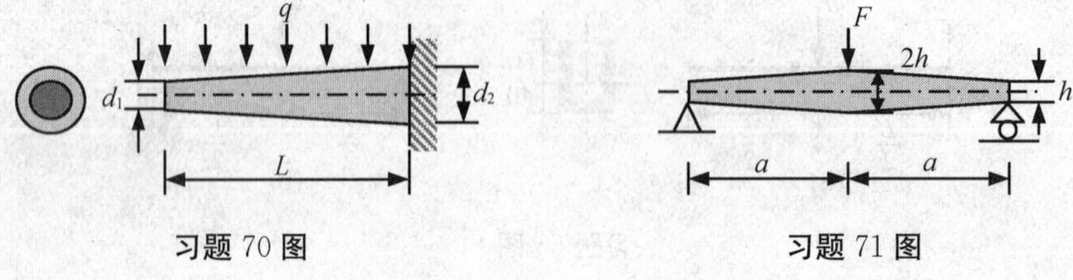

习题 70 图　　习题 71 图

71. 如图所示，小锥度的矩形截面简支梁在中点受集中力 F 作用，梁的宽度 b 不变，梁材料的许用应力为$[\sigma]$，分析并讨论梁的危险截面的位置，并求梁中的最大弯曲正应力。

72. 如图所示边长为 a 的正 n 边形截面($n\geqslant 3$)梁，弯曲时截面上的弯矩由下往上作用，而剪力竖直向下。

(1)分别计算图示两种放置方式下其最大切应力公式中的形状系数 k；

(2)计算梁在图示两种放置方式下的强度之比。

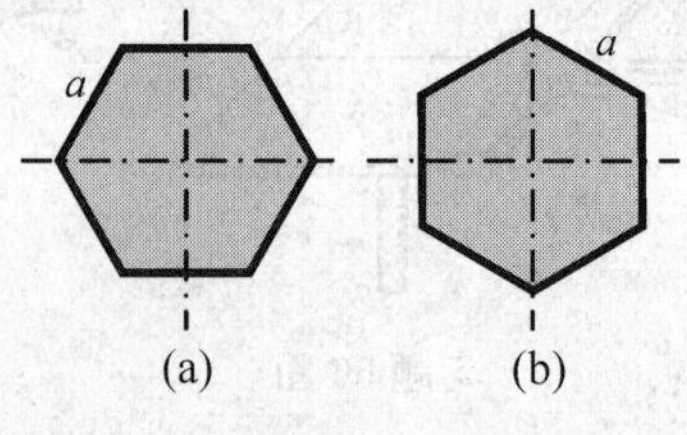

习题 72 图

73. 纯弯曲梁的横截面是高为 h、宽为 b 的矩形，材料拉伸和压缩时的弹性模量分别为 E^+ 和 E^-，截面上所受的弯矩为 M。在满足平截面假设和单向受力假设的条件下，试求横截面上的最大拉应力和最大压应力。

74. 纯弯曲梁的横截面是高为 h、宽为 b 的矩形，材料应力应变的绝对值满足关系 $\sigma=C\varepsilon^n$，这里 C，n($0\leqslant n\leqslant 1$)均为材料常数，梁截面上所受的弯矩为 M。在满足平截面假设和单向受力假设的条件下，试求横截面上的正应力计算公式。

75. 如图所示，悬臂梁的横截面是高为 h、宽为 b 的矩形，梁的上下表面受有均布的切应力 q，在满足平截面假设和单向受力假设的条件下，试导出任意横截面上的正应力和切应力的计算公式。

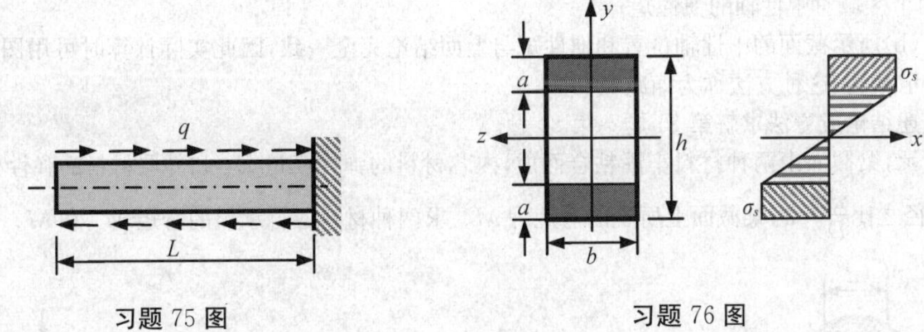

习题 75 图　　习题 76 图

76. 如图所示，矩形截面梁($b\times h$)材料可简化为理想弹塑性材料，其某个横截面上的正应力在阴影部分达到了材料的屈服极限σ_s，而在其他部分仍然处于线弹性范围。试求梁横截面上的弯矩M，并由此导出梁的屈服弯矩M_s和极限弯矩M_l。

77. 如图所示，受均布载荷作用的简支梁由两根 No. 50a 的工字钢用若干铆钉联接而成。工字钢的许用应力$[\sigma]=160$ MPa，铆钉直径$d=20$ mm，许用切应力$[\tau]=90$ MPa。在不考虑工字钢自重的情况下，试确定梁的许可载荷$[q]$以及铆钉的间距δ。

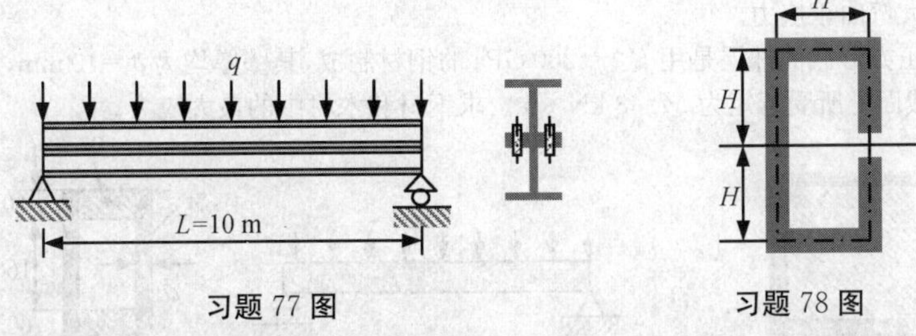

习题 77 图　　习题 78 图

78. 如图所示为薄壁杆件的横截面，各处的壁厚均为δ，在右边有一切口，截面上的剪力竖直向下。

(1)画出截面上剪力流方向；

(2)画出各边切应力大小的示意图；

(3)求截面弯曲中心的位置。

79. 如图所示，由n层不同材料牢固粘合而成的层合梁，其宽度为b，每层梁的高度分别为$h_i(i=1,2,\cdots,n)$，相应的材料的弹性模量分别为$E_i(i=1,2,\cdots,n)$，截面上的弯矩为M。在满足平截面假设和单向受力假设的条件下。

(1)求截面中性轴的位置；

(2)推导截面上正应力公式。

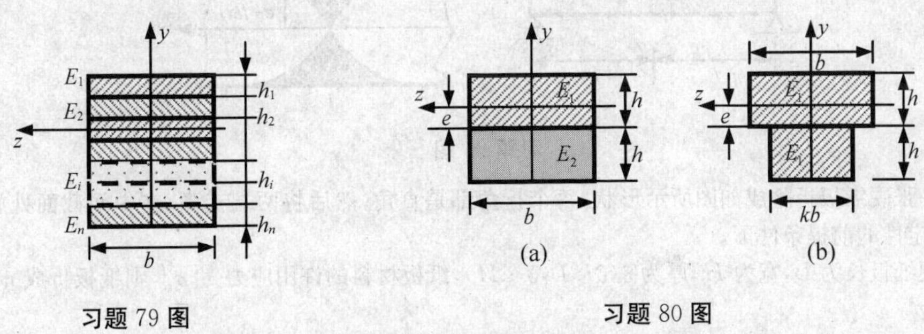

习题 79 图　　习题 80 图

80. 利用上题的结论，考虑如图(a)所示由两层不同材料牢固粘合而成的层合梁。

(1)证明截面中性轴的位置为：$e=\dfrac{h}{2}\cdot\dfrac{E_1-E_2}{E_1+E_2}$；

(2)证明在截面两个区域里正应力公式分别为：$\sigma^{(1)}=-\dfrac{My}{I_0}$，$\sigma^{(2)}=-k\dfrac{My}{I_0}$，式中，$k=\dfrac{E_2}{E_1}$，$I_0=I_1+kI_2$，

I_1, I_2 分别为两个区域对中性轴的惯性矩；

(3)证明图(b)所示截面的中性轴位置和惯性矩与上面结论完全一致，因此实际计算时可用图(b)所示截面代替图(a)所示截面，这种方法称为缩减截面法；

(4)利用上述结论或方法求解第 81 题～第 84 题。

81. 如图所示，梁截面由两种材料牢固粘合而成，内芯材料的弹性模量 E_1 和外层材料的弹性模量 E_2 之比为 0.5，内外径之比 $\dfrac{d}{D}=\alpha$，梁截面上所受的弯矩为 M。求两种材料各自承担的弯矩 M_1 和 M_2。

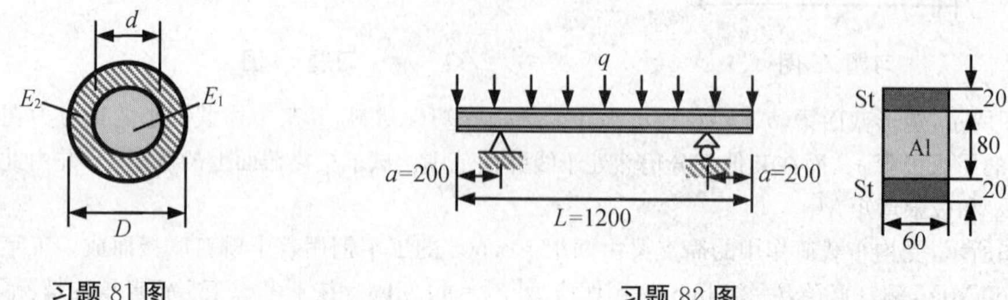

习题 81 图　　　　习题 82 图

82. 如图所示，夹芯梁由钢(St)和铝(Al)制成，梁受均布载荷 $q=90$ kN/m 作用，$E_{St}=210$ GPa，$E_{Al}=70$ GPa。求梁的最大弯曲正应力。

83. 如图所示，正方形截面外层是用 $E_{St}=200$ GPa 的钢材制成，其壁厚均为 $\delta=10$ mm，截面内芯由 $E_W=10$ GPa 木材制成，截面上所受弯矩为 $M=3$ kN·m。求钢材和木材中的最大应力。

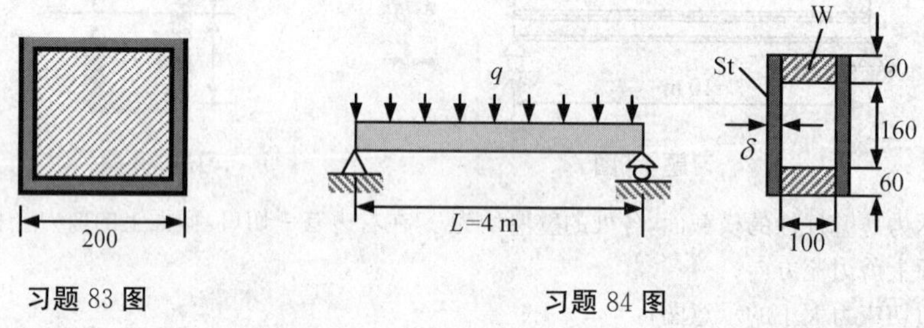

习题 83 图　　　　习题 84 图

84. 如图所示，箱形截面简支梁受均布载荷 $q=40$ kN/m 作用，截面左右两块为钢材，$E_{St}=200$ GPa，$[\sigma_{St}]=160$ MPa；上下两块为木材，$E_W=10$ GPa，$[\sigma_W]=10$ MPa。试确定钢板的厚度 δ。

85. 如图所示，矩形截面简支梁($b\times h$)材料可简化为理想弹塑性材料，梁在中点受集中力 F 作用，材料的屈服应力为 σ_s，在图示坐标系下导出中截面完全屈服时附近塑性区和弹性区界面的曲线方程 $e=f(x)$。

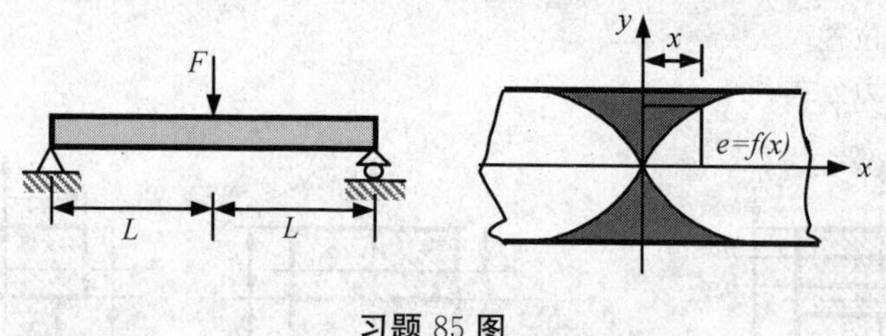

习题 85 图

86. 将一张硬纸板折叠成如图所示形状，每个折角都是直角，然后将两端支高，在中间截面处施加载荷。在不考虑稳定性的前提条件下。

(1)若硬纸板长为 L，宽为 H，厚为 $\delta(\delta\ll L, \delta\ll H)$，纸板材料的许用应力为$[\sigma]$，则纸板折成 n 折时能承受多大的力？

(2)如果纸板对折时能承受 F 大小的力，那么折成 n 折时能承受多大的力？

习题 86 图

第 7 章　梁的弯曲变形与刚度

梁平面弯曲时的变形特点是：梁轴线既不伸长也不缩短，其轴线在纵向对称面内弯曲成一条平面曲线，而且处处与梁的横截面垂直，而横截面在纵向对称面内相对于原有位置转动了一个角度(如图 7－1 所示)。显然，梁变形后轴线的形状以及截面偏转的角度是十分重要的，实际上它们是衡量梁刚度好坏的重要指标。

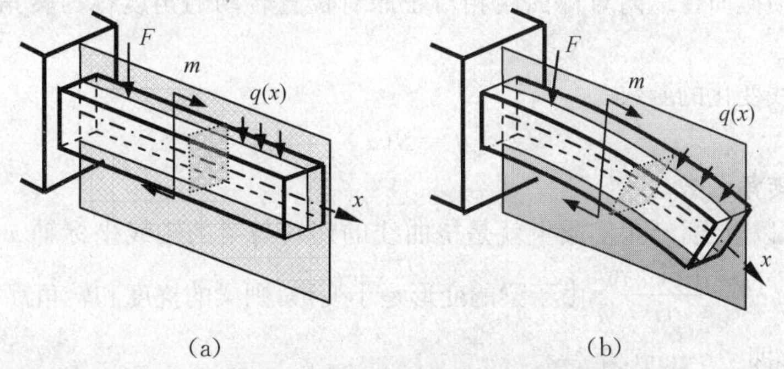

图 7－1　梁平面弯曲时的变形

本章的主要目的：一是研究梁变形后轴线以及截面偏转角度应满足的方程；二是研究梁的变形与梁横截面上内力间的关系；三是建立梁的刚度条件，从而判别工程中的梁是否满足刚度要求，或者控制梁的变形，以满足实际工程的刚度要求。

7.1　梁弯曲变形的基本概念

7.1.1　挠度

在线弹性小变形条件下，梁在横力作用时将产生平面弯曲，梁轴线由原来的直线变为纵向对称面内的一条平面曲线，很明显，该曲线是**连续的光滑曲线**，这条曲线称为梁的**挠曲线**(如图 7－2 所示)。

梁轴线上某点在梁变形后沿竖直方向的位移(横向位移)称为该点的**挠度**。在小变形情况下，梁轴线上各点在梁变形后沿轴线方向的位移(水平位移)可以证明是横向位移的高阶小量，因而可以忽略不计。

挠曲线的曲线方程为

$$w = w(x) \tag{7－1}$$

称为**挠曲线方程**或**挠度函数**，实际上就是轴线上各点的挠度。一般情况下规定：挠度沿 y 轴的正向(向上)为正，沿 y 轴的负向(向下)为负。

必须注意，梁的坐标系的选取可以是任意的，即坐标原点可以放在梁轴线的任意地方。另外，由于梁的挠度函数往往在梁中是分段函数，因此，梁的坐标系可采用整体坐标，也可采用局部坐标。

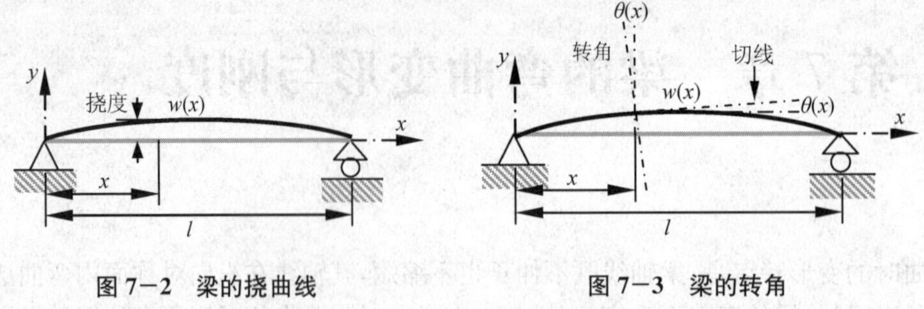

图 7-2　梁的挠曲线　　　　图 7-3　梁的转角

7.1.2　转角

梁变形后其横截面在纵向对称面内相对于原有位置转动的角度称为**转角**（如图 7-3 所示）。

转角随梁轴线变化的函数

$$\theta = \theta(x) \tag{7-2}$$

称为**转角方程**或**转角函数**。

由图 7-3 可以看出，转角实质上就是挠曲线的切线与梁的轴线坐标轴 x 的正方向之间的夹角，所以有：$\tan\theta = \dfrac{\mathrm{d}w(x)}{\mathrm{d}x}$。由于梁的变形是小变形，则梁的挠度和转角都很小，所以 θ 和 $\tan\theta$ 是同阶小量，即：$\theta \approx \tan\theta$，于是有

$$\theta(x) = \frac{\mathrm{d}w(x)}{\mathrm{d}x} \tag{7-3}$$

即转角函数等于挠度函数对 x 的一阶导数。一般情况下规定：转角逆时针转动时为正，顺时针转动时为负（如图 7-4 所示）。

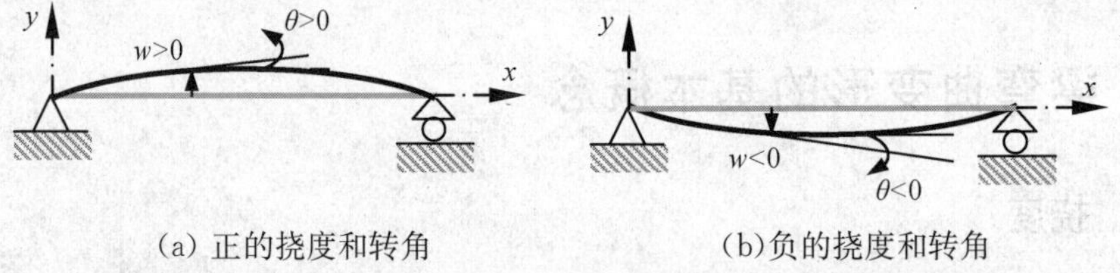

(a) 正的挠度和转角　　(b)负的挠度和转角

图 7-4　梁的挠度和转角的符号

需要注意的是，转角函数和挠度函数必须在相同的坐标系下描述，由式(7-3)可知，如果挠度函数在梁中是分段函数，则转角函数亦是分段数目相同的分段函数。

7.1.3　梁的变形

材料力学中，**梁的变形通常指的就是梁的挠度和转角**。但实际上梁的挠度和转角并不是梁的变形，它们和梁的变形之间有联系，也有本质的区别。

如图 7-5(a)所示的悬臂梁和图 7-5(b)所示的中间铰梁，在图示载荷作用下，悬臂梁和中间铰梁的右半部分中无任何内力，在第 1 章曾强调过：杆件的内力和杆件的变形是一一对应的，即有什么样的内力，就有与之相应的变形。若无某种内力，则杆件也没有与之相应的变形。因此，图示悬臂梁和中间铰梁的右半部分没有变形，它们将始终保持直线状态，但是，悬臂梁和

中间铰梁的右半部分却存在挠度和转角。

事实上，**材料力学中所说的梁的变形，即梁的挠度和转角，实质上是梁的横向线位移和梁截面的角位移**。回想拉压杆和圆轴扭转的变形，拉压杆的变形是杆件的伸长 Δl，圆轴扭转变形是截面间的转角 φ，它们实质上也是杆件的位移，Δl 是拉压杆一端相对于另一端的线位移，而 φ 是扭转圆轴一端相对于另一端的角位移，但拉压杆和圆轴扭转的这种位移一般总是和其变形共存的，即只要有位移，则杆件一定产生了变形；反之，只要有变形，就一定存在这种位移（至少某段杆件存在这种位移）。但梁的变形与梁的挠度和转角之间就不一定是共存的，这一结论可以从上面对图 7－5(a)所示的悬臂梁和图 7－5(b)所示的中间铰梁的分析得到。

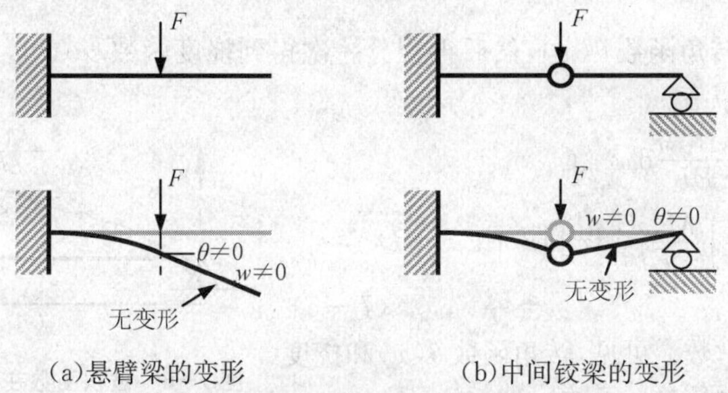

图 7－5　挠度和转角实质上是梁的位移

实际上，图示悬臂梁和中间铰梁的右半部分的挠度和转角是由于梁左半部分的变形引起的，因此，可得到如下结论：①梁（或梁段）如果存在变形，则梁（或梁段）必然存在挠度和转角；②梁（或梁段）如果存在挠度和转角，则梁（或梁段）不一定存在变形。**事实上，梁的挠度和转角是梁变形的一种累加效应，包含了梁可能存在的刚体位移。**

7.2　挠曲线的近似微分方程

在第 6 章曾得到梁变形后轴线的曲率方程为：$\frac{1}{\rho(x)}=\frac{M(x)}{EI_z}$。高等数学中，曲线 $w=w(x)$的曲率公式为：$\frac{1}{\rho(x)}=\pm\frac{w''(x)}{[1+w'(x)^2]^{\frac{3}{2}}}$。由于梁的变形是小变形，即挠曲线 $w=w(x)$ 仅仅处于微弯状态，其转角 $\theta(x)=w'(x)\ll 1$，所以，挠曲线的曲率公式可近似为：$\frac{1}{\rho(x)}=\pm w''(x)$。

第 6 章也分析了曲率的正负号的问题，结论是变形后梁轴线曲率的正负号与梁弯矩的正负号一致。因此，综合上面几式，有

$$\frac{\mathrm{d}^2 w}{\mathrm{d}x^2}=\frac{M(x)}{EI} \tag{7-4}$$

式(7－4)称为**挠曲线的近似微分方程**。其中，$I=I_z$，是梁截面对中性轴的惯性矩。根据式(7－4)，只要知道了梁中的弯矩函数，直接进行积分即可得到梁的转角函数 $\theta(x)=w'(x)$ 以及挠度函数 $w(x)$，从而可求出梁在任意位置处的挠度以及截面的转角。

7.3 积分法计算梁的变形

根据梁的挠曲线近似微分方程式(7-4),可直接进行积分求梁的变形,即求梁的转角函数 $\theta(x)$ 和挠度函数 $w(x)$。下面分两种情况讨论。

7.3.1 函数 $\dfrac{M(x)}{EI}$ 在梁中为单一函数

被积函数 $\dfrac{M(x)}{EI}$ 在梁中不分段(如图 7-6 所示),可将挠曲线近似微分方程式(7-4)两边同时积分一次得到转角函数 $\theta(x)$,然后再积分一次得到挠度函数 $w(x)$,注意每次积分均出现一待定常数。所以有

$$\begin{cases} \theta(x) = \int \dfrac{M(x)}{EI}\mathrm{d}x + C \\ w(x) = \int\left[\int \dfrac{M(x)}{EI}\mathrm{d}x\right]\mathrm{d}x + Cx + D \end{cases} \tag{7-5}$$

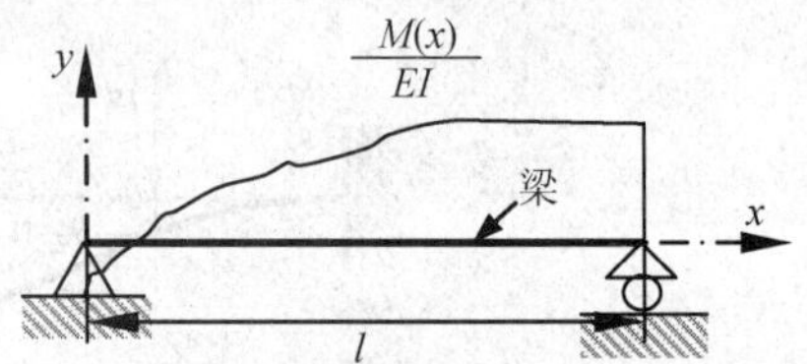

图 7-6 被积函数在梁中为单一函数

式中,C,D 是待定常数。可见,转角函数 $\theta(x)$ 和挠度函数 $w(x)$ 在梁中也是单一函数。

积分常数 C,D 可由梁的**支承条件(又称约束条件或边界条件)**确定。常见的梁的支承条件如下:

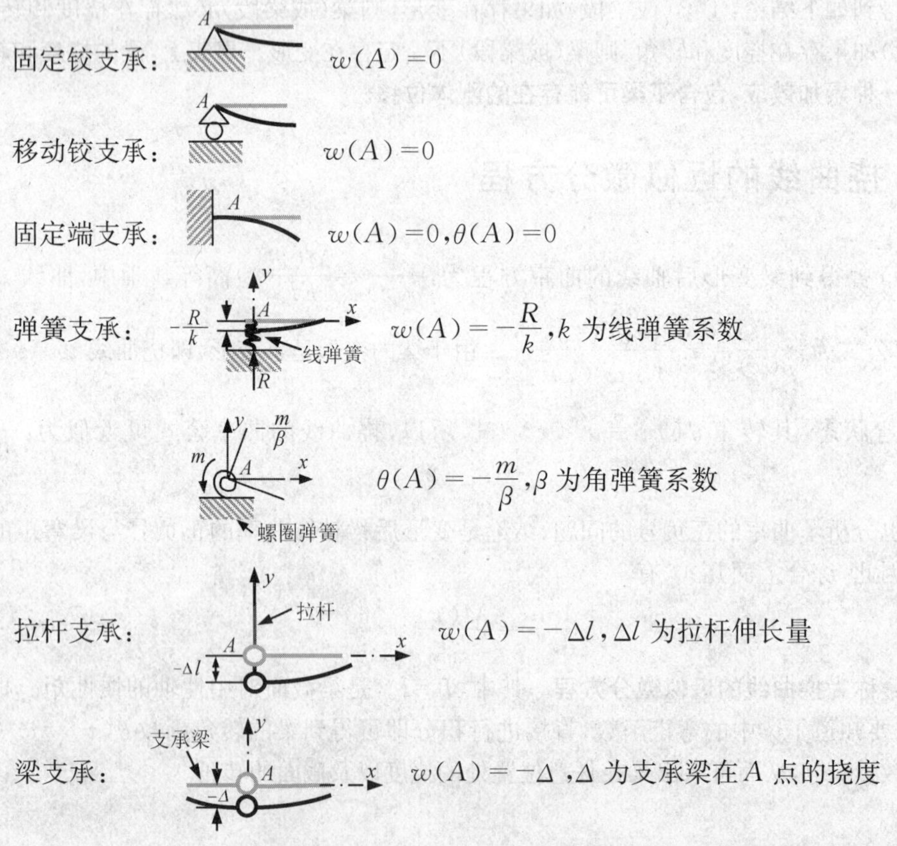

一般情况下,梁的支承条件有两个,正好可以确定积分常数 C 和 D。

7.3.2　函数$\dfrac{M(x)}{EI}$在梁中为分段函数

被积函数$\dfrac{M(x)}{EI}$在梁中分若干段(如图 7－7 所示)。在每个梁段中将挠曲线近似微分方程式(7－4)两边同时积分一次得到该段梁的转角函数 $\theta_i(x)$,然后再积分一次得到该段梁的挠度函数 $w_i(x)$,注意每段梁有两个待定常数 C_i,D_i,一般情况下各段梁的积分常数是不相同的。所以有

$$\begin{cases}\theta_i(x)=\int\left[\dfrac{M(x)}{EI}\right]_i\mathrm{d}x+C_i\\ w_i(x)=\int\left\{\int\left[\dfrac{M(x)}{EI}\right]_i\mathrm{d}x\right\}\mathrm{d}x+C_ix+D_i\end{cases}\quad(x_{i-1}\leqslant x\leqslant x_i)\qquad(7-6)$$

可见,梁的转角函数 $\theta_i(x)$和挠度函数 $w_i(x)$在梁中也是分段函数。

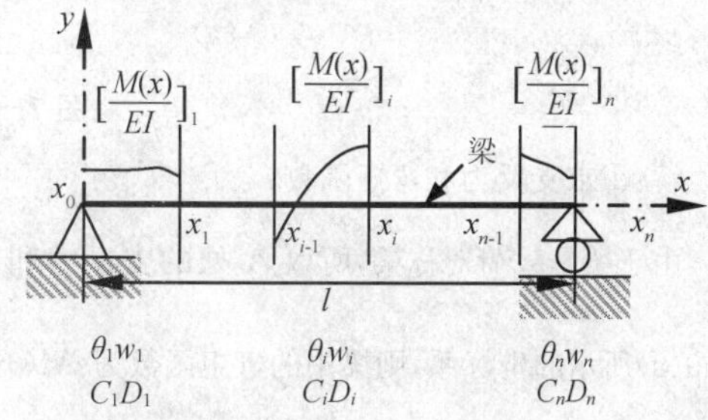

图 7－7　被积函数在梁中为分段函数

假设梁分为 n 段(如图 7－7 所示),x_0,x_1,…,x_{i-1},x_i,…,x_n 称为梁的分段点,则共有 $2n$ 个积分常数 C_i,$D_i(i=1,2,\cdots,n)$,梁的支承条件有两个。另外,**梁变形后轴线是光滑连续的,这就要求梁的转角函数和挠度函数在梁中是连续的函数**。这个条件称为**梁的连续性条件**。因此,可列出除梁约束点外其他分段点的连续性条件为

$$\begin{cases}\theta_{i-1}(x_i)=\theta_i(x_i)\\ w_{i-1}(x_i)=w_i(x_i)\end{cases}\quad(i=2,3,\cdots,n)\qquad(7-7)$$

共有 $2n-2$ 个方程,加上梁的两个支承条件,则可确定 $2n$ 个积分常数 C_i,$D_i(i=1,2,\cdots,n)$,从而求得各段梁的转角函数 $\theta_i(x)$和挠度函数 $w_i(x)$。

注意,积分法求分段梁的变形时,可以采用局部坐标系进行求解,相应的弯矩函数 $M(x)$、抗弯刚度 EI 以及支承条件和连续性条件都必须在相同的局部坐标系下写出。

一些常见梁的转角函数与挠度函数以及其在特殊点的值见附录 B。

例 7－1　如图 7－8 所示,悬臂梁下有一刚性的圆柱,当 F 至少为多大时,才可能使梁的根部与圆柱表面产生贴合?当 F 足够大且已知时,试确定梁与圆柱面贴合的长度。

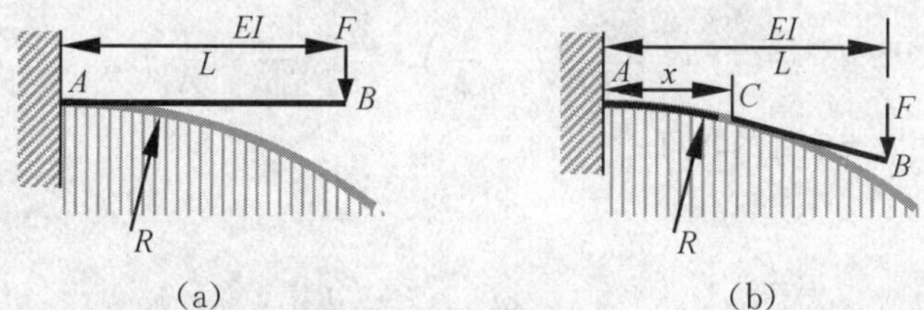

图 7－8　例 7－1 图

解:欲使梁的根部与圆柱面贴合,则梁根部的曲率半径应等于圆柱面的半径(如图 7－8(a)所示),所以有

$$\frac{1}{R}=\frac{M_A}{EI}=\frac{FL}{EI},即\ F=\frac{EI}{LR}$$

这就是梁根部与圆柱面贴合的最小载荷。

如果 $F>\dfrac{EI}{LR}$，则梁有一段是与圆柱面贴合的，假设贴合的长度为 x，那么贴合点 C 处的曲率半径应等于圆柱面的半径（如图 7－8(b)所示），所以有

$$\frac{1}{R}=\frac{M_C}{EI}=\frac{F(L-x)}{EI},x=L-\frac{EI}{FR}$$

例 7－2 梁 AB 以拉杆 BD 支承，载荷及尺寸如图 7－9(a)所示。已知梁的抗弯刚度为 EI，拉杆的抗拉刚度为 EA，试求梁中点的挠度以及支座处的转角。

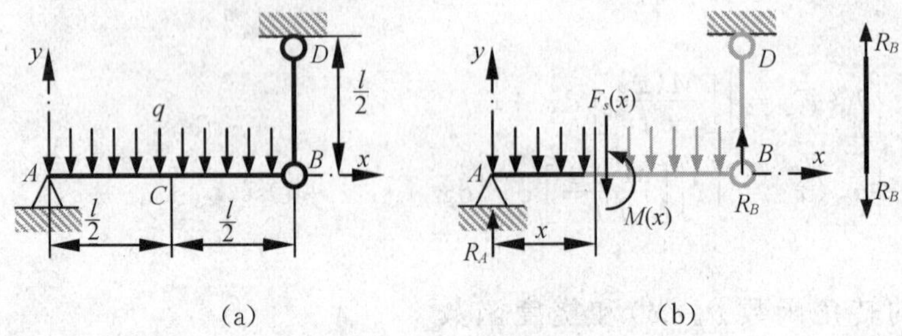

图 7－9 例 7－2 图

解：①求支反力和弯矩函数。

由于梁是载荷对称梁，所以 A 处的支反力和 B 处拉杆的拉力是相等的，即 $R_A=R_B=\dfrac{ql}{2}$。建立如图 7－9(a)所示的坐标系，则梁中的弯矩函数为：$M(x)=\dfrac{qx(l-x)}{2}(0\leqslant x\leqslant l)$。

②求转角函数和挠度函数。

$$\theta(x)=\int\frac{M(x)}{EI}\mathrm{d}x+C=\frac{qx^2}{2EI}\left(\frac{l}{2}-\frac{x}{3}\right)+C$$

$$w(x)=\int\theta(x)\mathrm{d}x+D=\frac{qx^3}{12EI}\left(l-\frac{x}{2}\right)+Cx+D$$

③确定积分常数。

约束条件为

$$w(0)=0,w(l)=-\Delta l=-\left(\frac{ql}{2}\cdot\frac{l}{2}\right)/EA=-\frac{ql^2}{4EA}$$

代入挠度函数表达式，得

$$D=0,C=-\left(\frac{ql^3}{24EI}+\frac{ql}{4EA}\right)$$

于是转角函数和挠度函数分别为

$$\theta(x)=\frac{qx^2}{2EI}\left(\frac{l}{2}-\frac{x}{3}\right)-\frac{ql}{4EI}\left(\frac{l^2}{6}+\frac{I}{A}\right)$$

$$w(x)=\frac{qx^3}{12EI}\left(l-\frac{x}{2}\right)-\frac{qlx}{4EI}\left(\frac{l^2}{6}+\frac{I}{A}\right)$$

④求梁中点的挠度以及支座处的转角。

梁中点的挠度为

$$w_C=w\left(\frac{l}{2}\right)=\frac{q\left(\frac{l}{2}\right)^3}{12EI}\left(l-\frac{l}{4}\right)-\frac{ql^2}{8EI}\left(\frac{l^2}{6}+\frac{I}{A}\right)=-\left(\frac{5ql^4}{384EI}+\frac{ql^2}{8EA}\right)\text{（向下）}$$

支座处的转角为

$$\theta_A=\theta(0)=-\frac{ql}{4EI}\left(\frac{l^2}{6}+\frac{I}{A}\right)=-\left(\frac{ql^3}{24EI}+\frac{ql}{4EA}\right)\text{（顺时针）}$$

例7－3　如图7－10所示阶梯状悬臂梁AB，在自由端受集中力F作用，梁长度及抗弯刚度如图所示，试求自由端的挠度以及梁中点截面的转角。

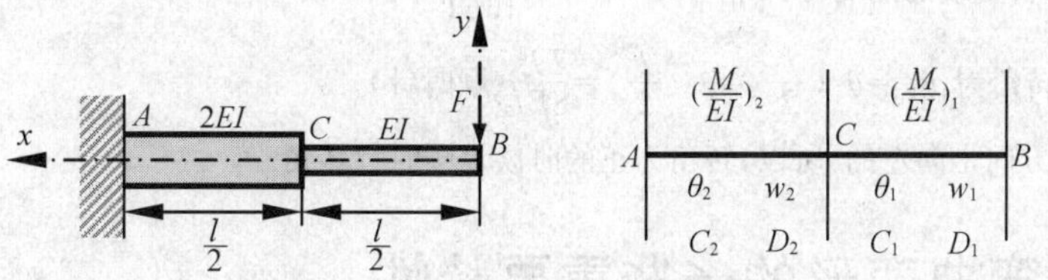

(a)阶梯状梁　　(b)梁的分段图

图7－10　例7－3图

解：①求梁的弯矩函数。

建立如图7－10(a)所示的坐标系，由截面法可求得梁中的弯矩函数为

$$M(x)=-Fx\quad(0\leqslant x\leqslant l)$$

由于梁分为两段，则两段梁的被积函数分别为

$$\left(\frac{M}{EI}\right)_1=-\frac{Fx}{EI}\quad\left(0\leqslant x\leqslant\frac{l}{2}\right),\left(\frac{M}{EI}\right)_2=-\frac{Fx}{2EI}\quad\left(\frac{l}{2}\leqslant x\leqslant l\right)$$

②求转角函数和挠度函数。

转角函数为

$$\theta(x)=\begin{cases}\theta_1(x)=\int\left(\frac{M}{EI}\right)_1\mathrm{d}x+C_1=-\frac{Fx^2}{2EI}+C_1 & \left(0\leqslant x\leqslant\frac{l}{2}\right)\\ \theta_2(x)=\int\left(\frac{M}{EI}\right)_2\mathrm{d}x+C_2=-\frac{Fx^2}{4EI}+C_2 & \left(\frac{l}{2}\leqslant x\leqslant l\right)\end{cases}$$

挠度函数为

$$w(x)=\begin{cases}w_1(x)=\int\theta_1\mathrm{d}x+D_1=-\frac{Fx^3}{6EI}+C_1x+D_1 & \left(0\leqslant x\leqslant\frac{l}{2}\right)\\ w_2(x)=\int\theta_2\mathrm{d}x+D_2=-\frac{Fx^3}{12EI}+C_2x+D_2 & \left(\frac{l}{2}\leqslant x\leqslant l\right)\end{cases}$$

③确定积分常数。

约束条件：$\theta(l)=0$，$w(l)=0$。根据梁的分段图，可知

$$\theta(l)=\theta_2(l)=-\frac{Fl^2}{4EI}+C_2=0,C_2=\frac{Fl^2}{4EI}$$

$$w(l)=w_2(l)=-\frac{Fl^3}{12EI}+C_2l+D_2=0,D_2=\frac{Fl^3}{12EI}-\frac{Fl^3}{4EI}=-\frac{Fl^3}{6EI}$$

连续性条件：$\theta_1\left(\frac{l}{2}\right)=\theta_2\left(\frac{l}{2}\right)$，$w_1\left(\frac{l}{2}\right)=w_2\left(\frac{l}{2}\right)$，则有

$$-\frac{F\left(\frac{l}{2}\right)^2}{2EI}+C_1=\frac{F\left(\frac{l}{2}\right)^2}{4EI}+C_2,C_1=\frac{5Fl^2}{16EI}$$

$$-\frac{F\left(\frac{l}{2}\right)^3}{6EI}+C_1\frac{l}{2}+D_1=\frac{F\left(\frac{l}{2}\right)^3}{12EI}+C_2\frac{l}{2}+D_2,D_1=-\frac{3Fl^3}{16EI}$$

所以，梁的转角函数和挠度函数分别为

$$\theta(x)=\begin{cases}\theta_1(x)=-\frac{Fx^2}{2EI}+\frac{5Fl^2}{16EI} & \left(0\leqslant x\leqslant\frac{l}{2}\right)\\ \theta_2(x)=-\frac{Fx^2}{4EI}+\frac{Fl^2}{4EI} & \left(\frac{l}{2}\leqslant x\leqslant l\right)\end{cases}$$

$$w(x)=\begin{cases}w_1(x)=-\frac{Fx^3}{6EI}+\frac{5Fl^2x}{16EI}-\frac{3Fl^3}{16EI} & \left(0\leqslant x\leqslant\frac{l}{2}\right)\\ w_2(x)=-\frac{Fx^3}{12EI}+\frac{Fl^2x}{4EI}-\frac{Fl^3}{4EI} & \left(\frac{l}{2}\leqslant x\leqslant l\right)\end{cases}$$

④求自由端的挠度以及梁中点截面的转角。

由梁的分段图,自由端的挠度为:$w_B = w_1(0) = -\frac{3Fl^3}{16EI}$(向下)。

梁中点截面的转角为:$\theta_C = \theta_1(\frac{l}{2}) = \theta_2(\frac{l}{2}) = \frac{Fl^2}{8EI}$(顺时针)。

由于梁 x 轴正方向是向左的,所以,转角为正的时候是顺时针转角。

7.4 梁弯曲变形的一些重要特性

7.4.1 影响梁内力、应力及变形的因素

梁的内力只与作用于梁上的载荷(包括支反力)有关,而与梁材料的力学性能、梁的几何形状以及约束类型无关。相同长度的梁只要其受力(包括支反力)情况相同,则其内力是完全一样的。

根据梁的正应力公式 $\sigma(x,y) = -\frac{M(x)y}{I_z}$ 和切应力公式 $\tau(x,y) = \frac{F_s(x)S'(y)}{bI_z}$ 可知,在线弹性小变形条件下,梁的应力除了与梁的受力情况(包括支反力)有关外,还与梁的截面形式和形状有关,如果截面不具有左右对称轴,梁通常将产生组合变形。而梁的应力与梁材料的种类以及梁的约束情况无关,即当作用于梁上的外力(包括支反力)和梁截面的几何形状和尺寸相同时,则在线弹性小变形条件下,无论梁约束类型如何,梁材料是什么材料,梁的应力是完全相同的。

从积分法计算梁变形的基本公式(7-5)、(7-6)可知,梁的变形(即梁的转角和挠度)与梁的受力情况、梁材料的力学性能、梁截面的几何形状和尺寸以及梁的约束情况均有关系。因此,工程中梁的刚度受诸多因素的影响。

7.4.2 载荷与梁的内力及变形的关系

梁上的载荷与梁的内力及变形的关系见表 7-1。

表 7-1 载荷与梁的内力及变形的关系

	集中力偶 m	集中力 F	分布载荷 q
剪力 F_s	不受影响	$F_s \propto F$	$F_s \propto qa$
弯距 M	$M \propto m$	$M \propto Fa$	$M \propto qa^2$
转角 θ	$\theta \propto \frac{ma}{EI}$	$\theta \propto \frac{Fa^2}{EI}$	$\theta \propto \frac{qa^3}{EI}$
挠度 w	$w \propto \frac{ma^2}{EI}$	$w \propto \frac{Fa^3}{EI}$	$w \propto \frac{qa^4}{EI}$

表中,a 为梁的特征长度,m,F,q 等为作用于梁上的特征载荷,EI 为梁的抗弯刚度。

7.4.3 梁与刚性地基或平台的接触问题

当梁有一段与刚性地基或平台接触时,梁的内力以及变形有一些非常重要的性质。如图 7-11(a)所示,一根很长的梁置于刚性地基或平台上,在梁的某一点用力将梁提起一段(如图 7-11(b)所示),一般情况下需要考虑梁的自重,下面分析梁的内力和变形特点。

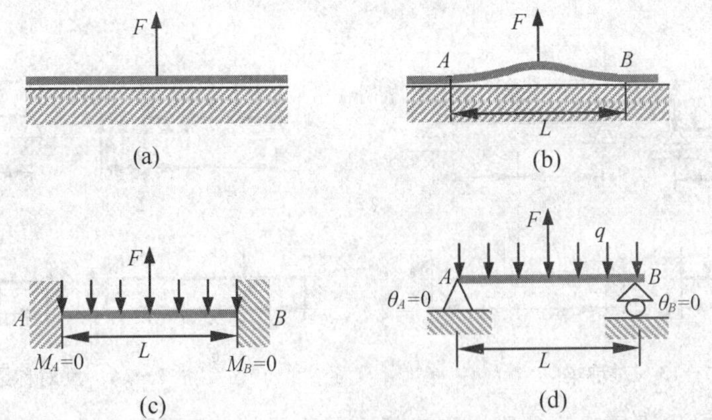

图 7-11　刚性地基或平台上的梁

假设梁单位长度的重量为 q，梁的 AB 段从刚性地基或平台上被提起，梁与刚性地基或平台的接触点为 A，B，显然，A，B 点无横向位移，而且梁的 A，B 截面也无转动，即 $\theta_A=0$，$\theta_B=0$，$w_A=0$，$w_B=0$，因此，梁段 AB 的 A，B 端可简化成固定端（如图 7-11(c)所示），也可简化为转角为零的简支端（如图 7-11(d)所示）。

又因留置于刚性地基或平台上的梁段始终保持为直线，其轴线上任何一点的曲率半径为无穷大，由于梁轴线的连续和光滑性，接触点 A，B 点的曲率半径也是无穷大，所以根据曲率公式，梁的 A，B 截面上的弯矩应等于零，即 $M_A=0$，$M_B=0$。

结论：当梁有一段与刚性地基或平台接触时，接触点处一般可简化为弯矩为零的固定端，也可简化为转角为零的简支端。

图 7-12 是几种常见接触问题的简化模型。

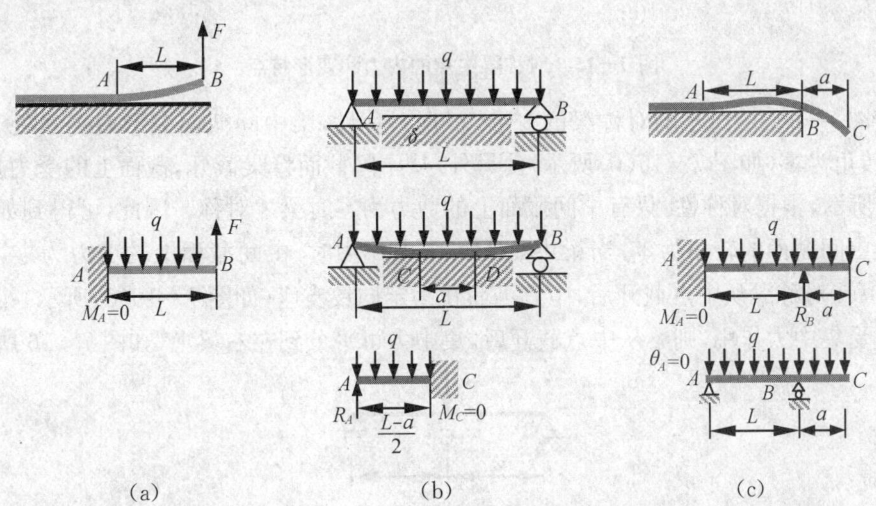

图 7-12　几种常见接触问题的简化模型

7.4.4　对称梁与反对称梁问题

在梁的内力部分曾介绍过载荷对称梁和载荷反对称梁的内力特点，这里所说的是严格意义上的对称梁与反对称梁，即如果梁上作用的载荷对称，梁的约束也对称，则梁称为**对称梁**（如图 7-13 所示）；如果梁上作用的载荷反对称，梁的约束也反对称，则梁称为**反对称梁**（如图

7－14 所示)。

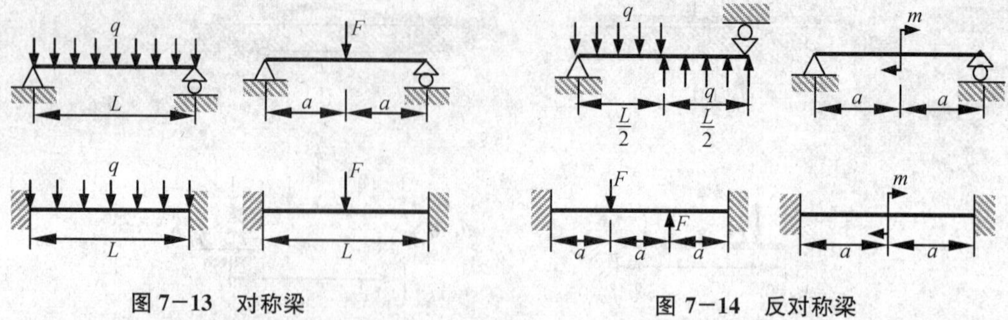

图 7－13　对称梁　　　图 7－14　反对称梁

对称梁和反对称梁是载荷对称梁和载荷反对称梁的特殊情况,因此,其内力特点是:对称梁的剪力图是反对称图形,而弯矩图是对称图形;反对称梁的剪力图是对称图形,而弯矩图是反对称图形。显然对称梁的变形是对称的,而反对称梁的变形是反对称的。

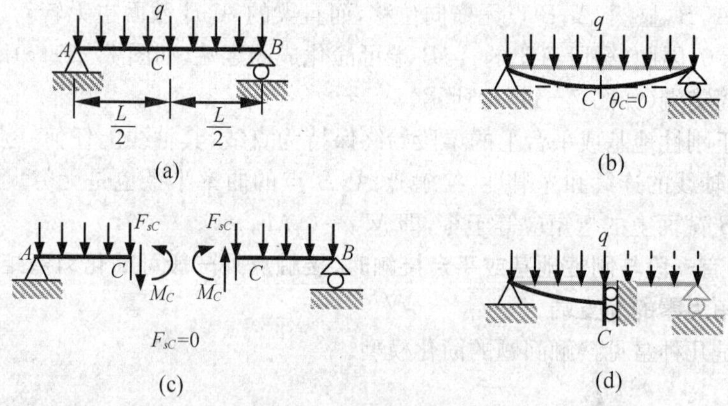

图 7－15　对称梁中点的内力和变形特点

观察图 7－15(a)所示的对称梁的变形,根据对称性,梁中间截面变形后仍然处于竖直状态,即其转角为零(如图 7－15(b)所示)。另外,从中间截面将梁截开,截面上的受力情况如图 7－15(c)所示,根据对称性,只有中间截面上的剪力为零时梁才对称。因此,可得到如下结论:①对称梁中间截面的转角为零,当梁中点无集中力作用时,中间截面上的剪力为零,即:$\theta_C=0$,$F_{sC}=0$;②对称梁从中点截开后,中点可简化为定向铰支座(如图 7－15(d)所示);③对称梁如果中点受集中力作用,则梁从中点截开后,集中力可平分到左右梁上(如图 7－16 所示)。

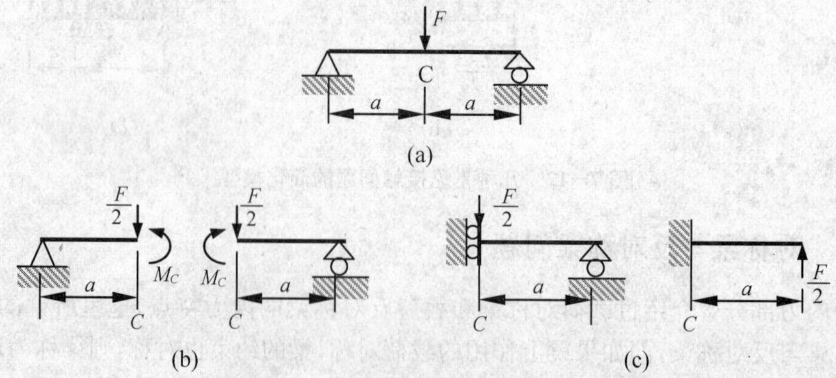

图 7－16　对称梁中点集中力的处理

观察图 7－17(a)所示的反对称梁的变形，根据反对称性，梁中间点变形后不动，即其挠度为零(如图 7－17(b)所示)。另外，从中间截面将梁截开，截面上的受力情况如图 7－17(c)所示，根据反对称性，只有中间截面上的弯矩为零时梁才反对称，因此，可得到如下结论：①反对称梁中点的挠度为零，当梁中点无集中力偶作用时，中间截面上的弯矩为零，即：$w_C=0,M_C=0$；②反对称梁从中点截开后，中点可简化为移动铰支座(如图 7－17(d)所示)；③反对称梁如果中点受集中力偶作用，则梁从中点截开后，集中力偶可平分到左右梁上(如图 7－18 所示)。

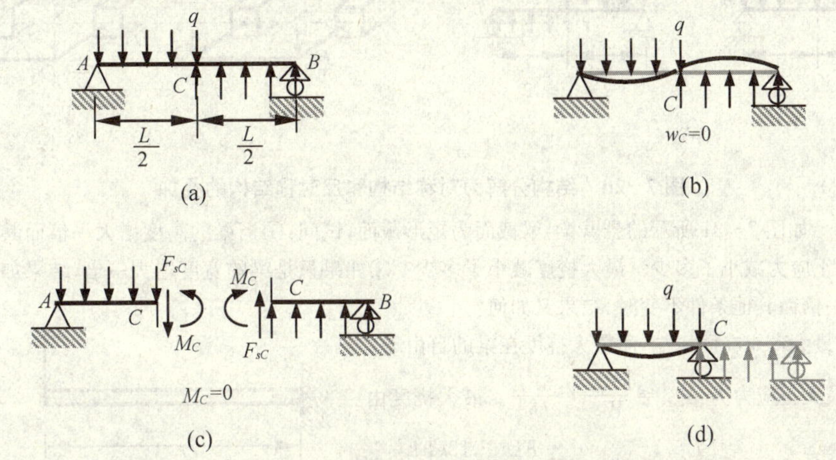

图 7－17　反对称梁中点的内力和变形特点

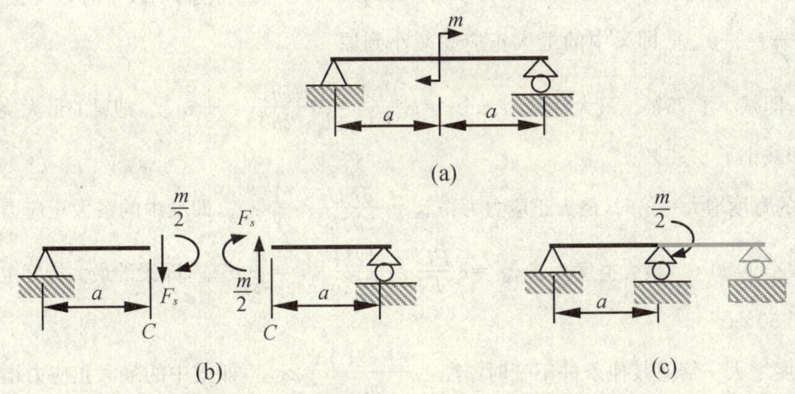

图 7－18　反对称梁中点集中力偶的处理

更进一步，复杂的对称结构和反对称结构中点截面的内力及位移也具有与对称梁和反对称梁类似的性质。在梁的内力一章介绍过内力的物理性质，即相对于截面来说，剪力是反对称的物理量，而弯矩是对称的物理量。如果截面上还存在扭矩和轴力，情况又将怎样呢？如图 7－19 所示，如果杆件截面上存在四种内力，很明显有下述结论：**相对于截面来说，轴力和弯矩是对称的物理量，而剪力和扭矩是反对称的物理量**。关于复杂的对称结构和反对称结构的问题在能量法一章中介绍，这里不多赘述。

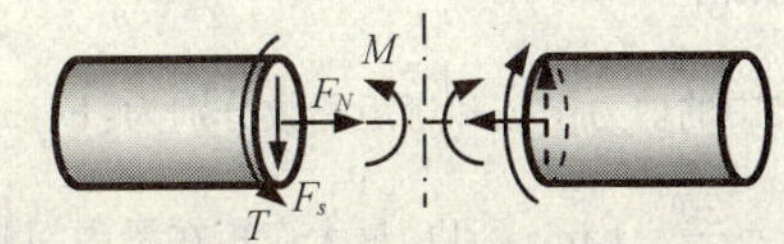

图 7－19　杆件内力的对称性和反对称性

另外，如图 7－20 所示，**如果结构的约束既是对称约束也是反对称的约束，则当其受任意载荷作用时，总可以分解为一个对称结构和一个反对称结构的叠加**。这一结论是材料力学问题应用叠加原理的一个非常重要的结论，在处理一些复杂结构时有很重要的应用。

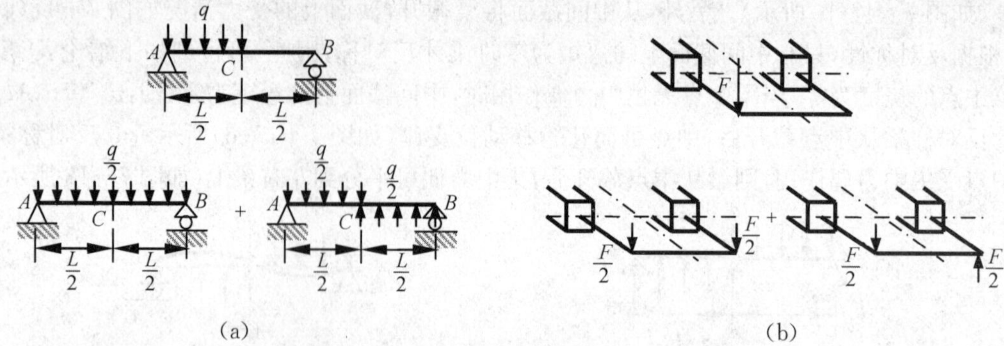

图 7-20　结构分解为对称结构和反对称结构的叠加

例 7-4　如图 7-21 所示的悬臂梁，梁截面为矩形截面，试问：①当梁的高度增大一倍而其他条件不变时，梁中最大正应力减小了多少？最大挠度减小了多少？②如果只是梁的宽度增大一倍，结果如何？③当梁的长度增加一倍而其他条件不变时，结果又如何？

解：梁的最大弯矩在固定端，而最大挠度在梁的自由端。

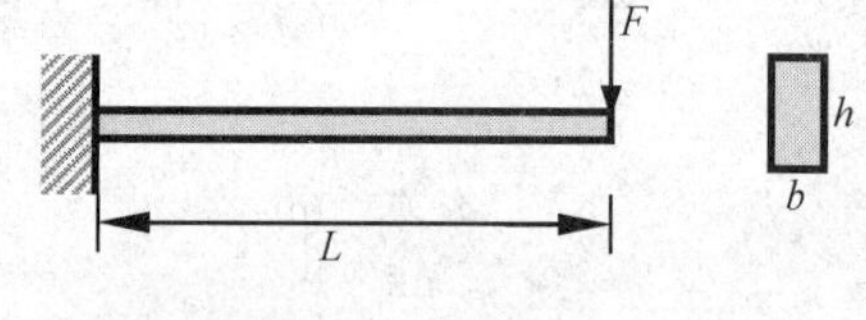

图 7-21　例 7-4 图

原梁的最大正应力为：$\sigma_{\max}=\frac{M_{\max}}{W_z}=\frac{6FL}{bh^2}$。最大挠度由表 7-1 可知，有：$w_{\max}\propto\frac{FL^3}{EI}$，即：$w_{\max}=k\,\frac{FL^3}{EI}=\frac{12kFL^3}{Ebh^3}$。

当梁的高度增大一倍而其他条件不变时，最大正应力为：$\sigma'_{\max}=\frac{6FL}{b(2h)^2}=\frac{1}{4}\sigma_{\max}$，即梁中的最大正应力减小到原来的四分之一，即减小了 75%。最大挠度为：$w'_{\max}=k\,\frac{FL^3}{EI}=\frac{12kFL^3}{Eb(2h)^3}=\frac{1}{8}w_{\max}$，即梁的最大挠度减小到原来的八分之一，即减小了 87.5%。

当只是梁的宽度增大一倍时，最大正应力为：$\sigma''_{\max}=\frac{6FL}{(2b)h^2}=\frac{1}{2}\sigma_{\max}$，即梁中的最大正应力减小到原来的二分之一，即减小了 50%。最大挠度为：$w''_{\max}=k\,\frac{FL^3}{EI}=\frac{12kFL^3}{E(2b)h^3}=\frac{1}{2}w_{\max}$，即梁的最大挠度也减小到原来的一半，即减小了 50%。

当梁的长度增大一倍而其他条件不变时，$\sigma'''_{\max}=\frac{6F(2L)}{bh^2}=2\sigma_{\max}$，即梁中的最大正应力增大到原来的两倍。最大挠度为：$w'''_{\max}=k\,\frac{FL^3}{EI}=\frac{12kF(2L)^3}{Ebh^3}=8w_{\max}$，即梁的最大挠度增大到原来的 8 倍。

例 7-5　如图 7-22(a)所示，一长梁置于刚性平台上，梁单位长度的重量 $q=20$ kN/m，伸出平台的部分长度 $a=1$ m，梁截面为 50 mm×100 mm 的矩形截面，今在梁端用力 $F=20$ kN 将梁提起，求梁中的最大正应力。

解：如图 7-22(b)所示，假设梁与平台的接触点为 A 点，从平台上提起的长度为 L，则梁段 ABC 可简化为图 7-22(c)所示的悬臂梁。

根据 $M_A=0$，有：$F(L+a)-\frac{q}{2}(L+a)^2=0$，$L=\frac{2F}{q}+a=\frac{2\times 20}{20}-1=1$ m。

梁中的剪力函数和弯矩函数分别为：$F_s(x)=qx-F$，$M(x)=\frac{1}{2}qx^2-Fx$。由 $\frac{\mathrm{d}M(x)}{\mathrm{d}x}=F_s(x)=0$，有：$x=\frac{F}{q}=\frac{20}{20}=1$ m。所以，最大弯矩在梁中间截面上，即在平台边缘的截面上，最大弯矩为

$$M_{\max}=\left|\frac{1}{2}qx^2-Fx\right|_{x=1}=\left|\frac{1}{2}\times 20\times 1-20\times 1\right|=10\ \text{kN}\cdot\text{m}$$

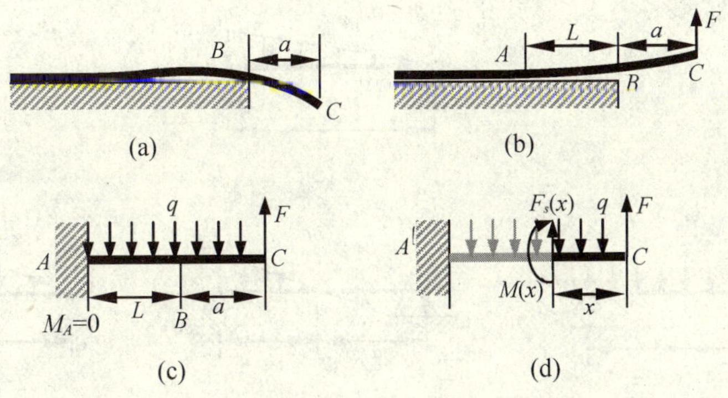

图 7－22　例 7－5 图

梁中的最大正应力为

$$\sigma_{\max} = \frac{M_{\max}}{W_z} = \frac{6M_{\max}}{bh^2} = \frac{6 \times 10 \times 10^6}{50 \times 100^2} = 120 \text{ MPa}$$

例 7－6　计算图 7－23(a)所示梁中点的挠度和转角，梁的抗弯刚度为 EI。

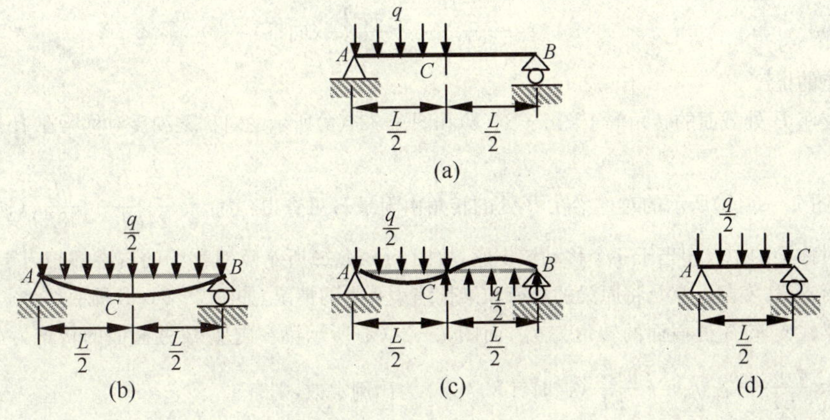

图 7－23　例 7－6 图

解：图 7－23(a)所示梁 AB 可分解成图 7－23(b)和图 7－23(c)所示的对称梁和反对称梁的叠加。

因对称梁中点截面的转角为零，而反对称梁中点的挠度为零，所以，原梁中点的挠度就是图 7－23(b)所示对称梁中点的挠度，该梁是受均布载荷作用的简支梁，查附录 B，可得该梁中点的挠度为

$$w_C = \frac{5\left(\frac{q}{2}\right)L^4}{384EI} = \frac{5qL^4}{768EI}\ (\text{向下})$$

此即原梁中点的挠度。

原梁中间截面的转角就是图 7－23(c)所示反对称梁中点的转角，由于反对称梁中点的挠度为零，中间截面的弯矩为零，所以，将梁从中点截开后，中点相当于一个移动铰支座，故图 7－23(c)所示反对称梁的左半部相当于受均布载荷作用的简支梁，如图 7－23(d)所示，其 C 点的转角就是反对称梁中间截面的转角，即原梁中间截面的转角。查附录 B，可得 C 点的转角为

$$\theta_C = \frac{\left(\frac{q}{2}\right)\left(\frac{L}{2}\right)^3}{24EI} = \frac{qL^3}{384EI}\quad (\text{逆时针})$$

此即原梁中间截面的转角。

例 7－7　计算图 7－24(a)所示梁中点的挠度和支座 B 处截面的转角，梁的抗弯刚度为 EI。

解：图 7－24(a)所示梁 AB 可分解成图 7－24(b)和图 7－24(c)所示的对称梁和反对称梁的叠加。

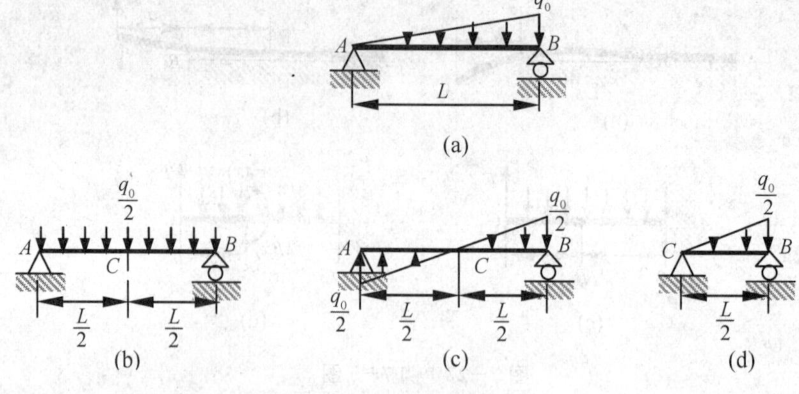

图 7－24　例 7－7 图

因反对称梁中点的挠度为零，所以原梁中点的挠度就是图 7－24(b)所示对称梁中点的挠度，该梁是受均布载荷作用的简支梁，查附录 B，可得该梁中点的挠度为

$$w_C=\frac{5(\frac{q_0}{2})L^4}{384EI}=\frac{5q_0L^4}{768EI}\text{(向下)}$$

此即原梁中点的挠度。

原梁在支座 B 处截面的转角等于图 7－24(b)和图 7－24(c)所示的对称梁和反对称梁在 B 处转角 θ_{B1} 和 θ_{B2} 的叠加。图 7－24(b)所示的对称梁在 B 处的转角由附录 B 可查得：$\theta_{B1}=\frac{(\frac{q}{2})L^3}{24EI}=\frac{qL^3}{48EI}$(逆时针)。

由于反对称梁的中点相当于一个移动铰支座，故图 7－24(c)所示反对称梁的右半部相当于受三角分布载荷作用的简支梁，实际上就是将原梁的载荷和梁长缩小一半的情况，如图 7－24(d)所示。

假设原梁在支座 B 处截面的转角为 θ_B，而图 7－24(d)所示梁在支座 B 处截面的转角为 θ_{B2}。根据表 7－1，有：$\theta_B\propto\frac{q_0L^3}{EI}$。若 $\theta_B=k\,\frac{q_0L^3}{EI}$(逆时针)，$k>0$ 为比例常数，则有

$$\theta_{B2}=k\cdot\frac{(\frac{q_0}{2})(\frac{L}{2})^3}{EI}=\frac{1}{16}\theta_B$$

由于 $\theta_B=\theta_{B1}+\theta_{B2}=\theta_{B1}+\frac{1}{16}\theta_B$，所以有

$$\theta_B=\frac{16}{15}\theta_{B1}=\frac{16}{15}\cdot\frac{q_0L^3}{48EI}=\frac{q_0L^3}{45EI}\text{(逆时针)}$$

7.5　叠加法计算梁的变形

用积分法计算梁的变形是相当繁琐的，特别是梁分段很多的情况下，需要用截面法写出各段梁的弯矩函数，还需要确定各段梁的积分常数，这一过程十分复杂。因此，有必要寻求更简单的方法计算梁的变形，在工程中，很多时候并不需要求出整个梁的转角函数和挠度函数，只需要求出某些特殊点处的转角和挠度，即只需要求出梁中最大的转角和挠度，就可以进行梁的刚度计算了。下面介绍的叠加法就是一种计算梁某些特殊点处的转角和挠度的简便方法。

叠加原理：在线弹性小变形条件下，任何因素引起的结构中的内力、应力和应变以及变形和位移等都是可以叠加的。这一原理称为线弹性体的**叠加原理**。

如图 7－25 所示的杆件结构系统，在任何因素影响下，只要满足线弹性小变形条件，则结

构中的内力 F_N, F_s, T, M，应力 σ, τ 以及变形 $\Delta l, \varphi, \theta, w$ 等就等于每种因素在结构中引起的内力 $F_N^{(i)}, F_s^{(i)}, T^{(i)}, M^{(i)}$，应力 $\sigma^{(i)}, \tau^{(i)}$ 以及变形 $\Delta l^{(i)}, \varphi^{(i)}, \theta^{(i)}, w^{(i)}$ 的叠加。即

$$\begin{cases}(F_N, F_s, T, M) = \left(\sum_i F_N^{(i)}, \sum_i F_s^{(i)}, \sum_i T^{(i)}, \sum_i M^{(i)}\right) \\ (\sigma, \tau) = \left(\sum_i \sigma^{(i)}, \sum_i \tau^{(i)}\right) \\ (\Delta l, \varphi, \theta, w) = \left(\sum_i \Delta l^{(i)}, \sum_i \varphi^{(i)}, \sum_i \theta^{(i)}, \sum_i w^{(i)}\right)\end{cases} \tag{7-8}$$

材料力学的研究对象是杆件或杆件结构系统，所以，材料力学中主要考虑的问题是杆件的内力、应力以及变形等的叠加问题，所考虑的影响因素主要是机械载荷以及结构支承等因素，也涉及少量的温度应力问题。本教材对叠加原理不予证明，读者可参阅相关教材和专著。

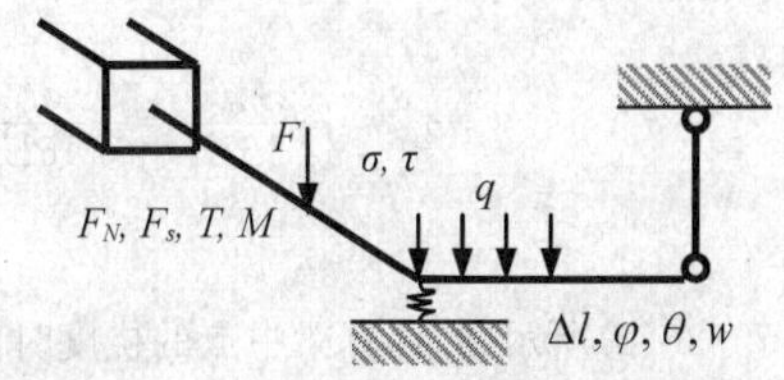

图 7－25　线弹性小变形杆件结构系统

基于叠加原理，**叠加法计算梁变形的原理是：在线弹性小变形条件下，任何因素引起的梁的变形（即转角和挠度）都是可以叠加的。**即

$$(\theta, w) = \left(\sum_i \theta^{(i)}, \sum_i w^{(i)}\right) \tag{7-9}$$

叠加法是计算结构特殊点处转角和挠度的简便方法，其先决条件是必须预先知道一些简单梁的结果。附录 B 给出的就是一些常见和简单梁的转角和挠度计算公式。

叠加法的主要操作手段或技巧是将实际情况下的梁分解或简化为若干简单梁的叠加。

7.5.1　常见情况叠加法的应用

下面就一些常见的引起梁变形的因素，以实例的形式应用叠加法计算梁在一些特殊点处的转角或挠度。

（1）多个载荷作用在梁上的情况

此种情况下只需将每个载荷引起的梁的变形进行叠加即可。

例 7－8　求图 7－26(a)所示梁中点 C 的挠度 w_C，梁的抗弯刚度为 EI。

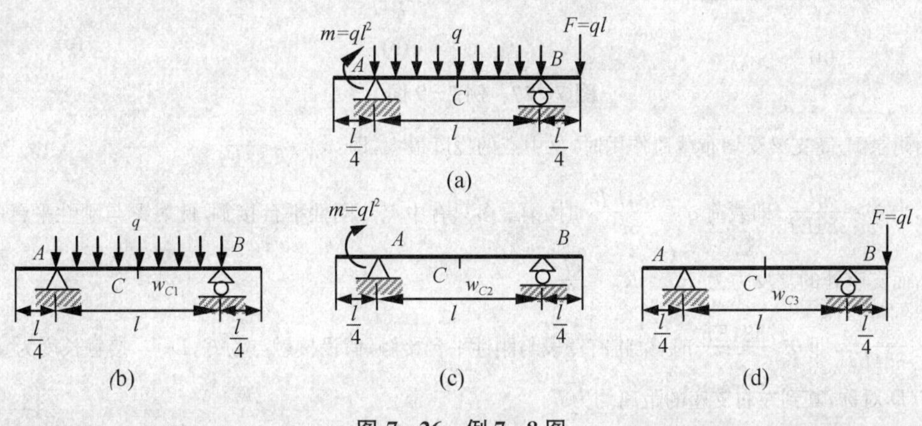

图 7－26　例 7－8 图

解：原梁可分解为图 7－26(b)、(c)、(d)所示三个简单梁的叠加，每根梁只有单一的载荷作用。下面分别计算各梁在中点 C 处的挠度。

图 7－26(b)所示梁在中点的挠度就是简支梁受均布载荷的情况，由附录 B 可查得

$$w_{C1}=-\frac{5ql^4}{384EI}\text{（向下）}$$

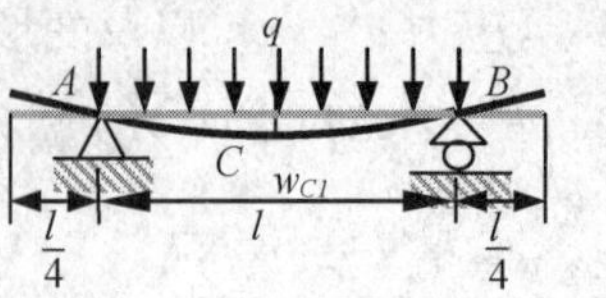

图 7－26(c)所示梁，无论集中力偶作用在外伸段的什么地方，其在梁中点产生的挠度都是相同的。所以图 7－26(c)所示梁在中点的挠度就是简支梁在支座处受集中力偶作用的情况，由附录 B 可查得

$$w_{C2}=-\frac{ml^2}{16EI}=-\frac{ql^4}{16EI}\text{（向下）}$$

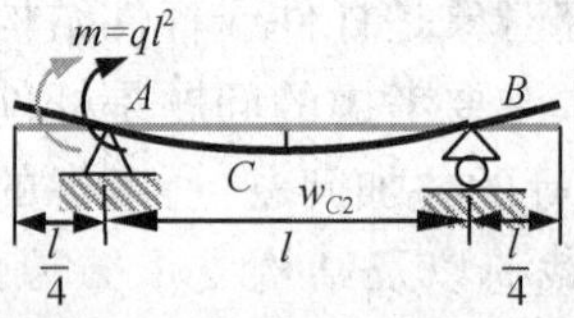

图 7－26(d)所示梁，计算梁中点的挠度时，可将外伸端的集中力等效移动到支座处，而作用在支座处的集中力不会引起梁的变形，所以图 7－26(d)所示梁在中点的挠度就是简支梁在支座处受集中力偶作用的情况，由附录 B 可查得

$$w_{C3}=\frac{m'l^2}{16EI}=\frac{ql^4}{64EI}\text{（向上）}$$

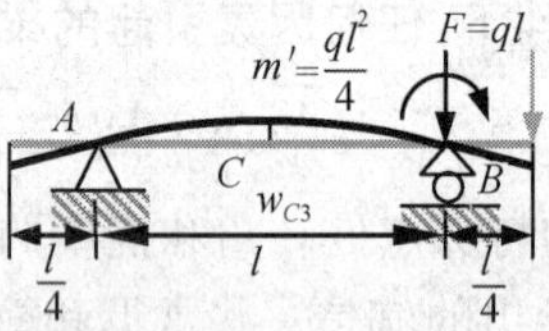

由叠加法，原梁在中点的挠度为

$$w_C=w_{C1}+w_{C2}+w_{C3}=-\frac{5ql^4}{384EI}-\frac{ql^4}{16EI}+\frac{ql^4}{64EI}=-\frac{23ql^4}{384EI}\text{（向下）}$$

例 7－9　如图 7－27(a)所示，简支梁受均布载荷 q 作用，梁与其下面的刚性平台间的间隙为 δ，梁的抗弯刚度为 EI，求梁与刚性平台的接触长度以及梁支座处的支反力。

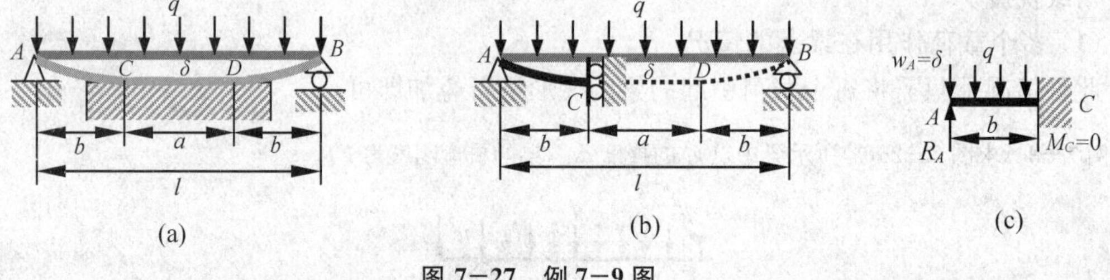

图 7－27　例 7－9 图

解：由附录 B，简支梁受均布载荷作用时，梁中点的挠度最大，即：$w_0=\frac{5ql^4}{384EI}$。

所以，当 $\delta \geqslant \frac{5ql^4}{384EI}$，即载荷 $q \leqslant \frac{384EI\delta}{5l^4}$ 时，梁最多只有中点与刚性平台接触，此时梁与刚性平台的接触长度为零，而支座处的支反力为：$R_A=R_B=\frac{ql}{2}$。

当 $\delta<\frac{5ql^4}{384EI}$，即 $q>\frac{384EI\delta}{5l^4}$时，梁将有一段与刚性平台接触，假设接触点为 C，D 点，接触长度为 a，根据对称性，C，D 对称，其到左右支座的距离均为 b。

根据前述接触问题的分析，考虑 AC 段梁，其相当于一悬臂梁受均布载荷和自由端受集中力作用的情况，如图 7－27(b)、(c)所示，且有条件：$M_C=0$，$w_A=\delta$（向上）。

因为 $M_C=\frac{qb^2}{2}-R_Ab=0$，得：$R_A=\frac{qb}{2}$。

由附录B，悬臂梁受均布载荷和自由端集中力作用时，自由端的挠度可由叠加法得：$w_A=\frac{R_Ab^3}{3EI}-\frac{qb^4}{8EI}=\delta$，所以有：$w_A=\frac{qb^4}{6EI}-\frac{qb^4}{8EI}=\delta,b=\sqrt[4]{\frac{24EI\delta}{q}}$。

于是，梁与刚性平台的接触长度为：$a=L-2b=L-2\sqrt[4]{\frac{24EI\delta}{q}}$。

梁支座处的支反力为：$R_A=R_B=\frac{qb}{2}=\frac{1}{2}\sqrt[4]{24EI\delta q^3}=\sqrt[4]{\frac{3EI\delta q^3}{2}}$。

（2）梁支承为弹性支承的情况

当梁的支承为弹性支承时，梁在支承点处将存在位移。此种情况下，应将弹性支座移动引起的梁的转角和挠度与载荷所引起的梁的转角和挠度进行叠加。

例 7－10　求图 7－28(a)所示梁中点的挠度和支座处的转角，梁的抗弯刚度为 EI，弹簧系数为 k。

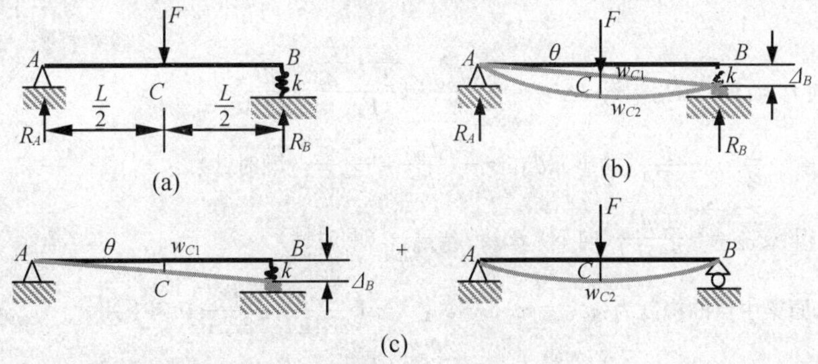

图 7－28　例 7－10 图

解：梁的变形可认为是分两步完成的(如图 7－28(b)所示)：第一步是支座 B 产生一个竖向位移Δ_B，从而引起了梁中点的挠度为 w_{C1}(向下)，同时还引起了梁所有截面转动一个角度 θ(顺时针)；第二步是载荷引起梁中点的挠度为 w_{C2}，梁支座 A，B 处的转角分别为 θ_{A2}，θ_{B2}。

因此，**原梁可以看成如图** 7－28(c)**所示的两梁的叠加，即支座** B **存在竖向位移的无载荷作用的空梁和在中点受集中力作用的简支梁叠加。**

梁的支反力为：$R_A=R_B=\frac{F}{2}$。

空梁：

支座 B 的竖向位移为：$\Delta_B=-\frac{R_B}{k}=-\frac{F}{2k}$(向下)。

梁中点的挠度为：$w_{C1}=-\frac{\Delta_B}{2}=-\frac{F}{4k}$(向下)。

梁支座 A，B 处的转角为：$\theta_{A1}=\theta_{B1}=-\theta=-\frac{\Delta_B}{L}=-\frac{F}{2kL}$(顺时针)。

简支梁：

梁中点的挠度为：$w_{C2}=-\frac{FL^3}{48EI}$(向下)。

梁支座 A，B 处的转角为：$\theta_{A2}=-\frac{FL^2}{16EI}$(顺时针)，$\theta_{B2}=\frac{FL^2}{16EI}$(逆时针)。

由叠加法，原梁中点的挠度为：$w_C=w_{C1}+w_{C2}=-\left(\frac{F}{4k}+\frac{FL^3}{48EI}\right)$(向下)。

梁支座 A 处的转角为：$\theta_A=\theta_{A1}+\theta_{A2}=-\left(\frac{F}{2kL}+\frac{FL^2}{16EI}\right)$(顺时针)。

梁支座 B 处的转角为：$\theta_B=\theta_{B1}+\theta_{B2}=-\dfrac{F}{2kL}+\dfrac{FL^2}{16EI}$（逆时针）。

例 7－11 用叠加法计算积分法中的例 7－2。

解：根据与例 7－10 相同的分析，例 7－2 中的梁相当于图 7－29(b)、(c)两梁的叠加。

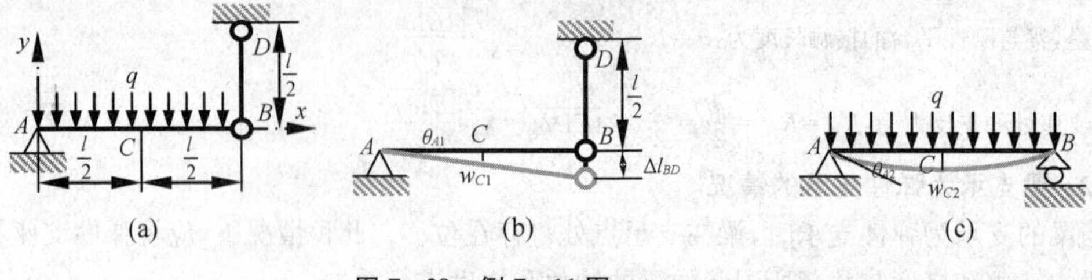

图 7－29 例 7－11 图

梁的支反力为：$R_A=R_B=\dfrac{ql}{2}$。

BD 杆中的轴力为：$F_N=R_B=\dfrac{ql}{2}$，$\Delta l_{BD}=\dfrac{F_N l_{BD}}{EA}=\dfrac{\dfrac{ql}{2}\cdot\dfrac{l}{2}}{EA}=\dfrac{ql^2}{4EA}$。

所以有：$w_{C1}=-\dfrac{\Delta l}{2}=-\dfrac{ql^2}{8EA}$（向下），$\theta_{A1}=-\dfrac{\Delta l_{BD}}{l}=-\dfrac{ql}{4EA}$（顺时针）。

查附录 B，可得：$w_{C2}=-\dfrac{5ql^4}{384EI}$（向下），$\theta_{A2}=-\dfrac{ql^3}{24EI}$（顺时针）。

故由叠加法，原梁中点的挠度为：$w_C=w_{C1}+w_{C2}=-\left(\dfrac{5ql^4}{384EI}+\dfrac{ql^2}{8EA}\right)$（向下）。

原梁支座 A 处截面的转角为：$\theta_A=\theta_{A1}+\theta_{A2}=-\left(\dfrac{ql^3}{24EI}+\dfrac{ql}{4EA}\right)$（顺时针）。

与例 7－2 中的结果完全一样，可见，**求梁在某些特殊点处的挠度和转角采用叠加法比采用积分法要简单方便得多。**

例 7－12 求图 7－30(a)所示中间铰梁 C，D 点处的挠度以及中间铰处梁截面转角的突变值，梁的抗弯刚度为 EI。

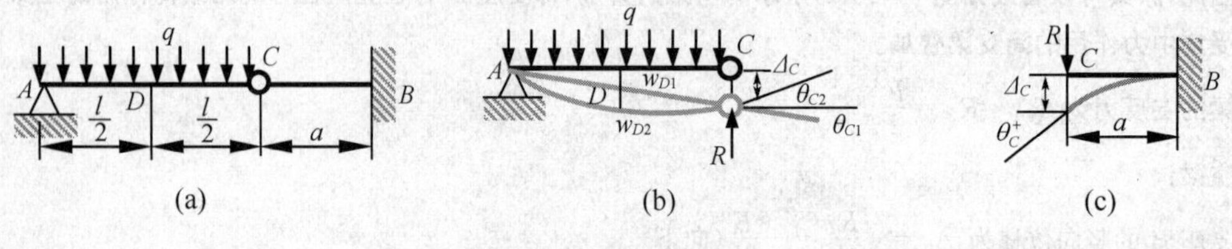

图 7－30 例 7－12 图

解：将梁在中间铰处拆开，左梁为简支梁，受均布载荷作用，但支座 C 存在竖向位移Δ_C，右梁为悬臂梁，在自由端受集中力作用。

考虑左梁的平衡，其支反力为：$R_A=R_C=R=\dfrac{ql}{2}$。

所以，右梁 C 点的挠度为：$w_C=\Delta_C=\dfrac{Ra^3}{3EI}=\dfrac{qla^3}{6EI}$（向下），这即是原梁在中间铰处的挠度。

右梁 C 截面的转角为：$\theta_C^+=\dfrac{Ra^2}{2EI}=\dfrac{qla^2}{4EI}$（逆时针）。

根据前几例的分析方法，左梁可分解为支座 C 存在竖向位移Δ_C的空梁以及受均布载荷作用的简支梁的叠加。

所以由叠加原理，D 点的挠度为：$w_D=w_{D1}+w_{D2}=\dfrac{\Delta_C}{2}+w_{D2}=\dfrac{5ql^4}{384EI}+\dfrac{qla^3}{12EI}$（向下）。

C 截面的转角为：$\theta_C^- = \theta_{C2} - \theta_{C1} = \theta_{C2} - \dfrac{\Delta_C}{l} = \dfrac{ql^3}{24EI} - \dfrac{qa^3}{6EI}$（逆时针）。

于是，在中间铰处梁截面转角的突变值为

$$\Delta\theta_C = \theta_C^+ - \theta_C^- = \frac{qla^2}{4EI} - \frac{ql^3}{24EI} + \frac{qa^3}{6EI} = \frac{ql^3}{24EI}(4\xi^3 + 6\xi^2 - 1)$$

式中，$\xi = \dfrac{a}{l}$。

注意：在具体使用叠加法时，为了方便起见和避免书写麻烦，一般不采用前述的挠度和转角的正负号规定，可视情况来规定其正方向，求解完毕后注明其方向即可。例 7－12 就是这样处理的，挠度采用的是向下为正，而转角依然采用的是逆时针转向为正。

(3) 多种因素引起考察点变形的情况

此种情况下，应将各种因素引起的考察点的转角和挠度进行逐项叠加。

例 7－13　求图 7－31(a)所示悬臂梁自由端的挠度和转角，梁的抗弯刚度为 EI。

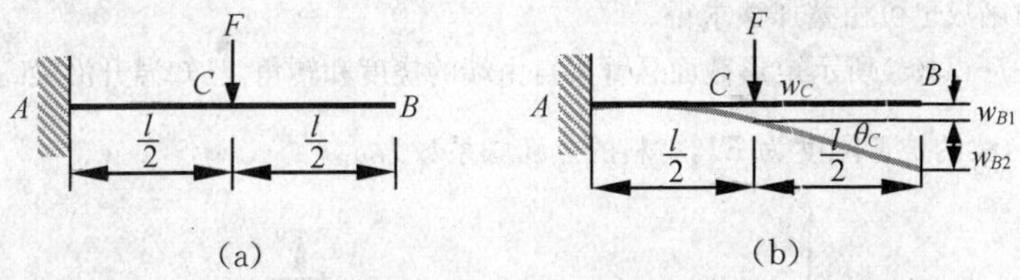

图 7－31　例 7－13 图

解：很明显梁段 CB 中没有内力，因此该段梁没有变形，但是 AC 段梁的变形将引起 CB 段梁产生挠度和转角。

如图 7－31(b)所示，所考察的 B 点的挠度和转角是由于 AC 段梁的变形所引起的，B 点的挠度由 AC 段梁的两种变形因素引起，即 C 点的挠度引起的 B 点的挠度为 w_{B1}，C 截面的转角引起的 B 点的挠度为 w_{B2}，所以有

$$w_{B1} = w_C = \frac{F\left(\frac{l}{2}\right)^3}{3EI} = \frac{Fl^3}{24EI}\text{（向下）}$$

$$w_{B2} = a\tan\theta_C = a\theta_C = \frac{F\left(\frac{l}{2}\right)^2}{2EI} \cdot \frac{l}{2} = \frac{Fl^3}{16EI}\text{（向下）}$$

$$w_B = w_{B1} + w_{B2} = \frac{Fl^3}{24EI} + \frac{Fl^3}{16EI} = \frac{Fl^3}{48EI}\text{（向下）}$$

由于 CB 段梁始终保持为直线，所以 C 截面的转角就等于 B 截面的转角，所以有

$$\theta_B = \theta_C = \frac{F\left(\frac{l}{2}\right)^2}{2EI} = \frac{Fl^2}{8EI}\text{（顺时针）}$$

例 7－14　求图 7－32(a)所示悬臂梁任意点处的挠度和转角，梁的抗弯刚度为 EI。

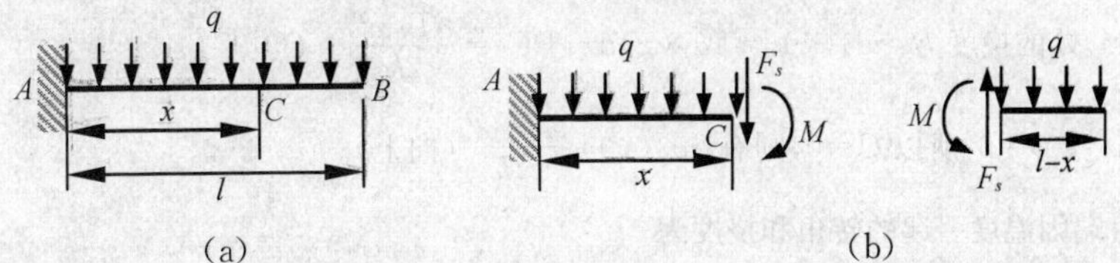

图 7－32　例 7－14 图

解：考察距固定端距离为 x 的 C 点，将梁在 C 点处截开，只考虑左段梁，其受力情况如图 7－32(b)所示，即受均布载荷 q 作用，同时在自由端受集中力 F_s 和集中力偶 M 的作用，则 C 点的挠度和 C 截面的转角由这三种载荷引起。

由右段梁的平衡，有：$F_s = q(l-x), M = \dfrac{q(l-x)^2}{2}$。

所以由叠加法，C 点的挠度为

$$w(x) = \frac{qx^4}{8EI} + \frac{F_s x^3}{3EI} + \frac{Mx^2}{2EI} = \frac{qx^4}{8EI} + \frac{qx^3(l-x)}{3EI} + \frac{qx^2(l-x)^2}{4EI}$$

$$= \frac{qx^2}{24EI}(x^2 - 4lx + 6l^2)\text{(向下)}$$

C 截面的转角为

$$\theta(x) = \frac{qx^3}{6EI} + \frac{F_s x^2}{2EI} + \frac{Mx}{EI} = \frac{qx^3}{6EI} + \frac{qx^2(l-x)}{2EI} + \frac{qx(l-x)^2}{2EI}$$

$$= \frac{qx}{6EI}(x^2 - 3lx + 3l^2)\text{(顺时针)}$$

可见，影响 C 点的挠度和 C 截面的转角的因素是左段梁上的载荷 q 以及右段梁作用在左段梁上的载荷 F_s 和 M。实质上 $w(x)$ 和 $\theta(x)$ 就是图 7－32(a)所示悬臂梁的挠曲线函数和转角函数。这说明有些简单梁的挠曲线函数及转角函数也可由叠加法求得。

例 7－15 求图 7－33(a)所示矩形截面悬臂梁自由端的挠度和转角，已知温升沿梁高度方向的变化规律为 $\Delta T = \dfrac{T_0}{2}\left(1 - \dfrac{2y}{h}\right)$，梁的抗弯刚度为 EI，材料的热膨胀系数为 α。

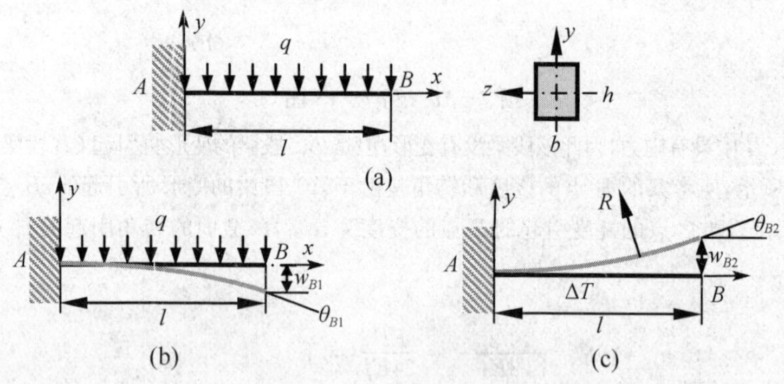

图 7－33 例 7－15 图

解：梁自由端的挠度和转角由两种因素引起：一是由均布载荷所引起的，即：$w_{B1} = \dfrac{ql^4}{8EI}$(向下)，$\theta_{B1} = \dfrac{ql^3}{6EI}$(顺时针)；二是由温度引起的。由温度引起的梁自由端的挠度和转角按如下方法计算。

梁上缘的温升为零，所以其固定端到任意位置 x 处的伸长为：$\Delta l_1(x) = 0$。

下缘的温升为：$\Delta T|_{y=-\frac{h}{2}} = T_0$，其固定端到任意位置 x 处的伸长为：$\Delta l_2(x) = \alpha \Delta T|_{y=-\frac{h}{2}} x = \alpha T_0 x$。

所以，梁任意位置 x 处截面的转角为：$\theta_2(x) = \dfrac{\Delta l_2(x) - \Delta l_1(x)}{h} = \dfrac{\alpha T_0 x}{h}$(逆时针)。

梁任意位置 x 处的挠度为：$w_2(x) = \int \theta_2(x)\mathrm{d}x + C = \dfrac{\alpha T_0 x^2}{2h} + C$。

因为 $x=0$，$w_2(0)=0$，所以 $C=0$，则有：$w_2(x) = \dfrac{\alpha T_0 x^2}{2h}$(向上)。

于是，梁自由端因温度引起的转角和挠度为

$$\theta_{B2} = \theta_2(l) = \frac{\alpha T_0 l}{h}\text{(逆时针)}，w_{B2} = w_2(l) = \frac{\alpha T_0 l^2}{2h}\text{(向上)}$$

根据叠加法，梁自由端的挠度和转角为

$$w_B = w_{B1} - w_{B2} = \frac{ql^4}{8EI} - \frac{\alpha T_0 l^2}{2h}\text{(向下)}$$

$$\theta_B = \theta_{B1} - \theta_{B2} = \frac{ql^3}{6EI} - \frac{\alpha T_0 l}{h}(\text{顺时针})$$

7.5.2　叠加法的常用技巧

为了利用一些简单梁的结果，在不改变梁的变形的情况下可以将梁简化为一些简单梁的叠加，所以，叠加法的常用技巧就是如何简化实际的梁。除了前面介绍的刚性地基或平台上的梁以及对称梁和反对称梁的简化技巧外，还可以采用下面的一些方法简化实际的梁。

(1) 载荷的分解与重组

在不改变梁的变形条件下，可以将梁上载荷进行分解或重组，从而将原梁简化为几个简单梁的叠加。

例 7－16　求图 7－34(a)所示悬臂梁自由端的挠度，梁的抗弯刚度为 EI。

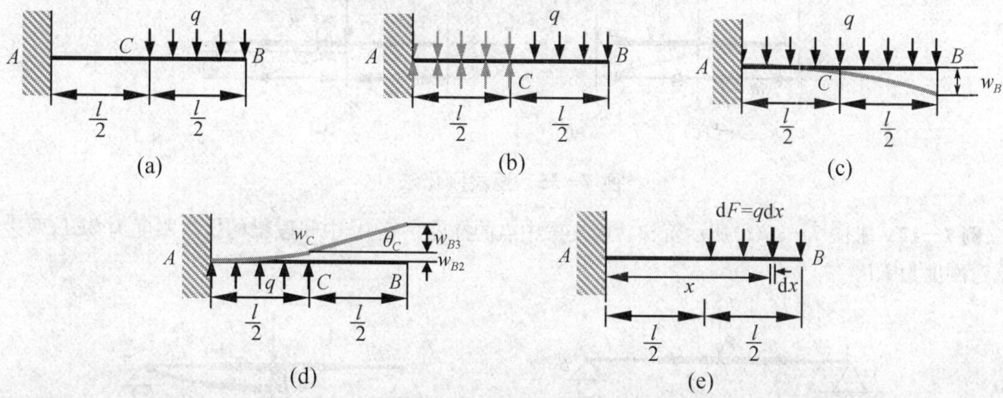

图 7－34　例 7－16 图

解：原梁的变形等价于图 7－34(b)所示的梁，即将梁上的分布载荷加满到固定端，然后在左半边梁加上反方向的分布载荷。所以，原梁可分解为图 7－34(c)、(d) 所示两梁的叠加。

$$w_{B1} = \frac{ql^4}{8EI}(\text{向下}), w_{B2} = w_C = \frac{q(\frac{l}{2})^4}{8EI} = \frac{ql^4}{128EI}(\text{向上})$$

$$w_{B3} = \theta_C \cdot \frac{l}{2} = \frac{q(\frac{l}{2})^3}{6EI} \cdot \frac{l}{2} = \frac{ql^4}{96EI}(\text{向上})$$

所以有 $w_B = w_{B1} - w_{B2} - w_{B3} = (\frac{1}{8} - \frac{1}{128} - \frac{1}{96})\frac{ql^4}{EI} = \frac{41ql^4}{384EI}$(向下)。

本例题还可采用如下的**微分载荷积分法**求解：如图 7－34(e)所示，考虑距固定端为 x 处 dx 段梁上单独作用有微载荷 $dF = qdx$ 的情况，则根据叠加法，dF 在梁自由端产生的挠度为

$$dw_B = \frac{(dF)x^3}{3EI} + \frac{(dF)x^2}{2EI}(l-x) = \frac{qx^3}{3EI}dx + \frac{qx^2(l-x)}{2EI}dx = \frac{qx^2(3l-x)}{6EI}dx$$

则再根据叠加法，梁在自由端 B 处的挠度为

$$w_B = \frac{q}{6EI}\int_{\frac{l}{2}}^{l} x^2(3l-x)dx = \frac{ql^4}{6EI}\left[\left(1-\frac{1}{8}\right) - \frac{1}{4} \times \left(1 - \frac{1}{16}\right)\right] = \frac{41ql^4}{384EI}(\text{向下})$$

(2) 逐段刚化法

欲求梁某点的挠度和转角，可将梁分为若干段，分别考虑各段梁的变形对所考察点引起的挠度和转角，然后进行叠加，这种方法称为**逐段刚化法**。如图 7－35(a)所示，今欲求梁自由端 B 点的挠度，可先将梁分为 AC 和 CB 两段，B 点的挠度是由 AC 和 CB 两段梁的变形引起的，所以计算 CB 段梁变形引起的 B 点的挠度时，可将 AC 段梁刚化（如图 7－35(b)所示），而计

算 AC 段梁变形引起的 B 点的挠度时，可将 CB 段梁刚化（如图 7－35(c)所示），注意计算 AC 段梁变形时，要考虑作用于其上的所有载荷的影响（如图 7－35(d)所示），然后将两段梁引起的 B 点的挠度叠加，就可求得 B 点的挠度。实际上，原梁就是图 7－35(b)和图 7－35(c)两梁的叠加，因此，逐段刚化法实质上就是考虑梁的逐段变形，然后进行叠加。

注意：逐段刚化法是计算梁某点变形的非常有效的方法。它可以处理阶梯状梁、复杂的外伸梁以及刚架等问题。

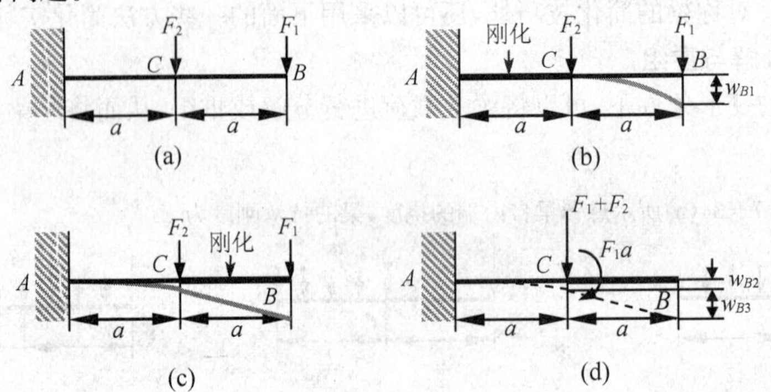

图 7－35　逐段刚化法

例 7－17　求图 7－36(a)所示阶梯状简支梁中点的挠度。其中，中间段梁的抗弯刚度为 $2EI$，两边段梁的抗弯刚度为 EI。

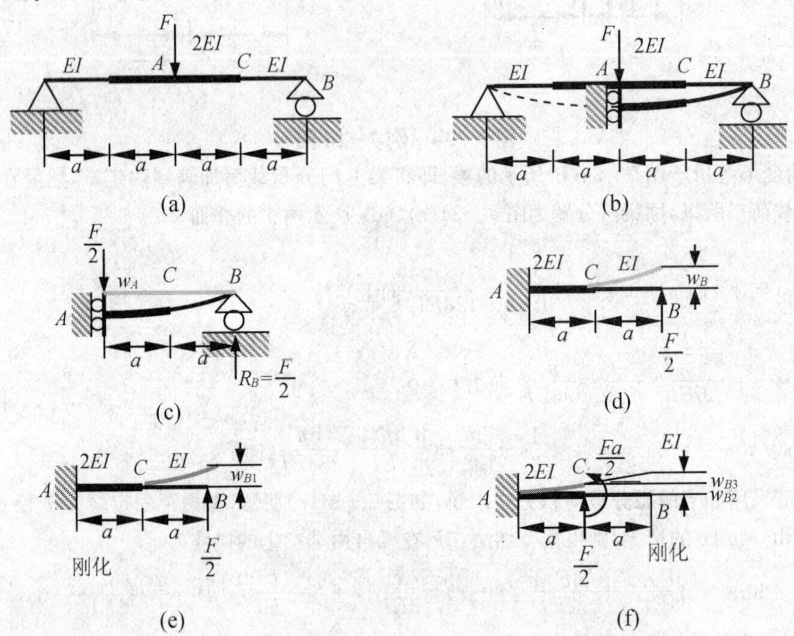

图 7－36　例 7－17 图

解：根据对称性，只考虑右半部分梁。由前面的分析（如图 7－36(b)所示），原梁可简化为图 7－36(c)所示的梁，而图 7－36(c)所示的梁又等价于图 7－36(d)所示的悬臂梁，图中 B 点向上的挠度就是原梁中点 A 向下的挠度，即：$w_A=w_B$。

采用逐段刚化法求解，先刚化 AC 段梁（如图 7－36(e)所示），则有

$$w_{B1}=\frac{\left(\frac{F}{2}\right)a^3}{3EI}=\frac{Fa^3}{6EI}(\text{向上})$$

再刚化 CB 段梁(如图 7－36(f)所示),AC 段梁的受力情况是在 C 点受集中力$\frac{F}{2}$及集中力偶$\frac{Fa}{2}$的作用。由叠加法,有

$$w_{B2}=w'_C+w''_C=\frac{(\frac{F}{2})a^3}{3(2EI)}+\frac{(\frac{Fa}{2})a^2}{2(2EI)}=\frac{5Fa^3}{24EI}(\text{向上})$$

式中,w'_C,w''_C 分别是集中力$\frac{F}{2}$及集中力偶$\frac{Fa}{2}$在 C 点产生的挠度。

$$w_{B3}=(\theta'_C+\theta''_C)a=\left[\frac{(\frac{F}{2})a^2}{2(2EI)}+\frac{(\frac{Fa}{2})a}{2EI}\right]a=\frac{5Fa^3}{12EI}(\text{向上})$$

式中,θ'_C,θ''_C 分别是集中力$\frac{F}{2}$及集中力偶$\frac{Fa}{2}$在 C 点产生的转角。

所以,由叠加法,原梁中点的挠度为

$$w_A=w_B=w_{B1}+w_{B2}+w_{B3}=\left(\frac{1}{6}+\frac{5}{24}+\frac{5}{12}\right)\frac{Fa^3}{EI}=\frac{19Fa^3}{24EI}(\text{向下})$$

此即梁中的最大挠度。如果梁是抗弯刚度为 EI 的等截面梁,由附录 B 可得,其中点的挠度,即梁中的最大挠度为

$$w'_{\max}=\frac{F(4a)^3}{48EI}=\frac{4Fa^3}{3EI}$$

因为:$\frac{w_{\max}}{w'_{\max}}=\frac{w_A}{w'_{\max}}=\frac{19}{24}\times\frac{3}{4}=\frac{19}{32}=0.595$,所以,采用图 7－36(a)所示阶梯状形式的梁可以将梁中的最大挠度降低约 40%。

例 7－18　求图 7－37(a)所示空间刚架自由端的竖向位移。刚架各梁的抗弯刚度为 EI,AB 梁的抗扭刚度为 GI_p。

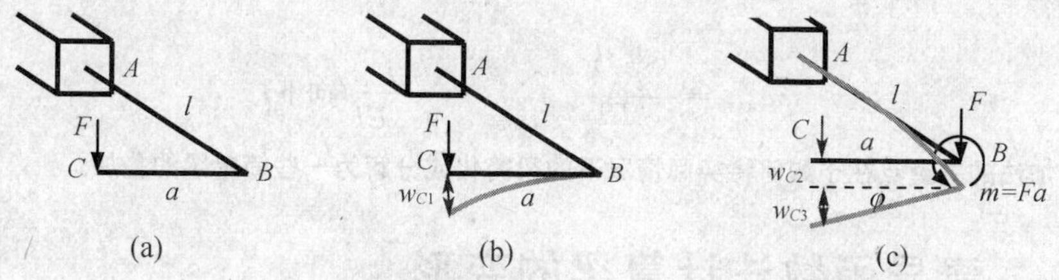

图 7－37　例 7－18 图

解:采用逐段刚化法求解。

先刚化 AB 梁(如图 7－37(b)所示),则 BC 梁的变形相当于 B 端固定的悬臂梁,所以 C 点的竖向位移为

$$w_{C1}=\frac{Fa^3}{3EI}(\text{向下})$$

再刚化 BC 梁(如图 7－37(c)所示),则作用在 AB 梁上的载荷是在 B 点的一个集中力 F 和一个扭矩 Fa,集中力引起的 C 点的竖向位移为 w_{C2},扭矩引起的 C 点的竖向位移为 w_{C3},所以有

$$w_{C2}=\frac{Fl^3}{3EI}(\text{向下})$$

$$w_{C3}=\varphi_{AB}a=\frac{Fal}{GI_p}\cdot a=\frac{Fa^2l}{GI_p}(\text{向下})$$

由叠加法,C 点的竖向位移为

$$w_C=w_{C1}+w_{C2}+w_{C3}=\frac{F(a^3+l^3)}{3EI}+\frac{Fa^2l}{GI_p}(\text{向下})$$

(3) 梁的其他简化方法

梁的简化并不局限于前述的各种方法,有的时候应视情况根据具体条件采用较灵活且合

理的简化方法。

例 7－19 求图 7－38(a)所示简支梁的最大挠度及其位置,梁的抗弯刚度为 EI。

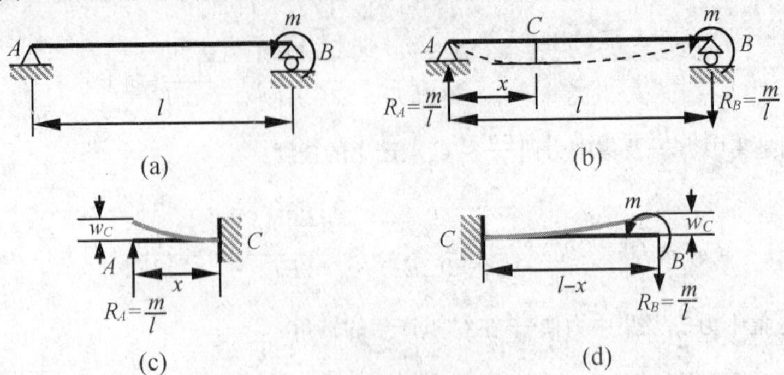

图 7－38 例 7－19 图

解:首先求出梁的支反力,即:$R_A=R_B=\frac{m}{l}$。

假设梁的最大挠度位置在离左端支座距离 x 的 C 点,因 $w_A=w_B=0$,则梁变形后轴线上 C 点一定是竖向位移的极值点,即该处截面的转角一定为零,如图 7－38(b)所示。将梁从 C 点截开,则左边的梁可简化为图 7－38(c)所示的悬臂梁,而右边梁可简化为图 7－38(d)所示的悬臂梁,它们的自由端的挠度就是原梁 C 点的挠度,也就是原梁的最大挠度。

左梁:$w_C=\frac{\left(\frac{m}{l}\right)x^3}{3EI}$,右梁:$w_C=\frac{m(l-x)^2}{2EI}-\frac{\left(\frac{m}{l}\right)(l-x)^3}{3EI}$,所以有:$x^3=\frac{3}{2}l(l-x)^2-(l-x)^3$,整理得:$l[x^2-x(l-x)+(l-x)^2]=\frac{3}{2}l(l-x)^2$,$3x^2=l^2$,即在 $x=\frac{l}{\sqrt{3}}$ 处梁的挠度最大,且最大挠度为

$$w_{\max}=\left.\frac{\left(\frac{m}{l}\right)x^3}{3EI}\right|_{x=\frac{l}{\sqrt{3}}}=\frac{ml^2}{9\sqrt{3}EI}\text{(向下)}$$

总之,叠加法的关键点在于如何将实际情况下的梁简化或分解为一些简单梁的叠加。

7.6* 奇异函数法计算梁的变形

采用积分法计算梁的变形时,在梁分段较多的情况下,需多次利用截面法确定梁中的弯矩函数,还需确定较多的积分常数,这一过程非常繁琐。为了避免这种麻烦,除采用叠加法计算梁的变形外,还可采用奇异函数法,即无论梁分多少段,可直接通过作用在梁上的载荷将梁的内力函数表示为梁中的单一函数。如图 7－39 所示的梁,根据奇异函数法,其载荷函数可写为

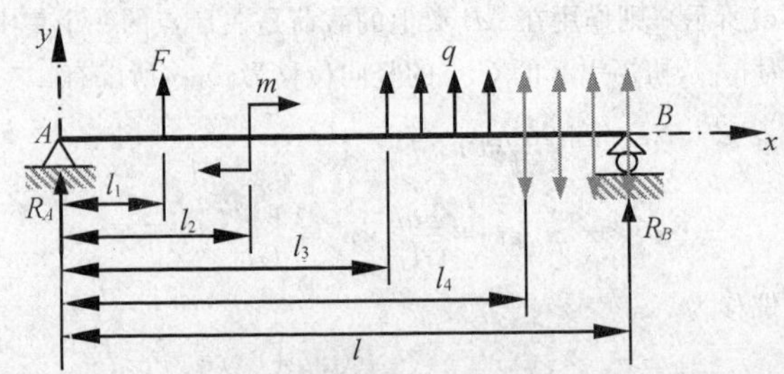

图 7－39 梁上作用的常见载荷

$$q(x)=R_A\langle x-0\rangle^{-1}+F\langle x-l_1\rangle^{-1}+q\langle x-l_3\rangle^0-q\langle x-l_4\rangle^0$$

剪力函数为

$$F_s(x)=R_A+F\langle x-l_1\rangle^0+q\langle x-l_3\rangle^1-q\langle x-l_4\rangle^1$$

弯矩函数为

$$M(x)=R_Ax+F\langle x-l_1\rangle^1+m\langle x-l_2\rangle^0+\frac{q}{2}\langle x-l_3\rangle^2-\frac{q}{2}\langle x-l_4\rangle^2$$

如果梁的抗弯刚度 EI 是常数，则积分公式(7－5)中的被积函数在梁中也是单一函数，所以由式(7－5)可直接积分得到梁的转角函数和挠度函数，这时只有两个积分常数，可根据梁的约束条件确定。所以，奇异函数法计算梁的变形相对于积分法来说要简单方便得多。

原则上奇异函数法可以求解任何直梁的变形，但若梁的抗弯刚度 EI 不为常数，则也不能避免分段积分。所以，建议抗弯刚度 EI 为常数的梁才使用奇异函数法计算其变形。

特别注意，载荷的正负号一定要按照梁的内力一章的规定来写。

例 7－20　用奇异积分法求解例 7－16。

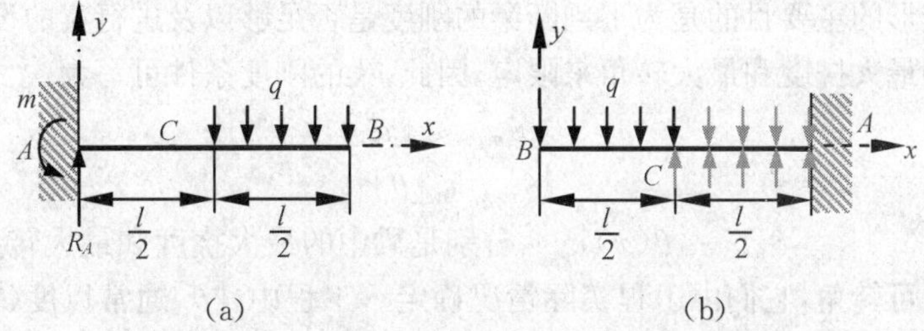

图 7－40　例 7－20 图

解法一：建立如图 7－40(a)所示的坐标系，固定端的支反力为

$$m_A=q\left(\frac{l}{2}\right)\left(\frac{l}{2}+\frac{1}{2}\cdot\frac{l}{2}\right)=\frac{3ql^2}{8},R_A=\frac{ql}{2}$$

则梁的载荷函数为：$q(x)=\dfrac{ql}{2}\langle x-0\rangle^{-1}-q\langle x-\dfrac{l}{2}\rangle^0$。

剪力函数为：$F_s(x)=\dfrac{ql}{2}-q\langle x-\dfrac{l}{2}\rangle^1$。

弯矩函数为：$M(x)=-\dfrac{3ql^2}{8}+\dfrac{ql}{2}x-\dfrac{q}{2}\langle x-\dfrac{l}{2}\rangle^2$。

所以，梁的转角函数和挠度函数为

$$EI\theta(x)=\int M(x)\mathrm{d}x+C=-\frac{3ql^2}{8}x+\frac{ql}{4}x^2-\frac{q}{6}\langle x-\frac{l}{2}\rangle^3+C$$

$$EIw(x)=\int\theta(x)\mathrm{d}x+D=-\frac{3ql^2}{16}x^2+\frac{ql}{12}x^3-\frac{q}{24}\langle x-\frac{l}{2}\rangle^4+Cx+D$$

梁的约束条件为：$\theta(0)=0,w(0)=0$，代入上面两式有：$C=0,D=0$，所以，梁自由端的挠度为

$$w_B=w(l)=\frac{1}{EI}\left[-\frac{3ql^2}{16}l^2+\frac{ql}{12}l^3-\frac{q}{24}\left(\frac{l}{2}\right)^4\right]=-\frac{41ql^4}{384EI}(\text{向下})$$

解法二：本例题还可采取图 7－40(b)所示的坐标系求解，此时不需要求支反力，可直接写出梁的载荷函数，即

$$q(x)=-q\langle x-0\rangle^0+q\langle x-\frac{l}{2}\rangle^0=-q+q\langle x-\frac{l}{2}\rangle^0$$

剪力函数为：$F_s(x)=-qx+q\langle x-\dfrac{l}{2}\rangle^1$。

弯矩函数为：$M(x)=-\dfrac{q}{2}x^2+\dfrac{q}{2}\langle x-\dfrac{l}{2}\rangle^2$。

所以，梁的转角函数和挠度函数为

$$EI\theta(x)=\int M(x)\mathrm{d}x+C=-\frac{q}{6}x^3+\frac{q}{6}\langle x-\frac{l}{2}\rangle^3+C$$

$$EIw(x)=\int\theta(x)\mathrm{d}x+D=-\frac{q}{24}x^4+\frac{q}{24}\langle x-\frac{l}{2}\rangle^4+Cx+D$$

梁的约束条件为：$\theta(l)=0$，$w(l)=0$，代入上面两式，可解得：$C=\frac{7ql^3}{48}$，$D=-\frac{41ql^4}{384}$，所以有

$$w_B=w(0)=\frac{D}{EI}=-\frac{41ql^4}{384EI}\text{（向下）}$$

7.7 梁的刚度

7.7.1 梁的刚度条件

计算梁的变形的主要目的是为了判断梁的刚度是否足够以及进行梁的设计。工程中梁的刚度主要由梁的最大挠度和最大转角来限定，因此，梁的刚度条件可写为

$$\begin{cases}w_{\max}\leqslant[w]\\ \theta_{\max}\leqslant[\theta]\end{cases}\tag{7-10}$$

式中，$w_{\max}=|w(x)|_{\max}$，$\theta_{\max}=|\theta(x)|_{\max}$，分别是梁中的最大挠度和最大转角，$[w]$，$[\theta]$分别是**许可挠度**和**许可转角**，它们由工程实际情况确定。工程中，$[\theta]$通常以度(°)表示，而许可挠度通常表示为

$$[w]=\frac{l}{m}$$

式中，l 是梁长，m 是大的自然数。

上述两个刚度条件中，挠度的刚度条件是主要的刚度条件，而转角的刚度条件是次要的刚度条件。

7.7.2 刚度条件的应用

与拉伸压缩及扭转类似，梁的刚度条件有以下三个方面的应用。

(1)校核刚度

给定了梁的载荷、约束、材料、长度以及截面的几何尺寸等，还给定了梁的许可挠度和许可转角，计算梁的最大挠度和最大转角，判断其是否满足梁的刚度条件式(7－10)，如果满足，则梁在刚度方面是安全的；如果不满足，则不安全。

很多时候工程中的梁只要求满足挠度刚度条件式(7－10)即可，而梁的最大转角由于很小，一般情况下不需要校核。

(2)计算许可载荷

给定了梁的约束、材料、长度以及截面的几何尺寸等，根据梁的挠度刚度条件式(7－10)可确定梁的载荷的上限值。如果还要求转角刚度条件满足，可由式(7－10)确定梁的另一个载荷的上限值，两个载荷上限值中最小的那个就是梁的许可载荷。

(3)计算许可截面尺寸

给定了梁的载荷、约束、材料和长度等，根据梁的挠度刚度条件式(7－10)可确定梁的截面尺寸的下限值。如果还要求转角刚度条件满足，可由式(7－10)确定梁的另一个截面尺寸的下限值，两个截面尺寸下限值中最大的那个就是梁的许可截面尺寸。

例 7－21　如图 7－41(a)所示的梁，其长度 $L=1$ m，抗弯刚度 $EI=4.9\times10^5$ N·m²，当梁的最大挠度不超过$\dfrac{L}{300}$时，试确定梁的许可载荷。

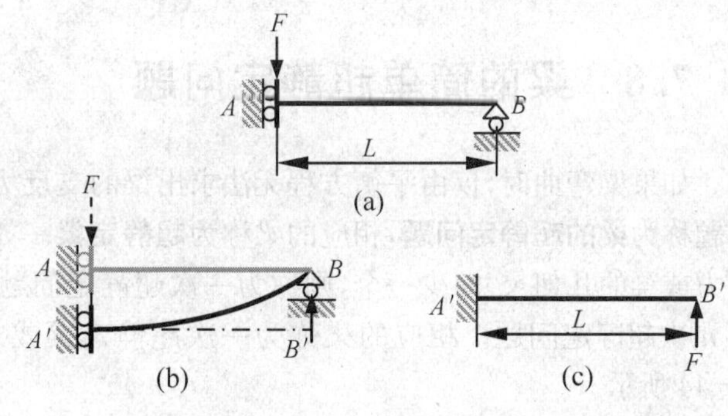

图 7－41　例 7－21 图

解：原梁根据图 7－41(b)所示的变形过程，等价于图 7－41(c)所示的悬臂梁。梁的最大挠度在自由端 B' 处，也就是原梁的最大挠度在 A 点，即：$w_{max}=\dfrac{FL^3}{3EI}$。

根据刚度条件，有：$w_{max}=\dfrac{FL^3}{3EI}\leqslant[w]=\dfrac{L}{300}$，所以得：$F\leqslant\dfrac{EI}{100L^2}=\dfrac{4.9\times10^5}{100\times1^2}=4.9\times10^3$ N$=4.9$ kN，故梁的许可载荷为：$[F]=4.9$ kN。

7.7.3　提高梁刚度的方法

如前所述，梁的变形与梁的弯矩及抗弯刚度有关，而且与梁的支承形式及跨度有关，如图 7－42 所示。所以，在梁的设计中，当一些因素确定后，可根据情况调整其他一些因素，以达到提高梁的刚度的目的，具体方法如下：

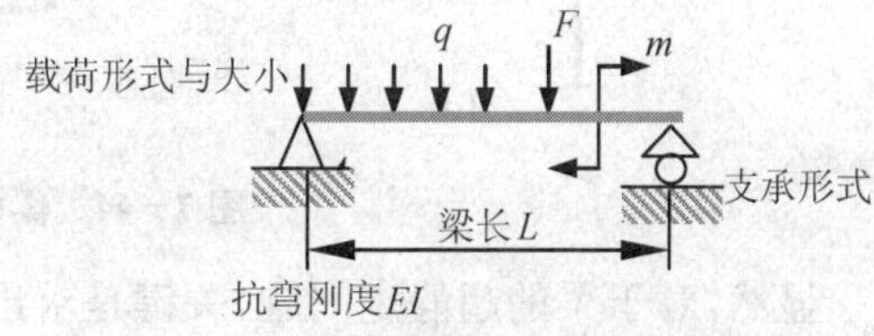

图 7－42　影响梁变形的因素

(1)调整载荷的位置、方向和形式

调整载荷的位置、方向和形式的目的是降低梁的弯矩，这与提高梁的强度的方法相同。

(2)调整约束位置，加强约束或增加约束

梁的变形通常与梁的跨度的高次方成正比，因此，减小梁的跨度是降低变形的有效途径。如图 7－43(a)所示，工程中常采用调整梁的约束位置或增加约束来减小梁的跨度(如图 7－43(b)、(c)所示)，还可以加强梁的约束来减小梁的最大挠度(如图 7－43(d)所示)。

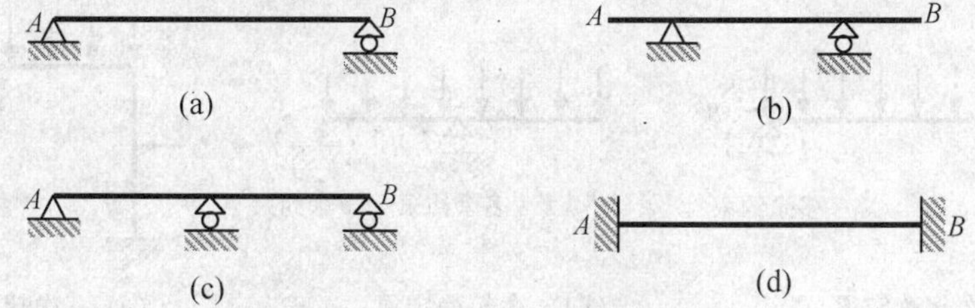

图 7－43　提高梁的刚度的措施

(3)提高梁的抗弯刚度

选用弹性模量大的材料可提高梁的刚度，但采用此种方法是不经济的，因为弹性模量大的材料价格较高。

选择合理的截面形状可提高梁的刚度，如采用工字形、箱形或空心截面等。增加截面对中性轴的惯性矩，既可提高梁的强度，也可增加梁的刚度。但必须指出，小范围内改变梁截面的惯性矩，对全梁的刚度影响很小，因为梁的变形是梁的各段变形累积而成的，但此种情况对梁的强度影响很大。

7.8　梁的简单超静定问题

如果梁弯曲时，仅由平衡方程无法求出梁的支反力，或由截面法无法求出梁的内力，这种问题称为**梁的超静定问题**，相应的梁称为**超静定梁**。如果平衡方程比未知数(可以是支反力、内力或梁的几何尺寸)少一个，则称为一次超静定问题或**简单超静定问题**；如果少 n 个，则称为 n 次超静定问题。相应的梁称为一次超静定梁或 n 次超静定梁。典型的超静定梁如图 7－44 所示。

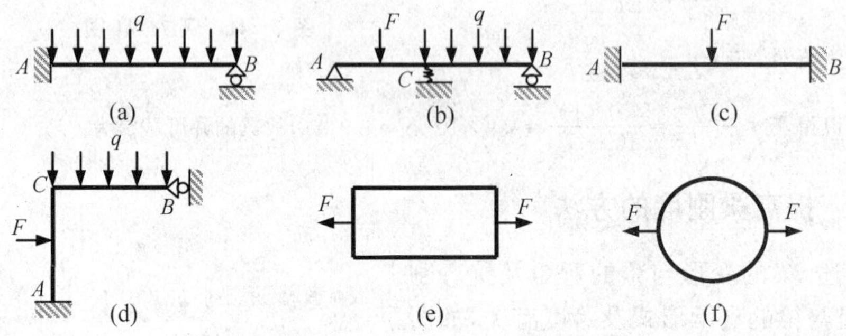

图 7－44　梁的简单超静定问题

显然，对于梁的超静定问题，关键是求出梁的支反力或内力，从而就可以按照前述过程计算梁的应力和强度或者计算梁的变形和刚度。

7.8.1　简单超静定梁问题的解法

超静定梁的典型特征是约束过度，这种过度约束有可能是外部的(如图 7－44(a)～(d)所示)，也有可能是内部的(如图 7－44(e)、(f)所示)。过度的约束称为**多余约束**，如图 7－45 所示，一次超静定梁通常有一个多余约束，而 n 次超静定梁通常有 n 个多余约束。

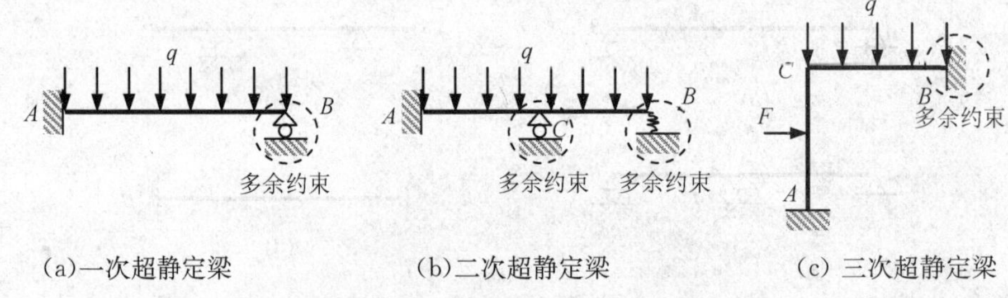

图 7－45　超静定梁的多余约束

梁的超静定问题的解法与拉压及扭转超静定问题的解法类似，步骤是：①列出梁的整体(或部分)平衡方程，判断梁是否是超静定梁以及其超静定次数。②在多余约束处列出梁的变形协调方程。③在多余约束处列出梁的物理方程。④将物理方程代入协调方程，得到补充方程，即可求解多余约束处的反力(或内力)。一旦梁的内力求出后，即可按梁的正常过程计算梁的应力和变形，从而可解决超静定梁的强度和刚度问题。

很多时候梁是否是超静定梁以及其超静定次数可直观判断。梁在多余约束处的反力往往只需要变形协调方程和物理方程即可求解，因此，**实际求解梁的简单超静定问题时，具体方法就是在多余约束处应用叠加法**。其步骤如下：

①确定简单超静定梁的某个约束为多余约束(如图7－46(a)所示),解除该约束,代以未知反力 X_1(如图7－46(b)所示)。解除多余约束后的静定梁称为**静定基**(如图7－46(c)所示)。

②简单超静定梁简化为梁上实际载荷和多余约束处的未知反力共同作用下的静定梁(如图7－46(b)所示)。根据叠加法,该静定梁可分解为两个梁的叠加:一是实际载荷作用在静定基上的情况,也就是原超静定梁直接去掉多余约束后得到的梁,假设其在多余约束处产生的挠度或转角为Δ_{1F}(如图7－46(d)所示);二是多余约束处的未知反力作用在静定基上的情况,假设其在多余约束处产生的挠度或转角为Δ_{1X}(如图7－46(e)所示)。由叠加法可算出图7－46(b)所示的梁在多余约束处的挠度或转角为$\Delta_{1X}+\Delta_{1F}$。

③如果简单超静定梁在多余约束处存在的实际挠度或转角为Δ_1(如图7－46(f)所示),则由叠加法,应有变形协调条件

$$\Delta_{1X}+\Delta_{1F}=\Delta_1 \tag{7-11}$$

直接求解该方程,即可得到多余约束处的反力。

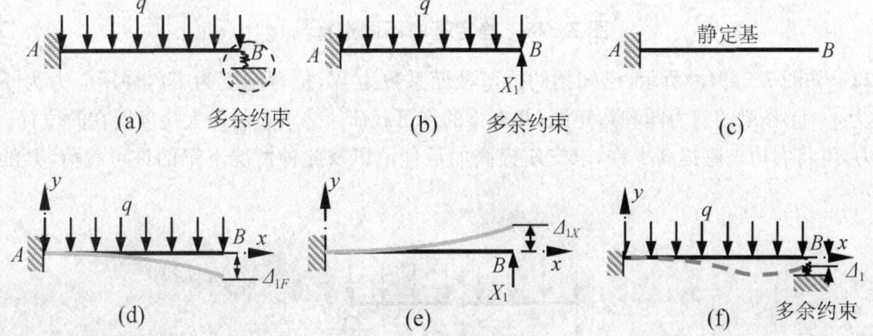

图7－46　简单超静定梁的解法

④利用梁的整体平衡方程可求出梁的其他支反力,从而可计算梁的内力、应力或变形,也可计算梁的强度和刚度问题。

必须注意,挠度或转角Δ_{1X},Δ_{1F},Δ_1等有两种可能的方向,若某个方向的挠度或转角规定为正,则其反方向的挠度或转角就为负。另外,如图7－47所示,根据叠加法,未知反力作用在静定基上在多余约束处产生的挠度或转角Δ_{1X}可以写成标准的形式为:$\Delta_{1X}=\delta_{11}X_1$,其中$\delta_{11}$是**单位力**作用在静定基上在多余约束处产生的挠度或转角。所以,式(7－11)可写为

$$\delta_{11}X_1+\Delta_{1F}=\Delta_1 \tag{7-12}$$

式(7－12)称为简单超静定梁的**正则方程**,它是求解各种简单超静定问题的基本方程。

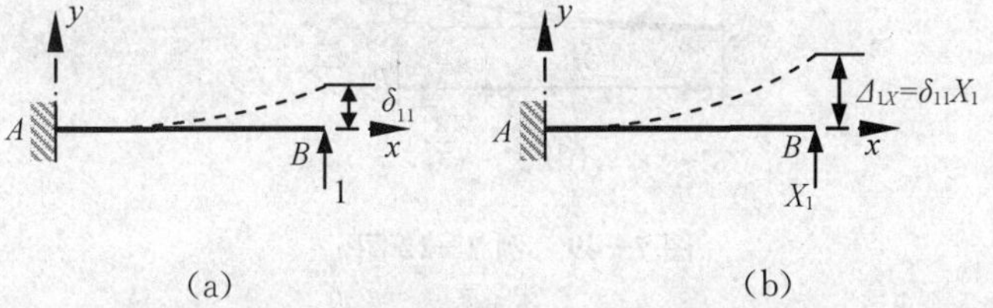

图7－47　未知反力产生的挠度或转角

还必须注意,静定基的选择并不是唯一的,即超静定梁可简化为不同形式的静定梁的叠加。静定基的选择不一样时,相应的变形协调方程也不一样。如图7－48所示的超静定梁,其

静定基就有两种不同的选择：一种选择为悬臂梁，是将右边支座看成是多余约束；另一种选择为简支梁，是将左边支座的转动约束看成是多余约束。通常静定基选择的原则是越简单越好。

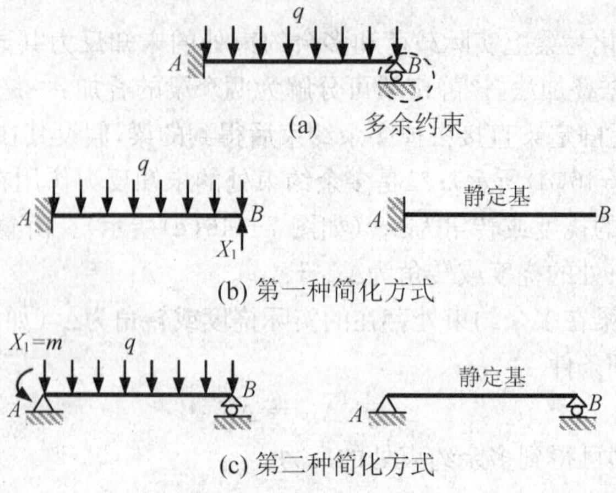

图 7－48　静定基的不同选择

例 7－22　如图 7－49(a)所示，已知梁的抗弯截面系数为 W，抗弯刚度为 EI，许用应力为$[\sigma]$，梁长为 L，载荷集度为 q。①作梁的剪力图和弯矩图，并求梁的许可载荷。②求梁的最大挠度所在的位置。③为提高梁的承载能力，可将右边支座提高少许，求支座提高的最佳值以及此种情况下梁的许可载荷，梁的承载能力提高了多少？

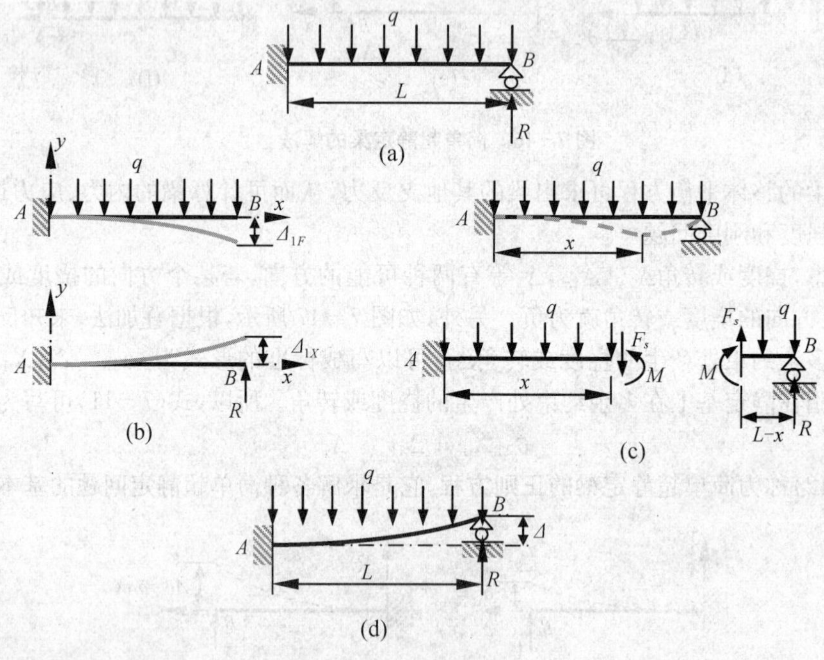

图 7－49　例 7－22 图

解：①作梁的剪力图和弯矩图，并求梁的许可载荷。

梁为一次超静定梁，将支座 B 作为多余约束，解除约束，代以未知反力 R，静定基选择为悬臂梁，如图 7－49(b)所示。

实际载荷在多余约束处产生的挠度为：$\Delta_{1F}=-\dfrac{qL^4}{8EI}$，未知约束反力在多余约束处产生的挠度为：$\Delta_{1X}=\dfrac{RL^3}{3EI}$，多余约束处的实际挠度为零，即$\Delta_1=0$，所以有

$$\Delta_{1X}+\Delta_{1F}=\frac{RL^3}{3EI}-\frac{qL^4}{8EI}=0, R=\frac{3qL}{8}(\text{向上})$$

考虑梁的整体平衡，可求出固定端处的反力为：$R_A=\dfrac{5qL}{8}$（向上），$m_A=\dfrac{qL^2}{8}$（逆时针）。

梁的剪力图和弯矩图如图7－50所示。

梁在距离固定端0.6L处有一极值弯矩，为$M'_{\max}=\dfrac{9qL^2}{128}$，而梁的最大弯矩在固定端，为$M_{\max}=\dfrac{qL^2}{8}$。所以，由梁的强度条件，有：$\sigma_{\max}=\dfrac{M_{\max}}{W}=\dfrac{qL^2}{8W}\leqslant[\sigma]$，则梁的许可载荷为：$[q]=\dfrac{8[\sigma]W}{L^2}$。

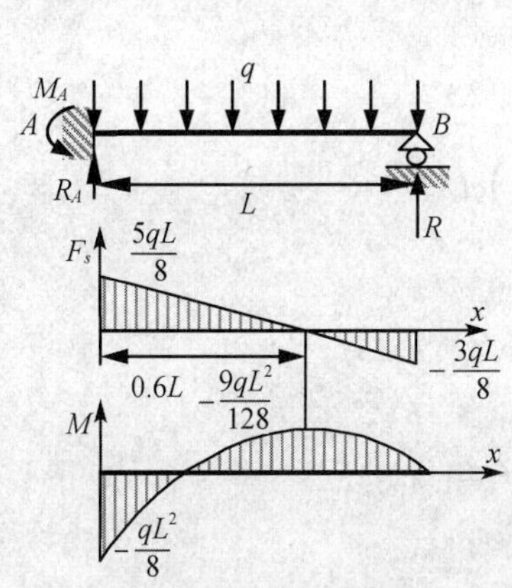

图7－50　例7－22梁的剪力图和弯矩图

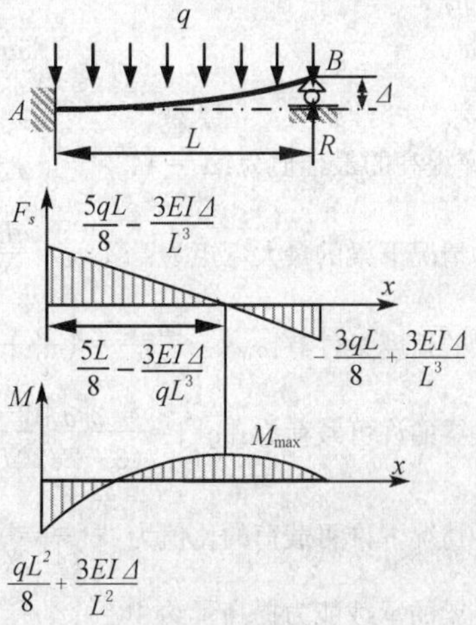

图7－51　例7－22支座提高后梁的剪力图和弯矩图

②梁的最大挠度所在的位置。

假设最大挠度的位置离固定端的距离为x，则将梁从该处截断，考虑左边部分梁，其受力情况如图7－49(c)所示。

由右段梁的平衡，有

$$F_s=q(L-x)-\frac{3qL}{8},\quad M=-\frac{q(L-x)^2}{2}+\frac{3qL(L-x)}{8}$$

因最大挠度所在处的转角为零，所以由叠加法，左边梁在自由端的转角为

$$\theta_C=\frac{qx^3}{6EI}+\frac{F_sx^2}{2EI}-\frac{Mx}{EI}=0,\quad \frac{qx^2}{6}+\frac{F_sx}{2}-M=0$$

将F_s，M代入上式，整理后得：$\dfrac{x^2}{3}-\dfrac{5Lx}{8}+\dfrac{L^2}{4}=0$，令$\xi=\dfrac{x}{L}$，最终有

$$\xi^2-\frac{15}{8}\xi+\frac{3}{4}=0$$

在(0,1)区间的解为：$\xi=\dfrac{15-\sqrt{33}}{16}\approx0.58$，所以梁的最大挠度在$x\approx0.58L$处，靠近极值弯矩处。

③支座提高的最佳值以及此种情况下梁的许可载荷。

由图7－49(d)所示，此时多余约束处有实际挠度Δ，于是根据和①中相同的分析有

$$\Delta_{1X}+\Delta_{1F}=\frac{RL^3}{3EI}-\frac{qL^4}{8EI}=\Delta$$

支座处的支反力为：$R=\frac{3EI\Delta}{L^3}+\frac{3qL}{8}$。

梁在固定端的支反力为

$$R_A=qL-R=\frac{5qL}{8}-\frac{3EI\Delta}{L^3}\text{（向上）},\quad m_A=\frac{qL^2}{2}-RL=\frac{qL^2}{8}-\frac{3EI\Delta}{L^2}\text{（逆时针）}$$

梁的剪力图和弯力矩图如图 7-51 所示。图中的极值弯矩为：$M_{max}=\frac{1}{2q}\left(\frac{5qL}{8}-\frac{3EI\Delta}{L^3}\right)^2-m_A$。

当 $M_{max}=m_A$ 时梁的承载能力最大，所以有

$$\frac{1}{2q}\left(\frac{5qL}{8}-\frac{3EI\Delta}{L^3}\right)^2=2m_A=2\left(\frac{qL^2}{8}-\frac{3EI\Delta}{L^2}\right)$$

令 $t=\frac{5qL}{8}-\frac{3EI\Delta}{L^3}$，则上式化为：$t^2-4qLt+2(qL)^2=0$。

再令 $\eta=\frac{t}{qL}$，则有：$\eta^2-4\eta+2=0$，解得：$\eta=2\pm\sqrt{2}$，取小根，有

$$t=\frac{5qL}{8}-\frac{3EI\Delta}{L^3}=qL(2-\sqrt{2})$$

所以，支座提高的最佳值为：$\Delta=\left(\sqrt{2}-\frac{11}{8}\right)\frac{qL^4}{3EI}$。

此种情况下梁的最大弯矩为：$M_{max}=\frac{qL^2}{8}-\frac{3EI\Delta}{L^2}=\left(\frac{3}{2}-\sqrt{2}\right)qL^2$。

由梁的强度条件有：$\sigma_{max}=\frac{M_{max}}{W}=\left(\frac{3}{2}-\sqrt{2}\right)\frac{qL^2}{W}\leqslant[\sigma]$。

于是梁的许可载荷为：$[q']=\frac{2[\sigma]W}{(3-2\sqrt{2})L^2}$。

两种情况下许可载荷的比值为：$\frac{[q']}{[q]}=\frac{2}{(3-2\sqrt{2})}\times\frac{1}{8}=\frac{3+2\sqrt{2}}{4}=1.455$。

可见梁的承载能力提高了约 46%。

例 7-23 如图 7-52(a)所示中间铰梁，左边梁的抗弯刚度为 $2EI$，右边梁的抗弯刚度为 EI，求梁在中间铰处的挠度。

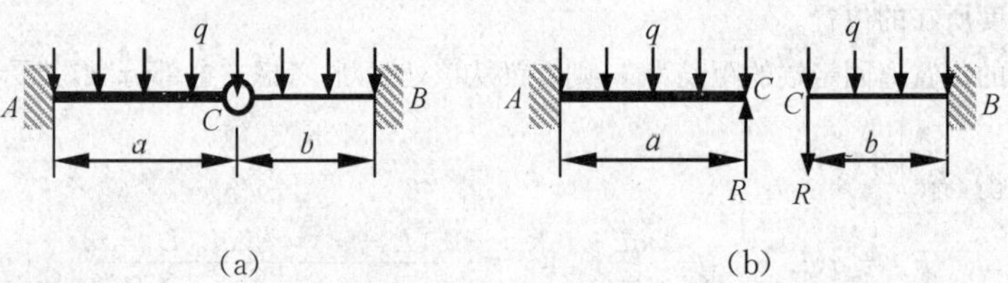

图 7-52 例 7-23 图

解：将梁从中间铰处拆开，左梁和右梁间的作用力假设为 R（如图 7-52(b)所示）。

根据叠加法，左梁在中间铰处的挠度为

$$w_1=\frac{qa^4}{8(2EI)}-\frac{Ra^3}{3(2EI)}=\frac{qa^4}{16EI}-\frac{Ra^3}{6EI}\text{（向下）}$$

右梁在中间铰处的挠度为

$$w_2=\frac{qa^4}{8EI}+\frac{Rb^3}{3EI}\text{（向下）}$$

两梁的变形协调条件为：$w_1=w_2$，所以有：$\frac{qa^4}{16EI}-\frac{Ra^3}{6EI}=\frac{qb^4}{8EI}+\frac{Rb^3}{3EI}$。

由此得：$R=\frac{1-2\xi^4}{1+2\xi^3}\cdot\frac{3qa}{8}$，其中，$\xi=\frac{b}{a}$。

梁中点的挠度为

$$w_C = w_1 = w_2 = \frac{qa^4}{8EI} + \frac{Rb^3}{3EI} = \frac{qa^4}{8EI}\left[1 + \frac{(1-2\xi^4)\xi^3}{1+2\xi^3}\right](\text{向下})$$

特别地，当 $a=b$ 时，$\xi=1$，有：$R=-\frac{3qa}{8}$（负号表示与图 7－52 中假设的方向相反），$w_C=\frac{qa^4}{12EI}$（向下）。

例 7－24　如图 7－53(a)所示结构，各梁的抗弯刚度为 EI，CD 杆为刚性杆，求悬臂梁固定端的支反力以及梁的最大挠度。

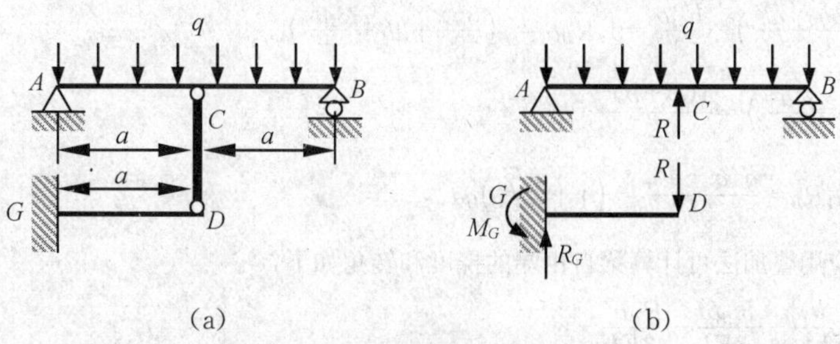

图 7－53　例 7－24 图

解：由于 CD 杆为刚性杆，所以其对上梁和下梁分别是作用力和反作用力，假设该力为 R（如图 7－53(b)所示），而且 C，D 两点的竖向位移是相同的。

由叠加法，上梁在 C 点的挠度为：$w_C=\frac{5q(2a)^4}{384EI}-\frac{R(2a)^3}{48EI}=\frac{5qa^4}{24EI}-\frac{Ra^3}{6EI}$（向下），下梁在 D 点的挠度为：$w_D=\frac{Ra^3}{3EI}$（向下）。

两梁的变形协调条件为：$w_C=w_D$，所以有：$\frac{5qa^4}{24EI}-\frac{Ra^3}{6EI}=\frac{Ra^3}{3EI}$，解得：$R=\frac{5qa}{12}$。

下梁固定端的支反力为：$R_G=R=\frac{5qa}{12}$（向上），$M_G=\frac{5qa^2}{12}$（逆时针）。

下梁的最大挠度在 D 点，为：$w_{\max}=\frac{Ra^3}{3EI}=\frac{5qa^4}{36EI}$（向下）。

例 7－25　如图 7－54(a)所示，长梁放置在刚性平台上，但有长度为 a 的一段梁位于平台之外，梁单位长度的重量为 q，抗弯刚度为 EI，求梁自由端 C 点的挠度和转角。

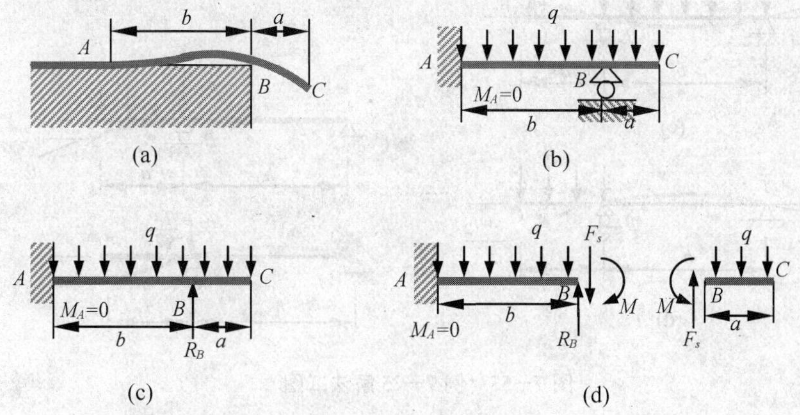

图 7－54　例 7－25 解法一图

解法一：假设梁在平台上的接触点为 A 点，梁脱离平台的距离为 b，则梁段 ABC 可简化为如图 7－54(b)所示的悬臂梁。B 点的支反力及距离 b 为未知，但梁有固定端的弯矩为零和 B 点挠度为零两个条件，因此梁仍然是一次超静定梁。

平衡条件：$M_A=R_Bb-\frac{q(a+b)^2}{2}=0$，$R_Bb=\frac{q(a+b)^2}{2}$。

要计算 B 点的挠度，可将梁从 B 点右侧截开，只考虑左边部分梁，则其受力情况如图 7－54(d)所示，由右边部分梁的平衡有：$F_s=qa$，$M=\frac{qa^2}{2}$。

所以由叠加法，B 点的挠度为：$w_B=\frac{qb^4}{8EI}+\frac{F_sb^3}{3EI}+\frac{Mb^2}{2EI}-\frac{R_Bb^3}{3EI}=0$。

整理有：$q\left(\frac{b^2}{8}+\frac{ab}{3}+\frac{a^2}{4}\right)-\frac{R_Bb}{3}=0$，$R_Bb=q\left(\frac{3b^2}{8}+ab+\frac{3a^2}{4}\right)$。

于是：$q\left(\frac{3b^2}{8}+ab+\frac{3a^2}{4}\right)=\frac{q(a+b)^2}{2}$。

解得：$b=\sqrt{2}a$，则：$R_B=\frac{q(a+b)^2}{2b}=\left(1+\frac{3\sqrt{2}}{4}\right)qa$。

由图 7－54(c)，应用叠加法可计算梁自由端的挠度和转角如下：

$$\begin{aligned}\text{挠度：}w_C&=\frac{q(a+b)^4}{8EI}-\frac{R_Bb^3}{3EI}-\frac{R_Bb^2}{2EI}\cdot a\\&=\left[\frac{(1+\sqrt{2})^4}{8}-\left(1+\frac{3\sqrt{2}}{4}\right)\left(\frac{2\sqrt{2}}{3}+1\right)\right]\frac{qa^4}{EI}=\left(\frac{1}{8}+\frac{\sqrt{2}}{12}\right)\frac{qa^4}{EI}\text{（向下）}\end{aligned}$$

$$\begin{aligned}\text{转角：}\theta_C&=\frac{q(a+b)^3}{6EI}-\frac{R_Bb^2}{2EI}\\&=\left[\frac{(1+\sqrt{2})^3}{6}-\left(1+\frac{3\sqrt{2}}{4}\right)\right]\frac{qa^3}{EI}=\left(\frac{1}{6}+\frac{\sqrt{2}}{12}\right)\frac{qa^3}{EI}\text{（顺时针）}\end{aligned}$$

解法二：梁段 ABC 可简化为如图 7－55(b)所示外伸梁，该外伸梁左端截面的转角为零。图 7－55(b)所示梁可分解为如图 7－55(c)、(d)所示两梁的叠加。

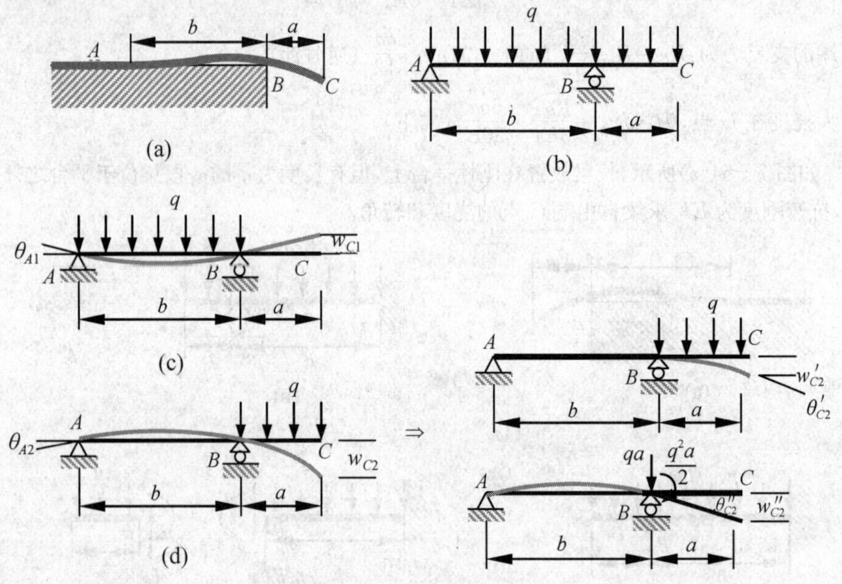

图 7－55　例 7－25 解法二图

A 截面的转角：$\theta_A=\theta_{A1}+\theta_{A2}=0$，$\theta_{A1}=-\frac{qb^3}{24EI}$，图 7－55(d)所示梁可采用逐段刚化法求解，故有

$$\theta_{A2}=\frac{(qa^2/2)b}{6EI}=\frac{qa^2b}{12EI}$$

于是有：$-\dfrac{qb^3}{24EI}+\dfrac{qa^2b}{12EI}=0$，解得：$b=\sqrt{2}a$。

C 点的挠度为：$w_C=w_{C1}+w_{C2}=w_{C1}+w'_{C2}+w''_{C2}$，而

$$w_{C1}=\theta_{B1}a=\frac{qb^3}{24EI}\cdot a=\frac{\sqrt{2}qa^4}{12EI}(\text{向上})$$

$$w'_{C2}=\frac{qa^4}{8EI}(\text{向下}),w''_{C2}=\theta_{B2}a=\frac{(qa^2/2)b}{3EI}\cdot a=\frac{\sqrt{2}qa^4}{6EI}(\text{向下})$$

所以有：$w_C=-\dfrac{\sqrt{2}qa^4}{12EI}+\dfrac{qa^4}{8EI}+\dfrac{\sqrt{2}qa^4}{6EI}=\left(\dfrac{1}{8}+\dfrac{\sqrt{2}}{12}\right)\dfrac{qa^4}{EI}$(向下)。

C 截面的转角为：$\theta_C=\theta_{C1}+\theta_{C2}=\theta_{C1}+\theta'_{C2}+\theta''_{C2}$，而

$$\theta_{C1}=\theta_{B1}=\theta_{A1}=\frac{\sqrt{2}qa^3}{12EI}(\text{逆时针})$$

$$\theta'_{C2}=\frac{qa^3}{6EI}(\text{顺时针}),\ \theta''_{C2}=\frac{(qa^2/2)b}{3EI}=\frac{\sqrt{2}qa^3}{6EI}(\text{顺时针})$$

所以有：$\theta_C=-\dfrac{\sqrt{2}qa^3}{12EI}+\dfrac{qa^3}{6EI}+\dfrac{\sqrt{2}qa^3}{6EI}=\left(\dfrac{1}{6}+\dfrac{\sqrt{2}}{12}\right)\dfrac{qa^3}{EI}$(顺时针)。

例 7－26　如图 7－56(a)所示，体重 $W=450$ N 的运动员可以在长 $L=5$ m 的平衡木上任意移动，平衡木的弹性模量 $E=10$ GPa，其截面对中性轴的惯性矩 $I=2.8\times10^7$ mm^4。①求运动员在任意位置时平衡木中点的挠度；②运动员在什么位置时，平衡木的挠度最大？其值是多少？

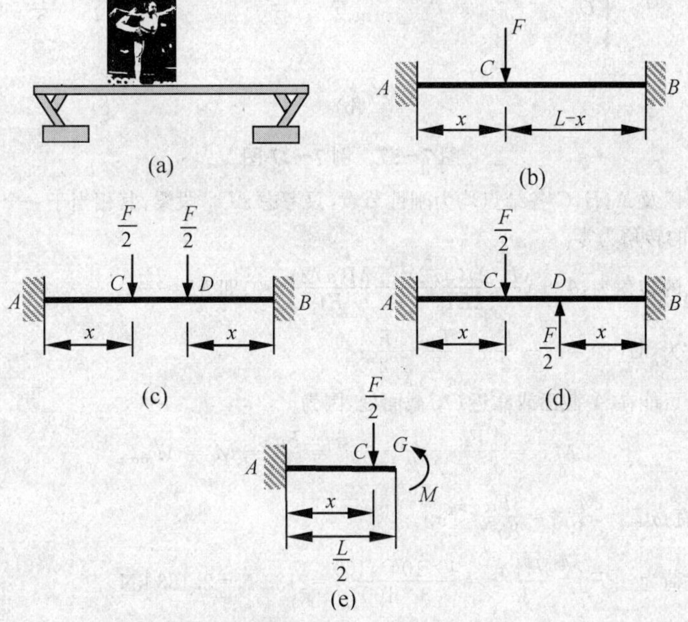

图 7－56　例 7－26 图

解：平衡木可简化为在任意位置受集中力作用且两端固定的力学模型，如图 7－56(b)所示。

由于结构的约束既是对称的也是反对称的，所以结构可简化为一个对称梁和一个反对称梁的叠加，如图 7－56(c)、(d)所示，由于反对称梁中点的挠度为零，所以图 7－56(c)所示对称梁中点 G 的挠度就等于原结构中点的挠度。将该对称梁从中间点 G 处截开，只考虑左半部分梁，根据对称性，该部分梁右端截面上的剪力为零，且转角 θ_G 为零。所以有

$$\theta_G=\frac{(F/2)x^2}{2EI}-\frac{M(L/2)}{EI}=0,M=\frac{Fx^2}{2L}\qquad\left(0\leqslant x\leqslant\frac{L}{2}\right)$$

于是，G 点的挠度为

$$w_G=\frac{(F/2)x^3}{3EI}+\frac{(F/2)x^2}{2EI}\left(\frac{L}{2}-x\right)-\frac{M(L/2)^2}{2EI}$$
$$=\frac{Fx^3}{6EI}+\frac{Fx^2}{4EI}\left(\frac{L}{2}-x\right)-\frac{Fx^2L}{16EI}=\frac{Fx^2}{48EI}(3L-4x)\quad\left(0\leqslant x\leqslant\frac{L}{2}\right)$$

即

$$w_G=\frac{450\times(10^3x)^2}{48\times10\times10^3\times2.8\times10^7}[3\times5\times10^3-4\times(10^3x)]$$
$$=0.033x^2(15-4x)\ \text{mm}(0\leqslant x\leqslant2.5\ \text{m})$$

此即是平衡木中点的挠度，其中 x 的单位为 m。

因为$\frac{\mathrm{d}w_G}{\mathrm{d}x}=\frac{Fx}{8EI}(L-2x)=0, x=\frac{L}{2}$，所以，当运动员移动到平衡木中点时其挠度最大，最大挠度为

$$w_{\max}=w_G\Big|_{x=\frac{L}{2}}=\frac{FL^3}{192EI}=\frac{450\times(5\times10^3)^3}{192\times10\times10^3\times2.8\times10^7}=1.04\ \text{mm}$$

例 7－27 如图 7－57(a)所示正三角形刚架结构，每边长 $a=100$ mm，材料的许用应力$[\sigma]=160$ MPa，梁截面为正方形，其边长 $b=10$ mm，试求结构的许可载荷。

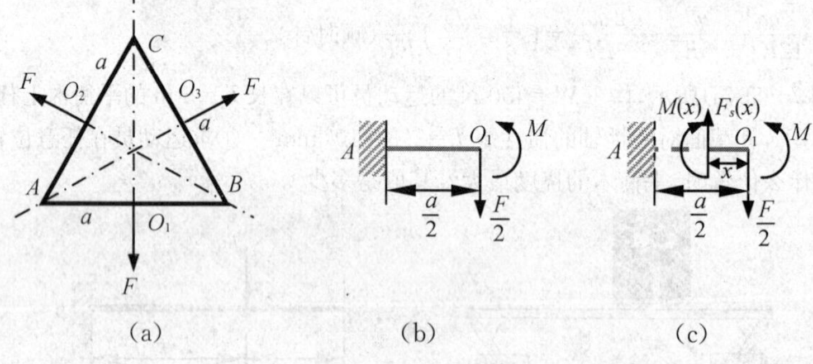

图 7－57 例 7－27 图

解：由于对称性，以及 A,B,C 各结点均为刚性节点，只考虑 AO_1 段梁，其相当于一个悬臂梁，如图 7－57(b)所示，且在 O_1 点的转角为零。

由叠加法，O_1 点的转角为：$\theta_1=\frac{(F/2)(a/2)^2}{2EI}-\frac{M(a/2)}{EI}=0$，即 $M=\frac{Fa}{8}$。

梁中的弯矩函数为：$M(x)=M-\frac{F}{2}x=\frac{Fa}{8}-\frac{F}{2}x$。

所以最大弯矩只可能在 A 截面或靠近 O_1 截面处，因为

$$M_A=\left|\frac{Fa}{8}-\frac{F}{2}\cdot\frac{a}{2}\right|=\frac{Fa}{8}=M=M_{\max}$$

根据强度条件，有：$\sigma_{\max}=\frac{M_{\max}}{W}=\frac{6Fa}{8b^3}\leqslant[\sigma]$。

故结构的许可载荷为：$[F]=\frac{4b^3[\sigma]}{3a}=\frac{4\times10^3\times160}{3\times100}=2133\ \text{N}=2.133\ \text{kN}$。

例 7－28 如图 7－58(a)所示矩形刚架结构，长为 $2l$，宽为 $2a$，材料的弹性模量为 E，刚架截面为矩形截面，其宽为 b，高为 h，不考虑轴力的影响，试求结构 A,B 两点以及 C,D 两点间的相对位移。

解：根据结构的对称性，A,C 截面的转角为零，结构的四分之一部分可简化为图 7－58(b)所示的结构。继续将图 7－58(b)所示结构简化为图 7－58(c)所示的结构，结构为一次超静定问题，结构中 C 点的水平位移就是 A,B 两点间相对位移的一半，而 C 点的竖向位移是 C,D 两点间相对位移的一半。

采用叠加法以及逐段刚化法进行求解。

C 点的转角为：$\theta_C=\frac{(F/2)a^2}{2EI}-\frac{Ma}{EI}-\frac{Ml}{EI}=0$，所以有：$M=\frac{Fa^2}{4(a+l)}=\frac{Fa}{4(1+\xi)}$，其中，$\xi=\frac{l}{a}$。

C 点的水平位移为：$u_C=\frac{(F/2)a^3}{3EI}-\frac{Ma^2}{2EI}=\frac{(1+4\xi)Fa^3}{24(1+\xi)EI}$。

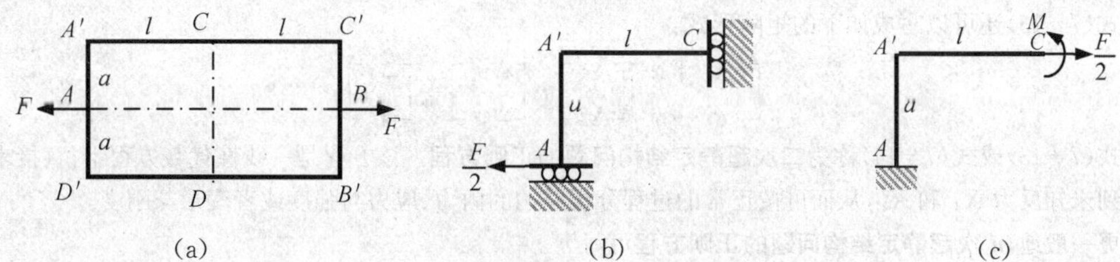

图 7－58　例 7－28 图

C 点的竖向位移为：$w_C=\dfrac{(F/2)a^2}{2EI}\cdot l-\dfrac{Ml}{EI}\cdot l-\dfrac{Ma}{EI}\cdot l=\dfrac{\xi Fa^3}{4EI}-\dfrac{\xi Fa^3}{4EI}=0$。

于是，A，B 两点间的相对位移为：$\Delta_{AB}=2u_C=\dfrac{(1+4\xi)Fa^3}{12(1+\xi)EI}$，C，D 两点间的相对位移为：$\Delta_{CD}=0$。

特别地，当 $\xi=1$，即 $l=a$ 时，$\Delta_{AB}=\dfrac{5Fa^3}{24EI}$；当 $\xi=2$，即 $l=2a$ 时，$\Delta_{AB}=\dfrac{Fa^3}{4EI}$；当 $l\gg a$ 时，$\Delta_{AB}\to\dfrac{Fa^3}{3EI}$。

7.8.2* 高次超静定梁问题

高次超静定结构问题是指超静定次数大于或等于 2 的超静定结构问题，其解法依然是在结构的多余约束处使用叠加法。

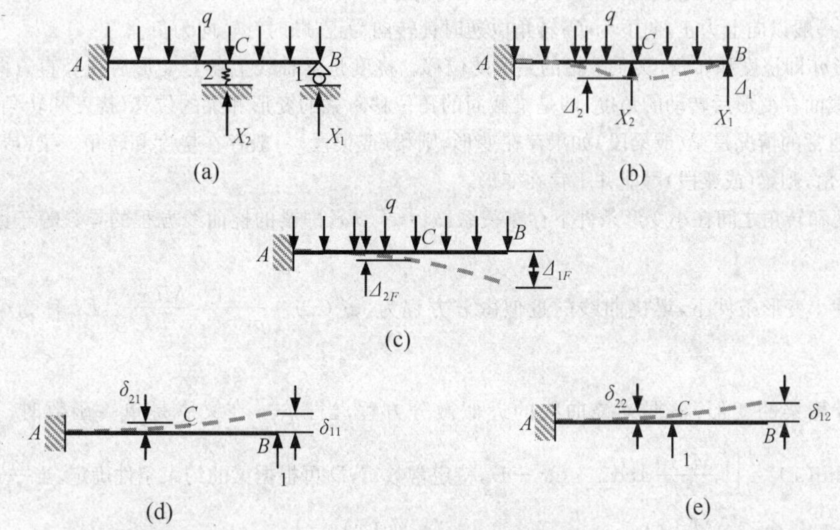

图 7－59　高次超静定梁的解法

如图 7－59(a)所示的梁就是一典型的二次超静定结构，将 B 点确定为 1 号多余约束，C 点确定为 2 号多余约束，其相应的未知反力分别为 X_1 和 X_2，超静定梁在 1 号和 2 号多余约束处的实际位移分别为Δ_1和Δ_2（如图 7－59(b)所示），则原超静定梁可分解为图 7－59(c)、(d)、(e)三个梁，分别在 1 号和 2 号多余约束处写出梁变形的协调方程，于是有

$$\begin{cases}\delta_{11}X_1+\delta_{12}X_2+\Delta_{1F}=\Delta_1\\ \delta_{21}X_1+\delta_{22}X_2+\Delta_{2F}=\Delta_2\end{cases}\tag{7－13}$$

其中，系数 δ_{11} 和 δ_{21} 是单位力作用在静定基（去掉多余约束后的静定结构）的 1 号多余约束处时分别在 1 号和 2 号多余约束处所产生的位移；系数 δ_{12} 和 δ_{22} 是单位力作用在静定基的 2 号多余约束处时分别在 1 号和 2 号多余约束处所产生的位移；在能量法一章可以证明，$\delta_{12}=\delta_{21}$；Δ_{1F} 和 Δ_{2F} 分别是实际载荷作用在静定基上时在 1 号和 2 号多余约束处所产生的位移。特别要注意，多余约束反力 X_1 和 X_2 可以是集中力，也可以是集中力偶；而式(7－13)中的两个协调方程可以是线位移的协调方程，也可以是角位移的协调方程。

式(7－13)还可以写成如下的矩阵形式：

$$\begin{bmatrix}\delta_{11} & \delta_{12} \\ \delta_{21} & \delta_{22}\end{bmatrix}\begin{bmatrix}X_1 \\ X_2\end{bmatrix}+\begin{bmatrix}\Delta_{1F} \\ \Delta_{2F}\end{bmatrix}=\begin{bmatrix}\Delta_1 \\ \Delta_2\end{bmatrix} \tag{7-14}$$

式(7－13)或式(7－14)称为**二次超静定结构问题的正则方程**。该方程是一线性代数方程组，直接求解即可得到未知反力 X_1 和 X_2，从而可按正常的过程分析结构的内力、应力与强度或者变形与刚度。

更一般地，**n 次超静定结构问题的正则方程**可写为

$$\begin{bmatrix}\delta_{11} & \delta_{12} & \cdots & \delta_{1n} \\ \delta_{21} & \delta_{22} & \cdots & \delta_{2n} \\ \vdots & \vdots & & \vdots \\ \delta_{n1} & \delta_{n2} & \cdots & \delta_{nn}\end{bmatrix}\begin{bmatrix}X_1 \\ X_2 \\ \vdots \\ X_n\end{bmatrix}+\begin{bmatrix}\Delta_{1F} \\ \Delta_{2F} \\ \vdots \\ \Delta_{nF}\end{bmatrix}=\begin{bmatrix}\Delta_1 \\ \Delta_2 \\ \vdots \\ \Delta_n\end{bmatrix} \tag{7-15}$$

以上各式关键是计算系数 δ_{ij} 和Δ_{iF}，采用前述积分法或叠加法进行计算时不是很简便，特别是对于复杂的超静定结构问题更是如此，因此，本教材在能量法一章中再介绍高次超静定结构问题各系数的简便计算方法。式(7－15)的系数仍然满足：$\delta_{ij}=\delta_{ji}$，即系数矩阵是对称矩阵。

小　结

1. 梁弯曲时有两种变形：一是梁轴线上各点的挠度，二是梁截面的转角。梁变形后轴线的方程 $w=w(x)$称为梁的挠度方程或挠曲线方程；梁截面的转角随轴线坐标 x 变化的函数 $\theta=\theta(x)$称为梁的转角方程或转角函数。挠度一般以向上为正，向下为负；转角以逆时针转向为正，顺时针转向为负。

2. 梁的变形亦即挠度和转角，实质上指的是梁的位移。挠度是梁轴线上各点变形后在竖直方向的线位移，而转角是梁截面在变形后转动的角度，即是梁截面的角位移。梁的变形和梁的位移(挠度和转角)之间有联系也有区别，通常的情况是梁(或梁段)如果存在变形，则梁(或梁段)一般存在挠度和转角。梁(或梁段)如果存在挠度和转角，则梁(或梁段)可能并不存在变形。

3. 梁的挠度和转角之间在小变形条件下存在关系：$\theta=w'(x)$，即梁的挠曲线方程的导数等于梁的转角函数。

4. 在线弹性小变形条件下，梁挠曲线的近似微分方程为：$w''(x)=\dfrac{1}{\rho(x)}=\dfrac{M(x)}{EI}$。$EI$ 称为梁的抗弯刚度。

5. 积分法计算梁的变形：根据梁挠曲线的近似微分方程，当$\dfrac{M(x)}{EI}$在梁中是单一函数时，$\theta(x)=\int\dfrac{M(x)}{EI}\mathrm{d}x+C$，$w(x)=\iint\dfrac{M(x)}{EI}\mathrm{d}x\mathrm{d}x+Cx+D$，待定常数 C，D 可根据梁的约束条件确定。当$\dfrac{M(x)}{EI}$在梁中是分段函数时，$\theta_i(x)=\int\dfrac{M_i(x)}{E_iI_i}\mathrm{d}x+C_i$，$w_i(x)=\iint\dfrac{M_i(x)}{E_iI_i}\mathrm{d}x\mathrm{d}x+C_ix+D_i\ (i=1,2,\cdots,n)$。待定常数 C_i，$D_i\ (i=1,2,\cdots,n)$ 可根据梁的约束条件和连续性条件确定。

6. 叠加原理：在线弹性小变形条件下，任何因素引起的梁的内力、应力以及变形均是可以叠加的。

7. 叠加法计算梁的变形：在线弹性小变形条件下，任何因素引起的梁的挠度和转角均是可以叠加的。因此，任何复杂梁的变形可分解或简化为一些简单梁的变形的叠加。需要注意的是，叠加法应用的前提是必须知道一些简单梁的变形结果。

叠加法计算梁的变形的主要技巧：一是载荷的分解或重组；二是逐段刚化法；三是充分利用结构的对称性和反对称性；四是利用梁在某些特殊点处变形的特点对梁进行简化。

8. 梁的刚度条件：$w_{\max}\leqslant[w]$，$\theta_{\max}\leqslant[\theta]$。刚度条件有三个方面的应用，即校核刚度、计算许可载荷和计算许可截面尺寸。

9. 简单超静定梁问题的解法：在超静定梁的多余约束处应用叠加法，列出多余约束处梁变形的协调方程 $\Delta_{1X}+\Delta_{1F}=\Delta_1$ 或 $\delta_{11}X_1+\Delta_{1F}=\Delta_1$(正则方程)，可直接求解多余约束处的未知反力 X_1。从而可按前述各部分内容，计算梁的内力、应力与强度以及变形与刚度等问题。

10. 梁弯曲的主要公式如下：

	内力	应力	强度
梁的弯曲	$F_s=F_s(x)$ $M=M(x)$	$\sigma(x,y)=-\dfrac{M(x)y}{I_z}$ $\tau(x,y)=\dfrac{F_s(x)S'(y)}{bI_z}$	$\sigma_{\max}=\left\|\dfrac{M(x)}{W_z(x)}\right\|_{\max}\leqslant[\sigma]$ $\tau_{\max}=k\left\|\dfrac{F_s(x)}{A(x)}\right\|_{\max}\leqslant[\tau]$
	变形	刚度	超静定
梁的弯曲	$\theta_i(x)=\int\dfrac{M_i(x)}{E_iI_i}\mathrm{d}x+C_i$ $w_i(x)=\iint\dfrac{M_i(x)}{E_iI_i}\mathrm{d}x\mathrm{d}x+C_ix+D_i$	$\theta_{\max}\leqslant[\theta]$ $w_{\max}\leqslant[w]$	$\Delta_{1X}+\Delta_{1F}=\Delta_1$ $\delta_{11}X_1+\Delta_{1F}=\Delta_1$

思考题七

1. 材料力学中通常用挠度和转角来度量梁的变形，这种度量能完全确定梁的变形吗？

2. 试举两个存在挠度和转角但不存在变形的梁的例子。

3. 梁的挠曲线有什么特点？存在挠度不连续的梁的例子吗？存在转角不连续的梁的例子吗？

4. 如何根据梁的弯矩和约束条件画出梁变形后挠曲线的大致形状？

5. 梁的变形与什么因素有关？如果两梁的材料和横截面尺寸相同，内力也完全一样，则两梁的变形也一定是相同的吗？

6. 载荷对称的梁，其变形在什么情况下是对称的？又在什么情况下是不对称的？

7. 对称梁和反对称梁的变形有什么特点？如何简化这两种梁？

8. 如果某梁的挠曲线是轴线坐标 x 的三次函数，则梁中存在分布载荷吗？如果是 x 的五次函数，则梁中存在什么样的分布载荷？

9. 如果仅仅将某梁的材料由铝改为钢，其他条件均不变，则梁的最大弯矩、最大应力、最大挠度和最大转角分别发生了什么样的变化？

10. 如图所示，梁中的弯矩处处相等，由$\dfrac{1}{\rho}=\dfrac{M}{EI}$可知，挠曲线的曲率处处相等，因此挠曲线应是圆弧。但若根据积分法，该梁的挠曲线方程为 $w=\dfrac{mx^2}{2EI}$，是一抛物线。如何解释其间的矛盾？又如何将两者统一起来？

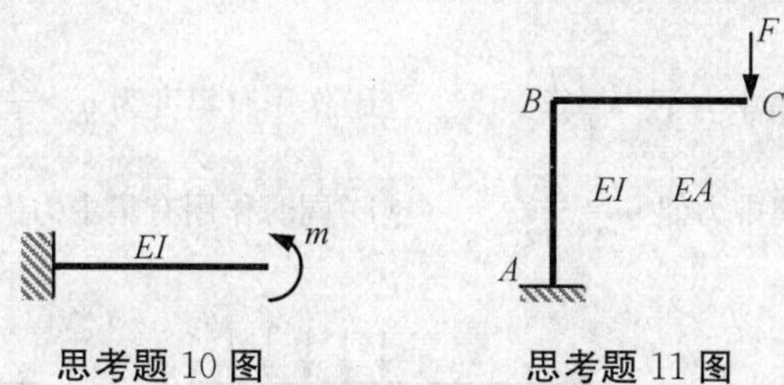

思考题 10 图　　思考题 11 图

11. 如图所示，刚架各梁的材料和截面均相同，利用叠加法分析 AB 梁弯曲、BC 梁弯曲以及 AB 梁压缩等三种变形对 C 点竖向位移的贡献比例。由此能得到什么结论？

12. 叠加原理的数学依据是什么？为什么有线弹性小变形的要求？

13. 叠加法计算梁变形的思路是什么？各种技巧的目的是什么？具体操作时应遵循什么原则？

14. 逐段刚化法是如何应用叠加原理的？该方法有什么优点和缺点？

15. 工程中常用哪些措施来提高梁的刚度？又有哪些措施可以提高梁的强度却不能明显地提高梁的刚度？

16. 简单超静定梁问题求解的思路是什么？选择静定基有什么原则？

17. 如图所示刚性地基上的梁，梁的变形是由其自重引起的，从地基上抬起的一段梁为 AB，与地基接触的点 A 处可简化为铰支座或固定端，那么这两种简化分别满足了实际情况的什么条件？又有什么条件没有满足而必须在计算时加以满足？

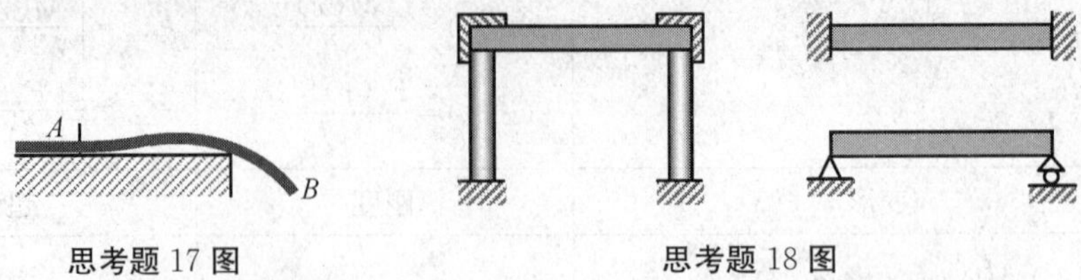

思考题 17 图　　思考题 18 图

18. 如图所示，房屋的大梁在进行设计时应简化为两端固定的梁还是两端铰支的梁？为什么？梁的实际约束情况应该是怎样的？

19. 如图所示，为增加梁的强度，可在悬臂梁的自由端增加一个弹簧支承，假若弹簧的刚度系数 k 是可调的，则梁中 A 和 B 截面上的弯矩如何变化？两截面上的弯矩的变化幅度是多大？

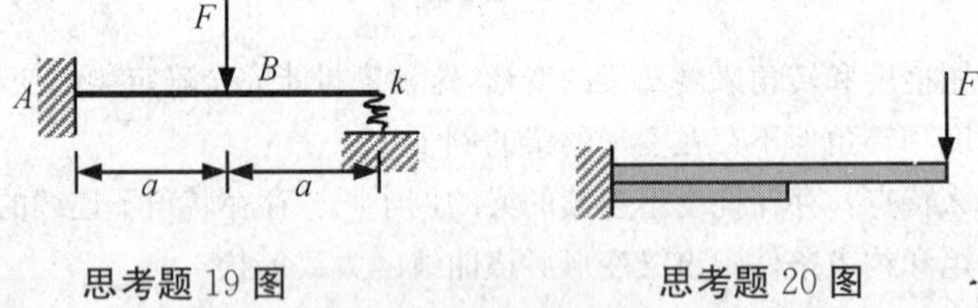

思考题 19 图　　思考题 20 图

20. 如图所示，上下两梁之间是光滑接触，当上梁加载时，是如何将载荷传递到下梁的？

习题七

一、选择题

1. 梁的变形与下述因素(　　)无关。

(A)梁材料的力学性能　　(B)梁截面的形状和大小

(C)梁截面上剪力的大小　　(D)梁的约束形式

2. 梁的剪切变形对梁的挠度和转角的影响是(　　)。

(A)没有　　(B)较小　　(C)较大　　(D)可忽略不计

3. 如图所示，某长度为 L、抗弯刚度为 EI 的悬臂梁在载荷作用下的曲率半径与梁轴线坐标 x 的关系为 $\rho=\frac{L^3}{x^2}$，则梁上(　　)。

(A)在自由端作用有集中力 $F=\frac{2EI}{L^2}$　　(B)作用有集度为 $q=\frac{2EI}{L^3}$ 的均布载荷

(C)在自由端作用有集中力偶 $m=\frac{2EI}{L}$　　(D)同时作用有集中力 $F=\frac{2EI}{L^2}$ 和均布载荷 $q=\frac{2EI}{L^3}$

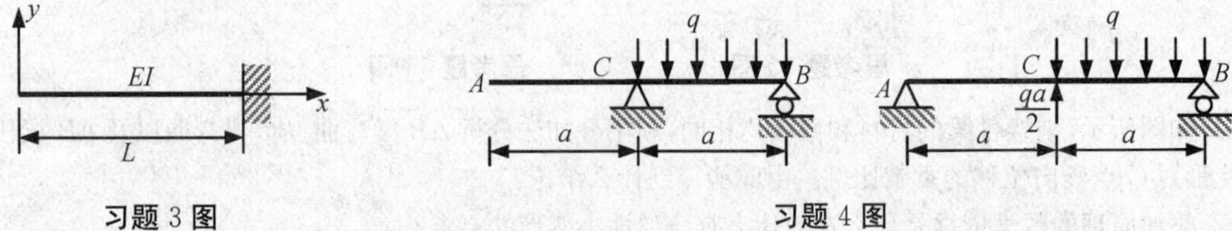

习题 3 图　　习题 4 图

4. 如图所示，两梁的抗弯刚度 EI 相同，载荷 q 相同，则关于梁的下列叙述中正确的是(　　)。

(A)两梁的内力和位移相同　　(B)两梁的内力和位移都不同

(C)两梁的内力相同，位移不同　　(D)两梁的位移相同，内力不同

5. 如图所示，外伸梁在载荷 F 作用下产生变形，则下列叙述中错误的是(　　)。

(A)BC 段梁的弯矩为零，但挠度不为零

(B)BC 段梁的弯矩为零,所以该段梁无变形

(C)BC 段梁的挠度和转角是因 AB 段梁的变形而引起的

(D)BC 段梁无载荷,所以该段梁的转角为零

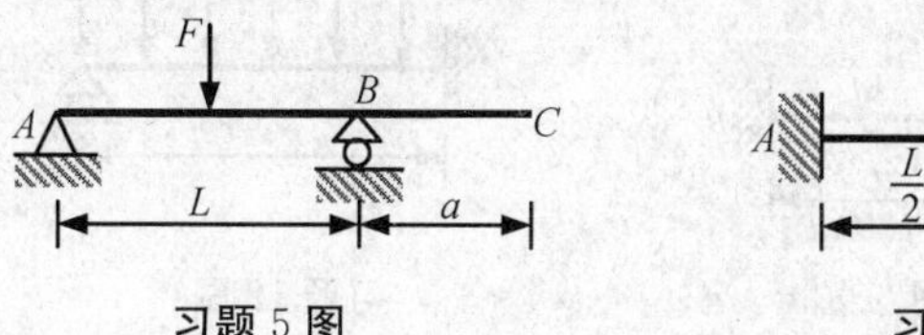

习题 5 图　　习题 6 图

6. 如图所示,悬臂梁自由端的挠度为 w_B,梁中点的挠度为 w_C,则有(　　)。

(A)$w_C=\frac{1}{2}w_B$　　(B)$w_C=\frac{5}{16}w_B$

(C)$w_C=\frac{1}{4}w_B$　　(D) $w_C=\frac{1}{8}w_B$

7. 某梁受竖向载荷作用,其截面为正方形,如图(a)所示,现将截面转动 45°,如图(b)所示,则梁的(　　)。

(A)强度提高,刚度不变　　(B)强度降低,刚度不变

(C)强度不变,刚度提高　　(D)强度不变,刚度降低

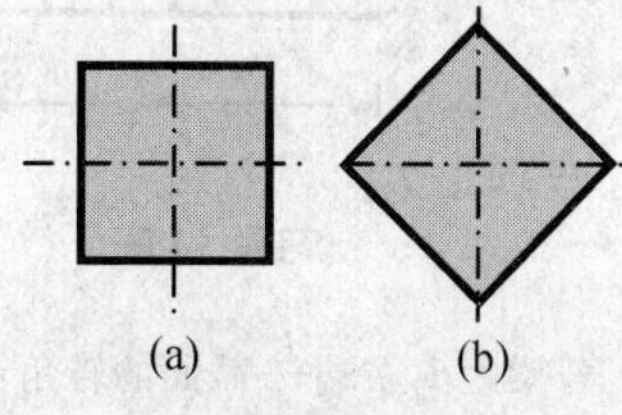

习题 7 图

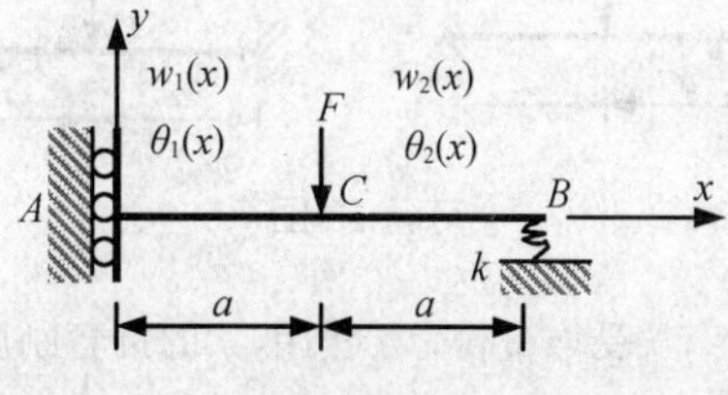

习题 8 图

8. 如图所示,梁用积分法计算其变形时,左右两段梁的挠度曲线方程和转角方程分别为 $w_1(x)$,$\theta_1(x)$和 $w_2(x)$,$\theta_2(x)$,则梁的约束条件可写为(　　)。

(A)$w_1(0)=0, w_2(2a)=\frac{F}{k}$　　(B)$w_1(0)=0, w_2(2a)=-\frac{F}{k}$

(C)$\theta_1(0)=0, w_2(2a)=\frac{F}{k}$　　(D)$\theta_1(0)=0, w_2(2a)=-\frac{F}{k}$

9. 如图所示,移动载荷 F 可在外伸梁上任意移动,则梁的最大挠度为(　　)。

(A)$w_{\max}=\frac{FL^3}{8EI}$　　(B)$w_{\max}=\frac{FL^3}{16EI}$

(C)$w_{\max}=\frac{FL^3}{32EI}$　　(D)$w_{\max}=\frac{FL^3}{48EI}$

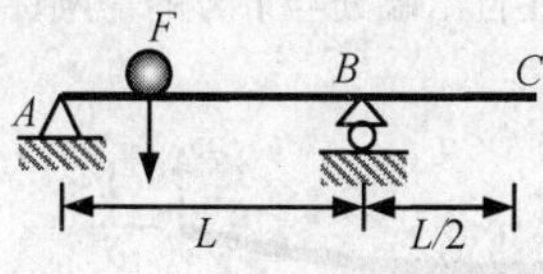

习题 9 图

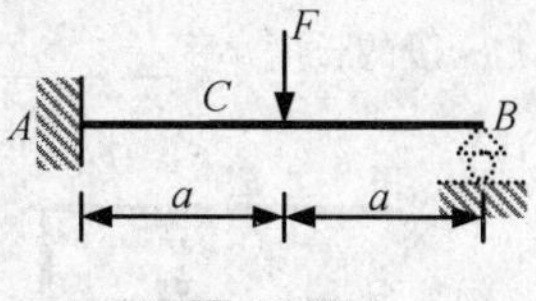

习题 10 图

10. 如图所示,当载荷作用在悬臂梁的中点时,梁的强度不够,现在梁的自由端加上一个支座,则梁的强度提高了(　　)。

(A)2 倍　　(B)$\frac{5}{2}$倍　　(C)$\frac{8}{3}$倍　　(D)3 倍

11. 如图所示，两悬臂梁在自由端用铰相连，铰处作用有集中力 F，则两梁中的最大弯矩为(　　)。

(A)$\dfrac{Fa}{3}$　　(B)$\dfrac{2Fa}{3}$　　(C)Fa　　(D)$2Fa$

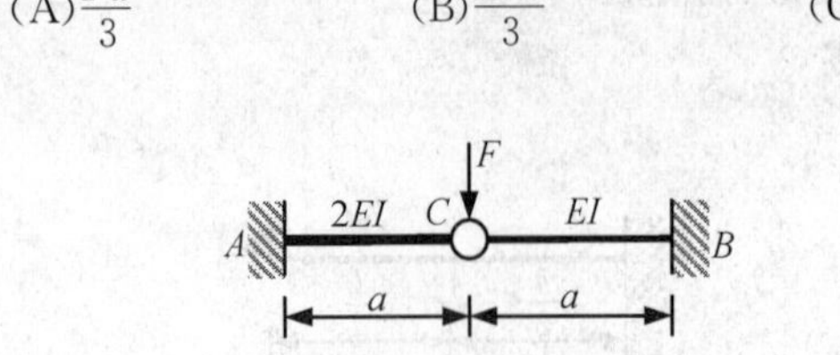

习题 11 图

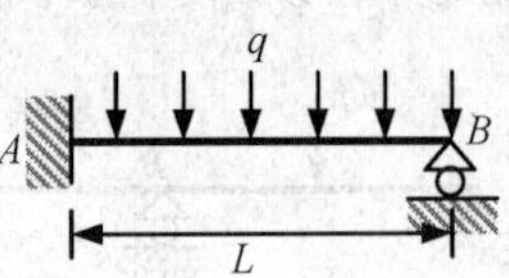

习题 12 图

12. 如图所示，矩形截面($b\times h$)梁受均布载荷 q 的作用，材料的弹性模量为 E，则该梁下缘的伸长量为：$\Delta L=$(　　)。

(A)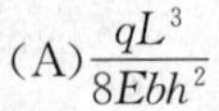$\dfrac{qL^3}{8Ebh^2}$　　(B)$\dfrac{qL^3}{4Ebh^2}$　　(C)$\dfrac{qL^3}{2Ebh^2}$　　(D)$\dfrac{qL^3}{Ebh^2}$

13. 如图所示，梁在中点受集中力作用，则梁在两端铰支以及两端固定的情况下，梁的最大挠度之比是(　　)。

(A)2　　(B)4　　(C)6　　(D)8

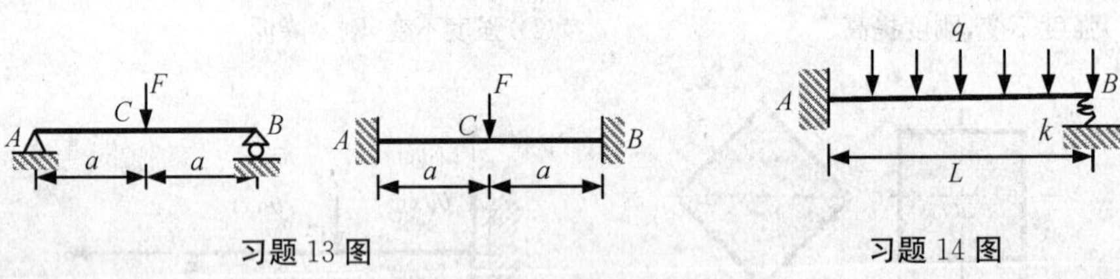

习题 13 图　　习题 14 图

14. 如图所示，梁受均布载荷 q 作用，梁的抗弯刚度为 EI。若梁距离右端$\dfrac{L}{4}$截面的转角正好为零，则梁右端弹簧的刚度系数应为(　　)。

(A)$k=\dfrac{42EI}{L^3}$　　(B)$k=\dfrac{9EI}{L^3}$　　(C)$k=\dfrac{6EI}{L^3}$　　(D)$k=\dfrac{3EI}{L^3}$

二、填空题

15. 实心圆形横截面梁承受一定的横向载荷，若将其直径增加一倍，其余条件不变，则梁横截面上的最大正应力变化到原来的_______倍，最大挠度变化到原来的_______倍。

16. 某根梁的挠曲线方程为 $w=\dfrac{qx^2}{24EI}(x^2-4Lx+6L^2)$，那么该梁在 $x=0$ 处的剪力 $F_s(0)=$_______；在 $x=\dfrac{L}{2}$ 处的弯矩 $M(\dfrac{L}{2})=$_______。

17. 长度为 L、抗弯刚度为 EI 的简支梁只在梁中点受集中力偶 m 作用，则梁中点的挠度为_______；而梁两端的转角的绝对值为_______。

18. 如图所示，长度为 L、抗弯刚度为 EI 的悬臂梁 AB 在自由端处与下方的一刚性曲拐 BCD 固接。若要使 B 点的挠度为零，则 CD 段的长度 $a=$_______。

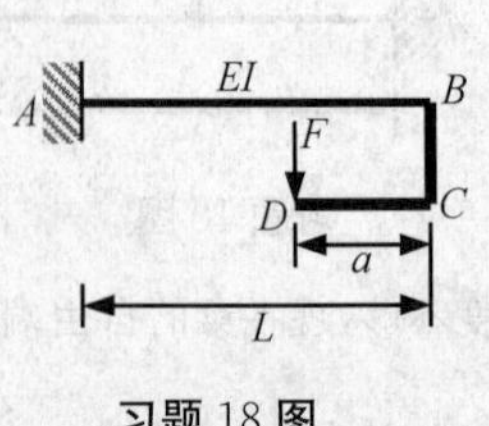

习题 18 图

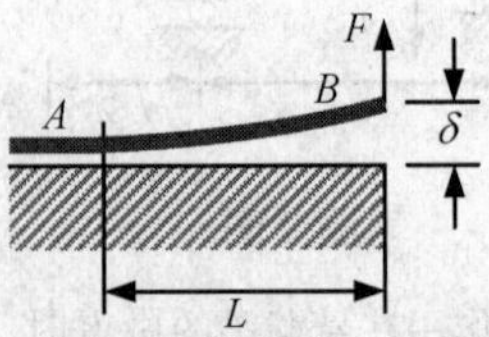

习题 19 图

19. 如图所示，刚性地面上抗弯刚度为 EI 的长梁在 B 端以一集中力向上提起，梁单位长度的重量为 q。

若梁从地面上提起的长度为 L，则梁 B 端向上提起的力 $F=$________，梁 B 端向上提起的高度 $\delta=$________。

20. 如图所示，简支梁上作用有一集中力 F，梁的抗弯刚度为 EI，则梁中点的挠度为 $w_c=$________，转角为 $\theta_c=$________。

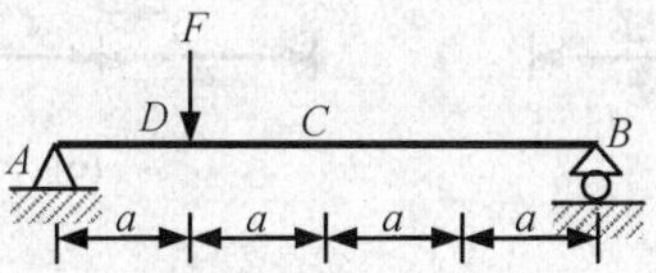

习题 20 图 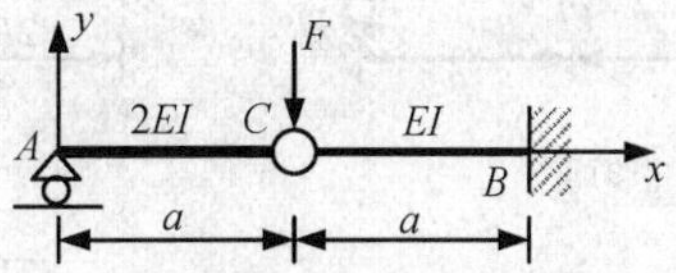　　习题 21 图

21. 如图所示中间铰梁，左梁的转角函数 $\theta(x)=$________；挠曲线方程 $w(x)=$________。中间铰处左右截面转角的突变值 $\Delta\theta=$________。

22. 如图所示，矩形截面（$b\times h$）梁在中点作用有集中力 F，右端弹簧的刚度系数 $k=\dfrac{3EI}{L^3}$，则梁中的最大弯曲正应力 $\sigma_{\max}=$________，其作用位置在________。

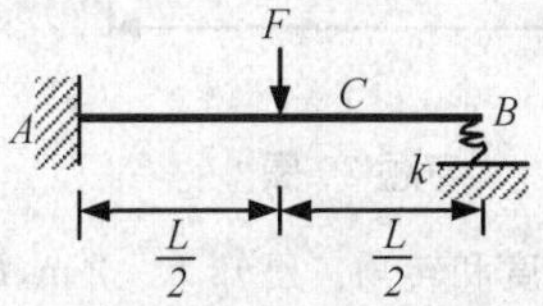

习题 22 图 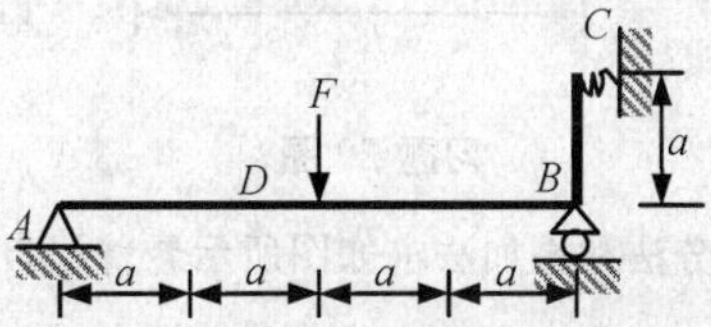　　习题 23 图

23. 如图所示刚架 ABC，BC 段的抗弯刚度远远大于 AB 段的抗弯刚度 EI，C 处弹簧的刚度系数 $k=\dfrac{3EI}{a^3}$，载荷 F 与尺寸 a 为已知，则梁中点的挠度 $w_D=$________。

24. 如图所示刚架，各段的抗弯刚度为 EI，载荷 F 与尺寸 a 为已知。若不计轴力的影响，则 C 点的竖向位移 $w_C=$________，转角 $\theta_C=$________；D 点的竖向位移 $w_D=$________，水平位移 $v_D=$________。

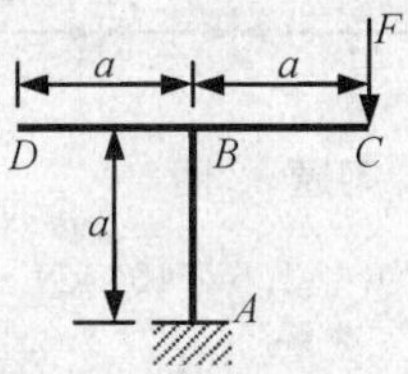

习题 24 图 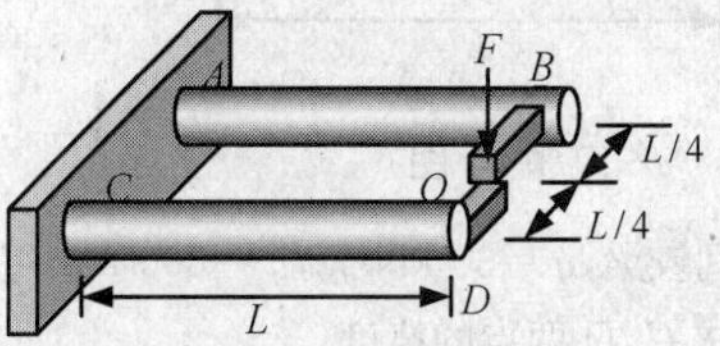　　习题 25 图

25. 如图所示结构，AB 和 CD 均为圆轴，轴的抗扭刚度与抗弯刚度间的关系为 $GI_p=0.8EI$，BO 和 DO 段可视为刚体，载荷 F 与尺寸 L 为已知，则 O 点的竖向位移为 $w_O=$________。

三、计算题（A）

26. 如图所示，各梁的抗弯刚度均为 EI，试绘出梁挠曲线的大致形状，并用积分法计算梁的最大挠度和转角。

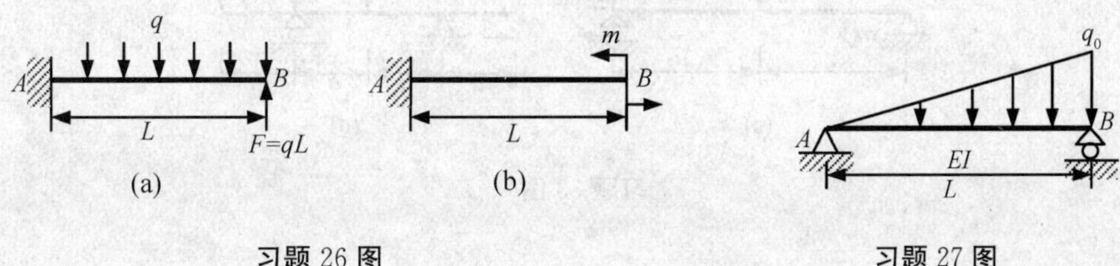

习题 26 图　　习题 27 图

27. 如图所示，梁的抗弯刚度为 EI，用积分法计算梁中点的挠度和转角。

28. 试绘出如图所示各梁挠曲线的大致形状，并用积分法计算梁的最大挠度和转角。

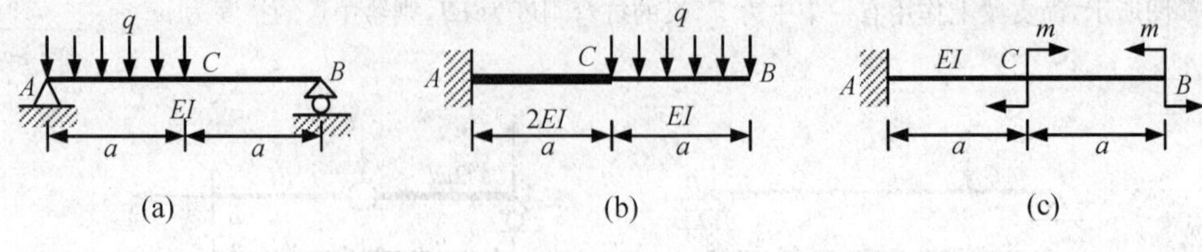

习题 28 图

29. 如图所示，长度为 L 的简支梁在两端作用有同一方向的两个力偶 m_1 和 m_2，当梁的挠曲线在距离左端$\dfrac{L}{3}$处存在一拐点(正负曲率交界点)时，比值$\dfrac{m_1}{m_2}$是多大?

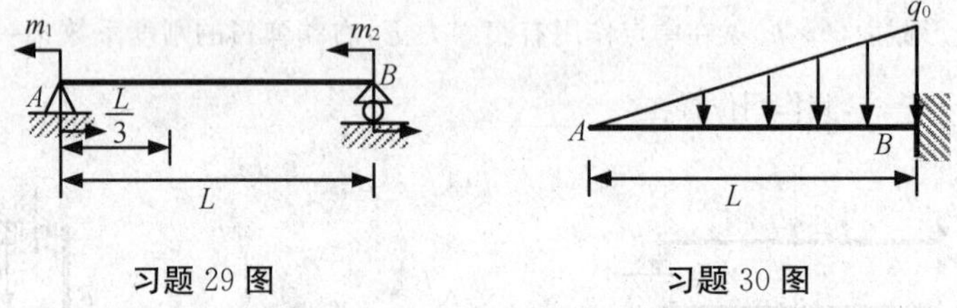

习题 29 图　　习题 30 图

30. 分别用积分法和叠加法求如图所示悬臂梁自由端的挠度和转角。已知 $L=2$ m，$EI=5\times10^5$ kN·m²，$q_0=2$ kN/m。

31. 如图所示，工字形截面悬臂梁长度 $L=6$ m，材料的许用正应力$[\sigma]=170$ MPa，许用切应力$[\tau]=100$ MPa，弹性模量 $E=200$ GPa，梁的许可挠度$[w]=L/400$。试按梁的强度条件和刚度条件选择工字钢型号。

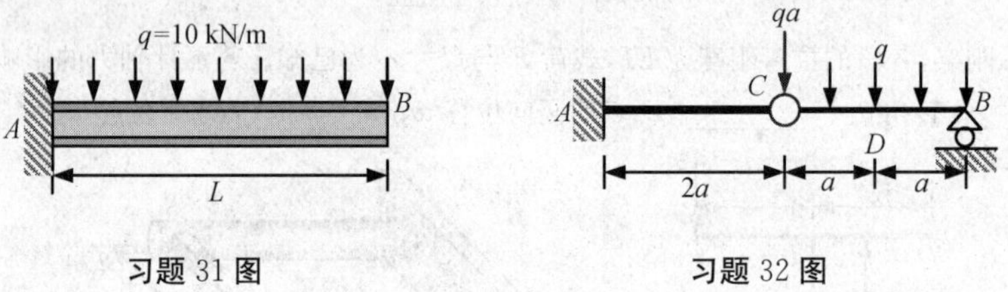

习题 31 图　　习题 32 图

32. 如图所示中间铰梁，$q=30$ kN/m，$a=500$ mm；左边梁$(EI)_1=1.5\times10^3$ kN·m²；右边梁$(EI)_2=0.5\times10^2$ kN·m²。求 C，D 两点的挠度。

33. 如图所示，各梁的抗弯刚度为 EI，试用叠加法计算梁 B 截面的转角以及 C 点的挠度。

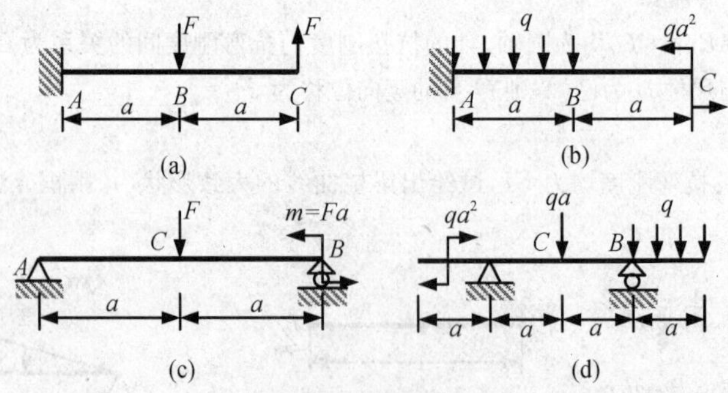

习题 33 图

34. 如图所示，各梁的抗弯刚度为 EI，试用叠加法计算梁 B 截面的转角以及 C 点的挠度。

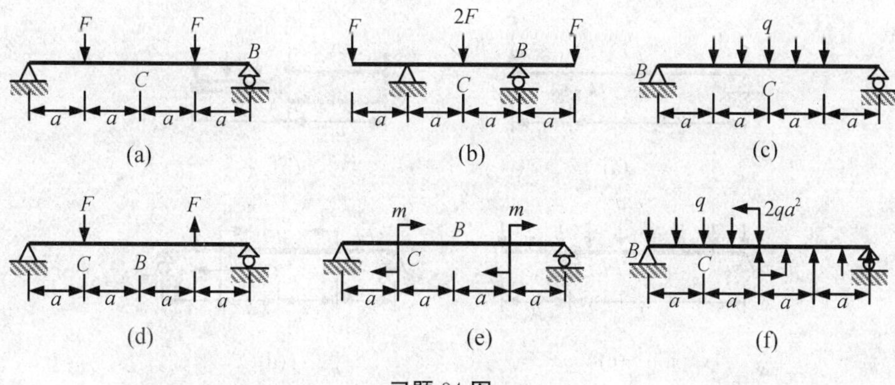

习题 34 图

35. 如图所示，各梁的抗弯刚度为 EI，拉杆的抗拉刚度为 EA，弹簧的刚度系数为 k，试用叠加法计算梁 B 截面的转角以及 C 点的挠度。

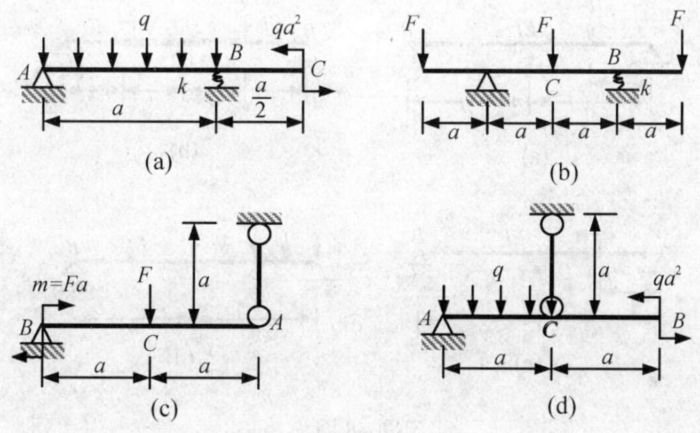

习题 35 图

36. 试用叠加法计算图示各中间铰梁 B 截面的转角以及 C 点的挠度。

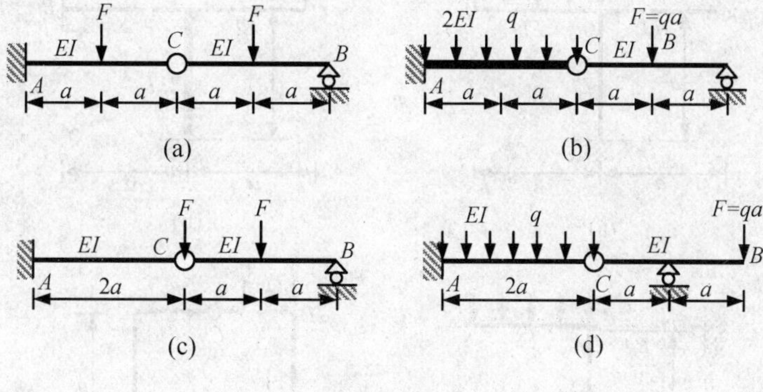

习题 36 图

37. 试用叠加法计算图示各梁 C 点的挠度。

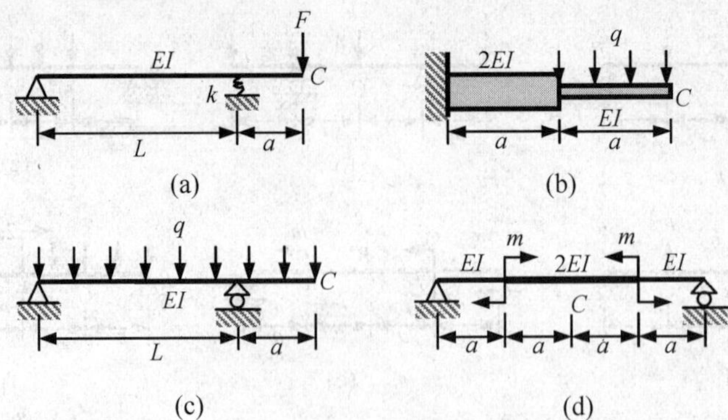

习题 37 图

38. 试用叠加法计算图示各梁 B 截面的转角以及中点 C 的挠度。

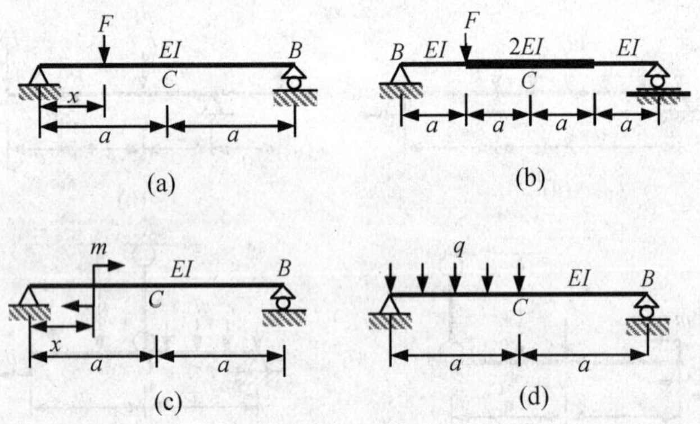

习题 38 图

39. 试用叠加法计算图示各刚架 B 截面的转角以及 C 点的挠度，不计轴力的影响。

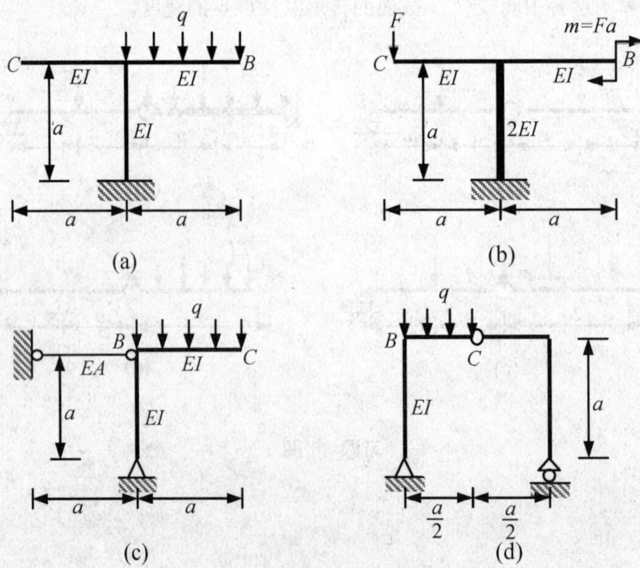

习题 39 图

40. 如图所示水平面内的直角曲拐，每根杆的直径均为 d，材料的弹性模量为 E，泊松比 $\nu=0.25$，载荷及尺寸如图所示，求自由端 C 截面的线位移和角位移。

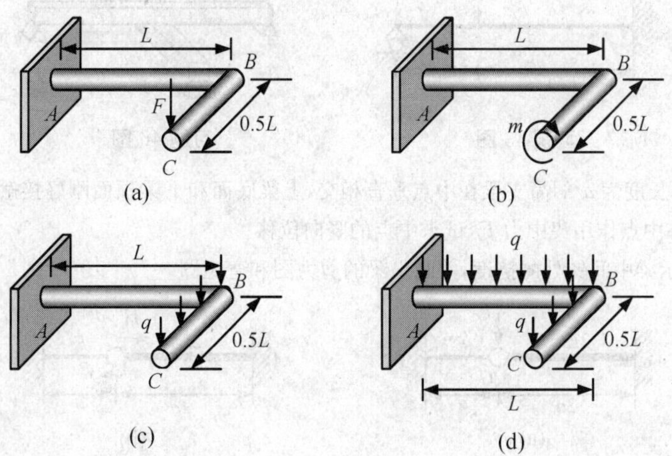

习题 40 图

41. 如图所示，电磁开关由铜片 AB 与电磁铁组成，端点 B 自由状态下与触点的间距 $\delta=2$ mm，铜片材料的弹性模量 $E=100$ GPa，横截面的惯性矩 $I=0.18\ \text{mm}^4$。为保证端点 B 与触点接触，磁铁所需最小的吸引力 F 及与铜片的间距 a 是多少？

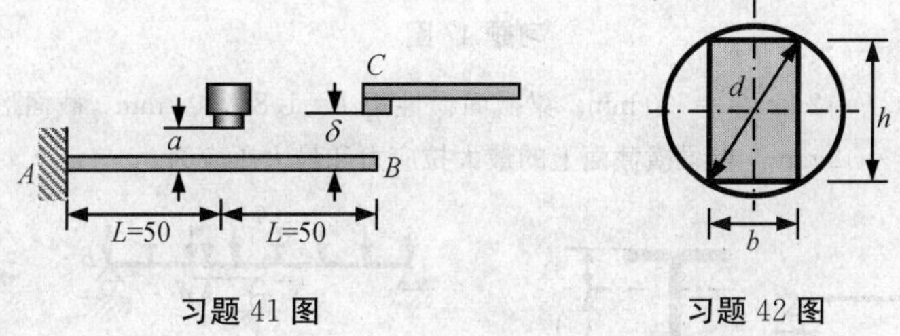

习题 41 图　　习题 42 图

42. 如图所示，将一段直径为 d 的圆木锯成一矩形截面梁，该梁的载荷沿竖直方向，要使梁具有最大的刚度，h 与 b 的比值是多少？分析此时梁的强度，与梁具有最大强度情况比较，小了多少个百分点？

43. 如图所示，长度为 L、抗弯刚度为 EI 的悬臂梁受均布载荷 q 作用，梁下面靠有一半径为 R 的刚性圆柱，$R \gg L$。

(1)求梁自由端的挠度；

(2)在不考虑剪力的情况下，分析圆柱对梁的支反力。

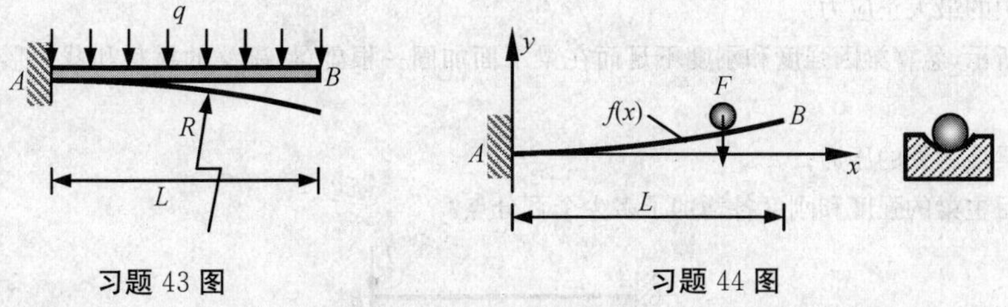

习题 43 图　　习题 44 图

44. 如图所示，抗弯刚度为 EI 的悬臂梁，其截面带有一光滑凹形槽并放置有重量为 F 的球体，要使球放在梁上任意位置都不沿轴向滚动，梁轴线应预先制成什么样的曲线？

45. 画出如图所示梁的剪力图和弯矩图。

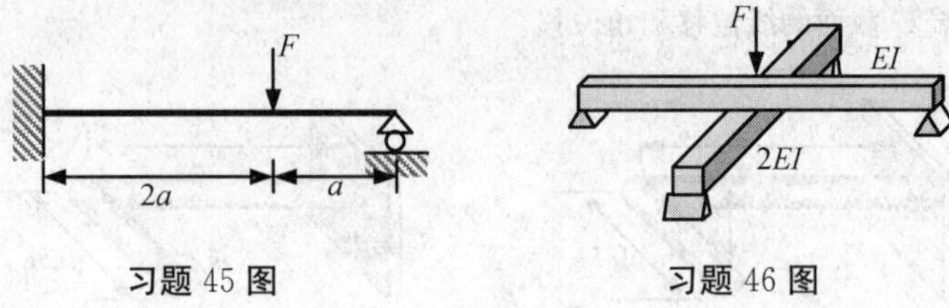

习题 45 图　　习题 46 图

46. 如图所示，两长度为 a 的简支梁在中点垂直相交，上梁底面和下梁顶面刚好接触，上下梁的抗弯刚度分别为 EI 和 $2EI$，在中点作用集中力 F，试求中点的竖向位移。

47. 计算如图所示梁中间铰处的挠度，并画出梁的剪力图和弯矩图。

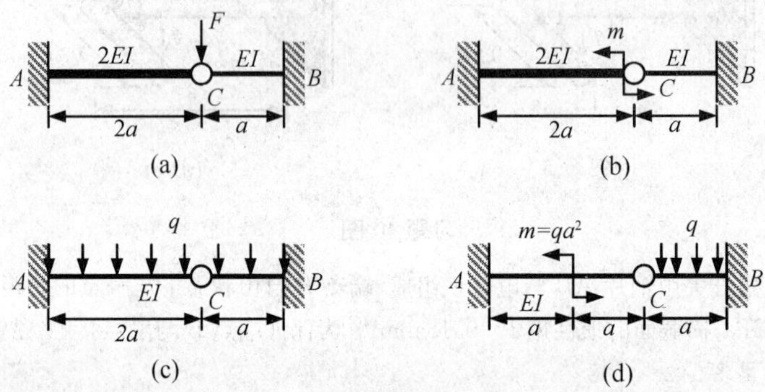

习题 47 图

48. 如图所示梁中，$F=2$ kN，$a=500$ mm。梁截面惯性矩 $I=1.8\times10^5\ \mathrm{mm}^4$，截面形心距离上边沿 $y_1=22$ mm，距离下边沿 $y_2=42$ mm。求梁横截面上的最大拉应力和最大压应力。

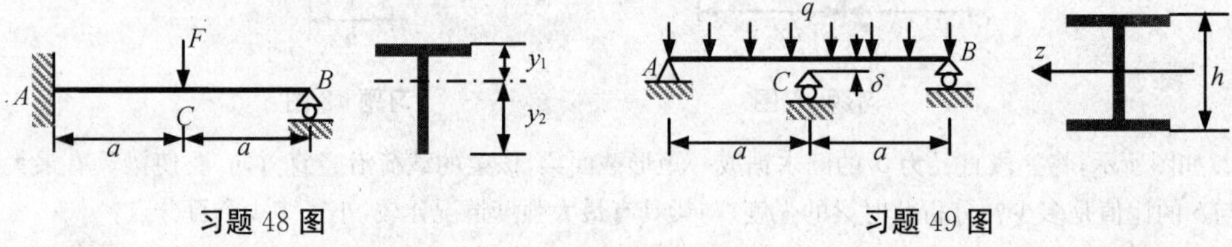

习题 48 图　　习题 49 图

49. 钢制工字形截面简支梁如图所示。已知 $q=24$ kN/m，$a=4$ m，$E=200$ GPa，$I=267\times10^6\ \mathrm{mm}^4$，$h=400$ mm。未加载时梁与下面的移动铰支座间的间距 $\delta=15$ mm。

(1)求加载后各支座的反力；

(2)画出梁的弯矩图；

(3)求梁中的最大正应力。

50. 如图所示，悬臂梁因强度和刚度不足而在梁下面加固一根副梁，副梁的材料和截面形状大小与主梁相同。

(1)求两梁接触处的压力；

(2)加固后主梁的强度和刚度各增加了多少个百分点？

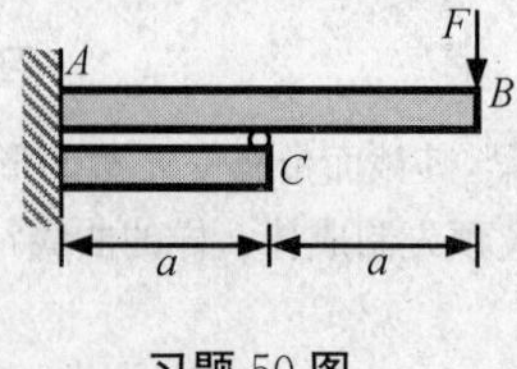

习题 50 图

51. 如图所示，长度为 $2a$、直径为 d 的圆形截面悬臂梁在自由端支有一弹簧。弹簧的刚度系数为 $k=\xi\dfrac{EI}{a^3}$，这里 ξ 为一系数，E 为材料的弹性模量，I 为截面的惯性矩。

(1)试求梁中的最大正应力；

(2)分析和讨论当系数 $\xi\in[0,\infty)$ 时梁中的最大正应力的变化情况。

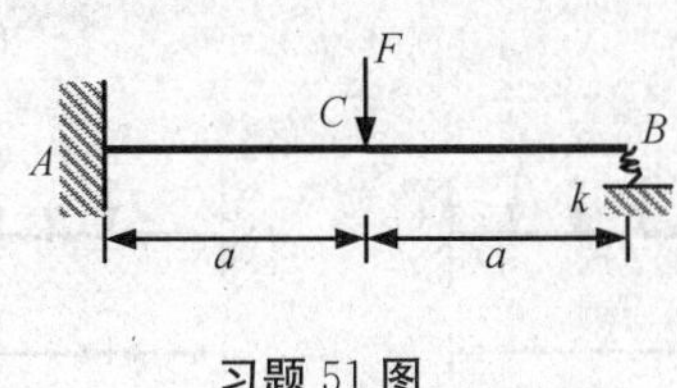

习题 51 图

52. 如图所示，长度为 $2a$、直径为 d 的圆形截面悬臂梁在自由端下面距离 $\delta=\dfrac{Fa^3}{3EI}$ 处有一弹簧，弹簧的刚度系数为 $k=\dfrac{3EI}{a^3}$，这里 E 为材料的弹性模量，I 为截面的惯性矩。

(1)试求弹簧分担了多大的力？

(2)求梁中的最大正应力。

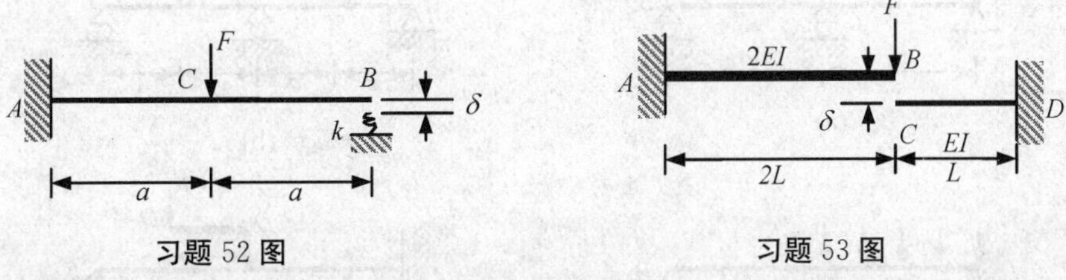

习题 52 图　　习题 53 图

53. 如图所示，两悬臂梁在自由端处存在竖直方向的一个间隙 $\delta=\dfrac{FL^3}{3EI}$。

(1)试求右梁自由端处的挠度；

(2)画出力作用点处在整个加载过程中的竖向位移与载荷之间的关系曲线。

54. 如图所示，两端固定的梁受均布载荷 q 作用，梁的抗弯刚度为 EI。

(1)求梁在固定端的支反力；

(2)求梁的最大弯矩。

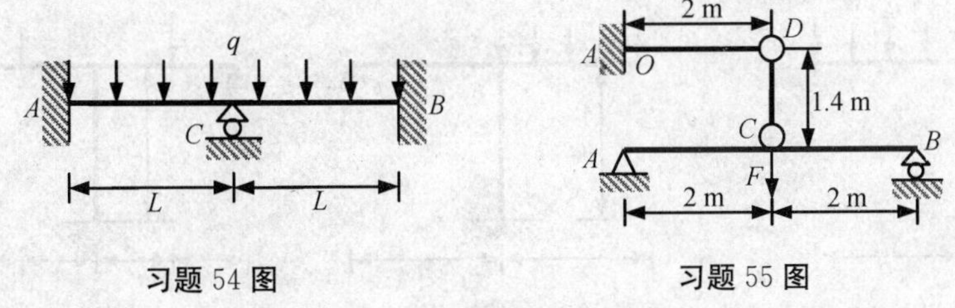

习题 54 图　　习题 55 图

55. 如图所示，结构中上下两梁均由 No. 18 号工字钢制成，竖杆是直径 $d=20$ mm 的钢杆，各杆材料的弹性模量 $E=200$ GPa，载荷 $F=30$ kN，不计各杆的重量。

(1)计算各杆横截面上的最大正应力；

(2)计算下梁中点的竖向位移。

56. 求如图所示两端固定梁的最大挠度,各梁的抗弯刚度均为 EI。

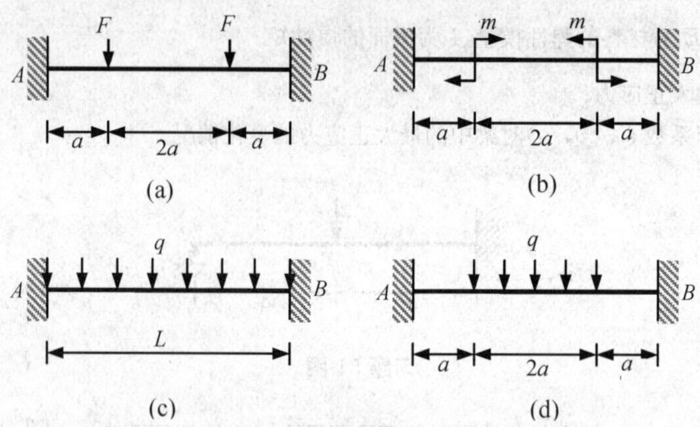

习题 56 图

57. 求如图所示各梁的支反力,并画出其剪力图和弯矩图。各梁的抗弯刚度均为 EI。图(d)中 CDO 是刚性支架。

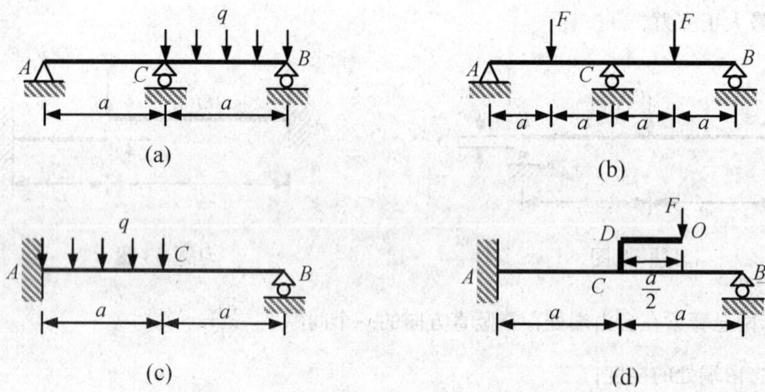

习题 57 图

58. 如图所示,刚架中各梁的抗弯刚度均为 EI,弹簧的刚度系数为 $k=\xi\frac{EI}{a^3}$,在不计轴力的影响条件下,试计算刚架的支反力,并讨论当 $\xi\in[0,\infty)$ 时弹簧支承处的约束反力的变化情况。

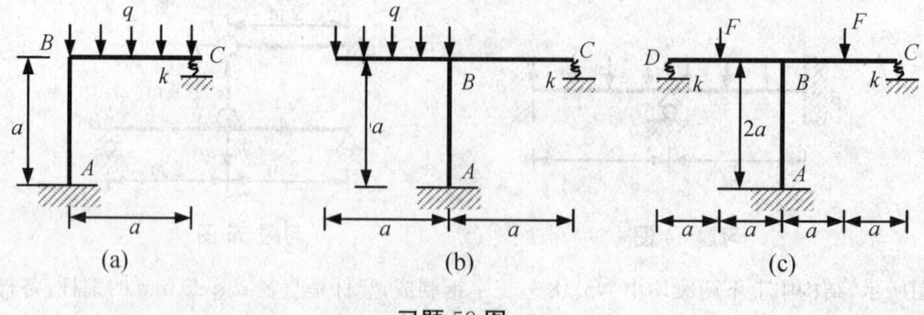

习题 58 图

四、计算题(B)

59. 如图所示，简支梁受移动载荷 F 作用，梁的抗弯刚度均为 EI。当载荷作用在任意位置时，试用叠加法计算梁的最大挠度以及其所在的位置。

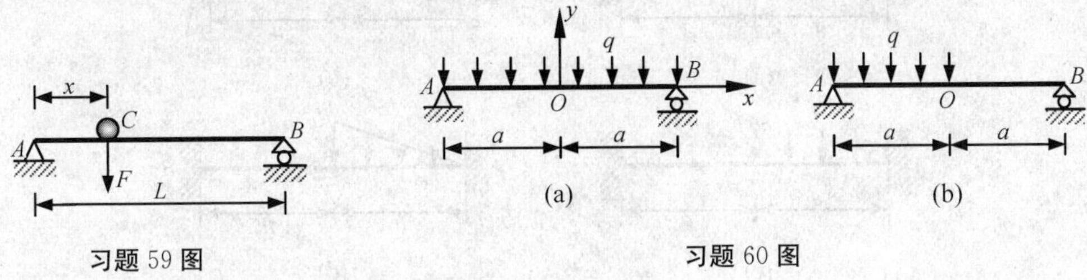

习题 59 图　　习题 60 图

60. 如图(a)所示，简支梁受均布载荷 q 作用，梁的抗弯刚度为 EI。

(1)试用叠加法求梁的挠曲线方程；

(2)依据该结果计算图(b) 所示简支梁的最大挠度及其产生的位置。

61. 如图所示，移动载荷 F 作用下的梁，梁的抗弯刚度为 EI。

(1)当载荷作用在距固定端任意位置 x 处时，试求梁的最大挠度及其产生的位置；

(2)载荷作用在什么位置时对梁的强度最不利?

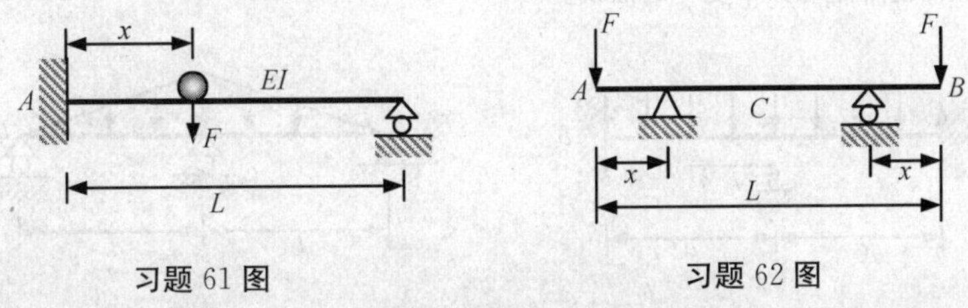

习题 61 图　　习题 62 图

62. 如图所示，外伸梁的抗弯刚度为 EI，在梁的两端作用有集中力 F。

(1)当 $\frac{x}{L}$ 为多大时，梁中点的挠度与自由端的挠度在数值上相等?

(2)当 $\frac{x}{L}$ 为多大时，梁中点的挠度最大?

63. 如图所示简支梁中，BC 段为刚体，求梁中的最大挠度以及 A，B 两截面的转角。

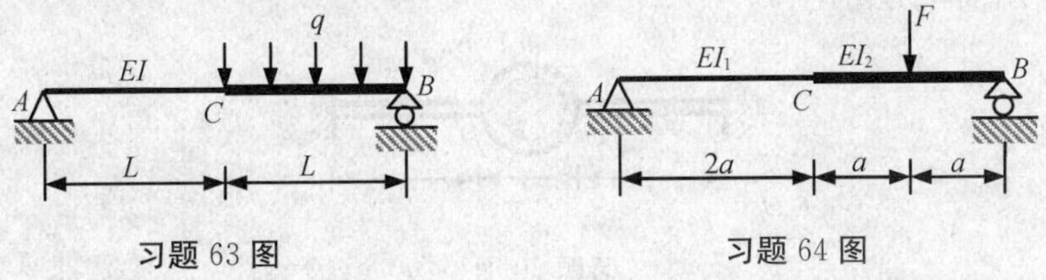

习题 63 图　　习题 64 图

64. 如图所示简支梁中，最大挠度产生在中点 C 处，试求 AC 段和 CB 段梁的抗弯刚度之比。

65. 如图所示简支梁中，CD 段为刚体，梁中点 O 处有一集中力偶 m 作用，求梁中点 O 截面的转角。

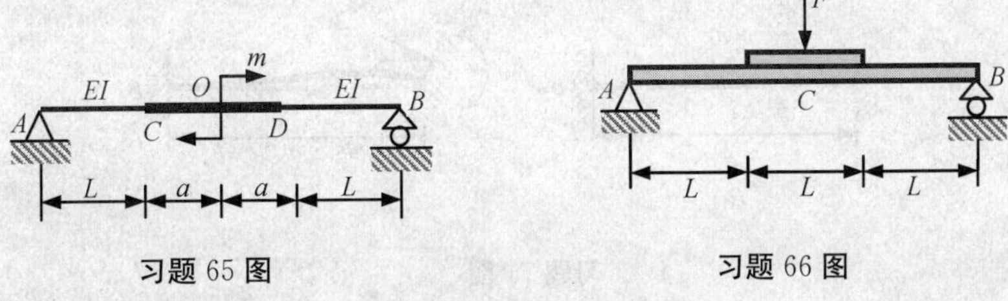

习题 65 图　　习题 66 图

66. 如图所示结构中主梁和副梁的抗弯刚度均为 EI。副梁平放在主梁中部，副梁中点 C 作用有一集中力 F，若不考虑两梁间的摩擦作用，求 C 点的竖向位移。

67. 如图所示，两端固定梁的抗弯刚度均为 EI，试求梁中点 C 的挠度。

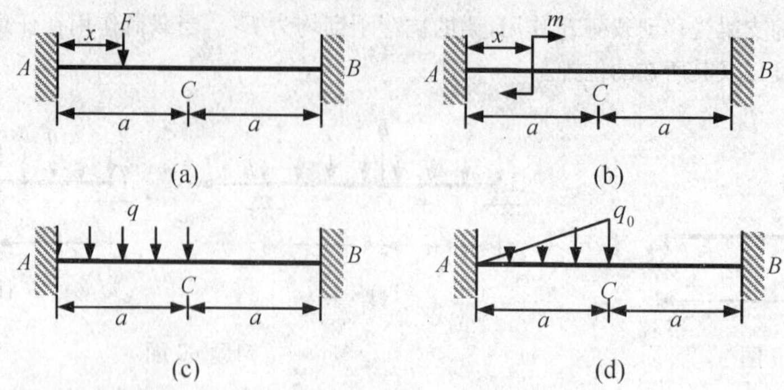

习题 67 图

68. 如图所示，两端固定梁的抗弯刚度为 EI，梁中点的下方有一刚度系数 $k=\xi\frac{EI}{a^3}$ 的弹簧，其中 $\xi\in[0,\infty)$ 为参数，弹簧与梁的间隙为 δ。

(1)求弹簧分担的力；

(2)绘出梁中点的挠度随参数 ξ 变化的曲线。

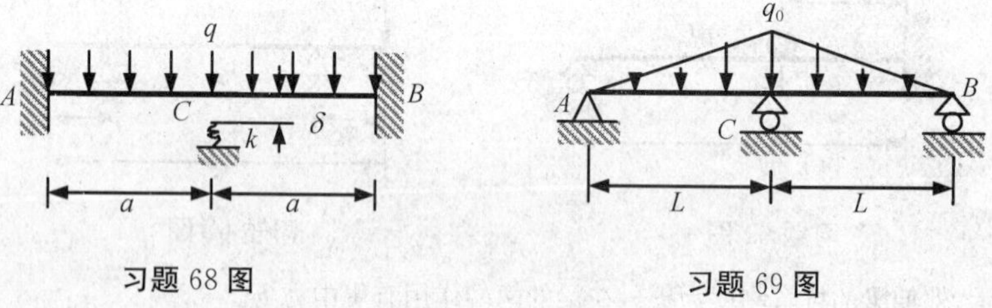

习题 68 图　　习题 69 图

69. 作如图所示梁的剪力图和弯矩图，其中梁的抗弯刚度为 EI。

70. 如图所示结构，中间是一直径为 d 的刚性圆盘，两悬臂梁在自由端与圆盘固接，两梁的抗弯刚度均为 EI，长度为 L，且 $L=2d$；圆盘上作用有一集中力偶 m。

(1)求圆盘转动的角度；

(2)作梁的剪力图和弯矩图。

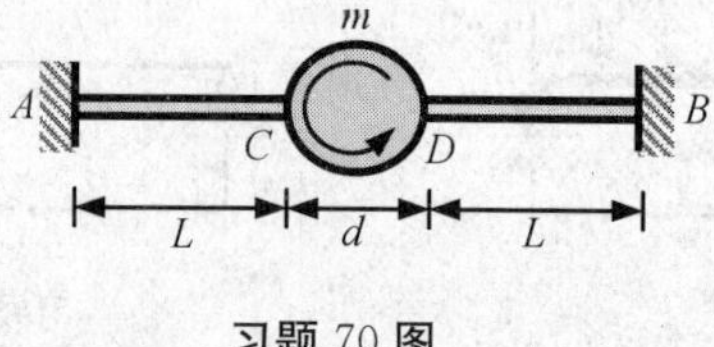

习题 70 图

71. 如图所示，两端固定梁的抗弯刚度为 EI，今将梁左端整体转动一个角度 θ，则所施加的外力偶矩 m 应为多大？此时梁两端的约束反力是多大？

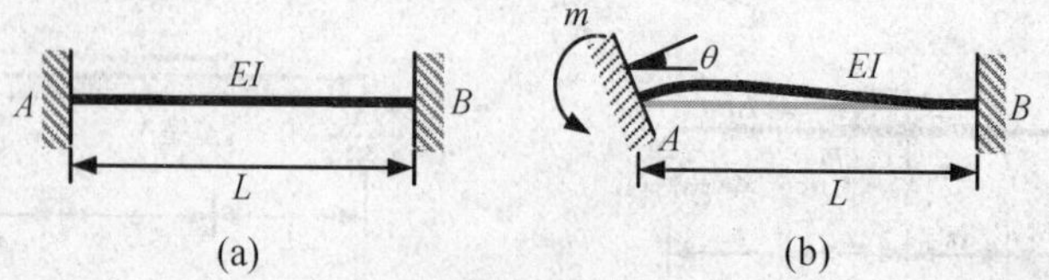

习题 71 图

72. 如图所示简支梁中，CD 段的抗弯刚度为 $2EI$，AC 及 DB 段的抗弯刚度为 EI，梁受均布载荷 q 作用，梁下有一刚性平台，与梁的间隙为 δ。

(1)若梁的中点刚好与平台接触，则 δ 的值是多少？

(2)若 CD 段梁正好与平台接触，则 δ 的值是多少？这时平台分担了多大的载荷？

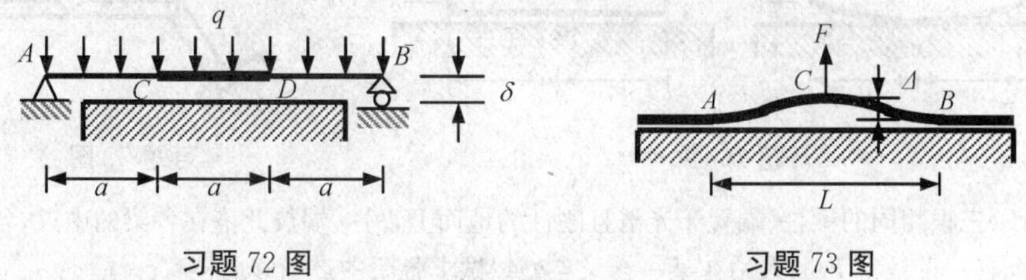

习题 72 图　　　　习题 73 图

73. 如图所示，抗弯刚度为 EI、单位长度重量为 q 的长梁放置于刚性地面，用力 F 将梁向上提起，求梁提起的长度 L 以及提起的高度Δ 。

74. 如图所示，悬臂梁受均布载荷 q 作用，梁长为 L，抗弯刚度为 EI。梁下有一刚性平台，与梁的间隙为 δ，平台边缘距梁固定端距离为 a。

(1)求梁与平台接触的位置；

(2)要使梁具有最大的强度，平台向上应抬升到什么位置？

(3)分析讨论 a 在不同取值情况下对接触位置以及抬升位置的影响。

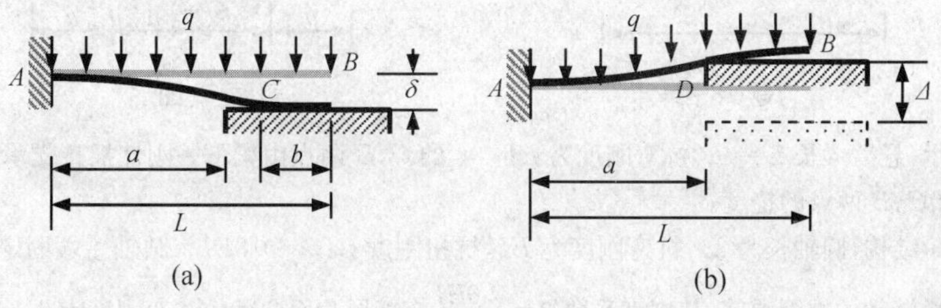

习题 74 图

75. 如图所示，左端固定的梁受均布载荷 q 作用，梁长为 L，抗弯刚度为 EI。为提高结构的承载能力，可采取适当移动右边铰支座的位置来实现。一种方法是将支座向上移动，如图(a)所示；另一种方法是将支座向左移动，如图(b)所示。

(1)试求两种方法各自支座移动距离的最佳值；

(2)定量分析哪一种方法效果更显著。

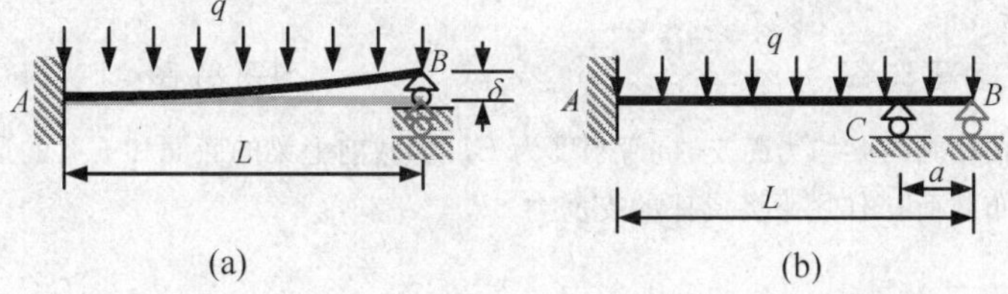

习题 75 图

76. 如图所示，长为 $2a$、抗弯刚度为 EI 的梁具有关于中点对称的初始曲率，梁放置于刚性地面上，梁端翘起的高度均为 δ。在梁两端同时加上集中力 F，此时梁正好全部与地面接触，如果将梁所受的地面反作用力视为均布载荷。

(1)求初始时梁的挠曲线方程；

(2)梁端初始翘起的高度 δ。

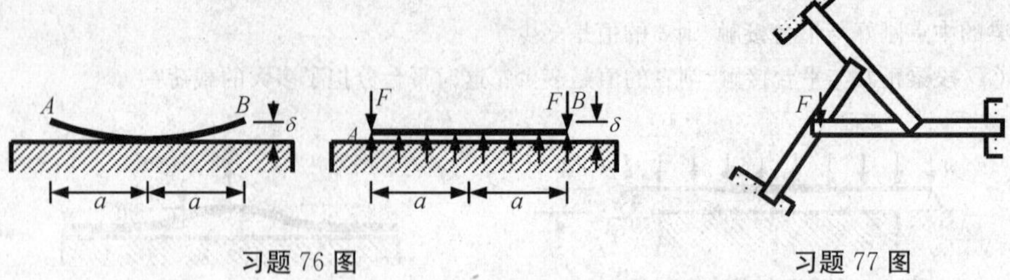

习题 76 图　　　　习题 77 图

77. 如图所示三根相同的梁，一端置于光滑且刚性的地面上，另一端彼此搭在各梁的中点，各梁长为 L，抗弯刚度为 EI；今有一重量为 F 的人站在某一交叉点处。试求各梁中点的竖向位移。

78. 如图所示，悬臂梁长为 L，抗弯刚度为 EI。在梁自由端的上方有一抗拉刚度为 EA 的拉杆，拉杆与梁之间存在一个微小的间隙 δ。现在用力将拉杆与梁自由端连接在一起，去掉外力后，拉杆中的轴力有多大？

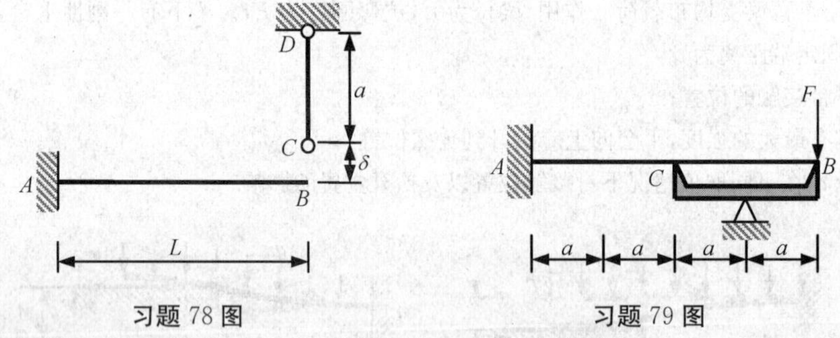

习题 78 图　　　　习题 79 图

79. 如图所示，悬臂梁长 $L=4a$，抗弯刚度为 EI。梁的 C，B 两点由梁下一刚性摇臂支承，梁在 B 点受集中力作用。试求 C，B 两点的挠度。

80. 如图所示结构，圆轴长为 $2a$，抗弯刚度为 EI，抗扭刚度 $GI_p=0.8EI$。圆轴左端固定，右端为一铰支座，同时有一阻止转动的螺圈弹簧，其刚度系数 $\beta=\dfrac{1.6EI}{a}$。矩形截面曲臂的抗弯刚度为 $0.267EI$。求曲臂自由端的竖向位移。

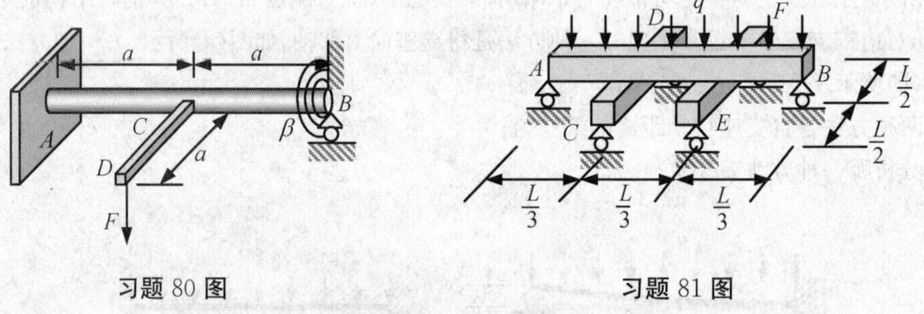

习题 80 图　　　　习题 81 图

81. 如图所示，三根相同的梁均为简支，抗弯刚度为 EI，加载前上梁的底面和下梁的顶面刚好接触但无压力作用。求上梁在均布载荷 q 作用下各支座的支反力。

82. 如图所示，闭合刚架用截面边长为 a 的正方形钢条制成，材料的弹性模量为 E，载荷如图所示。不计轴力的影响，求刚架中的最大正应力。

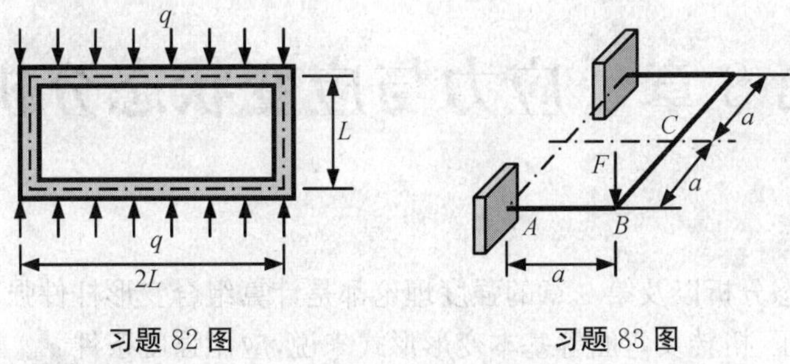

习题 82 图　　习题 83 图

83. 如图所示，刚架的抗弯刚度为 EI，抗扭刚度 $GI_p=0.8EI$。试求中间截面 C 处的内力和挠度。

84. 如图所示，刚架的抗弯刚度为 EI，其自由端的位移与作用力 F 的方向一致。不计轴力的影响，试求角度 α 的值。

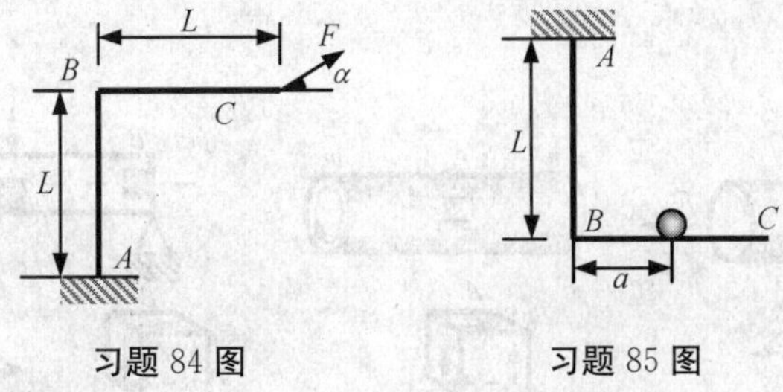

习题 84 图　　习题 85 图

85. 如图所示，刚架的抗弯刚度为 EI，重量为 G 的钢球与梁的静摩擦系数为 μ。求使钢球滚动的最小距离 a 的值。

86. 如图所示，两根长为 L、直径为 d 的圆杆一端固接在固定端 O_1O_2 上，另一端扭转 φ_0 角度后焊接在刚性板 AB 上，刚性板的 A 端连接在一固定铰上而 B 端自由，然后去掉载荷。材料的弹性模量为 E，泊松比为 ν。求刚性板 B 端的位移 w_B。

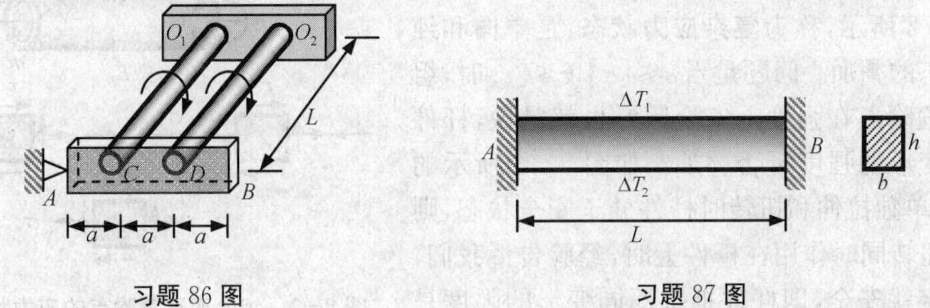

习题 86 图　　习题 87 图

87. 如图所示，长度为 L 的矩形截面（$b\times h$）梁的两端固定在两刚性板上，梁内无初应力。现梁的温度升高，上沿升高了 ΔT_1，下沿升高了 ΔT_2，且 $\Delta T_1>\Delta T_2$，温度沿梁的高度线性变化，材料的弹性模量为 E，线膨胀系数为 α。求刚性板对梁的约束反力。

88. 如图所示，双金属控温片的横截面均是宽度为 b、高度为 h 的矩形，上下两片牢固粘合，其材料的弹性模量和线膨胀系数分别为 E_1,α_1 和 E_2,α_2，且 $\alpha_1>\alpha_2$。求当温度升高 ΔT 时控温片自由端的挠度。

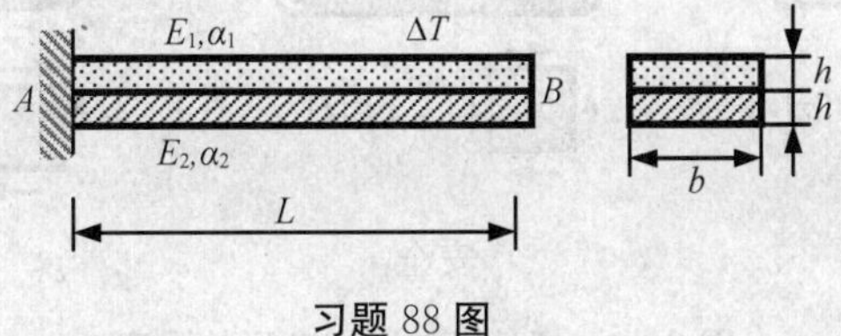

习题 88 图

第 8 章　应力与应变状态分析

应力与应变状态分析以及第 9 章的强度理论都是计算组合变形杆件强度的预备知识。

对于杆件的拉压、扭转及弯曲等基本变形形式来说，应用强度条件 $\sigma_{\max}\leqslant[\sigma]$ 或 $\tau_{\max}\leqslant[\tau]$ 即可判别杆件在强度上的安全性。实质上，按材料力学的强度观点，这里判别的是杆件危险点的强度，即杆件危险点安全则整个杆件也安全，而危险点不安全则整个杆件也不安全。如图 8-1 所示，基本变形危险点的应力状态要么是单向应力状态，要么是纯剪应力状态，它们称为**简单应力状态**。

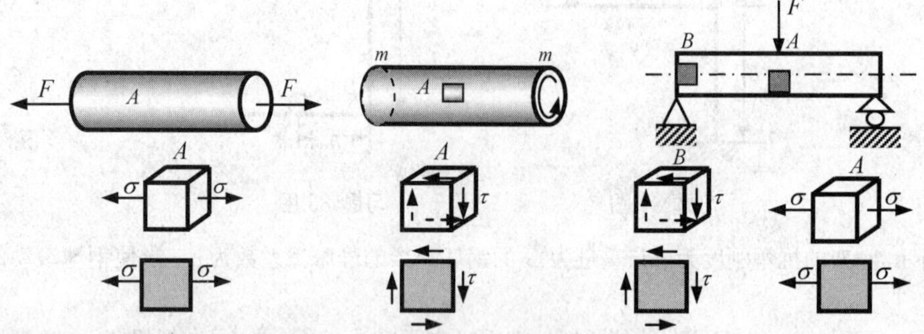

图 8-1　基本变形危险点的应力状态

对于一般的组合变形杆件，其危险点的应力状态如图 8-2 所示，称为**复杂应力状态**，是单向和纯剪应力状态的叠加。问题是当 $\sigma\leqslant[\sigma]$，$\tau\leqslant[\tau]$ 时，组合变形的危险点在强度上安全吗？也就是说，杆件抵抗不同变形的强度可否叠加？如图 8-3 所示的杆件，如果单独拉伸和扭转时杆件处于安全状态，则当拉伸和扭转同时作用在杆件上时，经验告诉我们，杆件不一定就安全，即杆件抵抗不同变形的强度是不能叠加的。所以，材料力学必须回答组合变形杆件的危险点在什么情况下安全，又在什么情况下不安全。为此，材料力学必须首先分析危险点处不同方位的应力和应变情况，也就是进行应力和应变状态分析。

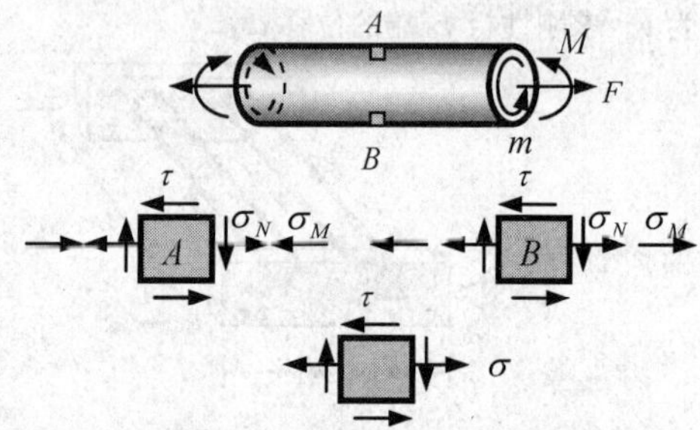

图 8-2　组合变形危险点的应力状态

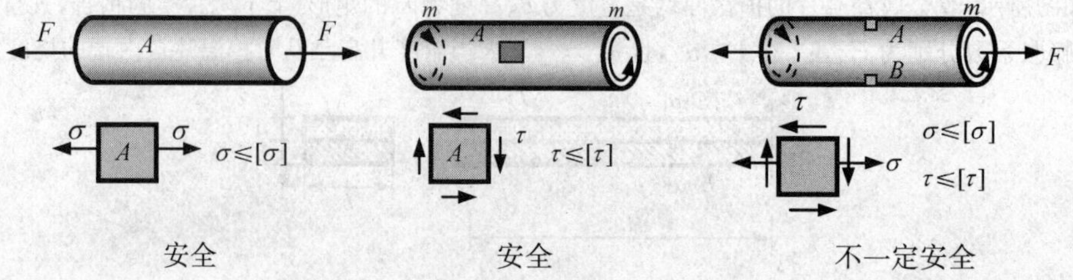

图 8-3　杆件抵抗不同变形的强度

另外，即使是简单应力状态，杆件的破坏情况也不尽相同。如图 8－4 所示，对脆性材料来说，压缩和扭转的破坏是在与轴线成 45° 的面上破坏，而塑性材料则在横截面上破坏，所以杆件的破坏很多时候与斜方位的应力有关。因此，为了解杆件的破坏机理，必须全面分析杆件斜截面上的应力情况以及杆件各点在各个方位的应变情况。

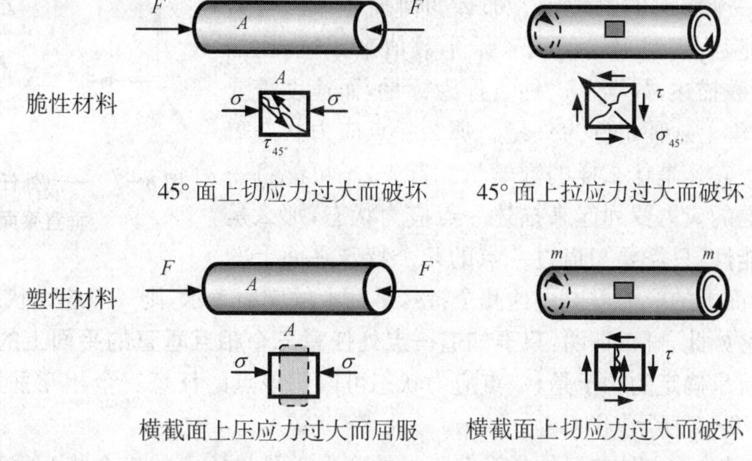

图 8－4　脆性和塑性材料的破坏

应力与应变状态分析就是分析构件中任意一点特别是危险点处各个方位的应力情况以及应变情况，目的是为判别危险点的安全性作必要的准备，在此基础上，利用第 9 章的强度理论就可分析组合变形杆件的强度。

8.1　应力状态分析

8.1.1　一点应力状态概念

由应力的定义，应力具有三个要素：一是应力作用点的位置，二是过该点哪一个截面上的应力，三是应力的大小。应力对其所作用的截面来说是一个矢量 $\boldsymbol{p}$，可分解为正应力 σ 和切应力 τ（如图 8－5 所示）。

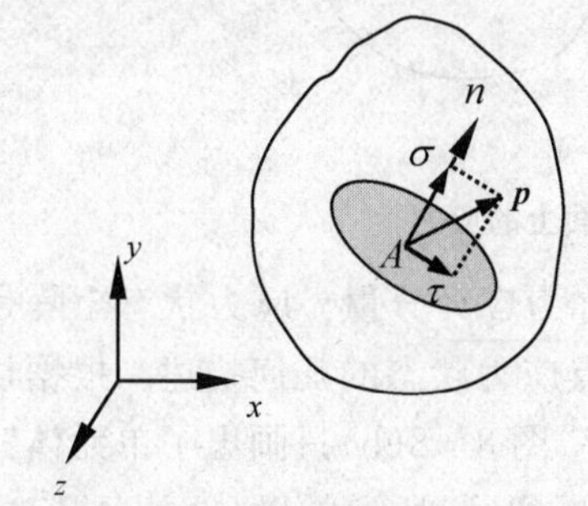

图 8－5　一点处某截面上的应力

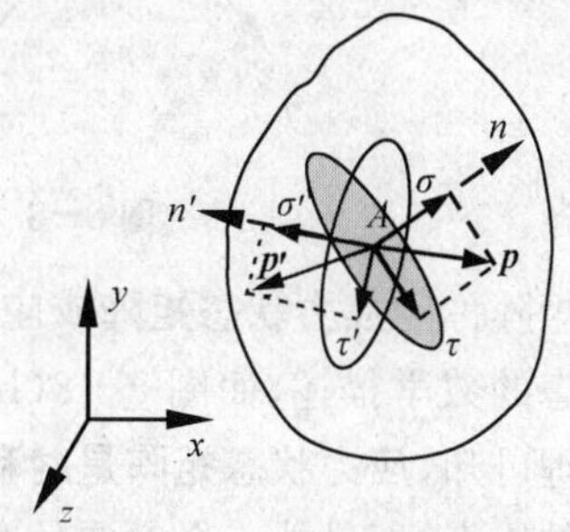

图 8－6　一点处不同截面上的应力

考察结构中的一点 A，一般情况下，过该点的不同截面上的应力是不相同的，如图 8－6 所示。那么自然要问：过该点所有的截面上的应力如何决定？又如何求出？为解决这一问题，首先定义：**结构中一点处应力情况的总和称为一点应力状态。即过一点任何截面上的应力如果**

是已知的,则称该点的应力状态是确定的或已知的,否则是未知的。

由一点应力状态的定义可知,应力状态是一点处应力的总体情况,包含了过该点的无穷多个截面上的应力情况。因此,应力状态概念比应力概念更高一个层次,也即应力状态是比应力更高一个层次的物理量。那么如何描述一点应力状态呢?很明显,物理量通常可用若干个数值来描述,比如温度,可用一个数描述,数学上这种量称为标量,而速度需要三个数描述,数学上这种量称为矢量。那么一点应力状态需要几个数描述?它又是什么样的数学量?首先,不可能将一点处每个平面上的应力罗列起来描述一点应力状态,那么是否存在这种可能性:只需要知道过一点的几个特殊平面上的应力,而其他平面上的应力可以由这几个特殊平面上的应力表示,则一点应力状态也就是确定的了。事实正是如此,可以证明:**只要知道一点处任意三个相互垂直的平面上的应力,则一点处的应力状态就是确定的**。于是,一点应力状态可以用该点的任意三个相互垂直的平面上的应力描述,如图 8-7 所示。

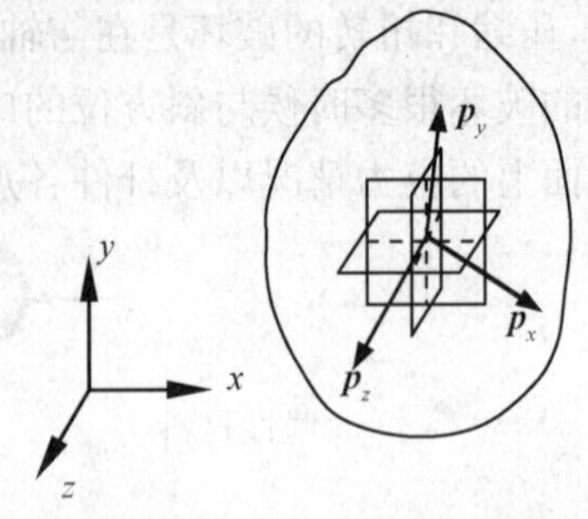

图 8-7 一点处任意三个相互垂直平面上的应力

由第 1 章可知,一点处单元体的微分面上的应力正是过该点的三个相互垂直的平面上的应力,故有如下结论:**一点应力状态可以用该点处任意一个单元体的微分面上的应力来描述**。如图 8-8 所示,由图可见,每个微分面上的应力矢量 $\boldsymbol{p}_x,\boldsymbol{p}_y,\boldsymbol{p}_z$ 等可分解成三个分量,所以,三个相互垂直的平面上的应力共有 9 个分量,这 9 个量作为一个整体即可描述一点应力状态,于是一点应力状态可用下述矩阵描述,即

$$\boldsymbol{T}=\sigma_{ij}=\begin{bmatrix}\sigma_x & \tau_{xy} & \tau_{xz}\\ \tau_{yx} & \sigma_y & \tau_{yz}\\ \tau_{zx} & \tau_{zy} & \sigma_z\end{bmatrix} \tag{8-1}$$

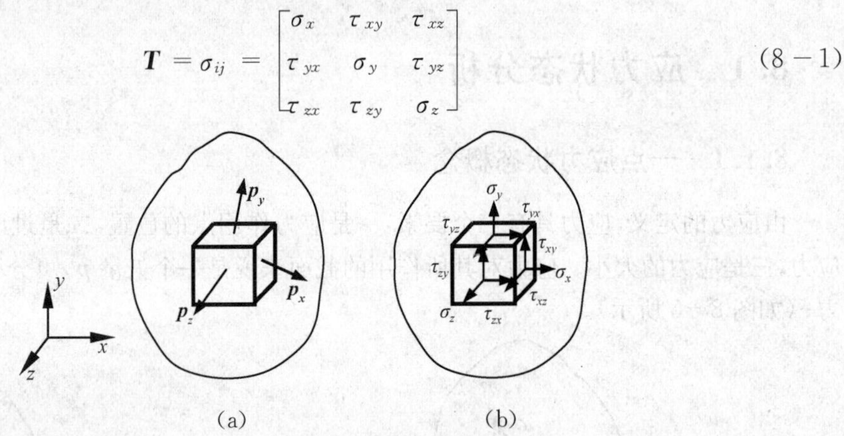

图 8-8 一点处任意单元体微分面上的应力

该矩阵称为**应力状态矩阵**或**应力张量**,矩阵中各量称为**应力分量**。应力状态矩阵是一点应力状态的数学描述,而图 8-8(b)所示的单元体是一点应力状态的几何描述。根据切应力互等定理可知,**应力状态矩阵是对称矩阵**。需要注意的是,图 8-8(b)只画出了单元体三个微分面上的应力,而另外三个对应的微分面上的应力与图 8-8(b)所示的微分面上的应力大小相等,方向相反,以下的应力状态图有些是按此处理的,不再一一说明。

必须注意:①材料力学中广泛采用单元体描述一点应力状态。②由于一点处任意三个相互垂直的平面上的应力均可描述该点的应力状态,因此,一点应力状态矩阵不是唯一的,实际上有无穷多个,它们描述的都是同一点的应力状态。这实质上就是观察者从不同角度考察同一点的应力状态。于是，**一点应力状态有无穷多种描述方式，而每种描述对应该点的一个单元体**。③决定一点应力状态的因素是结构的受力情况，即当结构的外载荷确定时，结构中任何一点的应力状态也是确定的，它是独立于观察者之外的客观存在，与观察者从什么角度去考察它无关，也与用什么方式或在什么坐标系中来描述它无关。因此，一点应力状态与选择什么坐标系来表述无关，但应力又必须在一定的坐标系中表述。所以，**一点应力状态的描述既要在一定的坐标系中进行而又与坐标系的选择无关**。④将一点处的单元体的三条边作为坐标轴，则选择不同的坐标系就是选择不同的单元体来描述该点的应力状态（如图 8－9 所示）。不同单元体的应力状态矩阵一般情况下是不相同的，这些不同的应力状态矩阵之间满足二阶张量的变换规律。

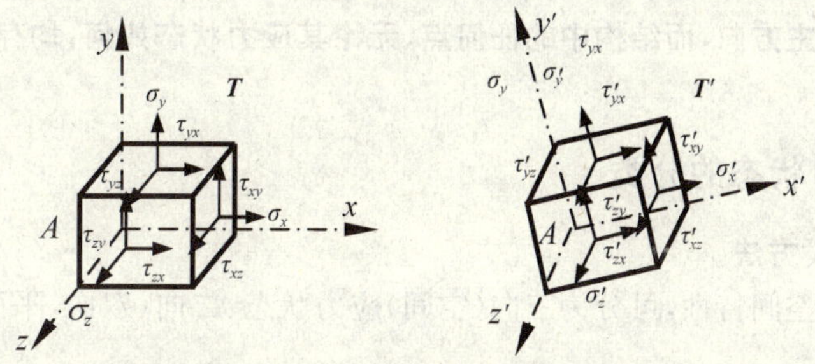

图 8－9　坐标系与单元体

8.1.2　主单元体与主应力概念

由于一点应力状态可用该点的任意一个单元体来描述，单元体微分面上的应力分量构成了该点的应力状态矩阵；而一点处的单元体有无穷多个，则相应的应力状态矩阵也有无穷多个，它们描述的都是同一点的应力状态。那么，问题是：在这无穷多个单元体中，是否存在一个特殊的单元体，使得其对该点应力状态的描述最简单？其相应的应力状态矩阵也最简单？从应力状态矩阵来看，很明显，对角矩阵最简单，其对应的单元体是微分面上没有切应力的情况，可以证明，结构中的任何一点，无论其应力状态如何，至少存在一个这样特殊的单元体。

定义：

①一点处微分面上不存在切应力的单元体称为该点的**主单元体**。

②主单元体的微分面称为该点的**主平面**。

③垂直于主平面的方向称为该点的**主方向**或**应力主轴**，用 1，2，3 表示，分别称为第一主方向、第二主方向、第三主方向；以 1，2，3 为轴的坐标系称为主轴坐标系。

④主平面上的正应力称为**主应力**，用 σ_1，σ_2，σ_3 表示（如图 8－10 所示），分别称为第一主应力、第二主应力、第三主应力；三个主应力按代数值大小排列，即：$\sigma_1 \geqslant \sigma_2 \geqslant \sigma_3$。

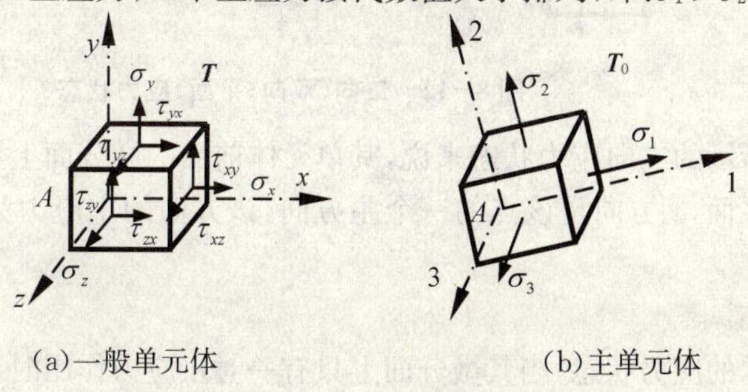

(a)一般单元体　　(b)主单元体

图 8－10　主单元体和主应力

很明显,三个主应力及三个主方向是相互垂直的。如果用一点处的主单元体描述该点的应力状态,则其应力状态矩阵为最简单的对角矩阵,即

$$\boldsymbol{T}_0=\begin{bmatrix}\sigma_1 & 0 & 0\\ 0 & \sigma_2 & 0\\ 0 & 0 & \sigma_3\end{bmatrix} \tag{8-2}$$

必须注意,用主单元体描述一点应力状态是更本质的一种描述,因为该点的主单元体不会因为考察的角度不同而变化。另外,三个主应力按代数值大小排列($\sigma_1 \geqslant \sigma_2 \geqslant \sigma_3$)是一种人为规定,但其对今后研究一点的强度来说是至关重要的。**应力状态分析主要就是分析结构中危险点处的主应力和主方向,而结构中的任何点,无论其应力状态如何,均存在三个相互垂直的主应力和主方向**。

8.1.3　应力状态的分类

(1)第一种分类方法

应力状态按其空间特性,可分为三向(空间)应力状态、二向(双向,平面)应力状态和单向应力状态三类。

①三向应力状态。

如图 8-11 所示的应力状态称为**三向应力状态**或**空间应力状态**,其应力状态矩阵是 3×3 的满阵。

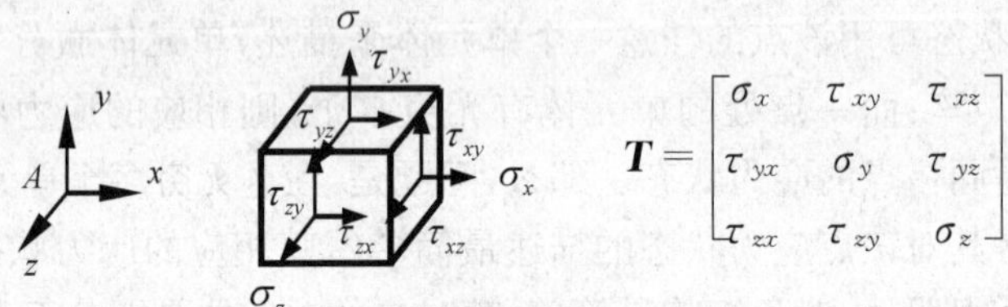

图 8-11　三向应力状态

②二向应力状态。

如图 8-12 所示的应力状态,当其微分面上沿某个方向的应力全部为零时,称为**二向(双向)应力状态**或**平面应力状态**,其应力状态矩阵可缩减为 2×2 的矩阵。

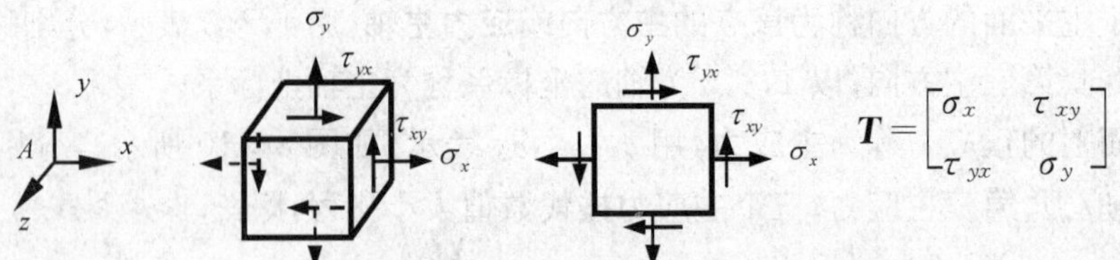

图 8-12　二向(双向,平面)应力状态

对于图 8-12 所示的二向应力状态来说,其单元体前面的微分面上没有切应力,所以该平面是该点的一个主平面,z 方向是该点的一个主方向,该方向的主应力为零,而另外两个主应力在 xy 平面内。

③单向应力状态。

如图 8-13 所示的应力状态,当其微分面上只有一对正应力作用时,称为**单向应力状态**。

对于图 8-13 所示的单向应力状态来说,图示单元体就是该点的主单元体,有两个主应力

为零。如果 σ_x 为拉应力，则其三个主应力为：$\sigma_1=\sigma_x$，$\sigma_2=\sigma_3=0$；如果 σ_x 为压应力，则其三个主应力为：$\sigma_1=\sigma_2=0$，$\sigma_3=\sigma_x$。

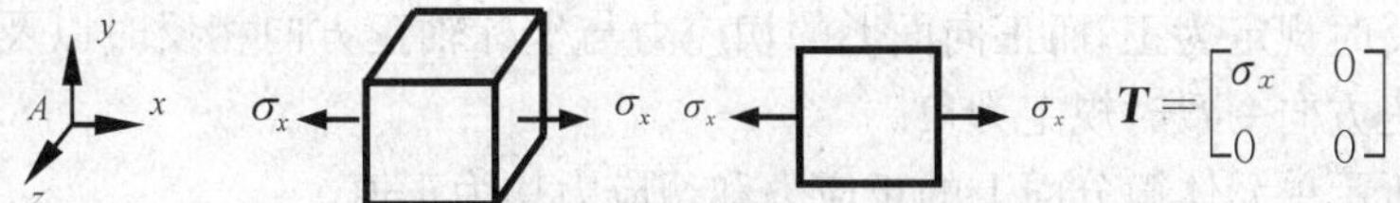

图 8－13　单向应力状态

(2)第二种分类方法

应力状态按其复杂程度可分为简单应力状态和复杂应力状态两类。

①简单应力状态。

如图 8－14 所示的单向应力状态以及纯剪应力状态称为**简单应力状态**，其重要的特点是单元体的微分面上均只有唯一的应力作用。杆件各种基本变形(即拉伸压缩、扭转以及弯曲等)的危险点就处于简单应力状态。

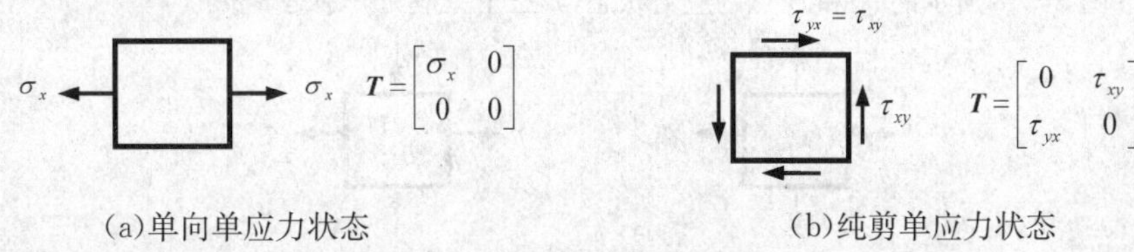

(a)单向单应力状态　(b)纯剪单应力状态

图 8－14　简单应力状态

②复杂应力状态。

如图 8－15 所示，除简单应力状态以外的其他所有的应力状态称为**复杂应力状态**，其特点是单元体的微分面上存在不同方向的正应力作用或同时存在正应力和切应力作用。

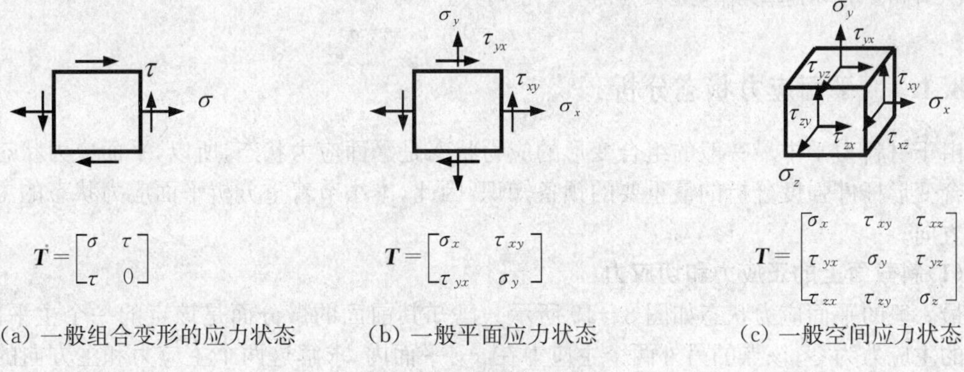

(a) 一般组合变形的应力状态　(b) 一般平面应力状态　(c) 一般空间应力状态

图 8－15　复杂应力状态

(3)单元体微分面上应力的符号规定

单元体共有六个微分面，可分为**正向面**和**负向面**，微分面的法线方向与坐标轴的正向一致时称为**正向面**，相反时称为**负向面**。如图 8－16 所示。

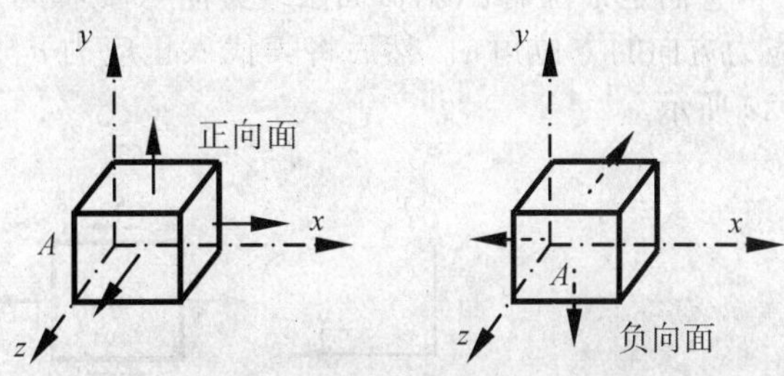

图 8－16　单元体的正向面和负向面

如图 8－17 所示，微分面上的应力符号采用如下规定：

①**正应力**：单元体微分面上的正应

力为拉应力时规定为正，为压应力时规定为负。

②**切应力**：单元体正向面上的切应力与坐标轴正方向一致时以及负向面上的切应力与坐标轴正方向相反时规定为正；而正向面上的切应力与坐标轴正方向相反时以及负向面上的切应力与坐标轴正方向一致时规定为负。

图 8－17 所示单元体微分面上的正应力和切应力均为正值。

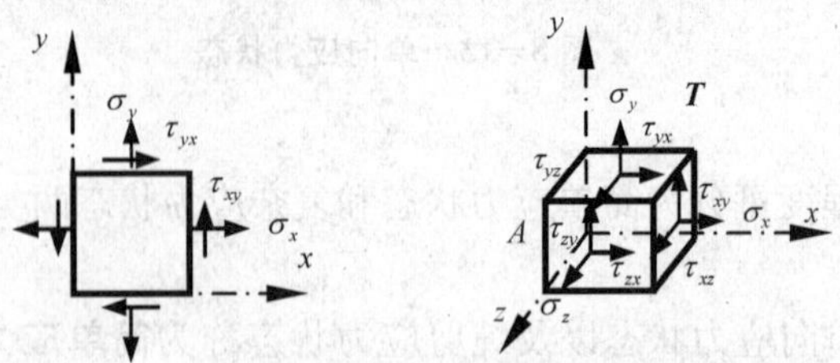

图 8－17　单元体微分面上正的正应力和切应力

例 8－1　图 8－18 所示的 A 和 B 点的应力状态，其三个主应力分别是多少？

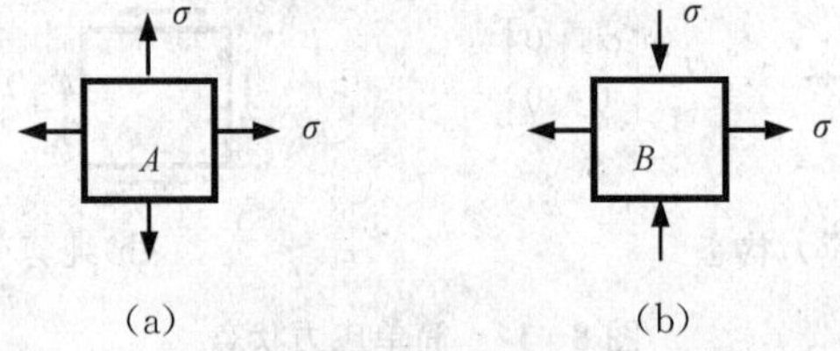

图 8－18　例 8－1 图

解：图 8－18(a)所示的单元体就是 A 点的主单元体，其主应力为

$$\sigma_1=\sigma_2=\sigma,\quad \sigma_3=0$$

图 8－18(b)所示的单元体就是 B 点的主单元体，其主应力为

$$\sigma_1=\sigma,\quad \sigma_2=0,\quad \sigma_3=-\sigma$$

8.1.4　平面应力状态分析

由于材料力学中最一般的组合变形的应力状态是平面应力状态，所以，平面应力状态分析是组合变形杆件强度分析的最重要的预备知识，因此，本小节着重分析平面应力状态的主应力和主方向。

(1)斜截面上的正应力和切应力

最一般的平面应力状态如图 8－19 所示。已知其前面的微分面是该点的一个主平面，且其上的主应力为零；该点的另外两个主应力在 xy 平面内，求解这两个主应力和主方向的思路是：用截面法将单元体截开，考虑局部单元体的平衡，先求出任意斜截面上的正应力 σ_α 和切应力 τ_α，它们是方位角 α（斜截面法线方向与 x 轴间的夹角）的函数，再令切应力为零，即可求得主应力方向的方位角 α_0，然后将其代入正应力 σ_α 的表达式中，即可求出这两个主应力（如图 8－20 所示）。

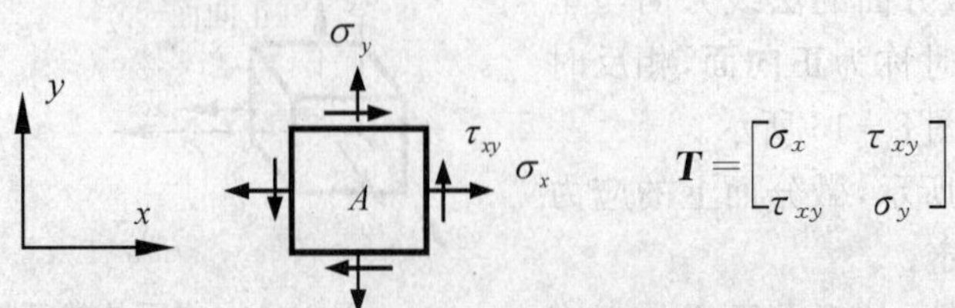

图 8－19　二向(双向、平面)应力状态

假设结构中 A 点的应力状态是平面应力状态(如图 8－20(a)所示),其应力状态矩阵 $\boldsymbol{T}=\begin{bmatrix}\sigma_x & \tau_{xy}\\ \tau_{xy} & \sigma_y\end{bmatrix}$是已知的; A 点处任意斜截面上的全应力矢量为 $\boldsymbol{p}$;斜截面的法线方向为 n,其与坐标轴 x 之间的夹角为 α,斜截面的切线方向为 t;单元体斜截面的面积为 ΔA(如图 8－20(b)所示)。

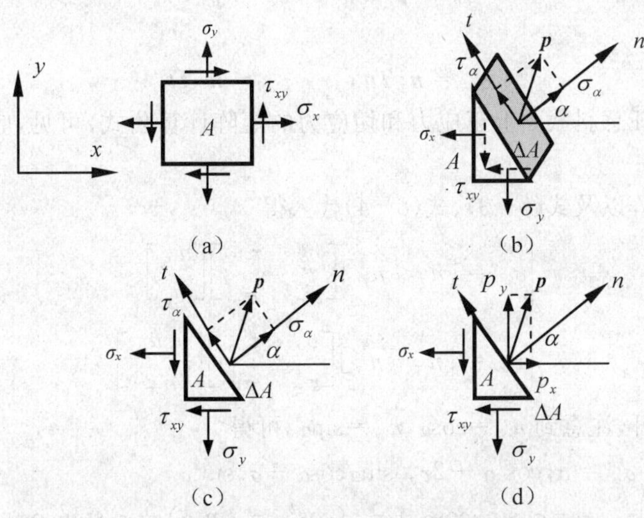

图 8－20　单元体斜截面上的正应力和切应力

A 点处斜截面的法线方向的单位矢量为(如图 8－20(b)、(c)所示)

$$\boldsymbol{n}=\begin{bmatrix}n_x\\ n_y\end{bmatrix}=\begin{bmatrix}\cos\alpha\\ \sin\alpha\end{bmatrix} \tag{8－3}$$

A 点处斜截面的切线方向的单位矢量为(如图 8－20(b)、(c)所示)

$$\boldsymbol{t}=\begin{bmatrix}t_x\\ t_y\end{bmatrix}=\begin{bmatrix}\cos(\alpha+90°)\\ \sin(\alpha+90°)\end{bmatrix}=\begin{bmatrix}-\sin\alpha\\ \cos\alpha\end{bmatrix}=\begin{bmatrix}-n_y\\ n_x\end{bmatrix} \tag{8－4}$$

A 点处斜截面上的全应力矢量 $\boldsymbol{p}$ 有两种分解方式: $\boldsymbol{p}$ 可分解为斜截面上的正应力 σ_α 和切应力 τ_α(如图 8－20(c)所示),也可沿坐标轴分解为 p_x 和 p_y(如图 8－20(d)所示)。于是,斜截面上的全应力矢量 $\boldsymbol{p}$ 可写为: $\boldsymbol{p}=\begin{bmatrix}p_x\\ p_y\end{bmatrix}$。

考虑局部单元体也即楔形体(如图 8－20(b)、(d)所示)的平衡,有

$$\sum F_x=0,\qquad p_x\Delta A=\sigma_x\Delta A\cos\alpha+\tau_{xy}\Delta A\sin\alpha$$

$$\sum F_y=0,\qquad p_y\Delta A=\sigma_y\Delta A\sin\alpha+\tau_{xy}\Delta A\cos\alpha$$

即

$$\begin{bmatrix}p_x\\ p_y\end{bmatrix}=\begin{bmatrix}\sigma_x & \tau_{xy}\\ \tau_{xy} & \sigma_y\end{bmatrix}\begin{bmatrix}\cos\alpha\\ \sin\alpha\end{bmatrix}=\begin{bmatrix}\sigma_x & \tau_{xy}\\ \tau_{xy} & \sigma_y\end{bmatrix}\begin{bmatrix}n_x\\ n_y\end{bmatrix} \tag{8－5}$$

也即

$$\boldsymbol{p}=\boldsymbol{T}\boldsymbol{n} \tag{8－6}$$

斜截面上全应力矢量矩阵的转置矩阵为: $\boldsymbol{p}^{\mathrm{T}}=\boldsymbol{n}^{\mathrm{T}}\boldsymbol{T}^{\mathrm{T}}$,注意到应力状态矩阵是对称矩阵,所以有

$$\boldsymbol{p}^{\mathrm{T}} = \boldsymbol{n}^{\mathrm{T}}\boldsymbol{T} \tag{8-7}$$

根据解析几何，一个矢量在另一个矢量方向的投影等于该矢量与另一矢量方向的单位矢量之间的点积。如图 8－20(c)所示，全应力矢量 $\boldsymbol{p}$ 在斜截面法线方向的投影就是斜截面上的正应力 σ_α，而在切线方向的投影就是斜截面上的切应力 τ_α，则有

$$\sigma_\alpha = \boldsymbol{p}^{\mathrm{T}}\boldsymbol{n}, \qquad \tau_\alpha = \boldsymbol{p}^{\mathrm{T}}\boldsymbol{t}$$

由式(8－7)得

$$\sigma_\alpha = \boldsymbol{n}^{\mathrm{T}}\boldsymbol{T}\boldsymbol{n}, \qquad \tau_\alpha = \boldsymbol{n}^{\mathrm{T}}\boldsymbol{T}\boldsymbol{t} \tag{8-8}$$

式(8－8)就是任意斜截面上正应力和切应力的矩阵计算公式，可见，应力状态矩阵 $\boldsymbol{T}$ 起着本质的重要作用。

将应力状态矩阵以及式(8－3)、式(8－4)代入得

$$\begin{cases} \sigma_\alpha = \begin{bmatrix} n_x & n_y \end{bmatrix} \begin{bmatrix} \sigma_x & \tau_{xy} \\ \tau_{xy} & \sigma_y \end{bmatrix} \begin{bmatrix} n_x \\ n_y \end{bmatrix} \\ \tau_\alpha = \begin{bmatrix} n_x & n_y \end{bmatrix} \begin{bmatrix} \sigma_x & \tau_{xy} \\ \tau_{xy} & \sigma_y \end{bmatrix} \begin{bmatrix} -n_y \\ n_x \end{bmatrix} \end{cases} \tag{8-9}$$

将式(8－9)展开，注意到 $n_x = \cos\alpha$，$n_y = \sin\alpha$，可得

$$\begin{cases} \sigma_\alpha = \sigma_x \cos^2\alpha + 2\tau_{xy}\sin\alpha\cos\alpha + \sigma_y \sin^2\alpha \\ \tau_\alpha = -\sigma_x \sin\alpha\cos\alpha + \tau_{xy}(\cos^2\alpha - \sin^2\alpha) + \sigma_y \sin\alpha\cos\alpha \end{cases}$$

利用三角公式，可整理为

$$\begin{cases} \sigma_\alpha = \dfrac{\sigma_x + \sigma_y}{2} + \dfrac{\sigma_x - \sigma_y}{2}\cos 2\alpha + \tau_{xy}\sin 2\alpha \\ \tau_\alpha = -\dfrac{\sigma_x - \sigma_y}{2}\sin 2\alpha + \tau_{xy}\cos 2\alpha \end{cases} \tag{8-10}$$

式(8－10)即是**平面应力状态斜截面上的正应力和切应力的计算公式**。若计算结果为正值，则正应力和切应力的方向与图 8－20(c)所示方向一致；若计算结果为负值，则正应力和切应力的方向与图 8－20(c)所示方向相反。

(2)主应力和主方向

有了斜截面上的正应力和切应力的计算公式(8－10)，则 xy 平面内的主应力和主方向可按下述方法求得。

因主平面上没有切应力，所以令 $\tau_\alpha = 0$，有：$-\dfrac{\sigma_x - \sigma_y}{2}\sin 2\alpha + \tau_{xy}\cos 2\alpha = 0$。

①当 $\sigma_x \neq \sigma_y$ 时，有

$$\tan 2\alpha_0 = \frac{2\tau_{xy}}{\sigma_x - \sigma_y} \tag{8-11}$$

一般 xy 平面内的主应力方向 α_0 限制在区间 $\left(-\dfrac{\pi}{2}, \dfrac{\pi}{2}\right]$ 中，满足式(8－11)的 α_0 角度值有两个，分别为 α_{01}，α_{02}，它们相差 $\dfrac{\pi}{2}$(如图 8－21 所示)，由此可导出两组 $\sin 2\alpha$ 和 $\cos 2\alpha$ 值，再代入式(8－10)中的正应力表达式，即可求得 xy 平面内的两个主应力为

$$(\sigma_i, \sigma_j) = \frac{\sigma_x + \sigma_y}{2} \pm \sqrt{\left(\frac{\sigma_x - \sigma_y}{2}\right)^2 + \tau_{xy}^2} \tag{8-12}$$

②当 $\sigma_x=\sigma_y$ 时，有 $\cos 2\alpha=0$，则 $\alpha_0=\pm\dfrac{\pi}{4}$，此时，$xy$ 平面内的主应力方向在 $\pm 45^\circ$ 的方位，两个主应力为：$(\sigma_i,\sigma_j)=\dfrac{\sigma_x+\sigma_y}{2}\pm\tau_{xy}$，容易验证，公式(8－12)仍然成立。

③当 $\tau_{xy}=0$ 时，给定的单元体就是主单元体，xy 平面内的主应力方向为：$\alpha_{01}=0^\circ$，$\alpha_{02}=90^\circ$，两个主应力为：$\sigma_i=\sigma_x$，$\sigma_j=\sigma_y$，容易验证，公式(8－12)也依然成立。

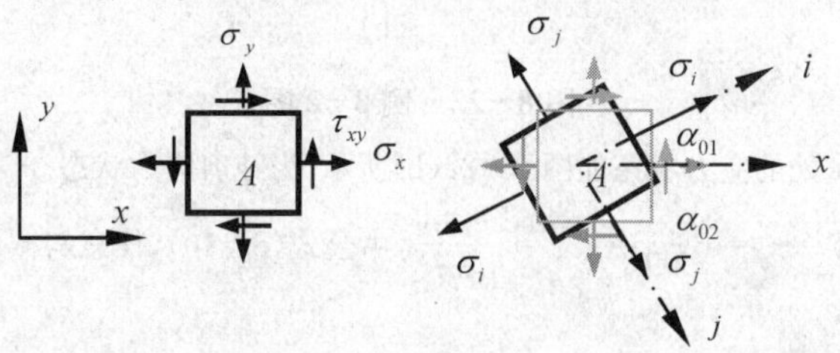

图 8－21　xy 平面内的主应力

综上所述，可得如下结论：

①一般平面应力状态的主应力为

$$
(\sigma_1,\sigma_2,\sigma_3)=\begin{cases}\dfrac{\sigma_x+\sigma_y}{2}\pm\sqrt{\left(\dfrac{\sigma_x-\sigma_y}{2}\right)^2+\tau_{xy}^2}\\ 0\end{cases}\tag{8－13}
$$

至于式(8－13)右边哪个主应力是第一主应力 σ_1，哪个是第二主应力 σ_2 或第三主应力 σ_3，需根据具体计算结果才能判定，三个主应力应按代数值大小排列：$\sigma_1\geqslant\sigma_2\geqslant\sigma_3$。

②平面应力状态的主方向。

垂直于 xy 平面的方向是平面应力状态的一个主方向。另两个主方向在 xy 平面内：当 $\sigma_x\neq\sigma_y$ 时，两个主方向由式(8－11)确定；当 $\sigma_x=\sigma_y$ 时，两个主方向在 $\alpha_0=\pm 45^\circ$ 的方向；当 $\tau_{xy}=0$ 时，给定单元体就是主单元体。

③主应力的重要性质。

根据斜截面上的正应力和切应力公式(8－10)，可知其为斜截面方位角 α 的函数，将正应力对变量 α 求导数，有

$$
\frac{\mathrm{d}\sigma_\alpha}{\mathrm{d}\alpha}=-(\sigma_x-\sigma_y)\sin 2\alpha+2\tau_{xy}\cos 2\alpha=2\tau_\alpha
$$

所以，当 $\tau_\alpha=0$ 时，$\dfrac{\mathrm{d}\sigma_\alpha}{\mathrm{d}\alpha}=0$，即此时 σ_α 取极值。由此可得如下结论：

主应力是一点处的极值应力，即过一点所有平面上的正应力，其最大值和最小值必定是该点的某两个主应力。

另外，由上式可知，**平面上切应力为零是该平面为主平面的充分必要条件**。

容易验证，xy 平面内的两个主应力计算公式(8－12)是方程

$$
|\boldsymbol{T}-\sigma\boldsymbol{I}|=\begin{vmatrix}\sigma_x-\sigma & \tau_{xy}\\ \tau_{xy} & \sigma_y-\sigma\end{vmatrix}=0\tag{8－14}
$$

的解，其中 $\boldsymbol{I}$ 是二阶单位矩阵。因此，**主应力实质上是应力状态矩阵 $\boldsymbol{T}$ 的特征值，而主方向就是特征方向。**

由于一点处所有应力状态矩阵的特征值就是该点的三个主应力，所以，用主单元体和主应力描述一点应力状态是更本质意义上的描述。

例 8－2 图 8－22(a)所示的圆轴，直径为 d，求其在力矩 m 作用时表面上的点 A 处的三个主应力和主方向。

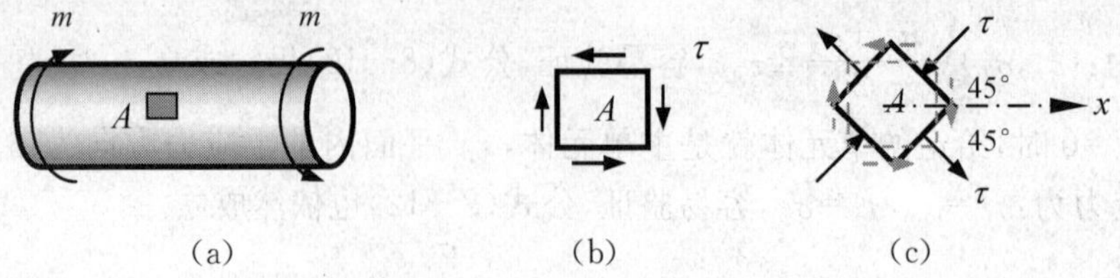

图 8－22 例 8－2 图

解：圆轴表面上的点 A 处的应力状态如图 8－22(b)所示，为纯剪应力状态。

因为 $\tau=\dfrac{T}{W_p}=\dfrac{16m}{\pi d^3}$，$\sigma_x=\sigma_y=0$，$\tau_{xy}=-\tau=-\dfrac{16m}{\pi d^3}$，由公式(8－10)，任意斜截面上的正应力和切应力为：$\sigma_\alpha=\tau_{xy}\sin 2\alpha$，$\tau_\alpha=\tau_{xy}\cos 2\alpha$。

当 $\alpha=\pm 45°$ 时，$\tau_\alpha=0$，所以 A 点在 xy 平面内的主方向为 $\alpha_0=\pm 45°$。

如图 8－22(c)所示，xy 平面内的两个主应力为：$\sigma_{45°}=\tau_{xy}=-\dfrac{16m}{\pi d^3}$（压应力），$\sigma_{-45°}=-\tau_{xy}=\dfrac{16m}{\pi d^3}$（拉应力），则 A 处的三个主应力为：$\sigma_1=\dfrac{16m}{\pi d^3}$，$\sigma_2=0$，$\sigma_3=-\dfrac{16m}{\pi d^3}$。

例 8－3 如图 8－23(a)所示，A 点的两个截面①②间的夹角为 120°，其上的应力如图所示，求截面②上的切应力。

解：建立图 8－23(a)所示的坐标系，A 点的应力状态如图 8－23(b)所示，σ_x 未知，其他应力为：$\sigma_y=15\ \text{MPa}$，$\tau_{xy}=45\ \text{MPa}$。

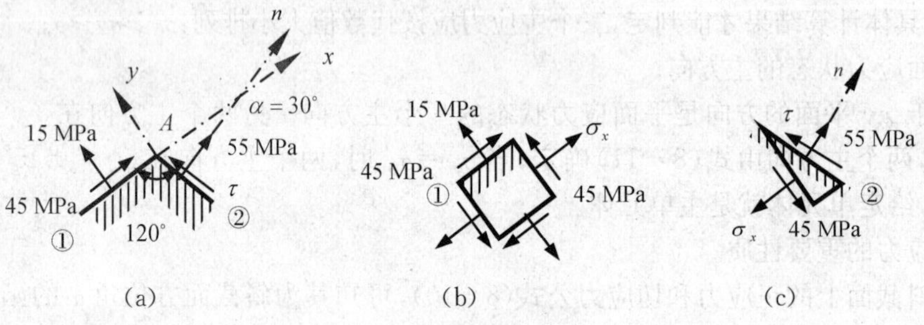

图 8－23 例 8－3 图

截面②的法线方向与 x 轴之间的夹角为 $\alpha=120°-90°=30°$，所以截面②上的应力就是 A 点在 $\alpha=30°$ 的斜截面上的应力，如图 8－23(c)所示。

由公式(8－10)，有：$\sigma_{30°}=\dfrac{\sigma_x+15}{2}+\dfrac{\sigma_x-15}{2}\cos 60°+45\sin 60°=55\ \text{MPa}$，由此可得：$\sigma_x=16.4\ \text{MPa}$。

截面②上的切应力为

$$\tau=\tau_{30°}=-\frac{16.4-15}{2}\sin 60°+45\cos 60°=21.3\ \text{MPa}$$

例 8－4 如图 8－24(a)所示，锥度杆受轴向拉力 F 作用，如果已知某截面上的正应力为 σ，试求该截面外缘点 K 处的最大应力。

解：由于 K 点是杆件表面上的点，沿表面取该处的单元体，如图 8－24(b)所示，建立图示的坐标系，该单元体上面的微分面由于是自由面，所以其上的应力为零，则有：$\sigma_y=\tau_{xy}=0$。而杆件横截面上的应力 σ 是该单元体方位角为 $\alpha=\theta$ 的斜截面上的正应力，即：$\sigma_\theta=\sigma$。

根据斜截面上的应力公式(8－10)，有：$\sigma=\sigma_\theta=\dfrac{\sigma_x}{2}+\dfrac{\sigma_x}{2}\cos 2\theta=\sigma_x\cos^2\theta$，故：$\sigma_x=\dfrac{\sigma}{\cos^2\theta}$。

由于图 8－24(b)所示单元体的微分面上的切应力 $\tau_{xy}=0$，所以该单元体就是 K 点的主单元体，K 点的

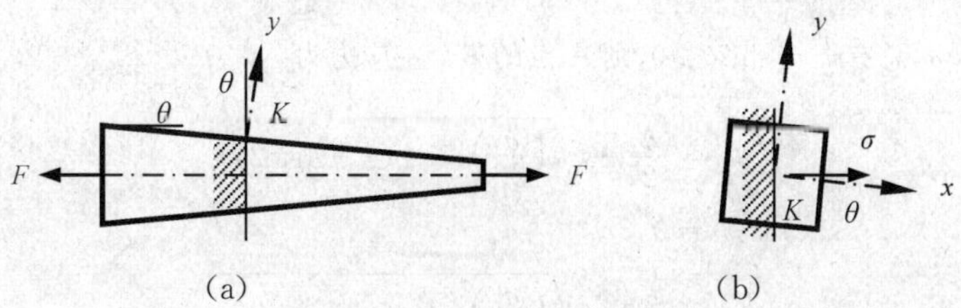

图 8-24　例 8-4 图

三个主应力为：$\sigma_1=\sigma_x, \sigma_2=\sigma_3=0$。

根据主应力的性质，K 点处的最大正应力为：$\sigma_{\max}=\sigma_x=\dfrac{\sigma}{\cos^2\theta}$。对于小锥度杆件来说，$\theta$ 很小，则 $\cos^2\theta\approx 1$，所以横截面上的正应力就是最大正应力。

例 8-5　结构中某点 A 的应力状态是如图 8-25(a)所示两种应力状态的叠加，其中 $\sigma\geqslant0, \tau\geqslant0, 0\leqslant\theta\leqslant\dfrac{\pi}{2}$，试求该点的主应力。

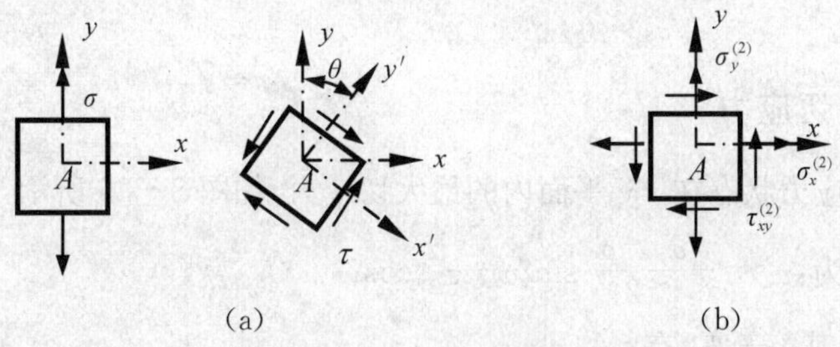

图 8-25　例 8-5 图

解：在线弹性小变形条件下，材料力学问题的内力、应力以及变形均可叠加。由图 8-25(a)可知，两种应力状态的单元体不是同一个单元体，因此，在叠加之前，应将两种应力状态转化为在同一个单元体情况下来表述。

以第一种应力状态下的单元体为基准，则第一种应力状态在此单元体上的各应力分量为

$$\sigma_x^{(1)}=0,\qquad \sigma_y^{(1)}=\sigma,\qquad \tau_{xy}^{(1)}=0$$

第二种应力状态在坐标系 $x'y'$ 下的各应力分量为

$$\sigma_{x'}=0,\qquad \sigma_{y'}=0,\qquad \tau_{x'y'}=\tau$$

将第二种应力状态在基准单元体情况下表述，如图 8-25(b)所示。实质上图 8-25(b)所示单元体微分面上的应力是第二种应力状态在方位角 $\alpha=\theta$ 以及 $\alpha=90°+\theta$ 的斜截面上的应力，根据公式(8-10)，有

$$\sigma_x^{(2)}=\frac{\sigma_{x'}+\sigma_{y'}}{2}+\frac{\sigma_{x'}-\sigma_{y'}}{2}\cos2\theta+\tau_{x'y'}\sin2\theta=\tau\sin2\theta$$

$$\sigma_y^{(2)}=\frac{\sigma_{x'}+\sigma_{y'}}{2}+\frac{\sigma_{x'}-\sigma_{y'}}{2}\cos2(90°+\theta)+\tau_{x'y'}\sin2(90°+\theta)=-\tau\sin2\theta$$

$$\tau_{xy}^{(2)}=-\frac{\sigma_{x'}-\sigma_{y'}}{2}\sin2\theta+\tau_{x'y'}\cos2\theta=\tau\cos2\theta$$

叠加后可得 A 点应力状态的各应力分量为

$$\begin{aligned}\sigma_x&=\sigma_x^{(1)}+\sigma_x^{(2)}=\tau\sin2\theta\\ \sigma_y&=\sigma_y^{(1)}+\sigma_y^{(2)}=\sigma-\tau\sin2\theta\\ \tau_{xy}&=\tau_{xy}^{(1)}+\tau_{xy}^{(2)}=\tau\cos2\theta\end{aligned}$$

根据公式(8-13)，A 点的主应力为

$$(\sigma_1,\sigma_2,\sigma_3)=\begin{cases}\dfrac{\sigma}{2}\pm\sqrt{\left(\dfrac{\sigma}{2}\right)^2+\sigma\tau\left(\dfrac{\tau}{\sigma}-\sin2\theta\right)}\\ 0\end{cases}$$

很明显，如果 $\tau \geqslant \sigma$，总有$\frac{\tau}{\sigma}-\sin 2\theta \geqslant 0$，则 A 点的三个主应力为

$$\sigma_1=\frac{\sigma}{2}+\sqrt{\left(\frac{\sigma}{2}\right)^2+\tau(\tau-\sigma\sin 2\theta)}$$
$$\sigma_2=0$$
$$\sigma_3=\frac{\sigma}{2}-\sqrt{\left(\frac{\sigma}{2}\right)^2+\tau(\tau-\sigma\sin 2\theta)}$$

如果 $\tau<\sigma$，但 $\sin 2\theta<\frac{\tau}{\sigma}$时，$A$ 点的三个主应力仍由上面三式决定。

如果 $\tau<\sigma$，且 $\sin 2\theta \geqslant \frac{\tau}{\sigma}$时，$A$ 点的三个主应力为

$$\sigma_1=\frac{\sigma}{2}+\sqrt{\left(\frac{\sigma}{2}\right)^2+\tau(\tau-\sigma\sin 2\theta)}$$
$$\sigma_2=\frac{\sigma}{2}-\sqrt{\left(\frac{\sigma}{2}\right)^2+\tau(\tau-\sigma\sin 2\theta)}$$
$$\sigma_3=0$$

8.1.5 最大切应力

首先考察平面应力状态在 xy 平面内的最大切应力，如图 8－26 所示，根据公式(8－10)，任意方位的切应力为：$\tau_\alpha=-\frac{\sigma_x-\sigma_y}{2}\sin 2\alpha+\tau_{xy}\cos 2\alpha$。

对 α 求导并让其等于零，有

$$\frac{\mathrm{d}\tau_\alpha}{\mathrm{d}\alpha}=-(\sigma_x-\sigma_y)\cos 2\alpha-2\tau_{xy}\sin 2\alpha=0$$

所以，使 τ_α 取极值的方位角 α_0' 满足：

$$\tan 2\alpha_0'=-\frac{\sigma_x-\sigma_y}{2\tau_{xy}} \qquad (8-15)$$

由式(8－11)，可得平面应力状态的主应力方向 α_0 与切应力的极值方向 α_0' 满足：

$$\tan 2\alpha_0 \cdot \tan 2\alpha_0'=-1$$

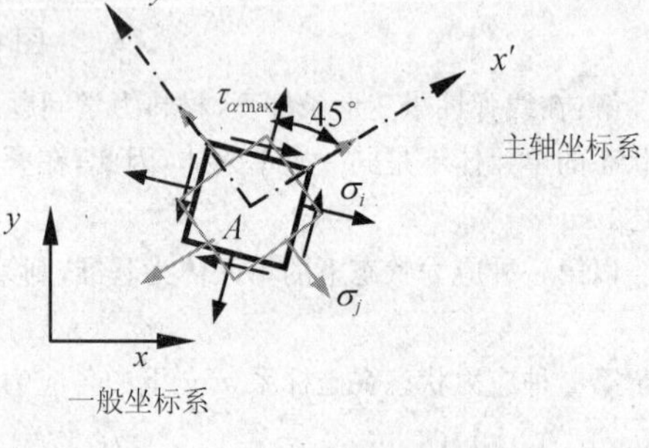

图 8－26　xy 平面上的最大切应力

可见 $2\alpha_0$ 和 $2\alpha_0'$ 间相差 90°，则 α_0 和 α_0' 之间相差 45°。采用主轴坐标系计算切应力的极限值，由图 8－26 可知：$\sigma_{x'}=\sigma_i$，$\sigma_{y'}=\sigma_j$，$\tau_{x'y'}=0$，则在方位角 45°的斜截面上的切应力就是极值切应力，所以由公式(8－10)，得

$$\tau_{\alpha\max}=\frac{\sigma_i-\sigma_j}{2} \qquad (8-16)$$

同时有

$$\sigma_{45^\circ}=\frac{\sigma_i+\sigma_j}{2} \qquad (8-17)$$

即切应力取极值的平面上还存在正应力，为两个主应力的平均值。所以有结论：在 xy 平面内，最大切应力的方位与该平面内主应力的方位相差 45°，其值由式(8－16)确定。必须注意，xy 平面内的最大切应力不一定是过该点所有平面上的最大切应力。

下面考察如图 8－27 所示的任意应力状态，分别考虑各个主平面内的最大切应力，有：

12 主平面内的最大切应力：$\tau_{12\max}=\frac{\sigma_1-\sigma_2}{2}$

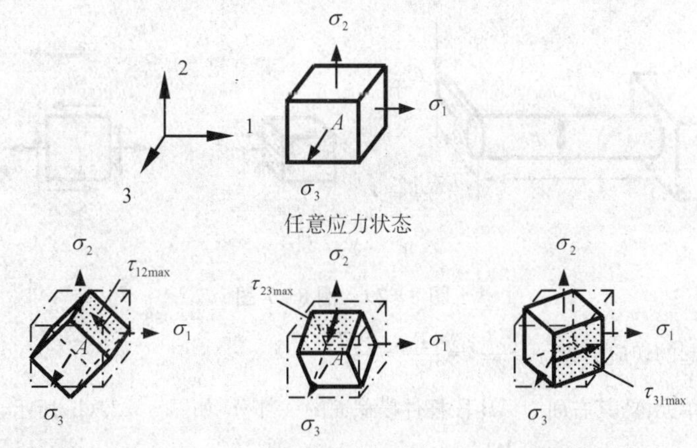

图 8－27　最大切应力

23 主平面内的最大切应力：$\tau_{23\max}=\dfrac{\sigma_2-\sigma_3}{2}$

31 主平面内的最大切应力：$\tau_{31\max}=\dfrac{\sigma_1-\sigma_3}{2}$

这三个值中最后一个才是最大的，所以对任意应力状态来说，最大的切应力为（严密的分析参见弹性力学教程）

$$\tau_{\max}=\frac{\sigma_1-\sigma_3}{2} \tag{8-18}$$

例 8－6　如图 8－28 所示两种应力状态，求其最大切应力，并指明其作用的平面。

解：两种应力状态均为主应力状态，其主应力分别为：

(a) $\sigma_1=\sigma_2=\sigma,\sigma_3=0$；

(b) $\sigma_1=\sigma,\sigma_2=0,\sigma_3=-\sigma$。

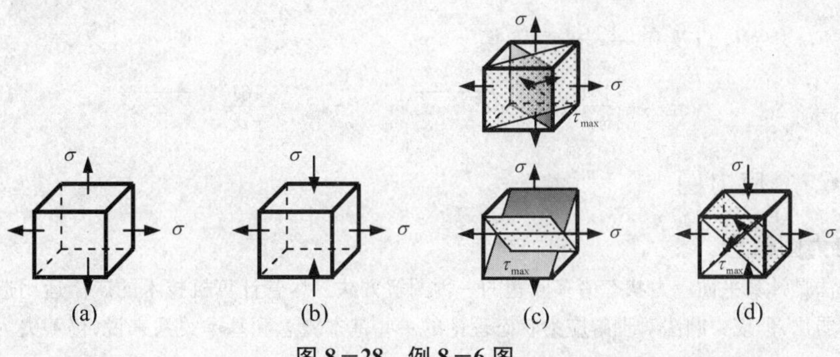

图 8－28　例 8－6 图

根据式(8－18)，两种应力状态的最大切应力分别为：$\tau_{(a)\max}=\dfrac{\sigma_1-\sigma_3}{2}=\dfrac{\sigma}{2}$，最大切应力作用的平面如图 8－28(c)所示；$\tau_{(b)\max}=\dfrac{\sigma_1-\sigma_3}{2}=\sigma$，最大切应力作用的平面如图 8－28(d)所示。

例 8－7　如图 8－29(a)所示的直角曲拐，自由端受集中力 F 作用，曲拐 AB 段为直径等于 d 的圆轴，长为 l，曲拐 BC 段长为 a。试求曲拐固定端上缘点 K 处的最大正应力和最大切应力。

解：在载荷 F 作用下，曲拐 AB 段变形是弯曲和扭转的组合变形。

在 A 截面上，弯矩为：$M=Fl$，扭矩为：$T=Fa$。

弯矩在 K 点引起的正应力为：$\sigma=\dfrac{M}{W_z}=\dfrac{32M}{\pi d^3}$。

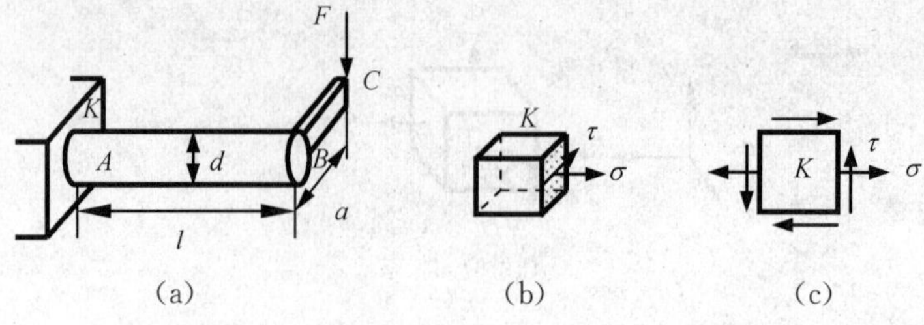

图 8−29 例 8−7 图

扭矩在 K 点引起的切应力为：$\tau=\dfrac{T}{W_p}=\dfrac{T}{2W_z}=\dfrac{16T}{\pi d^3}$。

在 K 点取一个单元体，其右面为 AB 段杆件横截面的一部分，如图 8−29(b)所示，其俯视图如图 8−29(c)所示。可见 K 点的应力状态为平面应力状态，且：$\sigma_x=\sigma=\dfrac{32M}{\pi d^3}$，$\sigma_y=0$，$\tau_{xy}=\tau=\dfrac{16T}{\pi d^3}$。

于是，由公式(8−13)，K 点的三个主应力为

$$(\sigma_1,\sigma_2,\sigma_3)=\begin{cases}\dfrac{\sigma}{2}\pm\sqrt{\left(\dfrac{\sigma}{2}\right)^2+\tau^2}\\0\end{cases}$$

显然，无论 σ 和 τ 的符号是正还是负，均有

$$\sigma_1=\frac{\sigma}{2}+\sqrt{\left(\frac{\sigma}{2}\right)^2+\tau^2}=\frac{1}{2W_z}(M+\sqrt{M^2+T^2})$$

$$\sigma_2=0$$

$$\sigma_3=\frac{\sigma}{2}-\sqrt{\left(\frac{\sigma}{2}\right)^2+\tau^2}=\frac{1}{2W_z}(M-\sqrt{M^2+T^2})$$

所以，K 点处的最大正应力为：$\sigma_{\max}=\sigma_1=\dfrac{1}{2W_z}(M+\sqrt{M^2+T^2})$，最大切应力为：$\tau_{\max}=\dfrac{\sigma_1-\sigma_3}{2}=\dfrac{1}{2W_z}\sqrt{M^2+T^2}$。

将 $M=Fl$，$T=Fa$ 以及 $W_z=\dfrac{\pi d^3}{32}$ 代入，得

$$\sigma_{\max}=\frac{16F}{\pi d^3}(l+\sqrt{l^2+a^2}),\qquad \tau_{\max}=\frac{16F}{\pi d^3}\sqrt{l^2+a^2}$$

8.1.6* 应力圆

(1)应力圆概念

应力圆法是计算平面应力状态诸多问题的一种图解方法。尽管计算机技术的广泛运用造成图解方法已相对落后和弱化，但应力圆法对理解应力状态理论的一些基本概念和基本关系来说，仍不失为一种简单和直观的方法。

将斜截面上的正应力和切应力公式(8−10)做如下的平方和，可消去参数 α，即

$$\left(\sigma_\alpha-\frac{\sigma_x+\sigma_y}{2}\right)^2+\tau_\alpha^2=\left(\frac{\sigma_x-\sigma_y}{2}\right)^2+\tau_{xy}^2$$

令：$R=\sqrt{\left(\dfrac{\sigma_x-\sigma_y}{2}\right)^2+\tau_{xy}^2}$，有

$$\left(\sigma_\alpha-\frac{\sigma_x+\sigma_y}{2}\right)^2+\tau_\alpha^2=R^2 \qquad (8-19)$$

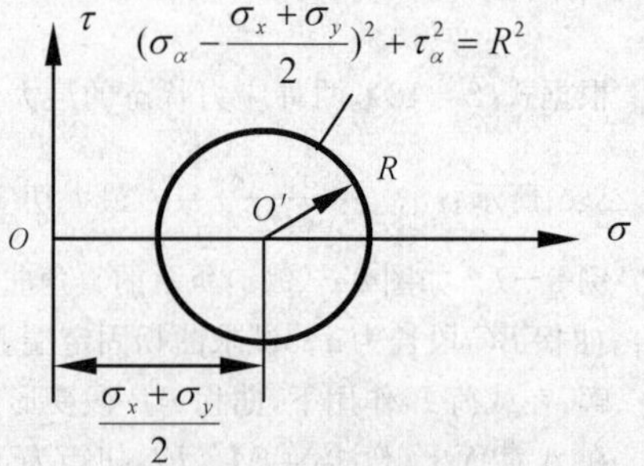

图 8−30 应力圆

如图 8−30 所示，如果以 σ 为横坐标，τ 为纵坐标建立一坐

标系，不难看出，式(8－19)中的点(σ_α，τ_α)在该坐标系中的轨迹是以点($\frac{\sigma_x+\sigma_y}{2}$，0)为圆心，$R=\sqrt{\left(\frac{\sigma_x-\sigma_y}{2}\right)^2+\tau_{xy}^2}$为半径的一个圆。该圆称为**应力圆**，又称为**莫尔圆**。

为了更方便地使用应力圆法，有必要区分平面应力状态的切应力 τ_{xy} 和 τ_{yx} 以及它们的符号，如图 8－31 所示，规定：

①切应力 τ_{xy} 记为 τ_x，τ_{yx} 记为 τ_y。

②切应力对单元体中任意一点有逆时针转向的矩时规定为正，而有顺时针转向的矩时规定为负。这一规定对单元体的四个面以及斜截面都适用。

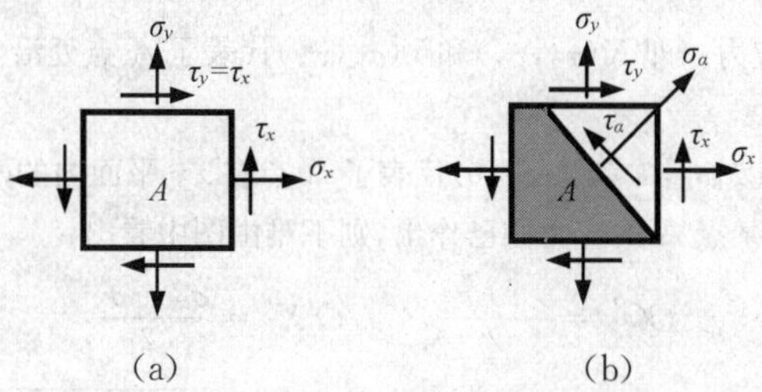

图 8－31　切应力的符号

切应力的上述两个规定相对于 8.1.3 节中的规定，唯一不同的是 $\tau_{yx}=\tau_y$ 的符号产生了改变，如图 8－31 所示，即 τ_y 现在是负值，从而切应力互等定理应改写为：$\tau_{xy}=-\tau_{yx}$ 或 $\tau_x=-\tau_y$。

显然，$\tau_{yx}=\tau_y$ 的符号改变不影响应力圆，也不影响平面应力状态中所有的计算公式。另外，在这种规定下，平面应力状态矩阵的形式变为：$\boldsymbol{T}=\begin{bmatrix}\sigma_x & \tau_x\\ -\tau_y & \sigma_y\end{bmatrix}$，但实质没有任何变化。

(2)应力圆的作法

如果构件中某点的应力状态为平面应力状态且已知，即已知该点的应力分量 σ_x，σ_y，τ_{xy} 等(如图 8－32(a)所示)，那么就可以画出该点的应力圆。如图 8－32(b)所示，具体作法如下：

①建立以 σ 为横轴，τ 为纵轴的坐标系。

②描出点 $X(\sigma_x,\tau_x)$ 和点 $Y(\sigma_y,\tau_y)$，注意到 $\tau_x=-\tau_y$。

③将 X，Y 连线，其与横轴的交点 O' 就是应力圆的圆心。

④以 O' 为圆心，$O'X$ 或 $O'Y$ 为半径作圆，这个圆就是应力圆。

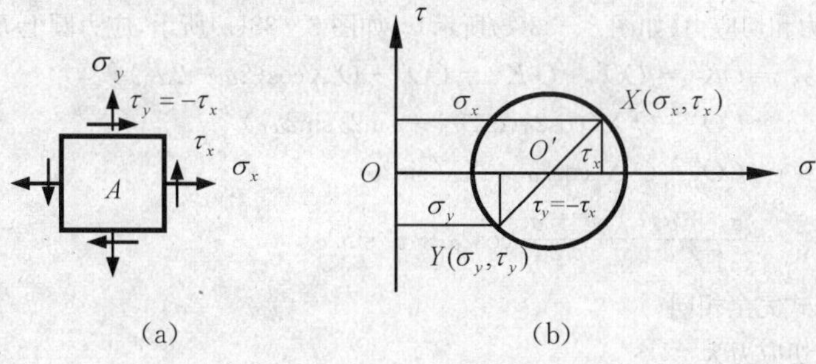

图 8－32　应力圆的作法

(3)应力圆的性质和一些重要结论

对于构件中的某点 A，如果其应力状态为平面应力状态，则其应力圆具有下述一些重要的性质和结论。

①应力圆代表了所考察点 A 的应力状态。

只要作出了一点 A 的应力圆(如图 8－32 所示)，则 A 点任意斜截面上的正应力和切应力根据图解法均可求出。因此，应力圆实质上代表了所考察点 A 的应力状态。

②应力圆圆周上的 $X(\sigma_x,\tau_x)$ 点代表了 A 点处方位角 $\alpha=0$ 的截面上的应力；而 $Y(\sigma_y,\tau_y)$ 点代表了 A 点

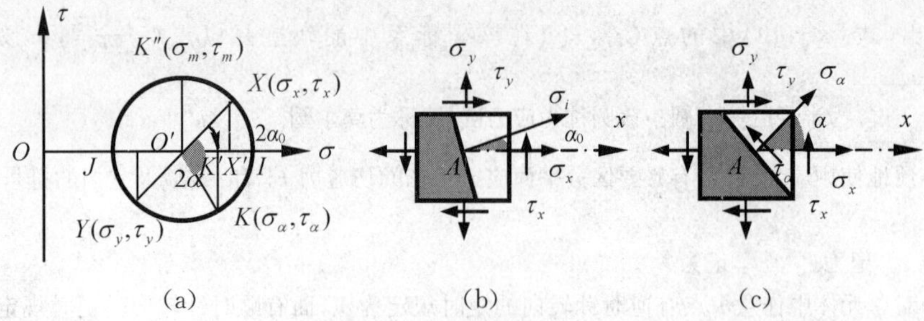

图 8−33 应力圆的性质

处方位角 $\alpha=90°$的截面上的应力。即 $X(\sigma_x,\tau_x)$和 $Y(\sigma_y,\tau_y)$代表了 A 点处沿坐标方位单元体微分面上的应力(如图 8−32(a)所示)。

③应力圆与横轴 σ 的交点 $I(\sigma_i,0)$和 $J(\sigma_j,0)$代表了 A 点在 xy 平面内的两个主应力。

如图 8−33(a)所示,假设某点 A 的应力圆已作出,则不难由图中看出

$$OO'=\frac{\sigma_x+\sigma_y}{2},\qquad O'X'=\frac{\sigma_x-\sigma_y}{2}$$

$$O'X=O'Y=\sqrt{(O'X')^2+(XX')^2}=\sqrt{\left(\frac{\sigma_x-\sigma_y}{2}\right)^2+\tau_x^2}$$

假设半径 $O'X$ 与横轴 σ 之间的夹角为 $2\alpha_0$,α_0 为顺时针转角,则 α_0 是 A 点的一个主平面的方位角,而另一个主平面的方位角为 $\alpha_0\pm90°$(如图 8−33(b)所示),应力圆与横轴 σ 的交点 $I(\sigma_i,0)$和 $J(\sigma_j,0)$代表了 A 点在 xy 平面内的两个主应力。且:

$$(\sigma_i,\sigma_j)=\begin{cases}OI\\OJ\end{cases}=OO'\pm O'I=OO'\pm O'X$$

即

$$(\sigma_i,\sigma_j)=\frac{\sigma_x+\sigma_y}{2}\pm\sqrt{\left(\frac{\sigma_x-\sigma_y}{2}\right)^2+\tau_x{}^2}$$

与公式(8−12)完全相同。

④应力圆圆周上的任意一点 $K(\sigma_\alpha,\tau_\alpha)$代表了 A 点的一个截面,且其坐标$(\sigma_\alpha,\tau_\alpha)$就是该截面上的正应力和切应力。

假设半径 $O'X$ 与半径 $O'K$ 之间的夹角为 2α,α 为顺时针转角,则任意一点 $K(\sigma_\alpha,\tau_\alpha)$代表了 A 点方位角为 α 的斜截面的正应力和切应力(如图 8−33(c)所示)。如图 8−33(a)所示,应力圆上 K 点的正应力为

$$\begin{aligned}\sigma_\alpha&=OK'=OO'+O'K'=OO'+O'X\cos(2\alpha-2\alpha_0)\\&=OO'+O'X(\cos2\alpha\cos2\alpha_0+\sin2\alpha\sin2\alpha_0)\\&=OO'+O'X'\cos2\alpha+XX'\sin2\alpha\\&=\frac{\sigma_x+\sigma_y}{2}+\frac{\sigma_x-\sigma_y}{2}\cos2\alpha+\tau_x\sin2\alpha\end{aligned}$$

与公式(8−10)的第一式完全相同。

应力圆上 K 点的切应力为

$$\begin{aligned}\tau_\alpha&=-KK'=-O'X\sin(2\alpha-2\alpha_0)\\&=-O'X(\sin2\alpha\cos2\alpha_0-\cos2\alpha\sin2\alpha_0)\\&=-O'X'\sin2\alpha+XX'\cos2\alpha=-\frac{\sigma_x-\sigma_y}{2}\sin2\alpha+\tau_x\cos2\alpha\end{aligned}$$

与公式(8−10)的第二式完全相同。所以,应力圆上任意一点 $K(\sigma_\alpha,\tau_\alpha)$的确代表了 A 点处方位角为 α 的斜截面上的正应力和切应力。

⑤应力圆最上面的点 $K''(\sigma_m,\tau_m)$代表了 A 点在 xy 平面内的最大切应力。

如图 8－33(a)所示，应力圆上 K'' 点的切应力为

$$\tau_m = O'K'' = O'X = \sqrt{\left(\frac{\sigma_x - \sigma_y}{2}\right)^2 + \tau_x^2} = \frac{\sigma_i - \sigma_j}{2}$$

与式(8－16)相同，可见 τ_m 是 A 点在 xy 平面内的最大切应力，同时有

$$\sigma_m = OO' = \frac{\sigma_x + \sigma_y}{2} = \frac{\sigma_i + \sigma_j}{2}$$

例 8－8　如图 8－34(a)所示的平面应力状态，用应力圆法求 $\alpha = 30°$ 斜截面上的正应力和切应力，并求该平面应力状态的主应力。

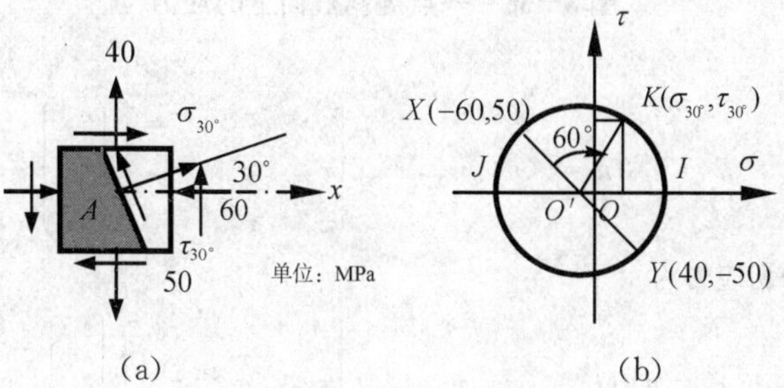

图 8－34　例 8－8 图

解：根据单元体图 8－34(a)知：

$$\sigma_x = -60\ \text{MPa},\quad \tau_x = 50\ \text{MPa},\quad \sigma_y = 40\ \text{MPa},\quad \tau_y = -50\ \text{MPa}$$

建立 $\sigma\tau$ 坐标系，描出点 $X(-60,50)$ 和点 $Y(40,-50)$，连线两点与横轴的交点为 O'，以 O' 为圆心，以 $O'X$ 或 $O'Y$ 为半径作圆，则该圆就是图 8－34(a)所示平面应力状态的应力圆(如图 8－34(b)所示)。

将半径 $O'X$ 顺时针转动 60°，圆周上的点为 K 点，则 K 点的横坐标和纵坐标分别是图 8－34(a)所示平面应力状态在 $\alpha = 30°$ 的斜截面上的正应力和切应力。

由图 8－34(b)可量得 K 点的横坐标和纵坐标为：$\sigma_{30°} = 8.3\ \text{MPa}$，$\tau_{30°} = 68.3\ \text{MPa}$。

斜截面上的正应力和切应力的方向如图 8－34(a)所示。

图 8－34(b)所示 I 点和 J 点的横坐标就是图 8－35(a)所示平面应力状态在 xy 平面内的两个主应力，由图可量得：$\sigma_i = 60.7\ \text{MPa}$，$\sigma_j = -80.7\ \text{MPa}$。

所以，图 8－35(a)所示平面应力状态的主应力为

$$\sigma_1 = 60.7\ \text{MPa},\quad \sigma_2 = 0,\quad \sigma_3 = -80.7\ \text{MPa}$$

8.1.7* 三向(空间)应力状态简介

(1)三向(空间)应力状态矩阵

弹性体中最复杂的应力状态是三向应力状态，或称为空间应力状态，如图 8－35 所示。其应力状态矩阵为式(8－1)，即

$$\boldsymbol{T} = \sigma_{ij} = \begin{bmatrix} \sigma_x & \tau_{xy} & \tau_{xz} \\ \tau_{yx} & \sigma_y & \tau_{yz} \\ \tau_{zx} & \tau_{zy} & \sigma_z \end{bmatrix}$$

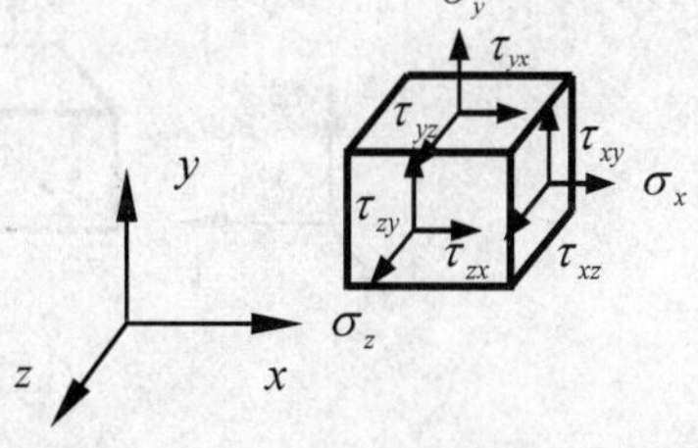

图 8－35　三向(空间)应力状态的单元体

(2)斜截面上的应力

下面不加证明地将二向(平面)应力状态的若干结论直接推广到三向(空间)应力状态。

如图 8－36(a)所示，构件中某点 A 处的某斜截面，其法线方向的单位矢量为：$\boldsymbol{n} = (n_x, n_y, n_z)^{\mathrm{T}}$。其中，$n_x, n_y, n_z$ 分别是该斜截面法线的方向余弦，有：$n_x^2 + n_y^2 + n_z^2 = 1$。

该斜截面上的全应力矢量可写为：$\boldsymbol{p} = (p_x, p_y, p_z)^{\mathrm{T}}$。其中，$p_x, p_y, p_z$ 分别是该斜截面上的全应力矢量在坐标轴方向的投影(如图 8－36(b)所示)。仿照平面应力状态可证明有

$$\boldsymbol{p} = \boldsymbol{T}\boldsymbol{n},\quad \boldsymbol{p}^{\mathrm{T}} = \boldsymbol{n}^{\mathrm{T}}\boldsymbol{T} \tag{8-20}$$

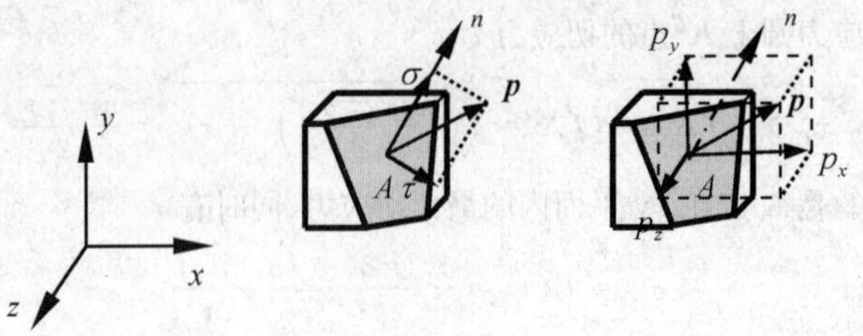

(a) (b)

图 8-36 一点处斜截面上的应力

则斜截面上的正应力为

$$\sigma = \boldsymbol{n}^{\mathrm{T}}\boldsymbol{T}\boldsymbol{n} = (n_x, n_y, n_z)\begin{bmatrix}\sigma_x & \tau_{xy} & \tau_{xz} \\ \tau_{yx} & \sigma_y & \tau_{yz} \\ \tau_{zx} & \tau_{zy} & \sigma_z\end{bmatrix}\begin{pmatrix}n_x \\ n_y \\ n_z\end{pmatrix} \tag{8-21}$$

而斜截面上在指定方向的切应力为

$$\tau = \boldsymbol{n}^{\mathrm{T}}\boldsymbol{T}\boldsymbol{t} = (n_x, n_y, n_z)\begin{bmatrix}\sigma_x & \tau_{xy} & \tau_{xz} \\ \tau_{yx} & \sigma_y & \tau_{yz} \\ \tau_{zx} & \tau_{zy} & \sigma_z\end{bmatrix}\begin{pmatrix}t_x \\ t_y \\ t_z\end{pmatrix} \tag{8-22}$$

其中，$\boldsymbol{t} = (t_x, t_y, t_z)^{\mathrm{T}}$，是斜截面上指定方向的单位矢量。

如果要求斜截面上的切应力，则有

$$\tau = \sqrt{\boldsymbol{p}^{\mathrm{T}}\boldsymbol{p} - \sigma^2} \tag{8-23}$$

(3)主应力

三向(空间)应力状态的主应力是下面一元三次方程的解：

$$|\boldsymbol{T} - \sigma\boldsymbol{I}| = \begin{vmatrix}\sigma_x - \sigma & \tau_{xy} & \tau_{xz} \\ \tau_{xy} & \sigma_y - \sigma & \tau_{yz} \\ \tau_{xz} & \tau_{yz} & \sigma_z - \sigma\end{vmatrix} = 0 \tag{8-24}$$

也即是应力状态矩阵的特征值。这里 $\boldsymbol{I}$ 为 3×3 的单位矩阵，可以证明，方程(8-24)有三个实数根。

(4)两种特殊的三向(空间)应力状态

①静水压力。

如图 8-37(a)所示，当一点应力状态的主应力相同时称为**静水压力状态**。

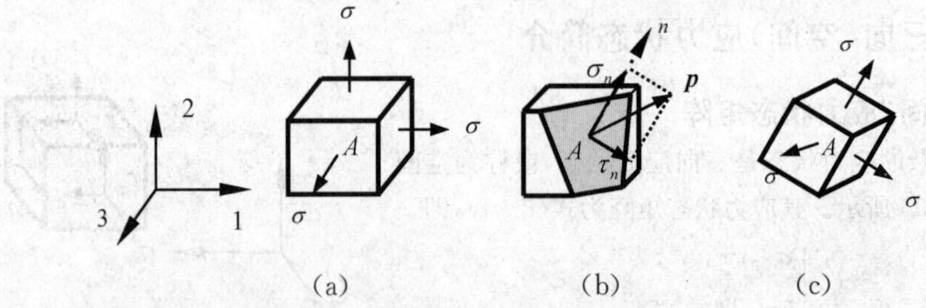

图 8-37 静水压力状态

静水压力状态有如下特点：

a. 任意斜截面上的正应力均为 σ，切应力均为零。

静水压力状态的应力状态矩阵为：$\boldsymbol{T} = \begin{bmatrix}\sigma & 0 & 0 \\ 0 & \sigma & 0 \\ 0 & 0 & \sigma\end{bmatrix} = \sigma\boldsymbol{I}$。

如图 8-37(b)所示，由公式(8-21)，任意斜截面上的正应力为：$\sigma_n = \boldsymbol{n}^{\mathrm{T}}\boldsymbol{T}\boldsymbol{n} = \sigma\boldsymbol{n}^{\mathrm{T}}\boldsymbol{I}\boldsymbol{n} = \sigma\boldsymbol{n}^{\mathrm{T}}\boldsymbol{n} = \sigma$。

由公式(8-22)，任意斜截面上的切应力为：$\tau_n = \boldsymbol{n}^{\mathrm{T}}\boldsymbol{T}\boldsymbol{t} = \sigma\boldsymbol{n}^{\mathrm{T}}\boldsymbol{t} = 0$(因为 $\boldsymbol{n} \perp \boldsymbol{t}$)。

b. 任意方位的单元体都是主单元体。

由于任意斜截面上的正应力为 σ，切应力为零，则任意方位单元体微分面上只有正应力，所以任意方位的单元体都是主单元体（如图 8－37(c)所示）。

c. 不会引起该点邻域的形状改变。

由于任意方位的单元体都是主单元体，则该点邻域任意正方体在变形后仍然是正方体，所以静水压力状态不会引起该点邻域的形状改变。

平面应力情况的静水压力状态如图 8－38 所示。

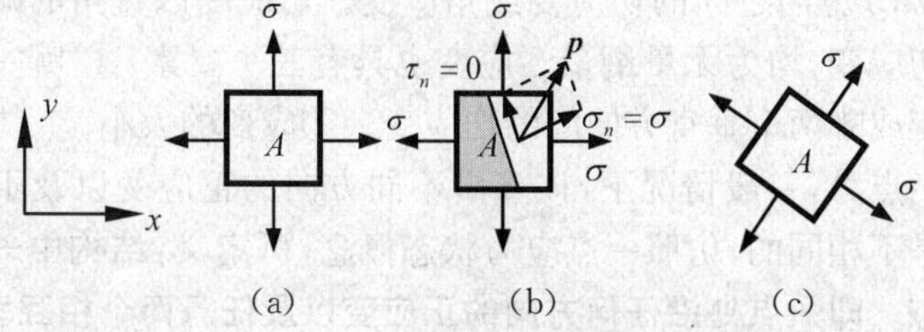

图 8－38　平面应力情况下的静水压力状态

②σ_z 为主应力的三向应力状态。

如图 8－39 所示的应力状态，σ_z ($\sigma_z \neq 0$) 为主应力，也即 xy 为主平面。这种应力状态也是很特殊的一种三向应力状态，在 xy 平面内，其应力情况与平面应力状态完全相同。

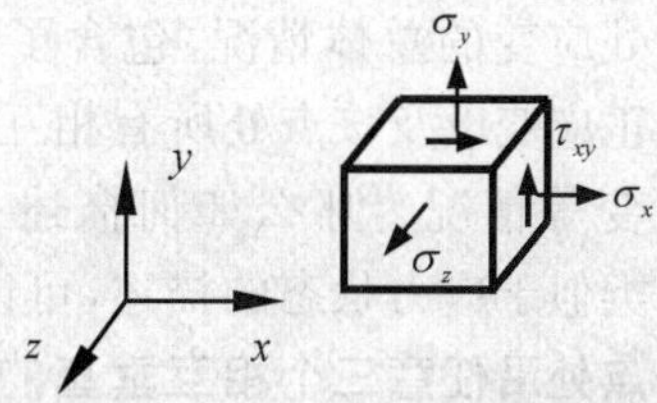

图 8－39　σ_z 为主应力的三向应力状态

应力状态矩阵为

$$T = \begin{bmatrix} \sigma_x & \tau_{xy} & 0 \\ \tau_{xy} & \sigma_y & 0 \\ 0 & 0 & \sigma_z \end{bmatrix}$$

主应力为

$$(\sigma_1, \sigma_2, \sigma_3) = \begin{cases} \dfrac{\sigma_x + \sigma_y}{2} \pm \sqrt{\left(\dfrac{\sigma_x - \sigma_y}{2}\right)^2 + \tau_{xy}^2} \\ \sigma_z \end{cases} \qquad (8-25)$$

其中，等式右边三个主应力代数值最大的为第一主应力，代数值最小的为第三主应力，另一个为第二主应力。主方向与平面应力状态的主方向完全一致。

8.2　应变状态分析

8.2.1　一点应变状态概念

应变状态概念与应力状态概念是平行的概念。

由第 1 章应变的概念可知，应变分为**正应变（线应变）**和**切应变（角应变）**两种，这里简单回顾一下应变的定义。

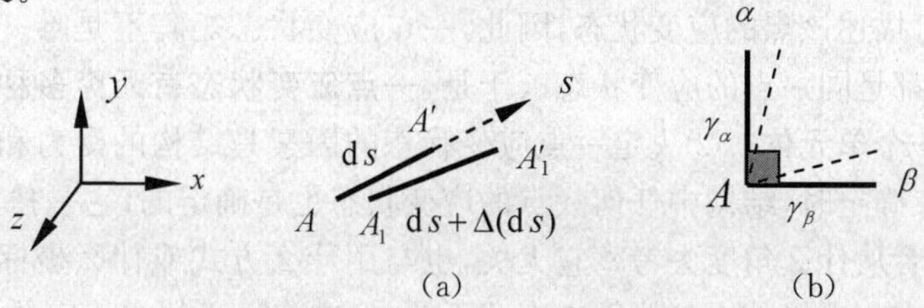

图 8－40　正应变与切应变

如图 8－40(a)所示：

$$\varepsilon_s(A) = \lim_{AA' \to 0} \frac{A_1A_1' - AA'}{AA'} = \frac{\Delta(\mathrm{d}s)}{\mathrm{d}s} \tag{8-26}$$

称为构件中 A 点处沿 s 方向的正应变或线应变。正应变以伸长为正，缩短为负。

如图 8－40(b)所示：

$$\gamma_{\alpha\beta}(A) = \gamma_\alpha + \gamma_\beta \tag{8-27}$$

称为构件中 A 点处 α，β 方向之间的切应变或角应变。切应变以直角的减小为正，增大为负。无论是正应变还是切应变，均为无量纲量。应变也具有三个要素：① 哪一点的应变。②过该点哪个方向的正应变或哪两个垂直方向间的切应变。③应变的大小。

考察结构中的一点 A，一般情况下，该点沿不同方向的正应变以及不相同的两个相互垂直方向间的切应变是不相同的，仿照一点应力状态概念，可定义：**结构中一点处应变情况的总和称为一点应变状态。即一点处沿任何方向的正应变以及任意两个相互垂直方向间的切应变如果是已知的，则称该点的应变状态是确定的或已知的，否则是未知的。**

由一点应变状态的定义可知，应变状态是一点处应变的总体情况，包含了该点沿所有方向的正应变以及该点处所有相互垂直方向间的切应变等情况。那么如何描述一点应变状态呢？类似于应力状态的描述，可以证明：**只要知道一点处沿任意三个相互垂直的方向的正应变以及这三个相互垂直的方向间的切应变，则一点处的应变状态就是确定的**。于是，一点应变状态可以用该点处任意一个单元体的三条棱边的正应变以及这三条棱边间的切应变来描述，如图 8－41 所示。

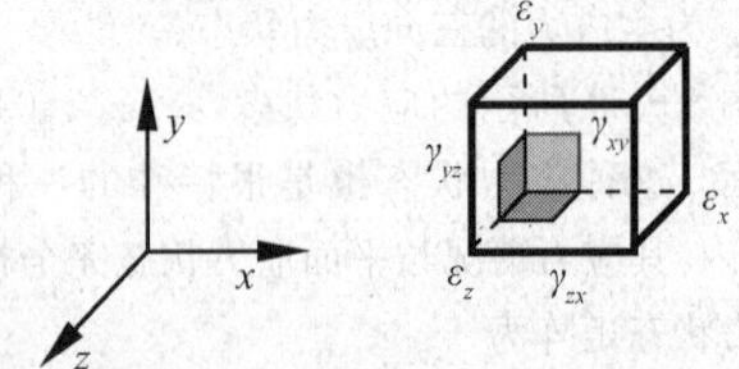

图 8－41　一点处任意单元体棱边的正应变及它们间的切应变

从而一点应变状态可用下述矩阵描述：

$$\boldsymbol{J} = \varepsilon_{ij} = \begin{bmatrix} \varepsilon_x & \dfrac{\gamma_{xy}}{2} & \dfrac{\gamma_{xz}}{2} \\ \dfrac{\gamma_{yx}}{2} & \varepsilon_y & \dfrac{\gamma_{yz}}{2} \\ \dfrac{\gamma_{zx}}{2} & \dfrac{\gamma_{zy}}{2} & \varepsilon_z \end{bmatrix} \tag{8-28}$$

该矩阵称为**应变状态矩阵**，或称为**应变张量**，矩阵中各量称为**应变分量**。应变状态矩阵是一点应变状态的数学描述，而图 8－41 所示的单元体是一点应变状态的几何描述。显然，$\gamma_{xy} = \gamma_{yx}$，$\gamma_{yz} = \gamma_{zy}$，$\gamma_{zx} = \gamma_{xz}$，所以**应变状态矩阵是对称矩阵**。

与应力状态矩阵类似，需要注意：①由于一点处任意三个相互垂直方向的正应变以及它们间的切应变均可描述该点的应变状态，因此，一点应变状态矩阵不是唯一的，实际上有无穷多个，它们描述的都是同一点的应变状态。于是，**一点应变状态有无穷多种描述方式，而每种描述对应该点的一个单元体**。②决定一点应变状态的因素是结构的受力和约束情况，即当结构的外载荷及约束确定时，结构中任何一点的应变状态也是确定的，它是独立于观察者之外的客观存在，与观察者从什么角度去考察它无关，也与用什么方式或什么坐标系来描述它无关。因此，一点应变状态与选择什么坐标系来表述无关，但应变又必须在一定的坐标系中表述。所以，**一点的应变状态的描述既要在一定的坐标系中进行而又与坐标系的选择无关**。③与应力状态矩阵类似，不同单元体的应变状态矩阵一般情况下是不相同的，这些不同的应变状态矩阵之间满足二阶张量的变换规律(如图 8－42 所示)。

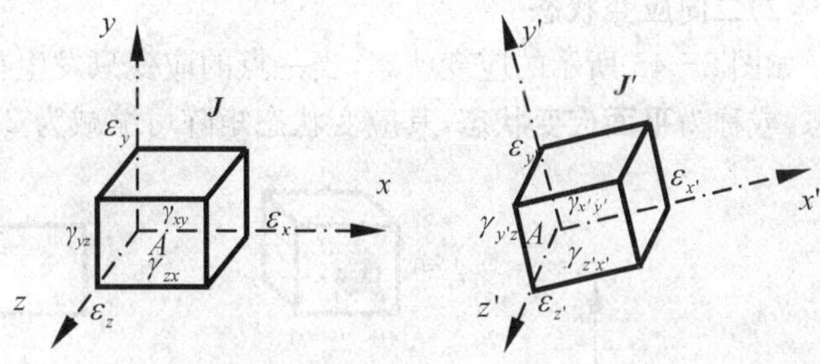

图 8－42 坐标系与单元体

8.2.2 主应变概念

类似于主应力的概念，可定义：**一点处不存在切应变的三个相互垂直的方向称为该点的主应变方向。这三个方向的正应变称为该点的主应变，用 $\varepsilon_1, \varepsilon_2, \varepsilon_3$ 表示。对线弹性各向同性材料来说，可证明主应变方向与主应力方向是一致的**。所以，主应变所对应的单元体就是主单元体(如图 8－43(b)所示)。因此，主应变 $\varepsilon_1, \varepsilon_2, \varepsilon_3$ 与主应力 $\sigma_1, \sigma_2, \sigma_3$ 是一一对应的。对各向异性材料来说，这一结论一般不成立。

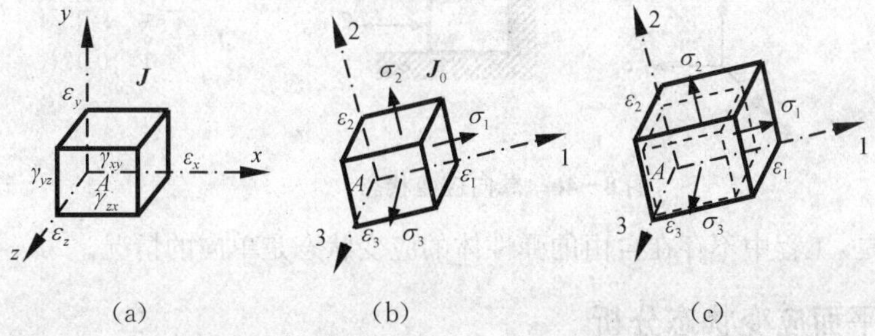

图 8－43 主应变与主单元体的变形

在主单元体情况下，一点应变状态的描述最为简单，为对角矩阵，即

$$\boldsymbol{J}_0 = \begin{bmatrix} \varepsilon_1 & 0 & 0 \\ 0 & \varepsilon_2 & 0 \\ 0 & 0 & \varepsilon_3 \end{bmatrix} \tag{8-29}$$

主单元体的变形特点是：**变形后仍然保持为长方体，即单元体的三条边在变形过程中始终保持相互垂直**(如图 8－43(c)所示)。应变状态分析主要就是**分析结构中危险点处沿指定方向的正应变和切应变以及主应变等**。

8.2.3 应变状态的分类

(1)三向应变状态

如图 8－44 所示的应变状态称为**三向应变状态**，或称为**空间应变状态**，其应变状态矩阵是 3×3 的满阵。

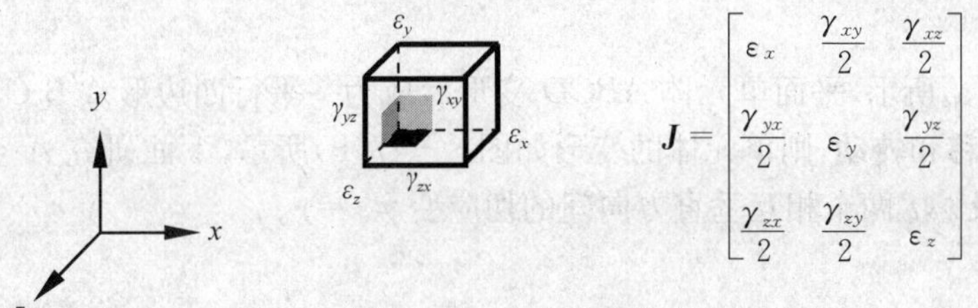

图 8－44 三向应变状态

(2)二向应变状态

如图 8－45 所示的应变状态，当一点的应变只发生在某个平面内时，称为**二向(双向)应变状态**，或称为**平面应变状态**，其应变状态矩阵可缩减为 2×2 的矩阵。

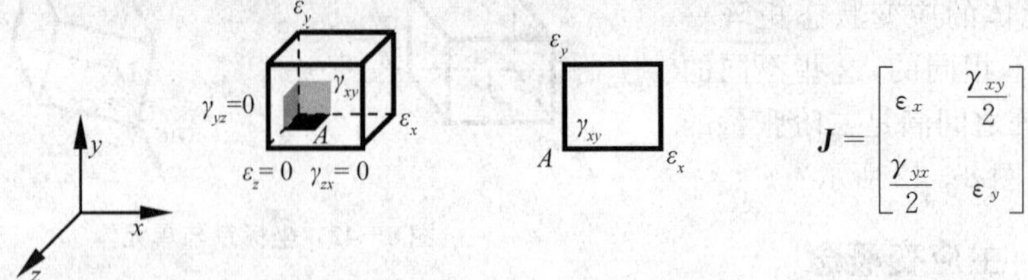

$$\boldsymbol{J}=\begin{bmatrix}\varepsilon_x & \dfrac{\gamma_{xy}}{2}\\ \dfrac{\gamma_{yx}}{2} & \varepsilon_y\end{bmatrix}$$

图 8－45　二向应变状态

(3)单向应变状态

如图 8－46 所示的应变状态，当该点只有一个方向的应变不为零时，称为**单向应变状态**。

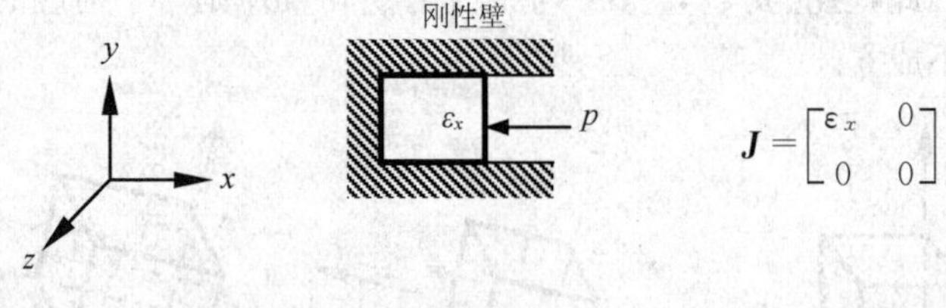

$$\boldsymbol{J}=\begin{bmatrix}\varepsilon_x & 0\\ 0 & 0\end{bmatrix}$$

图 8－46　单向应变状态

要注意的是，工程中不存在自由的弹性体的应变状态是单向的情况。

8.2.4　平面应变状态分析

材料力学问题基本上是平面应力问题，而处于平面应力状态的点的应变状态是一种特殊的三向应变状态，其应变状态矩阵为 $\boldsymbol{J}=\varepsilon_{ij}=\begin{bmatrix}\varepsilon_x & \dfrac{\gamma_{xy}}{2} & 0\\ \dfrac{\gamma_{yx}}{2} & \varepsilon_y & 0\\ 0 & 0 & \varepsilon_z\end{bmatrix}$。其在 xy 平面内的变形与平面应变状态是完全相同的，而在 z 方向只有拉伸或压缩变形。所以这里主要分析平面应变状态。

(1) 斜方位的正应变和切应变

假设构件中某点 A 的应变状态为平面应变状态且是已知的，即该点的应变状态矩阵 $\boldsymbol{J}=\begin{bmatrix}\varepsilon_x & \dfrac{\gamma_{xy}}{2}\\ \dfrac{\gamma_{yx}}{2} & \varepsilon_y\end{bmatrix}$已知。

如图 8－47(a)所示，平面单元体 $ABCD$ 变形后成为一平行四边形 $A'B'C'D'$，如果**不考虑单元体的刚体平移和转动**，则单元体的变形如图 8－47(b)所示，下面研究 A 点沿 n 方向的正应变 $\varepsilon_n=\varepsilon_\alpha$ 以及 n,t 两个相互垂直方向间的切应变 $\gamma_{nt}=\gamma_\alpha$。

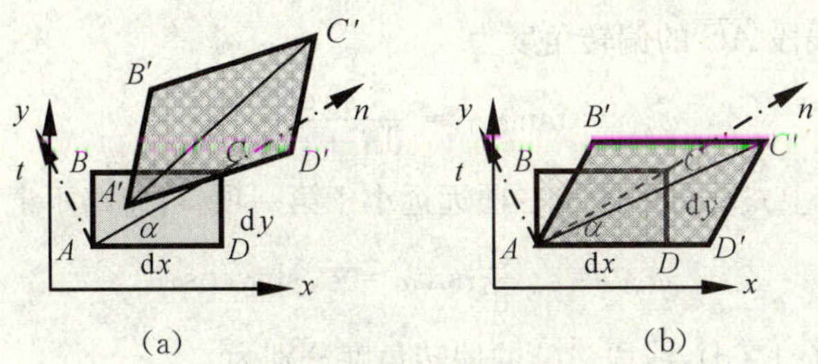

图 8-47　平面单元体的变形

下面采用叠加方法研究平面单元体 $ABCD$ 的变形对线段 $\overline{AC}$ 以及直角 tAn 的影响。如图 8-48 所示，单元体的变形对线段 $\overline{AC}$ 以及直角 tAn 影响分三部分：①x 方向的正应变 ε_x 的影响（如图 8-48(b)所示）。②y 方向的正应变 ε_y 的影响（如图 8-48(c)所示）。③xy 方向间的切应变 γ_{xy} 的影响（如图 8-48(d)所示）。

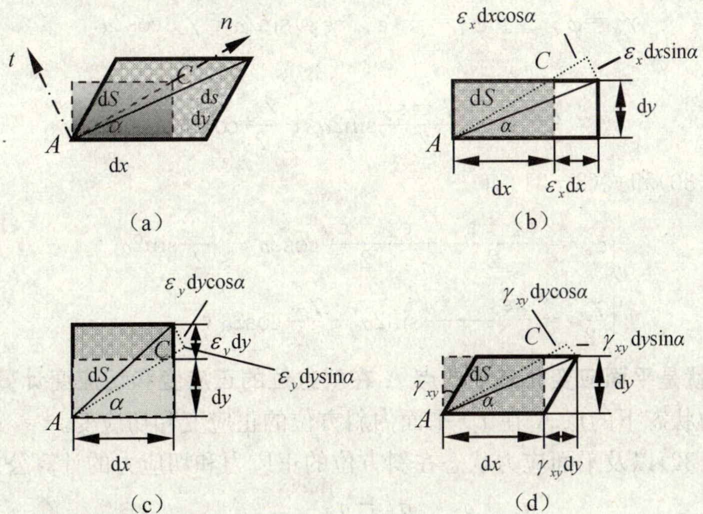

图 8-48　单元体的分步变形

假设线段 $\overline{AC}$ 的原长为 $\mathrm{d}S$，变形后的长度为 $\mathrm{d}s$，则 $\mathrm{d}S$ 的伸长为

$$\Delta(\mathrm{d}S)=\mathrm{d}s-\mathrm{d}S=\varepsilon_x\mathrm{d}x\cos\alpha+\varepsilon_y\mathrm{d}y\sin\alpha+\gamma_{xy}\mathrm{d}y\cos\alpha$$

于是，根据正应变的定义，A 点沿 n 方向的正应变为

$$\varepsilon_\alpha=\frac{\Delta(\mathrm{d}S)}{\mathrm{d}S}=\varepsilon_x\cos\alpha\,\frac{\mathrm{d}x}{\mathrm{d}S}+\varepsilon_y\sin\alpha\,\frac{\mathrm{d}y}{\mathrm{d}S}+\gamma_{xy}\cos\alpha\,\frac{\mathrm{d}y}{\mathrm{d}S}$$

注意到：$\cos\alpha=\dfrac{\mathrm{d}x}{\mathrm{d}S}$，$\sin\alpha=\dfrac{\mathrm{d}y}{\mathrm{d}S}$。所以得

$$\varepsilon_\alpha=\varepsilon_x\cos^2\alpha+\varepsilon_y\sin^2\alpha+\gamma_{xy}\sin\alpha\cos\alpha$$

利用三角公式，上式可化为

$$\varepsilon_\alpha=\frac{\varepsilon_x+\varepsilon_y}{2}+\frac{\varepsilon_x-\varepsilon_y}{2}\cos2\alpha+\frac{\gamma_{xy}}{2}\sin2\alpha \tag{8-30}$$

再考虑单元体的变形对直角 tAn 的影响，也分三部分。假设线段 $\overline{AC}$ 或直线 $\overline{An}$ 偏转的角度为 φ_α，$\overline{At}$ 偏转的角度为 $\varphi_{\alpha+90^\circ}$，顺时针偏转为正，逆时针偏转为负，则相互垂直的方向 n 和 t 之间的切应变为

$$\gamma_\alpha=\gamma_{nt}=\varphi_{\alpha+90^\circ}-\varphi_\alpha$$

由图 8－48(b)，线段 $\overline{AC}$ 的偏转角度为

$$\varphi_{\alpha 1}=\tan\varphi_{\alpha 1}=\frac{\varepsilon_x \mathrm{d}x\sin\alpha}{\mathrm{d}S+\varepsilon_x \mathrm{d}x\cos\alpha}$$

在小变形情况下，上式分母中的第二项远远小于第一项，可忽略不记，于是有

$$\varphi_{\alpha 1}=\varepsilon_x \frac{\mathrm{d}x}{\mathrm{d}S}\sin\alpha=\varepsilon_x \sin\alpha\cos\alpha$$

同理，由图 8－48(c)、(d)，线段 $\overline{AC}$ 的偏转角度分别为

$$\varphi_{\alpha 2}=-\varepsilon_y \sin\alpha\cos\alpha,\qquad \varphi_{\alpha 3}=\gamma_{xy}\sin^2\alpha$$

$$\varphi_{\alpha}=\varphi_{\alpha 1}+\varphi_{\alpha 2}+\varphi_{\alpha 3}=(\varepsilon_x-\varepsilon_y)\sin\alpha\cos\alpha+\gamma_{xy}\sin^2\alpha$$

而 $\varphi_{\alpha+90^\circ}$ 只需将上式中的 α 换为 $\alpha+90^\circ$ 即可。于是有

$$\varphi_{\alpha+90^\circ}=-(\varepsilon_x-\varepsilon_y)\sin\alpha\cos\alpha+\gamma_{xy}\cos^2\alpha$$

所以有

$$\gamma_{\alpha}=\varphi_{\alpha+90^\circ}-\varphi_{\alpha}=-(\varepsilon_x-\varepsilon_y)\sin 2\alpha+\gamma_{xy}\cos 2\alpha$$

整理后得

$$\frac{\gamma_{\alpha}}{2}=-\frac{\varepsilon_x-\varepsilon_y}{2}\sin 2\alpha+\frac{\gamma_{xy}}{2}\cos 2\alpha \tag{8-31}$$

故综合式(8－30)和式(8－31)有

$$\begin{cases}\varepsilon_{\alpha}=\dfrac{\varepsilon_x+\varepsilon_y}{2}+\dfrac{\varepsilon_x-\varepsilon_y}{2}\cos 2\alpha+\dfrac{\gamma_{xy}}{2}\sin 2\alpha\\[2ex]\dfrac{\gamma_{\alpha}}{2}=-\dfrac{\varepsilon_x-\varepsilon_y}{2}\sin 2\alpha+\dfrac{\gamma_{xy}}{2}\cos 2\alpha\end{cases} \tag{8-32}$$

公式(8－32)就是**平面应变状态下的点 A 在斜方位的正应变和切应变计算公式**。它也可用于计算平面应力状态下的点 A 在 xy 平面内斜方位的正应变和切应变。

考察公式(8－32)以及平面应力状态在斜方位的正应力和切应力的计算公式(8－10)：

$$\begin{cases}\sigma_{\alpha}=\dfrac{\sigma_x+\sigma_y}{2}+\dfrac{\sigma_x-\sigma_y}{2}\cos 2\alpha+\tau_{xy}\sin 2\alpha\\[2ex]\tau_{\alpha}=-\dfrac{\sigma_x-\sigma_y}{2}\sin 2\alpha+\tau_{xy}\cos 2\alpha\end{cases}$$

可发现两者非常类似。只需要将式(8－10)中的 $\sigma_x,\sigma_y,\tau_{xy},\sigma_{\alpha},\tau_{\alpha}$ 分别代换为 $\varepsilon_x,\varepsilon_y,\dfrac{\gamma_{xy}}{2}$，$\varepsilon_{\alpha},\dfrac{\gamma_{\alpha}}{2}$，即可得到公式(8－32)。实际上，平面应变状态矩阵 $\boldsymbol{J}=\begin{bmatrix}\varepsilon_x & \dfrac{\gamma_{xy}}{2}\\ \dfrac{\gamma_{yx}}{2} & \varepsilon_y\end{bmatrix}$ 与平面应力状态矩阵 $\boldsymbol{T}=\begin{bmatrix}\sigma_x & \tau_{xy}\\ \tau_{yx} & \sigma_y\end{bmatrix}$ 都是二阶张量，求其斜方位的应变或应力实质上就是将这两个张量进行坐标变换，二阶张量的变换规律是完全相同的，所以，应力状态矩阵和应变状态矩阵显示出相同的数值特征。事实上，将平面应力状态分析中的所有公式做上面的代换后，就变换为平面应变状态分析中的公式。

由式(8－8)做上述代换，则公式(8－32)可写为矩阵形式：

$$\varepsilon_{\alpha}=\boldsymbol{n}^{\mathrm{T}}\boldsymbol{J}\boldsymbol{n},\qquad \frac{\gamma_{\alpha}}{2}=\boldsymbol{n}^{\mathrm{T}}\boldsymbol{J}\boldsymbol{t} \tag{8-33}$$

其中，$\boldsymbol{n}=\begin{bmatrix}n_x\\n_y\end{bmatrix}=\begin{bmatrix}\cos\alpha\\\sin\alpha\end{bmatrix}$；$\boldsymbol{t}=\begin{bmatrix}t_x\\t_y\end{bmatrix}=\begin{bmatrix}-\sin\alpha\\\cos\alpha\end{bmatrix}=\begin{bmatrix}-n_y\\n_x\end{bmatrix}$，为斜方位以及其垂直方向的单位矢量。

（2）主应变和最大切应变

将式(8－11)和式(8－12)做上述代换，可得平面应变状态在 xy 平面内的两个主应变的方向和大小为

$$\tan 2\alpha_0=\frac{\gamma_{xy}}{\varepsilon_x-\varepsilon_y}\tag{8-34}$$

$$(\varepsilon_i,\varepsilon_j)=\frac{\varepsilon_x+\varepsilon_y}{2}\pm\sqrt{\left(\frac{\varepsilon_x-\varepsilon_y}{2}\right)^2+\left(\frac{\gamma_{xy}}{2}\right)^2}\tag{8-35}$$

另一个主应变为零，沿垂直于 xy 平面的方向。所以平面应变状态的三个主应变为

$$(\varepsilon_1,\varepsilon_2,\varepsilon_3)=\begin{cases}\dfrac{\varepsilon_x+\varepsilon_y}{2}\pm\sqrt{\left(\dfrac{\varepsilon_x-\varepsilon_y}{2}\right)^2+\left(\dfrac{\gamma_{xy}}{2}\right)^2}\\0\end{cases}\tag{8-36}$$

其中，$\varepsilon_1,\varepsilon_2,\varepsilon_3$ 是与主应力 $\sigma_1,\sigma_2,\sigma_3$ 相对应的主应变。

材料力学问题通常是平面应力问题，而对于平面应力状态来说，其垂直于 xy 平面的应变是一个主应变但并不为零，而在 xy 平面内的变形与平面应变状态是完全相同的，所以平面应力状态的三个主应变为

$$(\varepsilon_1,\varepsilon_2,\varepsilon_3)=\begin{cases}\dfrac{\varepsilon_x+\varepsilon_y}{2}\pm\sqrt{\left(\dfrac{\varepsilon_x-\varepsilon_y}{2}\right)^2+\left(\dfrac{\gamma_{xy}}{2}\right)^2}\\\varepsilon_z\end{cases}\tag{8-37}$$

与上面一样，$\varepsilon_1,\varepsilon_2,\varepsilon_3$ 是与平面应力状态的主应力 $\sigma_1,\sigma_2,\sigma_3$ 相对应的主应变。

同样，**主应变是一点处的极值应变，即过一点所有方向的正应变，其最大值和最小值必定是该点的某两个主应变。**

xy 平面内的两个主应变是应变状态矩阵的特征值，即为下述方程的解：

$$|\boldsymbol{J}-\sigma\boldsymbol{I}|=\begin{vmatrix}\varepsilon_x-\varepsilon & \dfrac{\gamma_{xy}}{2}\\\dfrac{\gamma_{xy}}{2} & \varepsilon_y-\varepsilon\end{vmatrix}=0\tag{8-38}$$

而最大切应变可将式(8－16)做上述代换为

$$\gamma_{\max}=\varepsilon_i-\varepsilon_j\tag{8-39}$$

与平面应力状态相似，平面应变状态也可以用应变圆来表示，从而可以应用图测法计算任意方位的正应变和切应变。将式(8－33)消去变量 α，可得

$$\left(\varepsilon_\alpha-\frac{\varepsilon_x+\varepsilon_y}{2}\right)^2+\left(\frac{\gamma_\alpha}{2}\right)^2=R^2\tag{8-40}$$

其中，$R=\sqrt{\left(\dfrac{\varepsilon_x-\varepsilon_y}{2}\right)^2+\left(\dfrac{\gamma_{xy}}{2}\right)^2}$，这是一个以 R 为半径，以 $\left(\dfrac{\varepsilon_x+\varepsilon_y}{2},0\right)$ 为圆心的圆，如图 8－49 所示。这个圆称为平面应变状态的**应变圆**。

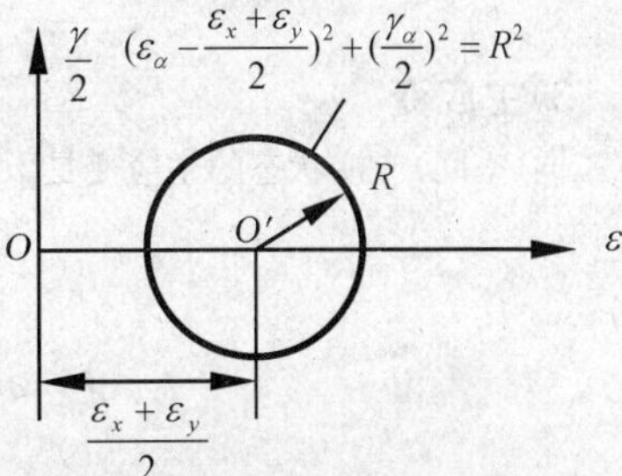

图 8－49　应变圆

8.2.5* 三向(空间)应变状态简介

(1)三向(空间)应变状态矩阵

弹性体中最复杂的应变状态是**三向应变状态**,或称为**空间应变状态**,如图 8-50 所示。其应变状态矩阵为式(8-28),即

$$J=\varepsilon_{ij}=\begin{bmatrix}\varepsilon_x & \dfrac{\gamma_{xy}}{2} & \dfrac{\gamma_{xz}}{2}\\ \dfrac{\gamma_{yx}}{2} & \varepsilon_y & \dfrac{\gamma_{yz}}{2}\\ \dfrac{\gamma_{zx}}{2} & \dfrac{\gamma_{zy}}{2} & \varepsilon_z\end{bmatrix}$$

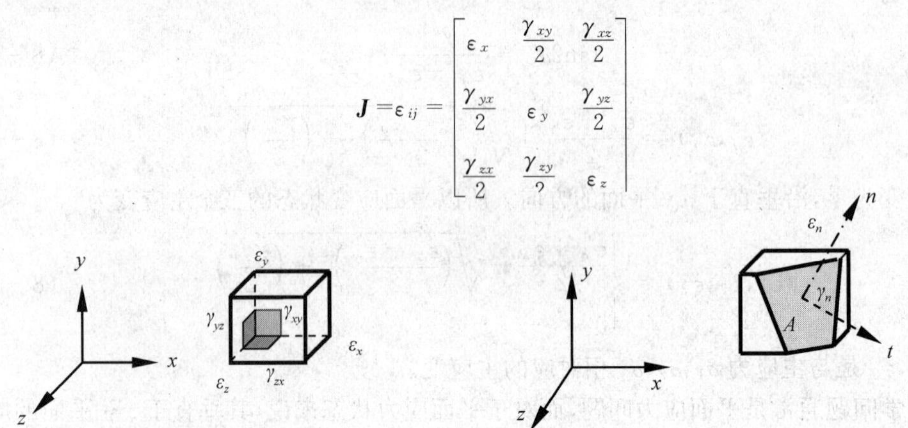

图 8-50 三向应变状态　　图 8-51 一点处斜方位的正应变和切应变

(2)斜方位的应变

下面不加证明地将平面应变状态的若干结论直接推广到三向(空间)应变状态。

如图 8-51 所示,构件中某点 A 处的某斜方位 n,该方位的单位矢量为:$\boldsymbol{n}=(n_x,n_y,n_z)^{\mathrm{T}}$。其中,$n_x$,$n_y$,$n_z$ 分别是该方位的方向余弦,且有:$n_x^2+n_y^2+n_z^2=1$。

t 是与该方位垂直的某方位,该方位的单位矢量为:$\boldsymbol{t}=(t_x,t_y,t_z)^{\mathrm{T}}$。

斜方位的正应变为

$$\varepsilon=\varepsilon_n=\boldsymbol{n}^{\mathrm{T}}\boldsymbol{J}\boldsymbol{n}=(n_x\quad n_y\quad n_z)\begin{bmatrix}\varepsilon_x & \dfrac{\gamma_{xy}}{2} & \dfrac{\gamma_{xz}}{2}\\ \dfrac{\gamma_{yx}}{2} & \varepsilon_y & \dfrac{\gamma_{yz}}{2}\\ \dfrac{\gamma_{zx}}{2} & \dfrac{\gamma_{zy}}{2} & \varepsilon_z\end{bmatrix}\begin{pmatrix}n_x\\ n_y\\ n_z\end{pmatrix} \tag{8-41}$$

斜方位与指定方位间的切应变为

$$\frac{\gamma}{2}=\frac{\gamma_{nt}}{2}=\boldsymbol{n}^{\mathrm{T}}\boldsymbol{J}\boldsymbol{t}=(n_x\quad n_y\quad n_z)\begin{bmatrix}\varepsilon_x & \dfrac{\gamma_{xy}}{2} & \dfrac{\gamma_{xz}}{2}\\ \dfrac{\gamma_{yx}}{2} & \varepsilon_y & \dfrac{\gamma_{yz}}{2}\\ \dfrac{\gamma_{zx}}{2} & \dfrac{\gamma_{zy}}{2} & \varepsilon_z\end{bmatrix}\begin{pmatrix}t_x\\ t_y\\ t_z\end{pmatrix} \tag{8-42}$$

(3)主应变

三向(空间)应变状态的主应变是下面一元三次方程的解:

$$|\boldsymbol{J}-\sigma\boldsymbol{I}|=\begin{vmatrix}\varepsilon_x-\varepsilon & \dfrac{\gamma_{xy}}{2} & \dfrac{\gamma_{xz}}{2}\\ \dfrac{\gamma_{yx}}{2} & \varepsilon_y-\varepsilon & \dfrac{\gamma_{yz}}{2}\\ \dfrac{\gamma_{zx}}{2} & \dfrac{\gamma_{zy}}{2} & \varepsilon_z-\varepsilon\end{vmatrix}=0 \tag{8-43}$$

也即是应变状态矩阵的特征值。这里 $\boldsymbol{I}$ 为 3×3 的单位矩阵,可以证明,方程(8-43)有三个实数根。

(4)体积应变

第 2 章中曾定义了体积应变：$\theta=\frac{\Delta(\mathrm{d}V)}{\mathrm{d}V}$。

如图 8－52 所示，假设某点单元体变形前的每边边长分别为 $\mathrm{d}X,\mathrm{d}Y,\mathrm{d}Z$，变形后每边边长分别为 $\mathrm{d}x,\mathrm{d}y,\mathrm{d}z$，如果该点沿单元体各边的线应变为 $\varepsilon_x,\varepsilon_y,\varepsilon_z$，则有

$$\mathrm{d}x=(1+\varepsilon_x)\mathrm{d}X,\ \mathrm{d}y=(1+\varepsilon_y)\mathrm{d}Y,\ \mathrm{d}z=(1+\varepsilon_z)\mathrm{d}Z \tag{8-44}$$

单元体原体积：$\mathrm{d}V=\mathrm{d}X\mathrm{d}Y\mathrm{d}Z$。

单元体变形后的体积：$\mathrm{d}V'=\mathrm{d}x\mathrm{d}y\mathrm{d}z=(1+\varepsilon_x)(1+\varepsilon_y)(1+\varepsilon_z)\mathrm{d}X\mathrm{d}Y\mathrm{d}Z$。

体积增量：$\Delta(\mathrm{d}V)=\mathrm{d}V'-\mathrm{d}V=\mathrm{d}x\mathrm{d}y\mathrm{d}z-\mathrm{d}X\mathrm{d}Y\mathrm{d}Z$。

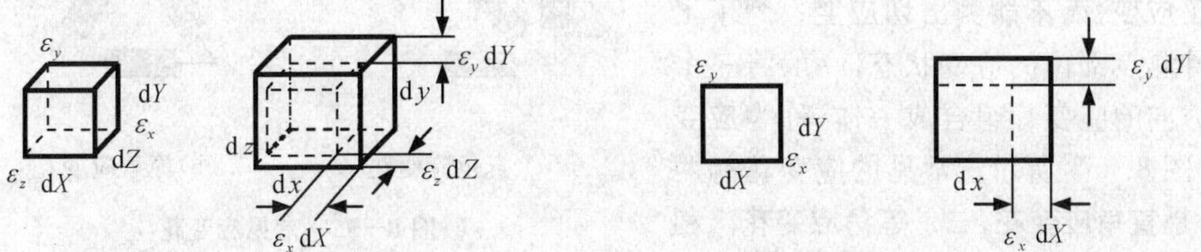

图 8－52　单元体的体积变化　　　**图 8－53　单元体微分面的面积变化**

在小变形条件下，各应变远远小于 1，所以各应变间的乘积可以忽略不计，则有

$$\Delta(\mathrm{d}V)=(\varepsilon_x+\varepsilon_y+\varepsilon_z)\mathrm{d}X\mathrm{d}Y\mathrm{d}Z$$

于是，**体积应变**为

$$\theta=\frac{\Delta(\mathrm{d}V)}{\mathrm{d}V}=\varepsilon_x+\varepsilon_y+\varepsilon_z \tag{8-45}$$

在平面情况下，如图 8－53 所示，体积应变就是**面积变化率**，即

$$\theta=\frac{\Delta(\mathrm{d}A)}{\mathrm{d}A}=\varepsilon_x+\varepsilon_y \tag{8-46}$$

式(8－44)、(8－45)、(8－46)可以用来计算构件变形后某方位厚度的变化量以及构件体积变化量或面积变化量。

8.2.6　应变测量

在实际工程中，理论分析在理想和简化条件下得到的结果往往与实际情况有一定的出入，所以很多时候需要用实测的方法来确定构件关键部位的应变状态，从而能进一步地分析这些部位的应力状态以及其危险应力。电阻应变测量技术就是一种应用比较广泛且成熟的应变测量方法。

在测量静态应变时，**电阻应变仪**是这种测量方法的主要装置，它由两部分组成：一是**应变片**，二是**应变仪**，如图 8－54 所示。应变片是感应装置，它将测点的应变转化为电信号；应变仪是检测装置，它将应变片传输的非常微弱的电信号放大，并最终转化为测点的应变值，可在应变仪的显示屏上直接读出。实际工程构件在小变形情况下的应变值一般是很小的，大致在 $10^{-4}\sim10^{-3}$ 量级，所以应变仪的读数一般用 $\mu\varepsilon$ 表示，$1\mu\varepsilon=10^{-6}$。

应变片由片基、敏感栅和引线三种元件构成，如图 8－54 所示。片基与敏感栅紧密贴合，再牢固地用强力胶粘贴在构件的测点处，构件变形后，片基与敏感栅随构件表面测点一起变形，组成敏感栅的导线

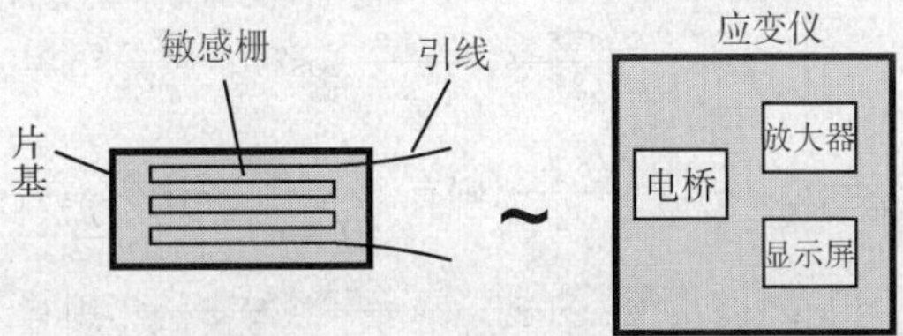

图 8－54　电阻应变仪

长度也发生变化，从而其电阻产生改变，电阻变化率 $\Delta R/R$ 与测点沿应变片粘贴方向的正应变成正比，即 $\varepsilon=K\Delta R/R$，K 称为灵敏系数，在其适用范围内是常数。应变仪主要由惠斯顿电桥、放大器及显示屏组成。电桥是基本的测量电路，它将应变片电阻变化的信号转化为电压信号，再由放大器放大，然后转化为应变值在显示屏上显示出来。为避免环境温度的变化对应变片电阻变化率的影响，应变仪还考虑了温度补偿问题。电阻应变测量技术的优点是精度高，可以在很苛刻的环境下进行测量，如高温、高压、高速环境等；还可实现遥控测量。

值得注意的是，**电阻应变测量技术一般只能测量构件表面测点沿应变片粘贴方向的正应变，而不能测出切应变**。为了了解构件测点部位的应变状态，一般将三个不同方向的应变片组合成一体，称为**应变花**，如图 8－55 所示。常见的应变花有两种：一是**直角应变花**，二是**等角应变花**。利用应变花可测量出三个不同方向的正应变，从而可确定测点处的应变状态。

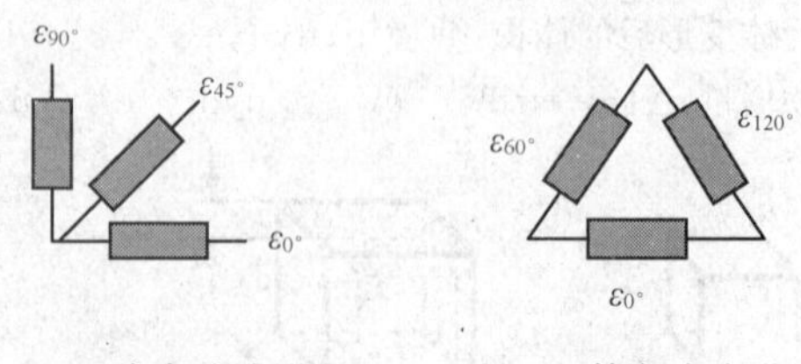

(a) 直角应变花　　(b)等角应变花

图 8－55　常见应变花

假设利用应变花测得测点处沿 $\alpha_1,\alpha_2,\alpha_3$ 三个方向的正应变 $\varepsilon_{\alpha_1},\varepsilon_{\alpha_2},\varepsilon_{\alpha_3}$，则可利用斜方位的正应变公式(8－32)第一式得

$$\begin{cases}\varepsilon_{\alpha_1}=\dfrac{\varepsilon_x+\varepsilon_y}{2}+\dfrac{\varepsilon_x-\varepsilon_y}{2}\cos2\alpha_1+\dfrac{\gamma_{xy}}{2}\sin2\alpha_1\\ \varepsilon_{\alpha_2}=\dfrac{\varepsilon_x+\varepsilon_y}{2}+\dfrac{\varepsilon_x-\varepsilon_y}{2}\cos2\alpha_2+\dfrac{\gamma_{xy}}{2}\sin2\alpha_2\\ \varepsilon_{\alpha_3}=\dfrac{\varepsilon_x+\varepsilon_y}{2}+\dfrac{\varepsilon_x-\varepsilon_y}{2}\cos2\alpha_3+\dfrac{\gamma_{xy}}{2}\sin2\alpha_3\end{cases} \tag{8-47}$$

式(8－47)是关于 $\varepsilon_x,\varepsilon_y,\gamma_{xy}$ 的一组线性代数方程组，解之即可得到测点的上述几个应变，由于材料力学问题基本上是平面应力问题，利用 8.3 节的广义虎克定律可得到垂直于应变片方向的正应变，从而就可完整地确定测点的应变状态。仍然利用广义虎克定律可确定测点的应力状态，再利用应力状态分析中的各个公式，可确定测点的主应力或主方向等。

例 8－9　证明：等角应变花的应变主方向与水平轴 x 的夹角 α_0 满足

$$\tan2\alpha_0=\frac{\sqrt{3}(\varepsilon_{60^\circ}-\varepsilon_{120^\circ})}{2\varepsilon_{0^\circ}-\varepsilon_{60^\circ}-\varepsilon_{120^\circ}}$$

证明：等角应变花如图 8－55(b)所示，由公式(8－47)有

$$\varepsilon_{0^\circ}=\frac{\varepsilon_x+\varepsilon_y}{2}+\frac{\varepsilon_x-\varepsilon_y}{2}=\varepsilon_x$$

$$\varepsilon_{60^\circ}=\frac{\varepsilon_x+\varepsilon_y}{2}+\frac{\varepsilon_x-\varepsilon_y}{2}\cos120^\circ+\frac{\gamma_{xy}}{2}\sin120^\circ=\frac{\varepsilon_x+\varepsilon_y}{2}-\frac{\varepsilon_x-\varepsilon_y}{4}+\frac{\sqrt{3}\gamma_{xy}}{4}$$

$$\varepsilon_{120^\circ}=\frac{\varepsilon_x+\varepsilon_y}{2}+\frac{\varepsilon_x-\varepsilon_y}{2}\cos240^\circ+\frac{\gamma_{xy}}{2}\sin240^\circ=\frac{\varepsilon_x+\varepsilon_y}{2}-\frac{\varepsilon_x-\varepsilon_y}{4}-\frac{\sqrt{3}\gamma_{xy}}{4}$$

由 $\varepsilon_{60^\circ}-\varepsilon_{120^\circ}=\dfrac{\sqrt{3}\gamma_{xy}}{2}$，则有：$\gamma_{xy}=\dfrac{2\sqrt{3}}{3}(\varepsilon_{60^\circ}-\varepsilon_{120^\circ})$。

由 $\varepsilon_{60^\circ}+\varepsilon_{120^\circ}=\varepsilon_x+\varepsilon_y-\dfrac{\varepsilon_x-\varepsilon_y}{2}=\dfrac{\varepsilon_x}{2}+\dfrac{3\varepsilon_y}{2}$，则有：$\varepsilon_y=\dfrac{2}{3}(\varepsilon_{60^\circ}+\varepsilon_{120^\circ})-\dfrac{\varepsilon_{0^\circ}}{3}$。

而 $\varepsilon_x-\varepsilon_y=\varepsilon_{0^\circ}-\left[\dfrac{2}{3}(\varepsilon_{60^\circ}+\varepsilon_{120^\circ})-\dfrac{\varepsilon_{0^\circ}}{3}\right]=\dfrac{2}{3}[2\varepsilon_{0^\circ}-(\varepsilon_{60^\circ}+\varepsilon_{120^\circ})]$，所以，应变主方向与水平轴 x 的夹

角满足：

$$\tan 2\alpha_0=\frac{\gamma_{xy}}{\varepsilon_x-\varepsilon_y}=\frac{2\sqrt{3}}{3}\times\frac{3}{2}\times\frac{\varepsilon_{60^\circ}-\varepsilon_{120^\circ}}{2\varepsilon_{0^\circ}-\varepsilon_{60^\circ}-\varepsilon_{120^\circ}}=\frac{\sqrt{3}(\varepsilon_{60^\circ}-\varepsilon_{120^\circ})}{2\varepsilon_{0^\circ}-\varepsilon_{60^\circ}-\varepsilon_{120^\circ}}$$

8.3　广义虎克定律

许多工程材料在小变形情况下应力应变关系呈现出线性性态，在第 1 章中曾介绍过两个**简单虎克定律**，即：$\sigma=E\varepsilon$，$\tau=G\gamma$。它们只适用于简单应力状态，即单向应力状态和纯剪应力状态，如图 8－56 所示。而对于复杂应力状态，由于泊松效应的存在，某方向的正应变除与该方向的正应力有关之外，还与垂直于该方向的正应力有关，如图 8－57 所示。

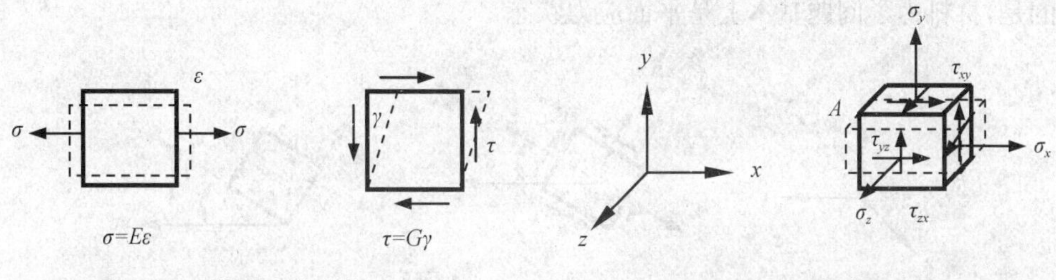

图 8－56　简单虎克定律　　图 8－57　广义虎克定律

例如 x 方向的正应变，由 x 方向的正应力引起的应变为 $\varepsilon_x^{(1)}=\dfrac{\sigma_x}{E}$，根据泊松效应，由 y 方向的正应力引起的应变为 $\varepsilon_x^{(2)}=-\nu\dfrac{\sigma_y}{E}$，而由 z 方向的正应力引起的应变为 $\varepsilon_x^{(3)}=-\nu\dfrac{\sigma_z}{E}$；另外，在小变形条件下，正应变和切应变之间不存在耦合效应，即正应力不会引起切应变，而切应力也不会引起正应变；于是由叠加原理，x 方向的正应变为：$\varepsilon_x=\varepsilon_x^{(1)}+\varepsilon_x^{(2)}+\varepsilon_x^{(3)}=\dfrac{1}{E}[\sigma_x-\nu(\sigma_y+\sigma_z)]$，$xy$ 方向之间的切应变为：$\gamma_{xy}=\dfrac{\tau_{xy}}{G}$，这里，$G=\dfrac{E}{2(1+\nu)}$。其他方向的正应变和切应变与此类似，故对于**复杂应力状态**，应力应变间的关系为

$$\begin{cases}\varepsilon_x=\dfrac{1}{E}[\sigma_x-\nu(\sigma_y+\sigma_z)], & \gamma_{xy}=\dfrac{2(1+\nu)}{E}\tau_{xy}\\ \varepsilon_y=\dfrac{1}{E}[\sigma_y-\nu(\sigma_z+\sigma_x)], & \gamma_{yz}=\dfrac{2(1+\nu)}{E}\tau_{yz}\\ \varepsilon_z=\dfrac{1}{E}[\sigma_z-\nu(\sigma_x+\sigma_y)], & \gamma_{zx}=\dfrac{2(1+\nu)}{E}\tau_{zx}\end{cases}\tag{8-48}$$

式(8－48)称为**广义虎克定律**。x,y,z 是所考察点的任意三个相互垂直方向，特别要注意的是，式(8－48)只适用于线弹性各向同性材料。

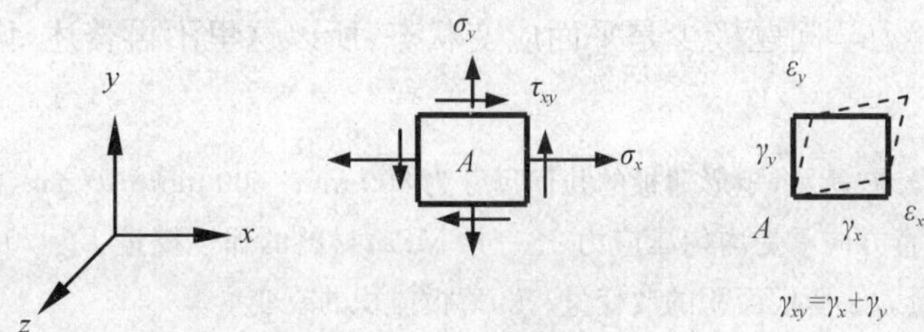

图 8－58　平面应力状态的广义虎克定律

对于**平面应力状态**，如图 8－58 所示，由于 $\sigma_z=\tau_{zy}=\tau_{zx}=0$，式(8－48)退化为

$$\begin{cases}\varepsilon_x=\dfrac{1}{E}(\sigma_x-\nu\sigma_y)\\ \varepsilon_y=\dfrac{1}{E}(\sigma_y-\nu\sigma_x)\\ \varepsilon_z=-\dfrac{\nu}{E}(\sigma_x+\sigma_y)\\ \gamma_{xy}=\dfrac{2(1+\nu)}{E}\tau_{xy}\end{cases}\tag{8-49}$$

由于一般情况下，$\varepsilon_z=-\dfrac{\nu}{E}(\sigma_x+\sigma_y)\neq 0$，所以平面应力状态的应变状态是三向的。需要注意的是，材料力学问题基本上是平面应力状态。

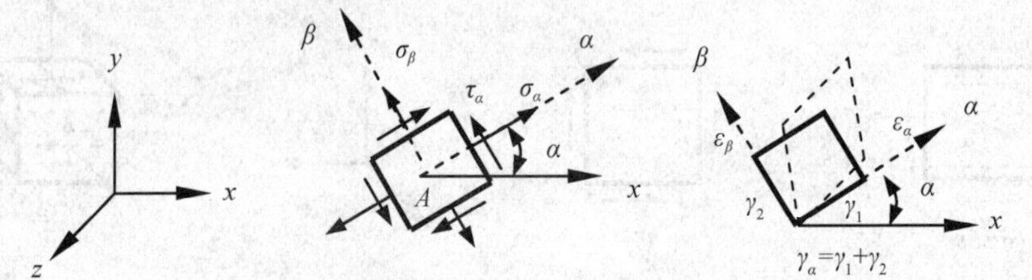

图 8－59　平面应力状态斜方位的广义虎克定律

在材料力学问题的分析中，很多时候需要用到斜方位的虎克定律，如图 8－59 所示。有

$$\begin{cases}\varepsilon_\alpha=\dfrac{1}{E}(\sigma_\alpha-\nu\sigma_\beta)\\ \varepsilon_\beta=\dfrac{1}{E}(\sigma_\beta-\nu\sigma_\alpha)\\ \varepsilon_z=-\dfrac{\nu}{E}(\sigma_\alpha+\sigma_\beta)\\ \gamma_\alpha=\dfrac{2(1+\nu)}{E}\tau_\alpha\end{cases}\tag{8-50}$$

其中，β 是 xy 平面上与 α 垂直的方向，即：$\beta=\alpha\pm 90°$。

由式(8－49)和式(8－50)可以看出：$\sigma_x+\sigma_y=\sigma_\alpha+\sigma_\beta$。实际上这是应力状态矩阵的一个重要性质，对于任意的应力状态，均有

$$I_1=\sigma_x+\sigma_y+\sigma_z=\sigma_\alpha+\sigma_\beta+\sigma_\gamma=\sigma_1+\sigma_2+\sigma_3$$

这里 α,β,γ 是任意三个相互垂直的方向，$\sigma_1,\sigma_2,\sigma_3$ 是主应力。I_1 **称为应力状态矩阵的第一不变量**。应力状态矩阵还有两个不变量，即第二和第三不变量，相关内容可参见弹性力学教程。

另外，在 xy 平面内，平面应变状态的广义虎克定律与平面应力状态的广义虎克定律在形式上是基本相同的，但材料常数 E 和 ν 的意义不一样，而在 z 方向两者的应力和应变是完全不相同的。由于材料力学问题极少是平面应变状态，所以这里不再赘述，详细内容可参见弹性力学教程。

例 8－10　如图 8－60 所示，矩形薄板的几何尺寸为 800 mm×600 mm×10 mm，沿水平方向承受均匀拉应力 $\sigma_x=80$ MPa，沿竖直方向承受均匀压应力 $\sigma_y=40$ MPa，材料的弹性模量 $E=70$ GPa，泊松比 $\nu=0.33$。求：①薄板厚度的改变量。②薄板面积的改变量。③薄板体积的改变量。

解：易知矩形薄板处于均匀的平面应力状态，即任意一点的应力状态是相同的，为

$$\sigma_x = 80\text{ MPa},\ \sigma_y = -40\text{ MPa},\ \tau_{xy} = 0$$

根据广义虎克定律，矩形薄板任意一点各方向的正应变为

$$\varepsilon_x = \frac{1}{E}(\sigma_x - \nu\sigma_y) = \frac{80 - 0.33 \times (-40)}{70 \times 10^3} = 1.33 \times 10^{-3}$$

$$\varepsilon_y = \frac{1}{E}(\sigma_y - \nu\sigma_x) = \frac{(-40) - 0.33 \times 80}{70 \times 10^3} = -0.95 \times 10^{-3}$$

$$\varepsilon_z = -\frac{\nu}{E}(\sigma_x + \sigma_y) = -\frac{0.33 \times (80 - 40)}{70 \times 10^3} = -0.189 \times 10^{-3}$$

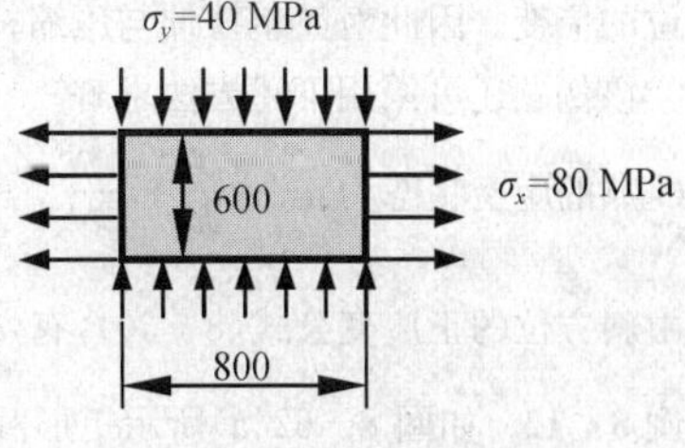

图 8－60　例 8－10 图

由于矩形薄板沿各方向的变形是均匀的，所以：

①薄板厚度的改变量

$$\Delta t = \varepsilon_z t = -0.189 \times 10^{-3} \times 10 = 1.89 \times 10^{-3}\text{ mm}$$

②薄板面积的改变量

$$\Delta A = (\varepsilon_x + \varepsilon_y)A = (1.33 - 0.95) \times 10^{-3} \times 800 \times 600 = 182.4\text{ mm}^2$$

③薄板体积的改变量

$$\Delta V = (\varepsilon_x + \varepsilon_y + \varepsilon_z)V = (1.33 - 0.95 - 0.189) \times 10^{-3} \times 800 \times 600 \times 10 = 912\text{ mm}^3$$

例 8－11　如图 8－61(a)所示，矩形截面杆件受拉力 F 作用，求 $\alpha = 45°$ 的倾斜线段 AB 的伸长量。材料的弹性模量 E 以及泊松比 ν 为已知。

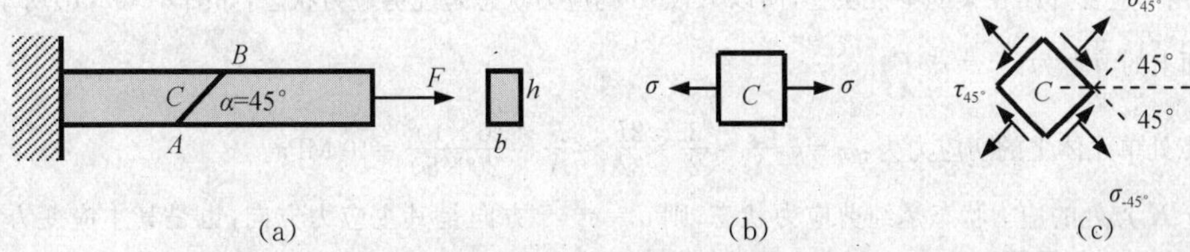

图 8－61　例 8－11 图

解：假设 C 点为线段 $\overline{AB}$ 上的任意一点，则该点的应力状态是单向应力状态，如图 8－61(b)所示。于是有

$$\sigma_x = \sigma = \frac{F_N}{A} = \frac{F}{bh},\qquad \sigma_y = \tau_{xy} = 0$$

由斜方位的正应力公式(8－10)，有

$$\sigma_{45°} = \frac{\sigma}{2},\qquad \sigma_{-45°} = \frac{\sigma}{2}$$

如图 8－61(c)所示，根据广义虎克定律，C 点在 $\alpha = 45°$ 方向的线应变为

$$\varepsilon_{45°} = \frac{1}{E}(\sigma_{45°} - \nu\sigma_{-45°}) = \frac{1-\nu}{2E}\sigma = \frac{(1-\nu)F}{2Ebh}$$

由于 C 点是线段 $\overline{AB}$ 上的任意一点，可见线段 $\overline{AB}$ 上各点沿 $\alpha = 45°$ 方向的线应变是均匀的，于是有

$$\varepsilon_{45°} = \frac{\Delta\overline{AB}}{\overline{AB}} = \frac{(1-\nu)F}{2Ebh}$$

而 $\overline{AB} = \sqrt{2}h$，故有：$\Delta\overline{AB} = \dfrac{(1-\nu)F}{2Ebh} \cdot \overline{AB} = \dfrac{\sqrt{2}(1-\nu)F}{2Eb}$。

说明：①该例题不能采用下述方法求解。

根据拉压杆斜截面上的正应力公式，有：$\sigma_{45°} = \sigma\cos^2 45° = \dfrac{\sigma}{2} = \dfrac{F}{2bh}$。

根据虎克定律：$\varepsilon_{45°} = \dfrac{\sigma_{45°}}{E} = \dfrac{F}{2Ebh}$，所以有：$\Delta\overline{AB} = \varepsilon_{45°} \cdot \overline{AB} = \dfrac{\sqrt{2}F}{2Eb}$。

这一结论是错误的，错误的根本原因是：即使是简单拉伸与压缩，在斜方位简单虎克定律也是不成立的，即 $\sigma_{45°} \neq E\varepsilon_{45°}$，因为在 $\alpha = 45°$ 方向 C 点处于复杂应力状态（如图 8－61(c)所示），必须应用广义虎克定律计算

斜方位的应变。因此对简单拉伸与压缩杆件来说，简单虎克定律只在水平方向成立（如图 8－61(b)所示）。

②该例题还可采用下述方法求解。

C 点的应变状态为：$\varepsilon_x=\dfrac{\sigma_x}{E}=\dfrac{F}{Ebh}$，$\varepsilon_y=-\nu\dfrac{\sigma_x}{E}=-\dfrac{\nu F}{Ebh}$，$\gamma_{xy}=0$。

由斜方位的正应变公式(8－30)，有：$\varepsilon_{45^\circ}=\dfrac{\varepsilon_x+\varepsilon_y}{2}=\dfrac{(1-\nu)F}{2Ebh}$，所以：$\Delta\overline{AB}=\varepsilon_{45^\circ}\cdot\overline{AB}=\dfrac{\sqrt{2}(1-\nu)F}{2Eb}$。

例 8－12　如图 8－62(a)所示矩形截面简支梁，在梁侧面中性层 K 处贴有一应变片，已知 $F=10$ kN，梁材料的弹性模量 $E=200$ GPa，泊松比 $\nu=0.25$，问：应变片沿什么方向粘贴时其理论读数最大？这个读数是多少？

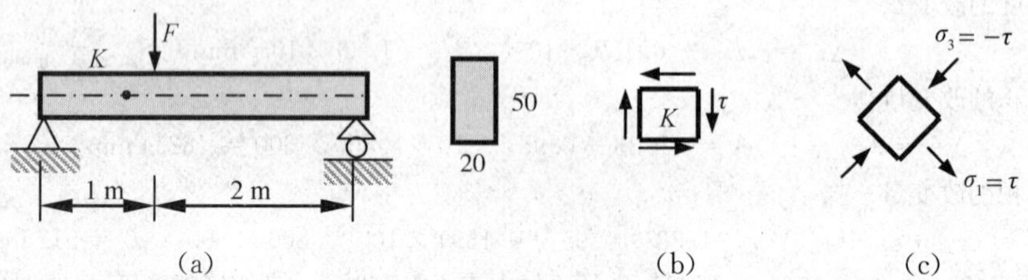

图 8－62　例 8－12 图

解：由于应变片贴在梁的中性层上，所以 K 点处的应力状态是纯剪应力状态，如图 8－62(b)所示。K 点所在截面上的剪力为：$F_s=\dfrac{2}{3}F$。

K 点处单元体上的切应力为：$\tau=k\dfrac{F_s}{A}=\dfrac{3}{2}\times\dfrac{2F}{3A}=\dfrac{F}{A}=\dfrac{10\times10^3}{20\times50}=10$ MPa。

由于 K 点处的应力状态是纯剪应力状态，则 $\alpha=\pm45^\circ$ 方向是其主应力方向，也是其主应变方向，如图 8－62(c)所示。容易算得：$\alpha=-45^\circ$ 方向是第一主应力方向。且：

$$\sigma_1=\tau=10\text{ MPa},\qquad \sigma_2=0,\qquad \sigma_3=-\tau=-10\text{ MPa}$$

所以，欲使应变片的理论读数最大，则应变片应沿 $\alpha=-45^\circ$ 的方向粘贴。应变片的理论读数可根据广义虎克定律计算：

$$\varepsilon_1=\frac{1}{E}(\sigma_1-\nu\sigma_3)=\frac{1+\nu}{E}\tau=\frac{1+0.25}{200\times10^3}\times10=62.5\times10^{-6}=62.5\mu\varepsilon$$

例 8－13　如图 8－63(a)所示直径为 d 的等截面圆轴，只在两端受扭矩 m 作用。今在轴的表面有两个成 45°的应变片，测得的应变分别为 ε_α 和 ε_β，α 和 β 是两应变片与水平线的夹角。已知轴材料的弹性模量为 E，泊松比为 ν，求扭矩 m 的大小以及应变片粘贴方向的正应力。

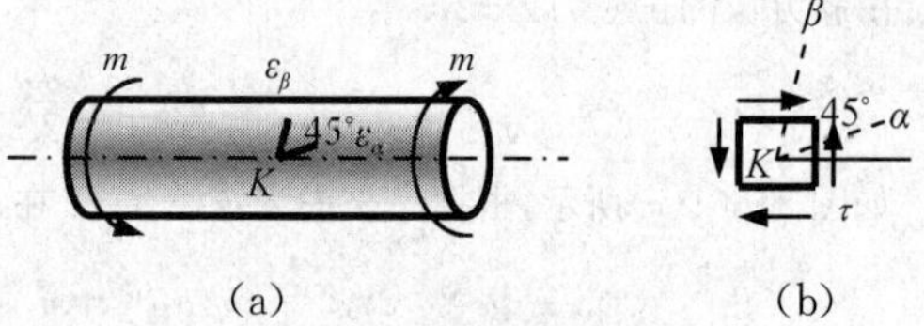

图 8－63　例 8－13 图

解：①求扭矩 m。

由于圆轴只在两端受扭矩作用，则轴表面粘贴应变片处 K 点的应力状态是纯剪应力状态，其单元体如图 8－63(b)所示。单元体微分面上的切应力为：$\tau=\dfrac{T}{W_p}=\dfrac{16m}{\pi d^3}$。

分析 K 点的应变状态，由于 K 点是纯剪应力状态，则有

$$\varepsilon_x=\varepsilon_y=0,\qquad \gamma_{xy}=\frac{\tau}{G}=\frac{2(1+\nu)}{E}\tau=\frac{32(1+\nu)}{E\pi d^3}m$$

根据斜方位的正应变公式(8－32)，有

$$\varepsilon_\alpha=\frac{\varepsilon_x+\varepsilon_y}{2}+\frac{\varepsilon_x-\varepsilon_y}{2}\cos2\alpha+\frac{\gamma_{xy}}{2}\sin2\alpha=\frac{\gamma_{xy}}{2}\sin2\alpha$$

同理，并注意到 $\beta=\alpha+45^\circ$，有

$$\varepsilon_\beta = \frac{\gamma_{xy}}{2}\sin 2\beta = \frac{\gamma_{xy}}{2}\sin(90° + 2\alpha) = \frac{\gamma_{xy}}{2}\cos 2\alpha$$

于是有

$$\varepsilon_\alpha^2 + \varepsilon_\beta^2 = \left(\frac{\gamma_{xy}}{2}\right)^2, \qquad \gamma_{xy} = 2\sqrt{\varepsilon_\alpha^2 + \varepsilon_\beta^2} = \frac{32(1+\nu)}{E\pi d^3}m$$

故扭矩 m 的大小为：$m = \frac{E\pi d^3}{16(1+\nu)}\sqrt{\varepsilon_\alpha^2 + \varepsilon_\beta^2}$。

②求应变片粘贴方向的正应力。

分析 K 点的应力状态，有：$\sigma_x = \sigma_y = 0, \tau_{xy} = \tau = \frac{16m}{\pi d^3}$。

由斜方位的正应力公式(8－10)，有

$$\sigma_\alpha = \tau_{xy}\sin 2\alpha = \tau\sin 2\alpha$$

$$\sigma_\beta = \tau_{xy}\sin 2\beta = \tau\sin(90° + 2\alpha) = \tau\cos 2\alpha$$

而 $\sigma_{\alpha+90°} = \tau_{xy}\sin 2(\alpha + 90°) = -\tau\sin 2\alpha = -\sigma_\alpha, \sigma_{\beta+90°} = -\sigma_\beta$，由广义虎克定律有：$\varepsilon_\alpha = \frac{1}{E}(\sigma_\alpha - \nu\sigma_{\alpha+90°}) = \frac{1+\nu}{E}\sigma_\alpha$，所以有：$\sigma_\alpha = \frac{E\varepsilon_\alpha}{1+\nu}$，同理，$\sigma_\beta = \frac{E\varepsilon_\beta}{1+\nu}$。

说明：可以直接利用 $I_1 = \sigma_x + \sigma_y = \sigma_\alpha + \sigma_{\alpha+90°} = \sigma_\beta + \sigma_{\beta+90°} = 0$，得到：$\sigma_{\alpha+90°} = -\sigma_\alpha$，$\sigma_{\beta+90°} = -\sigma_\beta$。

例 8－14　如图 8－64(a)所示，边长为单位长度的正方形单元体在切应力 τ 的作用下产生纯剪切变形，考虑其对角线的变形，证明：$G = \frac{E}{2(1+\nu)}$。

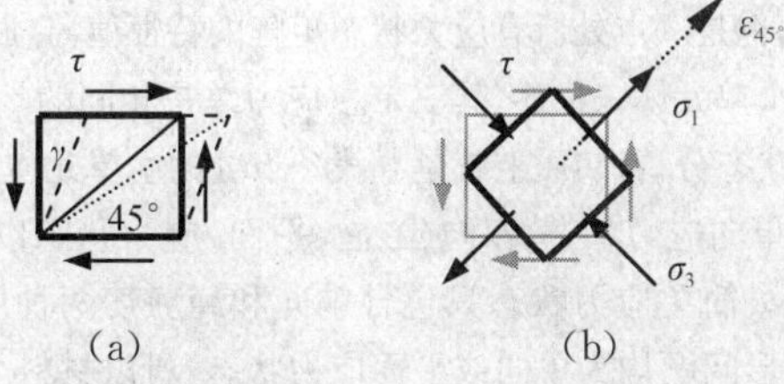

图 8－64　例 8－14 图

解：单元体处于纯剪切应力状态，有：$\sigma_x = \sigma_y = 0$，$\tau_{xy} = \tau$。

假设单元体在切应力 τ 的作用下产生的切应变为 γ，下面分析单元体的应变状态，有

$$\varepsilon_x = \varepsilon_y = 0, \qquad \gamma_{xy} = \gamma$$

则单元体对角线方向的正应变为：$\varepsilon_{45°} = \frac{\gamma_{xy}}{2}\sin(2\times 45°) = \frac{\gamma}{2}$。

单元体对角线方向以及其垂直方向的正应力为

$$\sigma_{45°} = \tau_{xy}\sin(2\times 45°) = \tau, \qquad \sigma_{-45°} = \tau_{xy}\sin[2\times(-45°)] = -\tau$$

由广义虎克定律有：$\varepsilon_{45°} = \frac{1}{E}(\sigma_{45°} - \nu\sigma_{-45°}) = \frac{1+\nu}{E}\tau$。所以有：$\varepsilon_{45°} = \frac{\gamma}{2} = \frac{1+\nu}{E}\tau$。

注意到：$\tau = G\gamma$，故有：$G = \frac{E}{2(1+\nu)}$。

小　结

1. 一点应力状态概念：结构中过一点所有平面上的应力情况的总和称为一点应力状态。即过一点所有平面上的应力如果是已知的，则该点的应力状态是确定的，否则是未知的。

2. 一点应力状态的描述：①一点应力状态可用该点任意三个相互垂直的平面上的应力来描述。将这三个相互垂直的平面上的应力写为一个矩阵：$\boldsymbol{T} = \sigma_{ij} = \begin{bmatrix} \sigma_x & \tau_{xy} & \tau_{xz} \\ \tau_{yx} & \sigma_y & \tau_{yz} \\ \tau_{zx} & \tau_{zy} & \sigma_z \end{bmatrix}$，称为该点的应力状态矩阵；应力状态

矩阵是一点应力状态的数学描述。②一点应力状态也可用该点任意一个单元体来描述,这种描述称为一点应力状态的几何描述,材料力学广泛采用几何描述表示一点应力状态。如小结图 1 所示。③一点应力状态是独立于观察者之外的客观存在,不会因观察者考察的角度的不同而变化。

一点应力状态矩阵不是唯一的,实际上有无穷多个,它们描述的都是同一点的应力状态。于是,一点应力状态有无穷多种描述方式,而每种描述对应该点的一个单元体。不同单元体的应力状态矩阵一般情况下是不相同的,这些不同的应力状态矩阵之间的关系实质上是坐标变换。

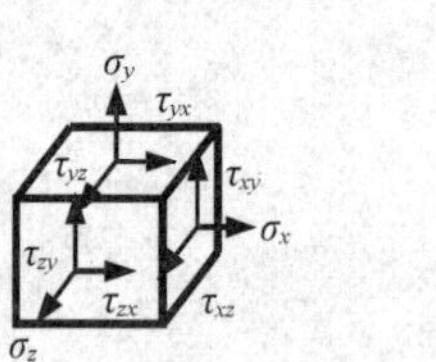

小结图 1　一点处单元体

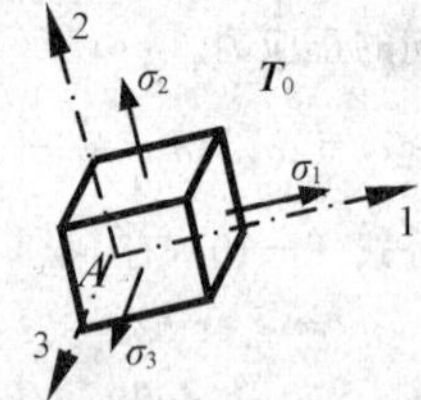

小结图 2　主单元体

3. 主单元体与主应力概念:一点处微分面上切应力为零的单元体称为该点的主单元体。主单元体微分面上的正应力称为该点的主应力,分别用 σ_1,σ_2,σ_3 表示,且有:$\sigma_1 \geqslant \sigma_2 \geqslant \sigma_3$。三个相互垂直的主应力方向称为该点的主方向,分别用 1,2,3 表示。主单元体的微分面称为该点的主平面。如小结图 2 所示。

一点应力状态用主单元体描述最简单也最本质,其应力状态矩阵为对角矩阵:$\boldsymbol{T}_0 = \begin{bmatrix} \sigma_1 & 0 & 0 \\ 0 & \sigma_2 & 0 \\ 0 & 0 & \sigma_3 \end{bmatrix}$。主应力是过一点所有平面上的极值应力,也是一点处所有应力状态矩阵的特征值,它们不会因坐标系的不同而变化,即一点应力状态无论采用该点的哪个单元体来描述,其三个主应力总是相同的。因此对一点应力状态来说,主应力是更本质的物理量。所谓应力状态分析,实质上就是寻找一点处的主单元体、主应力、主方向以及主平面等。

4. 应力状态的分类:①分为单向应力状态、双向(二向、平面)应力状态以及三向(空间)应力状态。②分为简单应力状态和复杂应力状态。简单应力状态只包含单向和纯剪切两种应力状态。材料力学的问题,即拉伸压缩、扭转、弯曲以及组合变形问题均为单向或平面应力状态,所以材料力学中主要分析平面应力状态。

5. 平面应力状态分析:平面应力状态的三个主应力一个垂直于 xy 平面且为零,另两个在 xy 平面内。因此,可首先分析任意垂直于 xy 坐标面的平面上(用与 x 轴之间的夹角 α 表示)的正应力 σ_α 和切应力 τ_α,如小结图 3 所示,有

$$\begin{cases} \sigma_\alpha = \dfrac{\sigma_x + \sigma_y}{2} + \dfrac{\sigma_x - \sigma_y}{2}\cos 2\alpha + \tau_{xy}\sin 2\alpha \\ \tau_\alpha = -\dfrac{\sigma_x - \sigma_y}{2}\sin 2\alpha + \tau_{xy}\cos 2\alpha \end{cases}$$

小结图 3　平面应力状态

当 $\tau_\alpha = 0$,即 $\tan 2\alpha_0 = \dfrac{2\tau_{xy}}{\sigma_x - \sigma_y}$,可得 xy 平面内的两个主方向 α_0,$\alpha_0 \pm 90°$。从而可求出 xy 平面内的两个主应力 σ_i,σ_j。而平面应力状态的三个主应力为

$$(\sigma_1, \sigma_2, \sigma_3) = \begin{cases} \left.\begin{matrix} \sigma_i \\ \sigma_j \end{matrix}\right\} = \dfrac{\sigma_x + \sigma_y}{2} \pm \sqrt{\left(\dfrac{\sigma_x - \sigma_y}{2}\right)^2 + \tau_{xy}^2} \\ 0 \end{cases}$$

式中右端代数值最大的为 σ_1，代数值中间的为 σ_2，代数值最小的为 σ_3。

6. 最大切应力：任意应力状态的最大切应力在平分第一和第三主应力方向的平面上，如小结图 4 所示，大小为：$\tau_{\max}=\dfrac{\sigma_1-\sigma_3}{2}$。

小结图 4　最大切应力　　　**小结图 5　一点应变状态**

7. 一点应变状态概念：结构中一点处应变情况的总和称为一点应变状态。即一点处沿任何方向的正应变以及任意两个相互垂直方向间的切应变如果是已知的，则称该点的应变状态是确定的或已知的，否则是未知的。

一点应变状态可以用该点处任意一个单元体的三条棱边的正应变以及这三条棱边间的切应变来描述，如小结图 5 所示。将这些应变写为矩阵：$\boldsymbol{J}=\varepsilon_{ij}=\begin{bmatrix}\varepsilon_x & \dfrac{\gamma_{xy}}{2} & \dfrac{\gamma_{xz}}{2}\\ \dfrac{\gamma_{yx}}{2} & \varepsilon_y & \dfrac{\gamma_{yz}}{2}\\ \dfrac{\gamma_{zx}}{2} & \dfrac{\gamma_{zy}}{2} & \varepsilon_z\end{bmatrix}$，称为一点的应变状态矩阵。一点应变状态有无穷多种描述方式，而每种描述对应该点的一个单元体。同样，一点应变状态也是独立于观察之外的客观存在，不会因观察者考察的角度的不同而变化。

一点处不存在切应变的三个相互垂直的方向称为该点的主应变方向。这三个方向的正应变称为该点的主应变，分别用 $\varepsilon_1,\varepsilon_2,\varepsilon_3$ 表示。对线弹性各向同性材料来说，主应变方向与主应力方向是一致的。

应变状态可分为单向应变状态、双向(二向、平面)应变状态以及三向(空间)应变状态。材料力学问题，即拉伸压缩、扭转、弯曲以及组合变形问题均为空间应变状态。

8. 平面应变状态分析：材料力学问题通常是平面应力状态，这种应力状态的应变情况在 xy 平面内与平面应变状态完全一样，而垂直于 xy 平面的方向只存在正应变。

平面应变状态任意斜方位的正应变和切应变为

$$\begin{cases}\varepsilon_\alpha=\dfrac{\varepsilon_x+\varepsilon_y}{2}+\dfrac{\varepsilon_x-\varepsilon_y}{2}\cos2\alpha+\dfrac{\gamma_{xy}}{2}\sin2\alpha\\[2ex] \dfrac{\gamma_\alpha}{2}=-\dfrac{\varepsilon_x-\varepsilon_y}{2}\sin2\alpha+\dfrac{\gamma_{xy}}{2}\cos2\alpha\end{cases}$$

平面应力状态的三个主应变为

$$(\varepsilon_1,\varepsilon_2,\varepsilon_3)=\begin{cases}\dfrac{\varepsilon_x+\varepsilon_y}{2}\pm\sqrt{\left(\dfrac{\varepsilon_x-\varepsilon_y}{2}\right)^2+\left(\dfrac{\gamma_{xy}}{2}\right)^2}\\[2ex] \varepsilon_z\end{cases}$$

9. 体积应变：结构中一点处单位体积的改变量称为该点的体积应变，即：$\theta=\dfrac{\Delta(\mathrm{d}V)}{\mathrm{d}V}=\varepsilon_x+\varepsilon_y+\varepsilon_z$；在平面情况下，$\theta=\dfrac{\Delta(\mathrm{d}A)}{\mathrm{d}A}=\varepsilon_x+\varepsilon_y$，称为面积变化率。

10. 广义虎克定律：对于复杂应力状态，应力应变间的关系为

$$\begin{cases}\varepsilon_x=\dfrac{1}{E}[\sigma_x-\nu(\sigma_y+\sigma_z)], & \gamma_{xy}=\dfrac{2(1+\nu)}{E}\tau_{xy}\\[2ex] \varepsilon_y=\dfrac{1}{E}[\sigma_y-\nu(\sigma_z+\sigma_x)], & \gamma_{yz}=\dfrac{2(1+\nu)}{E}\tau_{yz}\\[2ex] \varepsilon_z=\dfrac{1}{E}[\sigma_z-\nu(\sigma_x+\sigma_y)], & \gamma_{zx}=\dfrac{2(1+\nu)}{E}\tau_{zx}\end{cases}$$

对于平面应力状态,应力应变间的关系为

$$\begin{cases}\varepsilon_x = \dfrac{1}{E}(\sigma_x - \nu\sigma_y) \\ \varepsilon_y = \dfrac{1}{E}(\sigma_y - \nu\sigma_x) \\ \varepsilon_z = -\dfrac{\nu}{E}(\sigma_x + \sigma_y) \\ \gamma_{xy} = \dfrac{2(1+\nu)}{E}\tau_{xy}\end{cases}$$

思考题八

1. 什么是一点应力状态? 如何描述一点应力状态?

2. 应力状态矩阵有什么意义? 为什么一点任意一个单元体均可描述一点应力状态?

3. 平面应力状态分析中为什么要研究单元体斜截面上的应力?

4. 在常见的变形中,何处会出现纯剪应力状态?

5. 什么是主应力? 什么是主方向? 什么是主平面? 主应力有什么特点?

6. 最大切应力是如何导出的? 为什么 $\tau_{\max}=\dfrac{\sigma_1-\sigma_3}{2}$ 一定是过一点所有平面中的最大切应力?

7. 什么是一点应变状态? 如何描述一点应变状态?

8. 一点处沿任何方向的微小线段,在不考虑局部的刚体平移和转动的条件下,不产生方向偏移的线段有哪些? 至少有多少?

9. 某点为平面应力状态,其在 xy 平面内的两个主应力完全相同,则在 xy 平面内该点沿任何方向的微小线段的方向如何变化?

10. 是否任何材料中主应力方向和主应变方向都是重合的? 试举几个实际的例子。

11. 什么应力状态的应力圆圆周退化为一点? 什么应力状态的应力圆圆周通过原点? 什么应力状态的应力圆圆心正好在原点?

12. 平面应力状态下,是否已知任意两个面上的应力均可画出其应力圆? 为什么?

13. 应变片能测量切应变吗? 如果不能,要获取切应变数据,可采用什么措施?

14. 在主轴坐标系下,广义虎克定律可采取什么方法推导?

15. 简单虎克定律 $\sigma=E\varepsilon$ 的适用条件是什么? 剪切虎克定律 $\tau=G\gamma$ 的适用条件又是什么?

16. 广义虎克定律的适用条件是什么?

17. 只改变体积而不改变形状的应力状态有什么特点? 只改变形状而不改变体积的应力状态又有什么特点?

习题八

一、选择题

1. 结构由线弹性小变形材料制成,则其任意点处的应力状态与下列哪一个因素有关?(　　)

(A)构件的几何形状　　(B)构件的受力情况(包括约束反力)

(C)构件材料的力学性质　　(D)构件的约束形式

2. 要确定一点的应力状态,至少需要知道过该点(　　)平面上的应力情况。

(A)一个　　(B)两个　　(C)三个　　(D)四个

3. 数学上可采用应力状态矩阵 $\boldsymbol{T}$ 来描述一点应力状态,则一般情况下,一点处的应力状态矩阵有(　　)。

(A)一个　　(B)三个　　(C)有限多个　　(D)无限多个

4. 下列应力状态中,(　　)其一点的应力状态矩阵 $\boldsymbol{T}$ 是唯一的。

(A)单向应力状态　　(B)平面应力状态

(C)两个主应力相同的应力状态　　(D)静水压力状态

5. 下列应力状态中，(　　)其一点的主单元体是唯一的。

(A)单向应力状态　　(B)两个主应力相同的应力状态

(C)三个主应力均不相同的应力状态　　(D)静水压力状态

6. 如图所示的应力状态，当切应力改变了方向，则(　　)。

(A)主应力和主方向都发生了变化　　(B)主应力不变，主方向发生了变化

(C)主应力发生了变化，主方向不变　　(D)主应力和主方向都不变

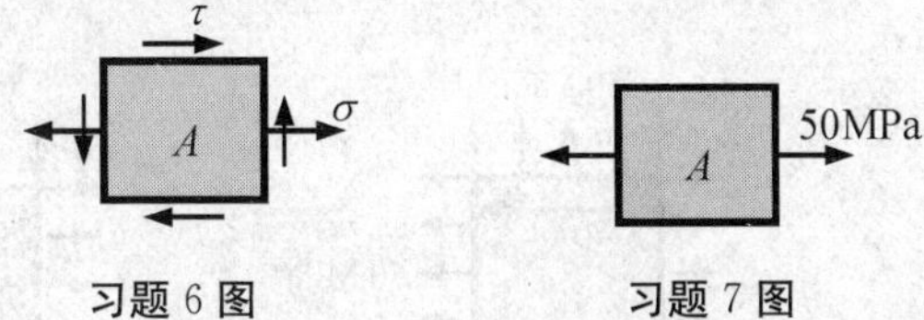

习题 6 图　　习题 7 图

7. 如图所示的单向应力状态，材料的弹性模量 $E=200$ GPa，泊松比 $\nu=0.3$，则其三个主应变为(　　)。

(A)$\varepsilon_1=250\mu\varepsilon,\varepsilon_2=0,\varepsilon_3=0$　　(B)$\varepsilon_1=250\mu\varepsilon,\varepsilon_2=-75\mu\varepsilon,\varepsilon_3=-75\mu\varepsilon$

(C)$\varepsilon_1=250\mu\varepsilon,\varepsilon_2=-75\mu\varepsilon,\varepsilon_3=0$　　(D)$\varepsilon_1=250\mu\varepsilon,\varepsilon_2=75\mu\varepsilon,\varepsilon_3=75\mu\varepsilon$

8. 圆轴扭转变形时，在圆轴表面上取一个单元体，通过应力状态分析，轴的最大切应力(　　)。

(A)同时发生在过该点的横截面与纵截面上　　(B)只发生在过该点的横截面上

(C)发生在过该点与轴线成 45°的斜截面上　　(D)只发生在过该点的纵截面上

9. 横力弯曲梁，除去其横截面上(　　)处之外，其他所有各点处的主平面方向都不会沿横截面的法线方向。

(A)中性轴　　(B)左右两侧　　(C)形心　　(D)上下边缘

10. 如图所示扭转圆轴，在其表面贴上 4 个应变片，其中 3 号应变片沿轴线方向，所有应变片之间的夹角均为 45°，则这 4 个应变片的理论读数之间满足(　　)。

(A)$\varepsilon_{(1)}=\varepsilon_{(2)}=\varepsilon_{(3)}=\varepsilon_{(4)}$　　(B)$\varepsilon_{(1)}=\varepsilon_{(3)},\varepsilon_{(2)}=\varepsilon_{(4)}$

(C)$\varepsilon_{(1)}=-\varepsilon_{(3)},\varepsilon_{(2)}=\varepsilon_{(4)}$　　(D)$\varepsilon_{(1)}=\varepsilon_{(3)},\varepsilon_{(2)}=-\varepsilon_{(4)}$

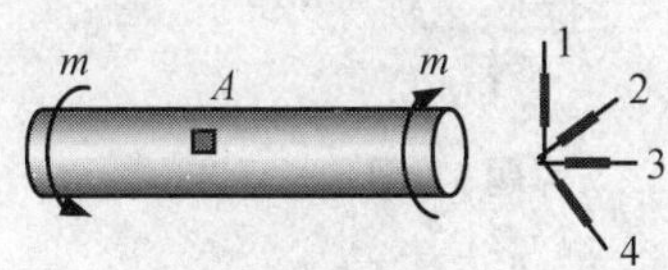

习题 10 图

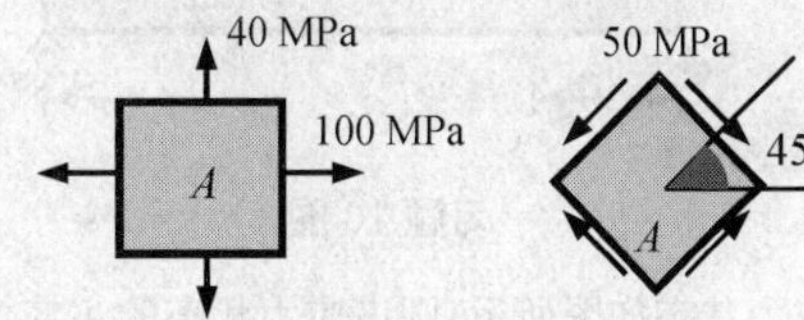

习题 11 图

11. 如图所示两种应力状态叠加后，其三个主应力为(　　)。

(A)$\sigma_1=100$ MPa，$\sigma_2=50$ MPa，$\sigma_3=0$

(B)$\sigma_1=150$ MPa，$\sigma_2=50$ MPa，$\sigma_3=-50$ MPa

(C)$\sigma_1=150$ MPa，$\sigma_2=0$，$\sigma_3=-10$ MPa

(D)$\sigma_1=100$ MPa，$\sigma_2=-10$ MPa，$\sigma_3=-50$ MPa

12. 如图所示为某点 A 的应力状态，则该点 45°方向的微小线段变形后(　　)。

(A)不产生偏转　　(B)顺时针产生偏转

(C)逆顺时针产生偏转　　(D)不产生伸长

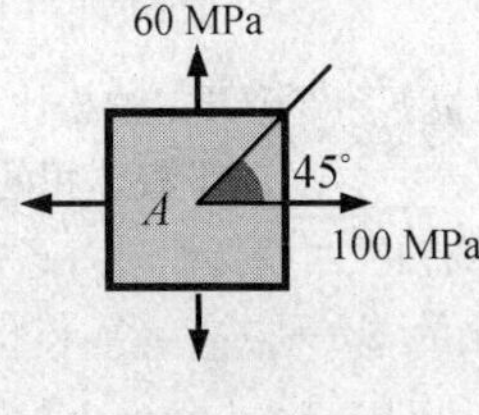

习题 12 图

13. 如图所示的平面应力状态，材料的弹性模量 $E=200$ GPa，泊松比 $\nu=0.3$，则其垂直于纸面方向的应变 $\varepsilon_z=($　　$)$。

(A)0　　(B)$300\mu\varepsilon$　　(C)$-300\mu\varepsilon$　　(D)$-150\mu\varepsilon$

14. 如图所示正方形平板，材料的弹性模量 $E=200$ GPa，泊松比 $\nu=0.3$，板厚 $\delta=20$ mm，则平板体积的改变量 $\Delta V=($　　$)$。

(A)0　　(B)40 mm^3　　(C)80 mm^3　　(D)100 mm^3

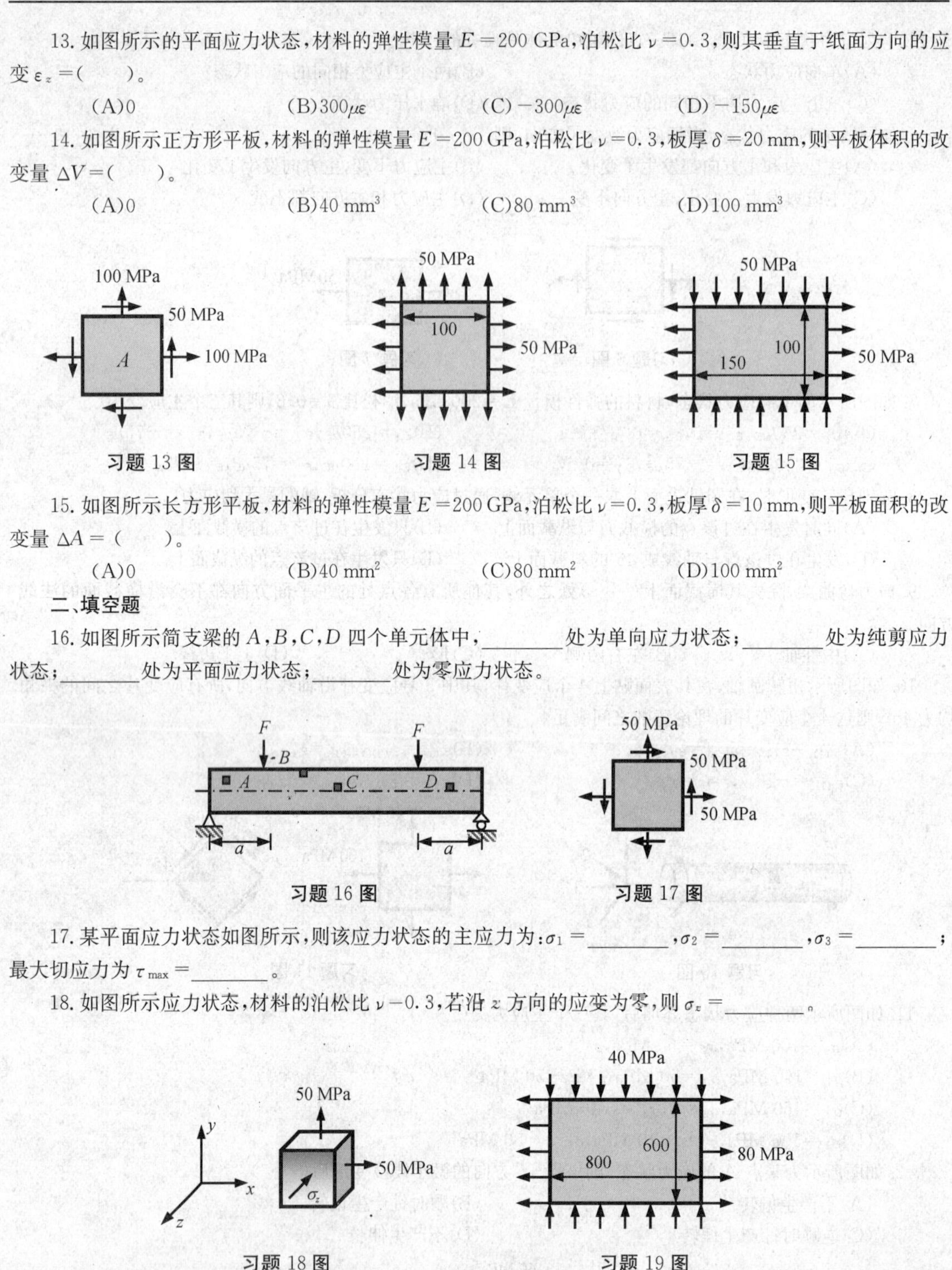

习题 13 图　　习题 14 图　　习题 15 图

15. 如图所示长方形平板，材料的弹性模量 $E=200$ GPa，泊松比 $\nu=0.3$，板厚 $\delta=10$ mm，则平板面积的改变量 $\Delta A=($　　$)$。

(A)0　　(B)40 mm^2　　(C)80 mm^2　　(D)100 mm^2

二、填空题

16. 如图所示简支梁的 A,B,C,D 四个单元体中，________处为单向应力状态；________处为纯剪应力状态；________处为平面应力状态；________处为零应力状态。

习题 16 图　　习题 17 图

17. 某平面应力状态如图所示，则该应力状态的主应力为：$\sigma_1=$________，$\sigma_2=$________，$\sigma_3=$________；最大切应力为 $\tau_{\max}=$________。

18. 如图所示应力状态，材料的泊松比 $\nu-0.3$，若沿 z 方向的应变为零，则 $\sigma_z=$________。

习题 18 图　　习题 19 图

19. 如图所示长方形平板，材料的弹性模量 $E=200$ GPa，泊松比 $\nu=0.3$，板厚 $\delta=10$ mm，则平板厚度的改变量 $\Delta\delta=$________；平板面积的改变量 $\Delta A=$________；平板体积的改变量 $\Delta V=$________。

20. 长为 L、外径为 D、内径为 d 的空心圆轴在两端受轴向力 F 作用。材料的弹性模量为 E，泊松比为 ν，则圆轴外径变化量 $\Delta D=$________，内径变化量 $\Delta d=$________，体积改变量 $\Delta V=$________。

21. 如图所示应力状态，材料的弹性模量 $E=200$ GPa，泊松比 $\nu=0.3$，在 45°方向贴有一应变片，则应变片的理论读数 $\varepsilon=$________。

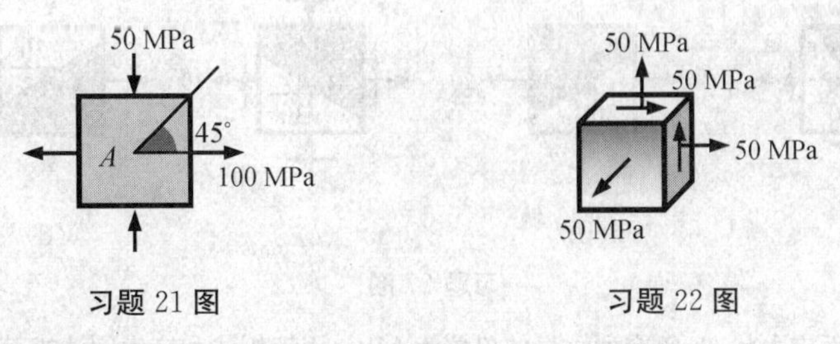

习题 21 图　　习题 22 图

22. 如图所示应力状态，其主应力为：$\sigma_1=$________，$\sigma_2=$________，$\sigma_3=$________；最大切应力为 $\tau_{max}=$________。

23. 如图所示结构中一点 A，已知过该点的两个截面间的夹角为 45°，则 $\tau=$________。

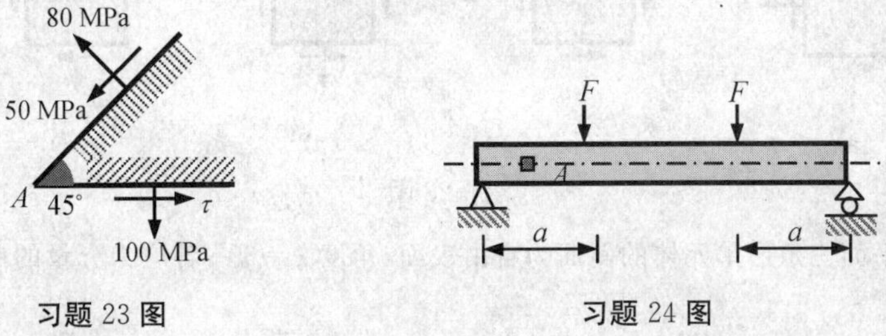

习题 23 图　　习题 24 图

24. 如图所示矩形截面简支梁（$b\times h$），欲在 A 点测出其最大线应变，则应变片粘贴的方向与梁轴线间的夹角应为________，应变片的理论读数为________。

25. 如图所示的三个单元体，最大切应力相等的两个单元体是________和________。

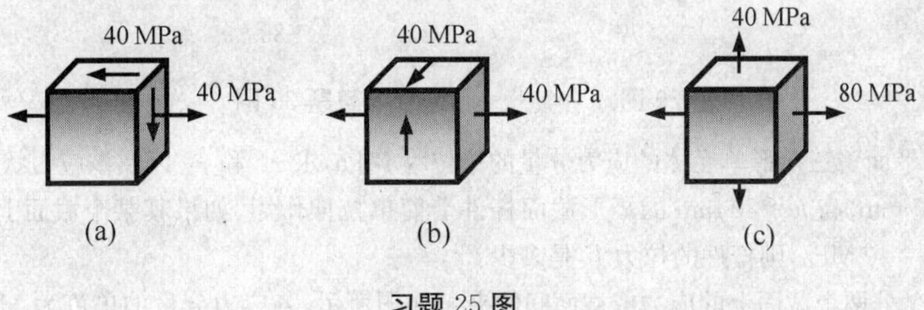

习题 25 图

三、**计算题**(A)

26. 如图所示各结构，在 A 处截取一个单元体，试计算单元体微分面上的应力。

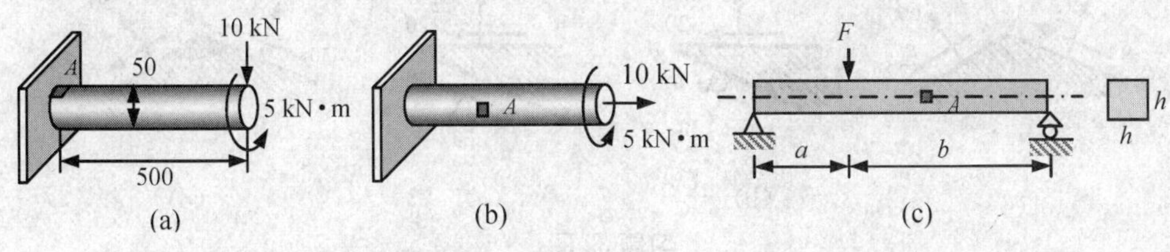

习题 26 图

27. 如图所示各平面应力状态，各应力分量的单位为 MPa，用解析法求指定截面上的正应力和切应力。

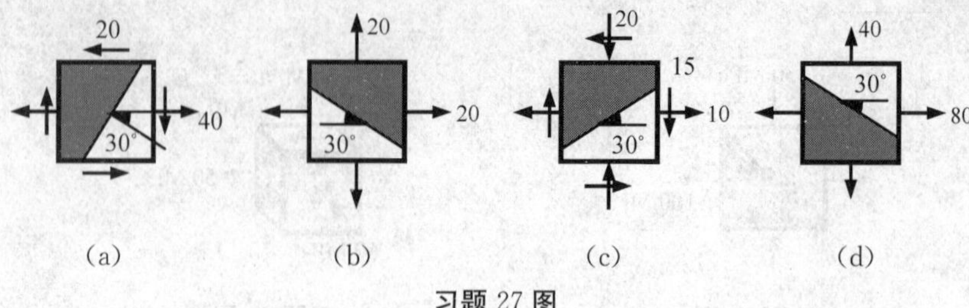

习题 27 图

28. 如图所示各平面应力状态，各应力分量的单位为 MPa，用解析法和应力圆法求其主应力和主方向。

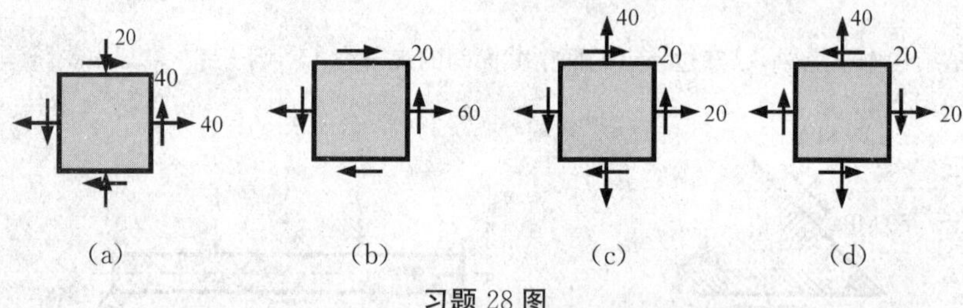

习题 28 图

29. 如图所示，平面三角形单元体的斜面为自由表面，角度 $\alpha=30°$，各应力分量的单位为 MPa，求 σ_x 和 τ_{xy}。

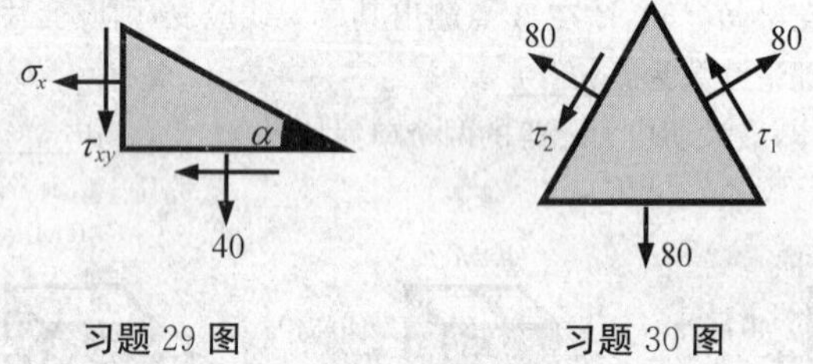

习题 29 图　　习题 30 图

30. 如图所示，平面正三角形单元体的应力分量的单位为 MPa，求 τ_1 和 τ_2 以及该应力状态的主应力。

31. 一宽 $b=40$ mm、高 $h=80$ mm 的矩形截面杆件受简单拉伸作用，如果其某个截面上的正应力 $\sigma_\alpha=80$ MPa，切应力 $\tau_\alpha=40$ MPa，则杆件的拉力 F 是多少？

32. 已知某点 A 处两个截面上的应力或截面间的夹角如图所示，各应力分量的单位为 MPa，试求该点的主应力。

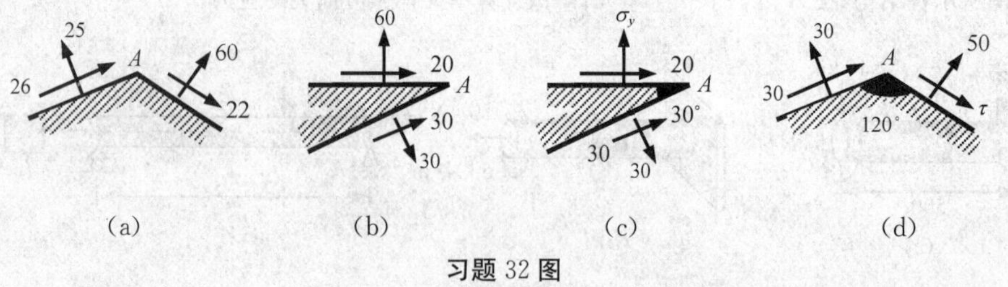

习题 32 图

33. 如图所示，宽 $b=20$ mm、高 $h=60$ mm 的矩形截面悬臂梁，在自由端受竖直向下的集中力 $F=20$ kN 作用，考虑剪力的影响。

(1)试求任意截面 x 处距中性轴 $y(0\leqslant y\leqslant 30$ mm)处的主应力和主方向；

(2)绘出中间截面自上而下各点主平面方位变化的图形。

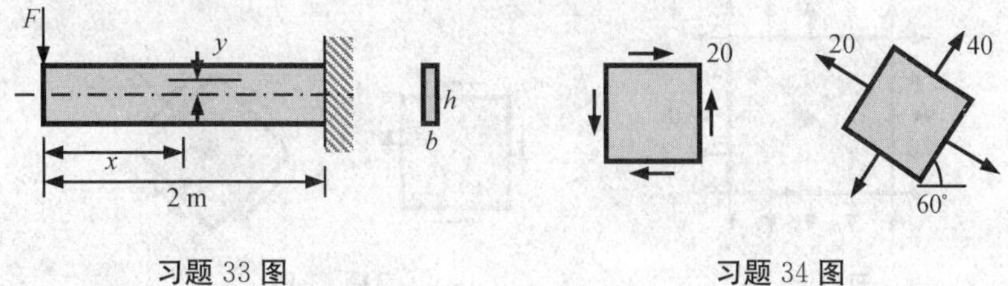

习题 33 图　　习题 34 图

34. 某点的应力状态由如图所示两个应力状态叠加而成，各应力分量的单位为 MPa，求该点的主应力。

35. 求如图所示各单元体的主应力和最大切应力。各应力分量的单位为 MPa。

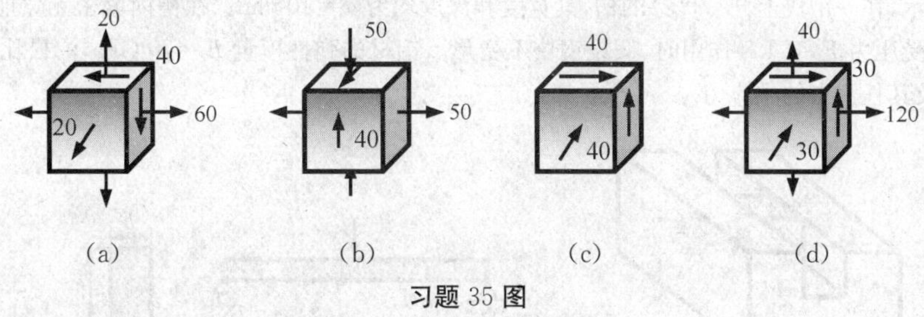

习题 35 图

36. 如图所示，构件表面某点有一等角应变花，测得三个方向的正应变分别为 ε_{0°，ε_{60°，ε_{120°。

(1)证明主应变方向与水平方向的夹角 α_0 满足：$\tan 2\alpha_0=\dfrac{\sqrt{3}(\varepsilon_{60^\circ}-\varepsilon_{120^\circ})}{2(\varepsilon_{0^\circ}-\varepsilon_{60^\circ}-\varepsilon_{120^\circ})}$；

(2)若 $\varepsilon_{0^\circ}=300\mu\varepsilon$，$\varepsilon_{60^\circ}=200\mu\varepsilon$，$\varepsilon_{120^\circ}=-100\mu\varepsilon$，求该点的应变状态矩阵。

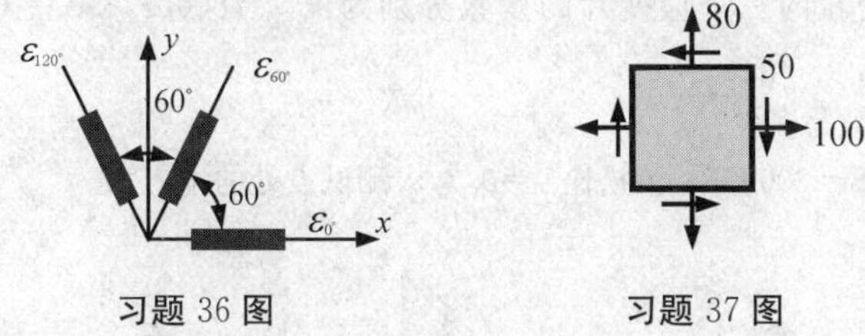

习题 36 图　　习题 37 图

37. 如图所示平面应力状态，各应力分量的单位为 MPa，材料的弹性模量 $E=200$ GPa，泊松比 $\nu=0.3$，求该点的应变分量 ε_x，ε_y，γ_{xy}。

38. 如图所示简单扭转圆轴，其直径为 d，材料的弹性模量为 E，泊松比为 ν，在圆轴表面 $\alpha=45^\circ$ 方向测得线应变 ε_{45°，求扭矩 m 的大小。

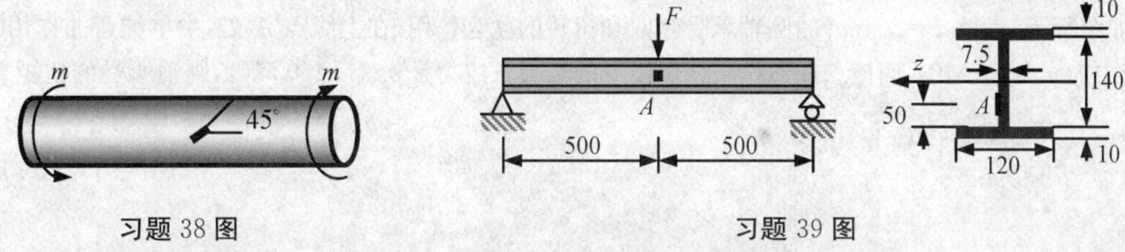

习题 38 图　　习题 39 图

39. 工字钢简支梁的截面尺寸如图所示。材料的弹性模量 $E=200$ GPa，泊松比 $\nu=0.3$，在腹板 A 处贴有一直角应变花(0°，45°，90°)，当载荷 $F=1.5$ kN 时，各应变片的读数是多少？

40. 如图所示，正方形平板厚度 $\delta=2$ mm，在水平和竖直方向分别受均布载荷 q_x 和 q_y 作用，在对角线上有一应变片，读数为 $\varepsilon_{45^\circ}=150\mu\varepsilon$。材料的弹性模量 $E=40$ GPa，泊松比 $\nu=0.25$，$q_x=50$ N/mm。求 q_y 是多大。

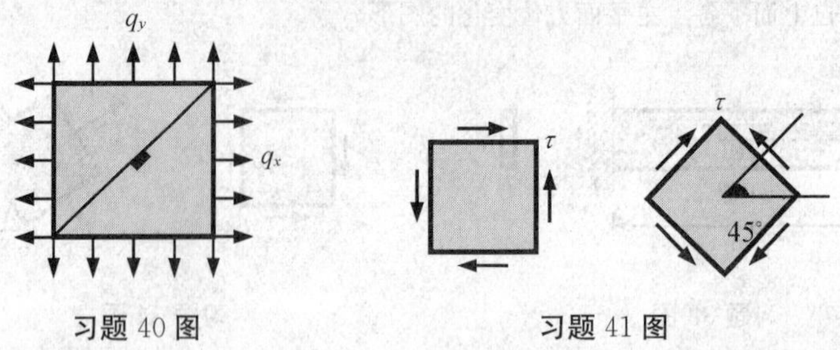

习题 40 图　　习题 41 图

41. 如图所示，某点的应力状态由两个不同方位的纯剪应力状态合成，材料的弹性模量为 E，泊松比为 ν，试写出该点的主应力、主方向以及应变分量 ε_x，ε_y，γ_{xy} 的表达式。

42. 如图所示，在一钢块上开一贯穿的槽，其宽度和深度均为 $a=10$ mm。在槽内紧密无隙地嵌入一铝质立方块，当铝块受压力 $F=6$ kN 作用时，假设钢块不变形。铝材的弹性模量 $E=70$ GPa，泊松比 $\nu=0.33$，试求铝块变形以及其任意点的主应力。

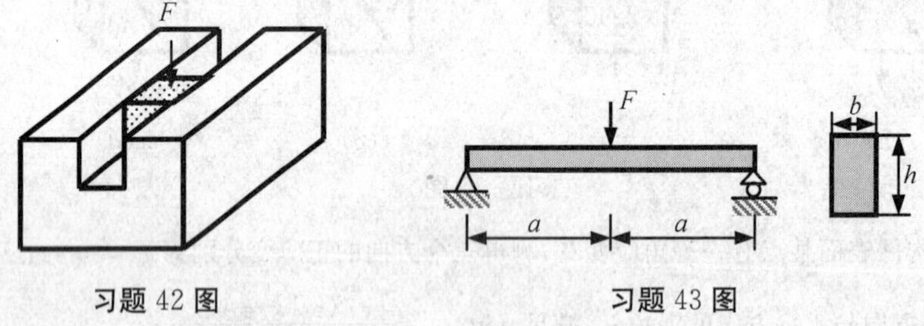

习题 42 图　　习题 43 图

43. 如图所示，矩形截面简支梁在中点受集中力 F 作用，材料的弹性模量为 E，泊松比为 ν。求梁下半部分的体积改变量。

44. 如图所示，直角应变花的三个应变片的读数分别为：$\varepsilon_{0^\circ}=500\mu\varepsilon$，$\varepsilon_{45^\circ}=-100\mu\varepsilon$，$\varepsilon_{90^\circ}=-100\mu\varepsilon$，$\alpha=15^\circ$。

(1)应变片 A 的理论读数是多少？

(2)若材料的弹性模量 $E=200$ GPa，泊松比 $\nu=0.3$，求测试点处的主应力。

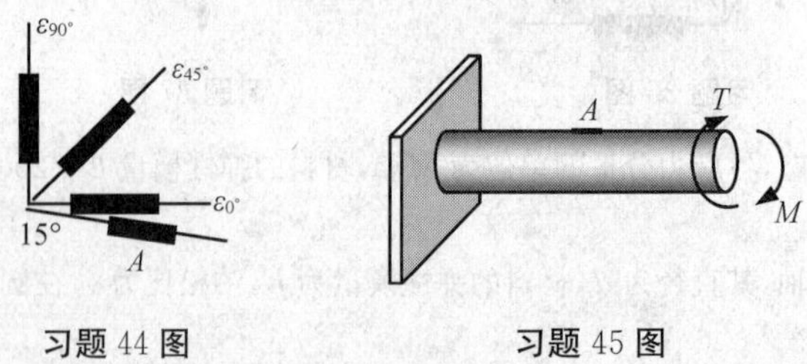

习题 44 图　　习题 45 图

45. 如图所示，直径 $d=20$ mm 的圆轴承受弯曲和扭转的联合作用，在上缘点 A 处，由单纯弯曲作用时引起的正应力为 $\sigma=120$ MPa，而该点在弯扭联合作用下的最大正应力是 $\sigma_{\max}=160$ MPa，则轴所受的扭矩 T 是多大？

四、计算题(B)

46. 铸铁压缩时其破坏面是一倾斜面。若已知铸铁的内摩擦系数 $f\approx0.35$，则破坏面的倾角 α 是多少？

47. 如图所示平面应力状态，各应力分量的单位为 MPa。若要使该点的最大切应力尽可能小，则 σ_y 应如何取值？

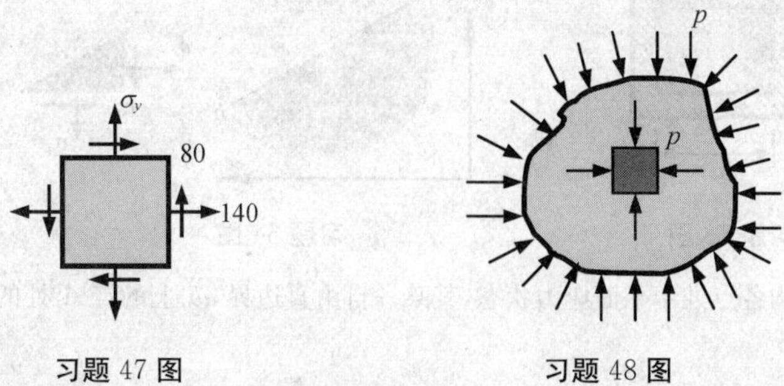

习题 47 图　　习题 48 图

48. 如图所示，证明：当构件边界受均匀作用的法向应力 p 时，构件内部各点均为应力为 p 的静水压力状态。分别考虑平面和空间两种情况。

49. 如图所示，直径为 d 的圆轴承受拉伸和扭转的联合作用，材料的弹性模量为 E，泊松比为 ν。如果要用电测法测出轴力 F_N 和扭矩 T，至少要贴多少个应变片？如何粘贴？如何接桥？轴力 F_N 和扭矩 T 是多大？

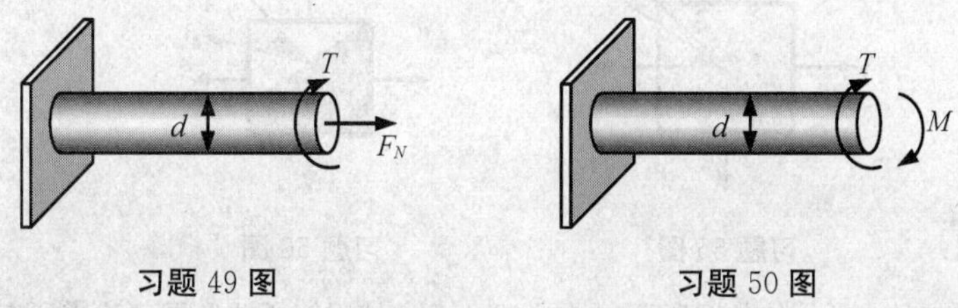

习题 49 图　　习题 50 图

50. 如图所示，直径为 d 的圆轴承受弯曲和扭转的联合作用，材料的弹性模量为 E，泊松比为 ν。如果要用电测法测出弯矩 M 和扭矩 T，至少要贴多少个应变片？如何粘贴？如何接桥？弯矩 M 和扭矩 T 是多大？

51. 已知某点 A 处两个截面上的应力和截面间的夹角如图所示，各应力分量的单位为 MPa，试求应力 σ 以及该点的主应力，并画出主单元体的方位。

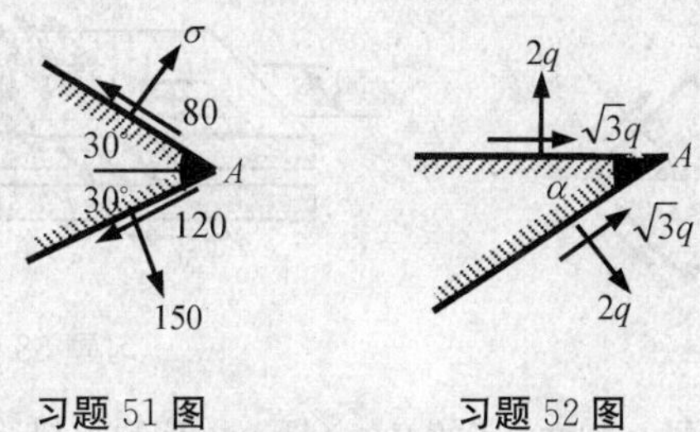

习题 51 图　　习题 52 图

52. 已知某点 A 处两个截面上的应力如图所示，各应力分量的单位为 MPa，若该点的一个主应力为 $5q$，试求该点的另外两个主应力以及截面间的夹角 α。

53. 如图所示，一直径为 d 的橡皮圆柱体放置在刚性圆筒内，受压力 F 作用。橡皮的弹性模量为 E，泊松比为 ν，试求橡皮圆柱体的变形以及其任意点的主应力。

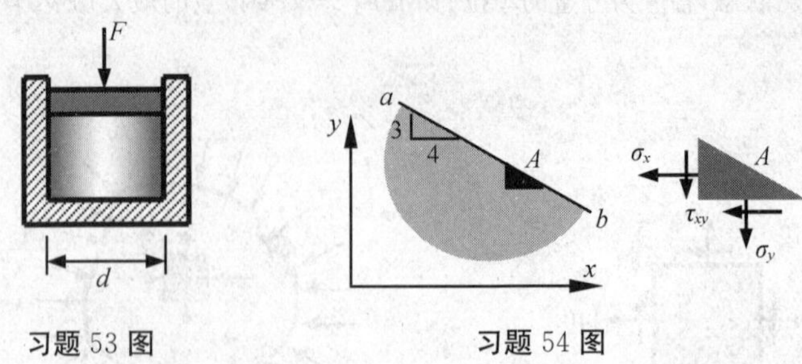

习题 53 图　　　　习题 54 图

54. 如图所示，某结构各点处于平面应力状态，其某一自由直边界 ab 上的点 A 处的最大切应力为 $\tau_{max}=35$ MPa。

(1)求该点的主应力；

(2)求 A 点与坐标轴方向一致的三角形单元体各微分面上的应力分量。

55. 某平面应力状态的主单元体如图所示，在该点与水平轴 x 成 α 角的方向粘贴一应变片，但实际粘贴时有一个微小的偏差角 ξ。试分析由于 ξ 所引起的误差。

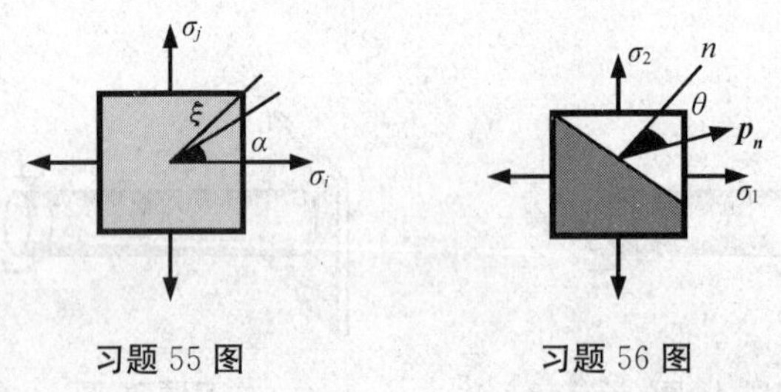

习题 55 图　　　　习题 56 图

56. 某平面应力状态的主单元体如图所示，$\sigma_1>\sigma_2>\sigma_3=0$，试用解析法和图解法求所有斜截面上的全应力矢量 $\boldsymbol{p}_n$ 与斜截面法线方向的夹角 θ 的最大值。

57. 如图所示，某点的应力状态由两个不同方位的纯剪应力状态合成，证明：合成后该点的应力状态仍然是纯剪应力状态。

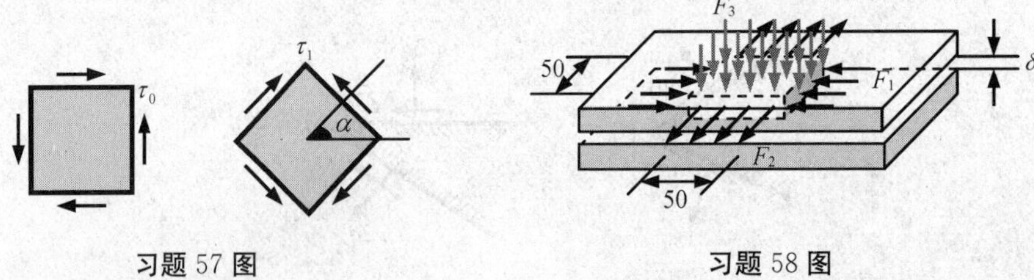

习题 57 图　　　　习题 58 图

58. 如图所示，两刚性板之间夹有一 50 mm×50 mm×20 mm 的矩形块，矩形块的侧面受均匀的载荷作用，两侧载荷的合力分别为 $F_1=80$ kN，F_2 未知。两刚性板间的距离 $\delta=20$ mm 是不变的，刚性板所受的压力为 $F_3=37.5$ kN。若矩形块的泊松比 $\nu=0.3$，试求 $F_2=$？

59. 如图所示，矩形截面（40 mm×80 mm）简支梁 AB 受均布载荷 $q=20$ kN/m 作用，梁长 $2L=1.2$ m，材料的弹性模量 $E=200$ GPa，泊松比 $\nu=0.3$。梁由与梁相同材料的直径为 $d=10$ mm 的拉杆 AD，BD 以及高度为 $H=200$ mm 的刚性立柱 CD 加固，各杆间及与梁间的连接均为铰连接。在梁侧面距左端 $a=300$ mm、距上缘 $c=20$ mm 的 K 处贴一直角应变花。求三个应变片的理论读数。

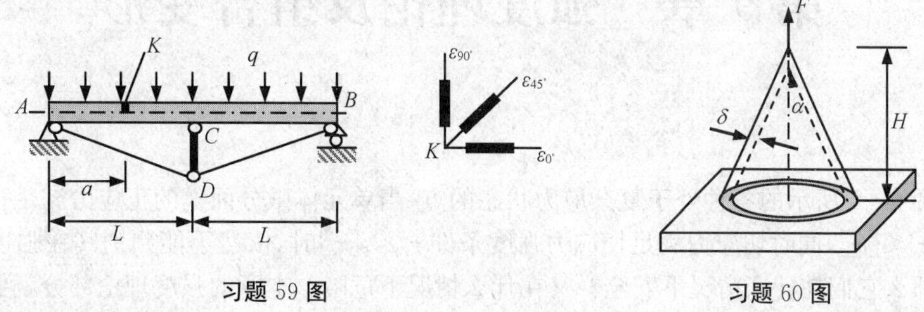

习题 59 图　　　　习题 60 图

60. 如图所示，圆锥形薄壁构件上端受载荷 F 作用，下端用胶与固定平板粘接。构件的厚度 $\delta=2$ mm，锥顶角 $2\alpha=60°$，锥体的高度 $H=200$ mm，胶的许用拉应力 $[\sigma]=25$ MPa，许用切应力 $[\tau]=8$ MPa，为使胶层不脱落，则载荷 F 的许可值是多少？

61. 如图所示，直角曲拐 ABC 由直径 $D=20$ mm 圆杆制成，细丝 CD 的直径 $d=3$ mm，曲拐和细丝材料相同，弹性模量 $E=70$ GPa，剪切弹性模量 $G=28$ GPa。若细丝的温度降低了 $\Delta T=40$℃，细丝材料的线膨胀系数 $\alpha=2.5\times10^{-5}$/℃。试求曲拐固定端 A 处上缘点的最大拉应力和最大切应力。

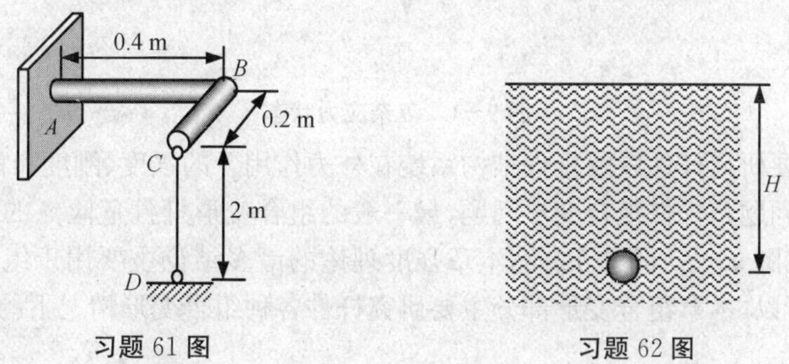

习题 61 图　　　　习题 62 图

62. 如图所示，某材料弹性模量 $E=12$ GPa，泊松比 $\nu=0.3$。用该材料制成的直径 $D=100$ mm 的球体放入 $H=200$ m 的深海中，若海水的比重为 $\gamma=10$ kN/m^3，则球体的体积缩小了多少？

63. 如图所示，某点沿法线方向为 n 的截面上的应力矢量为 $\boldsymbol{p}^{(n)}$，沿法线方向为 m 的截面上的应力矢量为 $\boldsymbol{p}^{(m)}$，求 $\boldsymbol{p}^{(n)}$ 和 $\boldsymbol{p}^{(m)}$ 之间应满足的关系。

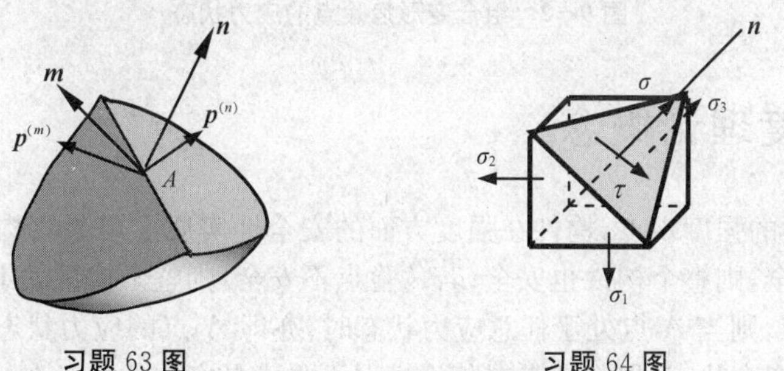

习题 63 图　　　　习题 64 图

64. 如图所示，结构某点的三个主应力 σ_1，σ_2，σ_3 为已知，相应的主方向也已确定，过该点作一个斜截面，其法线方向 n 与三个主方向的夹角相等，将这个斜截面上的正应力和切应力用该点的主应力表示出来，并说明它们的物理意义。

第 9 章　强度理论及组合变形

如图 9－1 所示的各种处于复杂应力状态的点，当单元体微分面上的正应力满足正应力强度条件 $\sigma_i \leqslant [\sigma]$，同时切应力满足切应力强度条件 $\tau_{ij} \leqslant [\tau]$ 时，依然不能判别其在强度上是否安全。那么它们在什么情况下安全？又在什么情况下危险？本章的强度理论部分就要回答这个问题。

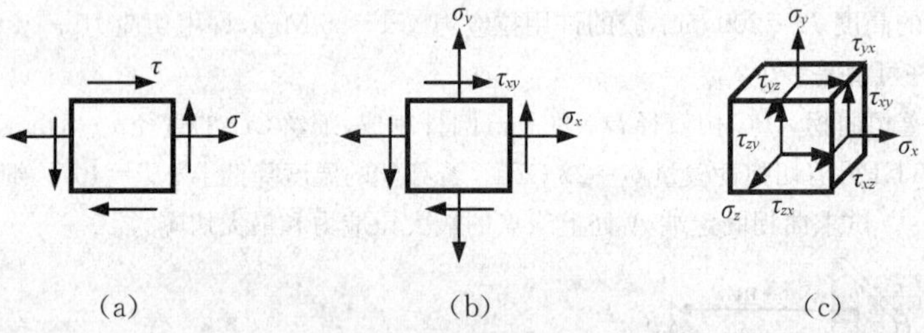

图 9－1　复杂应力状态

材料力学主要研究杆件以及杆件结构系统在外力作用下的强度、刚度和稳定性问题，而材料力学最复杂的问题是杆件组合变形问题，最一般的组合变形杆件危险点的应力状态通常是复杂应力状态，如图 9－2 所示。因此，本章强度理论的诸多结论主要用于组合变形杆件的强度计算和设计，所以，本章组合变形部分主要研究杆件各种组合变形情况下的强度计算。

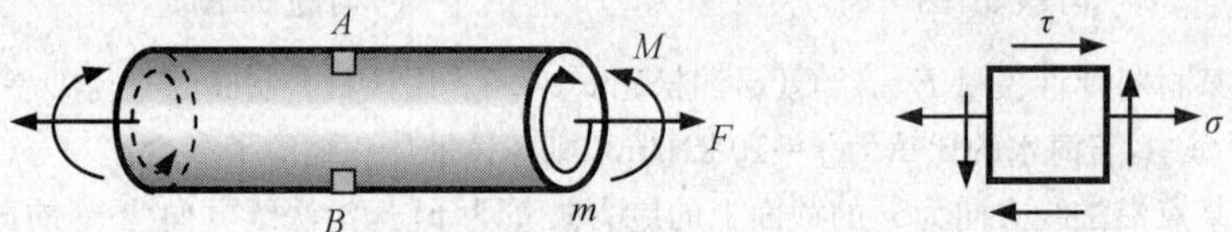

图 9－2　组合变形危险点的应力状态

9.1　强度理论概念

根据材料力学的强度观点，构件在强度方面的安全性实质上可考察构件中的危险点是否安全，若危险点安全，则整个构件也安全；若危险点不安全，则整个构件就不安全。假设构件中 A 点是最危险的点，则当 A 点处于任意应力状态时，亦即 A 点的应力状态可以是简单应力状态，也可以是复杂应力状态，那么该点在什么情况下强度是安全的？又在什么情况下强度是不安全的？

如果 A 点的应力状态是简单应力状态，如图 9－3 所示，那么可以根据强度条件：

$$\sigma \leqslant [\sigma] \text{ 或 } \tau \leqslant [\tau] \qquad (9-1)$$

判别 A 点的安全性。如果危险点是单向应力状态，则 σ 是 A 点处的最大正应力（如图 9－3

(a)所示)；如果危险点是纯剪应力状态，则 τ 是 A 点处的最大切应力(如图 9－3(b)所示)。从而也就知道杆件在强度上是否安全。

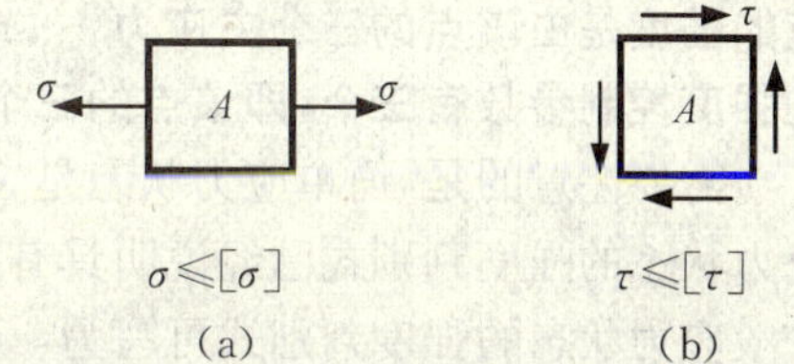

图 9－3　简单应力状态的强度控制参数

$[\sigma]$是材料的许用正应力，$[\tau]$是材料的许用切应力。大量事实说明，工程材料的破坏形式主要有两种：一是脆性断裂，二是塑性屈服。脆性断裂的极限应力为强度极限 $\sigma_b(\tau_b)$，而塑性屈服的极限应力为屈服应力 $\sigma_s(\tau_s)$，考虑到诸多偶然因素的影响(如材料缺陷、加工误差、实际工作环境、载荷非理想化等)，通常将极限应力除以一个适当的安全系数 $n(n>1)$，这样就得到材料的许用正应力$[\sigma]$和许用切应力$[\tau]$。

以上判别处于简单应力状态点 A 的强度的方法可以这样来理解：由于 A 点单元体微分面上只有唯一的应力 σ(单向应力状态)或 τ(纯剪应力状态)(如图 9－3 所示)，显然 A 点的强度由这唯一的应力 σ 或 τ 控制，所以 σ 或 τ 可认为是 A 点的强度控制参数。于是可得如下结论：**处于简单应力状态的点的强度控制参数只有唯一的一个，即 σ 或 τ；当该点的强度控制参数达到其许可值$[\sigma]$或$[\tau]$时，该点的强度也达到临界状态。因此可以用式(9－1)来判别处于简单应力状态的点的强度是否安全**。另外，由于简单应力状态在实验室里很容易通过材料试件的简单拉伸以及扭转得到，因此，各种材料的许用应力$[\sigma]$或$[\tau]$可通过材料实验以及选择合理的安全系数 n 而得到。从而很容易建立处于简单应力状态的点的强度条件式(9－1)，这样也就可以判别危险点是简单应力状态的杆件在强度上是否安全了。材料力学中拉伸压缩、扭转以及横力弯曲的杆件，其危险点的应力状态都是简单应力状态，所以它们的强度均可由式(9－1)来确定。

如果 A 点的应力状态是复杂应力状态，如图 9－2 所示，这时很明显，A 点的强度控制参数不再是唯一的了，那么又如何判别该点的强度呢？考察最一般的应力状态，如图 9－4(a)所示，容易想到，**一点的强度是由该点的应力状态所决定**。而该点的应力状态根据第 8 章应力状态分析的内容可知，是由该点的任意一个应力状态矩阵决定的，一点的应力状态矩阵有无穷多个，而最简单和最本质的是该点主单元体所对应的应力状态矩阵，如图 9－4(b)所示，即

$$\boldsymbol{T}_0=\begin{bmatrix}\sigma_1 & 0 & 0\\ 0 & \sigma_2 & 0\\ 0 & 0 & \sigma_3\end{bmatrix} \tag{9－2}$$

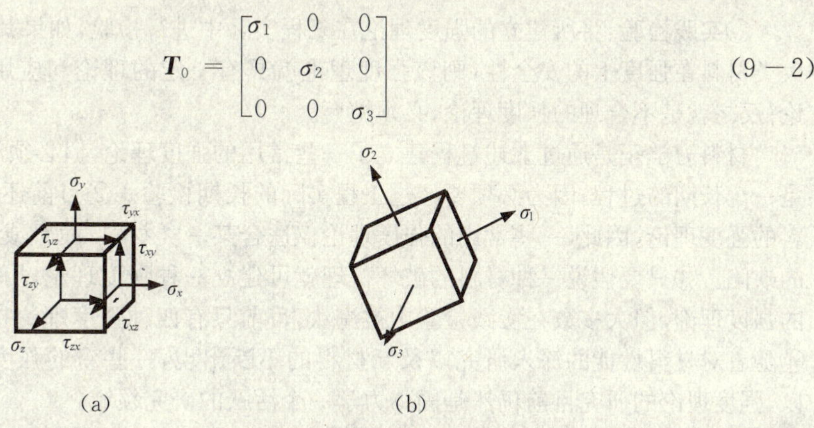

图 9－4　一般应力状态的强度控制参数

式中，$\sigma_1,\sigma_2,\sigma_3$ 是所考察点的主应力。另外，主应力是过一点所有截面上的正应力的极值应力，而大量事实说明，材料的破坏总是和某种极值应力有关，所以，根据上述分析可以认为：一

点的强度是由该点的三个主应力 $\sigma_1,\sigma_2,\sigma_3$ 决定的，也就是说，对于一般的应力状态来说，一点的强度控制参数有三个，即该点的三个主应力 $\sigma_1,\sigma_2,\sigma_3$。

需要注意的是，简单应力状态是一般应力状态的特殊情况，也应该满足上述结论，而简单应力状态的强度判别式已经说明具有式(9-1)的形式，因此，仿照简单应力状态的强度条件，一般应力状态的强度判别式可写为

$$\sigma_{eq}=f(\sigma_1,\sigma_2,\sigma_3)\leqslant[\sigma] \tag{9-3}$$

式中，函数 $f(\sigma_1,\sigma_2,\sigma_3)$是强度控制参数 $\sigma_1,\sigma_2,\sigma_3$ 的某种组合；$[\sigma]$是材料的许用应力，可通过材料的简单拉伸试验获得；σ_{eq} 称为**等效应力或相当应力**。

式(9-3)是一个人为构造的判别式，人们希望通过这个判别式可以确定处于任意应力状态的点在强度上是否安全。但问题是函数 $f(\sigma_1,\sigma_2,\sigma_3)$应该是什么形式？也就是说，强度控制参数 $\sigma_1,\sigma_2,\sigma_3$ 具有什么样的组合就可由式(9-3)判别处于任意应力状态的点在强度上的安全性？因此，**通过一系列的理论和实验寻找函数 $f(\sigma_1,\sigma_2,\sigma_3)$，也即寻找强度控制参数 $\sigma_1,\sigma_2,\sigma_3$ 的某种合理的组合，从而建立起满足实际情况的判别式**(9-3)，**就称为强度理论或强度准则**。

建立合理的满足实际情况的一般应力状态的强度准则，即式(9-3)，实际上面临的是一个困境。首先，没有任何一个已知的理论可以通过逻辑推理演绎得到函数 $f(\sigma_1,\sigma_2,\sigma_3)$；其次，通过材料实验寻找函数 $f(\sigma_1,\sigma_2,\sigma_3)$实际上也是不可能的，这是因为由三个参数 $\sigma_1,\sigma_2,\sigma_3$ 控制的实验不仅要做很多组，而且实验设备和条件也不可能对三个参数 $\sigma_1,\sigma_2,\sigma_3$ 任意连续变化时的实验进行精确控制。因此，在理论逻辑推理以及实验两方面试图建立强度准则式(9-3)实际上是不可能的，那么，如何走出这个困境呢？

科学研究特别是面对未知领域的研究通常采用一种行之有效的方法，那就是：**假说—建立理论—实践检验**，这是任何一个科学理论的必经之路。而材料力学的强度理论的建立就是通过这一过程克服上述理论和实验上的困难的，具体步骤如下：

①**假说材料的破坏机理**：对于某类材料，无论该材料的点处于什么应力状态，假设其破坏原因，并认为引起材料破坏的原因均是相同的。

②**建立强度理论**：根据材料的破坏机理以及材料的简单破坏实验数据建立强度判别式：$\sigma_{eq}=f(\sigma_1,\sigma_2,\sigma_3)\leqslant[\sigma]$。

③**实践检验**：将所建立的强度理论在工程实际中进行检验，如果其能预测实际工程中某一大类材料在强度上的安全性，则该强度理论就具有一定的理论和应用价值，是合理的强度理论；反之就是不合理的强度理论，必须抛弃。

材料力学正是通过上述过程建立了一些常用的强度理论，但必须注意：①强度理论的建立是一个长期的过程，因为必须要经过工程实际的长期检验。②目前还不存在一个包罗所有材料的强度理论，因此，一些常用的强度理论仅适合某一类材料，而且或多或少存在一些理论上的缺陷。③只要假说一种材料的破坏机理就可建立一种强度理论，历史上许多人建立过不同的强度理论，但大多数在实践检验中被淘汰，目前只有四种强度理论在工程中还在广泛应用。④随着对材料性能的深入研究以及新材料的不断出现，一些新的强度理论也在陆续出现，所以，强度理论的研究目前仍然是固体力学一个活跃的研究领域。

9.2 四个常用的强度理论

对线弹性各向同性材料来说，目前在工程中广泛应用的强度理论有四种，都是经过长期的

实践检验证明在某类材料中是基本符合工程实际的。这四个常用的强度理论可分为两类：一类是**脆性断裂理论**，只适用于脆性材料；另一类是**塑性屈服理论**，只适用于塑性材料。

9.2.1　脆性断裂理论

(1) 第一强度理论(最大拉应力理论)

①**破坏机理**：无论材料处于什么应力状态，材料破坏的原因是最大拉应力达到临界值，如图 9－5 所示。

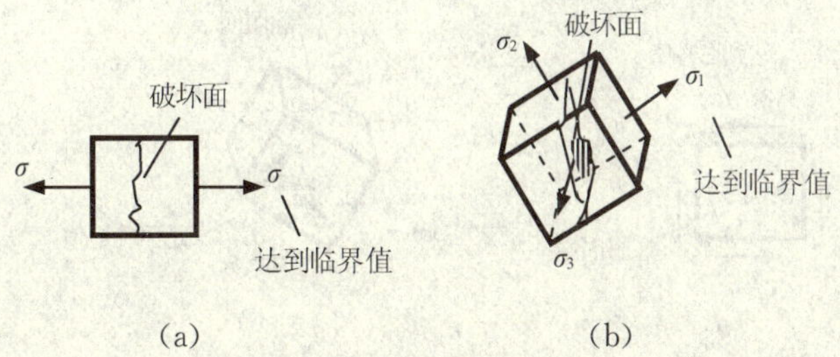

图 9－5　第一强度理论的破坏机理

②**强度理论的建立**：任何应力状态，最大拉应力是第一主应力 σ_1，而材料简单拉伸时的破坏应力为 σ_b，考虑安全系数，则材料的许用应力为 $[\sigma]=\frac{\sigma_b}{n}$，于是第一强度理论为

$$\sigma_{eq1}=\sigma_1\leqslant[\sigma] \tag{9-4}$$

③**实践检验**：第一强度理论与石材、铸铁、玻璃、陶瓷等脆性材料的工程实际以及实验数据吻合得很好，所以该理论广泛用于脆性材料的强度计算和设计。但很明显，第一强度理论不能用于没有拉应力的情况，例如单向以及双向或三向受压应力状态等。另外，第一强度理论在理论上不是自洽的，这一点在稍后强度理论的简要评述中讲解。

(2) 第二强度理论(最大线应变理论)

①**破坏机理**：无论材料处于什么应力状态，材料破坏的原因是最大线应变达到临界值，如图 9－6 所示。

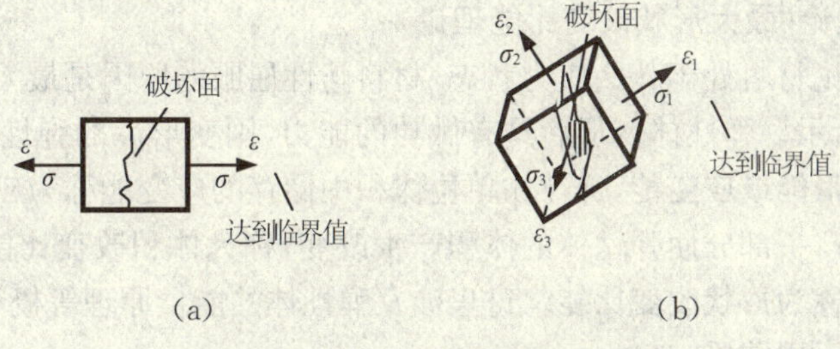

图 9－6　第二强度理论的破坏机理

②**强度理论的建立**：任何应力状态，最大线应变是第一主应变 ε_1，而材料简单拉伸破坏时的应变为 $\varepsilon_b=\frac{\sigma_b}{E}$，考虑安全系数，则材料应变的临界值为 $[\varepsilon]=\frac{\sigma_b}{nE}=\frac{[\sigma]}{E}$，于是第二强度理论为：$\varepsilon_1=\frac{1}{E}[\sigma_1-\nu(\sigma_2+\sigma_3)]\leqslant[\varepsilon]=\frac{[\sigma]}{E}$，整理后为

$$\sigma_{eq2}=\sigma_1-\nu(\sigma_2+\sigma_3)\leqslant[\sigma] \tag{9-5}$$

③**实践检验**：第二强度理论也只适用于脆性材料，它能用于一些没有拉应力的情况，但不

能用于没有拉应变的情况。同样，第二强度理论在理论上也不是自洽的，这一点在稍后强度理论的简要评述中讲解。

9.2.2　塑性屈服理论

(1) 第三强度理论(最大切应力理论)

①**破坏机理**：无论材料处于什么应力状态，材料塑性屈服的原因是最大切应力达到临界值，如图 9－7 所示。

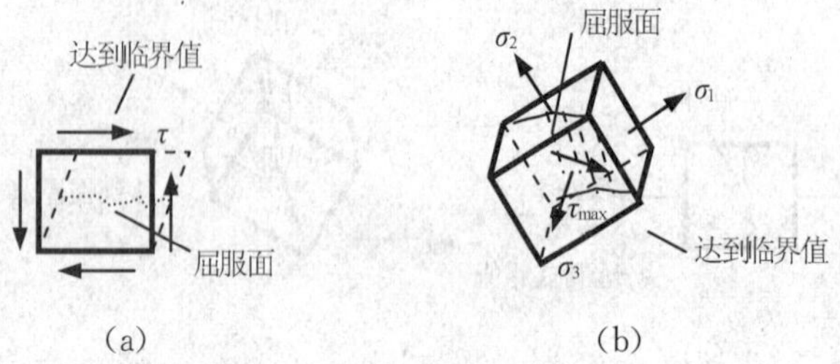

图 9－7　第三强度理论的破坏机理

②**强度理论的建立**：任何应力状态，其最大切应力为：$\tau_{max}=\frac{\sigma_1-\sigma_3}{2}$；而塑性材料简单拉伸达到屈服时的最大应力为：$\sigma_{max}=\sigma_s$，此时 45°斜截面上的切应力最大，为：$\tau_s=\frac{\sigma_s}{2}$，这即是切应力的临界值，考虑到安全系数，则材料最大切应力的临界值为：$[\tau]=\frac{\tau_s}{n}=\frac{\sigma_s}{2n}=\frac{[\sigma]}{2}$，于是第三强度理论为：$\tau_{max}\leqslant[\tau]$，即：$\frac{\sigma_1-\sigma_3}{2}\leqslant\frac{[\sigma]}{2}$。整理后为

$$\sigma_{eq3}=\sigma_1-\sigma_3\leqslant[\sigma] \tag{9-6}$$

③**实践检验**：第三强度理论只适用于塑性材料，大量实践证明，该理论在工程构件的强度设计中与实际情况符合得很好，因此，第三强度理论在工程中得到广泛的应用。然而，第三强度理论在理论上并不是自洽的，这一点也在稍后强度理论的简要评述中讲解。

(2) 第四强度理论(最大形状改变比能理论)

①**破坏机理**：无论材料处于什么应力状态，材料塑性屈服的原因是最大形状改变比能达到临界值，如图 9－8 所示。弹性体变形后具有做功的能力，则变形后的弹性体中储存有一种能量，这种能量称为**变形能**或**应变能**，弹性体单位体积中储存的应变能称为**应变比能**，简称**比能**。应变比能分为两部分：一部分使弹性体的体积产生改变，称为**体积改变比能**；另一部分使弹性体的形状产生改变，称为**形状改变比能**。这里涉及弹性体的能量原理等概念，请参见本书能量法一章内容，这里只引用结果。

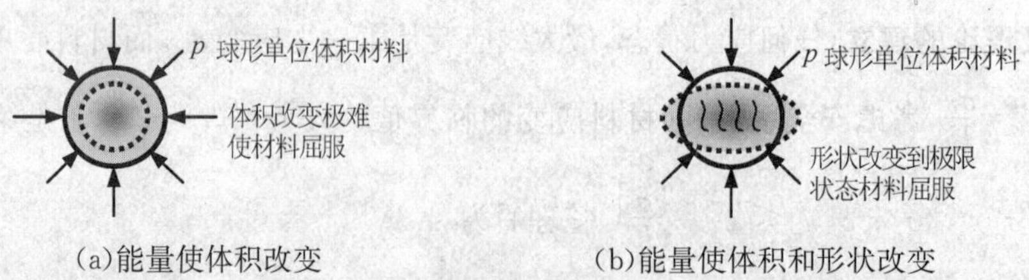

图 9－8　第四强度理论的破坏机理

②**强度理论的建立**：无论什么应力状态，线弹性体的形状改变比能为：$u^s=\left(\frac{1+\nu}{6E}\right)[(\sigma_1-\sigma_2)^2+(\sigma_2-\sigma_3)^2+(\sigma_3-\sigma_1)^2]$。而塑性材料简单拉伸达到屈服时的最大应力为：$\sigma_{max}=\sigma_s$，此时 $\sigma_1=\sigma_{max}=\sigma_s$，$\sigma_2=\sigma_3=0$，则材料的形状改变比能的临界值为：$u^s|_{max}=\left(\frac{1+\nu}{3E}\right)\sigma_s^2$，考虑到安全系数，则为：$[u^s]=\left(\frac{1+\nu}{3E}\right)\left(\frac{\sigma_s}{n}\right)^2=\left(\frac{1+\nu}{3E}\right)[\sigma]^2$，所以，第四强度理论为：$u^s\leqslant[u^s]$，即

$$\left(\frac{1+\nu}{6E}\right)[(\sigma_1-\sigma_2)^2+(\sigma_2-\sigma_3)^2+(\sigma_3-\sigma_1)^2]\leqslant\left(\frac{1+\nu}{3E}\right)[\sigma]^2$$

整理后为

$$\sigma_{eq4}=\sqrt{\frac{1}{2}[(\sigma_1-\sigma_2)^2+(\sigma_2-\sigma_3)^2+(\sigma_3-\sigma_1)^2]}\leqslant[\sigma] \tag{9-7}$$

③**实践检验**：第四强度理论也只适用于塑性材料，实践证明，该理论与相当多的塑性材料的实验数据吻合得很好。因此，第四强度理论在工程中也得到广泛应用。但是，尽管第四强度理论在理论上非常完美，但在实际工程中不如第三强度理论应用广泛，这一点也在稍后强度理论的简要评述中讲解。

9.2.3　四个常用强度理论的简要评述

由前所述，强度理论是判别处于任意应力状态的点在强度上是否安全的一套理论，这套理论是依据**假说—建立理论—实践检验**这一科学理论的必由之路建立起来的，因此，强度理论跟实际工程是紧密相联的，在实践中检验，也在实践中发展。但是，必须注意的是：**任何一个科学理论从理论体系上来说必须是自洽的**。简单地说，任何一个科学理论应该是完备和完美的，不应存在形式上或逻辑上的缺陷。下面就四个常用的强度理论在这方面进行一个简要评述，从而了解这些常用强度理论的优点和缺点，以指导实际工程的应用。

注意到一点的强度是由三个强度控制参数，也即该点的三个主应力 $\sigma_1,\sigma_2,\sigma_3$ 所决定的，因此，就理论形式上说，一个完备和完美的强度理论至少应具备如下特点：

①**理论基础**：强度理论所依据的假说应具有明显的物理意义。

②**完备性**：等效应力 $\sigma_{eq}=f(\sigma_1,\sigma_2,\sigma_3)$ 应该与三个强度控制参数 $\sigma_1,\sigma_2,\sigma_3$ 都有关。也就是说，参数 $\sigma_1,\sigma_2,\sigma_3$ 对该点的强度都有影响。

③**完美性**：等效应力 $\sigma_{eq}=f(\sigma_1,\sigma_2,\sigma_3)$ 中的三个强度控制参数 $\sigma_1,\sigma_2,\sigma_3$ 不应存在主次之分。因为 $\sigma_1,\sigma_2,\sigma_3$ 是所考察点的主应力，而任何一个主应力并不具有特殊地位，也就是说，参数 $\sigma_1,\sigma_2,\sigma_3$ 对该点强度的影响程度应该是相同的，如果将三个强度控制参数轮换后，等效应力 $\sigma_{eq}=f(\sigma_1,\sigma_2,\sigma_3)$ 在形式上以及数值上都应该是不变的，因此，三个主应力无需人为地进行区分。

下面具体分析四个常用的强度理论：

①第一强度理论为 $\sigma_{eq1}=\sigma_1\leqslant[\sigma]$。该理论没有考虑第二、第三主应力对所考察点强度的影响，而且不能用于没有拉应力的情况。所以，在理论上第一强度理论是不完备也不完美的。

②第二强度理论为 $\sigma_{eq2}=\sigma_1-\nu(\sigma_2+\sigma_3)\leqslant[\sigma]$。尽管该理论考虑到了三个主应力对所考察点强度的影响，但三个主应力的影响程度或地位是不相同的，第一主应力 σ_1 处于主要地位，而第二、第三主应力 σ_2,σ_3 处于次要地位，所以，在理论上第二强度理论是不完美的。

因此，**正是因为一些常用强度理论的不完备或不完美性，使得在判别一点强度的安全性时，**

必须人为地区分三个主应力；一般三个主应力按代数值大小排列以示区别，即：$\sigma_1 \geqslant \sigma_2 \geqslant \sigma_3$。

第一、第二强度理论只适用于脆性材料，实践表明，尽管这两个强度理论在理论上存在不完备也不完美的缺陷，但在实际工程中还是得到了广泛的应用，特别是第一强度理论，脆性材料在强度上的安全性基本上采用的是这个理论，原因是该理论简单，而且用这个理论设计出的工程构件更偏于安全。

③第三强度理论为 $\sigma_{eq3}=\sigma_1-\sigma_3\leqslant[\sigma]$。该理论没有考虑第二主应力对所考察点强度的影响。所以，在理论上第三强度理论是不完备和不完美的。但是，在实际工程中，这一理论广泛用于塑性材料的强度计算和设计。

④第四强度理论为 $\sigma_{eq4}=\sqrt{\dfrac{1}{2}[(\sigma_1-\sigma_2)^2+(\sigma_2-\sigma_3)^2+(\sigma_3-\sigma_1)^2]}\leqslant[\sigma]$。该理论是迄今为止所建立的最完美的一个强度理论，它所依据的假说有明显的物理意义，即形状改变比能；另外，其等效应力考虑到了三个主应力对所考察点强度的影响；更重要的是三个主应力对所考察点强度的影响程度完全是相同的；即在等效应力中，三个主应力的地位是完全相同的，而且无需人为区分三个主应力，也就是说 ，无论将哪个主应力作为第一、第二或第三主应力，等效应力都是不变的。所以，第四强度理论从理论上来说是十分完备和完美的。

第三、第四强度理论只适用于塑性材料，大量实践表明，这两个理论对塑性材料强度的预测与实际情况吻合得很好。但是，尽管第三强度理论在理论上存在缺陷，但在实际工程中却比第四强度理论应用得更为广泛，原因是第三强度理论比较简单，而且用这个理论设计出的工程构件更偏于安全。

除了上述常见的强度理论之外，也有人依据别的假说建立了其他一些强度理论。例如**莫尔**(Mohr)**强度理论**以及**双切应力理论**等，读者可参阅其他材料力学教材，这里不多赘述。

9.2.4 工程中强度理论的选择

在实际工程中如何选用合理的强度理论，是一个比较复杂的问题。一般而言，在常温静载荷情况下，如铸铁、混凝土、石材、玻璃等脆性材料，产生脆性断裂时，通常采用第一、第二或莫尔强度理论；如碳钢、铜、铝等塑性材料，产生塑性屈服时，则采用第三、第四或双切应力强度理论。

必须指出，**不同材料可以发生不同形式的破坏；但同一材料，在不同的应力状态下，也可能发生不同的破坏形式**。例如，碳钢制成的螺杆拉伸时，螺纹根部由于应力集中引起三向拉伸应力状态而产生脆性断裂破坏。又如淬火钢球压在铸铁板上，接触点附近的铸铁处于三向压缩应力状态，铸铁板将会出现明显的塑性凹坑。所以，无论是脆性材料还是塑性材料，在三向接近等值拉应力作用下，均会产生脆性破坏，这时宜采用脆性断裂强度理论判别其安全性。而在三向接近等值压应力作用下，均会产生塑性屈服，这时宜采用塑性屈服强度理论判别其安全性。

9.3 强度理论的应用

材料力学中，强度理论主要用于组合变形杆件的强度计算和设计，这是因为一般组合变形杆件的危险点通常处于复杂应力状态，而由简单应力状态的强度条件是无法判别其安全性的，所以必须应用强度理论。由于强度理论是判别处于任意应力状态的点的强度安全性的理论，它也应适合简单应力状态，也就是说，强度理论在简单应力状态情况下应退化到前述各章的强度条件，因此，强度理论也适用于拉伸压缩、扭转以及弯曲等杆件的强度计算和设计。

下面就一些基本的应力状态讨论强度理论的应用。

9.3.1　单向应力状态

如图 9－9 所示的单向应力状态是一种广泛存在的应力状态。轴向拉伸压缩杆件的各点(除应力集中区域)、弯曲梁的最大正应力点(上下缘点)以及一些简单组合变形杆件的危险点均处于这种应力状态。

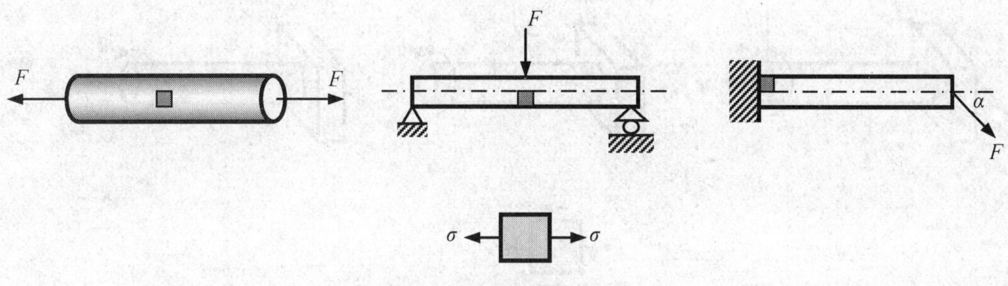

图 9－9　单向应力状态

对于单向应力状态，其三个主应力为：$\sigma_1=\sigma, \sigma_2=0, \sigma_3=0$。

将其代入四个常用强度理论的等效应力，可发现其均为 σ，所以，各强度理论均为：$\sigma\leqslant[\sigma]$，也即是前述各章的正应力强度条件。

9.3.2　纯剪应力状态

如图 9－10 所示的纯剪应力状态也十分常见。受扭转作用的轴的各点以及弯曲梁的中性轴上的各点(不一定是危险点)，就处于纯剪应力状态。

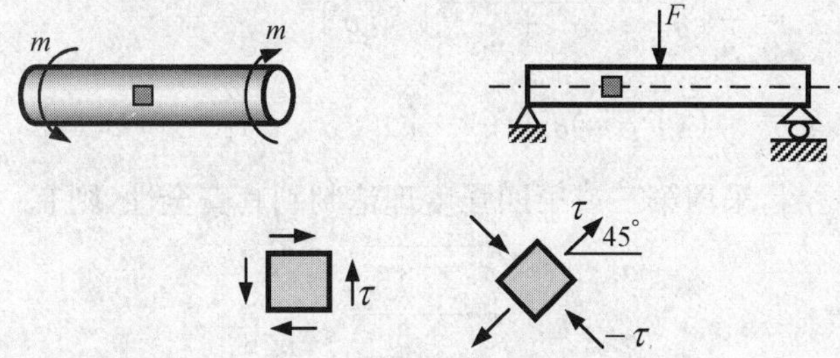

图 9－10　纯剪应力状态

对于纯剪应力状态，其三个主应力为：$\sigma_1=\tau, \sigma_2=0, \sigma_3=-\tau$。

对脆性材料来说，宜采用第一或第二强度理论判别处于纯剪应力状态的点的安全性，则有

$$\sigma_{eq1}=\tau\leqslant[\sigma], \sigma_{eq2}=(1+\nu)\tau\leqslant[\sigma]$$

材料的破坏沿与水平线成 45°的方向，这与脆性材料圆轴扭转破坏的实验结果一致。

对塑性材料来说，宜采用第三或第四强度理论判别处于纯剪应力状态的点的安全性，则有

$$\sigma_{eq3}=2\tau\leqslant[\sigma], \sigma_{eq4}=\sqrt{3}\tau\leqslant[\sigma]$$

由第三强度理论，切应力的最大允许值为：$[\tau]=0.5[\sigma]$。而由第四强度理论，切应力的最大允许值为：$[\tau]=\dfrac{[\sigma]}{\sqrt{3}}=0.577[\sigma]$。

所以，对于塑性材料，许用切应力和许用正应力之间存在如下关系：

$$[\tau]=(0.5\sim 0.577)[\sigma] \tag{9-8}$$

在引入许用切应力$[\tau]$后，纯剪应力状态可用剪切强度条件$\tau\leqslant[\tau]$判别其安全性。

9.3.3 $\sigma_y=0$ 的平面应力状态

这种特殊的平面应力状态是单向应力状态和纯剪应力状态的叠加，如图 9－11 所示。一般组合变形杆件的危险点、弯扭组合变形的危险点以及拉扭组合变形的危险点就是这种应力状态。

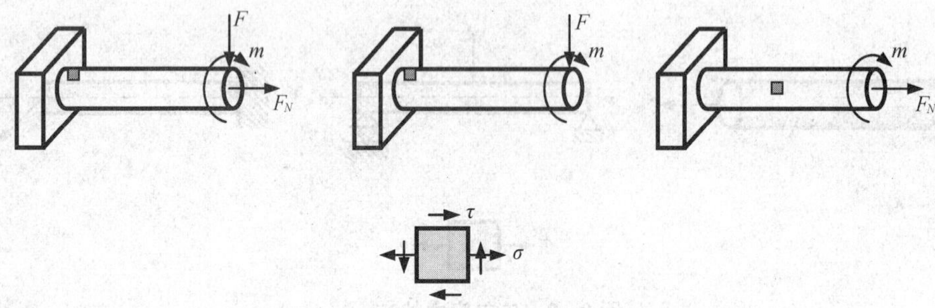

图 9－11 特殊的平面应力状态

对$\sigma_y=0$的平面应力状态，有：$\sigma_x=\sigma,\sigma_y=0,\tau_{xy}=\tau$。

容易验证，无论正应力σ是拉应力($\sigma\geqslant0$)还是压应力($\sigma\leqslant0$)，τ是正还是负，这种平面应力状态的三个主应力均为

$$\sigma_1=\frac{\sigma}{2}+\sqrt{\left(\frac{\sigma}{2}\right)^2+\tau^2},\sigma_2=0,\sigma_3=\frac{\sigma}{2}-\sqrt{\left(\frac{\sigma}{2}\right)^2+\tau^2}$$

如果材料是脆性材料，采用第一或第二强度理论判别其安全性，则有

$$\sigma_{eq1}=\frac{1}{2}\left[\sigma+\sqrt{\sigma^2+4\tau^2}\right]\leqslant[\sigma] \tag{9-9}$$

$$\sigma_{eq2}=\frac{1}{2}\left[(1-\nu)\sigma+(1+\nu)\sqrt{\sigma^2+4\tau^2}\right]\leqslant[\sigma] \tag{9-10}$$

如果材料是塑性材料，采用第三或第四强度理论判别其安全性，则有

$$\sigma_{eq3}=\sqrt{\sigma^2+4\tau^2}\leqslant[\sigma] \tag{9-11}$$

$$\sigma_{eq4}=\sqrt{\sigma^2+3\tau^2}\leqslant[\sigma] \tag{9-12}$$

由式(9－11)和式(9－12)可以看出，恒有：$\sigma_{eq4}<\sigma_{eq3}$，于是可得如下结论：**对材料力学问题而言，满足第三强度理论，则一定也满足第四强度理论**。因此，由第三强度理论设计的杆件比第四强度理论设计的杆件更偏于安全。所以，在工程中，尽管第三强度理论不如第四强度理论那么合理和完美，但前者比后者用得更广泛。

另外，当$\tau=0$时为单向应力状态，各强度理论退化到$\sigma\leqslant[\sigma]$(如 9.3.1 节所述)；而当$\sigma=0$时为纯剪应力状态，各强度理论退化到$\tau\leqslant[\tau]$(如 9.3.2 节所述)。

需要注意，材料力学问题也就是杆件或杆件结构系统在外力作用下的安全性问题，大多数的危险点是$\sigma_y=0$的平面应力状态。所以本小节内容是杆件强度计算和设计的最基本的内容。

9.4　组合变形的强度计算

应力与应变状态分析以及强度理论都是为组合变形的强度计算做准备，下面研究各种组合变形杆件的强度计算。

9.4.1　组合变形杆件强度计算步骤

(1)确定杆件是否是组合变形，是什么形式的组合变形

杆件是否是组合变形以及是什么形式的组合变形通常可直观地判断。

(2)确定组合变形杆件的危险截面，计算危险截面上的内力

一般等截面组合变形杆件的危险截面可直观地判断，然后用截面法计算危险截面上的内力；有时可能存在几个可能的危险截面，则需将这几个可能危险截面上的内力算出并进行比较，以确定最危险的截面。一般变截面组合变形杆件如果不能采用直观的方法确定危险截面，则可通过计算任意截面上的内力和应力，当轴线坐标变化时，最大应力所在的截面就是危险截面。

(3)确定危险截面上的危险点，分析危险点的应力状态

确定了危险截面后，很容易就可确定危险点。一般组合变形杆件危险点的应力状态通常是 $\sigma_y=0$ 的平面应力状态，9.3 节已对其进行了详细的分析。

(4)选择适当的强度理论计算组合变形杆件的强度

选择适当的强度理论(式(9－9)～(9－12))计算组合变形杆件的强度，组合变形杆件强度的计算包括三个方面：一是校核组合变形杆件的强度，二是计算组合变形杆件的许可载荷，三是计算组合变形杆件的许可截面尺寸。

9.4.2　各种组合变形杆件的强度

(1)一般组合变形

一般组合变形就是杆件同时产生拉压、弯曲、扭转以及剪切等各种基本变形的情况。由于剪切引起的切应力远远小于其他基本变形所引起的应力，所以剪切引起的变形以及其切应力通常忽略不计。因此，一般组合变形就是拉(压)弯扭组合变形，如图 9－12(a)所示。

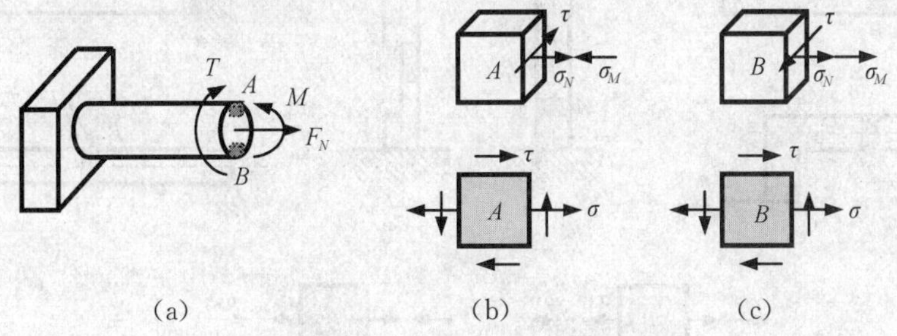

图 9－12　拉弯扭组合变形

假设一般组合变形杆件危险截面上的内力已求得，轴力为 F_N，弯矩为 M，扭矩为 T。

危险截面上的危险点为杆件的上缘点 A 或下缘点 B，其应力状态分别如图 9－12(b)、(c)所示。注意到：$\sigma_N=\dfrac{F_N}{A}$，$\sigma_M=\dfrac{M}{W_z}$，$\tau=\dfrac{T}{W_p}$，A，B 点单元体上的正应力可统一写为：$\sigma=\sigma_N\pm$

$\sigma_M=\frac{F_N}{A}\pm\frac{M}{W_z}$。

若材料是脆性材料，通常 $\sigma=\sigma_N\pm\sigma_M$ 为拉应力的那点是危险点；如果两点的 $\sigma=\sigma_N\pm\sigma_M$ 均为压应力，则压应力最大点是危险点。若材料是塑性材料，则 A,B 两点中 $\sigma=\sigma_N\pm\sigma_M$ 绝对值最大的那点就是危险点。

若材料是脆性材料，采用第一或第二强度理论计算拉弯扭组合变形杆件的强度，即采用式(9－9)或式(9－10)。

若材料是塑性材料，采用第三或第四强度理论计算拉弯扭组合变形杆件的强度，即采用式(9－11)或式(9－12)。将 σ,τ 代入式(9－11)和式(9－12)，有

$$\sigma_{eq3}=\sqrt{\sigma^2+4\tau^2}=\sqrt{\left(\frac{F_N}{A}\pm\frac{M}{W_z}\right)^2+4\left(\frac{T}{W_p}\right)^2}\leqslant[\sigma] \tag{9-13}$$

$$\sigma_{eq4}=\sqrt{\sigma^2+3\tau^2}=\sqrt{\left(\frac{F_N}{A}\pm\frac{M}{W_z}\right)^2+3\left(\frac{T}{W_p}\right)^2}\leqslant[\sigma] \tag{9-14}$$

式(9－9)～式(9－14)就是最一般的组合变形杆件的强度计算公式，可应用到三个方面：一是校核组合变形杆件的强度，二是计算组合变形杆件的许可载荷，三是计算组合变形杆件的许可截面尺寸。

需要注意，如果杆件是非圆形截面杆，则上述各公式中的切应力项应换为相应的非圆形截面杆扭转时上下缘的最大切应力。例如矩形截面杆件，应将 $\tau=T/W_p$ 换为上下缘中点的切应力(通常是短边上的最大切应力) $\tau_{\max1}=\gamma\tau_{\max}=\gamma T/W_t=\gamma T/\alpha hb^2$，这里 b,h 分别是截面的宽和高，α,γ 是与比值 h/b 有关的比例系数。

还需注意，工程中的杆件产生一般组合变形时，除了由剪切引起的切应力可以忽略不计之外，通常由轴力引起的正应力相对于由弯矩引起的正应力以及由扭矩引起的切应力来说，一般情况下也是很小的，所以，工程中除了脆性材料杆件的偏心拉(压)之外，很多时候都不计轴力的影响。

(2)拉(压)弯组合变形

这种组合变形在工程中十分常见，因此是非常重要的组合变形。例如，杆件的偏心拉伸或压缩，梁的非横力弯曲等，如图 9－13 所示。

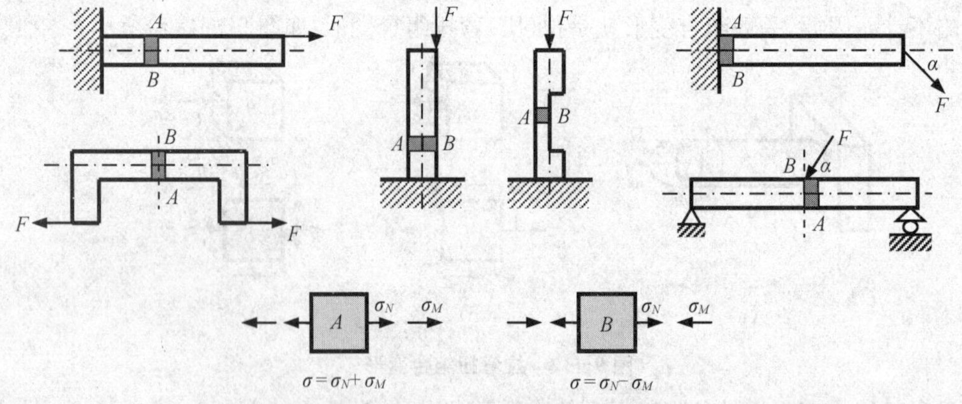

图 9－13　拉(压)弯组合变形

拉(压)弯组合变形杆件危险点 A,B 的应力状态是单向应力状态，实际上是拉(压)弯扭组合变形的一种特殊情况，即扭矩 $T=0$ 时的情况。将 $T=0$ 代入式(9－9)～式(9－14)，可

发现各强度理论退化为单向应力状态的强度条件：$\sigma_{\max}=\sigma_N\pm\sigma_M\leqslant[\sigma]$，即

$$\sigma_{\max}=\frac{F_N}{A}+\frac{M}{W_Z}\leqslant[\sigma] \tag{9-15}$$

实际应用时，应注意到合应力 $\sigma_{\max}$ 的符号以及材料的力学性能。

(3)弯扭组合变形

由于一般组合变形中轴力引起的正应力相对于弯矩引起的正应力以及扭矩引起的切应力来说，一般情况下都是很小的，所以，弯曲与扭转的组合变形就是十分重要的一种组合变形形式。例如，曲梁的横力弯曲、皮带轮传动轴等，如图 9－14 所示。

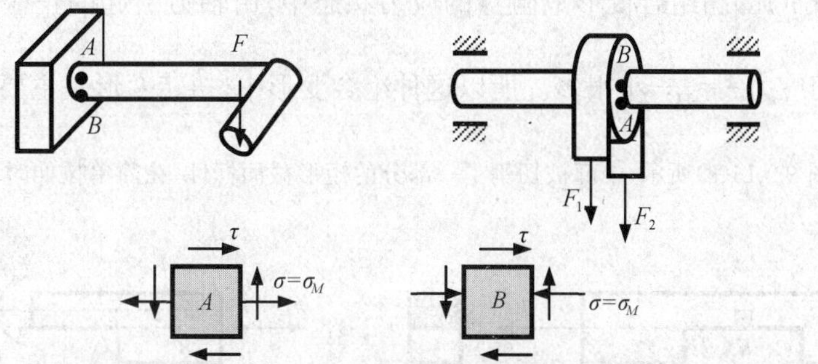

图 9－14　弯扭组合变形

弯扭组合变形是一般组合变形的特殊情况，即轴力 $F_N=0$ 时的情况，其危险点的应力状态仍然是 $\sigma_y=0$ 的平面应力状态，如图 9－14 所示。将 $F_N=0$ 代入式(9－9)～式(9－14)，有(这里只写出第三和第四强度理论的等效应力)

$$\sigma_{eq3}=\sqrt{\sigma^2+4\tau^2}=\sqrt{\left(\frac{M}{W_z}\right)^2+4\left(\frac{T}{W_p}\right)^2}\leqslant[\sigma] \tag{9-16}$$

$$\sigma_{eq4}=\sqrt{\sigma^2+3\tau^2}=\sqrt{\left(\frac{M}{W_z}\right)^2+3\left(\frac{T}{W_p}\right)^2}\leqslant[\sigma] \tag{9-17}$$

如果杆件是圆形截面杆，则 $W_p=2W_z=\frac{\pi D^3}{16}(1-\alpha^4)$，$\alpha=\frac{d}{D}$。上述两式可简化为

$$\sigma_{eq3}=\sqrt{\sigma^2+4\tau^2}=\frac{1}{W_z}\sqrt{M^2+T^2}\leqslant[\sigma] \tag{9-18}$$

$$\sigma_{eq4}=\sqrt{\sigma^2+3\tau^2}=\frac{1}{W_z}\sqrt{M^2+\frac{3}{4}T^2}\leqslant[\sigma] \tag{9-19}$$

如果杆件是非圆形截面杆，按一般组合变形中介绍的方法处理。

(4)拉(压)扭组合变形

这种组合变形在工程中不常见，拉(压)扭组合变形也是一般组合变形的特殊情况，即弯矩 $M=0$ 时的情况。当杆件为圆形截面杆时，危险点为危险截面的外缘点，其应力状态仍然是 $\sigma_y=0$ 的平面应力状态，如图 9－15 所示。

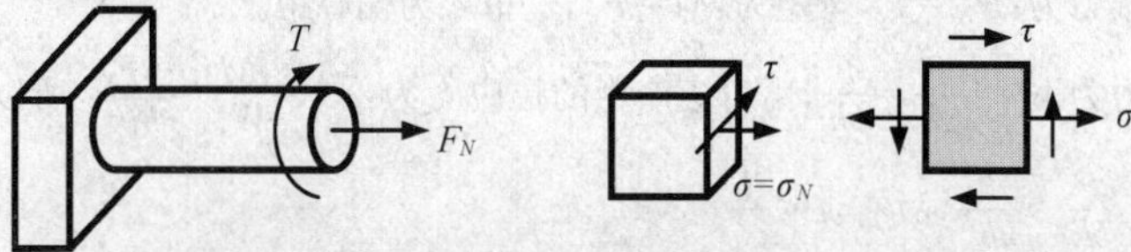

图 9－15　拉(压)扭组合变形

将 $M=0$ 代入式(9－9)～式(9－14)，有(这里只写出第三和第四强度理论的等效应力)

$$\sigma_{eq3}=\sqrt{\sigma^2+4\tau^2}=\sqrt{\left(\frac{F_N}{A}\right)^2+4\left(\frac{T}{W_p}\right)^2}\leqslant[\sigma] \quad (9-20)$$

$$\sigma_{eq4}=\sqrt{\sigma^2+3\tau^2}=\sqrt{\left(\frac{F_N}{A}\right)^2+3\left(\frac{T}{W_p}\right)^2}\leqslant[\sigma] \quad (9-21)$$

如果杆件是非圆形截面杆，则上述各式中的切应力为杆件外缘点的最大切应力，例如为矩形截面杆件时，τ 为长边中点的切应力，即 $\tau=T/\alpha hb^2$。

需要注意，拉(压)扭组合变形危险点的应力状态中，由轴力引起的正应力 $\sigma=\frac{F_N}{A}$ 一般比由扭矩引起的切应力 $\tau=\frac{T}{W_p}$ 小很多。所以这种组合变形中，扭转变形是主要的变形形式。

例 9－1　如图 9－16(a)所示，中部被切割了一部分的矩形截面杆件，在简单拉伸时，其最大正应力是平均正应力的几倍？

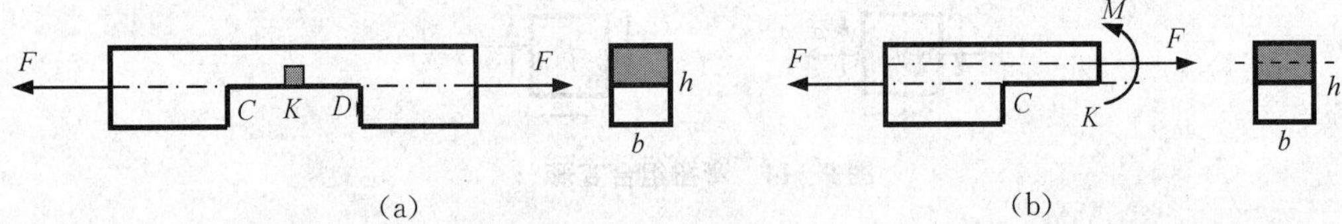

图 9－16　例 9－1 图

解：如图 9－16(a)所示，杆件中部被切割部分为 CD 段，CD 段任意位置 K 截面上的内力除了轴力外还存在弯矩，如图 9－16(b)所示。所以，CD 段杆件的变形是拉弯组合变形。

K 截面上的轴力为：$F_N=F$，弯矩为：$M=\frac{Fh}{4}$。

由图 9－16(b)可以看出，K 截面上的最大正应力在 CD 段杆件的下缘，为：$\sigma_{\max}=\frac{F_N}{A'}+\frac{M}{W_z{}'}$。

这里 A' 和 $W_z{}'$ 分别是 CD 段杆的截面面积以及其抗弯截面系数，则有：$A'=\frac{bh}{2}$，$W_z{}'=\frac{b(h/2)^2}{6}=\frac{bh^2}{24}$。

于是有：$\sigma_{\max}=\frac{2F}{bh}+\frac{Fh}{4}\times\frac{24}{bh^2}=\frac{8F}{bh}=8\sigma$，其中 $\sigma=\frac{F}{A}=\frac{F}{bh}$，为平均正应力。所以杆件的最大正应力是平均正应力的 8 倍。

例 9－2　如图 9－17 所示，矩形截面立柱在顶端对称轴上受偏心集中力 F 作用，若要立柱中不产生拉应力，则最大偏心距不超过多少？

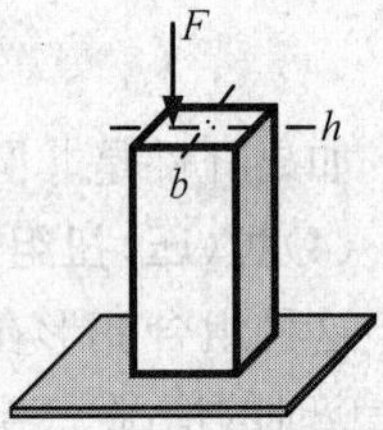

解：这是工程中常见的偏心压缩问题，由于立柱材料通常是石材或混凝土材料，是典型的脆性材料，所以立柱中如果存在拉应力，则对其强度十分不利。因此，工程中通常要求这类立柱在偏心压缩时，最大偏心距应使立柱中不产生拉应力。

显然立柱的变形是压弯组合变形，在不考虑自重情况下，立柱任意截面均为危险截面，危险点为立柱右边面上的任意点，危险点的应力状态为单向应力状态。

图 9－17　例 9－2 图

立柱危险截面上的轴力为：$F_N=F$，弯矩为：$M=Fe$，这里 e 为偏心距。

由轴力产生的压应力为：$\sigma^-=\frac{F}{A}=\frac{F}{bh}$，由弯矩产生的拉应力为：$\sigma^+=\frac{M}{W_z}=\frac{6Fe}{hb^2}$，所以立柱中不产生拉应力的条件为：$\sigma^-\geqslant\sigma^+$，即：$\frac{F}{bh}\geqslant\frac{6Fe}{hb^2}$，故有：$e\leqslant\frac{b}{6}$。

同样，如果载荷 F 作用在立柱顶端另一根对称轴上，则有：$e\leqslant\frac{h}{6}$。

例 9－3　如图 9－18(a)所示，一高度为 H 的高塔由于地基不均匀沉陷产生了角度为 θ 的倾斜，塔体的外径为 D，内径为 d，则倾角 θ 多大时高塔处于危险状态？

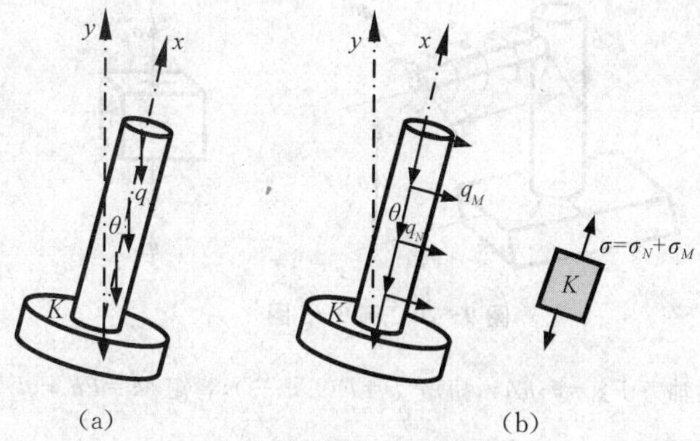

图 9－18　例 9－3 图

解：如图 9－18(a)所示，塔体单位长度的重量为：$q=A\gamma$，$A=\dfrac{\pi(D^2-d^2)}{4}=\dfrac{\pi D^2}{4}(1-\alpha^2)$，$\alpha=\dfrac{d}{D}$。

塔体倾斜 θ 角后，受均布轴力和均布横向载荷作用，塔体的变形为压弯组合变形，如图 9－18(b)所示。

轴力集度为：$q_N=q\cos\theta=A\gamma\cos\theta$，横向载荷集度为：$q_M=q\sin\theta=A\gamma\sin\theta$。

塔体的危险截面为底部截面，危险点是最左侧的点 K，其应力状态为单向应力状态。

K 点由轴力产生的压应力为：$\sigma_N=-\dfrac{q_N H}{A}=-H\gamma\cos\theta$，$K$ 点由横向载荷产生的拉应力为：$\sigma_M=\dfrac{M_{\max}}{W_z}=\dfrac{q_M H^2}{2W_z}=\dfrac{A\gamma H^2}{2W_z}\sin\theta$，合应力为：$\sigma=\sigma_N+\sigma_M=\dfrac{A\gamma H^2}{2W_z}\sin\theta-H\gamma\cos\theta$。

当塔体中存在拉应力时，塔体处于危险状态，即：$\sigma=\dfrac{A\gamma H^2}{2W_z}\sin\theta-H\gamma\cos\theta\geqslant 0$，则有：$\tan\theta\geqslant\dfrac{2W_z}{AH}$。因为：$W_z=\dfrac{\pi D^3}{16}(1-\alpha^4)$，所以有：$\tan\theta\geqslant\dfrac{\pi D^3(1-\alpha^4)}{8H}\times\dfrac{4}{\pi D^2(1-\alpha^2)}=\dfrac{D(1+\alpha^2)}{2H}$。

故当 $\theta\geqslant\arctan\dfrac{D(1+\alpha^2)}{2H}$ 时，塔体处于危险状态。特例：①$\alpha=0$ 时，即实心柱体有：$\theta\geqslant\arctan\dfrac{D}{2H}$，如果 $H=10D$，则 $\theta\approx 2°50'$。②$\alpha=0.7$，$H=10D$，$\theta\approx 4°16'$。

例 9－4　如图 9－19 所示，圆形截面曲柄受均布载荷 q 作用，其直径为 $d=20$ mm，$AB=1$ m，$BC=0.5$ m。材料的许用应力$[\sigma]=160$ MPa，根据第三强度理论计算许可载荷 $[q]$。

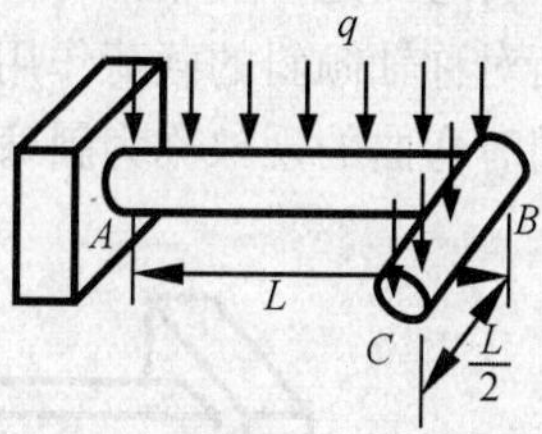

图 9－19　例 9－4 图

解：曲柄的危险截面为固定端 A 截面，截面上的内力为：弯矩 $M=\dfrac{qL^2}{2}+\dfrac{qL}{2}\cdot L=qL^2$，扭矩 $T=\dfrac{qL}{2}\cdot\dfrac{L}{4}=\dfrac{qL^2}{8}$。

根据第三强度理论，有：$\sigma_{eq3}=\dfrac{1}{W_z}\sqrt{M^2+T^2}\leqslant[\sigma]$，即：

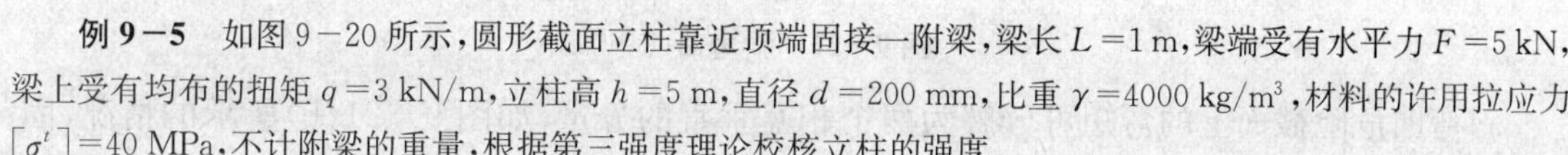

$$\frac{1}{W_z}\sqrt{(qL)^2+\left(\frac{qL}{8}\right)^2}\leqslant[\sigma],\ \frac{\sqrt{65}\,qL^2}{8W_z}\leqslant[\sigma],\ W_z=\frac{\pi d^3}{32},$$

$$[q]=\frac{8W_z[\sigma]}{\sqrt{65}L^2}=\frac{\pi d^3[\sigma]}{4\sqrt{65}L^2}=\frac{3.14\times 20^3\times 160}{4\times 8.06\times 1000^2}=1.25\ \text{N/mm}=1.25\ \text{kN/m}。$$

例 9－5　如图 9－20 所示，圆形截面立柱靠近顶端固接一附梁，梁长 $L=1$ m，梁端受有水平力 $F=5$ kN，梁上受有均布的扭矩 $q=3$ kN/m，立柱高 $h=5$ m，直径 $d=200$ mm，比重 $\gamma=4000$ kg/m^3，材料的许用拉应力 $[\sigma^t]=40$ MPa，不计附梁的重量，根据第三强度理论校核立柱的强度。

解：立柱的变形为压弯扭组合变形，危险截面为底部端面，危险点为底部前缘点 K 点。

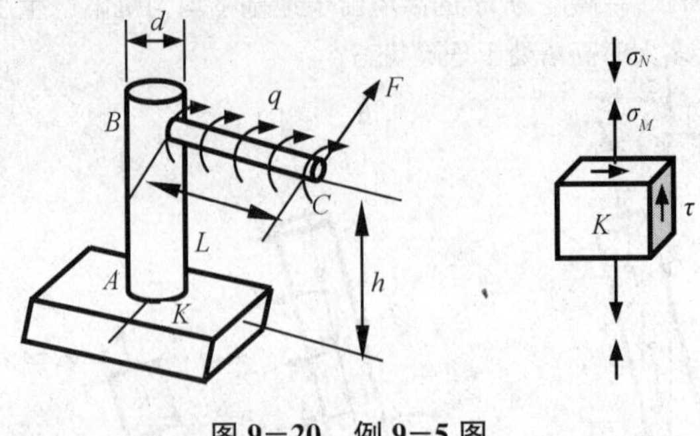

图 9-20 例 9-5 图

危险截面上的内力为：轴力 $F_N=-hA\gamma$，扭矩 $T=F(L+\dfrac{d}{2})$，弯矩 $M=Fh+qL$。

由各内力产生的应力分别为

$$\sigma_N=\frac{F_N}{A}=-h\gamma=-5000\times\frac{4000\times9.8}{10^9}=-0.196\ \text{MPa}$$

$$\tau=\frac{T}{W_p}=\frac{16F(L+d/2)}{\pi d^3}=\frac{16\times5000\times(1000+100)}{3.14\times200^3}=3.50\ \text{MPa}$$

$$\sigma_M=\frac{M}{W_z}=\frac{32(Fh+qL)}{\pi d^3}=\frac{32\times(5000\times5000+3\times1000)}{3.14\times200^3}=32\ \text{MPa}$$

危险点的应力状态如图 9-20 所示，即

$$\sigma=\sigma_M+\sigma_N=32-0.196=31.8\ \text{MPa}$$

根据第三强度理论，有

$$\sigma_{eq3}=\sqrt{\sigma^2+4\tau^2}=\sqrt{31.8^2+4\times3.5^2}=32.6\ \text{MPa}<[\sigma^t]$$

所以立柱在强度上是安全的。

说明：一般组合变形中，由轴力产生的正应力相对于由弯矩产生的正应力和由扭矩产生的切应力来说，通常是很小的。

(5)斜弯曲

①斜弯曲概念。

斜弯曲是一种非常特殊的组合变形，如图 9-21(a)所示，矩形截面悬臂梁在端面内受与截面对称轴倾斜的载荷作用时，梁将同时产生绕 y 轴和 z 轴的弯曲，这种沿两个相互垂直方向同时弯曲的现象称为**斜弯曲**，也就是弯曲与弯曲的组合变形。

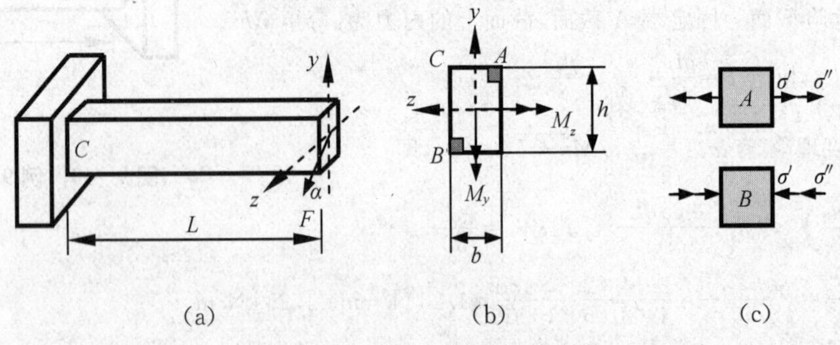

图 9-21 斜弯曲

斜弯曲危险截面上的弯矩可分解为两个相互垂直的分量，如图 9-21(b)所示的情况，固定端截面 C 即为危险截面，截面上的两个弯矩分量为：$M_y=FL\sin\alpha$，$M_z=FL\cos\alpha$。

斜弯曲危险点的应力状态是单向应力状态，如图 9-21(c)所示，梁的危险点为 C 截面上

A,B 两点，A 点为最大拉应力点，而 B 点为最大压应力点，且最大拉应力和最大压应力是相等的，根据叠加原理，有

$$\sigma_{\max}^{+}=\sigma_{\max}^{-}=\sigma'+\sigma''=\frac{M_y}{W_y}+\frac{M_z}{W_z}=\frac{6FL}{bh}\left(\frac{\sin\alpha}{b}+\frac{\cos\alpha}{h}\right)$$

所以斜弯曲的强度条件为

$$\sigma_{\max}=\frac{M_y}{W_y}+\frac{M_z}{W_z}\leqslant[\sigma] \qquad (9-22)$$

②一般斜弯曲。

如图 9－22 所示，假设 y,z 轴是截面的形心主惯性轴，而杆件危险截面上的合弯矩矢量值为 M，其与 z 轴的夹角为 φ，在 y,z 轴上的分量分别为 M_y,M_z，显然截面上任意点 (y,z) 处的正应力为

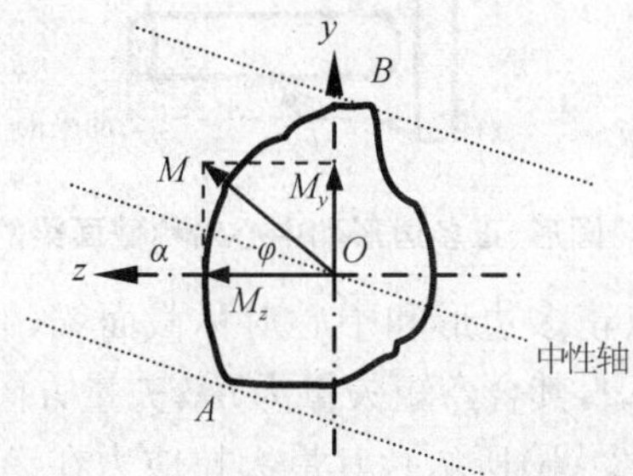

图 9－22　一般斜弯曲

$$\sigma(y,z)=\frac{M_yz}{I_y}+\frac{M_zy}{I_z} \qquad (9-23)$$

此时中性轴为直线：$\sigma(y_0,z_0)=\dfrac{M_yz_0}{I_y}+\dfrac{M_zy_0}{I_z}=0$，即

$$y_0=-z_0\frac{I_z}{I_y}\tan\varphi \qquad (9-24)$$

所以有

$$\tan\alpha=\left|\frac{y_0}{z_0}\right|=\frac{I_z}{I_y}\tan\varphi \qquad (9-25)$$

式(9－25)即可确定梁中性轴的位置。危险截面上与中性轴平行的轴与截面边界相切的最外缘点 A 或 B 点处为最大正应力点，A 点为最大拉应力点，而 B 点为最大压应力点。且有

$$\sigma_{\max}^{+}=M\left(\frac{z_A\sin\varphi}{I_y}+\frac{y_A\cos\varphi}{I_z}\right),\sigma_{\max}^{-}=M\left(\frac{z_B\sin\varphi}{I_y}+\frac{y_B\cos\varphi}{I_z}\right)$$

其中，(y_A,z_A) 和 (y_B,z_B) 分别是 A,B 点坐标的绝对值。

所以，一般斜弯曲的强度条件为

$$\sigma_{\max}^{+}=M\left(\frac{z_A\sin\varphi}{I_y}+\frac{y_A\cos\varphi}{I_z}\right)\leqslant[\sigma^{+}] \qquad (9-26)$$

$$\sigma_{\max}^{-}=M\left(\frac{z_B\sin\varphi}{I_y}+\frac{y_B\cos\varphi}{I_z}\right)\leqslant[\sigma^{-}] \qquad (9-27)$$

如果截面有两根对称轴，例如矩形、工字形等截面，则危险点通常在截面的角点，且最大拉应力和最大压应力相等，为

$$\sigma_{\max}=M\left(\frac{\sin\varphi}{W_y}+\frac{\cos\varphi}{W_z}\right)=\frac{M_y}{W_y}+\frac{M_z}{W_z} \qquad (9-28)$$

必须注意，**斜弯曲通常发生在截面只有一对形心主惯性轴的杆件上**，例如矩形、工字形、Z字形、槽形、椭圆形等截面杆件。

③圆形、正多边形和中心对称截面梁。

如图 9－23 所示的圆形、正多边形和中心对称截面梁，由于截面任何过形心的轴均为形心主惯性轴，所以这类梁在任何横向载荷作用下只产生平面弯曲，不会产生斜弯曲。

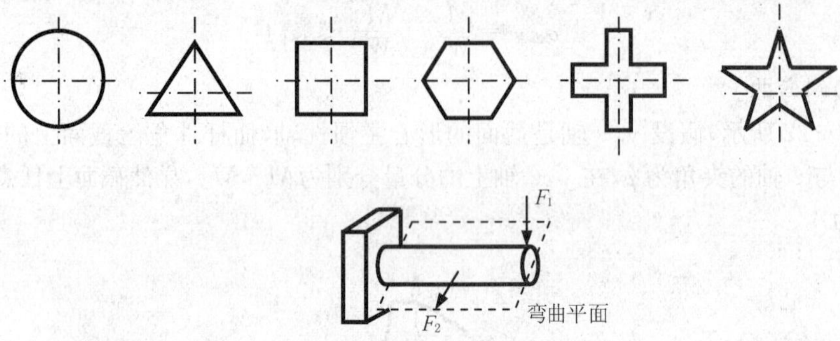

图 9－23　圆形、正多边形和中心对称截面梁的弯曲

如图 9－24(a)所示的圆形、正多边形和中心对称截面梁，假设其危险截面上有若干个沿不同方向作用的弯矩 $\boldsymbol{M}_1, \boldsymbol{M}_2, \cdots$，其合弯矩矢量为 $\boldsymbol{M}$，矢量方向为 z' 轴，则梁危险截面附近将绕 z' 轴产生平面弯曲(如图 9－24(b)所示)，其最大拉应力在 A 点，最大压应力在 B 点，将危险截面上的所有弯矩在 y, z 方向投影，可得到这两个相互垂直方向的合弯矩 M_y 和 M_z，如图 9－24(c)所示，则合弯矩矢量值为：$M=\sqrt{M_y^2+M_z^2}$。相应的强度条件如下：

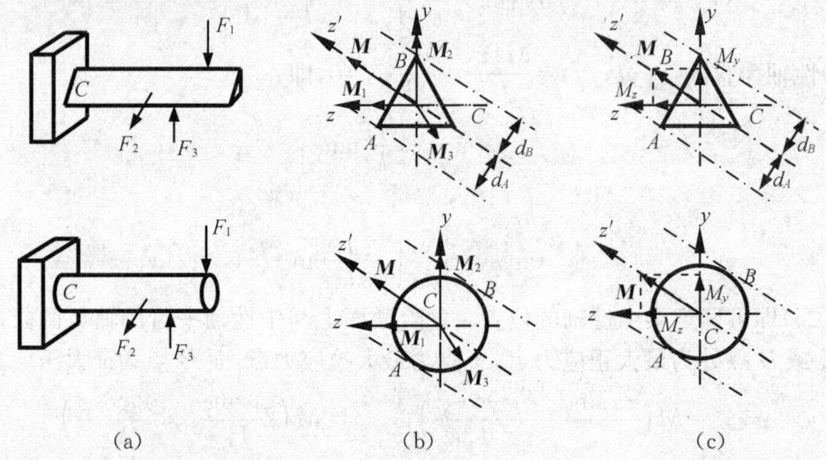

图 9－24　圆形、正多边形和中心对称截面梁在任意横向载荷作用下的弯曲

正多边形和中心对称截面梁：

$$\sigma_{\max}^{+}=\frac{\sqrt{M_y^2+M_z^2}\,d_A}{I_z}\leqslant[\sigma^{+}],\quad \sigma_{\max}^{-}=\frac{\sqrt{M_y^2+M_z^2}\,d_B}{I_z}\leqslant[\sigma^{-}] \qquad (9-29)$$

圆形截面梁：

$$\sigma_{\max}=\frac{\sqrt{M_y^2+M_z^2}}{W_z}\leqslant[\sigma] \qquad (9-30)$$

式中，I_z 是截面对形心轴的惯性矩，W_z 是圆形截面的抗弯截面系数。式(9－29)及式(9－30)即为正多边形、中心对称截面梁以及圆形截面梁在任意横向载荷作用下弯曲的强度计算公式。

例 9－6　如图 9－25 所示，矩形截面梁受载荷 $F_y=2$ kN，$F_z=4$ kN 作用，截面宽为 $b=60$ mm，梁尺寸为 $a_1=600$ mm，$a_2=800$ mm，材料的许用拉应力$[\sigma^t]=80$ MPa，试确定梁的高度。

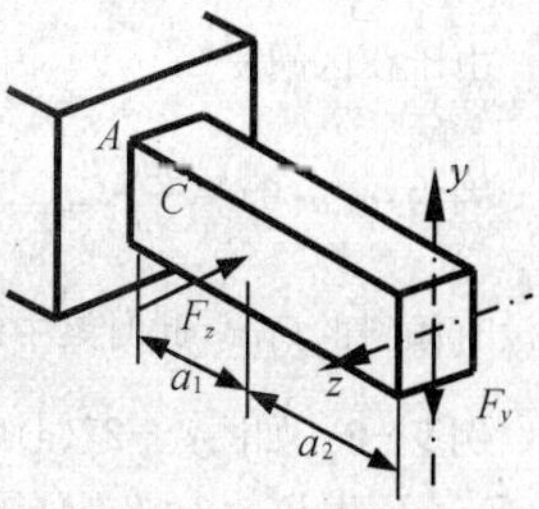

图 9－25　例 9－6 图

解：易于看出，梁的固定端截面 C 为危险截面，其左上角点 A 为最大拉应力点，危险截面上的弯矩为

$$M_y=F_z a_1=4\times600\times10^{-3}=2.4\ \text{kN}\cdot\text{m}$$

$$M_z=F_y a_2=2\times(800+600)\times10^{-3}=2.8\ \text{kN}\cdot\text{m}$$

危险点 A 处的最大拉应力为

$$\sigma_{\max}^{+}=\frac{M_y}{W_y}+\frac{M_z}{W_z}=\frac{6M_y}{hb^2}+\frac{6M_z}{bh^2}\leqslant[\sigma^t]$$

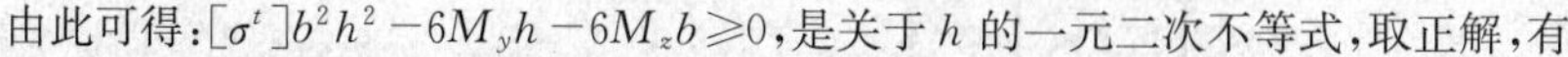

由此可得：$[\sigma^t]b^2h^2-6M_yh-6M_zb\geqslant0$，是关于 h 的一元二次不等式，取正解，有

$$h\geqslant\frac{3M_y+\sqrt{9M_y^2+6M_zb^3[\sigma^t]}}{[\sigma^t]b^2}$$

$$=\frac{1}{80\times60^2}[3\times2.4\times10^6+\sqrt{9\times2.4\times10^6+6\times2.8\times10^6\times60^3\times80}=89.2\ \text{mm}$$

取：$h=90$ mm。

例 9－7　如图 9－26(a)所示，两端简支的矩形截面梁倾斜放置(如图 9－26(b)所示)，截面宽为 b，高为 h，梁长为 l，梁单位长度的重量为 q。①试求梁在自重作用下的最大正应力。②当倾角 α 多大时，梁中的最大正应力达到最大和最小？这个最大和最小正应力是多少？

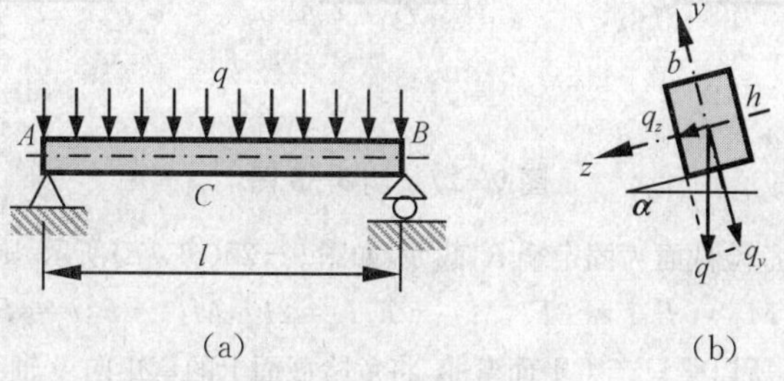

图 9－26　例 9－7 图

解：①梁在自重作用下的最大正应力。

由于梁倾斜放置，则梁在自重作用下产生斜弯曲，梁的危险截面为中间截面 C，截面上绕 y 轴和 z 轴的弯矩分别为

$$M_y=\frac{q_zl^2}{8}=\frac{ql^2}{8}\sin\alpha,M_z=\frac{q_yl^2}{8}=\frac{ql^2}{8}\cos\alpha$$

所以，梁中的最大正应力为

$$\sigma_{\max}=\frac{M_y}{W_y}+\frac{M_z}{W_z}=\frac{6M_y}{hb^2}+\frac{6M_z}{bh^2}=\frac{3ql^2}{4bh}\left(\frac{\sin\alpha}{b}+\frac{\cos\alpha}{h}\right)$$

②梁中的最大正应力达到最大和最小时的倾角。

由$\frac{\mathrm{d}\sigma_{\max}}{\mathrm{d}\alpha}=\frac{3ql^2}{4bh}\left(\frac{\cos\alpha}{b}-\frac{\sin\alpha}{h}\right)=0$ $(0\leqslant\alpha\leqslant90°)$，得：$\tan\alpha=\frac{h}{b}$，即：$\alpha=\arctan\frac{h}{b}$。

因为：$\frac{\mathrm{d}^2\sigma_{\max}}{\mathrm{d}\alpha^2}=\frac{3ql^2}{4bh}\left(-\frac{\sin\alpha}{b}-\frac{\cos\alpha}{h}\right)<0$，所以 $\alpha=\arctan\frac{h}{b}$ 是使 $\sigma_{\max}$ 取最大值的倾角。此时，$\sin\alpha=\frac{h/b}{\sqrt{1+(h/b)^2}}$，$\cos\alpha=\frac{1}{\sqrt{1+(h/b)^2}}$，则梁中最大的正应力为

$$\sigma_{\max}=\frac{3ql^2}{4bh\sqrt{1+(h/b)^2}}\left(\frac{h}{b^2}+\frac{1}{h}\right)=\frac{3ql^2}{4bh^2}\sqrt{1+\left(\frac{h}{b}\right)^2}$$

由于在区间 $\alpha\in[0,90^\circ]$中$\dfrac{d\sigma_{max}}{d\alpha}$只有一个零点，所以 σ_{max}取最小值的倾角在 $\alpha=0$ 或 $\alpha=90^\circ$处。

因为：$\sigma_{max}(0)=\dfrac{3ql^2}{4bh^2}$，$\sigma_{max}\left(\dfrac{\pi}{2}\right)=\dfrac{3ql^2}{4b^2h}$，一般情况下 $h>b$，所以使 σ_{max}取最小值的倾角在 $\alpha=0$ 的情况，即梁没有倾斜的情况，此时梁中的最大正应力为：$\sigma_{max}=\dfrac{3ql^2}{4bh^2}$。

例 9－8 如图 9－27(a)所示，正三角形截面悬臂梁在自由端受三个对角的集中载荷作用，载荷成如下比例：$F_1:F_2:F_3=3:2:1$，梁长为 $l=3$ m，截面的边长为 $a=100$ mm，材料的许用拉应力为$[\sigma]=160$ MPa，求梁的许可载荷。

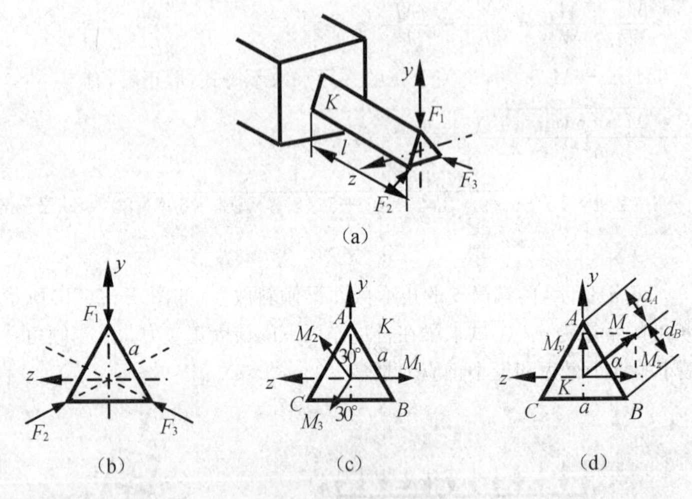

图 9－27 例 9－8 图

解：假设 $F_3=F$，梁的危险截面为固定端 K 截面，如图 9－27(c)、(d)所示，则截面上的弯矩为

$$M_1=F_1l=3Fl,M_2=F_2l=2Fl,M_3=F_3l=Fl$$

由于是正多边形截面，所以梁只产生平面弯曲，将危险截面上的弯矩向 y 轴和 z 轴分解，有

$$M_y=M_2\cos30^\circ-M_3\cos30^\circ=\frac{\sqrt{3}}{2}Fl$$

$$M_z=M_1-M_2\sin30^\circ-M_3\sin30^\circ=3Fl-Fl-\frac{Fl}{2}=\frac{3}{2}Fl$$

合弯矩值为：$M=\sqrt{M_y^2+M_z^2}=\sqrt{3}Fl$，$\tan\alpha=\dfrac{M_y}{M_z}=\dfrac{\sqrt{3}}{2}\times\dfrac{2}{3}=\dfrac{\sqrt{3}}{3}$，所以：$\alpha=30^\circ$。

截面对形心轴的惯性矩为：$I_z=2\times\dfrac{(\sqrt{3}a/2)(a/2)^3}{12}=\dfrac{\sqrt{3}}{96}a^4$，$d_A=\dfrac{\sqrt{3}a}{2}\times\dfrac{2}{3}\times\cos30^\circ=\dfrac{a}{2}$，$d_B=\dfrac{a}{2}$。

梁中的最大拉应力在角点 A 处，最大压应力在角点 B 处，且二者相等，为

$$\sigma_{max}=\sigma_{max}^{+}=\sigma_{max}^{-}=\frac{Md_A}{I_z}=\sqrt{3}Fl\times\frac{a}{2}\times\frac{96}{\sqrt{3}a^4}=\frac{48Fl}{a^3}$$

所以由 $\sigma_{max}=\dfrac{48Fl}{a^3}\leqslant[\sigma]$，可得

$$[F]=\frac{[\sigma]a^3}{48l}=\frac{160\times100^3}{48\times3\times10^3}=1.11\times10^3\,\text{N}=1.11\,\text{kN}$$

故梁的许可载荷为：$[F_1]=3.33$ kN，$[F_2]=2.22$ kN，$[F_3]=1.11$ kN。

例 9－9 如图 9－28(a)所示，皮带轮上作用有两个相互垂直的载荷 $F_1=1$ kN，$F_2=4$ kN，皮带轮的直径 $D=300$ mm，轴的直径 $d=50$ mm，轴长 $l=2$ m，材料的许用应力为$[\sigma]=160$ MPa，试用第三强度理论校核轴的强度。

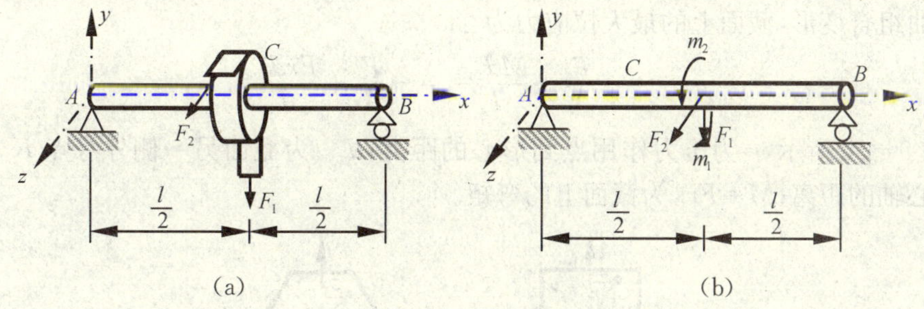

图 9－28　例 9－9 图

解：如图 9－28(b)所示，将轴上的载荷简化到轴心，则轴在中点受两个相互垂直的载荷 F_1，F_2 作用，同时受两个扭矩 m_1 和 m_2 作用，即

$$m_1=\frac{F_1 D}{2}=\frac{1\times 300\times 10^{-3}}{2}=0.15\ \text{kN}\cdot\text{m},m_2=\frac{F_2 D}{2}=\frac{4\times 300\times 10^{-3}}{2}=0.6\ \text{kN}\cdot\text{m}$$

合扭矩为：$m=m_2-m_1=0.45\ \text{kN}\cdot\text{m}$。

轴的危险截面在中间截面，该截面上的扭矩为：$T=m=0.45\ \text{kN}\cdot\text{m}$。

轴的危险截面上的弯矩为：$M_y=\frac{F_1 l}{4}$，$M_z=\frac{F_2 l}{4}$。

合弯矩值为：$M=\sqrt{M_y^2+M_z^2}=\frac{l\sqrt{F_1^2+F_2^2}}{4}=\frac{2}{4}\sqrt{1^2+4^2}=2.06\ \text{kN}\cdot\text{m}$

根据第三强度理论，有

$$\sigma_{eq3}=\frac{\sqrt{M^2+T^2}}{W_z}=\frac{16\sqrt{M^2+T^2}}{\pi d^3}=\frac{16\times\sqrt{2.06^2+0.45^2}\times 10^6}{3.14\times 50^3}=\frac{16\times 2.1\times 10^3}{3.14\times 125}\approx 86\ \text{MPa}<[\sigma]$$

所以轴在强度上是安全的。

(6)截面核心

①截面核心概念。

杆件偏心压缩时，使截面上不存在拉应力的载荷作用区域称为截面核心。如图 9－29(a)、(b)所示。显然，截面核心是围绕截面形心的一个区域，因为当轴向压力通过截面形心时，杆件均匀压缩；而当轴向压力有偏心时，杆件可能一侧受压而另一侧受拉，此时杆件的中性轴将穿过截面(如图 9－29(c)所示)；所以，要使截面上不存在拉应力，条件是杆件的中性轴不能穿过截面，临界状态是中性轴与截面的边缘相切，其对应的载荷作用点形成一连续的闭合曲线，则该闭合曲线所围区域就是截面核心(如图 9－29(d)所示)。

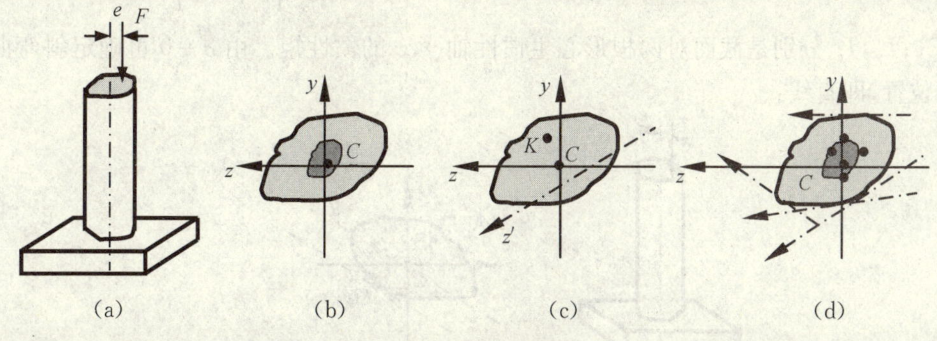

图 9－29　截面核心

②圆形、正多边形和中心对称截面杆件的截面核心。

圆形、正多边形和中心对称截面杆件由于不存在斜弯曲问题，所以在偏心压缩时杆件产生

压缩和弯曲组合变形，截面上的最大拉应力为

$$\sigma_{\max}=-\frac{F}{A}+\frac{Md_{\max}}{I_z}=-\frac{F}{A}+\frac{Frd_{\max}}{I_z}$$

式中，如图 9－30 所示，r 为压力作用点到形心的距离；$d_{\max}$ 为截面另一侧外缘点 K 到与 $\overline{OA}$ 垂直的形心轴的距离；$M=Fr$，为截面上的弯矩。

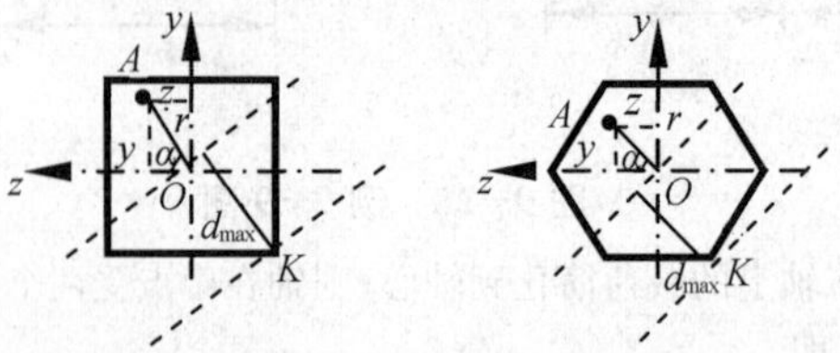

图 9－30　圆形、正多边形和中心对称截面杆件的偏心压缩

当截面上不存在拉应力，即当 $\sigma_{\max}\leqslant 0$ 时，有

$$r\leqslant\frac{I_z}{A}\cdot\frac{1}{d_{\max}}=\frac{i^2}{d_{\max}}\qquad(9-31)$$

式中，$i=\sqrt{\dfrac{I_z}{A}}$，为截面的惯性半径。由此可确定圆形、正多边形和中心对称截面杆件的截面核心。例如，圆形、正三角形以及正方形截面的截面核心如图 9－31 所示。

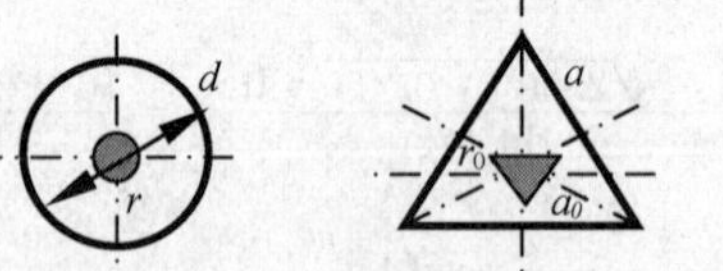

图31　圆形、正多边形和中心对称截面杆件的截面核心

必须注意，由公式(9－31)可知，截面核心是一个纯几何概念，只与截面的几何特征有关，而与作用在截面上的轴向载荷无关。

③一般的截面核心。

对于只有一对形心主惯性轴的截面杆件，由于存在斜弯曲问题，所以在偏心压缩时，一般将产生压缩和斜弯曲的组合变形。如图 9－32 所示，当载荷作用在截面上某一点 $A(y,z)$ 处时，截面上任意一点 (y_0,z_0) 处由斜弯曲引起的应力为：$\sigma=\dfrac{M_y z_0}{I_y}+\dfrac{M_z y_0}{I_z}$，其中，$M_y=Fz$，$M_z=Fy$；$I_y$，$I_z$ 分别是截面对两根形心主惯性轴 y，z 的惯性矩。由 $\sigma=0$ 可确定斜弯曲时中性轴的位置，即直线：

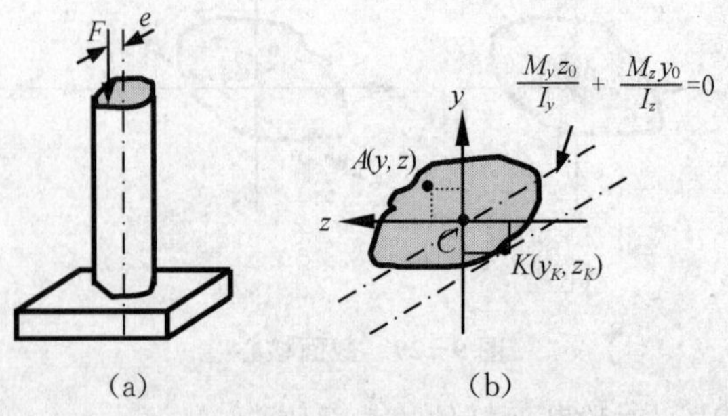

图 9－32　一般杆件的偏心压缩

$$\frac{M_y z_0}{I_y} + \frac{M_z y_0}{I_z} = 0$$

从而可确定最大拉应力点 $K(y_K, z_K)$ 的位置，于是由压缩和斜弯曲引起的组合变形所产生的最大拉应力为

$$\sigma_{\max} = -\frac{F}{A} + \frac{M_y z_K}{I_y} + \frac{M_z y_K}{I_z}$$

当截面上不存在拉应力时，即：$\sigma_{\max} \leqslant 0$，有

$$\sigma_{\max} = -\frac{F}{A} + \frac{M_y z_K}{I_y} + \frac{M_z y_K}{I_z} = -\frac{F}{A} + \frac{F z_K z}{I_y} + \frac{F y_K y}{I_z} \leqslant 0$$

于是有

$$\frac{z_K z}{I_y} + \frac{y_K y}{I_z} - \frac{1}{A} \leqslant 0 \qquad (9-32)$$

利用式(9－32)可确定杆件的截面核心。需要注意，由于一般情况下最大拉应力 $K(y_K, z_K)$ 点的位置与载荷作用点的位置 $A(y, z)$ 有关，则截面核心是一个曲线围成的区域；但如果 $K(y_K, z_K)$ 点的位置与载荷作用点的位置 $A(y, z)$ 无关，则截面核心是一个由几条直线围成的区域。

例 9－10　如图 9－33(a)所示的边长为 a 的正 n 边形截面，证明其截面核心也是一个正 n 边形，且其边长为：$a_0 = \frac{a}{12}\left(3 + \tan^2\frac{\pi}{n}\right)\cos\frac{\pi}{n}$；各角点到截面形心的距离为：$r_0 = \frac{a}{24}\left(3 + \tan^2\frac{\pi}{n}\right)\tan^{-1}\frac{\pi}{n}$。

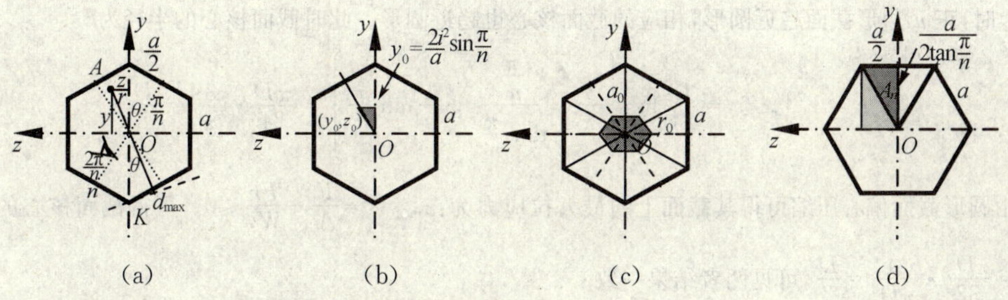

图 9－33　例 9－10 图

证明：如图 9－33(a)所示，正 n 边形截面的边长为 a，每边对应的幅角 $\alpha = \frac{2\pi}{n}$，则每个角点到形心的距离为 $r = \overline{OK} = \frac{a}{2}\sin^{-1}\frac{\pi}{n}$。

考虑载荷作用在区域 $0 \leqslant \theta \leqslant \frac{\pi}{n}$ 时的情况，则另一侧的 K 点为最大拉应力点。

根据公式(9－31)，有：$r \leqslant \frac{i^2}{d_{\max}}$。

由图 9－33(a)的几何关系，有：$\cos\theta = \frac{y}{r}$，$\sin\theta = \frac{z}{r}$。

$d_{\max} = \overline{OK}\cos\theta = \frac{y}{r} \cdot \frac{a}{2}\sin^{-1}\frac{\pi}{n}$。

则有：$r \leqslant \frac{2i^2 \sin\frac{\pi}{n}}{ay} r$，故有：$y \leqslant \frac{2i^2}{a}\sin\frac{\pi}{n}$，　$y_0 = \frac{2i^2}{a}\sin\frac{\pi}{n}$。

所以，载荷作用在区域 $0 \leqslant \theta \leqslant \frac{\pi}{n}$ 时截面核心是如图 9－33(b)所示的三角形区域。根据对称性，正 n 边形截面的截面核心是如图 9－33(c)所示的一个正 n 边形。

截面核心的边长为

$$a_0 = 2z_0 = 2y_0 \tan\frac{\pi}{n} = \frac{4i^2}{a}\sin\frac{\pi}{n}\tan\frac{\pi}{n}$$

如图 9-33(d)所示，正 n 边形截面的面积为

$$A = 2nA_n = 2n \times \frac{1}{2} \times \frac{a}{2} \times \frac{a}{2}\tan^{-1}\frac{\pi}{n} = \frac{na^2}{4}\tan^{-1}\frac{\pi}{n}$$

正 n 边形截面对形心轴的惯性矩为

$$I = \frac{n}{12}\left(\frac{a}{2}\right)^4\left[\tan^{-1}\frac{\pi}{n} + 3\tan^{-3}\frac{\pi}{n}\right]$$

$$i^2 = \frac{I}{A} = \frac{n}{12}\left(\frac{a}{2}\right)^4\left[\tan^{-1}\frac{\pi}{n} + 3\tan^{-3}\frac{\pi}{n}\right]\times\frac{4}{na^2}\tan\frac{\pi}{n} = \frac{a^2}{48}\left(1 + 3\tan^{-2}\frac{\pi}{n}\right)$$

所以，正 n 边形截面的截面核心也是正 n 边形，且其截面核心的边长为

$$a_0 = \frac{4i^2}{a}\sin\frac{\pi}{n}\tan\frac{\pi}{n} = \frac{a}{12}\left(3 + \tan^2\frac{\pi}{n}\right)\cos\frac{\pi}{n}$$

截面核心各角点到形心的距离为

$$r_0 = \frac{a_0}{2}\sin^{-1}\frac{\pi}{n} = \frac{a}{24}\left(3 + \tan^2\frac{\pi}{n}\right)\tan^{-1}\frac{\pi}{n}$$

特例：①圆形截面。

假设正 n 边形截面的周长为 L，则其边长 $a = \frac{L}{n}$，相应的截面核心各角点到形心的距离为

$$r_0 = \frac{L}{24n}\left(3 + \tan^2\frac{\pi}{n}\right)\tan^{-1}\frac{\pi}{n}$$

当 $n\to\infty$ 时，正 n 边形截面趋近圆形，相应的截面核心也趋近圆形。此时截面核心的半径为

$$r = r_0\big|_{n\to\infty} = \frac{L}{24}\lim_{n\to\infty}\left(\frac{3}{\pi}\cdot\frac{\frac{\pi}{n}}{\tan\frac{\pi}{n}} + \frac{1}{n}\tan\frac{\pi}{n}\right) = \frac{\pi D}{24}\cdot\frac{3}{\pi} = \frac{D}{8}$$

而直接由圆形截面偏心压缩可得其截面上的最大拉应力为：$\sigma_{\max} = -\frac{F}{A} + \frac{Fr}{W_z} \leqslant 0$。可得截面核心的半径为：$r = \frac{W_z}{A} = \frac{\pi D^3}{32}\cdot\frac{4}{\pi D^2} = \frac{D}{8}$，可见两者结果一致。

②正三角形截面。

此时 $n=3$，则有

$$a_0 = \frac{a}{12}\left(3 + \tan^2\frac{\pi}{3}\right)\cos\frac{\pi}{3} = \frac{a}{12}(3+3)\frac{1}{2} = \frac{a}{4}$$

$$r_0 = \frac{a}{24}\left(3 + \tan^2\frac{\pi}{n}\right)\tan^{-1}\frac{\pi}{n} = \frac{a}{24}\frac{3+3}{\sqrt{3}} = \frac{\sqrt{3}}{12}a$$

③正方形截面。

此时 $n=4$，则有

$$a_0 = \frac{a}{12}\left(3 + \tan^2\frac{\pi}{4}\right)\cos\frac{\pi}{4} = \frac{a}{12}(3+1)\frac{\sqrt{2}}{2} = \frac{\sqrt{2}}{6}a$$

$$r_0 = \frac{a}{24}\left(3 + \tan^2\frac{\pi}{n}\right)\tan^{-1}\frac{\pi}{n} = \frac{a}{24}(3+1) = \frac{1}{6}a$$

上述各特例的截面核心如图 9-31 所示。

例 9-11 如图 9-34(a)所示的矩形截面柱体，截面长为 h，宽为 b。当柱体受偏心压缩时，试求柱体的截面核心。

解：当载荷作用在顶端截面上的任意点 $A(y,z)$ 处时，柱体产生压缩和斜弯曲的组合变形，其任意截面均为危险截面，截面上的内力为：轴力 $F_N=-F$，弯矩 $M_y=Fz$，$M_z=Fy$。

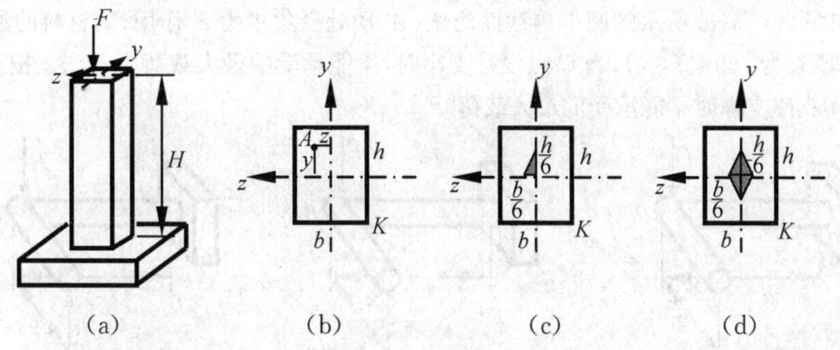

图 9-34　例 9-11 图

首先考虑载荷作用在顶端截面的第一象限，即 $y\geqslant 0, z\geqslant 0$ 的情况，如图 9-34(b)所示。最大拉应力点在角点 K 处，K 点的应力为

$$\sigma_{\max}^{+}=-\frac{F}{A}+\frac{M_y}{W_y}+\frac{M_z}{W_z}=-\frac{F}{bh}+\frac{6Fz}{hb^2}+\frac{6Fy}{bh^2}=\frac{F}{bh}\left(-1+\frac{6z}{b}+\frac{6y}{h}\right)$$

若柱体中不产生拉应力，则有

$$\sigma_{\max}=\frac{F}{bh}\left(-1+\frac{6z}{b}+\frac{6y}{h}\right)\leqslant 0$$

所以有：$\frac{y}{h}+\frac{z}{b}\leqslant\frac{1}{6}(y\geqslant 0, z\geqslant 0)$，于是截面核心是一条直线和坐标轴围成的区域。$z=0$ 时，$y=\frac{h}{6}$；$y=0$ 时，$z=\frac{b}{6}$，该区域是直角边长度分别为$\frac{h}{6}$，$\frac{b}{6}$的三角形区域，如图 9-34(c)所示。

根据对称性，当载荷作用在顶端截面的其他象限时，截面核心均为与上述三角形类似的三角形，而整个截面的截面核心是一个菱形区域，菱形区域的对角线长度分别是$\frac{h}{3}$，$\frac{b}{3}$，如图 9-34(d)所示。

9.5　组合变形的超静定问题

在线弹性小变形条件下，组合变形杆件的各种基本变形之间不存在耦合效应，即拉压、扭转以及弯曲变形之间不会相互影响，因此，组合变形杆件的变形和刚度问题可用前述相关各章的内容计算。注意到内力和变形之间的一一对应关系，所以，可用各种基本变形的变形公式计算组合变形超静定问题的未知反力或内力，具体解法是采用叠加法或第 11 章所述的能量法。然后利用组合变形的应力与强度理论分析其各种强度问题，即可进行下述三方面的工作：一是校核强度，二是计算许可载荷，三是计算许可截面尺寸。

图 9-35 所示的各种问题就是典型的组合变形超静定问题，图中前三种情况为弯扭组合的超静定问题，而第四种情况为拉弯扭组合的超静定问题。

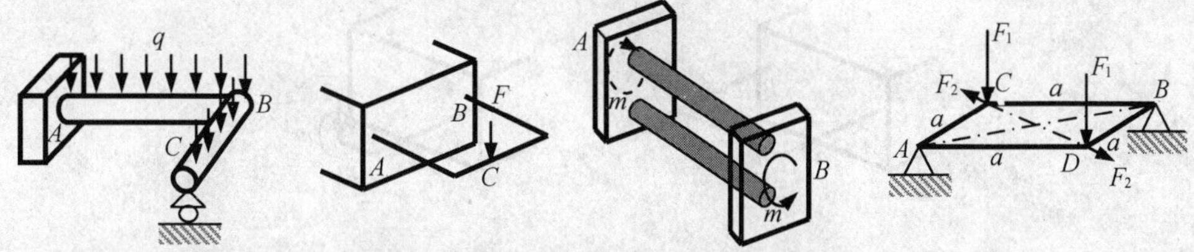

图 9-35　组合变形超静定问题

组合变形超静定问题是材料力学中比较困难的问题，具体计算时，应特别注意判别结构是什么形式的组合超静定问题，不要遗漏了某种基本变形形式。

例 9－12 如图 9－36(a)所示的圆形等截面曲梁，在 B 处受集中力 F 作用，梁材料的泊松比为 ν，曲梁 AB 段长为 l，BC 段长为 $a(0<a\leqslant l)$，当 C 点没有支座时，梁能承受的最大载荷为 $F_{\max}$。按第三强度理论的要求，试求 C 点用支座支撑时梁能承受的最大载荷 $[F]$。

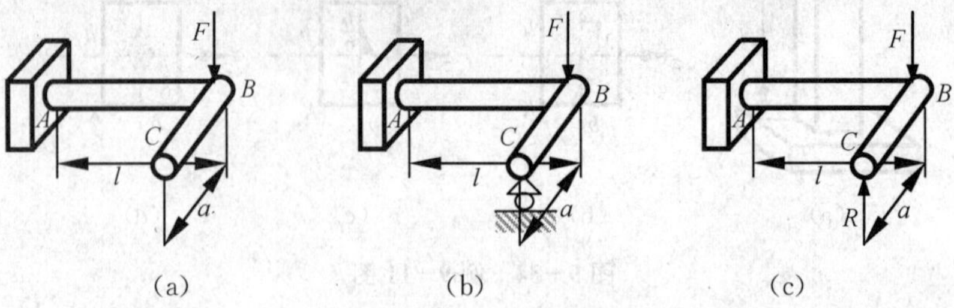

图 9－36 例 9－12 图

解：当 C 点没有支座时，如图 9－36(a)所示，梁的危险截面为固定端，曲梁 AB 段处于横力弯曲状态，而 BC 段梁不变形，危险截面上的弯矩为：$M=Fl$。

根据强度条件，有：$\sigma_{\max}=\dfrac{M}{W_z}=\dfrac{Fl}{W_z}\leqslant[\sigma]$，所以有：$[\sigma]=\dfrac{F_{\max}l}{W_z}$。

当 C 点有支座时，如图 9－36(b)所示，曲梁为弯扭组合变形的超静定问题，以 C 点处的约束为多余约束，如图 9－37(c)所示，根据叠加法以及 C 点挠度为零的条件，有

$$\frac{Fl^3}{3EI}-\frac{Ra^3}{3EI}-\frac{Rl^3}{3EI}-\left(\frac{Ral}{GI_p}\right)a=0$$

其中 R 为多余约束处的支反力。注意到 $G=\dfrac{E}{2(1+\nu)}$ 以及 $I_p=2I$，并令 $\xi=\dfrac{a}{l}$，则有

$$F-[1+3(1+\nu)\xi^2+\xi^3]R=0$$

可得：$R=\dfrac{F}{1+3(1+\nu)\xi^2+\xi^3}=\eta F$，其中 $\eta=\dfrac{1}{1+3(1+\nu)\xi^2+\xi^3}(0<\xi\leqslant 1)$。

曲梁的危险截面仍在固定端处，危险截面上的内力为：

弯矩 $M=(F-R)l=(1-\eta)Fl$，扭矩 $T=Ra=\eta Fa$。

根据第三强度理论，有

$$\sigma_{eq3}=\frac{1}{W_z}\sqrt{M^2+T^2}=\frac{1}{W_z}\sqrt{[(1-\eta)Fl]^2+(\eta Fa)^2}\leqslant[\sigma]$$

$$\frac{[F]l}{W_z}\sqrt{(1-\eta)^2+(\eta\xi)^2}=[\sigma]=\frac{F_{\max}l}{W_z}$$

故此时梁能承受的最大载荷为：$[F]=\dfrac{F_{\max}}{\sqrt{(1-\eta)^2+(\eta\xi)^2}}$，这里：$\eta=\dfrac{1}{1+3(1+\nu)\xi^2+\xi^3}$，$\xi=\dfrac{a}{l}$。

特例：①$\nu=0.33$，$\xi=1$ 时，有：$[F]=1.17F_{\max}$；②$\nu=0.33$，$\xi=0.5$ 时，有：$[F]=1.77F_{\max}$。

例 9－13 如图 9－37(a)所示的曲梁结构，在中点 C 处受集中力 $F=1$ kN 作用，梁材料的弹性模量 $E=200$ GPa，泊松比为 $\nu=0.3$，曲梁各段长度 $a=1$ m，直径 $d=50$ mm，试求曲梁的最大挠度。

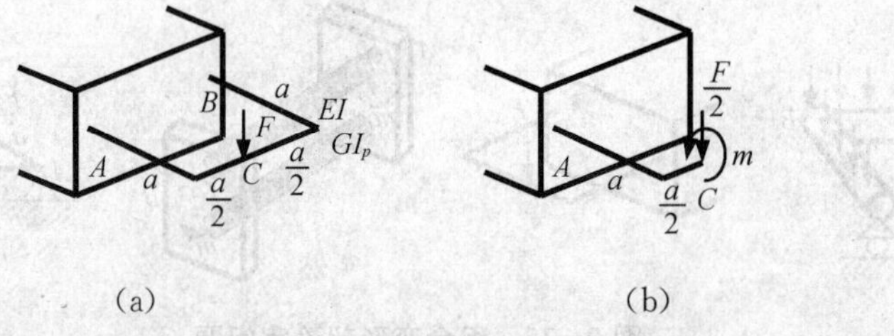

图 9－37 例 9－13 图

解：由于结构是对称结构，所以只考虑其一半，如图 9－37(b)所示，C 截面处的条件是：剪力和扭矩为零，转角为零。由于结构只受横向载荷作用，所以曲梁截面上无轴力，因此 C 截面上只有一未知的弯矩 m，注意

到集中力作用在结构对称点处，因此考虑一半结构时应将集中力分一半作用在半结构上。

如图 9－37(b)所示，半结构处于弯扭组合变形状态，根据叠加法，集中力$\frac{F}{2}$引起的 C 截面的转角为

$$\theta_{CF}=\frac{(F/2)(a/2)^2}{2EI}+\frac{(F/2)(a/2)a}{GI_p}=\frac{Fa^2}{16EI}+\frac{Fa^2}{4GI_p}$$

未知弯矩 m 引起的 C 截面的转角为

$$\theta_{Cm}=-\frac{m(a/2)}{EI}-\frac{ma}{GI_p}=-\left(\frac{ma}{2EI}+\frac{ma}{GI_p}\right)$$

注意到：$G=\frac{E}{2(1+\nu)}$，$I_p=2I=\frac{\pi d^4}{32}$，则有：$GI_p=\frac{EI}{1+\nu}$。

C 截面的转角为

$$\theta_C=\theta_{CF}+\theta_{Cm}=\frac{Fa^2}{EI}\left(\frac{1}{16}+\frac{1+\nu}{4}\right)-\frac{ma}{EI}\left(\frac{1}{2}+1+\nu\right)=0$$

故有：$m=\frac{5+4\nu}{8(3+2\nu)}Fa=\frac{5+4\times0.3}{8(3+2\times0.3)}Fa=0.215Fa$。

显然，曲梁的最大挠度在结构中点 C 处，由叠加法，集中力$\frac{F}{2}$引起的 C 点的挠度为

$$\begin{aligned}w_{CF}&=\frac{(F/2)(a/2)^3}{3EI}+\frac{(F/2)a^3}{3EI}+\frac{(F/2)(a/2)a}{GI_p}\cdot\frac{a}{2}\\&=\frac{Fa^3}{EI}\left(\frac{1}{48}+\frac{1}{6}+\frac{1+\nu}{8}\right)=\frac{5+2\nu}{16}\frac{Fa^3}{EI}(\text{向下})\end{aligned}$$

弯矩 m 引起的 C 点的挠度为

$$w_{Cm}=-\frac{m(a/2)^2}{2EI}-\frac{ma}{GI_p}\cdot\frac{a}{2}=-\frac{5+4\nu}{8}\frac{ma^2}{EI}(\text{向上})$$

所以曲梁中的最大挠度在中点 C 处，且为

$$\begin{aligned}w_{\max}&=w_{CF}+w_{Cm}=\frac{5+2\nu}{16}\frac{Fa^3}{EI}-\frac{5+4\nu}{8}\frac{ma^2}{EI}=0.175\frac{Fa^3}{EI}\\&=0.175\times\frac{1\times10^3(1\times10^3)^3}{200\times10^3}\times\frac{64}{3.14\times50^4}=2.8\,\text{mm}(\text{向下})\end{aligned}$$

例 9－14　如图 9－38(a)所示，两刚性板间用 $n(n\geqslant3)$根材料和尺寸相同的圆形截面杆件固接，这 n 根杆件在刚性板上均匀分布在直径为 D 的圆周上，杆件的抗弯刚度为 EI，抗弯截面系数为 W，且其抗扭刚度为 $GI_p=0.8EI$，材料的许用应力为$[\sigma]$，两刚性板的间距为 $l=10D$，则当两刚性板上分别作用有大小和方向相反的扭矩 m 时，试求：①两刚性板的相对扭转角度 φ。②根据第三强度理论，确定最大的扭矩 $m_{\max}$。

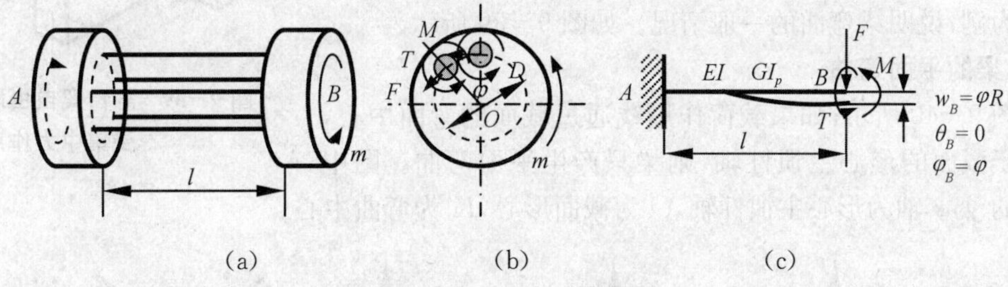

图 9－38　例 9－14 图

解：①求刚性板的相对扭转角度。

以左边刚性板 A 为参考，假设其不动。根据对称性，每根杆件的变形是完全相同的，考虑某一根杆件，其扭转的角度 φ_B 就是两刚性板的相对扭转角度 φ，如图 9－38(b)所示。

去掉刚性板 B，则杆件的受力情况如图 9－38(c)所示，即在 B 端受集中力 F、集中力矩 M 以及扭矩 T 的作用。杆件在 B 端的变形条件为

$$w_B = \varphi R = \frac{\varphi D}{2}, \theta_B = 0, \varphi_B = \varphi$$

刚性板 B 的平衡方程为：$m=n(T+FR)=n\left(T+\frac{FD}{2}\right)$。

而：$w_B=\frac{Fl^3}{3EI}-\frac{Ml^2}{2EI}=\frac{\varphi D}{2}, \theta_B=\frac{Fl^2}{2EI}-\frac{Ml}{EI}=0, \varphi_B=\frac{Tl}{GI_p}=\varphi$。

所以有：$M=\frac{Fl}{2}, F=\frac{6EI}{l^3}\cdot\varphi D, T=\frac{GI_p}{l}\cdot\varphi$。

$m=n\left(\frac{GI_p}{l}\varphi+\frac{3EID^2}{l^3}\varphi\right)$。

故两刚性板的相对扭转角度为

$$\varphi=\frac{ml^3}{n(GI_pl^2+3EID^2)}=\frac{m(10D)^3}{n(0.8\times10^2+3)EID^2}=\frac{10^3mD}{83nEI}\approx 12\frac{mD}{nEI}$$

因此有：$F=\frac{6EI}{(10D)^3}\cdot\frac{10^3mD^2}{83nEI}=\frac{6m}{83nD}, M=\frac{10D}{2}\cdot\frac{6m}{83nD}=\frac{30m}{83n}, T=\frac{0.8EI}{10D}\cdot\frac{10^3mD}{83nEI}=\frac{80m}{83n}$。

②求最大扭矩。

杆件处于弯曲与扭转组合变形状态，危险截面在 A 截面或 B 截面处，截面上的内力为

$$M_A = Fl - M = \frac{60m}{83n} - \frac{30m}{83n} = \frac{30m}{83n} = M_B, T_A = T_B = \frac{80m}{83n}$$

根据第三强度理论，有

$$\sigma_{eq3} = \frac{1}{W}\sqrt{M_A^2+T_A^2} \leqslant [\sigma]$$

$$\frac{1}{W}\sqrt{\left(\frac{30m}{83n}\right)^2+\left(\frac{80m}{83n}\right)^2} = \frac{10\sqrt{73}m}{83nW} = 1.03\frac{m}{nW} \leqslant [\sigma]$$

所以有：$m_{\max}=\frac{nW[\sigma]}{1.03}$。

9.6　梁弯曲的一般情况

由第 7 章以及本章组合变形内容可知，即使梁在单纯的横向载荷作用下，也并不总是产生平面弯曲，还可能产生弯曲与扭转的组合变形以及斜弯曲。下面以悬臂梁在自由端受集中力作用为例，说明梁弯曲的一般情况。如图 9－39 所示。

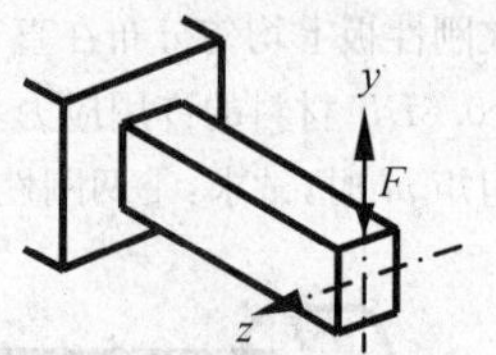

图 9－39　悬臂梁自由端受集中力作用

(1)梁的平面弯曲

如图 9－40 所示，如果载荷作用线通过截面的弯曲中心，且平行于截面的形心主惯性轴，则梁只产生平面弯曲。图中各截面的 y，z 轴为形心主惯性轴，O 为截面形心，K 为弯曲中心。

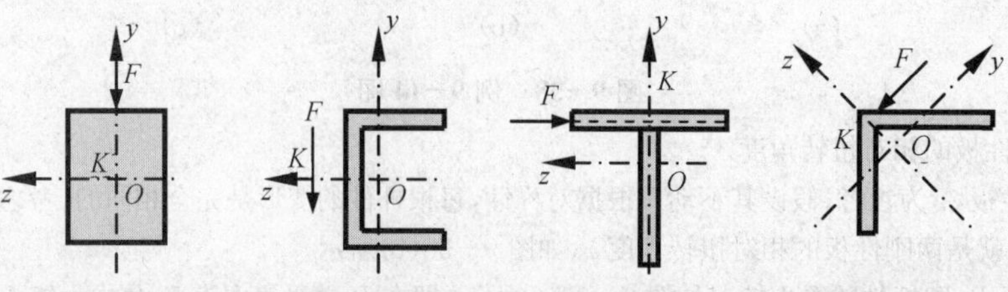

图 9－40　梁产生平面弯曲

特别地，如果截面是圆形、正多边形或中心对称的截面，因为过形心的任意轴均是形心主

惯性轴，且形心与弯曲中心重合，所以只要载荷作用线通过截面形心，都只产生平面弯曲。如图 9－41 所示。

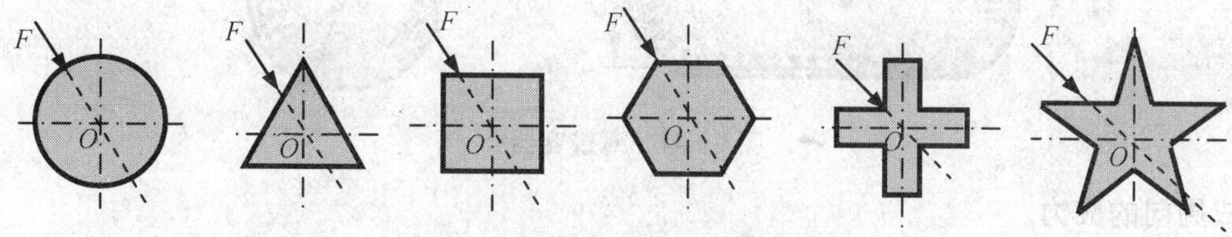

图 9－41　圆形、正多边形和中心对称截面梁的弯曲

(2)梁的斜弯曲

如图 9－42 所示，如果载荷作用线通过截面的弯曲中心，但不平行于截面的形心主惯性轴，则梁将产生斜弯曲。图中各截面的 y，z 轴为形心主惯性轴，O 为截面形心，K 为弯曲中心。

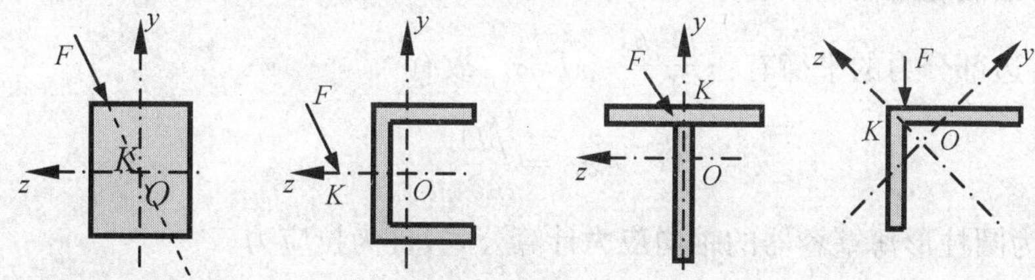

图 9－42　梁产生斜弯曲

(3)梁的弯曲与扭转组合

如图 9－43 所示，如果载荷作用线不通过截面的弯曲中心，则梁将产生弯曲与扭转的组合变形。图中各截面的 y，z 轴为形心主惯性轴，O 为截面形心，K 为弯曲中心。图中前三种情况是平面弯曲与扭转的组合变形，后一种情况是斜弯曲与扭转的组合变形。

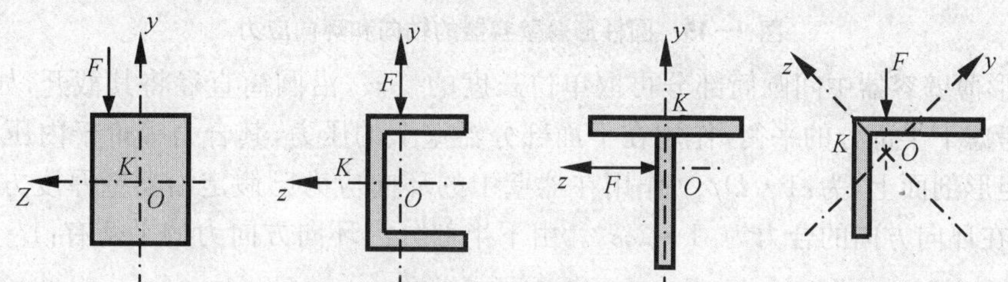

图 9－43　梁产生弯曲与扭转组合变形

9.7　薄壁容器的应力与强度

薄壁容器是工程中常见的一种结构，如储气罐、储油罐等。如图 9－44 所示，一般当容器的内径 D 与壁厚 δ 之比 $\frac{D}{\delta} \geqslant 20$ 时，就可认为是薄壁容器。工程中常见的薄壁容器主要有两种形式：一是圆柱罐，二是球罐。下面讨论这两种薄壁容器在均匀内压作用下的应力与强度。

首先，由图 9－44 可知，圆柱形薄壁容器由于内压 p 的存在（p 为内压的绝对值），容器的长度增加了，这说明器壁中存在轴线方向的应力，用 σ_a 表示，称为**轴向应力**。其次，在内压作用下，容器的直径也增加了，这说明器壁中还存在沿环向或周向的应力，用 σ_c 表示，称为**环向**

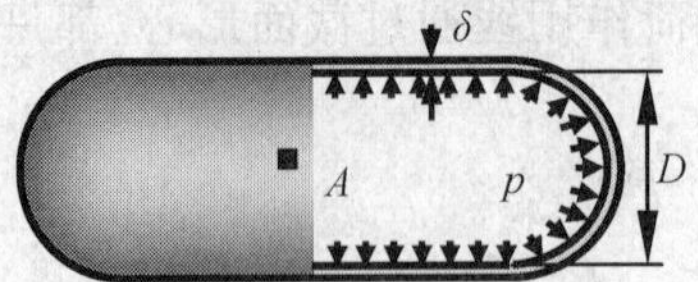

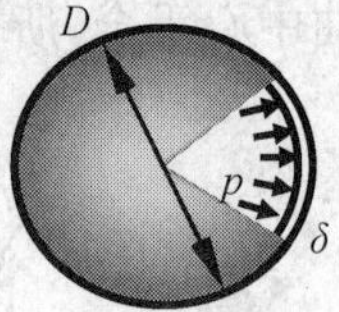

图 9－44 薄壁容器

应力或周向的应力。

由于容器的壁厚 δ 很小，所以可**假定轴向和环向应力沿器壁厚度方向的分布是均匀的**。

常见薄壁容器的应力分析在上述假定下可直接用截面法进行分析。先分析圆柱形薄壁容器，如图 9－45(a)所示，任取一个与轴线垂直的截面将圆柱形薄壁容器截开，考虑其右边部分的平衡，作用在器壁圆筒部分的内压在轴线方向的分量为零，而作用在容器右端面上的内压垂直于器壁的方向，其合力等价于内压 p 作用在容器内部横截面上，为：$\pi D^2 p/4$。作用在器壁中的轴向应力已假定沿器壁厚度方向均匀分布，所以其在轴线方向的合力为：$\pi D\delta\sigma_a$。由圆柱形薄壁容器右边部分力的平衡有：$\frac{\pi D^2 p}{4}=\pi D\delta\sigma_a$，故有

$$\sigma_a = \frac{pD}{4\delta} \tag{9-33}$$

式(9－33)即为圆柱形薄壁容器的**轴向应力**计算公式，且为拉应力。

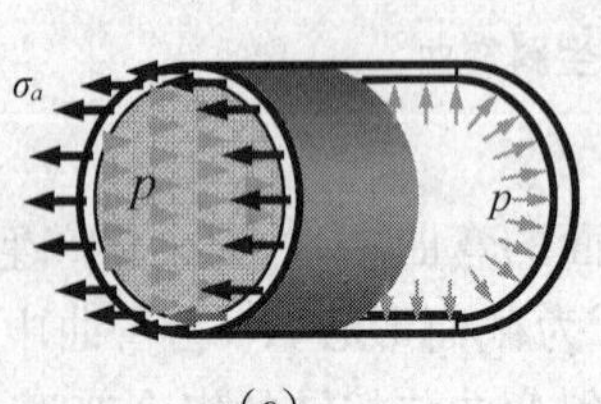

(a)

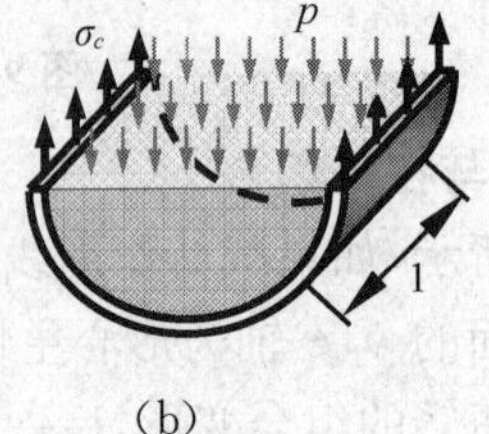

(b)

图 9－45 圆柱形薄壁容器的轴向和环向应力

在圆形薄壁容器中间圆筒部分再取单位长度的一段，沿圆筒直径将其截开，如图 9－45(b)所示，考虑下半部分的平衡，作用在下面部分器壁上的压力，其合力等价于内压 p 作用在过直径的矩形剖面上，为：$1\cdot Dp$。作用在器壁中的环向应力已假定沿器壁厚度方向均匀分布，所以其在环向方向的合力为：$1\cdot 2\delta\sigma_c$。由下半部分沿环向方向力的平衡有：$1\cdot Dp=1\cdot 2\delta\sigma_c$，故有

$$\sigma_c = \frac{pD}{2\delta} \tag{9-34}$$

式(9－34)即为圆柱形薄壁容器的**环向应力**计算公式，也为拉应力。

很明显，$\sigma_c=2\sigma_a$，**即环向应力是轴向应力的两倍**。圆柱形薄壁容器外表面上任意一点的应力状态是如图 9－46(a)所示的平面应力状态，而内表面上任意一点的应力状态是如图 9－46(b)所示的三向应力状态。由于一般情况下有 $D\geqslant 20\delta$，根据公式(9－33)和(9－34)可知：$\sigma_a\gg p$，$\sigma_c\gg p$。因此，对薄壁容器器壁中的任何一点，一般认为均处于平面应力状态，其三个主应力为

$$\sigma_1=\sigma_c=\frac{pD}{2\delta},\quad \sigma_2=\sigma_a=\frac{pD}{4\delta},\quad \sigma_3=0 \tag{9-35}$$

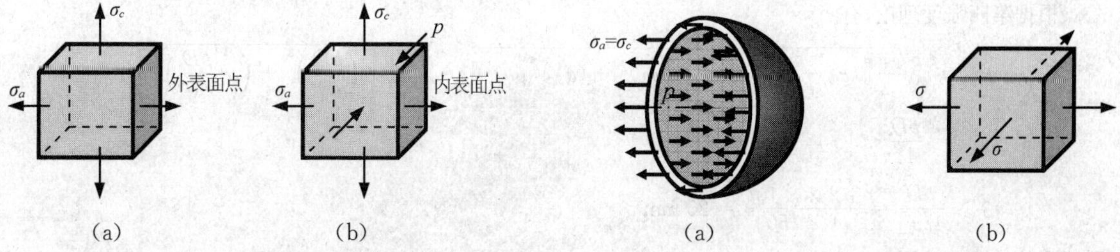

图 9－46　圆柱形薄壁容器内外表面点的应力状态　　**图 9－47　球形薄壁容器的应力**

至于球形薄壁容器，可在任意方向将其沿直径截开，如图 9－47(a)所示，类似于圆柱形薄壁容器的应力分析，有

$$\sigma = \sigma_a = \sigma_c = \frac{pD}{4\delta} \tag{9-36}$$

其器壁中任何一点的应力状态是如图 9－47(b)所示的平面静水应力状态，三个主应力为

$$\sigma_1 = \sigma_2 = \frac{pD}{4\delta}, \sigma_3 = 0 \tag{9-37}$$

必须注意，式(9－33)～式(9－37)只适用于相应的薄壁容器，在器壁较厚时，结果很不一样，具体分析和结论可参见弹性力学教程。

例 9－15　如图 9－48 所示，薄壁圆筒的内径为 $D=300$ mm，壁厚 $\delta=5$ mm，材料的弹性模量 $E=210$ GPa，泊松比 $\nu=0.3$，薄壁圆筒的内压 $p=2.5$ MPa。①若在薄壁圆筒表面沿与轴线成 $\alpha=45°$ 的方向贴有一应变片，则其理论读数是多少？②若材料的许用应力 $[\sigma]=100$ MPa，则按第三强度理论，薄壁圆筒最大能承受多大的内压？

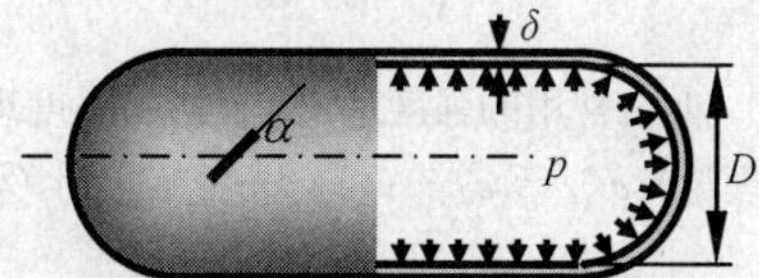

图 9－48　例 9－15 图

解：①应变片的理论读数。

薄壁圆筒的轴向和环向应力分别为：$\sigma_a = \frac{pD}{4\delta}, \sigma_c = \frac{pD}{2\delta}$，则有：$\sigma_x = \frac{pD}{4\delta}, \sigma_y = \frac{pD}{2\delta}, \tau_{xy} = 0$。

在 $\alpha=45°$ 方向以及与其垂直方向的应力可根据斜方位应力公式计算：

$$\sigma_{45°} = \frac{\sigma_x + \sigma_y}{2} + \frac{\sigma_x - \sigma_y}{2}\cos 90° + \tau_{xy}\sin 90° = \frac{\sigma_x + \sigma_y}{2} = \frac{3pD}{8\delta}$$

$$\sigma_{-45°} = \frac{\sigma_x + \sigma_y}{2} = \frac{3pD}{8\delta}$$

根据广义虎克定律，有

$$\varepsilon_{45°} = \frac{1}{E}(\sigma_{45°} - \nu\sigma_{-45°}) = \frac{3pD}{8\delta E}(1-\nu) = \frac{3 \times 2.5 \times 300}{8 \times 5 \times 210 \times 10^3} \times (1-0.3)$$

$$= 1.875 \times 10^{-4} = 188\mu\varepsilon$$

即应变片的理论读数约为 $188\mu\varepsilon$。

②薄壁圆筒能承受的最大内压。

因为：$\sigma_1 = \sigma_c = \frac{pD}{2\delta}, \sigma_2 = \sigma_a = \frac{pD}{4\delta}, \sigma_3 = 0$，由第三强度理论：$\sigma_{eq3} = \sigma_1 - \sigma_3 \leqslant [\sigma]$，有：$\frac{pD}{2\delta} \leqslant [\sigma]$，则：

$p \leqslant \frac{2\delta[\sigma]}{D} = \frac{2 \times 5 \times 100}{300} = 3.33$ MPa，即薄壁圆筒最大能承受 $p_{max}=3.33$ MPa 的内压。

例 9－16　球形储油罐的内径为 $D=3$ m，材料的许用应力为 $[\sigma]=160$ MPa，最大内压为 $p=5$ MPa，试用第四强度理论设计其壁厚。

解：对球形容器，有：$\sigma_1 = \sigma_2 = \frac{pD}{4\delta}, \sigma_3 = 0$。

根据第四强度理论，有

$$\sigma_{eq4}=\sqrt{\frac{1}{2}[(\sigma_1-\sigma_2)^2+(\sigma_2-\sigma_3)^2+(\sigma_3-\sigma_1)^2]}=\sqrt{\frac{1}{2}\left[\left(\frac{pD}{4\delta}\right)^2+\left(-\frac{pD}{4\delta}\right)^2\right]}$$

$$=\frac{pD}{4\delta}\leqslant[\sigma]$$

$$\delta\geqslant\frac{pD}{4[\sigma]}=\frac{5\times3\times10^3}{4\times150}=25\text{ mm}$$

即球形储油罐的壁厚至少应为 $\delta=25$ mm。

小　结

1. 强度理论概念：① 一点的强度由该点的应力状态决定，也即由该点的三个主应力 $\sigma_1,\sigma_2,\sigma_3$ 决定，三个主应力 $\sigma_1,\sigma_2,\sigma_3$ 为该点的强度控制参数。② 通过一系列的理论和实验寻找强度控制参数 $\sigma_1,\sigma_2,\sigma_3$ 的某种合理的组合，从而建立起满足实际情况的判别式 $\sigma_{eq}=f(\sigma_1,\sigma_2,\sigma_3)\leqslant[\sigma]$，这一判别式称为强度理论或强度准则。这里 σ_{eq} 称为等效应力或相当应力。

2. 强度理论一般采用假说的方式建立，其步骤为：① 假设材料的破坏原因或机理。② 根据材料的破坏机理以及材料的简单破坏实验数据建立强度准则 $\sigma_{eq}=f(\sigma_1,\sigma_2,\sigma_3)\leqslant[\sigma]$。③ 将所建立的强度理论在工程实际中进行检验，如果其能预测实际工程中某一大类材料在强度上的安全性，则该强度理论就具有一定的理论和应用价值，是合理的强度理论；反之，就是不合理的强度理论，必须抛弃。所以强度理论的建立是一个长期的过程。

3. 四个常用的强度理论：① 第一强度理论（最大拉应力理论）：$\sigma_{eq1}=\sigma_1\leqslant[\sigma]$。② 第二强度理论（最大线应变理论）：$\sigma_{eq2}=\sigma_1-\nu(\sigma_2+\sigma_3)\leqslant[\sigma]$。③ 第三强度理论（最大切应力理论）：$\sigma_{eq3}=\sigma_1-\sigma_3\leqslant[\sigma]$。(4) 第四强度理论（最大形状改变比能理论）：$\sigma_{eq4}=\sqrt{\frac{1}{2}[(\sigma_1-\sigma_2)^2+(\sigma_2-\sigma_3)^2+(\sigma_3-\sigma_1)^2]}\leqslant[\sigma]$。

4. 强度理论是依据假说 — 建立理论 — 实践检验这一科学理论的必由之路建立起来的，它跟实际工程紧密相联，在实践中检验，也在实践中发展。但是，任何一个科学理论从理论体系上来说必须是自洽的。简单地说，任何一个科学理论应该是完备和完美的，不应存在形式上或逻辑上的缺陷。所以一个合理的强度理论应具备如下特点：① 强度理论所依据的假说应具有明显的物理意义。② 等效应力 $\sigma_{eq}=f(\sigma_1,\sigma_2,\sigma_3)$ 应该与三个强度控制参数 $\sigma_1,\sigma_2,\sigma_3$ 都有关，即三个强度控制参数 $\sigma_1,\sigma_2,\sigma_3$ 对该点的强度都有影响。③ 等效应力 $\sigma_{eq}=f(\sigma_1,\sigma_2,\sigma_3)$ 中的三个强度控制参数 $\sigma_1,\sigma_2,\sigma_3$ 不应存在主次之分，即对该点强度的影响程度是一样的，三个主应力无需人为地进行区分。

四个常用的强度理论中只有第四强度理论具备上述特点，其余三个强度理论在理论上要么是不完备的，要么是不完美的。

5. 组合变形杆件强度计算步骤：① 确定杆件是什么形式的组合变形。② 确定组合变形杆件的危险截面，计算危险截面上的内力。③ 确定危险截面上的危险点，分析危险点的应力状态。④ 选择适当的强度理论计算组合变形杆件的强度问题，即校核强度，计算许可载荷，计算许可截面尺寸。

6. 各种组合变形杆件的强度计算。

① 拉弯扭组合变形。

$$\sigma_{eq3}=\sqrt{\sigma^2+4\tau^2}=\sqrt{\left(\frac{F_N}{A}\pm\frac{M}{W_z}\right)^2+4\left(\frac{T}{W_p}\right)^2}\leqslant[\sigma]$$

$$\sigma_{eq4}=\sqrt{\sigma^2+3\tau^2}=\sqrt{\left(\frac{F_N}{A}\pm\frac{M}{W_z}\right)^2+3\left(\frac{T}{W_p}\right)^2}\leqslant[\sigma]$$

② 拉（压）弯组合变形。

$$\sigma_{\max}=\frac{F_N}{A}\pm\frac{M}{W_z}\leqslant[\sigma]$$

③ 弯扭组合变形。

$$\sigma_{eq3}=\sqrt{\sigma^2+4\tau^2}=\frac{1}{W_z}\sqrt{M^2+T^2}\leqslant[\sigma]$$

$$\sigma_{eq4}=\sqrt{\sigma^2+3\tau^2}=\frac{1}{W_z}\sqrt{M^2+\frac{3}{4}T^2}\leqslant[\sigma]$$

④ 拉(压) 扭组合变形。

$$\sigma_{eq3}=\sqrt{\sigma^2+4\tau^2}=\sqrt{\left(\frac{F_N}{A}\right)^2+4\left(\frac{T}{W_p}\right)^2}\leqslant[\sigma]$$

$$\sigma_{eq4}=\sqrt{\sigma^2+3\tau^2}=\sqrt{\left(\frac{F_N}{A}\right)^2+3\left(\frac{T}{W_p}\right)^2}\leqslant[\sigma]$$

⑤ 斜弯曲。

$$\sigma_{\max}=\frac{M_y}{W_y}+\frac{M_z}{W_z}\leqslant[\sigma]$$

圆形、正多边形以及中心对称截面梁不存在斜弯曲问题。其强度条件为

$$\sigma_{\max}=\frac{\sqrt{M_y^2+M_z^2}}{W_z}\leqslant[\sigma]$$

7. 薄壁容器的应力。

① 圆柱形薄壁容器。

轴向应力：$\sigma_a=\dfrac{pD}{4\delta}$，环向应力：$\sigma_c=\dfrac{pD}{2\delta}$。

② 球形薄壁容器。

环向应力：$\sigma=\dfrac{pD}{4\delta}$。

思考题九

1. 材料一点的强度为什么可认为是由该点的三个主应力所决定的？

2. 强度理论或准则是如何建立的？为什么常用的强度理论有四个？

3. 合理的强度理论或准则应具备什么特点？常用的强度理论满足这些要求吗？

4. 为什么三个主应力一定要按代数值大小排列？具备什么特点的强度理论无需这样做？

5. 为什么第三强度理论与第四强度理论相比是一个偏于安全的强度理论？在什么应力状态下两种理论等价？

6. 对于如图所示的应力状态，若材料是塑性的，且 $\sigma_x>\sigma_y>0$，则按第三强度理论，破坏将产生在什么平面内？

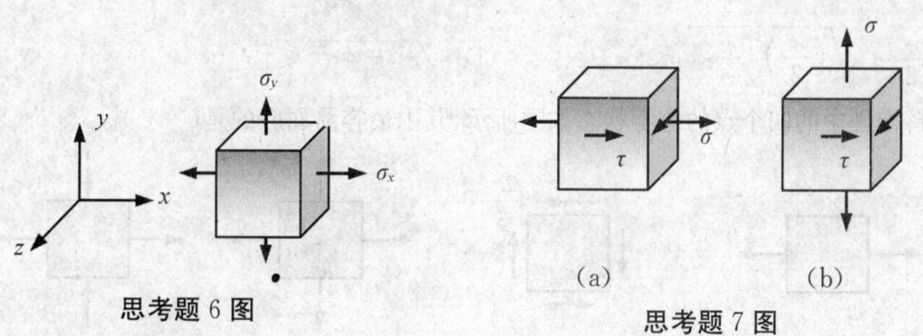

思考题 6 图　　思考题 7 图

7. 对于如图所示两种应力状态，第三、第四强度理论可以分别采用公式 $\sigma_{eq3}=\sqrt{\sigma^2+4\tau^2}$ 以及 $\sigma_{eq4}=\sqrt{\sigma^2+3\tau^2}$ 进行强度计算吗？为什么？如果不能，应利用什么公式进行计算？

8. 冬天由于天气寒冷，自来水管会由于水结冰而破坏，为什么总是水管破裂而不是冰被压碎？

9. 将沸水倒入厚壁的冷玻璃杯中，玻璃杯易于破裂，破裂是从内壁开始还是从外壁开始？

10. 组合变形杆件的强度是怎样计算的？具体步骤是什么？

11. 组合变形杆件的危险截面和危险点如何判别?不能直观判别时应怎么办?

12. 公式 $\sigma_{eq3} = \sqrt{\sigma^2 + 4\tau^2}$ 以及 $\sigma_{eq4} = \sqrt{\sigma^2 + 3\tau^2}$ 只适用于什么情况?图示应力状态哪些能用上述公式?如果材料是脆性材料,又该怎么办?

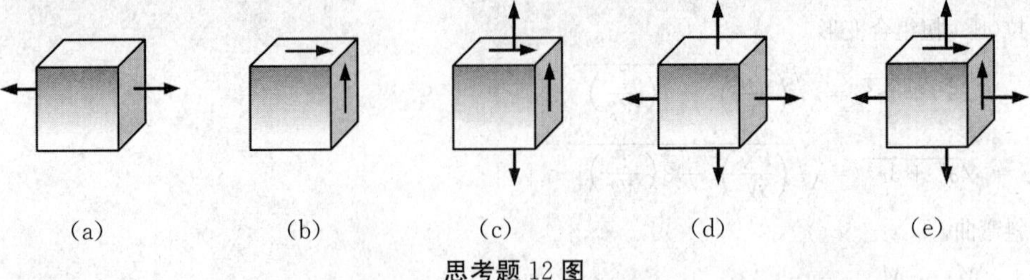

思考题 12 图

13. 脆性材料制成的圆柱形薄壁容器由于内压过大而产生裂纹,裂纹的方向最可能沿什么方向?

14. 承受内压作用的圆柱形薄壁容器在中部外侧面上的点,其三个主应力的大小是多少?主方向沿什么方向?其最大切应力又是多少?在什么平面上?

15. 承受内压作用的球形薄壁容器表面上的点,其三个主应力的大小是多少?主方向沿什么方向?

习题九

一、选择题

1. 塑性材料某点的应力状态如图所示。若材料的许用正应力为$[\sigma]$,许用切应力为$[\tau]$,则构件强度校核时应采用的公式是(　　)。

(A)$\sigma \leqslant [\sigma]$　　(B)$\sigma \leqslant [\sigma], \tau \leqslant [\tau]$

(C) $\frac{\sigma}{2} + \sqrt{\left(\frac{\sigma}{2}\right)^2 + \tau^2} \leqslant [\sigma]$　　(D) $\sqrt{\sigma^2 + 4\tau^2} \leqslant [\sigma]$

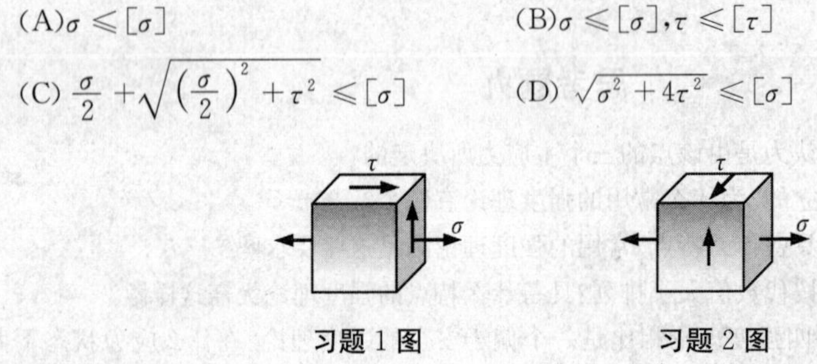

习题 1 图　　习题 2 图

2. 塑性材料制成的构件其危险点的应力状态如图所示,若材料的许用正应力为$[\sigma]$,许用切应力为$[\tau]$,则构件强度校核时应采用的公式是(　　)。

(A)$\sigma \leqslant [\sigma], \tau \leqslant [\tau]$　　(B)$\sigma + \tau \leqslant [\sigma]$

(C) $\frac{\sigma}{2} + \sqrt{\left(\frac{\sigma}{2}\right)^2 + \tau^2} \leqslant [\sigma]$　　(D) $\sqrt{\sigma^2 + 4\tau^2} \leqslant [\sigma]$

3. 塑性材料构件中的四个点的应力状态如图所示,其中最容易屈服的是(　　)。

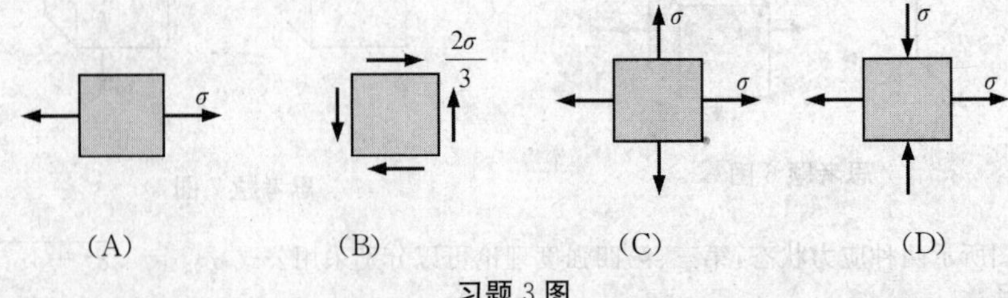

习题 3 图

4. 如图所示,矩形截面$(b \times h)$杆件中部被削去了一部分,则杆件中的最大拉应力是平均应力 F/bh 的(　　)倍。

(A)2　　(B)4　　(C)6　　(D)8

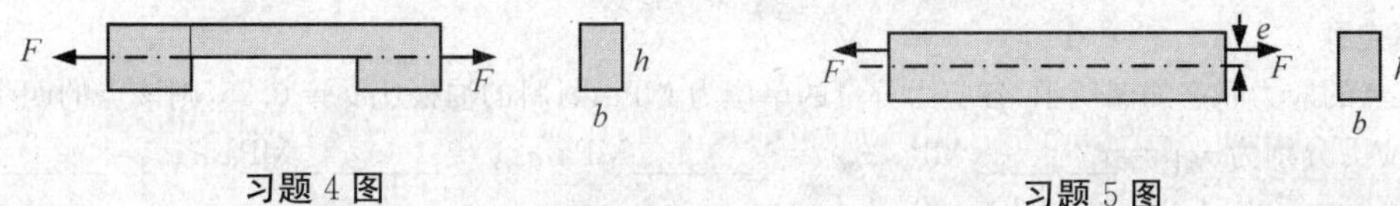

习题 4 图　　　　习题 5 图

5. 如图所示，矩形截面($b \times h$) 杆件上缘的应变是下缘应变的两倍，则载荷 F 的偏心距 e 为(　　)。

(A) $\frac{h}{18}$　　(B) $\frac{h}{9}$　　(C) $\frac{h}{6}$　　(D) $\frac{h}{3}$

6. 如图所示，直径为 d 的圆轴在自由端截面的圆周上作用有一拉力 F，则杆件中的最大正应力是拉力作用在形心时的(　　) 倍。

(A)3　　(B)5　　(C)7　　(D) 9

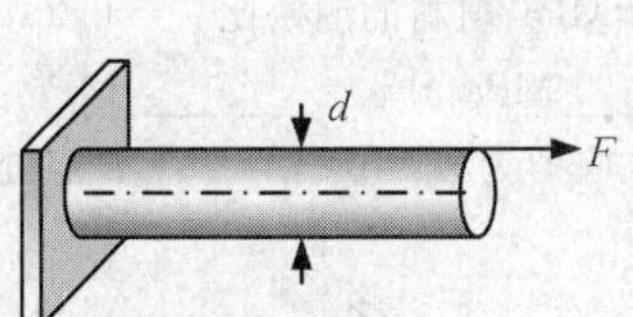

习题 6 图

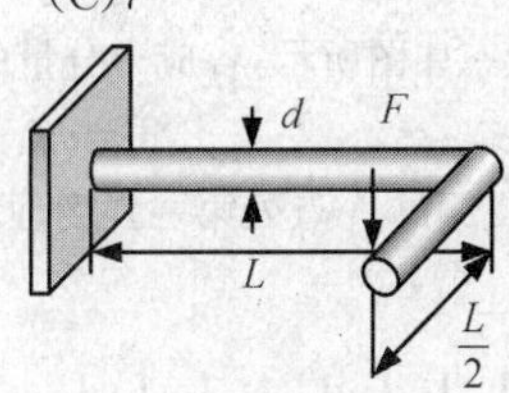

习题 7 图

7. 如图所示，直径为 d 的曲杆在自由端受集中力 F 作用，则其第三强度理论的等效应力为(　　)。

(A) $\frac{32FL}{\pi d^3}$　　(B) $\frac{16\sqrt{5}FL}{\pi d^3}$　　(C) $\frac{8\sqrt{19}FL}{\pi d^3}$　　(D) $\frac{16FL}{\pi d^3}$

8. 如图所示，圆轴在自由端截面上受集中力偶 M 作用，这个力偶的三个分量分别为 $M_x = T$, M_y 和 M_z，则圆轴危险点的等效应力等于 $\frac{M}{W_z}$ 的是(　　)。

(A)σ_{eq1}　　(B)σ_{eq2}　　(C)σ_{eq3}　　(D)σ_{eq4}

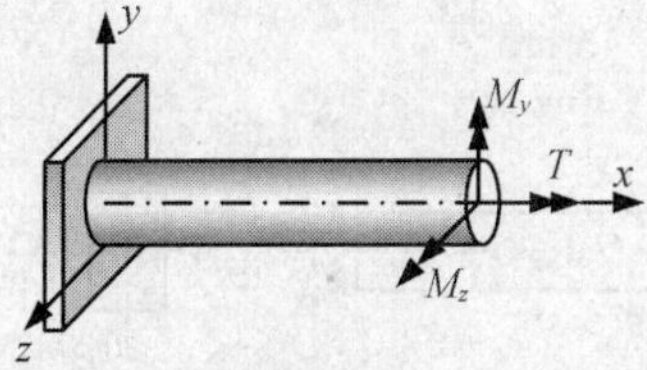

习题 8 图

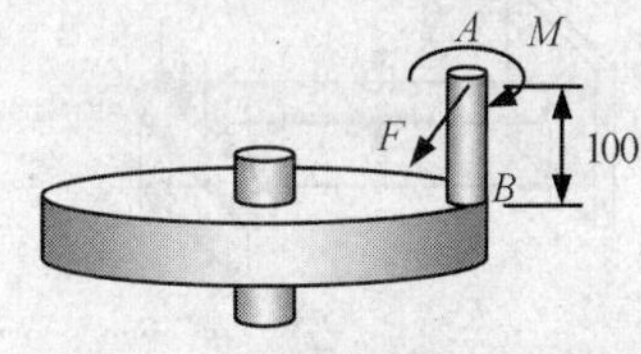

习题 9 图

9. 如图所示结构，圆轴 AB 直径 $d = 40$ mm, $F = 0.5$ kN, $M = 1$ kN · m，则圆轴第四强度理论的等效应力为(　　)MPa。

(A)100　　(B)126　　(C)138　　(D)160

10. 某圆轴受弯扭组合变形，若用第三强度理论设计的轴径为 $D^{(3)}$，用第四强度理论设计的轴径为 $D^{(4)}$，则有(　　)。

(A)$D^{(3)} > D^{(4)}$　　(B)$D^{(3)} = D^{(4)}$

(C)$D^{(3)} < D^{(4)}$　　(D) 上述情况皆有可能

11. 用第四强度理论可以证明，在纯剪应力状态下，塑性材料的许用拉应力$[\sigma]$和许用切应力$[\tau]$之间的关系是(　　)。

(A)$[\sigma] = [\tau]$　　(B)$[\sigma] = 2[\tau]$

(C)$[\sigma] = \sqrt{3}[\tau]$　　(D)$[\sigma] = 3[\tau]$

12. 圆柱形薄壁压力容器的直径 $D = 1000$ mm，壁厚 $\delta = 20$ mm，内压 $p = 5$ MPa，材料的弹性模量 $E = 200$ GPa，泊松比 $\nu = 0.3$，则在容器表面沿环向方向的应变片的理论读数为(　　)$\mu\varepsilon$。

(A)230　　(B)330　　(C)430　　(D)530

二、填空题

13. 某点的应力状态如图所示，各应力分量的单位为 MPa，材料的泊松比 $\nu = 0.25$，则该点的四个强度理论的等效应力分别为 $\sigma_{eq1} =$ ________ MPa，$\sigma_{eq2} =$ ________ MPa，$\sigma_{eq3} =$ ________ MPa，$\sigma_{eq4} =$ ________ MPa。

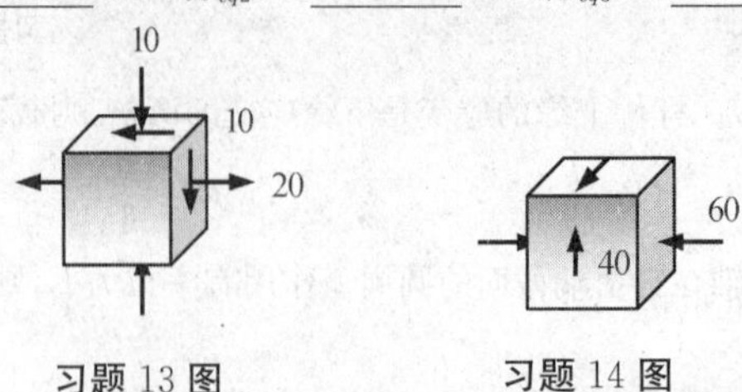

习题 13 图　　习题 14 图

14. 某点的应力状态如图所示，各应力分量的单位为 MPa，材料的泊松比 $\nu = 0.25$，则该点的四个强度理论的等效应力分别为 $\sigma_{eq1} =$ ________ MPa，$\sigma_{eq2} =$ ________ MPa，$\sigma_{eq3} =$ ________ MPa，$\sigma_{eq4} =$ ________ MPa。

15. 如图所示，简支梁的 A 点处第一强度理论的等效应力为 $\sigma_{eq1} =$ ________，B 点处第三强度理论的等效应力为 $\sigma_{eq3} =$ ________。

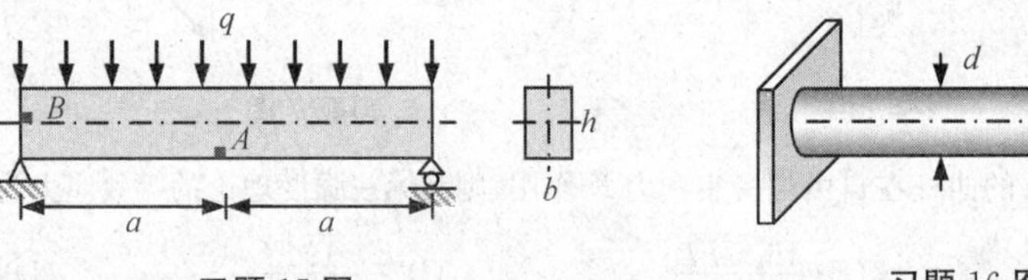

习题 15 图　　习题 16 图

16. 如图所示，悬臂梁的危险点位置在________。若不计轴力的影响，则危险点的第三强度理论的等效应力为 $\sigma_{eq3} =$ ________，第四强度理论的等效应力为 $\sigma_{eq4} =$ ________。

17. 如图所示，曲拐其危险点位置在________。危险点的第三强度理论的等效应力为 $\sigma_{eq3} =$ ________，第四强度理论的等效应力为 $\sigma_{eq4} =$ ________。

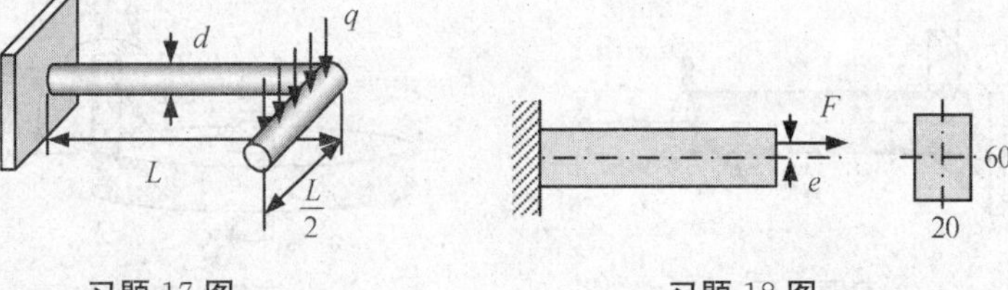

习题 17 图　　习题 18 图

18. 如图所示矩形截面杆件，载荷 F 作用在截面竖直对称轴上，若杆件上缘各点应变是下缘各点应变的 3 倍，则载荷 F 的偏心距 $e =$ ________ mm。若杆件上缘沿杆件轴线方向的应变片读数为 100 $\mu\varepsilon$，材料的弹性模量 $E = 200$ GPa，则载荷 $F =$ ________ kN。

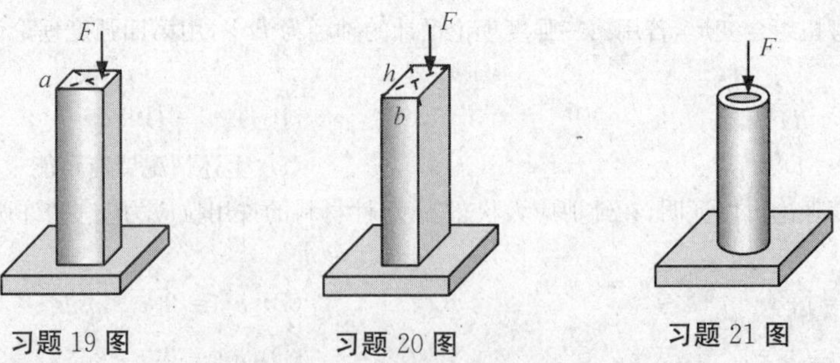

习题 19 图　　习题 20 图　　习题 21 图

19. 如图所示，边长为 a 的正方形截面立柱，当载荷 F 作用在截面的对角线上时，若使柱体截面上不产生拉应力，则载荷离截面中心的最大距离 $e =$ ________。

20. 如图所示矩形截面($b \times h$)立柱，当载荷 F 作用在截面的对角线上时，若使柱体截面上不产生拉应力，则载荷离截面中心的最大距离 $e=$ ________。

21. 如图所示，外径为 D、内径为 d 的圆环形截面立柱，当载荷 F 作用在自由端面上时，若使柱体截面上不产生拉应力，则载荷应限定的区域是 ____________。

22. 圆柱形薄壁压力容器直径 $D=400$ mm，壁厚 $\delta=10$ mm，材料的弹性模量 $E=200$ GPa，泊松比 $\nu=0.3$。若在容器表面与轴线成 45° 方向的应变片的理论读数为 $\varepsilon_{45°}=100\ \mu\varepsilon$，则容器的内压 $p=$ ________ MPa。

23. 球形薄壁压力容器直径为 D，壁厚为 δ，材料的弹性模量为 E，泊松比 ν。若在容器表面的应变片的理论读数为 ε，则容器的内压 $p=$ ________。

三、计算题(A)

24. 如图所示，各平面应力状态中的应力分量的单位为 MPa。试写出四个强度理论的等效应力。材料的泊松比 $\nu=0.3$。

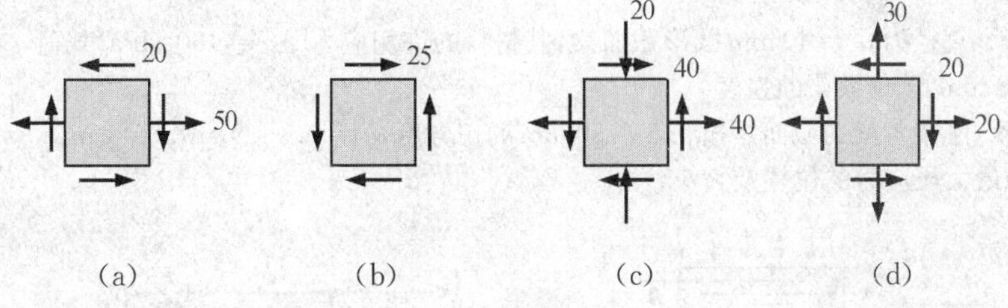

习题 24 图

25. 如图所示，各应力状态中的应力分量的单位为 MPa。试写出四个强度理论的等效应力。材料的泊松比 $\nu=0.3$。

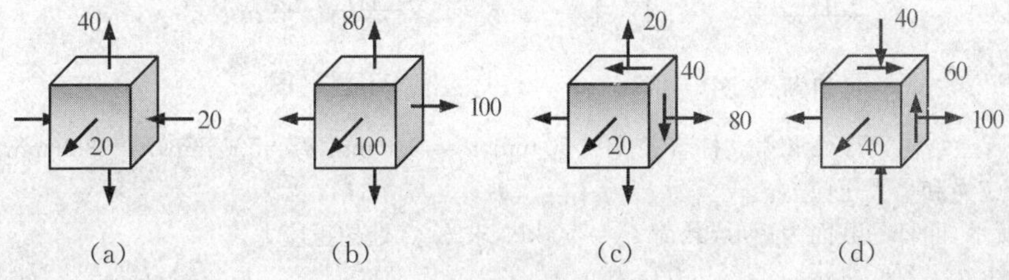

习题 25 图

26. 如图所示结构，载荷 $F=2$ kN，材料的许用应力 $[\sigma]=170$ MPa，试校核结构的强度。

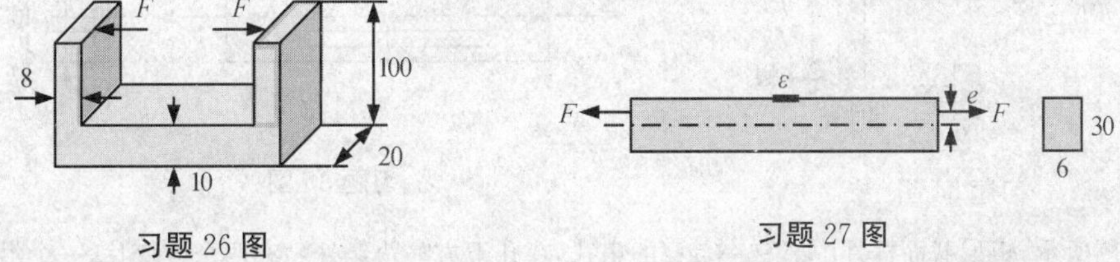

习题 26 图　　习题 27 图

27. 如图所示矩形截面偏心拉伸杆件。$F=3$ kN，$E=200$ GPa，用应变片测量杆件上表面的轴向应变。

(1) 若要测得最大拉应变，则偏心距 $e=$?最大拉应变是多大?

(2) 若应变片的读数为零，则偏心距 $e=$?

28. 如图所示，简支梁的横截面是边长为 a 的正方形，梁长 $L=10a$，求梁中的最大拉应力和最大压应力数值之比。

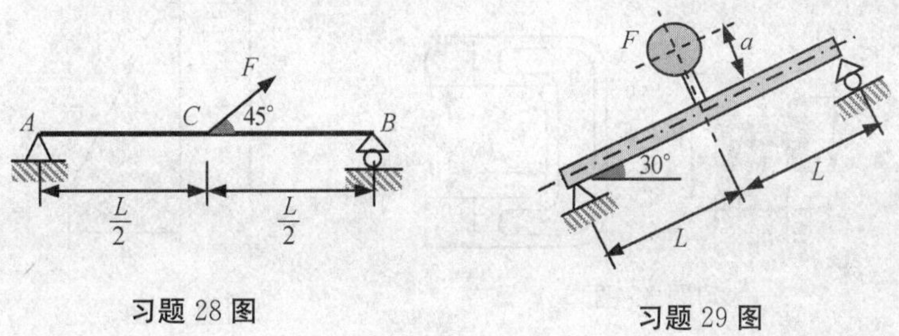

习题 28 图　　习题 29 图

29. 如图所示，简支梁的横截面是 $b \times h = 30\ \mathrm{mm} \times 50\ \mathrm{mm}$ 的矩形截面，其上圆轮的重量 $F = 4\ \mathrm{kN}$，$L = 300\ \mathrm{mm}$，$a = 100\ \mathrm{mm}$，$\alpha = 30°$。求梁中的最大拉应力和最大压应力。

30. 如图所示结构，水平简支梁的横截面是直径 $d = 30\ \mathrm{mm}$ 的圆轴，$F = 2\ \mathrm{kN}$，$L = 500\ \mathrm{mm}$，$a = 60\ \mathrm{mm}$。求梁中的最大拉应力和最大压应力的位置及数值。

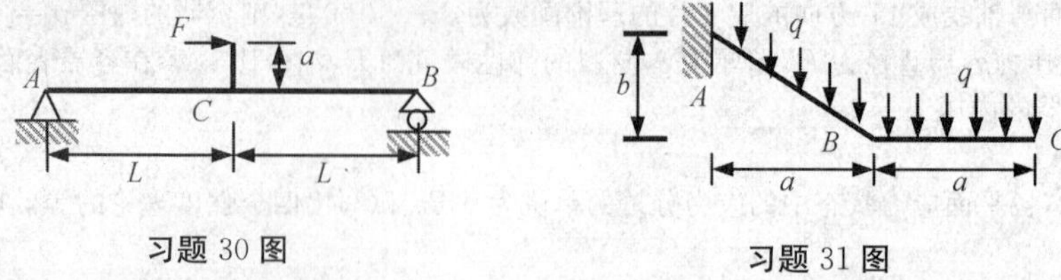

习题 30 图　　习题 31 图

31. 如图所示，直径为 $d = 40\ \mathrm{mm}$ 圆形截面梁，其材料的许用应力 $[\sigma] = 160\ \mathrm{MPa}$，载荷 $q = 2\ \mathrm{kN/m}$，$a = 400\ \mathrm{mm}$，$b = 300\ \mathrm{mm}$。试校核梁的强度。

32. 如图所示，刚架各梁的截面是边长 $b = 50\ \mathrm{mm}$ 的正方形，$q = 0.9\ \mathrm{kN/m}$，$a = 1\ \mathrm{m}$，$h = 1.42\ \mathrm{m}$。求结构中最大拉应力和最大压应力的位置及大小。

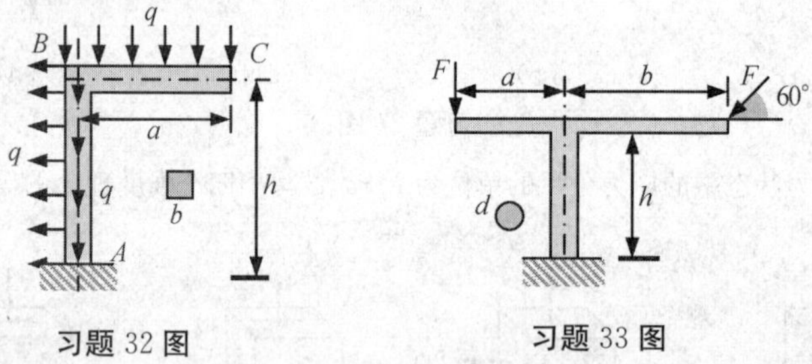

习题 32 图　　习题 33 图

33. 如图所示结构，$F = 9\ \mathrm{kN}$，立柱直径 $d = 50\ \mathrm{mm}$，$a = 300\ \mathrm{mm}$，$b = 500\ \mathrm{mm}$，$h = 350\ \mathrm{mm}$。求立柱底部截面的最大拉应力和最大压应力。

34. 如图所示，曲杆的截面为矩形，载荷 $F = 50\ \mathrm{kN}$，求 K 点处的正应力。

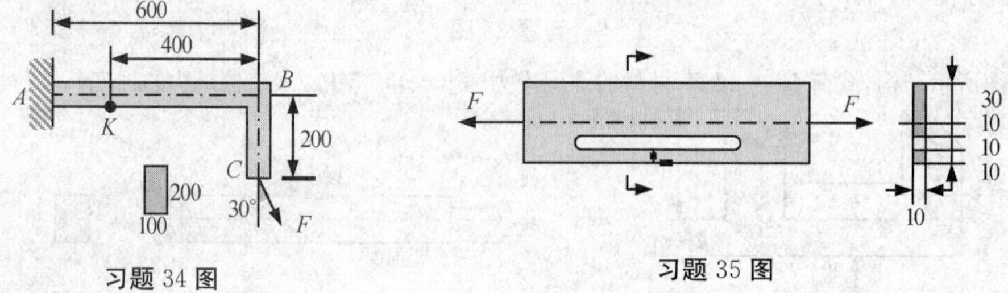

习题 34 图　　习题 35 图

35. 如图所示，矩形截面杆件中部有一贯穿的扁孔，在孔下方靠边缘处贴有两个应变片，一个沿杆件的轴向，一个沿杆件的横向。若材料的弹性模量 $E = 50\ \mathrm{GPa}$，泊松比 $\nu = 0.3$，载荷 $F = 3\ \mathrm{kN}$，则两个应变片的理论读数是多大？

36. 如图所示压力机铸铁机架，其材料的许用拉应力 $[\sigma^{+}] = 30\ \mathrm{MPa}$，许用压应力 $[\sigma^{-}] = 60\ \mathrm{MPa}$，$F = 12\ \mathrm{kN}$。试校核机架的强度。

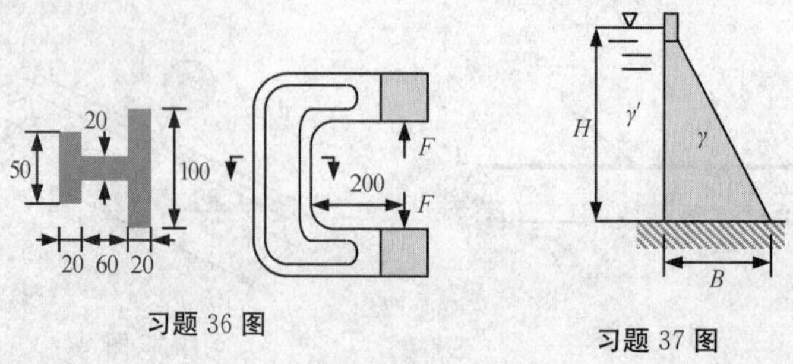

习题 36 图　　习题 37 图

37. 混凝土重力坝剖面图如图所示。坝高 $H=30\,\mathrm{m}$，混凝土比重 $\gamma=23\,\mathrm{kN/m^3}$，水的比重 $\gamma'=10\,\mathrm{kN/m^3}$。欲使坝底不产生拉应力，坝底宽度 B 至少要多大？

38. 如图所示，矩形截面木榫头受拉力 $F=50\,\mathrm{kN}$ 作用，其木材各应力的许用值为：挤压应力 $[\sigma_{bs}]=10\,\mathrm{MPa}$，切应力 $[\tau]=1\,\mathrm{MPa}$，拉应力 $[\sigma^+]=6\,\mathrm{MPa}$，压应力 $[\sigma^-]=10\,\mathrm{MPa}$。试确定榫头的尺寸 a,l,c。

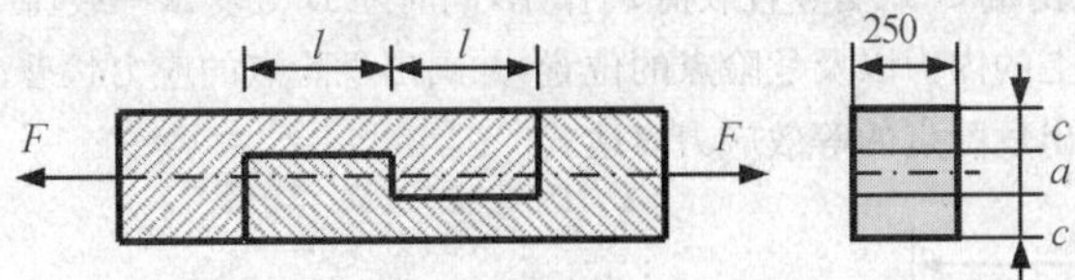

习题 38 图

39. 如图所示，直径为 d 的曲杆受均布载荷 q 作用，材料的弹性模量为 E，泊松比 $\nu=0.25$。

(1) 求危险点的第三强度理论的等效应力；

(2) 求自由端的竖向位移。

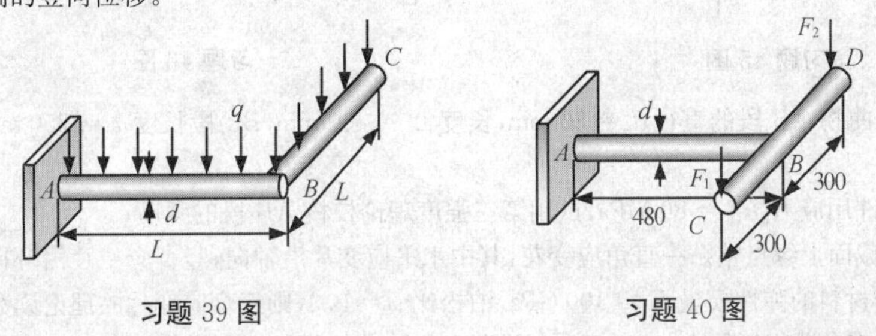

习题 39 图　　习题 40 图

40. 如图所示，直径 $d=60\,\mathrm{mm}$ 的 T 形杆受载荷 $F_1=1\,\mathrm{kN}$ 和 $F_2=2\,\mathrm{kN}$ 作用，其材料的许用应力 $[\sigma]=100\,\mathrm{MPa}$。试用第三强度理论校核其强度。

41. 如图所示工字形截面梁，$F=90\,\mathrm{kN}$。试用第三和第四强度理论求 C 处左侧截面上 K 点的等效应力。

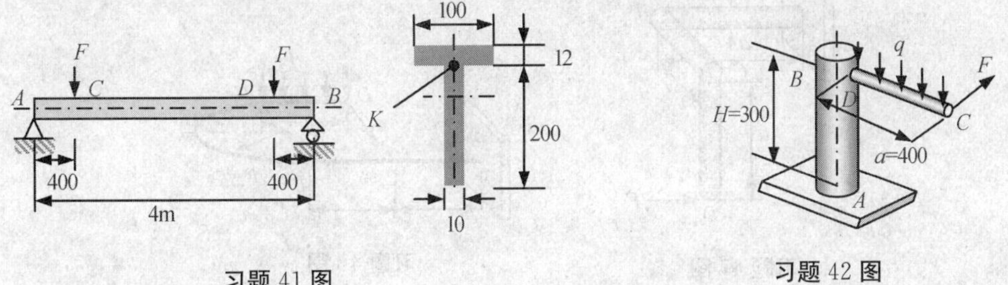

习题 41 图　　习题 42 图

42. 如图所示结构，立柱直径 $d=50\,\mathrm{mm}$，$F=3\,\mathrm{kN}$，$q=2\,\mathrm{kN/m}$，材料的许用应力 $[\sigma]=160\,\mathrm{MPa}$。试用第四强度理论校核立柱的强度。

43. 如图所示曲柄的 C 端固定，载荷 $F=10\,\mathrm{kN}$ 保持不变，但角度 θ 可变，则 θ 为何值时对 $D-D$ 截面最不利，并求相应的第三强度理论的等效应力。

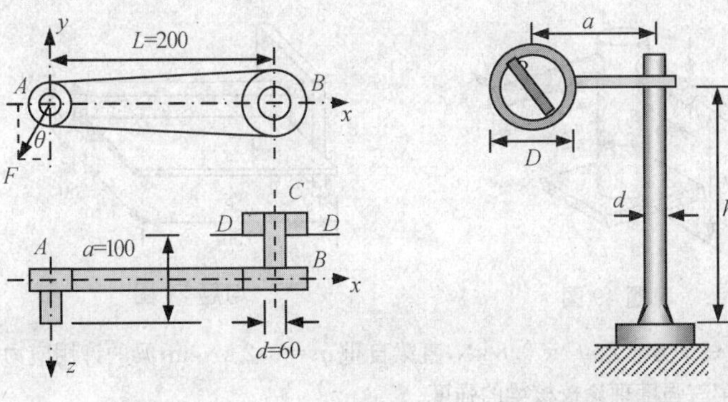

习题 43 图　　习题 44 图

44. 如图所示，交通标志牌自重 $F = 60\ \text{N}$，直径 $D = 500\ \text{mm}$；承受的最大垂直风压 $p = 200\ \text{Pa/mm}^2$；空心竖管外径 $d = 30\ \text{mm}$，$\alpha = 0.8$，高度 $h = 5\ \text{m}$，比重 $\gamma = 7800\ \text{kg/m}^3$，$a = 350\ \text{mm}$；其材料的许用应力 $[\sigma] = 120\ \text{MPa}$。试用第三强度理论校核竖管的强度。

45. 如图所示，曲杆在自由端 C 处受竖直载荷 F 作用，同时在 B 处受水平载荷 $2F$ 作用。d, L, F 为已知。

(1) 求 AB 段危险截面上的内力以及危险点的位置，并画出危险点的应力状态；

(2) 按第三强度理论写出危险点的等效应力表达式。

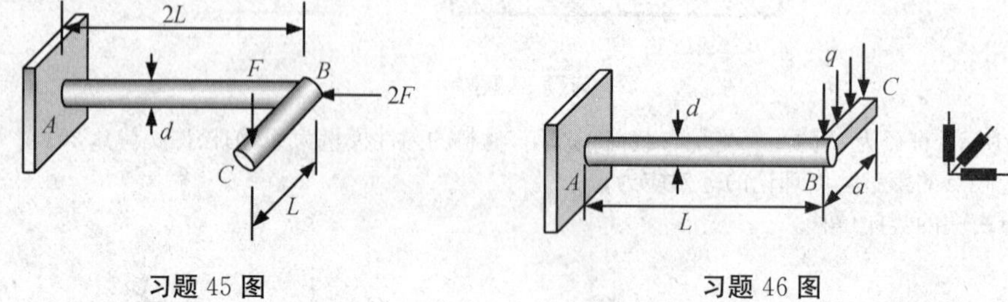

习题 45 图　　　　习题 46 图

46. 如图所示，曲拐 AB 段的直径 $d = 30\ \text{mm}$，长度 $L = 400\ \text{mm}$，BC 段长度 $a = 250\ \text{mm}$。均布载荷 $q = 2\ \text{kN/m}$。

(1) 若材料的许用应力 $[\sigma] = 80\ \text{MPa}$，试用第三强度理论校核 AB 段的强度；

(2) 在固定端截面上缘点粘贴一直角应变花，其中水平应变片沿轴向，竖直应变片沿环向，另一应变片与轴向成 $\alpha = 45^\circ$，若材料的弹性模量 $E = 100\ \text{GPa}$，泊松比 $\nu = 0.3$，则三个应变片的理论读数是多少？

47. 如图所示，直角曲拐结构由 $d = 30\ \text{mm}$ 的圆钢制成，曲拐每段长度均为 $a = 300\ \text{mm}$，材料的许用应力 $[\sigma] = 80\ \text{MPa}$，载荷 $F = 0.5\ \text{kN}$。试确定危险截面的位置，并用第三强度理论校核结构的强度。

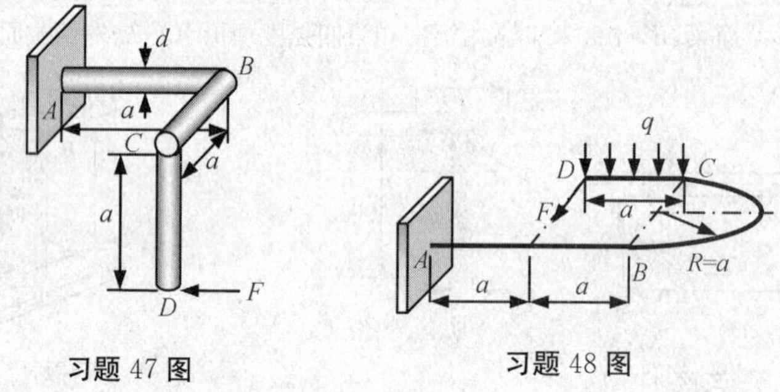

习题 47 图　　　　习题 48 图

48. 如图所示水平面内的刚架，其直径为 d，在 CD 段受竖向均布载荷 q 作用，同时在自由端受水平载荷 $F = qa$ 作用，BC 段为半圆弧，尺寸 a 已知。指明固定端截面危险点的位置，并求其第三强度理论的等效应力表达式。

49. 如图所示立柱结构，$F = 1.6\ \text{kN}$，$H = 500\ \text{mm}$，$D = 40\ \text{mm}$，$a = 100\ \text{mm}$。计算立柱危险点第三强度理论的等效应力。

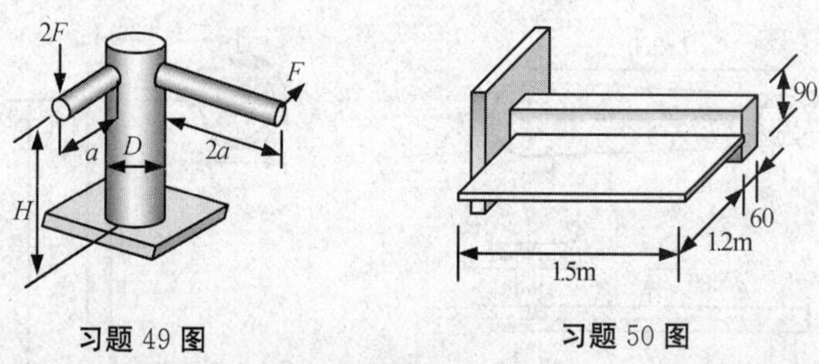

习题 49 图　　　　习题 50 图

50. 如图所示，薄板每平方米重 $f = 0.8\ \text{kN}$，直梁自重 $q = 0.2\ \text{kN/m}$，梁的许用应力 $[\sigma] = 30\ \text{MPa}$。考虑弯曲切应力的影响，用第三强度理论校核梁的强度。

51. 如图所示为承受斜弯曲的矩形截面梁的一个截面，若 A 点的正应力 $\sigma_A = 18\ \text{MPa}$，$C$ 点的正应力为零，

则 B 点的正应力 σ_B =?

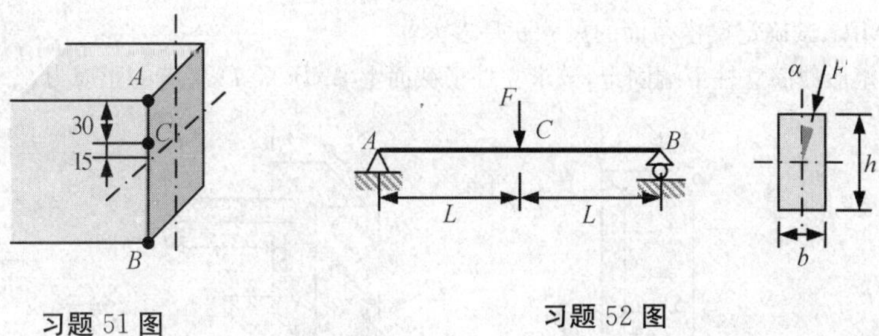

习题 51 图　　习题 52 图

52. 如图所示，矩形截面简支梁受偏斜的集中力 $F = 10\,\text{kN}$ 作用，$b = 90\,\text{mm}$，$h = 180\,\text{mm}$，$L = 1000\,\text{mm}$，$\alpha = 15°$。求梁中的最大正应力。

53. 如图所示，矩形截面悬臂梁在自由端平面内受集中力 F 作用，F 与截面的对称轴之间的夹角为 α。若在梁的 A 点和 B 点测得梁在轴向方向的线应变分别为 $\varepsilon_A = 2540\,\mu\varepsilon$，$\varepsilon_B = 460\,\mu\varepsilon$，试求载荷 F 和角度 α。

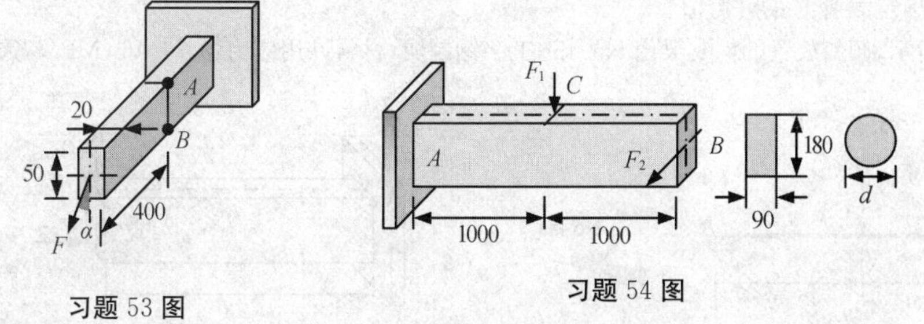

习题 53 图　　习题 54 图

54. 矩形截面悬臂梁如图所示，$F_1 = 0.8\,\text{kN}$，$F_2 = 1.65\,\text{kN}$。试求梁截面上的最大正应力以及其位置。若梁截面为直径 $d = 130\,\text{mm}$ 的圆形，则最大正应力又是多少？

55. 如图所示，工字形截面立柱顶部作用有一竖直方向的偏心载荷 $F = 200\,\text{kN}$，若材料许用应力 $[\sigma] = 125\,\text{MPa}$，求偏心距 e 的许可值。

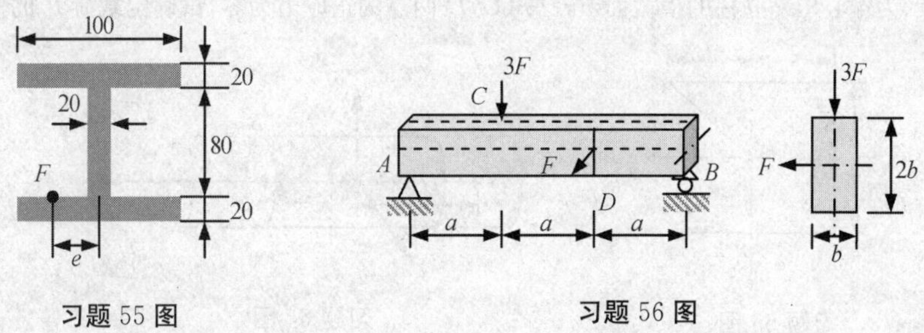

习题 55 图　　习题 56 图

56. 如图所示，矩形截面简支梁受一水平方向的载荷 F 和一竖直方向的载荷 $3F$ 作用，求梁中的最大弯曲正应力。

57. 如图所示结构中，扭转力矩 $q = 80\,\text{N}\cdot\text{mm/mm}$，载荷 $F = 300\,\text{N}$，$b = 10\,\text{mm}$，$h = 20\,\text{mm}$，$L = 50\,\text{mm}$，求立柱中间截面上的最大拉应力和最大压应力。

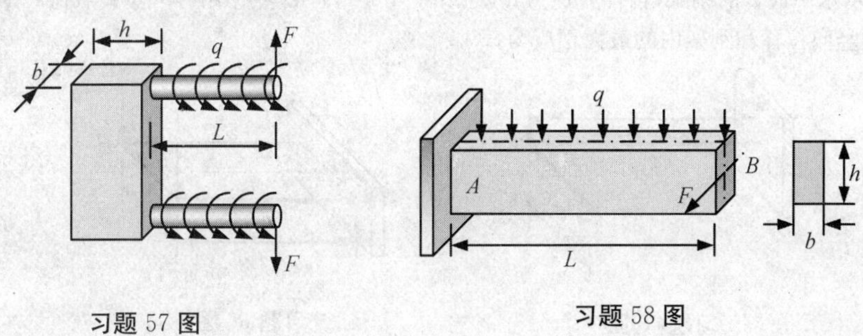

习题 57 图　　习题 58 图

58. 如图所示矩形截面悬臂梁中，均布载荷 $q=8\ \mathrm{kN/m}$，载荷 $F=3\ \mathrm{kN}$，$L=500\ \mathrm{mm}$，且 $h=2b$，材料许用应力$[\sigma]=100\ \mathrm{MPa}$。试确定梁横截面的尺寸 b 是多大？

59. 如图所示，矩形截面立柱下端固定，试求立柱横截面上 A,B,C,D 各点的正应力。

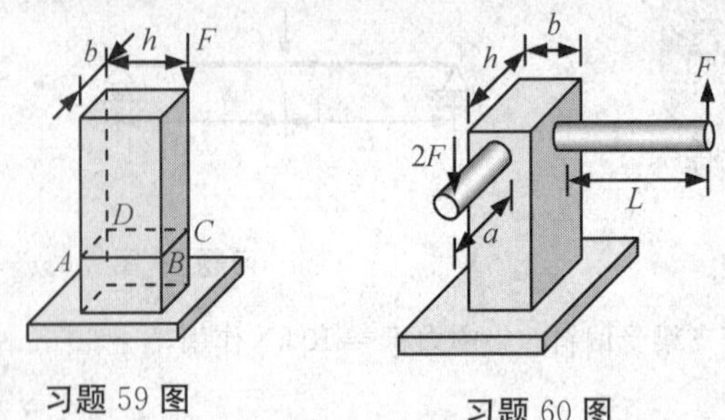

习题 59 图　　习题 60 图

60. 如图所示结构中，$b=20\ \mathrm{mm}$，$h=48\ \mathrm{mm}$，$L=2a=200\ \mathrm{mm}$，材料许用应力$[\sigma]=161\ \mathrm{MPa}$。根据立柱的强度条件确定载荷 F 的许可值。

61. 如图所示，倾斜放置的简支梁由 No. 45a 工字钢制成，材料许用应力$[\sigma]=160\ \mathrm{MPa}$，考虑梁的自重，试校核梁的强度。

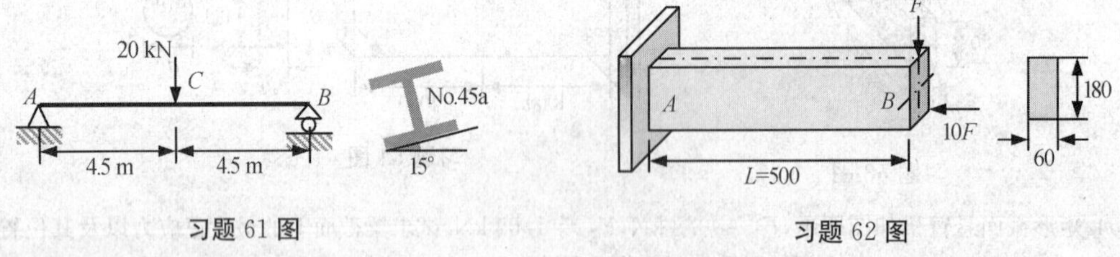

习题 61 图　　习题 62 图

62. 如图所示矩形截面悬臂梁，在自由端受载荷 F 和偏心压力 $10F$ 的共同作用，若材料许用拉应力$[\sigma^{+}]=30\ \mathrm{MPa}$，许用压应力$[\sigma^{-}]=90\ \mathrm{MPa}$。试确定载荷 F 的许可值。

63. 如图所示为偏心压缩立柱的横截面，若已知 C,D 两点的正应力为零，试确定载荷 F 的作用位置。

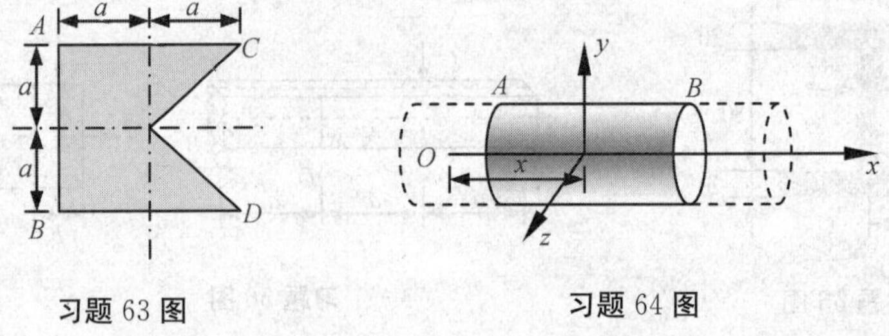

习题 63 图　　习题 64 图

64. 沿水平方向 x 放置的直径为 d 的圆形截面梁如图所示，其某区段 AB 内存在弯矩 $M_y=ax+b$ 和 $M_z=cx+d$，这里 a,b,c,d 为常数。证明该区段梁的最大正应力只可能出现在区段的两端截面上而不可能在区段中间截面上。

65. 如图所示水平放置的刚架，各杆直径为 d，且 $G=0.4E$，若 B 点作用有一竖直载荷 F，尺寸 a,L 为已知。试求 B 点的竖向位移和刚架内的最大正应力。

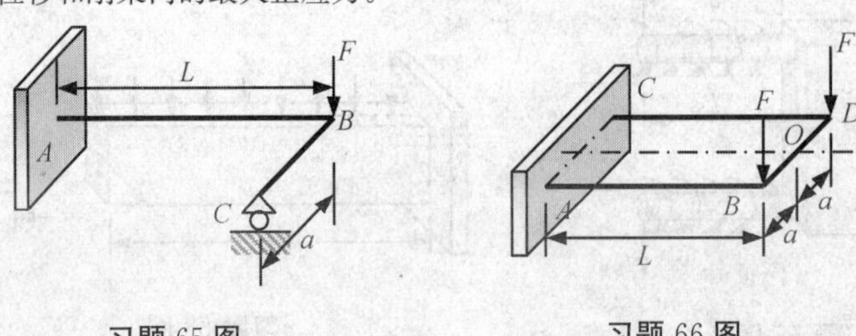

习题 65 图　　习题 66 图

66. 如图所示水平放置的刚架，各杆直径为 d，且 $G = 0.4E$，竖直载荷 F，尺寸 a，L 为已知。试求 O 点的竖向位移。

67. 钢制圆筒形薄壁压力容器，直径 $D = 800$ mm，壁厚 $\delta = 4$ mm，材料许用应力 $[\sigma] = 120$ MPa，试用第三强度理论确定容器能承受的最大内压 p。

68. 承受内压的圆筒形薄壁压力容器，用电阻应变仪在容器表面测得水平方向应变片的读数为 $\varepsilon_x = 188\ \mu\varepsilon$，环向应变片的读数为 $\varepsilon_y = 737\ \mu\varepsilon$，容器材料的弹性模量 $E = 210$ GPa，泊松比 $\nu = 0.3$，许用应力 $[\sigma] = 160$ MPa。试校核容器的强度。

69. 如图所示易拉罐，其半径与厚度之比为 $R:\delta = 200:1$，贴在罐体表面的沿轴向方向的应变片在开罐时读数变化了 $8\ \mu\varepsilon$，易拉罐材料的弹性模量 $E = 30$ GPa，泊松比 $\nu = 0.35$，则易拉罐初始时内外压力差是多少？

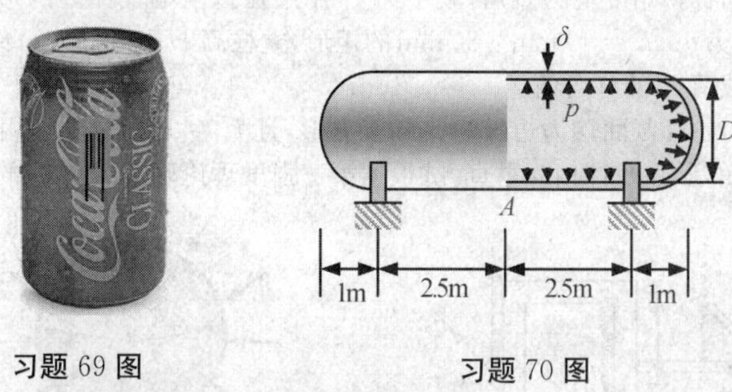

习题 69 图　　　　　　　　习题 70 图

70. 如图所示水平放置的圆筒形薄壁压力容器，其直径 $D = 1.5$ m，壁厚 $\delta = 4$ mm，内储均匀压力 $p = 0.2$ MPa 的气体，容器的自重为 $q = 18$ kN/m。不考虑两端结构形式的影响，试求容器中间下缘点 A 处的主应力。

71. 水平放置的圆筒形薄壁压力容器两端简支，直径 $D = 1$ m，壁厚 $\delta = 10$ mm，内储均匀压力 $p = 0.4$ MPa 的气体，容器的自重为 $q = 14$ kN/m，材料的许用应力 $[\sigma] = 20$ MPa。不考虑两端结构形式的影响，用第四强度理论校核容器的强度。

72. 如图所示，螺旋钢管由带钢卷制并焊接而成，管径 $D = 0.75$ m，带钢厚度 $\delta = 15$ mm，焊缝与管轴线间的夹角 $\alpha = 45°$。螺旋钢管生产完成后需做密封压力实验以检测钢管可能的缺陷，若实验内压 $p = 8$ MPa，求焊缝上的正应力和切应力。

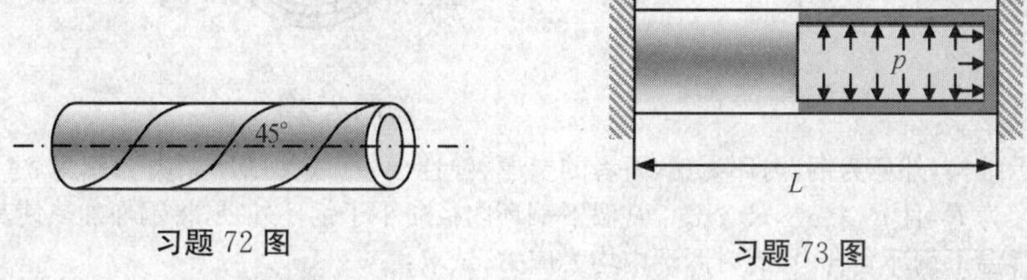

习题 72 图　　　　　　　　习题 73 图

73. 如图所示，平头圆筒形薄壁容器的直径为 D，壁厚为 δ，长度为 L。固定在两刚性壁之间后再施加内压 p，泊松比为 ν，求容器表面点的主应力。

四、计算题(B)

74. 如图所示，圆轴的直径 $d = 100$ mm，在自由端承受偏心拉力 F 和扭转力矩 m 的共同作用，F 作用在端面的左右对称轴上。在圆轴中部的上下缘 A，B 处各贴有一个沿轴线方向的应变片，在前侧点 C 处贴有一个与轴线成 $\alpha = 45°$ 的应变片。现测得 $\varepsilon_A = 520\ \mu\varepsilon$，$\varepsilon_B = -9.5\ \mu\varepsilon$，$\varepsilon_C = 200\ \mu\varepsilon$，材料的弹性模量 $E = 200$ GPa，$\nu = 0.3$。试求：

(1) 拉力 F 和扭转力矩 m 以及偏心距 e 的大小；

(2) 三个应变片处的第三强度理论的等效应力。

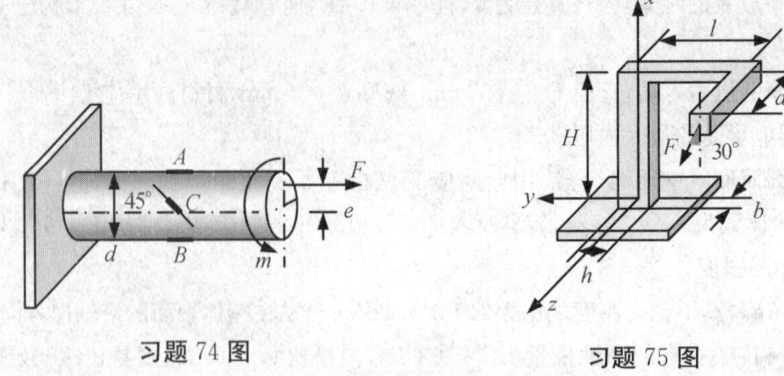

习题 74 图　　习题 75 图

75. 如图所示，曲拐结构各拐角度均为直角，集中力 F 作用在自由端平面内的形心处且与竖直线成 $\alpha=30°$，$a=120\ \mathrm{mm}$，立柱截面为 $b\times h=40\ \mathrm{mm}\times 80\ \mathrm{mm}$ 的矩形，立柱高 $H=320\ \mathrm{mm}$，许用应力 $[\sigma]=160\ \mathrm{MPa}$。试根据第三强度理论确定载荷 F 的许可值。

76. 如图所示，曲拐结构各杆截面均为边长为 a 的正方形，且 $L=10a$，材料许用应力 $[\sigma]$，集中载荷 F 和 $2F$ 均作用在自由端平面内的形心处且相互垂直。试根据第三强度理论确定载荷 F 的许可值。

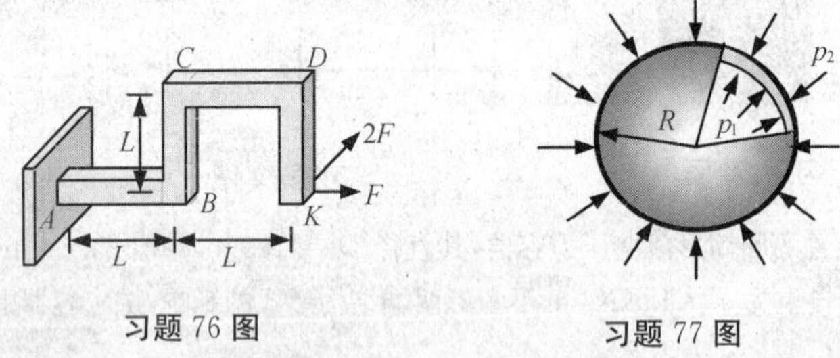

习题 76 图　　习题 77 图

77. 如图所示，球罐受内压 $p_1=30\ \mathrm{MPa}$ 和外压 $p_2=32\ \mathrm{MPa}$ 作用，罐体平均半径 $R=300\ \mathrm{mm}$，壁厚 $\delta=5\ \mathrm{mm}$。材料的屈服极限 $\sigma_s=320\ \mathrm{MPa}$，试根据第三强度理论确定球罐安全工作时的安全系数。

78. 如图所示，开口圆环的截面为边长为 a 的正方形，圆环截面轴线所围圆的半径为 R，且 $R\gg a$，开口处两侧分别作用有一竖向载荷 F。求圆环危险点处第三强度理论的等效应力。

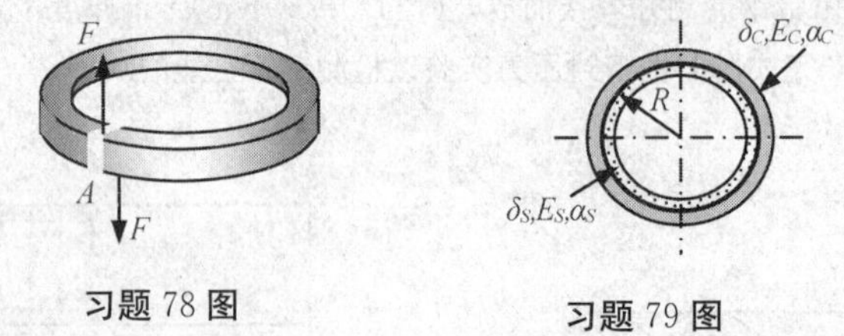

习题 78 图　　习题 79 图

79. 如图所示结构，外环为铜，内环为钢，两者的壁厚、弹性模量、线热膨胀系数分别为 δ_C，E_C，α_C 和 δ_S，E_S，α_S。钢环外径为 R，且 $R\gg\delta_C$，$R\gg\delta_S$，常温下铜环内径略小于钢环外径，将铜环加热使其温度升高 ΔT 后，铜环恰好与常温下钢环套合，且此时两环内均无应力。试求：

(1) 当铜环温度降至常温时，两环内的应力多大？

(2) 将已紧密套合的处于常温的两环再加热，则温度升高多少时两环内无应力？

80. 如图所示，水平面上的正方形刚架各段长为 a，各段的直径为 d，材料的弹性模量为 E，泊松比为 $\nu=0.25$，刚架 B，D 两角点由固定铰支承，另两角点 A，C 处各作用有一竖直载荷 F。求危险点的第三强度理论的等效应力。

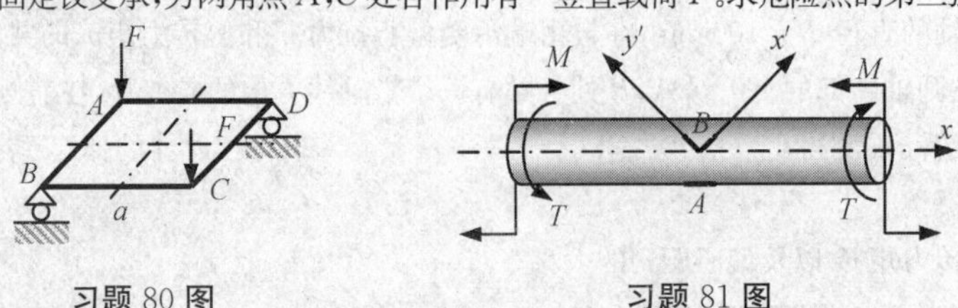

习题 80 图　　习题 81 图

81. 如图所示，钢制圆轴在两端受弯矩 M 和扭矩 T 同时作用，轴的直径 $D=18\ \mathrm{mm}$。实验测得圆轴底部 A 处沿轴线方向的应变为 $\varepsilon_x=500\ \mu\varepsilon$，而在前表面点 B 处测得与轴线方向成 $\alpha=45^\circ$ 方向的应变为 $\varepsilon_{x'}=450\ \mu\varepsilon$，$\varepsilon_{y'}=-450\ \mu\varepsilon$。材料的弹性模量 $E=200\ \mathrm{GPa}$，泊松比为 $\nu=0.25$，许用应力$[\sigma]=180\ \mathrm{MPa}$。

(1) 求弯矩 M 和扭矩 T；

(2) 按第三强度理论校核圆轴的强度。

82. 如图所示，圆轴在自由端受竖直载荷 F 和扭矩 m 作用，同时在轴中部截面的前缘 C 点受水平载荷 F 作用，在 C 点测得 $\alpha=45^\circ$ 方向的应变为 ε_{45°，而在中部截面的顶部 D 点测得沿轴线方向的应变为 ε_{0°。材料的弹性模量为 E，泊松比为 ν。

(1) 求载荷 F 和扭矩 m；

(2) 求第三强度理论的等效应力。

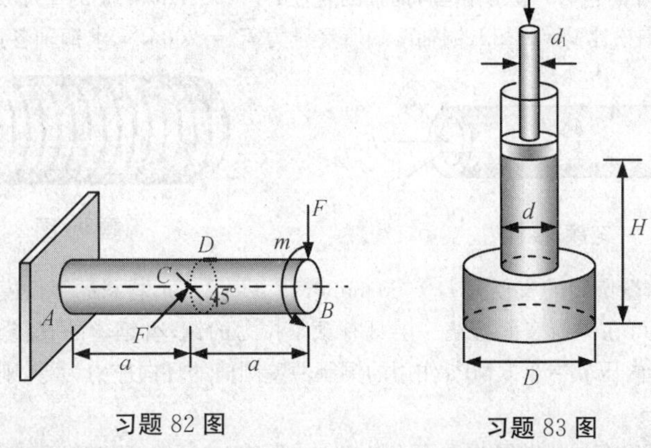

习题 82 图　　习题 83 图

83. 如图所示，阶梯状中空圆柱体下部外径为 $D=1.6\ \mathrm{m}$，上部外径为 $d=0.8\ \mathrm{m}$，上下部分的壁厚均为 $\delta=3\ \mathrm{mm}$，柱体内部封闭着泥浆，密度为 $\rho=2400\ \mathrm{kg/m^3}$，泥浆柱体的高度为 $H=3\ \mathrm{m}$，圆柱体材料的许用应力$[\sigma]=160\ \mathrm{MPa}$。用一推杆推压泥浆。

(1) 在不考虑推杆和压盘的安全性条件下，用第四强度理论确定最大的推压力 $F_{\max}$；

(2) 若推杆材料与圆柱体材料相同时，试依据强度条件确定推杆的直径 d_1。

84. 圆筒形薄壁压力容器的直径为 D，壁厚为 δ，$D\gg\delta$；内压为 p。材料的弹性模量为 E，泊松比为 ν，不考虑两端封头的影响，证明：圆筒由于内压而产生的体积变化率为 $\dfrac{\Delta V}{V}=\dfrac{Dp}{E\delta}\left(\dfrac{5}{4}-\nu\right)$。

85. 如图所示水平面内的刚架，各段的直径为 d，材料的弹性模量为 E，泊松比为 $\nu=0.25$，载荷 F 沿竖直方向。

(1) 求 O 点的竖向位移和该点处截面偏转的角度；

(2) 求危险点第三强度理论的等效应力。

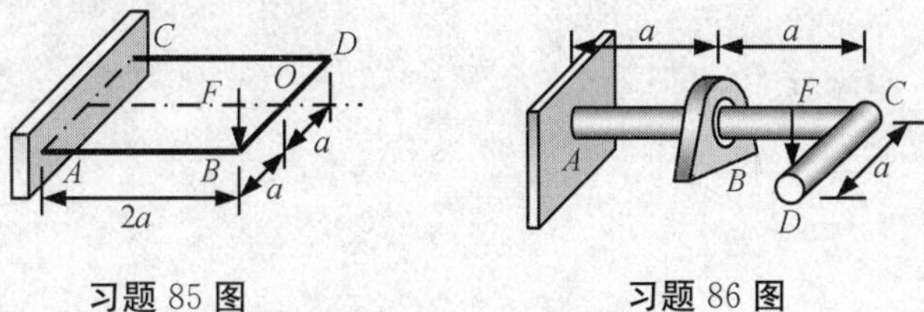

习题 85 图　　习题 86 图

86. 如图所示水平面内的曲拐，各段的直径为 d，材料的弹性模量为 E，泊松比为 $\nu=0.25$，许用应力为$[\sigma]$；载荷 F 沿竖直方向；在 B 点处有一防止向下移动的铰支承。

(1) 用第三强度理论确定载荷 F 的许可值；

(2) 此时曲拐自由端的挠度是多大?

87. 如图所示，结构中两圆杆的两端固定在刚性平板上，右端平板上作用有一个力偶矩 m，左端板固定不动。若 $L = 5a = 20d$，$G = 0.4E$，计算圆杆第三强度理论的等效应力。

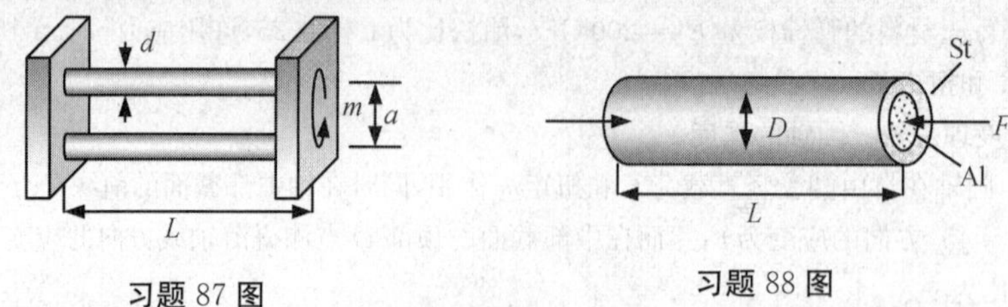

习题 87 图　　习题 88 图

88. 如图所示，长度为 L 的铝轴与薄壁钢套光滑套合，铝轴的直径为 D，钢套的壁厚为 δ，钢的弹性模量为 E_S，铝的弹性模量和泊松比分别为 E_A 和 ν_A，则当铝轴两端受压力 F 作用时，铝轴的轴向变形是多大？

89. 如图所示的铜轴外面包有一薄壁钢套，铜轴的直径 $D = 50$ mm，钢套的壁厚 $\delta = 2$ mm，钢和铜的弹性模量之比为 $\xi = 2$，铜的泊松比 $\nu = 0.32$，铜轴两端所受压力 $F = 200$ kN。求铜轴各点的主应力。

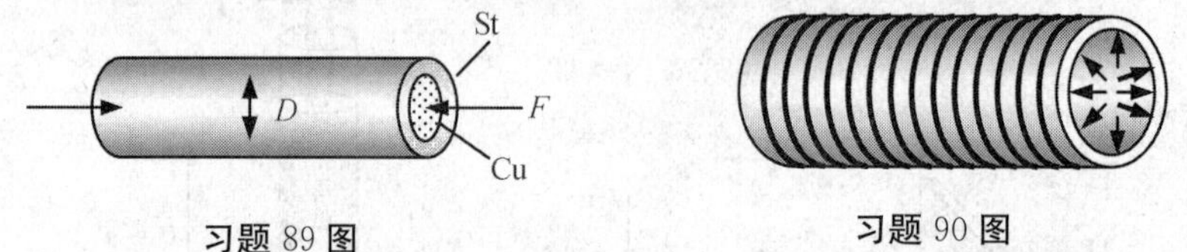

习题 89 图　　习题 90 图

90. 如图所示，铜制薄壁圆筒的直径为 $D = 60$ mm，壁厚 $\delta = 2$ mm，材料的弹性模量 $E_A = 120$ GPa，$\nu_A = 0.3$，为提高其承载能力，可在圆筒表面缠绕一层具有预紧拉力的钢丝，钢丝的直径 $d = 0.8$ mm，弹性模量 $E_S = 200$ GPa。若欲使受内压 $p = 1.5$ MPa 作用的铜制薄壁圆筒的环向应力为零，则钢丝的预紧拉应力应为多大？

91. 如图所示，锥形薄壁容器的壁厚为 δ，顶角为 2α，内压为 p。证明：距离锥顶 x 处的环截面表面处的主应力为：$\sigma_1 = \dfrac{px\sin\alpha}{\delta\cos^2\alpha}$，$\sigma_2 = \dfrac{px\sin\alpha}{2\delta\cos^2\alpha}$，$\sigma_3 = 0$。

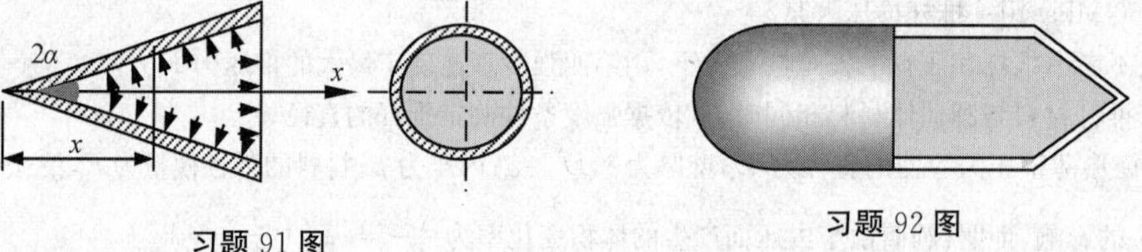

习题 91 图　　习题 92 图

92. 承受内压的薄壁容器需要设计为如图所示形状，左端为球形，中部为圆筒，右端为圆锥体。各种必要的数据可自行假设。

(1) 试设计其壁厚；

(2) 两段不同形状的交界处应如何设计？

第 10 章　压杆稳定

工程结构或构件保持其原有平衡形态的能力称为结构或构件的**稳定性**。工程结构或构件在正常工作时，除必须具备足够的强度和刚度之外，还必须具备稳定性。结构稳定性研究是工程力学中涵盖面十分广泛的一类重要问题，除了常见的工程构件的稳定性问题外，也研究诸如裂纹、旋涡等稳定性问题；而材料力学只研究最简单的稳定性问题，即受压的细长杆件的稳定性问题。

本章主要研究的内容是压杆的稳定性条件以及实际工程结构中受压杆件的稳定性计算等问题。另外需要说明，本章内容属于材料力学课程的专题内容，是相对独立的一部分内容。

10.1　稳定与失稳的一般概念

工程结构或构件在正常工作时必须是稳定的。下面以细长压杆为例说明稳定性的含义，如图 10－1(a)所示，杆件顶端沿轴线作用有一压力 F，当压力 F 不太大时，杆件除了轴线方向产生微小的压缩变形外没有其他的变形。此时，如果在杆件横向作用一不大的干扰力，则杆件也会产生横向的弯曲变形。但是，一旦横向干扰力消失，杆件的横向的弯曲变形也随之消失，杆件仍然保持其原来的直线平衡状态，则杆件的这种平衡状态称为**稳定平衡**。

当压力 F 增大到一定程度，即达到某个临界值 F_{cr} 时，在横向干扰力的作用下，杆件将在瞬间产生横向弯曲，并在这种状态下达到新的平衡，如图 10－1(b)所示。当横向干扰力消失后，杆件的这种弯曲平衡状态将会一直保持下去，而不会自动回复到初始时的直线平衡状态，则杆件的这种平衡状态称为**不稳定平衡**，习惯称为杆件的**失稳**，也称为杆件的**屈曲**。使杆件失稳的最小轴向压力 F_{cr} 称为**临界压力**或**临界载荷**。而结构或构件由失稳所引起的破坏称为**失稳破坏**。

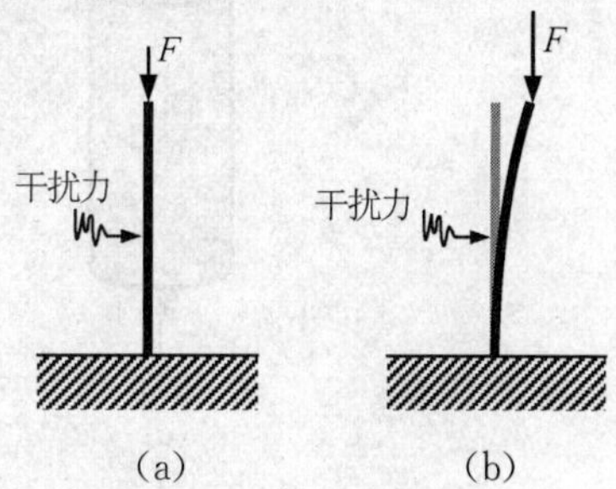

图 10－1　压杆的稳定与失稳

必须指出，尽管许多情况下外界干扰是结构或构件失稳的一个诱因，但绝不能认为失稳取决于外界干扰，结构受力超过一定限度才是导致失稳的决定性因素。例如图 10－1(b)所示的压杆失稳，载荷 F 达到临界值 F_{cr} 才是压杆失稳的主要原因。

另外，失稳在数学上属于**分岔**问题。图 10－2 是压杆顶端的横向位移 u 与载荷 F 的关系图，曲线 $u-F$ 称为压杆的**平衡路径**。由图可见，当载荷未达到临界压力 F_{cr} 时，平衡路径是竖直线 AB；而当载荷达到临界压力 F_{cr} 后，平衡路径就有可能是竖直线 BC 以及曲线 BD 或 BE。

稳定性问题相对于强度与刚度问题存在极大的差别，其主要特点如下：

①并不是所有构件都存在失稳问题，而且构件只是在特定的受力状态下才会失稳。例如，粗短杆件无论受拉力还是压力作用均不存在稳定性问题；细长杆件受拉力作用时也始终是稳定的，而受压力作用时则可能失稳。杆件的失稳问题，除压杆外，常见的还有：狭长矩形截面梁在弯曲平面外的失稳（如图 10－3(a)所示）；拱结构在压力作用下的面内失稳（如图 10－3(b)所示）；薄壁圆筒在轴向压力（如图 10－3(c)所示）或外压（如图 10－3(d)所示）以及扭转载荷（如图 10－3(e)所示）作用下的失稳等。这些工程中常见的失稳问题由于情况复杂，材料力学理论无法解决，因此不予考虑，读者可参阅相应的专著。

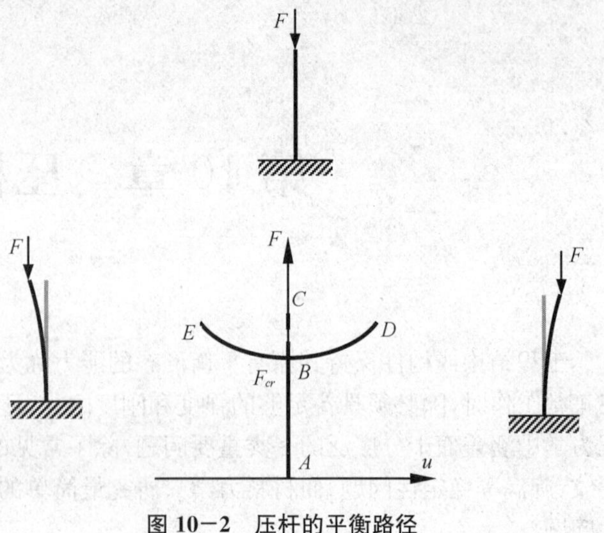

图 10－2　压杆的平衡路径

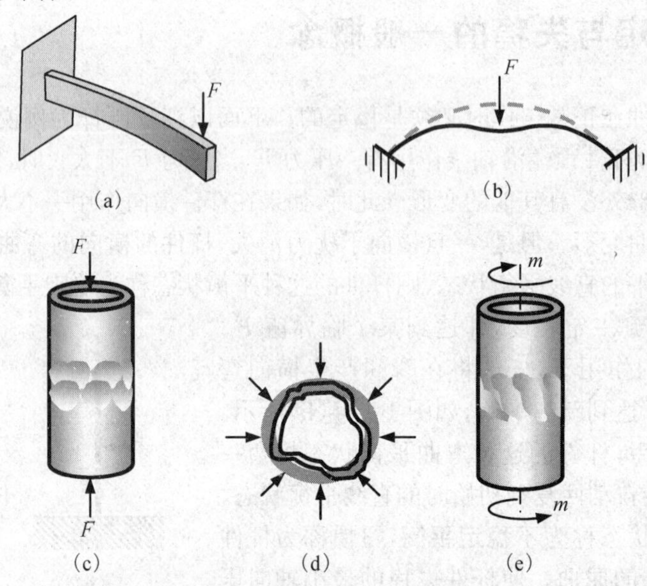

图 10－3　其他常见杆件失稳问题

②构件往往在弹性范围，即低应力水平情况下产生失稳。也就是说，失稳时构件的应力许多情况下并未达到使构件破坏的应力，即构件的失稳常在材料强度足够的情况下发生，因此，失稳现象对工程结构危害甚大。

③结构失稳常在瞬间发生，而且很多情况下结构立即破坏。这与稳定结构因强度不足引起的破坏很不相同，稳定结构因强度不足引起的破坏往往有塑性流动或裂纹静态扩展过程，而失稳破坏往往瞬间发生，令人猝不及防，因而更具危险性。

失稳破坏机理：失稳破坏往往具有突发性，而且在低应力水平情况下发生，其破坏机理甚为复杂，所以这里只能进行简略的分析。失稳破坏有两个主要特点：一是破坏前构件中的应力已达到相当高的程度，二是失稳破坏是裂纹高速扩展时引起的动态断裂破坏而非静态破坏。

下面以压杆失稳破坏为例进行分析，如图 10－4(a)所示，压杆失稳前杆件截面上的应力为：$\sigma'=\dfrac{F_{cr}}{A}\leqslant[\sigma]$，是低应力水平，但由于失稳时压杆偏离了原来的平衡位置，则任意截面上的应力现在为：$\sigma''=\dfrac{F_{cr}}{A}+\dfrac{M}{W_z}$，后一项应力是压杆失稳后由于弯曲引起的附加应力，在组合变形部分曾分析过，由弯矩引起的应力往往远远大于由轴力引起的应力，因此，尽管 σ' 小于材料的破坏应力，但 σ'' 则有可能超过；另外，压杆失稳破坏是一个动态破坏过程，而动态破坏总是与惯性应力以及裂纹高速扩展等因素有关，而且，即使是塑性材料，在动态破坏情况下，很多时候也呈现出脆性断裂性态。所以，尽管压杆失稳前应力水平很低，但失稳时附加上弯曲应力后，压杆的应力水平可能已达到相当高的程度，再加上动态因素的影响，则压杆就可能在瞬间产生断裂破坏。如图 10－4 所示的压杆，其失稳破坏往往发生在中下部强度最弱的截面处。

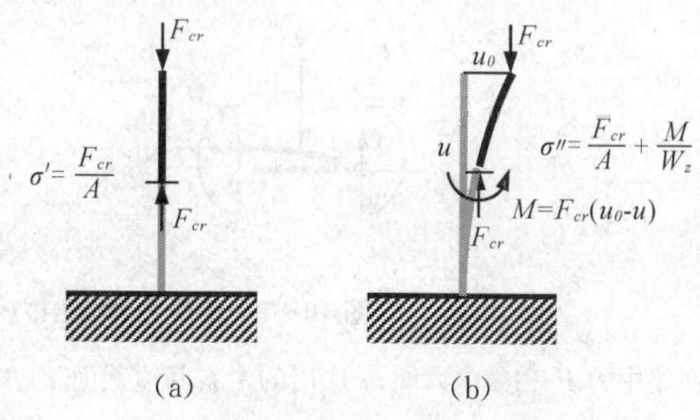

图 10－4　压杆失稳时截面上的应力

其他构件的失稳破坏与此类似，总之，结构失稳破坏主要是载荷偏移产生附加应力作用，继而引起结构中的裂纹高速扩展，从而使结构在瞬间产生动态断裂破坏，这种破坏具有突发性，而且失稳前结构处于低应力水平状态。所以，工程中研究构件的稳定性问题，对于保证结构的安全性具有十分重大的意义。

10.2* 压杆弹性屈曲的平衡微分方程

如图 10－5 所示，假设受轴向压力 F 作用下的杆件已经产生失稳，而且杆件处于微弯状态，即线弹性小变形状态。杆件上可以有横向载荷 $q(x)$、P、m 等作用，但不考虑杆件中部作用有轴向载荷的情况。

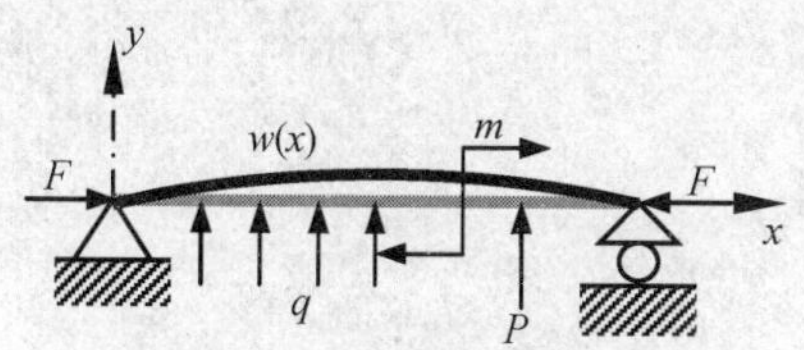

图 10－5　压杆的弹性失稳

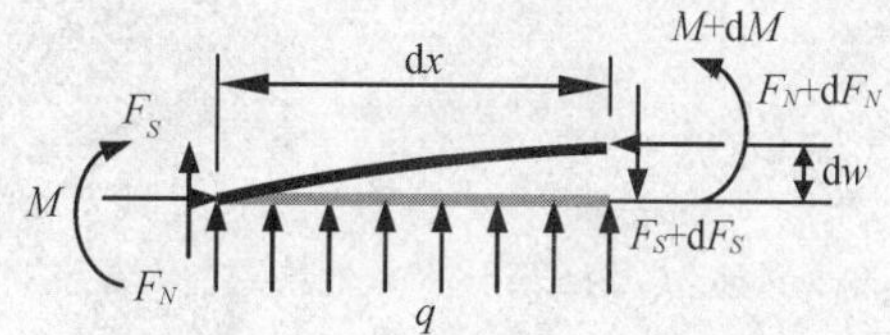

图 10－6　微元段梁的平衡

现考察微元长度的一段杆件，其受力情况如图 10－6 所示。这里与梁的微元段平衡情况不同的是杆件中存在轴力 F_N 以及杆件在横向存在屈曲位移，屈曲位移与横向载荷作用下的位移之和为 $w(x)$，则杆件微元段的右边除各个内力均有一个增量外，由于杆件的屈曲，其位移也有一个增量 $\mathrm{d}w$，根据杆件微元段上各力在轴向、竖向及对任意一点力矩的平衡，有

$$\begin{cases}\mathrm{d}F_N=0\\ \dfrac{\mathrm{d}F_S}{\mathrm{d}x}=q\\ \dfrac{\mathrm{d}M}{\mathrm{d}x}+F_N\dfrac{\mathrm{d}w}{\mathrm{d}x}=F_S\end{cases}\tag{10－1}$$

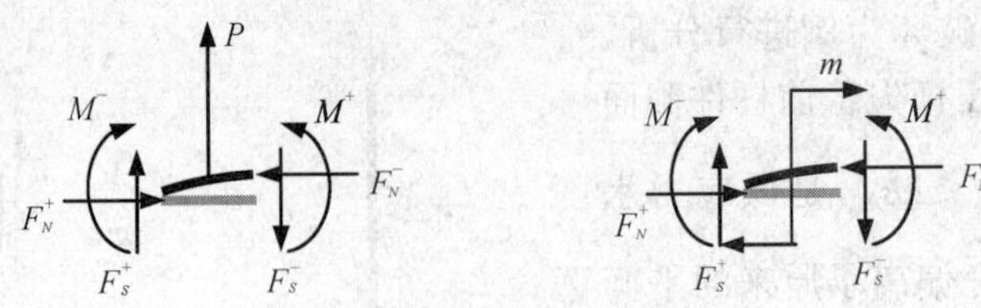

图 10-7 集中力和集中力偶作用处力的平衡

在集中力 P 和集中力偶 m 作用的左右两边截面上(如图 10-7 所示),仍有

$$\begin{cases} F_N^+ = F_N^- = F \\ F_S^+ - F_S^- = P \\ M^+ = M^- \end{cases} \tag{10-2}$$

$$\begin{cases} F_N^+ = F_N^- = F \\ F_S^+ = F_S^- \\ M^+ - M^- = m \end{cases} \tag{10-3}$$

注意到杆件仍处于微弯状态,即线弹性小变形状态,则杆件的曲率公式仍然近似为

$$w'' \approx \frac{1}{\rho} = \frac{M}{EI} \tag{10-4}$$

将式(10-1)代入,有

$$(EIw'')'' + Fw'' = q \tag{10-5}$$

式(10-5)即为压杆在弹性失稳时应满足的微分方程,称为**压杆弹性屈曲方程**。求解时,应根据函数$\dfrac{M}{EI}$的分段情况分段求解方程(10-5),在分界点处,应注意到位移 w,w'以及内力 M,F_S 的连续性,而横向集中力和集中力偶作用点是杆件当然的分界点,在该处内力应根据条件式(10-2)和式(10-3)处理,处理时应注意到 $M=EIw''$,$F_S=M'+Fw'=(EIw'')'+Fw'$。另外,求解时还需利用压杆的边界条件以确定各段杆件中的待定常数,压杆的边界条件通常有两种形式:一是位移边界条件(w,θ),二是力边界条件(M,F_S)。

如果杆件的抗弯刚度 EI 为常数,通常情况下即指等截面同一材料制成的杆件,则压杆弹性屈曲方程式(10-5)可简化为

$$w'''' + k^2 w'' = \frac{q}{EI} \tag{10-6}$$

也可写为

$$w^{(4)} + k^2 w^{(2)} = \frac{q}{EI} \tag{10-7}$$

式中,$k^2=\dfrac{F}{EI}$。

一般情况下,求解压杆弹性屈曲方程在数学上是十分困难的。因此,只有比较简单的压杆才能得到解析解。

另外,很多时候可直接应用杆件的曲率公式即式(10-4)进行压杆的稳定性分析。

10.3 理想压杆的临界载荷

如图 10-8 所示,如果压杆未屈曲前轴线是直线,即无初始曲率;而且无横向载荷作用,杆件中部无轴向载荷作用,且轴向压力严格作用在杆件截面的形心处,则这种压杆称为**理想压杆**。一般情况下,只考虑抗弯刚度为常数的理想压杆。

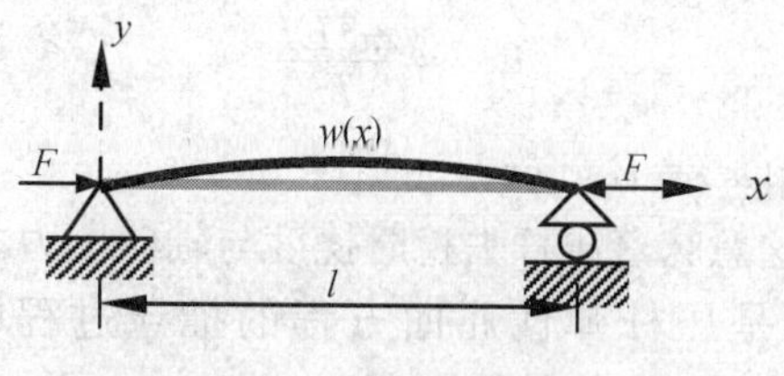

图 10-8　理想压杆

由式(10-7),理想压杆在抗弯刚度为常数的情况下,其弹性屈曲方程为

$$w^{(4)} + k^2 w^{(2)} = 0 \tag{10-8}$$

式中,$k^2 = \dfrac{F}{EI}$,而 $w(x)$ 完全是由轴向压力引起的屈曲位移。

注意到理想压杆没有分段现象,则式(10-8)的通解为

$$w(x) = A\cos kx + B\sin kx + Ckx + D \tag{10-9}$$

式中,A,B,C,D 是待定常数。

理想压杆失稳的条件是:待定常数 A,B,C,D 不全部为零。

待定常数 A,B,C,D 需由压杆的边界条件决定,即由压杆的位移边界条件(w,θ)和力边界条件(M,F_S)决定。由式(10-9)、式(10-4)及式(10-5)可得压杆的位移和内力分别如下:

挠度:$w = A\cos kx + B\sin kx + Ckx + D$

转角:$\theta = w' = -Ak\sin kx + Bk\cos kx + Ck$

弯矩:$M = EIw'' = -F(A\cos kx + B\sin kx)$

剪力:$F_S = M' + Fw' = FkC$

由理想压杆的实际边界条件以及上述各式即可得到关于待定常数 A,B,C,D 应满足的一组线性代数方程组,再根据压杆的失稳条件即可确定理想压杆的临界载荷。下面就一些常见压杆讨论其临界载荷。

(1) 两端铰支情况

两端铰支的压杆如图10-8所示,其位移边界条件为:$w(0)=0, w(l)=0$,其力边界条件为:$M(0)=0, M(l)=0$。由压杆的位移和内力各表达式,有

$$A + D = 0$$
$$A = 0$$
$$A\cos kl + B\sin kl + Ckl + D = 0$$
$$A\cos kl + B\sin kl = 0$$

利用四个待定常数不全部为零的条件可导出:$\sin kl = 0$,该方程称为压杆的**特征方程**。或将上述各式写成矩阵形式,即

$$\begin{bmatrix} 1 & 0 & 0 & 1 \\ 1 & 0 & 0 & 0 \\ \cos kl & \sin kl & kl & 1 \\ \cos kl & \sin kl & 0 & 0 \end{bmatrix} \begin{bmatrix} A \\ B \\ C \\ D \end{bmatrix} = \mathbf{0}$$

根据待定常数要有非零解则其系数行列式必须为零的条件,也可导出与上面相同的特征方程。

特征方程 $\sin kl = 0$ 的最小正数解为:$kl = \pi$,则压杆失稳时的临界载荷为

$$F_{cr}=\frac{\pi^2 EI}{l^2} \tag{10-10}$$

此时压杆的挠曲线方程为：$w(x)=B\sin kx$。

这里的 B 仍是未知的，这意味着压杆失稳时挠度与轴向压力之间不存在确定的一一对应关系，造成这种结果的原因是压杆弹性屈曲方程的推导过程中引用了近似的曲率公式(10－4)，如果采用精确的曲率公式：

$$\frac{1}{\rho}=\frac{w''}{(1+w'^2)^{\frac{3}{2}}}=\frac{M}{EI}$$

将得到与实际相符合的结论，但此时的压杆弹性屈曲方程是一非线性的微分方程，其求解十分困难，必须使用更高深的数学手段方能解决问题。而一般的工程问题，只需要确定其临界载荷也就可以了。

还必须说明，压杆失稳时挠度与轴向压力之间不再呈线性关系，因此，它们之间不能使用叠加法，这与一般的材料力学问题很不一样。而且，压杆稳定问题的这一特点并不是理想压杆的近似处理造成的，更精细的分析表明，即使是理想压杆，挠度与轴向压力之间呈现的也是非线性关系。

(2) 一端固定一端自由情况

此种情况的压杆如图 10－9 所示，其边界条件为：$w(0)=0,\theta(0)=0,M(l)=0,F_S(l)=0$。由压杆的位移和内力各表达式，有

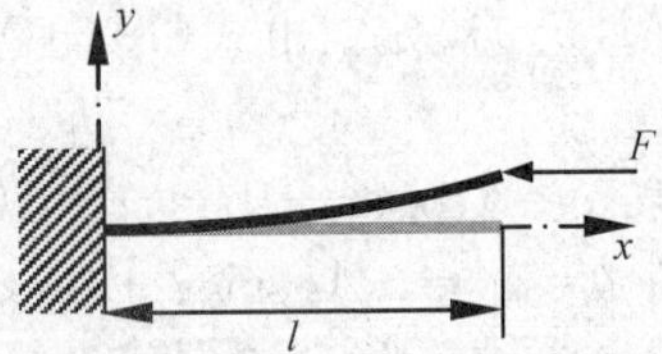

图 10－9　一端固定一端自由的压杆

$$A+D=0$$
$$B+C=0$$
$$A\cos kl+B\sin kl=0$$
$$C=0$$

利用四个待定常数不全部为零的条件可导出特征方程为：$\cos kl=0$，其最小正数解为：$kl=\frac{\pi}{2}$，则压杆失稳时的临界载荷为

$$F_{cr}=\frac{\pi^2 EI}{(2l)^2} \tag{10-11}$$

此时压杆的挠曲线方程为：$w=A(\cos kx-1)$。

(3) 一端固定一端铰支情况

此种情况的压杆如图 10－10 所示，其边界条件为：$w(0)=0,\theta(0)=0,M(l)=0,w(l)=0$。由压杆的位移和内力各表达式，有

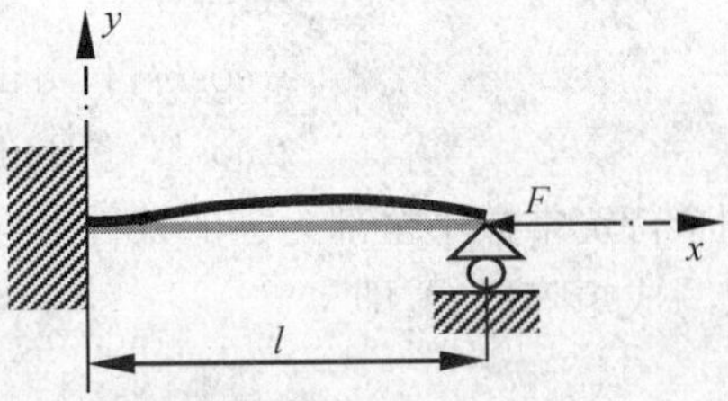

图 10－10　一端固定一端铰支的压杆

$$A+D=0$$
$$B+C=0$$
$$A\cos kl+B\sin kl=0$$
$$A\cos kl+B\sin kl+Ckl+D=0$$

利用四个待定常数不全为零的条件，可导出特征方程为：$\tan kl=kl$，该方程是一个超越方程，其最小正数解为：$kl=4.493\approx\frac{\pi}{0.7}$，则压杆失稳时的临界载荷为

$$F_{cr}=\frac{\pi^2 EI}{(0.7l)^2} \tag{10-12}$$

(4)两端固定情况

此种情况的压杆如图 10-11 所示，其边界条件为：$w(0)=0,\theta(0)=0,w(l)=0,\theta(l)=0$。由压杆的挠度和转角表达式，有

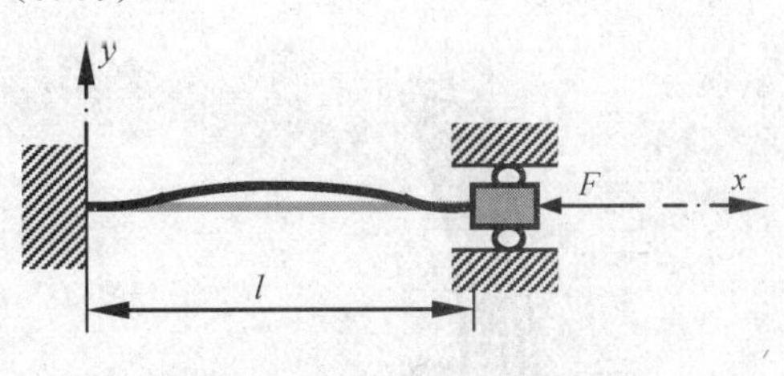

图 10-11　两端固定的压杆

$$A+D=0$$
$$B+C=0$$
$$A\cos kl+B\sin kl+Ckl+D=0$$
$$-A\sin kl+B\cos kl+C=0$$

利用四个待定常数不全为零的条件，可导出特征方程为：$\cos kl=1$，其最小正数解为：$kl=2\pi=\frac{\pi}{0.5}$，则压杆失稳时的临界载荷为

$$F_{cr}=\frac{\pi^2 EI}{(0.5l)^2} \tag{10-13}$$

从上面可以看出：**理想压杆的边界条件是齐次的，即均为零边界条件；且其弹性屈曲方程也是齐次的线性微分方程。**

式(10-10)~式(10-13)可统一写为

$$F_{cr}=\frac{\pi^2 EI}{(\mu l)^2} \tag{10-14}$$

式(10-14)称为**理想压杆临界载荷的欧拉公式**。对于不同约束的理想压杆，μ 的取值为：两端铰支 $\mu=1$，一端固定一端自由 $\mu=2$，一端固定一端铰支 $\mu=0.7$，两端固定 $\mu=0.5$。参数 μ 依赖于杆件的约束情况，除了上述几种常见的约束外，杆件的实际约束很复杂，而对于实际约束情况，参数 μ 可选择上述几种取值的中间状态。

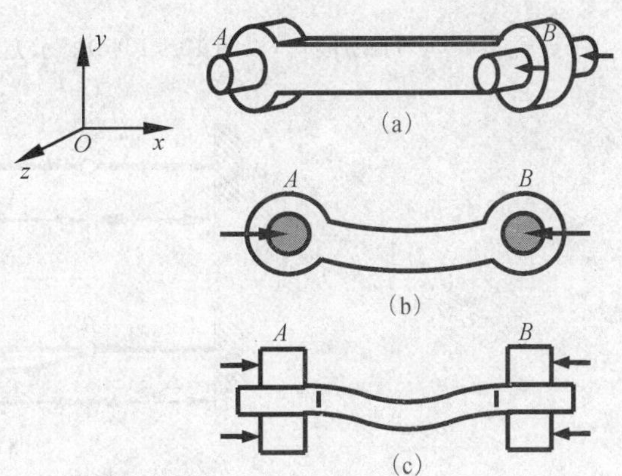

图 10-12　压杆约束的合理简化

需要强调的是，根据欧拉公式，理想压杆的临界载荷不仅与压杆的材料以及截面的形状大小有关，而且与压杆的约束情况以及长度关系甚大，特别是压杆的长度，强烈地影响着压杆的临界载荷。

另外，压杆的约束应根据实际情况进行合理的简化，不能机械地处理，如图 10-12(a)所示的连杆结构，当其在 xy 平面内失稳时，约束应简化为两端铰支(如图 10-12(b)所示)，而在 xz 平面内失稳时，约束应简化为两端固定(如图 10-12(c)所示)。

其次，欧拉公式中的**惯性矩 I 是截面的最小形心主惯性矩**。一般地，截面的两个形心主惯性矩 I_z 和 I_y 是不相等的，如果杆件在垂直于轴线的各个方向的约束相同，则 I 就是最小形心主惯性矩，即 I_z 和 I_y 中较小的那个，而且杆件沿最小形心主惯性矩方向失稳(如图 10-13 所示)。

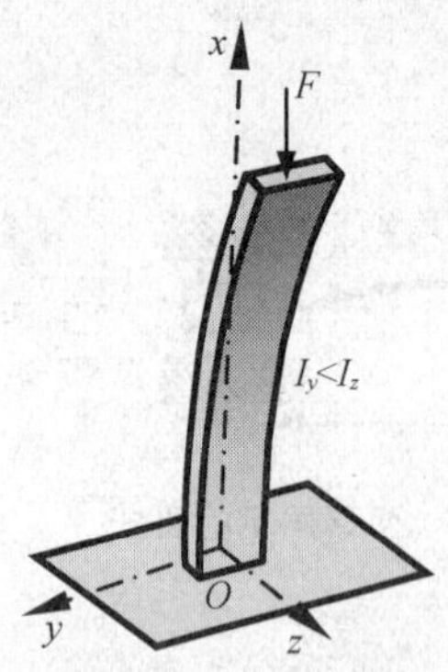

图 10－13　压杆沿最小主惯性矩方向失稳

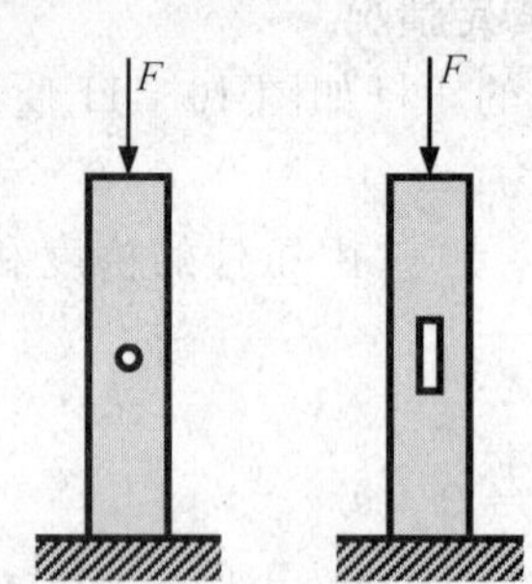

图 10－14　小尺度的孔和槽对压杆稳定性影响较小

还需要注意，压杆中若存在小尺度的孔和槽时，由于应力集中现象，压杆的强度将受到较大的影响，但对其稳定性的影响较小，原因是小尺度的孔和槽对压杆的惯性矩 I 的影响不大（如图 10－14 所示）。

例 10－1　求图 10－15(a)所示结构的临界载荷，各杆的抗弯刚度均为 EI。

解：压杆失稳有两种可能性，如图 10－15(b)、(c)所示。若以图 10－15(b)所示的方式失稳，则其临界载荷为

$$F_{cr1}=\frac{\pi^2EI}{(1.5a)^2}=\frac{\pi^2EI}{2.25a^2}$$

若以图 10－15(c)所示的方式失稳，则其临界载荷为

$$F_{cr2}=\frac{\pi^2EI}{(2a)^2}=\frac{\pi^2EI}{4a^2}$$

由于 $F_{cr2}<F_{cr1}$，可见压杆是以图 10－15(c)所示方式失稳。故结构的临界载荷为：$F_{cr}=\dfrac{\pi^2EI}{4a^2}$。

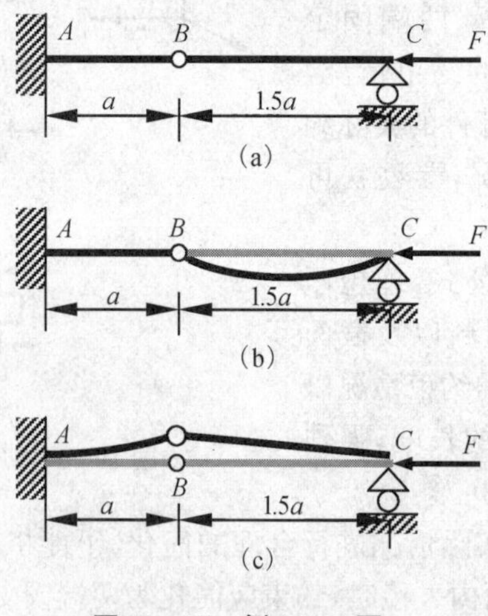

图 10－15　例 10－1 图

例 10－2　如图 10－16(a)所示，杆件的抗弯刚度为 EI。为增加杆件的稳定性，可在杆件中部增加一个支座（如图 10－16(b)所示），问距离 x 多大时，才能使轴向压力 F 达到最大值，这个最大的压力是原来杆件能承受的压力的多少倍？

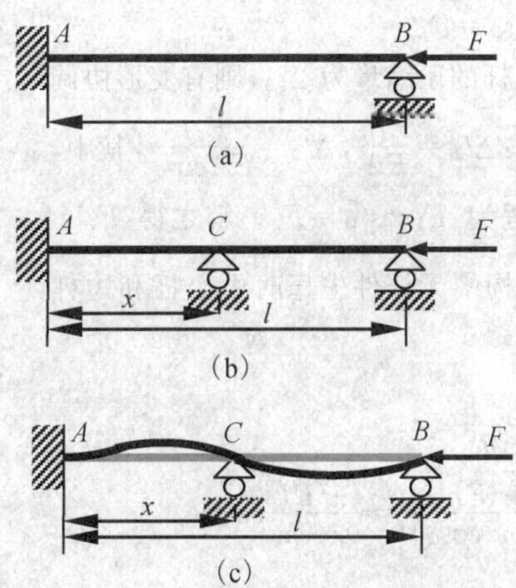

图 10－16　例 10－2 图

解：只有当支座 C 所分隔的两段杆同时失稳时，才能使 F 达到最大。如图 10－16(c)所示，此时，AC 杆的临界载荷为：$F_{cr1}=\dfrac{\pi^2 EI}{(0.7x)^2}$，$BC$ 杆的临界载荷为：$F_{cr2}=\dfrac{\pi^2 EI}{(l-x)^2}$。

$F_{cr1}=F_{cr2}$时，杆件能承受的轴向压力 F 达到最大值，所以有：$0.7x=l-x$，即：$x=0.588l$。

此时，$F_{\max}=\dfrac{\pi^2 EI}{[(1-0.588)l]^2}=\dfrac{\pi^2 EI}{(0.412l)^2}$，原压杆能承受的轴向压力为：$F_{cr}=\dfrac{\pi^2 EI}{(0.7l)^2}$，所以，$\dfrac{F_{\max}}{F_{cr}}=\left(\dfrac{0.7}{0.412}\right)^2=3.89$。

可见，增加杆件的约束可提高其抗失稳的能力。

例 10－3　如图 10－17 所示桁架结构，各杆的抗弯刚度均为 EI，考虑其稳定性，则在图示两种载荷情况下，结构能承受的最大载荷之比是多大？

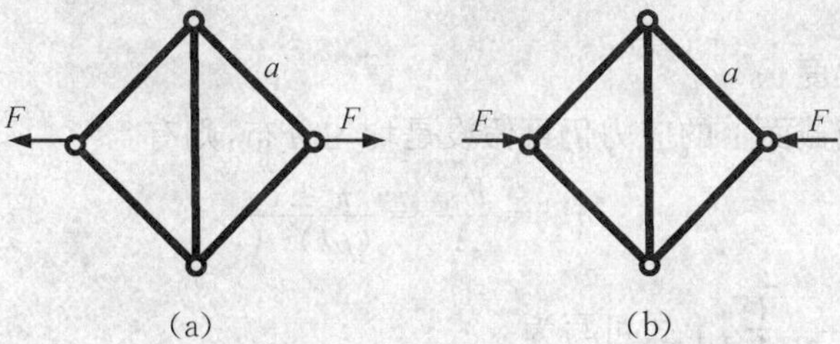

图 10－17　例 10－3 图

解：在如图 10－17(a)所示载荷情况下，结构中间竖直杆受压，压力为 F，则其临界载荷为：$F_{cr1}=\dfrac{\pi^2 EI}{(\sqrt{2}a)^2}=\dfrac{\pi^2 EI}{2a^2}$，结构能承受的最大载荷为：$F_{\max 1}=F_{cr1}=\dfrac{\pi^2 EI}{2a^2}$。

而在如图 10－17(b)所示载荷情况下，结构的边杆受压，压力为$\dfrac{\sqrt{2}}{2}F$，则其临界载荷为：$F_{cr2}=\dfrac{\pi^2 EI}{a^2}$，结构能承受的最大载荷为：$F_{\max 2}=\sqrt{2}F_{cr2}=\dfrac{\sqrt{2}\pi^2 EI}{a^2}$。

所以两种情况下，结构能承受的最大载荷之比为：$\eta=\dfrac{F_{\max 1}}{F_{\max 2}}=\dfrac{1}{2\sqrt{2}}=\dfrac{\sqrt{2}}{4}$。

例 10－4　如图 10－18 所示结构，数量为 $n(n\geqslant 3)$的边杆的下端与刚性地基固接，且均匀分布在半径为 R 的圆周上，$\alpha<45°$，中心竖杆长为 h，下端与地基铰接，各杆的抗弯刚度为 EI，考虑其稳定性，求结构能承受的最大载荷。

解：结构为中心对称的超静定结构，各边杆中的轴力是相同的。设中心竖杆中的压力为 F_1，边杆中的压

力为 F_2，则平衡方程为：$F_1+nF_2\cos\alpha=F$。

设中心竖杆的压缩量为 Δl_1，边杆的压缩量为 Δl_2，则有变形协调方程为：$\Delta l_1\cos\alpha=\Delta l_2$，物理方程为：$\Delta l_1=\dfrac{F_1h}{EA}$，$\Delta l_2=\dfrac{F_2h}{EA\cos\alpha}$，其中，$EA$ 为杆件的抗拉刚度；则补充方程为：$F_1\cos^2\alpha=F_2$。解之得：$F_1=\dfrac{F}{1+n\cos^3\alpha}$，$F_2=\dfrac{F\cos^2\alpha}{1+n\cos^3\alpha}$，这是结构中无杆件失稳时中心杆和边杆中的轴力。下面考虑结构失稳问题。

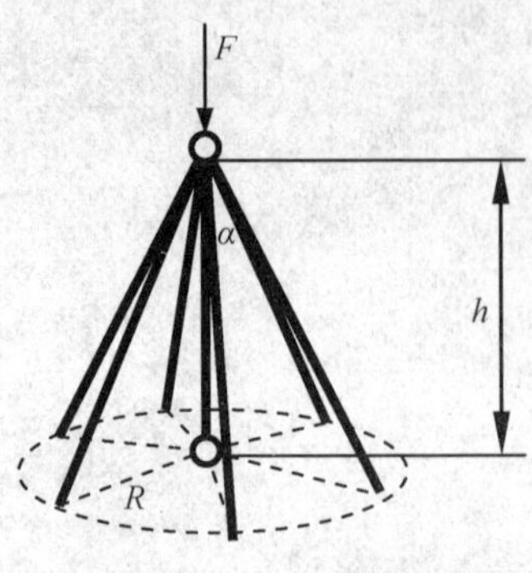

图 10－18 例 10－4 图

中心竖杆的临界载荷为：$F_{cr1}=\dfrac{\pi^2EI}{h^2}$。

边杆的临界载荷为：$F_{cr2}=\dfrac{\pi^2EI}{(0.7h/\cos\alpha)^2}=\dfrac{\pi^2EI}{0.49h^2}\cos^2\alpha$。

由于 $\alpha<45°$，则 $\cos^2\alpha>\dfrac{1}{2}$，于是有：$F_{cr2}>F_{cr1}$。可见，中心杆先失稳。当中心杆失稳时，此时的结构并未失去承载能力，这时边杆中的内力为(根据平衡方程)：$F_2=\dfrac{1}{n\cos\alpha}(F-F_{cr1})$。

只有当边杆也失稳时，整个结构才将失去承载能力，此时的载荷 F 就是结构能承受的最大载荷 F_{max}。所以有

$$F_{cr2}=\frac{1}{n\cos\alpha}(F_{max}-F_{cr1})$$

$$\frac{\pi^2EI}{0.49h^2}\cos^2\alpha=\frac{1}{n\cos\alpha}\left(F_{max}-\frac{\pi^2EI}{h^2}\right)$$

因此，结构能承受的最大载荷为：$F_{max}=\dfrac{\pi^2EI}{h^2}\left(1+\dfrac{n\cos^3\alpha}{0.49}\right)$。

10.4 理想压杆的临界应力

(1)临界应力与柔度

压杆屈曲后，其横截面上的应力仍可假设是均匀分布，则有

$$\sigma_{cr}=\frac{F_{cr}}{A}=\frac{\pi^2EI}{(\mu l)^2A}$$

引进惯性半径：$i=\sqrt{\dfrac{I}{A}}$，上式可写为

$$\sigma_{cr}=\frac{\pi^2E}{\lambda^2} \tag{10-15}$$

称为**理想压杆的临界应力**或**临界应力的欧拉公式**。其中，

$$\lambda=\frac{\mu l}{i} \tag{10-16}$$

称为**压杆的柔度**或**细长比**，是一个无量纲量，综合地表示了杆件的长度、横截面的几何特性以及两端约束情况对压杆稳定性的影响。很明显，柔度越大，压杆的临界应力就越小，杆件抗失稳的能力就越弱。

惯性半径 i 反映了杆件截面形状以及尺寸对杆件稳定性的影响。惯性半径越大，杆件抗失稳的能力就越强；惯性半径越小，杆件抗失稳的能力就越弱。压杆常见截面如图 10－19 所示。

圆形截面：$i=\dfrac{D}{4}$，圆环形截面：$i=\dfrac{D}{4}\sqrt{1+\alpha^2}\left(\alpha=\dfrac{d}{D}\right)$，矩形截面绕 y 轴失稳：$i=\dfrac{b}{2\sqrt{3}}$。

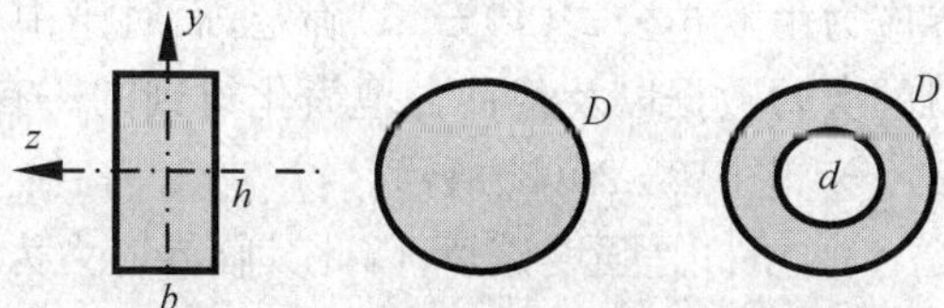

图 10－19　压杆常见截面形状

(2)临界总图

无论是临界载荷的欧拉公式(10－14)还是临界应力的欧拉公式(10－15)都是在线弹性小变形情况下导出的,因此临界应力应该小于材料的比例极限,即

$$\sigma_{cr}=\frac{\pi^2 E}{\lambda^2}\leqslant\sigma_p \tag{10-17}$$

则应有

$$\lambda\geqslant\pi\sqrt{\frac{E}{\sigma_p}}=\lambda_p \tag{10-18}$$

这即是临界应力欧拉公式的适用条件。满足式(10－18)的压杆称为**大柔度杆**或**细长杆**,因此,式(10－18)为压杆是否是大柔度杆的判据。大柔度压杆的失效形式通常是失稳破坏,而当压杆柔度较小时,例如粗短压杆,其失效形式就不是失稳破坏,而是材料的强度破坏。所以,为了全面了解压杆的两种破坏形式,可根据压杆的柔度 λ 将压杆分为以下三类:

①**大柔度杆**,又称为**细长杆**。判据为 $\lambda\geqslant\lambda_p$。

②**中柔度杆**,又称为**中长杆**。判据为 $\lambda_s\leqslant\lambda\leqslant\lambda_p$。

③**小柔度杆**,又称为**粗短杆**。判据为 $\lambda\leqslant\lambda_s$。

其中,λ_s 是小柔度杆和中柔度杆的界限。大柔度压杆的失效形式通常是弹性失稳引起的破坏,其临界应力由欧拉公式(10－15)确定;小柔度杆的失效形式是材料的强度破坏,其临界应力由材料的屈服应力(塑性材料)或强度极限(脆性材料)所确定;而中柔度杆的失效形式较为复杂,其临界应力没有理论值,但兼具失稳和强度两种因素的影响。

通常根据理论分析和实验结果,可将压杆的临界应力 σ_{cr} 和柔度 λ 之间的关系绘成一条连续的曲线,如图 10－20 所示,称为**临界总图**。

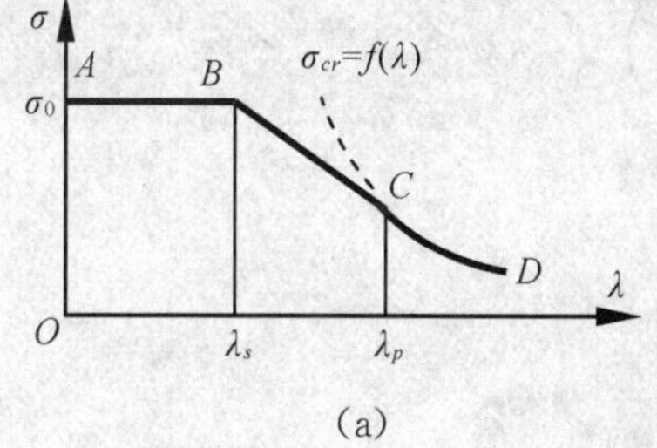

(a)

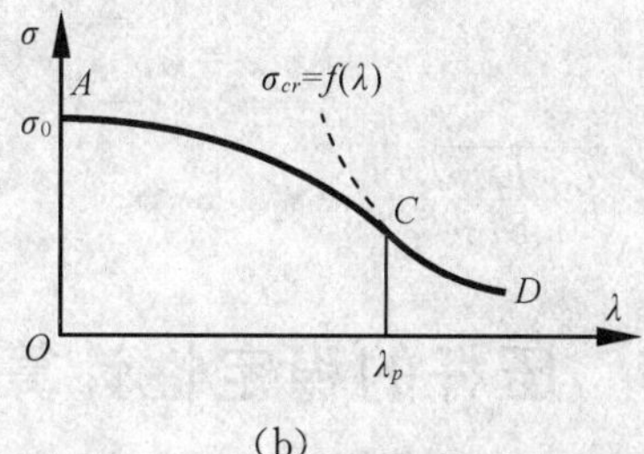

(b)

图 10－20　临界总图

图 10－20 中,杆件的柔度 λ 为横轴,横截面上的压应力 σ 为纵轴,σ_0 是材料的强度失效应力。显然,平面 $\lambda-\sigma$ 上的一点代表了压杆柔度及其工作应力的某种状态,若位于临界应力曲线 $\sigma_{cr}=f(\lambda)$ 的上面,则压杆危险;而若位于临界应力曲线 $\sigma_{cr}=f(\lambda)$ 的下面,则压杆是安全的。所以,临界应力曲线 $\sigma_{cr}=f(\lambda)$ 将平面 $\lambda-\sigma$ 分为两个区域,上面区域为危险区,下面区域则是安全区。

对于大柔度杆，其临界应力由欧拉公式(10－15)确定；而对于中小柔度杆，其临界应力没有理论值，通常是根据材料的实验数据以及某种合理简化得到的。有两种方法确定中小柔度杆的临界应力，如图 10－20(a)和图 10－20(b)所示。

①在小柔度区，即 $\lambda \leqslant \lambda_s$ 时，压杆是强度破坏，因此其临界应力为

$$\sigma_{cr} = \sigma_0 \tag{10-19}$$

即图 10－20(a)中的直线 AB。对塑性材料，σ_0 是屈服应力 σ_s；对脆性材料，σ_0 是强度极限 σ_b。

②在中柔度区，即 $\lambda_s \leqslant \lambda \leqslant \lambda_p$ 时，压杆的失效兼具失稳和强度两种因素的影响，其临界应力可简化为直线 BC，B 点的应力为 σ_0，C 点的应力为 $\frac{\pi^2 E}{\lambda_p^2}$。直线 BC 的方程可写为

$$\sigma_{cr} = a - b\lambda \tag{10-20}$$

式中，a，b 的取值可参考表 10－1。大柔度杆和中柔度杆的界限 λ_s 可由下式确定：

$$\lambda_s = \frac{a - \sigma_0}{b} \tag{10-21}$$

表 10－1 常见材料的柔度指标

材料名称	a(MPa)	b(MPa)	λ_p	λ_s
Q235 钢	304	1.12	100	61.4
优质碳钢	450	2.57	100	60
硅钢	577	3.74	100	60
铸铁	332	1.45	85	
铬钼钢	980	5.3	55	
硬铝	372	2.14	50	
松木	39	0.2	50	

③在中小柔度区，即 $\lambda \leqslant \lambda_p$ 时，也可用一抛物线公式拟合临界应力，即

$$\sigma_{cr} = \sigma_0 - \alpha\lambda^2 \tag{10-22}$$

式中，α 是根据实验得出的经验常数，可参考有关规范。例如在钢结构设计中，中小柔度压杆的临界应力常用下述公式计算：

$$\sigma_{cr} = \sigma_s\left[1 - 0.43\left(\frac{\lambda}{\lambda_c}\right)^2\right] \quad (\lambda \leqslant \lambda_c)$$

式中，$\lambda_c = \pi\sqrt{\frac{E}{0.57\sigma_s}}$。

10.5 压杆的稳定性计算

(1)稳定性条件

一般来说，只要杆件中的压力没有超过其临界载荷，或者是杆件中的应力没有超过其临界应力时，则压杆就处于稳定状态，即压杆的稳定性条件为

$$F_w \leqslant F_{cr} \text{或} \sigma_w \leqslant \sigma_{cr} \tag{10-23}$$

也可写为

$$n_{st} = \frac{F_{cr}}{F_w} = \frac{\sigma_{cr}}{\sigma_w} \geqslant 1 \tag{10-24}$$

满足上述条件时，压杆在稳定性上是安全的，在临界总图上压杆实际状态位于临界应力曲线 $\sigma_{cr}=f(\lambda)$ 的下面(如图 10－20(a)、(b)所示)。但由于实际工程中压杆很难满足理想压杆的条件，而且可能存在一些偶然因素的影响，因此，在具体设计中，必须使压杆具有足够的稳定性裕度，所以一般情况下，将压杆稳定性条件式(10－24)写为

$$n_{st}=\frac{F_{cr}}{F_w}=\frac{\sigma_{cr}}{\sigma_w}\geqslant[n_{st}] \tag{10－25}$$

式中，F_{cr}，σ_{cr} 分别是压杆的临界载荷和临界应力，F_w，σ_w 是压杆的工作载荷和工作应力，n_{st} 称为压杆实际安全系数，而 $[n_{st}]$ 称为压杆稳定性安全系数，$[n_{st}]>1$，可根据压杆稳定性的实际要求给出。

压杆的稳定性计算可采用如图 10－21 所示的流程进行。

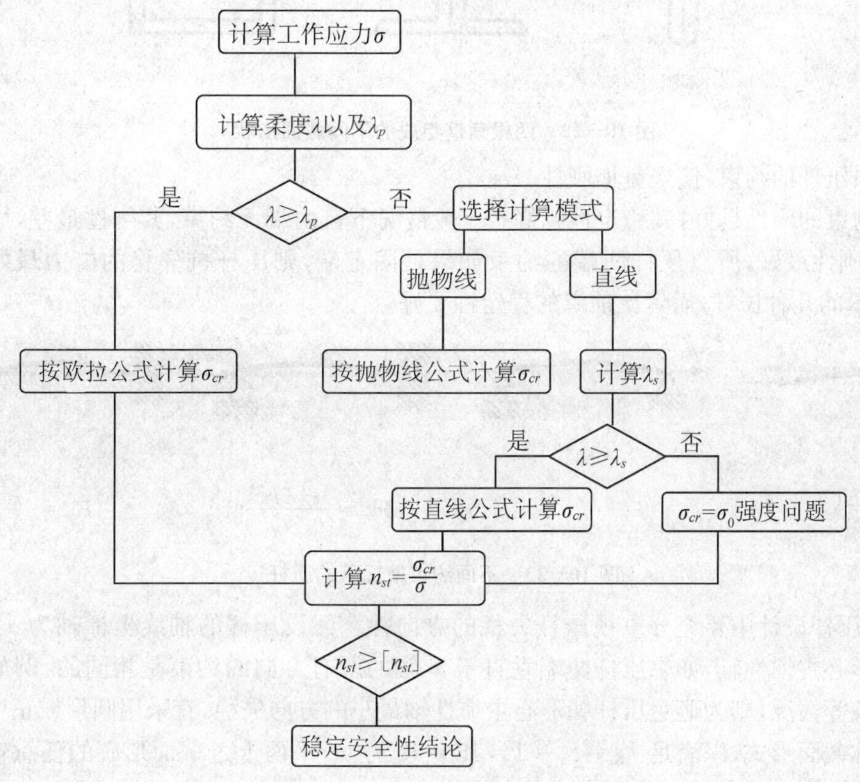

图 10－21　压杆稳定性计算流程

(2)稳定性设计

实际工程中，稳定性设计就是在尽可能不增加成本的情况下，采用适当的办法以尽量提高压杆的稳定性。

首先，根据欧拉公式，可以选择弹性模量较大的材料，但这要增加成本，所以需要综合考虑。必须指出，如果压杆材料是钢材，则优质钢材和普通钢材的弹性模量并没有多大差别，因此，采用优质钢材只能改善压杆的强度，而对其稳定性并无较大的改善。

所以，降低压杆的柔度才是提高其稳定性的最主要的措施，根据柔度公式(10－16)，即 $\lambda=\frac{\mu l}{i}$，降低压杆的柔度有以下几种方法：

①减小压杆的长度可以显著地提高压杆的稳定性。

工程中通常在条件许可的情况下在杆件的中部增加若干横向支承，这样可将压杆分为几段，每段压杆的长度大大减小，从而提高整个压杆的稳定性。

②合理选择压杆的截面形状。

考虑到不增加成本，应在不增加压杆截面面积的条件下尽可能提高截面的惯性矩，因此，应尽可能采用面积远离中性轴的截面形状。例如，面积相同的圆形截面杆，宜采用空心截面形式；而图 10－22(a)、(b)、(c)所示的四根相同的角钢焊接形成的截面形状，后者比前者的稳定性要好。

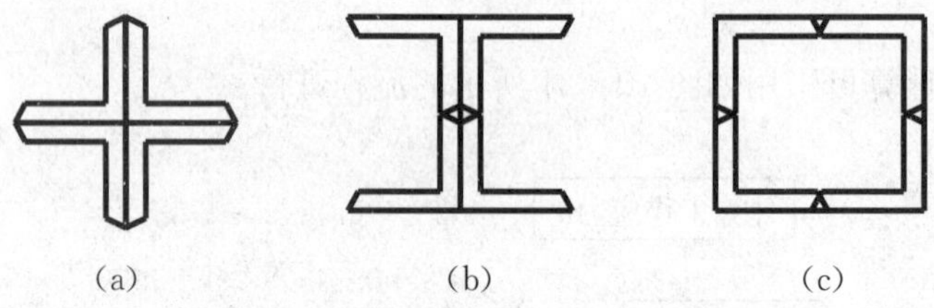

图 10－22　四根角钢组成的不同截面形状

③加强压杆的约束，使之更加刚性。

压杆约束的刚性越好，其稳定性越好。一般情况下自由端无约束，其刚性最差，固定端约束最强，其刚性最好，所以压杆两端的约束如果是固定端，则压杆抗失稳的能力最好。如图 10－23 所示的几种压杆，后者比前者的稳定性要好。

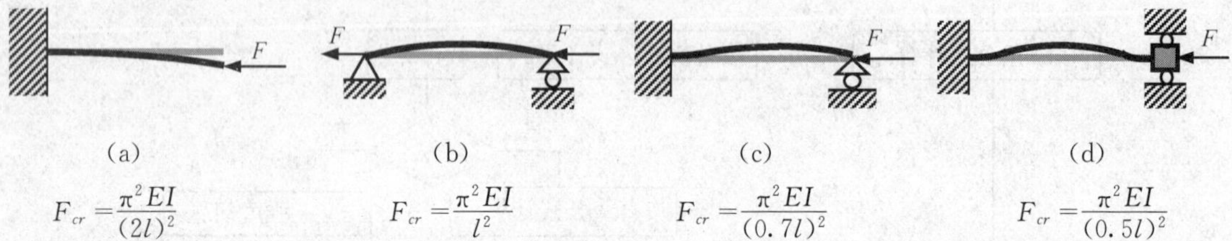

$F_{cr}=\dfrac{\pi^2 EI}{(2l)^2}$　　$F_{cr}=\dfrac{\pi^2 EI}{l^2}$　　$F_{cr}=\dfrac{\pi^2 EI}{(0.7l)^2}$　　$F_{cr}=\dfrac{\pi^2 EI}{(0.5l)^2}$

图 10－23　不同约束情况下的压杆

另外，压杆设计中要充分重视压杆失稳的方向性。假设压杆的轴线坐标轴为 x，而 y，z 是截面的形心主惯性轴，如果压杆两端垂直于 x 轴的所有方向的约束是相同的，例如四周固定或为球铰等情况，则为避免压杆朝形心主惯性轴最小的方向失稳，宜采用圆形或正多边形以及中心对称截面形式，以满足 $I_K=I_x=I_y$，其中 K 为 yz 平面上过截面形心的任意轴。如果压杆 y，z 方向的约束不同，则最合理的设计应该满足 $\lambda_y=\lambda_z$，即$\dfrac{\mu_y l_y}{i_y}=\dfrac{\mu_z l_z}{i_z}$。

还应该注意，在设计压杆的截面尺寸时，由于尺寸未知，因而不能确定压杆的柔度，从而也不能确定应采用大柔度公式还是中小柔度公式计算压杆的临界应力。这种情况下，可先采用适用于大柔度的欧拉公式确定截面的尺寸，然后根据所得结果计算压杆柔度，再校核柔度是否在大柔度范围内。有些情况下，计算需采用迭代过程来完成。工程中，有时也采用折减系数法来设计压杆的截面尺寸，详细方法可参见有关材料力学教材。

例 10－5　如图 10－24 所示桁架结构，AC 和 BC 均为直径 $d=40$ mm 的圆形截面杆件，其长度分别为 $l_1=1.2$ m，$l_2=0.5$ m，且两杆相互垂直。杆件材料性能的各常数分别为：$E=80$ GPa，$\sigma_p=65$ MPa，$\sigma_s=82$ MPa，$a=280$ MPa，$b=3.1$ MPa；结构的强度安全系数为 $n=1.5$，稳定性安全系数为$[n_{st}]=2$，载荷 $F=55$ kN。校核结构的安全性。

解：计算两杆中的轴力，即

$$l = \overline{AB} = \sqrt{l_1^2 + l_2^2} = \sqrt{1.2^2 + 0.5^2} = 1.3 \text{ m}$$

$$\sin\alpha = \frac{5}{13}, \cos\alpha = \frac{12}{13}$$

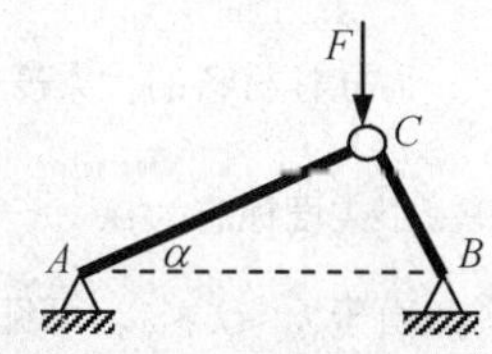

图 10-24　例 10-5 图

根据铰 C 的平衡，可得

$$F_{N1} = F\sin\alpha = 55 \times \frac{5}{13} = 21.15 \text{ kN}$$

$$F_{N2} = F\cos\alpha = 55 \times \frac{12}{13} = 50.77 \text{ kN}$$

材料的柔度为

$$\lambda_p = \pi\sqrt{\frac{E}{\sigma_p}} = 3.14\sqrt{\frac{80 \times 10^3}{65}} \approx 110$$

$$\lambda_s = \frac{a - \sigma_s}{b} = \frac{280 - 82}{3.1} \approx 64$$

对 AC 杆，有：$\lambda_1 = \frac{\mu l_1}{i} = \frac{1 \times 1.2 \times 10^3}{40/4} = 120 > \lambda_p$，所以 AC 杆是大柔度杆，考虑其稳定性。

临界应力为：$\sigma_{cr1} = \frac{\pi^2 E}{\lambda_1^2} = \frac{3.14^2 \times 80 \times 10^3}{120^2} = 54.9$ MPa。

工作应力为：$\sigma_{w1} = \frac{4F_{N1}}{\pi d^2} = \frac{4 \times 21.15 \times 10^3}{3.14 \times 40^2} = 16.8$ MPa。

$n_{st} = \frac{\sigma_{cr1}}{\sigma_{w1}} = \frac{54.9}{16.8} = 3.3 > [n_{st}]$，故 AC 杆安全。

对 BC 杆，有：$\lambda_2 = \frac{\mu l_2}{i} = \frac{1 \times 0.5 \times 10^3}{40/4} = 50 < \lambda_s$，所以 BC 杆是小柔度杆，应考虑其强度。

工作应力为：$\sigma_{w2} = \frac{4F_{N2}}{\pi d^2} = \frac{4 \times 50.77 \times 10^3}{3.14 \times 40^2} = 40.4$ MPa。

材料的许用应力为：$[\sigma] = \frac{\sigma_s}{n} = \frac{82}{1.5} \approx 55$ MPa。

显然 $\sigma_{w2} < [\sigma]$，故 BC 杆安全，结构安全。

例 10-6　如图 10-25 所示结构，载荷 F 在横梁上可以自由移动，横梁左端约束为固定铰，梁截面为矩形截面，宽 $t = 30$ mm，高 $h = 80$ mm，梁长 $L = 600$ mm。立柱上下端为球铰，柱高 $H = 550$ mm，立柱截面为圆形，直径 $d = 25$ mm。梁及立柱的材料相同，各材料常数分别为：$E = 80$ GPa，$\sigma_p = 240$ MPa，$\sigma_s = 345$ MPa，$a = 577$ MPa，$b = 3.74$ MPa；结构的强度安全系数 $n = 1.5$，稳定性安全系数 $[n_{st}] = 2$，求结构的许可载荷。

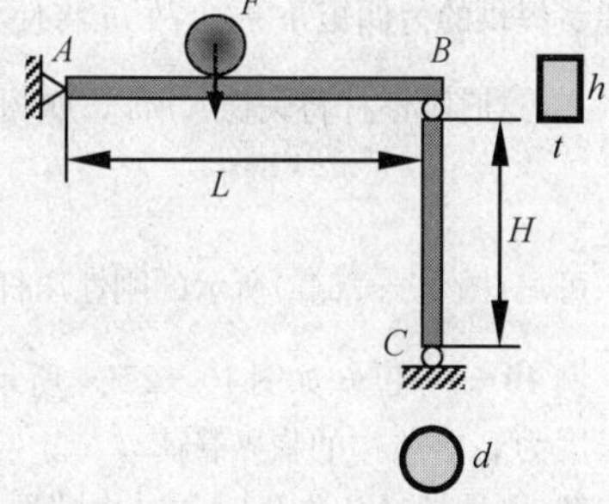

图 10-25　例 10-6 图

解：①横梁可视为简支梁，其应满足强度要求。易知当移动载荷 F 作用在梁中点时最危险，此时梁中的最大弯矩为：$M_{\max} = \frac{FL}{4}$。

梁的强度条件为：$\sigma_{\max} = \frac{M_{\max}}{W_z} = \frac{FL}{4} \times \frac{6}{th^2} = \frac{3FL}{2th^2} \leqslant \frac{\sigma_s}{n}$。

所以，在横梁满足强度要求的条件下，移动载荷 F 的许可值为

$$[F] = \frac{2th^2\sigma_s}{3Ln} = \frac{2 \times 30 \times 80^2 \times 345}{3 \times 600 \times 1.5} = 49067 \text{ N} \approx 49 \text{ kN}$$

②立柱为压杆。易知当移动载荷 F 作用在梁最右端时立柱所受压力最大，此时立柱的工作压力就是 F。

立柱的失效形式取决于其柔度的大小，为：$\lambda = \frac{\mu H}{i} = \frac{4H}{d} = \frac{4 \times 550}{25} = 88$。

而立柱材料的大柔度标志为：$\lambda_p=\pi\sqrt{\frac{E}{\sigma_p}}=3.14\sqrt{\frac{210\times10^3}{240}}\approx93$。

小柔度标志为：$\lambda_s=\frac{a-\sigma_s}{b}=\frac{577-345}{3.74}=62$。

由于 $\lambda_s\leqslant\lambda\leqslant\lambda_p$，可见立柱是中柔度杆，其临界应力应采用斜直线公式计算，为

$$\sigma_{cr}=a-b\lambda=577-3.74\times88=247.88\ \text{MPa}$$

则根据立柱稳定性条件：$n_{st}=\frac{\sigma_{cr}}{\sigma_w}=\frac{\sigma_{cr}A}{F}\geqslant[n_{st}]$，移动载荷 F 的许可值为

$$[F]=\frac{\sigma_{cr}A}{[n_{st}]}=\frac{\pi d^2\sigma_{cr}}{4[n_{st}]}=\frac{3.14\times25^2\times247.88}{4\times2}=60839\ \text{N}\approx60.8\ \text{kN}$$

故结构的许可载荷为：$[F]=49$ kN。

10.6* 刚性压杆的稳定问题

即使是抗弯刚度 EI 极大的压杆，即刚性压杆，也存在稳定性问题。如图 10－26(a)所示，杆件 AB 是刚性杆，长度为 l，A 端铰支且有一螺圈弹簧（角弹簧）以维持其竖直平衡状态，不考虑压杆的自重，下面研究在压力 F 的作用下刚性杆 AB 的稳定性问题。

当刚性杆受横向扰动时，杆将偏离初始竖直平衡位置而与竖直线有一个微小的转角 θ，如图 10－26(b)所示，在此情况下，弹簧将产生一个阻止杆件偏转的力偶矩 $m=\beta\theta$，这里 β 是弹簧的角刚度系数。于是可得刚性杆对下端的力矩平衡方程为：$m=Fl\tan\theta$。

注意到转角 θ 是一个很小的量，则有：$\beta\theta=Fl\theta$，故有：$F=\frac{\beta}{l}$。

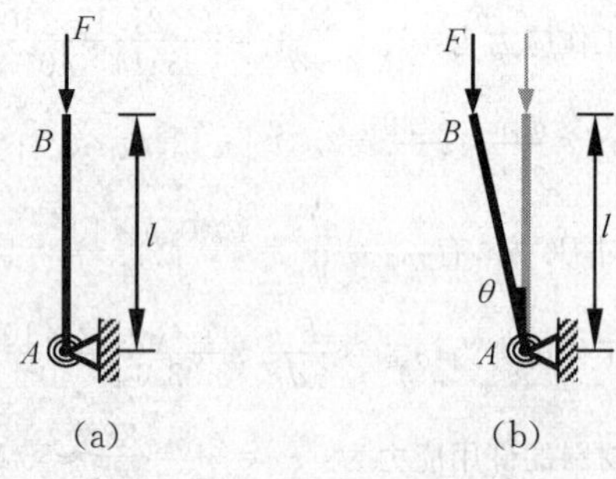

图 10－26 刚性杆的失稳问题

当 $F<\frac{\beta}{l}$ 时，轴向载荷对下端的力矩 $m_F=Fl\theta$ 将小于弹簧提供的力偶矩 $m=\beta\theta$，故 m 将使杆自动回复到竖直平衡状态；而当 $F>\frac{\beta}{l}$ 时，m 将不能使杆回复到竖直状态，这时刚性杆将失稳。所以，如图 10－26(a)所示的刚性杆的临界载荷为

$$F_{cr}=\frac{\beta}{l} \tag{10-26}$$

可见，图 10－26(a)所示的刚性压杆失稳的临界载荷只与结构的几何和物理特性有关。

例 10－7 已知如图 10－27(a)所示结构中螺圈弹簧的角刚度系数为 β，弹簧的刚度系数为 k，刚性杆 AB 的长度为 l，求结构的临界载荷。

解：刚性杆 AB 失稳时的受力情况如图 10－27(b)所示，有：$M=\beta\theta$，$P=k\delta$，$\delta=l\theta$。

刚性杆的失稳条件为：$F\delta\geqslant M+Pl$，即：$F\delta\geqslant\beta\theta+k\delta l$，所以有：$F\geqslant\frac{\beta}{l}+kl$。

故结构的临界载荷为：$F_{cr}=\frac{\beta}{l}+kl$。

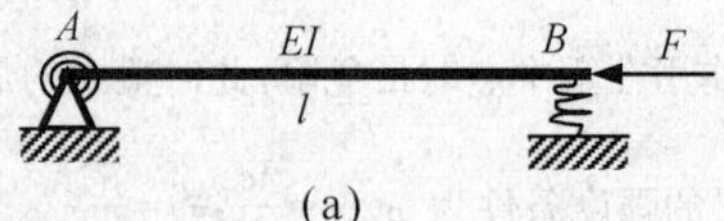

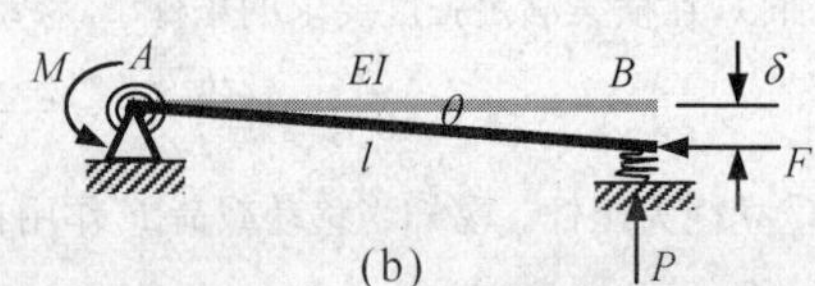

图 10－27 例 10－7 图

10.7* 非理想压杆简介

实际工程中的压杆很难满足理想压杆的条件，例如，存在横向载荷，杆件轴线有初始曲率，轴向压力没有严格作用在轴线上的情况都是非理想压杆的实际例子。

理想压杆的弹性屈曲方程是齐次的线性微分方程，边界条件也是齐次的，因此，可通过讨论待定系数所满足的线性代数方程组具有非零解的情况而得到临界载荷。

非理想压杆的弹性屈曲方程和边界条件一般都是非齐次的，从而不能像理想压杆那样分析其临界载荷。对于非理想压杆，原则上可直接由弹性屈曲方程和边界条件求解其失稳曲线方程，当其最大横向位移很大时，表明压杆失稳，利用该条件一般可确定非理想压杆的临界载荷。需要注意，对于横向载荷复杂或约束复杂的非理想压杆，其失稳曲线方程一般是很难求解的。因此，压杆的临界载荷有时可采用数值方法进行求解，例如采用能量法。

下面讨论几类非理想压杆。

（1）偏心受压压杆

如图 10－28(a)所示，压杆两端作用的压力相对于杆件轴线有一偏心距 e 时，压杆可简化为两端铰支且在铰支端受集中力矩 $M=-Fe$ 作用(如图 10－28(b)所示)。在此种情况下，压杆由于没有横向载荷作用，其屈曲曲线仍然满足微分方程式(10－8)，其通解仍是式(10－9)，而边界条件现在为

$$w(0)=0, M(0)=-Fe, w(l)=0, M(l)=-Fe$$

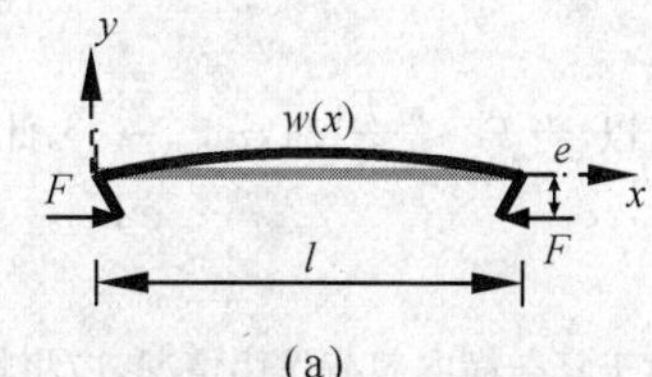

(a)

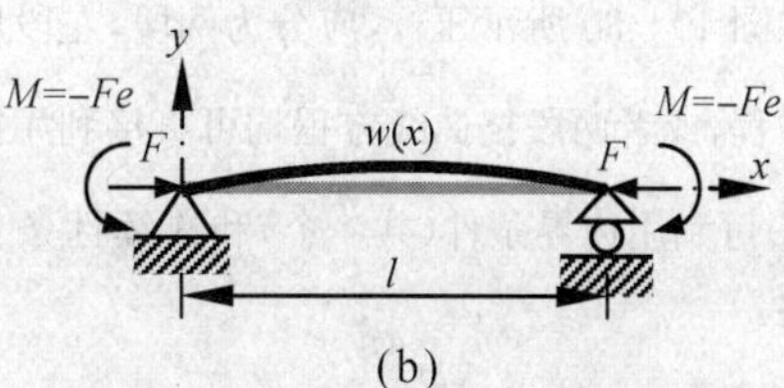

(b)

图 10－28　偏心受压压杆

由压杆的位移和内力各表达式，有

$$w(0)=0, A+D=0$$

$$M(0)=-Fe, A=e$$

$$w(l)=0, A\cos kl+B\sin kl+Ckl+D=0$$

$$M(l)=-Fe, A\cos kl+B\sin kl=e$$

解得：$A=e, B=e\tan\frac{kl}{2}, C=0, D=-e$。

于是压杆的屈曲曲线方程为：$w(x)=e\left(\cos kx+\tan\frac{kl}{2}\sin kx-1\right)$。

上述结果也可直接利用挠曲线近似微分方程 $w''(x)=\frac{M(x)}{EI}$ 分析得到。

最大挠度在杆件的中点 $x=\frac{l}{2}$ 处，其值为：$w_{\max}=e\left(\sec\frac{kl}{2}-1\right)$。

由于 $k^2=\frac{F}{EI}$，则 $w_{\max}$ 将随着压力 F 的增大而连续地非线性增大，当 $F\to\frac{\pi^2 EI}{l^2}$ 时，杆件将产生很大的横向位移，此时杆件失稳，所以如图 10－28(a)所示的偏心受压压杆的临界载荷为

$$F_{cr}=\frac{\pi^2 EI}{l^2}$$

（2）横向载荷作用下的压杆

如图 10－29 所示，两端简支的压杆上作用有均布载荷 q，其屈曲曲线满足微分方程式(10－7)，即

$$w^{(4)}+k^2 w^{(2)}=\frac{q}{EI}$$

其齐次方程的通解仍是式(10－9)，取特解为：$w^*=\frac{qx^2}{2F}$，则上式的通解为

$$w(x)=A\cos kx+B\sin kx+Ckx+D+\frac{qx^2}{2F}$$

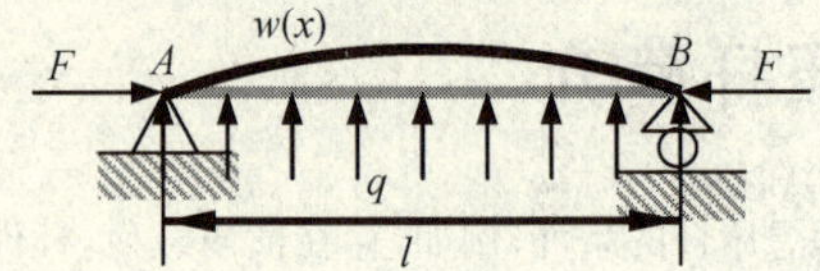

图 10－29　均布横向载荷作用下的压杆

而边界条件为：$w(0)=0, w''(0)=0, w(l)=0, w''(l)=0$。

解得：$A=\dfrac{q}{Fk^2}, B=\dfrac{q}{Fk^2}\tan\dfrac{kl}{2}, C=-\dfrac{ql}{2Fk}\ D=-\dfrac{q}{Fk^2}$。

于是有：$w(x)=\dfrac{q}{Fk^2}\left(\cos kx+\tan\dfrac{kl}{2}\sin kx-1\right)-\dfrac{qx}{2F}(l-x)$。

在 $x=\dfrac{l}{2}$ 处，挠度取极大值，为

$$w_{\max}=\frac{q}{Fk^2}\left(\sec\frac{kl}{2}-1\right)-\frac{ql^2}{4F}$$

所以，当 $F\to\dfrac{\pi^2 EI}{l^2}$ 时，$w_{\max}\to\infty$，此时压杆失稳，故其临界载荷为

$$F_{cr}=\frac{\pi^2 EI}{l^2}$$

对于复杂横向载荷作用情况，应将杆件分段，分别求出每段杆件的挠曲线方程，然后再讨论其失稳问题。例如图 10－30 所示压杆，应分为两段，左段用式(10－7)求解其挠曲线方程，而右段用式(10－8)求解其挠曲线方程，或者两段挠曲线方程均可直接利用挠曲线近似微分方程 $w''(x)=\dfrac{M(x)}{EI}$ 求得，每段中的待定常数(共 8 个)可利用边界条件(共 4 个)和连续性条件(共 4 个)得到。具体处理方式参见 10.2 节的论述，这里不再赘述。

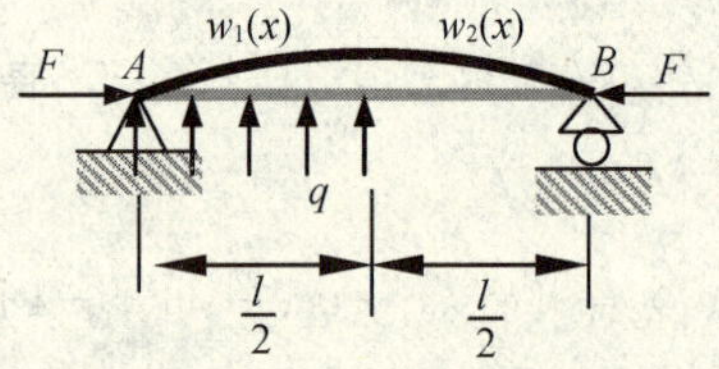

图 10－30　复杂横向载荷作用下的压杆

(3)具有初始曲率的压杆

如图 10－31 所示，假设压杆件的初始挠曲线方程为 $w_0(x)$，压杆无横向载荷作用且轴向压力作用在截面形心位置。这类非理想压杆只需求解下述方程，然后再讨论其稳定性即可。

$$w^{(4)}+k^2w^{(2)}=-kw_0^{(2)}$$

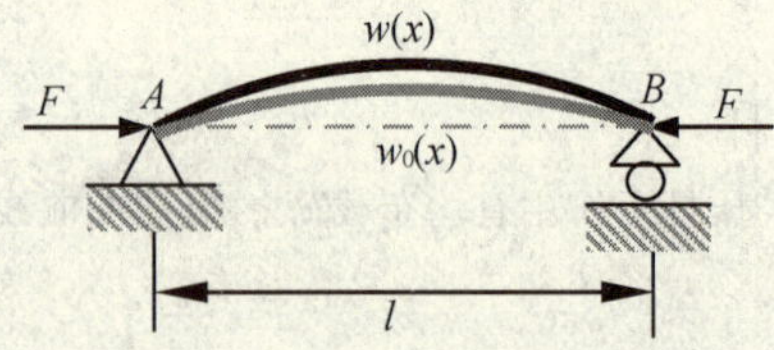

图 10－31　具有初始曲率的压杆

例 10-8　求如图 10-32 所示简支梁在轴向压力作用下的临界载荷。梁的抗弯刚度为 EI，载荷 P 和梁的长度 l 已知。

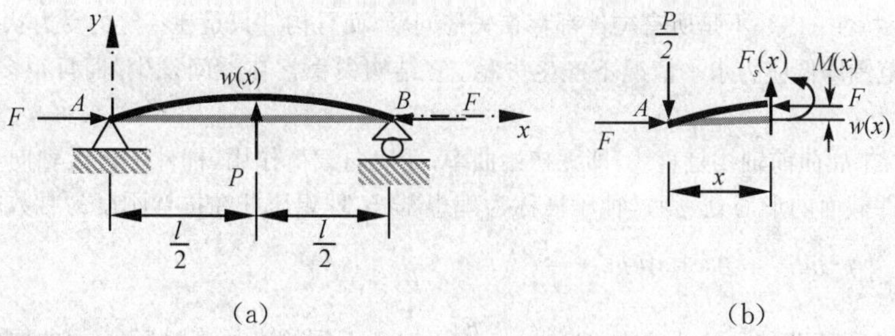

图 10-32　例 10-8 图

解：这里直接采用挠曲线近似微分方程 $w''(x)=\dfrac{M(x)}{EI}$ 求解。

由于对称性，只考虑一半结构，梁中的弯矩为

$$M(x)=-Fw-\frac{Px}{2}\quad\left(0\leqslant x\leqslant\frac{l}{2}\right)$$

代入挠曲线近似微分方程，有

$$w''+k^2w=-\frac{Px}{2EI},k^2=\frac{F}{EI}$$

通解为：$w=A\sin kx+B\cos kx-\dfrac{Px}{2F}$，边界条件为：$w(0)=0,w'\left(\dfrac{l}{2}\right)=0$，可得积分常数为

$$A=\frac{P}{2kF\cos\frac{kl}{2}},B=0$$

则有：$w=\dfrac{P}{2kF}\left(\dfrac{\sin kx}{\cos\frac{kl}{2}}-kx\right)$。

最大挠度在中点，为

$$w_{\max}=\frac{P}{2kF}\left(\tan\frac{kl}{2}-\frac{kl}{2}\right)$$

注意到 $F=k^2EI$，令 $w_{\max 0}=\dfrac{Pl^3}{48EI}$，其对应 $F=0$ 时梁的最大挠度，则上式可写为

$$w_{\max}=\frac{Pl^3}{48EI}\frac{3\left(\tan\frac{kl}{2}-\frac{kl}{2}\right)}{\left(\frac{kl}{2}\right)^3}=w_{\max 0}f\left(\frac{kl}{2}\right)$$

其中 $f(\xi)=\dfrac{3(\tan\xi-\xi)}{\xi^3}$，表示轴向压力 F 对梁最大挠度的影响程度，当 F 很小时，k,ξ 也很小，则有

$$\tan\xi=\xi+\frac{\xi^3}{3}+\frac{2\xi^5}{15}+\cdots,f(\xi)=1+\frac{2\xi^2}{5}+\cdots$$

所以，当 $F\to0$ 时，有：$f(\xi)\to1,w\to w_{\max 0}$。这正是预料的结果。

而当 $\xi=\dfrac{kl}{2}\to\dfrac{\pi}{2}$ 时，$f(\xi)\to\infty,w_{\max}\to\infty$，压杆失稳。

所以，压杆的临界载荷为：$F_{cr}=\dfrac{\pi^2EI}{l^2}$。

小　结

1. 构件失稳特性：① 并不是所有构件都存在失稳问题，而且构件只是在特定的受力状态下才会失稳。② 构件往往在弹性范围即低应力水平情况下产生失稳。③ 结构失稳常在瞬间发生，而且很多情况下结构立即破坏。

2. 理想压杆：未屈曲前轴线是直线，即无初始曲率；无横向载荷作用，杆件中部无轴向载荷作用，轴向压力严格作用在杆件截面的形心处，则这种压杆称为理想压杆。理想压杆在抗弯刚度为常数的情况下，其弹性屈曲方程为：$w^{(4)}+k^2w^{(2)}=0$，其中 $k^2=\dfrac{F}{EI}$。

3. 理想压杆临界载荷的欧拉公式为：$F_{cr}=\dfrac{\pi^2 EI}{(\mu l)^2}$。对于不同约束的理想压杆，$\mu$ 的取值为：两端铰支时 $\mu=1$，一端固定一端自由时 $\mu=2$，一端固定一端铰支时 $\mu=0.7$，两端固定时 $\mu=0.5$。参数 μ 依赖于杆件的约束情况，除了上述几种常见的约束外，杆件的实际约束很复杂，而对于实际约束情况，参数 μ 可选择上述几种取值的中间状态。

欧拉公式中的惯性矩 I 是截面的最小形心主惯性矩。压杆中存在小尺度的孔和槽时，由于应力集中现象，压杆的强度将受到较大的影响，但对其稳定性的影响较小。

4. 理想压杆临界应力的欧拉公式为：$\sigma_{cr}=\dfrac{\pi^2 E}{\lambda^2}$。其中 $\lambda=\dfrac{\mu l}{i}$，称为柔度。

5. 压杆分类：① 大柔度杆，又称为细长杆。判据为 $\lambda\geqslant\lambda_p$。② 中柔度杆，又称为中长杆。判据为 $\lambda_s\leqslant\lambda\leqslant\lambda_p$。③ 小柔度杆，又称为粗短杆。判据为 $\lambda\leqslant\lambda_s$。其中，$\lambda_p=\pi\sqrt{\dfrac{E}{\sigma_p}}$，$\lambda_s=\dfrac{a-\sigma_0}{b}$ 分别是小柔度杆和中柔度杆的界限。

6. 压杆的稳定性条件：$n_{st}=\dfrac{F_{cr}}{F_w}=\dfrac{\sigma_{cr}}{\sigma_w}\geqslant[n_{st}]$。

7. 提高压杆的稳定性的措施：① 减小压杆的长度可以显著地提高压杆的稳定性。② 合理选择压杆的截面形状。③ 加强压杆的约束，使之更加刚性。

思考题十

1. 压杆失稳破坏与强度破坏相比较有什么不同的特点？

2. 三根压杆的各种条件均相同，横截面面积也相同，但其截面分别是实心圆、空心圆和薄壁圆环，试问哪根杆件抗失稳的能力最强？为什么？

3. 受压杆件在中部开有一个垂直于轴线方向的贯穿圆孔，那么这个孔严重影响了杆件的强度和稳定性吗？

4. 下列哪些情况不可能产生失稳现象？① 两端固定、中间有一个 Ω 形接头的空心圆管，其温度升高了。② 首尾相接的两根铁轨之间未留够足够的间隙。③ 起密封作用的垫圈。④ 受均匀外压作用的薄壁圆筒。⑤ 正方形截面杆件的扭转。⑥ 起连接作用的螺栓。

5. 压杆在过轴线的沿两个形心惯性主轴方向的约束性质不同，惯性半径不同，计算长度不同，则如何确定失稳方向？

6. 压杆的轴线方向为 x 轴，y，z 是压杆横截面上相互垂直的轴，若 $I_z>I_y$，则压杆失稳一定发生在 xy 平面内吗？

7. 两根压杆只有材料不同，其他条件完全相同，那么在下列各几何或物理量中，两根压杆相同的量有哪些？① μ 值。② 临界载荷。③ 惯性半径。④ 柔度。⑤ 临界压力。⑥ 大柔度判据 λ_p。

8. 采用 Q235 钢制造的三根压杆，分别是大、中、小柔度杆。若材料改用优质碳素钢，是否能提高各杆的承载能力？为什么？

9. 在推导两端铰支的压杆的临界载荷时，得到 $F=n^2\dfrac{EI\pi^2}{l^2}$，当 $n=1$ 时即得到临界载荷 $F_{cr}=\dfrac{EI\pi^2}{l^2}$。那

么什么情况下可取 $n=2$?失稳曲线具有什么样的数学形式?

10. 可以采取哪些措施来提高压杆的抗失稳能力?

11. 在用实验验证理想压杆的临界应力欧拉公式时,实验数据的离散度总是很大,这是什么原因?

12. 求理想压杆和非理想压杆的临界载荷在方法上有什么不同?

13. 理想压杆和非理想压杆在挠度曲线和轴向压力的关系方面有什么区别?

习题十

一、选择题

1. 下列结构不会产生失稳现象的是(　　)。

(A) 扭转的薄壁圆筒　　(B) 受压的拱结构

(C) 受拉的钢丝　　(D) 受压的弹簧

2. 下列结构会产生失稳现象的是(　　)。

(A) 起密封作用的垫圈　　(B) 受横向载荷作用的高宽比很大的梁

(C) 刚性地面上受压力作用的铅球　　(D) 受扭转的实心圆轴

3. 下列因素中,对压杆失稳影响不大的是(　　)。

(A) 杆件截面的形状　　(B) 杆件材料的型号

(C) 杆件的长度　　(D) 杆件约束的类型

4. 如图所示,如果将压杆中间的铰去掉,那么结构的临界载荷是原来的(　　)。

(A)0.25 倍　　(B)0.5 倍　　(C)2 倍　　(D)4 倍

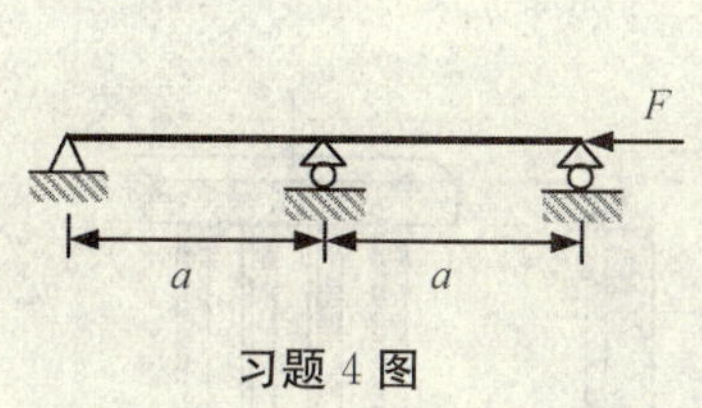

习题 4 图

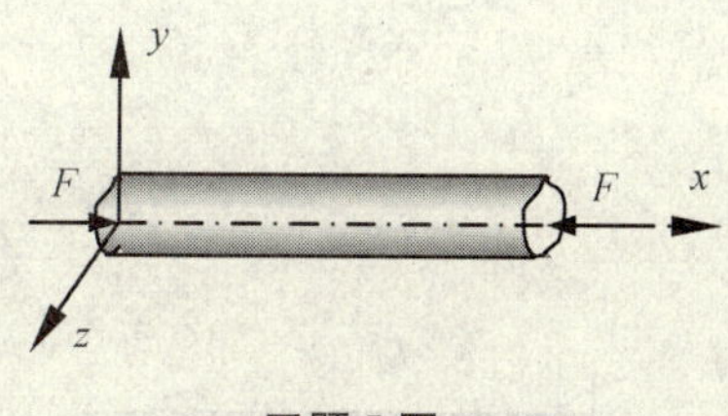

习题 5 图

5. 如图所示,压杆的轴线方向为 x 轴,若已知压杆失稳发生在 xy 平面内,则杆件横截面的惯性积 $I_{yz}=$(　　)。

(A)0　　(B) $\frac{I_y}{2}$　　(C) $\frac{I_z}{2}$　　(D) 不能确定

6. 如图所示,槽形截面压杆的底端四周固定,上端自由并承受轴向压力,则其失稳方向为(　　)。

(A)z 方向　　(B)y 方向　　(C)45° 斜方向　　(D) 任意方向

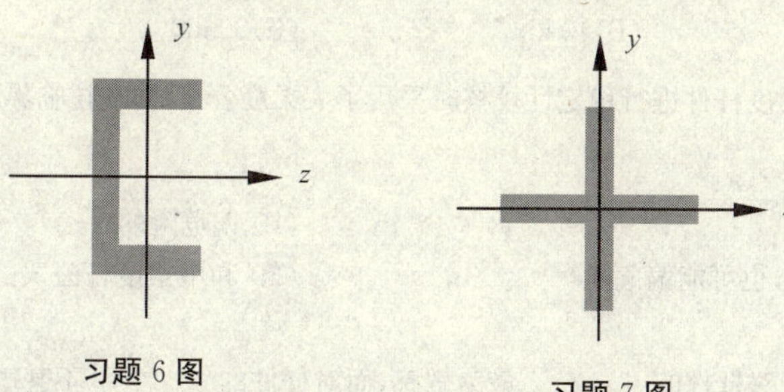

习题 6 图　　习题 7 图

7. 如图所示,正十字形截面压杆的底端四周固定,上端自由并承受轴向压力,则其失稳方向为(　　)。

(A)z 方向　　(B)y 方向　　(C)45° 斜方向　　(D) 任意方向

8. 如图所示理想压杆，临界载荷最大的是(　　)。

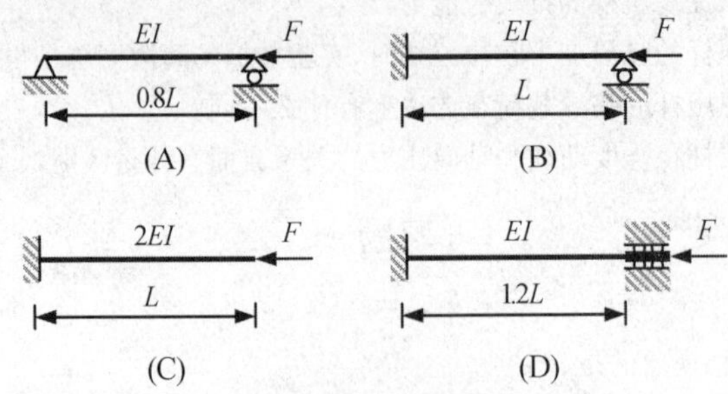

习题 8 图

9. 理想压杆临界载荷欧拉公式 $F_{cr}=\dfrac{\pi^2EI}{(\mu l)^2}$ 中的参数 μ 取决于压杆两端的约束状态，μ 值越小，压杆的临界载荷 F_{cr} 越大，那么在其他条件不变时，下列约束状态使压杆临界载荷 F_{cr} 最大的情况是(　　)。

(A) 两端铰支　　(B) 两端铰支但一端有螺圈弹簧

(C) 两端铰支且均有螺圈弹簧　　(D) 一端固定一端自由

10. 如图所示，压杆的右端有一螺圈弹簧，如果将临界载荷表达为欧拉公式 $F_{cr}=\dfrac{\pi^2EI}{(\mu l)^2}$ 的形式，则式中参数 μ 的取值范围为(　　)。

(A)$\mu<0.5$　　(B)$0.5<\mu<0.7$

(C)$0.7<\mu<1$　　(D)$1<\mu<2$

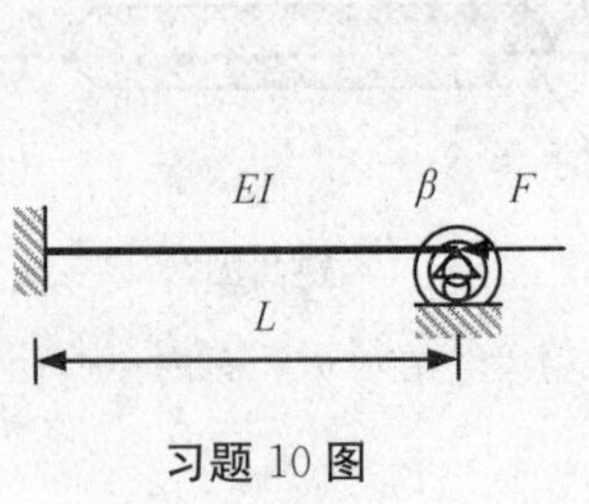

习题 10 图

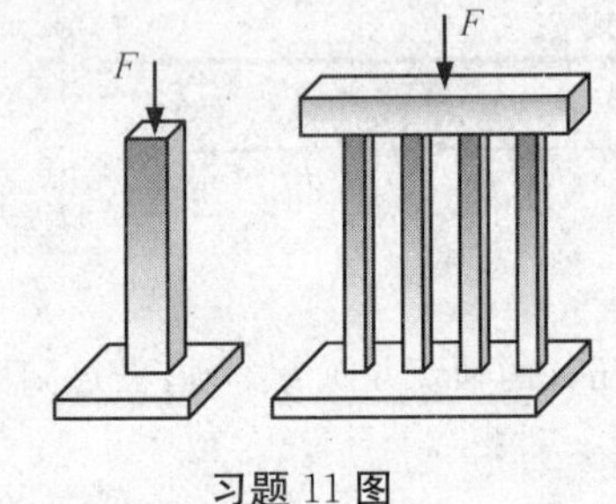

习题 11 图

11. 如图所示，大柔度压杆的下端固定，上端自由，截面为边长 $2b$ 的正方形，其稳定临界载荷是 $F_{cr}=40$ kN。如果将压杆改为四个边长为 b 的正方形杆件并排列成一行，约束形式不变，上面置一刚性块使四杆受力均匀，则结构的稳定临界载荷是(　　)。

(A)80 kN　　(B)40 kN　　(C)20 kN　　(D)10 kN

12. 如果对于一根中柔度杆件进行稳定性校核时采用了大柔度公式，即欧拉临界应力公式 $\sigma_{cr}=\dfrac{\pi^2E}{\lambda^2}$，那么这种校核的结果是(　　)。

(A) 偏安全的　　(B) 偏危险的

(C) 可能偏安全，也可能偏危险　　(D) 和中柔度杆公式的结果相同

二、填空题

13. 压杆临界载荷 F_{cr} 对杆件的________最为敏感，而对杆件的________不甚敏感。

14. 若压杆两端约束得越厉害，则其临界载荷欧拉公式中的参数 μ 越______；其失稳所需的临界载荷 F_{cr} 越______。相反，若压杆两端约束得越松散，则其临界载荷欧拉公式中的参数 μ 越______；其失稳所需的临界载荷 F_{cr} 越______。

15. 提高压杆抗失稳能力效果最好又最经济的措施是____________________。

16. 如图所示各压杆，其临界载荷由小到大的排列是＿＿＿＿＿＿＿＿＿＿。

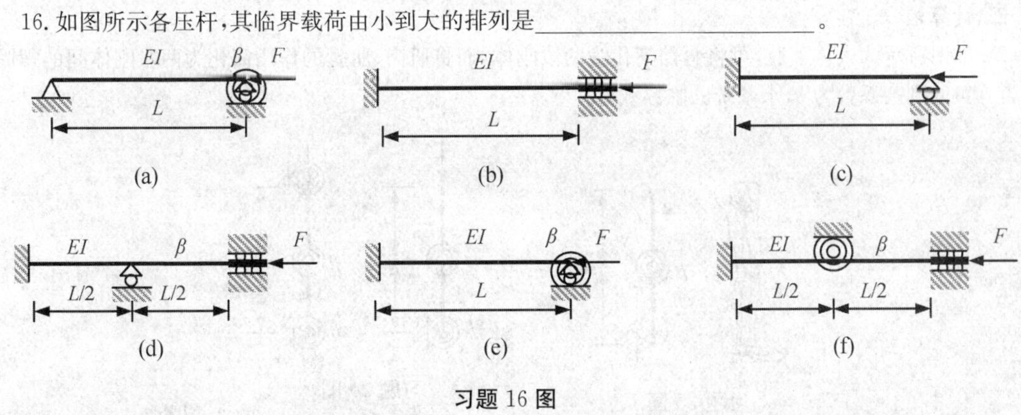

习题 16 图

17. 两端固定的压杆与一端固定一端自由的压杆比较，两杆抗弯刚度相同。若前者的长度是后者的一半，则前者的临界载荷是后者的＿＿＿倍。又若前者的长度是后者的两倍，则前者的临界载荷是后者的＿＿＿倍。

18. 压杆的横截面是圆形，其临界载荷为 $F_{cr}=50\ \mathrm{kN}$，现将其横截面面积增加一倍，其余条件不变，则其临界载荷变为＿＿＿＿kN。若同时压杆的长度减小一半，则其临界载荷变为＿＿＿＿kN。

19. 两端四周固定的压杆的横截面是 $b\times h$ 的矩形，且 $h=1.6b$，其临界载荷为 $F_{cr}=50\ \mathrm{kN}$。现将 b 增加一倍，h 减小一半，其余条件不变，则其临界载荷变为＿＿＿＿kN。

20. 两细长压杆的横截面一个为圆形，另一个为正方形，两杆的横截面面积相同，在长度、约束以及材料相同的情况下，两压杆的临界载荷之比为＿＿＿＿；而临界应力之比为＿＿＿＿。

21. 两端铰支的两细长压杆的横截面一个为圆形，另一个为高宽比等于 2 的矩形，在长度及材料相同的情况下，两杆的临界载荷相同，则两压杆的临界应力之比为＿＿＿＿。

22. 一端固定一端自由的细长杆件，在自由端受横向集中力作用时产生的最大挠度为 $\Delta=3\ \mathrm{mm}$，以同样载荷拉伸时产生的变形为 $\delta=0.1\ \mathrm{mm}$，杆件的抗拉刚度 $EA=1.0\ \mathrm{kN}$，则杆件压缩时能承受的最大载荷为＿＿＿＿＿＿。

23. 如图所示的细长理想压杆，压杆为刚性杆时其临界载荷为 F_{cr1}，而压杆为变形杆时其临界载荷为 F_{cr2}，则两种情况下其临界载荷之间的关系是＿＿＿＿＿＿。

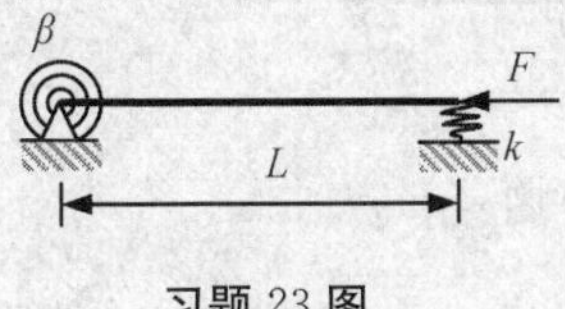

习题 23 图

24. 如图所示的桁架结构，两杆为直径 $d=20\ \mathrm{mm}$ 的细长圆杆，材料的弹性模量 $E=200\ \mathrm{GPa}$，许用应力 $[\sigma]=160\ \mathrm{MPa}$，稳定安全性系数 $n=2$，则结构的许可载荷为＿＿＿＿。

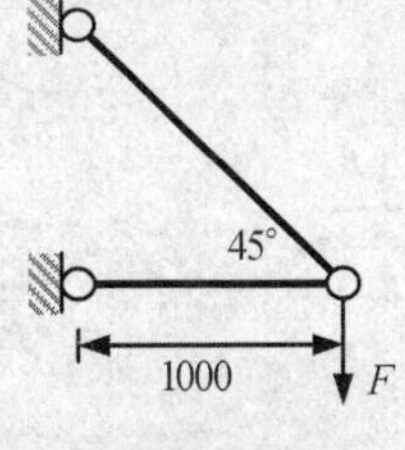

习题 24 图

三、计算题(A)

25. 如图所示为人体下肢,可将骨骼简化为两段刚体,而将肌肉、肌腱的作用简化为两段刚体间的螺圈弹簧,若弹簧的刚度系数为β,求系统的临界载荷。

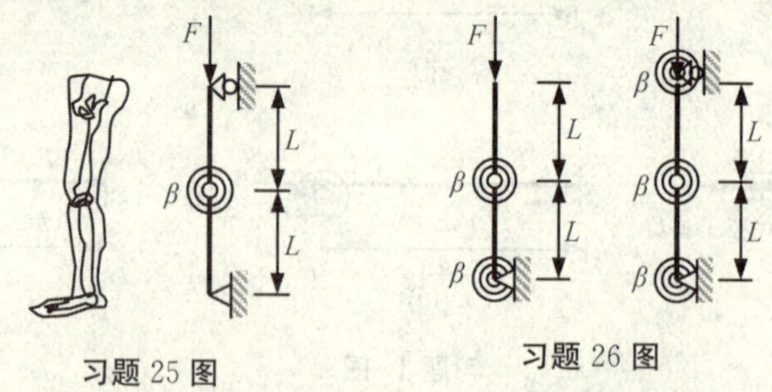

习题 25 图　　习题 26 图

26. 如图所示,各刚性杆各处的螺圈弹簧的刚度系数均为β,求各杆件的临界载荷。

27. 如图所示,刚性杆两端分别有刚度为k_1、k_2的弹簧。试求刚性杆的临界载荷。

习题 27 图　　习题 28 图

28. 如图所示,刚性杆左边有刚度系数为β的螺圈弹簧,右边有刚度系数为k的线弹簧,且$k=\dfrac{3\beta}{L^3}$,试求刚性杆的临界载荷。

29. 如图所示的结构中,AB,BC杆为刚性杆,BD杆是抗拉刚度$EA=6$ kN的弹性杆,$L=500$ mm,要使C端承受载荷$F=8$ kN而使结构不至于失稳,则BD杆的长度a应取多大?

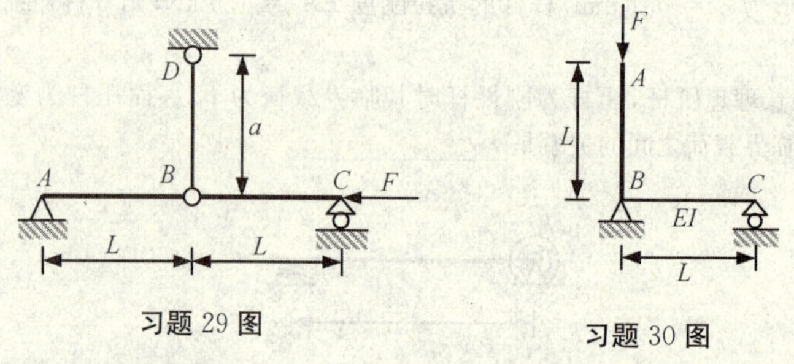

习题 29 图　　习题 30 图

30. 如图所示的结构中,AB杆为刚性杆,B点为刚节点,BC杆是弹性模量$E=70$ GPa的圆形截面弹性杆,$L=500$ mm,要使A端承受载荷$F=10$ kN而使结构不至于失稳,则BC杆的截面直径d应取多大?

31. 推导如图所示压杆的临界载荷公式。

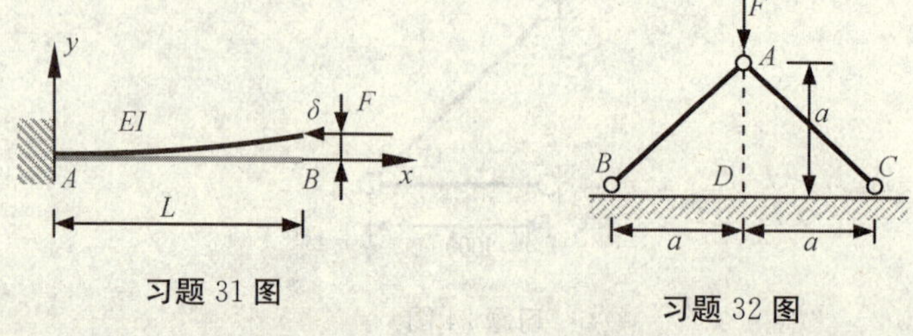

习题 31 图　　习题 32 图

32. 如图所示的结构中,$a=1$ m,两细长斜杆的抗弯刚度$EI=2$ kN·m,稳定安全系数$[n_{st}]=5$,试求结构的许可载荷$[F]$。

33. 如图所示，两端铰支的压杆的稳定临界载荷 $F_{cr}=50$ kN，现在中间增加一个支座，则此时压杆的稳定临界载荷是多少？

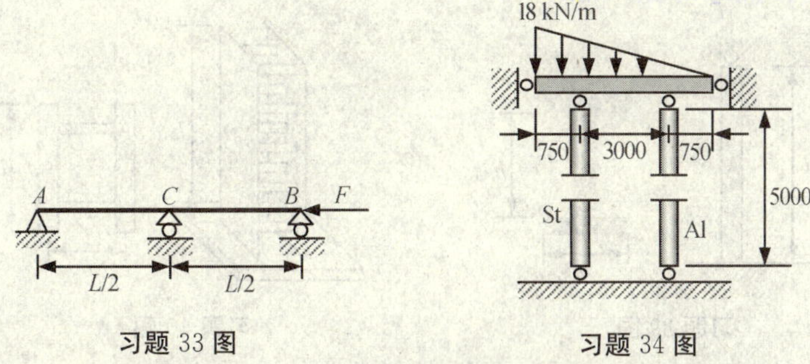

习题 33 图　　习题 34 图

34. 如图所示的结构中，横梁为刚性梁，两竖杆截面为圆形，左杆是钢杆，$E_S=200$ GPa，右杆是铝杆，$E_A=70$ GPa。两杆件的稳定安全系数$[n_{st}]=2$。试根据稳定性条件确定两竖杆截面合理的直径 d_S 和 d_A。

35. 如图所示结构中，横梁为刚性梁，立柱两端为球铰，材料的弹性模量 $E=180$ GPa，稳定安全系数$[n_{st}]=1.5$。试确定结构的许可载荷$[F]$。

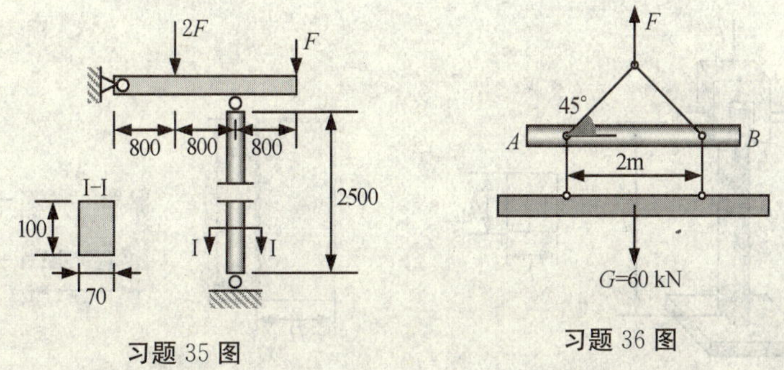

习题 35 图　　习题 36 图

36. 如图所示结构中，AB 杆是截面为圆形的吊装辅助构件，材料的弹性模量 $E=200$ GPa；钢绳连接部位均为铰，只考虑图示平面内的失稳问题，稳定安全系数$[n_{st}]=2$。试确定 AB 杆的最小直径 d。

37. 如图所示结构中，曲拐 ABC 是刚性的，$a=1$ m；横杆截面为圆形，直径 $d=20$ mm；其左端为固定端，右端为球铰，材料的弹性模量 $E=80$ GPa，$L=2$ m；稳定安全系数$[n_{st}]=3$。试确定结构的许可载荷$[F]$。

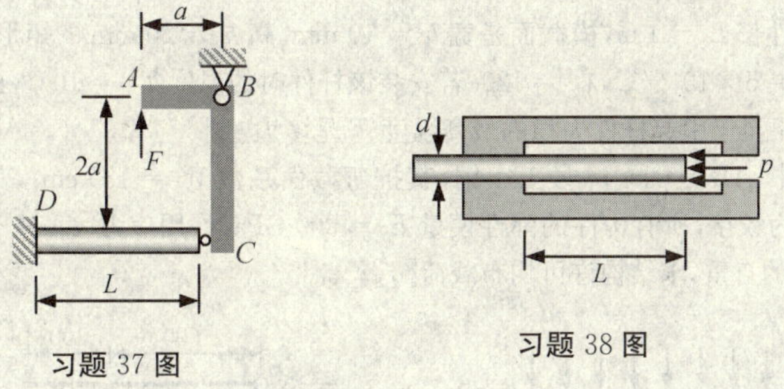

习题 37 图　　习题 38 图

38. 如图所示为水压机工作台油缸柱塞，已知油压 $p=32$ MPa，柱塞的直径 $d=120$ mm，伸入油缸的最大行程 $L=1.6$ m，材料为钢，$\sigma_p=280$ MPa，$E=210$ GPa。试确定柱塞工作安全系数 n_{st}。

39. 如图所示为竖直放置的铝制杆件的横截面，$b = 50\ \text{mm}$，$h = 100\ \text{mm}$，壁厚 $t = 10\ \text{mm}$。杆件高度为 $L = 2\ \text{m}$，材料弹性模量 $E = 70\ \text{GPa}$，杆件下端四周固定，上端为球铰。试确定杆件的稳定临界载荷 F_{cr}。

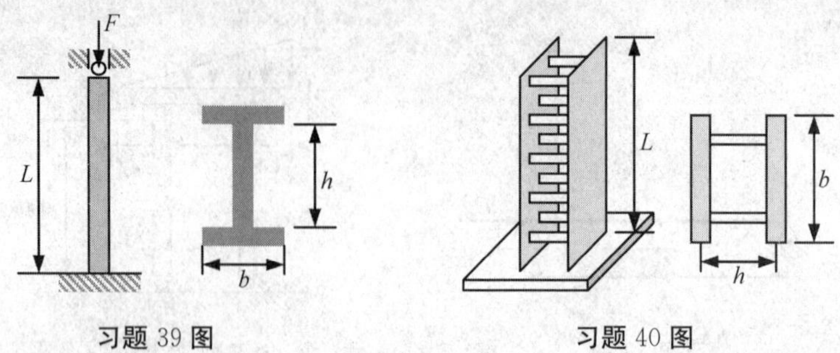

习题 39 图　　习题 40 图

40. 如图所示立柱由两块厚 $\delta = 10\ \text{mm}$，宽 $b = 100\ \text{mm}$ 的钢板制成，$E = 200\ \text{GPa}$，立柱高度 $L = 3\ \text{m}$。两钢板之间由若干联接和加固的板焊接在一起。立柱下端四周固定，上端自由。两钢板之间的距离 h 取何值时最为合理？若取稳定安全系数 $[n_{st}] = 2$，则立柱的许可轴向载荷是多大？

41. 如图所示，结构的上部构件是足够刚性的，并且保持水平位置不变，若要求压杆具有最合理的抗失稳性能，不考虑螺栓的变形，试确定立柱截面 h 和 b 的比值。

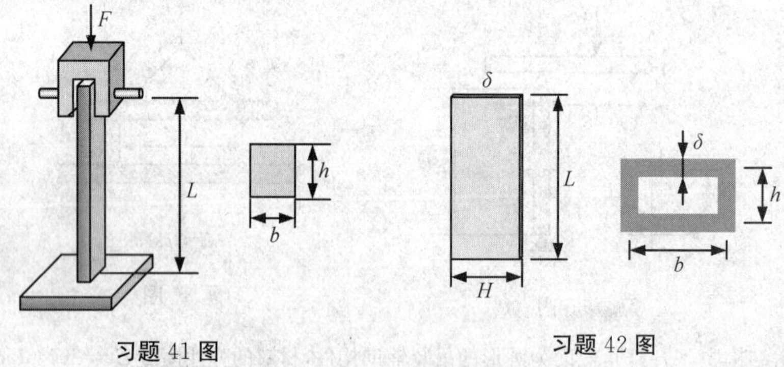

习题 41 图　　习题 42 图

42. 如图所示，一根高度为 2 m 的立柱由一块长 $L = 2\ \text{m}$、宽 $H = 240\ \text{mm}$、厚度 $\delta = 6\ \text{mm}$ 的钢板卷制而成，其截面为空心的矩形截面，接缝牢固焊接。立柱下端四周固定，上端自由。为使立柱具有最强的抗失稳能力，则横截面的高 h 和宽 b 应取什么比例？若材料的弹性模量 $E = 200\ \text{GPa}$，根据你所选的比例，试确定该立柱的临界载荷。

43. 两端固定的杆件长 $L = 1\ \text{m}$，横截面是宽 $b = 10\ \text{mm}$、高 $h = 20\ \text{mm}$ 的矩形，材料的弹性模量 $E = 70\ \text{GPa}$，线膨胀系数 $\alpha = 5 \times 10^{-6}/℃$，$\lambda_p = 120$。若安装该杆件时的温度 $T_0 = 10℃$，此时杆件中无应力。两固定端间的距离不变，则不至于引起杆件失稳的最高温度 T 是多大？

44. 如图所示结构中，AB 是 No. 18 号工字钢，其抗弯截面系数 $W = 185\ \text{cm}^3$，其余构件均为直径 $d = 30\ \text{mm}$ 的圆杆，各处均为铰接，所有构件的弹性模量 $E = 200\ \text{GPa}$，许用应力 $[\sigma] = 160\ \text{MPa}$，稳定安全系数 $[n_{st}] = 2$。不计工字钢的自重，求结构许可均布载荷 $[q]$。

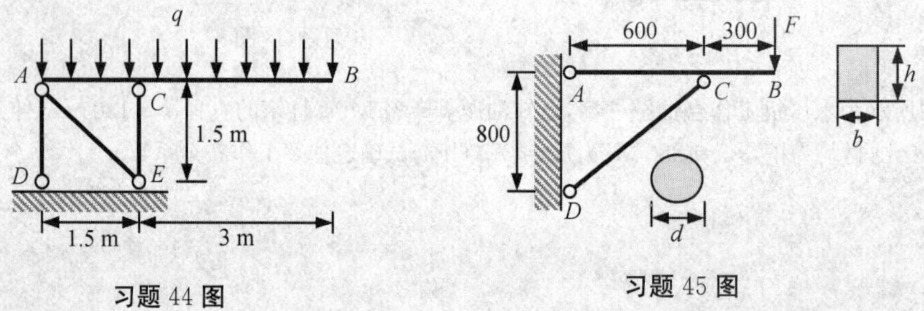

习题 44 图　　习题 45 图

45. 如图所示结构中，AB 为矩形截面横梁，$b = 40\ \text{mm}$，$h = 50\ \text{mm}$。CD 是圆形截面托架，$d = 30\ \text{mm}$。载

荷 $F=10\ \mathrm{kN}$，两构件均由 Q235 钢制成，材料参数为：$E=200\ \mathrm{GPa}$，$\sigma_p=200\ \mathrm{MPa}$，$\sigma_s=400\ \mathrm{MPa}$，强度安全系数$[n]=1.5$，稳定安全系数$[n_{st}]=2$。试校核结构的安全性。

46. 如图所示结构中，AB 杆是边长为 a 的正方形截面杆，BC 杆是直径为 d 的圆形截面杆，两杆的材料相同，且均为细长杆件。结构 A 端固定，B、C 处为球铰。两杆同时失稳时，直径 d 与边长 a 的比例应是多大？

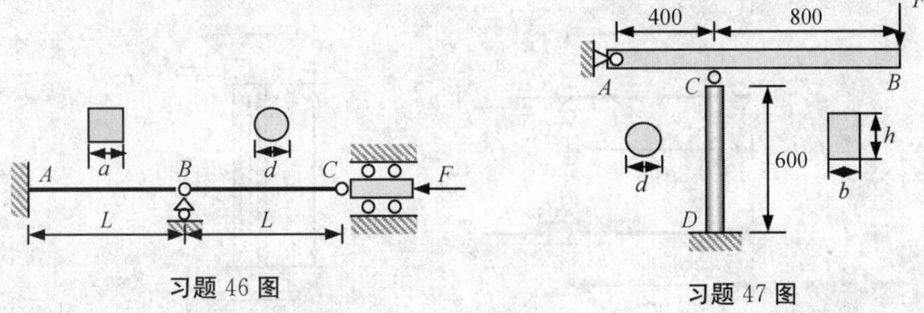

习题 46 图　　习题 47 图

47. 如图所示结构中，横梁 AB 的截面为矩形，$b=40\ \mathrm{mm}$，$h=60\ \mathrm{mm}$，材料的屈服应力 $\sigma_s=400\ \mathrm{MPa}$；立柱 CD 的截面为圆形，$d=15\ \mathrm{mm}$，材料常数 $E=200\ \mathrm{GPa}$，$\sigma_p=300\ \mathrm{MPa}$，立柱下端固定，上端为球铰；载荷 $F=5\ \mathrm{kN}$。试确定结构的安全系数。

48. 如图所示，支架结构由三根钢管构成，钢管外径 $D=30\ \mathrm{mm}$，内径 $d=22\ \mathrm{mm}$，长度 $L=2.5\ \mathrm{m}$，材料常数 $E=200\ \mathrm{GPa}$，$\sigma_p=200\ \mathrm{MPa}$，材料的屈服应力 $\sigma_s=400\ \mathrm{MPa}$，稳定安全系数$[n_{st}]=3$。支架顶点 A 处三杆铰接，试确定结构的许可载荷$[F]$。

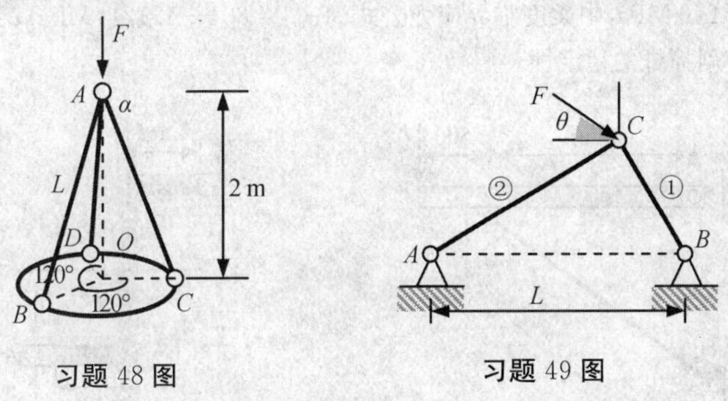

习题 48 图　　习题 49 图

49. 如图所示结构中，θ 可在 0° 到 90° 之间变化，两杆均为材料相同的圆杆，其中：$d_1=20\ \mathrm{mm}$，$d_2=30\ \mathrm{mm}$，$L=2\ \mathrm{m}$，$E=200\ \mathrm{GPa}$，$\sigma_s=240\ \mathrm{MPa}$，$\sigma_p=196\ \mathrm{MPa}$，强度安全系数 $n=2$，稳定安全系数$[n_{st}]=2.5$。试确定结构的许可载荷$[F]$。

50. 立柱由三根外径 $D=50\ \mathrm{mm}$，内径 $d=40\ \mathrm{mm}$ 的圆管焊接而成，立柱截面如图所示，立柱下端四边固定，上端自由。其材料常数为：弹性模量 $E=70\ \mathrm{GPa}$，柔度 $\lambda_p=50$，稳定安全系数$[n_{st}]=2$。若使立柱在轴向集中压力 $F=100\ \mathrm{kN}$ 作用时仍然安全，则立柱的高度 H 应不超过多少？

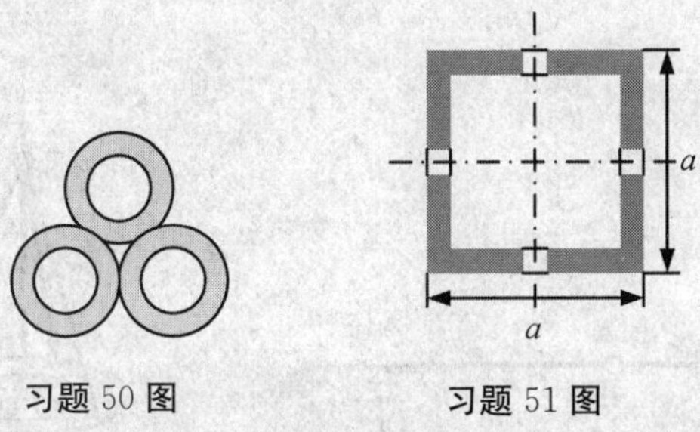

习题 50 图　　习题 51 图

51. 立柱由四根 80 mm × 80 mm × 6 mm 的角钢制成，其截面如图所示，立柱高 $H=6\ \mathrm{m}$，两端铰支。材料的弹性模量 $E=70\ \mathrm{GPa}$，许用压应力$[\sigma]=160\ \mathrm{MPa}$，稳定安全系数$[n_{st}]=2.5$，轴向集中压力 $F=450\ \mathrm{kN}$。试确定立柱截面的边宽 a。

52. 如图所示，三根压杆的横截面均为 $b \times h = 20\ \text{mm} \times 10\ \text{mm}$ 的矩形，杆长 $L = 300\ \text{mm}$，材料的弹性模量 $E = 70\ \text{GPa}$，柔度 $\lambda_p = 50$，$\lambda_s = 0$，中长杆的临界应力公式为 $\sigma_{cr} = 382 - 1.22\lambda\ (\text{MPa})$，试确定三种情况下的临界载荷。

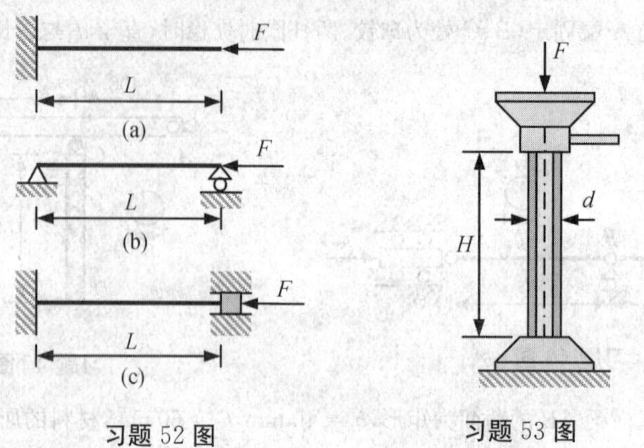

习题 52 图　　习题 53 图

53. 如图所示，千斤顶丝杠的有效直径 $d = 52\ \text{mm}$，最大上升高度 $H = 500\ \text{mm}$，材料的弹性模量 $E = 200\ \text{GPa}$，比例极限 $\sigma_p = 200\ \text{MPa}$，中柔度临界应力公式为 $\sigma_{cr} = 235 - 0.0068\lambda\ (\text{MPa})$，稳定安全系数 $[n_{st}] = 3$，求千斤顶的许用压力 $[F]$。

54. 如图所示，结构的斜撑杆由 No. 20 的槽钢制成，其材料的弹性模量 $E = 200\ \text{GPa}$，比例极限 $\sigma_p = 200\ \text{MPa}$，屈服极限 $\sigma_s = 240\ \text{MPa}$，中柔度临界应力公式为 $\sigma_{cr} = 304 - 1.12\lambda\ (\text{MPa})$，稳定安全系数 $[n_{st}] = 5$，载荷 $F = 40\ \text{kN}$。试校核斜撑杆的稳定性。

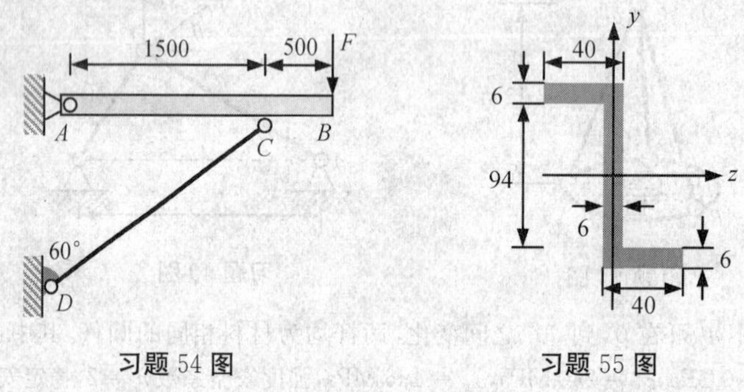

习题 54 图　　习题 55 图

55. 立柱下端四轴固定，上端自由，其横截面如图所示。若允许上端水平面内增加一根可拉压的弹簧，以提高立柱的抗失稳能力，那么弹簧应如何安置才最合理？

四、计算题(B)

56. 如图所示结构中，AB，BC 杆均为刚性杆，A 处有一螺圈弹簧，B 处有一线弹簧，且 $\beta = ka^2$。试求结构的临界载荷 F_{cr}。

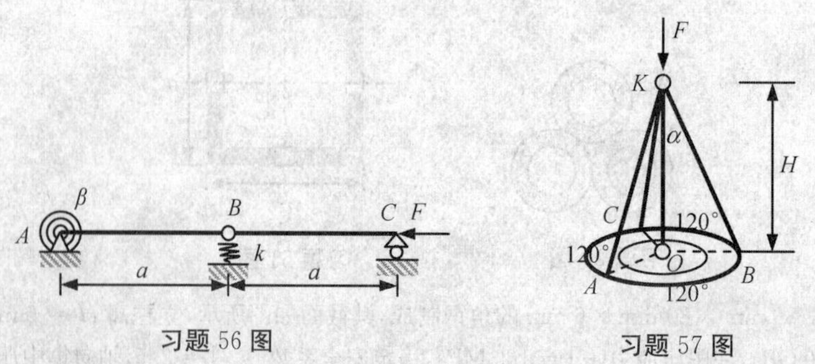

习题 56 图　　习题 57 图

57. 如图所示结构中，四根直径为 d 的圆钢在顶端 K 处铰接在一起，KO 为竖杆，下端与刚性地面铰接。

KA，KB，KC 三杆与竖直方向成 α 角，且 $\alpha < 45°$，三杆的下端与刚性圆环固接。试求结构能承受的最大载荷 F_{max}。

58. 如图所示结构中，上下平板是刚性的，下面平板置于刚性地面上。两根竖杆的长度为 L，直径为 d，下端固定于平板之上，竖杆材料的弹性模量为 E。试求结构的稳定临界载荷 F_{cr}。

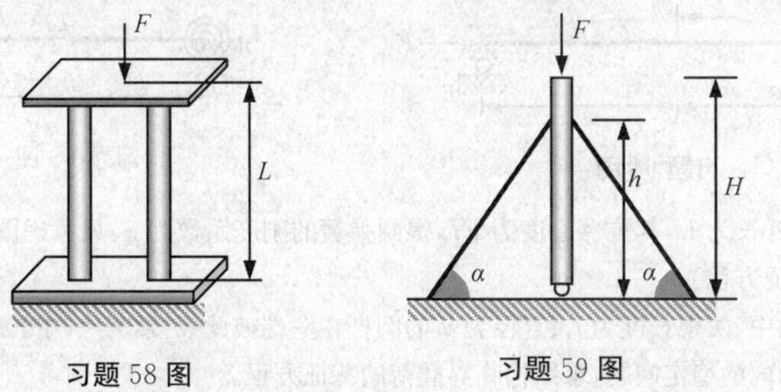

习题 58 图　　习题 59 图

59. 如图所示结构中，立柱是刚性的，其下端铰于刚性地面之上，立柱两侧分别有一钢丝紧拉在地面上。钢丝的抗拉刚度为 EA，初始拉力为零，只考虑图示平面内的稳定问题，试求结构的稳定临界载荷 F_{cr}。

60. 如图所示，结构中载荷 F 可以在长度为 L 的刚性横梁上自由移动，斜撑杆为圆形截面杆件，两端为铰连接，结构中距离 b 不可改变。只考虑斜撑杆的大柔度稳定问题，求使斜撑杆用料最省的角度 θ。

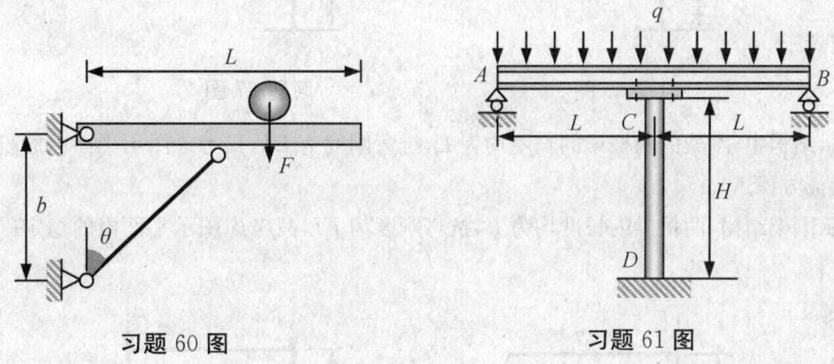

习题 60 图　　习题 61 图

61. 如图所示，总长 $2L = 5$ m 的横梁 AB 用 No. 22a 工字钢制成，梁两端用移动铰支承。立柱高 $H = 3$ m，由直径 $d = 50$ mm 的圆钢制成，上下端与梁和刚性地面固接，材料的弹性模量 $E = 200$ GPa，比例极限 $\sigma_p = 200$ MPa。不考虑横梁自重的影响，在下面两种载荷条件下：(1)$q = 20$ kN/m，(2)$q = 25$ kN/m，求梁中点的挠度 w_C。

62. 如图所示结构中，梁 AB 和 CD 均为直径 $D = 60$ mm 的圆形截面梁，竖直撑杆 OO' 是直径 $d = 20$ mm 的圆杆。梁和撑杆的材料相同，材料常数为：$\sigma_s = 160$ MPa，$\sigma_p = 160$ MPa，$E = 200$ GPa。载荷 $q = 24$ kN/m，$L = 0.6$ m。试确定梁和撑杆的工作安全系数。

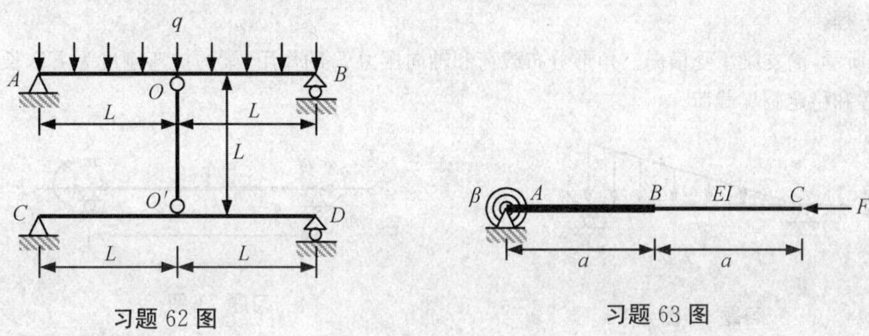

习题 62 图　　习题 63 图

63. 如图所示压杆结构中，AB 段为刚体，BC 段的抗弯刚度为 EI，A 处有一螺圈弹簧，其刚度系数为 $\beta =$

$\dfrac{EI}{a}$。求结构的稳定特征方程。

64. 如图所示，压杆长为 $2a$，抗弯刚度为 EI，压力是作用在杆件右半段上的。求压杆临界载荷的特征方程。

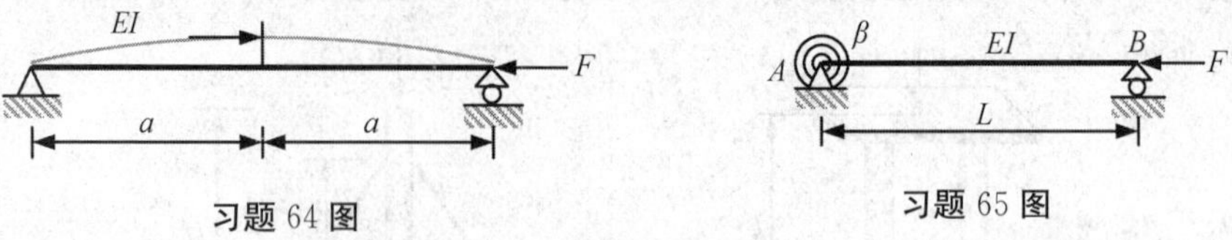

习题 64 图　　习题 65 图

65. 如图所示，压杆长为 L，其抗弯刚度为 EI，螺圈弹簧的刚度系数为 β。只考虑图示平面内的稳定问题。求压杆临界载荷的特征方程。

66. 如图所示结构中，两根长度为 L、直径为 d 的圆杆在一端彼此铰接，另一端分别固定。材料的弹性模量为 E，只考虑图示平面内的稳定问题，求结构临界载荷的特征方程。

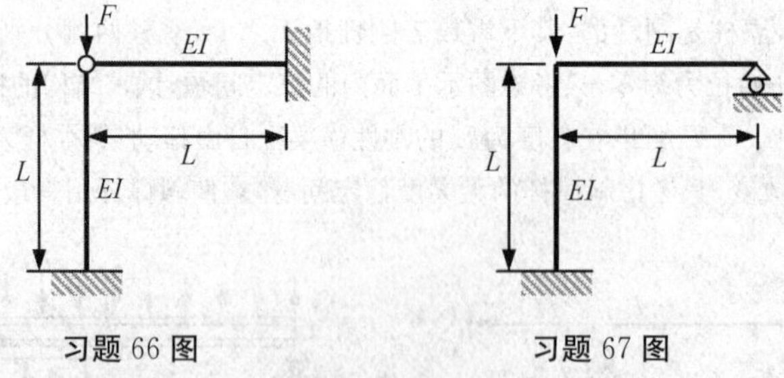

习题 66 图　　习题 67 图

67. 如图所示结构中，刚架的两根梁的长度均为 L，抗弯刚度为 EI，只考虑图示平面内的稳定问题，求结构临界载荷的特征方程。

68. 如图所示刚架结构，两根梁的长度均为 L，抗弯刚度为 EI，只考虑图示平面内的稳定问题，求结构临界载荷的特征方程。

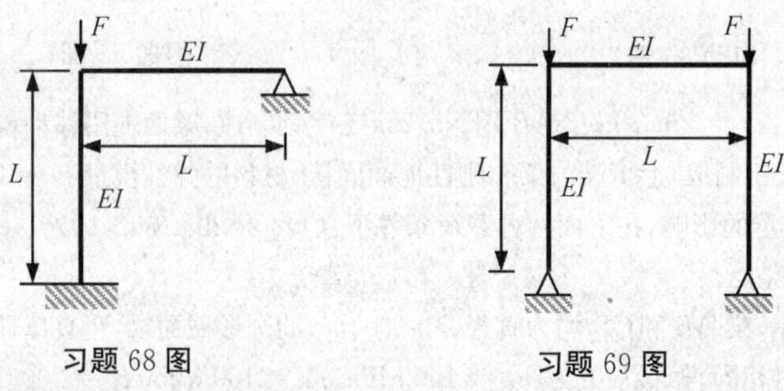

习题 68 图　　习题 69 图

69. 如图所示刚架结构，各梁的长度均为 L，抗弯刚度为 EI，只考虑图示平面内的稳定问题，求结构临界载荷的特征方程。

70. 如图所示，简支梁承受横向三角形分布载荷和轴向压力 F 的作用，梁的抗弯刚度为 EI，长度为 L。求梁的屈曲方程和稳定临界载荷。

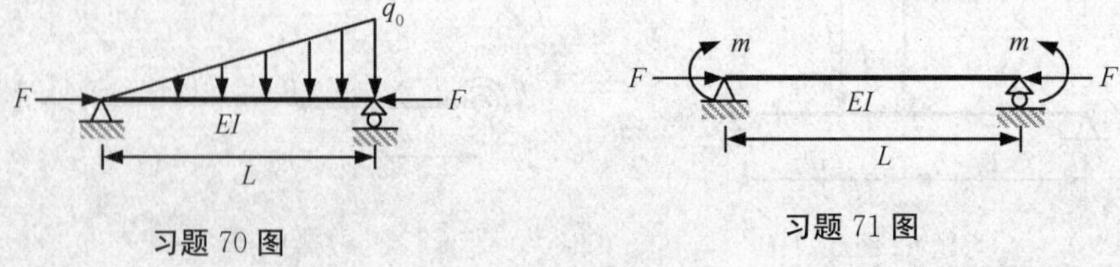

习题 70 图　　习题 71 图

71. 如图所示，简支梁在两端分别承受一集中力偶 m 和轴向压力 F 的作用，梁的抗弯刚度为 EI，长度为

L。求梁的挠曲线方程和最大正应力。

72. 如图所示，简支梁在梁的中点承受一横向集中力 P 作用，同时受轴向压力 F 作用，梁的抗弯刚度为 EI，长度为 $2a$。求梁的最大挠度。

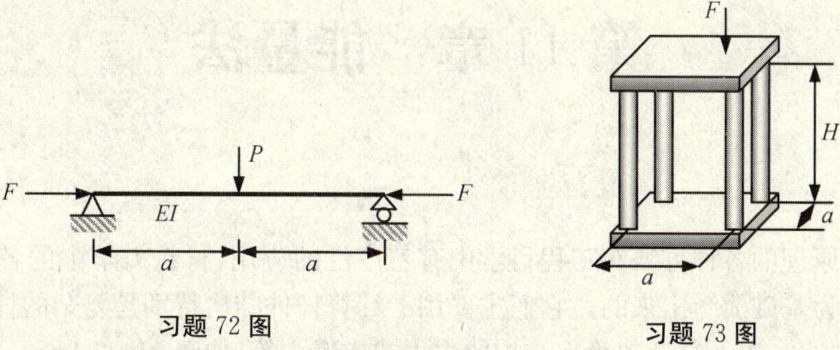

习题 72 图　　　　习题 73 图

73. 如图所示结构中，上下两板是刚性的，在两板边长为 a 的正方形的角点上排列有四根完全相同的细长立柱，立柱上下两端与板固接，下面板置于刚性的地面上，而上面板上作用有一可自由移动的竖向集中载荷 F，立柱高度为 H，抗弯刚度为 EI，如果要使每根立柱都不失稳，则载荷 F 应限制在什么区域内？

74. 如图所示结构中，上下两圆板是刚性的，在两圆板半径为 R 的圆周上均匀排列有六根完全相同的立柱，立柱上下两端与圆板固接。下面圆板置于刚性的地面上，而上面圆板上作用有一可自由移动的竖向集中载荷 F，当立柱承受的轴向载荷达到 $\frac{F}{4}$ 时将产生失稳。

(1) 如果要使每根立柱都不失稳，则载荷 F 应限制在什么区域内？

(2) 如果要使圆板不至于倾倒，F 又应限制在什么区域内？

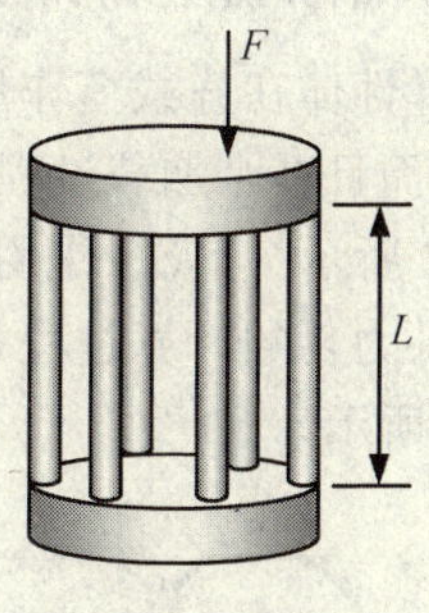

习题 74 图

第 11 章 能量法

基于能量原理的各种方法在工程科学中有着广泛的应用，材料力学中的各种能量方法就是以能量原理为基础演绎出来的。它们主要用于计算杆件结构特别是复杂的杆件结构系统在外力作用下的位移，以及复杂超静定结构的内力或支反力等，如图 11－1 所示。本章介绍的能量方法除了主要解决线弹性问题外，还可解决一些非线弹性的问题，例如橡胶一类材料问题。

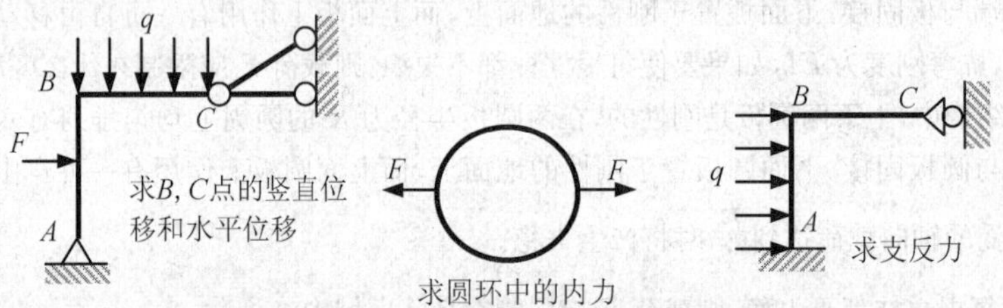

图 11－1 复杂结构问题宜采用能量法求解

另外，如无特殊声明，本章只考虑弹性体在静载荷作用下的问题，即作用在弹性结构上的所有载荷均由零值缓慢增加到其终值，而且整个加载过程是平衡绝热的过程，没有惯性载荷的附加作用和其他能量损耗，如图 11－2 所示。其次，作用在结构上的外力的加载次序可以任意，但对于不同的加载次序，整个结构外力功的计算过程是很不相同的，因此在本章的许多地方要强调外力的加载次序，如图 11－3 所示。

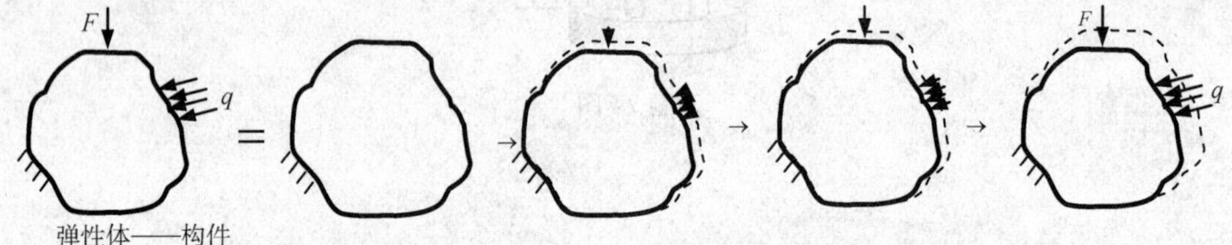

图 11－2 构件上外力的加载过程——静载荷

本章主要介绍材料力学中一些常用的能量方法，重点是单位载荷法以及图形互乘法。本章内容也属于材料力学的专题部分。

11.1 应变能概念

如图 11－4 所示，弹性体在外力作用下将产生变形，而外力在弹性体的变形上将做功，如果外力是静载荷且不考虑其他能量损耗，那么外力功将全部转化到变形体的内部且储存起来，这种由于弹性体变形而储存在弹性体内部的能量称为弹性体的**应变能**或**变形能**，通常用符号 U 表示。

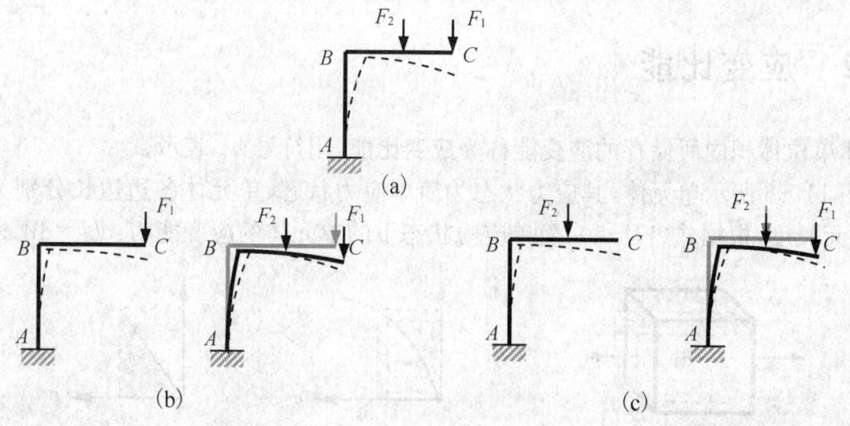

图 11-3　两种典型的加载次序

很明显，如果外力是静载荷且不考虑其他能量损耗（如热耗散或热交换等），则有

$$U = W \tag{11-1}$$

式(11-1)称为**功能关系**。这里 W 是外力做的功。特别要注意的是，例如图 11-4 所示的例子，一般情况下两个载荷所做的功 $W_1 \neq F_1\delta_1$，$W_2 \neq F_2\delta_2$，因为在弹性体变形的过程中载荷 F_1 和 F_2 都是变力。另外，弹性体外力所做总功 W 的计算过程与两个载荷的加载次序关系极大，这个问题稍后再加解释。

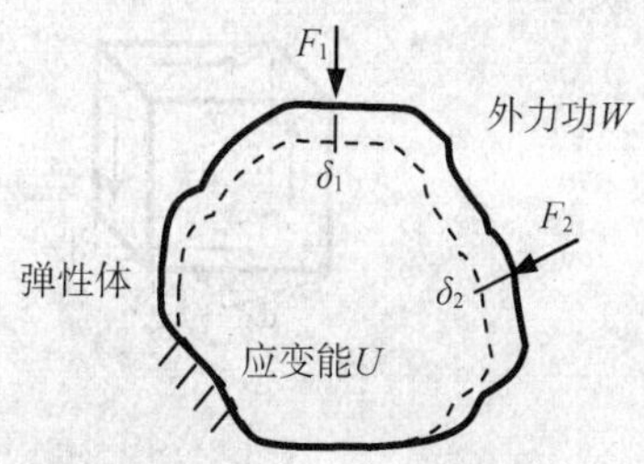

图 11-4　弹性体的应变能概念

弹性体的应变能一般情况下可分为两部分，即

$$U = U_e + U_p \tag{11-2}$$

式中，U_e 称为**弹性应变能**，U_p 称为**塑性应变能**。如果弹性体在外力作用过程中形成了一个塑性区，则有一部分能量将消耗掉，这部分能量就是塑性应变能。而当外力去掉后，弹性体将释放出一部分能量，这部分能量就是弹性应变能。因此，弹性应变能是可释放的能量，而塑性应变能是消耗掉的能量。材料力学中一般不考虑弹性体的塑性变形问题，这种弹性体称为**完全弹性体**，因此，完全弹性体的应变能全部为弹性应变能，是完全可释放的，图 11-5 显示了弹弓和跳板跳水运动的能量转化过程。另外，完全弹性体的应变能是状态函数，即只与弹性体当前的状态有关，而与载荷的加载方式和过程无关。而有塑性区形成的弹性体一般称为**弹塑性体**，弹塑性体的应变能与载荷的加载方式和过程有关。本章后述各节内容考虑的弹性体均为完全弹性体，届时不再说明。

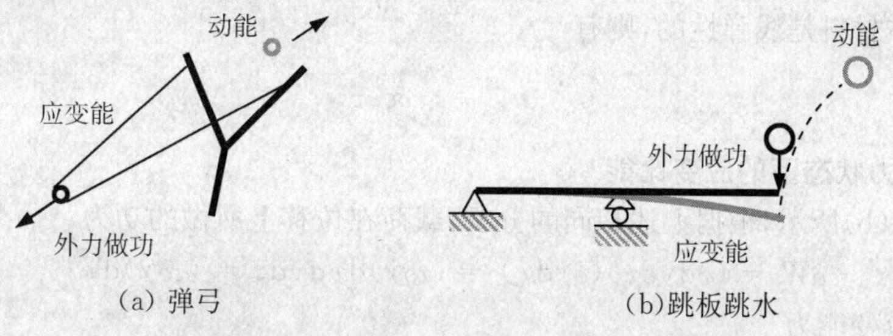

图 11-5　完全弹性体的能量转化过程

11.2　应变比能

弹性体单位体积内所储存的应变能称为**应变比能**,用符号 u_e 表示。

考虑图 11－6 所示单元体,其应力状态为简单应力状态,单元体各边边长分别为 $\mathrm{d}x$,$\mathrm{d}y$,$\mathrm{d}z$,均为微元长度,根据式(11－1),简单应力状态下的单元体的应变能为:$\mathrm{d}U=\mathrm{d}W$。

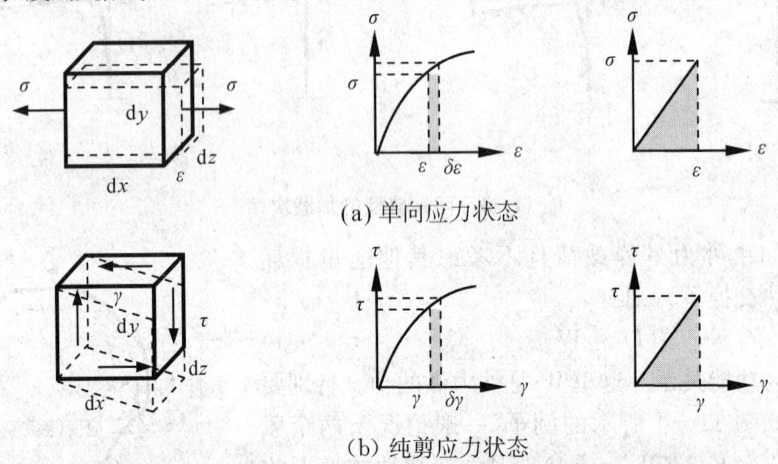

图 11－6　简单应力状态下的应变比能

(1)单向应力状态下的应变比能

如图 11－6(a)所示,在静载荷作用下,单元体微分面上的应力 σ 以及 x 方向的线应变 ε 由零值增加到终值,假设某个时刻单元体的线应变为 ε,则当其有一个增量 $\delta\varepsilon$ 时,载荷产生的位移为 $\delta\varepsilon\cdot\mathrm{d}x$,则在该位移上外力所做的功为

$$\delta W=(\sigma\mathrm{d}y\mathrm{d}z)(\delta\varepsilon\mathrm{d}x)=(\sigma\delta\varepsilon)\mathrm{d}x\mathrm{d}y\mathrm{d}z=(\sigma\delta\varepsilon)\mathrm{d}V$$

式中,$\mathrm{d}V$ 为单元体的体积,则在单元体的整个变形过程中,外力做的功为

$$\mathrm{d}W=\int\delta W=\int_0^{\varepsilon}\sigma\delta\varepsilon\cdot\mathrm{d}V$$

因此,单元体的应变能为

$$\mathrm{d}U=\mathrm{d}W=\left(\int_0^{\varepsilon}\sigma\mathrm{d}\varepsilon\right)\cdot\mathrm{d}V$$

弹性体的应变比能为

$$u_e=\int_0^{\varepsilon}\sigma\mathrm{d}\varepsilon \tag{11-3}$$

如果弹性体材料是线弹性的,则有

$$u_e=\frac{1}{2}\sigma\varepsilon \tag{11-4}$$

(2)纯剪应力状态下的应变比能

如图 11－6(b)所示,根据上述相同的分析,载荷在位移上所做的功为

$$\delta W=(\tau\mathrm{d}y\mathrm{d}z)(\delta\gamma\mathrm{d}x)=(\tau\delta\gamma)\mathrm{d}x\mathrm{d}y\mathrm{d}z=(\tau\delta\gamma)\mathrm{d}V$$

单元体的应变能为

$$\mathrm{d}U=\mathrm{d}W=\left(\int_0^{\gamma}\tau\mathrm{d}\gamma\right)\cdot\mathrm{d}V$$

弹性体的应变比能为

$$u_e = \int_0^{\gamma} \tau \, \mathrm{d}\gamma \tag{11-5}$$

如果弹性体材料是线弹性的，则有

$$u_e = \frac{1}{2}\tau\gamma \tag{11-6}$$

(3)复杂应力状态下的应变比能

如图 11−7(a)所示的复杂应力状态，在小变形条件下，单元体的各种变形之间可认为不存在耦合效应，则上述结果可推广，弹性体的应变比能为

$$u_e = \int_0^{\varepsilon_x} \sigma_x \mathrm{d}\varepsilon_x + \int_0^{\varepsilon_y} \sigma_y \mathrm{d}\varepsilon_y + \int_0^{\varepsilon_z} \sigma_z \mathrm{d}\varepsilon_z + \int_0^{\gamma_{xy}} \tau_{xy} \mathrm{d}\gamma_{xy} + \int_0^{\gamma_{yz}} \tau_{yz} \mathrm{d}\gamma_{yz} + \int_0^{\gamma_{zx}} \tau_{zx} \mathrm{d}\gamma_{zx} \tag{11-7}$$

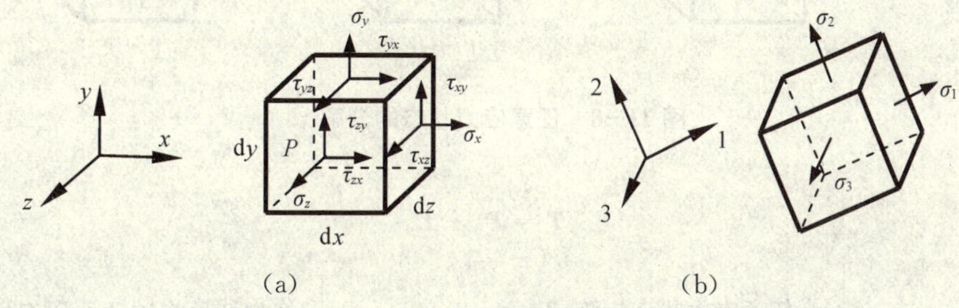

图 11−7　复杂应力状态

如果弹性体材料是线弹性的，则有

$$u_e = \frac{1}{2}(\sigma_x\varepsilon_x + \sigma_y\varepsilon_y + \sigma_z\varepsilon_z + \tau_{xy}\gamma_{xy} + \tau_{yz}\gamma_{yz} + \tau_{zx}\gamma_{zx}) \tag{11-8}$$

如图 11−7(b)所示，在主轴坐标系下，弹性体的应变比能为

$$u_e = \frac{1}{2}(\sigma_1\varepsilon_1 + \sigma_2\varepsilon_2 + \sigma_3\varepsilon_3) \tag{11-9}$$

根据广义虎克定律，有：

$$u_e = \frac{1}{2E}[\sigma_1^2 + \sigma_2^2 + \sigma_3^2 - 2\nu(\sigma_1\sigma_2 + \sigma_2\sigma_3 + \sigma_3\sigma_1)] \tag{11-10}$$

于是弹性体的总应变能为

$$U = \int_V u_e \mathrm{d}V \tag{11-11}$$

其中积分是在整个弹性体所占空间域内进行的。

(4)体积与形状改变比能*

在线弹性小变形条件下，任意单元体的变形总可以分解为两种变形形式的合成：一是单元体的体积变化，二是单元体的形状变化。因此，应变比能也可分成两部分，即**体积改变比能**和**形状改变比能**。

下面在主轴坐标系下来考虑这两种比能。根据 8.2.6 节的内容，弹性体的体积应变为

$$\theta = \frac{\Delta(\mathrm{d}V)}{\mathrm{d}V} = \varepsilon_x + \varepsilon_y + \varepsilon_z = \varepsilon_1 + \varepsilon_2 + \varepsilon_3$$

根据广义虎克定律，有

$$\theta = \frac{\Delta(\mathrm{d}V)}{\mathrm{d}V} = \frac{1-2\nu}{E}(\sigma_1 + \sigma_2 + \sigma_3) \tag{11-12}$$

定义**平均应力**为

$$\sigma_m = \frac{1}{3}(\sigma_x + \sigma_y + \sigma_z) = \frac{1}{3}(\sigma_1 + \sigma_2 + \sigma_3) \tag{11-13}$$

则式(11－12)变为

$$\theta = \frac{\sigma_m}{K} \tag{11-14}$$

式(11－4)称为**体积虎克定律**，常数 $K = \frac{E}{3(1-2\nu)}$，称为**体积弹性模量**。

式(11－14)说明，对于任意应力状态来说，弹性体体积的变化决定于平均应力。如图 11－8 所示，任意应力状态可分解为两种应力状态的叠加，相应的应力状态矩阵分解为

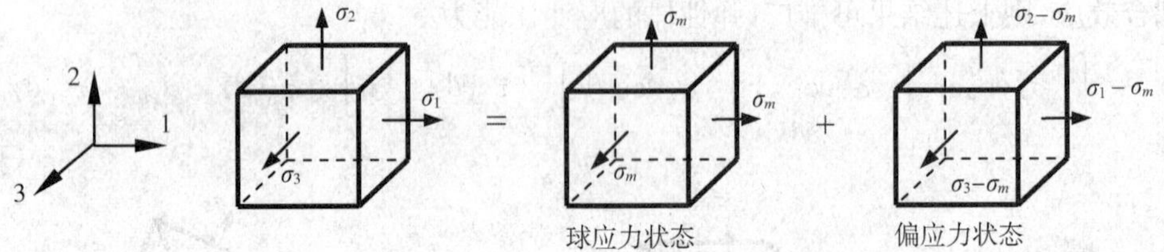

图 11－8　任意应力状态的分解

$$\boldsymbol{T} = \boldsymbol{T}^m + \boldsymbol{T}^s \tag{11-15}$$

式中，$\boldsymbol{T} = \begin{bmatrix} \sigma_1 & 0 & 0 \\ 0 & \sigma_2 & 0 \\ 0 & 0 & \sigma_3 \end{bmatrix}$，为任意应力状态矩阵；$\boldsymbol{T}^m = \begin{bmatrix} \sigma_m & 0 & 0 \\ 0 & \sigma_m & 0 \\ 0 & 0 & \sigma_m \end{bmatrix}$，称为**球应力状态**或**应力球张量**；$\boldsymbol{T}^s = \begin{bmatrix} \sigma_1-\sigma_m & 0 & 0 \\ 0 & \sigma_2-\sigma_m & 0 \\ 0 & 0 & \sigma_3-\sigma_m \end{bmatrix}$，称为**偏应力状态**或**应力偏张量**。应力球张量只对考察点的单元体的体积变化产生影响，而应力偏张量只对单元体的形状变化产生影响，注意应力球张量所对应的应力状态是静水压力状态。

下面分别考虑球应力状态和偏应力状态的应变比能，根据式(11－10)，球应力状态的应变比能为

$$u_e^m = \frac{1}{2E}(3\sigma_m^2 - 6\nu\sigma_m^2) = \frac{1-2\nu}{6E}(\sigma_1 + \sigma_2 + \sigma_3)^2 \tag{11-16}$$

式中，u_e^m 称为**体积改变比能**。

根据式(11－9)，偏应力状态的应变比能为

$$u_e^s = \frac{1}{2}(\sigma_1^s\varepsilon_1^s + \sigma_2^s\varepsilon_2^s + \sigma_3^s\varepsilon_3^s)$$

式中，$\sigma_1^s = \sigma_1 - \sigma_m$，$\sigma_2^s = \sigma_2 - \sigma_m$，$\sigma_3^s = \sigma_3 - \sigma_m$。

根据广义虎克定律，$\varepsilon_1^s = \frac{1}{E}[(\sigma_1 - \sigma_m) - \nu(\sigma_2 + \sigma_3 - 2\sigma_m)]$，相应地可得出 ε_2^s，ε_3^s 的表达式，代入上式，经过较冗长的运算可得到

$$u_e^s = \frac{1+\nu}{6E}[(\sigma_1 - \sigma_2)^2 + (\sigma_2 - \sigma_3)^2 + (\sigma_3 - \sigma_1)^2] \tag{11-17}$$

式中，u_e^s 称为**形状改变比能**或**畸变比能**。第四强度理论引用的就是该式。

不难验证，弹性体的应变比能与体积改变比能和形状改变比能满足：

$$u_e = u_e^m + u_e^s \tag{11-18}$$

即弹性体的应变比能可分解为体积改变比能和形状改变比能之和。

由公式(11－12)可看出，当材料的泊松比 $\nu = 0.5$ 时，弹性体的体积应变 $\theta = 0$，这类材料称为**不可压缩材料**。当然不可压缩材料只是一种理想模型，因为一般的工程材料的泊松比的取值范围为：$0 < \nu < 0.5$，但对于

泊松比接近 0.5 的材料，理论上可假设为不可压缩材料，例如橡胶和水就常常处理为不可压缩材料，工程上广泛使用的水压机就是利用了水的几乎不可压缩的原理制造出来的。

在弹性力学中，可以严格地证明材料泊松比的取值范围为：$-1<\nu<0.5$。长期以来，$\nu<0$ 的材料在工程上被认为是不可思议的，但近年已有此类材料的报道。

11.3 杆件的应变能

(1)杆件外力的功

如图 11－9(a)所示，在静载荷条件下，弹性体外载荷 f 与弹性体在载荷作用点沿载荷作用方向的位移之间的关系可用图 11－9(b)或 11－9(c)表示。f 称为**广义力或广义载荷**，可以是集中力或集中力偶；δ 称为**广义位移**，可以是线位移或角位移。

(a)广义力和广义位移　(b) 非线弹性材料　(c) 线弹性材料

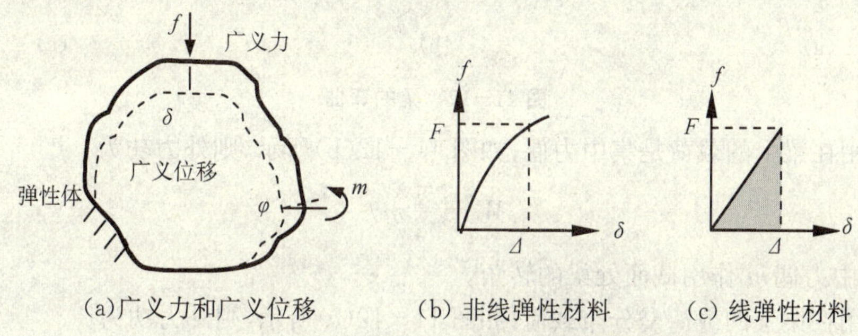

图 11－9　弹性体的广义力和广义位移间的关系

当广义力从零加载到 F 时，其相应的广义位移为Δ，则广义力做的功为(如图 11－9(b)所示)

$$W=\int_0^{\Delta} f\,\mathrm{d}\delta \tag{11-19}$$

如果弹性体的变形是线弹性的，则广义力做的功为(如图 11－19(c)所示)

$$W=\frac{1}{2}F\Delta \tag{11-20}$$

下面研究杆件在线弹性情况下各种变形形式的外力功。

①拉伸与压缩。

如图 11－10 所示的拉伸或压缩杆件，其伸长量 Δl 就是轴力 F 作用下的位移，因此，其外力功为

$$W=\frac{1}{2}F\Delta l \tag{11-21}$$

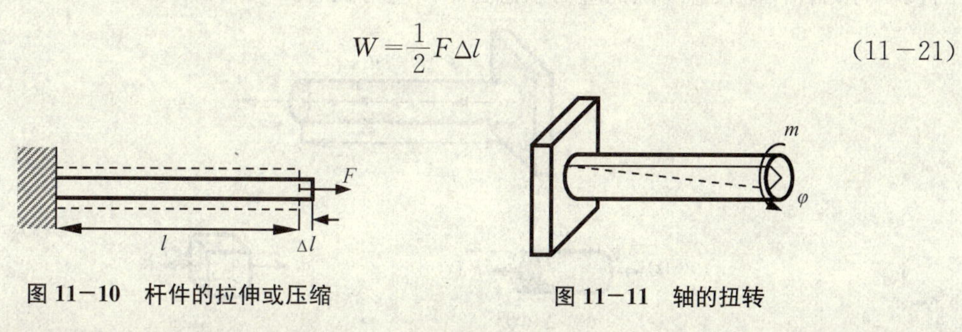

图 11－10　杆件的拉伸或压缩

图 11－11　轴的扭转

②轴的扭转。

如图 11－11 所示的扭转轴，其两端的相对扭转角度 φ 就是扭矩 m 作用下的位移，这时广义力是力矩而广义位移是转角。因此，其外力功为

$$W = \frac{1}{2}m\varphi \tag{11-22}$$

③梁的弯曲。

如图 11－12 所示的梁，由于作用在梁上的横向载荷有多种形式，因此，其外力功也有多种不同的表达式。如果作用在梁上的载荷是集中力，如图 11－12(a)所示，则外力功为

$$W = \frac{1}{2}Fw \tag{11-23}$$

式中，w 是集中力 F 作用点处梁的挠度。

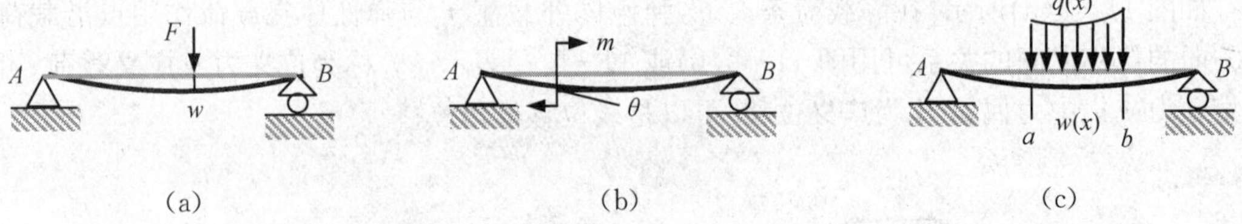

图 11－12 梁的弯曲

如果作用在梁上的载荷是集中力偶，如图 11－12(b)所示，则外力功为

$$W = \frac{1}{2}m\theta \tag{11-24}$$

式中，θ 是集中力偶 m 作用截面处梁的转角。

如果作用在梁上的载荷是分布载荷，如图 11－12(c)所示，则外力功为

$$W = \frac{1}{2}\int_a^b q(x)w(x)\mathrm{d}x \tag{11-25}$$

式中，$q(x)$是分布载荷集度，$w(x)$是分布载荷作用区段$[a,b]$梁的挠度函数。

(2)各种变形形式下杆件的应变能

不同变形形式下杆件的应变能有两种计算方法：一是直接利用能量等式(11－1)以及式(11－21)～式(11－25)先计算微元长度杆件的应变能，然后在杆件的长度上进行积分以计算杆件的应变能；二是应用式(11－10)先计算杆件的应变比能，然后应用式(11－11)在整个杆件的体积域上进行积分来计算杆件的应变能。下面计算各种变形形式下杆件的应变能。

①拉伸压缩杆件。

如图 11－13(a)所示的一般拉伸压缩杆件，其轴力函数为 $F_N(x)$，抗拉刚度为 EA，杆件的长度为 l；杆件中任意一点的应力状态为单向应力状态。

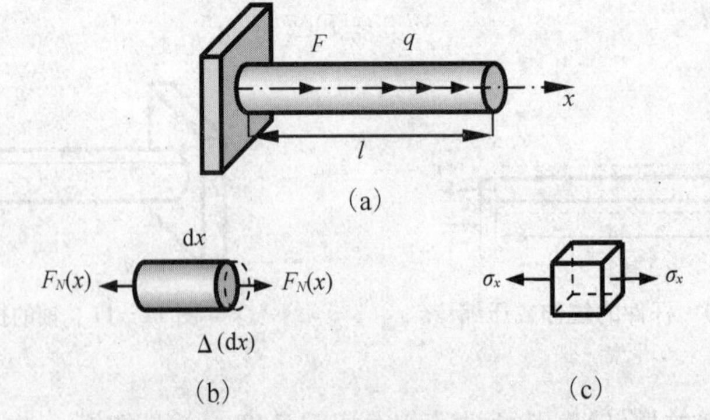

图 11－13 拉伸压缩杆件的应变能

首先考虑微元长度杆件的受力情况，如图 11－13(b)所示，在加载过程中，外力做功为

$$\mathrm{d}W=\frac{1}{2}F_N(x)\Delta(\mathrm{d}x)$$

注意到 $\Delta(\mathrm{d}x)=\dfrac{F_N(x)\mathrm{d}x}{EA}$，并利用功能关系，则拉伸压缩杆件的应变能为

$$U=\int_l \frac{F_N^2(x)\mathrm{d}x}{2EA} \tag{11-26}$$

其中，积分在杆件的长度上进行。

式(11－26)也可由式(11－10)和式(11－11)导出，如图 11－13(c)所示，由于杆件中任意一点的应力状态为单向应力状态，则拉伸压缩杆件任意一点处的应变比能为

$$u_e=\frac{1}{2}\sigma\varepsilon=\frac{\sigma^2}{2E}$$

注意到 $\sigma=\dfrac{F_N(x)}{A}$，所以拉伸压缩杆件的应变能为

$$U=\int_V \frac{\sigma^2}{2E}\mathrm{d}V=\int_l\left[\int_A \frac{F_N^2(x)}{2EA^2}\mathrm{d}A\right]\mathrm{d}x=\int_l \frac{F_N^2(x)\mathrm{d}x}{2EA}$$

与式(11－26)完全一致。以下各基本变形的应变能均采用第一种方法推导。

如果杆件是等截面同种材料制成的二力杆，则式(11－26)可简化为

$$U=\frac{F_N^2 l}{2EA} \tag{11-27}$$

②扭转圆轴。

如图 11－14(a)所示的一般扭转圆轴，其扭矩函数为 $T(x)$，抗扭刚度为 GI_p，圆轴的长度为 l；轴中任意一点的应力状态为纯剪应力状态。

考虑微元长度圆轴的受力情况，如图 11－14(b)所示，在加载过程中，外力做功为

$$\mathrm{d}W=\frac{1}{2}T(x)\mathrm{d}\varphi$$

注意到 $\mathrm{d}\varphi=\dfrac{T(x)\mathrm{d}x}{GI_p}$，利用功能关系，则扭转圆轴的应变能为

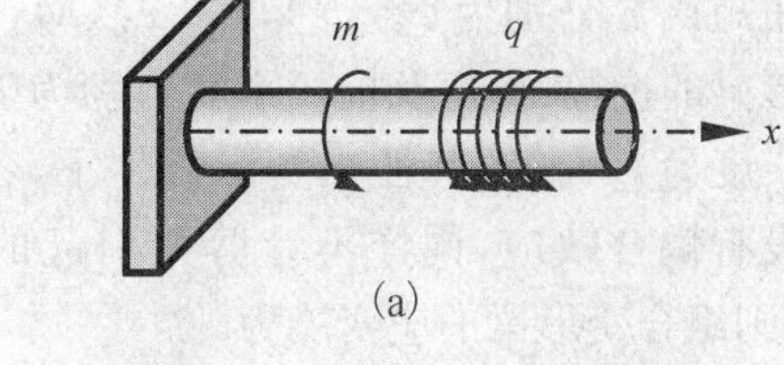

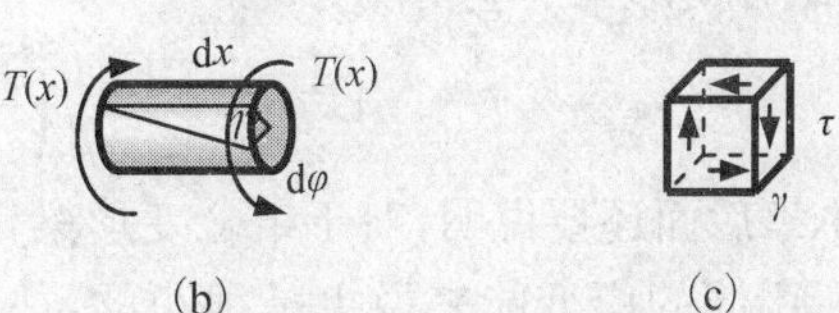

图 11－14　圆轴扭转的应变

$$U=\int_l \frac{T^2(x)\mathrm{d}x}{2GI_p} \tag{11-28}$$

对同种材料制成的等截面简单扭转圆轴，则式(11－28)可简化为

$$U=\frac{T^2 l}{2GI_p} \tag{11-29}$$

③横力弯曲梁。

如图 11－15(a)所示的一般横力弯曲梁，其弯矩函数为 $M(x)$，抗弯刚度为 EI，梁的长度为 l；在不考虑剪力引起的剪切变形条件下，梁中任意一点的应力状态为单向应力状态。

考虑微元长度梁的受力情况，如图 11－15(b)所示，在加载过程中，外力做功为

$$\mathrm{d}W=\frac{1}{2}M(x)\mathrm{d}\theta$$

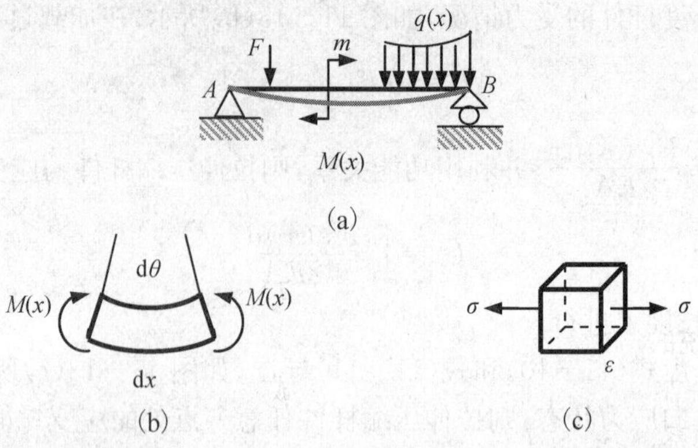

图 11－15　横力弯曲梁的应变能

注意到 $\mathrm{d}\theta=\frac{\mathrm{d}x}{\rho}=\frac{M(x)\mathrm{d}x}{EI}$，利用功能关系，则横力弯曲梁的应变能为

$$U=\int_l \frac{M^2(x)\mathrm{d}x}{2EI} \tag{11-30}$$

特别要注意的是，在一般横力弯曲梁中，剪切变形引起的应变能相对于由弯曲变形引起的应变能来说是很小的，往往可以忽略不计。因此，在各种梁的问题中通常不考虑由剪力引起的剪切变形应变能。

④组合变形梁。

如图 11－16 所示的组合变形梁，其轴力、剪力、弯矩及扭矩函数分别为 $F_N(x)$，$F_s(x)$，$M(x)$，$T(x)$；组合变形梁的抗拉、抗弯及抗扭刚度分别为 EA，EI，GI_p；梁的长度为 l。在线弹性小变形条件下，各种基本变形之间没有耦合效应，同样不计剪力引起的剪切变形应变能，则组合变形梁的应变能为

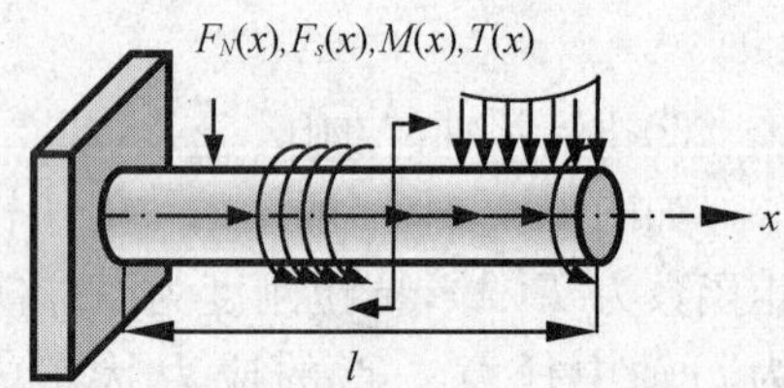

图 11－16　组合变形梁的应变能

$$U=\int_l\left[\frac{F_N^2(x)}{2EA}+\frac{M^2(x)}{2EI}+\frac{T^2(x)}{2GI_p}\right]\mathrm{d}x \tag{11-31}$$

本章后面还要说明，对于组合变形梁，由拉伸或压缩变形引起的应变能相对于弯曲和扭转变形所引起的应变能来说也是很小的，往往可忽略不计。因此，组合变形梁的应变能一般简化为

$$U=\int_l\left[\frac{M^2(x)}{2EI}+\frac{T^2(x)}{2GI_p}\right]\mathrm{d}x \tag{11-32}$$

必须注意的是，如果杆件只有拉伸或压缩变形，则其应变能是不能忽略的。

⑤曲梁。

如图 11－17 所示的曲梁，在外力作用下其变形通常是组合变形，平面曲梁的内力通常有三种，即轴力、剪力和弯矩；而空间曲梁的内力通常有四种，即轴力、剪力、弯矩和扭矩。曲梁的应变能通常忽略轴力和剪力的影响，只计算弯矩和扭矩所引起的应变能，而计算公式只需将式(11－32)中的积分换为沿曲梁轴线的曲线积分即可。

刚架轴线通常是折线，因此，一般将刚架看成是一个杆件结构系统，其应变能采用下面的方式计算。

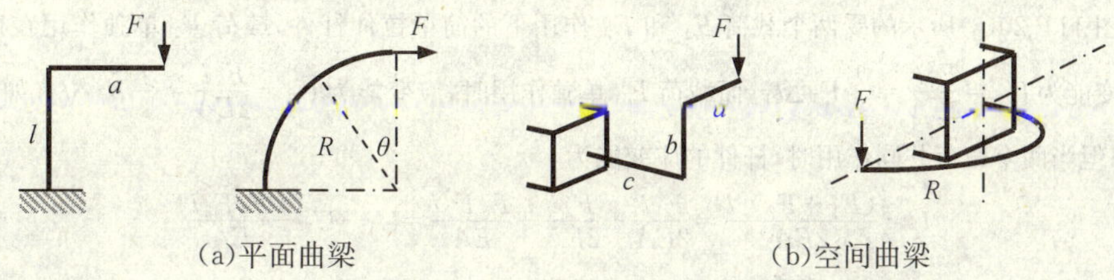

图 11-17　曲梁的应变能

(3)杆件结构系统的应变能

对于杆件或杆件结构系统来说，显然下述原理成立，即：**杆件或杆件结构系统总的应变能等于杆件或杆件结构系统各部分应变能之和。**

材料力学中常见的杆件结构系统有两种：一是桁架结构系统，二是若干二力杆以及若干梁或轴组成的结构系统。

①桁架结构系统。

如图 11-18 所示的全部由二力杆组成的结构系统称为桁架结构系统，简称**桁架**。

根据式(11-27)以及上述原理，桁架结构系统的应变能为

$$U = \sum_{n} \frac{F_N^2 l}{2EA} \qquad (11-33)$$

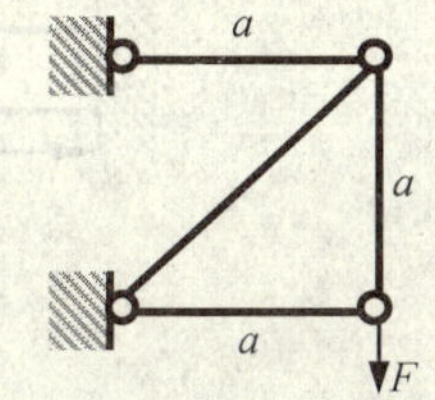

图 11-18　桁架结构系统

式中，n 为桁架结构系统中杆件的数目，F_N，l，EA 分别是各杆的轴力、长度以及抗拉刚度。

②一般杆件结构系统。

如图 11-19 所示的一般杆件结构系统，系统中有 n 根二力杆和 m 根梁，则根据式(11-26)～式(11-32)以及上述原理，一般杆件结构系统的应变能为

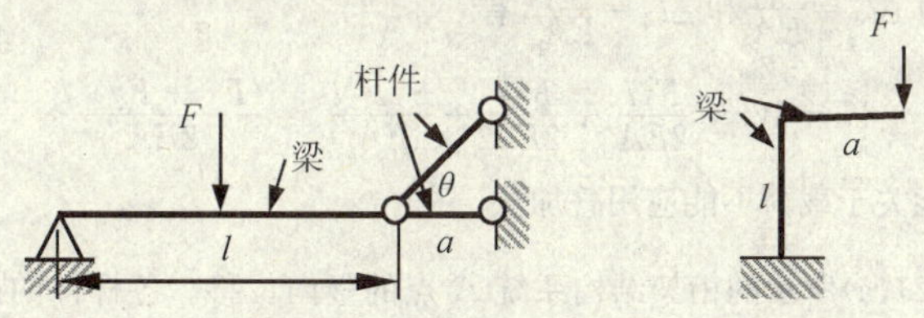

图 11-19　杆件结构系统

$$U = \sum_{n} \frac{F_N^2 l}{2EA} + \sum_{m} \int_{l} \left[\frac{M^2(x)}{2EI} + \frac{T^2(x)}{2GI_p} \right] dx \qquad (11-34)$$

式中，l 是各杆和梁的长度，F_N，EA 是各二力杆的轴力和抗拉刚度，$M(x)$，$T(x)$分别是各梁中的弯矩和扭矩函数，EI，GI_p 是各梁的抗弯刚度和抗扭刚度。

(4)弹性体应变能的性质

弹性体应变能具有如下的性质：

①弹性体总的应变能等于各部分应变能之和。

②弹性体的应变能是恒正的。

③弹性体的应变能是状态函数，即只跟弹性体当前的变形状态有关，而与如何达到这一变形状态的过程无关，也就是说与弹性体的加载过程无关。

④弹性体的应变能关于载荷是非线性的，实质上是载荷的齐二次函数。因此，弹性体的应变能关于载荷不能应用叠加法。

例如图 11－20(a)所示的受两个载荷 F_1 和 F_2 作用下的简单拉伸杆件,载荷 F_1 单独作用在杆件上时,杆件的应变能为 $U_1=\frac{F_1^2 l}{2EA}=\frac{1}{2}F_1\Delta l_1$,而载荷 F_2 单独作用时,应变能为 $U_2=\frac{F_2^2 l}{2EA}=\frac{1}{2}F_2\Delta l_2$(如图 11－20(b)所示);但当两个载荷共同作用时,杆件的应变能为

$$U=\frac{(F_1+F_2)^2 l}{2EA}=\frac{F_1^2 l}{2EA}+\frac{F_2^2 l}{2EA}+\frac{F_1F_2 l}{EA}=U_1+U_2+\frac{F_1F_2 l}{EA}$$

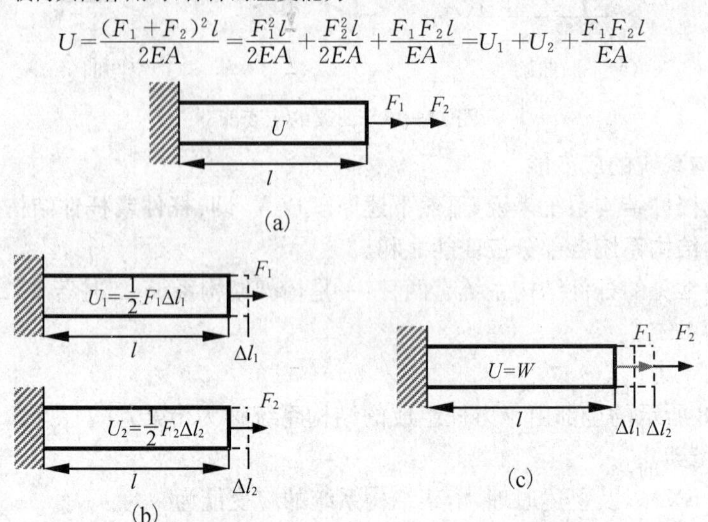

图 11－20　杆件在两个载荷作用下的简单的拉伸

可见,$\bar{U}\neq\bar{U}_1+\bar{U}_2$;实质上,假设先加载荷 F_1 再加载荷 F_2,则外力做功为

$$W=\frac{1}{2}F_1\Delta l_1+\frac{1}{2}F_2 l_2+F_1\Delta l_2$$

其中,最后一项的意义是:因载荷 F_1 加好后再加载荷 F_2,则 F_1 将在载荷 F_2 所引起的位移上做功,此时 F_1 是常力(如图 11－20(c)所示)。

利用 $U=W$,并注意到 $\Delta l_1=\frac{F_1 l}{EA}$和 $\Delta l_2=\frac{F_2 l}{EA}$,有

$$U=W=\frac{F_1^2 l}{2EA}+\frac{F_2^2 l}{2EA}+\frac{F_1F_2 l}{EA}=\frac{(F_1+F_2)^2 l}{2EA}$$

可见,弹性体的应变能关于载荷不能应用叠加法。

例 11－1　求图 11－21(a)所示的桁架结构系统 A 点的竖向位移。各杆件的抗拉刚度均为 EA,长度 a 为已知。

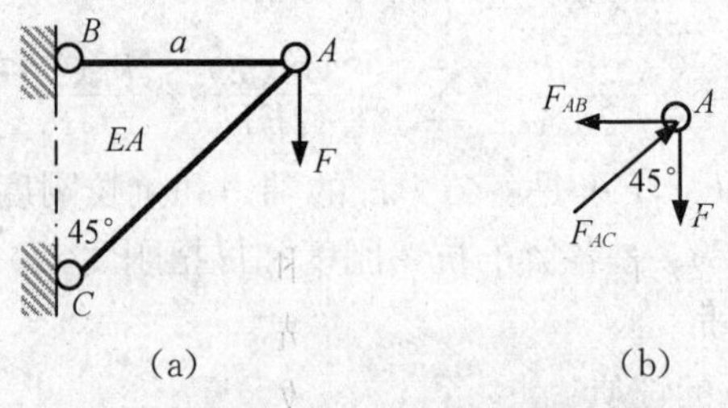

图 11－21　例 11－1 图

解:如图 11－21(b)所示,先计算两杆中的轴力,由节点 A 的平衡有:$F_{AB}=F$(拉力),$F_{AC}=-\sqrt{2}F$(压力),则结构的应变能为:$U=\frac{F^2 a}{2EA}+\frac{(-\sqrt{2}F)^2(\sqrt{2}a)}{2EA}=\frac{(1+2\sqrt{2})F^2 a}{2EA}$,外力功为:$W=\frac{1}{2}F\delta_A$。

根据 $U=W$,有:$\frac{1}{2}F\delta_A=\frac{(1+2\sqrt{2})F^2 a}{2EA}$,则 A 点的竖向位移为:$\delta_A=(1+2\sqrt{2})\frac{Fa}{EA}$。

注:与拉伸压缩一章中的画节点位移的变形协调图求解的结果完全一样,但能量法更简单。

例 11－2　求图 11－22(a)所示的结构 C 点的竖向位移。梁的抗弯刚度为 EI，两二力杆的抗拉刚度均为 EA，长度 l 和 a 为已知。

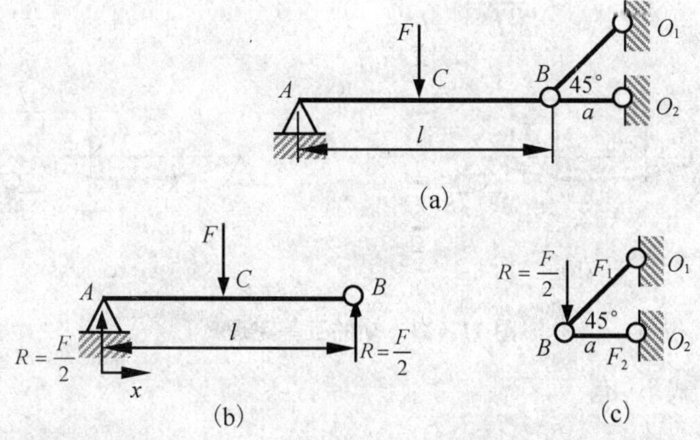

图 11－22　例 11－2 图

解：①求结构各杆和梁的内力。

梁中的弯矩是对称的，只考虑半梁，其弯矩函数为：$M(x)=\dfrac{1}{2}Fx\left(0\leqslant x\leqslant\dfrac{l}{2}\right)$。

二力杆中的轴力，考虑节点 B 的平衡，有：$F_1=\sqrt{2}R=\dfrac{\sqrt{2}}{2}F$，$F_2=R=\dfrac{1}{2}F$。

②求结构的应变能和外力功。

由式(11－34)，结构的应变能为

$$U=\frac{F_1^2(\sqrt{2}a)}{2EA}+\frac{F_2^2a}{2EA}+2\cdot\int_0^{\frac{l}{2}}\frac{M^2(x)}{2EI}\mathrm{d}x=\frac{\sqrt{2}F^2a}{4EA}+\frac{F^2a}{8EA}+\int_0^{\frac{l}{2}}\frac{F^2x^2}{4EI}\mathrm{d}x$$
$$=(1+2\sqrt{2})\frac{F^2a}{8EA}+\frac{F^2l^3}{96EI}$$

结构外力做功为：$W=\dfrac{1}{2}F\delta_C$。

(3)求 C 点的竖向位移。

根据 $U=W$，有：$\dfrac{1}{2}F\delta_C=(1+2\sqrt{2})\dfrac{F^2a}{8EA}+\dfrac{F^2l^3}{96EI}$，　$\delta_C=(1+2\sqrt{2})\dfrac{Fa}{4EA}+\dfrac{Fl^3}{48EI}$(向下)。

必须注意：功能关系 $U=W$ 只能求解杆件结构在单一载荷作用下沿载荷作用方向的位移，对于一般杆件结构问题，该方法无效。

11.4　互等定理

(1)功的互等定理

如图 11－23(a)所示的梁受两个广义载荷 F_1 和 F_2 作用，载荷的加载过程采用两种方式：一是先加 F_1 再加 F_2(如图 11－23(b)所示)；二是先加 F_2 再加 F_1(如图 11－23(c)所示)。载荷 F_1 作用点 A 处的位移为Δ_1，载荷 F_2 作用点 B 处的位移为Δ_2。

在第一种加载方式下，有

$$\Delta_1=\Delta_{11}+\Delta_{12}$$

式中，Δ_{11}为加载 F_1 时 A 点的位移，Δ_{12}为载荷 F_1 加载完毕后再加载 F_2 时 A 点的位移。整个加载过程中，外力做功为

$$W_1=\frac{1}{2}F_1\Delta_{11}+\frac{1}{2}F_2\Delta_{22}+F_1\Delta_{12}$$

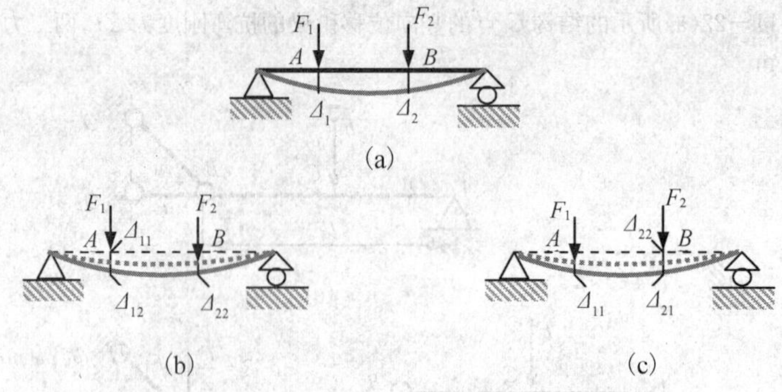

图 11－23　功的互等定理

在第二种加载方式下，有

$$\Delta_2 = \Delta_{22} + \Delta_{21}$$

式中，Δ_{22}为加载 F_2 时 B 点的位移，Δ_{21}为载荷 F_2 加载完毕后再加载荷 F_1 时 B 点的位移。整个加载过程中，外力做功为

$$W_2 = \frac{1}{2}F_2\Delta_{22} + \frac{1}{2}F_1\Delta_{11} + F_2\Delta_{21}$$

这两种加载过程的最终状态是一样的，因此其应变能相同，根据功能关系 $U=W$，可得 $W_1=W_2$，于是有

$$F_1\Delta_{12} = F_2\Delta_{21} \tag{11-35}$$

式(11－35)称为**功的互等定理**，其意义是：第一个广义力 F_1 在由第二个广义力 F_2 引起的位移上做的功与第二个广义力 F_2 在由第一个广义力 F_1 引起的位移上做的功是互等的。或简单地说，两个广义力在彼此所引起的位移上所做的功是互等的。

式(11－35)可以推广到更一般的情况，即：**线弹性小变形条件下，第一组广义力在由第二组广义力引起的广义位移上做的功与第二组广义力在由第一组广义力引起的广义位移上做的功是互等的**。如图 11－24 所示。

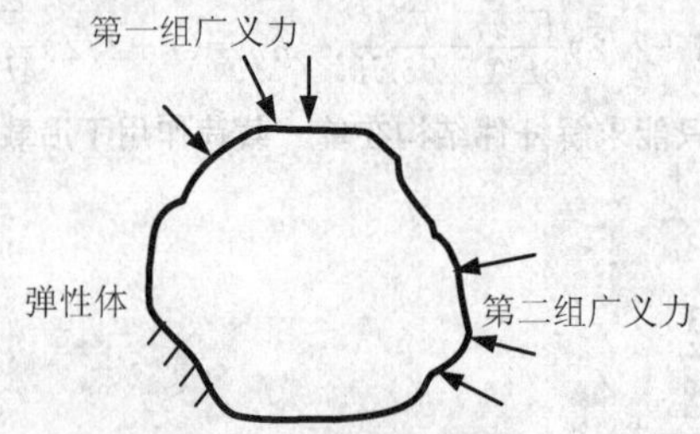

图 11－24　弹性体的功的互等定理

注意：弹性体的功的互等定理中，两组广义力可以同时作用在弹性体上，也可以分别作用在弹性体上，甚至可以是虚拟的。因此，该定理的应用范围很广泛。

(2)位移互等定理

当式(11－35)中的 $F_1=F_2$ 时，则有

$$\Delta_{12} = \Delta_{21} \tag{11-36}$$

式(11－36)称为**位移互等定理**。其意义是：两个数值相同的广义力在彼此作用点所引起的位移是互等的。

功的互等定理和位移互等定理在能量法的理论分析中有着重要的应用。

例 11－3　求图 11－25(a)所示的梁在任意点处的挠度和转角。梁的抗弯刚度为 EI，长度为 l。

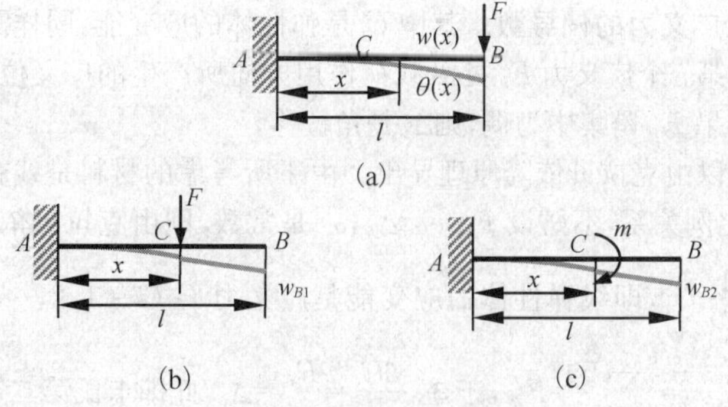

图 11－25　例 11－3 图

解：考虑距离固定端 x 处的 C 点。

作辅助结构，如图 11－25(b)所示，将实际载荷 F 作为第一个广义力，而图 11－25(b)所示的载荷 F 为第二个广义力，由于两个广义力数值相同，则根据位移互等定理和叠加法，有

$$w(x) = w_{B1} = \frac{Fx^3}{3EI} + \frac{Fx^2}{2EI}(l-x) = \frac{Fx^2}{6EI}(3l-x)(\text{向下})$$

再作辅助结构，如图 11－25(c)所示，将实际载荷 F 作为第一个广义力，而图 11－25(c)所示的载荷 m 为第二个广义力，则根据功的互等定理和叠加法，有

$$m\theta(x) = Fw_{B2}$$

$$\theta(x) = \frac{F}{m}w_{B2} = \frac{F}{m}\left[\frac{mx^2}{2EI} + \frac{mx}{EI}(l-x)\right] = \frac{Fx}{2EI}(2l-x)(\text{顺时针})$$

11.5　能量法 1——卡氏(Castigliano)定理

(1)克拉贝依隆(Clapeyron)原理

如图 11－26 所示，在线弹性小变形条件下，弹性体外力所做的功为

$$W = \sum_{i=1}^{n} \frac{1}{2}F_i\Delta_i \qquad (11-37)$$

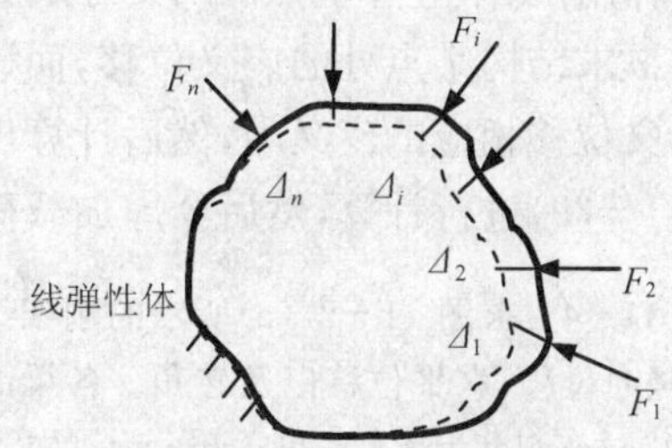

图 11－26　克拉贝依隆原理

式(11－37)称为**克拉贝依隆原理**，其中 $F_i(i=1,2,\cdots,n)$是作用在弹性体上的广义力，而$\Delta_i(i=1,2,\cdots,n)$是弹性体相应的广义位移。需要注意的是：Δ_i 是所有广义力作用时在第 i 个广义力 F_i 处沿载荷作用方向所产生的广义位移；如果 F_i 是集中力，则Δ_i是线位移，如果 F_i 是集中力偶，则Δ_i 是角位移。

克拉贝依隆原理一般可采用比例加载方式进行证明，这里不赘述。**比例加载**就是作用在弹性体上的各广义力 $F_i(i=1,2,\cdots,n)$从零开始以相同比例同时加载，由于线弹性，弹性体相应的广义位移$\Delta_i(i=1,2,\cdots,n)$也以相同的比例增加。

(2)卡氏第二定理

如图 11－26 所示，在线弹性小变形条件下，弹性体在第 i 个广义力作用处的广义位移为

$$\Delta_i = \frac{\partial U}{\partial F_i} \qquad (11-38)$$

式(11－38)称为**卡氏第二定理**,即:**弹性体某个广义力作用处沿载荷作用方向的广义位移等于弹性体的应变能对该广义力的偏导数**。其中U是弹性体的应变能,同样需要注意的是:Δ_i是所有广义力作用时在第i个广义力F_i处沿载荷作用方向所产生的广义位移;如果F_i是集中力,则Δ_i是线位移,如果F_i是集中力偶,则Δ_i是角位移。

卡氏第二定理可以由克拉贝依隆原理导出。由于所考虑的材料是线弹性材料,则广义力F_i与广义位移Δ_i成比例关系,不妨设$F_i=\alpha_i\Delta_i$,α_i是常数,则由克拉贝依隆原理和功能原理有:$U=W=\sum\limits_{i=1}^{n}\dfrac{1}{2\alpha_i}F_i^2$,即线弹性体的应变能是广义力$F_i(i=1,2,\cdots,n)$的齐二次函数,$U=U(F_1,F_2,\cdots,F_n)=\sum\limits_{i=1}^{n}\dfrac{1}{2\alpha_i}F_i^2$,于是,$\dfrac{\partial U}{\partial F_i}=\dfrac{F_i}{\alpha_i}=\Delta_i$,此即卡氏第二定理。

卡氏第二定理更严密的证明需要用到余能和应变余能等概念,可参见有关力学教程,这里不再赘述。

卡氏第二定理在材料力学中有着重要的应用,一般将其简称为**卡氏定理**,因此本章将其作为第一种重要的能量方法加以介绍和应用。

将式(11－34)代入卡氏定理,可得到一般杆件结构系统在外力作用下某点处的广义位移为

$$\Delta=\frac{\partial U}{\partial F}=\sum_{n}\frac{F_Nl}{EA}\frac{\partial F_N}{\partial F}+\sum_{m}\int_l\left[\frac{M}{EI}\frac{\partial M}{\partial F}+\frac{T}{GI_p}\frac{\partial T}{\partial F}\right]\mathrm{d}x \tag{11－39}$$

式中,F是作用在结构上的某个广义力,而Δ是其相应的广义位移。在应用卡氏定理计算杆件结构系统某点的广义位移时,应注意以下几点:

①卡氏定理只适用于线弹性小变形材料。

②F是作用在结构上的广义力,可以是集中力或集中力偶,Δ是F处沿其作用方向的广义位移。如果F是集中力,则Δ是线位移;如果F是集中力偶,则Δ是角位移。

③作用在结构上不同点的广义力,即使它们彼此之间是完全相等的,也必须严格地进行区分。

④欲求结构某点处的广义位移,而该点处没有对应的广义力作用,则可在该点虚加一个与所求广义位移相应的广义力,然后计算出结构原载荷和虚加载荷共同作用下结构中的内力,采用式(11－39)进行计算,然后令虚加载荷为零,即可求得某点处的广义位移。

例 11－4 求图 11－27(a)所示的刚架结构在自由端的竖向位移、水平位移以及转角。各梁的抗拉刚度为EA,抗弯刚度为EI,长度l和a为已知。

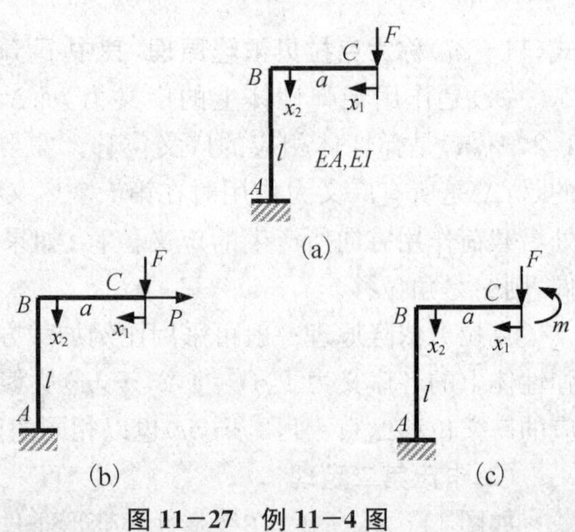

图 11－27 例 11－4 图

解:①求自由端的竖向位移。

因自由端存在竖向集中力F,所以直接求图 11－27(a)所示结构各杆件的内力,采用局部坐标系,有:BC段:$M_1=-Fx_1$(忽略了剪力),AB段:$F_N=-F$,$M_2=-Fa$。

结构的应变能为

$$U=\int_0^a\frac{(-Fx_1)^2}{2EI}\mathrm{d}x_1+\frac{(-F)^2l}{2EA}+\int_0^l\frac{(-Fa)^2}{2EI}\mathrm{d}x_2=\frac{F^2a^3}{6EI}+\frac{F^2l}{2EA}+\frac{F^2la^2}{2EI}$$

根据卡氏定理,自由端的竖向位移为

$$w_C=\frac{\partial U}{\partial F}=\frac{Fa^3}{3EI}+\frac{Fl}{EA}+\frac{Fla^2}{EI}=\frac{Fa^2(a+3l)}{3EI}+\frac{Fl}{EA}$$

上式中后面一项是由 AB 杆的轴力所引起的，下面估计其与前一项结构中的弯矩引起的竖向位移间的差别。不妨假设 $a=l$ 的情况，此时有

$$w_C=\frac{4Fl^3}{3EI}+\frac{Fl}{EA}=\frac{4Fl^3}{3EI}\left(1+\frac{3}{4l^2}\cdot\frac{I}{A}\right)=\frac{4Fl^3}{3EI}\left(1+\frac{3i^2}{4l^2}\right)$$

式中，i 是杆件截面的惯性半径，一般常见截面形式的梁，i 总是小于截面的特征尺寸，因此，对于细长梁来说，$\frac{i}{l}\ll 1$，因此，上面自由端的竖向位移中的后一项是完全可以忽略的。故有如下结论：

在组合变形杆件中，不仅剪力引起的应变能可以忽略不计，而且由轴力引起的应变能相对于由弯矩和扭矩引起的应变能也是可以忽略不计的。所以在能量法中处于组合变形的杆件，一般不计剪力和轴力的影响。

所以，自由端的竖向位移为：$w_C=\frac{Fa^2(a+3l)}{3EI}$（向下）。

②求自由端的水平位移。

如图 11－27(b)所示，由于自由端没有水平方向的集中力作用，因此在此方向虚加一集中力 P，在载荷 F 和 P 的共同作用下，结构各杆的内力为(忽略剪力和轴力的影响)

$$BC\text{ 段}:M_1=-Fx_1,AB\text{ 段}:M_2=-(Fa+Px_2)$$

结构的应变能为

$$U=\int_0^a\frac{(-Fx_1)^2}{2EI}\mathrm{d}x_1+\int_0^l\frac{(-Fa-Px_2)^2}{2EI}\mathrm{d}x_2$$

根据卡氏定理，自由端的水平位移为

$$u_C=\frac{\partial U}{\partial P}\bigg|_{P=0}=\int_0^l\left(\frac{M_2}{EI}\frac{\partial M_2}{\partial P}\right)\bigg|_{P=0}\mathrm{d}x_2=\int_0^l\frac{(-Fa)(-x_2)}{EI}\mathrm{d}x_2=\frac{Fal^2}{2EI}\text{（向右）}$$

③求自由端的转角。

如图 11－27(c)所示，与②类似，在自由端虚加一集中力偶 m，结构各杆的内力为

$$BC\text{ 段}:M_1=m-Fx_1,AB\text{ 段}:M_2=m-Fa$$

根据卡氏定理，自由端的转角为

$$\theta_C=\frac{\partial U}{\partial m}\bigg|_{m=0}=\int_0^a\left(\frac{M_1}{EI}\frac{\partial M_1}{\partial m}\right)\bigg|_{m=0}\mathrm{d}x_1+\int_0^l\left(\frac{M_2}{EI}\frac{\partial M_2}{\partial m}\right)\bigg|_{m=0}\mathrm{d}x_2$$

$$=\int_0^a\frac{(-Fx_1)}{EI}\mathrm{d}x_1+\int_0^l\frac{(-Fa)}{EI}\mathrm{d}x_2=-\frac{Fa(a+2l)}{2EI}\text{（顺时针）}$$

式中负号表示实际的转角与虚加力偶 m 的方向相反。

例 11－5　求图 11－28(a)所示的梁中点 C 处的挠度以及自由端 B 处的挠度和转角。梁的抗弯刚度为 EI，梁的半长为 a。

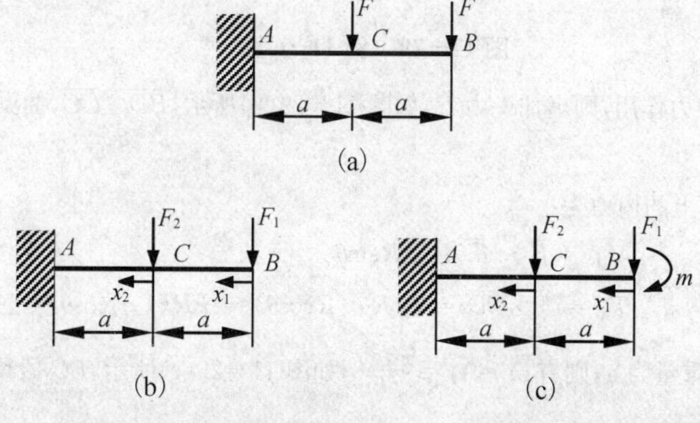

图 11－28　例 11－5 图

解：作用在梁 B 和 C 点的集中力 F 是相同的，应用卡氏定理时，应将两者区分开，如图 11－28(b)所示，

$F_1=F_2=F$，采用局部坐标系，梁中的内力为

$$BC\text{ 段}:M_1=-F_1x_1,\quad AC\text{ 段}:M_2=-F_1(a+x_2)-F_2x_2$$

根据卡氏定理，梁中点的挠度为

$$w_C=\frac{\partial U}{\partial F_2}=\int_0^a\frac{M_1}{EI}\frac{\partial M_1}{\partial F_2}\mathrm{d}x_1+\int_0^a\frac{M_2}{EI}\frac{\partial M_2}{\partial F_2}\mathrm{d}x_2=\int_0^a\frac{F_1(a+x_2)+F_2x_2}{EI}x_2\mathrm{d}x_2$$

$$=\int_0^a\frac{F(a+x_2)+Fx_2}{EI}x_2\mathrm{d}x_2=\frac{Fa^3}{EI}\left(\frac{1}{2}+\frac{2}{3}\right)=\frac{7Fa^3}{6EI}\text{（向下）}$$

梁自由端的挠度为

$$w_B=\frac{\partial U}{\partial F_1}=\int_0^a\frac{M_1}{EI}\frac{\partial M_1}{\partial F_1}\mathrm{d}x_1+\int_0^a\frac{M_2}{EI}\frac{\partial M_2}{\partial F_1}\mathrm{d}x_2$$

$$=\int_0^a\frac{F_1x_1}{EI}x_1\mathrm{d}x_1+\int_0^a\frac{F_1(a+x_2)+F_2x_2}{EI}(a+x_2)\mathrm{d}x_2$$

$$=\frac{Fa^3}{3EI}+\frac{F}{EI}\int_0^a(a+2x_2)(a+x_2)\mathrm{d}x_2=\frac{Fa^3}{EI}\left(\frac{1}{3}+\frac{19}{6}\right)=\frac{7Fa^3}{2EI}\text{（向下）}$$

如图 11－28(c)所示，求自由端的转角时，由于自由端无集中力偶作用，因此需虚加一个集中力偶 m，则此时梁中的内力为

BC 段：$M_1=-F_1x_1-m=-Fx_1-m$

AC 段：$M_2=-F_1(a+x_2)-F_2x_2-m=-F(a+2x_2)-m$

根据卡氏定理，梁自由端的转角为

$$\theta_B=\left.\frac{\partial U}{\partial m}\right|_{m=0}=\int_0^a\left(\frac{M_1}{EI}\frac{\partial M_1}{\partial m}\right)_{m=0}\mathrm{d}x_1+\int_0^a\left(\frac{M_2}{EI}\frac{\partial M_2}{\partial m}\right)_{m=0}\mathrm{d}x_2$$

$$=\int_0^a\frac{Fx_1}{EI}\cdot1\mathrm{d}x_1+\int_0^a\frac{F(a+2x_2)}{EI}\cdot1\mathrm{d}x_2=\frac{Fa^2}{EI}\left(\frac{1}{2}+1+1\right)=\frac{5Fa^2}{2EI}\text{（顺时针）}$$

例 11－6 如图 11－29(a)所示的四分之一个圆的曲梁，曲梁的曲率半径为 R，曲梁截面的直径为 d，材料比重为 γ，弹性模量为 E，泊松比 $\nu=0.3$，求曲梁在自重作用下自由端的竖向位移。

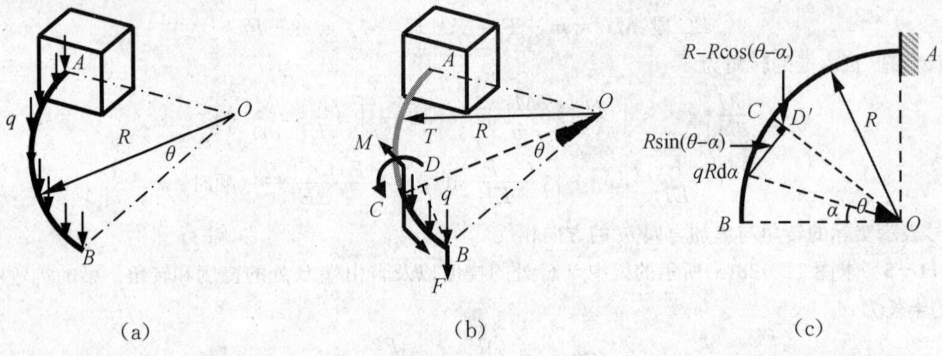

图 11－29 例 11－6 图

解：由于自由端无集中力作用，则虚加一力 F，如图 11－29(b)所示，$\overline{BD}\perp\overline{OC}$，曲梁任意截面 C 上的内力可计算如下。

虚力 F 引起的 C 截面上的内力为

$$M_1=F\cdot\overline{BD}=FR\sin\theta$$

$$T_1=F\cdot\overline{CD}=F(R-R\cos\theta)=FR(1-\cos\theta)$$

假设曲梁单位长度的重量为 q，则有：$q=A\gamma=\frac{\pi d^2\gamma}{4}$，如图 11－29(c)所示，$BC$ 段梁由于自重引起的 C 截面上的内力为

$$M_2=\int_0^\theta(qR\mathrm{d}\alpha)\cdot R\sin(\theta-\alpha)=qR^2\int_0^\theta\sin(\theta-\alpha)\mathrm{d}\alpha=qR^2(1-\cos\theta)$$

$$T_2 = \int_0^{\theta}(qR\mathrm{d}\alpha)\cdot[R - R\cos(\theta-\alpha)] = qR^2\int_0^{\theta}[1-\cos(\theta-\alpha)]\mathrm{d}\alpha = qR^2(\theta - \sin\theta)$$

曲梁任意截面上的内力为

$$M = M_1 + M_2 = FR\sin\theta + qR^2(1-\cos\theta)(0 \leqslant \theta \leqslant \frac{\pi}{2})$$

$$T = T_1 + T_2 = FR(1-\cos\theta) + qR^2(\theta - \sin\theta)(0 \leqslant \theta \leqslant \frac{\pi}{2})$$

根据卡氏定理,梁自由端的竖向位移为

$$\begin{aligned} w_B &= \frac{\partial U}{\partial F}\bigg|_{F=0} = \int_0^{\frac{\pi}{2}}\left(\frac{M}{EI}\frac{\partial M}{\partial F}\right)_{F=0}R\mathrm{d}\theta + \int_0^{\frac{\pi}{2}}\left(\frac{T}{GI_p}\frac{\partial T}{\partial F}\right)_{F=0}R\mathrm{d}\theta \\ &= \frac{qR^4}{EI}\int_0^{\frac{\pi}{2}}(1-\cos\theta)\sin\theta\mathrm{d}\theta + \frac{qR^4}{GI_p}\int_0^{\frac{\pi}{2}}(\theta - \sin\theta)(1-\cos\theta)\mathrm{d}\theta \\ &= \frac{qR^4}{EI}\left(1-\frac{1}{2}\right) + \frac{qR^4}{GI_p}\left(\frac{\pi^2}{8}-\frac{\pi}{4}\right) \\ &= 0.5\frac{qR^4}{EI} + 0.447\frac{qR^4}{GI_p} \end{aligned}$$

注意到:$G=\frac{E}{2(1+\nu)}=\frac{E}{2(1+0.3)}=0.385E$,$I_p=2I$,则有:$GI_p=2\times0.385EI=0.77EI$。

所以,梁自由端的竖向位移为

$$w_B = \frac{qR^4}{EI}\left(0.5+\frac{0.447}{0.77}\right) = 1.08\frac{qR^4}{EI} = 1.08\frac{R^4}{E}\cdot\frac{\pi d^2\gamma}{4}\cdot\frac{64}{\pi d^4} = 17.3\frac{\gamma R^4}{Ed^2}(\text{向下})$$

11.6 能量法 2——单位载荷法

(1)单位载荷法介绍

单位载荷法又称为**莫尔定理**,是材料力学中应用最为广泛的一种能量方法。卡氏定理尽管适用范围较广,但在应用时存在一些麻烦,也就是 11.5 节中卡氏定理应用要注意的第③和第④点。将作用在结构上不同点处的广义力严格区分开,往往会带来内力计算上的一些复杂性;而要计算无相应广义力作用点的位移时,虚加广义力后则会带来更繁杂的计算。单位载荷法完全避免了这些麻烦,不必区分广义力,也不必在求不同点的广义位移时虚加载荷后重复计算结构的内力。因此,单位载荷法是一种相对简单明确的方法,是材料力学中最重要的能量方法。下面以梁的弯曲问题为例介绍该方法。

如图 11－30(a)所示梁,其长度为 l,抗弯刚度为 EI,梁受有若干广义力 $F_i(i=1,2,\cdots,n)$的作用,其相应的广义位移为 $\delta_i(i=1,2,\cdots,n)$,假设梁中的弯矩函数为 $M(x)$(可以是任意分布规律),则根据克拉贝依隆原理和功能关系 $U=W$,有

$$\int_l \frac{M^2(x)\mathrm{d}x}{2EI} = \sum_{i=1}^{n}\frac{1}{2}F_i\delta_i$$

现欲求梁上 C 处的广义位移Δ,可采用如下过程:

①如图 11－30(b)所示,先在原梁上 C 点处施加与广义位移Δ 相应的单位载荷 $F_0=1$,即若Δ 是线位移,则 $F_0=1$ 是单位集中力;若Δ 是角位移,则 $F_0=1$ 是单位集中力偶。此时梁中的弯矩函数为 $\overline{M}(x)$,单位载荷作用处的位移为 δ_0。此时有

$$\int_l \frac{\overline{M}^2(x)\mathrm{d}x}{2EI} = \frac{1}{2}F_0\delta_0$$

②在单位载荷 $F_0=1$ 加载好后,继续施加原梁上的实际载荷,如图 11－30(c)所示,则梁

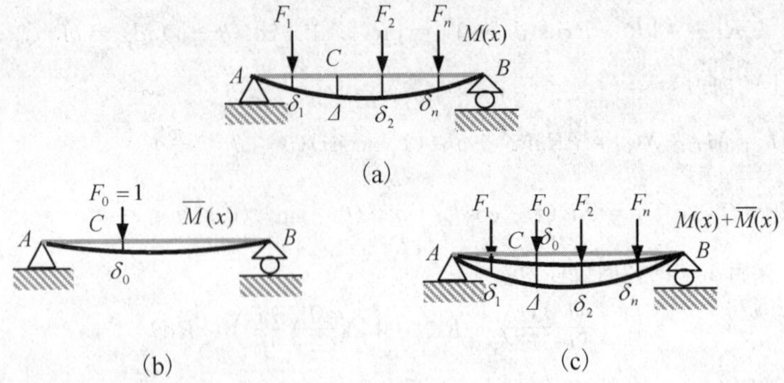

图 11−30　单位载荷法

在整个加载过程中外力做功为

$$W = \frac{1}{2}F_0\delta_0 + \sum_{i=1}^{n}\frac{1}{2}F_i\delta_i + F_0\Delta$$

式中后一项是因为单位载荷 F_0 加好后再加梁的实际载荷时单位载荷做的功，此时单位载荷 F_0 是常力。由于梁的内力是可叠加的，所以加载完毕后梁中的弯矩函数为：$M(x)+\overline{M}(x)$，而梁的应变能根据(11−30)，有

$$U = \int_l \frac{[M(x)+\overline{M}(x)]^2\mathrm{d}x}{2EI}$$

根据功能关系，有

$$\int_l \frac{[M(x)+\overline{M}(x)]^2\mathrm{d}x}{2EI} = \frac{1}{2}F_0\delta_0 + \sum_{i=1}^{n}\frac{1}{2}F_i\delta_i + F_0\Delta$$

将左边展开，有

$$\int_l \frac{M^2(x)}{2EI}\mathrm{d}x + \int_l \frac{\overline{M}^2(x)}{2EI}\mathrm{d}x + \int_l \frac{M(x)\overline{M}(x)}{EI}\mathrm{d}x = \frac{1}{2}F_0\delta_0 + \sum_{i=1}^{n}\frac{1}{2}F_i\delta_i + F_0\Delta$$

将前面几个式子代入，则等式左边前两项和右边前两项全部抵消，考虑到 $F_0=1$ 是单位载荷，最后得

$$\Delta = \int_l \frac{M(x)\overline{M}(x)}{EI}\mathrm{d}x \tag{11-40}$$

式(11−40)称为**莫尔定理**，是单位载荷法的基本计算公式。这里特别要注意的是，**图 11−30(b)所示梁应看成是一辅助计算的结构，与图 11−30(a)所示梁是同一结构的两种不同受力状态**。

式(11−40)可以推广到一般情况，如图 11−31(a)所示的杆件结构系统，任意点 C 处沿某个方向的广义位移为

$$\Delta = \sum_n \frac{F_N\overline{F}_N l}{EA} + \sum_m \int_l \left(\frac{M\overline{M}}{EI} + \frac{T\overline{T}}{GI_p}\right)\mathrm{d}x \tag{11-41}$$

式中，n 是系统中二力杆的数目，m 是系统中梁的数目，F_N，M，T 是实际结构中各杆和梁中的内力(F_N 是各二力杆的轴力，M，T 是各梁中的弯矩和扭矩，在梁中忽略了剪力和轴力的影响)。$\overline{F}_N$，$\overline{M}$，$\overline{T}$ 是原结构在 C 点沿所求广义位移Δ 方向施加单位载荷后各杆和梁中的内力(如图 11−31(b)所示)。

单位载荷法避免了卡氏定理应用时的两个主要缺点，实际结构中的内力只需要一次性求出，而欲求结构任意点处沿任意方向的广义位移时，只需要在原结构上相应的点处沿相应的方

向施加单位载荷即可，然后求出结构（如图 11－31(b)所示）中的内力，代入式(11－41)，即可求出实际结构欲求的广义位移，这一过程不用管所求位移处是否作用有实际的集中载荷。例如，欲求结构 B 点的竖向位移，实际结构中的 F_N，M，T 不变，在原结构 B 点作用一竖直方向的单位集中力，如图 11－31(c)所示，求出该结构的内力 $\overline{F}'_N$，$\overline{M}'$，$\overline{T}'$，代入式(11－41)，即可求得实际结构 B 点的竖向位移。

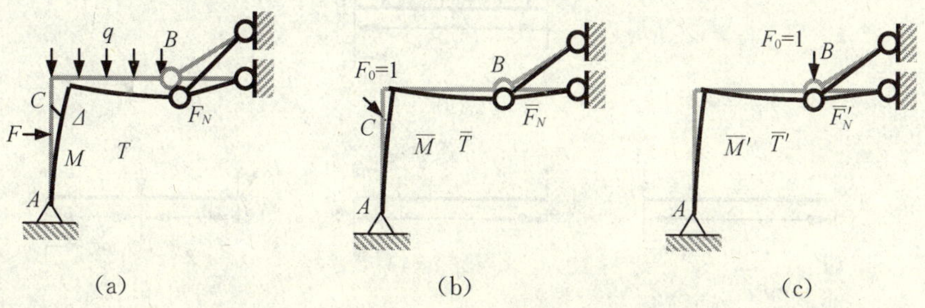

图 11－31　一般杆件结构系统的单位载荷法

在应用单位载荷法计算杆件结构系统某点的广义位移时，应注意以下几点：

①单位载荷法计算公式(11－41)只适用于线弹性小变形材料。

②若欲求的广义位移Δ 是线位移，则在原结构对应点处施加单位集中力；若欲求的广义位移Δ 是角位移，则在原结构对应点处施加单位集中力偶。

③F_N，M，T 是实际结构中各二力杆和梁的内力，$\overline{F}_N$，$\overline{M}$，$\overline{T}$ 是单位载荷作用在原结构上时各二力杆和梁的内力。

④实际结构（如图 11－30 或图 11－31(a)所示）和单位载荷作用下的结构（如图 11－30 或图 11－31(b)所示）是同一结构的两种不同受力状态，后者实质上是一个辅助计算的结构。

⑤如果结构中有曲梁，则公式(11－41)中相应的积分沿曲梁轴线进行曲线积分即可。

例 11－7　如图 11－32(a)所示的桁架结构，已知载荷 F 及尺寸 a，各杆的抗拉刚度为 EA，求节点 A 的竖向位移和水平位移。

解：①求实际载荷作用下桁架各杆的轴力。

如图 11－32(a)所示，各杆的轴力为

$$F_{NAB}=F,F_{NBC}=F,F_{NBD}=-\sqrt{2}F,F_{NAD}=0$$

②求 A 点的竖向位移。

在原结构的 A 点作用竖直方向的单位集中力，如图 11－32(b)所示，则各杆的轴力为

$$\overline{F}_{NAB}=1,\overline{F}_{NBC}=1,\overline{F}_{NBD}=-\sqrt{2},\overline{F}_{NAD}=0$$

于是 A 点的竖向位移为

$$w_A=\sum_n\frac{F_N\overline{F}_Nl}{EA}$$

$$=\frac{1}{EA}[Fa+Fa+(-\sqrt{2}F)(-\sqrt{2})\sqrt{2}a]$$

$$=2(1+\sqrt{2})\frac{Fa}{EA}\text{（向下）}$$

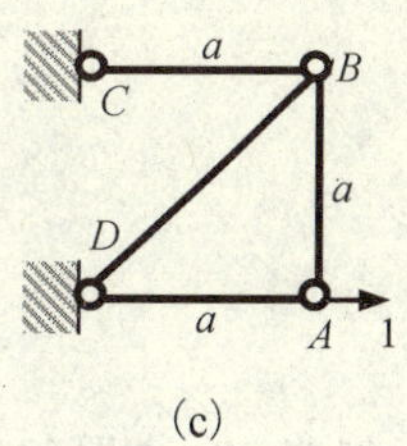

图 11－32　例 11－7 图

③求 A 点的水平位移。

在原结构的 A 点作用水平方向的单位集中力，如图 11－32(c)所示，则各杆的轴力为

$$\overline{F}_{NAB}=0,\overline{F}_{NBC}=0,\overline{F}_{NBD}=0,\overline{F}_{NAD}=1$$

于是 A 点的水平位移为

$$u_A = \sum_n \frac{F_N \bar{F}_N l}{EA} = 0$$

例 11−8 如图 11−33(a)所示均布载荷作用下的悬臂梁，其抗弯刚度为 EI，载荷集度为 q，梁长为 l，求梁自由端的挠度和转角以及梁中点的挠度。

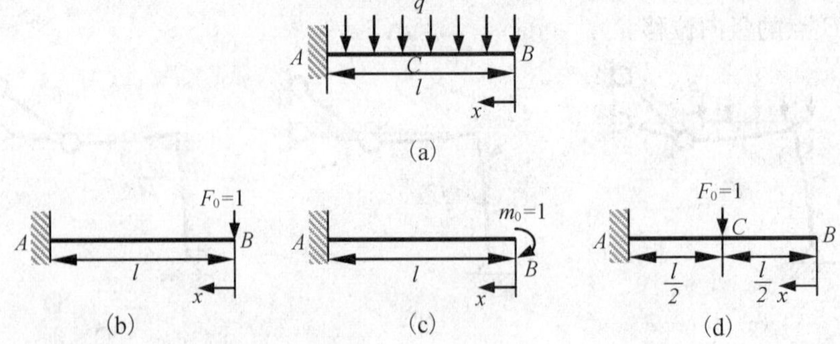

图 11−33 例 11−8 图

解：以梁右端为原点建立坐标系，由截面法，梁中的弯矩函数为

$$M(x) = -\frac{qx^2}{2} \quad (0 \leqslant x \leqslant l)$$

原梁在自由端作用一单位集中力，如图 11−33(b)所示，则单位载荷作用下的梁的弯矩函数为

$$\bar{M}(x) = -x \quad (0 \leqslant x \leqslant l)$$

由单位载荷法，梁自由端的挠度为

$$w_B = \int_l \frac{M(x)\bar{M}(x)}{EI}\mathrm{d}x = \frac{1}{EI}\int_0^l \frac{qx^2}{2} \cdot x\mathrm{d}x = \frac{q}{2EI} \cdot \frac{l^4}{4} = \frac{ql^4}{8EI}\text{（向下）}$$

原梁在自由端作用一单位集中力偶，如图 11−33(c)所示，则单位载荷作用下的梁的弯矩函数为

$$\bar{M}(x) = -1 \quad (0 \leqslant x \leqslant l)$$

由单位载荷法，梁自由端的转角为

$$\theta_B = \int_l \frac{M(x)\bar{M}(x)}{EI}\mathrm{d}x = \frac{1}{EI}\int_0^l \frac{qx^2}{2} \cdot 1\mathrm{d}x = \frac{q}{2EI} \cdot \frac{l^3}{3} = \frac{ql^3}{6EI}\text{（顺时针）}$$

原梁在中点作用一单位集中力，如图 11−33(d)所示，则单位载荷作用下的梁的弯矩函数为

$$\bar{M}(x) = \begin{cases} 0 & (0 \leqslant x \leqslant \frac{l}{2}) \\ -\left(x - \frac{l}{2}\right) & (\frac{l}{2} \leqslant x \leqslant l) \end{cases}$$

由单位载荷法，梁中点的挠度为

$$w_C = \int_l \frac{M(x)\bar{M}(x)}{EI}\mathrm{d}x = \frac{1}{EI}\int_{\frac{l}{2}}^l \frac{qx^2}{2}\left(x - \frac{l}{2}\right)\mathrm{d}x$$

$$= \frac{q}{2EI}\left[\frac{l^4 - \left(\frac{l}{2}\right)^4}{4} - \frac{l}{6}\left(l^3 - \frac{l^3}{8}\right)\right]$$

$$= \frac{17ql^4}{384EI}\text{（向下）}$$

例 11−9 如图 11−34(a)所示的刚架结构，各杆直径均为 $d = 40$ mm，材料的弹性模量 $E = 200$ GPa，泊松比 $\nu = 0.25$，载荷集度 $q = 5$ kN/m，$l = 2a = 0.5$ m，求刚架自由端 D 处的竖向位移以及转角。

解：①实际载荷作用下结构的内力。

各杆采用局部坐标系，如图 11−34(a)所示，由截面法，刚架中的内力为（忽略轴力和剪力的影响）

CD 段：$M_1 = -\frac{qx_1^2}{2}$，BC 段：$M_2 = -\frac{qa^2}{2}$，AB 段：$M_3 = -qax_3$，$T_3 = -\frac{qa^2}{2}$

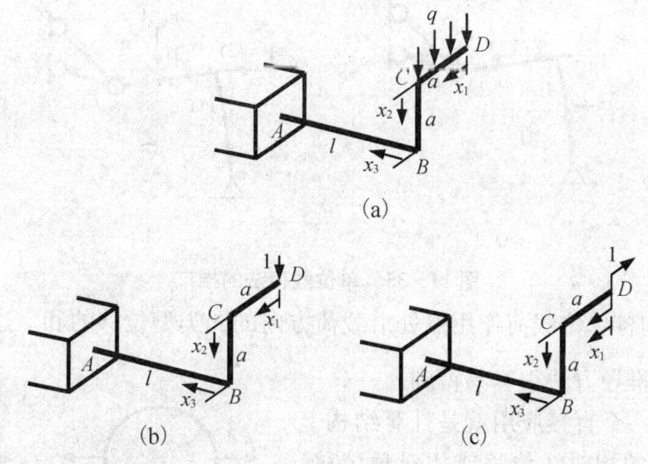

图 11-34　例 11-9 图

②求自由端 D 处的竖向位移。

在原结构的 D 点处施加竖向单位集中力，如图 11-34(b)所示，则结构中的内力为

CD 段：$\overline{M}_1=-x_1$，　BC 段：$\overline{M}_2=-a$，　AB 段：$\overline{M}_3=-x_3$，$\overline{T}_3=-a$

根据单位载荷法，D 处的竖向位移为

$$\begin{aligned}w_D &= \sum_m\int_l\left(\frac{M\overline{M}}{EI}+\frac{T\overline{T}}{GI_p}\right)\mathrm{d}x\\ &=\frac{1}{EI}\left(\int_0^a\frac{q}{2}x_1^3\mathrm{d}x_1+\int_0^a\frac{qa^3}{2}\mathrm{d}x_2+\int_0^l qax_3^2\mathrm{d}x_3\right)+\frac{1}{GI_p}\int_0^l\frac{qa^3}{2}\mathrm{d}x_3\\ &=\frac{5qa^4}{8EI}+\frac{qal^3}{3EI}+\frac{qa^3l}{2GI_p}\end{aligned}$$

因为 $l=2a$，$G=\dfrac{E}{2(1+\nu)}=\dfrac{E}{2(1+0.25)}=0.4E$，则有 $I_p=2I=\dfrac{\pi d^4}{32}=2.52\times10^5\ \mathrm{mm}^4$。

所以，$GI_p=0.8EI$，则有

$$w_D=3.29\frac{qa^4}{EI}+\frac{qa^4}{GI_p}=4.54\frac{qa^4}{EI}=\frac{4.54\times5\times250^4}{200\times10^3\times2.52\times10^5}=1.76\ \mathrm{mm}(\text{向下})$$

③求自由端 D 截面的转角。

在原结构的 D 点处施加单位集中力偶，如图 11-34(c)所示，则结构中的内力为

CD 段：$\overline{M}_1=-1$，　BC 段：$\overline{M}_2=-1$，　AB 段：$\overline{M}_3=0$，$\overline{T}_3=-1$

根据单位载荷法，D 截面的转角为

$$\begin{aligned}\theta_D &= \sum_m\int_l\left(\frac{M\overline{M}}{EI}+\frac{T\overline{T}}{GI_p}\right)\mathrm{d}x=\frac{1}{EI}\left(\int_0^a\frac{q}{2}x_1^2\mathrm{d}x_1+\int_0^a\frac{qa^2}{2}\mathrm{d}x_2\right)+\frac{1}{GI_p}\int_0^l\frac{qa^2}{2}\mathrm{d}x_3\\ &=\frac{2qa^3}{3EI}+\frac{qa^2l}{2GI_p}=\frac{2qa^3}{3EI}+\frac{qa^3}{GI_p}=1.9\frac{qa^3}{EI}\\ &=\frac{1.9\times5\times250^3}{200\times10^3\times2.52\times10^5}=3\times10^{-3}\ \mathrm{rad}\end{aligned}$$

(2)单位载荷法的推广应用

单位载荷法可以作如下推广，如图 11-35 所示，实际载荷作用下结构中各杆和梁中的内力为 F_N，M，T，如果**杆件结构系统上不同点同时作用有同类型的单位载荷**，若此时结构中各杆和梁中的内力为 $\overline{F}_N$，$\overline{M}$，$\overline{T}$，则有

$$\sum_i\Delta_i=\sum_n\frac{F_N\overline{F}_Nl}{EA}+\sum_m\int_l\left(\frac{M\overline{M}}{EI}+\frac{T\overline{T}}{GI_p}\right)\mathrm{d}x\qquad(11-42)$$

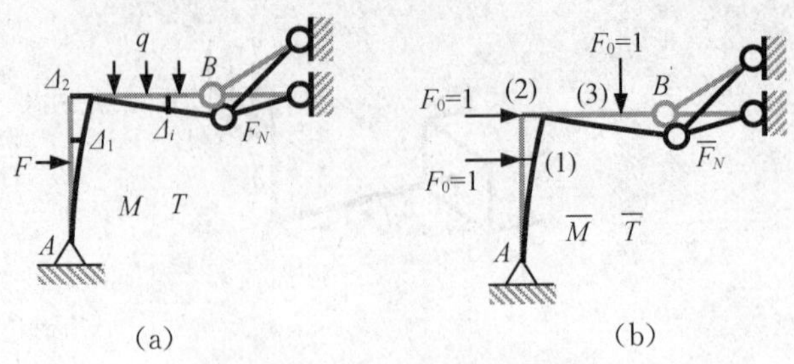

图 11－35 单位载荷法的推广

式中，$\sum_i \Delta_i$ 是结构各单位载荷作用点处沿载荷方向的同类型位移的和。这一结论采用与(1)中以梁为例的类似推导方法很容易得到。

式(11－42)的一个直接应用就是计算结构上两点或两截面之间的相对线位移或相对角位移，如图 11－36 所示，可在原结构的两点或两截面处作用一对方向相反的单位力或单位力偶，利用式(11－42)进行计算即可。

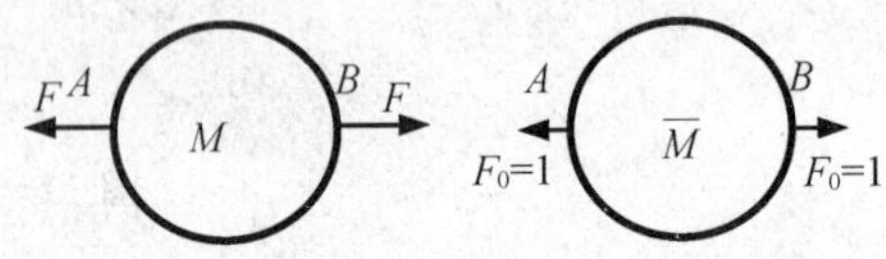

计算A, B两点的相对位移

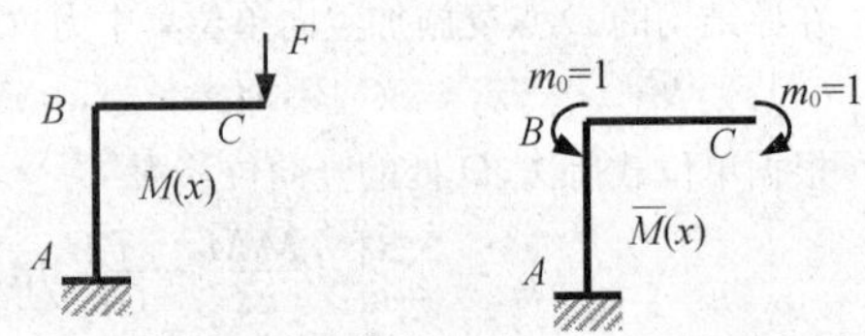

计算 B，C 两截面的相对转角

图 11－36 单位载荷法计算结构的相对位移

还应注意的是，对于复杂的对称或反对称结构，采用式(11－42)有时可简化计算过程。参见例 11－10。

另外，在单位载荷法式(11－41)中注意到：$\dfrac{F_N l}{EA}=\Delta l,\dfrac{M}{EI}\mathrm{d}x=\dfrac{\mathrm{d}x}{\rho}=\mathrm{d}\theta,\dfrac{T}{GI_p}\mathrm{d}x=\mathrm{d}\varphi$，则式(11－41)可写为

$$\Delta=\sum_n \bar{F}_N\Delta l+\sum_m\left(\int_l \bar{M}\mathrm{d}\theta+\int_l \bar{T}\mathrm{d}\varphi\right) \tag{11-43}$$

这一公式的应用范围更为广泛，不仅可以用于线弹性材料，也可以用于非线弹性材料，而且公式中的 Δl，$\mathrm{d}\theta$，$\mathrm{d}\varphi$ 还可以是任意非力学因素引起的广义位移的变化量，非力学因素比较常见的是温度或支座移动等因素。式(11－43)的证明需要用到变形体的虚功原理等较高深的力学知识，这里不再赘述，可参见其他力学教程。

例 11－10 如图 11－37(a)和图 11－37(d)所示的两简支梁，其抗弯刚度为 EI，梁长为 $2l$，载荷作用点到梁端的距离为 a，求梁在载荷作用点的挠度 w_F 以及梁端面的转角 θ_A。

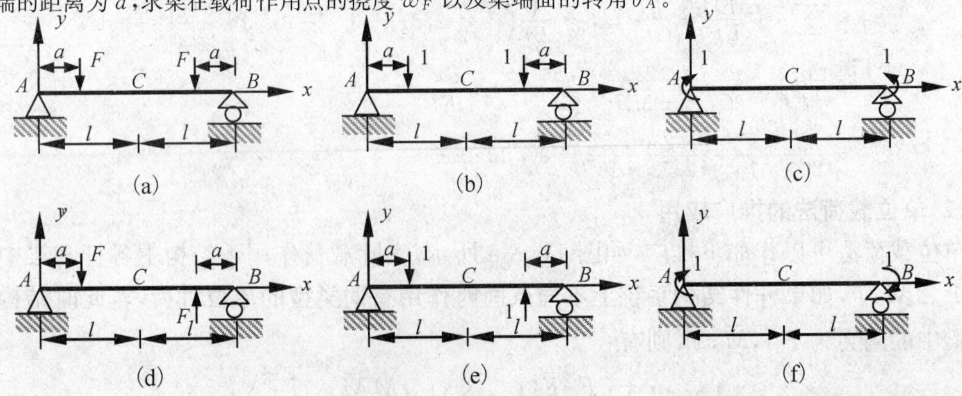

图 11－37 例 11－10 图

解：①如图 11－37(a)所示的简支梁为对称梁，其弯矩函数为

$$M(x)=\begin{cases}Fx & (0\leqslant x\leqslant a)\\ Fa & (a\leqslant x\leqslant l)\end{cases}\text{（另一半梁的弯矩与此对称）}$$

由于对称性，载荷作用点的挠度以及梁两端面的转角在数值上是相等的。

按图 11－37(b)施加两个单位集中力，则梁中的弯矩函数为

$$\overline{M}(x)=\begin{cases}x & (0\leqslant x\leqslant a)\\ a & (a\leqslant x\leqslant l)\end{cases}\text{（另一半梁的弯矩与此对称）}$$

根据式(11－42)，有

$$2w_F=\sum_m\int_l\frac{M\overline{M}}{EI}\mathrm{d}x=\frac{2}{EI}\left[\int_0^a Fx^2\mathrm{d}x+\int_a^l Fa^2\mathrm{d}x\right]=\frac{2Fl^3}{3EI}[\xi^3+3\xi^2(1-\xi)]\quad\left(\xi=\frac{a}{l}\leqslant 1\right)$$

所以，载荷作用点的挠度为

$$w_F=\frac{Fl^3}{3EI}[\xi^3+3\xi^2(1-\xi)]=\xi^2(3-2\xi)\frac{Fl^3}{3EI}\quad\left(\xi=\frac{a}{l}\leqslant 1\right)\text{（向下）}$$

按图 11－37(c)施加两个单位集中力偶，则梁中的弯矩函数为

$$\overline{M}(x)=1\quad(0\leqslant x\leqslant l)$$

根据式(11－42)，有

$$2\theta_A=\sum_m\int_l\frac{M\overline{M}}{EI}\mathrm{d}x=\frac{2}{EI}\left[\int_0^a Fx\mathrm{d}x+\int_a^l Fa\mathrm{d}x\right]=\frac{Fl^2}{EI}\xi(2-\xi)\quad\left(\xi=\frac{a}{l}\leqslant 1\right)$$

所以，梁端面的转角为

$$\theta_A=\xi(2-\xi)\frac{Fl^2}{2EI}\quad\left(\xi=\frac{a}{l}\leqslant 1\right)\text{（顺时针）}$$

特例：$\xi=0$，载荷作用在支座处，显然 $w_F=0,\theta_A=0$；$\xi=0.5$，$w_A=\dfrac{Fl^3}{6EI}$，$\theta_A=\dfrac{3Fl^2}{8EI}$；$\xi=1$，则梁为中点受集中力 $2F$ 作用的简支梁，梁中点的挠度 $w_A=\dfrac{Fl^3}{3EI}$，端面的转角 $\theta_A=\dfrac{Fl^2}{2EI}$，可验证与附录 B 的结果一致。

②如图 11－37(d)所示的简支梁为反对称梁，其弯矩函数为

$$M(x)=\begin{cases}F(1-\xi)x & (0\leqslant x\leqslant a)\\ F\xi(l-x) & (a\leqslant x\leqslant l)\end{cases}\left(\xi=\frac{a}{l}\leqslant 1\right)\text{（另一半梁的弯矩与此反对称）}$$

由于反对称性，载荷作用点的挠度以及梁两端面的转角在数值上是相等的。

按图 11－37(e)施加两个单位集中力，则梁中的弯矩函数为

$$\overline{M}(x)=\begin{cases}(1-\xi)x & (0\leqslant x\leqslant a)\\ \xi(l-x) & (a\leqslant x\leqslant l)\end{cases}\left(\xi=\frac{a}{l}\leqslant 1\right)\text{（另一半梁的弯矩与此反对称）}$$

根据式(11－42)，有

$$\begin{aligned}2w_F&=\sum_m\int_l\frac{M\overline{M}}{EI}\mathrm{d}x=\frac{2}{EI}\left[\int_0^a F(1-\xi)^2x^2\mathrm{d}x+\int_a^l F\xi^2(l-x)^2\mathrm{d}x\right]\\&=\frac{2Fl^3}{3EI}[\xi(1-\xi)]^2\quad\left(\xi=\frac{a}{l}\leqslant 1\right)\end{aligned}$$

所以，载荷作用点的挠度为

$$w_F=\frac{Fl^3}{3EI}[\xi(1-\xi)]^2\left(\xi=\frac{a}{l}\leqslant 1\right)\text{（左半梁载荷作用点向下，右半梁载荷作用点向上）}$$

按图 11－37(f)施加两个单位集中力偶，则梁中的弯矩函数为

$$\overline{M}(x)=\frac{1}{l}(l-x)\quad(0\leqslant x\leqslant l)$$

根据式(11－42)，有

$$\begin{aligned}2\theta_A&=\sum_m\int_l\frac{M\overline{M}}{EI}\mathrm{d}x=\frac{2}{EI}\left[\int_0^a F(1-\xi)x\frac{l-x}{l}\mathrm{d}x+\int_a^l F\xi(l-x)\frac{l-x}{l}\mathrm{d}x\right]\\&=\frac{Fl^2}{3EI}\xi(1-\xi)[\xi(3-2\xi)+2(1-\xi)^2]\end{aligned}$$

所以，梁端面的转角为

$$\theta_A = \xi(1-\xi)[\xi(3-2\xi)+2(1-\xi)^2]\frac{Fl^2}{6EI} \quad (\xi=\frac{a}{l}\leqslant 1)(\text{顺时针})$$

特例：显然 $\xi=0$ 和 $\xi=1$ 时，$w_F=0,\theta_A=0$；$\xi=0.5$，左半梁相当于中点受集中力 F 作用的简支梁，$w_A=\frac{Fl^3}{48EI}$，$\theta_A=\frac{Fl^2}{16EI}$；与附录 B 的结果一致。

例 11－11 如图 11－38(a)所示的开口钢环，环的半径为 R，抗弯刚度为 EI，在图示载荷作用下，求钢环开口处拉开的距离以及开口处截面张开的角度。

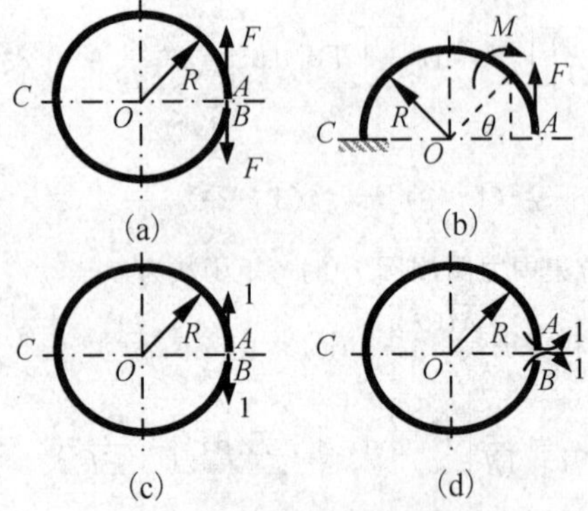

图 11－38 例 11－11 图

解：结构是典型的对称结构，钢环上半部中的弯矩为(如图 11－38(b)所示)

$$M(\theta)=F(R-R\cos\theta)=FR(1-\cos\theta) \quad (0\leqslant\theta\leqslant\pi)$$

钢环下半部中的弯矩与此对称。

在环口的 A,B 两点施加一对方向相反的单位集中力，如图 11－38(c)所示，此时环中的弯矩为

$$\overline{M}(\theta)=R(1-\cos\theta) \quad (0\leqslant\theta\leqslant\pi)(\text{下半部中的弯矩与此对称})$$

A,B 两点的相对位移即环口拉开的距离为

$$\begin{aligned}\Delta_{AB}&=\int_l\frac{M\overline{M}}{EI}\mathrm{d}s=2\int_0^\pi\frac{M(\theta)\overline{M}(\theta)}{EI}\cdot R\mathrm{d}\theta=\frac{2FR^3}{EI}\int_0^\pi(1-\cos\theta)^2\mathrm{d}\theta\\&=\frac{2FR^3}{EI}\int_0^\pi(1-2\cos\theta+\cos^2\theta)\mathrm{d}\theta=\frac{2FR^3}{EI}\left[\pi-2\int_0^\pi 2\cos\theta\mathrm{d}\theta+\frac{1}{2}\int_0^\pi(1+\cos 2\theta)\mathrm{d}\theta\right]\\&=\frac{3\pi FR^3}{EI}\end{aligned}$$

在环口的 A,B 两截面处施加一对方向相反的单位集中力偶，如图 11－38(d)所示，此时环中的弯矩为

$$\overline{M}(\theta)=1 \quad (0\leqslant\theta\leqslant\pi)(\text{下半部中的弯矩与此对称})$$

开口处截面张开的角度为

$$\begin{aligned}\theta_{AB}&=\int_l\frac{M\overline{M}}{EI}\mathrm{d}s=2\int_0^\pi\frac{M(\theta)\overline{M}(\theta)}{EI}\cdot R\mathrm{d}\theta\\&=\frac{2FR^2}{EI}\int_0^\pi(1-\cos\theta)\mathrm{d}\theta=\frac{2\pi FR^2}{EI}\end{aligned}$$

例 11－12 计算如图 11－39(a)所示梁中点的挠度。弹簧的刚度系数为 k。

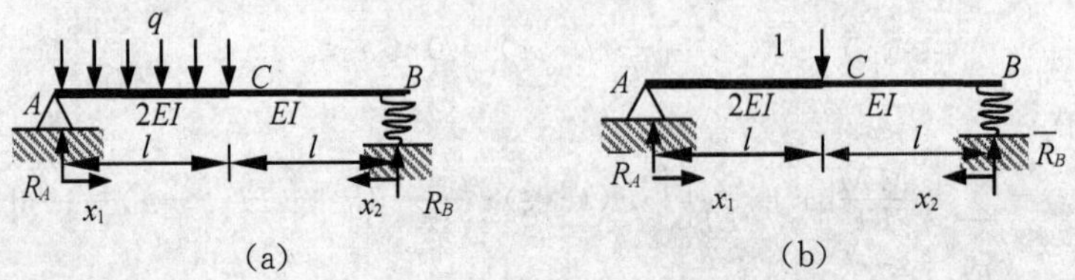

图 11－39 例 11－12 图

解:求梁的支反力:$\sum m_A = 0$，$R_B \cdot 2l - \frac{ql^2}{2} = 0$，$R_B = \frac{ql}{4}$

$$\sum Y = 0,\quad R_A = ql - R_B,\quad R_A = \frac{3ql}{4}$$

采用局部坐标系,梁中的弯矩函数为

$$M(x) = \begin{cases} \frac{q}{4}x_1(3l - 2x_1) & (0 \leqslant x_1 \leqslant l) \\ \frac{ql}{4}x_2 & (0 \leqslant x_2 \leqslant l) \end{cases}$$

按图 11－39(b)所示方式施加单位集中力,此时弹簧处的支反力以及梁中的弯矩函数为

$$\bar{R}_B = \frac{1}{2},\quad \bar{M}(x) = \begin{cases} \frac{1}{2}x_1 & (0 \leqslant x_1 \leqslant l) \\ \frac{1}{2}x_2 & (0 \leqslant x_2 \leqslant l) \end{cases}$$

根据式(11－43),梁中点的挠度为

$$w_C = \bar{R}_B\delta_B + \sum_m \int_l \bar{M}\mathrm{d}\theta = \bar{R}_B\delta_B + \sum_m \int_l \frac{M\bar{M}}{EI}\mathrm{d}x$$

式中,δ_B 是弹簧的压缩量,$\delta_B = \frac{R_B}{k}$,故有

$$\begin{aligned} w_C &= \frac{R_B\bar{R}_B}{k} + \int_0^l \frac{1}{2EI}\left[\frac{qx_1}{4}(3l - 2x_1) \cdot \frac{x_2}{2}\right]\mathrm{d}x_1 + \int_0^l \frac{1}{EI} \cdot \frac{ql}{4}x_2 \cdot \frac{x_2}{2}\mathrm{d}x_2 \\ &= \frac{ql}{8k} + \frac{ql^4}{32EI} + \frac{ql^4}{24EI} = \frac{ql}{8k} + \frac{7ql^4}{96EI}(\text{向下}) \end{aligned}$$

注释:线弹簧的应变能为 $U = \frac{1}{2}k\delta^2 = \frac{1}{2}F\delta$。如果结构中存在若干线弹簧,类似本例的处理方法,则在单位载荷法式(11－41)～式(11－43)中增加一项 $\sum_i \frac{R_i\bar{R}_i}{k_i}$,这里 k_i 是第 i 个弹簧的刚度系数,R_i 是实际载荷作用下弹簧所受的力,$\bar{R}_i$ 是单位载荷作用下弹簧所受的力。同理,角弹簧(螺圈弹簧)的应变能为 $U = \frac{1}{2}\beta\theta^2 = \frac{1}{2}m\theta$,当结构中存在若干角弹簧时,只需在单位载荷法的计算式中增加一项 $\sum_i \frac{m_i\bar{m}_i}{\beta_i}$,$\beta_i$ 是角弹簧的角刚度系数,m_i 是实际载荷作用下弹簧所受的力矩,$\bar{m}_i$ 是单位载荷作用下弹簧所受的力矩。

必须注意:本章所举例题许多也可用叠加法求解,有些例题还可联合应用能量法和叠加法进行求解(例如前述各例题,除了曲梁和桁架问题外,全部可用叠加法或联合叠加法和能量法求解),读者应灵活掌握并熟练应用。

11.7　能量法 3——图形互乘法

图形互乘法是单位载荷法的一种简化计算方法。单位载荷法尽管避免了卡氏定理的一些麻烦,但始终要应用截面法计算结构各构件的内力函数,而这一过程有的时候是相当繁琐的。以直梁为例,当梁分段很多的情况下,就需要多次使用截面法才能得到梁的内力函数,而单位载荷作用时还必须重复上述过程,然后根据式(11－41)还必须计算多个函数的积分,因此整个过程显得很繁琐。图形互乘法就是为解决这一问题由单位载荷法引伸出来的一种简单计算方法。

图形互乘法的应用条件有两个:一是杆件结构系统由若干二力杆和若干等截面或阶梯状直梁组成;二是实际载荷或单位载荷作用下的各杆和梁中的内力必有一个是线性函数。

下面以等截面直梁为例推导图形互乘法的基本计算公式。

对于等截面直梁，由莫尔定理有

$$\Delta = \int_l \frac{M(x)\overline{M}(x)}{EI}\mathrm{d}x = \frac{1}{EI}\int_l M(x)\overline{M}(x)\mathrm{d}x$$

所以，核心问题是处理积分 $\int_l M(x)\overline{M}(x)\mathrm{d}x$ 。由于直梁在单位载荷作用下的弯矩函数 $\overline{M}(x)$ 始终是直线或分段直线，因此上述积分总是可以分解为若干个形如 $J = \int_a^b M(x)\overline{M}(x)\mathrm{d}x$ 的积分的和，在$[a,b]$段梁上 $\overline{M}(x)$ 是单一直线。下面对这个积分进行简化。

如图 11－40(a)所示的是直梁在$[a,b]$段由实际载荷和单位载荷作用下的弯矩图，很明显，积分 J 与坐标的选择无关，实际上任何梁段均可以采用局部坐标系，这里$[a,b]$段梁采用 $\overline{M}(x)$与 x 轴的交点为原点的坐标系，如图 11－40(b)所示，坐标变量不妨仍用 x 表示，直线 $\overline{M}(x)$与 x 轴的夹角为α。

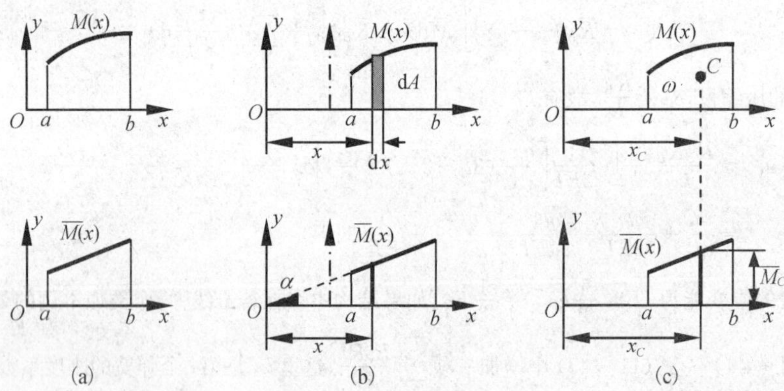

图 11－40 图形互乘法

由图 11－40(b)，有：$\overline{M}(x)=x\tan\alpha$，$\mathrm{d}A=M(x)\mathrm{d}x$，则有

$$J = \int_a^b M(x)\overline{M}(x)\mathrm{d}x = \tan\alpha\int_a^b xM(x)\mathrm{d}x = \tan\alpha\int_a^b x\mathrm{d}A$$

根据静矩的定义，积分 $\int_a^b x\mathrm{d}A$ 是实际载荷作用下的$[a,b]$段梁的弯矩图对 y 轴的静矩，因此有

$$\int_a^b x\mathrm{d}A = \omega x_C$$

这里 ω 是实际载荷作用下的$[a,b]$段梁的弯矩图的面积。于是有

$$J = \int_a^b M(x)\overline{M}(x)\mathrm{d}x = \tan\alpha \cdot x_C\omega = \omega(x_C\tan\alpha) = \omega\overline{M}_C$$

这里 $\overline{M}_C$ 是实际载荷弯矩图的形心所对应的单位载荷弯矩图的值。如图 11－40(c)所示。于是有

$$\Delta = \frac{\omega\overline{M}_C}{EI} \tag{11－44}$$

式(11－44)就是图形互乘法最基本的计算公式，这样可以避免用截面法写内力函数以及进行积分的繁琐过程。

如果等截面直梁的单位载荷弯矩图是分段的直线，如图 11－41 所示，则有

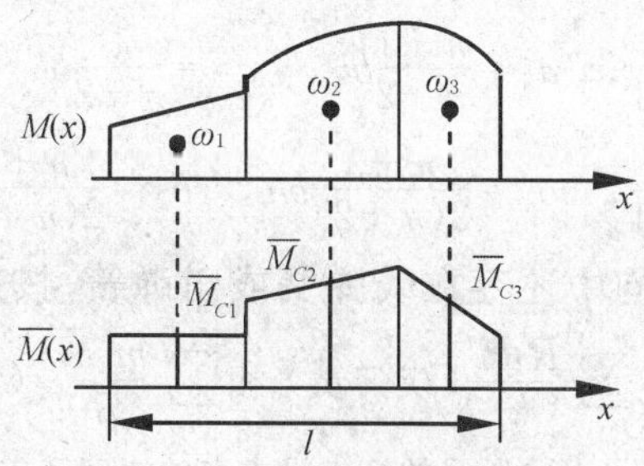

图 11－41　单位载荷图分段时的图形互乘法

$$\Delta = \frac{1}{EI}\sum_{k}\omega\bar{M}_C \tag{11-45}$$

如果考察的梁各段的抗弯刚度不相同，例如阶梯状梁，则有

$$\Delta = \sum_{k}\frac{\omega\bar{M}_C}{EI} \tag{11-46}$$

注意这里每段梁的抗弯刚度 EI 都是常数且单位载荷弯矩图是一条直线。

式(11－44)～式(11－46)可以推广到更一般的情况，对于由 n 根二力杆和 m 根等截面或阶梯状直梁组成的杆件结构系统，结构上任意一点沿某个方向的广义位移式(11－41)可写为图形互乘法的形式，即

$$\Delta = \sum_{n}\frac{F_N\bar{F}_N l}{EA} + \sum_{m}\left[\sum_{k}\frac{\omega\bar{M}_C}{EI} + \sum_{k}\frac{\omega_T\bar{T}_C}{GI_p}\right] \tag{11-47}$$

式中：ω_T 是各梁实际载荷作用下扭矩图的面积；$\bar{T}_C$ 是实际载荷作用下扭矩图的形心所对应的单位载荷作用下的扭矩图的值；其他各项的意义如前所述。

如果杆件结构系统上不同点同时作用有同类型的单位载荷，则式(11－42)写为图形互乘法的形式为

$$\sum_{k}\Delta = \sum_{n}\frac{F_N\bar{F}_N l}{EA} + \sum_{m}\left[\sum_{k}\frac{\omega\bar{M}_C}{EI} + \sum_{k}\frac{\omega_T\bar{T}_C}{GI_p}\right] \tag{11-48}$$

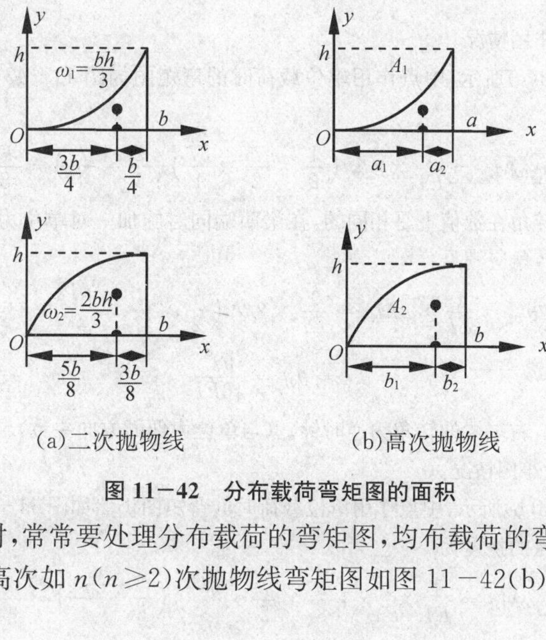

(a)二次抛物线　　(b)高次抛物线

图 11－42　分布载荷弯矩图的面积

应用图形互乘法时，常常要处理分布载荷的弯矩图，均布载荷的弯矩图为二次抛物线，如图 11－42(a)所示，更高次如 $n(n\geqslant 2)$ 次抛物线弯矩图如图 11－42(b)所示。其中：

$$A_1=\frac{bh}{n+1},\quad a_1=\frac{n+1}{n+2}bh,\quad a_2=\frac{1}{n+2}bh$$

$$A_2=\frac{nbh}{n+1},\quad b_1=\frac{n+3}{2(n+2)}bh,\quad b_2=\frac{n+1}{2(n+2)}bh$$

另外必须注意的是，若结构中还存在线弹簧或角弹簧，按照 11.6 节最后的注释，在式(11－44)～式(11－48)应增加 $\sum_i \frac{R_i\bar{R}_i}{k_i}$(线弹簧)和 $\sum_i \frac{m_i\bar{m}_i}{\beta_i}$(角弹簧)项。

例 11－13　计算如图 11－43(a)、(b)所示的简支梁中点的挠度和支座处的转角。梁长为 l，抗弯刚度为 EI。

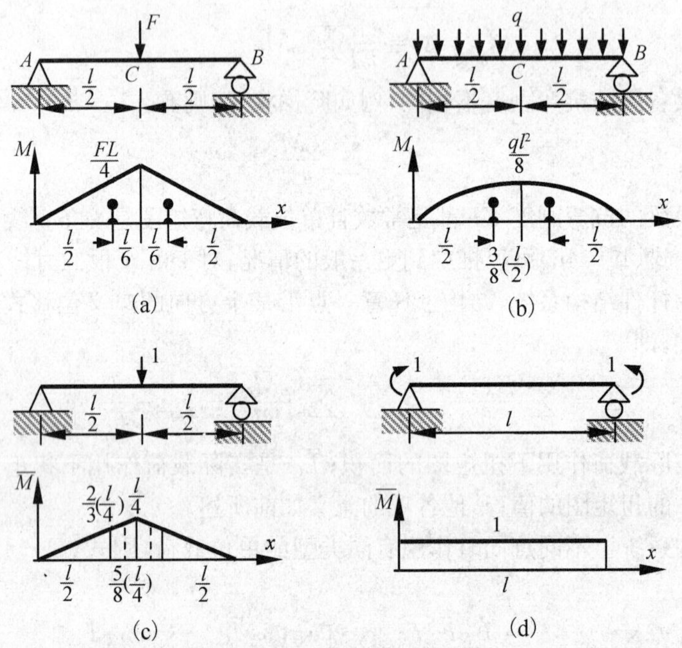

图 11－43　例 11－13 图

解：①简支梁受集中力作用情况。

梁的弯矩图如图 11－43(a)所示，中点作用单位载荷时的弯矩图如图 11－43(c)所示，则根据图形互乘法，梁中点的挠度为

$$w_C=\frac{1}{EI}\sum_k \omega\bar{M}_C=\frac{1}{EI}\times 2\times\left(\frac{1}{2}\times\frac{l}{2}\times\frac{Fl}{4}\right)\left(\frac{2}{3}\times\frac{l}{4}\right)=\frac{Fl^3}{48EI}(\text{向下})$$

由于对称性，梁两端的转角在数值上是相同的，在梁两端同时施加一对单位力偶，如图 11－43(d)所示，则根据式(11－48)，梁端的转角应满足：

$$2\theta_A=2\theta_B=\frac{1}{EI}\sum_k \omega\bar{M}_C=\frac{1}{EI}\times 2\times\left(\frac{1}{2}\times\frac{l}{2}\times\frac{Fl}{4}\right)\times 1=\frac{Fl^2}{8EI}$$

$$\theta_A=\theta_B=\frac{Fl^2}{16EI}$$

左端梁的转角为顺时针，右端梁的转角为逆时针。(与单位力偶的方向一致)

②简支梁受均布匀载荷作用情况。

梁的弯矩图如图 11－43(b)所示，中点作用单位载荷时的弯矩图仍然如图 11－43(c)所示。

根据图形互乘法，梁中点的挠度为

$$w_C=\frac{1}{EI}\sum_k \omega\bar{M}_C=\frac{1}{EI}\times 2\times\left(\frac{2}{3}\times\frac{l}{2}\times\frac{ql^2}{8}\right)\left(\frac{5}{8}\times\frac{l}{4}\right)=\frac{5ql^4}{384EI}(\text{向下})$$

与①中的分析相同，单位力偶的弯矩图仍然如图 11－43(d)所示，则梁端的转角应满足：

$$2\theta_A = 2\theta_D = \frac{1}{EI}\sum_k \omega \bar{M}_C = \frac{1}{EI}\times 2\times\left(\frac{2}{3}\times\frac{l}{2}\times\frac{ql^2}{8}\right)\times 1 = \frac{ql^3}{12EI}$$

$$\theta_A = \theta_B = \frac{ql^3}{24EI}$$

左端梁的转角为顺时针，右端梁的转角为逆时针。（与单位力偶的方向一致）

例 11－14　计算如图 11－44(a)所示的阶梯状悬臂梁自由端的挠度 w_B 和转角 θ_B 以及梁中点的挠度 w_C。

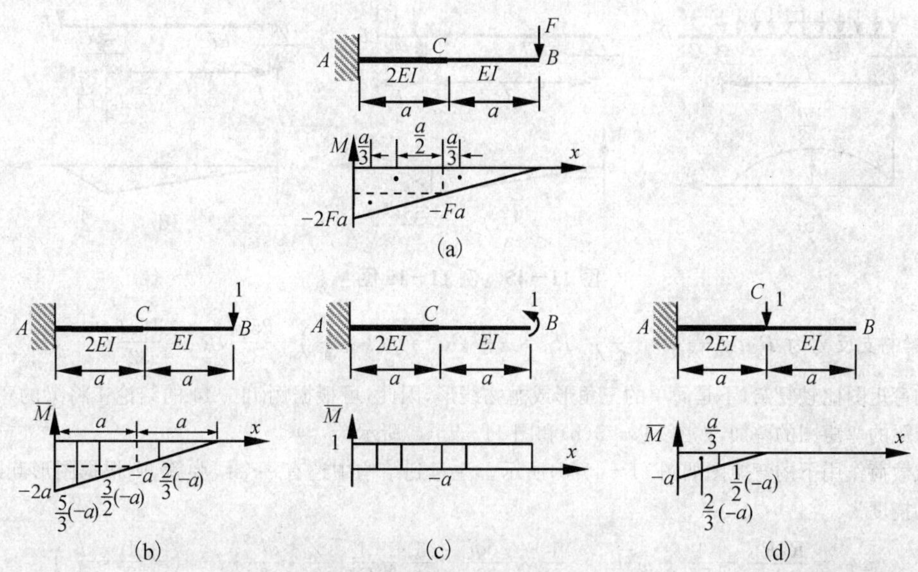

图 11－44　例 11－14 图

解：梁为阶梯状悬臂梁，因此需分段。左边段梁的弯矩图是梯形，其形心位置不太容易确定，可以将梯形分解为一个矩形和三角形，如图 11－44(a)所示，然后与单位载荷弯矩图互乘再叠加。

因此，根据式(11－46)，阶梯状悬臂梁自由端的挠度为

$$w_B = \sum_i \frac{\omega \bar{M}_C}{EI} = \frac{1}{2EI}\left[(-Fa)a\left(-\frac{3a}{2}\right)+\frac{1}{2}(-Fa)a\left(-\frac{5a}{3}\right)\right]+\frac{1}{EI}\times\frac{1}{2}(-Fa)a\left(-\frac{2a}{3}\right)$$

$$= \frac{Fa^3}{EI}\left(\frac{3}{4}+\frac{5}{12}+\frac{1}{3}\right) = \frac{3Fa^3}{2EI}\text{（向下）}$$

自由端的转角为

$$\theta_B = \sum_i \frac{\omega \bar{M}_C}{EI} = \frac{1}{2EI}\left[(-Fa)a\times 1+\frac{1}{2}(-Fa)a\times 1\right]+\frac{1}{EI}\times\frac{1}{2}(-Fa)a\times 1$$

$$= -\frac{Fa^2}{EI}\left(\frac{3}{4}+\frac{1}{2}\right) = -\frac{5Fa^2}{4EI}$$

式中负号表示与单位力偶施加的方向相反，自由端实际转角是顺时针的。

结论 1：复杂的实际载荷弯矩图可以拆分为简单图形，然后与单位载荷弯矩图互乘后叠加。

梁中点的挠度为

$$w_C = \sum_i \frac{\omega \bar{M}_C}{EI} = \frac{1}{2EI}\left[(-Fa)a\left(-\frac{a}{2}\right)+\frac{1}{2}(-Fa)a\left(-\frac{2a}{3}\right)\right] = \frac{5Fa^3}{12EI}\text{（向下）}$$

梁中点的挠度还可如下计算：

$$w_C = \sum_i \frac{\bar{\omega} M_C}{EI} = \frac{1}{2EI}\times\frac{1}{2}(-a)a\times\left[-\left(a+\frac{2a}{3}\right)\right] = \frac{5Fa^3}{12EI}\text{（向下）}$$

这里 $\bar{\omega}$ 是单位载荷弯矩图的面积，M_C 是单位载荷弯矩图形心对应的实际载荷弯矩图的值。

结论 2:如果实际载荷弯矩图和单位载荷弯矩图都是直线或折线,则图形互乘法还可以反过来计算,即用单位载荷弯矩图的面积乘以其形心对应的实际载荷弯矩图的值。

例 11-15 计算如图 11-45(a)所示的外伸梁自由端的挠度 w_B,弹簧的刚度系数为 k。

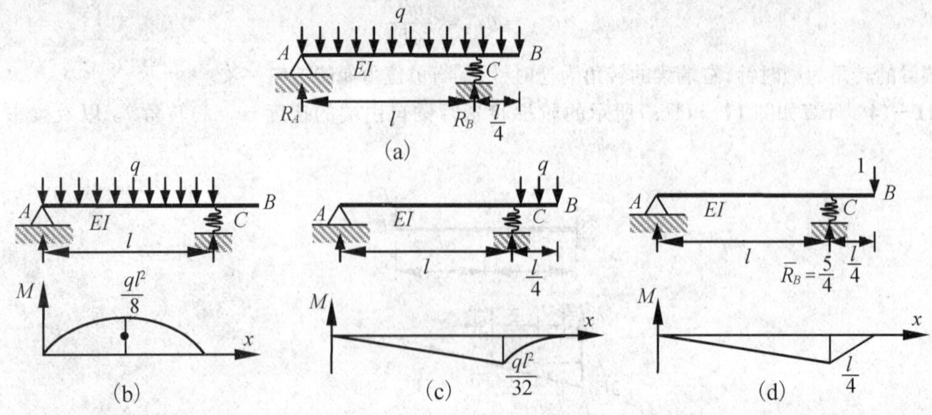

图 11-45 例 11-15 图

解:梁的支反力为:$R_B l=\frac{q}{2}\left(l+\frac{l}{4}\right)^2$,$R_B=\frac{25ql}{32}$,$R_A=q\left(l+\frac{l}{4}\right)-\frac{25ql}{32}$,$R_A=\frac{15ql}{32}$。

梁的弯矩图比较复杂,不是简单的三角形或抛物线形,因此,可根据例 11-14 的结论 1 将梁的弯矩图分解成两个梁的弯矩图的叠加,如图 11-45(b)和图 11-45(c)所示。

单位载荷作用下的弯矩图如图 11-45(d)所示。注意到结构中还有一个线弹簧,则根据图形互乘法,梁自由端的挠度为

$$
\begin{aligned}
w_B &= \frac{R_B\bar{R}_B}{k}+\frac{1}{EI}\sum_i \omega\bar{M}_C=\frac{1}{k}\times\frac{25ql}{32}\times\frac{5}{4}+\frac{1}{EI}\left[\frac{2}{3}\cdot\frac{ql^2}{8}\cdot l\times\left(-\frac{1}{2}\cdot\frac{l}{4}\right)\right.\\
&\quad \left.+\left(-\frac{1}{2}\cdot\frac{ql^2}{32}\cdot l\right)\times\left(-\frac{2}{3}\cdot\frac{l}{4}\right)+\left(-\frac{1}{3}\cdot\frac{ql^2}{32}\cdot\frac{l}{4}\right)\times\left(-\frac{3}{4}\cdot\frac{l}{4}\right)\right]\\
&=\frac{125ql}{128k}-\frac{15ql^4}{2048EI}\text{(向下)}
\end{aligned}
$$

例 11-16 计算如图 11-46(a)所示的刚架结构 K 点被拉开的距离,刚架各杆均是直径为 d 的圆形截面杆件,材料的弹性模量为 E,泊松比 $\nu=0.25$。

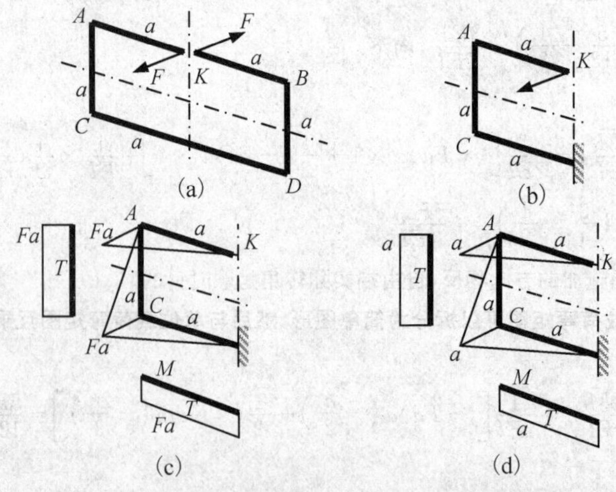

图 11-46 例 11-16 图

解:刚架结构的变形相对于刚架平面来说是反对称的,因此只考虑半边刚架,如图 11-46(b)所示,实际

载荷作用下半边刚架的弯矩图和扭矩图如图 11－46(c)所示,另半边刚架与此反对称。

将实际载荷 F 换为 $F_0=1$,就是单位载荷情况,半边刚架的弯矩图和扭矩图如图 11－46(d)所示,另半边刚架也与此反对称。

所以,K 点被拉开的距离为

$$\Delta_K=\sum_m\left(\frac{\omega\bar{M}_C}{EI}+\frac{\omega_T\bar{T}_C}{GI_p}\right)=2\times\left[3\times\frac{1}{EI}\left(\frac{1}{2}Fa\cdot a\cdot\frac{2a}{3}\right)+2\times\frac{1}{GI_p}(Fa\cdot a\cdot a)\right]$$
$$=\frac{2Fa^3}{EI}\left(1+\frac{2EI}{GI_p}\right)$$

因为 $I_p=2I=\frac{\pi d^4}{32}$,$G=\frac{E}{2(1+\nu)}=\frac{E}{2(1+0.25)}=0.4E$,于是有

$$\Delta_K=\frac{2Fa^3}{EI}\left(1+\frac{2EI}{0.4\times 2EI}\right)=\frac{7Fa^3}{EI}=\frac{64\times 7Fa^3}{E\pi d^4}=\frac{448Fa^3}{E\pi d^4}$$

注释:在使用能量法时要充分利用结构的对称性和反对称性。

11.8　能量法在超静定结构中的应用

能量法在处理超静定结构特别是复杂超静定结构时具有巨大的优越性。尽管采用叠加法计算超静定问题最为简单,但叠加法的应用也有其局限性:一是必须已知一些简单结构的结果,二是对于复杂超静定问题难以处理。而能量法不必预先知道一些简单结构的结果,并且对于复杂超静定问题很容易处理。

根据第 7 章超静定问题的解法,其基本方程为式(7－18)和式(7－21)。

对于简单超静定问题,有

$$\delta_{11}X_1+\Delta_{1F}=\Delta_1 \tag{11-49}$$

对于高次超静定问题,有

$$\begin{pmatrix}\delta_{11} & \delta_{12} & \cdots & \delta_{1n}\\ \delta_{21} & \delta_{22} & \cdots & \delta_{2n}\\ \vdots & \vdots & & \vdots\\ \delta_{n1} & \delta_{n2} & \cdots & \delta_{nn}\end{pmatrix}\begin{pmatrix}X_1\\ X_2\\ \vdots\\ X_n\end{pmatrix}+\begin{pmatrix}\Delta_{1F}\\ \Delta_{2F}\\ \vdots\\ \Delta_{nF}\end{pmatrix}=\begin{pmatrix}\Delta_1\\ \Delta_2\\ \vdots\\ \Delta_n\end{pmatrix} \tag{11-50}$$

方程(11－49)和(11－50)称为**力法正则方程**。其中,$\Delta_i(i=1,2,\cdots,n)$是超静定结构在多余约束处的实际位移,是已知或可简单计算的;$\Delta_{iF}(i=1,2,\cdots,n)$是实际载荷作用在静定基上时在多余约束处的位移;$\delta_{ij}(i=1,2,\cdots,n,j=1,2,\cdots,n)$是单位载荷作用在静定基上时在各多余约束处产生的位移。

系数 $\delta_{ij}(i=1,2,\cdots,n,j=1,2,\cdots,n)$和$\Delta_{iF}(i=1,2,\cdots,n)$均可用能量法计算。下面以如图 11－47(a)所示的简单超静定梁问题进行说明。

实际载荷作用在静定基上时的弯矩图如图 11－47(b)所示,其弯矩函数为:$M(x)=-\frac{1}{2}qx^2$;单位载荷作用在静定基上时的弯矩图如图 11－47(c)所示,弯矩函数为:$\bar{M}(x)=x$。

实际载荷作用在静定基上时在多余约束 B 处产生的挠度,根据单位载荷法,有

$$\Delta_{1F}=\int_l\frac{M(x)\bar{M}(x)}{EI}\mathrm{d}x=\frac{1}{EI}\int_0^l\left(-\frac{1}{2}qx^2\right)x\,\mathrm{d}x=-\frac{ql^4}{8EI}$$

式中负号表示与单位载荷的方向相反。

根据图形互乘法,有

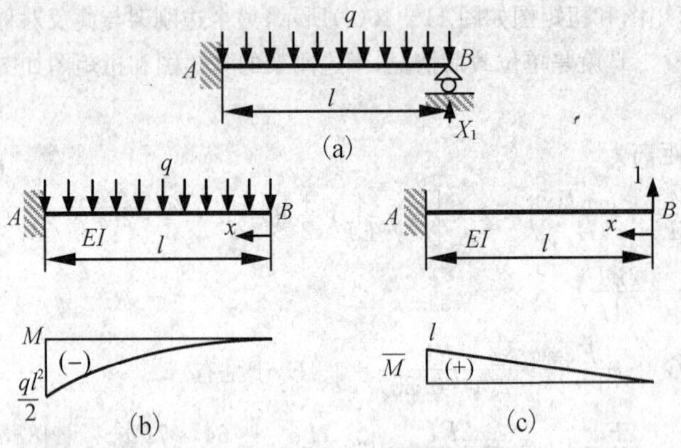

图 11-47　能量法解超静定问题

$$\Delta_{1F}=\frac{\omega\overline{M}_C}{EI}=\frac{1}{EI}\left(-\frac{1}{3}\cdot\frac{ql^2}{2}\cdot l\right)\times\left(\frac{3}{4}l\right)=-\frac{ql^4}{8EI}$$

单位载荷作用在静定基上时在多余约束 B 处产生的挠度，根据单位载荷法，有

$$\delta_{11}=\int_l\frac{\overline{M}^2(x)}{EI}\mathrm{d}x=\frac{1}{EI}\int_0^l x^2\mathrm{d}x=\frac{l^3}{3EI}$$

根据图形互乘法，有

$$\delta_{11}=\frac{\bar{\omega}\cdot\overline{M}_C}{EI}=\frac{1}{EI}\left(\frac{1}{2}\cdot l\cdot l\right)\times\left(\frac{2}{3}l\right)=\frac{l^3}{3EI}$$

超静定梁在多余约束处的实际位移为：$\Delta_1=0$，代入正则方程(11-49)，有

$$\delta_{11}X_1+\Delta_{1F}=\frac{l^3}{3EI}X_1-\frac{ql^4}{8EI}=0,\quad X_1=\frac{3}{8}ql$$

可见，超静定问题正则方程的系数可用能量法求解。

(1)简单超静定问题

对于一次超静定杆件结构系统，正则方程(11-49)的系数采用能量法求解时为

单位载荷法　$$\Delta_{1F}=\sum_n\frac{F_N\overline{F}_Nl}{EA}+\sum_m\int_l\left(\frac{M\overline{M}}{EI}+\frac{T\overline{T}}{GI_p}\right)\mathrm{d}x \tag{11-51}$$

$$\delta_{11}=\sum_n\frac{\overline{F}_N^2}{EA}+\sum_m\int_l\left(\frac{\overline{M}^2}{EI}+\frac{\overline{T}^2}{GI_p}\right)\mathrm{d}x \tag{11-52}$$

图形互乘法　$$\Delta_{1F}=\sum_n\frac{F_N\overline{F}_Nl}{EA}+\sum_m\left[\sum_k\frac{\omega\overline{M}_C}{EI}+\sum_k\frac{\omega_T\overline{T}_C}{GI_p}\right] \tag{11-53}$$

$$\delta_{11}=\sum_n\frac{\overline{F}_N^2l}{EA}+\sum_m\left[\sum_k\frac{\bar{\omega}\overline{M}_C}{EI}+\sum_k\frac{\bar{\omega}_T\overline{T}_C}{GI_p}\right] \tag{11-54}$$

这里 F_N,M,T 是实际载荷作用在静定基上时结构的内力；$\overline{F}_N$,$\overline{M}$,$\overline{T}$ 是单位载荷作用在静定基多余约束处时结构的内力；$\bar{\omega}$ 和 $\bar{\omega}_T$ 是此时结构中各梁的弯矩图和扭矩图的面积。

(2)高次超静定问题

对于高次超静定杆件结构系统，正则方程(11-50)的系数采用能量法求解时为

单位载荷法　$$\Delta_{iF}=\sum_n\frac{F_N\overline{F}_{Ni}l}{EA}+\sum_m\int_l\left(\frac{M\overline{M}_i}{EI}+\frac{T\overline{T}_i}{GI_p}\right)\mathrm{d}x \tag{11-55}$$

$$\delta_{ij}=\sum_n\frac{\overline{F}_{Ni}\overline{F}_{Nj}l}{EA}+\sum_m\int_l\left(\frac{\overline{M}_i\overline{M}_j}{EI}+\frac{\overline{T}_i\overline{T}_j}{GI_p}\right)\mathrm{d}x \tag{11-56}$$

图形互乘法
$$\Delta_{iF}=\sum_{n}\frac{F_N\bar{F}_{Ni}l}{EA}+\sum_{m}\left[\sum_{k}\frac{\omega\bar{M}_{iC}}{EI}+\sum_{k}\frac{\omega_T\bar{T}_{iC}}{GI_p}\right] \tag{11-57}$$

$$\delta_{ij}=\sum_{n}\frac{\bar{F}_{Ni}\bar{F}_{Nj}l}{EA}+\sum_{m}\left[\sum_{k}\frac{\bar{\omega}_i\bar{M}_{jC}}{EI}+\sum_{k}\frac{\bar{\omega}_{iT}\bar{T}_{jC}}{GI_p}\right] \tag{11-58}$$

这里 F_N,M,T 是实际载荷作用在静定基上时结构的内力；$\bar{F}_{Ni},\bar{M}_i,\bar{T}_i$ 是单位载荷作用在静定基第 i 个多余约束处时结构的内力；$\bar{\omega}_i$ 和 $\bar{\omega}_{iT}$ 是此时结构中各梁的弯矩图和扭矩图的面积。

注意：若结构中非多余约束处还存在若干线弹簧或角弹簧，则在系数Δ_{iF}的各式中应增加 $\sum_{p}\frac{R_p\bar{R}_{pi}}{k_p}$（线弹簧）和$\sum_{p}\frac{m_p\bar{m}_{pi}}{\beta_p}$（角弹簧）项，而在系数$\delta_{ij}$ 的各式中应增加$\sum_{p}\frac{\bar{R}_{pi}\bar{R}_{pj}}{k_p}$（线弹簧）和$\sum_{p}\frac{\bar{m}_{pi}\bar{m}_{pj}}{\beta_p}$（角弹簧）项。另外，由式(11－57) 可见，$\delta_{ij}=\delta_{ji}$，即正则方程(11－50) 的系数矩阵是对称矩阵。

例 11－17　如图 11－48(a)所示的刚架结构，材料的许用应力为$[\sigma]$，各梁的抗弯刚度为 EI，抗弯截面系数为 W，线弹簧的刚度系数 $k=\frac{EI}{2a^3}$，试求结构的许可载荷。

解：结构是一次超静定问题，以弹簧处的约束为多余约束。设未知反力为 X_1，则有

$$\delta_{11}X_1+\Delta_{1F}=\Delta_1$$

C 处的位移以沿 X_1 的方向为正，则有：$\Delta_1=-\frac{X_1}{k}$。

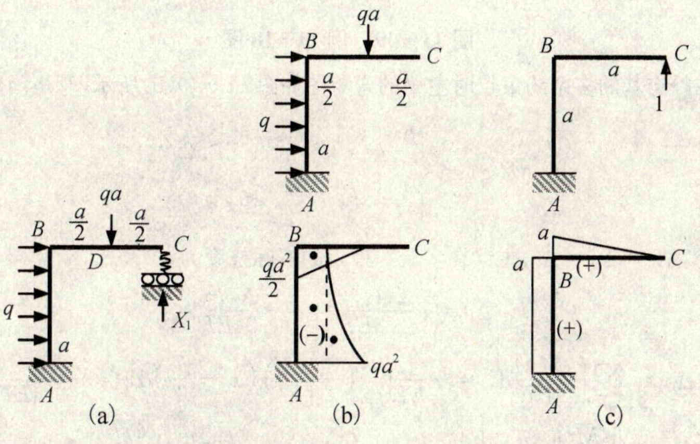

图 11－48　例 11－17 图

实际载荷作用在静定基上时结构的弯矩图如图 11－48(b)所示，单位载荷作用在静定基上时结构的弯矩图如图 11－48(c)所示，根据图形互乘法，有

$$\Delta_{1F}=\sum\frac{\omega\bar{M}_C}{EI}=\frac{1}{EI}\left[\left(-\frac{1}{2}\cdot\frac{qa^2}{2}\cdot\frac{a}{2}\right)\times\frac{5a}{6}+\left(-\frac{qa^2}{2}\cdot a\right)\times a+\left(-\frac{1}{3}\cdot\frac{qa^2}{2}\cdot a\right)\times a\right]$$
$$=-\frac{37qa^4}{48EI}$$

$$\delta_{11}=\sum\frac{\bar{\omega}\bar{M}_C}{EI}=\frac{1}{EI}\left[\left(\frac{1}{2}\cdot a\cdot a\right)\times\frac{2a}{3}+(a\cdot a)\times a\right]=\frac{4a^3}{3EI}$$

所以有：$\frac{4a^3}{3EI}X_1-\frac{37qa^4}{48EI}=-\frac{1}{k}X_1=-\frac{2a^3}{EI}X_1$，　$X_1=\frac{111}{480}qa$。

结构的危险截面可能在 A,B,D 截面，即

$$M_D=X_1\cdot\frac{a}{2}=\frac{111}{960}qa^2,\quad M_B=\frac{qa^2}{2}-X_1a=\frac{43}{160}qa^2,\quad M_A=qa^2-X_1a=\frac{123}{160}qa^2$$

可见,危险截面为结构固定端 A 截面,$M_{\max}=\dfrac{123}{160}qa^2$。

于是根据 $\sigma_{\max}=\dfrac{M_{\max}}{W}\leqslant[\sigma]$,有:$\dfrac{123}{160}qa^2\cdot\dfrac{1}{W}\leqslant[\sigma]$,则结构的许可载荷为:$[q]=\dfrac{160[\sigma]W}{123a^2}$。

例 11-18 如图 11-49(a)所示结构,主梁在均布载荷作用下强度不够,因此在其下加固一根副梁,试求此种情况下结构强度提高了多少?

解:假设主梁长 l,梁的抗弯刚度为 EI,抗弯截面系数为 W,均布载荷集度为 q,则无副梁时梁中的最大正应力为:$\sigma_{\max}=\dfrac{ql^2}{2W}$。

增加副梁后,结构是一次超静定结构,将接触点 C 作为多余约束点,如图 11-49(b)所示,实际载荷作用在静定基上时主梁的弯矩图如图 11-49(c)所示,弯矩函数为:$M(x)=-\dfrac{1}{2}qx^2$。

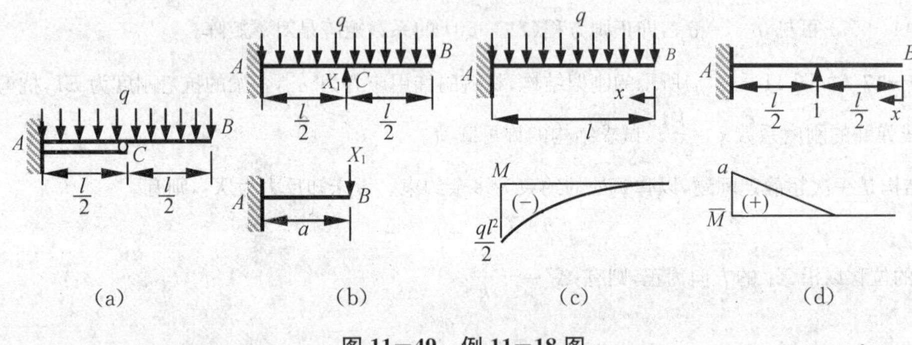

图 11-49 例 11-18 图

单位载荷作用在静定基的多余约束点时主梁的弯矩图如图 11-49(d)所示,弯矩函数为

$$\overline{M}(x)=\begin{cases}0 & (0\leqslant x\leqslant\dfrac{l}{2})\\ x-\dfrac{l}{2} & (\dfrac{l}{2}\leqslant x\leqslant l)\end{cases}$$

根据正则方程:$\delta_{11}X_1+\Delta_{1F}=\Delta_1$,主梁在多余约束点的实际挠度为

$$\Delta_1=-\frac{X_1(l/2)^3}{3EI}=-\frac{X_1l^3}{24EI}$$

$$\Delta_{1F}=\sum_m\int_l\frac{M\overline{M}}{EI}\mathrm{d}x=-\frac{1}{EI}\int_{l/2}^{l}\left(\frac{1}{2}qx^2\right)\left(x-\frac{l}{2}\right)\mathrm{d}x=-\frac{25ql^4}{384EI}$$

$$\delta_{11}=\int_l\frac{\overline{M}^2}{EI}\mathrm{d}x=\frac{1}{EI}\int_{l/2}^{l}\left(x-\frac{l}{2}\right)^2\mathrm{d}x=\frac{(l/2)^3}{3EI}=\frac{l^3}{24EI}$$

$$\frac{l^3}{24EI}X_1-\frac{25ql^4}{384EI}=-\frac{l^3}{24EI}X_1,\quad X_1=\frac{25}{32}ql$$

于是,加了副梁后主梁中的弯矩函数为

$$M(x)=\begin{cases}-\dfrac{1}{2}qx^2 & (0\leqslant x\leqslant\dfrac{l}{2})\\ -\dfrac{1}{2}qx^2+\dfrac{25}{32}ql\left(x-\dfrac{l}{2}\right) & (\dfrac{l}{2}\leqslant x\leqslant l)\end{cases}$$

下面求区间 $\left[\dfrac{l}{2},l\right]$ 中的最大弯矩。

$M_C=\dfrac{1}{8}ql^2$,$M_A=\dfrac{7}{64}ql^2$,$M'(x)=-qx+\dfrac{25}{32}ql=0$,则区间 $\left[\dfrac{l}{2},l\right]$ 中有一极值点 D,$x_D=\dfrac{25}{32}l$,代入上面的弯矩函数,有:$M_D=\left(\dfrac{25}{32}\right)\cdot\dfrac{7}{64}ql^2$。

可见,区间 $\left[\dfrac{l}{2},l\right]$ 中的最大弯矩在梁的中点,为:$M_{\max}=\dfrac{1}{8}ql^2$,则梁中的最大应力为:$\sigma'_{\max}=\dfrac{M_{\max}}{W}$

$=\frac{ql^2}{8W}$。

因为$\frac{\sigma'_{\max}}{\sigma_{\max}}=\frac{1}{4}$，所以梁的强度提高到原来的 4 倍。

11.9　能量法在对称、反对称以及中心对称结构中的应用

使用能量法时要充分利用结构的对称性与反对称性以及中心对称性，而对于一般结构，要尽可能将其分解为对称结构和反对称结构的叠加。根据第 7 章所述的内力的物理性质与对称结构和反对称结构的变形特点，有如下结论：**轴力和弯矩是对称的内力，而扭矩和剪力是反对称的内力；对称结构的变形是对称的，而反对称结构的变形是反对称的。另外，中心对称结构的变形也是中心对称的。**

(1)对称结构

对于如图 11－50 所示对称结构，有下面结论：

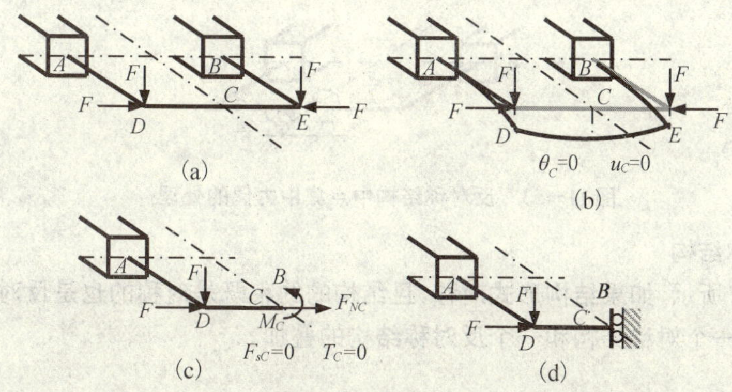

图 11－50　对称结构中点的内力和变形特点

①若结构中点无集中力作用时，中间截面上的剪力和扭矩为零。

②对称结构中间截面的转角和轴向位移为零。

③对称结构中点截开后，中点可简化为定向铰支座。

④对称结构如果中点受集中力或集中力偶作用，则梁从中点截开后，集中力和集中力偶可平分到左右结构上(如图 11－51 所示)。

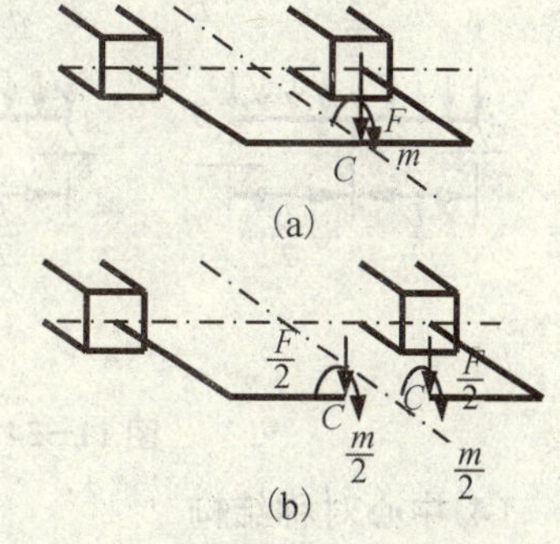

图 11－51　对称结构中点集中力和集中力偶的处理

(2)反对称结构

对于如图 11－52 所示反对称结构，有下面结论：

①若结构中点无集中力偶作用时，中间截面上的轴力和弯矩为零。

②反对称结构中间截面的竖向位移和扭转角为零。

③反对称结构中点截开后，中点可简化为铰支座。

④反对称结构如果中点受集中力偶作用，则梁从中点截开后，集中力偶可平分到左右结构上(如图 11－53 所示)。

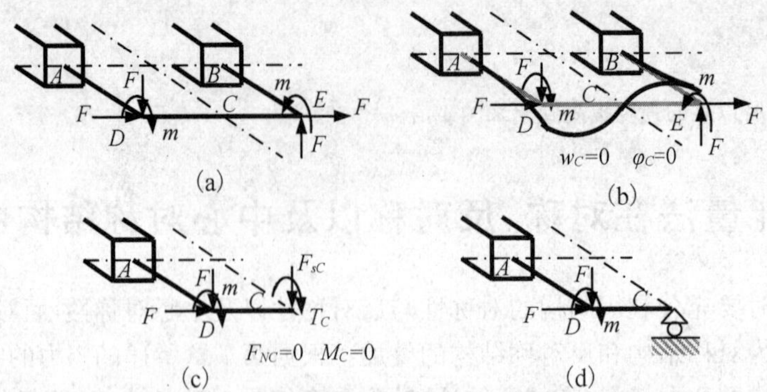

图 11－52　反对称结构中点的内力和变形特点

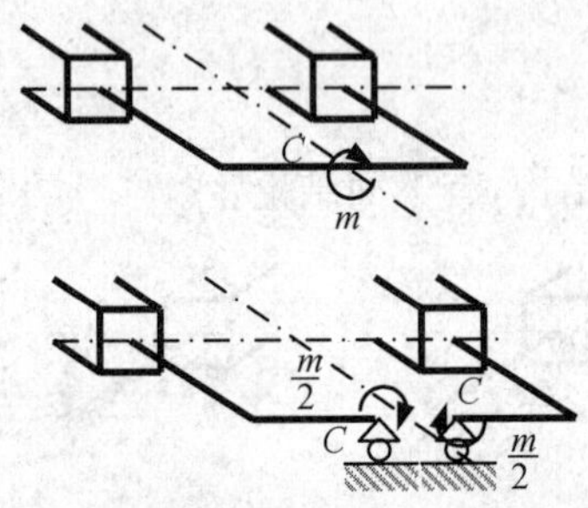

图 11－53　反对称结构中点集中力偶的处理

（3）一般对称结构

如图 11－54 所示，如果结构形式对称，且结构的约束既是对称的也是反对称的，则此种结构总可以分解为一个对称结构和一个反对称结构的叠加。

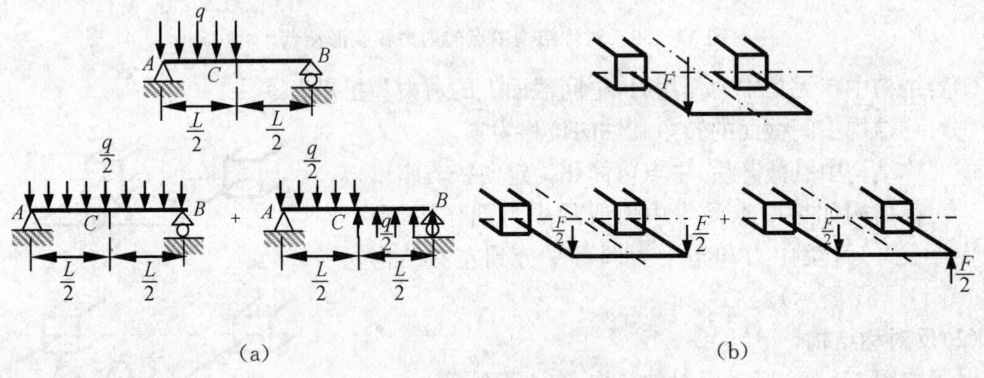

图 11－54　结构分解为对称结构和反对称结构的叠加

（4）中心对称结构

结构和载荷关于中心点是对称的结构称为**中心对称结构**。中心对称结构可以分成若干相同的幅。如图 11－55 所示。

对于中心对称结构，只考虑一幅结构，如图 11－56 所示，有下面结论：

①如果中心对称截面处无集中力或集中力偶作用，则中心对称面上的剪力和扭矩为零。

②中心对称面的转角为零，环向位移为零。

③结构在中心对称面截开后，中心对称截面处可简化为定向铰支座。

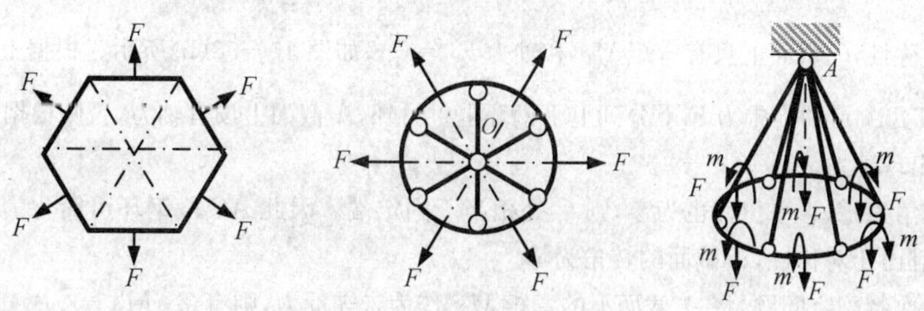

图 11－55　中心对称结构

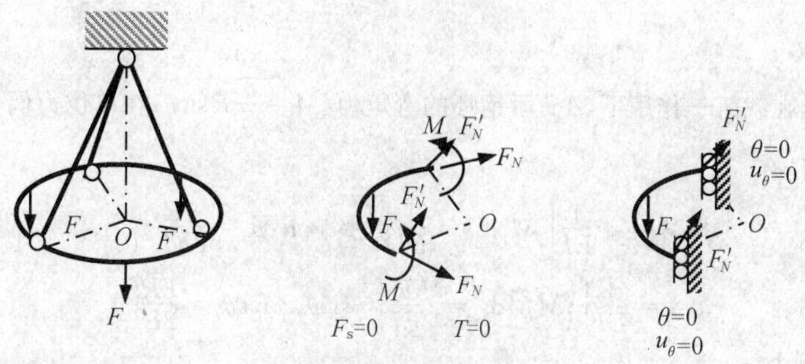

图 11－56　中心对称结构的内力和变形特点

④中心对称结构如果在中心对称截面处受集中力或集中力偶作用，则结构在中心对称面截开后，集中力和集中力偶可平分到左右幅结构上（如图 11－57 所示）。

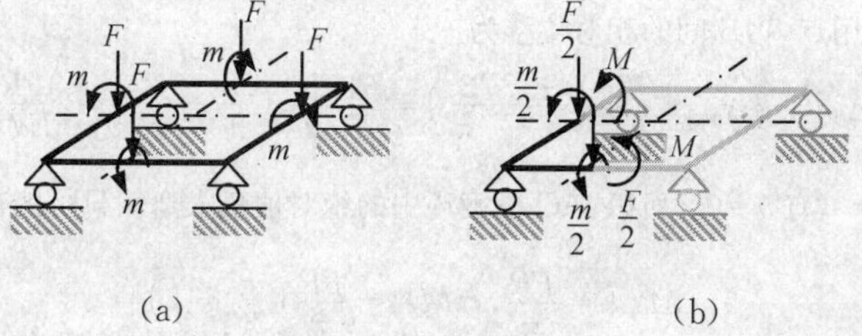

图 11－57　中心对称结构在中心对称截面处受集中载荷的处理

例 11－19　如图 11－58(a)所示，钢环受一对拉力 F 作用，钢环半径为 R，截面直径为 d，材料的弹性模量为 E。试求载荷作用点 A，B 间的相对位移以及钢环中的最大正应力。

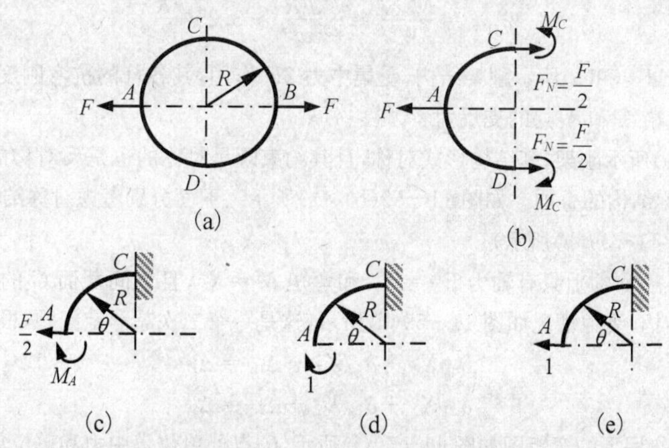

图 11－58　例 11－19 图

解：结构是左右对称结构，也是上下对称结构。因此只考虑四分之一部分的钢环，即 AC 段。

根据左右对称性，C 截面上只有弯矩 M_C 和轴力 $F_N=\frac{F}{2}$，如图 11－58(b)所示。根据上下对称性，A 截面上只有弯矩 M_A，A 点的集中力 F 平分到上下钢环上。另外，A 截面上没有轴力，否则根据 AC 段钢环的平衡，C 截面上将出现剪力。

C 截面的转角为零，水平位移也为零，则 C 处相当于固定端。因此 AC 段钢环可简化为如图 11－58(c)所示的结构，而且由于对称性，A 截面的转角为零。

这是一个一次超静定问题，将 A 截面上的弯矩 M_A 作为未知反力，则有：$\delta_{11}M_A+\Delta_{1F}=\Delta_1$。

这里 δ_{11} 是单位力偶作用下 A 截面的转角(如图 11－58(d)所示)，Δ_{1F} 是载荷 $\frac{F}{2}$ 作用下 A 截面的转角，A 截面的实际转角 $\Delta_1=0$。

根据单位载荷法，在载荷 $\frac{F}{2}$ 作用下，AC 段钢环的弯矩为：$M=\frac{F}{2}R\sin\theta$；在单位力偶作用下，AC 段钢环的弯矩为：$\overline{M}=1$。于是有

$$\delta_{11}=\frac{1}{EI}\int_l \overline{M}^2\,\mathrm{d}s=\frac{1}{EI}\int_0^{\frac{\pi}{2}}1^2\times R\,\mathrm{d}\theta=\frac{\pi R}{2EI}$$

$$\Delta_{1F}=\frac{1}{EI}\int_l M\overline{M}\,\mathrm{d}s=\frac{FR}{2EI}\int_0^{\frac{\pi}{2}}\sin\theta\times R\,\mathrm{d}\theta=\frac{FR^2}{2EI}$$

所以有：$M_A=-\frac{FR}{\pi}$，于是，AC 段钢环中的实际弯矩为：$M=\frac{F}{2}R\sin\theta-\frac{FR}{\pi}=\frac{FR}{2}\left(\sin\theta-\frac{2}{\pi}\right)$。

A 点作用水平单位力时(如图 11－58(e)所示)，AC 段钢环的弯矩为：$\overline{M}=R\sin\theta$，则 A 点的水平位移为

$$\Delta_A=\frac{1}{EI}\int_l M\overline{M}\,\mathrm{d}s=\frac{FR^2}{2EI}\int_0^{\frac{\pi}{2}}\left(\sin\theta-\frac{2}{\pi}\right)\sin\theta\times R\,\mathrm{d}\theta=\frac{FR^3}{2EI}\left(\frac{\pi}{4}-\frac{2}{\pi}\right)$$

根据对称性，载荷作用点 A，B 间的相对位移为

$$\Delta_{AB}=2\Delta_A=\frac{FR^3}{EI}\left(\frac{\pi}{4}-\frac{2}{\pi}\right)=\frac{64FR^3}{E\pi d^4}\left(\frac{\pi}{4}-\frac{2}{\pi}\right)\approx\frac{3FR^3}{Ed^4}$$

因为 $M'=\frac{FR}{2}\cos\theta=0$，有 $\theta=0$。所以，AC 段钢环中的绝对值最大弯矩只可能在 A，C 两点，即

$$|M_A|=\frac{FR}{\pi},\quad M_C=\frac{FR}{\pi}\left(\frac{\pi}{2}-1\right)$$

可见，AC 段钢环中的最大弯矩在 A 截面，为：$M_{\max}=\frac{FR}{\pi}$。

所以，钢环中的最大正应力为

$$\sigma_{\max}=\frac{M_{\max}}{W}=\frac{32FR}{\pi^2 d^3}\approx 3.25\frac{FR}{d^3}$$

例 11－20 如图 11－59(a)所示刚架结构，受集中力 $2F$ 作用，其各杆的抗弯刚度相同且为常数，尺寸 a 为已知，试求结构固定端 A 和 A' 处的支反力。

解：如图 11－59(a)所示刚架，其结构形式对称，且其约束既是对称的也是反对称的，所以，结构可分解为一对称结构和一反对称结构的叠加。如图 11－59(b)、(c)所示。下面分别考虑对称结构和反对称结构。

①对称结构(如图 11－59(b)所示)。

由于对称性，中间截面 C 上只有轴力 $F_N=X_1$ 和弯矩 $M=X_2$，且中间截面 C 的水平位移 $u_C=0$，转角 $\theta_C=0$。只考虑一半结构，受力情况如图 11－59(d)所示，这是一个二次超静定问题，根据力法正则方程，有

$$\delta_{11}X_1+\delta_{12}X_2+\Delta_{1F}=\Delta_1$$

$$\delta_{21}X_1+\delta_{22}X_2+\Delta_{2F}=\Delta_2$$

半结构在载荷 F 作用下的弯矩图如图 11－59(f)所示，C 点处单位集中力和单位集中力偶作用下的弯矩图如图 11－59(g)、(h)所示，则有

$$\delta_{11}=\sum\frac{\bar{\omega}_1\overline{M}_{1C}}{EI}=\frac{1}{EI}\left[\frac{1}{2}(4a)(4a)\times\frac{2}{3}(4a)\right]=\frac{64a^3}{3EI}$$

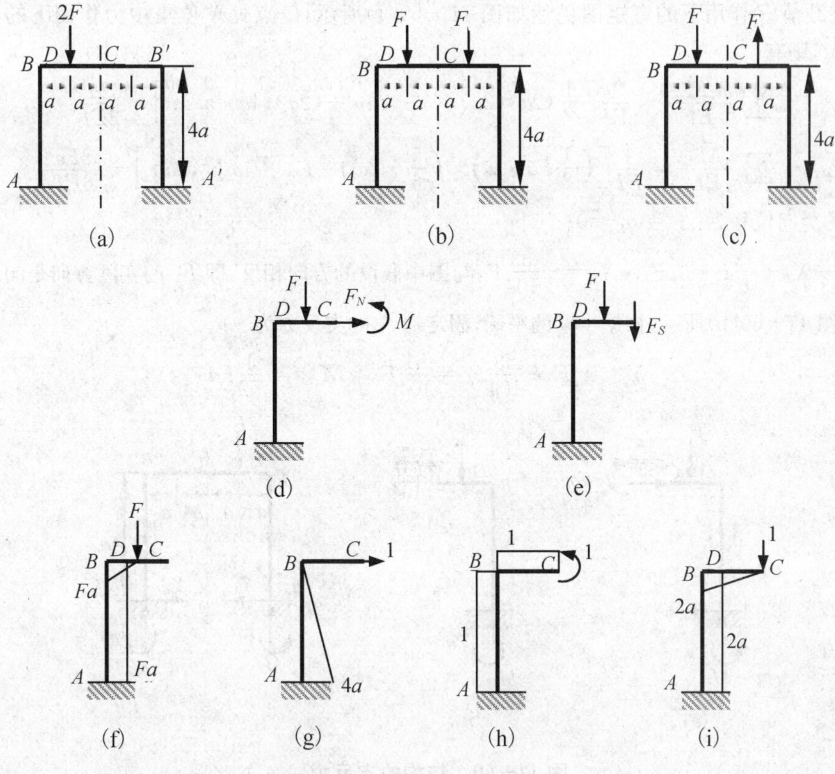

图 11－59　例 11－20 图

$$\delta_{12}=\delta_{21}=\sum\frac{\bar{\omega}_1\bar{M}_{2C}}{EI}=\frac{1}{EI}\left[\frac{1}{2}(4a)(4a)\times(-1)\right]=-\frac{8a^2}{EI}$$

$$\delta_{22}=\sum\frac{\bar{\omega}_2\bar{M}_{2C}}{EI}=\frac{1}{EI}[1\times a\times 1+1\times(4a)\times 1)]=\frac{5a}{EI}$$

$$\Delta_{1F}=\sum\frac{\omega\bar{M}_{1C}}{EI}=\frac{1}{EI}\left[Fa\times 4a\times\left(\frac{1}{2}\times 4a\right)\right]=\frac{8Fa^3}{EI}$$

$$\Delta_{2F}=\sum\frac{\omega\bar{M}_{2C}}{EI}=\frac{1}{EI}\left[\left(\frac{1}{2}Fa\times a\right)\times(-1)+(Fa\times 4a)\times(-1)\right]=-\frac{9Fa^2}{2EI}$$

中间截面 C 的实际位移为：$\Delta_1=u_C=0$，$\Delta_2=\theta_C=0$，所以有

$$\frac{64a^3}{3}X_1-8a^2X_2+8Fa^3=0$$

$$-8a^2X_1+5aX_2-\frac{9}{2}Fa^2=0$$

解得：$F_N=X_1=-\frac{3}{32}F$，$M=X_2=\frac{3}{4}Fa$。于是，如图 11－60(a)所示，根据半梁的平衡，固定端 A 的支反力为

$$X_{A1}=\frac{3}{32}F\text{(向右)},\quad Y_{A1}=F\text{(向上)}$$

$$M_{A1}=-Fa+\frac{3F}{32}\cdot 4a+\frac{3}{4}Fa=\frac{1}{8}Fa\text{(顺时针)}$$

固定端 A' 的支反力与此对称。

②反对称结构(如图 11－59(c)所示)。

由于反对称性，中间截面 C 上只有剪力 $F_s=X_1$，且中间截面 C 的竖向位移 $w_C=0$。只考虑一半结构，受力情况如图 11－59(e)所示，这是一个一次超静定问题，根据力法正则方程，有

$$\delta_{11}X_1+\Delta_{1F}=\Delta_1$$

半结构在载荷 F 作用下的弯矩图仍然如图 11－59(f)所示，C 点处单位集中力作用下的弯矩图如图 11－59(i)所示，则有

$$\delta_{11}=\sum\frac{\bar{\omega}_1\bar{M}_{1C}}{EI}=\frac{1}{EI}\left[\frac{1}{2}(2a)(2a)\times\frac{2}{3}(2a)+(2a)(4a)\times 2a\right]=\frac{52a^3}{3EI}$$

$$\Delta_{1F}=\sum\frac{\omega\bar{M}_{1C}}{EI}=\frac{1}{EI}\left[\left(\frac{1}{2}Fa\cdot a\right)\times\left(\frac{5}{6}\cdot 2a\right)+Fa\times 4a\times(2a)\right]=\frac{53Fa^3}{6EI}$$

中间截面 C 的竖向位移为：$\Delta_1=w_C=0$。

所以有：$\frac{52}{3}X_1+\frac{53}{6}F=0$，$F_s=X_1=-\frac{53}{104}F$，与图中假设的方向相反，即 F_s 的实际方向是向上的。

于是，如图 11－60(b)所示，根据半梁的平衡，固定端 A 的支反力为

$$Y_{A2}=F-\frac{53}{104}F=\frac{51}{104}F,\quad M_{A2}=\frac{1}{52}Fa$$

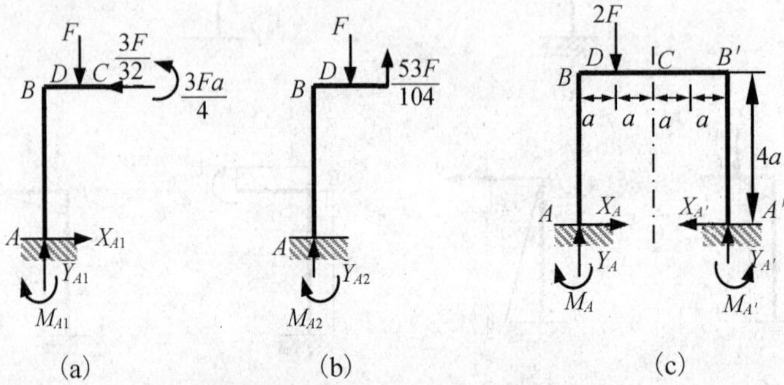

(a)　(b)　(c)

图 11－60　结构的支反力

根据叠加法，如图 11－60(c)所示，结构的支反力为

$$X_A=\frac{3}{32}F,\quad Y_A=\left(1+\frac{51}{104}\right)F=\frac{155}{104}F,\quad M_A=\left(\frac{1}{8}+\frac{1}{52}\right)Fa=\frac{15}{104}Fa$$

$$X_{A'}=\frac{3}{32}F,\quad Y_{A'}=\left(1-\frac{51}{104}\right)F=\frac{53}{104}F,\quad M_{A'}=\left(\frac{1}{8}-\frac{1}{52}\right)Fa=\frac{11}{104}Fa$$

例 11－21　如图 11－61(a)所示圆环结构，在圆环平面内受沿半径方向均匀分布的 $n(n\geqslant 2)$ 个集中力 F 作用，假设圆环的抗弯刚度为 EI，半径为 R，试求各载荷作用点的径向位移。

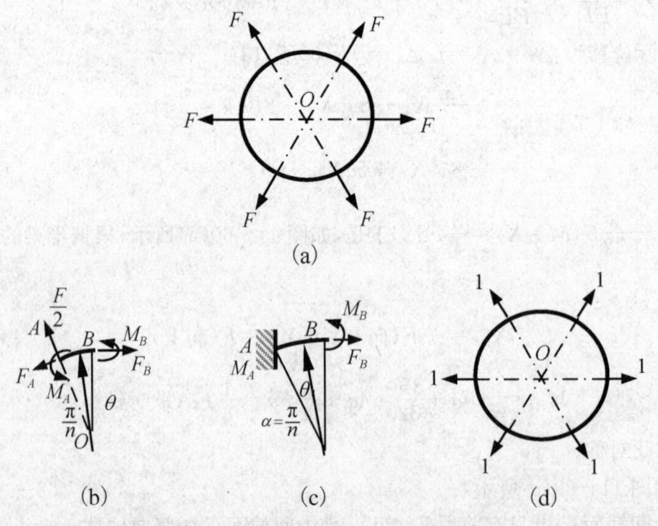

图 11－61　例 11－21 图

解：考虑半幅结构，根据中心对称结构的内力特点，则环段 AB 的受力情况如图 11－61(b)所示。

根据力的平衡，有

$$\frac{F}{2}\cos\alpha = F_A\sin\alpha,\quad F_B = \frac{F}{2}\sin\alpha + F_A\cos\alpha,\quad F_B = \frac{F}{2\sin\alpha}\left(\alpha = \frac{\pi}{n}\right)$$

进一步，环段 AB 可简化为图 11－61(c)所示的结构，这是一个一次超静定问题，假设 B 截面上的弯矩为 $M_B = X_1$，则根据力法正则方程，有：$\delta_{11}X_1 + \Delta_{1F} = \Delta_1$。

实际载荷 F_B 作用时，环段 AB 中的弯矩为：$M = -F_BR(1-\cos\theta) = -\frac{FR}{2}\cdot\frac{1-\cos\theta}{\sin\alpha}$。

单位力偶作用时，环段 AB 中的弯矩为：$\bar{M}=1$。

圆环 B 截面的实际转角为：$\theta_A = \Delta_1 = 0$，所以有

$$\delta_{11} = \int_l \frac{\bar{M}^2}{EI}\mathrm{d}s = \frac{1}{EI}\int_0^\alpha R\mathrm{d}\theta = \frac{R\alpha}{EI}$$

$$\Delta_{1F} = \int_l \frac{M\bar{M}}{EI}\mathrm{d}s = -\frac{1}{EI}\int_0^\alpha F_BR(1-\cos\theta)\cdot 1R\mathrm{d}\theta = -\frac{F_BR^2}{EI}(\alpha - \sin\alpha)$$

因此，有

$$M_B = X_1 = F_BR\left(1-\frac{\sin\alpha}{\alpha}\right) = \frac{FR}{2\sin\alpha}\left(1-\frac{\sin\alpha}{\alpha}\right) = \frac{FR}{2}\cdot\frac{\alpha-\sin\alpha}{\alpha\sin\alpha}$$

所以，环段 AB 中弯矩函数为

$$M = \frac{FR}{2}\left[\frac{\alpha-\sin\alpha}{\alpha\sin\alpha} - \frac{1-\cos\theta}{\sin\alpha}\right] = \frac{FR}{2}\left(\frac{\cos\theta}{\sin\alpha}-\frac{1}{\alpha}\right)\quad\left(0\leqslant\theta\leqslant\alpha=\frac{\pi}{n}\right)$$

注意到各载荷作用点的位移均是相同的，因此可考虑各载荷作用点同时作用单位载荷的情况，如图 11－61(d)所示，此时环段 AB 中弯矩函数为

$$\bar{M} = \frac{R}{2}\left(\frac{\cos\theta}{\sin\alpha}-\frac{1}{\alpha}\right)\quad\left(0\leqslant\theta\leqslant\alpha=\frac{\pi}{n}\right)$$

根据公式(11－42)，若各载荷作用点的位移为Δ_n，则有

$$\sum_i \Delta_i = n\Delta_n = \sum_m\int_l \frac{M\bar{M}}{EI}\mathrm{d}s = 2n\cdot\int_l\frac{M\bar{M}}{EI}\mathrm{d}s$$

所以，各载荷作用点的径向位移为

$$\begin{aligned}\Delta_n &= 2\int_l\frac{M\bar{M}}{EI}\mathrm{d}s = 2\times\int_0^\alpha\frac{FR}{2EI}\cdot\frac{R}{2}\left(\frac{\cos\theta}{\sin\alpha}-\frac{1}{\alpha}\right)^2\cdot R\mathrm{d}\theta = \frac{FR^3}{2EI}\cdot\int_0^\alpha\left(\frac{\cos\theta}{\sin\alpha}-\frac{1}{\alpha}\right)^2\mathrm{d}\theta\\ &= \frac{FR^3}{4EI}\left[\frac{1}{\sin^2\alpha}\left(\alpha+\frac{\sin2\alpha}{2}\right)-\frac{2}{\alpha}\right]\quad\left(\alpha=\frac{\pi}{n}\right)\end{aligned}$$

特例：$n=2$，即例 11－19 的问题，$\Delta_2 = \frac{FR^3}{2EI}\left(\frac{\pi}{4}-\frac{2}{\pi}\right)$，与例 11－19 的$\Delta_A$完全一致。

$$n=3,\quad \Delta_3 = \frac{FR^3}{4EI}\left(\frac{4\pi}{3}+\sqrt{3}-\frac{6}{\pi}\right)$$

能量法除了前述的各种应用之外，还有其他的应用，例如压杆稳定的临界压力也可用能量法求解；再就是有众多支座的连续梁问题，用能量法可求解这类结构的基本方程——“三弯矩方程”。这些应用在这里就不赘述。另外，下一章动应力问题中的冲击载荷问题也是基于能量原理进行求解的。

小　结

1. 应变能概念：由于弹性体变形而储存在弹性体内部的能量称为弹性体的应变能或变形能，用符号 U 表示。弹性体单位体积内所储存的应变能称为应变比能，用符号 u_e 表示。

单向应力状态下的应变比能为：$u_e = \int_0^\varepsilon\sigma\mathrm{d}\varepsilon$，如果弹性体材料是线弹性的，则有：$u_e = \frac{1}{2}\sigma\varepsilon$。

纯剪应力状态下的应变比能为：$u_e=\int_0^{\gamma}\tau\mathrm{d}\gamma$，如果弹性体材料是线弹性的，则有：$u_e=\frac{1}{2}\tau\gamma$。

复杂应力状态下的应变比能为

$$u_e=\int_0^{\varepsilon_x}\sigma_x\mathrm{d}\varepsilon_x+\int_0^{\varepsilon_y}\sigma_y\mathrm{d}\varepsilon_y+\int_0^{\varepsilon_z}\sigma_z\mathrm{d}\varepsilon_z+\int_0^{\gamma_{xy}}\tau_{xy}\mathrm{d}\gamma_{xy}+\int_0^{\gamma_{yz}}\tau_{yz}\mathrm{d}\gamma_{yz}+\int_0^{\gamma_{zx}}\tau_{zx}\mathrm{d}\gamma_{zx}$$

如果弹性体材料是线弹性的，则有

$$u_e=\frac{1}{2}(\sigma_x\varepsilon_x+\sigma_y\varepsilon_y+\sigma_z\varepsilon_z+\tau_{xy}\gamma_{xy}+\tau_{yz}\gamma_{yz}+\tau_{zx}\gamma_{zx})$$

弹性体的总应变能为：$U=\int_V u_e\mathrm{d}V$，其中积分是在整个弹性体所占空间域内进行的。

应变能只与结构的状态有关，即是结构状态的函数，而与结构如何达到这一状态的过程无关。

2. 功能关系：如果外力是静载荷且不考虑其他能量损耗（如热耗散或热交换等），则作用在弹性体上的外力所做功将全部转化成弹性体的应变能，有：$U=W$。这里 W 是外力做的功，U 是弹性体的应变能。

3. 杆件结构系统的应变能。

对于由 n 根杆和 m 根梁组成的杆件结构系统，其应变能为

$$U=\sum_i\frac{1}{2}F\Delta=\sum_n\frac{F_N^2 l}{2EA}+\sum_m\int_l\left[\frac{M^2(x)}{2EI}+\frac{T^2(x)}{2GI_p}\right]\mathrm{d}x$$

式中，F 是作用在结构上的广义力，Δ 是广义力作用点处沿广义力作用方向的广义位移。广义力可以是集中力，也可以是集中力偶；广义位移可以是线位移，也可以是角位移。l 是各杆或梁的长度，F_N，EA 是各二力杆的轴力和抗拉刚度，$M(x)$，$T(x)$分别是各梁中的弯矩和扭矩函数，EI，GI_p 是各梁的抗弯刚度和抗扭刚度。

4. 互等定理。

① 功的互等定理：$\sum_i F_1^{(i)}\Delta_{12}^{(i)}=\sum_j F_2^{(j)}\Delta_{21}^{(j)}$。

线弹性小变形条件下，第一组广义力在由第二组广义力引起的广义位移上做的功与第二组广义力在由第一组广义力引起的广义位移上做的功是互等的。

②位移互等定理：$\Delta_{12}=\Delta_{21}$。

两个数值相同的广义力在彼此作用点所引起的位移是互等的。

5. 卡氏第二定理：$\Delta_i=\frac{\partial U}{\partial F_i}$。

弹性体某个广义力作用处沿载荷作用方向的广义位移等于弹性体的应变能对该广义力的偏导数。

利用卡氏第二定理计算由 n 根杆和 m 根梁组成的杆件结构系统的某处广义位移时，有

$$\Delta=\frac{\partial U}{\partial F}=\sum_n\frac{F_N l}{EA}\frac{\partial F_N}{\partial F}+\sum_m\int_l\left[\frac{M}{EI}\frac{\partial M}{\partial F}+\frac{T}{GI_p}\frac{\partial T}{\partial F}\right]\mathrm{d}x$$

其中忽略了各梁中轴力和剪力的影响。

应用卡氏第二定理时应注意：①卡氏定理只适用于线弹性小变形材料。②F 是作用在结构上的广义力，可以是集中力或集中力偶，Δ 是 F 处沿其作用方向的广义位移。如果 F 是集中力，则Δ 是线位移；如果 F 是集中力偶，则Δ 是角位移。③作用在结构上不同点的广义力，即使它们彼此之间是完全相等，也必须严格进行区分。④欲求结构某点处的广义位移，而该点处没有对应的广义力作用，则可在该点虚加一个与所求广义位移相应的广义力，然后计算出结构原载荷和虚加载荷共同作用下结构中的内力，采用上式进行计算，然后令虚加载荷为零，即可求得某点处的广义位移。

6. 单位载荷法。

对于由 n 根杆和 m 根梁组成的杆件结构系统，其某处的广义位移为

$$\Delta=\sum_n\frac{F_N\bar{F}_N l}{EA}+\sum_m\int_l\left(\frac{M\bar{M}}{EI}+\frac{T\bar{T}}{GI_p}\right)\mathrm{d}x$$

其中：F_N，M，T 是实际结构中各杆和梁中的内力（F_N 是各二力杆的轴力，M，T 是各梁中的弯矩和扭矩，在梁中忽略了剪力和轴力的影响）；$\bar{F}_N$，$\bar{M}$，$\bar{T}$ 是原结构在所考察点处沿所求广义位移Δ 方向施加单位载荷后各杆和梁中的内力。

应用单位载荷法计算杆件结构系统某点的广义位移时，应注意：①单位载荷法只适用于线弹性小变形材料。②若欲求的广义位移Δ是线位移，则在原结构对应点处施加单位集中力；若欲求的广义位移Δ是角位移，则在原结构对应点处施加单位集中力偶。③F_N,M,T是实际结构中各二力杆和梁的内力，$\bar{F}_N,\bar{M},\bar{T}$是单位载荷作用在原结构上时各二力杆和梁的内力。④实际结构和单位载荷作用下的结构是同一结构的两种不同受力状态，后者实质上是一个辅助计算的结构。⑤如果结构中有曲梁，则公式中相应的积分沿曲梁轴线进行曲线积分即可。

7. 单位载荷法的推广应用。

①对于由n根杆和m根梁组成的杆件结构系统，设实际载荷作用下结构中各杆和梁中的内力为F_N,M,T，如果杆件结构系统上不同点同时作用有同类型的单位载荷，若此时结构中各杆和梁中的内力为$\bar{F}_N,\bar{M},\bar{T}$，则结构各单位载荷作用点处沿载荷方向的同类型位移的和为

$$\sum_i \Delta_i = \sum_n \frac{F_N \bar{F}_N l}{EA} + \sum_m \int_l \left(\frac{M\bar{M}}{EI} + \frac{T\bar{T}}{GI_p}\right)\mathrm{d}x$$

②对于由n根杆和m根梁组成的杆件结构系统，设$\Delta l,\mathrm{d}\theta,\mathrm{d}\varphi$是任意力学或非力学因素引起的结构的广义位移的变化量，$\bar{F}_N,\bar{M},\bar{T}$是单位载荷作用在考察点处所引起的结构的内力，则考察点处的广义位移为

$$\Delta = \sum_n \bar{F}_N \Delta l + \sum_m \left(\int_l \bar{M}\mathrm{d}\theta + \int_l \bar{T}\mathrm{d}\varphi\right)$$

非力学因素比较常见的是温度或支座移动等因素。

8. 图形互乘法。

对于由n根杆和m根梁组成的杆件结构系统，设ω是实际载荷作用下各梁弯矩图各段的面积，$\bar{M}_C$是实际载荷作用下各段弯矩图的形心所对应的单位载荷作用下弯矩图的值。ω_T是实际载荷作用下各梁扭矩图各段的面积，$\bar{T}_C$是实际载荷作用下各段扭矩图的形心所对应的单位载荷作用下的扭矩图的值。F_N是实际载荷作用下各杆的轴力，$\bar{F}_N$是单位载荷作用下各杆的轴力，则考察点处的广义位移为

$$\Delta = \sum_n \frac{F_N \bar{F}_N l}{EA} + \sum_m \left[\sum_k \frac{\omega \bar{M}_C}{EI} + \sum_k \frac{\omega_T \bar{T}_C}{GI_p}\right]$$

应用图形互乘法计算杆件结构系统某点的广义位移时，应注意：①杆件结构系统由若干二力杆和若干等截面或阶梯状直梁组成。②实际载荷或单位载荷作用下的各杆和梁中的内力必有一个是线性函数。③梁在单位载荷作用下的弯矩图和扭矩图如果是分段线性函数，则梁在实际载荷作用下的弯矩图和扭矩图也相应分段。

9. 能量法在超静定结构中的应用。

(1)对于由n根杆和m根梁组成的一次超静定杆件结构系统，有：$\delta_{11}X_1+\Delta_{1F}=\Delta_1$。这里的系数$\delta_{11}$和$\Delta_{1F}$均可用能量法进行求解，$\Delta_1$是多余约束处存在的实际广义位移。

①单位载荷法：

$$\Delta_{1F} = \sum_n \frac{F_N \bar{F}_N l}{EA} + \sum_m \int_l \left(\frac{M\bar{M}}{EI} + \frac{T\bar{T}}{GI_p}\right)\mathrm{d}x$$

$$\delta_{11} = \sum_n \frac{\bar{F}_N^2 l}{EA} + \sum_m \int_l \left(\frac{\bar{M}^2}{EI} + \frac{\bar{T}^2}{GI_p}\right)\mathrm{d}x$$

②图形互乘法：

$$\Delta_{1F} = \sum_n \frac{F_N \bar{F}_N l}{EA} + \sum_m \left[\sum_k \frac{\omega \bar{M}_C}{EI} + \sum_k \frac{\omega_T \bar{T}_C}{GI_p}\right]$$

$$\delta_{11} = \sum_n \frac{\bar{F}_N^2 l}{EA} + \sum_m \left[\sum_k \frac{\bar{\omega} \bar{M}_C}{EI} + \sum_k \frac{\bar{\omega}_T \bar{T}_C}{GI_p}\right]$$

公式中各符号的意义如前所述。

(2)对于由n根杆和m根梁组成的s次超静定杆件结构系统，有

$$\begin{pmatrix} \delta_{11} & \delta_{12} & \cdots & \delta_{1s} \\ \delta_{21} & \delta_{22} & \cdots & \delta_{2s} \\ \vdots & \vdots & & \vdots \\ \delta_{s1} & \delta_{s2} & \cdots & \delta_{ss} \end{pmatrix} \begin{pmatrix} X_1 \\ X_2 \\ \vdots \\ X_s \end{pmatrix} + \begin{pmatrix} \Delta_{1F} \\ \Delta_{2F} \\ \vdots \\ \Delta_{sF} \end{pmatrix} = \begin{pmatrix} \Delta_1 \\ \Delta_2 \\ \vdots \\ \Delta_s \end{pmatrix}$$

这里的系数$\Delta_{iF}(i=1,2,\cdots,s)$，$\delta_{ij}(i=1,2,\cdots,s,j=1,2,\cdots,s)$均可用能量法进行求解，$\Delta_i(i=1,2,\cdots,s)$是各多余约束处存在的实际广义位移。

①单位载荷法：

$$\Delta_{iF}=\sum_n\frac{F_N\bar{F}_{Ni}l}{EA}+\sum_m\int_l\left(\frac{M\bar{M}_i}{EI}+\frac{T\bar{T}_i}{GI_p}\right)\mathrm{d}x$$

$$\delta_{ij}=\sum_n\frac{\bar{F}_{Ni}\bar{F}_{Nj}l}{EA}+\sum_m\int_l\left(\frac{\bar{M}_i\bar{M}_j}{EI}+\frac{\bar{T}_i\bar{T}_j}{GI_p}\right)\mathrm{d}x$$

②图形互乘法：

$$\Delta_{iF}=\sum_n\frac{F_N\bar{F}_{Ni}l}{EA}+\sum_m\left[\sum_k\frac{\omega\bar{M}_{iC}}{EI}+\sum_k\frac{\omega_T\bar{T}_{iC}}{GI_p}\right]$$

$$\delta_{ij}=\sum_n\frac{\bar{F}_{Ni}\bar{F}_{Nj}l}{EA}+\sum_m\left[\sum_k\frac{\bar{\omega}_i\bar{M}_{jC}}{EI}+\sum_k\frac{\bar{\omega}_{iT}\bar{T}_{jC}}{GI_p}\right]$$

公式中各符号的意义如前所述。

思考题十一

1. 什么是应变能？只有弹性体存在应变能吗？

2. 应变能有什么特点？应变能只与结构的状态有关，而与如何达到这一状态的过程无关的特点在应用上有什么意义？

3. 计算应变能时可以应用叠加原理吗？如果不能，为什么杆件的应变能又等于拉压应变能、扭转应变能以及弯曲应变能之和？什么情况下应变能可以叠加？什么情况下应变能不能叠加？

4. 在线弹性范围内，下列叙述中哪些是错误的？①两端受拉的直杆，当拉力由F增加到$2F$时，杆件的伸长量增加到原伸长量的2倍。②两端受扭的圆轴，当扭矩减小一半时，其应变能也减少一半。③简支梁承受均布载荷q作用时，梁中最大正应力为50 MPa，当载荷增加到$2q$时，梁中的最大正应力为100 MPa。④圆形截面梁危险截面上的弯矩为M_y和M_z，当M_y增加3倍而M_z不变时，梁中的最大正应力增加到原来的3倍。⑤直杆受压力F作用而失稳，其最大屈曲挠度为1 mm，则当F增加到$2F$时，其最大屈曲挠度为2 mm。

5. 功的互等定理的应用范围是什么？在功的互等定理中，载荷一定要作用在结构上吗？对于如图所示的结构在两种载荷作用下的情况，如何写出其功的互等定理的表达式？

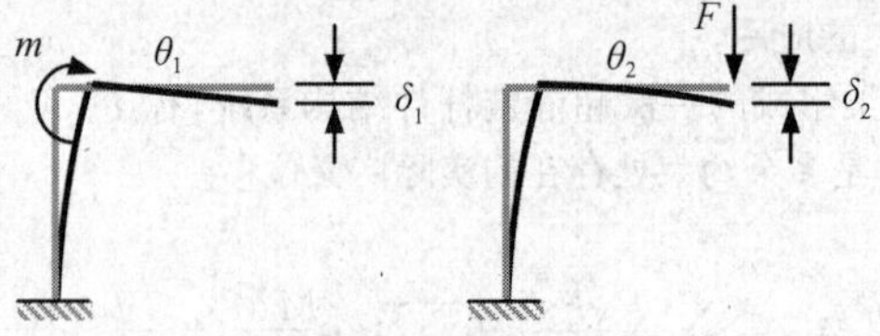

思考题5图

6. 在功的互等定理中，“力”和“位移”都是广义的。当“力”表示力偶矩时，“位移”表示转角。那么当“力”表示均布载荷q时，“位移”表示什么？当“力”表示压力p时，“位移”又表示什么？

7. 卡氏定理计算公式$\Delta_i=\dfrac{\partial U}{\partial F_i}$中，$\Delta_i$是由$F_i$单独作用时所引起的吗？什么情况下$\Delta_i$和$F_i$是一一对应的？

8. 如图所示结构中，$\dfrac{\partial U}{\partial F}$表示什么意义？如何应用卡氏定理计算$A$点和$B$点的竖向位移？

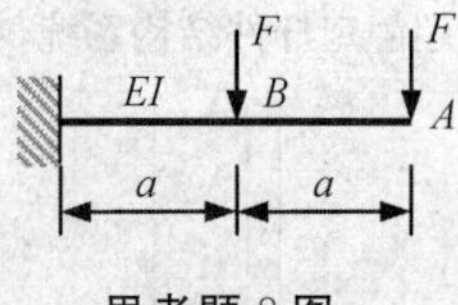

思考题8图

9. 如图所示结构中，$\frac{\partial U}{\partial q}$表示什么意义？如何应用卡氏定理计算 A 点的竖向位移？

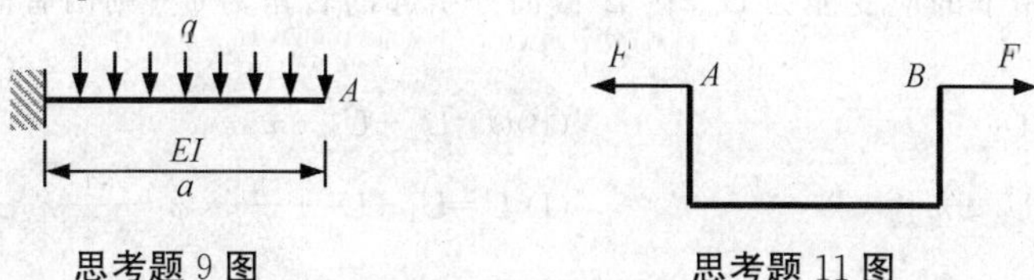

思考题 9 图　　思考题 11 图

10. 说明卡氏定理、单位载荷法以及图形互乘法的计算结果为正或为负的意义。

11. 如图所示刚架结构，用单位载荷法或图形互乘法计算 A，B 两点的相对位移时，单位力应如何施加？

12. 如图所示刚架结构，用单位载荷法或图形互乘法计算载荷作用点沿载荷作用方向的位移时，单位力应如何施加计算最为简便？

13. 如图所示均布载荷作用下的简支梁，用单位载荷法或图形互乘法计算任意点 C 处的挠度时，单位力应如何施加计算最为简便？

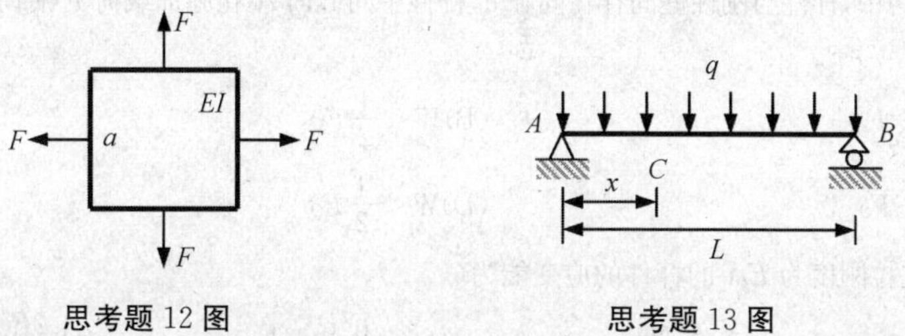

思考题 12 图　　思考题 13 图

14. 单位载荷法和图形互乘法在应用范围上有什么差别？

15. 如图所示各组图形互乘方法中，上面的图是实际载荷作用下的弯矩图，下面的图是单位载荷作用下的弯矩图。这些图形互乘方式是否正确？如不正确，请改正。

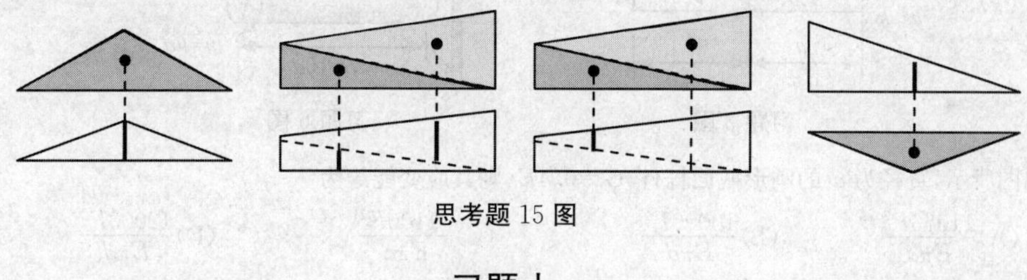

思考题 15 图

习题十一

一、选择题

1. 如图所示，梁在载荷 F_1 单独作用下的应变能为 U_1，在载荷 F_2 单独作用下的应变能为 U_2；在载荷 F_1 和 F_2 共同作用下的应变能为 U，则有（　　）。

(A)$U=U_1+U_2$　　(B)$U>U_1+U_2$

(C)$U<U_1+U_2$　　(D)$U=U_1-U_2$

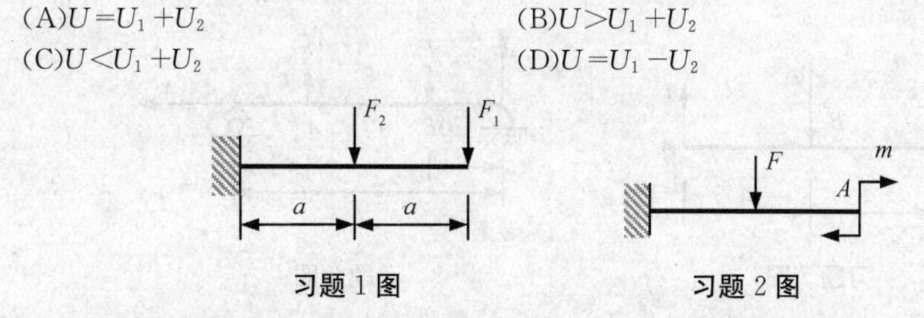

习题 1 图　　习题 2 图

2. 如图所示悬臂梁中，载荷 F 单独作用下的应变能为 U_1，在 A 截面处引起的挠度为 w_1；载荷 m 单独作用下的应变能为 U_2，在 A 截面处引起的挠度为 w_2；两载荷同时作用时应变能为 U，在 A 截面处引起的挠度为 w，则有（　　）。

(A)$U=U_1+U_2$，$w<w_1+w_2$　　(B)$U=U_1+U_2$，$w>w_1+w_2$

(C)$U>U_1+U_2$，$w=w_1+w_2$　　(D)$U<U_1+U_2$，$w=w_1+w_2$

3. 如图所示的阶梯状扭转圆轴，外力偶矩 m_1 单独作用下的应变能为 U_1，在 A 截面处引起的转角为 φ_1；外力偶矩 m_2 单独作用下的应变能为 U_2，在 B 截面处引起的转角为 φ_2；则两者同时作用时应变能 U 为(　　)。

(A)$U=U_1+U_2$　　(B)$U=U_1+U_2+m_2\varphi_1$

(C)$U=U_1+U_2+m_1\varphi_2$　　(D)$U=U_1+U_2+\frac{1}{2}m_1\varphi_2+\frac{1}{2}m_2\varphi_1$

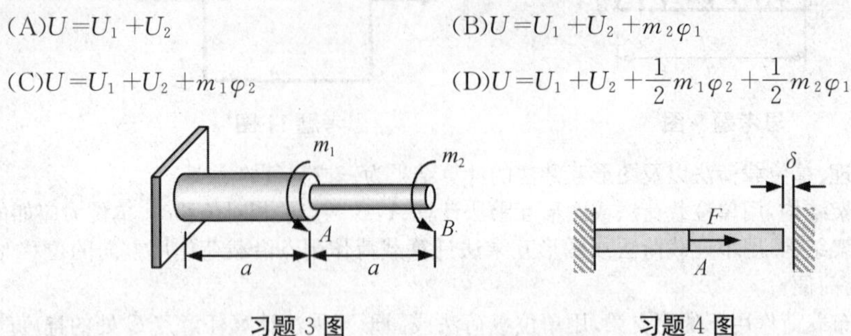

习题 3 图　　习题 4 图

4. 如图所示结构中，杆件与刚性壁间存在间隙 δ，杆件中间截面 A 在施加载荷 F 后向右移动了 Δ，且 $\Delta>\delta$，则结构的外力功为(　　)。

(A)$W=\frac{1}{2}F\Delta$　　(B)$W<\frac{1}{2}F\Delta$

(C)$W=\frac{1}{2}F\delta$　　(D)$W<\frac{1}{2}F\delta$

5. 如图所示，抗拉刚度为 EA 的杆件的应变能为(　　)。

(A)0　　(B)$\frac{F^2a}{2EA}$　　(C)$\frac{F^2a}{EA}$　　(D)$\frac{2F^2a}{EA}$

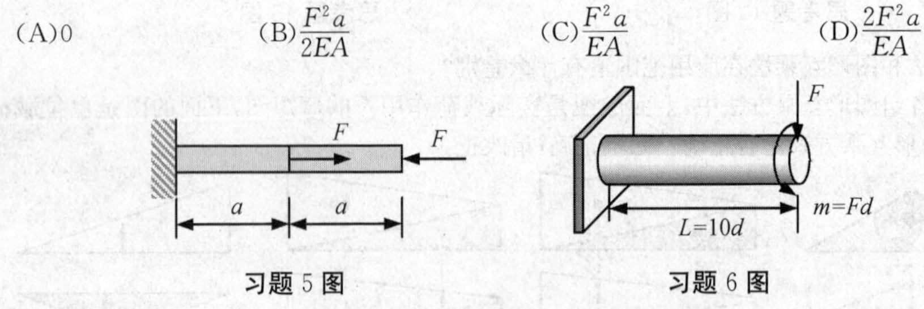

习题 5 图　　习题 6 图

6. 如图所示，直径为 d 的圆形截面杆件，$G=0.4E$，则其应变能约为(　　)。

(A)$\frac{11066F^2}{E\pi d}$　　(B)$\frac{10000F^2}{E\pi d}$　　(C)$\frac{11100F^2}{E\pi d}$　　(D)$\frac{12000F^2}{E\pi d}$

7. 如图所示，悬臂梁承受两个相反方向的集中力 F 的作用，若结构的总应变能为 U，A 点的挠度为 w_A，B 点的挠度为 w_B，则$\frac{\partial U}{\partial F}=$(　　)。

(A)w_A　　(B)w_B　　(C)w_A+w_B　　(D)$|w_A|+|w_B|$

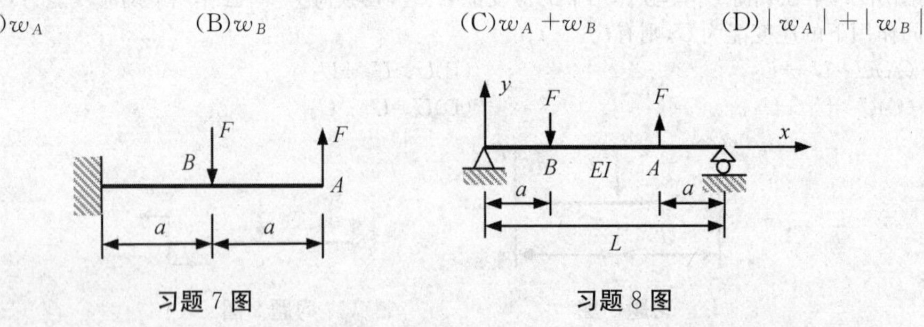

习题 7 图　　习题 8 图

8. 如图所示，抗弯刚度为 EI 的简支梁承受两个相反方向的集中力 F 的作用，梁的弯矩函数为 $M(x)$，梁在 A 点的挠度为 w_A，B 点的挠度为 w_B。若在 $M(x)$ 中令 $F=1$，得到函数 $\overline{M(x)}$，则莫尔积分 $\int_0^L \frac{M(x)\,\overline{M(x)}}{EI}\mathrm{d}x=$(　　)。

(A)w_A　　(B)w_B　　(C)$2w_A$　　(D)$2w_B$

9. 如图所示，平均半径为 R、抗弯刚度为 EI 的钢环承受四个径向集中力 F 的作用，两个集中力之间的环段中的弯矩函数为 $M(\theta)$，若在 $M(\theta)$ 中令 $F=1$，得到函数 $\overline{M}(\theta)$，则环上 AB 两点之间的相对位移 $\Delta_{AB}=$(　　)。

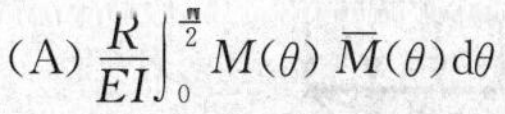

(A) $\frac{R}{EI}\int_0^{\frac{\pi}{2}} M(\theta)\,\overline{M}(\theta)\,\mathrm{d}\theta$　　(B) $\frac{2R}{EI}\int_0^{\frac{\pi}{2}} M(\theta)\,\overline{M}(\theta)\,\mathrm{d}\theta$

(C) $\frac{4R}{EI}\int_0^{\frac{\pi}{2}} M(\theta)\,\overline{M}(\theta)\,\mathrm{d}\theta$　　(D) $\frac{8R}{EI}\int_0^{\frac{\pi}{2}} M(\theta)\,\overline{M}(\theta)\,\mathrm{d}\theta$

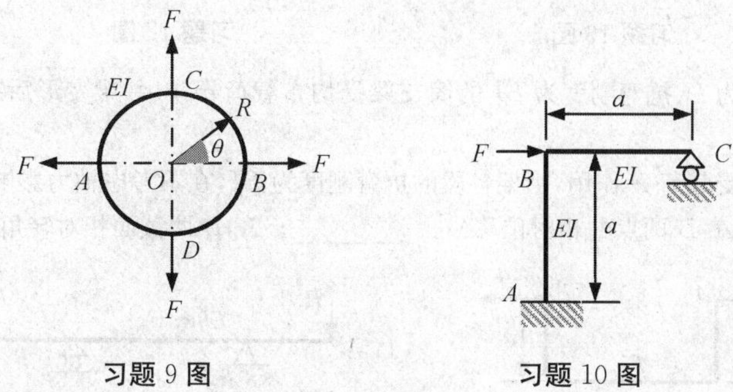

习题 9 图　　　　习题 10 图

10. 如图所示，刚架受载荷 F 作用，刚架各段的抗弯刚度均相等，不考虑轴力的影响，则刚架中的最大弯矩 $M_{\max}=$(　　)。

(A) $\frac{1}{8}Fa$　　(B) $\frac{3}{8}Fa$　　(C) $\frac{5}{8}Fa$　　(D) Fa

二、填空题

11. 四根材料不同的悬臂梁受集中力 F 作用，它们的加载曲线如图所示，其中纵轴表示梁在 A 点的挠度，横轴表示载荷，则四根梁的应变能由大到小的排列是________。

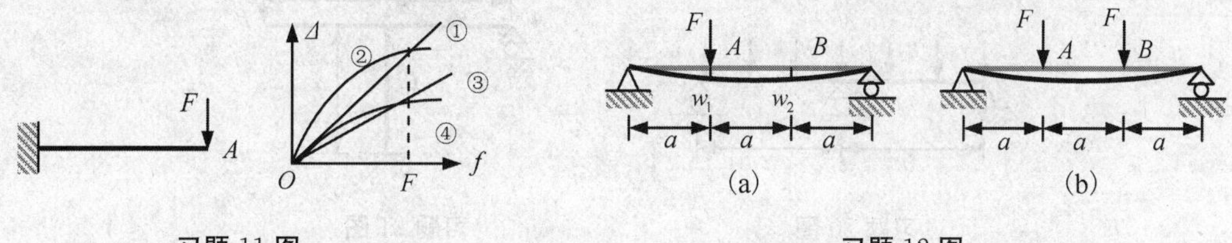

习题 11 图　　　　习题 12 图

12. 如图(a)所示，简支梁在载荷 F 单独作用下，A，B 两点所引起的位移分别是 w_1 和 w_2，则梁在图(b)所示情况下的应变能是________。

13. 简支梁在集中力 F 作用下产生的应变能为 U，则当载荷增加到 $2F$ 时，梁中的应变能增加到________。

14. 如图所示，悬臂梁在载荷 $m=2$ kN·m 单独作用下，在 B 处产生的挠度是 $w_B=1.5$ mm，则在载荷 $F=3$ kN 单独作用下，在 A 截面产生的转角是________。

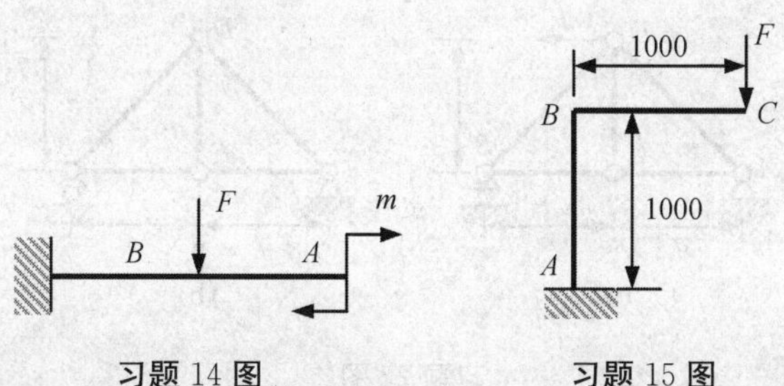

习题 14 图　　　　习题 15 图

15. 如图所示，刚架受集中力 $F=12$ kN 作用，刚架各段的抗弯曲刚度 $EI=10^4$ kN·m^2，在不考虑轴力影响的情况下，自由端的竖向位移 $w_C=$________。

16. 如图所示，简支梁受反向均布载荷 q 作用，梁的总应变能为 U，则 $\dfrac{\partial U}{\partial q}$ 的几何意义是________。

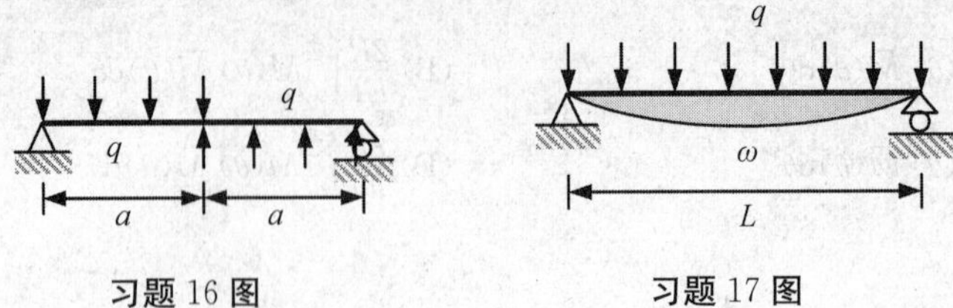

习题 16 图　　　　习题 17 图

17. 如图所示，长度为 L、抗弯刚度为 EI 的简支梁受均布载荷 q 作用，梁变形后挠曲线与梁原轴线之间所围的面积 $\omega=$________。

18. 如图所示，刚架受载荷 F 作用，刚架各段的抗弯刚度为 EI，在不考虑轴力影响的情况下，采用单位载荷法或图形互乘法可得 A，B 两点的相对位移 $\Delta_{AB}=$________。A，B 两截面相对转角 $\theta_{AB}=$________。

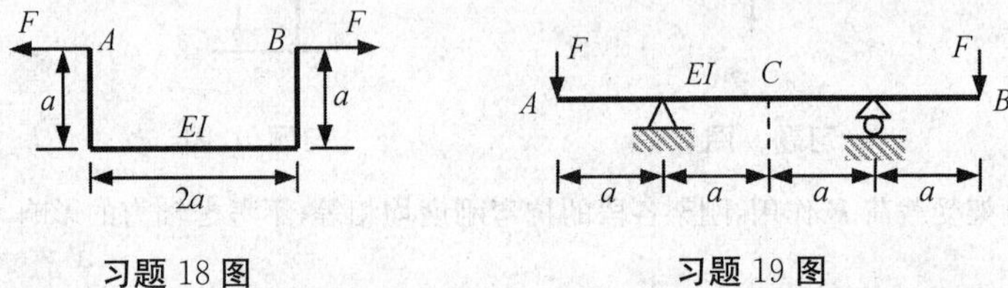

习题 18 图　　　　习题 19 图

19. 如图所示，外伸梁在两自由端受载荷 F 作用，梁的抗弯刚度为 EI，采用单位载荷法或图形互乘法可得梁自由端的挠度 $w_A=$________，转角 $\theta_A=$________；而梁中点的挠度 $w_C=$________。

20. 如图所示，梁承受均布载荷 q 作用，梁的抗弯刚度为 EI，采用图形互乘法可得梁的支座处的约束反力 $R_A=R_B=$________，$R_C=$________。

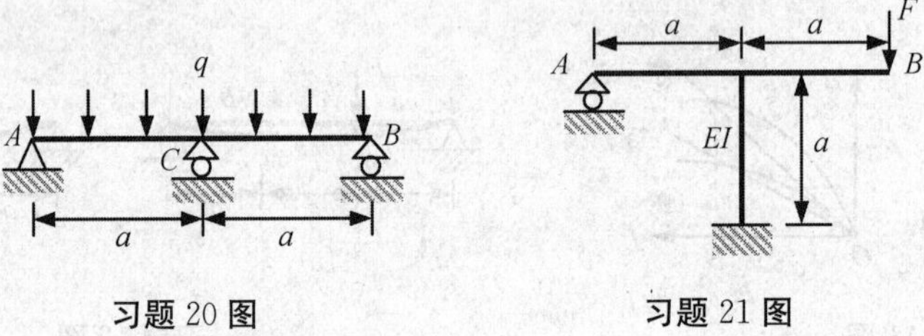

习题 20 图　　　　习题 21 图

21. 如图所示，刚架受载荷 F 作用，刚架各段的抗弯刚度为 EI，则刚架支座 A 处的约束反力 $R_A=$______；B 处的竖向位移 $w_B=$________。

三、计算题(A)

应变能与外力功(22 题～30 题)：

22. 如图所示的桁架结构系统，各杆的抗拉刚度均为 EA。试求在载荷 F 作用下结构的应变能以及载荷作用节点沿载荷方向的位移。

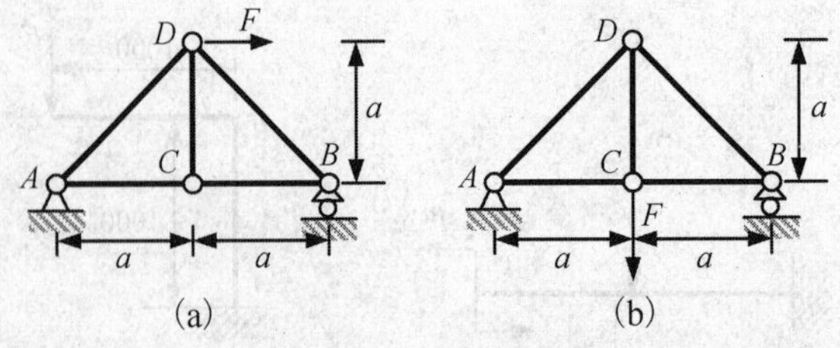

习题 22 图

23. 如图所示的阶梯状杆件，其两段的横截面面积分别为 A 和 $2A$，在自由端受载荷 F 作用。试求下列两种情况下杆件的应变能以及杆件的伸长：(1) 材料是线弹性材料，$\sigma=E\varepsilon$，E 为材料的弹性模量。(2) 材料是非线弹性材料，$\sigma = B\varepsilon^n$，B 是材料常数，$0 < n < 1$。

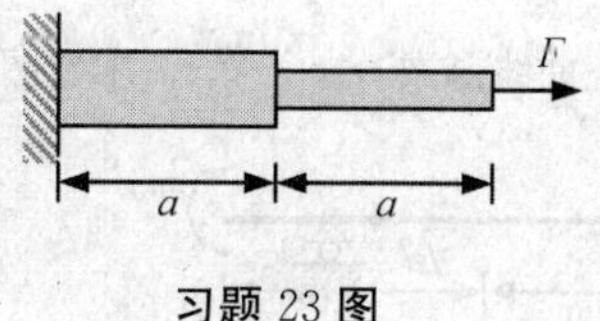

习题 23 图

24. 两杆件的受力情况如图所示，其抗拉刚度为 EA，杆件材料是线弹性材料。试求杆件的应变能以及杆件的伸长。

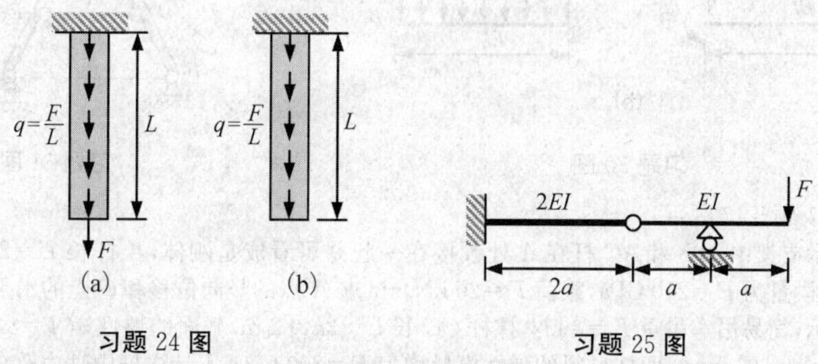

习题 24 图　　习题 25 图

25. 如图所示的有中间铰的梁，在自由端受集中力 F 作用，两段梁的抗弯刚度分别为 EI 和 $2EI$。求结构的应变能以及自由端的挠度。

26. 如图所示的阶梯状扭转圆轴，在自由端受集中力偶 m 作用，两段圆轴直径 $d_2 = 2d_1$，材料的剪切弹性模量为 G。求圆轴的应变能以及自由端的扭转角度。

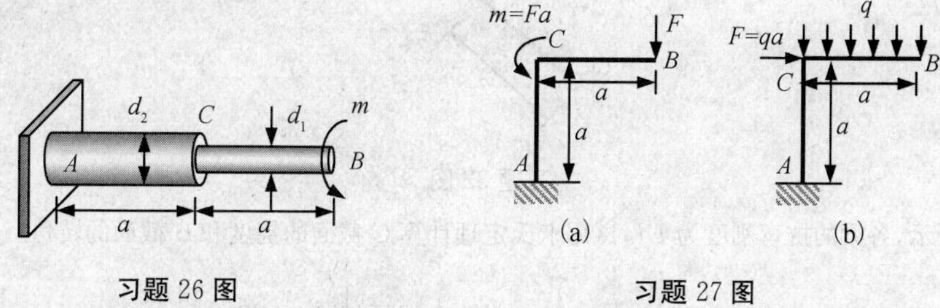

习题 26 图　　习题 27 图

27. 刚架结构的受力情况如图所示，刚架各段的抗弯刚度均为 EI。求结构的应变能以及自由端的竖向位移。

28. 如图所示，抗弯刚度均为 EI 的曲梁受载荷 F 作用，求结构的应变能以及载荷作用点沿载荷作用方向的位移。

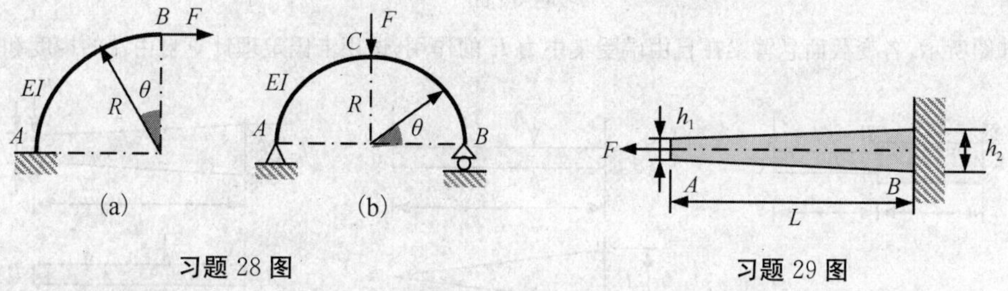

习题 28 图　　习题 29 图

29. 如图所示，薄板的厚度为 δ，左右两端的高度 h_1 和 h_2 相差不是太大，材料的弹性模量为 E，薄板在自由端受拉力 F 作用。求板的应变能以及伸长量。

30. 用功的互等定理求解下列问题：(1) 如图(a)所示，已知左图 D 处的转角 $\theta_D = \dfrac{FL^2}{16EI}$，求右图 C 点的挠度 w_C。(2) 如图(b)所示，已知左图的挠曲线函数 $w = -\dfrac{mx^2}{2EI}$，求右图 B 处的转角 θ_B。

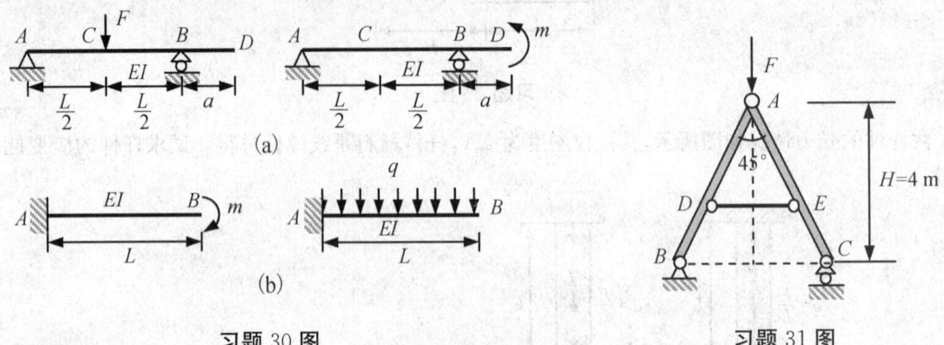

习题 30 图　　　　习题 31 图

卡氏定理(31 题～42 题)：

31. 如图所示支架中，AB 和 AC 杆在 A 处铰接在一起并可看成是刚体，拉杆长 $L=2$ m，横截面的直径 $d=15$ mm，弹性模量为 $E=210$ GPa，载荷 $F=20$ kN。试求 A 点的竖向位移和 C 点的水平位移。

32. 如图所示，简易吊车吊重 $F=3$ kN，撑杆 OC 长 $L=2a=2$ m，截面的惯性矩 $I=8.5\times10^6$ mm^4，拉杆 BD 截面的面积 $A=600$ mm^2，两杆材料的弹性模量均为 $E=200$ GPa，不计撑杆中轴力及自重的影响，试求 C 点的竖向位移。

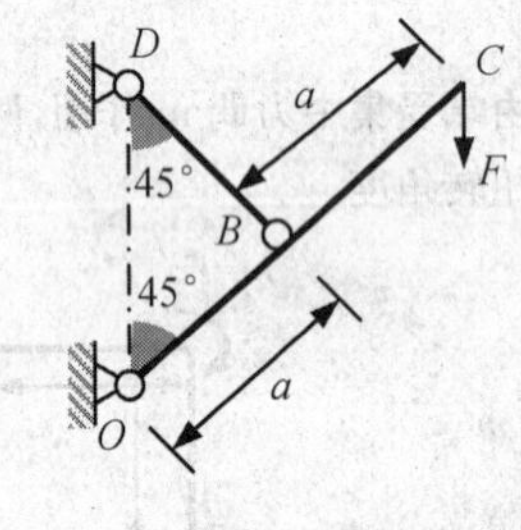

习题 32 图

33. 如图所示，各梁的抗弯刚度为 EI，试用卡氏定理计算 C 截面的挠度和 B 截面的转角。

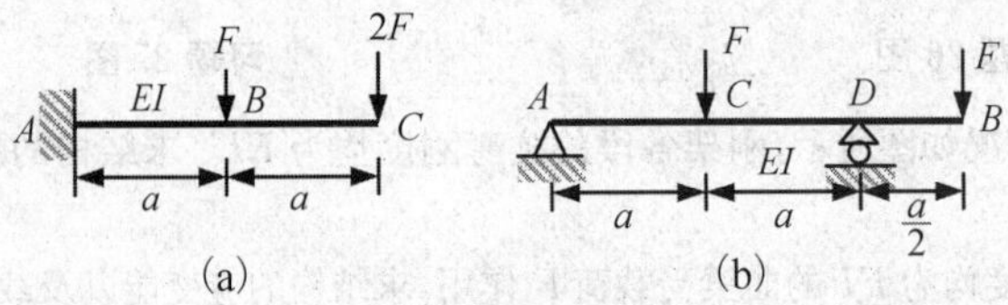

习题 33 图

34. 如图所示，各变截面悬臂梁在自由端受集中力 F 的作用，试用卡氏定理计算自由端的挠度和转角。

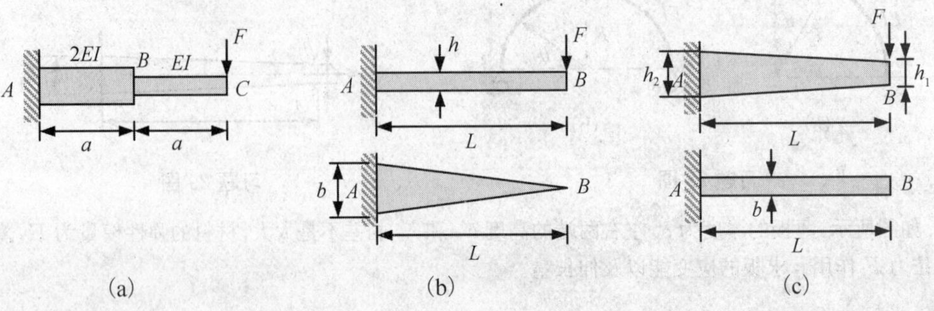

习题 34 图

35. 如图所示，刚架各段的抗弯刚度不同，试用卡氏定理计算在载荷 F 作用下 D 处的水平位移和转角。

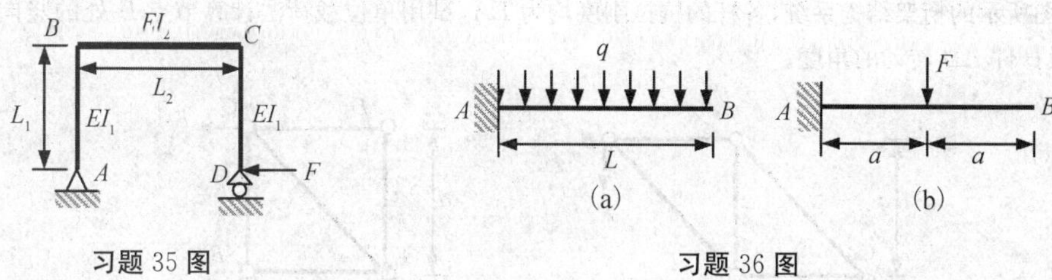

习题 35 图　　习题 36 图

36. 如图所示，悬臂梁的抗弯刚度为 EI，试用卡氏定理求梁的挠曲线方程和转角方程，并计算 B 点的挠度和转角。

37. 如图所示，悬臂梁的抗弯刚度为 EI，试用卡氏定理计算 B 点的挠度和转角。

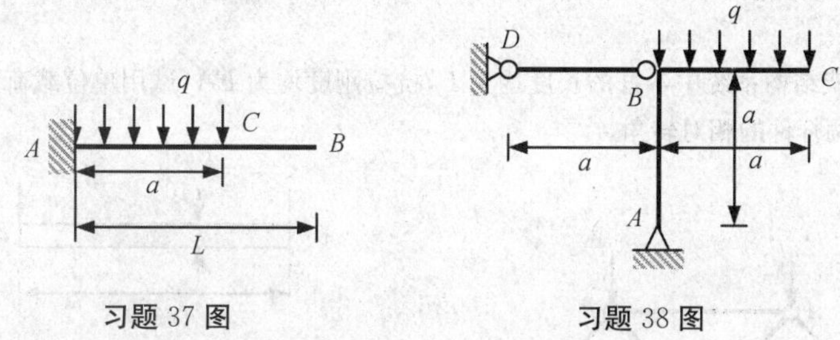

习题 37 图　　习题 38 图

38. 如图所示结构，刚架各段的抗弯刚度为 EI，拉杆的抗拉刚度为 EA。试用卡氏定理计算 C 点的竖向位移。

39. 如图所示的变截面杆件，受轴向均布载荷 $q=\dfrac{F}{a}$ 和集中载荷 F 的作用。试用卡氏定理计算杆件的伸长量。

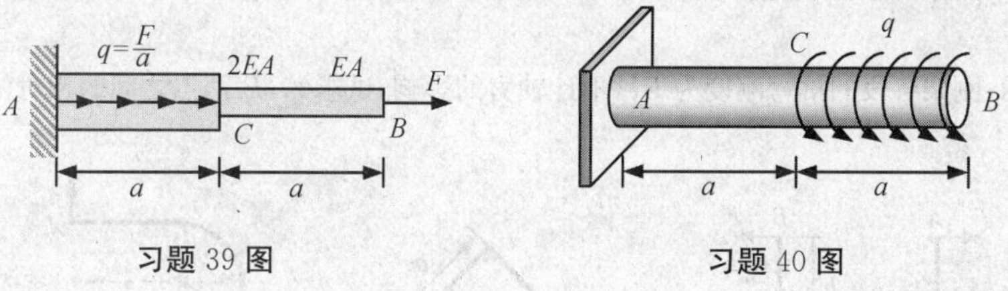

习题 39 图　　习题 40 图

40. 如图所示，抗扭刚度为 GI_p 的圆轴，右半段受均布外力偶矩 q 作用。试用卡氏定理计算自由端截面的扭转角度。

41. 如图所示，梁的抗弯刚度为 EI，试用卡氏定理计算 C 截面的挠度和转角。

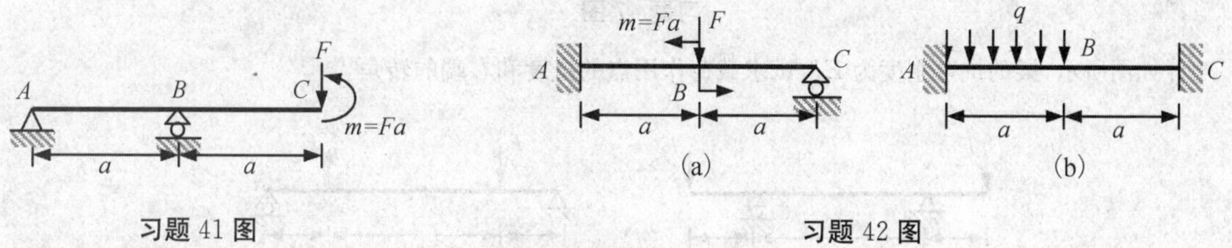

习题 41 图　　习题 42 图

42. 如图所示，各梁的抗弯刚度均为 EI，试用卡氏定理求梁支座 C 处的约束反力。

单位载荷法(43 题～57 题)：

43. 如图所示的桁架结构系统，各杆的抗拉刚度均为 EA，试用单位载荷法计算节点 B 处的竖向位移、水平位移以及杆件 AB 转动的角度。

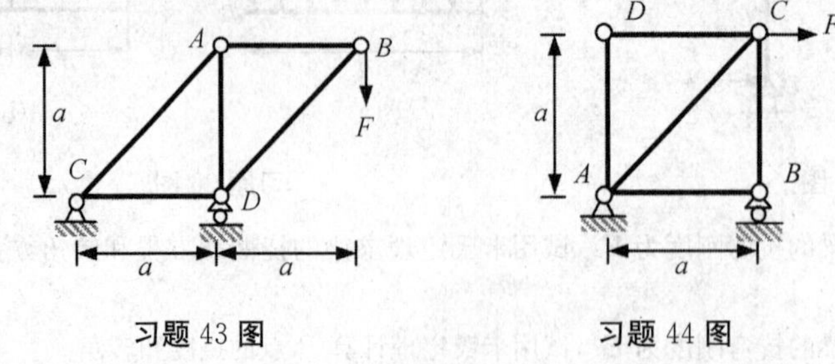

习题 43 图　　习题 44 图

44. 如图所示的正方形桁架结构系统，各杆的抗拉刚度均为 EA，试用单位载荷法计算 B，D 两点之间的相对位移。

45. 如图所示，桁架结构系统中各杆的长度均为 L，抗拉刚度均为 EA，试用单位载荷法计算节点 D 的竖向位移以及 AC，BE 两杆件的相对转角。

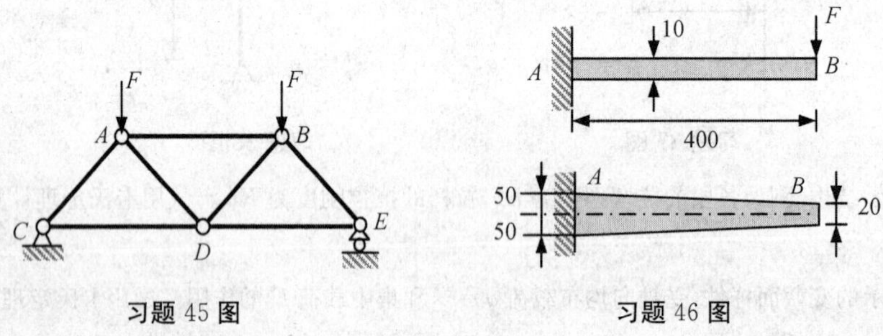

习题 45 图　　习题 46 图

46. 如图所示，变截面悬臂梁受集中力 $F=1$ kN 作用，材料的弹性模量 $E=200$ GPa，试求梁自由端的挠度 w_B。

47. 如图所示，刚架各段的抗弯刚度为 EI，不计轴力的影响，试求 A，B 两点之间的相对位移。

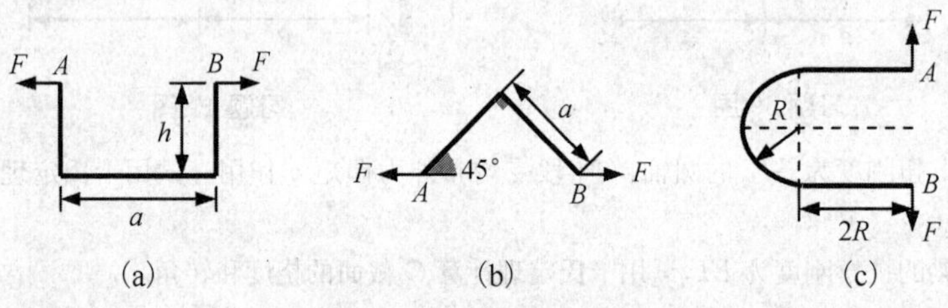

习题 47 图

48. 如图所示，梁的抗弯刚度为 EI，试求载荷作用点的挠度和右端的转角。

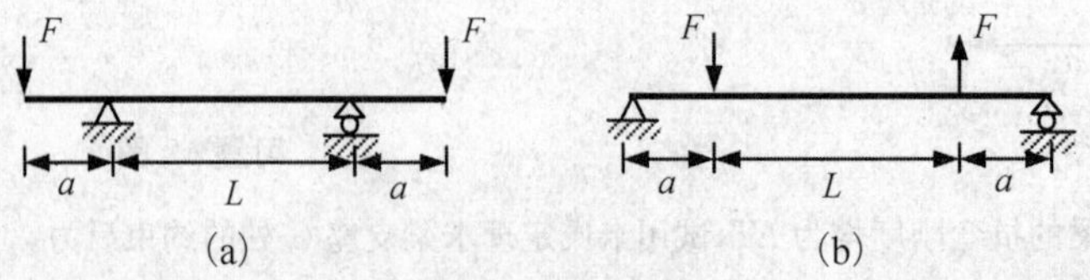

习题 48 图

49. 如图所示结构，各段的抗弯刚度均为 EI，试求载荷作用点的竖向位移。

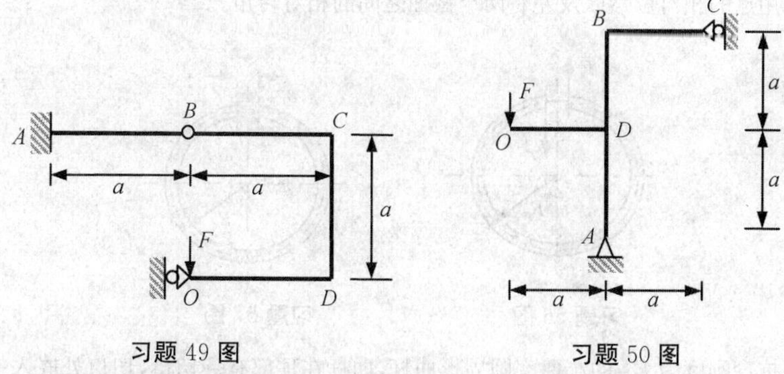

习题 49 图　　　　习题 50 图

50. 如图所示结构，各段的抗弯刚度均为 EI，试求 C 点的竖向位移。

51. 如图所示的刚架结构，各段的抗弯刚度均为 EI，试用单位载荷法求：(1)图(a)中 C 点的竖向位移及水平位移。(2)图(b)中 B 点的位移和 C 截面的转角。(3)图(c)中 B 截面处的位移和转角。

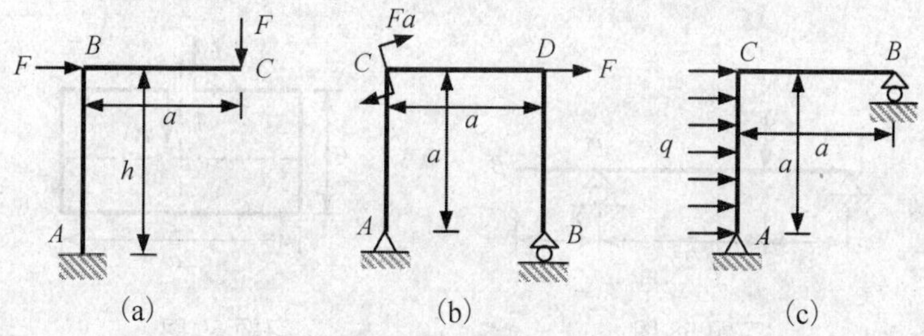

习题 51 图

52. 如图所示的刚架结构，各段的直径为 d，材料相同且弹性模量为 E，泊松比为 ν。刚架在自由端受竖向载荷 F 的作用。试求自由端的竖向位移及转角。

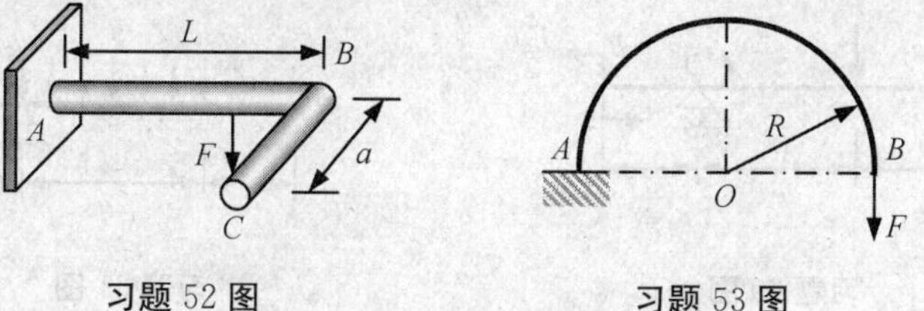

习题 52 图　　　　习题 53 图

53. 如图所示的半圆形曲梁，其抗弯刚度为 EI，在自由端受竖向载荷 F 的作用。试求自由端的竖向位移及转角。

54. 如图所示的半圆形曲梁，其抗弯刚度为 EI，在自由端受水平载荷 F 的作用。试求自由端的竖向位移及水平位移。

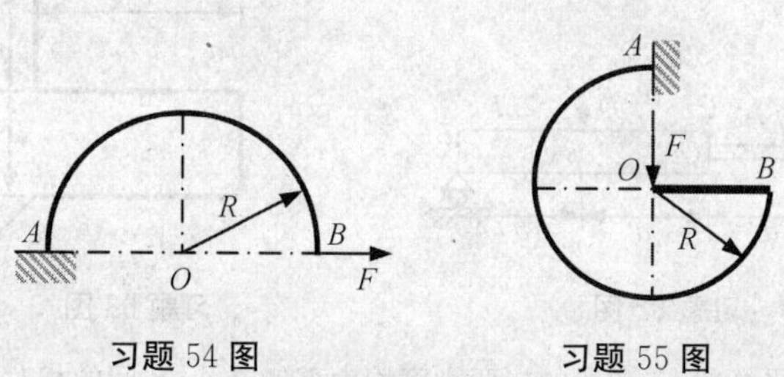

习题 54 图　　　　习题 55 图

55. 如图所示的四分之三个圆周形的曲梁，其抗弯刚度为 EI，OB 杆可视为刚体，则在载荷 F 的作用下，试求 B 点处的竖向位移、水平位移及转角。

56. 如图所示，抗弯刚度为 EI 的小曲率圆周形曲杆，曲杆在顶部有一切口，切口处作用有一对集中力 F。求切口处两载荷作用点的相对位移以及左右两个截面之间的相对转角。

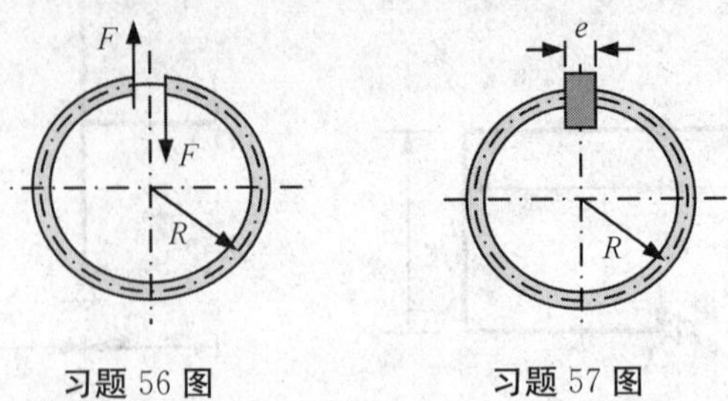

习题 56 图　　习题 57 图

57. 如图所示，抗弯刚度为 EI 的小曲率圆周形曲杆，曲杆在顶部有一切口，切口处嵌入一刚性的块状物，使切口张开距离为 e。求曲杆中的最大弯矩。

图形互乘法(58 题～66 题)：

58. 如图所示，抗弯刚度为 EI 的梁受集中力 F 作用，求梁自由端 B 点的挠度。

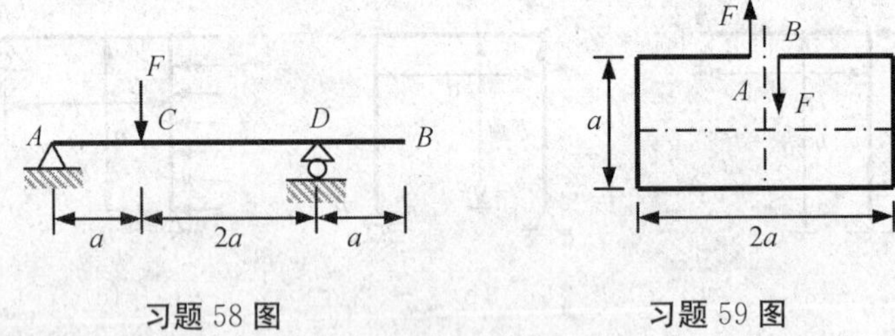

习题 58 图　　习题 59 图

59. 如图所示的刚架结构，各段的抗弯刚度均为 EI，试求断口处 A，B 间的相对位移。

60. 如图所示，梁的抗弯刚度为 EI，用图形互乘法求梁自由端 B 点的挠度和转角。

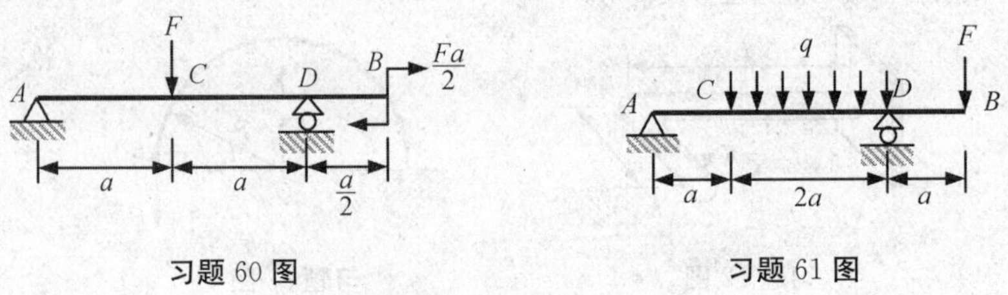

习题 60 图　　习题 61 图

61. 如图所示，梁的抗弯刚度为 EI，用图形互乘法求梁自由端 B 点的挠度。

62. 如图所示，阶梯状梁受集中力 F 作用，求梁在载荷作用点的挠度以及左端截面的转角。

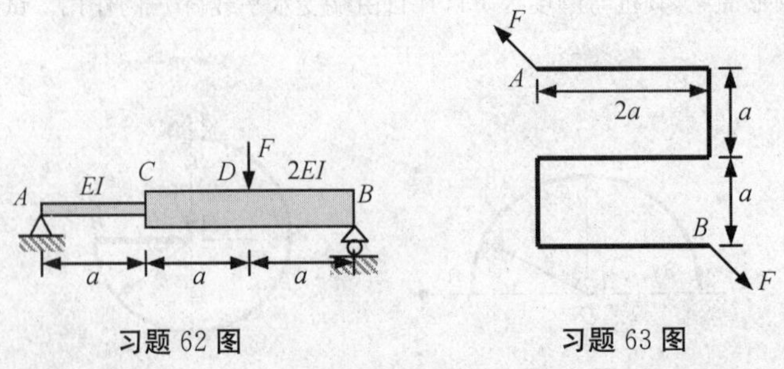

习题 62 图　　习题 63 图

63. 如图所示，刚架处于平衡状态，各段的抗弯刚度均为 EI，求 A，B 间的相对位移。

64. 如图所示，中间铰梁各段的抗弯刚度均为 EI，求梁在载荷 F 作用下 O 点的挠度。

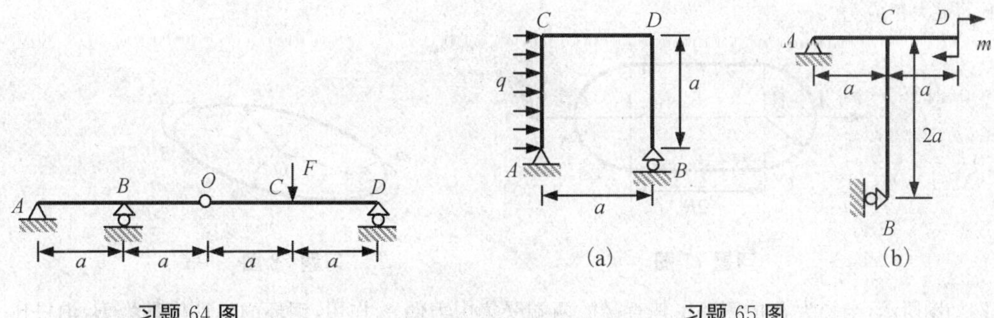

习题 64 图　　习题 65 图

65. 如图所示，刚架各段的抗弯刚度均为 EI，求 A 截面的转角以及 B 点的位移。

66. 简支刚架的受力情况如图所示，其中 $P=F$，各段的抗弯刚度均为 EI，求载荷 F 作用点的竖向位移以及载荷 P 作用截面的转角。

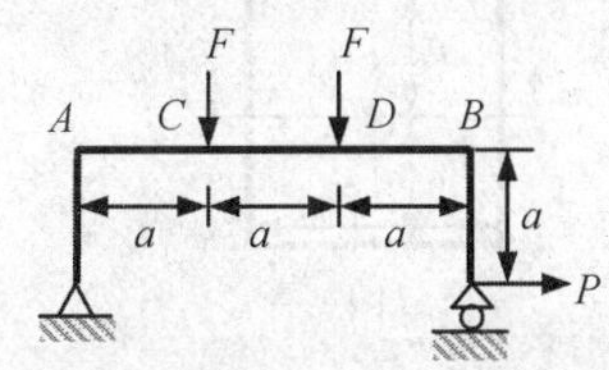

习题 66 图

超静定问题(67 题～76 题)：

67. 如图所示，刚架结构受均布载荷 q 作用，各段的抗弯刚度均为 EI，画出其内力图。

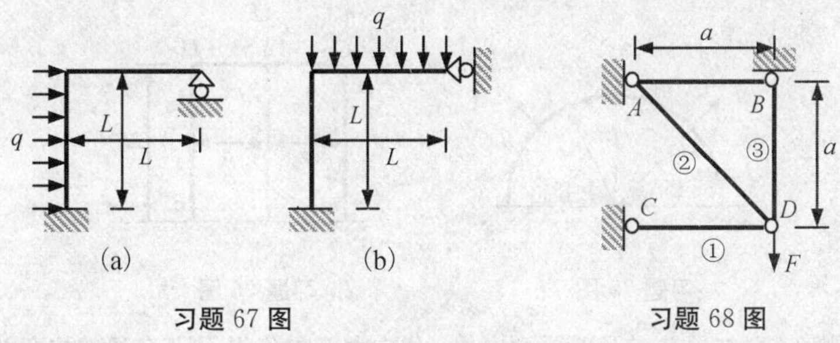

习题 67 图　　习题 68 图

68. 如图所示，桁架结构受载荷 F 作用，各杆的抗拉刚度均为 EA，分别用单位载荷法和图形互乘法求节点 D 的水平位移和竖向位移。

69. 如图所示，刚架由抗弯刚度为 EI 的金属条制成，A 处是铰，画出刚架的弯矩图，并求 A 处铰两侧截面的相对转角。

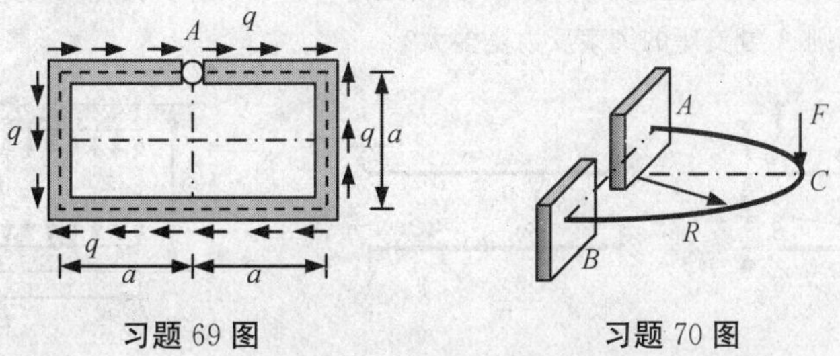

习题 69 图　　习题 70 图

70. 如图所示，弹性模量为 E，泊松比 $\nu=0.25$，直径为 d 的圆钢被制成半径为 $R(R\gg d)$ 的半圆环，半圆环的两端固定，而在半圆环的中点作用有垂直于环面的集中载荷 F。试求载荷作用点 C 处的竖向位移。

71. 直径为 d 的圆钢被制成如图所示的刚架($R \gg d$),在刚架平面内作用有一对集中载荷 F。试求刚架横截面上的最大正应力。

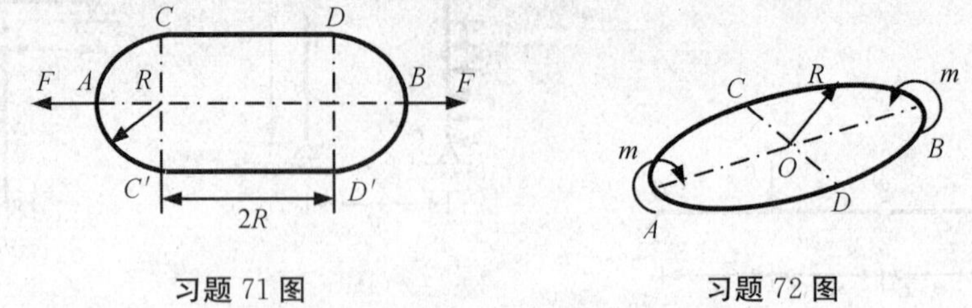

习题 71 图　　习题 72 图

72. 如图所示,半径为 R 的钢环在其直径的两端受集中力偶 m 作用,钢环的弹性模量为 E,泊松比 $\nu=0.25$,横截面直径为 $d(R \gg d)$。试求两个力偶作用点处截面的相对转角。

73. 如图所示,闭合正方形刚架各段的抗弯刚度均为 EI,试画出其弯矩图。

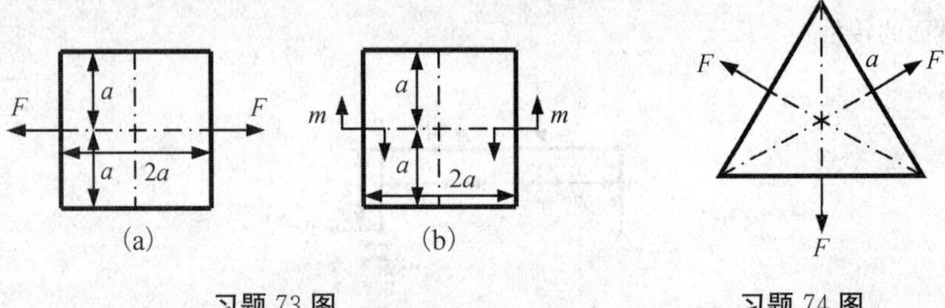

习题 73 图　　习题 74 图

74. 如图所示,边长为 a 的正三角形闭合刚架,各段的抗弯刚度均为 EI,试求载荷作用点的位移。

75. 如图所示,半径为 R 的半圆形刚架的两端固定,在刚架平面内受一对径向集中力 F 的作用,刚架抗弯刚度为 EI,试求载荷作用点的径向位移以及中点 C 的竖向位移。

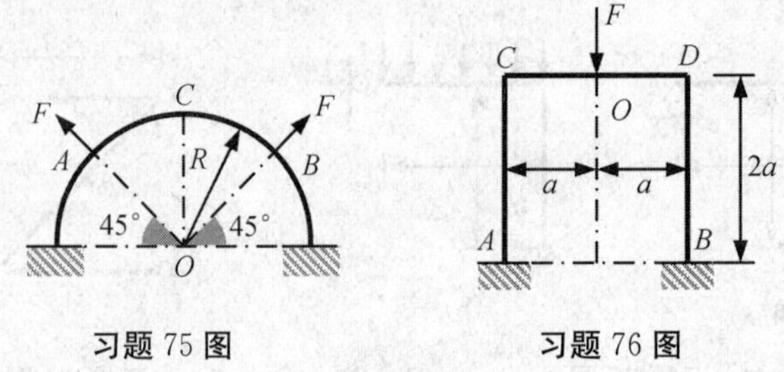

习题 75 图　　习题 76 图

76. 如图所示,刚架的两端固定,在刚架平面内受一集中力 F 的作用,刚架各段的抗弯刚度为 EI,试求载荷作用点 O 的竖向位移以及 C 点处截面的转角。

四、计算题(B)

77. 如图(a)所示结构,各梁的抗弯刚度相等且为常数,不计拉杆的影响。当 A 处作用有一集中力 F 时,结构在 A,B 两点产生的挠度分别是 δ_A,δ_B。图(b)所示结构与图(a)相同,仅在 A 处多加了一个支座,若在 B 处作用有一集中力 P,则 A 处支座的约束反力是多大?

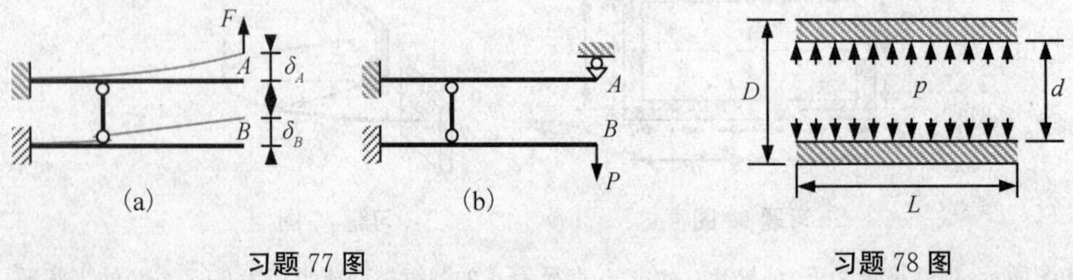

习题 77 图　　习题 78 图

78. 如图所示,厚壁圆筒的内径为 d,外径为 D,承受内压 p。材料的弹性模量为 E,泊松比为 ν。试计算

长度为 L 的一段圆筒的轴向变形 ΔL。

79. 构件材料的弹性模量为 E，泊松比为 ν。(1) 如图(a)所示圆板，其直径为 d，厚度为 t，受一对径向载荷 F 作用，求板面积的改变量。(2) 如图(b)所示圆球，其直径为 D，受一对径向载荷 F 作用，求球体体积的改变量。

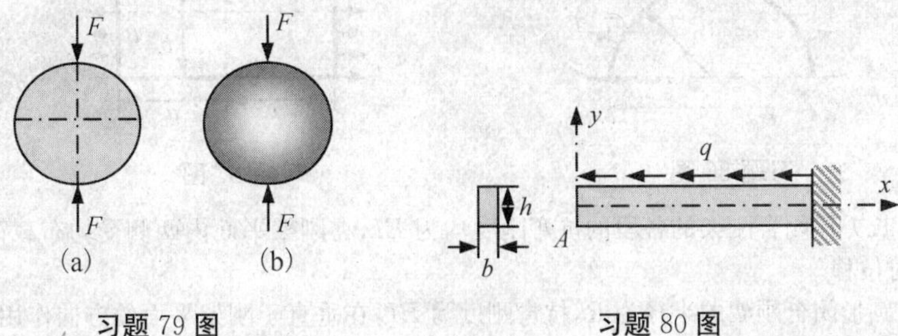

习题 79 图　　习题 80 图

80. 如图所示，矩形截面悬臂梁上表面承受均布的切向载荷 q 作用，材料的弹性模量为 E，试求自由端下端点 A 处的水平位移和竖向位移。

81. 如图所示，刚架各段的抗弯刚度均为 EI，在自由端受集中力 F 作用，若刚架自由端的位移与载荷方向一致，试用单位载荷法求角度 θ 的值。

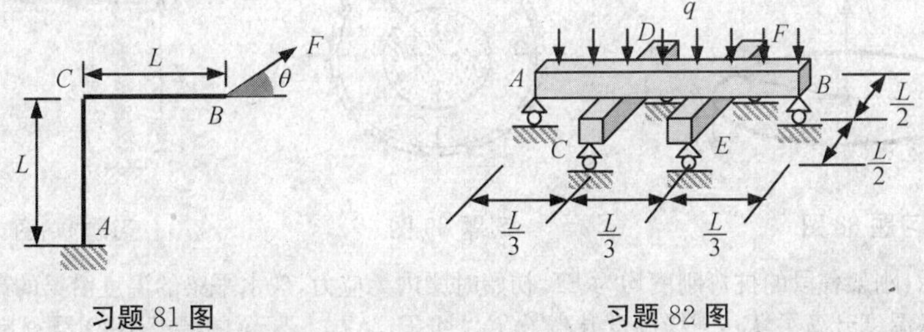

习题 81 图　　习题 82 图

82. 如图所示，三根梁均为简支梁，其抗弯刚度均为 EI，最上面的梁受均布载荷 q 作用。试用能量法求每个支座的约束反力。

83. 如图所示，弹性模量为 E，泊松比 $\nu=0.25$，直径为 d 的圆钢被制成半径为 $R(R\gg d)$ 的半圆环，半圆环的两端固定，而在半圆环上作用有垂直于环面的均布载荷 q。试求圆环中点 C 处的竖向位移。

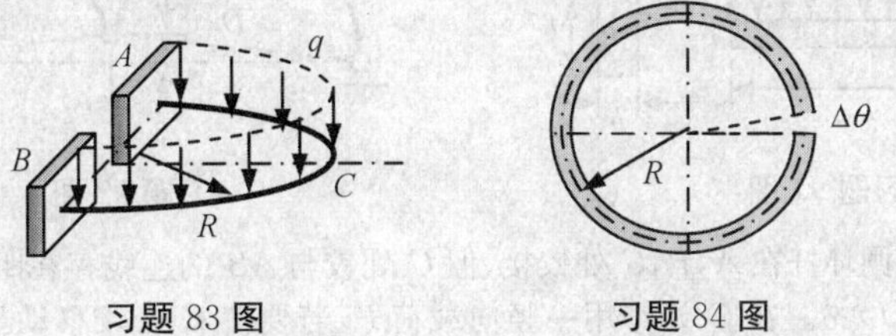

习题 83 图　　习题 84 图

84. 如图所示，小曲率杆件的轴线半径为 R，抗弯刚度为 EI，曲杆上存在一个小切口使之成为一开环，切口对应的圆心角为 $\Delta\theta$。今欲使切口贴合而成闭环，则在切口两边应作用什么载荷？其值是多大？

85. 如图所示，半径为 R 的半圆形刚架的两端固定，在刚架平面内受均布径向载荷 q 作用。刚架抗弯刚度为 EI，试求中点 C 的竖向位移。

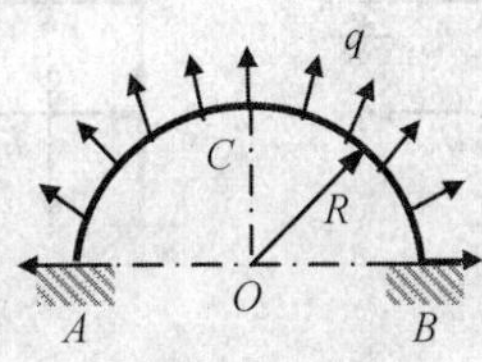

习题 85 图

86. 如图所示，半径为 R 的半圆形刚架的两端固定，在刚架平面内受若干个等间距的径向集中载荷 F 作用。刚架抗弯刚度为 EI，试求中点 C 的竖向位移。

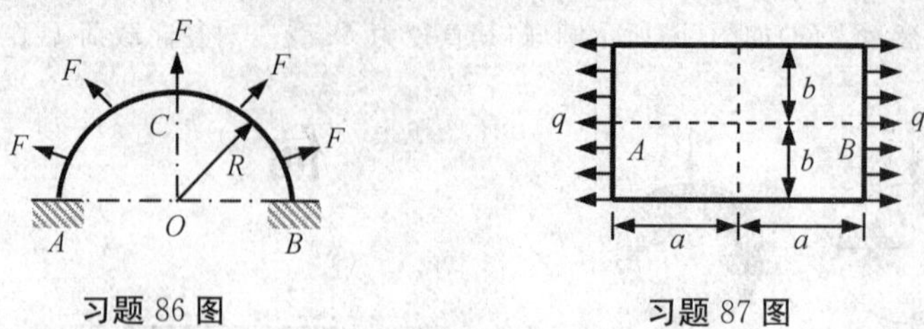

习题 86 图　　习题 87 图

87. 如图所示，长方形闭合刚架的各段的抗弯刚度均为 EI，在刚架平面内两侧受均布载荷 q 作用。试求 A，B 两点间的相对位移。

88. 如图所示，圆形闭合刚架的半径为 R，抗弯刚度为 EI，在垂直于刚架平面的方向作用有两对载荷 F。试求 A，B 两点的相对竖向位移。

89. 如图所示，圆筒内壁固定，外壁作用有均匀的切向应力 τ，圆筒的外半径为 R，内半径为 r，材料的剪切弹性模量为 G，试求圆筒外壁某点的环向位移。

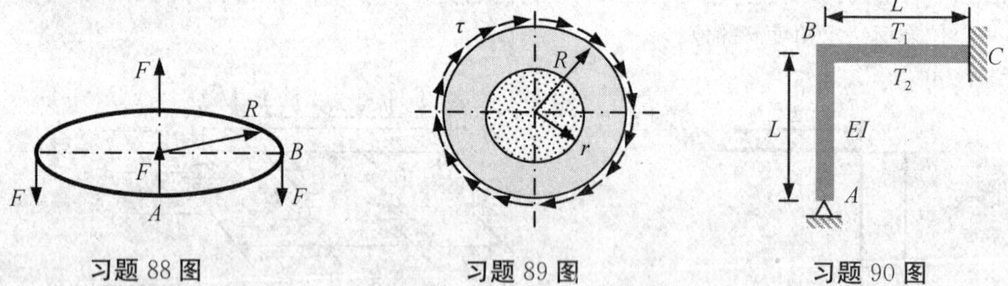

习题 88 图　　习题 89 图　　习题 90 图

90. 如图所示，刚架各段的抗弯刚度均为 EI，初始时梁内无应力，现水平梁的温度沿梁的高度 h 由上至下呈线性增加，上缘温度升高了 T_1，下缘温度升高了 T_2，且 $T_2>T_1$。竖梁的温度不变，梁材料的线膨胀系数为 α，试求刚架固定端的弯矩。

91. 如图所示，矩形截面悬臂梁受均布载荷 q 作用，若梁材料的应力应变的绝对值间的关系满足 $\sigma=c\sqrt{\varepsilon}$，试求梁自由端的挠度。

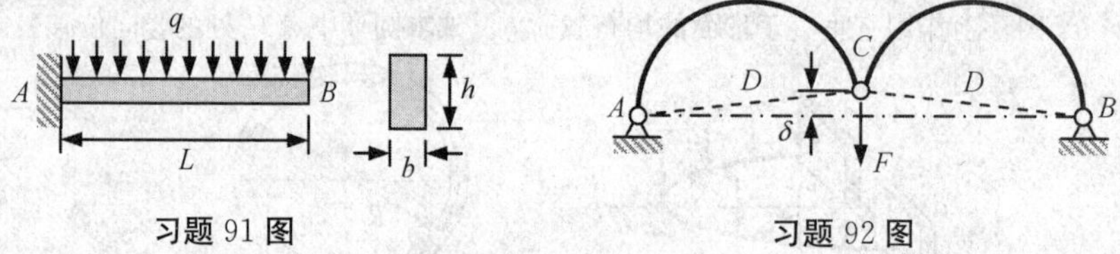

习题 91 图　　习题 92 图

92. 如图所示，两个半圆环杆在 A，B，C 处铰接，但 C 处铰与 AB 的连线存在距离 δ，两圆环的直径均为 D，抗弯刚度均为 EI，且 $D\gg\delta$。在 C 处作用一竖向载荷 F，若要使 C 处铰移动至 AB 连线上，则 F 应为多大？

93. 如图所示刚架，各段的抗弯刚度均为 EI，刚架中存在线弹簧或角弹簧。试求：(1)支座的约束反力。(2)刚架中的最大弯矩。

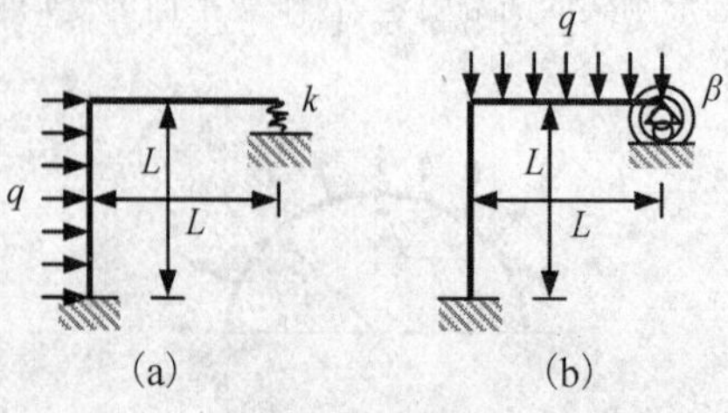

习题 93 图

第 12 章　动载荷问题

前述各章处理的都是**静载荷**问题，即作用在结构上的载荷是由零值缓慢增加到其终值，然后保持不变，整个加载过程是平衡绝热的过程。但工程中作用在结构上的载荷很多时候并不满足这一加载要求，这类非平衡加载或载荷随时间起伏变化的载荷统称为**动载荷**。例如结构整体存在加速度的问题，如图 12－1(a)所示，根据理论力学的动静法，结构要附加上惯性力才平衡，由于惯性载荷的作用，结构中存在相应的附加惯性应力，这类问题称为**惯性载荷问题**。又如自由落体冲击结构的问题，如图 12－1(b)所示，载荷随时间急剧变化，称为**冲击载荷问题**。再如作用在结构上的载荷的大小和方向反复变化的问题，如图 12－1(c)所示，称为**交变载荷问题**。

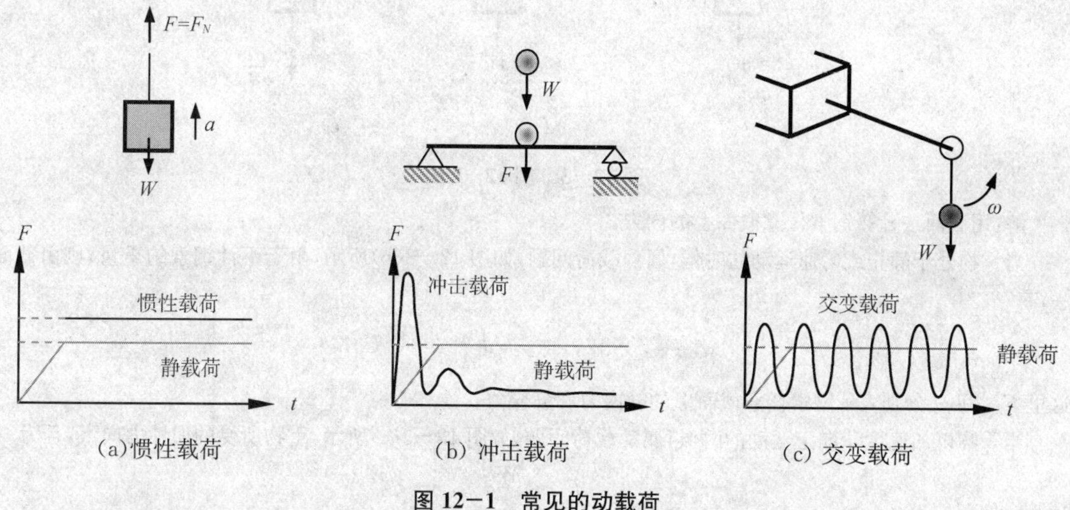

图 12－1　常见的动载荷

本章主要研究上述三种常见动载荷作用下结构中的动应力、动位移以及相应的强度、刚度等问题，其中冲击载荷问题为重点内容。本章内容也属于材料力学的专题部分。

12.1　惯性载荷问题

当结构整体存在加速度时，如图 12－2 所示，根据理论力学的动静法，结构各质点将受到惯性力作用，这种惯性力将在结构中引起附加的应力和位移，称为**惯性应力**和**惯性位移**。因此，结构整体存在加速度时，结构中的动应力和动位移就是实际载荷引起的应力和位移与惯性力引起的应力和位移的叠加。所以，惯性载荷问题的解法如下：

①计算实际载荷引起的应力或位移。

②利用动静法(达郎贝尔原理)计算惯性力以及由惯性力引起的应力或位移。

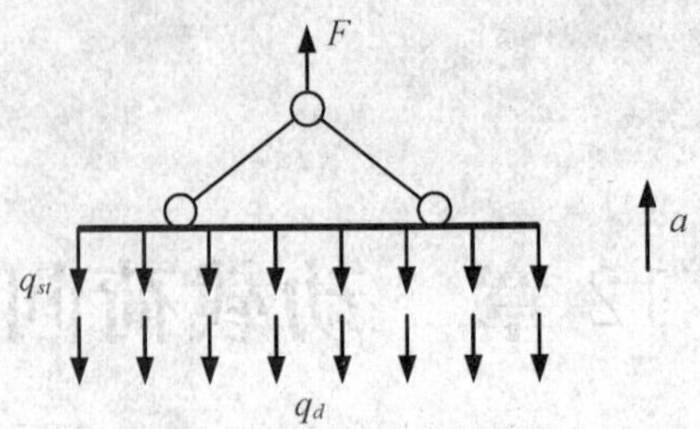

图 12-2　惯性载荷问题

③将两者叠加得到动应力或动位移，然后依据前述各章内容计算结构的强度或刚度等问题。

例 12-1　如图 12-3(a)所示，起重机通过钢索以等加速度 a 起吊一重量为 W 的物体，已知钢索截面面积为 A，材料的许用应力为$[\sigma]$，不计钢索的重量，试分析钢索的强度。

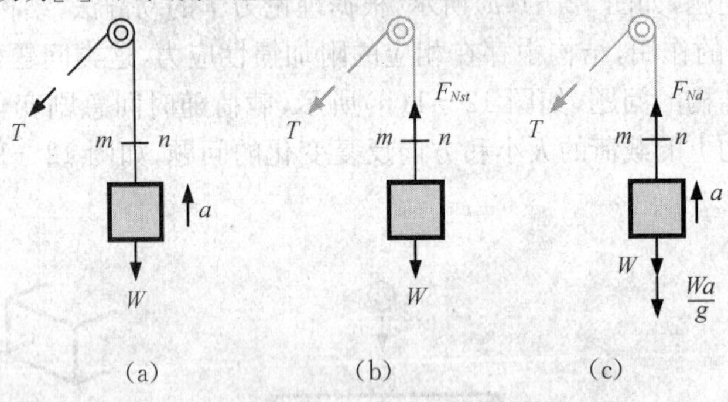

图 12-3　例 12-1 图

解：用截面法计算钢索任意截面上的内力。

当重物处于静止或匀速运动的时候，属静载荷问题，如图 12-3(b)所示，由于不计钢索的重量，则由截面法，有

$$F_{Nst}=W,\quad \sigma_{st}=\frac{F_{Nst}}{A}=\frac{W}{A}$$

这里 F_{Nst} 和 σ_{st} 分别表示钢索任意截面上的静内力和静应力。

当重物以加速度 a 向上运动的时候，属动载荷问题，如图 12-3(c)所示，重物所受的惯性力向下，且为

$$F_i=\frac{W}{g}a$$

这里 g 为重力加速度。将惯性力叠加在静载荷上，再由截面法，有

$$F_{Nd}=W+\frac{W}{g}a=W\left(1+\frac{a}{g}\right)$$

则钢索任意截面上的动应力为

$$\sigma_d=\frac{F_{Nd}}{A}=\frac{W}{A}\left(1+\frac{a}{g}\right)=\left(1+\frac{a}{g}\right)\sigma_{st}=K_d\sigma_{st}\leqslant[\sigma]$$

所以，钢索的强度条件为

$$K_d\sigma_{st}\leqslant[\sigma]\quad 或\quad \sigma_{st}\leqslant\frac{[\sigma]}{K_d}$$

$K_d=\left(1+\dfrac{a}{g}\right)$，称为**动荷系数**，上式表明：在动载荷问题中，只要将材料的许用应力除以动荷系数 K_d，就可以按静载荷作用下的强度条件或准则来处理动载荷问题。另外要注意的是，动载荷作用下的构件比静载荷作用下更为危险，因为动荷系数在通常情况下大于 1。

例 12－2　如图 12－4(a)所示，起重钢索以等加速度 $a=10\ m/s^2$ 起吊一根 No22a 工字钢，已知钢索的直径 $d=10\ mm$，若不计钢索的重量，试求钢索截面上的应力与工字钢中的最大正应力。

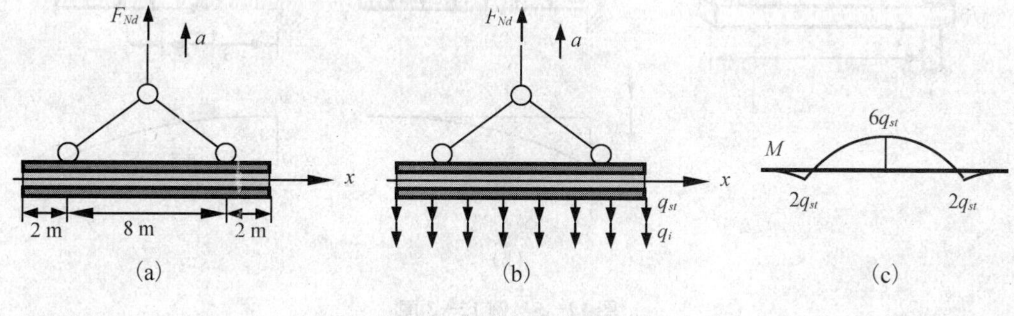

图 12－4　例 12－2 图

解：①受力分析。

钢索截面上的动内力等于工字钢的自重与惯性载荷两部分的叠加，工字钢单位长度的重量可查型钢表，为：$q_{st}=33\times9.8=323.4\ N/m$。

工字钢单位长度上作用的惯性载荷为 $q_i=\frac{q_{st}}{g}a$，叠加上静载荷，如图 12－4(b)所示，则工字钢的载荷集度为

$$q_d=q_{st}+q_i=\left(1+\frac{a}{g}\right)q_{st}=K_dq_{st}=\left(1+\frac{10}{9.8}\right)\times323.4=653.3\ N/m$$

动荷系数为

$$K_d=\left(1+\frac{a}{g}\right)=\left(1+\frac{10}{9.8}\right)=2.02$$

钢索截面上的动内力为

$$F_{Nd}=K_dF_N=2.02\times12\times323.4=7839\ N$$

②钢索截面上的动应力。

$$\sigma_d=K_d\frac{F_N}{A}=\frac{F_{Nd}}{A}=\frac{7839\times4}{\pi\times10^2}=99.8\ MPa$$

③工字钢中的最大正应力。

工字钢中的最大弯矩在梁中间截面上，如图 12－4(c)所示，最大静弯矩为

$$M_{\max st}=6q_{st}=6\times323.4=1940.4\ N\cdot m$$

查型钢表，可得工字钢的抗弯截面系数为：$W=309\ cm^3$。

所以，工字钢中的最大正应力为

$$\sigma_{\max d}=K_d\sigma_{\max st}=K_d\frac{M_{\max st}}{W}=2.02\times\frac{1940.4\times10^3}{309\times10^3}=12.7\ MPa$$

例 12－3　如图 12－5(a)所示，矩形截面杆在水平面内以等角速度 ω 旋转，已知杆件的长度为 l，截面高为 h，宽为 b，材料的容重为 γ，试求杆件中的最大正应力。

解：杆件受重力作用产生弯曲，重力为分布载荷，如图 12－5(b)所示，载荷集度为

$$q_{st}=\frac{W}{l}=\frac{Al\gamma}{l}=bh\gamma$$

最大弯矩在靠近转轴的截面上，为

$$M_{\max st}=\frac{1}{2}q_{st}l^2=\frac{1}{2}bh\gamma l^2$$

由于是匀速转动，则离转轴距离 x 的地方向心加速度为 $a=x\omega^2$，该处微元长度杆件的质量为 $dm=\frac{bh\gamma}{g}dx$，如图 12－5(c)所示，则离转轴距离 x 的截面上的动内力(轴力)为

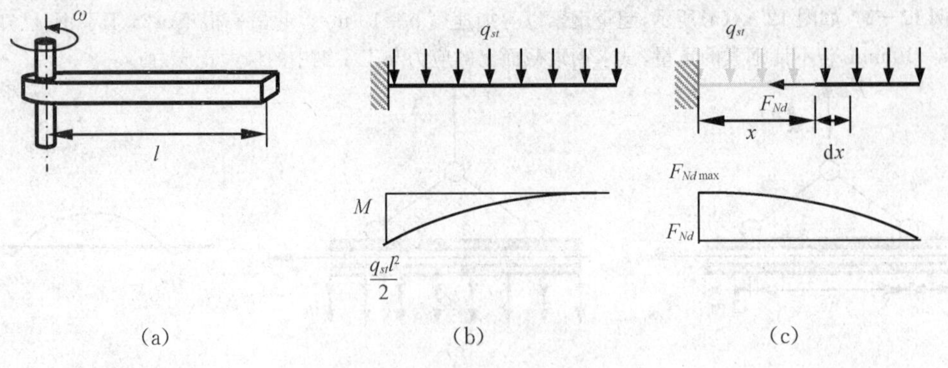

图 12-5 例 12-3 图

$$F_{Nd}=\int_x^l \frac{bh\gamma}{g}\cdot x\omega^2\mathrm{d}x=\frac{bh\gamma\omega^2}{2g}(l^2-x^2)$$

所以,最大动内力在靠近转轴的截面上,为:$F_{Nd\max}=\frac{bh\gamma\omega^2 l^2}{2g}$。

杆件处于弯曲与拉伸组合变形状态,靠近转轴的截面是危险截面,该截面上的正应力等于由惯性力引起的拉应力与杆件自重引起的正应力两者叠加。

由惯性力引起的拉应力为

$$\sigma_{d\max}=\frac{F_{Nd\max}}{A}=\frac{bh\gamma\omega^2 l^2}{2gbh}=\frac{\gamma\omega^2 l^2}{2g}$$

由自重引起的最大正应力为

$$\sigma_{st\max}=\frac{M_{st\max}}{W_z}=\frac{bh\gamma l^2}{2}\cdot\frac{6}{bh^2}=\frac{3\gamma l^2}{h}$$

所以,杆件中的最大正应力为

$$\sigma_{\max}=\sigma_{d\max}+\sigma_{st\max}=K_d\sigma_{st\max}=\frac{\gamma\omega^2 l^2}{2g}+\frac{3\gamma l^2}{h}=\frac{3\gamma l^2}{h}\left(1+\frac{h\omega^2}{6g}\right)$$

其中,动荷系数为:$K_d=1+\frac{h\omega^2}{6g}$。

12.2 冲击载荷问题

当运动物体(称为冲击物)以一定的速度冲向静止的构件(称为被冲击物)时,其速度在极短的时间内发生极大的变化,甚至降到零。这表明冲击物得到很大的负加速度,因而对被冲击物施加了极大的惯性载荷,这种极短时间内急剧变化的载荷称为**冲击载荷**。如图 12-6 所示。工程中常见的锻压、落锤打桩、冲压加工以及起重机突然制动时钢索受到的载荷等,都是冲击载荷。

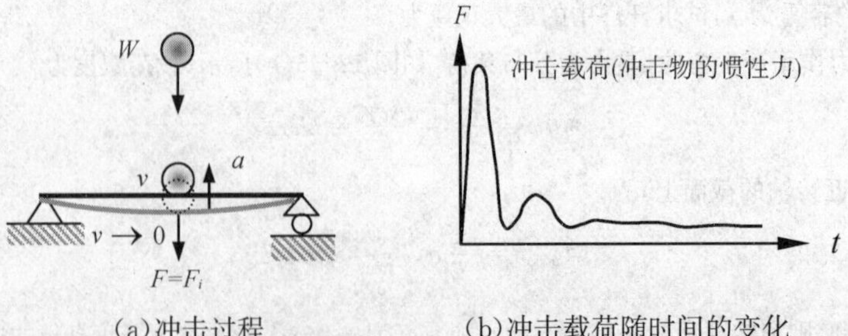

图 12-6 冲击载荷问题

冲击载荷问题实质上是惯性力问题。但由于冲击时间很短，冲击物的加速度变化剧烈，其加速度和相应的惯性力很难确定，所以，冲击问题不能采用附加惯性力的动静法进行求解。由于冲击的影响因素很多，并存在各种能量耗散，如热能、声能以及冲击物反弹的动能等，因此要精确计算冲击问题是十分困难的，所以工程中通常采用能量法近似地确定被冲击构件的内力、应力和变形。在计算中采用了如下的假设：

①冲击物视为刚体，即不考虑冲击物的变形。

②不计被冲击物的质量，即不考虑被冲击物自身惯性力的影响。

③冲击物无反弹，并且不计冲击过程中的其他能量损耗，如热能、声能等。

④冲击过程中被冲击物始终处于线弹性状态。

要注意的是，这些假设实质上只考虑了冲击物的惯性力对结构的影响，从能量角度来说，就是只考虑了冲击物的机械能(冲击能量)的转化过程，而其他所有的能量损耗均未考虑。所以采用这些假设计算出的构件中的应力和变形比实际情况要偏大，比如：冲击时冲击物的变形(存在应变能)将消耗一部分冲击能量；而被冲击物在冲击过程中也将产生加速度，若考虑其质量，则将产生与冲击载荷相反的惯性力；冲击物反弹(存在动能)，也将消耗一部分冲击能量；热能、声能等都将消耗一部分冲击能量。因此，实际转化到被冲击结构中的能量比冲击物的机械能要小得多。如果采用上述假设进行冲击结构的设计，则由此设计的结构是偏安全的。

另外要注意，工程中的锻压以及冲压加工等问题，远远比采用了上述假设的冲击问题要复杂得多，因为锻压和冲压加工的被冲击构件通常处于大变形塑性变形状态，而且还涉及塑性破坏问题。因此，本节的所有问题均属于简单冲击载荷问题。

(1)自由落体冲击

如图 12－7(a)所示，重量为 F 的物体自高度 h 处自由落下撞击一直杆的顶部。在杆件变形过程中，重物始终附着在杆件上(假设③)，变形完成时，重物的速度降到零(如图 12－7(b)、(c)所示)。

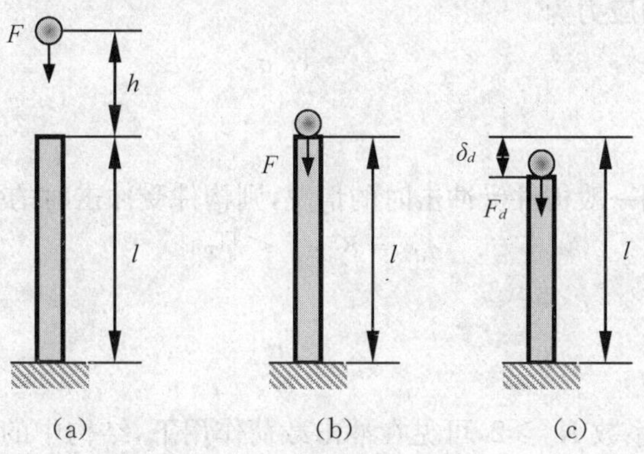

图 12－7　自由落体冲击

假设冲击完成时杆端的动位移为 δ_d，杆件中的动应力为 σ_d，重物对杆件的冲击载荷为 F_d，注意到 F_d 就是重物的惯性力，其随时间的变化非常复杂。由于无能量损耗(假设③)，则根据能量守恒定律，重物的机械能在整个冲击过程中的变化为

$$U_d = T + V \tag{12-1}$$

其中，势能变化 $V = F(h + \delta_d)$，动能变化 $T = \frac{F}{2g}(v_d - v_0) = 0$。

由于冲击物视为刚体并无反弹，杆件质量不计且不考虑其他能量损耗，则重物的机械能变

化量 U_d 将全部转化为杆件的应变能 U。根据假设④,杆件的应变能为

$$U = \frac{1}{2} F_d \delta_d \tag{12-2}$$

所以有 $U_d = U$,即

$$F(h + \delta_d) = \frac{1}{2} F_d \delta_d \tag{12-3}$$

由于整个冲击过程杆件均处于线弹性范围,则载荷和变形之间成比例关系,即

$$\frac{F}{\delta_{st}} = \frac{F_d}{\delta_d} = C(\text{常数}) \tag{12-4}$$

这里 δ_{st} 是将冲击物的重量以静载荷方式作用在杆件端部所引起的杆端的位移,称为**冲击静位移**。将式(12-4)代入式(12-3),有

$$F(h + \delta_d) = \frac{F}{2\delta_{st}} \delta_d^2$$

$$\delta_d^2 - 2\delta_{st}\delta_d - 2h\delta_{st} = 0$$

解之得:$\delta_d = \delta_{st}\left(1 \pm \sqrt{1 + \frac{2h}{\delta_{st}}}\right)$。由于 $\delta_d \geqslant 0$,所以式中取正号,得

$$\delta_d = \delta_{st}\left(1 + \sqrt{1 + \frac{2h}{\delta_{st}}}\right) = K_d \delta_{st} \tag{12-5}$$

其中,

$$K_d = 1 + \sqrt{1 + \frac{2h}{\delta_{st}}} \tag{12-6}$$

K_d 为冲击时最大动位移和静位移的比值,称为**冲击动荷系数**。将式(12-5)代入式(12-4),可得**冲击载荷**为

$$F_d = K_d F \tag{12-7}$$

相应的**最大冲击动应力**为

$$\sigma_d = K_d \sigma_{st} \tag{12-8}$$

其中,$\sigma_d = \frac{F_d}{A}$,$\sigma_{st} = \frac{F}{A}$。

上述各式可推广到一般构件受冲击时的情况,则构件受冲击时的强度条件为

$$\sigma_d = K_d \sigma_{st} \leqslant [\sigma] \tag{12-9}$$

或

$$\sigma_{st} \leqslant \frac{[\sigma]}{K_d} \tag{12-10}$$

很明显,冲击动荷系数 $K_d \geqslant 2$,可见在冲击载荷作用下,结构中的动应力和动位移至少是静应力和静位移的两倍以上。

(2)冲击动荷系数的讨论

①冲击静位移 δ_{st} 的计算。

从式(12-5)~式(12-10)可以看出,冲击载荷问题关键是求出冲击动荷系数,而冲击动荷系数的关键是求出冲击静位移 δ_{st}。这里必须强调的是,δ_{st} 是结构在冲击点处沿冲击方向的位移,也是将冲击物的重量 F 作为静载荷沿冲击方向作用在冲击点处所产生的沿冲击方向的位移。如图 12-8 所示。

冲击静位移 δ_{st} 可以用前述各章杆件变形的各种计算方法求得,特别是复杂结构的冲击问

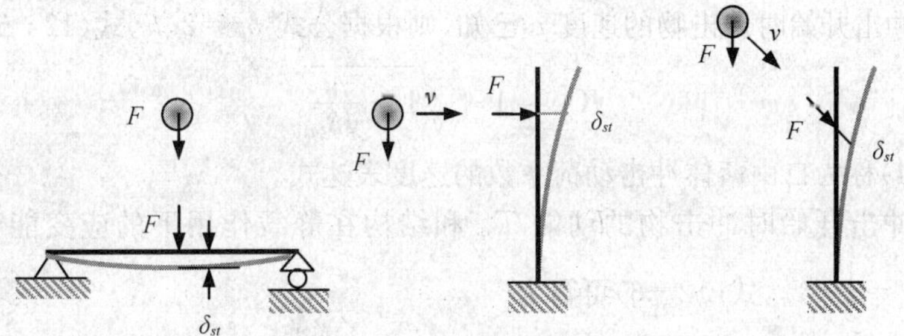

图 12-8　冲击静位移

题，常采用能量法进行求解。

必须注意，冲击静位移 δ_{st} 求出后，根据公式(12-6)求得的动荷系数 K_d 适用于结构各点的动位移和动应力的计算。参见例 12-4。

②突加载荷的动荷系数。

当重物直接突然作用在结构上，即冲击高度 $h=0$ 时，这种载荷称为**突加载荷**。由式(12-6)，有：$K_d=2$，因此，在突加载荷作用下，结构中各杆件的变形以及应力是静载荷作用时的两倍。

③水平冲击的动荷系数。

如图 12-9 所示，当重物以水平速度 v 冲击在结构上时，根据前述假设以及能量守恒定律，则仍有重物的机械能变化量全部转化为结构中的应变能的结论。

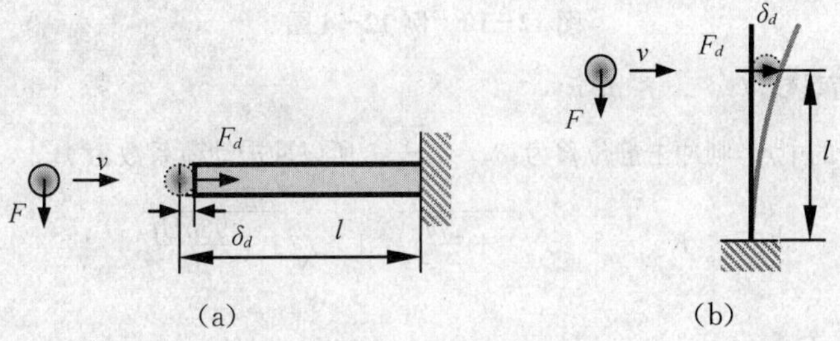

图 12-9　水平冲击问题

假设冲击完成时的动位移和动应力分别为 δ_d 和 σ_d，重物对杆件的冲击载荷为 F_d，则有

$$U_d = T + V = U \tag{12-11}$$

水平冲击时重物的势能变化 $V=0$，由于冲击完成时重物的速度为零，则其动能变化为 $T=\frac{F}{2g}v^2$，结构的应变能仍为 $U=\frac{1}{2}F_d\delta_d$，于是有

$$\frac{F}{2g}v^2 = \frac{1}{2}F_d\delta_d \tag{12-12}$$

将公式(12-4)$\frac{F}{\delta_{st}}=\frac{F_d}{\delta_d}=C$(常数)代入式(12-12)，可解得

$$\delta_d = \delta_{st}\sqrt{\frac{v^2}{g\delta_{st}}} = K_d\delta_{st} \tag{12-13}$$

其中，$K_d=\sqrt{\frac{v^2}{g\delta_{st}}}$，称为**水平冲击动荷系数**。$\delta_{st}$ 的意义如①中所述。

④自由落体冲击动荷系数的其他形式。

自由落体冲击动荷系数 K_d 除了式(12-6)的高度表达式外，还有一些其他形式。

(a) 如果冲击开始时冲击物的速度 v 已知，则根据公式 $v^2=2gh$，式(12−6)可写为

$$K_d=1+\sqrt{1+\frac{v^2}{g\delta_{st}}} \tag{12-14}$$

式(12−14)称为自由落体冲击动荷系数的速度表达式。

(b) 如果冲击开始时冲击物的动能 T_0 和结构在静载作用下的应变能 U_{st} 已知，则因 $T_0=\frac{F}{2g}v^2$，$U_{st}=\frac{1}{2}F\delta_{st}$，式(12−6)可写为

$$K_d=1+\sqrt{1+\frac{T_0}{U_{st}}} \tag{12-15}$$

式(12−15)称为自由落体冲击动荷系数的能量表达式。

例 12−4 如图 12−10 所示，重量为 F 的重物从高 H 处自由下落冲击在外伸梁的 C 点，两支座间的距离为 l，$a=\frac{l}{4}$，梁截面为 $b\times h$ 的矩形截面，梁材料的弹性模量为 E，试求梁的最大挠度和最大正应力。

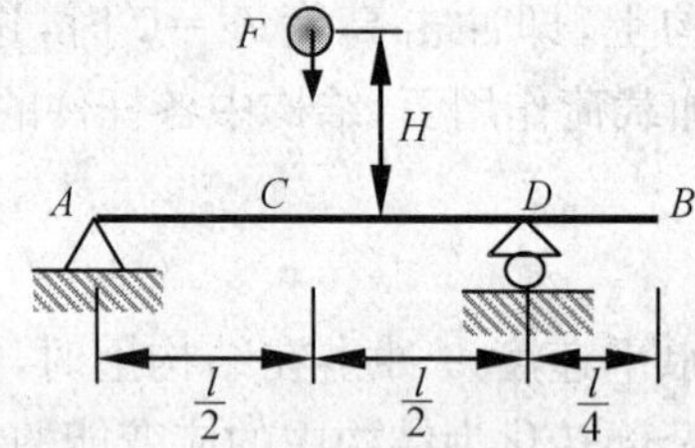

图 12−10 例 12−4 图

解：①求冲击动荷系数。

冲击点 C 在梁跨的中点，则冲击静位移为：$\delta_{st}=\frac{Fl^3}{48EI}$，所以冲击动荷系数为

$$K_d=1+\sqrt{1+\frac{2H}{\delta_{st}}}=1+\sqrt{1+\frac{96hEI}{Fl^3}}$$

②求最大挠度。

梁的最大挠度可能在梁跨中点 C，也可能在自由端 B。自由端 B 点的静挠度为

$$\delta_{Bst}=\theta_D\cdot a=\frac{Fl^2}{16EI}\times\frac{l}{4}=\frac{Fl^3}{64EI}$$

自由端 B 点的动挠度为

$$\delta_{Bd}=K_d\delta_{Bst}=\left(1+\sqrt{1+\frac{96HEI}{Fl^3}}\right)\frac{Fl^3}{64EI}$$

梁跨中点 C 点的动挠度为

$$\delta_{Cd}=K_d\delta_{st}=\left(1+\sqrt{1+\frac{96HEI}{Fl^3}}\right)\frac{Fl^3}{48EI}$$

可见，梁的最大挠度在梁跨中点 C 处，即：$\delta_{\max}=\delta_{Cd}$。

③求最大正应力。

梁的最大静弯矩在梁跨中点 C 截面上，为：$M_{\max}=\frac{Fl}{4}$，所以最大静应力为

$$\sigma_{\max st}=\frac{M_{\max}}{W}=\frac{Fl}{4}\times\frac{6}{bh^2}=\frac{3Fl}{2bh^2}$$

故梁中的最大正应力为

$$\sigma_{\max d}=K_d\sigma_{\max st}=\left(1+\sqrt{1+\frac{96HEI}{Fl^3}}\right)\frac{3Fl}{2bh^2}$$

例 12－5　如图 12－11(a)所示的直角曲拐，重量为 $F=60$ N 的重物从高 $h=40$ mm 处自由下落冲击在曲拐的自由端 C 处，曲拐截面的直径 $d=30$ mm，尺寸 $l=1000$ mm，$a=500$ mm，梁材料的弹性模量 $E=210$ GPa，剪切弹性模量 $G=80$ GPa，许用应力$[\sigma]=160$ MPa。①用第三强度理论校核曲拐的强度。②计算曲拐自由端 C 点的动挠度。

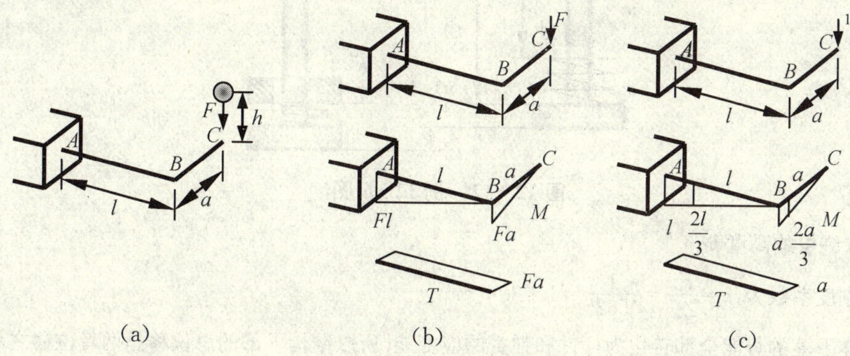

图 12－11　例 12－5 图

解：①计算冲击静位移和动荷系数。

采用图形互乘法计算冲击静位移 δ_{st}，如图 12－11(b)所示的是实际静载荷作用下的弯矩图和扭矩图，而图 12－11(c)所示的是单位静载荷作用下的弯矩图和扭矩图。根据图形互乘法，有

$$\begin{aligned}\delta_{st}&=\frac{1}{EI}\left(\frac{1}{2}Fa^2\cdot\frac{2}{3}a+\frac{1}{2}Fl^2\cdot\frac{2}{3}l\right)+\frac{1}{GI_p}(Fal\cdot a)=\frac{F}{3EI}(a^3+l^3)+\frac{Fa^2l}{GI_p}\\&=\frac{64F}{3E\pi d^4}(a^3+l^3)+\frac{32Fa^2l}{G\pi d^4}\\&=\frac{64\times60}{3\times210\times10^3\times3.14\times30^4}\times(500^3+1000^3)+\frac{32\times60\times500^2\times1000}{80\times10^3\times3.14\times30^4}\\&=0.299+2.395+2.35=5.034\text{ mm}\end{aligned}$$

动荷系数为

$$K_d=1+\sqrt{1+\frac{2h}{\delta_{st}}}=1+\sqrt{1+\frac{2\times40}{5.034}}=5.1$$

②校核曲拐的强度。

曲拐的危险截面在固定端 A 处，该截面上的静弯矩和扭矩分别为

$$M_{Ast}=Fl=60\times1000=60\times10^3\text{ N}$$
$$T_{Ast}=Fa=60\times500=30\times10^3\text{ N}$$

第三强度理论的静等效应力为

$$\begin{aligned}\sigma_{eq3st}&=\frac{1}{W}\sqrt{M_{Ast}^2+T_{Ast}^2}=\frac{32}{\pi d^3}\sqrt{M_{Ast}^2+T_{Ast}^2}\\&=\frac{32}{3.14\times30^3}\sqrt{6^2+3^2}\times10^4=25.3\text{ MPa}\end{aligned}$$

在冲击情况下，动应力为

$$\sigma_{eq3d}=K_d\sigma_{eq3st}=5.1\times25.3=129\text{ MPa}<[\sigma]$$

故曲拐安全。

③计算自由端的动挠度。

$$\delta_{Cd}=K_d\delta_{st}=5.1\times5.034=25.2\text{ mm}$$

例 12－6　如图 12－12 所示，钢杆的下端有一圆盘，盘上安置有一弹簧，弹簧在 $F_k=1$ kN 的静载荷作用下缩短$\Delta_k=0.625$ mm，钢杆的直径 $d=40$ mm，长度 $l=2$ m，许用应力$[\sigma]=120$ MPa，弹性模量 $E=200$ GPa。若重量为 $F=15$ kN 的环状物体顺杆自由落下。①试求其许可的高度 h。②若无弹簧，许可的高度 h 又为多少？

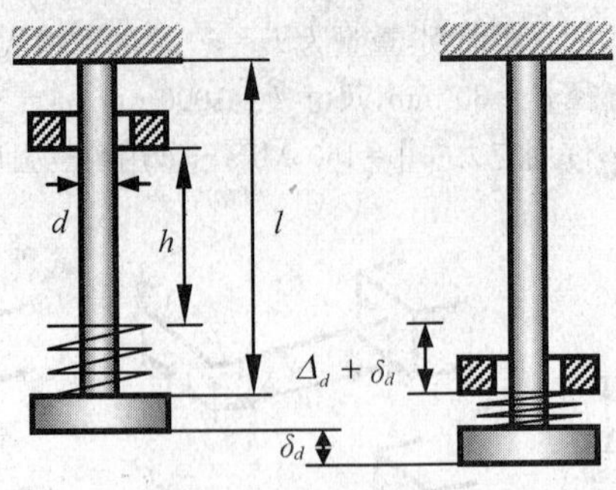

图 12－12 例 12－6 图

解：①求许可的高度 h。

弹簧的刚度系数为：$k=\dfrac{F_k}{\Delta_k}=\dfrac{1}{0.625}=1.6\ \text{kN/mm}$。

环状物体下落的势能全部转化为杆件和弹簧的应变能，所以结构下部的总位移是两者位移之和，即

$$\delta_D=\Delta_d+\delta_d$$

其中，Δ_d，δ_d 分别是弹簧和杆件的动位移。由于载荷 F 与Δ_d，δ_d 均成正比，所以可按前面自由落体冲击问题的分析方法进行计算。因结构下部总的静位移为

$$\delta_{ST}=\Delta_{st}+\delta_{st}=\frac{F}{k}+\frac{Fl}{EA}=F\left(\frac{1}{k}+\frac{l}{EA}\right)$$

$$=15\times10^3\times\left(\frac{1}{1.6\times100}+\frac{2000}{200\times10^3\times3.14\times20^2}\right)=9.5\ \text{mm}$$

动荷系数为：$K_D=1+\sqrt{1+\dfrac{2h}{\delta_{ST}}}$，杆件中的静应力为：$\sigma_{st}=\dfrac{F}{A}=\dfrac{4F}{\pi d^2}$，因此杆件中的动应力为

$$\sigma_d=K_D\sigma_{st}=\frac{4F}{\pi d^2}\left(1+\sqrt{1+\frac{2h}{\delta_{ST}}}\right)\leqslant[\sigma]$$

所以冲击高度应满足：

$$h\leqslant\frac{\delta_{ST}}{2}\left[\left(\frac{\pi d^2[\sigma]}{4F}-1\right)^2-1\right]$$

于是冲击许可高度为

$$[h]=\frac{\delta_{ST}}{2}\left[\left(\frac{\pi d^2[\sigma]}{4F}-1\right)^2-1\right]=\frac{9.5}{2}\times\left[\left(\frac{3.14\times20^2\times120}{15\times10^3}-1\right)^2-1\right]=384\ \text{mm}$$

②若无弹簧时的许可高度。

无弹簧时可将①中所有计算式中涉及弹簧的各项全部取为零，则有

$$\delta_{ST}=\delta_{st}=\frac{Fl}{EA}=\frac{15\times10^3\times2000}{200\times10^3\times3.14\times20^2}=0.12\ \text{mm}$$

冲击许可高度为

$$[h]=\frac{\delta_{ST}}{2}\left[\left(\frac{\pi d^2[\sigma]}{4F}-1\right)^2-1\right]=\frac{0.12}{2}\times\left[\left(\frac{3.14\times20^2\times120}{15\times10^3}-1\right)^2-1\right]=4.9\ \text{mm}$$

可见，弹簧起到了缓冲作用，它的存在极大地提高了结构抗冲击的能力。

例 12－7 如图 12－13 所示简支梁，长度为 l，抗弯刚度为 EI，在梁中点 C 的正下方放置有一个刚度系数为 k 的弹簧，间隙$\Delta=\dfrac{Fl^3}{48EI}$，正好是静载荷作用下梁中点的挠度。若在梁中点的正上方高度 h 处有一重量为 F 的重物自由下落，求弹簧所受的最大冲击力。

解：本例不能直接引用动荷系数公式进行计算，这是因为动荷系数公式必须满足机械能守恒以及载荷和变形之间成线性关系的条件。本例由于间隙Δ 的存在，冲击实际上分两个过程：冲击开始时是梁单独变形，当梁的冲击变形达到间隙Δ 后，梁和弹簧再一起变形。两个过程中，载荷和变形之间是不同的比例关系，即整个冲击过程中，载荷和变形之间是分段线性的，因此，不能直接套用动荷系数公式进行计算，必须从能量守恒原

理开始研究。

假设梁中点的动挠度为Δ_d，弹簧的动压缩量为δ_d，梁和弹簧相应的动载荷分别为F_d和f_d，则有

$$\Delta_d=\Delta+\delta_d$$

$$\frac{F_d}{\Delta_d}=\frac{F}{\Delta_{st}}=s(\text{常数}),\ \frac{f_d}{\delta_d}=k$$

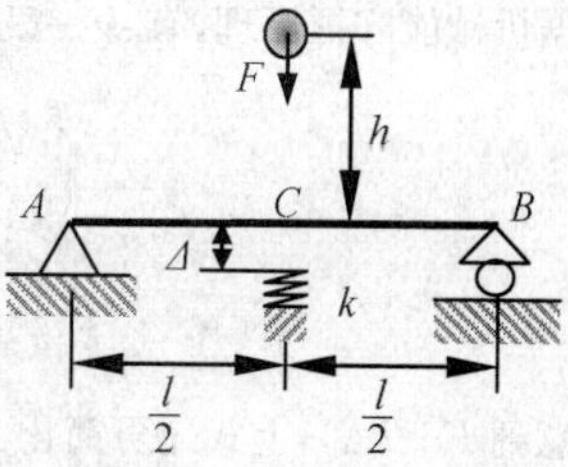

其中，Δ_{st}是梁中点的静挠度，明显有$\Delta_{st}=\dfrac{Fl^3}{48EI}=\Delta$，所以$s=\dfrac{F}{\Delta}$。

图 12-13　例 12-7 图

重物下落的高度为$h+\Delta_d$，其势能改变量为：$V=F(h+\Delta_d)$。

冲击过程中，梁和弹簧的总应变能为

$$U=\frac{1}{2}F_d\Delta_d+\frac{1}{2}f_d\delta_d=\frac{1}{2}s\Delta_d^2+\frac{1}{2}k\delta_d^2=\frac{1}{2}s(\Delta+\delta_d)^2+\frac{1}{2}k\delta_d^2$$

根据能量守恒原理，有

$$F(h+\Delta+\delta_d)=\frac{1}{2}s(\Delta+\delta_d)^2+\frac{1}{2}k\delta_d^2$$

$$\frac{1}{2}(s+k)\delta_d^2+(s\Delta-F)\delta_d+\left[\frac{1}{2}s\Delta^2-F(h+\Delta)\right]=0$$

因为$F=s\Delta$，上式简化为

$$\frac{1}{2}(s+k)\delta_d^2+\left[\frac{1}{2}s\Delta^2-F(h+\Delta)\right]=0$$

所以有

$$\delta_d=\sqrt{\frac{2F(h+\Delta)-s\Delta^2}{s+k}}=\sqrt{\frac{2F(h+\Delta)-F\Delta}{s+k}}=\sqrt{\frac{F(2h+\Delta)}{F/\Delta+k}}=\sqrt{\frac{2h+\Delta}{(1/\Delta)+(k/F)}}$$

故弹簧所受的最大冲击力为

$$f_d=k\sqrt{\frac{2h+\Delta}{(1/\Delta)+(k/F)}}$$

其中，$\Delta=\dfrac{Fl^3}{48EI}$。

特例：①如果$h=0$，即突加载荷情况，则有：$\delta_d=\sqrt{\dfrac{\Delta}{(1/\Delta)+(k/F)}}$，$f_d=k\sqrt{\dfrac{\Delta}{(1/\Delta)+(k/F)}}$。其中，$\Delta=\dfrac{Fl^3}{48EI}$。②若$h=0$，$\Delta=\dfrac{Fl^3}{48EI}$，$k=\dfrac{48EI}{l^3}=\dfrac{F}{\Delta}$，则有：$\delta_d=\dfrac{\sqrt{2}}{2}\Delta$，$f_d=\dfrac{\sqrt{2}}{2}k\Delta=\dfrac{\sqrt{2}}{2}F$。③若$h=\dfrac{Fl^3}{32EI}$，$k=\dfrac{48EI}{l^3}$，则有：$f_d=\sqrt{2}F$。

例 12-8　如图 12-14 所示结构，左右梁的长度均为l，抗弯刚度为EI，两梁间的间隙为$\Delta\leqslant\dfrac{Fl^3}{3EI}$，若在左梁自由端的正上方高度$h$处有一重量为$F$的重物自由下落，求右梁自由端的挠度和所受的最大冲击力。

解：假设左梁自由端的动挠度为Δ_d，右梁自由端的动挠度为δ_d，左右两梁相应的动载荷分别为F_d和f_d，则有

$$\Delta_d=\Delta+\delta_d$$

$$\frac{F_d}{\Delta_d}=\frac{F}{\Delta_{st}}=\frac{f_d}{\delta_d}=k(\text{常数})$$

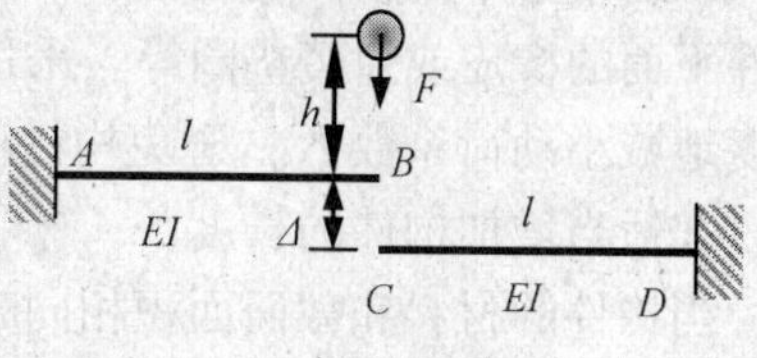

图 12-14　例 12-8 图

其中，$\Delta_{st}=\dfrac{Fl^3}{3EI}$为静挠度。所以有：$k=\dfrac{3EI}{l^3}$，且有：$\Delta\leqslant\Delta_{st}$。

重物势能的改变量为

$$V=F(h+\Delta_d)$$

结构应变能为

$$U=\frac{1}{2}F_d\Delta_d+\frac{1}{2}f_d\delta_d=\frac{1}{2}k(\Delta+\delta_d)^2+\frac{1}{2}k\delta_d^2$$

根据机械能守恒原理，有：$V=U$，则有

$$F(h+\Delta+\delta_d)=\frac{1}{2}k(\Delta+\delta_d)^2+\frac{1}{2}k\delta_d^2$$

整理为

$$k\delta_d^2+(k\Delta-F)\delta_d+\frac{1}{2}k\Delta^2-F(h+\Delta)=0$$

注意到 $F=k\Delta_{st}$，上式还可简化为

$$\delta_d^2-(\Delta_{st}-\Delta)\delta_d-\left[\Delta_{st}(h+\Delta)-\frac{1}{2}\Delta^2\right]=0$$

其根为

$$\delta_d=\frac{1}{2}(\Delta_{st}-\Delta)\pm\frac{1}{2}\sqrt{(\Delta_{st}-\Delta)^2+[4\Delta_{st}(h+\Delta)-2\Delta^2]}$$

有意义的解应满足：$\delta_d\geqslant 0$ 且为实数，则右梁自由端的挠度为

$$\delta_d=\frac{1}{2}(\Delta_{st}-\Delta)+\frac{1}{2}\sqrt{(\Delta_{st}-\Delta)^2+[4\Delta_{st}(h+\Delta)-2\Delta^2]}$$

其中，$\Delta_{st}=\dfrac{Fl^3}{3EI}$。

右梁所受的最大冲击力为

$$f_d=k\delta_d=\frac{1}{2}k(\Delta_{st}-\Delta)+\frac{1}{2}k\sqrt{(\Delta_{st}-\Delta)^2+[4\Delta_{st}(h+\Delta)-2\Delta^2]}$$

其中，$\Delta_{st}=\dfrac{Fl^3}{3EI}$，$k=\dfrac{3EI}{l^3}$。

特例：①当间隙 $\Delta=\Delta_{st}=\dfrac{Fl^3}{3EI}$ 时，$\delta_d=\dfrac{1}{2}\sqrt{[4\Delta(h+\Delta)-2\Delta^2]}=\sqrt{h\Delta+\dfrac{1}{2}\Delta^2}$，$f_d=k\sqrt{h\Delta+\dfrac{1}{2}\Delta^2}=\dfrac{3EI}{l^3}\sqrt{h\Delta+\dfrac{1}{2}\Delta^2}$。②当间隙 $\Delta=\Delta_{st}=\dfrac{Fl^3}{3EI}$，$h=0$ 时，$\delta_d=\dfrac{\sqrt{2}}{2}\Delta$，$f_d=\dfrac{\sqrt{2}}{2}k\Delta=\dfrac{\sqrt{2}}{2}F$。

(3)提高构件抗冲击能力的措施

从冲击动载系数可知，在满足构件强度要求的条件下，增加构件总的静位移是提高抗冲击能力的根本途径，具体措施可归纳为以下四点。

①选择适当的材料。

由计算变形的公式可看出，构件材料的弹性模量 E 越小，其静位移 δ_{st} 越大，因此，工程中可以选择弹性模量 E 较低即柔性较好的材料制作受冲击构件。但 E 较低的材料，其相应的强度即许用应力$[\sigma]$也较低，具体选择时应注意两者之间要兼顾。

②安装缓冲装置。

工程中常采用缓冲装置来减少构件受冲击的损害，如汽车底座下的叠板弹簧，一些机械或零件下面的橡皮或弹簧垫圈等。采用这些装置可大大增加冲击点处的总的静位移，从而较大幅度地减小动荷系数 K_d，避免构件产生过大的动应力。

③适当增加构件的长度。

当构件的材料和截面面积相同时，适当增加构件的长度可以增加构件的静变形，这样即可降低冲击动荷系数，从而减小构件的冲击应力。必须注意的是，对于压杆，要避免因杆件过长而导致出现失稳现象。

④避免构件局部削弱。

构件局部削弱如存在孔、洞或截面突然变化时，在冲击载荷作用下构件存在很大的应力集中，所以应避免构件的局部削弱。

12.3　交变载荷问题

(1)交变应力与疲劳破坏

作用在构件上的载荷随时间周期变化,称为**交变载荷**。构件中相应的应力也随时间周期变化,这种应力称为**交变应力**。如图 12－15(a)所示,悬臂梁在自由端受集中力偶 $M = M_0\sin\omega t$ 作用,则 M 的大小和方向均随时间周期变化,其变化周期为 $T = \dfrac{2\pi}{\omega}$,梁中的正应力也随着时间周期变化,即 $\sigma = \dfrac{M}{W} = \dfrac{M_0}{W}\sin\omega t$,所以 M 是交变载荷,σ 是其相应的交变应力。

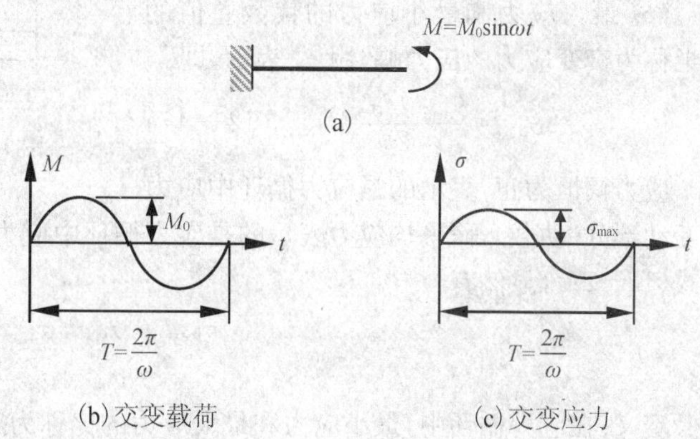

(b)交变载荷　(c)交变应力

图 12－15　交变载荷问题

交变应力重复一次的过程称为一个**应力循环**,重复的次数称为**循环次数**,用 N 表示。在交变载荷作用下,即使构件的应力低于材料的强度极限,但经过应力的多次循环后,构件也将产生宏观可见的裂纹或完全断裂,这种现象称为**疲劳破坏**。例如,用手来回不断地掰动铁丝使其断裂的过程就是疲劳破坏的一个典型例子。

疲劳破坏是一种低应力水平下的渐进破坏,尽管最终构件仍是因为强度不够而破坏,但破坏机理与静载荷作用下的强度破坏有本质的不同。疲劳破坏有以下的特点:①破坏时的应力水平较低,一般远远小于材料的强度极限 σ_b 或屈服极限 σ_s。②破坏是突然发生的,而且是脆性断裂破坏。即便是塑性很好的材料,破坏时也没有明显的塑性变形。③在破坏的断口上,通常存在两个截然不同的区域:一个是粗糙区,一个是光滑区,如图 12－16 所示。出现这种现象的原因是:实际材料并不是材料力学基本假设所说的理想材料,材料中总是存在诸如微裂纹、夹杂等缺陷,在交变载荷作用下,构件中这些薄弱处的晶体,沿最大切应力方向形成滑移带,滑移带开裂形成微观裂纹,随着循环次数的增加,分散的微观裂纹经过汇聚沟通形成宏观裂纹,宏观裂纹在持续的交变应力作用下不断扩展,构件的截面不断地被削弱,这样就形成了断口的光滑区,而当裂纹扩展达到临界尺寸时,材料会突然发生脆性断裂,从而形成断口的粗糙区。总之,疲劳破坏过程可理解为微观裂纹的形成、宏观裂纹的扩展以及突然失稳断裂等过程。

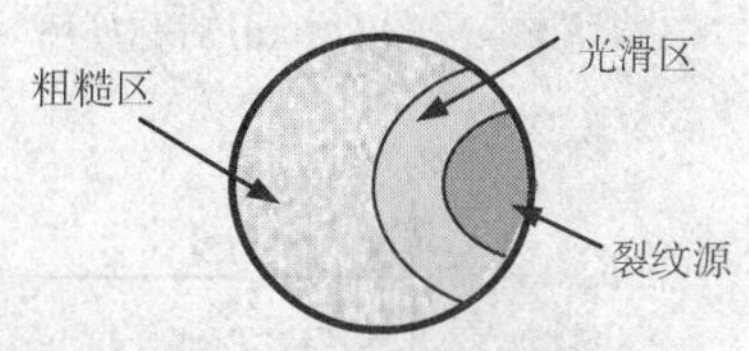

图 12－16　疲劳破坏机理

(2)交变应力的特征应力

当某种交变应力稳定变化时,假设其应力(σ 或 τ)和时间变化规律如图 12－17 所示,称为 $\sigma - t$(或 $\tau - t$)曲线。

定义:(a)σ_{max} 和 σ_{min} 分别称为应力循环的**最大应力**和**最小应力**。

(b) 最大应力和最小应力的代数平均值称为交变应力的**平均应力**,用 σ_m 表示,即

$$\sigma_m = \frac{\sigma_{\max} + \sigma_{\min}}{2} \qquad (12-16)$$

(c) 最大应力和最小应力的代数差值的一半称为交变应力的**应力幅**,用 σ_a 表示,即

$$\sigma_a = \frac{\sigma_{\max} - \sigma_{\min}}{2} \qquad (12-17)$$

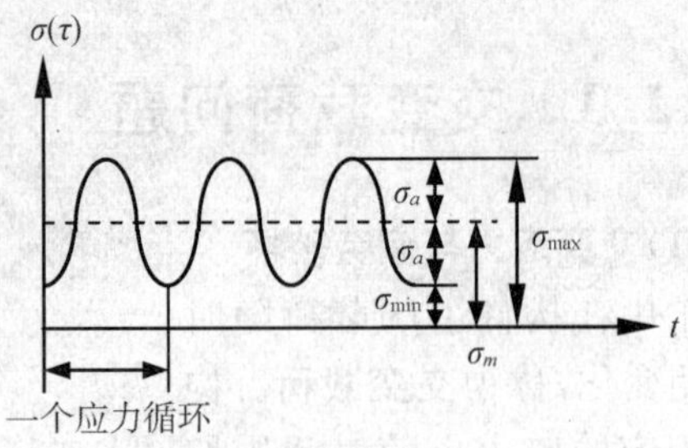

图 12－17　交变应力和时间的关系

应力幅恒为正,表示的是应力循环中应力的变动部分(动载),而平均应力表示的是应力循环中应力的不变部分(静载)。由式(12－16)和式(12－17),显然有

$$\begin{cases} \sigma_{\max} = \sigma_m + \sigma_a \\ \sigma_{\min} = \sigma_m - \sigma_a \end{cases} \qquad (12-18)$$

定义:在应力循环中,最小应力和最大应力的比称为**应力比**或**循环特征**,用 r 表示,即

$$r = \frac{\sigma_{\min}}{\sigma_{\max}} \qquad (12-19)$$

式中,$\sigma_{\max}$和 $\sigma_{\min}$为代数值,代入时应注意符号,正应力是拉应力为正,压应力为负,而切应力的符号按应力状态分析一章的规定。r 相同的循环称为**相似循环**。

根据交变应力循环特征 r 的不同,可以将交变应力分为以下几类:

①$r=-1$ 称为**对称循环**。此时 $\sigma_{\max}=-\sigma_{\min}$,$\sigma_a=\sigma_{\max}=-\sigma_{\min}$,$\sigma_m=0$,如图 12－18(a)所示。

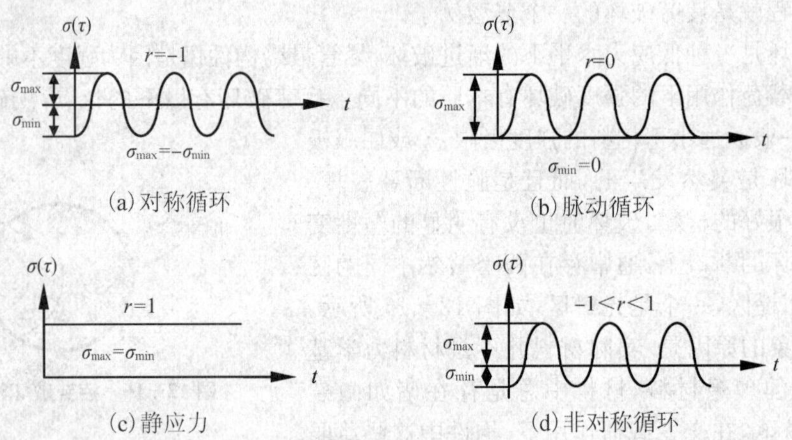

图 12－18　交变应力的循环特征及分类

②$r=0$ 称为**脉动循环**。此时 $\sigma_{\min}=0$,$\sigma_a=\sigma_m=\frac{\sigma_{\max}}{2}$,如图 12－18(b)所示。

③$r=1$ 称为**静应力**。此时 $\sigma_{\max}=\sigma_{\min}\neq0$,$\sigma_a=0$,$\sigma_m=\sigma_{\max}=\sigma_{\min}$,如图 12－18(c)所示。

④ $-1<r<1$ 称为**非对称循环**。此时 $\sigma_{\max}=\sigma_m+\sigma_a$,$\sigma_{\min}=\sigma_m-\sigma_a$,$\sigma_a=\frac{\sigma_{\max}-\sigma_{\min}}{2}$,$\sigma_m=\frac{\sigma_{\max}+\sigma_{\min}}{2}$,如图 12－18(d)所示。

若交变应力在工作过程中其最大应力和最小应力保持不变,则称为**稳定交变应力**,否则称

为非稳定交变应力。

上述交变应力的概念是以正应力 σ 来描述的，当构件承受交变切应力时，只需将上述正应力 σ 换为切应力 τ 即可。

(3)疲劳极限

在循环特征 $r(-1\leqslant r\leqslant 1)$下，材料试件经无限多次应力循环而不破坏的最大应力称为材料的**疲劳极限**，用 σ_r 或 τ_r 表示。材料的疲劳极限可根据试件的疲劳试验所绘出的 $S-N$ 曲线得到，这里的 S 为交变应力(σ 或 τ)，N 为试件破坏时的循环次数，称为**疲劳寿命**。

我国金属材料疲劳极限测定标准为 GB4337－84，试件为光滑小试件，按规定加工，表面磨光，直径 7～10 mm。为绘制 $S-N$ 曲线，试验由最高应力水平(一般为材料强度的 0.5～0.7 倍)开始，逐级降低(至少应分 7 级)，记录各级应力水平下试件的疲劳寿命，直到全部试验完成为止。随着试验应力水平的降低，试件的疲劳寿命增长很快，因此，$S-N$ 曲线一般用对数坐标绘制，如图 12－19 所示。

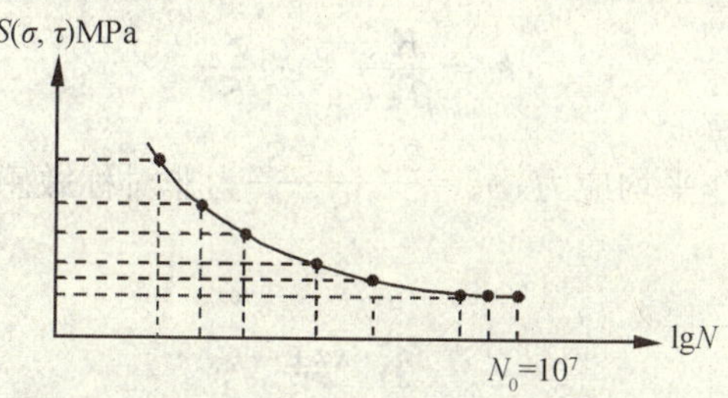

图 12－19　疲劳试验的 $S-N$ 曲线

由图 12－19 可见，应力水平越低，疲劳寿命越大，而当应力水平降低到一定程度时，尽管试验进行了很长时间，但试件并没有破坏的趋势，此时，$S-N$ 曲线趋于水平线，如果循环到 $N_0=10^7$ 试件仍未破坏，即可认为试件可经受无限多次循环而不破坏，N_0 称为循环基数。这样，即可以 N_0 代替无限多次应力循环，则材料的疲劳极限就是试件达到循环基数而不破坏的最大应力。一般钢试件的循环基数为 $N_0=10^7$，而大多数有色金属以及其合金材料的循环基数更大。

试验表明，材料抵抗对称循环交变应力的能力最差。因此，材料在对称循环下的疲劳极限是表示材料疲劳性能的最重要的一个指标。

对于钢材，在不同对称循环交变应力作用下有：

弯曲交变应力情况：$\sigma_{-1}^{M}=(0.4\sim0.5)\sigma_b$(碳钢接近下限，合金钢接近上限)。

拉压交变应力情况：$\sigma_{-1}^{T-P}\approx0.28\sigma_b$。

扭转交变应力情况：$\sigma_{-1}^{T}\approx0.23\sigma_b$。

其他情况下有：

脉动弯曲交变应力情况：$\sigma_0^{M}\approx1.7\sigma_{-1}^{M}$。

有色金属弯曲交变应力情况：$\sigma_{-1}^{M}\approx(0.25\sim0.5)\sigma_b$。

其中，σ_b 为材料的强度极限。

(4)疲劳强度条件

材料的疲劳极限是根据标准光滑小试件通过疲劳试验测得，而实际上的工程构件，其疲劳强度除了与材料有关外，还与构件的外形、尺寸以及表面光洁度等有关，这是因为如果构件外形存在台肩、沟槽时可能存在应力集中现象，而大尺寸的构件内部存在更多的缺陷，构件表面越光滑，裂纹越不容易形成，越粗糙，越容易形成裂纹。这些因素对实际构件的疲劳强度有着相当程度的影响，因此，在实际计算构件的疲劳强度时，应考虑其影响。

在交变载荷作用下，疲劳强度条件为

$$n=\frac{S}{kS_a}\geqslant[n] \tag{12-20}$$

其中，n 为工作安全系数，$S(\sigma_r$ 或 $\tau_r)$为材料的疲劳极限，$S_a(\sigma_a$ 或 $\tau_a)$为工作应力幅，$[n]$为许可安全系数，k 为修正系数。

对称循环($r=-1$)下，有：

$$k=\frac{K_S}{\beta\varepsilon_S} \tag{12-21}$$

其中，$K_S(K_\sigma$ 或 $K_\tau)$为构件外形影响系数(有效应力集中系数)，$\varepsilon_S(\varepsilon_\sigma$ 或 $\varepsilon_\tau)$为构件尺寸影响系数，β 为构件表面影响系数，各系数可在相应的国家规范中查到。

非对称循环($-1<r<1$)下，有：

$$k=\frac{K_S}{\beta\varepsilon_S}+\psi_S\frac{S_m}{S_a} \tag{12-22}$$

其中，$S_m(\sigma_m$ 或 $\tau_m)$为工作平均应力，$\psi_S=\dfrac{2S_{-1}-S_0}{S_0}$为非对称敏感系数($S$ 为 σ 或 τ)，其他符号的意义如上述。

小　结

1. 静载荷与动载荷概念：作用在结构上的载荷由零值缓慢增加到其终值，然后保持不变，整个加载过程是平衡绝热的过程，则这种载荷称为静载荷。而非平衡加载或载荷随时间起伏变化时称为动载荷。

动载荷问题分为三类：惯性载荷问题，冲击载荷问题，交变载荷问题。

2. 惯性载荷问题：当结构整体存在加速度时，结构各质点将受到惯性力作用，这种惯性力将在结构中引起附加的应力和位移，称为惯性应力和惯性位移。

惯性载荷问题的解法是：①计算实际载荷引起的应力或位移。②利用动静法(达郎贝尔原理)计算惯性力以及由惯性力引起的应力或位移。③将两者叠加得到动应力或动位移，然后依据前述各章内容计算结构的强度或刚度等问题。

3. 冲击载荷问题：当运动物体(称为冲击物)以一定的速度冲向静止的构件(称为被冲击物)时，其速度在极短的时间内发生极大的变化，甚至降到零。这种短的时间内急剧变化的载荷称为冲击载荷。

冲击载荷问题的解法通常采用能量法，在计算中采用了如下的假设：①冲击物视为刚体，即不考虑冲击物的变形。②不计被冲击物的质量，即不考虑被冲击物自身惯性力的影响。③冲击物无反弹，并不计冲击过程中的其他能量损耗，如热能、声能等。④冲击过程中被冲击物始终处于线弹性状态。这些假设实质上只考虑了冲击物的惯性力对结构的影响，而没有考虑各种能量的耗散，如热能、声能、冲击物的变形和反弹以及被冲击物的惯性载荷等所带来的能量消耗。因此，实际转化到被冲击结构中的能量比冲击物的机械能要小得多。如果采用上述假设进行冲击结构的设计，则由此设计的结构是偏安全的。

能量原理：$T+V=U$。其中，$T+V$ 是冲击物的机械能改变量，U 是被冲击物的应变能。

自由落体冲击：$K_d=1+\sqrt{1+\dfrac{2h}{\delta_{st}}}$，称为冲击动荷系数。$\delta_{st}$ 是冲击静位移，δ_{st} 是结构在冲击点处沿冲击方向的位移，也是将冲击物的重量 F 作为静载荷沿冲击方向作用在冲击点处所产生的沿冲击方向的位移。

冲击载荷为：$F_d=K_dF$。冲击动位移为：$\delta_d=K_d\delta_{st}$。冲击动应力为：$\sigma_d=K_d\sigma_{st}$。

4. 交变载荷问题。

交变应力重复一次的过程称为一个应力循环，重复的次数称为循环次数，用 N 表示。在交变载荷作用下，即使构件的应力低于材料的强度极限，但经过应力的多次循环后，构件也将产生宏观可见的裂纹或完全断裂，这种现象称为疲劳破坏。疲劳破坏是一种低应力水平下的渐进破坏，尽管最终构件仍是因为强度不够而破坏，但破坏机理与静载荷作用下的强度破坏有本质的不同。疲劳破坏有以下的特点：①破坏时的应力水平较低，一般远远小于材料的强度极限 σ_b 或屈服极限 σ_s。②破坏是突然发生的，而且是脆性断裂破坏。即便是塑性很好的材料，破坏时也没有明显的塑性变形。③在破坏的断口上，通常存在两个截然不同的区域：一个是粗糙区，一个是光滑区。疲劳破坏过程可理解为微观裂纹的形成、宏观裂纹的扩展以及突然失稳断裂等过程。

交变应力的特征应力：①$\sigma_{\max}$ 和 $\sigma_{\min}$ 分别称为应力循环的最大应力和最小应力。②$\sigma_m=\dfrac{\sigma_{\max}+\sigma_{\min}}{2}$，称为平均应力。③$\sigma_a=\dfrac{\sigma_{\max}-\sigma_{\min}}{2}$，称为应力幅。

应力比或循环特征：$r=\dfrac{\sigma_{\min}}{\sigma_{\max}}$。①$r=-1$，称为对称循环。②$r=0$，称为脉动循环。③$-1<r<1$，称为非对称循环。

对于切应力交变应力问题，将以上各式中的 σ 换为 τ 即可。

疲劳极限：材料（做成标准试件）在循环特征 r 下，经过无限多次应力循环（一般取循环次数 $N=10^7$）而不破坏的最大应力 $S(\sigma_r,\tau_r)$。

疲劳寿命：材料（做成标准试件）在循环特征 r 以及应力水平 $S(\sigma,\tau)$ 条件下，其破坏时的应力循环次数 N 称为材料的疲劳寿命。

$S-N$ 曲线：在循环特征 r 下，应力水平 $S(\sigma,\tau)$ 与材料的疲劳寿命 N 之间的关系曲线。

疲劳条件：$n=\dfrac{S}{kS_a}\geqslant[n]$。$n$ 为工作安全系数，$[n]$ 为许可安全系数，$S(\sigma_r,\tau_r)$ 是材料的疲劳极限，$S_a(\sigma_a,\tau_a)$ 是工作应力幅，k 是修正系数，$k=\dfrac{K_S}{\beta\varepsilon_S}$，实际计算时应考虑到构件的形状效应（应力集中效应）、尺寸效应和表面效应。相应的修正系数为 K_S,ε_S,β，在对称循环（$r=-1$）情况下，$k=\dfrac{K_S}{\beta\varepsilon_S}$；在非对称循环情况下，$k=\dfrac{K_S}{\beta\varepsilon_S}+\psi_S\dfrac{S_m}{S_a}$，其中：$S_m(\sigma_m,\tau_m)$ 是工作平均应力，$\psi_S=\dfrac{2S_{-1}-S_0}{S_0}$，$S$ 为 σ 或 τ。

思考题十二

1. 什么是动荷系数？其与哪些因素有关？为什么适当减小结构的刚度能提高结构抗冲击的能力？

2. 说明冲击载荷问题本质上是惯性力问题。为什么计算冲击问题时不用动静法而要用能量法？为什么用能量法对冲击问题进行结构设计是一种偏于安全的设计方法？

3. 如图所示结构中，计算 B 点的动应力时，动荷系数公式中的静位移应该取 F 作用于何处的静位移？

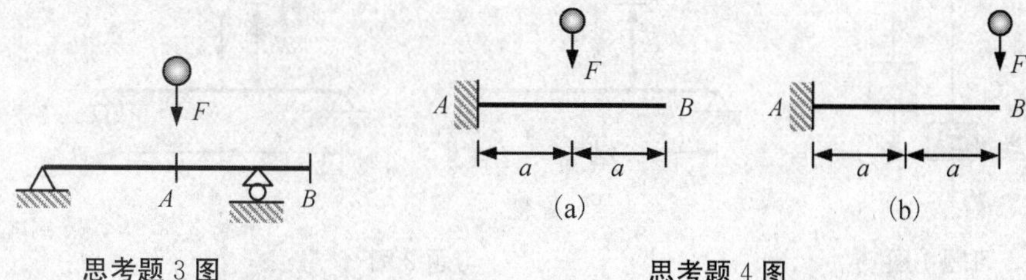

思考题 3 图　　思考题 4 图

4. 如图所示，悬臂梁上方有一重物自由下落，在下落处为中点和自由端两种情况下，哪种情况的动荷系数大？哪种情况的动变形大？哪种情况的动应力大？

5. 如图所示三种情况下，哪种情况的动荷系数最大？哪种情况的动荷系数最小？减小动荷系数就可以减小结构中的最大冲击应力吗？为什么？

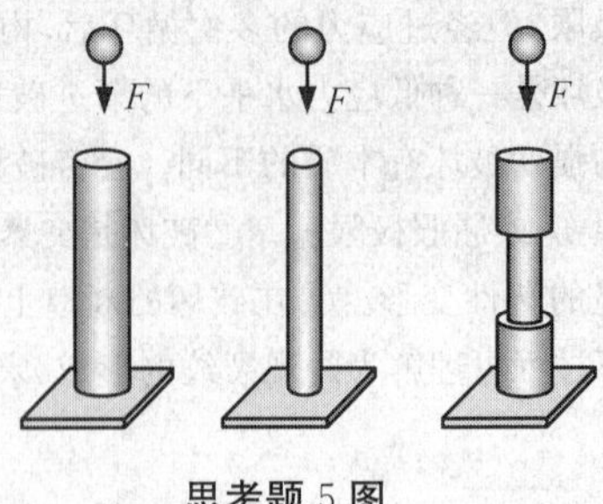

思考题 5 图

6. 动荷系数公式 $K_d = 1 + \sqrt{1 + \frac{2h}{\delta_{st}}}$ 的应用范围是什么？在载荷与变形关系是分段线性的情况下，应如何分析？

7. 冲击载荷问题中，当冲击高度 $h=0$ 时，加载是如何进行的？此时动荷系数是多少？这种情况下，最大动位移是最大静位移的几倍？重物势能减小了多少？如何在载荷－变形图中表示这个过程中的能量？受冲击物最终平衡时，所具有的应变能是冲击时外力所做功的几分之几？

8. 冲击载荷问题中，当冲击高度 $h \gg \delta_{st}$ 时，动荷系数可以如何简化？

9. 什么是交变载荷问题？试举出交变载荷的实际例子。

10. 构件疲劳破坏有什么特点？与一般的强度破坏有什么区别？

11. 什么是循环特征？如何由此将交变载荷问题进行分类？

12. 疲劳试验的 $S-N$ 曲线是如何得到的？什么是疲劳极限？什么是疲劳寿命？

13. 影响构件疲劳寿命的主要因素有哪些？

习题十二

一、选择题

1. 如图所示，滑轮两端挂有两个重物 W_1，W_2，且有 $W_2 > W_1$。绳子与滑轮间无摩擦，绳子与滑轮的质量不计，则绳子中的(　　)。

(A)动荷系数不等，动应力相等　　(B)动荷系数相等，动应力不等

(C)动荷系数相等，动应力相等　　(D)动荷系数不等，动应力不等

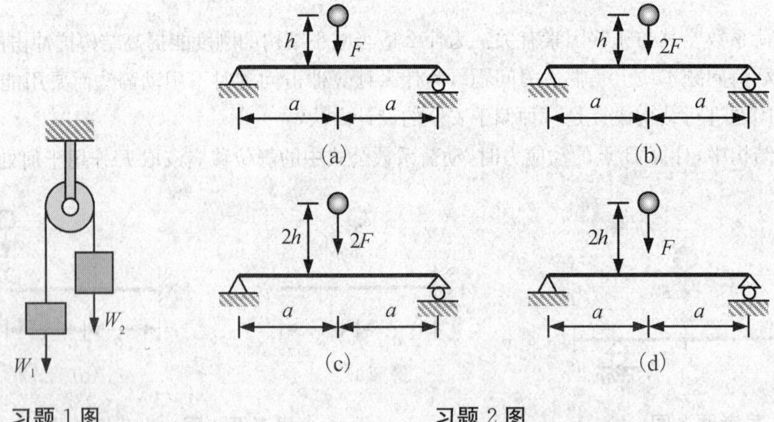

习题 1 图　　　　习题 2 图

2. 如图所示，简支梁在四种冲击载荷作用情况下，动荷系数最大的是(　　)。

(A)(a)　　(B)(b)　　(C)(c)　　(D)(d)

3. 如图所示悬臂梁，其抗弯刚度为 EI，则自由端的冲击动位移 w_B =(　　)。

(A) $\left(1+\sqrt{1+\dfrac{6EI}{Fa^2}}\right)\dfrac{Fa^3}{3EI}$　　(B) $\left(1+\sqrt{1+\dfrac{6EI}{Fa^2}}\right)\dfrac{5Fa^3}{6EI}$

(C) $\left(1+\sqrt{1+\dfrac{12EI}{5Fa^2}}\right)\dfrac{Fa^3}{3EI}$　　(D) $\left(1+\sqrt{1+\dfrac{12EI}{5Fa^2}}\right)\dfrac{5Fa^3}{6EI}$

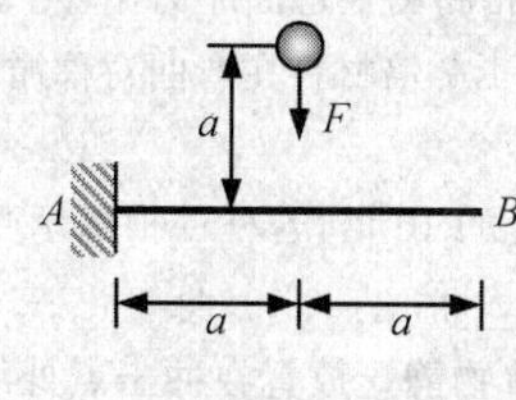

习题 3 图

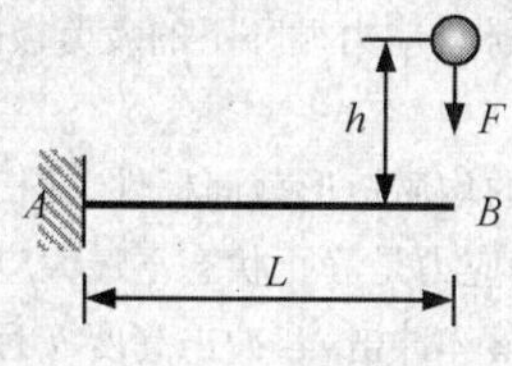

习题 4 图

4. 如图所示悬臂梁，其抗弯刚度为 EI，则下列叙述中正确的是(　　)。

(A)自由端的动挠度不为零，动应力为零

(B)自由端的动挠度不为零，动应力也不为零

(C)自由端的动挠度为零，动应力也为零

(D)自由端的动挠度为零，动应力不为零

5. 如图所示，梁受两个相同载荷同时冲击，其冲击动荷系数为 K_d，而两个载荷单独冲击时，冲击动荷系数分别为 K_{d1} 和 K_{d2}，则有(　　)。

(A) $K_d = K_{d1} + K_{d2}$　　(B) $K_d < K_{d1} + K_{d2}$

(C) $K_d > K_{d1} + K_{d2}$　　(D) $K_d = 2K_{d1} + K_{d2}$

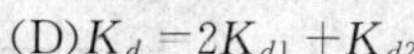

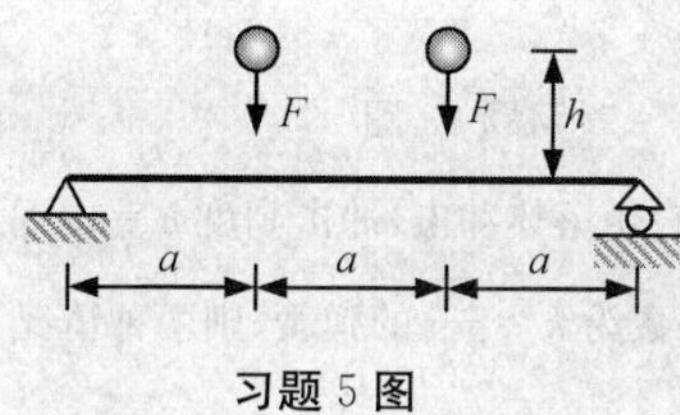

习题 5 图

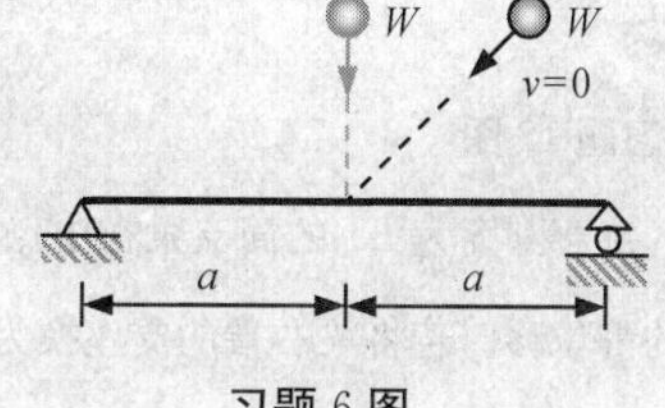

习题 6 图

6. 如图所示，梁受重量为 W 的重物倾斜冲击，重物的初始速度为零，则其冲击动荷系数 K_d 与重物在相同高度以自由落体垂直冲击时的冲击动荷系数 K_d' 之间的关系为(　　)。

(A) $K_d = K_d'$　　(B) $K_d > K_d'$

(C) $K_d \approx K_d'$　　(D) $K_d < K_d'$

7. 在下列陈述中，正确的是(　　)。

(A)疲劳破坏与强度破坏一样，即当交变载荷的峰值达到极限值时，材料产生疲劳破坏

(B)材料的疲劳极限与强度极限在数值上是差不多的

(C)疲劳寿命是材料在一定应力水平和循环特征下产生破坏的应力循环次数

(D)由于疲劳破坏是突然的脆性破坏，所以只有脆性材料才存在疲劳问题

8. 如图所示为某构件的交变应力变化图，则其应力循环特征 r =(　　)。

(A)2.5　　(B)0.4　　(C) −1　　(D) −0.4

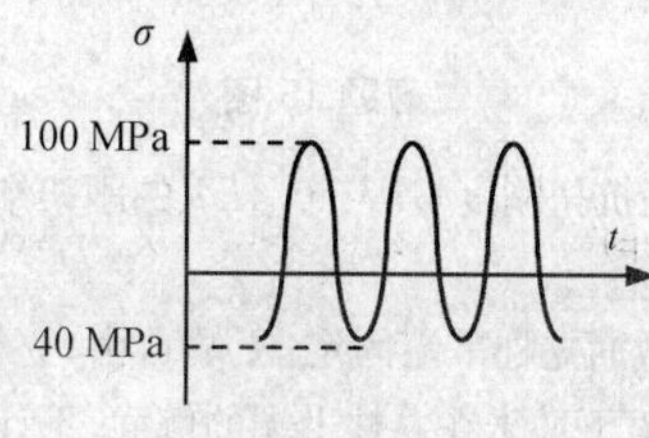

习题 8 图

9. 将某金属材料做成若干个标准试件，在实验室里做弯曲交变应力实验，得到的结果为 $\sigma_0 \approx 1.7\sigma_{-1}$，则该式的意义是(　　)。

(A)材料的强度极限约等于 1.7 倍材料的疲劳极限

(B)材料的强度极限约等于 1.7 倍材料在对称循环下的疲劳极限

(C)材料在拉压应力循环下的疲劳极限约等于 1.7 倍材料在弯曲应力循环下的疲劳极限

(D)材料在弯曲脉动应力循环下的疲劳极限约等于 1.7 倍材料在弯曲对称循环下的疲劳极限

二、填空题

10. 绕一端匀速转动的均质矩形截面杆件，其长度是高度的 10 倍，若杆件根部承受的惯性力是杆件重量的 10 倍，则杆件的最大动应力是静止状态下最大应力的_____倍。

11. 某梁受重物自由落体冲击，若冲击高度 h 远远大于重物静止放置在冲击点处的静位移 δ_{st}，则冲击高度为 $2h$ 时梁的动应力与冲击高度为 h 时梁的动应力之比约等于_______。

12. 如图所示，各段抗弯刚度为 EI 的刚架结构受重物自由落体冲击，若冲击高度 a 远远大于重物静止放置在冲击点处的静位移，则当重物分别冲击在 A 点处和 B 点处时，两者在自由端所引起的动位移之比约等于_______。若重物冲击在 C 点处，在自由端所引起的动位移约为_______。

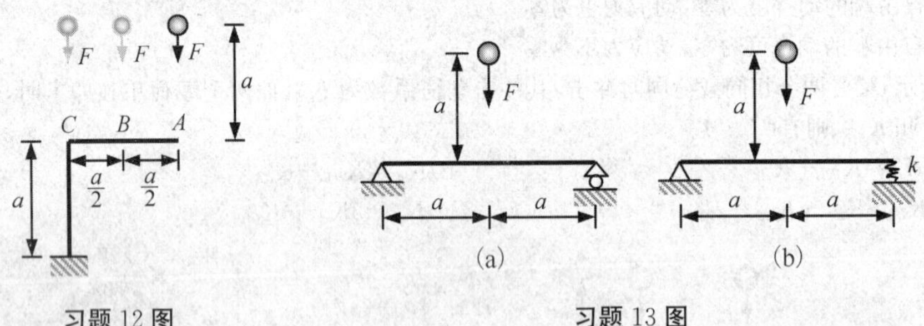

习题 12 图　　习题 13 图

13. 如图所示，抗弯刚度为 EI 的简支梁在中点受重物自由落体冲击，冲击高度 $h=a$，远远大于重物静止放置在冲击点处的静位移。若将梁右端的支座换为刚度系数为 $k=\dfrac{EI}{2a^3}$ 的弹簧，则两种情况下梁中的最大动应力之比约为_______。

14. 如图所示，抗弯刚度为 EI 的悬臂梁在中点和自由端分别受重物自由落体冲击，冲击高度 $h=a$，远远大于重物静止放置在冲击点处的静位移，则两种情况下梁中的最大挠度之比约为_______。

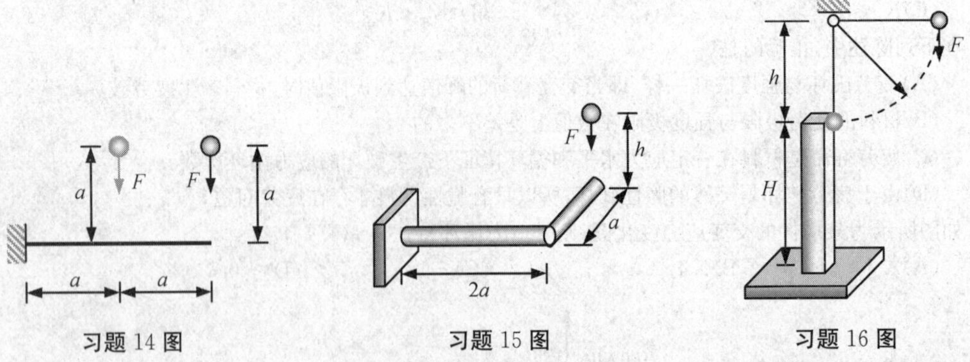

习题 14 图　　习题 15 图　　习题 16 图

15. 如图所示，各段抗弯刚度为 EI、抗扭刚度 $GI_p=0.4EI$ 的刚架结构在自由端受重物 F 自由落体冲击，则结构的动荷系数 $K_d=$____________。

16. 如图所示，边长为 a 的正方形截面立柱下端固定，上端自由，立柱高为 H，材料的弹性模量为 E。现有一重量为 F 的摆锤自高度 h 处自由落下冲击在立柱上端的侧面，不计立柱的自重，则立柱中的最大动应力 $\sigma_{d\max}=$_______。

17. 如图所示，传动轴由两皮带轮 D，E 传输功率，A，B，C 处为轴承。现需要在传动轴的表面打上一钢印，则钢印应打在______段轴上最合理。

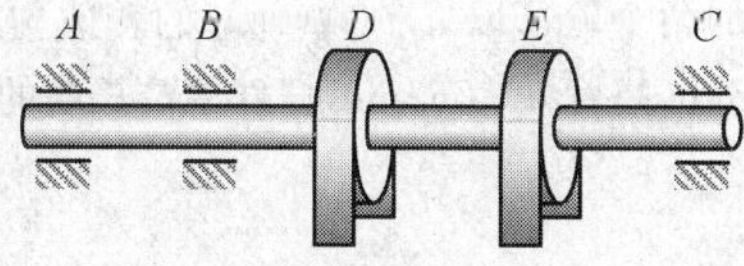

习题 17 图

三、计算题(A)

18. 如图所示的均质等截面杆件，长为 L，重量为 G，截面面积为 A，弹性模量为 E。杆件水平放置于一排滚轴之上，杆件右端作用有拉力 F，不计滚动摩擦，试求：(1)杆件截面上的正应力沿杆件长度分布的规律；(2)杆件的伸长量。

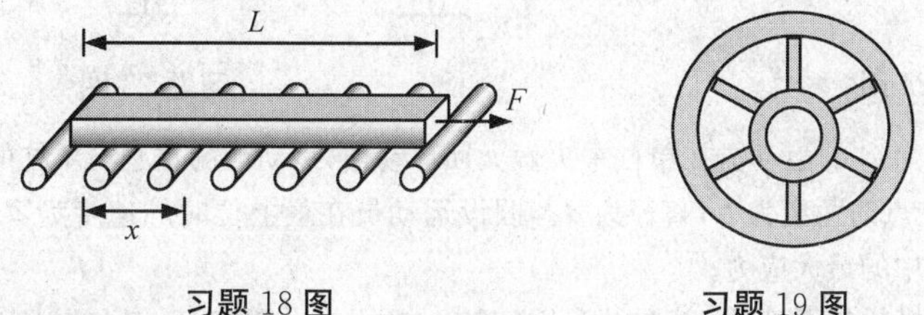

习题 18 图　　习题 19 图

19. 如图所示，飞轮的最大圆周速度 $v=25$ m/s，材料的密度 $\rho=7.41\times10^3$ kg/m³，飞轮可视为均质圆环，不计轮辐的影响，试求轮缘中的最大正应力。

20. 如图所示，圆轴上装有一均质圆盘，盘上有一圆孔，材料的密度 $\rho=7.41\times10^3$ kg/m³。若轴和圆盘以匀角速度 $\omega=40$ rad/s 一起转动，试求轴中由于圆盘上的这一圆孔所引起的最大正应力。

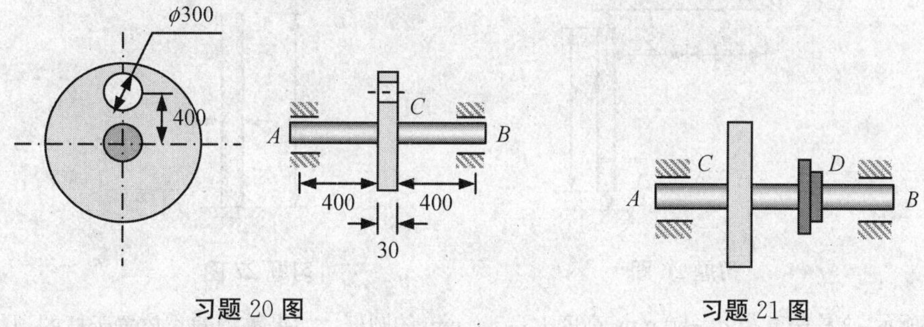

习题 20 图　　习题 21 图

21. 如图所示，直径 $d=100$ mm 的圆轴上装有转动惯量 $J=0.5$ kN·m·s² 的飞轮，飞轮轴的转速 $n=300$ r/min，当轴与驱动装置脱离时，制动器开始作用，并在 $t=20$ s 内将飞轮刹停，不计轴承的摩擦，试求轴内的最大切应力。

22. 如图所示，轴以匀角速度 ω 转动，在轴的纵向对称面内，轴的上下两边分别有一重量为 F 的小球，不计小球与轴之间连杆的影响，试求轴内的最大弯矩。

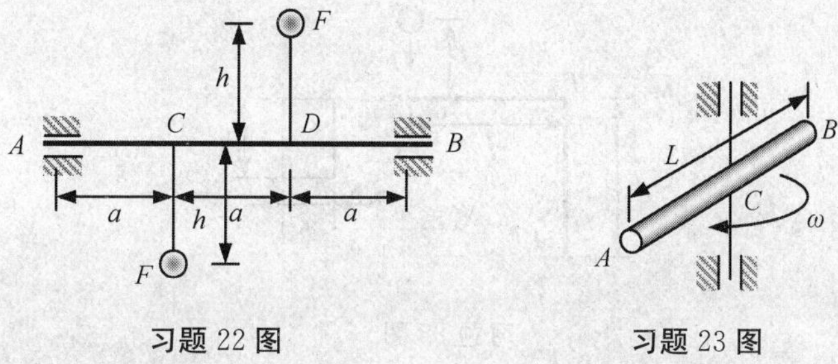

习题 22 图　　习题 23 图

23. 如图所示，长度为 L 的等截面杆件在水平面内绕过其中点的竖直轴以匀角速度转动，材料的密度为

ρ，弹性模量为 E，许用应力为$[\sigma]$，在不考虑自重所引起的弯曲效应情况下：(1)当角速度为 ω 时，求杆件的总伸长量 ΔL；(2)求杆件最大允许的角速度 $\omega_{\max}$。

24. 如图所示，半径 $R=250$ mm 的两个轮子以 $n=300$ rpm 的转速匀速转动，两轮由一矩形截面连杆联接，连杆长 $L=2$ m，截面宽度 $b=28$ mm，高度 $h=56$ mm，杆件单位长度的重量为 $q=0.12$ kN/m。求连杆横截面上的最大正应力。

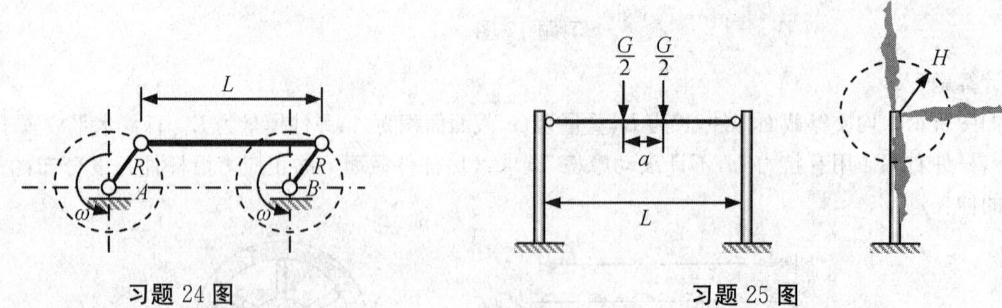

习题 24 图　　　　习题 25 图

25. 如图所示，重量为 G 的运动员在单杠中央做大回环动作，运动员的重心与单杠的距离保持为 H，两手间的距离为 a，单杠两支点的距离为 L，直径为 d。假设运动员在最上位时的速度为零，求运动员在最上位、水平位和最下位时单杠中的最大应力。

26. 如图所示结构，横梁是刚性梁，其左端为固定铰。立柱是大柔度杆，其抗拉刚度和抗弯刚度分别为 EA 和 EI。求使立柱不至于失稳的重物的最大下落高度。

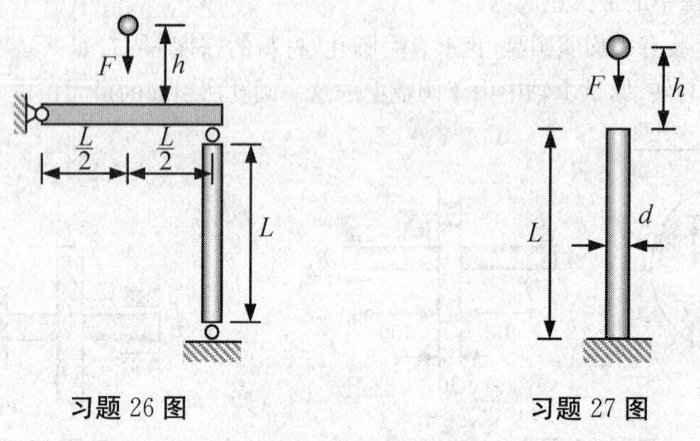

习题 26 图　　　　习题 27 图

27. 如图所示，立柱是直径 $d=50$ mm，高度 $L=500$ mm 的圆杆。如果重物静止放置于杆的顶端，那么杆件横截面上的正应力是稳定临界应力的百分之一。若取稳定安全系数$[n]=2$，试求重物自由落下的允许高度 h。

28. 如图所示，刚架横截面为矩形，$b=30$ mm，$h=40$ mm，$L=1000$ mm，材料的弹性模量 $E=200$ GPa，重物 $F=300$ N，自高度 $H=50$ mm 处自由下落。求刚架在冲击点处的竖向位移以及刚架中的最大正应力。

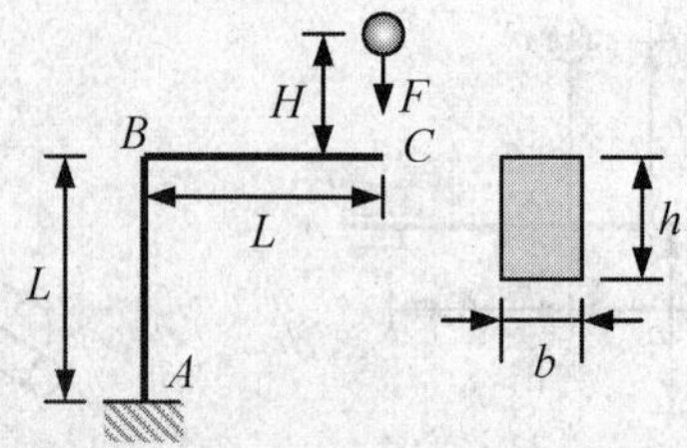

习题 28 图

29. 如图所示结构，横梁是刚性梁，其左端为固定铰。立柱上端有一缓冲弹簧，下端四周固定。弹簧的刚度系数 $k=100$ N/mm，立柱材料的弹性模量 $E=200$ GPa，$b=15$ mm，$h=30$ mm，$L=1000$ mm，稳定安全系数 $[n]=3$。立柱的轴向变形与弹簧变形相比太小，因而可以忽略，重物 $F-300$ N 自高度 $II=45$ mm 处自由下落。试校核立柱的安全性。

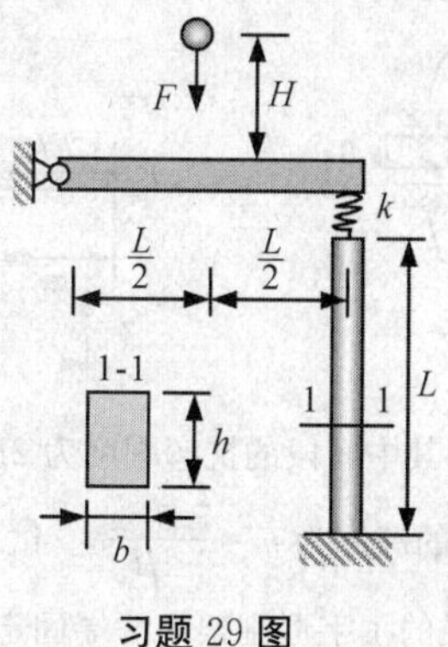

习题 29 图

30. 如图所示，梁的抗弯刚度为 EI，抗弯截面系数为 W，梁长为 L。弹簧的刚度系数 $k=\dfrac{EI}{L^3}$，重物重量为 F，自高处 h 自由下落。求梁中的最大正应力。

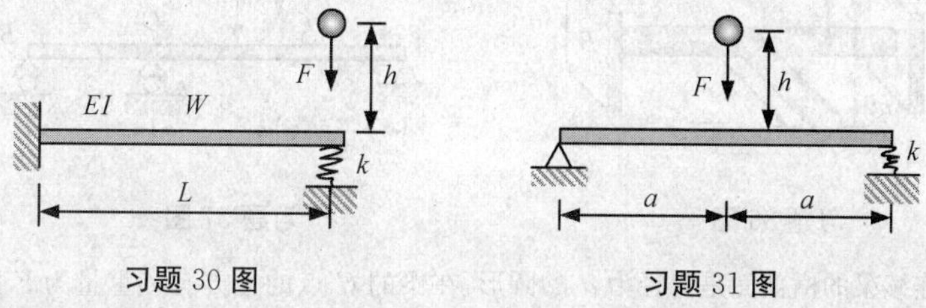

习题 30 图　　习题 31 图

31. 如图所示，梁的抗弯刚度 $EI=2\times10^{12}$ N·mm^2，抗弯截面系数 $W=1.5\times10^5$ mm^3，梁左端铰支，右端用弹簧支承，弹簧的刚度系数 $k=\dfrac{3EI}{a^3}$，$a=1.5$ m，重物重量 $F=1$ kN，梁的许用应力 $[\sigma]=160$ MPa，试求重物自由下落的允许高度 h。

32. 如图所示，蹦极平台距离湖面 $h=60$ m，绳索的抗拉刚度 $EA=2400$ N，蹦极爱好者的体重 $F=500$ N，在下坠过程中距湖面的最小距离 $s=10$ m，则绳索的长度 L 为多少米？

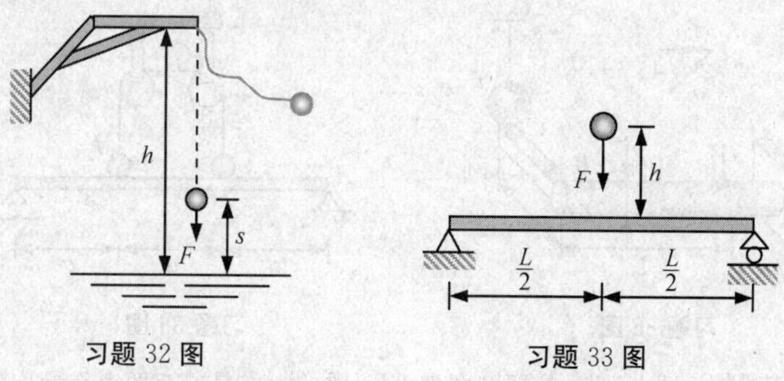

习题 32 图　　习题 33 图

33. 如图所示简支梁，其横截面为直径等于 d 的圆形，材料的弹性模量为 E，许用应力为 $[\sigma]$，当重物静止放置在梁中点时，梁中的最大正应力是许用应力的十分之一。试求重物自由下落的允许高度 h。

34. 如图所示，长度为 L、直径为 d 的圆轴右端与转动惯量为 J 的飞轮固结，两者以 ω 的角速度匀速转动。圆轴右端突然出现一力偶矩使转动瞬间停止。不考虑圆轴自身的转动惯量和飞轮的变形以及轴承摩擦的影响，试求圆轴内的最大切应力。

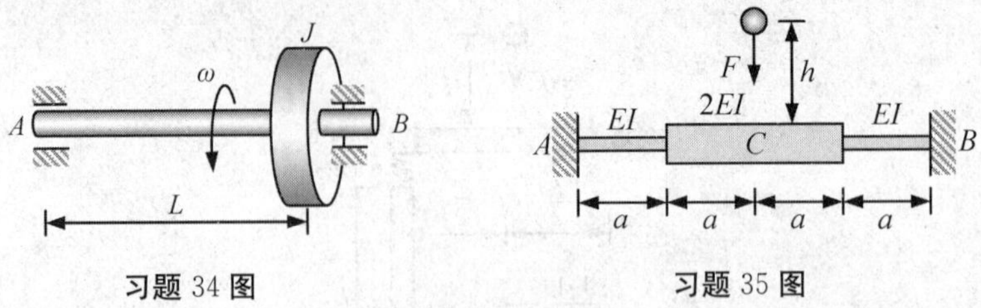

习题 34 图　　习题 35 图

35. 如图所示的两端固定的阶梯状梁，其中间段的抗弯刚度为 $2EI$，两边段的抗弯刚度为 EI，在梁中点的上方有一重量为 F 的重物自由落下，落下的高度为 $h=\dfrac{5.5Fa^3}{EI}$。试求梁中的最大弯矩。

36. 如图所示，由直径为 d 的圆杆制成的丁字形刚架的两端固定，自由端处有一重量为 F 的重物自高处 h 自由落下，材料的弹性模量为 E，泊松比 $\nu=0.25$ 。试求刚架自由端处的最大竖向位移。

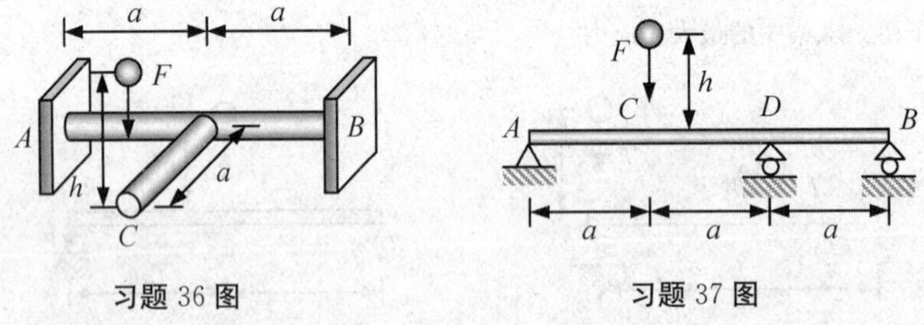

习题 36 图　　习题 37 图

37. 如图所示，连续梁的横截面是直径为 d 的圆形，在梁的 C 点的上方有一重量为 F 的重物自高处 $h=\dfrac{25Fa^3}{4EI}$ 自由落下，材料的弹性模量为 E。试求梁中的最大应力。

38. 如图所示，直角刚架圆轴部分的直径 $d=40$ mm，在圆轴上缘点 A 处贴有两个应变片，应变片①沿轴向，应变片②与应变片①成 $\alpha=45°$。刚架自由端的上方悬挂有一重量为 F 的重物，重物底部与刚架刚好接触，如果悬挂重物的绳索突然断开，两个应变片测得的应变是：$\varepsilon_{(1)}=6365\ \mu\varepsilon$，$\varepsilon_{(2)}=600\ \mu\varepsilon$。刚架材料弹性模量 $E=200$ GPa，泊松比 $\nu=0.25$，$L=400$ mm。试求重物的重量 F 和刚架曲拐部分的长度。

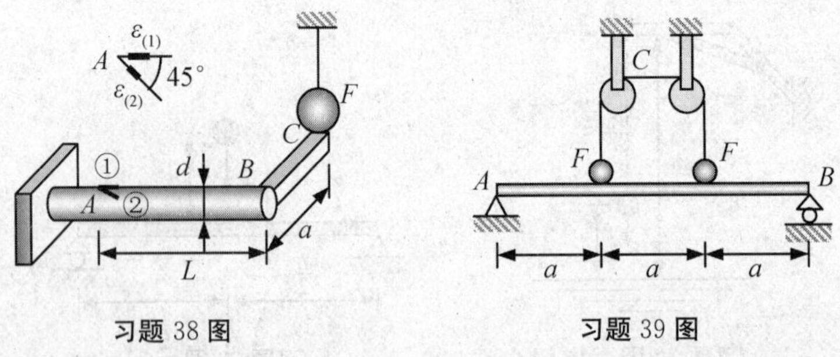

习题 38 图　　习题 39 图

39. 如图所示，简支梁的长度 $L=3a$，抗弯刚度为 EI。梁的上方悬挂有两个重量均为 F 的重物，重物底部与梁刚好接触，如果悬挂重物的绳索突然从中间点 C 处断开，试求梁中的最大挠度。

40. 如图所示，闭合环结构由截面为 $b\times h=40\ \text{mm}\times 20\ \text{mm}$ 矩形的钢带制成，其中 $R=200\ \text{mm}$，环在下方的中点 A 处固定，在环的上方中央处有一重量为 $F=0.4\ \text{kN}$ 的重物自高度 $H=30\ \text{mm}$ 处自由落下，材料的弹性模量 $E=100\ \text{GPa}$。试求钢带中的最大正应力。

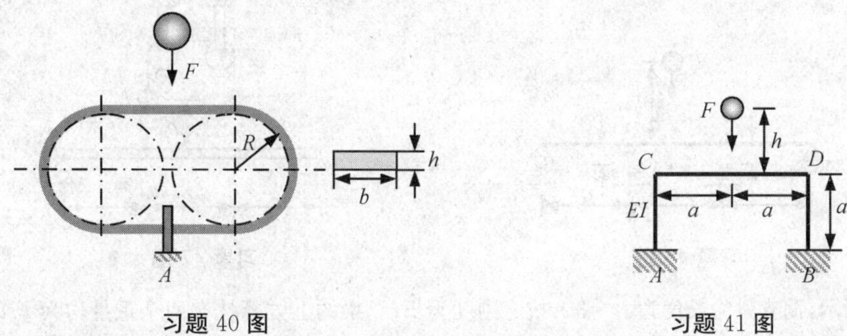

习题 40 图　　习题 41 图

41. 如图所示，刚架各段的抗弯刚度为 EI，在其上方中央处有一重量为 F 的重物自高度 h 处自由落下，试求刚架中的最大弯矩。

四、计算题(B)

42. 如图所示，均质开口圆环的密度为 ρ，抗弯刚度为 EI，横截面面积为 A。圆环绕着过圆心且位于圆环平面内的 KK 轴以角速度 ω 匀速转动。试求：(1)圆环横截面上由于转动而引起的最大弯矩；(2)由于转动而引起的缺口的张开宽度。

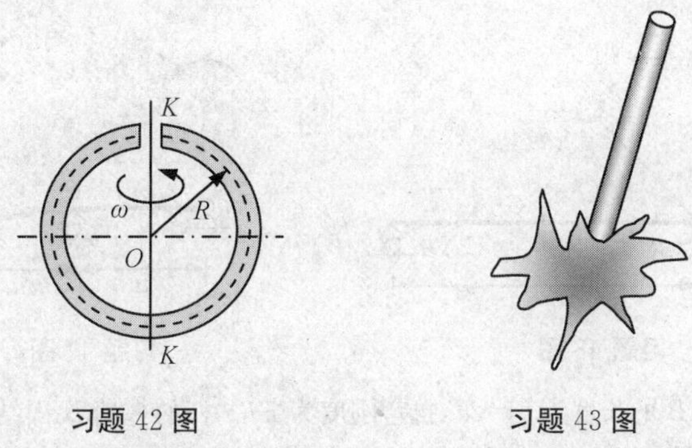

习题 42 图　　习题 43 图

43. 如图所示，烟囱底部定向爆破后倾倒，在倒地过程中，它将再次折断破坏，其破坏位置在什么地方？

44. 如图所示，简支梁上有一副梁，两梁的抗弯刚度均为 EI。副梁的上方有一重量为 F 的重物自高度 $h=\dfrac{7Fa^3}{4EI}$ 处自由下落，主梁和副梁间用两个铰连接。试求梁中的最大弯矩。

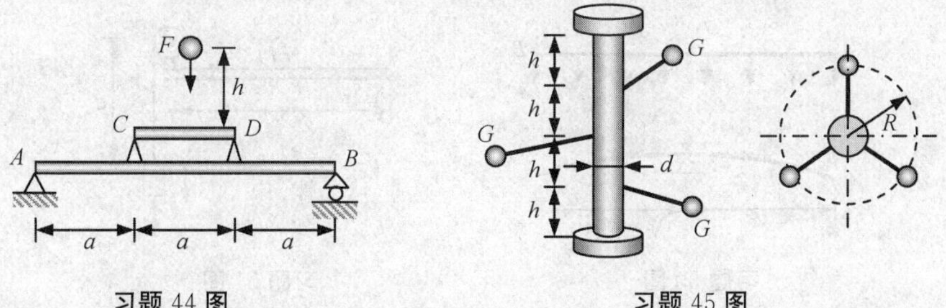

习题 44 图　　习题 45 图

45. 如图所示结构中，三个重量为 G 的圆球用刚性杆按图示方式固定在直径为 d 的竖直圆柱上，刚性杆与圆柱垂直。圆柱上端为滚珠轴承，下端的止推轴承可简化为固定铰。结构绕圆柱的轴线以角速度 $\omega=\sqrt{\dfrac{g}{2h}}$ 匀速转动。不计圆柱和刚性杆的质量。试求圆柱中部截面上的最大拉应力和最大压应力。

46. 如图所示，简支梁长度为 $L=3a$，抗弯刚度为 EI。在梁的下方间隙为Δ 处有两个刚度系数为 k 的弹簧，梁中央的上方有一重量为 F 的重物自高度 h 处自由下落。试求：①弹簧所受的最大冲击力。②梁中点的挠度。

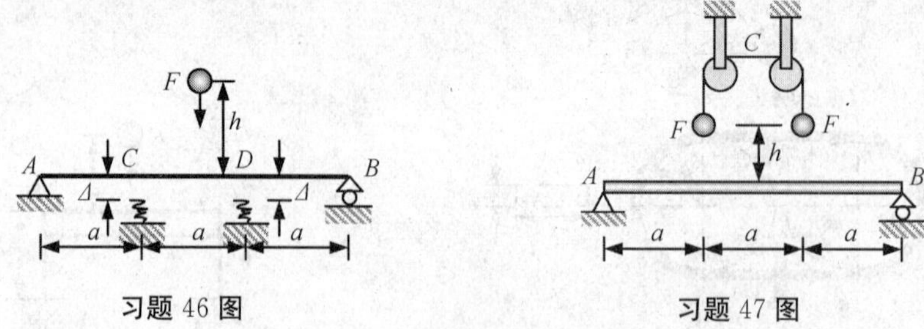

习题 46 图　　习题 47 图

47. 如图所示，简支梁的长度为 $L=3a$，抗弯刚度为 EI。梁的上方悬挂有两个重量均为 F 的重物，重物的高度为 h。如果悬挂重物的绳索突然从中间点 C 处断开，试求梁中的最大挠度。

48. 如图所示，简支梁的长度为 L，抗弯刚度为 EI，抗弯截面系数为 W。梁左端长度为$\frac{L}{2}$的轻质杆的末端固结有一重量为G 的重物，当轻质杆在竖直位置时，重物具有速度 v。不计梁和轻质杆的质量，试求重量冲击到梁上时梁中的最大正应力。

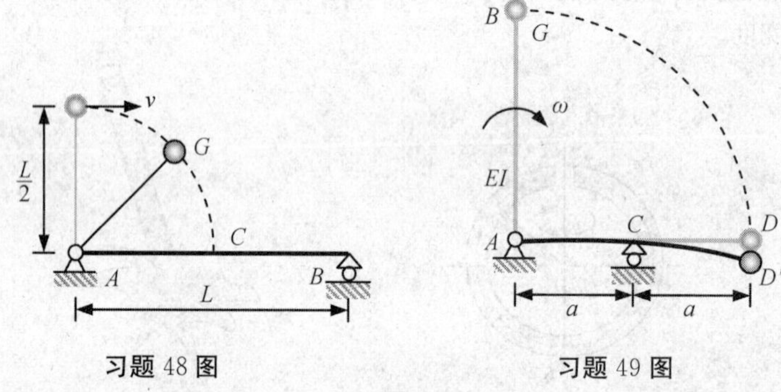

习题 48 图　　习题 49 图

49. 如图所示，均质杆 AB 的长度为 $L=2a$，抗弯刚度为 EI。杆的一端 B 固结有一重量为G 的重物，杆在水平面内以角速度 ω 绕另一端 A 匀速转动。当杆转动到 ACD 位置时，遇到约束 C 的阻碍，最终在 ACD'的位置停止转动。不计杆的质量，求杆中的最大冲击弯矩。

50. 如图所示，均质杆 AB 的长度为 $L=2a$，抗弯刚度为 EI，单位长度的重量为 q。当杆件从高度 h 处自由下落在刚性支架C 上时，求杆中的最大冲击弯矩。

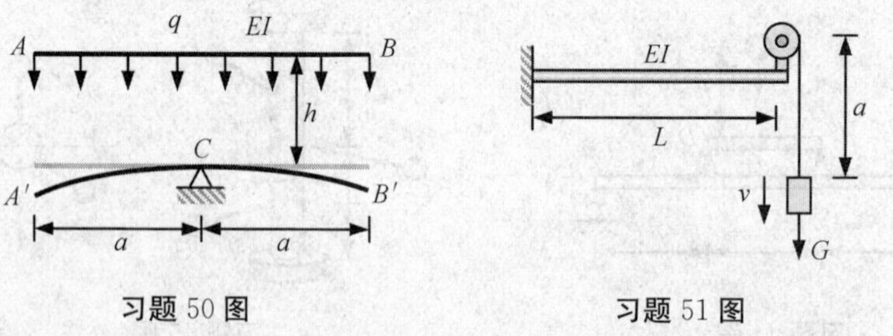

习题 50 图　　习题 51 图

51. 如图所示，抗弯刚度为 EI 的悬臂梁的自由端有一重量为G 的重物以速度 v 匀速下降，当重物下降至绳长为 a 时突然刹住。绳的弹性模量为 E，截面面积为 A，梁和绳子的材料相同，不计梁和绳子的质量以及吊装重物装置的重量，求绳中的动应力。

52. 如图所示，起重机皮带轮带动抗拉刚度为 EA 的钢绳将重量为 G 的重物以速度 v 匀速下降，钢绳与重物之间有一抗弯刚度为 EI 的开口圆环，开口位于圆环的正左侧，当重物下降使绳索长度至 a 时皮带轮突然刹住。不计圆环和钢绳的质量，求圆环切口的张开量。

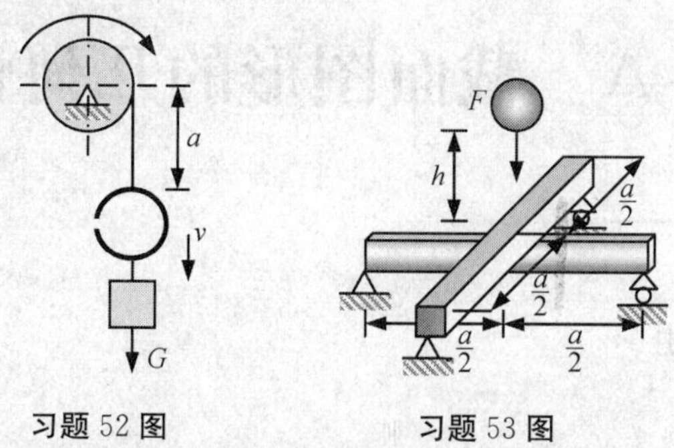

习题 52 图　　习题 53 图

53. 如图所示，两根截面为边长 $b=30$ mm 的正方形简支梁的长度均为 $a=1000$ mm，两梁在中央垂直交错，但两梁间存在竖直方向的间隙 $\delta=2$ mm。重物 $F=0.6$ kN 自高度 $h=20$ mm 的位置自由下落冲击在上梁的中点，梁材料的弹性模量 $E=200$ GPa。不计梁的质量，求梁中的最大正应力。

54. 如图所示，均质杆 AB 的横截面为高 b、宽 $h=2b$ 的矩形，杆件半长 $L=10b$，材料的弹性模量为 E。杆件两端各固结有一个重量为 G 的重物，杆件在水平面内以角速度 ω 绕其中点 O 匀速转动。由于制动，旋转速度突然降到 $\frac{\omega}{2}$，不计杆的质量，求杆件横截面上的最大正应力。

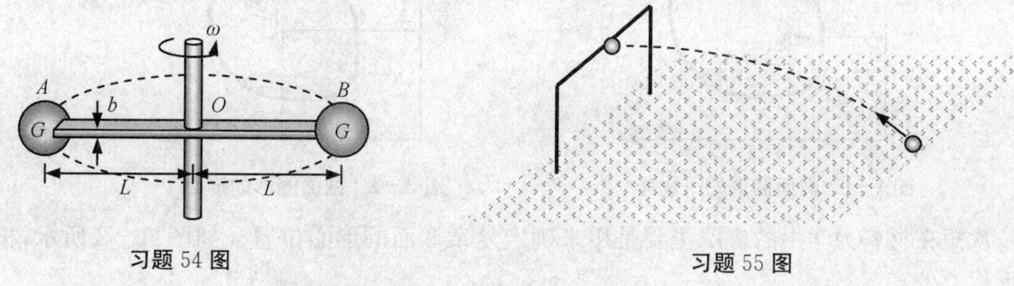

习题 54 图　　习题 55 图

55. 如图所示，足球运动员正对球门远距离大力射门，不幸球打在横楣的正中央，假设足球是垂直于球门平面冲击在横楣上的。试计算球门横楣和立柱中的最大正应力。

56. 身材高大的篮球运动员在跃身扣篮时，会顺势两手抓住篮圈，这构成了对篮圈和固定螺栓强度的极大威胁。试根据这一情况，计算篮圈与固定螺栓横截面的最大应力。

附录 A　截面图形的几何性质

1. 截面图形的静矩

(1)静矩的定义

如图 A－1 所示，杆件截面具有任意形状，在图示坐标系下积分：

$$S_z = \int_A y \mathrm{d}A, \quad S_y = \int_A z \mathrm{d}A \tag{A-1}$$

称为**截面图形对 z 轴和 y 轴的静矩**，也称为**一次矩或面积矩**。

注意，截面图形的一次矩借用了力矩的概念，即面积对轴求矩，因此被形象的称为面积矩。

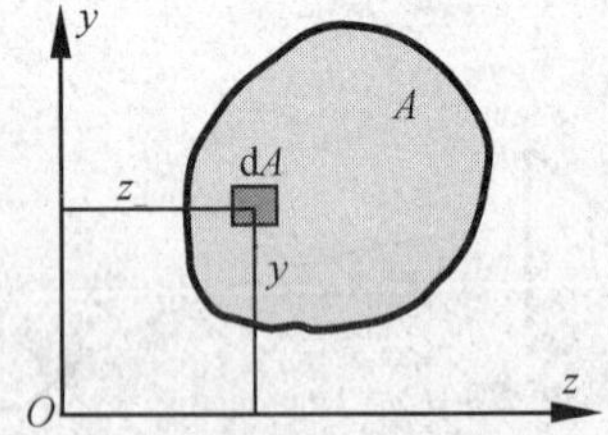

图A－1　截面图形的一次矩

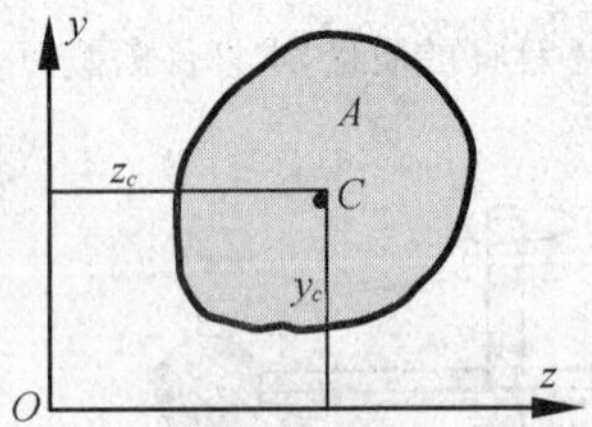

图 A－2　截面图形的形心

一次矩在材料力学中的应用主要是用来确定复杂截面的形心位置。如图 A－2 所示，根据图形形心公式：

$$z_c = \frac{\int_A z \mathrm{d}A}{A}, \quad y_c = \frac{\int_A y \mathrm{d}A}{A} \tag{A-2}$$

则有

$$z_c = \frac{S_y}{A}, \quad y_c = \frac{S_z}{A} \tag{A-3}$$

或

$$S_y = z_c A, \quad S_z = y_c A \tag{A-4}$$

式(A－3)可用于求截面图形的形心位置，而式(A－4)在已知截面形心位置的情况下可求截面图形对某轴的静矩，由式(A－4)可知：**截面图形的一次矩实际上可将截面面积集中到形心处，然后对某轴求矩。**

推论：**截面图形对某轴静矩为零的充分必要条件是该轴过截面的形心。**

(2)组合图形的静矩

如图 A－3 所示，截面由若干图形组合而成，则由静矩的定义，组合图形的静矩为

$$S_z = \sum_i S_{zi} = \sum_i y_{ci} A_i, \quad S_y = \sum_i S_{yi} = \sum_i z_{ci} A_i \tag{A-5}$$

即组合图形的静矩等于各个图形静矩的代数和。

组合图形的形心坐标为

$$z_c = \frac{S_y}{A} = \frac{\sum_i z_{ci} A_i}{\sum_i A_i}, \quad y_c = \frac{S_z}{A} = \frac{\sum_i y_{ci} A_i}{\sum_i A_i} \tag{A-6}$$

图 A－3　复杂截面图形的形心

如果组合图形中有挖去的图形，则应看成是负面积。如图 A－3 所示的截面图形中的圆就是负面积，具体处理的方法是：在计算组合图形静矩时减去该圆面积的静矩，而组合面积中减去该圆面积。详见例 A－3。

例 A－1　求图 A－4 所示的半径为 R 的四分之一圆形截面的形心。

解：由静矩的定义，截面对 z 轴的静力矩为

$$S_z = \int_A y \mathrm{d}A = \int_0^{\frac{\pi}{2}} \int_0^R r\sin\theta \cdot r\mathrm{d}\theta \mathrm{d}r = \int_0^{\frac{\pi}{2}} \sin\theta \mathrm{d}\theta \cdot \int_0^R r^2 \mathrm{d}r = \frac{R^3}{3}$$

截面面积为：$A = \frac{\pi R^2}{4}$，所以，由形心公式，有

$$y_c = \frac{S_z}{A} = \frac{R^3}{3} \cdot \frac{4}{\pi R^2} = \frac{4R}{3\pi}$$

同理：$z_c = \frac{S_y}{A} = \frac{4R}{3\pi}$。

推论：半圆截面的形心在距直线边 $y_c = \frac{4R}{3\pi}$ 处（如图 A－5 所示）。

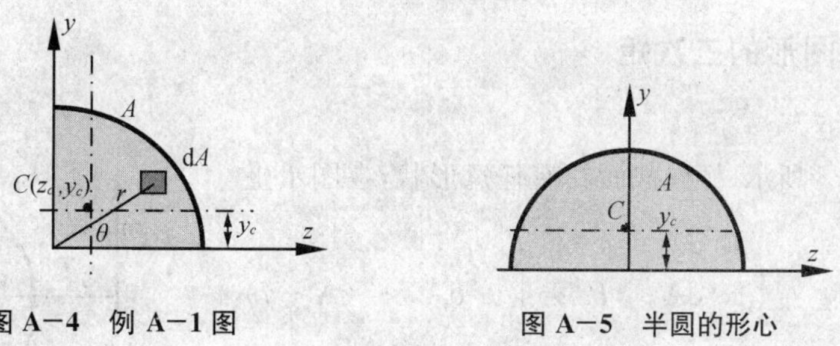

图 A－4　例 A－1 图　　图 A－5　半圆的形心

例 A－2　求图 A－6 所示的 T 形截面的形心，其中 a 为已知。

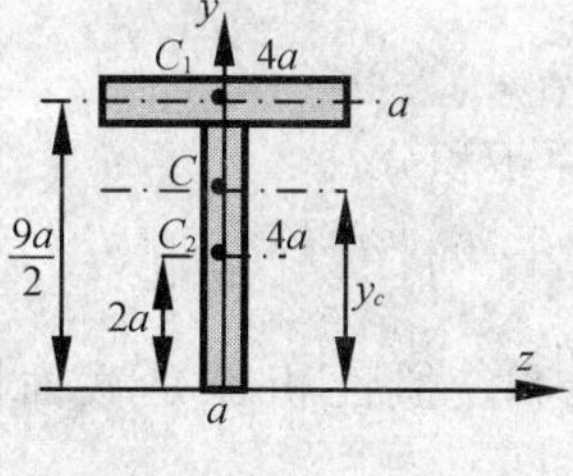

图 A－6　例 A－2 图

解：选如图 A－6 所示的坐标系，T 形截面可看成是两个矩形截面的组合图形，根据组合图形静矩的计算公式，有

$$S_z = \sum_i S_{zi} = S_{z1} + S_{z2}$$

$$S_{z1} = A_1 y_{c1} = 4a^2 \cdot \frac{9}{2}a = 18a^3, \quad S_{z2} = A_2 y_{c2} = 4a^2 \cdot 2a = 8a^3$$

所以有：$S_z = 26a^3$，则有

$$A = \sum_i A_i = A_1 + A_2 = 8a^2$$

故有：$y_c = \frac{S_z}{A} = \frac{26}{8}a = \frac{13}{4}a$。

例 A－3 求图 A－7 所示的截面图形的形心，其中 R 为已知。

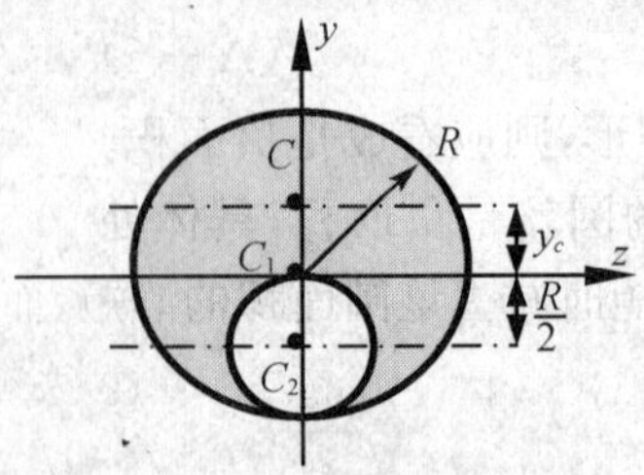

图 A－7 例 A－3 图

解：选如图 A－7 所示的坐标系，截面图形可看成是两个圆形截面的组合图形，小圆是挖去的面积，应算为负面积。根据组合图形静矩的计算公式同，有

$$S_z = \sum_i S_{zi} = S_{z1} - S_{z2}$$

$$S_{z1} = A_1 y_{c1} = \pi R^2 \cdot 0 = 0, \quad S_{z2} = A_2 y_{c2} = \pi\left(\frac{R}{2}\right)^2 \cdot \left(-\frac{R}{2}\right) = -\frac{\pi R^3}{8}$$

所以有：$S_z = \frac{\pi R^3}{8}$，则因：$A = \sum_i A_i = A_1 - A_2 = \pi R^2 - \pi\left(\frac{R}{2}\right)^2 = \frac{3}{4}\pi R^2$，故有：$y_c = \frac{S_z}{A} = \frac{\pi R^3}{8} \cdot \frac{4}{3\pi R^2} = \frac{R}{6}$。

2. 截面图形的二次矩

（1）惯性矩

如图 A－8 所示，杆件截面具有任意形状，在图示坐标系下积分：

$$I_z = \int_A y^2 \mathrm{d}A, \quad I_y = \int_A z^2 \mathrm{d}A \qquad (\mathrm{A}-7)$$

称为**截面图形对 z 轴和 y 轴的惯性矩**。惯性矩是截面图形对坐标轴的二次矩。

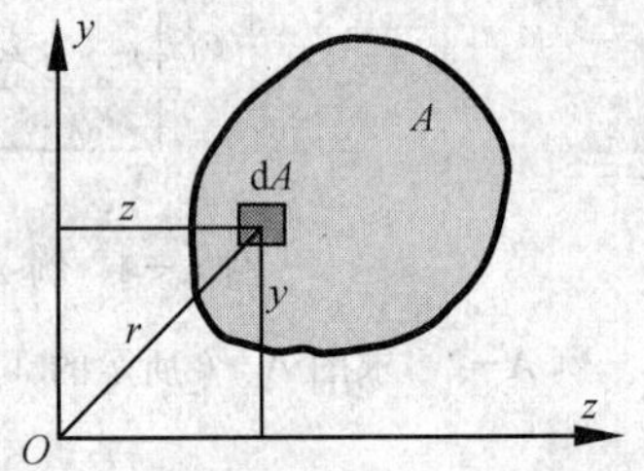

图 A－8 截面图形的二次矩

（2）惯性积

如图 A－8 所示，在图示坐标系下积分：

$$I_{zy} = \int_A zy \mathrm{d}A \qquad (\mathrm{A}-8)$$

称为**截面图形对 z，y 轴的惯性积**。惯性积也是截面图形对坐标轴的二次矩。显然：$I_{zy} = I_{yz}$。

（3）极惯性矩

如图 A－8 所示，在图示坐标系下积分：

$$I_p = \int_A r^2 \mathrm{d}A = \int_A (z^2 + y^2) \mathrm{d}A = I_z + I_y \qquad (\mathrm{A}-9)$$

称为**截面图形对点 O 的极惯性矩**。极惯性矩是截面图形对某点的二次矩。

（4）组合图形的二次矩

如图 A－9 所示，如果截面由若干图形组合而成，则由二次矩的定义，组合图形的各二次

矩为

$$\begin{cases} I_z = \sum_i I_{zi} = \sum_i \int_{A_i} y^2 \mathrm{d}A_i, \quad I_y = \sum_i I_{yi} = \sum_i \int_{A_i} z^2 \mathrm{d}A_i \\ I_{zy} = \sum_i I_{zyi} = \sum_i \int_{A_i} zy \mathrm{d}A_i \\ I_p = \sum_i I_{pi} = \sum_i \int_{A_i} r^2 \mathrm{d}A_i = \sum_i (I_{zi} + I_{yi}) \end{cases} \tag{A-10}$$

即截面图形的二次矩分别为各个图形相应的二次矩的代数和。特别要注意的是，如果组合图形有挖去的面积，则该面积应按负面积计算。具体处理的方法是：在计算组合图形二次矩时减去挖去的面积的二次矩。详见例 A－6。

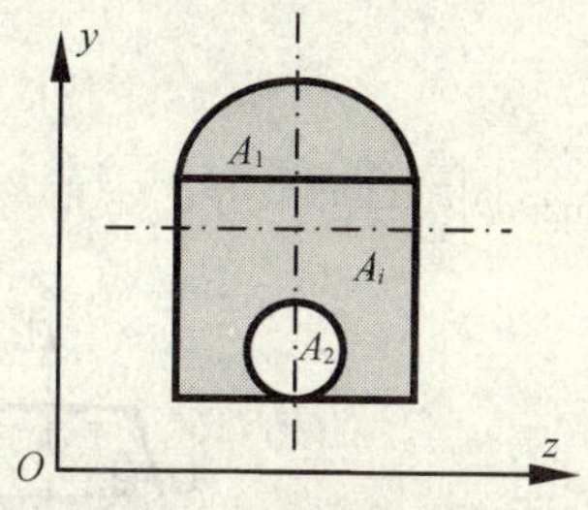

图 A－9　组合图形的二次矩

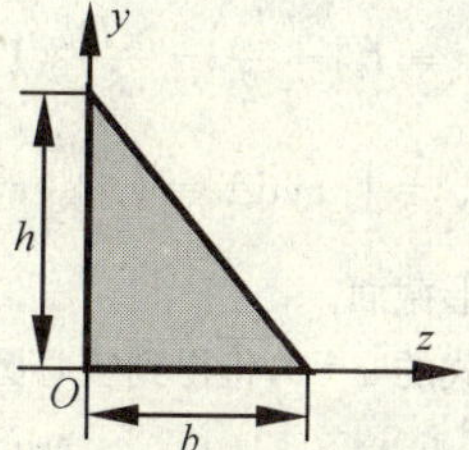

图 A－10　例 A－4 图

例 A－4　求图 A－10 所示的直角三角形截面对直角边的惯性矩和惯性积，并求其对直角点 O 的极惯性矩。

解：直角三角形斜边方程为：$y=h\left(1-\frac{z}{b}\right)$，则由惯性矩的定义，有

$$I_z = \int_A y^2 \mathrm{d}A = \int_0^b \left(\int_0^y y^2 \mathrm{d}y\right)\mathrm{d}z = \frac{1}{3}\int_0^b y^3 \mathrm{d}z = \frac{1}{3}\int_0^b h^3\left(1-\frac{z}{b}\right)^3 \mathrm{d}z = \frac{bh^3}{3}\int_0^1 t^3 \mathrm{d}t = \frac{bh^3}{12}$$

同理：$I_y = \frac{hb^3}{12}$。

由惯性积的定义，有

$$I_{zy} = \int_A zy \mathrm{d}A = \int_0^b \left(\int_0^y y \mathrm{d}y\right) z \mathrm{d}z = \frac{1}{2}\int_0^b y^2 z \mathrm{d}z = \frac{1}{2}\int_0^b h^2\left(1-\frac{z}{b}\right)^2 z \mathrm{d}z = \frac{b^2h^2}{24}$$

对直角点 O 的极惯性矩为

$$I_p = I_z + I_y = \frac{bh^3}{12} + \frac{hb^3}{12} = \frac{bh(b^2+h^2)}{12}$$

例 A－5　求图 A－11 所示的矩形和圆形截面对形心轴的惯性矩和惯性积，并求其对形心点 O 的极惯性矩。

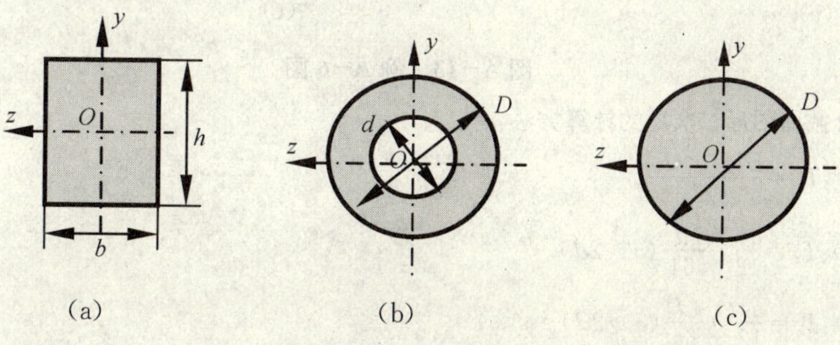

图 A－11　例 A－5 图

解：①矩形截面。

惯性矩：$I_z=\int_A y^2\mathrm{d}A=\int_{-\frac{b}{2}}^{\frac{b}{2}}\int_{-\frac{h}{2}}^{\frac{h}{2}}y^2\mathrm{d}y\mathrm{d}z=\frac{bh^3}{12}$。

同理：$I_y=\int_A z^2\mathrm{d}A=\frac{hb^3}{12}$。

惯性积：$I_{zy}=\int_A zy\mathrm{d}A=\int_{-\frac{b}{2}}^{\frac{b}{2}}\int_{-\frac{h}{2}}^{\frac{h}{2}}yz\mathrm{d}y\mathrm{d}z=\int_{-\frac{b}{2}}^{\frac{b}{2}}z\mathrm{d}z\int_{-\frac{h}{2}}^{\frac{h}{2}}y\mathrm{d}y=0$。

对形心点 O 的极惯性矩：$I_p=I_z+I_y=\frac{bh(b^2+h^2)}{12}$。

② 空心圆形截面。

对形心点 O 的极惯性矩：$I_p=\int_A r^2\mathrm{d}A=\int_0^{2\pi}\int_{\frac{d}{2}}^{\frac{D}{2}}r^2\cdot r\mathrm{d}\theta\mathrm{d}r=\frac{\pi(D^4-d^4)}{32}$，即：$I_p=\frac{\pi D^4}{32}(1-\alpha^4)$，$\alpha=\frac{d}{D}$。

惯性矩：$I_y=I_z=\frac{I_p}{2}=\frac{\pi D^4}{64}(1-\alpha^4)$。

惯性积：$I_{zy}=\int_A zy\mathrm{d}A=\int_0^{2\pi}\int_{\frac{d}{2}}^{\frac{D}{2}}r^2\sin\theta\cos\theta\cdot r\mathrm{d}\theta\mathrm{d}r=\int_0^{2\pi}\sin2\theta\mathrm{d}\theta\int_{\frac{d}{2}}^{\frac{D}{2}}\frac{r^3}{2}\mathrm{d}r=0$。

③实心圆形截面。

令②中各式的 $\alpha=0$，将得到实心圆形截面的结果。

对形心点 O 的极惯性矩：$I_p=\frac{\pi D^4}{32}$。

惯性矩：$I_y=I_z=\frac{I_p}{2}=\frac{\pi D^4}{64}$，惯性积：$I_{zy}=0$。

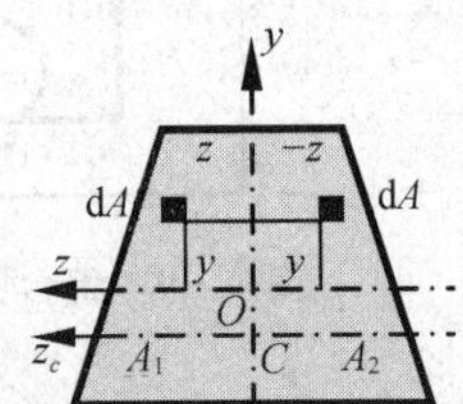

图 A−12　对称图形的惯性积

推论：若截面图形的 z，y 轴有一根是对称轴，则恒有 $I_{zy}=0$。

如图 A−12 所示，不妨设截面图形的 y 轴为对称轴，显然有

$$I_{zy}=\int_A zy\mathrm{d}A=\int_{A_1}zy\mathrm{d}A_1+\int_{A_2}(-z)y\mathrm{d}A_2=\int_{A_0}(z-z)y\mathrm{d}A_0=0$$

其中，A_1 和 A_2 分别是对称轴左边和右边的面积，显然 $A_1=A_2$，记为 A_0。

例 A−6　求图 A−13 所示的各截面图形对 z 轴的惯性矩。

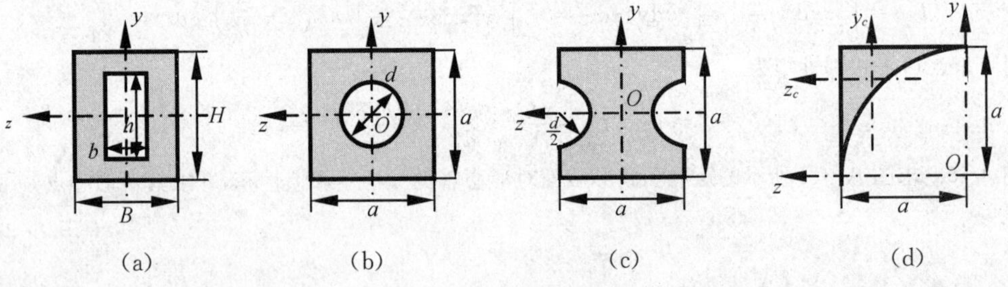

图 A−13　例 A−6 图

解：根据组合截面图形二次矩的计算方法，有：

图 A−13(a)：$I_z=\frac{BH^3-bh^3}{12}$。

图 A−13(b)：$I_z=\frac{a^4}{12}-\frac{\pi d^4}{64}(a>2d)$。

图 A−13(c)：$I_z=\frac{a^4}{12}-\frac{\pi d^4}{64}(a>2d)$。

图 A−13(d)：$I_z=I_y=\frac{I_p}{2}$，$I_p=I_{p1}-I_{p2}$，其中 I_{p1} 是正方形对角点 O 的极惯性矩，I_{p2} 是四分之一个圆形

截面对圆心点 O 的极惯性矩。

因边长为 $2a$ 的正方形对形心点 O 的极惯性矩为

$$I_p{}' = I_z{}' + I_y{}' = 2I_z{}' = 2 \cdot \frac{(2a)^4}{12} = \frac{8a^4}{3}$$

则其四分之一部分对角点 O 的极惯性矩为

$$I_{p1} = \frac{I_p{}'}{4} = \frac{1}{4} \cdot \frac{8a^4}{3} = \frac{2a^4}{3}$$

半径为 a 的四分之一个圆形截面对圆心点 O 的极惯性矩为

$$I_{p2} = \frac{1}{4} \cdot \frac{\pi(2a)^4}{32} = \frac{\pi a^4}{8}$$

则有：$I_z = I_y = \frac{I_{p1} - I_{p2}}{2} = \frac{1}{2}\left(\frac{2}{3} - \frac{\pi}{8}\right)a^4 = \left(\frac{1}{3} - \frac{\pi}{16}\right)a^4 \approx 0.137a^4$。

例 A-7　求图 A-14 所示的边长为 a 的正六边形截面对形心轴 z 的惯性矩。

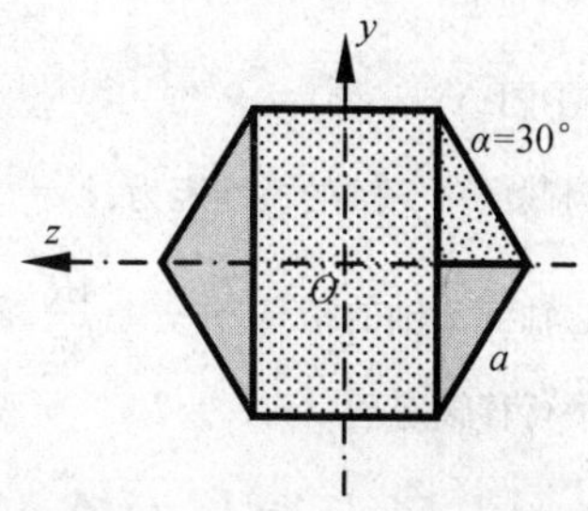

图 A-14　例 A-7 图

解：设图 A-14 所示的矩形对轴 z 的惯性矩为 I_{z1}，三角形对轴 z 的惯性矩为 I_{z2}，则整个截面对形心轴 z 的惯性矩为

$$I_z = I_{z1} + 4I_{z2}$$

$$I_{z1} = \frac{a(2 \times a\cos 30°)^3}{12} = \frac{\sqrt{3}}{4}a^4$$

$$I_{z2} = \frac{(a\sin 30°)(a\cos 30°)^3}{12} = \frac{\sqrt{3}}{64}a^4$$

所以有：$I_z = \left(\frac{1}{4} + \frac{1}{16}\right)\sqrt{3}a^4 = \frac{5\sqrt{3}}{16}a^4$。

3. 截面图形二次矩的平行移轴定理

如图 A-15 所示，截面图形的形心轴为 z'，y'，而 z，y 轴是另一对与之平行的轴，z' 轴与 z 轴的距离为 a，y' 轴与 y 轴的距离为 b，形心 C 到 z，y 坐标系原点的距离为 r。下面分析截面图形对这两对轴的二次矩之间的关系。

根据惯性矩的定义，截面图形对 z 轴的惯性矩为

$$\begin{aligned} I_z &= \int_A y^2 \mathrm{d}A = \int_A (y' + a)^2 \mathrm{d}A \\ &= \int_A (y'^2 + 2ay' + a^2)\mathrm{d}A \\ &= \int_A y'^2 \mathrm{d}A + 2a\int_A y' \mathrm{d}A + a^2\int_A \mathrm{d}A \\ &= I_{z'} + 2aS_{z'} + a^2 A \end{aligned}$$

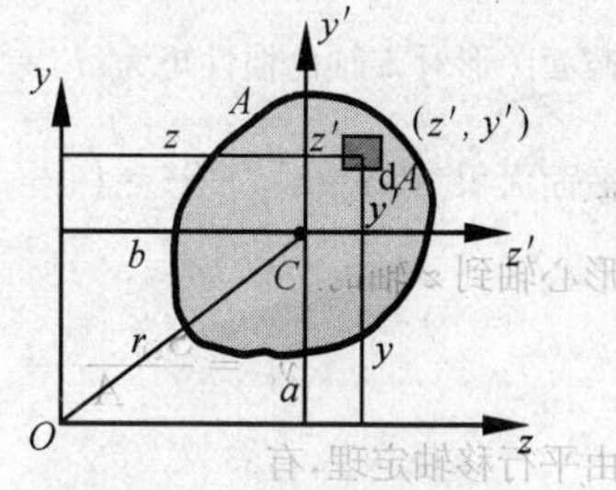

图 A-15　平行移轴定理

注意到 $S_{z'}$ 是截面图形对形心轴为 z' 的静矩，有：$S_{z'} = 0$，所以：$I_z = I_{z'} + a^2 A$。

同理，其他二次矩之间的关系亦可由此得到，为

$$\begin{cases} I_z = I_{z'} + a^2 A \\ I_y = I_{y'} + b^2 A \\ I_{zy} = I_{z'y'} + abA \end{cases} \tag{A-11}$$

公式(A-11)称为**截面图形二次矩的平行移轴定理**。特别要注意的是，$I_{z'}$，$I_{y'}$，$I_{z'y'}$ 是截面图形对自身形心轴的二次矩，而 I_z，I_y，I_{zy} 是截面图形对不过形心的轴的二次矩。

截面图形对形心 C 以及对 y,z 坐标系原点 O 的极惯性矩之间的关系很容易得到，为

$$I_{pO}=I_{pC}+r^2A \tag{A-12}$$

例 A-8 求图 A-16 所示的各截面图形对形心轴 z_c 的惯性矩。

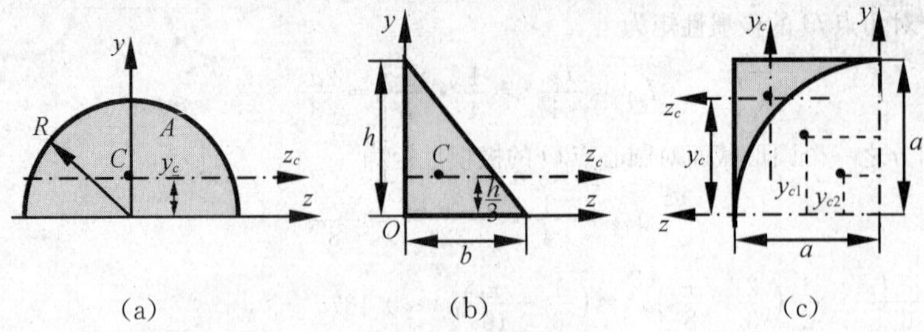

图 A-16 例 A-8 图

解：①图 A-16(a)。

半圆截面对 z 轴的惯性矩为：$I_z=\frac{1}{2}\cdot\frac{\pi(2R)^4}{64}=\frac{\pi R^4}{8}$。

形心轴到 z 轴的距离为：$y_c=\frac{4R}{3\pi}$，截面面积为：$A=\frac{\pi R^2}{2}$。

由平行移轴定理，有：$I_z=I_{z_c}+y_c^2A$，则有

$$I_{z_c}=I_z-y_c^2A=\frac{\pi R^4}{8}-\left(\frac{4R}{3\pi}\right)^2\frac{\pi R^2}{2}=\left(\frac{\pi}{8}-\frac{8}{9\pi}\right)R^4\approx 0.11R^4$$

②图 A-16(b)。

直角三角形截面对 z 轴的惯性矩为：$I_z=\frac{bh^3}{12}$。（见例 A-4）

形心轴到 z 轴的距离为：$y_c=\frac{h}{3}$，截面面积为：$A=\frac{bh}{2}$。

由平行移轴定理，有

$$I_{z_c}=I_z-y_c^2A=\frac{bh^3}{12}-\left(\frac{h}{3}\right)^2\frac{bh}{2}=\frac{bh^3}{36}$$

③图 A-16(c)。

截面图形对 z 轴的惯性矩为：$I_z=\left(\frac{1}{3}-\frac{\pi}{16}\right)a^4\approx 0.137a^4$（见例 A-6）。

截面面积为：$A=a^2-\frac{\pi a^2}{4}=\left(1-\frac{\pi}{4}\right)a^2$。

形心轴到 z 轴的距离为

$$y_c=\frac{S_{z1}-S_{z2}}{A}=\frac{a^2\cdot(a/2)-(\pi a^2/4)(4a/3\pi)}{(1-\pi/4)a^2}=\frac{2a}{3(4-\pi)}$$

由平行移轴定理，有

$$\begin{aligned}I_{z_c}&=I_z-y_c^2A=\left(\frac{1}{3}-\frac{\pi}{16}\right)a^4-\left[\frac{2a}{3(4-\pi)}\right]^2\left(1-\frac{\pi}{4}\right)a^2\\&=\left[\frac{1}{3}-\frac{\pi}{16}-\frac{1}{9(4-\pi)}\right]a^4\approx 0.008a^4\end{aligned}$$

例 A-9 求图 A-17 所示的截面图形对 y 轴的惯性矩。

解：截面图形对 y 轴的惯性矩为：$I_y=I_{y1}-2I_{y2}$，其中 I_{y1} 是正方形图形对 y 轴的惯性矩，I_{y2} 是挖去的半圆形图形对 y 轴的惯性矩。

$$I_{y1}=\frac{a^4}{12}=\frac{64r^4}{3}\approx 21.33r^4$$

半圆形图形对自身形心轴 y_c 的惯性矩由例 A-8①可知，为：$I_{y_c}=\left(\frac{\pi}{8}-\frac{8}{9\pi}\right)r^4$。

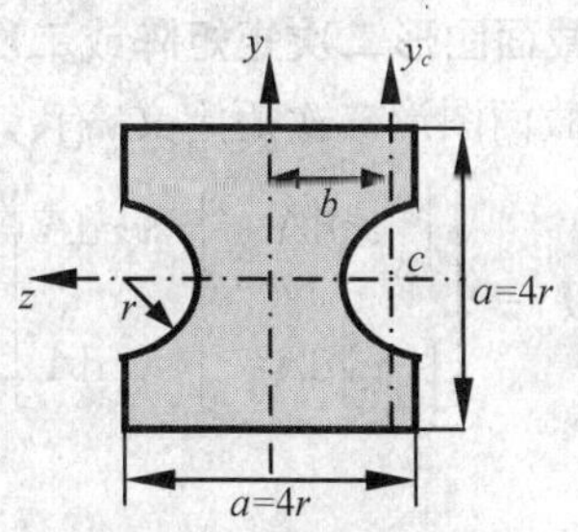

图 A－17　例 A－9 图

y_c 轴到 y 轴的距离为：$b=\frac{a}{2}-\frac{4r}{3\pi}=\left(2-\frac{4}{3\pi}\right)r$。

半圆形图形面积为：$A=\frac{\pi r^2}{2}$。

由平行移轴定理，有

$$I_{y2}=I_{y_c}+b^2A=\left(\frac{\pi}{8}-\frac{8}{9\pi}\right)r^4+\left(2-\frac{4}{3\pi}\right)^2\frac{\pi r^4}{2}\approx 3.95r^4$$

则截面图形对 y 轴的惯性矩为

$$I_y=\left[\frac{64}{3}-2\left(\frac{\pi}{8}-\frac{8}{9\pi}\right)r^4-\left(2-\frac{4}{3\pi}\right)^2\pi\right]r^4$$
$$=(21.33-7.9)r^4\approx 13.4r^4$$

4. 截面图形二次矩的转轴定理

(1)坐标变换

如图 A－18 所示，已知截面图形对坐标系(z,y)的二次矩分别为：I_z，I_y，I_{zy}。当坐标系(z,y)旋转一个角度 α 后构成新坐标系(z',y')时，截面图形对新坐标系(z',y')的二次矩 $I_{z'}$，$I_{y'}$，$I_{z'y'}$应该如何计算呢？下面分析截面图形对这两个坐标系的二次矩之间的关系。

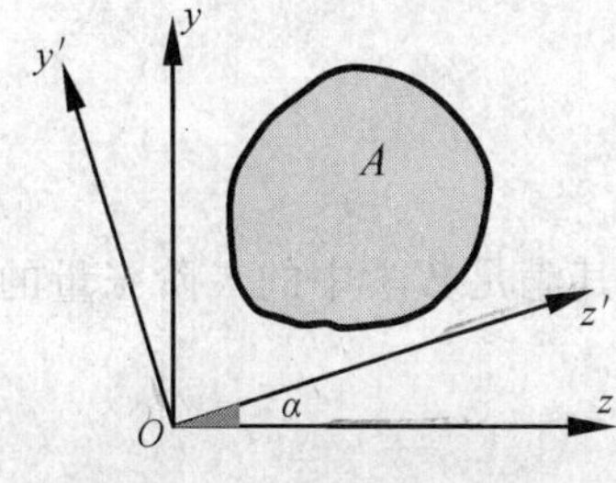

图 A－18　新旧坐标系

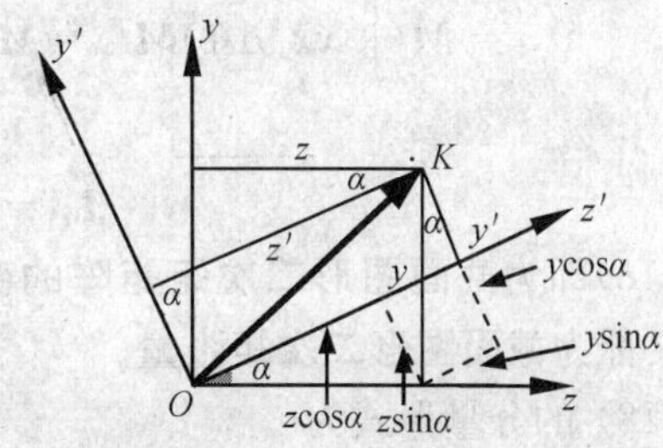

图 A－19　坐标变换

首先分析坐标变换，如图 A－19 所示，K 点为平面上任意一点，其在旧坐标系中的坐标为(z,y)，而在新坐标系中的坐标为(z',y')，容易得到：

$$\begin{cases} z'=z\cos\alpha+y\sin\alpha \\ y'=y\cos\alpha-z\sin\alpha \end{cases} \tag{A－13}$$

记为矩阵形式，有

$$\begin{bmatrix} z' \\ y' \end{bmatrix}=\begin{bmatrix} \cos\alpha & \sin\alpha \\ -\sin\alpha & \cos\alpha \end{bmatrix}\begin{bmatrix} z \\ y \end{bmatrix} \tag{A－14}$$

再记：$\boldsymbol{x}'=\begin{bmatrix} z' \\ y' \end{bmatrix}$，$\boldsymbol{x}=\begin{bmatrix} z \\ y \end{bmatrix}$，$\boldsymbol{M}=\begin{bmatrix} \cos\alpha & \sin\alpha \\ -\sin\alpha & \cos\alpha \end{bmatrix}$，则坐标变换式(A－13)可表示为

$$\boldsymbol{x}'=\boldsymbol{M}\boldsymbol{x} \tag{A－15}$$

式中，矩阵 $\boldsymbol{M}$ 称为坐标变换矩阵。不难验证 $\boldsymbol{M}$ 为单位正交矩阵，即

$$\boldsymbol{M}^{-1}=\boldsymbol{M}^{\mathrm{T}},\quad \boldsymbol{M}\boldsymbol{M}^{\mathrm{T}}=\boldsymbol{M}^{\mathrm{T}}\boldsymbol{M}=\boldsymbol{I}$$

这里 $\boldsymbol{I}$ 是 2×2 的单位矩阵。

(2)转轴定理

定义：

$$\boldsymbol{J}=\begin{bmatrix} I_z & I_{yz} \\ I_{zy} & I_y \end{bmatrix} \tag{A－16}$$

$\boldsymbol{J}$ 称为**截面图形二次矩矩阵**或**二次矩张量**。

由截面图形二次矩定义，有

$$\boldsymbol{J}=\begin{bmatrix}\int_A z^2\mathrm{d}A & \int_A yz\mathrm{d}A\\ \int_A zy\mathrm{d}A & \int_A y^2\mathrm{d}A\end{bmatrix}=\int_A\begin{bmatrix}z^2 & yz\\ zy & y^2\end{bmatrix}\mathrm{d}A=\int_A\begin{bmatrix}z\\ y\end{bmatrix}[z\quad y]\mathrm{d}A=\int_A\boldsymbol{x}\boldsymbol{x}^{\mathrm{T}}\mathrm{d}A$$

即

$$\boldsymbol{J}=\int_A\boldsymbol{x}\boldsymbol{x}^{\mathrm{T}}\mathrm{d}A \tag{A-17}$$

不难验证，在新旧坐标系中，有：$\mathrm{d}A=\mathrm{d}A'$。于是，截面图形在新坐标系(z',y')中的二次矩矩阵为

$$\boldsymbol{J}'=\begin{bmatrix}I_{y'} & I_{y'z'}\\ I_{z'y'} & I_{z'}\end{bmatrix}=\int_A\boldsymbol{x}'\boldsymbol{x}'^{\mathrm{T}}\mathrm{d}A$$

根据式(A-15)，有

$$\begin{aligned}\boldsymbol{J}'&=\int_A\boldsymbol{x}'\boldsymbol{x}'^{\mathrm{T}}\mathrm{d}A=\int_A(\boldsymbol{M}\boldsymbol{x})(\boldsymbol{M}\boldsymbol{x})^{\mathrm{T}}\mathrm{d}A=\int_A\boldsymbol{M}(\boldsymbol{x}\boldsymbol{x}^{\mathrm{T}})\boldsymbol{M}^{\mathrm{T}}\mathrm{d}A\\&=\boldsymbol{M}(\int_A\boldsymbol{x}\boldsymbol{x}^{\mathrm{T}}\mathrm{d}A)\boldsymbol{M}^{\mathrm{T}}=\boldsymbol{M}\boldsymbol{J}\boldsymbol{M}^{\mathrm{T}}\end{aligned}$$

即

$$\boldsymbol{J}'=\boldsymbol{M}\boldsymbol{J}\boldsymbol{M}^{\mathrm{T}} \tag{A-18}$$

式(A-18)即为**截面图形二次矩矩阵的变换公式**。其满足数学中的二阶张量的变换规律，所以 $\boldsymbol{J}$ 又称为**截面图形二次矩张量**。

式(A-18) 的分量形式为

$$\begin{bmatrix}I_{y'} & I_{y'z'}\\ I_{z'y'} & I_{z'}\end{bmatrix}=\begin{bmatrix}\cos\alpha & \sin\alpha\\ -\sin\alpha & \cos\alpha\end{bmatrix}\begin{bmatrix}I_y & I_{yz}\\ I_{zy} & I_z\end{bmatrix}\begin{bmatrix}\cos\alpha & -\sin\alpha\\ \sin\alpha & \cos\alpha\end{bmatrix} \tag{A-19}$$

展开有

$$\begin{aligned}I_{z'}&=I_y\sin^2\alpha-2I_{zy}\cos\alpha\sin\alpha+I_z\cos^2\alpha\\I_{y'}&=I_y\cos^2\alpha+2I_{zy}\cos\alpha\sin\alpha+I_z\sin^2\alpha\\I_{z'y'}&=(I_z-I_y)\cos\alpha\sin\alpha+I_{zy}(\cos^2\alpha-\sin^2\alpha)\end{aligned}$$

引用三角公式，可简化为

$$\begin{cases}I_{z'}=\dfrac{I_z+I_y}{2}+\dfrac{I_z-I_y}{2}\cos2\alpha-I_{zy}\sin2\alpha\\[2ex]I_{y'}=\dfrac{I_z+I_y}{2}-\dfrac{I_z-I_y}{2}\cos2\alpha+I_{zy}\sin2\alpha\\[2ex]I_{z'y'}=\dfrac{I_z-I_y}{2}\sin2\alpha+I_{zy}\cos2\alpha\end{cases} \tag{A-20}$$

上列各式称为**截面图形二次矩的转轴定理**。

(3)主惯性轴和主惯性矩

如图 A-20 所示，若已知截面图形对某个坐标系(z,y)的二次矩，根据转轴定理(A-20)，当坐标系旋转时，截面图形二次矩是转角 α 的函数，将惯性矩对 α 求导并令：

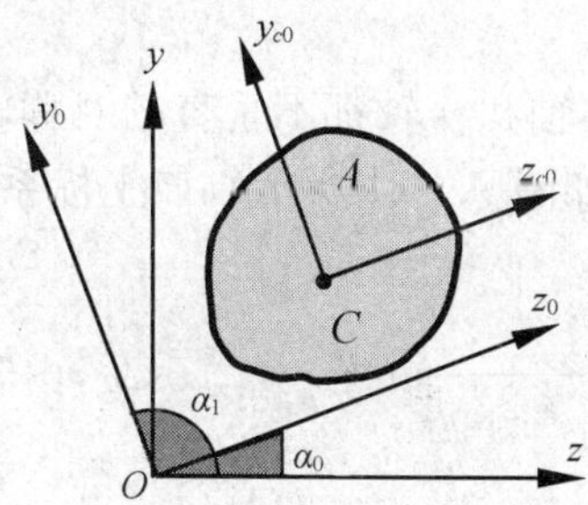

图 A－20　主惯性轴

$$\frac{\mathrm{d}I_{z'}}{\mathrm{d}\alpha}=0,-(I_z-I_y)\sin 2\alpha_0-2I_{zy}\cos 2\alpha_0=-2I_{z'y'}=0$$

$$\frac{\mathrm{d}I_{y'}}{\mathrm{d}\alpha}=0,(I_z-I_y)\sin 2\alpha_1+2I_{zy}\cos 2\alpha_1=2I_{z'y'}=0$$

即

$$\tan 2\alpha_0=-\frac{2I_{zy}}{I_z-I_y},\quad \tan 2\alpha_1=-\frac{2I_{zy}}{I_z-I_y}\qquad (\mathrm{A}-21)$$

可见，满足式(A－21)的转角 $\alpha_0,\alpha_1(\alpha_1=\alpha_0+90°)$使惯性矩取极值，惯性矩取极值的坐标系用$(z_0,y_0)$表示。

将式(A－21)代入式(A－20)前两式，有

$$(I_{\max},I_{\min})=\frac{I_z+I_y}{2}\pm\sqrt{(\frac{I_z-I_y}{2})^2+I_{zy}^2}\qquad (\mathrm{A}-22)$$

使惯性矩取极值的轴称为**主惯性轴**(图 A－20 中 y_0,z_0 轴)，相应的惯性矩称为**主惯性矩**。主惯性矩由式(A－22)确定。过截面形心的主惯性轴称为**形心主惯性轴**(图 A－20 中 z_{c0},y_{c0}轴)，相应的惯性矩称为**形心主惯性矩**。

推论 1：某轴是主惯性轴的充分必要条件是截面对该轴参与的惯性积为零。

若 $I_{z_0y_0}=0$，则 z_0,y_0 轴是截面的主惯性轴；若 z_0,y_0 轴是截面的主惯性轴，则有 $I_{z_0y_0}=0$。

推论 2：某形心轴是形心主惯性轴的充分必要条件是截面对该轴参与的惯性积为零。

推论 3：截面的对称轴一定是形心主惯性轴；过截面形心且垂直于截面对称轴的轴也是形心主惯性轴。

定理 1：若截面在其某个形心坐标系下有：$I_z=I_y=\lambda,I_{zy}=0$，则任意过截面形心的轴 K 都是截面的形心主惯性轴，且恒有：$I_K=\lambda$，即截面对所有的形心轴的惯性矩均是相同的。

根据转轴定理(A－20)很容易得到定理 1 的结论。

定理 2：若截面存在两根以上的对称轴，则任意过截面形心的轴 K 都是截面的形心主惯性轴(如图 A－21 所示)，且恒有：$I_K=I_z=I_y=\lambda$，即具有两根以上对称轴的截面对所有的形心轴的惯性矩均是相同的。

图 A－21　具有两根以上对称轴的截面

证明：若截面存在两根以上的对称轴，明显地，截面的形心是这些对称轴的交点，以其中一对称轴 y 以及与其垂直的轴 z 建立坐标系(z,y)，则有：

$I_{zy}=0$。

由于截面还存在至少一根与 z 轴和 y 轴都不垂直的对称轴，不妨假设该轴为 y'轴，与上面相仿，可建立一坐标系(z'，y')(如图 A－21 所示)，该坐标系与原坐标系间的转角为 α($\alpha\neq0°,90°$)，且有：$I_{z'y'}=0$。

根据转轴定理的第三式 $I_{z'y'}=\dfrac{I_z-I_y}{2}\sin2\alpha+I_{zy}\cos2\alpha$，由于 $\alpha\neq0°,90°$，所以 $\sin2\alpha\neq0$，故有：$I_{z'y'}=\dfrac{I_z-I_y}{2}\sin2\alpha+0\times\cos2\alpha=\dfrac{I_z-I_z}{2}=0$，所以：$I_z=I_y$。

由定理 1 可知，定理 2 的结论成立。

推论 4：正多边形和中心对称截面的任意形心轴 K 都是形心主惯性轴，且恒有：$I_K=I_z=I_y=\lambda$，即截面对所有的形心轴的惯性矩均是相同的(如图 A－22 所示)。

因正多边形和中心对称截面至少有三根对称轴。

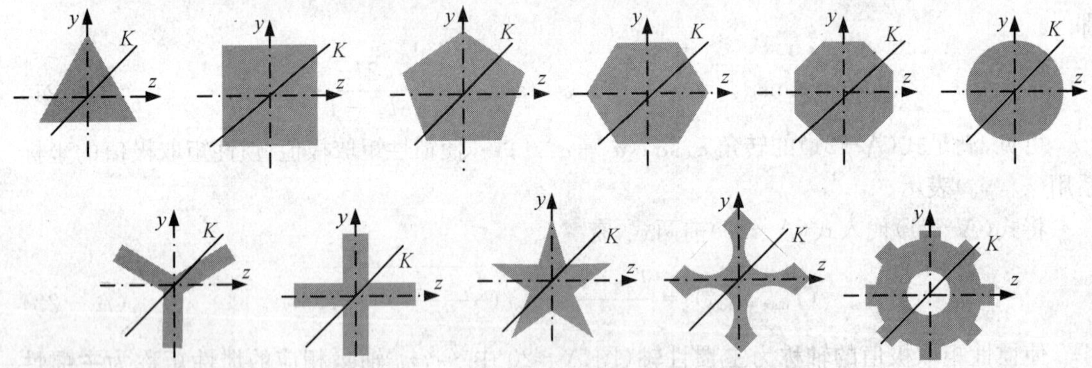

图 A－22　正多边形和中心对称截面

例 A－10　求图 A－23 所示的边长为 a 的正三角形截面对形心轴 K 的惯性矩。

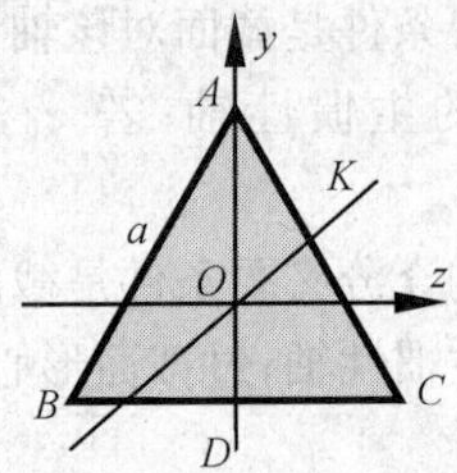

图 A－23　正三角形截面

解：由推论 4 可知，正三角形截面对所有的形心轴的惯性矩是相同的，即

$$I_K=I_z=I_y$$

显然，正三角形截面对 y 轴的惯性矩最易求出，根据例 A－4 的结果，有

$$I_K=I_y=2\times\frac{1}{12}\times\frac{\sqrt{3}a}{2}\times\left(\frac{a}{2}\right)^3=\frac{\sqrt{3}}{96}a^4$$

例 A－11　求图 A－24 所示的边长为 a 的正 n 边形截面对形心轴的惯性矩。

解：如图 A－24 所示，正 n 边形截面的边长为 a，每边对应的幅角 $\alpha=\dfrac{2\pi}{n}$，所以可将正 n 边形截面分为 n 幅图形。假设每幅图形对形心点的极惯性矩为 I_{pn}，则正 n 边形截面对形心点的极惯性矩为 $I_p=nI_{pn}$，于是正 n 边形截面对形心轴的惯性矩为

$$I=\frac{I_p}{2}=\frac{n}{2}I_{pn}$$

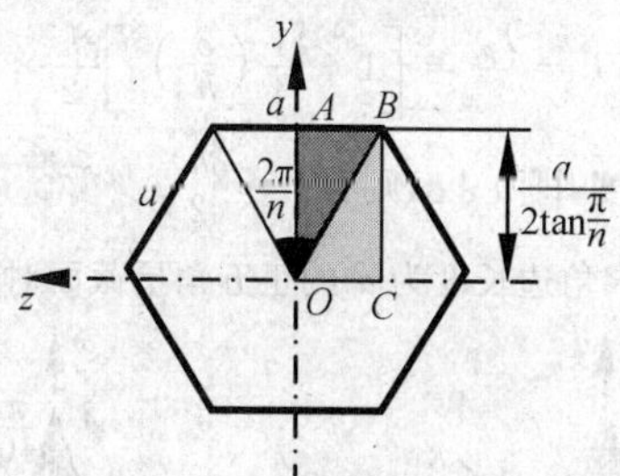

图 A-24 正 n 边形截面的惯性矩

每幅图形对形心点的极惯性矩为

$$I_{pn}=I_{yn}+I_{zn}$$

$$I_{yn}=2\times\frac{1}{12}\left(\frac{a}{2}\tan^{-1}\frac{\pi}{n}\right)\left(\frac{a}{2}\right)^3=\frac{1}{6}\left(\frac{a}{2}\right)^4\tan^{-1}\frac{\pi}{n}$$

$$I_{zn}=2\left[\frac{1}{2}\times\frac{1}{12}\left(\frac{a}{2}\right)\left(2\times\frac{a}{2}\tan^{-1}\frac{\pi}{n}\right)^3-\frac{1}{12}\left(\frac{a}{2}\right)\left(\frac{a}{2}\tan^{-1}\frac{\pi}{n}\right)^3\right]$$

其中扩号的第一项是图 A-24 所示的矩形 $OABC$ 对 z 轴的惯性矩，第二项是三角形 OBC 对 z 轴的惯性矩。

所以：$I_{zn}=\frac{1}{2}\left(\frac{a}{2}\right)^4\tan^{-3}\frac{\pi}{n}$，则有：$I_{pn}=I_{yn}+I_{zn}=\frac{1}{6}\left(\frac{a}{2}\right)^4\left[\tan^{-1}\frac{\pi}{n}+3\tan^{-3}\frac{\pi}{n}\right]$。

故正 n 边形截面对形心轴的惯性矩为

$$I=\frac{n}{2}I_{pn}=\frac{n}{12}\left(\frac{a}{2}\right)^4\left[\tan^{-1}\frac{\pi}{n}+3\tan^{-3}\frac{\pi}{n}\right]$$

即

$$I=\frac{n}{192}\left[\tan^{-1}\frac{\pi}{n}+3\tan^{-3}\frac{\pi}{n}\right]a^4$$

特例：①正三角形：$n=3$。

$$I=\frac{3}{192}\left[\tan^{-1}\frac{\pi}{3}+3\tan^{-3}\frac{\pi}{3}\right]a^4=\frac{1}{64}\left(\frac{1}{\sqrt{3}}+\frac{3}{3\sqrt{3}}\right)a^4=\frac{\sqrt{3}}{96}a^4$$

与例 A-10 的结论相同。

②正方形：$n=4$。

$$I=\frac{4}{192}\left[\tan^{-1}\frac{\pi}{4}+3\tan^{-3}\frac{\pi}{4}\right]a^4=\frac{1}{48}\times 4a^4=\frac{a^4}{12}$$

③正六边形：$n=6$。

$$I=\frac{6}{192}\left[\tan^{-1}\frac{\pi}{6}+3\tan^{-3}\frac{\pi}{6}\right]a^4=\frac{1}{32}(\sqrt{3}+3\times 3\sqrt{3})a^4=\frac{5\sqrt{3}}{16}a^4$$

与例 A-7 的结论相同。

例 A-12 求图 A-25 所示的正丫字形截面对形心轴的惯性矩，图中矩形条的长度为 h，厚度为 δ。

解：先求单个矩形条对形心的极惯性矩，有

$$I_{p1}=I_{y1}+I_{z1}$$

$$I_{y1}=\frac{h\delta^3}{12}$$

$$I_{z1}=\frac{1}{2}\times\frac{\delta(2h)^3}{12}=\frac{\delta h^3}{3}$$

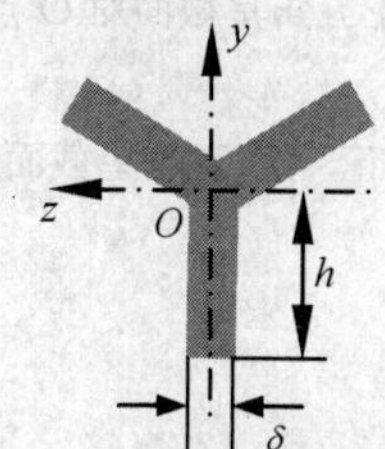

图 A-25 正丫字形截面

所以有：$I_{p1}=\frac{h\delta^3}{12}+\frac{\delta h^3}{3}=\frac{\delta h^3}{3}\left[1+\frac{1}{4}\left(\frac{\delta}{h}\right)^2\right]$，则正丫字形截面对形心的极惯性矩为：$I_p=3I_{p1}=\left[1+\frac{1}{4}\left(\frac{\delta}{h}\right)^2\right]\delta h^3$。

故由推论 4，正丫字形截面对形心轴的惯性矩为

$$I = \frac{I_p}{2} = \left[1 + \frac{1}{4}\left(\frac{\delta}{h}\right)^2\right]\frac{\delta h^3}{2}$$

如果矩形条的长度远远大于其厚度，即 $h \gg \delta$，则有：$I \approx \frac{\delta h^3}{2}$。

例 A－13 如图 A－26(a)所示，求角边长度为 a 的正五角星截面对形心轴的惯性矩。

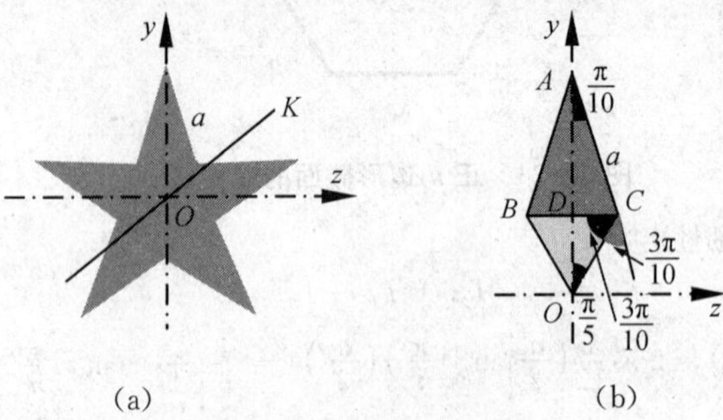

图 A－26 正五角星截面

解：将正五角星截面分为五幅相同的图形，其一幅如图 A－26(b)所示，几何尺寸为

$$\overline{AD} = a\cos 18° = 0.95a, \overline{DC} = a\sin 18° = 0.31a$$

$$\overline{OD} = \frac{\overline{DC}}{\tan\pi/5} = 0.31a \times 1.376 = 0.426a$$

直角三角形 ADC 对自身形心轴的惯性矩为(例 A－8)

$$I_{c1} = \frac{bh^3}{36} = \frac{0.31a(0.95a)^3}{36} = 0.0074a^4$$

由平行移轴定理，直角三角形 ADC 对 z 轴的惯性矩为

$$I_{z1} = 0.0074a^4 + \left(0.426a + \frac{0.95a}{3}\right)^2 \times \frac{0.31a \times 0.95a}{2}$$

$$= (0.0074 + 0.742^3 \times 0.147)a^4 = (0.0074 + 0.06)a^4 = 0.0674a^4$$

直角三角形 ODC 对 z 轴的惯性矩为

$$I_{z2} = \frac{1}{2} \times \frac{0.31a \times (2 \times 0.426a)^3}{12} - \frac{0.31a(0.426a)^3}{12} = 0.006a^4$$

所以，图 A－26(b)所示图形对 z 轴的惯性矩为

$$I_z = 2(I_{z1} + I_{z2}) = 2(0.0674a^4 + 0.006a^4) \approx 0.147a^4$$

图 A－26(b)所示图形对 y 轴的惯性矩为

$$I_y = 2 \times \frac{1}{12}(0.95a + 0.426a)(0.31a)^3 = 0.0077a^4$$

图 A－26(b)所示图形对 O 点的极惯性矩为

$$I_p = I_y + I_z = (0.0077 + 0.147)a^4 \approx 0.154a^4$$

因此，正五角星截面对 O 点的极惯性矩为

$$I_{p0} = 5I_p = 5 \times 0.154a^4 = 0.77a^4$$

故由推论 4，正五角星截面对形心轴的惯性矩为

$$I = \frac{I_{p0}}{2} = 0.385a^4$$

附录A习题

一、选择题

1. 如图所示的截面图形，其形心位置 y_c =(　　)。

(A)$\frac{10R}{9\pi}$　(B)$\frac{14R}{9\pi}$　(C)$\frac{20R}{9\pi}$　(D)$\frac{25R}{9\pi}$

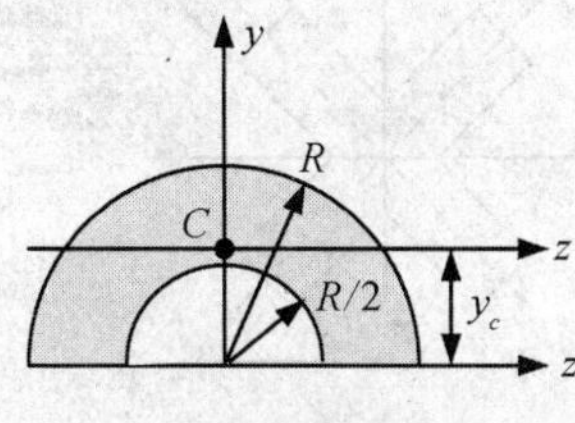

习题1图

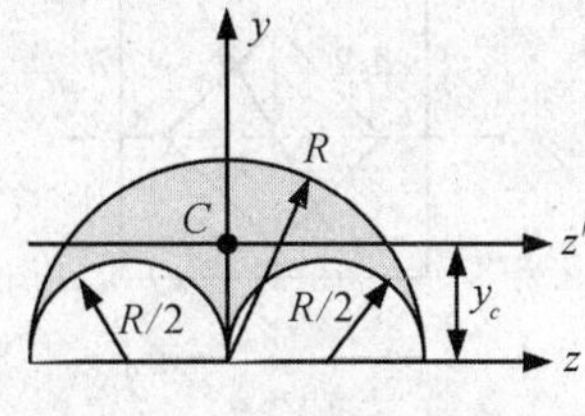

习题2图

2. 如图所示的截面图形，其形心位置 y_c =(　　)。

(A)$\frac{2R}{3\pi}$　(B)$\frac{R}{\pi}$　(C)$\frac{2R}{\pi}$　(D)$\frac{3R}{\pi}$

3. 如图所示的边长为 a 的正三角形截面，其对任意边的惯性矩为 I_x，而对任意过形心的轴的惯性矩为 I_C，则有(　　)。

(A)$I_x = I_C$　(B)$I_x = 2I_C$　(C)$I_x = 3I_C$　(D)$I_x = 4I_C$

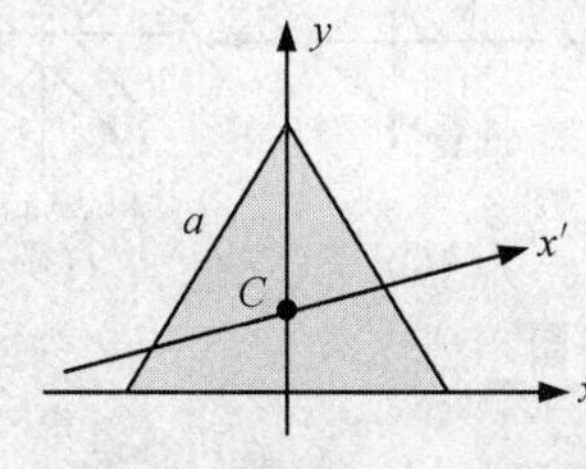

习题3图

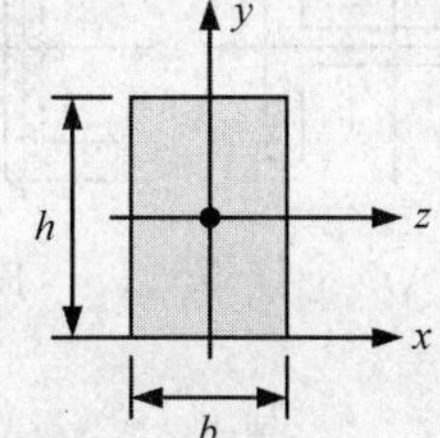

习题4图

4. 如图所示的宽为 b、高为 h 的矩形截面，其对底边的惯性矩 I_x =(　　)。

(A)$\frac{bh^3}{2}$　(B)$\frac{bh^3}{3}$　(C)$\frac{bh^3}{4}$　(D)$\frac{bh^3}{5}$

5. 如图所示的截面，其对点 O 的极惯性矩 I_p =(　　)。

(A)$\left(\frac{1}{6}-\frac{\pi}{32}\right)a^4$　(B)$\left(1-\frac{\pi}{8}\right)a^4$　(C)$\left(\frac{2}{3}-\frac{\pi}{8}\right)a^4$　(D)$\left(\frac{1}{3}-\frac{\pi}{16}\right)a^4$

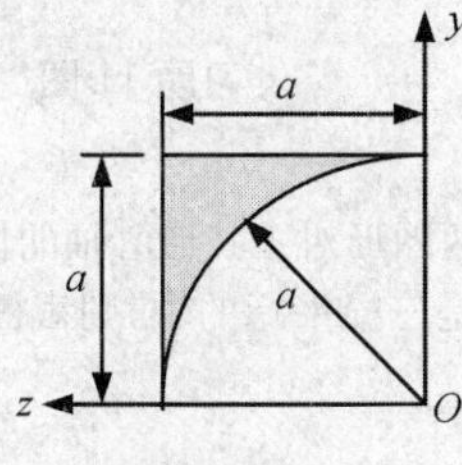

习题5图

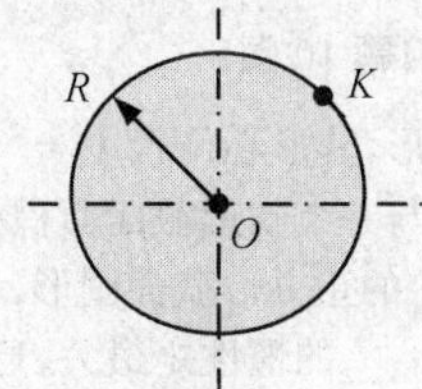

习题6图

6. 如图所示的圆形截面，其对圆周上任意点 K 的极惯性矩 I_{pK} =(　　)。

(A)$\frac{3}{2}\pi R^4$　(B)$\frac{3}{4}\pi R^4$　(C)$\frac{5}{2}\pi R^4$　(D)$\frac{5}{4}\pi R^4$

7. 如图所示的边长为 a 的正方形截面，在其中心挖去一边长为 $\frac{a}{2}$ 的正方形，则截面对任意过形心的轴 K 的惯性矩 $I_K=$(　　)。

(A) $\frac{1}{64}a^4$　　(B) $\frac{5}{64}a^4$　　(C) $\frac{15}{64}a^4$　　(D) $\frac{5}{32}a^4$

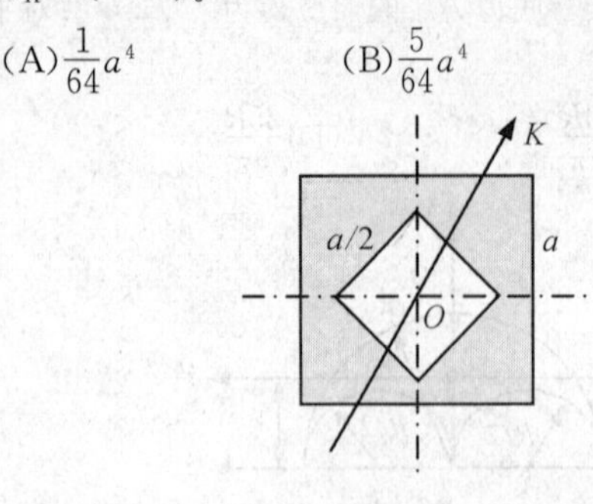

习题 7 图

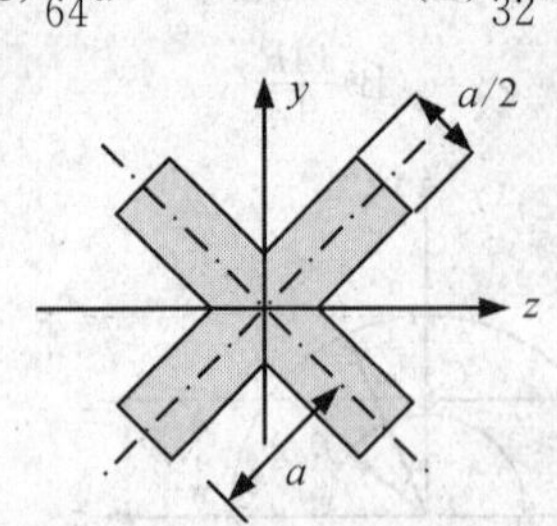

习题 8 图

8. 如图所示的十字形截面，其对 z 轴的惯性矩 $I_z=$(　　)。

(A) $\frac{2}{3}a^4$　　(B) $\frac{17}{48}a^4$　　(C) $\frac{11}{32}a^4$　　(D) $\frac{67}{192}a^4$

9. 如图所示的各截面图形，图中坐标系的原点均在形心处，则图示坐标轴不是截面形心主惯性轴的是(　　)。

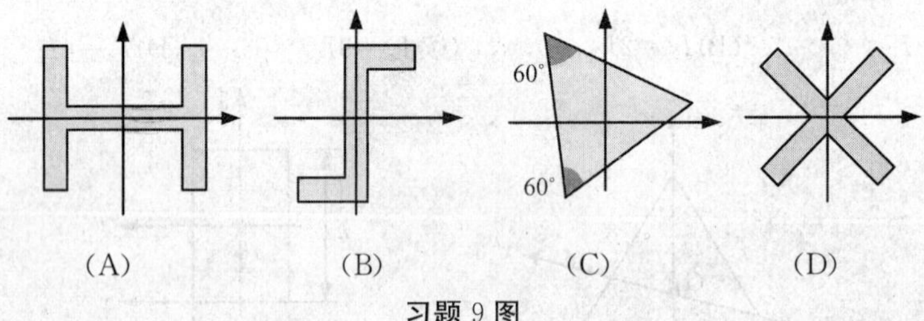

习题 9 图

二、填空题

10. 如图所示的正方形截面图形挖去一小圆，其形心位置 $y_c=$________。

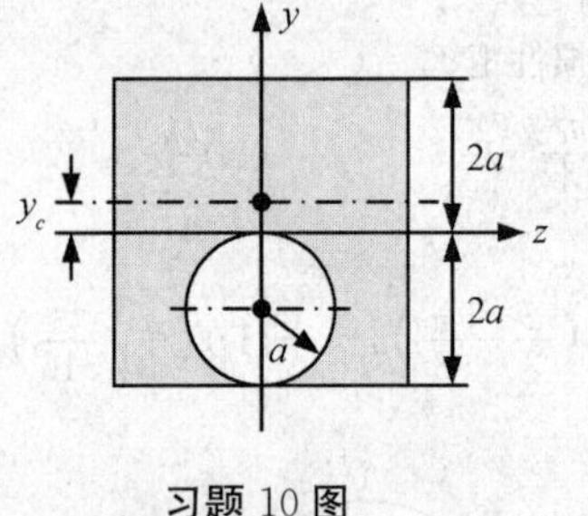

习题 10 图

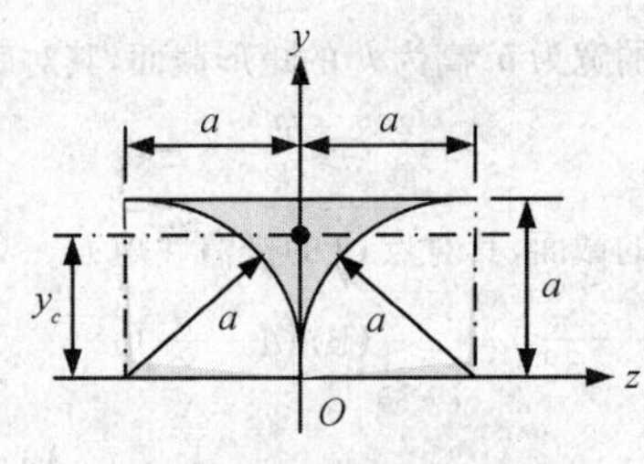

习题 11 图

11. 如图所示的截面图形，其形心位置 $y_c=$________。

12. 若一个正方形截面与一个圆形截面面积相同，则两图形对于其形心轴的惯性矩之比为________。

13. 如图所示，边长为 a 的正方形截面图形，A，B，C 是三根平行的轴，则截面对轴______的惯性矩最小，且为________；截面对轴______的惯性矩最大，且为________。

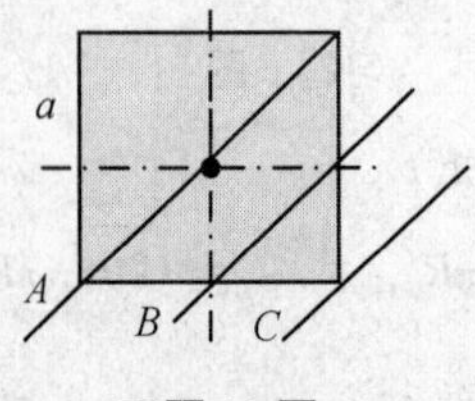

习题 13 图

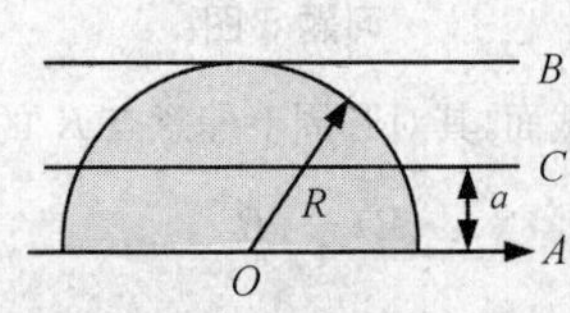

习题 14 图

14. 如图所示，半径为 R 的半圆形截面图形，A 轴是直径轴，B，C 是与 A 轴平行的轴，则截面对轴 A 的惯性矩为________；对轴 B 的惯性矩为________；若截面对轴 C 的惯性矩最小，则 $a=$________。

15. 如图所示的等腰直角三角形截面，其腰长为 a，则其对底边 AB 的惯性矩为________；对平行于底边且过形心的轴 z 的惯性矩为________。

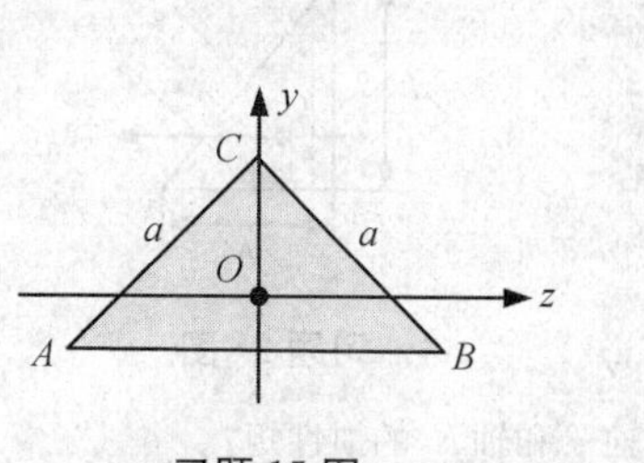

习题 15 图

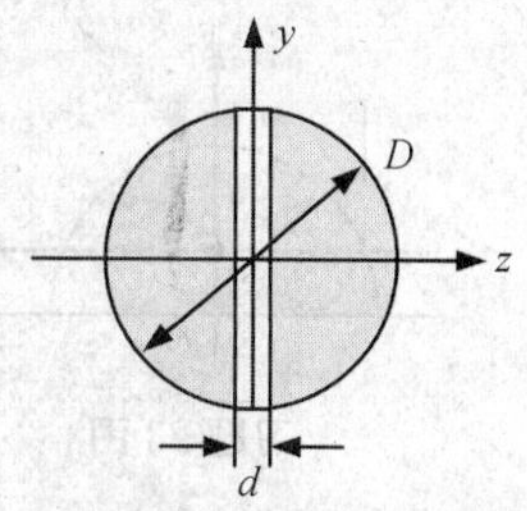

习题 16 图

16. 如图所示，一带孔的圆轴截面，孔径为 d，圆轴直径为 D，则截面对轴 z 的惯性矩为________。

17. 如图所示，两个直径为 d 的圆形组成的截面，其对两个坐标轴的惯性矩分别为：$I_z=$________，$I_y=$________。而惯性积为：$I_{zy}=$________。

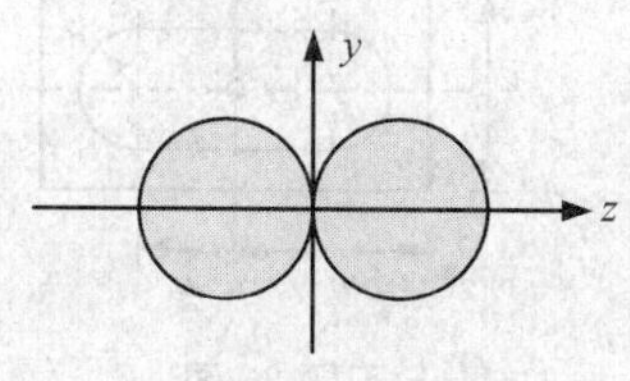

习题 17 图

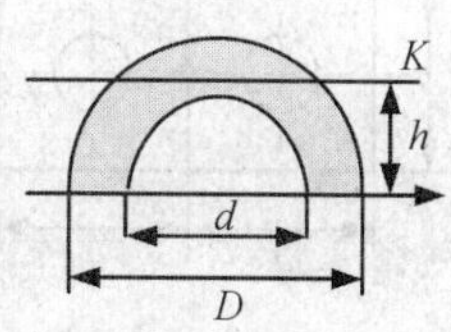

习题 18 图

18. 如图所示，两个半圆的组合截面，K 轴平行于底边，则要使截面对 K 轴的惯性矩为最小，则 $h=$________。

19. 如图所示，十字形截面由两个垂直且完全相同的狭长矩形组成，矩形长为 h，宽为 δ，且 $h \gg \delta$，则截面对 z 轴的惯性矩约为________，对 K 轴的惯性矩约为________。

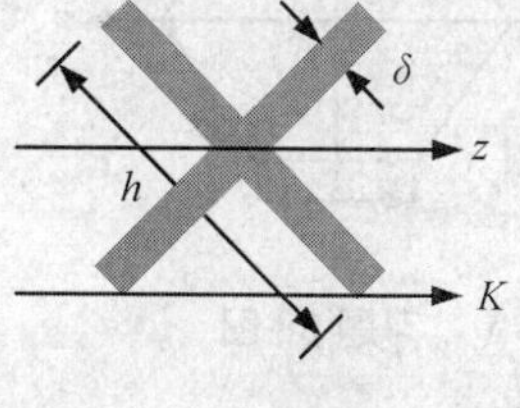

习题 19 图

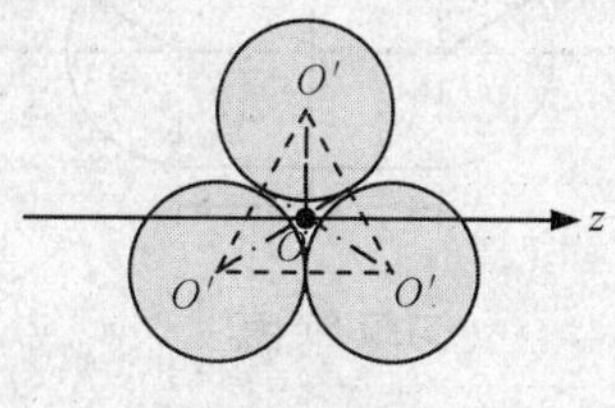

习题 20 图

20. 如图所示，三个半径为 R 的圆形组成的截面，其对 z 轴的惯性矩为________。

三、计算题(A)

21. 如图所示，半径为 R、幅角为 2α 的扇形截面，试确定其形心位置 x_c。

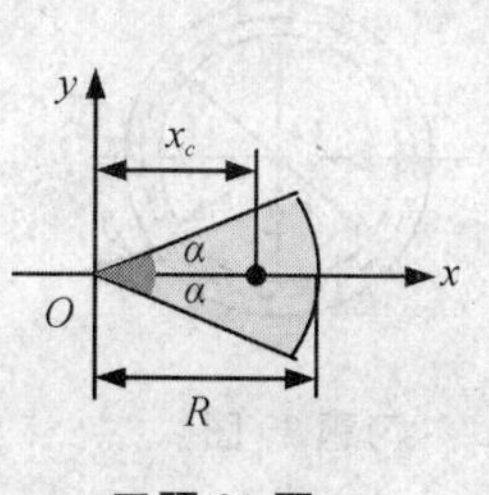

习题 21 图

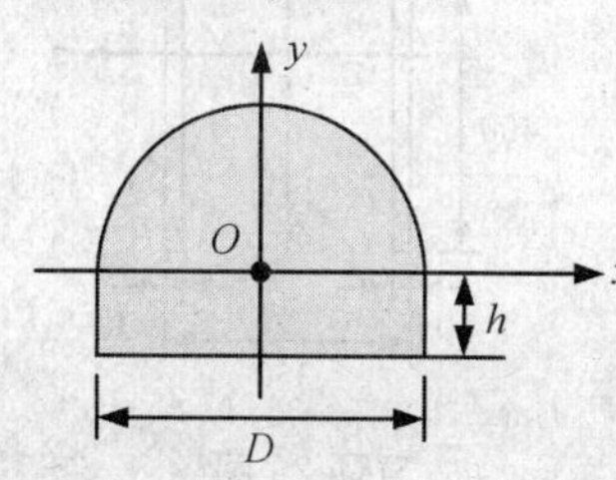

习题 22 图

22. 如图所示，截面由一个直径为 D 的半圆和一个矩形组成，若截面的形心正好位于半圆圆心处，试确定矩形的高 h。

23. 如图所示的半径为 R 的半圆截面，试求截面对平行于直径且过截面形心的轴 K 的惯性矩。

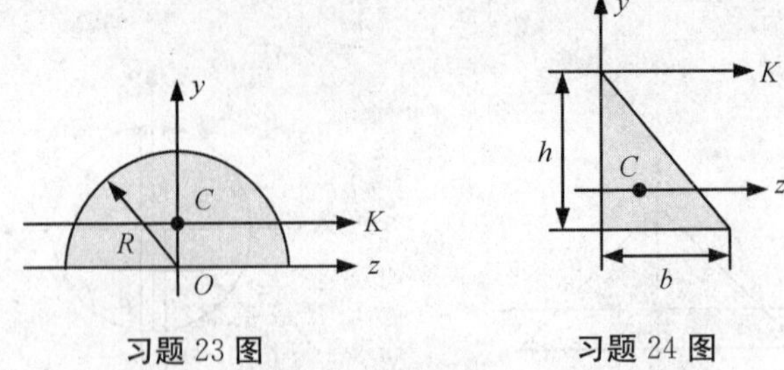

习题 23 图　　习题 24 图

24. 如图所示的直角三角形截面，试求其对形心轴 z 和轴 K 的惯性矩。

25. 如图所示，矩形截面中挖去两个小圆形，圆形的直径为$\frac{a}{2}$。试求其对 y 轴的惯性矩。

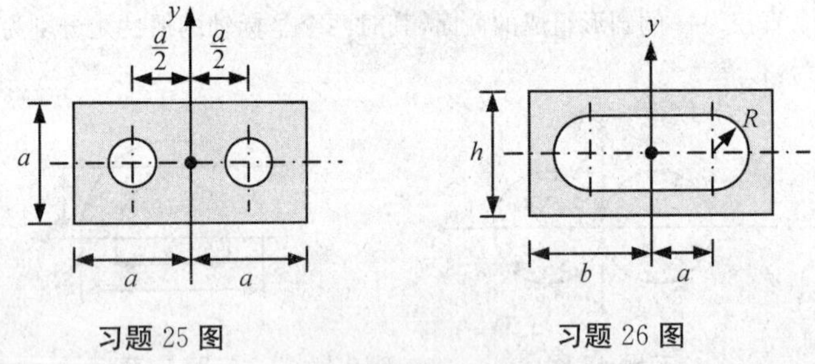

习题 25 图　　习题 26 图

26. 如图所示，矩形截面中挖去一个小矩形和两个小半圆形。试求其对 y 轴的惯性矩。

27. 如图所示截面，试求其对 y 轴的惯性矩。

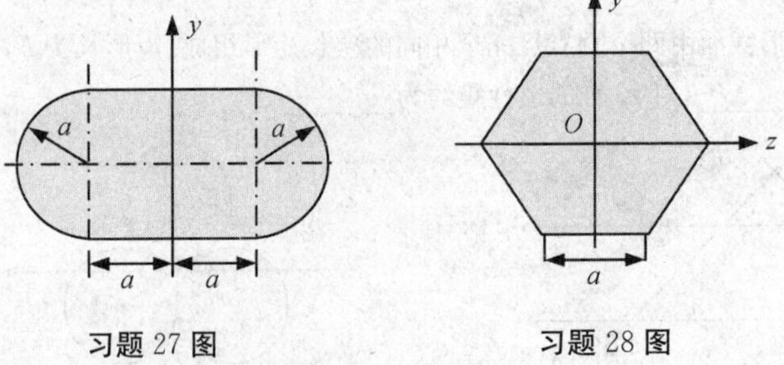

习题 27 图　　习题 28 图

28. 如图所示的边长为 a 的正六边形，试求其对 z 轴的惯性矩。

29. 如图所示截面，试求其对水平形心轴 z 的惯性矩。

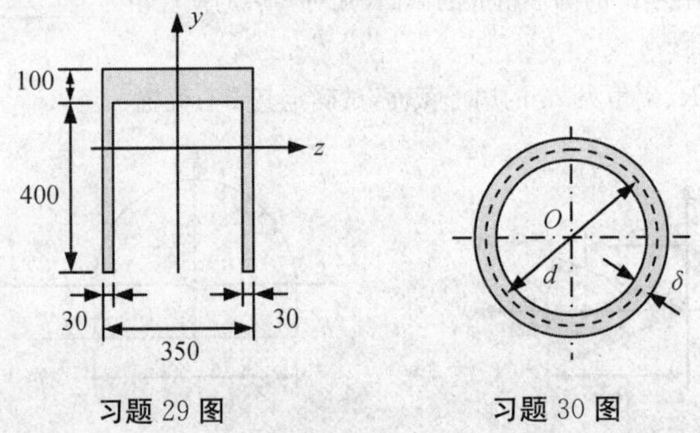

习题 29 图　　习题 30 图

30. 如图所示的圆环截面，其平均直径为 d，环厚为 δ，$d \gg \delta$。试求截面的形心主惯性矩。

31. 如图所示的圆形截面挖去一个小圆形，试求其对形心轴 z 和 y 的惯性矩。

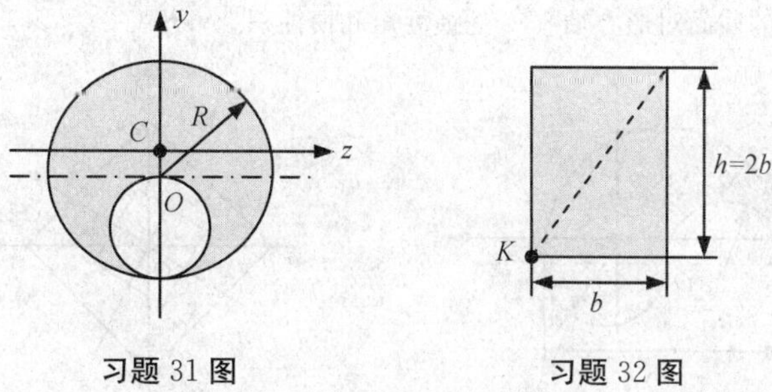

习题 31 图　　　　习题 32 图

32. 如图所示的矩形截面，试求其对对角线轴的惯性矩以及过 K 点的主轴方位和其主惯性矩。

33. 如图所示的槽形截面，试求其对形心轴 z 和 y 的惯性矩和惯性积。

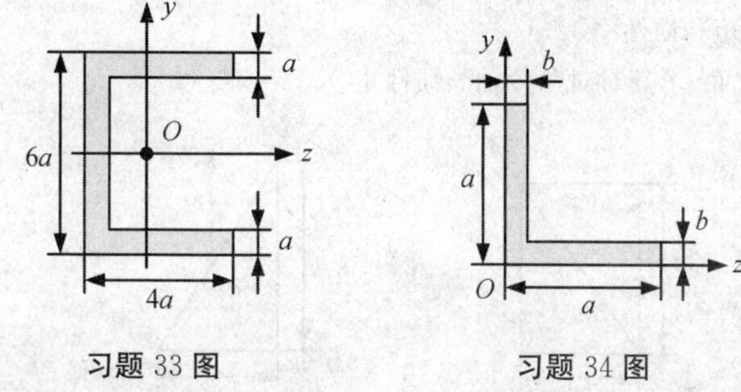

习题 33 图　　　　习题 34 图

34. 如图所示的 L 形截面，试求其对轴 z 和 y 的惯性矩和惯性积。

35. 如图所示的矩形截面，用对角线将其分为两个三角形，证明：两个三角形关于轴 zy 的惯性积相等，且等于该矩形关于轴 zy 的惯性积的一半。

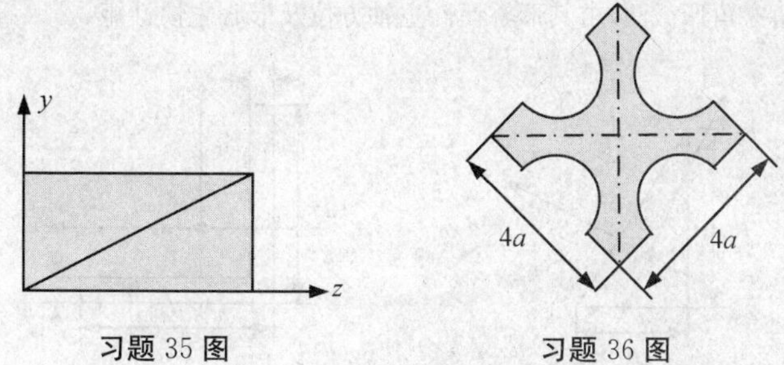

习题 35 图　　　　习题 36 图

36. 如图所示的边长为 $4a$ 的正方形截面，在四边中点各截去一半径为 a 的半圆形。求截面对形心轴的惯性矩。

37. 如图所示的截面由两个 No. 10 的槽钢制成，要使 $I_y = I_z$，则间距 a 应为多少？

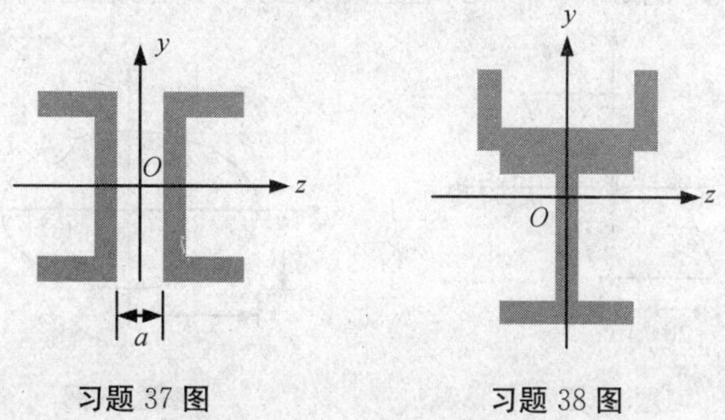

习题 37 图　　　　习题 38 图

38. 如图所示，截面由一个 No. 14b 的槽钢和 No. 20b 的工字钢制成，求截面的形心主惯性矩。

四、计算题(B)

39. 试计算如图所示的截面对形心轴 y,z 的惯性矩和惯性积。

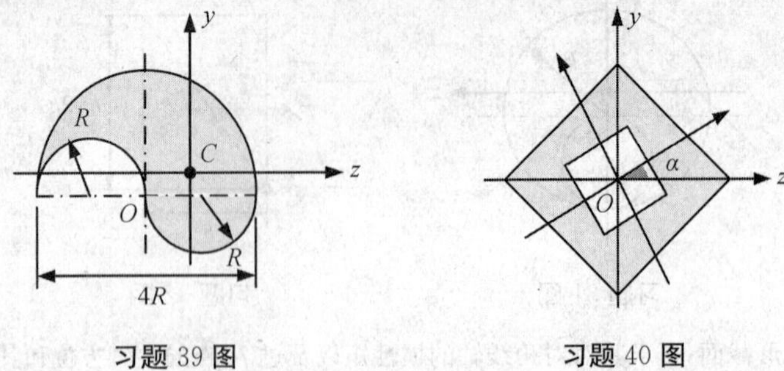

习题 39 图　　习题 40 图

40. 如图所示，边长为 $2a$ 的正方形截面中心挖去一个边长为 a 的小正方形，且两者之间方位错开 α 角。试求截面对 y,z 轴的惯性矩和惯性积。

41. 如图所示的矩形截面，求其对对角线轴的惯性矩。

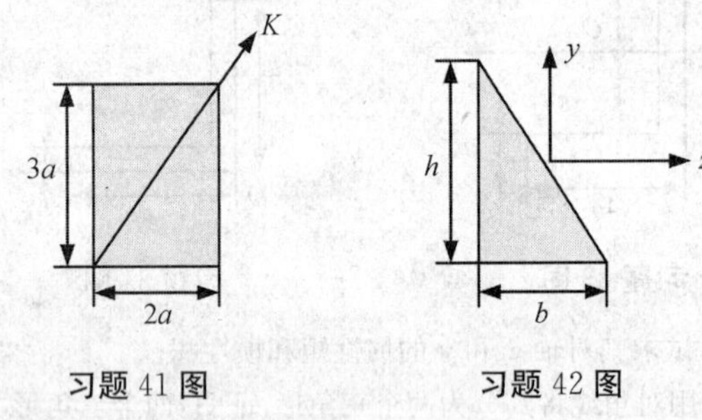

习题 41 图　　习题 42 图

42. 如图所示的直角三角形截面，证明：过斜边中点平行于直角边的两轴是截面的一对惯性主轴。

43. 如图所示的直角三角形截面，求其形心惯性主轴方位及形心主惯性矩。

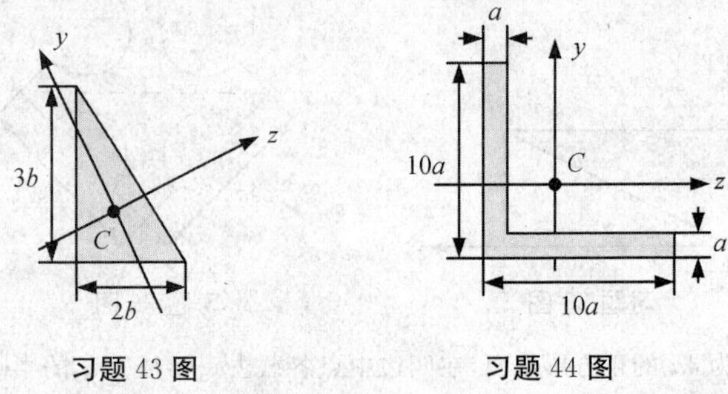

习题 43 图　　习题 44 图

44. 如图所示的直角条形截面，求其形心主惯性矩。

45. 如图所示的平行四边形截面，求其形心惯性主轴方位及形心主惯性矩。

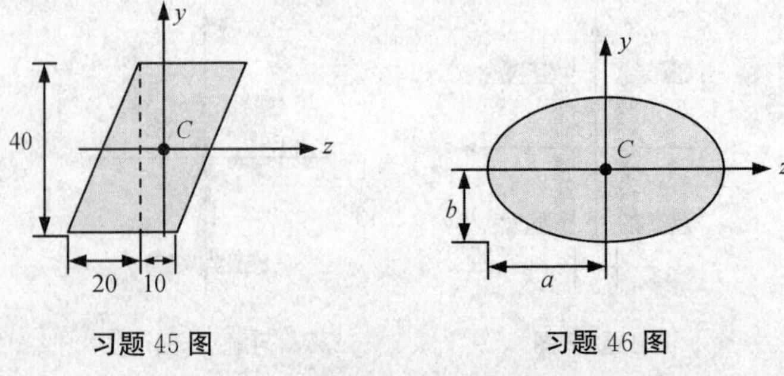

习题 45 图　　习题 46 图

46. 如图所示的椭圆形截面，其长半轴为 a，短半轴为 b，求其形心主惯性矩。

47. 如图所示的边长为 a 的正方形截面，在上下顶点处切去一个边长为 ka 的小三角形，求截面对水平形心轴的惯性矩。

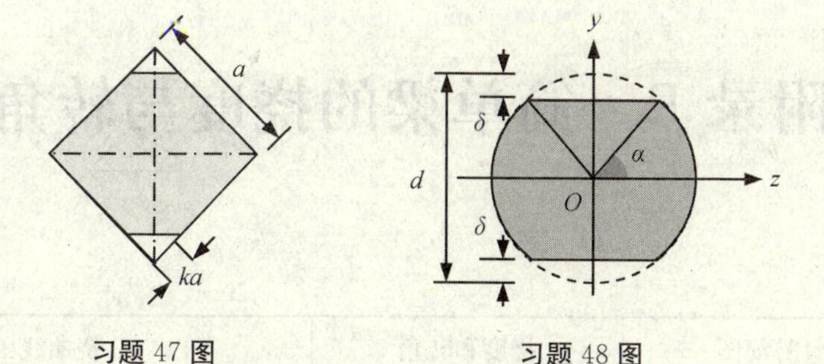

习题 47 图　　习题 48 图

48. 如图所示的直径为 d 的圆形截面，在上下同时截去高为 δ 的一块面积，求截面对水平形心轴的惯性矩。

49. 如图所示，钢板的截面厚度为 δ，宽 $b=20\delta$，其关于形心轴 z 的惯性矩为 I_z，将钢板在宽度方向卷成一半圆形，其截面关于形心轴 z' 的惯性矩为 $I_{z'}$，则比值 $I_{z'}/I_z$ 是多少？

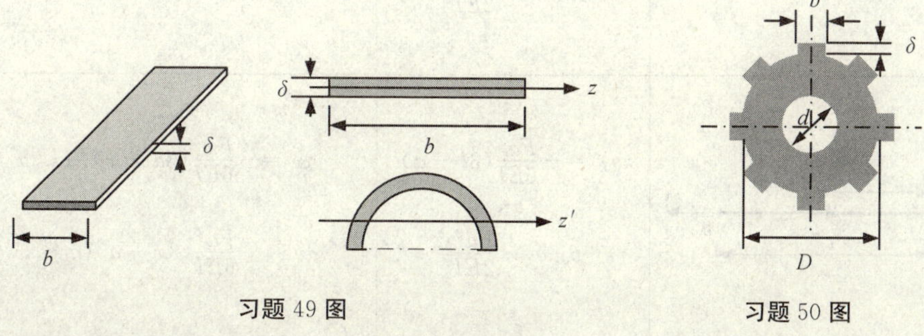

习题 49 图　　习题 50 图

50. 如图所示的花键截面，求其形心主惯性矩。

51. 如图所示，两个截面分别由三个和四个平均直径为 D、厚度为 δ 的薄壁圆环组成，这些圆环彼此相切，且有 $D\gg\delta$，则两截面的形心主惯性矩之比是多少？若各圆是实心的，则情况又怎样？

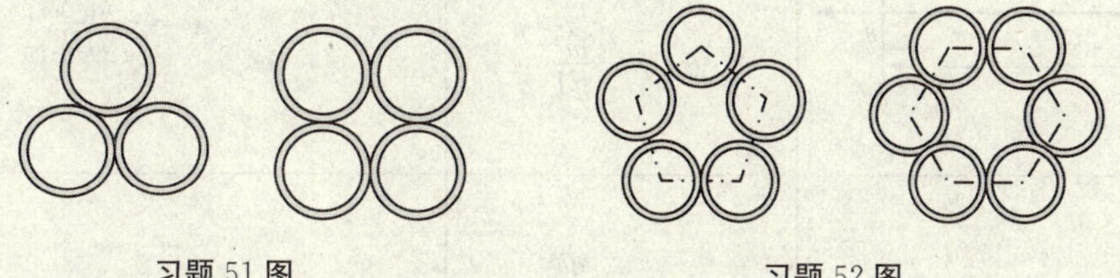

习题 51 图　　习题 52 图

52. 如图所示，截面由 $n(n\geqslant 3)$ 个平均直径为 D、厚度为 δ 的薄壁圆环组成，这些圆环两两相切，且有 $D\gg\delta$，则截面的形心主惯性矩是多少？若各圆是实心的，则情况又怎样？

附录 B 简单梁的挠度与转角

序号	梁的计算简图	挠度和转角	挠曲线函数
1	w, F, x, B, l	$w_B=-\frac{Fl^3}{3EI}$ $\theta_B=-\frac{Fl^2}{2EI}$	$w=-\frac{Fx^2}{6EI}(3l-x)$
2	w, a, F, x, B, l	$w_B=-\frac{Fa^2}{6EI}(3l-a)$ $\theta_B=-\frac{Fa^2}{2EI}$	$w=-\frac{Fx^2}{6EI}(3a-x)(0\leqslant x\leqslant a)$ $w=-\frac{Fa^2}{6EI}(3x-a)(a\leqslant x\leqslant l)$
3	w, m, x, B, l	$w_B=-\frac{ml^2}{2EI}$ $\theta_B=-\frac{ml}{EI}$	$w=-\frac{mx^2}{2EI}$
4	w, q, x, B, l	$w_B=-\frac{ql^4}{8EI}$ $\theta_B=-\frac{ql^3}{6EI}$	$w=-\frac{qx^2}{24EI}(x^2-4lx+6l^2)$
5	w, F, A, B, x, l/2, l/2	$w_C=-\frac{Fl^3}{48EI}$ $\theta_A=-\theta_B$ $=-\frac{Fl^2}{16EI}$	$w=-\frac{Fx}{48EI}(3l^2-4x^2)$ $(0\leqslant x\leqslant\frac{l}{2})$

续表

序号	梁的计算简图	挠度和转角	挠曲线函数
6	w, a, F, b, A, B, x, l	$w_{max}=-\frac{Fb(l^2-b^2)^{3/2}}{9\sqrt{3}EIl}$ (在 $x=\sqrt{\frac{l^2-b^2}{3}}$ 处) $\theta_A=\frac{Fab(l+b)}{6EIl}$ $\theta_B=\frac{Fab(l+a)}{6EIl}$	$w=-\frac{Fbx}{6EIl}(l^2-x^2-b^2)$ $(0\leqslant x\leqslant a)$ $w=-\frac{Fb}{6EIl}\left[\frac{l(x-a)^3}{b}-x^3+(l^2-b^2)x\right](a\leqslant x\leqslant l)$
7	w, q, A, B, x, l	$w_c=-\frac{5ql^4}{384EI}$ $\theta_A=-\theta_B=-\frac{ql^3}{24EI}$	$w=-\frac{qx}{24EI}(l^3-2lx^2+x^3)$
8	w, m, A, B, x, l	$x=l/\sqrt{3}$, $w_{max}=-\frac{ml^2}{9\sqrt{3}EI}$ $x=\frac{l}{2},w_c=-\frac{ml^2}{16EI}$ $\theta_A=-\frac{ml}{6EI}$ $\theta_B=\frac{ml}{3EI}$	$w=-\frac{mx}{6EIl}(l^2-x^2)$
9	w, m, A, B, x, a, b	$\theta_A=\frac{m}{6EIl}(l^2-3b^2)$ $\theta_B=\frac{m}{6EIl}(l^2-3a^2)$	$w=\frac{mx}{6EIl}(l^2-3b^2-x^2)$ $(0\leqslant x\leqslant a)$ $w=\frac{m}{6EIl}[-x^2+3l(x-a)^2+(l^2-3b^2)x](a\leqslant x\leqslant l)$

附录 C　型钢表

表 1　热轧槽钢（GB707—88）

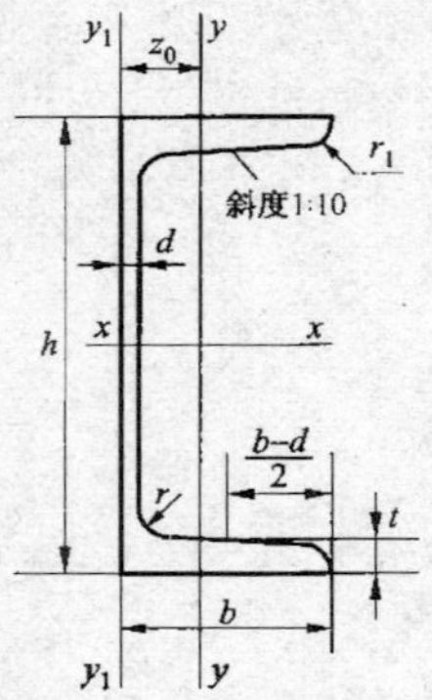

符号意义：h——高度；
b——腿宽度；
d——腰厚度；
t——平均腿厚度；
r——内圆弧半径；
r_1——腿端圆弧半径；
I——惯性矩；
W——抗弯截面系数；
i——惯性半径；
z_o——$y-y$ 轴与 y_1-y_2 轴间距。

型号	尺寸 (mm)						截面面积 (cm^2)	理论重量 (kg/m)	参考数值							z_0 (cm)
									$x-x$			$y-y$			y_1-y_1	
	h	b	d	t	r	r_1			W_x (cm^3)	I_x (cm^4)	i_x (cm)	W_x (cm^3)	I_y (cm^4)	i_y (cm)	I_{y1} (cm^4)	
5	50	37	4.5	7	7.0	3.5	6.928	5.438	10.4	26.0	1.94	3.55	8.30	1.10	20.9	1.35
6.3	63	40	4.8	7.5	7.5	3.8	8.451	6.634	16.1	50.8	2.45	4.50	11.9	1.19	28.4	1.36

续表

型号	尺寸 (mm)						截面面积 (cm^2)	理论重量 (kg/m)	参考数值							z_0 (cm)
									$x-x$			$y-y$			y_1-y_1	
	h	b	d	t	r	r_1			W_x (cm^3)	I_x (cm^4)	i_x (cm)	W_x (cm^3)	I_y (cm^4)	i_y (cm)	I_{y1} (cm^4)	
8	80	43	5.0	8	8.0	4.0	10.248	8.045	25.3	101	3.15	5.79	16.6	1.27	37.4	1.43
10	100	48	5.3	8.5	8.5	4.2	12.748	10.007	39.7	198	3.95	7.8	25.6	1.41	54.9	1.52
12.6	126	53	5.5	9	9.0	4.5	15.692	12.318	62.1	391	4.95	10.2	38.0	1.57	77.1	1.59
14_b^a	140	58	6.0	9.5	9.5	4.8	18.516	14.535	80.5	564	5.52	13.0	53.2	1.70	107	1.7
	140	60	8.0	9.5	9.5	4.8	21.316	16.733	87.1	609	5.35	14.1	16.1	1.69	121	1.67
16*a*	160	63	6.5	10	10.0	5.0	21.962	17.240	108	866	6.26	16.3	73.3	1.83	144	1.80
16	160	65	8.5	10	10.0	5.0	25.162	19.752	117	935	6.10	47.6	83.4	1.82	161	1.75
18*a*	180	68	7.0	10.5	10.5	5.2	25.699	20.174	141	1270	7.04	20.0	98.6	1.96	190	1.88
18	180	70	9.0	10.5	10.5	5.2	29.299	23.00	152	1370	6.84	21.5	111	1.95	210	1.84
20*a*	200	73	7.0	11	11.0	5.5	28.837	26.637	178	1780	7.86	24.2	128	2.11	244	2.01
20	200	75	9.0	11	11.0	5.5	32.837	25.777	191	1910	7.64	25.9	144	2.09	268	1.95
22*a*	220	77	7.0	11.5	11.5	5.8	31.846	24.99	218	2390	8.67	28.2	158	2.23	298	2.10
22	220	79	9.0	11.5	11.5	5.8	36.246	28.453	234	2570	8.42	30.1	176	2.21	326	2.03
a	250	78	7.0	12	12.0	6.0	34.917	27.410	270	3370	9.82	30.6	176	2.24	322	2.07
25*b*	250	80	9.0	12	12.0	6.0	39.917	31.335	282	3530	9.41	32.7	196	2.22	353	1.98
c	250	82	11.0	12	12.0	6.0	44.917	35.260	295	3690	9.07	35.9	218	2.21	3.84	1.92
a	280	82	7.5	12.5	12.5	6.2	40.034	31.427	340	4760	10.9	35.7	218	2.33	388	2.10
28*b*	280	84	9.5	12.5	12.5	6.2	45.634	35.823	366	5130	10.6	37.9	242	2.30	428	2.02
c	280	86	11.5	12.5	12.5	6.2	51.234	40.219	393	5500	10.4	40.3	268	2.29	463	1.95

续表

型号	尺寸 (mm)						截面面积 (cm^2)	理论重量 (kg/m)	参考数值							z_0 (cm)
									$x-x$			$y-y$			y_1-y_1	
	h	b	d	t	r	r_1			W_x (cm^3)	I_x (cm^4)	i_x (cm)	W_x (cm^3)	I_y (cm^4)	i_y (cm)	I_{y1} (cm^4)	
32*a*	320	88	8.0	14	14.0	70	48.513	38.083	475	7600	12.5	46.5	305	2.50	552	2.24
32*b*	320	90	10.0	14	14.0	7.0	54.913	43.107	509	8140	12.2	59.2	336	2.47	593	2.16
32*c*	320	92	12.0	14	14.0	7.0	61.313	48.131	543	8690	11.9	52.6	374	2.47	643	2.09
36*a*	360	96	9.0	16	16.0	8.0	60.910	47.814	660	11900	14.0	63.5	455	2.73	818	2.44
36*b*	360	98	11.0	16	16.0	8.0	68.110	53.466	703	12700	13.6	66.9	497	2.70	880	2.37
36*c*	360	100	13.0	16	16.0	8.0	75.310	59.118	746	13400	13.4	70.0	536	2.67	948	2.34
40*a*	400	100	10.5	18	18.0	9.0	75.068	58.928	879	17600	15.3	78.8	592	2.81	1070	2.49
40*b*	400	102	12.5	18	18.0	9.0	83.068	65.208	932	18600	15.0	82.5	640	2.78	1140	2.44
40*c*	400	104	14.5	18	18.0	9.0	91.068	71.488	986	19700	17.4	86.2	688	2.75	1220	2.42

表 2　热轧工字钢（GB706—88）

符号意义：h——高度；
b——腿宽度；
d——腰厚度；
t——平均腿厚度；
r——内圆弧半径；
r_1——腿端圆弧半径；
I——惯性矩；
W——抗弯截面系数；
i——惯性半径；
S——半截面积的静力矩。

型号	尺寸（mm）						截面面积（cm^2）	理论重量（kg/m）	参考数值						
									$x-x$				$y-y$		
	h	b	d	t	r	r_1			I_x（cm^4）	W_x（cm^3）	i_x（cm）	$I_x:S_x$（cm）	I_y（cm^4）	W_y（cm^3）	i_y（cm）
10	100	68	4.5	7.6	6.5	3.3	14.345	11.261	245	49.0	4.14	8.59	33.0	9.72	1.52
12.6	126	74	5.0	8.4	7.0	3.5	18.118	14.223	488	77.5	5.20	10.8	46.9	12.7	1.61
14	140	80	5.5	9.1	7.5	3.8	21.516	16.890	712	102	5.76	12.0	64.4	16.1	1.73
16	160	88	6.0	9.9	8.0	4.0	26.131	20.513	1130	141	6.58	13.8	93.1	21.2	1.89
18	180	94	6.5	10.7	8.5	4.3	30.756	24.143	1660	185	7.36	15.4	122	26.0	2.00
20*a*	200	100	7.0	11.4	9.0	4.5	35.578	27.929	2370	237	8.15	17.2	158	31.5	2.12
20*b*	200	102	9.0	11.4	9.0	4.5	39.578	31.069	2500	250	7.96	16.9	169	33.1	2.06
22*a*	220	110	7.5	12.3	9.5	4.8	42.128	33.070	3400	309	8.99	18.9	225	40.9	2.31

续表

型号	尺寸 (mm)						截面面积 (cm^2)	理论重量 (kg/m)	参考数值						
									$x-x$				$y-y$		
	h	b	d	t	r	r_1			I_x (cm^4)	W_x (cm^3)	i_x (cm)	$I_y:S_x$ (cm)	I_y (cm^4)	W_y (cm^3)	i_y (cm)
22*b*	220	112	9.5	12.3	9.5	4.8	46.528	36.524	3570	325	8.78	18.7	239	42.7	2.27
25*a*	250	116	8.0	13.0	10.0	5.0	48.541	38.105	5020	402	10.2	21.6	280	48.3	2.40
25*b*	250	118	10.0	13.0	10.0	5.0	53.541	42.030	5280	423	9.94	21.3	309	52.4	2.40
28*a*	280	122	8.5	13.7	10.5	5.3	55.404	43.492	7110	508	11.3	24.6	345	56.6	2.50
28*b*	280	124	10.5	13.7	10.5	5.3	61.004	47.888	7480	534	11.1	24.2	379	61.2	2.49
32*a*	320	130	9.5	15.0	11.5	5.8	67.156	52.717	11100	692	12.8	27.5	460	70.8	2.62
32*b*	320	132	11.5	15.0	11.5	5.8	73.556	57.741	11600	726	12.6	27.1	502	76.0	2.61
32*c*	320	134	13.5	15.0	11.5	5.8	79.956	62.765	12200	760	12.3	26.3	544	81.2	2.61
36*a*	360	136	10.0	15.8	12.0	6.0	76.480	60.037	15800	875	14.4	30.7	552	81.2	2.69
36*b*	360	138	12.0	15.8	12.0	6.0	83.680	65.689	16500	919	14.1	30.3	582	84.3	2.64
36*c*	360	640	14.0	15.8	12.0	6.0	90.880	71.341	17300	962	13.8	29.9	612	87.4	2.60
40*a*	400	142	10.5	16.5	12.5	6.3	86.112	67.598	21700	1090	15.9	34.1	660	93.2	2.77
40*b*	400	144	12.5	16.5	12.5	6.3	94.112	73.878	22800	1140	16.5	33.6	692	96.2	2.71
40*c*	400	146	14.5	16.5	12.5	6.3	102.112	80.158	23900	1190	15.2	33.2	727	99.6	2.65
45*a*	450	150	11.5	18.0	13.5	6.8	102.446	80.420	32200	1430	17.7	38.6	855	144	2.89
45*b*	450	152	13.5	18.0	13.5	6.8	111.446	87.485	33800	1500	17.4	38.0	894	118	2.84

续表

型号	尺寸 (mm)						截面面积 (cm^2)	理论重量 (kg/m)	参考数值						
									$x-x$				$y-y$		
	h	b	d	t	r	r_1			I_x (cm^4)	W_x (cm^3)	i_x (cm)	$I_y:S_x$ (cm)	I_y (cm^4)	W_y (cm^3)	i_y (cm)
45*c*	450	154	15.5	18.0	13.5	6.8	120.446	94.550	35300	1570	17.1	37.6	938	122	2.79
50*a*	500	158	12.0	20.0	14.0	7.0	119.304	93.654	46500	1860	19.7	42.8	1120	142	3.07
50*b*	500	160	14.0	20.0	14.0	7.0	129.304	101.504	48600	1940	19.4	42.4	1170	146	3.01
50*c*	500	162	16.0	20.0	14.0	7.0	139.304	109.354	50600	2080	19.0	41.8	1220	151	2.96
56*a*	560	166	12.5	21.0	14.5	7.3	135.435	106.316	65600	2340	22.0	47.7	1370	165	3.18
56*b*	560	168	14.5	21.0	14.5	7.3	146.635	115.108	68500	2450	21.6	47.2	1490	174	3.16
56*c*	560	170	16.5	21.0	14.5	7.3	157.835	123.900	71400	2550	21.3	46.7	1560	183	3.16
63*a*	630	176	13.0	22.0	15.0	7.5	154.658	121.407	93900	2980	24.5	54.2	1700	193	3.31
63*b*	630	178	15.0	22.0	15.0	7.5	167.258	131.298	98100	3160	24.2	53.5	1810	204	3.29
63*c*	630	180	17.0	22.0	15.0	7.5	179.858	141.189	102000	3300	23.8	52.9	1920	214	3.27

注：截面图和表中标注的圆弧半径 r 和 r_1 值，用于孔型设计，不作为交货条件。

部分习题参考答案

习题一

一、选择题

1. C 2. C 3. D 4. B

二、填空题

5. 弯扭组合变形，拉弯扭组合变形，拉弯组合变形

6. 分界面上，横截面，6 个，轴力、扭矩、两个方向的剪力和弯矩

7. 86.6 MPa，50 MPa，96.6 MPa，25.9 MPa

8. 0.02，0

三、计算题

9. $M_{BC\max}=5$ kN·m，$F_{SBC}=10$ kN

$M_{AB}=10$ kN·m，$F_{AB}=10$ kN(压力)

10. $\sigma=81.9$ MPa，$\tau=50$ MPa

11. $F=62.5$ kN，$\alpha=33.7°$

12. $F_N=200$ kN，$M_Z=3.33$ kN·m

13. $T=19$ kN·m

14. $\varepsilon_x=0.01$，$\varepsilon_y=-0.02$，$\gamma_{xy}=0$

习题二

一、选择题

1. C 2. C 3. B 4. A 5. B 6. B 7. D 8. D 9. C 10. B 11. C 12. B 13. B 14. D 15. C 16. B 17. C

二、填空题

18. (a)(c)(d)

19. $\dfrac{4a^2}{\pi}[\sigma]$

20. $\sqrt{3}d$

21. $\dfrac{3Fa}{EA}$，$\dfrac{Fa}{EA}$

22. $\dfrac{Fl}{EA}$(向下)，$\dfrac{Fl}{EA}$(向右)

23. $\frac{\sqrt{2}Fl}{2EA}$(向右)，$\frac{\sqrt{2}Fl}{2EA}$(向上)

24. $A[\sigma^-]$

26. 0.5，$\frac{8Fl}{E\pi(D^2+d^2)}$

27. $\frac{2E\delta}{5l}$(拉应力)，$\frac{E\delta}{5l}$(压应力)

28. $\frac{\alpha kEl}{2}$

29. $\frac{(1-2\nu)Fl}{E}$

三、计算题(A)

30. $d_1=18$ mm，$d_2=15$ mm

31. $d\geqslant 20$ mm，$b\geqslant 84.1$ mm

32. $[F]=2.64$ kN

33. $\sigma_{(1)}=127$ MPa，$\sigma_{(2)}=63.7$ MPa

34. $\sigma=32.7$ MPa

35. $\sigma_{(1)}=82.9$ MPa，$\sigma_{(2)}=131.8$ MPa

36. (1)$\alpha=48.2°$；(2)$\sigma_{(1)}=\sigma_{(2)}=89.4$ MPa

37. $\sigma=6.2$ MPa

38. $h_1\leqslant\frac{[\sigma]}{\gamma}$，$h_2\leqslant 0.3\frac{[\sigma]}{\gamma}$，$h_3\leqslant 0.14\frac{[\sigma]}{\gamma}$

39. $\theta=54°44'$

40. $\theta=45°$

41. $\theta=54°44'$

42. $\alpha=26.6°$

43. $\delta_{\max}=\frac{Wa}{2EA}$，$\delta_{\min}=\frac{Wa}{4EA}$，距左边$\frac{2}{3}a$ 处

44. $v_D=\frac{2Fa}{EA}$

45. $w_A=\frac{8Fl}{9E\pi d^2}$

46. $x=\frac{aL_1E_2A_2}{L_2E_1A_1+L_1E_2A_2}$

47. $\sigma=144.3$ MPa，$v_c=4.4$ mm

48. (1)$u_A=\frac{\sqrt{2}Fa}{EA}$，$v_A=0$；(2)$v_A=(2\sqrt{2}+1)\frac{Pa}{EA}$，$u_A=0$

49. $L=\frac{A[\sigma]-F}{\rho gA}$，$\Delta l=\frac{A^2[\sigma]^2-F^2}{2EA^2\rho g}$

50. $w_B=\frac{F}{k}$

51. $\Delta l=\frac{Fl}{E\delta(b_2-b_1)}\ln\left(\frac{b_2}{b_1}\right)$

52. $[F]=41.9\ \text{kN}$

53. $F_{N1}=\dfrac{4F}{4+\sqrt{2}}$, $F_{N2}=-\dfrac{2F}{4+\sqrt{2}}$

54. $F_{N1}=\dfrac{F}{2(1+\sqrt{2})}$, $F_{N2}=\dfrac{(1+2\sqrt{2})F}{2(1+\sqrt{2})}$, $F_{N3}=\dfrac{\sqrt{2}F}{2(1+\sqrt{2})}$

55. (a)$R_A=R_B=F$, $F_{N\max}=F$

(b)$R_A=\dfrac{qa}{4}$, $R_b=\dfrac{3qa}{4}$, $F_{N\max}=\dfrac{3qa}{4}$

56. $[F]=698\ \text{kN}$

57. $d_1=d_2\geqslant 15.2\ \text{mm}$

58. $\sigma_{(1)}=-\dfrac{2}{5}E\alpha T$, $\sigma_{(2)}=\dfrac{1}{5}E\alpha T$

59. $\sigma_{(1)}=62.5\ \text{MPa}$, $\sigma_{(2)}=37.5\ \text{MPa}$

60. $\sigma_{\max}=125\ \text{MPa}$

61. $u(x)=\dfrac{1}{2}\alpha T_0\left(\dfrac{x^2}{L}-x\right)$

62. (1)$F_{N1}=\dfrac{4EA\delta}{(16+\sqrt{2})a}$, $F_{N2}=\dfrac{\sqrt{2}EA\delta}{(16+\sqrt{2})a}$;

(2)$F_{N1}=\dfrac{16EA\alpha\Delta T}{16+\sqrt{2}}$, $F_{N2}=\dfrac{4\sqrt{2}EA\alpha\Delta T}{16+\sqrt{2}}$

63. $\sigma_{(1)}=16.2\ \text{MPa}$, $\sigma_{(2)}=45.9\ \text{MPa}$

64. $\delta=\dfrac{[\sigma]a}{2E}$, $[F]=[\sigma]A$, 16.7%

四、计算题(B)

65. $A(x)=\dfrac{F}{[\sigma]}\mathrm{e}^{\frac{\rho g x}{[\sigma]}}$

66. $R_B=\dfrac{1}{n+1}\sum\limits_{i=1}^{n}\sum\limits_{j=1}^{i}F_j$, $R_A=\sum\limits_{i=1}^{n}F_i-\dfrac{1}{n+1}\sum\limits_{i=1}^{n}\sum\limits_{j=1}^{i}F_j\ (i=1, 2, \cdots, n)$

67. $[F]=A[\sigma_2]$, $F_{\max}=3A[\sigma_2]$

68. $F_{NCB}=\dfrac{F}{3}$, $F_{NBA}=-\dfrac{2F}{3}$, $F_{NDA}=\dfrac{\sqrt{2}F}{6}$

70. $\Delta_{AB}=(2+\sqrt{2})\dfrac{Fa}{EA}$

71. $F_{N1}=8.45\ \text{kN}$, $F_{N2}=2.68\ \text{kN}$, $F_{N3}=-11.55\ \text{kN}$

72. $F_{NGC}=F_{NAB}=\dfrac{\sqrt{3}}{23}(3\sqrt{3}-2)\dfrac{EA\delta}{L}$, $F_{NAC}=-\dfrac{3\sqrt{3}-2}{23}\dfrac{EA\delta}{L}$

73. $\delta=\dfrac{[\sigma]a}{E}\tan^2\alpha$, $[F]=[\sigma]A(2\cos\alpha+1)$, 19%

74. $\sigma_{\text{Al}}=-35.2\ \text{MPa}$, $\sigma_{\text{St}}=91.3\ \text{MPa}$

75. $R_B=\dfrac{\rho gAL\sqrt{\xi}}{1+\sqrt{\xi}}$(压力), $R_C=\dfrac{\rho gAL}{1+\sqrt{\xi}}$(拉力), $\xi=\dfrac{E_t}{E_c}$

76. $v_A = \frac{4F^2L}{E_0A} + \frac{FL}{EA}$

79. $[F] - \frac{3}{4}[\upsilon]A$

80. $F = EA\left(\frac{v}{a}\right)^3$

81. $F = EA\frac{v}{a}\left(1+\frac{v^2}{a^2}\right)$

82. $\delta = \frac{\Delta}{1+\left(\frac{h}{a^2}-\frac{1}{3h}\right)\Delta}$, $\Delta = \frac{\rho gabhl}{4EA}$

习题三

一、选择题

1. C 2. D 3. B 4. D 5. B 6. D 7. C 8. B

二、填空题

9. A，B，C

10. 100 GPa，1.2%

11. $\frac{\sigma_s}{\varepsilon - \varepsilon_r}$

12. 160 MPa，210 MPa

13. $\frac{ab}{\cos\alpha}$

14. $\frac{1}{3}:1:\frac{3}{16}$

三、计算题(A)

15. $v=0.25$

16. $E=200$ GPa

17. $E=66.7$ GPa，$\sigma_p=200$ MPa，$\sigma_s=330$ MPa

$\varepsilon=8.8\times10^{-3}$，$\varepsilon_p=3.6\times10^{-3}$，$\varepsilon_s=5.2\times10^{-3}$

18. $\Delta l=0.28$ mm，$F_s=14.1$ kN

19. $\varepsilon_e=0.141\%$，$\varepsilon_p=0.6\%$

20. $F=377$ kN

21. $\delta\geqslant9$ mm，$L\geqslant90$ mm，$h\geqslant48$ mm

22. $\sigma^+=143$ MPa，$\tau=71.6$ MPa，$\sigma_{bs}=115$ MPa

23. $\tau=8.8$ MPa

24. $\tau=36.6$ MPa，$\sigma_{bs}=33.7$ MPa

25. $\sigma_{bs}=230$ MPa$<[\sigma_{bs}]$

26. $d=10$ mm，7.8%

四、计算题(B)

27. $\varepsilon_r=2.73\times10^{-3}$

30. (1)$\varepsilon=2\varepsilon_{(1)}+\varepsilon_{(2)}$；(2)$\gamma=2(\varepsilon_{(1)}+\varepsilon_{(2)})$

习题四

一、选择题

1. B 2. C 3. C 4. B 5. C 6. C

二、填空题

7. 48 MPa，24 MPa

8. (b)(c)，(a)

9. $\dfrac{64(1+\nu)m}{E\pi d^3}$

10. $\dfrac{1}{8}$，$\dfrac{1}{8}$

11. $\dfrac{2}{15}\tau$

12. $\dfrac{1}{16}(0.0625)$ mm

13. A,B,C,D,O

三、计算题(A)

15. $T_{\max}=1.273$ kN·m，$d\geqslant 44$ mm

16. $\tau_{\max}=\dfrac{16ql}{\pi d^3}$，$\varphi=\dfrac{16ql^2}{G\pi d^4}$

17. $d=68$ mm

18. $\tau_A=\tau_B=99.5$ MPa，$\tau_C=49.7$ MPa，$\varphi=1.78°$

19. $\tau_1=49.4$ MPa，$\tau_2=21.3$ MPa，$\theta_1=1.77°/\text{m}$，$\theta_2=0.435°/\text{m}$

20. $\tau_{\max}=116.4$ MPa，$\tau_{\min}=28.1$ MPa

21. $\tau_{\max}=70.7$ MPa，6.25%

22. (1)$d_{AB}=84$ mm，$d_{BC}=76$ mm；(2)$d=76$ mm

23. 1 kN·m/m$\leqslant q\leqslant$2 kN·m/m

24. $\varphi_{AB}=\dfrac{64mL}{G\pi d^4}$，$\varphi_{BC}=\dfrac{96mL}{G\pi d^4}$

25. $w_k=\dfrac{192(1+v)ma^2}{E\pi(D^4-d^4)}$

26. $\varphi=\dfrac{32mL}{3\pi G}\left(\dfrac{d_1^2+d_1d_2+d_2^2}{d_1^3d_2^3}\right)$

27. $F=\dfrac{4\sqrt{2}}{3\pi d}$，$d_1=\dfrac{3\pi d}{16\sqrt{2}}$

30. $\tau_1=\dfrac{4mD_1}{\pi d^2(3D_1^2+2D_2^2)}$，$\tau_2=\dfrac{4mD_2}{\pi d^2(3D_1^2+2D_2^2)}$

31. $s=39.5$ mm

32. $\varphi=\dfrac{2Lm(d_1+d_2)}{G\pi\delta d_1^2d_2^2}$

33. $\tau_{max}=42.4$ MPa，$\varphi=0.2°$

34. (1)$d=60$ mm；(2)$\varphi_{AB}=0.81°$

35. $d_1 \geqslant \sqrt[3]{\dfrac{16m}{9\pi[\tau]}}$，$d_2 \geqslant 2\sqrt[3]{\dfrac{16m}{9\pi[\tau]}}$

36. (a)$m_A=-m_B=\dfrac{m}{3}$；(b)$m_A=m_B=\dfrac{qa}{2}$

37. 3∶1

38. $\varphi_{AC}=\dfrac{3ma}{4GI_p}$，$\varphi_{AB}=\dfrac{ma}{2GI_p}$

39. 正方形：$\tau_{max}=57.7$ MPa，矩形：$\tau_{max}=85.1$ MPa
圆形：$\tau_{max}=42.6$ MPa，环形：$\tau_{max}=29.5$ MPa

41. $\tau=189.1$ MPa，$\gamma=2.6\times10^{-3}$ rad

42. $b=60$ mm

43. (a)$\tau_{max}=54.1$ MPa，$\varphi=7.3°$；(b)$\tau_{max}=26$ MPa，$\varphi=2.8°$

44. 开口：$\theta=1.91°/\text{m}$，$\tau_{max}=16$ MPa；闭口：$\theta=0.036°/\text{m}$，$\tau_{max}=1.3$ MPa

45. $\tau_{max}=25$ MPa，$\theta=3.58°$

46. $\tau=17.6$ MPa，$\varphi=1°$

47. $\tau=18.1$ MPa，$\varphi=0.3°$

四、计算题(B)

48. $M_T=\dfrac{8mL}{3\pi d}$

51. $w=Fb^2\left(\dfrac{1}{2ka^2}+\dfrac{L}{GI_p}\right)$

52. $m_A=\dfrac{m}{9}$，$m_B=\dfrac{5m}{9}$

53. $\tau_c=\dfrac{mG_c}{G_cI_{pc}(x)+G_sI_{ps}(x)}$，$\tau_s=\dfrac{mG_s}{G_cI_{pc}(x)+G_sI_{ps}(x)}$

$$I_{ps}(x)=\frac{\pi}{32}\left(d_1+\frac{d_2-d_1}{L}x\right)^4,\ I_{pc}(x)=\frac{\pi}{32}\left[D^4-\left(d_1+\frac{d_2-d_1}{L}x\right)^4\right]$$

54. $\varphi=\dfrac{mL}{4G\pi R^3}\left(\dfrac{1}{\delta_1}+\dfrac{1}{\delta_2}\right)$

56. $d=\left[\dfrac{16}{\pi[\tau]}\left(q_1x+\dfrac{q_2-q_1}{2L}x^2\right)\right]^{1/3}\ (x\geqslant x_0)$

$$x_0=\frac{1}{4(q_2-q_1)}\left[\sqrt{16L^2q_1^2+2L\pi[\tau]d^3(q_2-q_1)}-4Lq_1\right]$$

习题五

一、选择题

1. C 2. A 3. C 4. A 5. B 6. C 7. A

二、填空题

8. F，FL

9. $\frac{FL}{2}$，$\frac{3FL}{2}$

10. $\frac{F}{2}$，$\frac{FL}{2}$，$\frac{F}{2}$，$\frac{FL}{2}$

11. Fa

12. $\frac{Fa}{2}$，$3Fa$，$\frac{3F}{2}$

13. $0.2l$，0.2

14. 0，$\frac{q_0 a}{6}$，$\frac{q_0 a^2}{6}$，0

三、计算题(A)

27. (a)$\frac{\mathrm{d}F_N}{\mathrm{d}x}=-q$，$\frac{\mathrm{d}M}{\mathrm{d}x}=\frac{1}{2}hq$；

(b)$\frac{\mathrm{d}F_N}{\mathrm{d}x}=q_2(x)-q_1(x)$，$\frac{\mathrm{d}M}{\mathrm{d}x}=\frac{h}{2}[q_1(x)+q_2(x)]$

28. (1)$|M|_{\max}=\frac{F(2L-a)^2}{8L}$；(2)$|F_s|_{\max}=\frac{F(2L-a)}{L}$

四、计算题(B)

31. $|M|_{\max}=\frac{(n+1)FL}{8n}$($n$ 为奇数)，$|M|_{\max}=\frac{(n+2)FL}{8(n+1)}$($n$ 为偶数)

32. $|F_N|_{\max}=qL$，$|F_s|_{\max}=2qh$，$|M|_{\max}=\frac{3}{2}qlh$

33. (a)$P=\frac{8}{5}F$，80%；(b)$P=(\sqrt{2}-1)qL$，83%

34. $F_N=-qR\theta\sin\theta$，$F_s=qR\theta\cos\theta$，$M=qR^2\left(\frac{\pi}{2}+\cos\theta-\theta\sin\theta\right)$

35. (a)$|F_s|_{\max}=F$，$|M|_{\max}=FR$，$|T|_{\max}=FR$；

(b)$|F_s|_{\max}=\frac{1}{2}\pi qR$，$|M|_{\max}=qR^2$，$|T|_{\max}=qR^2\left(\frac{\pi}{2}-1\right)$

36. $F_N=qR(\sin2\theta-\sin\theta)$，$F_s=qR(1-\cos\theta)$，$M=qR^2(\sin\theta-\theta)$

习题六

一、选择题

1. C　2. A　3. C　4. D　5. D　6. D　7. C　8. B　9. B　10. D　11. A　12. D　13. C

二、填空题

14. BD，AB，CD，AC

15. 60 MPa

16. $\frac{6FL}{bh^2}$，$\frac{3F}{2bh}$

17. $\frac{6Fa}{bh^2}$，$\frac{3F}{2bh}$

18. 625 mm

19. $\frac{4qL^2}{\pi d^3}$，$\frac{L}{2}$

20. $\sqrt{2}$ ∶ 1

21. $\frac{2\sqrt{\pi}}{3}$ ∶ 1

22. A，$\frac{9qa^2}{bh^2}$

23. 0.68 m

24. 8.33 kN/m

三、计算题(A)

25. (1)$\sigma_{max}=\frac{Ed}{D+d}$；(2)$D\geqslant\frac{Ed}{\sigma_s}-d$

26. $F=32.5$ kN

27. $\sigma_{max}=37.4$ MPa

28. No.25a

29. $\sigma_{max}=96.4$ MPa，$F=50$ kN

30. $\sigma_{max}=43.4$ MPa

31. $\sigma_{max}=21.7$ MPa

32. $b=122$ mm，$d=95$ mm

33. $\sigma_{max}^{+}=25.2$ MPa，$\sigma_{max}^{-}=68.3$ MPa

34. $[F]=6.49$ kN

35. $[F]=43$ kN

36. $\sigma_{max}^{+}=28.1$ MPa

37. $D\approx3.455a$

38. $b=510$ mm

39. $F=2.25qa$

40. $a=1.385$ m

41. $a=\frac{L}{3}$

42. $a=\frac{L}{6}$

43. $h_1=2h_2=L\sqrt{\frac{3q}{b[\sigma]}}$，$L_1=L_2=\frac{L}{2}$

44. $\frac{a}{L}=\frac{2}{9}$，$\frac{h_1}{h_2}=\frac{2}{3}$

45. $\frac{M_1}{M_2}=\frac{14}{13}$

46. $a=\frac{L}{3}$，$[F]=\frac{15[\sigma]W}{L}$

47. $\tau_{max}=26.8$ MPa，$\tau_A=13.1$ MPa，$\tau_B=21.9$ MPa

48. $[F]=2.4$ kN

49. $\sigma_{max}=6.7$ MPa，$\tau_{max}=1$ MPa

50. $b=140$ mm，$h=210$ mm

51. $s=200$ mm

52. $\sigma_{max}^{+}=75.3$ MPa，$\sigma_{max}^{-}=100.4$ MPa，$\tau_{max}=10.7$ MPa

53. $\sigma_{max}=32.2$ MPa，$\tau_{max}=6.7$ MPa

54. $\sigma_{max}=35.7$ MPa，$\tau_{max}=7.3$ MPa，$\tau_K=4.4$ MPa

55. $[F]=3.3$ kN

56. $s=117$ mm

57. $F_Q=\dfrac{3FL}{2h}$

58. $F_s=2.68$ kN

59. $\tau_{max}=\dfrac{16F_s(1+\alpha+\alpha^2)}{3\pi D^2(1-\alpha^4)}$，$\alpha=\dfrac{d}{D}$；薄壁圆环：$\tau_{max}=2\dfrac{F_s}{A}$

60. $h(x)=\sqrt{\dfrac{3q}{b[\sigma]}}x$

62. (1)$m=1.84$ kN·m；(2)$F=18.4$ kN

63. $\Delta L=\dfrac{qL^3}{2Ebh^2}$

64. $\Delta AB=0.016$ mm，$\Delta CD=0.0042$ mm

四、计算题(B)

65. $P=\dfrac{3}{8}F$，75%

67. $e=\dfrac{b(E_1-E_2)}{2(E_1+E_2)}$

68. $\alpha\approx78°$

74. $\sigma=\dfrac{M}{C}\cdot\dfrac{2(n+2)}{bh^2}\left(\dfrac{2}{h}\right)^n|y|^n$

75. $\sigma=\dfrac{12qxy}{bh^2}$，$\tau=\dfrac{2q}{b}\left(\dfrac{6y^2}{h^2}-1\right)$

76. $M=4.6$ kN·m

77. $[q]=61.9$ kN/m，$\delta=147$ mm

78. $e=\dfrac{7}{10}H$

81. $M_1=\dfrac{\alpha^4}{2-\alpha^4}M$，$M_2=\dfrac{2(1-\alpha^4)}{2-\alpha^4}M$

82. $\sigma_{Stmax}=46.8$ MPa，$\sigma_{Almax}=10.4$ MPa

83. $\sigma_{Stmax}=49.8$ MPa，$\sigma_{Wmax}=2.2$ MPa

84. $\delta\geqslant17.1$ mm

85. $e=\pm\dfrac{3h}{2}\sqrt{\dfrac{x}{L}}$

习题七

一、选择题

1. C 2. D 3. B 4. C 5. D 6. B 7. B 8. D 9. A 10. C 11. B 12. A 13. B 14. A

二、填空题

15. $\frac{1}{8}$，$\frac{1}{16}$

16. $-qL$，$\frac{qL^2}{8}$

17. 0，$\frac{mL}{12EI}$

18. $\frac{2L}{3}$

19. $\frac{qL}{2}$，$\frac{qL^4}{24EI}$

20. $\frac{11Fa^3}{12EI}$，$\frac{Fa^2}{8EI}$

21. $-\frac{Fa^2}{3EI}$，$-\frac{Fa^2}{3EI}x$，$\frac{Fa^2}{6EI}$

22. $\frac{43FL}{16bh^2}$，固定端截面

23. $\frac{11Fa^3}{15EI}$（向下）

24. $\frac{4Fa^3}{3EI}$（向下），$\frac{3Fa^2}{2EI}$（顺时针），$\frac{Fa^3}{EI}$（向上），$\frac{Fa^2}{2EI}$（向右）

25. $\frac{79FL^3}{192EI}$（向下）

三、计算题(A)

29. $\frac{m_2}{m_1}=2$

30. $w=2.13$ mm

31. No. 56a

32. $w_C=6.67$ mm，$w_D=11.1$ mm

41. $F=0.35$ N，$a=0.8$ mm

42. $\frac{h}{b}=\sqrt{3}$

43. $w=\frac{1}{2R}\left(L^2-\frac{EI}{qR}\right)$

44. $f(x)=\frac{Fx^2}{6EI}$

45. $R_B=\frac{14}{27}F$

46. $W=\dfrac{Fa^3}{144EI}$(向下)

48. $\sigma_{\max}^{+}=87.5\ \text{MPa}$，$\sigma_{\max}^{-}=72.9\ \text{MPa}$

49. $R_c=59\ \text{kN}$，$\sigma_{\max}=84.9\ \text{MPa}$

50. $R=\dfrac{5}{4}F$，39%

51. $\sigma_{\max}=\dfrac{32Fa}{3\pi d^3}$

52. $\sigma_{\max}=\dfrac{64Fa}{3\pi d^3}$

53. $\delta_c=\dfrac{FL^3}{5EI}$

54. $M_A=M_B=\dfrac{ql^2}{12}$

四、计算题(B)

61. $x=0.432L$

62. (1)$\dfrac{x}{L}=0.152$；(2)$\dfrac{x}{L}=\dfrac{1}{6}$

63. $w_{\max}=\dfrac{\sqrt{6}ql^4}{54EI}$(向下)，$\theta_A=-\dfrac{qL^3}{12EI}$(顺时针)，$\theta_B=\dfrac{ql^4}{24EI}$(逆时针)

64. $\dfrac{(EI)_2}{(EI)_1}=\dfrac{7}{4}$

65. $m=\dfrac{6(L+a)^2EI}{L^3}$

66. $w_c=\dfrac{7FL^3}{16EI}$(向下)

70. $F_{sc}=\dfrac{18m}{31L}$，$M_A=\dfrac{11m}{31}$

71. $m=\dfrac{4EI\theta}{L}$，$F_A=F_B=\dfrac{6EI\theta}{L^2}$

72. (1)$\delta=\dfrac{183qa^4}{256EI}$；(2)$\delta=\dfrac{qa^4}{24EI}$

73. $\Delta=\dfrac{9F^4}{2048EIq^3}$

75. $\delta=\dfrac{(8\sqrt{2}-11)FL^3}{24EI}$，$a=\dfrac{1}{5}(\sqrt{6}-1)L$

76. (1)$w_0(x)=\dfrac{Fx^2}{24EIa}(x^2-6a^2)$；(2)$\delta=\dfrac{5Fa^3}{24EI}$

78. $F_N=\delta\left(\dfrac{a}{EA}+\dfrac{L^3}{3EI}\right)^{-1}$

79. $w_B=\dfrac{Fa^3}{24EI}$(向下)

81. $R=\dfrac{113}{402}qL$

82. $\sigma_{\max}=\dfrac{5qL^2}{3a^3}$

83. $M=0$, $T=\dfrac{19}{195}FL$, $F_s=\dfrac{4}{65}F$, $w=\dfrac{FL^3}{6EI}$

84. $\alpha=\dfrac{\pi}{8}+\dfrac{n\pi}{2}$

85. $a\geqslant\sqrt{L^2+2\mu\dfrac{EI}{G}}-L$

86. $w_B=\dfrac{3a\varphi_0}{1+\xi}$, $\xi=\dfrac{5Ea^2}{2GL^2}$

87. $R=\dfrac{EA}{2}(T_1+T_2)\alpha$, $m=\dfrac{EI}{h}(T_2-T_1)\alpha$

88. $w_B=\dfrac{6(\alpha_2-\alpha_1)TE_1E_2L^2}{h[(E_1+E_2)^2+12E_1E_2]}$

习题八

一、选择题

1.B 2. C 3. D 4. D 5. C 6. D 7. B 8. A 9. D 10. D 11. C 12. B 13. C 14. B 15. A

二、填空题

16. B, D, A, C

17. 100 MPa，0，0，50 MPa

18. 30 MPa

19. -0.6×10^{-3} mm，67.2 mm^2，384 mm^3

20. $-\dfrac{F\nu D}{EA}$, $\dfrac{F\nu D}{EA}$, $\dfrac{FL(1-2\nu)}{E}$

21. 87.5$\mu\varepsilon$

22. 100 MPa，50 MPa，0，50 MPa

23. 30 MPa

24. $-45°$, $\dfrac{3F(1+\nu)}{2bh}$

25. (b)，(c)

三、计算题(A)

29. $\sigma_x=120$ MPa, $\tau_{xy}=-40\sqrt{3}$ MPa

36. $\varepsilon_x=300\mu\varepsilon$, $\varepsilon_y=-33.3\mu\varepsilon$, $\gamma_{xy}=346\mu\varepsilon$

37. $\varepsilon_x=380\mu\varepsilon$, $\varepsilon_y=250\mu\varepsilon$, $\gamma_{xy}=-650\mu\varepsilon$

38. $m=\dfrac{E\pi d^3\varepsilon_{45°}}{16(1+\nu)}$

39. $\varepsilon_{0°}=2.47\mu\varepsilon$, $\varepsilon_{45°}=5.28\mu\varepsilon$, $\varepsilon_{90°}=-0.74\mu\varepsilon$

40. $q_y=-18$ N/mm

41. $\sigma_1=\sqrt{2}\tau$, $\sigma_2=0$, $\sigma_3=-\sqrt{2}\tau$

42. $\sigma_1=0$，$\sigma_2=-19.8$ MPa，$\sigma_3=-60$ MPa
$\Delta l_1=3.76\times10^{-3}$ mm，$\Delta l_2=0$，$\Delta l_3=-7.64\times10^{-3}$ mm

43. $\Delta V=\dfrac{3FL^2}{16Eh}(1-2\nu)$

44. (1)$610\mu\varepsilon$；(2)$\sigma_1=122.4$ MPa，$\sigma_2=0$，$\sigma_3=-8.1$ MPa

45. $T=0.13$ kN·m

四、计算题(B)

46. $\alpha=55°$

47. $\sigma_y=45.7$ MPa，$\tau_{max}=92.9$ MPa

49. $F_N=\dfrac{\pi D^2E\varepsilon_{0°}}{4}$，$T=\dfrac{E\pi D^3}{16(1+\nu)}\left[\varepsilon_{45°}-\dfrac{(1-\nu)}{2}\varepsilon_{0°}\right]$

51. $\alpha=-39.6°$

52. $\sigma_1=5q$，$\sigma_2=q$，$\sigma_3=0$，$\alpha=60°$

53. $\sigma_1=\sigma_2=-\dfrac{4\nu F}{(1-\nu)\pi d^2}$，$\sigma_3=-\dfrac{4F}{\pi d^2}$

54. $\sigma_x=44.8$ MPa，$\sigma_y=25.2$ MPa，$\tau_{xy}=33.6$ MPa

55. $\Delta\varepsilon_x=-\dfrac{1+v}{E}(\sigma_1-\sigma_2)(\xi\sin2\alpha+\xi^2\cos2\alpha)$

56. $\theta_{max}=\arctan\dfrac{\sigma_x-\sigma_y}{2\sqrt{\sigma_x\sigma_y}}$

58. $F_2=30$ kN

59. $\varepsilon_{0°}=-1129\mu\varepsilon$，$\varepsilon_{45°}=-473\mu\varepsilon$，$\varepsilon_{90°}=339\mu\varepsilon$

60. $F_{max}=58$ kN

61. $\sigma_{max}=136.4$ MPa，$\tau_{max}=72$ MPa

62. 1.05 mm^3

63. $\boldsymbol{n}\cdot\boldsymbol{p}^{(m)}=\boldsymbol{m}\cdot\boldsymbol{p}^{(n)}$

习题九

一、选择题

1. D 2. B 3. D 4. D 5. A 6. D 7. B 8. C 9. D 10. A 11. C 12. D

二、填空题

13. 23，26.3，28.3，26.5

14. 40，65，100，91

15. $\dfrac{3qa^2}{bh^2}$，$\dfrac{3qa}{bh}$

16. 梁上缘点，$\dfrac{16\sqrt{5}}{\pi d^2}F$，$\dfrac{32F}{\pi d^2}$

17. 固定端上缘，$\dfrac{4\sqrt{17}ql^2}{\pi d^3}$，$\dfrac{8\sqrt{3}ql^2}{\pi d^3}$

18. 5 mm，16 kN

19. $\frac{\sqrt{2}}{12}a$

20. $\frac{\sqrt{b^2+h^2}}{12}$

21. $\frac{D}{8}(1+\alpha^2)$，$\alpha=\frac{d}{D}$

22. 1.9 MPa

23. $\frac{4E\delta\varepsilon}{(1-\nu)D}$

三、计算题(A)

26. $\sigma_{\max}=133.1$ MPa

27. $\varepsilon_{\max}=3333\mu\varepsilon$，$e=5$ mm

28. $\frac{\sigma_{\max}^{+}}{\sigma_{\max}^{-}}=\frac{16}{15}$

29. $\sigma_{\max}^{+}=47.6$ MPa，$\sigma_{\max}^{-}=51.6$ MPa

30. $\sigma_{\max}^{+}=25.5$ MPa，$\sigma_{\max}^{-}=22.6$ MPa

31. $\sigma_{\max}=109.1$ MPa

32. $\sigma_{\max}^{+}=21.6$ MPa，$\sigma_{\max}^{-}=22.8$ MPa

33. $\sigma_{\max}^{+}=22.3$ MPa，$\sigma_{\max}^{-}=39.4$ MPa

34. $\sigma_K=-17.2$ MPa

35. $\varepsilon_a=159\mu\varepsilon$，$\varepsilon_b=-48\mu\varepsilon$

36. $\sigma^{+}=26.8$ MPa，$\sigma^{-}=32.3$ MPa

37. 19.8 m

38. $a\geqslant 20$ mm，$l\geqslant 200$ mm，$c\geqslant 147$ mm

39. $\sigma_{eq3}=\frac{16\sqrt{10}}{\pi d^3}qL^2$，$w_C=\frac{29ql^4}{24EI}$

40. $\sigma_{eq3}=69.4$ MPa

41. $\sigma_{eq3}=126.8$ MPa，$\sigma_{eq4}=122.1$ MPa

42. $\sigma_{eq4}=139.7$ MPa

43. $\sigma_{eq3}=105.4$ MPa

44. $\sigma_{eq3}=27.5$ MPa

45. $\sigma_{eq3}=\frac{32Fa}{\pi d^3}\sqrt{1+4\left(1+\frac{d}{8a}\right)^2}$

46. (1)$\sigma_{eq3}=79$ MPa；

(2)$\varepsilon_x=755\mu\varepsilon$，$\varepsilon_y=-226\mu\varepsilon$，$\varepsilon_{45^\circ}=418\mu\varepsilon$

47. $\sigma_{Aeq3}=40.7$ MPa

48. $\sigma_{eq3}=27.43\frac{qa^2}{d^3}$

49. $\sigma_{eq3}=88.7$ MPa

50. $\sigma_{\max}=26.3$ MPa

51. $\sigma_B=-36$ MPa

88. $\Delta l=-\frac{4Fl}{E_A\pi D^2}\cdot\frac{E_AD+2(1+\nu_A)(1-\nu_A)E_s\delta}{D+2(1-\nu_A)E_s\delta}$

89. $\sigma_1=\sigma_2=-4.7$ MPa，$\sigma_3=-102$ MPa

习题十

一、选择题

1. C 2. B 3. B 4. A 5. A 6. A 7. D 8. D 9. C 10. B 11. C 12. A

二、填空题

13. 长度，材料型号

14. 小，大，大，小

15. 增加中间约束

16. (a)，(c)，(e)，(b)，(f)，(d)

17. 7.84，1.49

18. 200 kN，800 kN

19. 320 kN

20. $\frac{3}{\pi}$，$\frac{3}{\pi}$

21. $\sqrt{\frac{6}{\pi}}$

22. $\frac{\pi^2}{360}kN$

23. $F_{cr1}>F_{cr2}$

24. 10.3 kN

三、计算题(A)

25. $F_{cr}=\frac{4\beta}{L}$

26. (a)$F_{cr}=(3-\sqrt{5})\frac{\beta}{2L}$；(b)$F_{cr}=\frac{3\beta}{L}$

27. $F_{cr}=\frac{k_1k_2}{k_1+k_2}L$

28. $F_{cr}=\frac{4\beta}{L}$

29. $a\leqslant 187.5$ mm

30. $d\geqslant 22.2$ mm

31. $F_{cr}=\frac{\pi^2EI}{(2L)^2}$

32. $[F]=2.8$ kN

33. $F_{cr}=200$ kN

34. $d_s\geqslant 22.2$ mm，$d_A\geqslant 22.0$ mm

35. $[F]=216.7$ kN

36. $d\geqslant 39.6$ mm

37. $[F]=2.1\ \text{kN}$
38. $n_{st}=5.69$
39. $F_{cr}=76.5\ \text{kN}$
40. $[F]=45.7\ \text{kN}$
41. $\dfrac{h}{b}=\dfrac{1}{1.4}$
42. $F_{cr}=37.7\ \text{kN}$
43. $T=75.8℃$
44. $[q]=2.58\ \text{kN/m}$
45. $n=2.15$，$n_{st}=4.19$
46. $\dfrac{d}{a}=1.36$
47. $n=2.4$，$n_{st}=1.85$
48. $[F]=7.5\ \text{kN}$
49. $[F]=6.2\ \text{kN}$
50. $H=1.11\ \text{m}$
51. $a=175.6\ \text{mm}$
52. (a)$F_{cr}=5.5\ \text{kN}$；(b)$F_{cr}=22.1\ \text{kN}$；(c)$F_{cr}=69\ \text{kN}$
53. $[F]=137.9\ \text{kN}$
54. $n=6.5$
55. 与 z 轴成 $45°$

四、计算题(B)

56. $F_{cr}=ka$
57. $F_{\max}=\dfrac{EI\pi^2}{H^2}(1+\dfrac{3\cos^3\alpha}{0.49})$
58. $F_{cr}=\dfrac{EI\pi^3d^4}{128L^2}$
59. $F_{cr}=\dfrac{h}{H}EA\sin\alpha\cos^2\alpha$
60. $\theta=26.6°$
61. (1)0.47 mm; (2)4.14 mm
62. $n_{sAB}=3.32$，$n_{sCD}=2.51$，$n_{st}=4.78$
63. $\dfrac{1-k^2a^2}{\tan ka}=0$
64. $[(ka)^2-9]\tan ka-3ka=0$
65. $\dfrac{\beta L}{EI}\left(\dfrac{kL}{\tan kL}-1\right)=(kL)^2$
66. $\dfrac{16L^2}{d^2}(\tan kL-kL)+(kL)^3=0$
67. $kL+3\tan kL=0$
68. $6-(6+k^2L^2)\cos kL-2kL\sin kL=0$
69. $kL\tan kL=6$

70. $w=-\frac{EIq_0\sin kx}{F^2\sin kL}+\frac{q_0}{6FL}\left[\left(L^2+\frac{6EI}{F}\right)x-x^3\right]$

71. $w_{\max}=\frac{m_0}{F}(1-\cos kx)-\frac{m_0}{F}\tan\left(\frac{kl}{2}\right)\sin kx$

72. $w_{\max}=\frac{P}{2F}(a-\frac{1}{k}\tan ka)$

习题十一

一、选择题

1. B 2. C 3. B 4. A 5. B 6. A 7. D 8. C 9. B 10. B

二、填空题

11. ②，①，④，③

12. $F(w_1+w_2)$

13. $4U$

14. 2.25×10^{-3} rad

15. 1.6 mm

16. 两段梁挠曲线与梁初始轴线间的面积之和，$\omega=\frac{qa^5}{60EI}$

17. $\frac{qL^5}{120EI}$

18. $\frac{8qa^3}{3EI}$，$\frac{qa^2}{3EI}$

19. $\frac{4qa^3}{3EI}$，$\frac{3qa^2}{2EI}$，$\frac{qa^3}{2EI}$

20. $\frac{7qa}{8}$，$\frac{qa}{4}$

21. $\frac{3F}{4}$，$\frac{25qa^3}{12EI}$

三、计算题(A)

22. (a)$0.957\frac{F^2L}{EA}$；(b)$1.46\frac{F^2L}{EA}$

23. (1)$\frac{3F^2L}{8EA}$；(2)$\frac{5F^3L}{12B^2A}$

24. (a)$\frac{F^2L}{6EA}$；(b)$\frac{7F^2L}{6EA}$

25. $\frac{F^2a^3}{EI}$

26. $\frac{9.58m^2L}{G\pi d_1^4}$

27. (a)$U=\frac{F^2a^3}{6EI}$，$\delta=\frac{Fa^3}{3EI}$；(b)$U=\frac{17q^2a^5}{30EI}$，$\delta=\frac{9qa^4}{8EI}$

29. $\Delta L=\frac{FL}{Eb(h_2-h_1)}\ln\frac{h_2}{h_1}$

30. (a)$w_c = \dfrac{mL^2}{16EI}$；(b)$\theta = -\dfrac{qL^3}{6EI}$

31. $w_A = 0.127\ \text{mm}$，$u_c = 0.613\ \text{mm}$

32. 0.6 mm

33. (a)$\theta_B = \dfrac{7FL^2}{8EI}$，$w_c = \dfrac{37FL}{6EI}$

34. (a)$w_c = \dfrac{3Fa^3}{2EI}$(向下)，$\theta_c = \dfrac{5Fa^2}{4EI}$(顺时针)；

(b)$w_c = \dfrac{6FL^3}{Ebh^3}$(向下)，$\theta_c = \dfrac{12FL^2}{Ebh^3}$(顺时针)

35. $u_A = \dfrac{FL_1^2}{3E}\left(\dfrac{2L_1}{I_1} + \dfrac{3L}{I_2}\right)$(向右)，$\theta_A = \dfrac{FL_1}{2E}\left(\dfrac{L_1}{I_1} + \dfrac{L}{I_2}\right)$(逆时针)

37. $w_B = \dfrac{qa^3}{24EI}(4L - a)$(向下)，$\theta_B = \dfrac{qa^3}{6EI}$(顺时针)

38. $w_C = \dfrac{7qa^4}{24EI} + \dfrac{qa^2}{2EA}$(向下)

39. $\Delta_A = \dfrac{(4F + qa)a}{2EA}$

40. $\varphi_A = \dfrac{3ma^2}{2GI_p}$

41. $w_C = \dfrac{Fa^3}{6EI}$(向上)，$\theta_C = \dfrac{Fa^2}{2EI}$(逆时针)

43. $w_B = (3 + 4\sqrt{2})\dfrac{Fa}{EA}$(向下)，$u_B = 2(1 + \sqrt{2})\dfrac{Fa}{EA}$(向右)，$\theta_{AB} = 2(1 + 2\sqrt{2})\dfrac{F}{EA}$(顺时针)

44. $\Delta_{BD} = 2.71\dfrac{Fa}{EA}$(相向靠近)

45. $\Delta\theta = \dfrac{10F}{3EA}$，$w_D = \dfrac{2Fl}{EA}$

46. $w = 16.8\ \text{mm}$

47. (a)$\delta_{AB} = (2h + 3a)\dfrac{Fh^2}{3EI}$；(b)$\delta_{AB} = \dfrac{FL^3}{3EI}$

48. (a)$w = \dfrac{Fa^3}{3EI} + \dfrac{Fa^2L}{2EI}$(向下)，$\theta = \dfrac{Fa}{2EI}(a + L)$(顺时针)；

(b)$w = \dfrac{1}{\xi(1+\xi)^2}\left[1 - \left(\dfrac{1}{2} + \xi\right)^3\right]\dfrac{Fa^3}{EI}\left(\xi = \dfrac{a}{L}\right)$

49. $w_A = \dfrac{2Fa^3}{EI}$(向下)

50. $w_C = \dfrac{Fa^3}{12EI}$(向下)

51. (a)$w_A = \left[2 + 3\left(\dfrac{h^2}{a^2} + \dfrac{2h}{a}\right)\right]\dfrac{Fa^3}{6EI}$(向下)，$u_A = \left(2\dfrac{h^3}{a^3} + 3\dfrac{a^2}{h^2}\right)\dfrac{Fa^3}{6EI}$(向右)；

(b)$u_B = \dfrac{4Fa^3}{3EI}$(向右)，$\theta_C = \dfrac{2Fa^2}{3EI}$(顺时针)；

(c)$u_B = \dfrac{3qa^4}{8EI}$(向右)，$\theta_B = \dfrac{qa^3}{12EI}$(逆时针)

52. $w_C=\dfrac{64Fa^3}{E\pi d^4}\left(\dfrac{5}{3}+\nu\right)$(向下)

53. $w_A=\dfrac{3\pi FR^3}{2EI}$(向下)

54. $u_A=\dfrac{\pi FR^3}{2EI}$(向右),$w_A=\dfrac{2FR^3}{EI}$(向上)

55. $u_A=\dfrac{FR^3}{2EI}$(向左),$w_B=3.36\dfrac{FR^3}{EI}$(向下)

56. $\Delta_{AB}=\dfrac{\pi FR^3}{EI}$,$\theta_{AB}=0$

57. $M_{\max}=\dfrac{2eEI}{3\pi R^2}$

58. $w_D=\dfrac{4Fa^3}{9EI}$(向上)

59. $\Delta_{AB}=\dfrac{10Fa^3}{3EI}$

60. $w_B=\dfrac{5FL^3}{384EI}$(向下),$\theta_B=\dfrac{FL^2}{12EI}$(顺时针)

61. $w_D=\dfrac{4qa^4}{9EI}$(向下)

62. $w_C=\dfrac{13Fa^3}{54EI}$(向下),$\theta_A=\dfrac{31Fa^2}{108EI}$(顺时针)

63. $\Delta_{AB}=\dfrac{2Fa^3}{3EI}$

64. $w_0=\dfrac{Fa^3}{3EI}$(向下)

65. (a)$\theta_A=\dfrac{qa^3}{2EI}$(顺时针),$u_B=\dfrac{11qa^4}{24EI}$(向右);

(b)$\theta_A=\dfrac{ma}{3EI}$(顺时针),$w_B=\dfrac{ma^2}{6EI}$(向下)

67. (a)$R_A=\dfrac{qL}{8}$

68. $u_D=\dfrac{1}{2}(\sqrt{2}-1)\dfrac{Fa}{EA}$(向左),$w_D=\dfrac{1}{2}(3-\sqrt{2})\dfrac{Fa}{EA}$(向下)

69. $\Delta\theta_A=0$

70. $w_A\approx 90.45\dfrac{FR^3}{Ed^4}$

71. $\sigma_{\max}=\dfrac{64FR}{(\pi+2)\pi d^3}$

72. $\Delta\theta=\dfrac{36mR}{Ed^4}$

73. (a)$M_{\max}=\dfrac{3Fa}{16}$;(b)$M_{\max}=\dfrac{m}{2}$

74. $\Delta_F=\dfrac{Fa^3}{192EI}$

四、计算题(B)

77. $R=\dfrac{P\delta_B}{\delta_A}$

78. $\Delta L=-\dfrac{2p\nu d^2L}{E(D^2-d^2)}$

79. (1) $\Delta A=-\dfrac{Fd(1-\nu)}{Et}$；(2) $\Delta V=\dfrac{FD(1-2\nu)}{E}$

80. $u_A=\dfrac{qL^2}{Ebh}$(向右)，$w_A=\dfrac{2qL^3}{Ebh^2}$(向下)

81. $\alpha=\dfrac{\pi}{8}+\dfrac{n\pi}{2}(n=0, 1, 2, \cdots)$

82. 下梁：$R=\dfrac{22qL}{201}$，上梁：$R'=\dfrac{113qL}{402}$

83. $w_A\approx0.818\dfrac{qR^4}{EI}$(向下)

84. $m=\dfrac{EI\Delta\theta}{2\pi R}$

89. $u_\theta=\dfrac{\tau R_2}{2GR_1^2}(R_2^2-R_1^2)$

90. $M=\dfrac{9EI(T_2-T_1)\alpha}{7h}$

91. $w_B=\dfrac{25q^2L^6}{12c^2b^2h^5}$(向下)

92. $F=\dfrac{16EI\Delta^3}{\pi D^5}$

习题十二

一、选择题

1. C　2. D　3. B　4. A　5. C　6. D　7. C　8. D　9. D

二、填空题

10. $\dfrac{4}{3}$

11. $\sqrt{2}$

12. 2，0

13. 5

14. 1.13

15. $1+\sqrt{1+\dfrac{EIh}{4Fa^3}}$

16. $\dfrac{6FH}{a^3}\left(1+\sqrt{1+\dfrac{Eha^4}{2FH^3}}\right)$

17. AB

三、计算题(A)

18. $\sigma_d(x)=\frac{1}{A}\left(F_1+\frac{F_2-F_1}{L}x\right)$，$\Delta L=\frac{(F_1+F_2)L}{2EA}$

19. $\sigma_{d\max}=4.63\ \text{MPa}$

20. $\sigma_{d\max}=12.5\ \text{MPa}$

21. $\tau_{\max}=10\ \text{MPa}$

22. $M_{\max}=\frac{Fl}{3}\left(1+\frac{h\omega^2}{3g}\right)$

23. (1)$\Delta L=\frac{\rho\omega^2L^3}{12E}$；(2)$w_{\max}=\frac{1}{L}\sqrt{\frac{8[\sigma]}{\rho}}$

24. $\sigma_{d\max}=107.2\ \text{MPa}$

25. 上位$\sigma_{d\max}=\frac{8G(L-a)}{\pi d^3}$，水平位$\sigma_{d\max}=\frac{16G(L-a)}{\pi d^3}$

下位$\sigma_{d\max}=\frac{40G(L-a)}{\pi d^3}$

26. $H=\frac{FL}{8EA}\left[\left(\frac{2EI\pi^2}{FL^2}-1\right)^2-1\right]$

27. $H\leqslant 9.24\ \text{mm}$

28. $\sigma_d=167.5\ \text{MPa}$

29. $F_d=3.6\ \text{kN}$

30. $\sigma_d=\frac{3FL}{4W}\left(1+\sqrt{1+\frac{8EIh}{FL^3}}\right)$

31. $h=202.5\ \text{mm}$

33. $h\leqslant\frac{2L^2[\sigma]}{3Ed}$

34. $\tau_{d\max}=\frac{4\omega}{d}\sqrt{\frac{GJ}{2\pi L}}$

35. $M_{d\max}=\frac{14}{3}FL$

36. $w_d=\frac{64F}{E\pi d^4}\left(1+\sqrt{1+\frac{E\pi d^4h}{32Fa^3}}\right)$

37. $\sigma_{d\max}=\frac{144Fa}{\pi d^3}$

38. $F=10\ \text{kN}$，$a=180\ \text{mm}$

39. $w_{d\max}=\frac{23Fa^3}{12EI}$

40. $\sigma_{d\max}=196\ \text{MPa}$

四、计算题(B)

42. (1)$M_{\max}=\frac{1}{4}\rho A\omega^2R^3$；(2)$\Delta=\frac{3\pi R^5\rho A\omega^2}{EI}$

43. 距地面三分之一高度处

44. $M_{d\max}=2Fa$

45. $\sigma_{\max}^{+}=\dfrac{8G}{\pi d^2}\left(\dfrac{\sqrt{21}R}{d}-1\right)$，$\sigma_{\max}^{-}=\dfrac{8G}{\pi d^2}\left(\dfrac{\sqrt{21}R}{d}+1\right)$

48. $\sigma_{\max}=\dfrac{GL}{4W}\left(1+\sqrt{1+\dfrac{48EI(\nu^2+gL)}{gGL^3}}\right)$

49. $M_{d\max}=\sqrt{\dfrac{3EIGa\omega^2}{2g}}$

51. $\sigma_d=\dfrac{G}{A}\left[1+\sqrt{\dfrac{3EIA\nu^2}{Gg(3Ia+L^3A)}}\right]$

52. $\Delta_d=\dfrac{FR^3}{EI}\left(\dfrac{\pi}{2}+2\right)\left[1+\sqrt{1+\dfrac{2\nu^2EIR^3A}{gFR^3(2LI+R^3A\pi)}}\right]$

53. $\sigma_{d\max}=208$ MPa

54. $\sigma_{d\max}=\dfrac{3\sqrt{15}}{2}\omega\sqrt{\dfrac{EG}{gb}}+\dfrac{5G\omega^2}{4gb}$

附录 A 习题

一、选择题

1. B　2. C　3. C　4. B　5. D　6. A　7. B　8. D　9. B

二、填空题

10. $\dfrac{\pi a}{16-\pi}$

11. $\dfrac{2a}{3(4-\pi)}$

12. $\dfrac{\pi}{3}$

13. A，$\dfrac{a^4}{12}$，C，$\dfrac{7a^4}{12}$

14. $\dfrac{\pi R^4}{8}$，$\dfrac{5\pi R^4}{8}$，$\dfrac{4R}{3\pi}$

15. $\dfrac{a^4}{24}$，$\dfrac{a^4}{72}$

16. $\dfrac{D^4}{4}(\dfrac{\pi}{16}-\dfrac{d}{3D})$

17. $\dfrac{\pi d^4}{32}$，$\dfrac{5\pi d^4}{32}$，0

18. $\dfrac{2D}{3\pi}\cdot\dfrac{1-\alpha^3}{1-\alpha^2}(\alpha=\dfrac{d}{D})$

19. $\dfrac{\delta h^3}{12}$，$\dfrac{\delta h^3}{3}$

20. $\dfrac{11\pi R^4}{4}$

三、计算题(A)

21. $x_c=\dfrac{2}{3}R\,\dfrac{\sin\alpha}{\alpha}$

22. $h=0.41D$

23. $I\approx 0.007D^4$

24. $I_z=\dfrac{bh^3}{36}$, $I_K=\dfrac{bh^3}{4}$

25. $I_y=0.468a^4$

26. $I_y=\dfrac{2}{3}hb^3-\dfrac{4}{3}Ra^3-\pi R^2\left(\dfrac{R^2}{4}+\dfrac{3Ra}{8}+a^2\right)$

27. $I_y=\dfrac{16+5\pi}{4}a^4$

28. $I_z=\dfrac{5\sqrt{3}}{16}a^4$

29. $I_z=1.73\times10^9\ \text{mm}^4$

30. $I_z=\dfrac{\pi d^3\delta}{8}$

31. $I_z=\dfrac{29\pi a^4}{192}$, $I_y=\dfrac{15\pi a^4}{64}$

33. $I_z=56a^4$, $I_y=17a^4$, $I_{yz}=0$

34. $I_z=\dfrac{1}{3}[a^4-(a-b)^2(a^2+ab+b^2)]$

36. $I_c=\left(\dfrac{80}{3}-4\pi\right)a^4$

37. $a=43.1\ \text{mm}$

38. $I_y=778\ \text{cm}^4$, $I_z=4448\ \text{cm}^4$

四、计算题(B)

39. $I_z=I_y=2\pi R^4$, $I_{yz}=0$

40. $I_z=I_y=\dfrac{5}{4}a^4$, $I_{yz}=0$

41. $I_K=\dfrac{36}{13}a^4$

43. $\alpha=25.1^\circ$, $I_z=1.73b^4$, $I_y=0.43b^4$

44. $I_{z_c}=286.6a^4$, $I_{y_c}=73.4a^4$

45. $\alpha=-39.7^\circ$, $I_{z_c}=2.26\times10^5\ \text{mm}^4$, $I_{y_c}=6.36\times10^4\ \text{mm}^4$

46. $I_z=\dfrac{\pi ab^3}{4}$, $I_y=\dfrac{\pi a^3b}{4}$

47. $I_z=\dfrac{a^4}{12}(1-k)^3(1+3k)$

48. $I_z=\dfrac{R^4}{8}(\alpha-\sin4\alpha)$,式中:$R=\dfrac{d}{2}$, $\sin\alpha=\left(1-\dfrac{2\delta}{d}\right)$

49. $\dfrac{I_{z'}}{I_z}=46.1$

50. $I_C=\dfrac{\pi}{128}(D^4-d^4)+\dfrac{bh}{4}(b^2+h^2)+\dfrac{3bh}{4}(D+h)^2$

51. $\dfrac{19}{36}$

参考文献

[1]铁木辛柯,盖尔.材料力学[M].胡人礼,译.北京:科学出版社,1976.

[2]刘鸿文.材料力学(Ⅰ)、(Ⅱ)(第4版)[M].北京:高等教育出版社,2004.

[3]单辉祖.材料力学(Ⅰ)、(Ⅱ)(第2版)[M].北京:高等教育出版社,2004.

[4]秦世伦.材料力学[M].成都:四川大学出版社,2008.

[5]吴家龙.弹性力学[M].上海:同济大学出版社,2002.

[6]王光钦.弹性力学[M].北京:铁道出版社,2006.

[7]Beer F P. Mechanics of Materials[M]. 3rd, Edition. 北京:清华大学出版社,2003.

52. $\sigma_{max}=15.26$ MPa
53. $F=5$ kN，$\alpha=30°$
54. 矩形:$\sigma_{max}=9.98$ MPa，圆:$\sigma_{max}=10.66$ MPa
55. $e\leqslant15.44$ mm
56. $\sigma_{max}=\dfrac{4Fa}{b^3}$
57. $\sigma_{max}^{+}=40.5$ MPa，$\sigma_{max}^{-}=37.5$ MPa
58. $b=40$ mm
59. $\sigma_A=\dfrac{5F}{bh}$，$\sigma_B=-\dfrac{F}{bh}$，$\sigma_C=-\dfrac{7F}{bh}$，$\sigma_D=-\dfrac{F}{bh}$
60. $[F]=1.62$ kN
61. $\sigma_{max}=132.7$ MPa
62. $[F]=4.86$ kN
63. $e=\dfrac{37}{198}a$
67. $p\leqslant1.2$ MPa
68. $\sigma_{eq3}=183.1$ MPa
69. $p=0.008$ MPa
70. $\sigma_1=37.5$ MPa，$\sigma_2=25.5$ MPa，$\sigma_3=0$
71. $\sigma_{eq4}=17.4$ MPa
72. $\sigma=150$ MPa，$\tau=50$ MPa
73. $\sigma_1=\dfrac{Dp}{2\delta}$，$\sigma_2=0$，$\sigma_3=-\dfrac{Dp\nu}{2\delta}$

四、计算题(B)

74. (1)$F=401$ kN，$m=3.43$ kN·m，$e=13$ mm；
(2)$\sigma_{eq3A}=109.7$ MPa，$\sigma_{eq3B}=35.0$ MPa，$\sigma_{eq3C}=61.9$ MPa
75. $[F]=21$ kN
76. $[F]=4.15\times10^{-5}[\sigma]L^2$
77. $n=5.9$
78. $\sigma_{eq3}=\dfrac{19.23FR}{a^3}$
79. 铜环:$\dfrac{\alpha_c TE_c}{1+\kappa}$，钢环:$-\dfrac{\alpha_c TE_s}{1+\kappa}$，$T'=\dfrac{\alpha_c}{\alpha_c-\alpha_s}T$
80. $\sigma_{eq3}=\dfrac{16\sqrt{2}Fa}{\pi d^3}$
81. (1)$M=0.06$ kN·m，$T=0.087$ kN·m；(2)$\sigma_{eq3}=176$ MPa
82. $\sigma_{eq3}=2E\sqrt{\dfrac{5}{4}\varepsilon_0^2+\dfrac{1}{1+\nu}\varepsilon_{45°}^2}$
83. (1)$[F]=312.6$ kN；(2)$d_1=50$ mm
87. $\sigma_{eq3}=5.54\dfrac{m}{d^3}$